# 1 MONTH OF
# FREE
# READING

## at
## www.ForgottenBooks.com

By purchasing this book you are eligible for one month membership to ForgottenBooks.com, giving you unlimited access to our entire collection of over 1,000,000 titles via our web site and mobile apps.

To claim your free month visit: www.forgottenbooks.com/free1257144

ISBN 978-0-365-65546-6
PIBN 11257144

Forgotten Books is a registered trademark of FB &c Ltd.
Copyright © 2018 FB &c Ltd.
FB &c Ltd, Dalton House, 60 Windsor Avenue, London, SW19 2RR.
Company number 08720141. Registered in England and Wales.

For support please visit www.forgottenbooks.com

# ZOOLOGISCHE JAHRBÜCHER.

## ABTHEILUNG

### FÜR

## SYSTEMATIK, GEOGRAPHIE UND BIOLOGIE DER THIERE.

HERAUSGEGEBEN

VON

### PROF. DR. J. W. SPENGEL

IN GIESSEN.

## VIERTER BAND.

MIT 29 LITHOGR. TAFELN UND 12 ABBILDUNGEN IM TEXT.

JENA

VERLAG VON GUSTAV FISCHER.

1889.

x.

1549

# Inhalt.

### Heft IV
(ausgegeben am 25. Oktober 1889).

### Heft V
(ausgegeben am 27. December 1889).

# Die Verwandtschaftsverhältnisse der Hornschwämme.

## Von

### R. v. Lendenfeld in Neudorf bei Wildau.

Da ich glaube, dass die auf die Phylogenie und das System der Hornschwämme bezüglichen Resultate, welche in meiner im Druck befindlichen Monographie derselben [1]) enthalten sind, von weiterem Interesse sein dürften, so will ich dieselben hier mittheilen.

In der kurzen historischen Einleitung will ich einen Ueberblick über die Anschauungen der Autoren geben. Darauf folgt die Begründung des von mir hier befolgten Systems. Im nächsten Abschnitt ist das System selber entwickelt und jede der 30 von mir aufgestellten Hornschwamm - Gattungen kritisch besprochen. Der Schilderung einer jeden Gattung ist ein Schlüssel zur Bestimmung aller bekannten Arten derselben beigegeben. Am Schlusse der Arbeit findet sich ein Register der von andern Autoren erkennbar beschriebenen Hornschwämme mit Literaturnachweis und mit Angabe des Namens, unter welchem sie in meinem System erscheinen. Alle Arten, die in den Schlüsseln angeführt sind und auf die in jener Liste am Schlusse dieser Mittheilung nicht verwiesen ist, sind neu. Die Literaturliste findet sich in einem Anhange.

---

1) A monograph of the Horny Sponges with 50 plates and numerous woodcuts, published by the Royal Society of London.

# 1. Historischer Ueberblick.

Die älteren Autoren vereinigten alle zu ihrer Zeit bekannten Horn-schwämme mit vielen anderen in der Gattung *Spongia*, welche von Aristoteles aufgestellt worden ist.

· Nardo war der Erste, welcher die Hornschwämme genauer studirte. Er theilte die Spongien in drei Ordnungen. Eine derselben, die „Spongiae subcorneae", umfasste die Hornschwämme.

Später stellten Nardo und Hogg fünf Ordnungen von Spongien auf. Die Ordnung Corneospongiae enthielt die Hornschwämme, und innerhalb derselben stellte Nardo die vier Gattungen *Spongia* auc-torum, *Spongelia* Nardo, *Hircinia* Nardo und *Aplysina* Nardo auf. Ich bin in der angenehmen Lage, alle drei von Nardo aufgestellten Gattungen aufrecht erhalten zu können.

Dujardin stellte .die von mir beibehaltene Gattung *Halisarca* auf.

Johnston unterscheidet zwei Gattungen von Hornschwämmen, *Spongia* auctorum und *Dysidea* Johnston. Die letztere Gattung ist identisch mit *Spongelia* Nardo.

Lieberkühn theilte gleichfalls die Hornschwämme in zwei Gattungen: *Spongia* auctorum und *Filifera* Lieberkühn. Die letztere ist identisch mit *Hircinia* Nardo.

Bowerbank theilte die Spongien in drei Ordnungen, von denen eine, die Ceratosa, alle Hornschwämme und eine Anzahl von Kiesel-schwämmen umfasste. Innerhalb der Ceratosa unterscheidet Bower-bank sieben Gruppen: (1) *Spongia* auctorum, *Spongionella* Bowerbank. Die letztere Gattung behalte ich als ein Subgenus von *Phyllospongia* (Ehlers) bei. — (2) *Halispongia* Blainville: eine Kieselschwamm-Gattung. Die von Bowerbank beschriebene Art ist jedoch ein Horn-schwamm, der in meine Gattung *Thorectandra* gehört. (3) *Chalina* Grant: sind Kieselschwämme. (4) *Verongia* Bowerbank: ist identisch mit *Aplysina* Nardo. (5) *Auliskia* Bowerbank: ist nach Kölliker und O. Schmidt ein durch Pilze theilweise .zerstörtes *Euspongia*-Skelet. (6) *Stematunemia* Bowerbank: ist *Hircinia* Nardo. (7) *Dysidea* Johnston: identisch mit *Spongelia* Nardo.

O. Schmidt stellte für die Hornschwämme die Ordnung Cerato-spongiae auf und unterschied innerhalb derselben die Gattungen *Spongia* auctorum, *Ditela* O. Schmidt, *Aplysina* Nardo, *Cacospongia* O. Schmidt, *Spongelia* Nardo und *Filifera* Lieberkühn, die letztere mit den beiden Subgenera *Hircinia* Nardo und *Sarcotragus* O. Schmidt.

Von diesen wurden später die Gattungen *Ditela*, *Sarcotragus* und *Cacospongia* von O. Schmidt selbst wieder zurückgezogen, so dass er also keine einzige der von ihm selbst ursprünglich aufgestellten Gattungen stehen liess; dagegen errichtete er später die wichtige, auch von mir beibehaltene Gattung *Stelospongos* (*Stelospongia*).

DUCHASSOING & MICHELOTTI stellten eine Reihe von neuen Gattungen auf, von denen *Evenor, Callispongia, Luffaria* und *Fistularia* Hornschwämme sein dürften. *Callispongia* ist eine *Chalinopsilla.* Die beiden letzteren dürften zu *Aplysina* NARDO gehören, über die wahre Natur von *Evenor* will ich kein Urtheil wagen.

Wichtig ist die von F. MÜLLER aufgestellte und von mir beibehaltene Gattung *Darwinella.*

EHLERS stellte das neue und wichtige, auch von mir beibehaltene Genus *Phyllospongia* auf.

In dem Spongiensystem von GRAY erscheinen die Hornschwämme vermischt mit diversen Kieselschwämmen in der Ordnung Cerato- spongiae. Diese Ordnung ist der Ordnung Cornacuspongiae Vos- MAER in ihrer Conception nicht unähnlich. Sie wird von GRAY in neun Gruppen getheilt: (1) Spongiadae mit *Spongia* auctorum, *Spongionella* BOWERBANK, *Cacospongia* O. SCHMIDT, *Phyllospongia* EHLERS, *Aplysina* NARDO, *Verongia* BOWERBANK und *Ianthella* GRAY. Die sechs ersten sind oben besprochen worden. *Ianthella* wird von mir beibehalten. — (2) Ceratellidae, sind Hydroiden. (3) Hirci- nidae mit *Hircinia* NARDO, *Sarcotragus* O. SCHMIDT und *Stematunemia* BOWERBANK; wurden oben besprochen. (4) Dysideidae mit *Dysidea* JOHNSTON; oben besprochen. (5—9) enthalten keine Hornschwämme.

CARTER theilte die Spongien in acht Ordnungen. Die Hornschwämme sind in zwei derselben: Ceratina und Psammonemata enthalten. Die Ceratina werden in drei Familien eingetheilt: (1) Luffaridae mit *Luffaria* DUCHASSOING & MICHELOTTI. Die von CARTER unter diesem Namen beschriebenen Spongien gehören theils zu *Aplysina* NARDO und theils zu *Dendrilla* LENDENFELD. — (2) Aplysinidae mit *Aplysina* NARDO. CARTER's *Aplysina*-Arten gehören theils zu *Aplysilla* F. E. SCHULZE, theils zu *Aplysina* NARDO, theils zu *Dendrilla* LENDENFELD und theils zu *Darwinella* F. MÜLLER. (3) Pseudoceratina mit *Ianthella* GRAY (siehe oben) und gewissen Arten von *Aplysina* (!). — Die Psammonemata theilt CARTER ebenfalls in drei Familien: (1) Bibulida mit *Spongia* auctorum. Diese Familie wird in die zwei Subfamilien Euspongiosa und Paraspongiosa getheilt, die erstere für *Euspongia officinalis* und die letztere für *Euspongia officinalis* var. (!). — (2) Hircinida. Diese Familie wird in 14 Gruppen getheilt. Es widerstrebt mir, hierauf näher einzugehen. CARTER legt den Filamenten keinen systematischen Werth bei; nach seiner De- finition der Hircinida würden völlig alle Hornschwämme in diese Familie gehören. Er führt jedoch keine neue Gattung in derselben auf. (3) Pseudohirciniosa, welche ebenfalls in Gruppen getheilt wird, jedoch ohne Angabe der zugehörigen Formen. Neuerlich hat CARTER viele Spongien beschrieben und eine Reihe neuer Spongien-Gattungen aufgestellt; diese sind: *Coscinoderma*, wird von mir beibehalten; *Dac- tylia* ist *Chalinopsilla* LENDENFELD; *Geelongia*, ist eine dicke *Phyllo- spongia* EHLERS; *Halopsamma:* die Arten dieser Gattung gehören theil- weise zu *Oligoceras* F. E. SCHULZE und theilweise zu *Psammopemma* MARSHALL; *Paraspongia*, ist eine *Leiosella* LENDENFELD; *Pseudoceratina,* ist eine *Aplysina* Nardo, und *Taonura* ist wahrscheinlich eine *Hircinia* Nardo.

Hyatt unterscheidet folgende Gattungen von Hornschwämmen: *Spongia* auctorum = *Euspongia* Bronn + *Cacospongia* O. Schmidt; *Stelospongos* O. Schmidt, *Spongelia* Nardo, *Carteriospongia* Hyatt, *Phyllospongia* Ehlers, *Hircinia* Nardo, *Dysidea* Johnston, *Ceratella* Gray, *Dendrospongia* Hyatt, *Verongia* Bowerbank, *Aplysina* Nardo und *Ianthella* Gray. Alle diese mit Ausnahme der zwei von Hyatt aufgestellten Gattungen sind schon oben besprochen worden. Die letzteren können nicht aufrecht erhalten werden. *Carteriospongia* ist identisch mit *Phyllospongia* Ehlers, und *Dendrospongia* ist eine *Aplysina* Nardo.

Marshall stellte eine Reihe von neuen Hornschwamm-Gattungen auf: *Psammoclema* ist identisch mit *Chalinopsilla* Lendenfeld; *Psammascus* gehört in die Gattung *Sigmatella* Lendenfeld, und *Psammopemma* und *Phoriospongia*, welche beiden letzteren von mir beibehalten sind.

F. E. Schulze studirte die wichtigsten älteren Hornschwamm-Gattungen genau und wies ihnen angemessene Grenzen an. Ich behalte die Gattungen *Euspongia* Bronn, *Aplysina* Nardo, *Hircinia* Nardo und *Spongelia* Nardo in jenem Sinne bei, in welchem sie von Schulze aufgefasst wurden. *Halisarca* Dujardin fasse ich in engere Grenzen als ursprünglich Schulze, *Cacospongia* O. Schmidt löse ich auf und vertheile die Arten unter *Euspongia* Bronn und *Stelospongia* O. Schmidt. Von F. E. Schulze wurden drei neue Hornschwamm-Gattungen aufgestellt: *Aplysilla*, *Hippospongia* und *Oligoceras*; diese behalte ich bei. Schulze stellte zwar selbst kein System auf, doch lieferten seine klassischen Untersuchungen das Fundament, auf welchem später Vosmaer und ich unsere, unten zu erwähnenden Systeme aufbauten. Gleichwohl errichtete Schulze eine Familie: Spongidae; diese ist in erweitertem Sinne von mir beibehalten worden.

Merejkovsky stellte die Gattung *Simplicella* auf; ist identisch mit *Aplysilla* F. E. Schulze.

Ich selber beschrieb einige neue Hornschwamm-Gattungen: *Dendrilla*, *Aulena*, *Halme*, *Chalinopsis*, (*Chalinopsilla*), *Bajulus*, *Halmopsis* und *Aphroditella*. Die ersten fünf sind von mir beibehalten worden, die letzteren zwei gab ich auf. *Halmopsis* ist mit *Halme* identisch, während *Aphroditella* eine *Hippospongia* ist.

Vosmaer und ich gründeten gleichzeitig und unabhängig von einander dasselbe Hornschwamm-System. Wir betrachteten die Hornschwämme als eine homogene Gruppe und stellten für dieselbe eine Unterordnung innerhalb der Cornacuspongiae auf, welche von Vosmaer in die zwei Subordines Halichondria mit, und Ceratina ohne Kieselnadeln getheilt wurde. Innerhalb der letzteren, welche ich in meinem System Ceratosa nannte, unterschieden wir ursprünglich fünf Familien: (1) Spongidae ohne Filamente, mit kleinen kugligen Geisselkammern, trüber Grundsubstanz und soliden Skeletfasern. (2) Aplysinidae ohne Filamente, mit kleinen kugligen Geisselkammern, trüber Grundsubstanz und markhaltigen Skeletfasern. (3) Hircinidae mit Filamenten, mit kleinen kugligen Geisselkammern, trüber Grundsubstanz und soliden Skeletfasern. (4) Spongelidae ohne Filamente mit grösseren sackförmigen Geisselkammern, hyaliner Grundsubstanz und soliden Skeletfasern; und (5) Aplysillidae ohne Filamente, mit grösseren, sackförmigen Geisselkammern, hyaliner Grundsubstanz und markhaltigen Skeletfasern.

Später beschrieb VOSMAER eine neue Gattung *Velinae,* dieselbe ist mit *Chalinopsilla* identisch.

VOSMAER zog neuerlich die Familie Hircinidae ein und stellte die Repräsentanten derselben zu den Spongidae, zugleich ersetzte er den Namen Aplysillidae durch Darwinellidae. Ich behielt die Familie Hircinidae bei, fügte noch die skeletlose Familie Halisarcidae hinzu und vertheilte dann die sechs Familien der Subordo Ceratosa unter die zwei Tribus: (1) Microcamerae mit kleinen kugligen Geisselkammern und trüber Grundsubstanz: Spongidae, Aplysinidae und Hircinidae; und (2) Macrocamerae mit grösseren sackförmigen Geisselkammern und hyaliner Grundsubstanz: Spongelidae, Aplysillidae und Halisarcidae.

POLÉJAEFF ist geneigt, alle Hornschwämme in eine Familie zu stellen.

In dieser kurzen Darstellung der Geschichte des Systems der Hornschwämme wird der Leser wenig Erbauliches oder Lehrreiches finden, es sei denn etwa die ausserordentliche Uebereinstimmung der ursprünglich von VOSMAER in Neapel und mir in Sydney aufgestellten Systeme. Aber diese Uebereinstimmung, so vertrauen erweckend sie auch im ersten Augenblick erscheinen mag, ist doch leicht damit zu erklären, dass VOSMAER und ich unsere Weisheit aus den gleichen Quellen, nämlich F. E. SCHULZE's klassischen Arbeiten und meiner Mittheilung über „Neue Aplysinidae" schöpften. Ihr Werth ist deshalb nur ein scheinbarer.

Im Obigen sind die wichtigsten Hornschwamm-Gattungen, welche bis jetzt aufgestellt worden sind, besprochen, und es ist auch auf die von BOWERBANK, GRAY, CARTER, VOSMAER und mir aufgestellten Systeme und Eintheilungsprincipien hingewiesen worden.

Im Folgenden will ich die Anschauungen besprechen, welche bisher über die Phylogenie der Hornschwämme herrschten.

Der Erste, welcher sich mit der phylogenetischen Verwandtschaft der Hornschwämme beschäftigte, war O. SCHMIDT. Er betrachtete dieselben als eine homogene Thiergruppe und nahm an, dass die Hornschwämme von der skeletlosen *Halisarca* abzuleiten seien. Als Uebergangsform zwischen *Halisarca* und der Endform *Euspongia* wurde die NARDO'sche Gattung *Spongelia* hingestellt. Ausserdem sollten nach O. SCHMIDT die Hornschwämme mit gewissen Kieselschwämmen mit monaxonen Nadeln, vorzüglich den Renieridae, Chalinidae und ähnlichen, verwandt sein. O. SCHMIDT stellte sich nämlich vor, dass diese Kieselschwämme von den Hornschwämmen abstammten.

Ich selber schloss mich im Jahre 1883 an diese Anschauungsweise

O. Schmidt's an, und es gelang mir mit Hilfe des reichen Materials, welches ich in Australien zusammenbrachte, die nahe Verwandtschaft gewisser Hornschwämme mit den Kieselschwämmen und speciell den in Australien so reich vertretenen Chalineen nachzuweisen.

Meiner vorläufigen Mittheilung über diesen Gegenstand trat Vosmaer entschieden entgegen. Er zweifelt nicht an der von O. Schmidt vermutheten und von mir nachgewiesenen Verwandtschaft zwischen Horn- und Kieselschwämmen, trat jedoch der von mir und O. Schmidt vertretenen Anschauung, dass die Kieselschwämme von den Hornschwämmen abstammten, sehr entschieden entgegen und erklärte, dass umgekehrt die Hornschwämme von den Kieselschwämmen abzuleiten seien.

Nach einigem Zögern schloss ich mich dieser Anschauung Vosmaer's an und stellte *Halisarca* als eine rudimentäre Form hin, welche von *Aplysilla* abzuleiten sei. Ich that dies im Einverständnisse mit der von F. E. Schulze mir brieflich mitgetheilten Ansicht über die Stellung von *Halisarca*.

Sowohl Vosmaer als ich hielten an der Solidarität, mit anderen Worten an der monophyletischen Abstammung der Hornschwämme fest, und auch F. E. Schulze hat neuerlich in seinem Challenger-Report die Hornschwämme als eine, monophyletisch aus den monaxonen Kieselschwämmen hervorgegangene Gruppe hingestellt.

In ihrem Challenger-Report über die „Monaxonida" (Chondrospongiae und Cornacuspongiae mit monaxonen Nadeln) sprachen Ridley und Dendy die Vermuthung aus, dass die Hornschwämme nicht eine solidarische, homogene Thiergruppe bildeten, sondern polyphyletisch aus verschiedenen Familien der kieselführenden Cornacuspongiae hervorgegangen seien. Diese Autoren legten dem Fehlen oder Vorhandensein von Kieselnadeln in den Cornacuspongiae deshalb sehr wenig Werth bei, weil sie vielfach beobachtet hatten, dass in verschiedenen Gruppen, so besonders bei den Chalininae und den Desmacidonidae die Anzahl der Nadeln grossen Schwankungen unterworfen ist, ohne dass damit irgendwelche Aenderungen in dem Bau des Weichkörpers in Correlation stünden. Zwar sprachen sie dies in ihren Arbeiten nicht deutlich aus, allein ich weiss, dass dies ihre Anschauung war. Weiter beobachteten Ridley und Dendy, dass die Cornacuspongien aus grösseren Tiefen und kälteren Meeren in der Regel viel reicher an Kieselnadeln und ärmer an Spongien sind als jene, welche in seichtem und wärmerem Wasser vorkommen. Hieraus zogen sie den jedenfalls ungerechtfertigten Schluss, dass aus jeder kieselführenden Cornacuspongie ohne weiteres ein Hornschwamm würde, wenn man sie in ein tropisches Meer verpflanzte.

Da jedoch unsere Autoren die Hornschwämme selber gar nicht untersuchten, so kann ihren Schlüssen nur insofern Vertrauen geschenkt werden, als sich dieselben auf ihre Beobachtungen an Kieselschwämmen stützen.

## 2. Phylogenetische Begründung meines Systems.

Wie oben erwähnt, war es schon lange bekannt, dass gewisse Hornschwämme mit den typischen kieselführenden Cornacuspongien, den Renieridae, bei denen fast gar kein Spongincement vorkommt, verwandt sind. Sie werden, wie meine Untersuchungen gezeigt haben, mit diesen durch sehr zahlreiche Zwischenglieder, speciell die ganze grosse Subfamilie Chalininae mit ihren 200 und etlichen Arten, derart verbunden, dass sich hier absolut keine scharfe Grenze zwischen nadelführenden und nadelfreien Formen aufstellen lässt. Die Hornschwammgattung, welche sich in erster Linie an die Chalineen direct anschliesst, ist *Chalinopsilla* LENDENFELD, deren Arten zum Theil geradezu als kieselfreie Chalineen beschrieben worden sind. Die *Chalinopsilla*-Arten stimmen nicht nur in ihrem Bau mit gewissen Chalineen überein, sondern ähneln ihnen auch so sehr in ihrer äusseren Gestalt, dass es in vielen Fällen gar nicht möglich ist, dieselben ohne microscopische Untersuchung als Hornschwämme zu erkennen. DENDY ist neuerlich so weit gegangen, innerhalb gewisser, von ihm aufgestellter *Siphonochalina*- (*Tuba*-, *Spinosella*-) Arten Varietäten mit und Varietäten ohne Kieselnadeln zu unterscheiden. Obwohl ich nun DENDY in diesem Punkte nicht Recht geben kann — ich habe die betreffenden Spongien selber gesehen — so kann doch gar kein Zweifel darüber bestehen, dass die Chalineen und *Chalinopsilla* sehr nahe verwandt sind, und es ist wohl gerechtfertigt, anzunehmen, dass sich *Chalinopsilla* aus Chalineen-ähnlichen Ahnen durch Verlust der Kieselnadeln entwickelt hat.

An die Gattung *Chalinopsilla* schliessen sich zunächst an die Gattungen *Leiosella* LENDENFELD und *Phyllospongia* EHLERS, welche beide im feineren Bau sehr nahe mit *Chalinopsilla* übereinstimmen. An *Leiosella*, welche sich wie *Chalinopsilla* durch eine glatte Oberfläche und ein specielles Dermalskelett auszeichnet, schliesst sich die von mir im Sinne F. E. SCHULZE's aufrecht erhaltene Gattung *Euspongia* BRONN an, die weiter auch mit der überaus formenreichen Gattung *Hippospongia* F. E. SCHULZE und der eigenthümlichen, durch den Besitz eines Sandpanzers ausgezeichneten Gattung *Coscinoderma* CARTER nahe verwandt ist.

An *Coscinoderma*, welches ein sehr engmaschiges Skeletnetz besitzt, reiht sich die mit einem weitmaschigen Skeletnetz versehene

Gattung *Thorecta* LENDENFELD, deren Arten gleichfalls Sandpanzer
besitzen. Von dieser ziemlich artenreichen Gattung lassen sich die
aberranten kleinen Gattungen *Thorectandra* LENDENFELD (für *Halispongia choanoides* BOWERBANK und eine ähnliche neue) und *Luffaria*
im Sinne POLÉJAEFF's ableiten. *Thorectandra* hat einen dicken Sandpanzer und ein grobes Skelet; *Luffaria* zeichnet sich dadurch aus,
dass bei derselben zwei Arten von Verbindungsfasern vorkommen,
indem dicke Fasern ein grobes Netz bilden, in dessen Maschen ein sehr
feines secundäres Netz ausgebreitet ist.

In den Skeletfasern der letztgenannten Gattungen ist der bei
*Euspongia* und Verwandten schmale, fadenförmige Axenfaden derart
verbreitert, dass er in der Regel den Eindruck eines axialen Mark-
cylinders macht. Dies ist besonders bei *Luffaria* der Fall und auch
deutlich ausgesprochen bei der in diese Gruppe gehörigen Gattung
*Aplysinopsis* LENDENFELD, bei welcher Haupt und Verbindungsfasern
deutlich unterschieden sind.

An *Aplysinopsis* schliesst sich eng die alte NARDO'sche Gattung
*Aplysina* an, welche ich im Sinne F. E. SCHULZE's beibehalte. Bei
dieser sind Haupt- und Verbindungsfasern nicht unterschieden, und
das einförmige Netzwerk des Skeletes besteht aus markhaltigen Fasern.
Da sich alle möglichen Uebergänge zwischen den markhaltigen Fasern
von *Aplysina* und nächstverwandten Gattungen einerseits und den
soliden Fasern der *Euspongia* finden, und da im Bau des Weichkörpers
kein wesentlicher Unterschied zwischen ihnen besteht, so kann ich die
Familie A p l y s i n i d a e für *Aplysina* und Verwandte n i c h t beibehalten und vereinige die A p l y s i n i d a e VOSMAER und LENDENFELD
mit den S p o n g i d a e und H i r c i n i d a e derselben Autoren zu einer
Familie der S p o n g i d a e, welche durch *Chalinopsilla* mit den Chalineen verbunden ist.

An *Aplysina* schliesst sich die, durch ihre dicken knorrigen Fasern und langen abführenden Special-Kanäle ausgezeichnete neue
Gattung *Druinella* LENDENFELD an.

Alle diese Gattungen bilden eine solidarische Gruppe, welche
durch *Leiosella* mit den *Chalinopsilla*-ähnlichen Urformen verknüpft ist.

Eine andere, auch von *Chalinopsilla* ausgehende Entwicklungsreihe
beginnt mit *Oligoceras* F. E. SCHULZE, einer Gattung äusserst sandreicher Hornschwämme mit kleinen kugligen Geisselkammern. Von
*Oligoceras* können die beiden Gattungen *Dysideopsis* LENDENFELD und
*Halme* LENDENFELD abgeleitet werden, welche sich beide durch den

Sandreichthum ihrer Skelete auszeichnen. Das Skelet von *Dysideopsis* besteht aus einem einförmigen Netz von Sandfäden, in dem sich Haupt- und Verbindungsfasern nicht unterscheiden lassen; jenes von *Halme* aus grossen zerstreuten Sandkörnern, die durch feine Sponginfäden mit einander verbunden sind. Von *Halme* lässt sich die überaus formenreiche Gattung *Stelospongia* ableiten, welche ich im Sinne ihres Gründers O. SCHMIDT beibehalte. *Stelospongia* zeichnet sich durch die Fasical-Structur ihrer Fasern aus. Verwandt mit *Stelospongia* ist *Hircinia* NARDO, eine sehr formenreiche Gattung, welche sich von *Stelospongia* vorzüglich dadurch unterscheidet, dass bei den Arten derselben die bekannten Filamente stets vorkommen.

Ich zweifle nicht, dass alle diese im Baue des Weichkörpers so nahe übereinstimmenden Gattungen e i n e homogene und monophyletisch entstandene Gruppe bilden, welche sich an die H o m o r r h a p h i d a e anschliesst. Diese Gruppe wird von mir als eine Familie: S p o n g i d a e betrachtet.

Mit andern Hornschwammgattungen zeigen diese keine nähere Verwandtschaft.

---

Ich habe eine Anzahl von Hornschwämmen untersucht, welche ich in den beiden neuen Gattungen *Aulena* LENDENFELD und *Hyatella* LENDENFELD untergebracht habe. Nur wenige dieser Spongien waren vorher bekannt. Beide zeichnen sich durch die Kleinheit ihrer kugligen Geisselkammern aus und bilden reticuläre Bildungen, welche lebhaft an gewisse E c t y o n i n a e erinnern. Die Skeletfasern vor *Au-lena* sind sehr sandreich, ja es giebt Arten, bei denen das Skelet vorzüglich aus zerstreuten Sandkörnern besteht und Spongin kaum nachweisbar ist. Die oberflächlichen Theile des Skelets von *Aulena* sind dadurch ausgezeichnet, dass hier von den Fasern, respective von den isolirten Sandkörnern stumpfspitze Nadeln abstehen. Obwohl bei keiner *Aulena* Chelae vorkommen, zeigen diese abstehenden Nadeln doch deutlich, dass *Aulena* mit den E c t y o n i n a e, einer Subfamilie der D e s m a c i d o n i d a e, nächstverwandt ist, und es kann wohl gar kein Zweifel darüber bestehen, dass *Aulena* aus einer Ectyonine durch Verlust der Nadeln in den Fasern entstanden ist. *Hyatella* besitzt keine Nadeln und nur wenig Sand im Skelet, ist aber offenbar mit *Aulena* nahe verwandt und aus *Aulena* durch das Fortschreiten jenes Processes entstanden, welcher ursprünglich *Aulena* aus den E c t y o n i n a e hervorgehen liess.

*Aulena* und *Hyatella* sind mit andern Hornschwämmen nicht verwandt, sie bilden eine Familie für sich, die A u l e n i d a e, welche von
den D e s m a c i d o n i d a e abzuleiten ist.

---

Die, durch ihre grösseren, sackförmigen Geisselkammern ausgezeichnete Gattung *Spongelia* und ihre Verwandten bilden eine dritte,
von den vorhergehenden unabhängig entstandene Gruppe.

Die ursprünglichste Gattung dieser Gruppe ist *Phoriospongia*
MARSHALL, welche sich einerseits durch ihren Sandreichthum und andererseits durch den Besitz von Microsclera auszeichnet, welche in
jeder Hinsicht jenen der H e t e r o r r h a p h i d a e gleichen. Ich stehe
nicht an anzunehmen, dass sich *Phoriospongia* aus den H e t e r o r -
r h a p h i d a e in der Weise entwickelt hat, dass die Nadelbündel des
Stützskelets durch Sand ersetzt wurden.

Von dieser Gattung ist einerseits *Psammopemma* MARSHALL abzuleiten, bei welcher Gattung die Microsclera verloren gegangen sind
und das Stützskelet aus mehr oder weniger isolirten Sandkörnern besteht. Bei der neuen Gattung *Sigmatella* LENDENFELD, welche ebenfalls von *Phoriospongia* abzuleiten sein dürfte, besteht das Stützskelet
aus einem sandführenden Hornfasernetz, und es sind auch Microsclera,
sehr kleine Sigmata, vorhanden. Von *Sigmatella* endlich ist die altbe-
kannte Gattung *Spongelia* NARDO, mit der *Dysidea* BOWERBANK identisch ist, durch Verlust der Nadeln abzuleiten und einfach durch den
Schwund der Microsclera aus derselben entstanden. Hierher gehört
auch die neue, etwas zweifelhafte Gattung *Haastia* LENDENFELD.

Ich vereinige diese Gattungen in die Familie der S p o n g e l i d a e,
welche von den H e t e r o r r h a p h i d a e abgeleitet werden muss.

---

Die meisten Hornschwämme gehören in diese drei Gruppen, allein
es bleiben noch einige übrig, welche offenbar mit denselben in gar
keinem Zusammenhang stehen und sich nicht nur von ihnen, sondern
von der ganzen Ordnung Cornacuspongiae, der diese drei Hornschwamm-
Familien angehören, so wesentlich unterscheiden, dass es nöthig ist,
für dieselben eine eigene Ordnung H e x a c e r a t i n a aufzustellen.
Alle Hornschwämme, welche in diese Ordnung gehören, zeichnen sich
durch die Einfachheit ihres Canalsystems, die hohe Ausbildung der
Subdermalräume und die Grösse ihrer sehr langgestreckten, sackförmigen Geisselkammern aus. Ein Skelet ist meist vorhanden und besteht aus markhaltigen, geschichteten Hornfasern, welche stets sowohl

von Fremdkörpern als auch von selbstgebildeten Kieselnadeln frei sind.

Die Gattungen, welche in diese Ordnung gebören, sind folgende: *Darwinella* F. Müller, *Aplysilla* F. E. Schulze, *Dendrilla* Lenden-feld, *Ianthella* Gray, *Halisarca* Dujardin und *Bajulus* Lendenfeld. Keine dieser Gattungen ist eine neue. Es ist leicht, dieselben in drei Familien zu ordnen: Darwinellidae mit Stützskelet und Horn-nadeln; Aplysillidae mit Stützskelet und ohne Hornnadeln; und Halisarcidae ohne Stützskelet und ohne Hornnadeln.

Als Stammfamilie der ganzen Ordnung kann man die Dar-winellidae mit der einzigen Gattung *Darwinella* ansehen. Von *Darwinella* dürften durch Verlust der Hornnadeln die grossen, mit einem baumförmigen Skelet versehenen *Dendrilla*-Arten und die in-crustirenden Aplysillen hervorgegangen sein und weiter auch die durch die Zellen in der Sponginrinde der Fasern ausgezeichnete Gattung *Ianthella*. Die beiden skeletlosen Gattungen *Halisarca* und *Bajulus* fasse ich mit F. E. Schulze als Aplysillen auf, welche ihr Skelet verloren haben. *Bajulus* hat einfache Geisselkammern und ein Netz-werk von Trabekeln im Subdermalraum, während *Halisarca* verzweigte Geisselkammern und einfache Subdermalräume besitzt.

Die Trabekel in den Subdermalräumen von *Bajulus* und gewissen *Dendrilla*-Arten erinnern lebhaft an die entsprechenden Bildungen der Hexactinellida, und auch die geringe Menge von mesodermaler Grundsubstanz und die Gestalt der Geisselkammer zeigen deutlich, dass die Hexaceratina den Hexactinellida sehr ähnlich sind. Von besonderem Interesse sind die sechsstrahligen Hornnadeln von *Darwinella*. Da sechsstrahlige Nadeln nur bei *Darwinella* und den Hexactinellida vorkommen und ein Ersatz der Kieselerde durch Spongin ja stattfinden konnte, so möchte ich die Hornnadeln von *Darwinella* direct von den morphologisch ähnlichen Kieselnadeln der Hexactinellida ableiten. Wenn wir nun auch die oben er-wähnte Aehnlichkeit zwischen *Darwinella* und den übrigen Hexa-ceratina einerseits und den Hexactinellida andererseits in Be-tracht ziehen, so müssen wir zugeben, dass eine directe Abstam-mung der Hexaceratina von den Hexactinellida bedeu-tende Wahrscheinlichkeit für sich hat. In der That nehme ich eine solche an.

Wir kommen also zu dem Schlusse, dass die Hornschwämme keine homogene, monophyletische Thiergruppe darstellen, sondern in

vier verschiedene Phyla zerfallen, von denen drei den Werth von
Familien haben und der Ordnung Cornacuspongiae angehören,
während das vierte den Werth einer Ordnung hat und von den Hexactinellida abzuleiten ist.

## 3. Das System der Hornschwämme.

Ich will nun im Umriss das System der Hornschwämme darstellen,
welches ich als Resultat meiner diesbezüglichen Studien in meiner
Monographie der Hornschwämme begründet und im Detail ausgeführt habe.

Ich betrachte die Spongien als einen, der Abtheilung der Coel-
entera (im Gegensatz zu Coelomata), angehörenden Typus, der
am besten mit dem Namen Mesodermalia belegt werden kann.
Innerhalb dieses Typus unterscheide ich zwei Classen: (1) Calcarea
und (2) Silicea. Die Classe Silicea zerfällt in die vier Ordnungen
(1) Hexactinellida, (2) Hexaceratina, (3) Chondrospongiae, (4) Cornacuspongiae. Diese Gruppen lassen sich in folgender Weise von einander unterscheiden:

Mesodermalia
{
Mit Kalkskelet — Calcarea
{
Weiche, wenig mächtige Grundsubstanz, grosse sackförmige Geisselkammern
{
Mit sechsstrahligen Kieselnadeln. 1. Hexactinellida
Mit Hornskelet oder skeletlos. 2. Hexaceratina.

Mit Kieselskelet, Hornskelet oder ohne Skelet Silicea.
{
Mächtig entwickelte Grundsubstanz, kleinere, rundliche oder ovale Geisselkammern.
{
Kieselnadeln tetract oder monact, kein Spongincement, selten skeletlos. Microsclera, wenn vorhanden, sternförmig (polyact). 3. Chondrospongiae.
Kieselnadeln, wenn vorhanden, diact, stets Spongincement oder Sponginfasern. Microsclera, wenn vorhanden, bogenförmig (diact). 4. Cornacuspongiae.

Die Ordnung Hexaceratina besteht, wie schon oben erwähnt
wurde, ausschliesslich aus Hornschwämmen. Ein Theil der Cornacuspongiae sind ebenfalls Hornschwämme. In den beiden anderen
Ordnungen der Silicea kommen keine Hornschwämme vor.

Das System der Hornschwämme stellt sich also folgendermaassen dar:

## Classis Silicea.

Mesodermalia mit Kieselskelet, Hornskelet oder ohne Skelet.

### 1. Ordo. Hexactinellida.

Silicea mit weicher, wenig mächtiger Grundsubstanz; grossen, sackförmigen Geisselkammern und einem Skelet, welches aus Kieselnadeln besteht, die dem sechsstrahligen Typus angehören.

### 2. Ordo. Hexaceratina.

Silicea mit weicher, wenig mächtiger Grundsubstanz, grossen sackförmigen Geisselkammern, mit einem Skelet, welches aus markhaltigen Hornfasern besteht, oder skeletlos.

#### 1. Familie. *Darwinellidae.*

Hexaceratina mit Stützskelet und sechsstrahligen Hornnadeln.

##### 1. Genus. *Darwinella* F. Müller.

Kleine, incrustirende odor lamellöse Darwinellidae mit triaxonen Hornnadeln und einem Stützskelet, welches aus isolirten, dendritisch verzweigten, markhaltigen Fasern besteht; mit grossen, ovalen Geisselkammern und einfachen, gekrümmten Kanälen.

Die Gattung *Darwinella* wurde vor 23 Jahren von F. Müller aufgestellt, welcher den hohen morphologischen Werth der Hornnadeln erkannte und seine neue Gattung damit characterisirte. Sie wurde von allen späteren Autoren anerkannt. Merejkovsky vereinigte, diese Gattung mit seiner *Simplicella (Aplysilla)* zu einer Familie Darwinellidae. Dieses Arrangement wurde auch von Vosmaer acceptirt. Zu der von F. Müller in Südamerika entdeckten und später von F. E. Schulze auch im Mittelmeer gefundenen Art *D. aurea,* welche auch von Carter als *Aplysina corneostellata* beschrieben worden ist, fügte der letztere später noch eine zweite, australische Art, *D. australiensis.*

Im Bau des Weichkörpers, der Einfachheit des Canalsystems und der Gestalt und Grösse der Geisselkammern ähnelt Darwinella den Aplysillidae; sie schliesst sich durch diese Eigenschaften und besonders auch durch den Besitz von sechsstrahligen Hornnadeln an die Hexactinellida an.

$0 \begin{cases} \text{Nadeln grösstentheils triact, Schwamm roth . 1. } D.\ australiensis. \\ \text{Nadeln grösstentheils pentact, Schwamm orangegelb 2. } D.\ aurea. \end{cases}$

## 2. Familie. *Aplysillidae.*

Hexaceratina mit Stützskelet, jedoch ohne Hornnadeln.

### 1. Genus. *Ianthella* GRAY.

Grosse, becher- oder fächerförmige Aplysillidae mit Zellen in der Sponginrinde der Fasern.

Diese Gattung wurde von GRAY vor 19 Jahren aufgestellt. Der erste hierher gehörige Schwamm wurde von PETIVER im Jahre 1713 als *Rete philippinense* etc. beschrieben, dieses ist die von allen älteren Autoren erwähnte *Spongia flabelliformis*. GRAY studirte diesen Schwamm genauer und machte drei Arten daraus, von denen ich zwei beibehalten habe. HYATT fügte eine dritte hinzu, welche ich acceptire.

Im Bau des Weichkörpers stimmt *Ianthella* vollkommen mit *Aplysilla* und *Dendrilla*, den anderen Gattungen der Familie Aplysillidae überein. Im Bau der Fasern unterscheidet sie sich jedoch wesentlich von diesen so wie von allen anderen Spongien. Nirgends ausser bei *Ianthella* finden wir Zellen in der Sponginrinde der Fasern.

$0 \begin{cases} \text{Schwamm dick becherförmig. Skelet sehr grob 1. } I.\ concentrica. \\ \text{Schwamm dünn lamellös, fächerförmig, schön spiralig gewunden} \\ \qquad\qquad\qquad\qquad\qquad\qquad\qquad\qquad 2.\ I.\ basta. \\ \text{Schwamm fächerförmig, flach ausgebreitet . 3. } I.\ flabelliformis. \end{cases}$

### 2. Genus. *Aplysilla* F. E. SCHULZE.

Kleine, lamellöse, meistens incrustirende Aplysillidae mit einem Skelet, welches aus zahlreichen isolirten, dendritisch verzweigten, aufrechten Fasern besteht. Ohne Zellen in der Sponginrinde der Fasern.

Das Genus *Aplysilla* wurde vor 10 Jahren von F. E. SCHULZE aufgestellt. Gleichzeitig errichtete MEREJKOVSKY für ähnliche Spongien die Gattung *Simplicella*. Da SCHULZE's Beschreibung viel genauer war, so habe ich seinen Namen beibehalten, obwohl MEREJKOVSKY die wahren Verwandtschaftsverhältnisse richtiger erkannte. BARROIS beschrieb eine der Arten als *Verongia*, während CARTER die von ihm aufgefundenen Arten zu *Aplysina* stellte. Alle Autoren, mit Ausnahme von MEREJKOVSKY, hielten *Aplysilla* für eine nahe Verwandte von *Aplysina*, bis ich bei Gelegenheit der Beschreibung einer neuen Art auf den grossen Unterschied zwischen diesen Gattungen aufmerksam machte.

*Aplysilla* ist mit *Dendrilla* sehr nahe verwandt und unterscheidet sich von *Darwinella* nur durch den Mangel der Hornnadeln.

0 { Der Rand des Schwammes erhebt sich und bildet freie Lamellen. 1. *A. compressa.*
Schwamm incrustirend, Rand nicht erhoben . . . . . . 1.

1 { Schwamm bis zu 10 mm dick, dunkelviolett . . 2 *A. violacea.*
Schwamm viel dünner, niemals violett . . . . . . . . 2.

2 { An die distalen Enden der Faserenden sind Sandkörner geheftet. 3. *A. pallida.*
Ohne solche Sandkörner . . . . . . . . . . . . . 3.

3 { Schwamm blassgelb oder farblos, etwa 2 mm hoch 4. *A glacialis.*
Schwamm intensiv gefärbt gelb oder roth . . . . . . . 4.

4 { Schwamm schwefelgelb . . . . . . . . 5. *A. sulphurea.*
Schwamm kirsch-rosenroth . . . . . . . . . 6. *A. rosea.*

### 3. Genus. *Dendrilla* LENDENFELD.

Grosse aufrechte Aplysillidae mit dendritischem oder netzförmigem, Skelet; ohne Zellen in der Songinrinde der Fasern.

Dieses Genus wurde vor 5 Jahren von mir aufgestellt. Der erste hiehergehörende Schwamm wurde von PALLAS als *Spongia membranosa* beschrieben; andere Arten sind von RIDLEY als *Aplysina,* von SELENKA als *Spongelia* und von CARTER als *Luffaria* und *Aplysina* beschrieben worden.

*Dendrilla* ist mit *Aplysilla* nächstverwandt, und junge Dendrillen lassen sich von Arten der letztgenannten Gattung nicht unterscheiden. *Dendrilla* wächst in die Höhe und ist im ausgebildeten Zustand in der Regel gestielt.

0 { Oberfläche wellenförmig mit abgerundeten papillenähnlichen Vorragungen . . . . . . . . . . . . . . . 1. *D. elegans.*
Oberfläche conulös . . . . . . . . . . . . . 1.

1 { Fasern glatt, die Farbe des Schwammes ändert sich nicht während des Absterbens . . . . . . . . . . . . . . . . . 2.
Junge Fasern mit longitudinalen Rippen, Schwamm gelb, wird während des Absterbens dunkelblau . . . . . . . . . (3).

$2\begin{cases}\text{a e n blass, bernsteinfarbig, Schwamm röthlich . . . . . 4.} \\ \text{Die älteren Fasern intensiv schwarz, Schwamm gelb . . . (5).}\end{cases}$

$4\begin{cases}\text{Schwamm hohl, cavernös, unregelmässig lappig  2. } D.\ membranosa. \\ \text{Schwamm solid, gestielt, massig oder fingerförmig   (3. } D.\ rosea) \text{ 6.} \\ \text{Schwamm fächerförmig . . . . . . . . 4. } D.\ ianthelliformis.\end{cases}$

$6\begin{cases}\text{Schwamm massig, gestielt  . . . . 3. I. } D.\ rosea \text{ var. } typica. \\ \text{Schwamm aus schlanken fingerförmigen Theilen zusammengesetzt} \\ \qquad\qquad\qquad\qquad\qquad 3.\ \text{II. } D.\ rosea \text{ var. } digitata.\end{cases}$

$(5)\begin{cases}\text{Schwamm mit hohlen, fingerförmigen Fortsätzen 5. } D.\ cavernosa. \\ \text{Schwamm besteht aus einer vielfach gefalteten, dünnen Lamelle} \\ \qquad\qquad\qquad\qquad\qquad\qquad 6.\ D.\ caespitosa.\end{cases}$

$(3)\begin{cases}\text{Schwamm fächerförmig . . . . . . . . . 7. } D.\ a\ddot{e}rophoba.\end{cases}$

### 3. Familie. *Halisarcidae.*

Hexaceratina mit grossen, sackförmigen, einfachen oder verzweigten Geisselkammern; ohne Stützskelet und ohne Hornnadeln.

### 1. Genus *Bajulus* LENDENFELD.

Halisarcidae mit einfachen, sackförmigen, nicht verzweigten Geisselkammern; ohne Fadennetz in der Grundsubstanz und mit grossen, von einem Trabekelnetz durchzogenen Subdermalräumen.

Diese Gattung wurde von mir vor 4 Jahren für einen interessanten australischen Schwamm aufgestellt.

*Bajulus* ähnelt im Bau des Kanalsystems und besonders in dem Besitz eines Trabekelnetzes den Hexactinellida; F. E. SCHULZE äusserte in der That die Meinung, dass unser Schwamm mit den Hexactinelliden verwandt sein könnte. Ich nehme dies an und glaube, dass *Bajulus* in gewissem Sinne *Halisarca* und die übrigen Hexaceratina mit den Hexactinellida verbindet.

Nur eine Art . . . . . . . . . . . . . . . *B. laxus.*

### 2. Genus. *Halisarca* DUJARDIN.

Halisarcidae mit verzweigten Geisselkammern, einfachen, kleinen Subdermalräumen und einem Fadennetz in der Grundsubstanz.

Diese Gattung wurde vor 50 Jahren von Dujardin aufgestellt. Vier Jahre später beschrieb Johnston eine Art derselben *H. dujardini*, welche auch von Lieberkühn studirt wurde. O. Schmidt fügte zwei neue adriatische Arten hinzu. Diese beiden wurden auch von Carter untersucht, welcher die eine derselben, *H. guttula*, gar nicht für einen Schwamm hielt, bis Giard ihm eines besseren belehrte. Die andre Schmidt'sche Art, *H. lobularis*, wurde von Vosmaer in die Gattung Oscarella gestellt, während F. E. Schulze die Identität von *H. dujardini* und *H. guttula* nachwies.

So blieb nur die eine, ursprüngliche Art übrig. Zu dieser fügten dann Giard und Carter noch andre. Ueber Giard's Arten lässt sich kein Urtheil abgeben, aber Carter's „*H. australiensis*" war schon, ehe seine Beschreibung erschien, von mir untersucht und als der Laich einer grossen Ascidie beschrieben worden. Carter hielt jedoch daran fest, dass dieser Ascidien-Laich eine *Halisarca* sei, und basirte hernach eine ganze Reihe von *Halisarca*-Arten auf getrocknete Exemplare dieses Ascidien-Laichs. Wenn man skeletlose, schleimige und zarte Schwämme nach trockenem Material beschreibt, da hört freilich jede Kritik auf; ich möchte aber hervorheben, dass ich seither Carter's Originalexemplar von *H. australiensis* im Britischen Museum untersucht und gefunden habe, dass es, wie ich ursprünglich vermuthete, derselbe Ascidien-Laich ist, der mir vor Jahren in Sydney aufgefallen war und den ich damals beschrieben hatte. Die betreffende Ascidie ist *Boltenia australis*. Die einzige Art *H. dujardini* ist von vielen Autoren unter verschiedenen Namen beschrieben worden, die Synonymen-Liste ist eine lange, alle stellen sie jedoch in das Genus *Halisarca*.

*Halisarca* steht zwar, ebenso wie *Bajulus*, unter den Spongien einigermaassen isolirt da und ist von diversen Autoren in den verschiedensten Theilen des Systems untergebracht worden. O. Schmidt hielt *Halisarca* für die Urform der Hornschwämme, eine Ansicht, welche, nach einer mündlichen Mittheilung, auch Sollas. theilt. F. E. Schulze theilte mir auf meine Anfrage brieflich mit, dass *Halisarca* als eine skeletlose, rudimentäre Aplysillide angesehen werden könnte. Diese Anschauung habe ich acceptirt und betrachte *Halisarca* demnach als eine Angehörige der Ordnung Hexaceratina. Die einzige Art *H. dujardini*.

## 3. Ordo. Chondrospongiae.

Silicea mit kleinen kugligen oder selten ovalen Geisselkammern, engen Kanälen und mächtig entwickelter, mesodermaler Grundsubstanz. · Ein Stützskelet ist fast immer vorhanden (fehlt bloss bei *Chondrosia*, *Chondrilla* und *Oscarella*) und besteht aus tetraxonen oder monaxonen Kieselnadeln, welche niemals durch Spongincement mit einander verkittet sind. Mikrosklere in der Regel vorhanden, stets stellar [1]).

## 4. Ordo. Cornacuspongiae.

Silicea mit kleinen, kugligen oder ovalen Geisselkammern, mit engen Kanälen und mächtig entwickelter, weicherer mesodermaler Grundsubstanz. Ein Skelet ist stets vorhanden; es besteht aus monaxonen, durch Spongincement verkitteten Kieselnadeln, oder aus Sponginfasern ohne Nadeln, in denen in der Regel Fremdkörper eingelagert sind, oder aus isolirten Fremdkörpern. Mikrosklere, wenn vorhanden, meniskoid [2]).

### 1. Familia. *Desmacidonidae.*

Cornacuspongiae, mit Nadeln in den Skeletfasern und in der Regel mit Chelen. Wenn diese fehlen, finden sich an den Fasern stets abstehende Style.

### 2. Familia. *Aulenidae.*

Cornacuspongiae, von reticulöser Structur, mit ausgedehnten und oft complicirten Vestibular-Räumen und einem harten Skelet, welches aus einem dichten Netz grober, oft sandführender nadelfreier Fasern besteht. An den oberflächlichen Fasern finden sich zuweilen abstehende Nadeln. Mikrosklere fehlen. Geisselkammern sehr klein.

### 1. Genus. *Aulena* LENDENFELD.

Aulenidae, welche aus vielfach gefalteten, reticulösen, mehr oder weniger bienenwabenartigen Lamellen bestehen, zwischen denen sich Vestibular-Räume ausbreiten. Das Skelet besteht aus einem Netzwerk sandreicher Fasern. An den oberflächlichen Fasern findet man abstehende Nadeln. Mit einem Sandpanzer.

Ich stellte diese Gattung vor 3 Jahren in einem etwas anderen Sinne auf. Die Arten sind früher zum Theil von mir in die Gattung *Halme* gestellt worden. Eine Form würde von CARTER als *Holopsamma* beschrieben.

Es kann kein Zweifel darüber bestehen, dass *Aulena* sehr nahe mit den Ectyoninae (Subfamilie der Desmacidonidae) verwandt ist. Vielleicht wäre, wegen der Gegenwart der abstehenden Nadeln, unsre Gattung besser bei den Ectyoninen als bei den Horn-

---

1) Das sind sternförmige Nadeln, oder solche, die von der Sternform abzuleiten sind.

2) Das sind spangenförmige Nadeln, oder solche, die von der Spangenform abzuleiten sind.

schwämmen untergebracht. Wie dem auch sei, sicher bildet *Aulena* den Uebergang zwischen der nadellosen *Hyatella* und den Desmacidoniden. Ich unterschied 6 Formen von *Aulena*, die alle schon beschrieben sind.

0 { Das Skelet besteht aus einem Netzwerk von Hornfasern. Die Vestibularräume sind offen. Schwamm mit centralem Hohlraum . . . . . . . . . . . . . . . . . . . . . 1.
Das Skelet besteht aus Fremdkörpern ohne deutliche Fasern. Die Vestibularräume werden oberflächlich durch Membranen abgeschlossen . . . . . . . . . . . . . . . (2).

1 { Bienenwabenartig mit unregelmässigen, über 10 mm weiten Zellen. Nadeln cylindrische Style . . . . . . . (1. *A. laxa*) 3.
Bienenwabenartig mit regelmässigen, unter 10 mm weiten Zellen. Nadeln kegelförmige Style und Strongyle (2. *A. gigantea*) (4).

3 { Incrustirend oder massig mit lappenförmigen Fortsätzen. Zellen der Bienenwabenstructur unter 15 mm breit. Die äussersten, tangential verlaufenden Fasern auf der Aussenseite mit abstehenden Nadeln bekleidet . . . 1. I. *A. laxa* var. *minima*.
Mit schlanken, fingerförmigen Fortsätzen. Zellen der Bienen-, wabenstructur über 15 mm breit. Oberflächliche, tangential verlaufende Fasern ohne abstehende Nadeln . . . . . .
1. II. *A. laxa* var. *digitata*.

(4) { Bienenwabenstructur locker, Zellen 8 mm breit. Schwamm knollenförmig oder unregelmässig fingerig . . . . . . . . . .
2. I. *A. gigantea* var. *macropora*.

Bienenwabenstructur regelmässig, Zellen 6 mm breit. Schwamm mit regelmässig cylindrischen, distal abgerundeten Fortsätzen
2. II. *A. gigantea* var. *intermedia*.

Bienenwabenstructur sehr regelmässig, Zellen 4 mm breit, Schwamm mit regelmässig conischen, zugespitzten Fortsätzen . . . .
2. III. *A. gigantea* var. *micropora*.

(2) Schwamm massig, mit radialen, röhrenförmigen Vestibularräumen
3. *A. crassa*.

## 2. Genus. *Hyattella nov. gen.*

Aulenidae, die aus dicken und unregelmässigen Platten und Trabekeln bestehen, welche ausgedehnter sind als die zwischenliegenden

2 *

Vestibularräume. Die dickeren Verbindungsfasern halten mehr als 0.03 mm im Durchmesser. Die Fasern sind arm an Fremdkörpern. Die Maschen des Skeletnetzes sind über 0.2 mm breit. Selbstgebildete Nadeln fehlen vollständig.

Ich errichte diese Gattung für eine Reihe von Spongien, welche von Esper, Lamarck, Pallas und Hyatt als *Spongia*, von Ridley und Poléjaeff als *Hippospongia*, von Hyatt als *Spongelia* und von Carter als *Hircinia* beschrieben worden sind, zu diesen füge ich eine grössere Anzahl neuer Arten. Die am längsten bekannte Art ist *Spongia* (*Hyattella*) *sinuosa* Pallas.

*Hyattella* scheint bloss mit *Aulena* näher verwandt zu sein, obwohl gewisse Arten mit *Hippospongia* Vieles gemein haben. Diese Aehnlichkeit halte ich jedoch nicht für den Ausdruck einer wirklichen Verwandtschaft. Ich unterscheide 14 Arten von *Hyattella*, von denen 10 neu sind.

0 { Schwamm massig, mäandrisch . . . . . . . . . . . . 1.
Schwamm becherförmig oder baumförmig, hohl, aus Röhren mit durchbrochenen Wänden zusammengesetzt . . . . . (2).

1 { Horizontal ausgebreitet, incrustirend, mit bienenwabenartiger Structur und wohl ausgesprochenen, geraden Hauptfasern.
1. *H. decidua.*
Nicht regelmässig bienenwabenartig, Oberfläche glatt mit besonderer Dermalmembran . . . . . . . . . . . . . . 3.
Nicht bienenwabenartig, Oberfläche unregelmässig . . . . (4).

3 { Die Fasern in Bündeln, theilweise zu durchbrochenen Sponginplatten verschmolzen, welche 0.2 mm breit werden . . . .
2. *H. globosa.*
Die Fasern wohl theilweise zu lockeren Bündeln gruppirt, aber niemals durchbrochene Platten bildend . . . . . . . 5.

5 { Ohne Pseudoscula . . . . . . . . . . 3. *H. mollissima.*
Mit Pseudosculis . . . . . . . . . . . . . . . . . 6.

6 { Mit grossen Conuli, welche 4—5 mm von einander entfernt sind, schwarz . . . . . . . . . . . . . 4. *H. obscura.*
Mit kleinen, nur 1—2 mm von einander entfernten Conuli, lichtbraun . . . . . . . . . . . . . . 5. *H. micropora.*

(4) { Mit fingerförmigen Fortsätzen . . . . . . 6. *H. tenella.*
Mit lamellösen Fortsätzen . . . . . . . . 7. *H. polyphemus.*

(2) { Mit langen und schlanken, fingerförmigen Fortsätzen, welche unregelmässig gekrümmt und unter 15 mm dick sind. Löcher unter 5 mm weit . . . . . . . . . . 8. *H. arborea.*

Schwamm becherförmig oder verzweigt, fingerförmige Fortsätze, wenn vorhanden, über 20 mm dick. Löcher über 10 mm lang · . . . . . . . . . . . . . . . . . 7.

7 { Einige Fasern über 0.1 mm dick . . . . . . . . . . 8.

Keine Fasern über 0.08 mm dick . . . . . . . . . (9).

8 { Becherförmig . . . . . . . . . . . . . 9. *H. clathrata.*

Verzweigt mit fingerförmigen Fortsätzen . . 10. *H. intestinalis.*

(9) { Breit, röhrenförmig, über 30 mm breit oder lamellös mit mäandrischen, 5 mm breiten Rinnen im dichten Skelet, welche von einem viel zarteren und weitmaschigen Netz ausgefüllt sind . . . . . . · . . . . . . . . . 11. *H. tubaria.*

Röhren unter 30 mm weit, keine Rinnen im Skelet . . . 10.

10 { Die Fasern verschmelzen theilweise zur Bildung durchbrochener Sponginplatten . . . . . . . . . . 12. *H. maeander.*

Keine solche perforirte Platten . . . . . . . . . . 11.

11 { Elastisch und zusammendrückbar . . . . . 13. *H. sinuosa.*

Nicht mit den Fingern zusammendrückbar . . 14. *H. murrayi.*

### 3. Familia. *Homorrhaphidae.*

Cornacuspongia mit einem aus verkitteten Nadeln bestehenden Stützskelet, ohne differenzirte Mikrosklera, ausser selten Toxe.

### 4. Familia. *Spongidae.*

Cornacuspongiae ohne selbstgebildete Kieselnadeln; mit einem Skelet, welches aus einem Netzwerk von meist Fremdkörper führenden Hornfasern besteht, mit kugligen oder birnförmigen, kleinen Geisselkammern.

### I. Subfamilia Eusponginae.

Spongidae mit einem Skelet, welches aus einem dichten Netz feiner, solider einfacher Fasern besteht. Haupt- und Verbindungsfasern sind in der Regel unterschieden. Die Skeletnetzmaschen sind so klein, dass sie für das freie Auge fast unsichtbar sind.

## 1. Genus. *Chalinopsilla* LENDENFELD.

Verzweigte, massige oder auch plattig-fächerförmige Spongidae, mit glatter Oberfläche und besonderem, aus einem feinen Fasernetz bestehenden Dermalskelet. Das Skeletnetz hat einfache Verbindungsfasern und viereckige Maschen. Die Chalinopsillen imitiren in ihrer Gestalt gewisse Chalineen, mit denen sie nahe verwandt sind.

Ich stellte dieses Genus vor einigen Jahren unter dem Namen *Chalinopsis* auf, änderte ihn aber, um Verwechselungen mit der allerdings kaum beizubehaltenden Chalineen-Gattung dieses Namens von O. Schmidt zu vermeiden.

Einige der Arten sind als *Chalina, Paraspongia* und *Dactylia* von Carter, als *Chalinopsis* und *Euspongia* von mir, als *Ditela* von Selenka, als *Tuba* von Hyatt, als *Callispongia* von Duchassaing und Michelotti, als *Psammoclema* von Marshall und als *Velinae* von Vosmaer beschrieben worden.

Im feineren Bau stimmen die *Chalinopsilla*-Arten so nahe mit nadelführenden Chalineen überein, dass in der That der einzige Unterschied zwischen *Chalinopsilla* und gewissen C h a l i n i n a e darin besteht, dass in den Hornfasern der letzteren Kieselnadeln vorhanden sind, in jenen der ersteren aber nicht.

Nun muss erwogen werden, dass unter den Chalineen selbst alle Grade des Verlustes der Kieselnadeln zur Beobachtung kommen, und dass die Endformen zuweilen nur ganz vereinzelte Nadeln enthalten.

In der äusseren Gestalt gleichen die *Chalinopsilla*-Arten den Chalineen wie ein Ei dem andern. Ich bin aber weniger geneigt, diese ausserordentliche Aehnlichkeit für den Ausdruck einer generischen oder specifischen Uebereinstimmung zu halten, wie das gewisse Autoren thun, sondern ich glaube, dass hier ein einfacher Fall von Mimicry vorliegt.

Ueber die nahe Verwandtschaft von *Chalinopsilla* mit den Chalineen kann kein Zweifel bestehen, während andrerseits unsre Gattung durch *Leiosella* mit *Euspongia* und den andren S p o n g i d a e verbunden ist. In der That bildet *Chalinopsilla* den Uebergang zwischen den H o m o r r h a p h i d a e und den S p o n g i d a e. Ich unterscheide 16 Arten von *Chalinopsilla* von denen 9 neu sind.

0 { Dermalskelet frei von Fremdkörpern . . . . . . . . . . 1.
Dermalskelet aus Sandsträngen zusammengesetzt . . . . (2).

1 { K e ne Fremdkörper im Stützskelet . . . . . . . . . 3.
Fremdkörper in den Fasern des Stützskelets vorhanden . . (4).

3 { Verbindungsfasern ebenso dick wie die Hauptfasern . . . 5.
Verbindungsfasern nur halb so dick wie die Hauptfasern oder
dünner . . . . . . . . . . . . . . . . . . . (6).

5 { Röhrenförmig mit einfachem, terminalem Praeosculum 1. *C. tuba.*
Keulenförmig mit mehreren terminalen Osculis . 2. *C. clavata.*

(6) { Netzmaschen länglich, zweimal so lang wie breit . 3. *C. radix.*
Netzmaschen quadratisch . . . . . . . (4. *C. australis*) 7.

7 { Incrustirend . . . . . . . . 4. I. *C. australis* var. *repens.*
Netz bildend mit cylindrischen Zweigen 4. II. *C. australis* var.
*reticulata.*

(4) { Oscula unter 2 mm breit, zerstreut . . . . . . . . . 8.
Oscula terminal, auf Fortsätzen oder am Rande plattiger Theile (9).

8 { Haupt- und Verbindungsfasern von fast gleicher Dicke
5. *C. imitans.*
Hauptfasern mehr als zweimal so dick wie die Verbindungsfasern . . . . . . . . . . . . . . . . . 10.

10 { Hauptfasern anastomosiren und bilden ein Netz . 6. *C. elegans.*
Hauptfasern bilden keine Anastomosen . . . . . . 11.

11 { Schwamm fächerförmig. Die Fremdkörper Sand 7. *C. candelabrum.*
Schwamm mit fingerförmigen Fortsätzen. Fremdkörper Nadelfragmente . . . . . . . . . . . . 8. *C. dichotoma.*

(9) { Incrustirend, lappig . . . . . . . . . . . 9. *C. repens.*
Aufrecht fächerförmig . . . . . . . 10. *C. paraspongia.*

(2) { Dünn fächerförmig, Verbindungsfasern halb so dick wie die Hauptfasern . . . . . . . . . . . . . . 11. *C. impar.*
Massig, mit lappen- oder fingerförmigen Fortsätzen. Verbindungsfasern ein Viertel so dick wie die Hauptfasern . . . . .
(12. *C. arborea*) 12.

12 { Oscula 1—2 mm breit, Schwamm verzweigt, mit fingerförmigen
Fortsätzen . . . . . 12. I. *C. arborea* var. *micropora.*
Oscula 2—5 mm breit . . . . . . . . . . . 13.

13 { Schwamm lappig, massig . . 12. II. *C. arborea* var. *macropora.*
Schwamm mit fingerförmigen, verzweigten Fortsätzen . . . .
12. III. *C. arborea* var. *ramosa.*
Schwamm massig, knollig . . 12. III. *C. arborea* var. *massa.*

## 2. Genus. *Phyllospongia* EHLERS.

Lamellöse, becherförmige oder verzweigte, niemals massige Spongidae; mit glatter, granulöser oder gefurchter Oberfläche. Oscula zahlreich. Geisselkammern mit abführendem Specialcanal, 0,02 —0,04 mm im Durchmesser. Skeletfasern dünn.

Diese Gattung wurde vor 18 Jahren von EHLERS für *Spongia (Phyllospongia)* Auct. *foliascens* aufgestellt. Sieben Jahre später errichtete HYATT für ähnliche Spongien die Gattung *Carteriospongia*. Alle bekannten Arten dieses Genus gehören in die Gattung *Phyllospongia*. Ebenso die zwei von CARTER aufgestellten Gattungen *Mauricea* und *Geelongia*. Ausserdem gehören eine Anzahl von Spongien hieher, welche als *Spongia* auctorum, *Spongionella* BOWERBANK und *Halispongia* BLAINVILLE beschrieben worden sind. RIDLEY liess die Gattungen *Phyllospongia* EHLERS und *Carteriospongia* HYATT neben einander stehen. Er änderte den letzten Namen in *Carterispongia* um.

Der erste in diese Gattung gehörige Schwamm wurde im Jahre 1605 von CLUSIUS als *Spongia elegans* etc. beschrieben.

Die Gattung *Phyllospongia* ist mit *Leiosella*, *Chalinopsilla*, *Hippospongia* und *Coscinoderma* verwandt. Einige der Arten imitiren Chalineen. So z. B. könnte man *P. torresia* und *P. caliciformis* von *Placochalina* ableiten. Ebenso finden sich Anknüpfungspunkte mit *Ceraochalina*. *P. arbuscula* führt zu *Hippospongia* hin. Die nächste Verwandtschaft zeigen die *Phyllospongia*-Arten im Allgemeinen mit *Chalinopsilla*, von welcher Gattung ich sie ableite.

Ich theile die Gattung in drei Subgenera:

I. *Antheroplax*, mit über 4 mm dicken Lamellen, niemals gefurchter Oberfläche und grossen Osculis.

II. *Spongionella* mit sehr dünnen, unter 0,9 mm dicken, becherförmigen oder unregelmässig verzweigten Lamellen, mit auf beiden Seiten glatter Oberfläche und kleinen Osculis.

III. *Carterispongia* mit gefurchter Oberfläche. Ich unterscheide 24 Formen von *Phyllospongia*, von denen 15 neu sind.

0 { Lamellen gewöhnlich über 4, nie unter 2 mm dick. Oberfläche glatt . . . . . . . . . . . . . . . . . . . . 1.
Oberfläche gefurcht oder glatt. Lamellen der glatten Arten unter 1,5 mm dick . . . . . . . . . . . . (2).

1 { Unregelmässig blattförmig mit Sandpanzer, welcher durch ein dermales Fasernetz gestützt wird . . . . . . . . . 3.
Regelmässig becherförmig mit Sandpanzer ohne dermales Fasernetz (4).

3 {
Hauptfasern 4—6mal so dick wie die Verbindungsfasern, welche
alle den gleichen Durchmesser haben . . . . . . . 5.
Hauptfasern weniger als 2mal so dick wie die primären Verbindungsfasern . . . . . . . . . . . . . . . . (6).
}

5 {
Oscula nicht vorragend, ungefähr 1 mm breit    1. *P. perforata.*
Oscula stark vorragend, über 3 mm breit . . 2. *P. macropora.*
}

(6) {
Einfach fächerförmig . . . . . . . . . . . . . . 7.
Complicirt blumenförmig . . . . . . . . . . . . (8).
}

7 {
Fasern durchschnittlich 0,04 mm dick, fremdkörperfrei . . . .
3. *P. velum.*
Fasern durchschnittlich 0,1 mm dick, ein axialer Strang von
Fremdkörpern in den Hauptfasern . . . . 4. *P. torresia.*
}

8 {
Verbindungsfasern von schwankendem Durchmesser, Lamellen
2—3 mm dick. Schwamm blumenförmig . (5. *P. dendyi*) 9.
Verbindungsfasern von einförmiger Dicke, Lamellen 3—4 mm
dick. Schwamm blattförmig verzweigt (6. *P. ridleyi*) (10).
}

9 {
Eine gefaltete Lamelle mit continuirlichem Rande . . . . .
5. I. *P. dendyi* var. *frondosa.*
Die gefaltete Lamelle am Rande ist in fingerförmige Aeste getheilt
5. II. *P. dendyi* var. *digitata.*
}

(10) {
Ein centrales Blatt mit alternirenden Seitenblättern . . . . .
6. I. *P. ridleyi* var. *typica.*
Ein concaves Blatt mit unregelmässigen Auswüchsen . . . .
6. II. *P. ridleyi* var. *maeander.*
}

(4) {
Höher als breit; innere Oberfläche ganz glatt, äussere Oberfläche
uneben . . . . . . . . . . . . . 7. *P. vasiformis.*
Breiter als hoch, äussere Oberfläche mit runden Depressionen,
innere Oberfläche mit starken Protuberanzen
8. *P. caliciformis.*
Ebenso hoch wie breit, äussere Oberfläche mit breiten longitudinalen Rippen, innere Oberfläche mit einer 4 mm breiten,
· durch mäandrische Furchen ausgezeichneten Randzone . . .
9. *P. schulzei.*
}

(2) {
Blattförmig, beide Seiten glatt . . . . . . . . . . 11.
Blattförmig, die eine innere Seite gefurcht . . . . . (12).
Blatt- oder fingerförmig, beide Seiten gefurcht . . . . (13).
}

11 {
Hauptfasern kaum dicker als die Verbindungsfasern . . 14.
Hauptfasern dreimal so dick wie die Verbindungsfasern . (15).
Hauptfasern zehnmal so dick wie die Verbindungsfasern . (16).
}

14 {
Schwamm verzweigt, Oscula zerstreut, etwa 0,5 mm breit . . .
10. *P. madagascarensis.*
Schwamm blattförmig, Oscula randständig, 1,5 mm breit . . .
11. *P. supraoculata.*
Schwamm becherförmig, Oscula auf der Aussenseite . . . . .
12. *P. fissurata.*
}

(15) {
Netzmaschen klein, so breit wie die Hauptfasern dick 13. *P. papyracea.*
Netzmaschen gross, etwa dreimal so breit wie die Hauptfasern dick
14. *P. distans.*
}

(16) { Blattförmig verzweigt . . . . . . . . 15. *P. arbuscula.*

(12) {
Hauptfasern sandhaltig . . . . . . . . . . . . . 17.
Hauptfasern enthalten bloss fremde Nadelfragmente . . (18).
}

17 {
Furchen longitudinal, unverästelt, Schwamm regelmässig becher-
förmig . . . . . . . . . . . . . . 16. *P. mantelli.*
Furchen baumförmig verästelt und anastomosirend . . . 19.
}

19 {
Regelmässig gestaltet, horizontal ausgebreitet, Skelet dunkelbraun.
Hauptfasern viermal so dick wie die Verbindungsfasern . .
17. *P. elegans.*
Unregelmässig, aufstrebend, Skelet weiss, Hauptfasern dreimal so
dick wie die Verbindungsfasern . . . . 18. *P. pennatula.*
}

(18) { Regelmässig becherförmig, Hauptfasern rauh und stachlig . -
19. *P. silicata.*

(13) {
Einfach becherförmig, Skelet braun, Fasern stark, Hauptfasern
viermal so dick wie die Verbindungsfasern 20. *P. foliascens.*
Verzweigt, blumenförmig, Skelet weiss, Fasern dünn, Hauptfasern
achtmal so dick wie die Verbindungsfasern . 21. *P. spiralis.*
Ein Busch von schlanken, cylindrischen, fingerförmigen Aesten
22. *P. vermicularis.*
}

### 3. Genus. *Leiosella nov. gen.*

Lamellöse, becher- oder fächerförmige oder verzweigte Spongidae mit glatter Oberfläche, verzweigten Verbindungsfasern und sehr feinem Skeletnetz. Mit Nadelfragmenten in den Fasern; ohne Sandpanzer.

Ich stelle diese Gattung für eine Anzahl eigenthümlicher Spongien auf, von denen die am längsten bekannte *Spongionella pulchella* Bower-bank ist. Andere Arten sind von Miklucho-Maclay als *Spongia*, von Carter, Ridley und mir als *Euspongia* und von Marenzeller als *Cacospongia* beschrieben worden. *Leiosella* ist jedenfalls am nächsten mit *Euspongia* verwandt, sind doch die meisten früher beschriebenen Arten in diese Gattung gestellt worden.

Es unterscheidet sich jedoch *Leiosella* von *Euspongia* auf den ersten Blick durch den Mangel der Conuli. Auch mit *Phyllospongia* ist *Leiosella* nahe verwandt, und es vermitteln *Leiosella foliacea* und *Phyllospongia caliciformis* und *vasiformis* den Uebergang zwischen den beiden Gattungen. Wenn ich trotzdem *Leiosella* und *Phyllospongia* von einander trenne, so thue ich dies theils, weil kein Autor jemals Arten dieser Gattungen als Repräsentanten eines und desselben Genus beschrieben hat, und theils, weil die Canäle von *Leiosella* und die Geisselkammern viel kleiner sind als jene von *Phyllospongia*. Die *Leiosella*-Arten sind daher viel dichter. Auch mit *Chalinopsilla* und mit *Coscinoderma* ist *Leiosella* verwandt.

Ich unterscheide 9 Arten von *Leiosella*; 6 sind früher beschrieben worden.

0 $\begin{cases} \text{Nadelfragmente bloss in den Hauptfasern} & \dots \dots \dots \quad 1. \\ \text{Nadelfragmente in allen Fasern} & \dots \dots \dots \dots \quad (2). \end{cases}$

1 $\begin{cases} \text{Oscula klein, unter 1 mm breit, nicht vorragend, wenig Sand in} \\ \quad \text{der Haut} \dots \dots \dots \dots \dots \dots \dots \dots \dots \dots \quad 3. \\ \text{Oscula gross, über 1 mm breit, oft vorragend, massenhafte Fremd-} \\ \quad \text{körper in der Haut} \dots \dots \dots \dots \dots \dots \dots \quad (4). \end{cases}$

3 $\begin{cases} \text{Maschen des Skeletnetzes unter 0,1 mm breit . 1. } L. \text{ compacta.} \\ \text{Maschen des Skeletnetzes 0,2 mm breit . . 2. } L. \text{ pulchella.} \end{cases}$

(4) $\begin{cases} \text{Regelmässig becherförmig mit einem Netzwerk vorragender} \\ \quad \text{Kämme auf der Oberfläche} \dots \dots \dots .3 \ L. \text{ elegans.} \\ \text{Unregelmässig verzweigt, lappenbildend oder blattförmig, ohne} \\ \quad \text{vorragendes Netz auf der Oberfläche} \dots \dots \dots 5. \end{cases}$

5 { Oscula randständig, nicht vorragend . . . . . 4. *L. laevis.*
  { Oscula auf der Breitseite, vorragend . . . . 5. *L. illawarra.*

(2) { Oscula zerstreut, auf beiden Seiten.   Maschen des Skeletnetzes
    { unter 0,18 mm breit . . . . . . . . . 6. *L. silicata.*
    { Oscula nur auf einer Seite.   Maschen des Skeletnetzes über
    { 0,18 mm breit . . . . . . . . . . . . . . . . 6.

6 { Grosse, fächerförmige Schwämme.   Maschen des Skeletnetzes
  { 0,3 mm breit . . . . . . . . . . . . 7. *L. flabellum.*
  { Becherförmige Schwämme.   Maschen des Skeletnetzes ungefähr
  { 0,2 mm breit . . . . . . . . . . . . . . . . 7.

7 { Oscula nicht zahlreich, ungefähr 4 mm von einander entfernt.
  { Zerstreute Fremdkörper in der Haut . . . 8. *L. foliacea.*
  { Oscula sehr zahlreich, ungefähr 1,4 mm von einander entfernt.
  { Sehr zahlreiche Fremdkörper in der Haut . 9. *L. calyculata.*

## 4. Genus. *Euspongia* BRONN.

Massige Spongidae, deren Hauptfasern weit von einander entfernt
sind, und deren vielfach verzweigte und anastomosirende, in der Regel
unter 0,04 mm dicke Verbindungsfasern ein dichtes Netz bilden. Die
Oberfläche ist conulös und entbehrt eines Sandpanzers. Vestibularräume, wenn vorhanden, klein.

Spongien, welche in diese Gattung gehören, sind seit langer Zeit
bekannt, und die vielen Angaben über den Gebrauch des Badeschwammes im Homer lassen schliessen, dass derselbe schon im grauen Alter-
thume benützt worden ist. Allerdings ist mir keine Angabe über den
Gebrauch von Schwämmen bei den älteren orientalischen Völkerschaften
bekannt.

ARISTOTELES unterschied drei Varietäten des Badeschwammes. Zwei
von diesen sollen nach O. SCHMIDT mit Arten der Gattung *Euspongia*
übereinstimmen.

Alle den älteren Autoren bekannten *Euspongia*-Arten wurden als
Species der Gattung *Spongia* beschrieben, welche damals freilich alle
Hornschwämme umfasste.

Später haben DUCHASSAING und MICHELOTTI und besonders auch
O. SCHMIDT die Gattung *Spongia* enger begrenzt. *Euspongia officinalis,*
der mediterrane Badeschwamm, war und blieb die typische Art der
Gattung. Alle SCHMIDT'schen *Spongia*-Arten sind Species von *Euspongia*
in unserem Sinn.

Der Gattungsname *Euspongia* wurde von BRONN aufgestellt und
ist von O. SCHMIDT in späteren Publicationen benützt worden. Schliess-

lich aber („Grundzüge einer Spongienfauna des atlantischen Gebietes") gab Schmidt den Namen *Euspongia* auf und benützte wieder die Bezeichnung *Spongia*. Auch Hyatt blieb bei der älteren Bezeichnung *Spongia*. Die meisten von Hyatt's *Spongia*-Arten sind *Euspongien*. Carter beschrieb Euspongien als *Spongia*, *Paraspongia* und *Euspongia*. Die meisten von Carter's *Euspongia*-Arten sind nicht Euspongien.

F. E. Schulze benützte den Namen *Euspongia* und begrenzte die Gattung ähnlich, wie ich das thue. Alle seine Euspongien habe ich in dem Genus belassen mit Ausnahme von *E. officinalis* var. *tubulosa*. Dies ist eine *Hippospongia*. Auch der als *Cacospongia mollior* von O. Schmidt und F. E. Schulze beschriebene Schwamm ist eine *Euspongia*. Ridley beschrieb einige Euspongien als *Euspongia*-Arten, und Poléjaeff vertheilte die von ihm untersuchten Euspongien unter die Gattungen *Euspongia* und *Coscinoderma*. Ich selber gab in früheren Arbeiten der Gattung *Euspongia* eine weitere Ausdehnung als jetzt.

Wegen der Masse des Materials ist es in dieser Gattung besonders schwer, Arten und Varietäten aufzustellen. O. Schmidt, der Erste, der sich redlich bemühte, diese Aufgabe zu lösen, fand seine Arbeit verhältnissmässig leicht, solange er seine Studien auf die adriatischen Schwämme beschränkte; gleichwohl haben die Arbeiten von Schulze gezeigt, nicht nur dass *Ditela* O. Schmidt von *Euspongia* nicht verschieden ist, sondern dass seine Arten von *Spongia* grösstentheils nichts anderes sind als die des gewöhnlichen Badeschwammes. O. Schmidt selber zog in aufeinanderfolgenden Arbeiten einige Arten zurück, aber erst, als er seine Untersuchungen von der engbegrenzten Mittelmeerfauna auf das atlantische Gebiet ausdehnte, war er gezwungen, die Classification der Euspongien ganz aufzugeben. Das Resultat achtjähriger Arbeit spricht Schmidt in den Worten aus: „Ich bin nicht im Stande, die zahlreichen Exemplare der auswaschbaren Schwämme mit elastischen Fasern, theils von Portugal, theils und vorzugsweise vom Caraibischen Meere in Arten zu bringen."

Hyatt hat sich später die Aufgabe gestellt, Ordnung in die Gattung *Spongia (Euspongia)* zu bringen. Er untersuchte die reichen amerikanischen Sammlungen und stellte ein System auf, welches aber höchst schwerfällig und theilweise auch fehlerhaft ist. Er unterscheidet Subspecies und Varietäten, so dass viele seiner systematischen Begriffe vier lange Namen haben, und doch ist bei alledem kein Sinn.

F. E. Schulze beschränkte sich in erster Linie auf die adriatischen Formen, welche er in klassischer Weise bearbeitete. Wohl bespricht er einige von Hyatt's Arten, allein er vermeidet es, im Detail auf Hyatt's Schrift einzugehen, eine Arbeit, die Schulze mit Recht für recht wenig versprechend hielt.

Nach Abzug einer Anzahl wohl characterisirter Arten bleibt ein Chaos von Formen übrig, die überall in einander sowie in *Hippospongia*-Arten übergehen. Einen Theil dieser Formen stelle ich in die Gattung *Hippospongia*, den Rest theile ich in zwei Arten, *E. officinalis* im Sinne F. E. Schulze's und *E. irregularis* in dem Sinne, welchen ich dieser Art vor mehreren Jahren verlieh. Diese beiden Arten werden in zahlreiche Varietäten zerlegt.

Die Gattung *Euspongia* ist mit *Leiosella* und *Coscinoderma* verwandt, unterscheidet sich jedoch von diesen dadurch, dass die Oberfläche stets conulös ist, und der Sandpanzer fehlt.

Die nächste Verwandtschaft zeigt *Euspongia* mit *Hippospongia*, und es ist in der That nicht möglich, eine scharfe Grenze zwischen diesen Gattungen aufzufinden. Wenn ich dennoch die höhere Entwicklung der Vestibularräume von *Hippospongia* als einen genügenden Grund ansehe, diese zwei Gattungen neben einander stehen zu lassen, so geschieht dies nicht wegen der gewiss grossen Verschiedenheit ihrer Endformen, nicht weil ich von SCHULZE's Autorität, welcher die Gattung *Hippospongia* aufstellte, eine ungebührliche Achtung hätte, und auch nicht weil durch die Vereinigung der *Hippospongia*-Arten mit den Euspongien die letztere Gattung einen allzu grossen Umfang gewinnen würde; sondern nur deshalb, weil ich trotz der Erkenntniss der Mangelhaftigkeit dieses Arrangements kein besseres an dessen Stelle zu setzen vermag.

Ich unterscheide 12 Arten von *Euspongia*, von denen *E. irregularis* weiter in 10 und *E. officinalis* in 11 Varietäten getheilt wird. Von diesen 31 Formen wurden 5 von O. SCHMIDT, 6 von HYATT, 3 von F. E. SCHULZE, 1 von RIDLEY, 2 von POLÉJAEFF und 5 vom Autor beschrieben. Hierzu kommen noch 9 neue.

$$0 \begin{cases} \text{Hauptfasern einfach} \dots \dots \dots \dots \dots \dots \mathbf{1.} \\ \text{Hauptfasern in Fascikeln, deren einzelne Fasern mit einander} \\ \quad \text{theilweise verschmelzen} \dots \dots \dots \dots \dots \mathbf{(2).} \end{cases}$$

$$1 \begin{cases} \text{Verbindungsfasern von schwankender Dicke, die stärksten drei-} \\ \quad \text{mal so dick wie die feinsten} \dots \dots \dots \dots \mathbf{3.} \\ \text{Verbindungsfasern von mehr gleichförmiger Dicke, die stärksten} \\ \quad \text{nie mehr als zweimal so dick wie die feinsten} \dots \mathbf{(4).} \end{cases}$$

$$3 \begin{cases} \text{Netzmaschen polygonal oder unregelmässig länglich. Alle Ver-} \\ \quad \text{bindungsfasern unter 0,04 mm dick} \dots \text{(1. } \textit{E. irregularis}\text{) 5.} \\ \text{Netzmaschen rechteckig; Verbindungsfasern in primäre, tangential} \\ \quad \text{verlaufende und in secundäre, radial verlaufende unterschieden;} \\ \quad \text{die ersteren sind 0,03—0,05 mm dick} \dots \dots \mathbf{(6).} \end{cases}$$

$$5 \begin{cases} \text{Alle Netzmaschen unter 0,25 mm breit} \dots \dots \mathbf{7.} \\ \text{Netzmaschen 0,2—0,4 mm breit} \dots \dots \dots \mathbf{(8).} \end{cases}$$

7 {
Schwamm massig oder incrustirend . . . . . . . . . 9.
Schwamm aufrecht, lamellös, blattförmig . . . . . . (10).
Schwamm verzweigt, lappig oder mit fingerförmigen Fortsätzen
(11).

9 {
Netzmaschen polygonal . . . . . . . . . . . . . . 12.
Netzmaschen länglich oder unregelmässig . . . . . . (13).

12 {
Schwämme ohne fistulöse Anhänge . . . . . . . . . .
1. I. *E. irregularis* var. *pertusa.*
Schwämme mit fistulösen Anhängen . . . . . . . . . .
1. II. *E. irregularis* var. *fistulosa.*

(13) {
Netzmaschen unregelmässig. Hauptfasern sandhaltig . . 14.
Netzmaschen länglich oder unregelmässig rechteckig. Hauptfasern
mit Nadelfragmenten . . . . . . . . . . . . . (15).

14 {
Trockenes Skelet weich und elastisch . . . . . . . . .
1. III. *E. irregularis* var. *lutea.*
Trockenes Skelet hart und unelastisch . . . . . . . .
1. IV. *E. irregularis* var. *dura.*

(15) {
Oberfläche des Skelets unregelmässig, mit 1 mm langen Zotten
1. V. *E. irregularis* var. *tenuis.*
Oberfläche des Skelets mit 2—5 mm langen Zotten . . . . .
1. VI. *E. irregularis* var. *villosa.*

(10) {
Oberfläche sehr glatt . . 1. VIII. *E. irregularis* var. *frondosa.*

(11) {
Hauptfasern sandhaltig . 1. VIII. *E. irregularis* var. *jacksonia.*
Hauptfasern mit Nadelfragmenten . . . . . . . . . .
1. IX. *E. irregularis* var. *silicata.*

(8) {
Netzmaschen viereckig oder polygonal, feine Fasern selten . .
1. X. *E. irregularis* var. *mollior.*

(6) { Schwamm lebt in Muscheln . . . . . . . . 2. *E. hospes.*

(4) {
Verbindungsfasern grösstentheils unter 0,02 mm dick . . 16.
Verbindungsfasern über 0,025 mm dick . . . . . . . (17).

16 {
Netzmaschen unter 0,03 mm breit . . . . . . . . . 18.
Netzmaschen 0,04 mm breit . . . . . . . . . . . (19).

18 {
Der Schwamm besteht aus breiten, aufrechten, grösstentheils verwachsenen Röhren mit grossen terminalen Osculis . . . .
3. *E. osculata.*
Schwamm knollenförmig mit grossen, zerstreuten, nicht vorragenden Osculis . . . . . . . . . . . . 4. *E. discus.*
Schwamm lamellös, blattförmig oder incrustirend . . . . 20.
}

20 {
Netzmaschen polygonal, abgerundet unregelmässig. Der Schwamm besteht aus einer mäandrischen Lamelle . . 5. *E. excavata.*
Netzmaschen rechteckig. Der Schwamm besteht aus einer aufrechten, gefalteten Lamelle . . . . . 6. *E. trincomalensis.*
}

(19) { Hauptfasern bloss 0,04 mm dick . . . . . . 7. *E. zimocca.*

(17) {
Verbindungsfasern 0,025—0,035 mm dick (8. *E. officinalis*) 21.
Verbindungsfasern über 0,035 mm dick . . . . . . . (22).
}

21 {
Hauptfasern unter 0,09 mm dick . . . . . . . . . . 23.
Hauptfasern über 1 mm dick . . . . . . . . . . (24).
}

23 {
Massige oder becherförmige Schwämme mit auffallenden, 4 bis 10 mm breiten Osculis . . . . . . . . . . . . 25.
Unregelmässige, incrustirende, lappige oder lamellöse Schwämme mit kleinen, 1—2 mm breiten Osculis . . . . . . (26).
}

25 {
1 mm hohe Conuli auf der Oberfläche . . . . . . . . 27.
0,3—0,6 mm hohe Conuli auf der Oberfläche . . . . . (28).
}

27 {
Schwamm massig, Oscula über die Oberseite zerstreut . . . .
8. I. *E. officinalis* var. *adriatica.*
Schwamm becher- oder keulenförmig. Oscula im Fundus des Bechers oder terminal am oberen Ende der Keule . . . .
8. II. *E. officinalis* var. *mollissima.*
}

(28) {
Oscula gewöhnlich in longitudinalen Reihen, selten zerstreut oder fehlend, schlitzförmig oder rund . . . . . . . . . . .
8. III. *E. officinalis* var. *rotunda.*
}

(26) {
Schwamm lamellös . . . . . . . . . . . . . . . . 29.
Schwamm incrustirend oder unregelmässig . . . . . . (30)
}

29 {
Eine einfache Platte. Auf einer Seite finden sich Vertiefungen, in denen Oculargruppen liegen . . . . . . . . . .
8. IV. *E. officinalis* var. *lamella*.
Eine durchbrochene Platte mit zerstreuten Osculis . . . . .
8. V. *E. officinalis* var. *perforata*.
}

(30) {
Schwamm unregelmässig, Skelet strohgelb . . . . . . . .
8. VI. *E. officinalis* var. *irregularis*.
Schwamm incrustirend. Skelet braun . . . . . . . . 31.
}

31 {
Mit grossen Subdermalräumen und einem speciellen Dermalskelet
8. VIII. *E. officinalis* var. *nitens*.
Ohne continuirliche Subdermalräume und Dermalskelet . . 32.
}

32 {
Hauptfasern dornig, enthalten grosse Nadelfragmente . . .
8. VIII. *E. officinalis* var. *spinosa*.
Hauptfasern glatt, sandhaltig . 8. IX. *E. officinalis* var. *exigua*.
}

(24) {
Hauptfasern vielfach und unregelmässig verzweigt. Die Verbindungsfasern in primäre, (tangentiale) und in secundäre, (radiale) differenzirt . . . . . . . 8. X. *E. officinalis* var. *lobosa*.
Hauptfasern nur wenig verzweigt. Verbindungsfasern nicht in tangentiale, primäre und radiale, secundäre differenzirt . . .
8. XI. *E. officinalis* var. *dura*.
}

(22) {
Netzmaschen unter 0,35 mm breit, viereckig . . . . . 33.
Netzmaschen 0,5 mm breit, polygonal . . . . . . . (34).
}

33 {
Primäre (tangentiale), und secundäre (radiale), Verbindungsfasern unterschieden; Oberfläche mit unregelmässigen, 1—3 mm hohen Spitzen und Kämmen besetzt . . . . . . 9. *E. septosa*.
Verbindungsfasern gekrümmt, nicht in primäre und secundäre differenzirt. Mit 1 mm hohen Conulis auf der Oberfläche
10. *E. denticulata*.
}

(34) {
Schwamm becherförmig. Oberfläche des Skelets zottig . . .
11. *E. bailyi*.
}

(2) {Schwamm lamellar, lappig mit randständigen Osculis 12. *E. pikei*.

## 5. Genus. *Hippospongia* F. E. SCHULZE.

Cavernöse Spongidae, die von Vestibularräumen durchsetzt sind, welche die dazwischen liegenden Septen an Weite übertreffen. Die Maschen des Skeletnetzes sind 0,1—0,4 mm breit. Die Skelete der weitmaschigen Arten sind weich und elastisch.

Der erste in diese Gattung gehörende Schwamm wurde von O. SCHMIDT als *Spongia equina* beschrieben. Einige der als *Spongia* von HYATT und DUCHASSAING & MICHELOTTI beschriebenen Arten gehören ebenfalls hieher.

F. E. SCHULZE errichtete das Genus *Hippospongia* für O. SCHMIDT's *Spongia equina.* Spätere Autoren haben dann weitere Arten beschrieben. So CARTER als *Euspongia,* POLÉJAEFF und RIDLEY als *Hippospongia* und ich selbst als *Euspongia, Aulena, Aphroditella* und *Halme.*

Obwohl SCHULZE den vestibularen Character der Hohlräume bei *Hippospongia* nicht erkannte, scheint er doch eine Art Ahnung davon gehabt zu haben, indem er eben daraufhin seine neue Gattung gründete. Ich behalte das Genus *Hippospongia* in jener Ausdehnung bei, welche ihm von SCHULZE verliehen wurde.

*Hippospongia* ist mit *Phyllospongia* und *Leiosella,* besonders aber, wie schon oben hervorgehoben worden ist, mit *Euspongia* nahe verwandt. Die für *Hippospongia* charakteristischen grossen, vestibularen Hohlräume sind auch in einigen *Euspongia*-Arten angedeutet, so dass der Unterschied dieser Genera nur ein relativer ist. Uebrigens sind die Hohlräume bei keiner *Euspongia* so gross wie bei den Hippospongien.

Die Schwierigkeit, diese Genera von einander zu unterscheiden, wird am besten dadurch illustrirt, dass ich selber seinerzeit Schwämme als *Euspongia*-Arten beschrieben habe, die ich jetzt in das Genus *Hippospongia* stelle. *H. tingens* bildet den Uebergang zu *Phyllospongia.*

Ich unterscheide 16 Arten von *Hippospongia.* Zwei davon sind weiter in 5 und 8 Varietäten getheilt, so dass wir also 27 distincte Formen haben.

0 ⎰ Die Vestibularräume durch grosse, unregelmässige, über die Oberfläche zerstreute Oeffnungen mit der Aussenwelt in Verbindung, oder der Schwamm besteht aus einer gefalteten Lamelle. Sandpanzer fehlend oder sehr schwach . . . . . . . . 1.
Die Vestibularräume bloss durch runde Pseudoscula auf den Enden von fingerförmigen oder papillösen Fortsätzen mit der Aussenwelt in Verbindung. Mit starkem Sandpanzer . (2).

1 { Ohne radiale Hauptfasern . . . . . . . . . . . . 3.
   { Mit radialen Hauptfasern . . . . . . . . . . . . (4).

3 { Skeletnetz regelmässig und einförmig ohne fasciculäre Faserbündel 5.
   { Radiale Faserfascikeln vorhanden . . . . . . . . . . (6).

5 { Fasern gerade, Maschen eckig . . . . . . . 1. *H. densa.*
   { Fasern gekrümmt, Maschen unregelmässig . . . 2. *H. laxa.*

(6) { Fasern 0,027—0,04 mm dick . . . . . . . . 3. *H. dura.*

(4) { Hauptfasern verzweigt, aber nicht netzbildend. Massige, mit
     breiter Basis aufsitzende Formen . . . . . . . . . 7.
     { Hauptfasern netzbildend. Schlanke, gestielte Formen . . (8).

7 { Löcher über die ganze Oberfläche zerstreut. Grösstentheils
     kuchenförmige Spongien . . . . . . . . . . . 9.
     { Löcher in Gruppen. Aufrechte Formen . . . . . . . (10).

9 { Hauptfasern sandführend . . . . . . . . . . 11.
   { Hauptfasern mit Nadelfragmenten . . . . . . . . . (12).

11 { Netzmaschen über 0,4 mm breit. Der Schwamm besteht aus
      einem mäandrisch gewundenen, blumenförmigen Lamellen-Com-
      plex, Vestibularräume weit offen . . . . . 4. *H. tingens.*
      Netzmaschen unter 0,3 mm breit, Schwamm in der Regel solider,
      Vestibularräume abgeschlossen . . . . . . . . . 13.

13 { Primäre Verbindungsfasern, dreimal so dick wie die secundären.
      Skeletnetzmaschen eckig . . . . . . . 5. *H. cerebrum.*
      Primäre nie mehr als zweimal so dick wie die secundären Ver-
      bindungsfasern . . . . . . . . . . . . . . 14.

14 { Skeletnetzmaschen eckig, polygonal, Fasern gerade . . . 15.
      Skeletnetzmaschen unregelmässig oder rechteckig. Fasern ge-
      krümmt . . . . . . . . . . . . . . . . (16).

15 { Verbindungsfasern von gleichförmiger Dicke, Schwamm locker,
      blumenförmig . . . . . . . . . . . . 6. *H. reticulata.*
      Verbindungsfasern in 0,035 mm dicke, primäre und in 0,02 mm
      dicke secundäre differenzirt. Schwamm dicht mit continuirlicher
      äusserer Oberfläche, in welcher grosse, unregelmässige Löcher,
      die Eingänge in die Vestibularräume, liegen . 7. *H. derasa.*

(16) {
Primäre Verbindungsfasern lang und schön gebogen; an nur wenigen Stellen mit einander verbunden. Skeletnetzmaschen sehr langgestreckt, rechteckig . . . . . . 8. *H. osculata.*
Primäre Verbindungsfasern allerorts durch secundäre verbunden
(9. *H. equina*) 17.
}

17 {
Primäre Verbindungsfasern zweimal so dick wie die secundären 18.
Primäre und secundäre Verbindungsfasern von fast derselben Dicke . . . . . . . . . . . . . . . . . . (19).
}

18 {
Die freien Ränder der lamellösen Theile des Schwammes tragen fingerförmige Fortsätze und erscheinen deshalb gesägt . . .
9. I. *H. equina* var. *cerebriformis.*
Oberfläche continuirlich. Die Eingänge in die Vestibularräume erscheinen als grosse unregelmässige Löcher . . . . . .
9. II. *H. equina* var. *massa.*
}

(19) {
Die freien Lamellenränder tragen zottenartige Fortsätze . . .
9. III. *H. equina* var. *maeandriniformis.*
Die freien Lamellenränder glatt, etwas verdickt in einer continuirlichen Oberfläche . . . 9. IV. *H. equina* var. *elastica.*
Die freien Lamellenränder sind glatt und continuirlich und werden mit einander durch eine dermale Platte verbunden, welche von den runden, 2,5 mm weiten Eingängen in den Vestibularraum durchbrochen ist . . 9. V. *H. equina* var. *micropora.*
}

(12) {
Hauptfasern zweimal so dick wie die Verbindungsfasern. Schwamm hart . . . . . . . . . . . . . . . 10. *H. galea.*
Hauptfasern kaum stärker als die Verbindungsfasern, Schwamm weich . . . . . . . . . . . . 11. *H. mollissima.*
}

(10) {
Oberfläche glatt, Schwamm massig . . . . 12. *H. anomala.*
Oberfläche conulös, Schwamm mit fingerförmigen Fortsätzen . .
13. *H. nigra.*
}

(8) {
Oberfläche conulös; mit dünnem Sandpanzer . . . . . .
14. *H. aphroditella.*
}

(2) {
Hauptfasern kaum dicker als die Verbindungsfasern 15. *H. fistulosa.*
Hauptfasern dreimal so dick wie die Verbindungsfasern mit Furchen in der Oberfläche des, der Rinde beraubten Skelets
(16. *H. canaliculata*) 20.
}

20 { Massig oder incrustirend mit fingerförmigen Fortsätzen . . . 21.
Fächerförmig, in einer Ebene ausgebreitet, mit gezähntem Rand (22).

21 { Fingerförmige Fortsätze kaum länger als breit. Hauptfasern über 0,1 mm dick. Skeletnetzmaschen polygonal . . . . . 23.
Fingerförmige Fortsätze mehr als dreimal so lang wie breit. Hauptfasern unter 0,1 mm dick. Skeletnetzmaschen unregelmässig rechteckig . . . . . . . . . . . . . (24).

23 { Fingerförmige Fortsätze abgerundet, domförmig. Primäre Verbindungsfasern an den Ursprungsstellen der halb so dicken, unverzweigten secundären Fasern nicht gekrümmt . . . .
16. I. *H. canaliculata* var. *dura*.

Fingerförmige Fortsätze abgerundet, domförmig. Primäre Fasern an den Ursprungsstellen der verzweigten, aber nicht netzbildenden Secundärfasern leicht gebogen. Die Secundärfasern von schwankender Dicke 16. II. *H. canaliculata* var. *elastica*.

Fingerförmige Fortsätze abgerundet, domförmig. Primär- und Secundärfasern kaum unterschieden, indem alle Verbindungsfasern mit einander ein Netz mit polygonalen Maschen bilden. ' Schwamm (Skelet) sehr weich . . . . . . . . .
16. III. *H. canaliculata* var. *mollissima*.

Fingerförmige Fortsätze cylindrisch, nicht domförmig abgerundet
16. IV. *H. canaliculata* var. *typica*.

(24) { Fingerförmige Fortsätze regelmässig cylindrisch, gerade, mit je einer longitudinalen Furche im Skelet. Oberfläche des Skelets glatt . . . . . . 16. V. *H. canaliculata* var. *cylindrica*.
Fingerförmige Fortsätze unregelmässig kegelförmig, mit zahlreichen, unregelmässigen Furchen im Skelet. Oberfläche des Skelets roh, zottig . . 16. VI. *H. canaliculata* var. *gossypina*.

(22) { Die Furchen im Skelet strahlen von der Basis des Schwammes aus. Pseudoscularröhren wenig zahlreich, über 3 mm breit
16. VII. *H. canaliculata* var. *flabellum*.
Furchen im Skelet klein und unscheinbar. Pseudoscularröhren sehr zahlreich, unter 3 mm breit . . . . . . . .
16. VIII. *H. canaliculata* var. *microtuba*.

## 6. Genus. *Coscinoderma* CARTER.

Massige oder fächerförmige Spongidae mit einem sehr feinen und zarten Skeletnetz, einem dicken, glatten Sandpanzer. Mit grossen Subdermalräumen und ohne Vestibularräume.

Diese Gattung wurde vor 5 Jahren von CARTER aufgestellt. POLÉJAEFF erkannte ihre Existenzberechtigung an und beschrieb mehrere Arten, von denen eine in derselben belassen werden kann. Ich selber war früher der Ansicht, dass *Coscinoderma* mit *Euspongia* übereinstimme, ich glaube aber jetzt, dass die Gattung aufrecht erhalten werden kann, und stelle in dieselbe auch einen von mir seiner Zeit als *Euspongia mathewsi* beschriebenen Schwamm.

*Coscinoderma* ist mit *Euspongia, Hippospongia, Leiosella* und *Phyllospongia* recht nahe verwandt, unterscheidet sich jedoch von allen diesen durch die grossen Subdermalräume. Der Sandpanzer ist jenem von *Hippospongia canaliculata* einer- und *Phyllospongia vasiformis* andrerseits ähnlich. Bei den übrigen Arten dieser beiden Gattungen sowie bei *Euspongia* und *Leiosella* trifft man nie einen Sandpanzer an.

Ich unterscheide 5 Arten von *Coscinoderma,* von denen 2 neu sind.

0 {
Die Verbindungsfasern bilden ein Netz mit polygonalen Maschen. Schwamm massig oder fächerförmig . . . . . . . . 1.

Die Verbindungsfasern bilden ein Netz, welches aus sehr langen, tangentialen, unverzweigten Primärfasern und sehr kurzen, radialen Secundärfasern besteht . . . . . . . . . (2).
}

1 {
Schwamm incrustirend, massig; Oberfläche in polygonale Felder getheilt . . . . . . . . . . . 1. *C. confragosum.*

Schwamm fächerförmig, Oberfläche continuirlich oder unregelmässig . . . . . . . . . . . . . . . . . 3.
}

3 {
Schwamm unregelmässig, blattförmig. Oberfläche unregelmässig, Oscula zerstreut, jedoch stets auf eine Seite beschränkt . . 2. *C. polygonum.*

Schwamm regelmässig fächerförmig, mit randständigen Osculis 4.
}

4 {
Rand gezähnt . . . . . . . . . 3. *C. lanuginosum.*

Rand glatt und continuirlich . . . . . . 4. *C. pyriformis.*
}

(2) Hauptfasern fasciculär . . . . . . . . . 5. *C. mathewsi.*

## II. Subfamilia. Aplysininae.

Spongidae mit einem Skelet, welches aus einem weitmaschigen Netz einfacher Fasern besteht. Die Fasern enthalten einen axialen Markcylinder von schwankender relativer Dicke.

### 7. Genus. *Thorecta nov. gen.*

Spongidae mit 0,5—1,2 mm weitem Skeletnetzmaschen, dicken, einfachen oder verzweigten Verbindungsfasern und einem starken, glatten Sandpanzer; ohne oberflächlich ausgedehnte Oscularröhren und correspondirende Furchen im Skelet.

Ich stelle dieses neue Genus für eine Anzahl von Hornschwämmen auf, von denen einige vorher von CARTER als *Stelospongus* und *Pseudoceratina*, von HYATT als *Stelospongos* und *Spongelia* und von POLÉJAEFF und mir als *Cacospongia*-Arten beschrieben worden sind.

Der erste Schwamm dieses Genus, welcher bekannt geworden ist, war *Spongia byssoides* LAMARCK.

Das Genus *Thorecta* ist einerseits mit *Coscinoderma* und andrerseits mit *Luffaria*, *Aplysinopsis* und *Thorectandra* verwandt. *Thorecta murrayi* zeigt eine wohl ausgesprochene Differenzirung der Verbindungsfasern in primäre und secundäre und bildet in dieser Hinsicht einen Uebergang von *Thorecta* zu *Luffaria*. In den Fasern von *Thorecta freija* beobachten wir relativ ebenso dicke axiale Markcylinder wie bei *Aplysinopsis*. *Thorecta tuberculata* führt wegen der Dicke der Fasern und der Weite der Netzmaschen zu *Thorectandra* hin.

Das Genus *Thorecta* lässt sich am besten von *Coscinoderma* ableiten, mit welcher Gattung es im Baue des festen Sandpanzers übereinstimmt. Wir können annehmen, dass in der That *Thorecta* durch Dickenzunahme der Skeletfasern aus *Coscinoderma* entstanden sein möchte. *Thorecta pumila* ist eine Uebergangsform zwischen diesen beiden Gattungen.

Ich unterscheide 24 Arten von *Thorecta*; eine derselben wird weiter in 4 Varietäten getheilt. Wir haben also 27 verschiedene Formen. 8 von diesen sind früher beschrieben worden und 19 neu.

$$0 \begin{cases} \text{Hauptfasern unter 0,05 mm dick} \ldots \ldots \ldots 1. \ \textit{T. pumila.} \\ \text{Hauptfasern 0,06—0,18 mm dick} \ldots \ldots \ldots \ldots 1. \\ \text{Hauptfasern über 0,2 mm dick} \ldots \ldots \ldots \ldots (2). \end{cases}$$

1 { Verbindungsfasern reich verzweigt, bilden ein Netz mit polygonalen Maschen . . . . . . . . . . . . . . . . 3.
Verbindungsfasern wenig verzweigt, bilden kein Netzwerk . (4).

3 { Schwamm massig oder unregelmässig lappig . . . . . . 5.
Schwamm lamellös . . . . . . . . . . . . . . (6).

5 { Verbindungsfasern in tangentiale, primäre und in verzweigte, etwa $^1/_5$ so dicke, secundäre differenzirt . . . . 2. *T. murrayi.*
Verbindungsfasern gleichartig, primäre und secundäre nicht unterschieden . . . . . . . . . . . . . . . . . 7.

7 { Hauptfasern enthalten Nadelfragmente . . . 3. *T. squalida.*
Hauptfasern enthalten grosse Sandkörner . . . 4. *T. cacos.*
Hauptfasern enthalten einen axialen Faden kleiner Sandkörnchen 5. *T. murrayella.*

(6) { Schwamm in einer Ebene ausgebreitet . . . . 6. *T. radiata.*
Schwamm mäandrisch . . . . . . . . . 7. *T. maeandrina.*

(4) { Schwamm cylindrisch, röhrenförmig . . . . . . 8. *T. tuba.*
Schwamm fächerförmig, mit geraden, cylindrischen Oscularröhren, welche von der Basis zum Rand ausstrahlen. Mit einer Reihe randständiger Oscula . . . . . . . . . . . 8.
Schwamm von andrer Gestalt . . . . . . . . . (9).

8 { Hauptfasern frei von Fremdkörpern . . . . . . . . 10.
Hauptfasern sandführend . . . . . . . . . . . . (11).

10 { Haupt- und Verbindungsfasern 0,1 mm dick, homogen 9. *T. donar.*
Haupt- und Verbindungsfasern über 0,1 mm dick, deutlich geschichtet . . . . . . . . . . . . . 10. *T. wuotan.*

(11) { Hauptfasern 0,1 mm dick. Skeletnetzmaschen 0,4 mm breit . . 11. *T. farlovii.*
Hauptfasern 0,16 mm dick. Skeletnetzmaschen ungefähr 1 mm breit . . . . . . . . . . . . . 12. *T. carterii.*

(9) { Schwamm lamellös, blattförmig, Oscula auf eine Seite beschränkt 13. I. *T. exemplum* var. *prima.*
Schwamm nicht lamellös, blattförmig . . . . . . . . 12.

12 {
Hauptfasern unter 0,1 mm dick . . . . . . . . . . 13.
Hauptfasern über 0,1 mm dick . . . . . . . . . . (14).
}

13 {
Schwamm becherförmig, Oscula auf die Innenfläche beschränkt
    13. II. *T. exemplum* var. *secunda.*
Schwamm gestielt, massig, Oscula auf das obere Ende beschränkt
    13. III. *T. exemplum* var. *tertia.*
Schwamm gestielt, abgeplattet mit longitudinalen Rippen, auf
    deren Kämmen die Oscula liegen . . . . . . . . .
    13. IV. *T. exemplum* var. *marginalis.*
}

(14) {
Hauptfasern enthalten Nadelfragmente . . . . . . . . 15.
Hauptfasern enthalten grosse, zerstreute Sandkörner . . (16).
Hauptfasern enthalten einen axialen Faden kleiner Sandkörnchen
    (17).
}

15 {
Verbindungsfasern unter 0,05 mm dick . . . . 14. *T. laxa.*
Verbindungsfasern über 0,07 mm dick 15. *T. madagascarensis.*
}

(16) {
Schwamm regelmässig becherförmig . . . 16. *T. gracillima.*
Schwamm unregelmässig oder kriechend . . . 17. *T. haackei.*
}

(17) {
Hauptfasern ungefähr 0,1 mm dick . . . . 18. *T. globosa.*
Hauptfasern ungefähr 0,16 mm dick . . . 19. *T. byssoides.*
}

(2) {
Schwamm mit hohlen, fingerförmigen Fortsätzen, röhrenförmig
    20. *T. freija.*
Schwamm nicht röhrenförmig . . . . . . . . . . 18.
}

18 {
Schwamm massig, sitzend . . . . . . 21. *T. crateriformis.*
Schwamm becherförmig . . . . . . . 22. *T. galeaformis.*
Schwamm lappig . . . . . . . . . . . . . . 19.
}

19 {
Verbindungsfasern unter 0,08 mm dick . . 23. *T. dendroides.*
Verbindungsfasern über 0,12 mm dick . . 24. *T. tuberculata.*
}

## 8. Genus. *Thorectandra nov. gen.*

Spongidae mit einem ausserordentlich losen Skeletnetz, dessen
Maschen über 2 mm breit sind. Mit starkem Sandpanzer und einem
Netzwerk scharfer, vorragender Kämme auf der Oberfläche.

Ich habe diese Gattung für *Halispongia choanoides* BOWERBANK
und eine neue, von mir aufgefundene Art aufgestellt.

*Thorectandra* ist nur mit *Thorecta* näher verwandt und unterscheidet sich von dieser Gattung dadurch, dass bei ihr die *Thorecta*-Charactere, der Sandpanzer und die Lockerheit des Skeletnetzes, noch viel höher ausgebildet sind als bei *Thorecta* selbst. *Thorectandra* ist gewissermaassen eine superlative *Thorecta*.

Ich unterscheide 2 Arten dieser Gattung, von denen eine neu ist.

$$0 \begin{cases} \text{Kämme auf der Oberfläche unregelmässig, Skeletnetzmaschen} \\ \quad \text{3 mm lang und 1,5—2 mm breit . . . . 1. } \textit{T. corticata.} \\ \text{Kämme auf der Oberfläche bilden ein regelmässiges Netz mit} \\ \quad \text{polygonalen Maschen, welche 6 mm lang und 4 mm breit} \\ \quad \text{sind . . . . . . . . . . . . . . 2. } \textit{T. choanoides.} \end{cases}$$

### 9. Genus. *Aplysinopsis nov. gen.*

Spongidae mit einem Skelet, welches aus Hauptfasern und einfachen oder spärlich verzweigten markhaltigen Verbindungsfasern besteht. Die Skeletnetzmaschen sind 1,5—2 mm breit. Die Geisselkammern sind sehr klein, 0,03—0,035 mm weit. Die Oberfläche ist conulös.

Ich errichte dieses neue Genus zur Aufnahme von drei neuen Spongienarten, welche einerseits mit *Thorecta* und andrerseits mit *Aplysina* verwandt sind.

Die Differenzirung der Skeletfasern in Haupt- und Verbindungsfasern hat *Aplysinopsis* mit *Thorecta* gemein, während das dicke Mark in den Verbindungsfasern auf die nahe Verwandtschaft mit *Aplysina* hinweist.

Ich unterscheide 3 Arten von *Aplysinopsis,* alle sind neu.

$$0 \begin{cases} \text{Schwamm gestielt, aus einem oder mehreren fingerförmigen} \\ \quad \text{Theilen zusammengesetzt. Hauptfasern 0,25 mm dick . 1.} \\ \text{Schwamm massig, mit fingerförmigen Fortsätzen. Hauptfasern} \\ \quad \text{über 0,25 mm dick . . . . . . . . . . . . . . (2).} \end{cases}$$

$$1 \begin{cases} \text{Die Rinde besteht aus einer einfachen Lage von Sandkörnern} \\ \quad \text{Die Hauptfasern unter 0,2 mm dick, einfach oder zusammen-} \\ \quad \text{gesetzt . . . . . . . . . . . . . . 1. } \textit{A. elegans.} \\ \text{Die Rinde ist ein 0,3 mm dicker Sandpanzer. Hauptfasern über} \\ \quad \text{0,2 mm dick, stets einfach . . . . . 2. } \textit{A. pedunculata.} \end{cases}$$

$$(2) \begin{cases} \text{Die fingerförmigen Aeste enden mit dünnwandigen Röhren, welche} \\ \quad \text{die Oscula umgeben . . , . . . . . . , . 3. } \textit{A. digitata.} \end{cases}$$

## 10. Genus. *Luffaria* POLÉJAEFF.

Spongidae mit einem Skelet, welches aus dickwandigen, markhaltigen Sponginfasern besteht, die in longitudinale Hauptfasern, dicke, netzbildende, primäre und feine, netzbildende, secundäre Verbindungsfasern differenzirt sind. Die Maschen des Netzes, sowohl der primären wie der secundären Verbindungsfasern, sind polygonal.

Der Name *Luffaria* wurde von DUCHASSAING & MICHELOTTI vor 24 Jahren aufgestellt. Ihre Diagnose ist werthlos und die von ihnen als *Luffaria* beschriebenen Spongien sind nicht bestimmbar, einige davon dürften Chalineen sein.

O. SCHMIDT besprach die Gattung *Luffaria*. Er beschrieb zwar keine Art, gab aber eine Diagnose der Gattung. *Luffaria* im Sinne SCHMIDT's ist identisch mit *Aplysina*.

POLÉJAEFF beschrieb einen Schwamm als *Luffaria variabilis,* welcher nicht in das Genus *Luffaria* im Sinne O. SCHMIDT's passt, wohl aber so characteristische Merkmale aufweist, dass er als Typus einer neuen Gattung *Luffaria* im Sinne POLÉJAEFF's hingestellt werden soll.

Diesem füge ich nun noch zwei neue Arten hinzu.

*Luffaria* ist offenbar mit *Thorecta* und *Aplysina* verwandt, unterscheidet sich aber von beiden durch die merkwürdige Differenzirung der Verbindungsfasern in dicke, primäre, welche ein grobes Netz mit polygonalen Maschen bilden, und in dünne, secundäre, welche eine sehr feine Reticulation bilden, die sich in den Maschen des Primärfasernetzes ausbreitet.

Ich unterscheide 3 Arten von *Luffaria*, von denen 2 neu sind.

$$0 \begin{cases} \text{Schwamm massig, lappig oder fingerförmig . . . 1. } L. \ variabilis. \\ \text{Schwamm röhrenförmig . . . . . . . . . 2. } L. \ tubulosa. \\ \text{Schwamm breit, becherförmig . . . . . . . 3. } L. \ calyx. \end{cases}$$

## 11. Genus. *Aplysina* NARDO.

Spongidae mit kleinen, 0,025—0,035 mm weiten Geisselkammern und einem Skelet, welches aus einem lockeren, einförmigen Netz von markhaltigen Fasern besteht, die nicht deutlich in Haupt- und Verbindungsfasern unterschieden sind. Die Oberfläche ist conulös und entbehrt eines Sandpanzers.

ARISTOTELES nannte einen jener Schwämme, deren Skelete nicht leicht von dem Weichkörper befreit werden können, *Aplysia*. Diesen Namen benutzte NARDO für die Hornschwämme mit markhaltigen Fasern,

welche er zu einer Gattung vereinigte. Später änderte Nardo diesen
Namen in *Aplysina* um, welcher von O. Schmidt und anderen Autoren
in gleichem Sinne beibehalten wurde.

F. E. Schulze zog der Gattung engere Grenzen, indem er die mit
grossen, sackförmigen Geisselkammern ausgestatteten Hornschwämme mit
markhaltigen Fasern von *Aplysina* ausschied und für sie die neue Gattung *Aplysilla* errichtete.

Ich habe später auf den grossen Unterschied zwischen diesen Gattungen hingewiesen — in unserm System erscheinen sie in zwei verschiedenen Ordnungen.

Im Jahre 1845 stellte Bowerbank für Lamarck's *Spongia fistularis*
die neue Gattung *Verongia* auf. Bowerbank wies darauf hin, dass bei
*Spongia* die Hornfasern solid, bei *Verongia* hingegen markhaltig seien,
und beschrieb später eine neue Art dieser Gattung, welche auch von
Barrois, Hyatt und Poléjaeff, die weitere Arten beschrieben, beibe-
halten worden ist. Die meisten der als *Verongia* von den erwähnten
Autoren beschriebenen Spongien gehören in die Gattung *Aplysina*.
Einige derselben sind Aplysillen.

Hyatt's Gattung *Dendrospongia* gehört ebenfalls zu *Aplysina*.

Ebenso gehört *Luffaria* im Sinne O. Schmidt's hieher, und gewisse
von Carter und Higgins unter diesem Namen beschriebene Spongien.
Carter beschrieb eine *Aplysina* als *Hircinia*.

Viele der als *Aplysina* von Hyatt und Anderen beschriebenen
Spongien können nicht mit hinreichender Sicherheit untergebracht werden.

Das Genus *Aplysina* ist am nächsten mit *Aplysinopsis, Thorecta*
und *Luffaria* verwandt, welche alle von *Aplysina* durch Weiteraus-
bildung eines der wenig prononcirten Aplysina-Merkmale abgeleitet
werden könnten. Ich bin am ehesten geneigt, *Aplysina* von *Aplysinopsis* abzuleiten.

Die vereinzelt dastehende und aberrante Gattung *Druinella* zeigt
mit *Aplysina* grössere Aehnlichkeit als mit irgend einer andren
Schwammgattung.

Ich unterscheide 25 Arten von *Aplysina*; 10 von diesen sind neu.

$0\begin{cases} \text{Skeletfasern } 0,02-0,1 \text{ mm dick} \ldots \ldots \ldots \ldots 1. \\ \text{Einige der Skeletfasern über } 0,12 \text{ mm, alle unter } 0,2 \text{ mm dick (2).} \\ \text{Skeletfasern } 0,2-0,7 \text{ mm dick} \ldots \ldots \ldots \ldots (3). \end{cases}$

$1\begin{cases} \text{Mark } ^2/_{10} \text{ der Faser} \ldots \ldots \ldots \ldots 1. \textit{ A. zetlandica.} \\ \text{Mark über } ^4/_{10} \text{ der Faser} \ldots \ldots \ldots \ldots 4. \end{cases}$

$4\begin{cases} \text{Alle Fasern unter } 0,04 \text{ mm dick} \ldots \ldots 2. \textit{ A. minuta.} \\ \text{Einige Fasern über } 0,06 \text{ mm dick} \ldots \ldots 5. \end{cases}$

5 $\begin{cases}\end{cases}$ Schwamm incrustirend. Mark $^5/_{10}$ der Fasern 3. *A. regularis.*
Schwamm blattförmig, reticulös. Mark $^8/_{10}$ der Fasern . . .
4. *A. capensis.*
Schwamm massig oder öfter tubulös, mit röhrenförmigen, dick-
wandigen, fingerförmigen Fortsätzen. Mark $^6/_{10} - ^8/_{10}$ der
Faser . . . . . . . . . . . . . . . . . . 6.

6 $\begin{cases}\end{cases}$ Fasern von schwankender Dicke, Netz unregelmässig . . . 7.
Fasern von gleichförmiger Dicke, Netz regelmässig . . . (8).

7 $\begin{cases}\end{cases}$ Mit Nadelfragmenten in den Fasern. Mark $^6/_{10}$ der Faser . .
5. *A. spiculifera.*
Fasern fremdkörperfrei. Mark $^8/_{10}$ der Faser. Schwamm grau
6. *A. grisea.*
Fasern fremdkörperfrei. Mark $^6/_{10}$ der Faser. Schwamm dunkelviolett . . . . . . . . . . . . . . . 7. *A. carnosa.*

(8) Schwamm gelb, wird blau während des Absterbens 8. *A. aërophoba.*

(2) $\begin{cases}\end{cases}$ Mark $^3/_{10} - ^5/_{10}$ der Faser . . . . . . . . . . . 9.
Mark $^7/_{10} - ^9/_{10}$ der Faser . . . . . . . . . . (10).

9 $\begin{cases}\end{cases}$ Zahlreiche longitudinale Fasern im Innern und wenige, garben-
förmig ausstrahlende Fasern dicht unter der Oberfläche. Mark
$^5/_{10}$ der Faser . . . . . . . . . . . 9. *A. ramosa.*
Skeletnetz durchaus einförmig. Mark $^3/_{10} - ^4/_{10}$ der Faser 11.

11 $\begin{cases}\end{cases}$ Schwamm solid; bildet lange und sehr schlanke, cylindrische
Zweige. Mark $^4/_{10}$ der Faser . . . 10. *A. flagelliformis.*
Schwamm dick, röhrenförmig . . . . . . . . . . 12.

12 $\begin{cases}\end{cases}$ Oberfläche sehr uneben mit tiefen unregelmässigen Depressionen.
Der Schwamm erreicht eine sehr bedeutende Grösse . . .
11. *A. archeri.*
Oberfläche continuirlich, conulös . . . . . . 12. *A. hirsuta.*

(10) $\begin{cases}\end{cases}$ Einige der Fasern unter 0,1 mm dick . . . . . . . . 13.
Keine der Fasern unter 0,1 mm dick . . . . . . . (14).

13 $\begin{cases}\end{cases}$ Schwamm incrustirend. Mark $^7/_{10}$ der Faser 13. *A. procumbens.*
Schwamm reticulös. Mark $^9/_{10}$ der Faser . . 14. *A. reticulata.*

$(14)\begin{cases}\text{Schwamm mit langen, schlanken, fingerförmigen Fortsätzen. Fasern}\\\quad\text{einförmig, 0,14 mm dick} \ldots \ldots \ldots \text{15. } A.\ cauliformis.\\\text{Schwamm von andrer Gestalt} \ldots \ldots \ldots \ldots \text{15.}\end{cases}$

$15\begin{cases}\text{Schwamm hohl} \ldots \ldots \ldots \ldots \ldots \text{16. } A.\ inflata.\\\text{Der Schwamm besteht aus einer Reticulation von Trabekeln} \ . \ .\\\qquad\qquad\qquad\qquad\qquad\qquad\quad \text{17. } A.\ maeandrina.\end{cases}$

$(3)\begin{cases}\text{Mark } ^2/_{10} \text{ der Faser} \ldots \ldots \ldots \text{18. } A.\ higginsii.\\\text{Mark } ^4/_{10}-^8/_{10} \text{ der Faser} \ldots \ldots \ldots \text{16.}\end{cases}$

$16\begin{cases}\text{Fasern unter 0,4 mm dick} \ldots \ldots \ldots \ldots \text{17.}\\\text{Fasern über 0,4 mm dick} \ldots \ldots \ldots \ldots \text{(18).}\end{cases}$

$17\begin{cases}\text{Schwamm bienenwabenartig} \ldots \ldots \ldots \ldots \text{19.}\\\text{Schwamm anders gestaltet} \ldots \ldots \ldots \ldots \text{(20).}\end{cases}$

$19\begin{cases}\text{Fasern von schwankender Dicke, 0,28—0,36 mm. Mark } ^4/_{10}\\\quad\text{der Faser} \ldots \ldots \ldots \ldots \text{19. } A.\ cellulosa.\\\text{Fasern von gleichmässiger Dicke, 0,2 mm. Mark } ^6/_{10} \text{ der Faser}\\\qquad\qquad\qquad\qquad\qquad\qquad\quad \text{20. } A.\ holda.\end{cases}$

$20\begin{cases}\text{Mark } ^4/_{10} \text{ der Faser} \ldots \ldots \ldots \text{21. } A.\ massa.\\\text{Mark } ^7/_{10}-^8/_{10} \text{ der Faser} \ldots \ldots \ldots \text{21.}\end{cases}$

$21\begin{cases}\text{Fasern unter 0,3 mm dick} \ldots \ldots \text{22. } A.\ spengelii.\\\text{Fasern über 0,3 mm dick} \ldots \ldots \text{23. } A.\ gigantea.\end{cases}$

$(18)\begin{cases}\text{Mark } ^5/_{10} \text{ der Faser} \ldots \ldots \ldots \text{24. } A.\ fistularis.\\\text{Mark } ^7/_{10} \text{ der Faser} \ldots \ldots \ldots \text{25. } A.\ crassa.\end{cases}$

### III. Subfamilia. Druinellinae.

Spongidae mit einem Skelet, welches aus dicken Fasern mit un-regelmässig lappiger Oberfläche besteht. Mit langen zu- und abführenden Specialkanälen der kleinen kugligen Geisselkammern.

### 12. Genus. *Druinella nov. gen.*

Spongidae mit 0,7 mm dicken Fasern, deren Oberfläche mit un-regelmässigen, weit vorragenden Auswüchsen besetzt ist. Mit sehr kleinen, 0,02 mm weiten, kugligen Geisselkammern und ausserordentlich langen zu- und abführenden Specialkanälen.

Ich errichte dieses neue Genus für einen sehr abweichend gebauten Hornschwamm, den ich an der Ostküste Australiens aufgefunden habe. *Druinella* schliesst sich an keine andre Hornschwammgattung an. Am wenigsten unähnlich mit ihr ist *Aplysina*.

Eine neue Art — *D. rotunda*.

### IV. Subfamilia. Halminae.

Spongidae mit einem Skelet, welches entweder aus einem Netz feiner Fasern besteht, in deren Vereinigungspunkten grosse Sandkörner, welche die Fasern im Durchmesser um ein Vielfaches übertreffen, liegen, oder welches aus zerstreuten grossen Sandkörnern und dendritisch verzweigten Hornfasern zusammengesetzt ist.

### 13. Genus. *Oligoceras* F. E. SCHULZE.

Massige, blattförmige oder tubulöse Spongidae mit einem Skelet, welches aus grossen, theilweise durch feine Hornfasern mit einander verbundenen Sandkörnern besteht.

Diese Gattung wurde vor 9 Jahren von F. E. SCHULZE aufgestellt. Ich behalte sie unverändert bei. Ausser der ursprünglichen, von F. E. SCHULZE beschriebenen Art gehören auch zwei, von POLÉJAEFF als *Psammoclema* beschriebene Schwämme hierher.

Obwohl *Oligoceras* mit *Psammopemma* ähnlich ist, waltet keine wahre Verwandtschaft zwischen diesen beiden Gattungen ob. *Oligoceras* hat kleine, runde Geisselkammern und ist eine echte Spongide. *Psammopemma* gehört zu den Spongelidae.

Am nächsten dürfte die Gattung *Oligoceras* mit *Chalinopsilla* und *Dysideopsis* verwandt sein, gleichwohl unterscheidet sie sich auf den ersten Blick von diesen Arten durch ihr eigenthümliches, grossentheils aus losen Sandkörnern bestehendes Skelet. Der Reichthum an Fremdkörpern der verschiedensten Grösse ist das Characteristische der Gattung.

Ich unterscheide 3 Arten von *Oligoceras*, alle sind schon früher beschrieben worden.

$$
O \begin{cases} \text{Blattförmig, grau} \ldots \ldots \ldots \ldots & \text{1. } O.\ foliaceum. \\ \text{Tubulös, grau} \ldots \ldots \ldots \ldots \ldots & \text{2. } O.\ vosmaeri. \\ \text{Massig, schwarz} \ldots \ldots \ldots \ldots & \text{3. } O.\ collectrix. \end{cases}
$$

### 14. Genus. *Dysideopsis nov. gen.*

Spongidae mit grossen, 0,04—0,048 mm weiten, kugligen Geisselkammern und einem Skelet, welches aus einem einförmigen Netzwerk

von Sandsträngen besteht, die nicht in Haupt- und Verbindungsfasern unterschieden sind. Mit Conulis auf der Oberfläche.

Ich stelle diese Gattung für eine Anzahl von Schwämmen auf,
deren Skelet jenem einiger *Spongelia*-Arten nicht unähnlich ist. *Dysideopsis* unterscheidet sich jedoch von *Spongelia* in der Gestalt der
Geisselkammern und ist eine echte Spongide. Abgesehen hiervon, ist
*Dysideopsis* mit *Halme* und *Oligoceras* verwandt, mit denen sie die
Eigenschaft theilt, grosse Massen von Fremdkörpern zu dem Aufbau
ihres Skelets zu verwenden.

Einige der Arten sind schon früher beschrieben worden, und zwar
von POLÉJAEFF als *Coscinoderma* und *Cacospongia*, von CARTER als
*Dysidea* und *Hircinia*, und endlich von RIDLEY ebenfalls als *Dysidea*.
Ich unterscheide 9 Arten von *Dysideopsis*; 4 davon sind neu.

0 {
Fasern 0,5—0,12 mm dick . . . . . . . . . . . . . 1.
Fasern 0,12 mm dick, oder stärker . . . . . . . . (2).
}

1 {
Schwamm mit eleganten, fingerförmigen, verzweigten Fortsätzen 3.
Schwamm massig oder incrustirend, mit kurzen, lappenförmigen
Fortsätzen . . . . . . . . . . . . . . . . . (4).
}

3 {
Fingerförmige Fortsätze 10—15 mm dick; Conuli 1 mm hoch
1. *D. alta.*
Fingerförmige Fortsätze 6 mm dick; Conuli 2—3 mm hoch . .
2. *D. elegans.*
}

(4) {
Incrustirend. Skeletnetzmaschen 0,6 mm breit 3. *D. compacta.*
Massig. Skeletnetzmaschen 0,3—0,4 mm breit . . . 4. *D. fusca.*
}

(2) {
Die meisten Fasern unter 0,2 mm dick . . . . . . . . 5.
Die meisten Fasern über 0,2 mm dick . . . . . . . (6).
}

5 {
Schwamm mit fingerförmigen Fortsätzen. Skeletnetzmaschen
0,6 mm breit . . . . . . . . . . . . . 5. *D. digitata.*
Schwamm massig. Skeletnetzmaschen 0,6 mm breit 6. *D. gumminae.*
Schwamm gross, aufrecht, lappig oder zungenförmig. Skelet-
netzmaschen 0,3 mm breit . . . . . . . . 7. *D. solida.*
}

(6) {
Schwamm klein, incrustirend, ohne Fremdkörper auf der Oberfläche . . . . . . . . . . . . . . . 8. *D. marshalli.*
Schwamm massig, unregelmässig. Fremdkörper an die Haut
geheftet . . . . . . . . . . . . . 9. *D. oligoceras.*
}

## 15. Genus. *Halme* LENDENFELD.

Spongidae, welche aus einer vielfach gefalteten, reticulösen Lamelle bestehen; mit einem Skelet, das aus Reihen von grossen Sandkörnern oder höckerigen, dicken Hauptfasern mit grossen Sandkörnern und sehr zarten Verbindungsfasern zusammengesetzt ist.

Ich errichtete diese Gattung vor 3 Jahren, gab ihr aber damals einen etwas andren Umfang als jetzt. Einige der hierher gehörigen Formen sind von mir als *Halme*, *Halmopsis* und *Aulena* und von CARTER als *Holopsamma* beschrieben worden.

Das Genus *Halme* scheint einerseits mit *Oligoceras*, andrerseits besonders auch mit *Hircinia* und *Stelospongia* verwandt zu sein. Gewisse sandige Hircinien sind *Halme* recht ähnlich.

Ich unterscheide 7 Arten von *Halme*, von denen zwei in je 2 Varietäten getheilt werden. Alle diese 9 Formen sind schon früher beschrieben worden.

$$0 \begin{cases} \text{Blattförmige Lamellen} \ldots \ldots \text{(1. } H. \text{ } irregularis) \text{ 1.} \\ \text{Bienenwabenartige Gebilde} \ldots \ldots \ldots \text{(2).} \end{cases}$$

$$1 \begin{cases} \text{Isolirte Blätter. Hauptfasern: einfache, gerade Reihen von Sand-} \\ \quad \text{körnern} \ldots \ldots \text{1. I. } H. \text{ } irregularis \text{ var. } lamellosa. \\ \text{Die Blätter verschmelzen theilweise und bilden eine reticulöse} \\ \quad \text{Structur. Hauptfasern: einfache, zickzackförmige Reihen von} \\ \quad \text{Sandkörnern} \ldots \text{1. II. } H. \text{ } irregularis \text{ var. } micropora. \end{cases}$$

$$(2) \begin{cases} \text{Vestibularräume weit offen} \ldots \ldots \ldots \text{3.} \\ \text{Eingänge in die Vestibularräume durch siebartige Membranen} \\ \quad \text{abgeschlossen} \ldots \ldots \ldots \text{(4).} \end{cases}$$

$$3 \begin{cases} \text{Septen von gleichförmiger Dicke. Schwamm grau, incrustirend,} \\ \quad \text{eine Schicht von Bienenwabenzellen darstellend 2. } H. \text{ } simplex. \\ \text{Septen am freien Rande beträchtlich verdickt, [Schwamm} \\ \quad \text{gelblich-grau. Bienenwabenzellen weit} \ldots \text{3. } H. \text{ } globosa. \\ \text{Septen am freien Rande beträchtlich verdickt und durch eine} \\ \quad \text{specielle Dermalmembran, welche nur kleine, runde oder poly-} \\ \quad \text{gonale Eingänge in die Vestibularräume offen lässt, mit ein-} \\ \quad \text{ander verbunden} \ldots \ldots \text{4. } H. \text{ } nidus \text{ } vesparum. \end{cases}$$

(4) $\begin{cases} \text{Auf der Oberfläche ein Netzwerk vorragender Kämme } \ldots \ldots \\ \qquad\qquad\qquad\qquad\qquad\qquad\qquad 5.\; H.\; micropora. \\ \text{Oberfläche conulös } \ldots\ldots\ldots\ldots\ldots\ldots\ldots 5. \end{cases}$

5 $\begin{cases} \text{Das Skelet besteht aus einem gleichförmigen Netzwerk zarter} \\ \text{Fasern, in deren Vereinigungspunkten häufig grosse Sandkörner} \\ \text{liegen. Ohne Hauptfasern } \ldots\ldots \text{ (6. } H.\; villosa)\; 7. \\ \text{Das Skelet besteht aus starken, höckerigen Haupt- und zarten} \\ \text{Verbindungsfasern } \ldots\ldots\ldots\ldots\ldots\ldots \text{ (8).} \end{cases}$

7 $\begin{cases} \text{Ohne grosse Pseudoscula } \ldots \text{ 6. I. } H.\; villosa \text{ var. } auloplegma. \\ \text{Mit grossen Pseudosculis } \ldots \text{ 6. II. } H.\; villosa \text{ var. } nardorus. \end{cases}$

(8) Fächerförmig, in der Regel Auloplegmaform . . 7. *H. flabellum.*

## V. Subfamilia. Stelosponginae.

Spongidae mit weiten Maschen im Skeletnetz, welches aus starken, soliden Haupt- und Verbindungsfasern besteht, die sich mehr oder weniger bündelweise zu Fascikeln gruppiren. Filamente vorhanden oder fehlend.

### 16. Genus. *Stelospongia* O. Schmidt.

Spongidae mit grossen Geisselkammern, complicirten Subdermalräumen und einem Skeletnetz mit soliden Fasern und weiten Maschen. In der Regel treten die longitudinalen Fasern zu Fascikeln zusammen. Ohne Filamente.

Das Genus *Stelospongia* wurde vor 18 Jahren von O. Schmidt zur Aufnahme eines Theils der von ihm aufgelösten Gattung *Cacospongia* sowie andrer Schwämme, welche er freilich nicht näher beschreibt, aufgestellt. Hyatt gab wie Schmidt *Cacospongia* auf und behielt bloss *Stelospongia* für diese Spongien bei. Andere Autoren aber, so vorzüglich F. E. Schulze, liessen *Cacospongia* bestehen, während Ridley, Carter und Poléjaeff, gar *Cacospongia* und *Stelospongia* neben einander stehen liessen. Ich selber habe mich redlich bemüht, diesem Beispiele zu folgen und *Cacospongia* bestehen zu lassen, allein eine Art nach der anderen musste daraus ausgeschieden werden, und schliesslich blieb nichts übrig als *Cacospongia mollior* — und das ist eine *Euspongia!* So habe ich mich denn genöthigt gesehen, dem Beispiele O. Schmidt's zu folgen und *Cacospongia* ganz aufzugeben. Die meisten von O. Schmidt und F. E. Schulze als *Cacospongia* beschriebenen Schwämme finden im Genus *Stelospongia* Aufnahme, und hierzu kommen noch zahlreiche andre, welche von Esper, Ellis, Lamarck und Ehlers als *Spongia*, von Duchassaing & Michelotti als *Polytherses,* von Hyatt als *Hircinia,* von Ehlers, Ridley und Poléjaeff als *Cacospongia* und endlich von

HYATT, RIDLEY und CARTER als *Stelospongos*, respective *Stelosponyus* beschrieben worden sind.

Der Name unsrer Gattung hat viel durchgemacht. O. SCHMIDT nannte unsre Schwämme *Stelospongos*. Dieser Ausdruck wurde von HYATT beibehalten. F. E. SCHULZE nennt die Gattung *Stelospongia* — diese Schreibweise ist von mir adoptirt — MARSHALL macht *Stellospongia* daraus, worüber RIDLEY unmuthig wurde und die ganz exotische CARTER'sche Schreibweise *Stelospongus* adoptirte.

Obwohl gewisse *Stelospongia*-Arten nicht unbedeutende Aehnlichkeit mit *Euspongia*- und *Hippospongia*-Formen aufweisen, und obwohl *Stelospongia chaliniformis* zu *Chalinopsilla* hinzuführen scheint, so ist doch in Wahrheit *Stelospongia* mit keiner dieser Gattungen näher verwandt. Die Aehnlichkeit ist nur eine oberflächliche. Eine wirkliche Verwandtschaft dürfte zwischen *Stelospongia* und *Halme* bestehen.

Zweifellos am nächsten mit *Stelospongia* verwandt ist die Gattung *Hircinia*, deren Formen sich im Wesentlichen nur durch den Besitz der Filamente von *Stelospongia* unterscheiden. Wir müssen annehmen, dass *Hircinia* aus *Stelospongia* durch Erlangung der Filamente hervorgegangen ist. *Stelospongia* selber könnte vielleicht von *Halme* abgeleitet werden.

Ich unterscheide 27 Arten von *Stelospongia*. Zwei von diesen werden weiter, eine in 6, die andere in 3 Varietäten getheilt, so dass wir 34 verschiedene Formen haben. 18 von diesen sind neu.

0 { Alle Fasern unter 0,3 mm dick. Grosse Sandkörner an deren Vereinigungspunkten in gewissen longitudinalen Zonen 1. *S. serta.*
Die Fasern grösstentheils über 0,5 mm dick, ohne grosse Sandkörner an den Vereinigungspunkten der Fasern . . . . 1.

1 { Keine wohlausgesprochenen Hauptfasern . . . . . . . 2.
Longitudinale Hauptfasern differenzirt . . . . . . . . (3)

2 { Das Skeletnetz durchaus gleichförmig . . . . . . . . 4.
Das Skeletnetz in longitudinalen Zonen zur Bildung von Fascikeln condensirt . . . . . . . . . . . . . . . (5).

4 { Der Schwamm besteht aus einer mäandrisch gekrümmten Lamelle 2. *S. scalatella.*
Schwamm birnförmig gestielt, mit einem grossen, terminalen Osculum. Die Oberfläche erscheint bienenwabenartig . . . 3. *S. retiformis.*

(5) { Skeletmaschen viereckig, grösstentheils quadratisch, über 1,2 mm
      breit . . . . . . . . . . . . . . . 4. *S. scalaris.*
      Skeletnetzmaschen abgerundet, viereckig oder unregelmässig, unter
      1 mm breit . . . . . . . . . . . . . . . . . 6.

6 { Schwamm becherförmig, gestielt. Die Fasern zeigen eine ausge-
     sprochene longitudinale Streifung . . . . 5. *S. excavata.*
     Schwamm gross, chalineenartig, besteht aus langen, cylindrischen
     Aesten. Skelet sehr blass . . . . . 6. *S. chaliniformis.*

(3) { Hauptfasern einfach . . . . . . . . . . . . . . 7.
      Hauptfasern in Bündeln oder derart theilweise verschmolzen, dass
      durchbrochene Sponginplatten entstehen . . . . . . (8).

7 { Ohne Furchen in der Oberfläche des Skelets . . . . . . 9.
    Mit Furchen in der Oberfläche des Skelets . . . . . (10).

9 { Massige, unregelmässige, cavernöse Schwämme . . 7. *S. kingii.*
    Aufrecht, keulenförmig mit kleinem, terminalem Osculum und mit
    tuberkel-ähnlichen Vorragungen auf der Oberfläche . . . .
    8. *S. vesiculifera.*

(10) { Schwamm mit fingerförmigen Aesten. Mit 1 mm breiten Skelet-
       netzmaschen . . . . . . . . . . . . . 9. *S. canalis.*
       Schwamm länglich fächerförmig. Mit 0,24—0,8 mm breiten Ske-
       letnetzmaschen . . . . . . . . . . . 10. *S. rimosa.*

(8) { Fremdkörper an die Oberfläche der Fasern geheftet . . . 11.
      Ohne Fremdkörper an der Oberfläche der Fasern . . . (12).

11 { Dünne, blattförmige Schwämme. Mit 0,17 mm breiten Fascikeln
      11. *S. implexa.*
     Dickere, fächerförmige Schwämme. Mit 1 mm breiten Fascikeln
      12. *S. laxa.*

(12) { Hauptfasern fremdkörperfrei . . . . . . . . . . . 13.
       Hauptfasern sandführend . . . . . . . . . . . (14).
       Hauptfasern mit Nadelfragmenten . . . , . . . . . (15).

13 { Aufrechte, birnförmige, gestielte Schwämme, ohne Bienenwabenstructur. Fascikeln bandförmig 3,5 mm breit   13. *S. vallata*.
Schwamm kriechend, mit grossen kegelförmigen, Vorragungen, auf
deren Spitzen die Oscula liegen.   Mit Bienenwabenstructur
14. *S. cellulosa*.

(14) { Hauptfasern unter 0,2 mm dick . . . . . . . . . . 16.
Hauptfasern 0,2—0,6 mm dick . . . . . . . . . . (17).

16 { Schwamm fächerförmig, dick, mit tiefen radialen Furchen in der
Oberfläche des Skelets . . . . . . . . . 15. *S. flabellum*.
Oberfläche des Skelets ohne Furchen . . . . . . . . 18.

18 { Schwamm blattförmig, lamellös . . . . . 16. *S. intertexta*.
Schwamm klein, massig, incrustirend . . . . . 17. *S. lordii*.

(17) { Schwamm gross, blatt- oder becherförmig . 18. *S. calyculata*.
Schwamm massig, mit fingerförmigen Fortsätzen, tubulös oder
unregelmässig . . . . . . . . . . . . . . . 19.

19 { Verbindungsfasern unter 0,1 mm dick . . 19. *S. ondaatjeana*.
Verbindungsfasern über 0,1 mm dick . . . . . . . . 20.

20 { Schwamm röhrenförmig mit terminaler Siebplatte . . . . .
20. *S. aspergillum*.
Schwamm unregelmässig oder mit fingerförmigen Fortsätzen . .
(21. *S. cavernosa*) 21.

21 { Hauptfasern unter 0,3 mm dick.   Maschen in den Fascikeln unter
0,1 mm breit . . . 21. I. *S. cavernosa* var. *mediterranea*.
Hauptfasern unter 0,3 mm dick.   Maschen in den Fascikeln über
0,2 mm breit . . . . 21. II. *S. cavernosa* var. *pyriformis*.
Hauptfasern über 0,5 mm dick . . . . . . . . . . .
21. III. *S. cavernosa* var. *rigida*.

(15) { Schwamm massig, aufrecht, birnförmig gestielt oder unregelmässig
22.
Schwamm becherförmig, radial symmetrisch . . . . . (23).

22 { Fascikel 0,6 mm breit, Schwamm gestielt mit auffallenden Furchen
in der sonst glatten Oberfläche des Skelets 22. *S. reticulata*.
Fascikel über 1 mm breit . . . . . . . . . . . 24.

24 {
Verbindungsfasern 0,7 mm dick. Schwamm birnförmig gestielt
　　　　　　　　　　　　　　　23. *S. crassa.*
Verbindungsfasern unter 0,5 mm dick . . . . . . . . 25.
}

25 {
Schwamm fächerförmig. Die Oscula sind auf eine Seite beschränkt; sie münden in anastomosirende Furchen auf der
Oberfläche des Skelets . . . . . . . . . 24. *S. cycni.*
Schwamm aufrecht, birnförmig, mit terminalem Osculum. Häufig
verwachsen mehrere solche Individuen und bilden einen massigen Schwamm, von dessen Oberseite sich conische Protuberanzen mit terminalen Osculis erheben . (25. *S. australis*) 26.
}

26 {
Hauptfasern unter 0,12 mm dick . . . . . . . . . . 27.
Hauptfasern über 0,2 mm dick . . . . . . . . . (28).
}

27 {
Oberfläche des Skelets mit gleichförmig vertheilten, steifen Zotten
bekleidet . . . . . . . 25. I. *S. australis* var. *conulata.*
Oberfläche des Skelets mit steifen Zotten bekleidet, welche reihen-
weise angeordnet sind. Diese Reihen bilden ein regelmässiges
Netz vorragender Kämme mit polygonalen Maschen . . . .
　　　　　　　　　　25. II. *S. australis* var. *fovea.*
}

(28) {
Oberfläche glatt . . . . . 25. III. *S. australis* var. *laevis*
Oberfläche mit hohen Conulis bekleidet oder (im Skelet) tief ge-
furcht . . . . . . . . . . . . . . . . . 29.
}

29 {
Oberfläche des Skelets gefurcht 25. IV. *S. australis* var. *canaliculata.*
Oberfläche mit hohen Conulis oder mit Zotten (im Skelet) be-
setzt . . . . . . . . . . . . . . . . . 30.
}

30 {
Maschen in den Fascikeln abgerundet, viereckig oder unregelmässig, 0,3 mm breit . 25. V. *S. australis* var. *conulissima.*
Maschen in den Fascikeln länglich, oval, 0,6 mm lang und 0,12 mm
breit . . . . . . . . 25. VI. *S. australis* var. *villosa*
}

(23) {
Schwamm breiter als hoch, korbförmig, mit breiter Basis auf-
sitzend. Mit unregelmässigen, gesägten Longitudinalrippen auf
der Aussenseite . . . . . . . . . . 26. *S. costifera.*
Schwamm höher als breit, kegelförmig mit schmaler Basis auf-
sitzend, oder gestielt, mit regelmässigen, continuirlichen und
glattrandigen Longitudinalrippen auf der Aussenseite . . .
　　　　　　　　　　　　　27. *S. pulcherrima.*
}

## 17. Genus. *Hircinia* NARDO.

Spongidae mit einem Skelet, welches meist aus fasciculären Bündeln von Haupt- und einfachen oder häufig auch fasciculären Verbindungsfasern besteht, mit 0,5—3 mm weiten Skeletnetzmaschen und Filamenten in der Grundsubstanz.

Diese Gattung wurde vor 55 Jahren von NARDO unter dem Namen *Ircinia* aufgestellt. Damals theilte dieser Autor die Hornschwämme in die drei Gattungen:

1) *Spongia*, mit soliden Fasern ohne Filamente.
2) *Aplysina*, mit markhaltigen Fasern ohne Filamente.
3) *Ircinia*, mit soliden Fasern und mit Filamenten.

Später änderte NARDO den Namen in *Hircinia* um und erklärte die Filamente als wichtige Characteristik der Gattung. Die späteren Autoren haben alle diesen Namen beibehalten, allein keineswegs denselben nur für filamentführende Hornschwämme gebraucht wie NARDO.

O. SCHMIDT schränkte die NARDO'sche Gattung etwas ein und fügte die neue Gruppe (Subgenus) *Sarcotragus* hinzu; beide zusammen erscheinen als Untergattungen des Genus *Filifera*.

F. E. SCHULZE behielt NARDO's Namen bei und gab der von ihm genau' untersuchten Gattung *Hircinia* eine Ausdehnung ähnlich der, welcher ihr ursprünglich von NARDO ertheilt worden war.

CARTER und HYATT benutzten den Namen *Hircinia* für alle möglichen Hornschwämme. Sie definiren ihren Begriff von *Hircinia* nicht deutlich, und, nach der Verschiedenheit der von ihnen fälschlich als *Hircinia* beschriebenen Arten zu urtheilen, wäre eine solche Definition in der That nicht leicht aufzustellen.

RIDLEY behielt den Namen *Hircinia* in ähnlichem Sinne bei wie NARDO und SCHULZE, und auch hier wird er in diesem Sinne gebraucht.

Im Jahre 1845 errichtete BOWERBANK die Gattung *Stematumenia*, welche mit *Hircinia* NARDO identisch ist.

LIEBERKÜHN beschrieb 1859 einige filamentführende Hornschwämme als *Filifera*, dies ist ebenfalls synonym mit *Hircinia*, obwohl O. SCHMIDT dieser Gattung eine etwas andere Bedeutung beilegte. Alle diese Genera wurden von den betreffenden Autoren durch den Besitz der Filamente characterisirt.

Wie oben erwähnt, stellte O. SCHMIDT die Untergattung *Sarcotragus* auf, welche sich von *Hircinia* durch die Lockerheit ihres Baues und die Feinheit der Filamente unterscheidet. Später hob SCHMIDT jedoch diese Untergattung auf und vereinigte alle filamentführenden Hornschwämme in der Gattung *Filifera* LIEBERKÜHN.

BOWERBANK's neue Gattung *Polyfibrospongia*, welche von RIDLEY als eine *Stelospongia* angesehen worden war, gehört auch hieher. Die Arten von *Polyfibrospongia* sind echte Hircinien.

POLÉJAEFF erkannte so wenig wie CARTER und HYATT den Filamenten irgend einen systematischen Werth zu und betrachtet sie als
zufällige Parasiten. Aus diesem Grunde hat er das Genus *Hircinia*
aufgegeben und die zahlreichen von ihm untersuchten Arten als Species
von *Cacospongia* und *Stelospongia* beschrieben.

Das Genus *Hircinia* steht und fällt mit dem systematischen Werth
der Filamente. Auf diesen Gegenstand, über den ich mich schon mehrfach geäussert habe, kann ich hier nicht näher eingehen; ich will nur
die Namen der Autoren anführen, welche pro und contra *Hircinia* sind.

Für die Aufrechterhaltung einer eigenen Gattung für die filamentführenden Hornschwämme sind NARDO, BOWERBANK, LIEBERKÜHN,
O. SCHMIDT, F. E. SCHULZE, ich und seinerzeit auch VOSMAER eingetreten.

Dagegen sind: CARTER, HYATT, POLÉJAEFF und neuerlich auch
VOSMAER.

Das Genus *Hircinia* ist offenbar sehr nahe mit *Stelospongia* verwandt, und es lässt sich direct von dieser Gattung durch Acquisition
der Filamente ableiten. Ob die Hircinien eine monophyletische Gruppe
darstellen oder nicht, lässt sich freilich nicht sagen. Ich persönlich
bin der Ansicht, dass *Hircinia* polyphyletisch aus verschiedenen *Stelospongia*-Arten hervorgegangen ist. Ich glaube, es giebt mindestens
zwei distincte Stämme innerhalb der Gattung *Hircinia*. Diese sind
jedoch so eng mit einander durch Uebergangsformen verbunden, dass
sich eine scharfe Grenze nicht aufstellen lässt und ich deshalb davon
abstehen muss, verschiedene Genera für diese zwei Serien aufzustellen.

Der fasciculäre Bau der Verbindungsfasern und die Eigenthümlichkeit, dass selbst sonst einfache Verbindungsfasern mit mehreren
Wurzeln von den Hauptfasern entspringen, unterscheiden *Hircinia* von
*Stelospongia*. CARTER war der Erste, welcher auf diese Eigenthümlichkeit hinwies. Er stellte für die Spongien, welche durch dieselbe
ausgezeichnet sind, die Gruppe *Platyfibra* auf. Uebrigens hatte
BOWERBANK schon 1845 auf die „flattened" Fasern seiner *Stematunemia* hingewiesen.

Da diese Eigenthümlichkeit bei den mediterranen Hircinien und
besonders bei der gemeinen *H. variabilis* nur sehr wenig ausgesprochen
ist, so haben NARDO, O. SCHMIDT, LIEBERKÜHN und F. E. SCHULZE,
welche alle ihre Diagnosen auf mediterranes Material stützten, dieselbe
natürlich nicht würdigen können.

Aus diesem Grunde sehen diese Autoren die Filamente als die
wichtigste, ja einzige Eigenthümlichkeit der Hircinien an.

Der systematische Werth der Filamente wurde zu einem wahren
Zankapfel der Spongiologen, die alle annahmen, dass der Besitz der

Filamente die einzige Eigenthümlichkeit der Gattung *Hircinia* sei. Wenn wir in Betracht ziehen, dass sämmtliche Formen von CARTER'S Gruppe *Platyfibra* ausnahmslos Filamente besitzen, und dass CARTER in erster Linie gegen den systematischen Werth der Filamente eintrat, so müssen wir zugeben, dass sich *Hircinia* eben nicht bloss durch den Besitz der Filamente von andern Hornschwämmen und speciell von *Stelospongia* unterscheidet.

Ueber die Natur der Filamente sind wir allerdings noch nicht im Reinen. Da aber die Filamente stets mit anderen Eigenthümlichkeiten associirt sind, so kann über ihren systematischen Werth kaum ein Zweifel bestehen.

Obwohl einige filamentführende Spongien in anderer Beziehung mit solchen ähnlich sind, welche keine Filamente enthalten, so zeigen doch die meisten Eigenthümlichkeiten — wie oben erwähnt —, welche Einen in den Stand setzen, diese Schwämme, auch ohne die Filamente zu berücksichtigen, als *Hircinia*-Arten zu erkennen.

CARTER giebt an, er habe oft Exemplare einer und derselben Species gesehen, von denen einige Filamente besassen und andere nicht. Diese Angaben beziehen sich meist auf *Stelospongia*- und *Phyllospongia*-Arten, welche mit Hircinien ähnlich sind und deshalb leicht irriger Weise für solche angesehen werden konnten. Solche Angaben muss man mit grosser Vorsicht aufnehmen, sie haben aber überhaupt wenig Bedeutung für die Entscheidung der Frage.

Ein Beweis für die systematische Werthlosigkeit der Filamente könnte nur dadurch erbracht werden, dass entweder in verschiedenen Individuen der gleichen Art, z. B. in einigen Zweigen eines verästelten Schwammes, Filamente vorkommen und in anderen fehlen; oder aber, wenn Filamente in ganz verschiedenen Spongien nachgewiesen würden.

Das erstere hat niemand behauptet, das letztere aber will CARTER beobachtet haben. Er gibt an, Filamente bei Kieselschwämmen gefunden zu haben.

F. E. SCHULZE bezweifelt die Vertrauenswürdigkeit und bestreitet die Richtigkeit dieser CARTER'schen Angabe, und ich muss SCHULZE beistimmen, da ich selber nie eine Spur von Filamenten in irgend einem Schwamm mit Ausnahme von Hornschwämmen mit den gewohnten *Hircinia*-Characteren gefunden habe. Auch ist sonst noch Niemand in der Lage gewesen, die Richtigkeit der CARTER'schen Angabe durch eigene Beobachtung zu bestätigen.

Ich halte an der Ansicht fest, dass die Filamente für die Existenz
der Hircinien nothwendig sind und dass sie, wenn nicht vom Schwamme
selbst erzeugte Bildungen, so doch nothwendige symbiotische Organismen
oder in Folge der Gegenwart solcher Organismen entstandene Bildungen
sind. Man könnte die Filamente in dieser Hinsicht den „gelben
Zellen“ vergleichen, welche so häufig symbiotisch in niederen Seethieren leben.

Ich glaube also berechtigt zu sein, die Gattung *Hircinia* aufrecht
zu erhalten.

Ich unterscheide 29 Arten von *Hircinia*, von denen eine in 8
Varietäten zerlegt wird, so dass wir also 36 verschiedene Formen
haben. 25 von diesen sind früher beschrieben worden, die übrigen
sind neu.

Ich theile das Genus in 6 Untergattungen.

### I. Subgenus. Euricinia.

Hirciniae mit ziemlich einfachen, hier und da fasciculären Fasern.
Die Hauptfasern sind viel dicker als die Verbindungsfasern und deut-
lich als solche erkennbar. Die Filamente sind verhältnissmässig dick.
Fremdkörper in den Hauptfasern, aber keine grossen, durch feine
Fasern mit einander verbundene Sandkörner. Die Oberfläche ist
conulös.

Dieses Subgenus stimmt ziemlich nahe mit O. Schmidt's Subgenus *Hircinia* überein. Es enthält 4 Arten, von denen *H. variabilis*
mit 8 Varietäten die wichtigste und verbreitetste ist. Formen dieser
letzteren Art sind von Hyatt, Carter, O. Schmidt und F. E. Schulze
als *Hircinia* und von Carter als *Spongelia* beschrieben worden.

### II. Subgenus. Hircinella.

Kleine, incrustirende, sandreiche Hirciniae, mit einem Skelet, welches
aus getrennten, schwach dendritisch verzweigten, aufrechten Fasern
besteht ohne netzbildende Verbindungsfasern.

Ich stelle dieses Subgenus für zwei *Oligoceras*-ähnliche, sandreiche
Formen auf. Die eine derselben wurde von Poléjaeff als *Cacospongia*,
die andere von Ridley als *Oligoceras* beschrieben.

### III. Subgenus. Dysidicinia.

Hirciniae mit einem Skelet, welches aus einem einförmigen oder
theilweise fasciculären Netzwerk von Fasern besteht, die alle in gleichem
Grade von Fremdkörpern erfüllt sind.

Die vier Arten dieser Untergattung lassen sich leicht an der Einförmigkeit in der Verbreitung der Fremdkörper in allen Fasern erkennen. Die Fremdkörper sind nicht zahlreich und zerstreut. Ich unterscheide 4 Arten dieser Untergattung, welche von POLÉJAEFF als *Cacospongia* und *Stelospongia*, von CARTER, RIDLEY und HYATT als *Hircinia* und von DUCHASSAING & MICHELOTTI als *Polytherses* beschrieben worden sind.

### IV. Subgenus. Sarcotragus.

Hirciniae mit plattgedrückten, fasciculären Hauptfasern, in deren Verlaufe sich zahlreiche Sandkörner finden. Diese sind in den Fasern des Fascikels zerstreut, oder sie bilden eine starke Säule, welche von den Fascikelfasern guirlandenartig umrankt wird. Die Verbindungsfasern sind fasciculär und durch zahlreiche Wurzeln mit den Hauptfaserfascikeln verbunden. Die Filamente sind durch ihre Schlankheit ausgezeichnet. Die Oberfläche ist conulös. Die Conuli sind besonders breit und niedrig.

Dieses Subgenus ist identisch mit der von O. SCHMIDT aufgestellten Untergattung.

Ich unterscheide 8 Arten der Untergattung *Sarcotragus*, welche grösstentheils von früheren Autoren bereits beschrieben wurden, und zwar von LAMARCK als *Spongia*, von BOWERBANK als *Stematumenia*, von DUCHASSAING & MICHELOTTI als *Polytherses*, von LIEBERKÜHN als *Filifera*, von O. SCHMIDT als *Sarcotragus*, von O. SCHMIDT, HYATT, F. E. SCHULZE und RIDLEY als *Hircinia* und endlich von POLÉJAEFF als *Cacospongia*.

### V. Subgenus. Psammociniae.

Hirciniae mit einem Skelet, dessen Fasern sehr zahlreiche Fremdkörper, vorzüglich Sand, enthalten. Statt der Hauptfasern findet man oft fascikelartige Bündel von dünnen Fasern, in deren Vereinigungspunkten grosse Sandkörner liegen. Jene Arten, welche solide, dicke Hauptfasern besitzen, enthalten nicht nur zahlreiche grosse Sandkörner in diesen Fasern, sondern auch ähnliche grosse Sandkörner in der Grundsubstanz zerstreut. Die letzteren sind durch dünne Sponginfäden mit einander verbunden. Massenhafte Fremdkörper finden sich in der Haut.

Diese Psammocinien könnten vielleicht auf den Rang einer besonderen Gattung Anspruch erheben. Ich unterscheide 8 Arten in diesem Subgenus, von denen zwei, eine von LIEBERKÜHN als *Filifera* und eine von POLÉJAEFF als *Cacospongia*, früher beschrieben worden sind.

## VI. Subgenus. Polyfibrospongia.

Hirciniae mit einem sehr weitmaschigen Skeletnetz, dessen Trabekel als dichte Bündel sehr zahlreicher, von Fremdkörpern vollkommen freier und feiner Fasern erscheinen.

Diese Untergattung ist identisch mit BOWERBANK's Genus *Polyfibrospongia*, welche von RIDLEY für eine *Stelospongia* gehalten wurde. In dieselbe gehören ausser der von BOWERBANK als *Polyfibrospongia* beschriebenen Art auch *Spongia fasciculata* ESPER, welche mit *Hircinia fasciculata* O. SCHMIDT identisch ist, und *Hircinia horrens* RIDLEY, welche mit POLÉJAEFF's *Cacospongia irregularis* synonym ist, drei Arten im Ganzen.

$$0 \begin{cases} \text{Dicke, grösstentheils einfache Hauptfasern differenzirt . . . 1.} \\ \text{Dickere Hauptfasern entweder nicht vorhanden oder, wenn differenzirt, durchbrochen und offenbar aus Bündeln schlanker} \\ \text{Fasern zusammengesetzt . . . . . . . . . . . (2).} \end{cases}$$

$$1 \begin{cases} \text{Verbindungsfasern vorhanden . . . . . . (I. } \textit{Euricinia} \text{) 3.} \\ \text{Verbindungsfasern fehlen . . . . . . . (II. } \textit{Hircinella} \text{) (4).} \end{cases}$$

### I. *Euricinia.*

$$3 \begin{cases} \text{Hauptfasern von Sand völlig erfüllt. Verbindungsfasern fremd-} \\ \text{körperfrei . . . . . . . . . . . . . . 1. } \textit{H. cactus.} \\ \text{Hauptfasern enthalten zerstreute Fremdkörper, vorzüglich Nadel-} \\ \text{fragmente. Solche kommen vereinzelt auch in den Verbin-} \\ \text{dungsfasern vor . . . . . . . . . . . . . . . 5.} \end{cases}$$

$$5 \begin{cases} \text{Schwamm mit aufrechten, am Ende plötzlich verdickten, langen} \\ \text{und schlanken, geraden, kegelförmigen Fortsätzen 2. } \textit{H. pipetta.} \\ \text{Schwamm massig, lappig, becherförmig oder unregelmässig . 6.} \end{cases}$$

$$6 \begin{cases} \text{Schwamm becherförmig, Verbindungsfasern in Bündeln . . . .} \\ \text{3. } \textit{H. rubra.} \\ \text{Schwamm massig, lappig oder unregelmässig. Verbindungsfasern} \\ \text{einfach . . . . . . . . . . . . (4. } \textit{H. variabilis} \text{) 7.} \end{cases}$$

7 {
Schwamm incrustirend, massig oder plattenförmig kriechend 8.
Schwamm mit kegelförmigen Vorragungen oder mit Kämmen auf der Oberfläche. Aufrecht fächerförmig . . . . . . . (9).
}

8 {
Schwamm incrustirend, kuchenförmig oder plattenförmig, kriechend . . . . . . . . . . . . . . . . . 10.
Schwamm knollenförmig . . . . . . . . . . . . . (11).
}

10 {
Incrustirend . . . . . . . 4. I. *H. variabilis* var. *hirsuta*.
Kriechend, in der Mitte erhaben, nur am Rande angeheftet, plattenförmig, durchbrochen . . 4. II. *H. variabilis* var. *galea*.
}

(11) {
Oscula von einem Ringwulst umgeben . . . . . . . . .
       4. III. *H. variabilis* var. *flavescens*.
Oscula einfach . . . . . . 4. IV. *H. variabilis* var. *typica*.
}

(9) {
Mit fingerförmigen Zweigen oder zitzenartigen Fortsätzen. Oscula terminal . . . . . . . . . . . . . . . . . 12.
Mit Kämmen auf der Oberfläche. Fächerförmig aufrecht mit randständigen Osculis . . . . . . . . . . . . . (13).
}

12 {
Mit zitzenartigen Fortsätzen 4. V. *H. variabilis* var. *mammillaris*.
Mit fingerförmigen, verzweigten Fortsätzen . . . . . . .
       4. VI. *H. variabilis* var. *dendroides*.
}

(13) {
Unregelmässig, mit Kämmen . 4. VII. *H. variabilis* var. *oros*.
Fächerförmig aufrecht . . 4. VIII. *H. variabilis* var. *lingua*.
}

## II. *Hircinella.*

(4) {
Schwamm incrustirend oder kuchenförmig, Fasern 0,5 mm dick
       5. *H. collectrix*.
Schwamm incrustirend. Fasern 0,17—0,27 mm dick . . . .
       6. *H. conulosa*.
}

(2) {
Skeletnetz einförmig oder longitudinale Fascikeln vorhanden. Fremdkörper in allen Fasern gleich zahlreich . . . . . .
       (III. *Dysidicinia*) 14.
Das Skelet besteht aus radialen Fasikeln, in welche Sandkörper eingewebt sind. Diese Fascikeln sind mit einander durch Bündel fremdkörperfreier Verbindungsfasern verbunden (15).
Das Skelet besteht aus einem einförmigen Netzwerk dicker Fascikel, welche aus dünnen, vollkommen fremdkörperfreien Fasern zusammengesetzt sind . . . . . (VI. *Polyfibrospongia*) (16).
}

### III. *Dysidicinia.*

14 { Schwamm mit fingerförmigen Fortsätzen oder lappig . . **17.**
{ Schwamm incrustirend . . . . . . . . . . . . . **(18).**

17 { Schwamm getrocknet hart. Fasern braun. Skeletnetz dicht . .
{                                   **7. *H. fusca.***
{ Schwamm getrocknet zerreiblich. Fasern farblos, Skeletnetz locker
{                                   **8. *H. friabilis.***

(18) { Skeletnetz einförmig. Fasern 0,18 mm dick   9. *H. procumbens.*
{ Fasern 0,05—0,08 mm dick, bilden longitudinale Fascikel . . .
{                                   **10. *H. longispina.***

(15) { Sandkörner klein, treten zur Bildung dichter und continuirlicher
{      Säulen zusammen, welche in den longitudinalen Fascikeln liegen
{                             **(IV. *Sarcotragus*) 19.**
{ Sandkörner gross, zerstreut, durch feine Sponginfäden verbunden
{      oder in Reihen angeordnet . . . . **(V. *Psammocinia*) (20).**

### IV. *Sarcotragus.*

19 { Conuli in longitudinalen Reihen. Schwamm becherförmig oder
{      lamellös . . . . . . . . . . . . . **11. *H. campana.***
{ Conuli in Reihen, welche anastomosiren und ein Netz vorragen-
{      der Kämme auf der Oberfläche bilden . . . **12. *H. favosa.***
{ Conuli regelmässig zerstreut . . . . . . . . . . . **21.**

21 { Longitudinale Faserbündel sehr locker, kaum als solche erkenn-
{      bar. Schwamm massig, mit fingerförmigen Fortsätzen . . .
{                             **13. *H. arbuscula.***
{ Longitudinale Faserbündel dicht . . . . . . . . . **22.**

22 { Schwamm becherförmig oder lamellös . . . **14. *H. calyculata.***
{ Schwamm lappig, massig, mit fingerförmigen Fortsätzen . . .
{                             **15. *H. australis.***
{ Schwamm massig . . . . . . . . . . . . . . . **23.**

23 {
Conuli einförmig, unter 2 mm hoch und unter 3 mm von einander entfernt . . . . . . . . . . 16. *H. spinolusa.*

Conuli einförmig, über 4 mm von einander entfernt, niedrig und breit . . . . . . . . . . . . . 17. *H. muscarum.*

Conuli unregelmässig, höher als breit, Schwamm schwarz
18. *H. foetida.*
}

## V. *Psammocinia.*

(20) {
Oberfläche mit kegelförmigen Conulis bedeckt . . . . . 24.

Oberfläche mit tuberkelartigen Papillen oder gyrusförmigen Auswüchsen bedeckt . . . . . . . . . . . . . (25).

Oberfläche glatt . . . . . . . . . . . . . . . . (26).
}

24 {
Conuli stumpf. Schwamm massig, lappig. Fasern 0,03 mm dick
19. *H. irregularis.*

Conuli scharf. Schwamm incrustirend, mit kleinen fingerförmigen Fortsätzen. Fasern 0,06 mm dick . . . . 20. *H. tenella.*
}

(25) {
Oberfläche unregelmässig, mit einem Netz scharfer vorspringender Kämme an einzelnen Stellen der Oberfläche . 21. *H. vallata.*

Oberfläche mit tuberkelartigen Papillen . . . . . . . .
22. *H. verrucosa.*

Oberfläche mit gyrusförmigen Auswüchsen . . 23. *H. rugosa.*
}

(26) {
Schwamm aufrecht, gestielt, kegelförmig - becherförmig, radial symmetrisch . . . . . . . . . . . 24. *H. arenosa.*

Schwamm unsymmetrisch, nicht becherförmig . . . . . 27.
}

27 {
Schwamm lappig. Skelet sehr dicht . . . 25. *H. compacta.*

Schwamm besteht aus einer mäandrisch verschlungenen, dünnen Lamelle. Skelet netzförmig . . . . . 26. *H. halmiformis.*
}

## VI. *Polyfibrospongia.*

(16) {
Schwamm massig, solid . . . . . . . 27. *H. fasciculata.*

Schwamm massig, cavernös . . . . . . . 28. *H. gigantea.*

Schwamm fächerförmig . . . . . . . 29. *H. flabellifera.*
}

### 5. Familia. *Heterorrhaphidae.*

Cornacuspongia mit einem Skelet, welches aus einem Netz von Nadelbündeln besteht. Mikrosklere meistens vorhanden, Sigme und Stäbe, aber niemals Chele; wenn Mikrosklere fehlen, sind die Megasklere meist Style.

## 6. Familia. *Spongelidae.*

Cornacuspongia mit grossen sackförmigen Geisselkammern und hyaliner Grundsubstanz; mit einem Skelet, welches entweder aus einem Netz oder selten aus dendritisch verzweigten Hornfasern besteht, welche stets solid sind. Fremdkörper sind immer in den Fasern vorhanden und häufig in solcher Masse, dass kein Spongin sichtbar ist. Zuweilen besteht das Skelet aus zerstreuten Sandkörnern, welche durch feine Sponginfäden theilweise mit einander verbunden sind. Mikrosklere, wenn vorhanden, Sigme oder Stäbe in der Grundsubstanz oder kleine ovale Kieselkörper in der Faserscheide.

### I. Subfamilia. Phoriosponginae.

Spongelidae mit Mikroskleren, Sigmen oder Stäben in der Grundsubstanz.

### 1. Genus. *Phoriospongia* MARSHALL.

Spongelidae mit einem Skelet, welches aus zerstreuten grossen Sandkörnern besteht, die theilweise durch feine Sponginfasern mit einander zusammenhängen; mit Stabnadeln und grossen Sigmen in der Grundsubstanz.

Dieses Genus wurde von MARSHALL aufgestellt. Er ist der Ansicht, dass auch *Xenospongia* GRAY und *Halicnemia* BOWERBANK in dasselbe gehören; ich muss mich darüber jedes Urtheils enthalten, aber jedenfalls gehört CARTER's *Dysidea chaliniformis* hierher.

Die Zahl und Grösse der sigmaren Nadeln in der Grundsubstanz zeigen deutlich, dass die Gattung *Phoriospongia* mit den Heterorrhaphidae nahe verwandt ist, wenn sie nicht geradezu in diese Familie gehört. Der feinere Bau, sowie das aus massenhaften, zerstreuten grossen Sandkörnern bestehende Skelet bezeugen andererseits die nahe Verwandtschaft von *Phoriospongia* mit der nadellosen Gattung *Psammopemma*, von welcher sich *Phoriospongia* einzig und allein durch den Besitz der Nadeln unterscheidet. Durch *Psammopemma* ist aber *Phoriospongia* mit *Spongelia* selbst verbunden, so dass die Gattung *Phoriospongia* also jedenfalls, ob sie nun zu den Spongelidae oder zu den Heterorrhaphidae gehört, die Verbindung zwischen diesen beiden Familien herstellt.

In der That glaube ich, dass *Phoriospongia*, durch Ersatz der Nadelbündel durch Sandmassen, direct aus einer echten Heterorrhaphide entstanden ist.

Es giebt echte Heterorrhaphiden, bei denen die Nadelbündel theilweise durch Sand ersetzt sind, wie z. B. *Tedania commixta*, so dass sich also keine scharfe Grenze zwischen den Heterorrhaphiden und *Phoriospongia* und somit den Spongelidae überhaupt ziehen lässt.

Ich unterscheide 6 Arten von *Phoriospongia*, von denen eine weiter in zwei Varietäten getheilt wird. Von diesen 7 Formen sind 3 früher beschrieben worden, die übrigen sind neu.

0 { Maulbeerförmige Kieselkörper in der Haut, einige Sigmata eckig . . . . . . . . . . . . . . . . . . 1. *P. solida*.
Keine maulbeerförmigen Kieselkörper und keine eckigen Sigmata . . . . . . . . . . . . . . . . . . . 1.

1 { Schwamm massig, knollig oder unregelmässig . . . . . 2.
Schwamm fächerförmig oder mit fingerförmigen Fortsätzen (3).

2 { Oberfläche glatt . . . . . . . . . . . . . 2. *P. lœvis*.
Oberfläche mit Netzstructur . . . . . . . 3. *P. reticulum*.

(3) { Schwamm mit fingerförmigen Fortsätzen . 4. *P. chaliniformis*.
Schwamm lamellös . . . . . . . . . . . . . . 4.

4 { Freier Rand des lamellösen Schwammes lappig. Oberfläche des Skelets gefurcht . . . . . . . . . 5. *P. canaliculata*.
Freier Rand des lamellösen Schwammes continuirlich. Oberfläche des Skelets glatt . . . . . . . . (6. *P. lamella*) 5.

5 { Oscula klein, unscheinbar, nicht über die umgebende Oberfläche erhaben . . . . . . . . . 6. I. *P. lamella* var. *panis*.
Oscula auffallend, über die umgebende Oberfläche beträchtlich vorragend . . . . . . . 6. II. *P. lamella* var. *osculata*.

## 2. Genus. *Sigmatella nov. gen.*

Spongelidae mit einem Stützskelet, welches aus einem Netzwerk von sehr sandreichen Fasern besteht; mit Stabnadeln und in der Regel mit sehr kleinen Sigmata in der Grundsubstanz.

Ich errichte diese Gattung für eine Anzahl von Spongien, welche in den australischen Gewässern sehr häufig sind. Einige der Arten sind früher von Bowerbank, Carter und Marshall als *Dysidea*, von MARSHALL als *Psammopemma*, von CARTER als *Holopsamma* und *Hircinia* und von HYATT als *Spongelia* beschrieben worden.

Im feineren Bau und in der Gestaltung des Skelets stimmt *Sigmatella* mit *Spongelia* sehr nahe überein. Die beiden Gattungen unterscheiden sich im Wesentlichen nur dadurch, dass *Sigmatella* selbstgebildete Nadeln in der Grundsubstanz enthält, *Spongelia* aber nicht. Die *Sigmatella*-Nadeln sind viel kleiner und weniger zahlreich als jene von *Phoriospongia* und machen überhaupt den Eindruck von rudimentären Bildungen. Man könnte *Sigmatella* als Uebergangs-Gattung zwischen *Phoriospongia* und *Spongelia* in Anspruch nehmen.

Ich unterscheide 5 Arten von *Sigmatella*, von denen zwei in Varietäten, die eine in 2 und die andere in 5, getheilt sind, so dass wir also 10 verschiedene *Sigmatella*-Formen unterscheiden können; 4 von diesen sind schon früher beschrieben worden, die übrigen sind neu.

0 $\begin{cases}\text{Sigmata zahlreich, viel häufiger als die Stabnadeln . . . . .} \\ \qquad\qquad\qquad\qquad\qquad\text{(1. } S.\ australis\text{) 1.} \\ \text{Sigmata fehlen oder sind selten, niemals so häufig als die Stab-} \\ \text{nadeln . . . . . . . . . . . . . . . . . . . (2)}\end{cases}$

1 $\begin{cases}\text{Schwamm röhrenförmig . . . 1. I. } S.\ australis \text{ var. } tubaria. \\ \text{Schwamm fächerförmig . . 1. II. } S.\ australis \text{ var. } flabellum.\end{cases}$

(2) $\begin{cases}\text{Oberfläche conulös . . . . . . . . . 2. } S.\ carcinophila. \\ \text{Oberfläche glatt oder mit tuberkelartigen Papillen bedeckt . 3.}\end{cases}$

3 $\begin{cases}\text{Hauptfasern mit deutlicher Sponginrinde . 3. } S.\ flabellipalmata. \\ \text{Hauptfasern ganz aus Fremdkörpern zusammengesetzt . . 4.}\end{cases}$

4 $\begin{cases}\text{Verbindungsfasern einfach, frei von Fremdkörpern . 4. } S.\ turbo. \\ \text{Verbindungsfasern verzweigt, Fremdkörper führend . . . . .} \\ \qquad\qquad\qquad\qquad\qquad\text{(5. } S.\ corticata\text{) 5.}\end{cases}$

5 $\begin{cases}\text{Oberfläche tuberculös oder unregelmässig, selten glatt. Schwamm} \\ \text{lappig oder unregelmässig massig . . . . . . . . .} \\ \qquad\qquad\qquad\text{5. I. } S.\ corticata \text{ var. } irregularis. \\ \text{Oberfläche glatt oder selten mit longitudinalen niedrigen Rippen 6.}\end{cases}$

6 $\begin{cases}\text{Schwamm massig mit domförmigen Protuberanzen, auf deren} \\ \text{Enden die Oscula liegen 5. II. } S.\ corticata \text{ var. } mammillaris. \\ \text{Schwamm lamellös . . . . . . . . . . . . . . . 7.}\end{cases}$

7 {
Schwamm mit abgeplatteten, lappenförmigen Aesten . . . .
5. III. *S. corticata* var. *elegans.*

Schwamm fächerförmig, dick, mit mehreren Reihen von Osculis
auf dem breiten Rande . 5. IV. *S. corticata* var. *flabellum.*

Schwamm fächerförmig, mit gezähntem Rande. Auf der Spitze
jedes fingerförmigen Randzahnes sitzt ein Osculum . . . .
5. V. *S. corticata* var. *serrata.*

## II. Subfamilia. Spongelinae.

Spongelidae ohne Sigme oder Stäbe in der Grundsubstanz.

### 3. Genus. *Haastia nov. gen.*

Spongelidae, deren Skeletfasern von einer Scheide von kleinen
ovalen Kieselkörpern umgeben werden. Ohne Mikrosklera in der Grundsubstanz.

Ich errichte diese Gattung für einen sehr eigenthümlichen Schwamm,
der in jedem Punkte mit *Spongelia* übereinstimmt mit Ausnahme der
sonst bei keinem Hornschwamm beobachteten Eigenthümlichkeit,
Scheiden von kleinen Kieselkörpern in der Umgebung der Fasern zu
besitzen.

*Haastia* ist jedenfalls mit *Spongelia* und *Sigmatella* verwandt.
Nur eine Art, *H. navicularis.*

### 4. Genus. *Psammopemma* MARSHALL.

Spongelidae mit einem Skelet, welches aus zerstreuten grossen
Sandkörnern besteht, die theilweise durch feine Sponginfäden mit einander verbunden sind. Ohne Mikrosklera.

Dieses Genus wurde vor 7 Jahren von MARSHALL für einige australische Spongien aufgestellt. Er beschrieb nur eine Art, welche unter
demselben Gattungsnamen später von RIDLEY und POLÉJAEFF aufgeführt
wurde. CARTER errichtete neuerlich die Gattung *Holopsamma*, welche
im Wesentlichen mit *Psammopemma* MARSHALL synonym ist, obwohl
einige von CARTER's *Holopsamma*-Arten nicht zu *Psammopemma* gehören.
Andere Arten wurden von RIDLEY als *Dysidea* und von CARTER als
*Hircinia* beschrieben.

*Psammopemma* ist mit *Phoriospongia* offenbar sehr nahe verwandt. Diese beiden Gattungen unterscheiden sich nur dadurch, dass
*Phoriospongia* Nadeln in der Grundsubstanz besitzt und *Psammopemma*
nicht. Im Bau des Weichkörpers und Stützskelets stimmen sie voll

5 *

kommen überein, und ich stehe nicht an, anzunehmen, dass *Psammopemma* aus *Phoriospongia* einfach durch Verlust der Mikrosklera entstanden ist. Mit den andern Spongelidae ist *Psammopemma* weniger nahe verwandt, obwohl gewisse Formen zu *Spongelia* hinführen.

Ich unterscheide 8 Arten von *Psammopemma*; 5 von diesen sind früher beschrieben worden, die übrigen sind neu.

0 { Oberfläche conulös oder mit conuliartigen Vorragungen bedeckt 1.
  { Oberfläche ohne solche Vorragungen . . . . . . . . (2).

1 { Schwamm braun. Hauptfasern in Gestalt von dichten Säulen.
  { Conuli unter 1,5 mm hoch . . . . . . 1. *P. communis.*
  { Schwamm farblos, Hauptfasern aus lockeren Sandkörnerreihen
  { zusammengesetzt. Conuli über 2 mm hoch . 2. *P. marshalli.*

(2) { Schwamm dicht, trocken hart, nicht zerreiblich, dunkel gefärbt
   {                                        3. *P. fuliginosa.*
   { Schwamm weich, trocken zerreiblich, grau . . . . . . 3.

3 { Schwamm massig . . . . . . . . . . . . . . . 4.
  { Schwamm lappig, fächerförmig oder mit fingerförmigen Fort
  { sätzen . . . . . . . . . . . . . . . . . . (5).

4 { Oberfläche mit tuberkelartigen Papillen . . 4. *P. tuberculata.*
  { Schwamm mit Bienenwabenstruktur, die oberflächlichen Zellen
  { mit Membranen bedeckt . . . . . . . . 5. *P. crassa.*

(5) { Schwamm klein mit fingerförmigen Fortsätzen, unregelmässig
   {                                      6. *P. digitifera.*
   { Schwamm lamellös, mit unregelmässigen Kämmen auf der Ober
   { fläche . . . . . . . . . . . . . . . . . 7. *P. rugosa.*
   { Schwamm unregelmässig lappig. Oberfläche glatt oder granulös,
   { leicht wellenförmig . . . . . . . . . . 8. *P. densum.*

## 5. Genus. *Spongelia* NARDO.

Spongelidae mit einem Skelet, welches aus einem Netzwerk von sandhaltigen Fasern besteht. Ohne Mikrosklera.

Die Gattung *Spongelia* wurde vor 54 Jahren von NARDO zur Aufnahme einiger von ihm vorher als *Aplysina* beschriebenen Spongien aufgestellt. In diese Gattung reihte er den von MARTENS als *Spongia tupha* PALLAS bestimmten venetianischen Schwamm ein.

Von späteren Autoren wurden zahlreiche neue Arten hinzugefügt. O. SCHMIDT und F. E. SCHULZE bedienten sich des NARDO'schen Gattungsnamens. SELENKA beschrieb einige Hornschwämme als *Spongelia*, von denen einer in diese Gattung gehört. Auch RIDLEY und POLÉJAEFF beschrieben Arten, welche hierher gehören, als *Spongelia*.

Acht Jahre nach NARDO errichtete JOHNSTON die mit *Spongelia* identische Gattung *Dysidea* zur Aufnahme von *Spongia fragilis* MONTAGUE.

Die englischen Autoren im Allgemeinen und BOWERBANK und CARTER insbesondere behielten den Namen *Dysidea* bei. Trotzdem nun O. SCHMIDT auf die Identität von *Spongelia* und *Dysidea* hinwies und CARTER an mehreren Orten sagt, dass *Dysidea* „the same thing" als *Spongelia* ist, so haben doch viele neuere Autoren, so besonders CARTER, MARSHALL und RIDLEY, diese zwei Gattungen neben einander bestehen gelassen.

Meine Untersuchungen haben mir gezeigt, dass in der That *Dysidea* und *Spongelia* synonym sind, womit freilich noch nicht gesagt sein soll, dass alle als *Dysidea* beschriebenen Spongien in das Genus *Spongelia* gehören.

Ich stelle auch CARTER's *Sarcocornea* theilweise in die Gattung *Spongelia*.

*Spongelia* ist am nächsten mit *Sigmatella* verwandt, aus welcher Gattung sie wahrscheinlich durch Verlust der Kieselnadeln hervorgegangen ist. *Spongelia* steht in demselben Verhältniss zu *Sigmatella* wie *Psammopemma* zu *Phoriospongia*. Auch mit *Haastia* scheint *Spongelia* nahe verwandt zu sein.

Ich unterscheide 11 Arten von *Spongelia*; zwei von diesen sind wieder respective in 3 und 5 Varietäten getheilt, so dass wir 17 distincte Formen von *Spongelia* haben.

0 { Oberfläche conulös oder mit scharfen longitudinalen Rippen . 1.
{ Oberfläche glatt oder etwas unregelmässig, oder mit tuberkelartigen Papillen, nicht conulös . . . . . . . . . (2).

1 { Skelet dendritisch . . . . . . . . . . 1. *S. spinifera*.
{ Skelet netzförmig . . . . . . . . . . . . . . 3.

3 { Conuli unter 0,75 mm hoch . . . . . . . . . . . 4.
{ Conuli über 1 mm hoch . . . . . . . . . . . . (5).

4 { Skeletnetz engmaschig. Maschen 0,3 mm breit . 2. *S. gracilis*.
{ Skeletnetz locker. Netzmaschen über 0,5 mm breit. Schwamm mit fingerförmigen Fortsätzen . . . . . . 3. *S. elegans*.
{ Skeletnetz locker. Schwamm röhrenförmig . . 4. *S. semicanalis*.

(5) { Conuli 1—3 mm hoch, 1—3 mm von einander entfernt . . 6.
Conuli 2—10 mm hoch, 3—10 mm von einander entfernt . (7).

6 { Verbindungsfasern dünn und grösstentheils von Fremdkörpern frei, bilden ein dichtes regelmässiges Netz   (5. *S. elastica*) 8.
Verbindungsfasern von Fremdkörpern dicht erfüllt, bilden ein unregelmässiges Netz . . . . . . . (6. *S. fragilis*) (9).

8 { Schwamm massig . . . . . . 5. I. *S. elastica* var. *massa.*
Schwamm dick, blattförmig, gestielt . . . . . . . . . .
                5. II. *S. elastica* var. *stellidermata.*
Schwamm lappig . . . . . . 5. III. *S. elastica* var. *lobosa.*

(9) { Schwamm unregelmässig, massig oder lappig . . . . . . .
              6. I. *S. fragilis* var. *irregularis.*
Schwamm inkrustirend . . . 6. II. *S. fragilis* var. *incrustans.*
Schwamm chalineenartig mit fingerförmigen Fortsätzen . . .
             6. III. *S. fragilis* var. *hirciniformis.*
Schwamm röhrenförmig . . . 6. IV. *S. fragilis* var. *tubulosa.*
Der Schwamm besteht aus einer mäandrisch gefalteten Lamelle
             6. V. *S. fragilis* var. *implexa.*

(7) { Conuli unter 5 mm hoch . . . . . . . . . . . . 10.
Conuli über 5 mm hoch . . . . . . . . . . . . (11).

10 { Verbindungsfasern verzweigt, bilden ein lockeres Netzwerk. Fremdkörper zahlreich in den Verbindungsfasern . . 7. *S. avara.*
Verbindungsfasern einfach. Skeletnetz mit 2—3 mm breiten Maschen. Fremdkörper in Verbindungsfasern selten 8. *S. distans.*

(11) Schwamm mit fingerförmigen Fortsätzen, lappig . 9. *S. horrens.*

(2) { Skeletnetzmaschen 1 mm breit . . . . . . 10. *S. nodosa.*
Skeletnetzmaschen 2—5 mm breit . . . . . . 11. *S. laxa.*

## Schlüssel zur Bestimmung der Hornschwammgattungen.

0 {
Skelet vorhanden oder fehlend. Wenn vorhanden, aus mark-haltigen, geschichteten, fremdkörperfreien Fasern zusammen-gesetzt. Geisselkammern langgestreckt, oval oder sackförmig, selten verzweigt . . . . . . . . . (*Hexaceratina*) 1.

Skelet stets vorhanden, aus in der Regel fremdkörperhaltigen Fasern oder zerstreuten Sandkörnern bestehend. Fasern meist solid; wenn markhaltig, stets mit kleinen kugligen Geissel-kammern associirt . . . . (*Cornacuspongiae kerotosa*) (2).
}

1 {
Mit Stützskelet und triaxonen Hornnadeln . (*Darwinellidae*) 3.
Mit Stützskelet, ohne Hornnadeln . . . . (*Aplysillidae*) (4).
Ohne Stützskelet und ohne Hornnadeln . . (*Halisarcidae*) (5).
}

3 Incrustirend . . . . . . . . . . **Darwinella** p. 13

(4) {
Mit Zellen in der Sponginrinde der Fasern . **Ianthella** p. 14
Ohne Zellen in der Sponginrinde der Fasern . . . . . 6.
}

6 {
Inkrustirend, selten mit aufrechtem Randtheil. Skelet aus zahl-reichen isolirten dendritischen Fasern bestehend . . . . .
**Aplysilla** p. 14

Aufrecht, massig oder verzweigt. Skelet ein mächtiger Spongin-Baum mit mehr oder weniger anastomosirenden Aesten . .
**Dendrilla** p. 15
}

(5) {
Geisselkammern einfach, Trabekelnetze in dem ausgedehnten Sub-dermalraum . . . . . . . . . . . **Bajulus** p. 16

Geisselkammern verzweigt. Subdermalräume klein und ohne Trabekelnetze . . . . . . . . . **Halisarca** p. 16
}

(2) {
Geisselkammern kuglig, unter 0,03 mm. Skeletnetz dicht. Ver-bindungsfasern über 0,03 mm. Schwamm von reticulöser Structur, hart. Wenn die Fasern ganz aus Fremdkörpern bestehen, sind die oberflächlichen durch abstehende Nadeln stachlig (*Aulenidae*) 7.

Geisselkammern kuglig oder birnförmig, unter 0,05 mm. Schwamm selten reticulös und in dem Falle weich. Stets ohne selbst-gebildete Nadeln . . . . . . . . . (*Spongidae*) (8).

Geisselkammern länglich, über 0,05 mm. Skelet in der Regel sandreich. Reticulöse sandreiche Formen mit Sigmen . . .
(*Spongelidae*) (9).
}

7 {
Fasern sehr sandreich, die oberflächlichen stachlig durch selbst-
gebildete, abstehende Styli . . . . . . *Aulena* p. 18
Fasern nicht reich an Fremdkörpern, ohne abstehende Nadeln
*Hyatella* p. 19
}

(8) {
Skeletnetz dicht, Fasern glatt, einfach, solid, eingestreute Sand-
körner übertreffen die Fasern an Dicke nicht. Haupt- und
Verbindungsfasern unterschieden . . . (*Eusponginae*) 10.

Skeletnetz locker, Fasern glatt, einfach, markhaltig oder solid,
im letzteren Fall Haupt- und Verbindungsfasern nicht unterschieden . . . . . . . . . . . . . (*Aplysininae*) (11).

Fasern sehr dick, mit lappenförmigen Auswüchsen . . . . .
(*Druinellinae* (12).

Skelet aus zerstreuten, durch feine Fasern verbundenen Sandkörnern oder einem einförmigen Netz von Sandsträngen zusammengesetzt. Haupt- und Verbindungsfasern in der Regel
nicht unterschieden . . . . . . . . . (*Halminae*) (13).

Skeletnetz locker, Fasern dick, solid, in der Regel theilweise
fasciculär angeordnet . . . . . . (*Stelosponginae*) (14).
}

10 {
Oberfläche glatt, ohne Vestibularräume und meist ohne Sandpanzer,
mit speciellem, aus einem Fasernetz bestehendem Dermalskelet.
In der Skeletoberfläche werden nicht selten Furchen beobachtet . . . . . . . . . . . . . . . . . . 15.
Oberfläche conulös oder mit einem Sandpanzer bekleidet und
dann glatt. Vestibularräume vorhanden oder fehlend . (16).
}

15 {
Verbindungsfasern einfach . . . . . . . . . . . . 17.
Verbindungsfasern netzbildend . . . . . . . . . (18).
}

17 {
Massig oder häufiger chalineenartig, mit fingerförmigen schlanken
oder lappenförmigen Fortsätzen. Oberfläche stets glatt . .
*Chalinopsilla* p. 21
Lamellös, meist blumenförmig, häufig sehr dünn. Oberfläche des
Skelets glatt oder gefurcht . . . *Phyllospongia* p. 23
}

(18) Dick, lamellös, fächer- oder becherförmig. Oberfläche stets glatt
*Leiosella* p. 27

(22) {
Hauptfasern mit Scheiden von ovalen Kieselkörpern . . . .
*Haastia* p. 67
Ohne solche Scheiden . . . . . . . . . . . . . 23.

23 {
Das Skelet besteht aus zerstreuten grossen Sandkörnern . . .
*Psammopemma* p. 67
Das Skelet besteht aus einem Netzwerk von fremdkörperhaltigen
Fasern . . . . . . . . . . . . *Spongelia* p. 68

## Liste der Synonyme.

In dieser Liste sind die früher beschriebenen Arten und Varietäten von Hornschwämmen, die ich in mein System aufnehmen konnte, sämmtlich angeführt.

Die Namen sind alphabetisch geordnet. Die Zahlen in den Klammern verweisen auf die betreffende Arbeit im Litteraturverzeichniss (am Schlusse).

Wo auf die Seitenzahl eine eckige Klammer mit „sep." folgt, bedeutet dieses die abweichende Seitenzahl des Separatabdruckes der betreffenden Arbeit.

Der Name rechts ist jener, den ich in meinem Systeme benutze und der in dem betreffenden Schlüssel aufgefunden werden kann.

*Alcyonium irregulare* etc. A. SEBA (89) p. 183 *Ianthella flabelliformis*.
*Aphrodite nardorus* R. v. LENDENFELD (57) p. 306 *Hippospongia aphroditella*.
*Aplysilla cactus* F. E. SCHULZE (85) p. 417 *Dendrilla rosea* var. *typica*.
*A. rosea* F. E. SCHULZE (85) p. 416 *Aplysilla rosea*.
*A. sulfurea* F. E. SCHULZE (85) p. 405 *A. sulfurea*.
*A. violacea* R. v. LENDENFELD (55) p. 237 *A. violacea*.
*Aplysina aërophoba* H. J. CARTER (26) p. 270 *Aplysina aërophoba*.
*A. aërophoba* A. HYATT (46) p. 407 [sep. p. 8] *A.* „
*A.* „ O. SCHMIDT (79) p. 25 *A.*
*A.* „ O. SCHMIDT (81) p. 5 *A.*
*A.* „ F. E. SCHULZE (85) p. 386 *A.* „
*A. caespitosa* H. J. CARTER (31) p. 282 *Dendrilla caespitosa*.
*A. capensis* H. J. CARTER (25) p. 110 *Aplysina capensis*.
*A. carnosa* O. SCHMIDT (79) p. 26 *A. carnosa*.
*A. carnosa* F. E. SCHULZE (85) p. 404 *A. carnosa*.

*Aplysina cauliformis* H. J. CARTER (26) p. 270 *Aplysina cauliformis.*
*A. cellulosa* A. HYATT (46) p. 407 [sep. p. 8] *A. cellulosa.*
*A. compacta* H. J. CARTER (25) p. 109 *A. archeri.*
*A. compressa* H. J. CARTER (26) p. 270 *Aplysilla compressa.*
*A. corneostellata* H. J. CARTER (18) p. 105 *Darwinella aurea.*
*A. fenestrata* H. J. CARTER (26) p. 272 *Aplysina archeri.*
*A. fusca* H. J. CARTER (23) p. 458 *A. crassa.*
*A.* „ H. J. CARTER (25) p. 107 *A.* „
*A.* „ S. O. RIDLEY (77) p. 600 *A.* „
*A. gigantea* A. HYATT (47) p. 477 [sep. p. 7] *A. gigantea.*
*A. inflata* H. J. CARTER (25) p. 108 *A. inflata.*
*A. laevis* H. J. CARTER (29) p. 204 *A. cauliformis.*
*A. longissima* H. J. CARTER (26) p. 271 *A. flagelliformis.*
*A. massa* H. J. CARTER (31) p. 284 *A. massa.*
*A. membranosa* S. O. RIDLEY (77) p. 391 *Dendrilla membranacea.*
*A. naevus* H. J. CARTER (21) p. 229 *Aplysilla rosea.*
*A.* „ H. J. CARTER (31) p. 285 *A.* „
*A. pallasii* S. O. RIDLEY (77) p. 600 *Dendrilla membranosa.*
*A. regularis* S. O. RIDLEY (76) p. 108 *Aplysina regularis.*
*A. sulfurea* A. M. NORMAN (in shed) H. J. CARTER (21) p. 231
  *Aplysilla sulfurea.*

*Aulena flabellum* R. v. LENDENFELD (57) p. 318 *Halme flabellum.*
*A. nigra* R. v. LENDENFELD (57) p. 319 *Hippospongia nigra.*
*A. villosa* R. v. LENDENFELD (57) p. 309 *Halme villosa.*
*A.* „ var. *auloplegma* R. v. LENDENFELD (57) p. 318 *Halme villosa*
  var. *auloplegma.*
*A.* „ var. *nardorus* R. v. LENDENFELD (57) p. 318 *Halme villosa*
  var. *nardorus.*

*Bajulus laxus* R. v. LENDENFELD (56) p. 5 *Bajulus laxus.*
*Basta marina* etc. G. RUMPF (78) Tab. 89 *Ianthella basta.*
*Cacospongia amorpha* N. DE POLÉJAEFF (75) p. 57 *Stelospongia au-*
  *stralis* var. *fovea.*
*C. aspergillum* O. SCHMIDT (81) p. 5 *Stelospongia aspergillum.*
*C. carduelis* O. SCHMIDT (80) p. 27 *Euspongia irregularis* var. *mollior.*
*C. cavernosa* E. EHLERS (36) p. 6, 30 *Stelospongia cavernosa* var.
  *mediterranea.*
*C.* „ S. O. RIDLEY (77) p. 590 *St. cavernosa* var. *mediterranea.*
*C.* „ O. SCHMIDT (79) p. 28 *St.* „ „ „
*C.* „ O. SCHMIDT (81) p. 4 *St.* „ „ ..
*C.* „ F. E. SCHULZE (87) p. 653 *St.* „ „ „
*C. collectrix* N. DE POLÉJAEFF (75) p. 65 *Hircinia collectrix.*
*C. compacta* N. DE POLÉJAEFF (75) p. 64 *H. compacta.*
*C. dendroides* N. DE POLÉJAEFF (75) p. 60 *H. fusca.*
*C.* „ var. *friabilis* N. DE POLÉJAEFF (75) p. 60 *H. friabilis.*
*C. intermedia* N. DE POLÉJAEFF (75) p. 63 *Stelospongia cavernosa*
  var. *mediterranea.*
*C. irregularis* N. DE POLÉJAEFF (75) p. 63 *Hircinia gigantea.*
*C. levis* N. DE POLÉJAEFF (75) p. 56 *Stelospongia australis* var. *levis.*

*Cacospongia mollior* S. O. RIDLEY (77) p. 378 *Euspongia irregularis* var.
mollior.
*C.* „ O. SCHMIDT (79) p. 27 *E. irregularis* var. *mollior.*
*C.* „ F. E. SCHULZE (87) p. 649 *E.* „ „
*C. murrayi* N. DE POLÉJAEFF (75) p. 57 *Thorecta murrayi.* „
*C. oligoceras* N. DE POLÉJAEFF (75) p. 63 *Dysideopsis oligoceras.*
*C. poculum* E. SELENKA (90) p. 567 *Phyllospongia foliascens.*
*C. procumbens* N. DE POLÉJAEFF (75) p. 59 *Hircinia procumbens.*
*C. scalaris* O. SCHMIDT (79) p. 27 *Stelospongia scalaris.*
*C.* „ O. SCHMIDT (31) p. 4 *St.* „
*C.* „ F. E. SCHULZE (37) p. 651 *St.* „
*C. schmidtii* E. v. MARENZELLER (65) p. 357 *Leiosella pulchella.*
*C. spinifera* N. DE POLÉJAEFF (75) p. 61 *Hircinia foetida.*
*C. tuberculata* N. DE POLÉJAEFF (75) p. 61 *H. muscarum.*
*C. vesiculifera* N. DE POLÉJAEFF (75) p. 58 *Stelospongia vesiculifera.*
*Callispongia tenerrima* DUCHASSAING et MICHELOTTI (34) p. 57 *Cha-
linopsilla arborea* var. *macropora.*
*Carteriospongia calyciformis* H. J. CARTER (29) p. 221 *Phyllospongia
calyciformis.*
*C. madagascarensis* A. HYATT (47) p. 543 [sep. p. 73] *Ph. mada-
gascarensis.*
*C. otahitica* A. HYATT (47) p. 541 [sep. p. 71] *Ph. foliascens.*
*C. otahitica* N. DE POLÉJAEFF (75) p. 69 *Ph.* „
*C. perforata* A. HYATT (47) p. 543 [sep. p. 73] *Ph. perforata.*
*C. radiata* A. HYATT (47) p. 541 [sep. p. 71] *Ph. pennatula.*
*C.* „ N. DE POLÉJAEFF (75) p. 67 *Ph. foliascens.*
*C.* „ var. *complexa* A. HYATT (47) p. 541 [sep. p. 71] *Ph. pen-
natula.*
*C.* „ var. *dulsiana* A. HYATT (47) p. 541 [sep. p. 71] *Ph. pen-
natula.*
*C. vermifera* A. HYATT (47) p. 542 [sep. p. 72] *Ph. foliascens.*
*C. fissurata* S. O. RIDLEY (77) p. 386 *Ph.* „
*C. lamellosa* S. O. RIDLEY (77) p. 386 *Ph.* „
*C. mantelli* S. O. RIDLEY (77) p. 595 *Ph. mantelli.*
*C. otahitica* S. O. RIDLEY (77) p. 385, 595 *Ph. foliascens.*
*C. pennatula* S. O. RIDLEY (77) p. 595 *Ph. pennatula.*
*Chalina oculata* var. *repens* H. J. CARTER (31) p. 375 *Chalinopsilla
australis* var. *repens.*
*Chalinopsis dichotoma* R. v. LENDENFELD (59) p. 570 *Ch. dichotoma.*
*Ch. imitans* R. v. LENDENFELD (59) p. 569 *Ch. imitans.*
*Coscinoderma altum* N. DE POLÉJAEFF (75) p. 52 *Dysideopsis alta.*
*C. confragosum* N. DE POLÉJAEFF (75) p. 50 *Coscinoderma confra-
gosum.*
*C. denticulatum* N. DE POLÉJAEFF (75) p. 51 *Euspongia denticulata.*
*C. lanuginosum* H. J. CARTER (28) p. 309 *Coscinoderma lanuginosum.*
*C.* „ H. J. CARTER (29) p. 318 *C.* „
*Dactylia chaliniformis* H. J. CARTER (29) p. 309 *Chalinopsilla arborea*
var. *macropora.*

*Dactylia chaliniformis* H. J. CARTER (29) p. 309 partim *Chalinopsilla*
arborea var. macropora.
*D. impar* H. J. CARTER (29) p. 309 *Ch. impar.*
*D. palmata* H. J. CARTER (29) p. 310 *Ch. arborea* var. *macropora.*
*Darwinella aurea* F. MÜLLER (70) p. 344 *Darwinella aurea.*
*D.* „ N. DE POLÉJAEFF (75) p. 22 *D.* „
*D. australiensis* H. J. CARTER (29) p. 202 *D. australiensis.*
*Dendrilla aërophoba* R. v. LENDENFELD (55) p. 294 *Dendrilla aërophoba.*
*D. cavernosa* R. v. LENDENFELD (59) p. 557 *D. cavernosa.*
*D. rosea* R. v. LENDENFELD (55) p. 271 *D. rosea* var. *typica.*
*D.* „ var. *digitata* H. J. CARTER (31) p. 281 *D. rosea* var. *digitata.*
*Dendrospongia crassa* A. HYATT (46) p. 402 [sep. p. 3] *Aplysina crossa.*
*Ditela nitens* O. SCHMIDT (79) p. 24 *Euspongia officinalis* var. *nitens.*
*D. repens* E. SELENKA (90) p. 567 *Chalinopsilla repens.*
*Dysidea argentea* W. MARSHALL (66) p. 107 *Sigmatella corticata* var.
papillosa.
*D. callosa* W. MARSHALL (66) p. 104 *S. corticata* var. *papillosa.*
*D. chaliniformis* H. J. CARTER (29) p. 217 *Phoriospongia chaliniformis.*
*D. coriacea* J. S. BOWERBANK {(14) p. 341} *Spongelia fragilis* var. *irre-*
{(16) p. 189} *gularis.*
*D. digitifera* S. O. RIDLEY (77) p. 389 *Psammopemma digitifera.*
*D. favosa* W. MARSHALL (66) p. 98 *Sigmatella corticata* var. *papillosa.*
*D.* „ S. O. RIDLEY (77) p. 388 *S.* „ „ „
{(6) p. 212}
*D. fragilis* J. S. BOWERBANK {(7) p. 381} *Spongelia fragilis* var. *irregularis.*
{(14) p. 175}
{(16) p. 188}
*D.* „ H. J. CARTER (21) p. 232 *Sp.* „ „ „
*D.* „ H. J. CARTER (29) p. 215 *Sp.* „ „ „
*D.* „ A. HYATT (47) p. 75 *Sp.* „ „ „
*D.* „ H. JOHNSTON (48) p. 286 *Sp.* „ „ „
*D. fusca* S. O. RIDLEY (77) p. 388 *Dysideopsis fusca.*
*D. granulosa* H. J. CARTER (24) p. 376 *Sigmatella corticata* var.
papillosa.
*D. gumminae* S. O. RIDLEY (77) p. 597 *Dysideopsis gumminae.*
*D. hirciniformis* H. J. CARTER (29) partim p. 217 *D. alta.*
*D.* „ H. J. CARTER (29) partim p. 217 *Spongelia fragilis*
var. *hirciniformis.*
*D. kirkii* J. S. BOWERBANK (3) p. 129 partim *Sigmatella corticata* var.
elegans.
*D.* „ J. S. BOWERBANK (3) p. 129 partim *S. corticata* var. *mammillaris.*
*D.* „ H. J. CARTER (24) p. 374 partim *S.* „ „ *papillosa.*
*D.* „ H. J. CARTER (24) p. 374 partim *S.* „ „ *mammillaris.*
*D.* „ H. J. CARTER (29) p. 216 partim *S.* „ „ *papillosa.*
*D.* „ H. J. CARTER (29) p. 216 partim *S.* „ „ „
*D.* „ H. J. CARTER (29) p. 216 partim *S.* „ „ *serrata.*
*D. ramoglomerata* var. *granulata* H. J. CARTER (32) p. 65 *Spongelia*
fragilis var. *irregularis.*

*Dysidea ramoglomerata* var. *ramotubulata* H. J. CARTER (32) p. 65
                                   *Spongelia fragilis* var. *tubulosa.*
*D. semicanalis* S. O. RIDLEY (77) p. 389 *Sp. semicanalis.*
*D. tubulosa* H. J. CARTER (26) p. 275 *Sigmatella australis* var. *tubaria.*
*Euspongia anfractuosa* H. J. CARTER (29) p. 316 *Hippospongia fistulosa.*
*Eu. bailyi* R. v. LENDENFELD (58) p. 535 *Euspongia bailyi.*
*Eu. canaliculata* R. v. LENDENFELD (58) p. 502 *Hippospongia canaliculata.*
*Eu.*    „      var. *dura* R. v. LENDENFELD (58) p. 502 *H.*    „
                                            var. *dura.*
*Eu.*    „      var. *elastica* R. v. LENDENFELD (58) p. 502   *H. cana-*
                                   *liculata* var. *elastica.*
*Eu.*    „      „ *mollissima* R. v. LENDENFELD (58) p. 502 *H. cana-*
                                   *liculata* var. *mollissima.*
*Eu. compacta* H. J. CARTER (27) p. 106 *Leiosella compacta.*
*Eu.*    „      R. v. LENDENFELD (58) p. 527 *L.*    „
*Eu. conifera* R. v. LENDENFELD (58) p. 500 *Euspongia irregularis*
                                            var. *pertusa.*
*Eu. equina* O. SCHMIDT (81) p. 4 *Hippospongia equina* var. *elastica.*
*Eu. foliacea* R. v. LENDENFELD (58) p. 544 *Leiosella foliacea.*
*Eu.*    „      S. O. RIDLEY (77) p. 378     *L.*    „
*Eu. galea* R. v. LENDENFELD (58) p. 543 *Hippospongia galea.*
*Eu. infundibuliformis* H. J. CARTER (31) p. 374 partim *Leiosella foliacea.*
*Eu. irregularis* R. v. LENDENFELD (58) p. 485 *Euspongia irregularis.*
*Eu.*    „      var. *jacksonia* R. v. LENDENFELD (58) p. 497 *Eu.*
                                  *irregularis* var. *jacksoniana.*
*Eu.*    „      var. *lutea* R. v. LENDENFELD (58) p. 495 *Eu. irre-*
                                 *gularis* var. *lutea.*
*Eu.*    „      var. *silicata* R. v. LENDENFELD (58) p. 495 *Eu. irre-*
                                 *gularis* var. *silicata.*
*Eu.*    „      var. *tenuis* R. v. LENDENFELD (58) p. 496 *Eu. irre-*
                                 *gularis* var. *tenuis.*
*Eu. levis* R. v. LENDENFELD (58) p. 536 *Leiosella laevis.*
*Eu. mathewsi* R. v. LENDENFELD (58) p. 520 *Coscinoderma mathewsi.*
*Eu. nitens* O. SCHMIDT (81) p. 4 *Euspongia officinalis* var. *nitens.*
*Eu. officinalis* R. v. LENDENFELD (58) p. 528 *Eu. officinalis.*
*Eu.*    „      F. E. SCHULZE (87) p. 616     *Eu.*    „
*Eu.*    „      var. *adriatica* F. E. SCHULZE (87) p. 619 *Eu. officinalis*
                                   var. *adriatica.*
*Eu.*    „      „ *cavernosa* R. v. LENDENFELD (58) p. 531 *Hippo-*
                                  *spongia fistulosa.*
*Eu.*    „      „      „ S. O. RIDLEY (77) p. 379 *H. fistulosa.*
*Eu.*    „      „ *dura* R. v. LENDENFELD (58) p. 531, 533 *Euspongia*
                                  *officinalis* var. *dura.*
*Eu.*    „      „ *exigua* F. E. SCHULZE (87) p. 620 *Eu. officinalis*
                                  var. *exigua.*
*Eu.*    „      „ *irregularis* F. E. SCHULZE (87) p. 619 *Eu. offi-*
                                 *cinalis* var. *irregularis.*

*Euspongia officinalis* var. *lamella* F. E. SCHULZE (87) p. 617 *Euspongia officinalis* var. *lamella*.
*Eu. officinalis* var. *lobosa* N. DE POLÉJAEFF (75) p. 53 *Eu. officinalis* var. *lobosa*.
*Eu.* „ „ *mollissima* F. E. SCHULZE (87) p. 616 *Eu. officinalis* var. *mollissima*.
*Eu.* „ subsp. *tubulifera* var. *prava* A. HYATT (47) p. 513 [sep. p. 43] *Eu. irregularis* var. *pertusa*.
*Eu.* „ var. *tubulosa* F. E. SCHULZE (87) p. 620 *Hippospongia fistulosa*.
*Eu. parvula* R. v. LENDENFELD (58) p. 539 *Euspongia officinalis* var. *exigua*.

*Eu. repens* R. v. LENDENFELD (58) p. 524 *Chalinopsilla repens*.
*Eu. reticulata* R. v. LENDENFELD (58) p. 541 *Hippospongia reticulata*.
*Eu. septosa* R. v. LENDENFELD (58) p. 519 *Euspongia septosa*.
*Eu.* „ S. O. RIDLEY (77) p. 381 *Eu.* „
*Eu. silicata* R. v. LENDENFELD (58) p. 545 *Leiosella silicata*.
*Eu. zimocca* F. E. SCHULZE (87) p. 614 *Euspongia zimocca*.
*Filifera favosa* N. LIEBERKÜHN (61) p. 371 *Hircinia favosa*.
*F. verrucosa* N. LIEBERKÜHN (61) p. 369 *H. verrucosa*.
*Flabellum aruense* etc. G. RUMPF (78) Tab. 80 *Ianthella flabelliformis*.
*Geelongia vasiformis* H. J. CARTER (30) p. 306 *Phyllospongia vasiformis*.
*Halichondria areolata* G. JOHNSTON (48) p. 121 *Spongelia fragilis* var. *irregularis*.

*Halisarca dujardini* C. BARROIS (1)       *Halisarca dujardini*.
*H. dujardini* J. S. BOWERBANK (16) p. 238 *H. dujardini*.
*H.* „ H. J. CARTER (19) p. 25 *H.* „
*H.* „ H. J. CARTER (20 p. 315 *H.* „
*H.* „ G. JOHNSTON (48) p. 192 *H.* „
*H.* „ G. v. KOCH (49) p. 83 *H.* „
*H.* „ N. LIEBERKÜHN (61) p. 353 *H.* „ .
*H.* „ F. E. SCHULZE (84) p. 36 *H.* „
*H. guttula* H. J. CARTER (17) p. 47 *H.*
*H.* „ H. J. CARTER (19) p. 27 *H.* „
*H.* „ M. GIARD (43) p. 488 *H.*
*H.* „ O. SCHMIDT (81) p. 24 *H.*
*H.* „ O. SCHMIDT (80) p. 40 *H.* „
*H. schulzei* C. MEREJKOWSKI (68) p. 27 *H.* „
*Halispongia choanoides* J. S. BOWERBANK (8) p. 123 *Thorectundra choanoides*.

*H. mantelli* J. S. BOWERBANK (13) p. 303 *Phyllospongia mantelli*.
*H. stellifera* J. S. BOWERBANK (13) p. 298 *Ph. foliascens*.
*H. ventriculoides* J. S. BOWERBANK (13) p. 298 *Ph.* „
*Halme gigantea* R. v. LENDENFELD (60) p. 847 *Aulena gigantea*.
*H. gigantea* var. *intermedia* R. v. LENDENFELD (60) p. 849 *A. gigantea* var. *intermedia*.
*H.* „ „ *macropora* R. v. LENDENFELD (60) p. 850 *A. gigantea* var. *macropora*.

*Halme gigantea* var. *micropora* R. v. LENDENFELD (60) p. 849 *Aulena*
                                        *gigantea* var. *micropora.*
*H.* globosa R. v. LENDENFELD (57) p. 303 *Halme globosa.*
*H.* laxa R. v. LENDENFELD (60) p. 847 *Aulena laxa.*
*H.* „ var. *digitata* R. v. LENDENFELD (60) p. 847 *A. laxa* var.
                                           *digitata.*
*H.* „ „ *minima* R. v. LENDENFELD (60) p. 847    *A. laxa* var.
                                           *minima.*
*H. micropora* R. v. LENDENFELD (57) p. 304 *Halme micropora.*
*H. nidus-vesparum* R. v. LENDENFELD (57) p. 288 *H. nidus-vesparum.*
*H. simplex* R. v. LENDENFELD (57) p. 301 *H. simplex.*
*H. tingens* R. v. LENDENFELD (59) p. 568 *Hippospongia tingens.*
*Halmopsis australis* R. v. LENDENFELD (57) p. 320 *Halme villosa* var.
                                           *auloplegma.*
*Hippospongia anomala* N. DE POLÉJAEFF (75) p. 54 *Hippospongia*
                                           *anomala.*
*H. derasa* S. O. RIDLEY (77) p. 382 *H. derasa.*
*H. equina* F. E. SCHULZE (87) p. 614 *H. equina* var. *elastica.*
*H. intestinalis* S. O. RIDLEY (77) p. 590 *Hyattella intestinalis.*
*H. mauritiana* N. DE POLÉJAEFF (75) p. 55 *H. sinuosa.*
*H. sinuosa* var. *decidua* S. O. RIDLEY (77) p. 592 *H. decidua.*
*H.* „ „ *mauritiana* S. O. RIDLEY (77) p. 591 *H. sinuosa.*
*Hircinia acuta* var. *longispina* A. HYATT (47) p. 549 [sep. p. 79]
                                           *Hircinia longispina.*
*H. byssoides* S. O. RIDLEY (77) p. 596 *H. foetida.*
*H. campana* A. HYATT (47) p. 546 [sep. p. 76] *H. variabilis* var.
                                           *mammillaris.*
*H.* „ O. SCHMIDT (82) p. 31 *H. campana.*
*H.* „ var. *fixa* A. HYATT (47) p. 146 [sep. p. 76] *H. cam-*
                                           *pana.*
*H.* „ var. *typica* A. HYATT (47) p. 146 [sep. p. 76] *H. cam-*
                                           *pana.*
*H. cartilaginea* var. *horrida* A. HYATT (47) p. 549 [sep. p. 79] *H.*
                                           *variabilis* var. *typica.*
*H. clathrata* H. J. CARTER (24) p. 366 *Hyattella clathrata.*
*H. communis* H. J. CARTER (29) p. 314 *Hircinia variabilis* var. *typica.*
*H.* „ H. J. CARTER (29) p. 314 *Psammopemma communis.*
*H. dendroides* O. SCHMIDT (79) p. 32 *Hircinia variabilis* var. *den-*
                                           *droides.*
*H.* „ O. SCHMIDT (81) p. 5 *H.* „ var. *den-*
                                           *droides.*
*H. fasciculata* O. SCHMIDT (79) p. 34 *H. fasciculata.*
*H. flabellipalmata* H. J. CARTER (29) p. 313 *Sigmatella flabellipal-*
                                           *mata.*
*H. flagelliformis* H. J. CARTER (31) p. 372 *Aplysina flagelliformis.*
*H. flavescens* O. SCHMIDT (79) p. 33 *Hircinia variabilis* var. *flave-*
                                           *scens.*

*Hircinia flavescens* O. SCHMIDT (81) p. 6 *Hircinia variabilis* var.
flavescens.

*H. foetida* F. E. SCHULZE (88) p. 29 *H. foetida.*
*H. fusca* H. J. CARTER (23) p. 36 [sep. p. 458] *H. fusca.*
*H.    „    S. O. RIDLEY (77) p. 597 *H. fusca.*
*H. hebes* O. SCHMIDT (79) p. 33    *H. variabilis* var. *flavescens.*
*H.    „    O. SCHMIDT (81) p. 6    *H.    „    „    „*
*H. hirsuta* O. SCHMIDT (79) p. 33    *H.    „    „ hirsuta.*
*H. horrens* S. O. RIDLEY (77) p. 387 *H. gigantea.*
*H. lingua* O. SCHMIDT (81) p. 6    *H. variabilis* var. *lingua.*
*H. mammillaris* O. SCHMIDT (81) p. 6 *H.    „    „ mammillaris.*
*H. muscarum* F. E. SCHULZE (88) p. 31 *H. muscarum.*
*H. oros* O. SCHMIDT (80) p. 29    *H. variabilis* var. *oros.*
*H. panicae* O. SCHMIDT (79) p. 32    *H.    „    „ typica.*
*H. pipetta* O. SCHMIDT (81) p. 5    *H. pipetta.*
*H. pulchra* H. J. CARTER (29) p. 314 *Psammopemma communis.*
*H. purpurea* A. HYATT (47) p. 550 [sep. p. 80] *Aplysina cauli-*
formis.

*H. solida* H. J. CARTER (29) p. 311 *Dysideopsis solida.*
*H. spinosula* F. E. SCHULZE (88) p. 26 *Hircinia spinosula.*
*H. typica* O. SCHMIDT (79) p. 32    *H. variabilis* var. *typica.*
*H. variabilis* O. SCHMIDT (79) p. 34 *H.    „    „ mammillaris.*
*H.    „    O. SCHMIDT (81) p. 6    *H.    „    „    „*
*H.    „    F. E. SCHULZE (88) p. 13 *H. variabilis.*
*H.    „    var. *flavescens* F. E. SCHULZE (88) p. 12 *H. variabilis*
var. *flavescens.*

*Holopsamma crassa* H. J. CARTER (29) p. 211 partim *Aulena crassa.*
*H. crassa* H. J. CARTER (29) p. 211 partim *Psammopemma crassa.*
*H. fuliginosa* H. J. CARTER (29) p. 213 *P. fuliginosa.*
*H. laevis* H. J. CARTER (29) p. 212 *P. densum.*
*H. laminaefavosa* H. J. CARTER (29) p. 212 partim *Aulena gigantea*
var. *macropora.*
*H.*    H. J. CARTER (29) p. 212 partim *Halme irregularis.*
*H.*    H. J. CARTER (29) p. 212 partim *Psammopemma*
densum.
*H.*    „    H. J. CARTER (29) p. 212 partim *Sigmatella corti-*
cata var. *papillosa.*

*H. turbo* H. J. CARTER (29) p. 213 *S. turbo.*
*Ianthella basta* J. GRAY (44) p. 51 *Ianthella basta.*
*I. basta* F. E. SCHULZE (85) p. 485 *I.    „*
*I. concentrica* A. HYATT (46) p. 408 [sep. p. 9] *I. concentrica.*
*I.    „    F. E. SCHULZE (85) p. 385    *I.    „*
*I. flabelliformis* J. GRAY (44) p. 50    *I. flabelliformis.*
*I.    „    W. FLEMMING (42) p. 1    *I.    „*
*I.    „    N. DE POLÉJAEFF (75) p. 37 *I.    „*
*I.    „    S. O. RIDLEY (77) p. 392, 601 *I. basta.*
*I.    „    F. E. SCHULZE (85) p. 385 *I. flabelliformis.*
*I. homei* J. GRAY (44) p. 51 *I. basta.*

*Ianthella homei* F. E. SCHULZE (85) p. 485 *Ianthella basta.*
*Keratophyton majus* H. BOERHAVE (2) p. 6 *I. flabelliformis.*
*Luffaria archeri* T. HIGGIN (45) p. 223 *Aplysina archeri.*
*L. cauliformis* H. J. CARTER (26) p. 268 *A. cauliformis.*
*L. digitata* H. J. CARTER (29) p. 201 *Dendrilla rosea* var. *digitata.*
*L. fistularis* DUCHASSAING & MICHELOTTI (34) p. 60 *Aplysina fistu-*
                                                    *laris.*
*L. rigida* DUCHASSAING & MICHELOTTI (34) p. 61 *A. fistularis.*
*L. variabilis* N. DE POLÉJAEFF (75) p. 69 *Luffaria variabilis.*
*Mauricea lacinulosa* H. J. CARTER (22) p. 174 *Phyllospongia pen-*
                                                    *natula.*
*Oligoceras collectrix* F. E. SCHULZE (88) p. 34 *Oligoceras collector.*
*O. conulosum* S. O. RIDLEY (77) p. 599 *Hircinia conulosa.*
*Paraspongia laxa* H. J. CARTER (29) p. 319 *Chalinopsilla paraspongia.*
*Phoriospongia reticulum* W. MARSHALL (66) p. 124 *Phoriospongia*
                                                    *reticulum.*
*Ph. solida* W. MARSHALL (66) p. 122 *Ph. solida.*
*Phyllospongia madagascarensis* S. O. RIDLEY (77) p. 594 *Phyllospongia*
                                                   *madagascarensis.*
*Ph. madagascarensis* var. *supraoculata* S. O. RIDLEY (77) p. 594 *Ph.*
                                                   *supraoculata.*
*Ph. papyracea* E. EHLERS (36) p. 22 *Ph. papyracea.*
*Ph.*      ,,     A. HYATT (47) p. 543 [sep. p. 73] *Ph. papyracea.*
*Ph.*      ,,     S. O. RIDLEY (77) p. 593 *Ph. velum.*
*Polyfibrospongia flabellifera* J. S. BOWERBANK (15) p. 459 *Hircinia*
                                                    *flabellifera.*
*Polytherses campana* DUCHASSAING & MICHELOTTI (34) p. 68 *H.*
                                                    *campana.*
*P. longispina* DUCHASSAING & MICHELOTTI (34) p. 71 *H. longi-*
                                                    *spina.*
*Psammascus decipiens* W. MARSHALL (66) p. 93 *Sigmatella australis*
                                               var. *tubaria.*
*Psammoclema foliaceum* N. DE POLÉJAEFF (75) p. 45 *Oligoceras*
                                                    *foliaceum.*
*Ps. ramosum* W. MARSHALL (66) p. 109 *Chalinopsilla arborea* var.
                                                    *ramosa.*
*Ps.*      ,,     N. DE POLÉJAEFF (75) p. 43 *Ch. arborea* var.    ,,
*Ps. vosmaeri* N. DE POLÉJAEFF (75) p. 44 *Oligoceras vosmaeri.*
*Psammopemma densum* W. MARSHALL (66) p. 113 *Psammopemma*
                                                    *densum.*
*Ps. densum* N. DE POLÉJAEFF (75) p. 46 *Ps. densum.*
*Ps.*      ,,     S. O. RIDLEY (77) p. 390 *Ps.*    ,,
*Pseudoceratina crateriformis* H. J. CARTER (29) p. 205 *Thorecta cra-*
                                                    *teriformis.*
*Rete philippinense* etc. J. PETIVER (74) p. 32 *Ianthella flabelliformis.*
*Sarcocornea nodosa* H. J. CARTER (29) p. 214 *Spongelia nodosa.*
*Sarcotragus foetidus* O. SCHMIDT (79) p. 36 *Hircinia foetida.*
*S. muscarum* O. SCHMIDT (80) p. 29      *H. muscarum.*

*Sarcotragus muscarum* O. Schmidt (81) p. 6 *Hircinia muscarum*.
*S. spinosulus* O. Schmidt (79) p. 35 *H. spinosula*.
*Simplicella glacialis* W. Dybowski (35) p. 65 *Aplysilla glacialis*.
*S. glacialis* C. Merejkowski (67) p. 259   *A.*       „
*S.*   „   C. Merejkowski (68) p. 43   *A.*
*Spongelia avara* O. Schmidt (79) p. 29 *Spongelia avara*.
*Sp. avara* F. E. Schulze (86) p. 127   *Sp.*       „
*Sp. cactus* E. Selenka (90) p. 565 *Dendrilla rosea* var. *typica*.
*Sp. dubia* var. *excavata* A. Hyatt (47) p. 535 [sep. p. 65] *Thorecta galeaformis*.

*Sp. elegans* A. v. Kölliker (50) p. 66 *Spongelia elegans*.
*Sp.*   „   G. Nardo (71)   *Sp.*       „
*Sp.*   „   O. Schmidt (79) p. 28   *Sp.*       „
*Sp. farlovii* A. Hyatt (47) p. 536 [sep. p. 66] *Thorecta farlovii*.
*Sp. fistularis* O. Schmidt (80) p. 28 *Spongelia elastica* var. *lobosa*.
*Sp. fragilis* O. Schmidt (82) p. 77 *Sp. fragilis* var. *irregularis*.
*Sp. incerta* A. Hyatt (47) p. 533 [sep. p. 63] *Coscinoderma pyriformis*.
*Sp. horrens* F. E. Schulze (86) p. 122 *Spongelia horrens*.
*Sp.*   „   E. Selenka (90) p. 566   *Sp.*       „
*Sp. horrida* N. de Poléjaeff (75) p. 42 *Sp.*       „
*Sp. incrustans* O. Schmidt (79) p. 29   *Sp. fragilis* var. *incrustans*.
*Sp. kirkii* A. Hyatt (47) p. 539 [sep. p. 69] *Sigmatella corticata* var. *papillosa*.

*Sp.*   „   var. *floridiens* A. Hyatt (47) p. 540 [sep. p. 70] *S. corticata* var. *elegans*.

*Sp. nitella* O. Schmidt (81) p. 30 *Spongelia elastica* var. *massa*.
*Sp. pallescens* H. J. Carter (21) p. 232 *Sp. elastica* var. *lobosa*.
*Sp.*   „   N. de Poléjaeff (75) p. 42 *Sp. fragilis* var. *irregularis*.
*Sp.*   „   O. Schmidt (79) p. 30 *Sp. fragilis* var. *tubulosa*.
*Sp.*   „   O. Schmidt (80) p. 28 *Sp.*   „   var. *incrustans*.
*Sp.*   „   O. Schmidt (81) p. 4 *Sp.*   „   var. *irregularis*.
*Sp.*   „   O. Schmidt (83) p. 115 *Sp.*   „   var. *incrustans*.
*Sp.*   „   subsp. *elastica* F. E. Schulze (86) p. 150, 154 *Sp. elastica*.

*Sp.*   „   subsp. *elastica* var. *lobosa* F. E. Schulze (86) p. 150 *Sp. elastica* var. *lobosa*.

*Sp.*   „   subsp. *elastica* var. *massa* F. E. Schulze (86) p. 150, 154 *Sp. elastica* var. *massa*.

*Sp.*   „   subsp. *fragilis* F. E. Schulze (86) p. 150, 154 *Sp. fragilis*.

*Sp.*   „   subsp. *fragilis* var. *incrustans* F. E. Schulze (86) p. 150, 154 *Spongelia fragilis* var. *incrustans*.

*Sp.*   „   subsp. *fragilis* var. *ramosa* F. E. Schulze (86) p. 150 *Sp. fragilis* var. *irregularis*.

*Sp.*   „   subsp. *fragilis* var. *tubulosa* F. E. Schulze (86) p. 150, 154 *Sp. fragilis* var. *tubulosa*.

*Sp. perforata* O. Schmidt (80) p. 28 *Sp. elastica* var. *lobosa*.

6 *

*Sp. rectilinea* var. *erecta* A. HYATT (47) p. 537 [sep. p. 67] *Tho-recta exemplum* var. *tertia*.
*Sp.* „ var. *tenuis* A. HYATT (47) p. 537 [sep. p. 67] *Th. exemplum* var. *secunda*.
*Sp. spinifera* var. *parviconulata* N. DE POLÉJAEFF (75) p. 41 *Spon-gelia spinifera*.
*Sp.* „ F. E. SCHULZE (86) p. 152 *Sp. spinifera*. .
*Sp. spinosa* A. HYATT (47) p. 535 [sep. p. 65] *Coscinoderma pyri-formis*.
*Sp. stellidermata* H. J. CARTER (29) p. 219 partim *Hircinia variabilis* var. *lingua*.
*Sp.* „ H. J. CARTER (29) p. 219 partim *Spongelia elastica* var. *stellidermata*.
*Sp. velata* A. HYATT (47) p. 534 [sep. p. 64] *Hyattella intestinalis*.
*Spongia adriatica* O. SCHMIDT (79) p. 20 *Euspongia officinalis* var. *adriatica*.
*Sp. adriatica* O. SCHMIDT (80) p. 24 *Eusp. officinalis* var. *adriatica*.
*Sp. agaricina* E. EHLERS (36) p. 11 *Eusp.* „ „ *lamella*.
*Sp.* „ E. ESPER (39) p. 216 *Eusp.* „ „ „
*Sp.* „ P. PALLAS (72) p. 397 *Eusp.* „ „ „
*Sp.* „ subsp. *corlosia* var. *elongata* A. HYATT (47)· p. 524 [sep. p. 54] *Eusp. officinalis* var. *rotunda*.
*Sp.* „ subsp. *corlosia* var. *fusca* A. HYATT (47) p. 524 [sep. p. 54] *Hippospongia equina* var. *elastica*.
*Sp.* „ subsp. *corlosia* var. *fusca* A. HYATT (47) p. 524 [sep. p. 54] *Euspongia officinalis* var. *rotunda*.
*Sp.* „ subsp. *corlosia* var. *gossypiniformis* A. HYATT (47) p. 524 [sep. p. 54] *Hippospongia equina* var. *maean-driniformis*.
*Spongia agaricina* subsp. *dura* A. HYATT (47) p. 522 [sep. p. 52] *H. equina* var. *maeandriniformis*.
*Sp. agaricina* subsp. *dura* var. *typica* A. HYATT (47) p. 522 [sep. p. 52] *Euspongia officinalis* var. *rotunda*.
*Sp.* „ subsp. *punctata* A. HYATT (47) p. 523 [sep. p. 53] *Eusp. officinalis* var. *rotunda*.
*Sp.* „ subsp. *punctata* var. *densa* A. HYATT (47) p. 523 [sep. p. 53] *Eusp, officinalis* var. *rotunda*.
*Sp.* „ subsp. *zimocca* A. HYATT (47) p. 522 [sep. p. 52 *Eusp. officinalis* var. *rotunda*.
*Sp.* „ DUCHASSAING et MICHELOTTI (34) p. 31 *Hippospongia equina* var. *elastica*.
*Sp. basta* E. ESPER (39)· p. 25 *Ianthella basta*.
*Sp.* „ J. DE LAMARCK (51) p. 442 *I.* „
*Sp.* „ LAMOUROUX (54) p. 57 *I.* „
*Sp.* „ P. PALLAS (72) p. 309 *I.* „
*Sp. brandtii* C. DE MIKLUCHO-MACLAY (69) p. 15 *Leiosella pulchella*.
*Sp. byssoides* J. DE LAMARCK (51) p. 375 *Thorecta byssoides*.
*Sp.* „ J. LAMOUROUX (54) p. 26 *Th.* „

Sp. campana J. DE LAMARCK (51) p. 385 *Hircinia campana.*
Sp.    „    J. DE LAMARCK (52) p. 553 *H.*    „
Sp. cavernosa E. ESPER (39) p. 189 *Stelospongia cavernosa* var. *mediterranea.*

Sp. cellulosa E. EHLERS (36) p. 22 *St. cellulosa.*
Sp.    „    E. ELLIS (37) Taf. 54 *St.*    „
Sp.    „    E. ESPER (41) p. 206 *St.*    „
Sp. cerebriformis DUCHASSAING et MICHELOTTI (34) p. 32 *Hippospongia equina* var. *cerebriformis.*
Sp. costifera J. DE LAMARCK (53) p. 555 *Stelospongia costifera.*
Sp. discus DUCHASSAING et MICHELOTTI (34) p. 37 *Euspongia discus.*
Sp.    „    A. HYATT (47) p. 514 [sep. p. 44] *Eusp. discus.*
Sp.    „    var. anomala A. HYATT (47) p. 514 [sep. p. 44] *Eusp. osculata.*

Sp.    „    var. ligneformis A. HYATT (47) p. 515 [sep. p. 45] *Eusp. discus.*

Sp.    „    var. nicholsonii A. HYATT (47) p. 514 [sep. p. 44 *Eusp. discus.*

Sp. elegans etc. C. CLUSIUS (33) p. 123 *Phyllospongia foliascens.*
Sp. equina O. SCHMIDT (79) p. 23 *Hippospongia equina* var. *elastica.*
Sp.    „    subsp. cerebriformis A. HYATT (47) p. 520 [sep. p. 50] *H. equina* var. *cerebriformis.*

Sp.    „    subsp. gossypina var. alba (47) p. 518 [sep. p. 48] *H. canaliculata* var. *gossypina.*

Sp.    „    subsp. gossypina var. dendritica A. HYATT (47) p. 519 [sep. p. 49] *H. canaliculata* var. *gossypina.*

Sp.    „    subsp. gossypina var. hirsuta A. HYATT (47) p. 519 [sep. p. 49] *H. canaliculata* var. *gossypina.*

Sp.    „    subsp. gossypina var. porosa A. HYATT (47) p. 518 [sep. p. 48] *H. equina.*

Sp.    „    subsp. gossypina var. solitaria A. HYATT (47) p. 518 [sep. p. 48] *H. canaliculata* var. *gossypina.*

Sp.    „    subsp. maeandriniformis A. HYATT (47) p. 519 [sep. p. 49] *H. equina* var. *maeandriniformis.*

Sp.    „    subsp. maeandriniformis var. barbara A. HYATT (47) p. 519 [sep. p. 49] *Hippospongia equina* var. *elastica.*
Sp. fasciculata E. ESPER (39) Taf. 32 *Hircinia fasciculata.*
Sp. fenestrata J. DE LAMARCK (51) p. 374 *Hyattella sinuosa.*
Sp. fissurata J. DE LAMARCK (51) p. 382 *Phyllospongia foliascens.*
Sp. fistularis E. ESPER (39) p. 228 *Aplysina fistularis.*
Sp.    „    J. DE LAMARCK (51) p. 435 *A.*    „
Sp.    „    J. DE LAMARCK (53) p. 557 *A.*    „
Sp.    „    J. LAMOUROUX (54) p. 49 *A.*    „
Sp. flabelliformis E. ESPER (39) p. 213 *Ianthella flabelliformis.*
Sp.    „    J. DE LAMARCK (53) p. 550 *I.*    „
Sp.    „    C. v. LINNÉ (63) p. 480 *I.*    „
Sp.    „    C. v. LINNÉ (64) p. 1296 *I.*

*Spongia flabelliformis* P. PALLAS (72) p. 380 *Ianthella flabelliformis*.
*Sp. foliascens* P. PALLAS (72) p. 395 *Phyllospongia foliascens*.
*Sp. foliata aspera* etc. E. PETIVER (74) tab. 19, fig. 4 *Ph. foliascens*.
*Sp. gossypina* DUCHASSAING et MICHELOTTI (34) p. 32 *Hippo-
spongia canaliculata* var. *gossypina*.
*Sp. graminae* A. HYATT (47) p. 516 [sep. 40] *H. canaliculata* var.
*flabellum*.
*Sp. infundibuliformis* J. PETIVER (74) tab. 19, fig. 6 *Phyllospongia
foliascens*.
*Sp.* „ etc. G. RUMPF (78) p. 254 *Ph.* „
*Sp. intestinalis* J. DE LAMARCK (51) p. 434 *Hyatella intestinalis*.
*Sp. lamellosa* E. EHLERS (36) p. 15 *Phyllospongia foliascens*.
*Sp.* „ E. ESPER (39) p. 270 *Ph.* „
*Sp. lapidescens* subsp. *dentata* A. HYATT (47) p. 128 [sep. p. 58]
*Euspongia officinalis* var. *adriatica*.
*Sp.* „ subsp. *mauritiana* var. *decidua* A. HYATT (47) p. 528
sep. p. 58] *Hyattella decidua*.
*Sp.* „ subsp. *mauritiana* var. *pacifica* A. HYATT (47) p. 528
[sep. p. 58] *H. sinuosa*.
*Sp.* „ var. *turrita* A. HYATT (47) p. 527 [sep. p. 57]
*Hippospongia canaliculata*.
*Sp.* „ var. *typica* A. HYATT (47) p. 527 [sep. p. 57] *H. equina*
var. *elastica*.
*Sp. lignea* A. HYATT (47) p. 515 [sep. p. 45] *Euspongia officinalis*
var. *dura*.
*Sp. maeandriniformis* DUCHASSAING et MICHELOTTI (34) p. 33 *Hippo-
spongia equina* var. *maeandriniformis*.
*Sp. membranacea* E. ESPER (39) p. 256 *Dendrilla membranacea*.
*Sp.* „ P. PALLAS (72) p. 398 *D.* „
*Sp. mollissima* O. SCHMIDT (79) p. 23 *Euspongia officinalis* var.
*mollissima*.
*Sp. nitens* O. SCHMIDT (80)' p. 27 *Euspongia officinalis* var. *nitens*.
*Sp. officinalis* H. J. CARTER (26) p. 270 *Eusp. officinalis* var. *rotunda*.
*Sp.* „ E. EHLERS (36) p. 12 *Eusp. officinalis*.
*Sp.* „ E. ESPER (39) p. 218 *Eusp.* „
*Sp.* „ C. v. LINNÉ (62) *Eusp.* „
*Sp.* „ P. PALLAS (72) p. 87 *Eusp.* „
*Sp.* „ subsp. *corlosiformis* A. HYATT (47) p. 513 [sep. p. 43]
*Eusp. officinalis* var. *rotunda*.
*Sp.* „ subsp. *mediterranea* var. *adriatica* A. HYATT (47) p. 511
[sep. p. 41] *Eusp. officinalis* var. *adriatica*.
*Sp.* „ subsp. *mediterranea* var. *zimocciformis* A. HYATT (47)
p. 511 [sep. p. 41] *Eusp. officinalis* var. *mollissima*.
*Sp.* „ subsp. *tubulifera* var. *aperta* A. HYATT (47) p. 513
[sep. p. 43] *Eusp. officinalis* var. *rotunda*.
*Sp.* „ subsp. *tubulifera* var. *exotica* A. HYATT (47) p. 514
[sep. p. 44] *Hippospongia canaliculata* var. *gossypina*.

*Spongia officinalis* subsp. *tubulifera* var. *mollis* A. HYATT (47) p. 513
[sep. p. 43] *Euspongia trincomalensis.*
*Sp. officinalis* subsp. *tubulifera* var. *pertusa* A. HYATT (47) p. 512
[sep. p. 42] *Eusp. irregularis* var. *pertusa.*
*Sp.* „ subsp. *tubulifera* var. *rotunda* A. HYATT (47) p. 513
[sep. p. 43] *Eusp. officinalis* var. *rotunda.*
*Sp.* „ subsp. *tubulifera* var. *solida* A. HYATT (47) p. 514
[sep. p. 44] *Hippospongia canaliculata* var. *gossypina.*
*Sp. otahitica* J. BOWERBANK (13) p. 303 *Phyllospongia foliascens.*
*Sp.* „ ELLIS et SOLANDER (38) Pl. 59 *Ph.* „ .
*Sp.* „ E. ESPER (40) p. 209 *Ph.*
*Sp.* „ J. DE LAMARCK (51) p. 382 *Ph.* „
*Sp. papyracea* E. ESPER (39) p. 38 *Ph. papyracea.*
*Sp. pennatula* J. DE LAMARCK (51) p. 440 *Ph. pennatula.*
*Sp. plicata* E. EHLERS (36) p. 24 *Ph. silicata.*
*Sp.* „ E. ESPER (39) p. 44 *Ph.* „
*Sp. pulchella* J. S. BOWERBANK (5) p. 235 [sep. p. 71] *Leiosella
pulchella.*
*Sp. quarnerensis* O. SCHMIDT (79) p. 22 *Euspongia officinalis* var.
*adriatica.*
*Sp rigida* E. ESPER (39) Taf. 27 *Aplysina fistularis.*
*Sp.* „ J. DE LAMARCK (53) p. 367 *A.* „
*Sp. rimosa subclavata* J. LAMOUROUX (54) p. 31 *Stelospongia rimosa.*
*Sp. septosa* J. DE LAMARCK (51) p. 373 *Euspongia septosa.*
*Sp. sinuosa* J. DE LAMARCK (51) p. 371 *Hyattella sinuosa.*
*Sp.* „ P. S. PALLAS (72) p. 394 *H.* „
*Sp. tupha* N. LIEBEKKÜHN (61) *Spongelia elegans.*
*Sp. vermiculata* var. *negligens* A. HYATT (47) p. 520 [sep. p. 56]
*Hippospongia canaliculata* var. *dura.*
*Sp. virgultosa* O. SCHMIDT (81) p. 4 *Euspongia officinalis* var. *nitens.*
*Sp. zimocca* O. SCHMIDT (79) p. 23 *Eusp. zimocca.*
*Spongionella holdsworthii* J. S. BOWERBANK (12) p. 25 *Phyllospongia
papyracea.*

*Sp. pulchella* J. S. BOWERBANK $\left\{\begin{array}{l}(6)\ \text{Pl. 37, fig. 380}\\(7)\ \text{p. 359}\\(14)\ \text{Pl. 65, fig. 5—8}\\(16)\ \text{p. 183}\end{array}\right\}$ *Leiosella pulchella.*

*Stelospongos cribriformis* var. *stabilis* (A. HYATT (47) p. 531 [sep.
p. 61] *Thorecta exemplum* var. *tertia.*
*St. cribriformis* var. *typica* A. HYATT (47) p. 531 [sep. p. 61] *Stelospongia cellulosa.*
*St. friabilis* A. HYATT (47) p. 530 [sep. p. 60] *St. australis* var. *conulissima.*
*St. intertextus* A. HYATT (47) p. 532 [sep. p. 62] *St. intertexta.*
*St. levis* A. HYATT (47) p. 530 [sep. p. 60] *St. australis* var. *conulata.*
*St. levis* var. *rotundus* A. HYATT (47) p. 530 [sep. p. 60] *St. australis*
var. *conulata.*

*Stelospongos longispinus* N. DE POLÉJAEFF (75) p. 67 *Hircinia longi-*
*spina.*
*St. maynardii* A. HYATT (47) p. 529 [sep. p. 59] *Stelospongia val-*
*lata.*
*St. pikei* A. HYATT (47) p. 532 [sep. p. 62] *Euspongia pikei.*
*Stelospongus cribrocrusta* H. J. CARTER (31) p. 371 *Thorecta exem-*
*plum* var. *tertia.*
*St. excavatus* S. O. RIDLEY (77) p. 383 *Stelospongia excavata.*
*St. flabelliformis* H. J. CARTER (29) p. 305 *St. flabellum.*
*St.* „ var. *latus* H. J. CARTER (29) p. 306 *Thorecta exem-*
*plum* var. *secunda.*
*St. implexus* S. O. RIDLEY (77) p. 384 *Stelospongia implexa.*
*St. intertextus* S. O. RIDLEY (77) p. 385 *St. intertexta.*
*St. levis* H. J. CARTER (29) p. 303 *St. australis* var. *conulata.*
*St. tuberculatus* H. J. CARTER (26) p. 306 *Thorecta tuberculata.*
*Stematunemia scyphus* J. S. BOWERBANK (4) p. 407 *Hircinia campana.*
*Tuba compacta* A. HYATT (47) Pl. XV, fig. 22 *Chalinopsilla arborea*
var. *micropora.*
*T. confusa* A. HYATT (47) Pl. XV, fig. 23 *Ch. arborea* var. *ma-*
*cropora.*
*Velinae gracilis* G. VOSMAER (91) p. 437 *Ch. tuba.*
*Verongia fistularis* E. EHLERS (36) p. 30 *Aplysina fistularis.*
*V. fistularis* A. HYATT (46) p. 403 [sep. p. 4] *A.* „
*V.* „ J. S. BOWERBANK (4) p. 400 *A.* „
*V.* „ J. S. BOWERBANK (6) p. 210 *A.* „
*V. flabelliformis* E. EHLERS (36) p. 11 *Ianthella flabelliformis.*
*V. hirsuta* A. HYATT (46) p. 404 [sep. p. 5] *Aplysina hirsuta.*
*V.* „ N. DE POLÉJAEFF (75) p. 70 *A.* „
*V. rosea* C. BARROIS (1) p. 57 *A. rosea.*
*V. tenuissima* A. HYATT (46) p. 404 [sep. p. 5] *A. archeri.*
*V.* „ N. DE POLÉJAEFF (75) p. 71 *A.* „
*V. zetlandica* J. S. BOWERBANK (9) p. 380 *A. zetlandica.*
*V.* „ J. S. BOWERBANK (10) p. 177 *A.* „
*V.* „ J. S. BOWERBANK (11) p. 188 *A.* „

# Verzeichniss der Litteratur.

Die Arbeiten sind alphabetisch nach den Autornamen geordnet. Die Arbeiten eines und desselben Autors erscheinen in chronologischer Reihenfolge.

1. BARROIS, C., Mémoire sur l'embryologie de quelques éponges de la Manche, in: Ann. Sci. Nat. (Zool.) T. 3, 1876, Art. No. 11.
2. BOERHAVE, H., Index alter plantarum quae in Horto Academico Lugduno-Batavo aluntur. Lugd. Batav. 1720.
3. BOWERBANK, J. S., Observations on a Keratose Sponge from Australia, in: Ann. Mag. Nat. Hist., vol. 7, 1841, p. 129—132.
4. — —, Observations on the Spongiadae with descriptions of some new genera, in: Ann. Mag. Nat. Hist., vol. 16., 1845, p. 400—410.
5. — —, List of British Sponges in Mc'ANDREW's „List of the British Marine Invertebrate Fauna", in: Brit. Assoc. Rep. 1860, p. 235—236.
6. — —, A monograph of the British Spongiadae, vol. 1 (Ray Society). London 1864.
7. — —, A monograph of the British Spongiadae, vol. 2 (Ray Society). London 1866.
8. — —, Contributions to a general history of the Spongiadae Part I., in: Zool. Soc. Proc. 1872, p. 115—129.
9. — —, Contributions to a general history of the Spongiadae. Part II, ibid. 1872, p. 196—202.
10. — —, Contributions to a general history of the Spongiadae. Part III, ibid. 1872, p. 626—634.
11. — —, Contributions to a general history of the Spongiadae. Part IV, ibid. 1873, p. 3—25.
12. — —, Report on a collection of Sponges found at Ceylon by E. W. H. HOLDSWORTH Esq., ibid. 1873, p. 25—32.
13. — —, Contributions to a general history of the Spongiadae. Part IV, ibid. 1874, p. 298—305.
14. — —, A monograph of the British Spongiadae. vol. 3 (Ray Society). London 1874.
15. — —, Description of five new species of sponges discovered by A. B. MEYER in the Philippine Islands and New Guinea (posthumous), in: Zool. Soc. Proc., 1877, p. 456—464.

16. BOWERBANK, J. S., A monograph of the British Spongiadae (post-
    humous), vol. 4 (Ray Society). Edited with additions by the Rev.
    A. M. NORMAN. London 1882.
17. CARTER, H. J., Proposed name for the Sponge-animal, viz „Spon-
    gozoon", also on the origin of threadcells in the Spongiadae, in:
    Ann. Mag. Nat. Hist. vol. 10, 1872, p. 45—51.
18. — —, Description, with illustrations, of a new species of Aplysina
    from the N. W. coast of Spain, in: Ann. Mag. Nat. Hist., vol. 10,
    1872, p. 101—110.
19. — —, On two new species of Gummineae (Corticium abyssi, Chon-
    drilla australiensis) with special and general observations, in: Ann.
    Mag. Nat. Hist., vol. 12, 1873, p. 17—30.
20. — —, On the Spongozoa of Halisarca Dujardini, in: Ann. Mag. Nat.
    Hist., vol. 13, 1874, p. 315—316.
21. — —, Descriptions and figures of deep sea sponges and their spi-
    cules from the Atlantic ocean, dredged up on board H. M. S. „Por-
    cupine" chiefly in 1869, in: Ann. Mag. Nat. Hist., vol. 18, 1876,
    p. 226—240, 307—324, 388—410, 458—479.
22. — —, On a melobesian form of Foraminifera (Gypsine melobesiodes
    mihi), in: Ann. Mag. Nat. Hist., vol. 20, 1877, p. 174.
23. — —, Report on specimens dredged up from the gulf of Manaar
    and presented to the Liverpool Free Museum by Capt. W. H. CAWNE
    WARREN, in: Ann. Mag. Nat. Hist., vol. 6, 1880, p. 35—61, 129—156.
24. Supplementary report on specimens dredged up from the gulf of
    Manaar, together with others from the sea in the vicinity of the
    Basse Rocks and from Bass's Straits respectively, presented to the
    Liverpool Free Museum by Capt. H. CAWNE WARREN, ibid. vol. 7,
    1881, p. 361—385.
25. — —, Contributions to our knowledge of the Spongida. — Order II,
    Ceratina, ibid. vol. 8, 1881, p. 101—112.
26. — —, Some sponges from the West Indies and Acapulco in the
    Liverpool Free Museum described with general and classificatory
    remarks, ibid. vol. 9, 1882, p. 266—301, 346—368.
27. — —, New sponges, observations on old ones and a proposed new
    group (Phlocodictyina), ibid. vol. 10, 1882, p. 106—125.
28. — —, Contributions to our knowledge of the Spongida, ibid. vol. 12,
    1883, p. 308—329.
29. — —, Descriptions of sponges from the neighbourhood of Port
    Phillip Heads, South Australia, ibid. vol. 15, 1885, p. 107—117,
    196—222, 301—321.
30. — —, Descriptions of sponges from the neighbourhood of Port
    Phillip Heads, South Australia, ibid. vol. 16, 1885, p. 277—294,
    347—368.
31. — —, Supplement to the descriptions of Mr. J. BRACEBRIDGE WIL-
    SON's Australian sponges, ibid. vol. 18, 1886, p. 271—290, 369—379,
    445—466.
32. — —, Report on the marine sponges, chiefly from King Island in
    the Mergui-Archipelago collected for the Trustees of the Indian Mu-

seum, Calcutta by Dr. JOHN ANDERSON, in: Linn. Soc. Journ. (Zool.) vol. 21, 1887. p. 61—84.

33. CLUSIUS, C., Exoticorum libri decem l. 6, c. 11, p. 123, Antwerpiae 1605.

34. DUCHASSAING DE FOMBRESSIN, P. et G. MICHELOTTI, Spongiaires de la Mer Caraïbe. Haarlem, in: Holland Maats. Nat. Verh. Bd. 21, 1864.

35. DYBOWSKY, W., Studien über die Spongien des Russischen Reiches, mit besonderer Berücksichtigung der Spongien-Fauna des Baikal-Sees, in: Mém. Acad. St. Petersbourg. T. 27, 1880, No. 6.

36. EHLERS, E., Die ESPER'schen Spongien in den zoologischen Sammlungen der k. Universität. Universitäts-Programm, Erlangen 1870.

37. ELLIS, J., Essay towards a natural history of the Corallines, and other marine productions of the like kind, commonly found on the coasts of Great Britain and Ireland. London 1755, p. 78.

38. ELLIS, J. and D. SOLANDER, Natural history of many curious and uncommon Zoophytes collected from various parts of the globe. London 1786.

39. ESPER, E. J. C., Die Pflanzenthiere. Theil 2. Nürnberg 1791—1797.

40. — —, Fortsetzung der Pflanzenthiere. Theil 2. Nürnberg 1794—1797.

41. — —, Die Pflanzenthiere. Theil 3. Nürnberg 1805—1830.

42. FLEMMING, W., Ueber die neue Gray'sche Hornschwammgattung Ianthella, in: Verhandl. Phys.-Med. Gesell. Würzburg, Bd. 2, 1872, p. 1—7.

43. GIARD, A., Contributions à l'histoire naturelle des Synascidies, in: Archives Zool. Expér. T. 2, 1873 (p. 488).

44. GRAY, J. E., Note on Ianthella, a new genus of Keratose Sponges, in: Zool. Soc. Proc., 1869, p. 49—51.

45. HIGGIN, F., On a new sponge of the genus Luffaria from Yucatan in the Liverpool Free Museum, in: Ann. Mag. Nat. Hist., vol. 16, 1875, p. 223—228.

46. HYATT, A., Revision of the North American Poriferae, with remarks upon foreign species. Part 1, in: Mem. Boston Soc. Nat. Hist., vol. 2, 1875, p. 399—408.

47. — —, Revision of the North American Poriferae. Part 2, ibid. vol. 2, 1877, p. 481—554.

48. JOHNSTON, G., History of British Sponges and Lithophytes, Edinburgh 1842.

49. VON KOCH, G., Zur Anatomie von Halisarca Dujardini Johnst. in: Morphol. Jahrb., Bd. 2, 1876, p. 83—84.

50. KÖLLIKER, A., Icones Histologicae, oder Atlas der vergleichenden Gewebelehre. I. Der feinere Bau der Protozoen. Leipzig 1864.

51. DE LAMARCK, J. B. P., Sur les Polypiers empâtés, in: Ann. Mus. Hist. Nat. Paris, T. 20, 1813, p. 294—312, 370—386, 432—458.

52. — —, Histoire des animaux sans vertèbres, T. 2. Paris 1816.

53. — —, Histoire des animaux sans vertèbres, Edit. 2, par DESHAYES et MILNE EDWARDS, T. 2, Paris 1836.

54. LAMOUROUX, J. V. F., Histoire des Polypiers coralligènes flexibles, vulgairement nommés Zoophytes. Caën 1816.

55. VON LENDENFELD, R., Ueber Coelenteraten der Südsee, II. Mittheilung. Neue Aplysinidäe, in: Zeitschr. Wiss. Zool., Bd. 38, 1883,
p. 234—313.

56. — —, A monograph of the Australian Sponges, Part 4. The Myxospongiae, in: Proc. Linn. Soc. New South Wales, vol. 10, 1886,
p. 3—22.

57. — —, A monograph of the Australian Sponges Part 5. The Au-
leninae, ibid. vol. 10, 1886, p. 283—325.

58. — —, A monograph of the Australian Sponges Part 6. The genus
Euspongia, ibid. vol. 10, 1886, p. 481—553.

59. — —, Studies on Sponges, I. The vestibule of Dendrilla cavernosa
n. sp. II. On Raphyrus hixonii, a new gigantic sponge from Port
Jackson. III. On Halme tingens, a sponge with a remarkable co-
louring power. IV. On two cases of mimicry in sponges, ibid.
vol. 10, 1886, p. 557—574.

60. — —, Second addendum to the monograph of the Australian Sponges,
ibid. vol. 10, 1886, p. 845—850.

61. LIEBERKÜHN, N., Neue Beiträge zur Anatomie der Spongien, in:
MÜLLER's Archiv, 1863, p. 353—382, 515—530.

62. VON LINNÉ, C., Systema Naturae Ed. 1. Lugd. Batav. 1735.

63. — —, Hortus Cliffortianus. Amstelodami 1737.

64. — —, Systema Naturae Ed. 12, vol. 2. Holmiae 1767.

65. VON MARENZELLER, E., Die Coelenteraten, Echinodermen und Würmer
der k. k. Oesterr.-Ungarischen Nordpol-Expedition, in: Denkschr.
Akad. Wien, Bd. 35, 1878, p. 357—398.

66. MARSHALL, W., Untersuchungen über Dysideiden und Phoriospongien,
in: Zeitschr. wiss. Zool., Bd. 35, 1880, p. 88—129.

67. MEREJKOWSKY, C., (Vorläufiger Bericht über die Spongien des weissen
Meeres) (Russ.), St. Petersbourg, Obshtch. Estestv. Trudy, Bd. 9,
1878, p. 259.

68. — —, Études sur les Éponges de la Mer Blanche, in: Mém. Acad.
St. Pétersbourg, T. 26, 1879, No. 7.

69. DE MIKLUCHO-MACLAY, N., Ueber einige Schwämme des nördlichen
Stillen Oceans und des Eismeeres, welche im Zoologischen Museum
der kaiserlichen Academie der Wissenschaften in St. Petersburg
aufgestellt sind: ein Beitrag zur Morphologie und Verbreitung der
Spongien, in: Mém. Acad. St. Petersbourg, T. 15, 1870, No. 3.

70. MÜLLER, FRITZ, Ueber Darwinella aurea, einen Schwamm mit sternförmigen Hornnadeln, in: Archiv Mikrosk. Anat., Bd. 1, 1865,
p. 344—353.

71. NARDO, G. D., Osservazioni anatomiche sopra l'animale marina detto
volgarmente Rognone di Mare, in: Atti Istit. Venezia, vol. 6, 1847,
p. 267—276.

72. PALLAS, P. S., Elenchus Zoophytorum, Hagae-Comitis, 1766.

73. — —, Charakteristik der Thierpflanzen. Nürnberg 1787 (p. 229—236).

74. PETIVER, J., Gazophylacii naturae et artis decades 10. Londini 1713,
vol. 1.

75. DE POLÉJAEFF, N., Keratosa. Report on the scientific results of the voyage of H. M. S. „Challenger". Zoology, vol. 11, London 1884.

76. RIDLEY, S. O., Spongida collected during the expedition of H. M. S. „Alert" in the Straits of Magellan and on the coast of Patagonia, in: Proc. Zool. Soc., London 1881, p. 149—151.

77. — —, Spongiida, in: Report on the Zoological Collections made in the Indo-Pacific Ocean during the Voyage of H. M. S. „Alert", 1881—82, London 1884, p. 366—382, 582—630.

78. RUMPF, G. E., D'Amboinsche Rariteitkamer, Bd. 6, Amstelodami 1741.

79. SCHMIDT, OSCAR, Die Spongien des Adriatischen Meeres. Leipzig 1862.

80. — —, Supplement der Spongien des Adriatischen Meeres, enthaltend die Histologie und systematische Ergänzungen. Leipzig 1864.

81. — —, Die Spongien der Küste von Algier; mit Nachträgen zu den Spongien des Adriatischen Meeres (drittes Supplement). Leipzig 1868.

82. — —, Grundzüge einer Spongienfauna des atlantischen Gebietes. Leipzig 1870.

83. — —, Zoologische Ergebnisse der Nordseefahrt vom 21. Juli bis 9. September 1872. Spongien, in: Berichte Deutsch. Meere, Kiel, Bd. 1, 1873, p. 115—120.

84. SCHULZE, F. E., Untersuchungen über den Bau und die Entwicklung der Spongien. II. Die Gattung Halisarca, in: Zeitschr. Wiss. Zool. Bd. 28, 1877, p. 1—48.

85. — —, Untersuchungen über den Bau und die Entwicklung der Spongien. IV. Die Familie der Aplysinidae. Ebenda, Bd. 30, 1878, p. 379—420.

86. — —, Untersuchungen über den Bau und die Entwicklung der Spongien. VI. Die Gattung Spongelia. Ebenda, Bd. 32, 1879, p. 117—157.

87. — —, Untersuchungen über den Bau und die Entwicklung der Spongien. VII. Die Familie der Spongidae. Ebenda, Bd. 32, 1879, p. 593—660.

88. — —, Untersuchungen über den Bau und die Entwicklung der Spongien. VIII. Die Gattung Hircinia NARDO und Oligoceras n. gen. Ebenda, Bd. 33, 1879, p. 1—38.

89. SEBA, A., Locupletessimi rerum naturalium thesauri accurata descriptio. Amstelodami 1734—1765.

90. SELENKA, E., Ueber einige neue Schwämme aus der Südsee, in: Zeitschr. Wiss. Zool., Bd. 17, 1867, p. 565—571.

91. VOSMAER, G. C. J., Studies on sponges I. On Velinae gracilis n. gen., n. sp., in: Mittheil. Zool. Stat., Bd. 4, 1883, p. 437—447.

# Beiträge zur Kenntniss der Säugethierfauna von Süd- und Südwest-Afrika.

Von

Prof. Dr. **Th. Noack.**

———

Hierzu Taf. I—V.

Von zwei Afrikareisenden, Herrn Dr. Hans Schinz in Riesbach bei Zürich und Herrn P. Hesse, jetzt in Venedig, resp. dem Senckenbergischen Museum in Frankfurt a. M., in dessen Besitz die Sammlungen des letzteren Herrn übergegangen sind, wurde mir die Bestimmung und Bearbeitung einer Anzahl von Säugethieren übertragen. Die von Herrn Dr. Schinz gesammelten Specimina stammen aus Damara- und Ovamboland und der Kalahari-Wüste, welche Gebiete derselbe auf einer $2^1/_2$ jährigen, besonders botanischen Studien gewidmeten Forschungsreise bis zum Kunene und Ngamisee durchzog (vergl. seinen Bericht in: Verbandl. Gesellsch. Erdkunde, Berlin, Bd. 14, 7, p. 322—334). Herr Hesse erwarb seine umfangreichere Sammlung im Gebiete des unteren Kongo, wo derselbe mehrere Jahre Beamter der Nieuwe Africaansche Vernootschap war. Sein Bezirk deckt sich im Grossen mit dem von der deutschen Loango-Expedition 1873—76 erforschten Gebiete, reicht aber über Boma nach Stanleypool aufwärts, und seine Funde ergänzen besonders in Bezug auf die Chiroptera wesentlich die von Dr. Pechuel-Loesche (Deutsche Loango-Expedition, Bd. 3, Cap. 4) gegebene Uebersicht. Die mir übergebenen Objecte bestanden theils in Körpertheilen, Schädeln und vollständigen oder unvollständigen Bälgen, theils und besonders zahlreich von Herrn Hesse gesammelt, in vollständigen Spiritus-Exemplaren.

Die beiden Sammlungen gebören wesentlich der ostafrikanischen Subregion von SCLATER-WALLACE an, und zwar die des Herrn HESSE der nordwestlichen Grenze desselben, welche nach WALLACE gerade mit dem unteren Laufe des Kongo abschneidet, während die des Herrn Dr. SCHINZ in den Norden der südafrikanischen Subregion eingreift, deren Grenze von der Walfischbai in östlicher Richtung durch die Kalahari-Wüste bis zum Limpopo zieht und von da landeinwärts von der Ostküste bis nach Mosambique verläuft (vergl. die Karte bei WALLACE, Die geographische Verbreitung der Thiere, deutsch von A. B. MEYER, p. 294). Da das untere Kongo-Gebiet nicht mehr wesentlich in das westafrikanischen Hyläa hinüberreicht, anderseits Ovamboland und der Ngami-See, bis wohin Dr. SCHINZ vorgedrungen ist, noch dem Süden der ostafrikanischen Subregion angehören, so wird es sich empfehlen, die Besprechung der beiden Collectionen zu vereinigen. Für die specielle Characterisirung des von Herrn HESSE zoologisch erforschten Gebietes verweise ich auf die classischen Schilderungen von PECHUEL-LOESCHE, besonders im 3. und 4. Cap. des 3. Bandes der deutschen Loango-Expedition, sowie auf die grosse Uebersichtskarte von LANGE, Bd. 1 und die Karte des Kuïlu-Gebietes von PECHUEL-LOESCHE, Bd. 3. Der letztere bestätigt ebenfalls Bd. 3, p. 124 die von SCLATER-WALLACE bestimmte Nordgrenze durch die Bemerkung, dass die letzten grossen Wälder der westafrikanischen Subregion in dem breiten Mündungsgebiete des Kongo gedeihen und südlich davon die Gegend den Character der Savanne und Campine trägt, in welcher der Busch vorherrscht, vereinzelt zum Buschwalde, an den Flüssen zu dem von Dr. SCHWEINFURTH so malerisch geschilderten Galeriewalde, ja zum wirklichen Hochwalde sich potenzirt. Dem widerspricht nicht, dass nach den Berichten von FRANÇOIS, KUND und TAPPENBECK das zoologisch noch der Erforschung harrende Gebiet der grossen südlichen Kongozuflüsse, des Kassai und Sankuru, vielfach wieder den Character der Hyläa trägt. In dem von Herrn HESSE besonders erforschten Küstenstrich ist noch der Mangrove-Sumpf, welcher manchen Säugethieren, selbst Affen zum gelegentlichen Aufenthalte dient, eine besonders characteristische Erscheinung. Das von Dr. SCHINZ durchzogene Gebiet, in welchem die die südafrikanische Subregion so gut characterisirenden Proteaceen gar nicht mehr vorkommen, während die Euphorbien sich auch in der ganzen ostafrikanischen Region finden, wurde vor ein paar Jahren ebenfalls von Dr. PECHUEL-LOESCHE im Westen der Walfischbai besucht, und seine 1885 auf dem 5. Geographentage in Hamburg ausgestellten Aquarelle characterisirten sehr gut den Uebergang der Savanne durch die Steppe zur südafrikanischen Wüste. In Bezug darauf verweise ich auf den Vortrag und das in Aussicht stehende Werk des Herrn Dr. SCHINZ und auf das treffliche Buch von G. FRITSCH: Drei Jahre in Süd- afrika. Wenn ich hier die Namen STANLEY und FARINI mit Still- schweigen übergehe, so wird man das in Rücksicht auf den ernsten Zweck wissenschaftlicher Zoologie begreiflich finden.

Es erübrigt noch, dass ich Herrn Prof. Dr. PAGENSTECHER in Hamburg für die mir gütigst gestattete Benutzung des Hamburger Museums meinen verbindlichsten Dank ausspreche.

Herr HESSE hat die Güte gehabt, mir ausser schätzenswerthen biologischen Notizen, die ich unten folgen lassen werde, seine Fund- orte, wie folgt, zu bezeichnen:

B a n a n a 6⁰ s. B. am nördlichen Ufer der Kongomündung auf einer steilen schmalen Landzunge, die westlich vom Meere, östlich vom Brackwasser des Banana-Creek bespült wird.

Dorf N e t o n n a am Banana-Creek oberhalb Banana, von dort in einer Stunde mit dem Ruderboot zu erreichen. Die bei Netonna lebenden Thiere finden sich überhaupt am Banana-Creek.

M o a n d a 10 Kilom. nördlich von Banana.

L a n d a n a ca. 5⁰ s. B. an der Loangoküste an der Mündung des Tschiloangoflusses.

K w i l u f l u s s 4¹/₂—4⁰ s. B. nördlich von Loango auf französischem Gebiete. Die Loango-Expedition schreibt Kuïlu, die Portugiesen Quillo, die Franzosen Quillou.

K a k a m o ë k a (=Kakamuëka Loango-Exp.) am Kuïlu, fast unter 4⁰ s. B. schon im Gebirge unterhalb der Palissaden des Kuïlu ge- legen. Hier tritt der Urwald bereits dicht an den Fluss heran.

P o r t o  d a  L e n h a, auch P o n t a  d a  L e n h a, am nördlichen Kongo-Ufer oberhalb Banana, an der Grenze des süssen und Brack- wassers.

B o m a oberhalb Porto da Lenha, bekanntes Sanatorium des Kongo-Staates, schon auf dem Plateau gelegen.

K u i s h a s s a am Stanley-Pool, unterer Kongo.

Auch Herr Dr. SCHINZ hat mir mit dankenswerther Bereitwilligkeit ein Verzeichniss sämmtlicher vom ihm beobachteter Säugethiere nebst Notizen über ihre Verbreitung mitgetheilt.

# Edentata.

## 1. *Manis tricuspis* RAFINESQUE.

Litt. bei JENTINK, in: Notes Leyden Museum, 1882, p. 208.

„Erwachsenes ♂ in Spiritus, Umgegend des Banana - Creek, coll. HESSE.

Die Familie der Maniden befand sich bis auf die vortreffliche Monographie von JENTINK a. a. O., p. 193—209 in heilloser Verwirrung. Besonders hat GRAY in seiner Besprechung der Maniden in: Proc. L. Z. S. 1865, p. 359—386 und über *M. tricuspis*, 1877, p. 531 dazu beigetragen, die Verwirrung zu mehren, indem er, seiner Neigung zur Haarspalterei in Bezug auf die Genera folgend, allein die afrikanischen Schuppenthiere in die 3 Gattungen *Manis*, *Pholidotus* und *Smutsia* zerlegte, während JENTINK für sämmtliche Schuppenthiere den Namen *Manis* beibehält. Derselbe nimmt überhaupt nur 7 Arten von *Manis* an, von denen 3: *Manis javanica*, *aurita* und *crassicaudata* in Asien, 4: *Manis gigantea* = *Pholidotus africanus* GRAY, *Manis temmincki* = *Smutsia temmincki* GRAY, *Manis longicaudata* und *Manis tricuspis* in Afrika leben. Als gemeinsames — freilich durch *Manis hessi* hinfällig werdendes — Merkmal für die afrikanischen Maniden bezeichnet er die Unterbrechung der centralen Schuppenreihe am Schwanzende und den Mangel von Borstenhaaren zwischen den Schuppen. Bei *Manis gigantea* ist die Aussenseite der Beine mit Schuppen bedeckt, der Schwanz an der Unterseite der Spitze ohne nackten Fleck, die Schuppen nicht gekielt, 7 Schuppenreihen am Körper und 15—19 Randschuppen am Schwanz, die Klauen der Hinterfüsse kürzer als die der vorderen, der Schwanz kürzer als Kopf und Körper. Das Thier scheint auf das subäquatoriale Afrika beschränkt. *Manis temmincki* characterisirt sich durch sehr breiten, am Ende abgerundeten Schwanz, 13 Schuppenreihen am Körper und 13 Randschuppen am Schwanz. Die Heimath ist Süd-, Ost- und Westafrika. *Manis longicaudata* besitzt breite, weiss umrandete Schuppen in 13 Reihen und 44 Randschuppen am Schwanz, die nackten Theile sind dicht mit ziemlich langem, dunkelbraunem Haar besetzt. Heimath das tropische Westafrika. Bei *Manis tricuspis* sind die Schuppen klein, länglich und dreispitzig, in 21 Längenreihen, die nackten Theile mit ziemlich langen weisslichen Haaren bedeckt, am Schwanz 34 bis 37 Randschuppen. Das Thier lebt im tropischen Westafrika und vielleicht in Mosambique. Uebrigens

variirt die Zahl der Schuppenreihen und Schuppen bei den afrikanischen Schuppenthieren ebenso, wie nach den Untersuchungen JENTINK's
bei den asiatischen Arten innerhalb gewisser Grenzen, desgleichen
scheinen sich in der Färbung erhebliche Unterschiede zu finden.

Das von Herrn HESSE gesammelte, leider etwas defecte Exemplar
ist ein vollständig erwachsenes ♂ von *Manis tricuspis* von 42 cm
Körper- und 59 cm Schwanzlänge, die Maasse übertreffen also die
von JENTINK gegebenen maximalen von 37 und 50,5 cm noch erheblich.
Der Körper hat vor dem Schwanz, wo die Schuppenreihe nach JENTINK
typisch ist, 21, vor der Brust 25 Reihen und 37 Randschuppen am
Schwanz, die ununterbrochene Mittelreihe des Schwanzes zählt 35
Schuppen, der Schwanz ist oben und unten mit 5 Schuppenreihen
bedeckt. Die mittlere Schuppenreihe hört 2 cm von der Schwanzspitze entfernt auf, der nackte Fleck unten an der Schwanzspitze ist
herzförmig und 12 mm lang. Beschuppt ist aussen der Oberarm und
das ganze Hinterbein bis zu den Klauen. Die schmalen lanzettförmig
mit markirter Spitze endenden Schuppen sind leicht gefurcht und an
den Seiten auch der Extremitäten und in der Mitte des Schwanzes
gekielt. Die dreifache Spitze derselben ist nur in der Minderzahl
deutlich, besonders an der oberen und hinteren Seite, überwiegt aber
keineswegs, indem vielfach, besonders in den vorderen Partien, nur
eine seitliche Spitze ausgebildet ist oder beide verschwinden. Die
Nasenspitze ist auf 2 cm frei, dann zieht sich die Beschuppung von
der Stirn über die Augen nach der Armbeuge, bedeckt den Unterarm an der Aussenseite zu zwei Drittel, den Hinterfuss ganz und reicht
auf der Unterseite des Schwanzes bis auf 4 cm vom Anus. Die
Unterseite des Körpers und die Innenseite ist ziemlich lang und
mässig dicht behaart.

Die Nase und die Muffel ist hell gelbbraun, der Nasenrücken
und die Lippen unbehaart, die Oberlippe nur sehr fein und undeutlich
gespalten, tiefer die gewölbte Oberseite der Unterlippe. Die sehr
lange, spitze und schmale Zunge ist mit feinen borstigen, nach hinten
gerichteten Papillen besetzt. Die Form der Muffel und der Nasenlöcher, sowie der die Muffel bedeckenden, unregelmässig fünf- und
sechseckigen Papillen erinnert an die der Herpestiden. Die Oberlippe ist vor dem Mundwinkel nach unten ausgebogen, das Auge steht
ganz nahe vor dem Ohr. Letzteres bildet einen tiefen, nach vorn eingebogenen, hinten wulstig begrenzten Spalt ohne eigentliche Muschel,
vorn unten am Ohrrande sitzt eine 3 mm starke Warze, ein kräftiger
Muskel zieht sich vom vorderen Ende in die Vertiefung, welcher offen-

bar zugleich mit dem am hinteren Ohrrande liegenden starken Muskel die Ohrspalte öffnet und verschliesst. Der hintere Ohrrand und die Vertiefung sind unbehaart, die Haut hier tief quergestreift. Der Unterarm ist sehr musculös. Die natürliche Stellung des Armes ist die, dass die Handfläche nach innen liegt, sich also die Hand mit der enorm entwickelten Kralle des dritten Fingers und den drei übrigen kräftigen Nägeln viel weniger zum Gehen als zum Klettern, zum furchenden Graben und Aufreissen der Termitenbaue eignet. Die hintere Extremität steht so, dass das Thier hauptsächlich auf der inneren Kante des Fusses geht. Die an den Händen braungrauen, an den Füssen grünlich grauen, an der Basis mehr weisslichen Nägel sind an der vorderen Extremität viel kräftiger entwickelt und bilden etwa einen Viertelkreisbogen, sie besitzen scharfe Spitze und Ränder und sind ziemlich massiv, unten tief gefurcht. Nur vorn ist der Nagel des dritten Fingers enorm verstärkt, wenngleich auch hinten der der dritten Zehe am kräftigsten ist. Die Hand- und Fussflächen sind hellgelb ohne besonders markirte Ballen, die Haut glatt mit unregelmässigen Gruben. Die Bindehaut zwischen den Zehen reicht weit nach vorn, liegt aber mit der Sohlenfläche in einer Ebene.

Die Schuppen sind vor der Stirn klein, breit und ungefurcht, die Furchung beginnt erst im Nacken und bleibt immer seicht. Die etwa 20 Furchen der Schuppe laufen ziemlich parallel, convergiren aber natürlich bis gegen die Spitze hin, wo sie verschwinden. An der Basis der Aussenseite haben die Schuppen eine eckige Ausbuchtung, die man nur sehen kann, wenn man sie loslöst. Auf der Schulter und im Nacken sind die Schuppen mehr eiförmig zugespitzt, länglicher auf der Oberseite des Körpers, schmal an den Seiten, klein und mehr rund an der Aussenseite der Beine. Die Schwanzschuppen sind alle breiter, rundlich dreieckig, an der Unterseite haben die 3 mittleren Reihen bis gegen 7 cm von der Spitze hin je einen scharfen Kiel, den schärfsten die beiden äusseren Reihen, bei denen sich die Kielung auch am weitesten nach der Schwanzspitze hinzieht. Die Schuppen der Schwanzseite sind dachförmig zusammengedrückt mit gebogener First und scharfer, krallenartiger Spitze.

Die Färbung der Schuppen ist auf der Oberseite ein gleichmässiges Olivengelbbraun. Doch sind 4 cm von der Schwanzspitze die oberen Schuppen auf 9 cm hin hell olivengrün. Auch die Unterseite des Schwanzes ist viel heller, oliven gelbgrün, am hellsten im basalen Theile, mit röthlichem Anflug in der letzten Hälfte. Die Behaarung der Unterseite ist ziemlich gleichmässig, aber mässig dicht, sehr sparsam an

7*

der Vorderseite des Unterarmes. Das Haar ist straff, seitlich zusammengedrückt mit Längsfurche, an der Aussenseite des Unterarms und über den Zehen der Hinterfüsse schmutzig gelbbraun, unten hell weisslich gelbgrau, vor den Ohren büschelförmig nach vorn verlängert, die breite Vorhaut des Penis und das Scrotum unbehaart.

Dass *Manis tricuspis* und *longicaudata* gute Baumkletterer sind, was schon die Stellung der Hände und Krallen wahrscheinlich macht, berichtet BÜTTIKOFER bei JENTINK in: Notes 1888, p. 56 und 57. *Manis gigantea* scheint nicht zu klettern.

Maasse: Körper und Schwanz wie oben angegeben, mittlerer Körperumfang 35, Schwanzumfang an der Basis 18, Kopf ca. 8; Raum zwischen Auge und Nasenspitze 4 cm, zwischen Auge und Ohr 8 mm, Höhe der Ohröffnung 15 mm; Unterarm ca. 62, Hand 40, Handbreite 25, Daumen um 9 mm aufgerückt, Daumennagel 6 mm, Nagel von II 20, III 32, IV 23, V 18; Unterschenkel 75, Fuss 54, mittlere Fussbreite 30, Nagel des um 9 mm aufgerückten Daumen 9; II 20, III 24, IV 22, V 17.

## 2. *Manis hessi* n. sp.
### Taf. I. Taf. III, Fig. 1—3.

Spiritus-Exemplar ♂. Banana-Creek, von einem Neger gekauft und zweifellos bei Banana erlegt. Coll. HESSE.

Das vorliegende Exemplar unterscheidet sich gänzlich von allen bisher bekannten afrikanischen Schuppenthieren und steht den asiatischen Arten dadurch nahe, dass die mittlere Schuppenreihe des Schwanzes ununterbrochen bis zum Schwanzende verläuft. Uebrigens zeigt es sowohl Eigenthümlichkeiten von *Manis temmincki* wie von *longicaudata*. Ich erlaube mir, es nach dem Entdecker · *Manis hessi* zu benennen.

Diagnose: *Manis* mit langem Kopf und Hals, mehr als körperlangem, breitem, an der Spitze breit abgerundetem Schwanze, sehr breiten, eiförmig abgerundeten gefurchten Schuppen, welche in der vorderen Hälfte an der Basis braun, sonst olivengelb, hinten an der Spitze gelb, auf dem Schwanze braun mit hellem Doppelbande vor der Schwanzspitze gefärbt sind und in der mittleren Reihe ununterbrochen bis zur Schwanzspitze verlaufen. Unterarm behaart, Hinterschenkel beschuppt, Nagel des dritten Fingers enorm verlängert.

Beschreibung. Das Thier besitzt einen langen spitzen Kopf mit ziemlich stark gewölbtem Schädel; derselbe ist an einem verhältnissmässig langen Halse angesetzt. Das Auge ist ziemlich weit vom Ohr entfernt. Die Beschuppung der Stirn reicht nicht ganz auf das Auge hinab. Muffel und Nase sind ähnlich gebildet wie bei *Manis tricuspis*, doch ist die Nase unten tiefer, die Oberseite der Unterlippe ähnlich gefurcht. Die Papillen an der Unterseite der Nase sind grösser. Die Nase ist an den Seiten warzig gefaltet, spärlich behaart, vor den Ohren ist das Haar nicht büschelförmig nach vorn verlängert. Die knorpellose Ohröffnung ist gross, vorn unten und besonders hinten mit wulstigem muskulösem Rande, welcher sich stärker markirt als bei *M. tricuspis*. Vorn vor der inneren Ohröffnung ist die schwarze Haut glatt, ohne wahrnehmbaren in die Tiefe der Ohröffnung hineinreichenden Muskel. Das Ohr scheint nicht oder weniger verschliessbar zu sein als bei *M. tricuspis*. Die Papillen der langen schmalen Zunge sind borstig, nach hinten gerichtet.

Die unregelmässig ovalen und eckigen, gelblich grünen, glatten Schuppen der Stirn, welche nach dem Scheitel zu allmählich an Grösse zunehmen, greifen nicht, wie bei *M. tricuspis*, dachziegelartig über einander, sondern sind durch schmalere dunkle Hautstreifen getrennt. Erst vom Scheitel an sind die Schuppen gefurcht, die ca. 20 Furchen sind viel schärfer als bei *M. tricuspis* und verlaufen ziemlich bis zu der lanzettförmig markirten Spitze, welche mehr oder weniger gekielt ist. Ausserdem ist der basale Theil der Schuppen im Nacken stark quer gefurcht. Alle Schuppen zeigen die grosse breit ovale Form wie bei *M. temmincki* und *longicaudata*. Zwei sehr grosse liegen hinter der Schulter; an der Körperseite ist der Kiel sehr scharf, in der Schwanzmitte gegen das Ende hin ziemlich deutlich markirt. Der Kiel der drei mittleren Schuppenreihen an der unteren Schwanzseite ist viel schärfer als bei *M. tricuspis*. In der Körpermitte stehen die Schuppen im 13., am Schwanz oben und unten in 5 Reihen. Die Zahl der an der Schwanzseite stehenden stark zusammengedrückten Schuppen mit gebogener Mittellinie und stark markirter Spitze beträgt 30, ebenso auf der Unterseite, auf der Oberseite des Schwanzes 32. Die 3 mittleren, die abgerundete breite Schwanzspitze bildenden Schuppen sind wie die übrigen oben gebildet. Der schuppenlose, 1 cm grosse Fleck an der unteren Schwanzspitze ist gelb, von fester horniger Haut bedeckt, nicht wie bei *M. tricuspis* weich. Die Schuppen an der Aussenseite des Hinterbeines, welche fast bis auf die Nägel herabreichen, sind länglich schmal und scharf gekielt.

An der Hand ist der Nagel des Mittelfingers enorm verlängert,

die übrigen mässig gross und etwa ebenso lang wie hinten, wo der
dritte und vierte Nagel gleich lang, etwas länger als der erste und
vierte ist. Der Daumennagel ist hinten und vorn rudimentär.

Die Behaarung ist am Kopf und den Beinen dicht und mässig
lang. Brust und Bauch sind fast kahl, die Haut hier stark gefaltet.
Die Gegend um den After und die Geschlechtstheile sind behaart.
Die Vorhaut des Penis ist nach hinten sehr breit und der quergestellte
Anus mit starkem hinterem Muskel liegt unmittelbar hinter demselben,
die Hoden also in der Bauchhöhle.

Die Färbung der Kopfhaut ist tief schwarz, hinter der Kehle
weiss, am Bauche hellgrau. Die Schuppen vor der Stirn sind grünlich gelb mit brauner Basis. Bis zu den Schultern sind die Schuppen
hell olivengelbbraun mit braunem Basaltheil, unmittelbar über dem
unbehaarten Unterarm röthlich braun. Die Färbung auf dem Rücken
ist dunkelbraun mit gelbröthlichem Rande und gleicher Spitze. Das
Braun überwiegt nach der Hinterseite des Körpers und nur der äusserste
Rand bleibt gelblich roth. Auf der Oberseite des Schwanzes ist die
Schuppenspitze intensiv röthlich gelb, am äusseren Rande sitzt ein
lebhaft gelbrother Fleck. Zwei quere Reihen hell gelbgrüner Schuppen,
die durch eine dunklere Reihe getrennt sind, und von denen die hintere
die hellere ist, bilden 4 cm von der Schwanzspitze entfernt ein helles
doppeltes Querband auf der Oberseite des Schwanzes. Die seitlichen
Schwanzschuppen sind braun mit grünlich gelbbraunem Rande, die auf
der Unterseite des Schwanzes haben einen braunröthlichen Rand, die
der Hinterbeine sind braunroth mit röthlichem Rande.

Die Behaarung des Kopfes ist tiefschwarz, an der Aussenseite
des Unterarmes tief schwarzbraun, dagegen sind die langen Haare an
der Hinterseite der Vorderbeine dunkelrostbraun. Der Bauch ist sehr
spärlich sepiabraun behaart, ebenso dichter um die Geschlechtstheile.
Die Haare an der Innen- und Hinterseite der Hinterbeine sind lebhaft
rostroth mit olivenfarbenem Anfluge, die Haare an der Hinterseite
der Beine 2 cm lang, die übrigen kürzer. Das Haar ist mässig straff,
seitlich etwas zusammengedrückt und ungefurcht. Die stark gebogenen
Nägel sind schwärzlich, hinten etwas heller, die Form sonst ähnlich
wie bei *Manis tricuspis*. Die nackten, ganz glatten Flächen der Sohlen
sind graubraun.

Schon FAUCILLON (in: Revue et Magazin de Zool. 1850, p. 513)
hat ein westafrikanisches Schuppenthier mit ununterbrochener Mittelreihe des Schwanzes beschrieben, doch da es 21 Längenreihen am
Körper, auch Borsten zwischen den Schuppen trug, ist es nicht mit

vorliegendem Exemplar identisch. Wenn GRAY (in: Proc. L. Z. S., 1885, p. 366) und JENTINK (Manidae, p. 194) behaupten, es sei ein Junges von *Manis javanica* gewesen, welches über Afrika nach Europa kam, so muss ich diese Behauptung auf sich beruhen lassen. Jedenfalls trifft die mir brieflich von Herrn Dr. JENTINK ausgesprochene Vermuthung, dass bei meinem Exemplare die mittlere Schuppenreihe sich verschoben haben könnte, nicht zu. Die Schuppenreihe ist klipp und klar ununterbrochen.

Maasse. Körper 33 cm; Schwanz vom After bis zur Spitze 36, oben gemessen 44, Schwanzbreite an der Basis 12, an der abgerundeten Spitze 6,5, mittlerer Körperumfang 29, Schwanzumfang an der Basis 20, Kopf ca. 8,5, Hals 2,5; Entfernung zwischen Auge und Nasenspitze 34 mm, zwischen Auge und Ohr 16, Höhe der inneren Ohröffnung 12, des äusseren Ohrrandes 22, Unterarm ca. 40 mm, Handfläche 30, Handbreite 18, der um 8 mm aufgerückte Daumennagel 5, der von II 13, III 25, IV 18, V 16. Unterschenkel ca. 50 mm, Fusssohle 35, Sohlenbreite 22, Daumennagel wie vorn; II 13, III 17, IV 17, V 14. Bei beiden Exemplaren von *Manis* sind die Nägel in der Fusslinie gemessen.

Der Schädel von *M. hessi* (Taf. III, Fig. 1—3) schliesst sich, wie das auch der Körper des Thieres wahrscheinlich macht, an den von *M. longicaudata* an, doch zeigt er sehr characteristische Unterschiede, wie die Vergleichung meiner Zeichnung mit der bei JENTINK, Cat. ostéol. Taf. X, 1 u. 2, deutlich macht. Stirn und Scheitel sind stark gewölbt. Das Os interpar. tritt viel weniger hervor. Der hintere Rand der Scheitelbeine verläuft bei *M. hessi* zackig in gerader Linie, bei *longicaudata* nach vorn ausgebuchtet; das Hinterhauptloch ist bei *longicaudata* rundlich, bei *hessi* stark nach oben gezogen, bei letzterem der vordere Theil der Stirnbeine stärker verschmälert, der hintere Rand derselben stärker gebogen, die Nasenbeine viel schmaler und in der Mitte seitlich eingedrückt, der Raum zwischen den Ossa pterygoid. schmaler, die Ansätze der Schläfenbeine und des Oberkiefers viel weniger nach aussen gebogen, der untere Theil des Zwischenkiefers viel kürzer. Innen besitzt der Schädel eine Scheidewand, wie bei den Feliden, die Oeffnung spitz glockenförmig ohne oberen Zacken.

Der Unterkiefer zeigt die gewöhnliche Form, er ist im Symphysentheil sehr schmal, die sehr dünnen Kieferäste wenig nach unten ausgebogen, der Proc. coronoides noch durch einen kleinen Vorsprung angedeutet, die Condylen-Fläche etwas schräg nach aussen gestellt. Im Symphysentheile sitzt, wo die Canini liegen würden, eine nach oben zackig ausspringende, ziemlich starke Leiste; auch der vordere Rand der Symphyse zeigt eine zackige Ausbuchtung. In beiden muss man wohl das Rudiment der Zähne erkennen. Auch der Oberkiefer zeigt in der Gegend der hinteren Molaren eine Anschwellung und kleine Oeffnungen, so dass auch hier die Molaren noch nicht spurlos verschwunden sind. Ob man beim Fötus oder Pullus von *Manis* schon Zahnrudimente gefunden hat, ist mir nicht bekannt. Nach PARKER (in: Proc. Royal Soc., 1884, p. 232) steht der Schädel der Edentaten dem der Monotremen näher als dem der Beutelthiere, was auch ein Vergleich mit *Echidna hystrix* ergiebt. Die Verkümmerung des Unterkiefers scheint mir nicht bloss durch seine Funktionslosigkeit zu erklären, sondern derselbe zeigt bei den Bruta noch wohlerhalten die einfache Form des Saurier-Typus, allerdings mit der Neigung zur Rückbildung, wie etwa bei den Batrachiern, die durch die Art der Nahrung bedingt worden ist. Das Zungenbein, Taf. I, Fig. 5, zeichnet sich durch langes Ceratohyale aus. Von den 6 Gaumenfalten sind die 3 vorderen nach vorn, die 4 hinteren nach hinten gebogen, 1 schwach, 2 und 3 stark, in der Mitte gebrochen mit vorderen Zacken, 4 und 5 mit hinterem Zacken in der Mitte, 6 ohne Zacken.

Maasse. Scheitellänge vom oberen Rande des Hinterhauptes bis zum Ende der Nasenbeine 67 mm, Basilarlänge bis zur Spitze des Zwischenkiefers desgl., grösste Breite zwischen den Proc. paroccipit. 32, in der Mitte der Scheitelbeine 30,5, in der Mitte der Stirnbeine 20, in der Mitte der Nase 11; Länge der Scheitelbeine bis zum hinteren Zacken des Os interpar. 18,5; Länge der Stirnbeine in der Mitte 23, an der Seite 30; Nasenbein 24,5; Breite des Nasenbeines an der Einschnürung 3, also beider an der schmalsten Stelle 6 gegen 9 bei *Manis longicaudata*, Spalt zwischen den Flügelbeinen 5,5, Länge der Flügelbeine 18; das dreieckige Hinterhauptloch mit seitlich abgerundeten Ecken 9 hoch, 10 breit; Bullae aud. 10 lang, 6,5 breit; Weite zwischen den vorderen Zacken der Schläfenbeinfortsätze 21, zwischen den Zacken der Kieferfortsätze 15; Länge des knöchernen Gaumen bis zum Anfang des Zwischenkiefers 36, grösste Breite 7, hinten 4, 5; Länge des Zwischenkiefers unten 4, Breite 9. Länge des Unterkiefers 46, Höhe der vorderen Partie 4,5, in der Mitte 4, nach hinten 3; Breite zwischen den Kiefern vorn 2, zwischen den Condylen innen 12. Breite des Zungenbeines 14, mittlere Höhe 5, Länge der Flügel 8,5, Weite zwischen den Flügelspitzen 23.

*Manis hessi* bildet ein Bindeglied zwischen den afrikanischen und asiatischen Maniden. Dr. PECHUEL-LOESCHE (Loango-Expedition, Bd. 3, p. 232) erwähnt nur *Manis longicaudata* in dem von ihm erforschten Gebiete, BÜTTIKOFER fand in Liberia *M. gigantea, longicaudata* und *tricuspis* (JENTINK, in: Notes 1888, p. 56). Herr HESSE schreibt mir, dass *Manis* auch bei Cabinda nicht selten sei und von den Negern gegessen werde. Die Bafiote nennen die Maniden kaka, wie sie auch im Kiunyamuesi heissen, die Holländer Miereneter (Ameisenfresser)·

Herr Hesse meint, die Uebereinstimmung des Namens rühre daher, dass Sansibariten, welche oft nach dem unteren Kongo kommen, den Namen und Felle von Maniden nach der Ostküste gebracht hätten. So habe ihm in Banana ein Sansibarite ein angeblich von Sansibar stammendes *Manis*-Fell zum Kaufe angeboten, hinterher aber gestanden, dass er das Thier bei Vivi am Kongo getödtet habe. Richtig ist, dass die Maniden viel häufiger in West- als in Ostafrika gefunden werden, wie denn Böhm in Centralafrika ihnen fast nie begegnet ist, doch hat man nach Jentink *M. temmincki* von Sansibar sicher, *M. tricuspis* von Mosambique wahrscheinlich erhalten, und ersteres wurde am Bahr el Abiad, in Sennaar und Kordofan von Heuglin öfter beobachtet. (vergl. Heuglin, Reise in das Gebiet des weissen Nil, p. 326).

### 3. *Orycteropus capensis* Gmelin.

Damaraland, Ovamboland, Kalahari. Schinz.

## Sirenia.

### 4. *Manatus senegalensis* Desmarest.

Herr Hesse theilt mir Folgendes über *M. senegalensis* mit: „Derselbe soll im unteren Kongo vorkommen, doch scheint er recht selten zu sein, sicher wird er auch im Luëmme bei Massabe gefunden. Ich besitze eine Peitsche aus der Haut eines von dort stammenden Thieres, die einer Flusspferdpeitsche an Dicke wenig nachgiebt, aber viel biegsamer ist. Früher muss das Thier im Kongo häufig gewesen sein, da der im 17. Jahrhundert lebende Pater Zucchelli wie folgt darüber berichtet:

In diesen Flüssen und absonderlich im Zaïre und Massangano fängt man gar oft auch den Fisch Donna oder Frau genannt, und ist die gemeine Ansicht, dass dieses die sogenannte Sirene sei. Es ist dieses ein sehr grosser Fisch, so dick als ein Pferd und wohl noch dicker. In dem Gesichte hat er einige Gleichheit mit dem Menschen (!), jedoch nicht völlig: er hat die Arme und Hände mit fünf Fingern, und auf den Brüsten ist es ein wenig erhöbet und hat auch das weibliche Geburtsglied. An dem oberen Leibestheile hat er die völlige Gestalt des Fisches, ohne Schuppen; er ist so fett als ein Schwein und hat drei bis vier guter Finger hoch Speck. Sein Fleisch, welches sehr wohl gekocht werden mag, ist sowohl der Farbe als dem Geschmack nach von dem Schweinefleisch gar wenig verschieden. Dieser Fisch hat ein ziemlich grosses Gerippe, welches in allem einem Menschengerippe (!)

gleichet, und diese Rippen haben viele Kraft und Wirkung, nicht allein
in Stillung des Bluts, sondern auch zu verhindern, dass die Frauens-
personen, wenn sie solche um die Lenden herumlegen, nicht abortiren.
Sie müssen aber noch roth und ungekocht sein, sonst verlieren sie alle
ihre Kraft. Diese Rippen werden sehr hoch gehalten und von den
Portugiesen mit aller Sorgfalt aufgekauft, mit welchen sie schöne
Kronen machen. (Auch der Chinese zahlt heute noch für ein weiches
Geweih von *Cervus pygargus* und *Cervus dybowskii*, welches er für ein
sehr wirksames Stimulans hält, bis 800 Mark, N.). Weilen sie aber gar
viele verfälschen, so muss man die guten von den falschen mit der
Zeit durch Erfahrung erkennen. Was sonst den Gesang betrifft, den
die Sirene thun soll, so ist dieses eine blosse Fabel, welche die Poeten
erdichtet, da noch Niemand von diesem Fische einen Gesang gehört hat.

Die heutigen Portugiesen nennen das Thier Peixe mulher (Frauen-
fisch)."

Nach PECHUEL-LOESCHE (Bd. 3, p. 222) kommt er im Kuïlu-
Gebiete in den Gewässern der Niederungen an ruhigen flachen Stellen
zahlreich vor, zusammen mit *Hippopotamus*, seinem nach der heutigen
Auffassung ihm nahe stehenden terrestrischen Vetter, häufig besonders
in dem nördlich vom Kuïlu liegenden und mit diesem durch einen
Abfluss verbundenen See Nānga.

Sein von Dr. SCHWEINFURTH constatirtes Vorkommen im Uëlle
ist ein wichtiger Beweis für den Abfluss desselben in den Kongo und
nicht in das Binnengewässer des Tsad-Sees; heute scheint diese Verbindung des Kongo und Uëlle mittelst des Ubangi durch die Reise des
Kapitän VAN GÈLE bewiesen.

Da ich vor einiger Zeit Gelegenheit hatte, in Hamburg ein halb-
erwachsenes lebendes Pärchen von *Manatus senegalensis* zu studiren,
so will ich kurz das Wichtigste über das zum ersten Mal lebend nach
Europa gekommene Thier mittheilen, über welches ich ausführlicher
im „Zoologischen Garten" 1887, Nr. 10 berichtet habe.

*Manatus senegalensis* unterscheidet sich äusserlich durch die tief
schiefergraue Farbe von dem gelblich graubraunen, ebenfalls schon von
mir lebend studirten *Manatus latirostris*. Der Körper ist haarlos, der
Rücken mit feinen warzigen, etwa einen Zoll entfernten Papillen besetzt, welche *Manatus latirostris* fehlen. Die Unterseite der beiden
äusserlich ganz gleich aussehenden Thiere war hell fleischroth, sonst
die Körpergestalt ganz ähnlich wie bei *M. latirostris*. Die Geschlechtstheile sehen bei dem ♂ und ♀ sehr ähnlich aus, Penis und Scheide
liegen in einer wulstigen Umrandung, ersterer hinter dem Nabel,

letztere vor dem Anus. Die Testikel liegen in der Bauchhöhle. Die Bildung der Oberlippe ist dieselbe, wie die von MURIE (in: Transactions L. Z. S., 1880, p. 19—48) nach einem lebenden Exemplar von *Manatus latirostris* beschriebene. Die vorn ausgeschnittene, mit einem knopfartigen Vorsprung versehene Oberlippe besitzt zwei musculöse Lefzen, welche sich beim Fressen mit den Spitzen nach vorn und innen verlängern, also wie eine Zange wirken, ein Apparat, wie er sonst bei keinem Säugethier beobachtet worden ist. Mit den Lefzen zieht der *Manatus* die auf dem Wasser schwimmende Nahrung — in der Gefangenschaft Salatblätter und Brot, in Afrika ausser Gras und Blättern gewiss auch Pistien und Nymphäen — in das Maul, den Unterkiefer wie die Wiederkäuer von links nach rechts bewegend. Die Nasenlöcher sind wie beim Seehunde durch eine Klappe verschliessbar, und das Athmen erfolgt alle $1^1/_2$ bis 2 Minuten. Der *Manatus* kann auch gehen, indem er sich auf dem Trockenen, auf die äussere Kante der Hand gestützt und eine vor die andere setzend, dabei den Hinterleib in drehender Bewegung nachschleppend, humpelnd vorwärts bewegt. Er wird also auch wohl in Afrika sich zeitweilig auf Schlammbänke oder flache Uferstrecken begeben. Das Wesen der beiden höchst zahmen Thiere war sehr apathisch, ihre ganze Thätigkeit bestand in fortgesetztem Fressen und Schwimmen. Sie waren etwa $4^1/_2$ Fuss lang, Dr. PECHUEL-LOESCHE giebt bis 4 met. an, doch hat er das Thier nicht ordentlich gesehen und vielleicht die Länge etwas überschätzt, was bei dem im Wasser schwimmenden *Manatus*, von dem man höchstens die Nasenspitze zu sehen bekommt, sehr leicht möglich ist. Bemerkungen BÜTTIKOFER's bei JENTINK, in: Notes 1888, p. 33. Ein von B. erlegtes Exemplar maass 264 cm, grösste Breite 60, Schnauzenbreite 6, Schulterbreite 49. Im „Globus" 1887, p. 347 giebt PAULI die Länge eines von ihm bei Bimbia (Camerun) erlegten *Manatus senegalensis* auf 214 cm, den Umfang auf 147, die Schwanzbreite auf 46 cm an. Die unglaubliche Behauptung, dass die Länge der Ohren 30 cm betrug, soll sich wohl auf die vordere Extremität beziehen. Schädel von Pullus und Adult im Berliner Museum, Skelet im Leydener Museum, JENTINK, Cat. ostéol., p. 171.

## Nasicornia.

### 5. *Rhinoceros africanus* L. u. 6. *simus* BURCH.

Herr Dr. SCHINZ fand *R. africanus* in der weissen und schwarzen Form öfter am Ngami-See, am Okavango und häufig am Kunene von

Humbe an aufwärts. Lebend habe ich ein Exemplar von hell grau-
gelber Färbung 1887 bei HAGENBECK in Hamburg gesehen, welches
sich im Gegensatz zu seinen indischen Verwandten durch grosse Beweglichkeit auszeichnete. Ueber *R. africanus* und *simus* vergl. SCLATER
in: Proc. L. Z. S., 1886, p. 143.

## Equidae.

### 7. *Equus zebra* L.
### 8. *Equus burchelli* FISCH.

„Nur noch in der Kalahari, ganz vereinzelt in Nama-Damara- und
Ovamboland." SCH.

## Suina.

### 9. *Potamochoerus africanus* GRAY.

„Nama-Damaraland, Kalahari." SCH.

### 10. *Potamochoerus penicillatus* SCHINZ. ?

Herr HESSE sah in Banana den Schädel eines Wildschweines, das
von der Loango-Küste stammte, konnte aber die Art nicht bestimmen.
Die deutsche Loango-Expedition hat nur *Potamoch. penicillatus* angetroffen, desgl. BÜTTIKOFER in Liberia.

### 11. *Sus scrofa domestica* L.

„Eine magere hochbeinige Rasse wird häufig am Kongo als Hausthier gehalten. Vielen Negern ist der Genuss von Schweinefleisch aus
religiösen Rücksichten verboten (Aschina), auch manche Europäer
glauben, dass es der Gesundheit schade. Ich habe nach wiederholtem
Genuss von Spanferkeln nie üble Folgen verspürt." H.

## Obesa.

### 12. *Hippopotamus amphibius* L.

Fiote: mvúbu.

Ueber das im unteren Kongo lebende Flusspferd giebt PECHUEL-
LOESCHE (Bd. 3, p. 212—222) sehr eingehende und schätzenswerthe
Beobachtungen. Nach Mittheilungen von Herrn HESSE ist es im Kongo
häufig, besonders von Ponta da Lenha an aufwärts, wo die zahlreichen
grasbedeckten Schwemminseln ihm geeignete Weideplätze bieten.
Auch er erwähnt wie P. L. ihre gelegentliche Wanderung bis in's

Meer, ohne selbst einen solchen Fall in Banana erlebt zu haben. Die halbkreisförmigen Eckzähne, sowie die fast geraden Schneidezähne des Unterkiefers·bilden einen Handelsartikel und werden auf den Londoner Elfenbein-Auctionen mit 2—4 sh per *tl.* engl. bezahlt. Sie sind härter und weisser als Elfenbein und würden wahrscheinlich höhere Preise erzielen, wenn sie nicht fast immer von Sprüngen durchzogen wären. Die Eckzähne erreichen bei alten Bullen ein Gewicht bis 4 Kilo; Herr HESSE maass an einem vorn dunkelbraun gefärbten Zahn eine Länge von 38, einen Umfang an der Basis von $12^1/_2$ cm.

Nach ZUCCHELLI schrieb man im 17. Jahrhundert auch diesen Zähnen medicinische Eigenschaften zu: es hat zwei grosse Zähne, da einer wohl sechs und mehr Pfund wäget, welche eine grosse Wirkung, insonderheit in Stillung des Blutes haben.

Herr Dr. KINKELIN in Frankfurt a. M. theilt mir mit, dass ein von Herrn HESSE an das Senckenbergische Museum gelieferter Schädel sich durch starke Verkürzung auszeichne; danach lebt im Kongo möglichen Falls auch der kleinere *Hippopotamus = Choeropsis liberiensis* MORTON (Act. Philadelphia 1849), welchen ich nach dem Leben im „Zoologischen Garten" 1885, p. 170 ff. besprochen habe. Derselbe kommt nach WALLACE (Verbreitung der Thiere, Bd. 2, p. 243) ausser an der Westküste noch in einigen in den Tsad-See mündenden Flüssen vor und ist wahrscheinlich identisch mit der kleineren fossil auf Sicilien und Malta gefundenen Form. Von BÜTTIKOFER wurde das Thier mehrfach in Liberia beobachtet, derselbe giebt werthvolle biologische Beobachtungen, wie die, dass es vereinzelt in Waldsümpfen lebt, bei JENTINK, in: Notes 1888, p. 29 und 30. Letzterer constatirt p. 32, dass *H. liberiensis* ausser im Schädel auch im Zahnbau von *amphibius* abweicht, indem derselbe nur 2 untere Schneidezähne, also 2 weniger als *H. amphibius* besitzt.

Von dem verstorbenen LÜDERITZ wurden zwei Exemplare von *H. amphibius* bei Harisdrift im Orange-Fluss beobachtet. SCH.

## Proboscidea.

### 13. *Elephas africanus* BLUMENB.

Fiote: nsao.

Herr Dr. SCHINZ hat Losung und frische Spuren des Elefanten öfter am Ngami-See und Okavamgo getroffen, aber keinen geschossen. Nach PECHUEL-LOESCHE (Bd. 3, p. 212) lebt noch eine kleine Heerde in den Sümpfen am Kuïlu. Wie viel Werth seine nach Angaben der

Eingeborenen gemachte Bemerkung hat, dass es an der Loango-Küste
zwei Varietäten gebe oder gegeben habe, eine grosse mit sehr gebogenen mittelgrossen Stosszähnen und eine kleinere bereits ausge-
rottete mit gerade gestreckten und sehr starken Zähnen, muss ich
dahingestellt sein lassen. Ich habe unter vielen hundert Zähnen die
verschiedensten Curven und Formen gesehen, allerdings auch gefunden,
dass die sehr starken Zähne fast gerade sind, doch erklären sich die
Unterschiede hinreichend durch die Oertlichkeit und Alters- und Ge-
schlechtsdifferenzen.

Herr HESSE hat die Güte gehabt, mir brieflich über *Elephas
africanus* folgende Bemerkungen mitzutheilen, welche sich theils auf
das dunkle Pigment der Zähne, theils auf das Vorkommen des Elefanten
am Kongo beziehen:

„Ich bin geneigt, das dunkle Pigment der westafrikanischen Zähne
dem Einfluss der Sonne und der Luft zuzuschreiben. Bekanntlich hat
Elfenbein die Neigung, im Laufe der Jahre gelb zu werden, auch
wenn es im Zimmer aufbewahrt wird. Im Freien, besonders unter
dem Einfluss der tropischen Sonne geht dieser Process schneller vor
sich, so dass dasselbe anstatt gelb dunkelbraun, fast schwarz wird.
Eine Elfenbeintrompete meiner ethnographischen Sammlung mit be-
arbeiteter Oberfläche zeigt eine vollständig gebräunte hell-chocoladen-
farbene Nüance. Uebrigens sind nicht alle Kongozähne stark gebräunt,
namentlich sind die jüngeren heller; so habe ich zwei von dem gleichen
Thiere im Gewicht von ca. 25 ℔. gesehen, welche auffallend weiss
waren. Das etwas in die Oberfläche eindringende Pigment ist nicht
durch Steppenbrand zu erklären, da die Oberfläche nie angekohlt
ist. Wenn den Sansibarzähnen das Pigment fehlt, so vermuthe ich,
dass die Elefanten der Ostseite mehr in dem von der Sonne geschützten
Urwalde leben, während die Kongoelefanten vielleicht mehr die Savanne
vorziehen. Wenigstens soll es nach mündlicher Versicherung des Herrn
TAPPENBECK so am Kassai sein. Diesseit aber des Kassai giebt es
noch viel weniger Wald, so dass die Elefanten zwischen Stanley-
Pool und Vivi, wo in den Steinwüsten von Wald gar keine Rede ist,
nolens volens in der Savanne leben müssen. (Dieselbe wird auch wohl
wegen der leichteren Sicherung vor Nachstellungen von den Elefanten
vorgezogen. Sehr alte Zähne zeigen zuweilen in der basalen Hälfte
schwach erhobene wulstige Ringe. Auf einer mir gütigst von Herrn
HESSE zur Disposition gestellten Photographie tragen ein paar Neger
zwei augenscheinlich zusammengehörende Zähne von über 6 Fuss

Länge, auf denen ich 12 nach der Spitze zu undeutlicher werdende Ringe zähle, die etwa 6 cm von einander entfernt sind, schräg zur Achse des Zahns stehen und an die Wülste der Antilopenhörner erinnern. N.).

Am unteren Kongo kommt der Elefant nur noch ausnahmsweise vor, so wurden am 22. October 1884 zwei Exemplare auf der Prinzeninsel bei Boma gesehen und eins davon angeschossen. Auch Mönke-MEYER (Reiseskizzen von Berlin nach dem Kongo, p. 10) sah zwei Elefanten zwischen Boma und Vivi, welche sich dorthin verlaufen hatten. Noch vor einigen Jahren war der Elefant ziemlich häufig an der Karawanenstrasse nach Stanley-Pool, namentlich bei Banga Manteka und Lukungu. Natürlich werden die Thiere an diesem von Europäern stark frequentirten Wege viel gejagt und beständig beunruhigt, sie ziehen sich deshalb in abgelegenere Gegenden zurück und werden zusehends seltener. Früher, jedenfalls noch zu Anfang des vorigen Jahrhunderts, bewohnte der Elefant auch das Küstengebiet und wurde wahrscheinlich erst in relativ neuer Zeit daraus verdrängt; „nsao" ist gegenwärtig ein sehr gebräuchlicher Personenname bei den Mussurongo- und Cabinda-Negern und kommt in Zusammensetzungen auch als Ortsname nicht selten vor, z. B. Kinsao nördlich von Ambrizette, Kingundu Nsao an einem Creek unweit Ponta da Lenha. Büttikofer fand die Elefanten an der Küste von Liberia nicht mehr, im Innern nur noch ganz vereinzelt (in: Notes Leyden Mus., 1888, p. 33).

Das meiste Elfenbein des Kongobeckens stammt nicht vom Kongo selbst, sondern von den portugiesischen Küstenplätzen südlich der Kongomündung, von Mucullu, Ambrizette, Musserra und Ambriz. „Die Stosszähne, welche in den Küstenfactoreien zwischen Pouit Padião und Ambriz, sowie am Kongo in den Factoreien oberhalb Boma zum Verkauf gebracht werden, kommen weit aus dem Innern. Nach KUND und TAPPENBECK führen die Karawanenstrassen von der Küste bis zum Sankuru, der für den Handel im südlichen Kongobecken die Ortgrenze bildet und von den Eingeborenen nicht überschritten wird.

Ueber die Frage, ob der Elefant seinem baldigen Aussterben entgegengehe, oder ob der dunkle Erdtheil noch viele Generationen mit den kostbaren Zähnen versorgen werde, gehen die Ansichten auseinander. Es ist wohl nicht zu bezweifeln, dass in den gewaltigen Länderräumen des Innern noch grosse Herden der riesigen Dickhäuter ein ungestörtes Dasein führen, da der Eingeborene mit seinen primitiven Waffen ihnen eben schwer beikommen kann. Die Sachlage ändert

sich aber mit einem Schlage, sobald der Neger mit der Civilisation
in Berührung kommt und Feuerwaffen kennen lernt, oder der Weisse
in diese Gegenden vordringt und das Hinterladegewehr mit Explo-
sionskugeln oder die schwere Elefantenbüchse an die Stelle von Bogen,
Pfeil und Wurfspeer tritt. Wie schnell unter ;solchen Umständen die
Thiere verschwinden, erfahren wir z. B. durch POGGE, der von seiner
Station Mukenge berichtet: „Die Elfenbeinvorräthe hier sind nach
ungefähr fünfzehnjährigem Handel jetzt vollständig erschöpft, und der
Elefant ist nach Einführung der Feuerwaffen ausgerottet — entweder
getödtet oder verjagt.

Nach mir vorliegendem durchaus zuverlässigem Material, welches
sich auf die während der Jahre 1881—1886 von einem am Kongo
etablirten Handelshause exportirten Quantitäten Elfenbein bezieht und
ein Quantum von fast 30000 Zähnen umfasst, war in dieser Zeit das
Durchschnittsgewicht eines Zahnes 20 engl. $tt.$ oder 9 kg, im Jahre
1881 betrug es 22,52 $tt.$, 1886 nur noch 16,9 $tt.$, es zeigt sich somit
eine beträchtliche Abnahme, während die Menge des zum Verkauf
gebrachten Elfenbeins alljährlich grösser wurde. In den Jahren 1885
und 1886 übertraf das Quantum der von Banana ausgeführten Zähne
das Doppelte der von WESTENDARP (in: Mittheilungen des 5. Geographentages in Hamburg) angegebenen Ziffern. Im Jahre 1885 führte ich
als Beamter der Nieuwe Africaansche Vernootschap 8104, im Jahre
1886 7475 Zähne im Gewicht von ca. 80 resp. 60 tous aus. Der
schwerste Zahn, welchen ich gesehen habe, wog 128 $tt.$ engl., solche
von 2 m Länge habe ich mehrfach erhalten. Daran, dass in diesen
beiden Jahren die Elfenbeinzufuhr sich besonders günstig gestaltete,
war freilich der Kongostaat trotz der schönen Phrasen des Herrn
STANLEY ganz unschuldig. Im Jahre 1887 nahm die Zufuhr bedeutend
ab, weil die sogenannten Soldaten des Kongostaates, die Haussa- und
Benguela-Neger, sich damit beschäftigten, die Karawanen zu überfallen
und auszuplündern. Auch aus den portugiesischen Gebieten südlich
der Kongomündung hat in diesem Jahre die Zufuhr erheblich abgenommen.

Bemerkenswerth ist, dass in den Jahren von 1881—86 die Zahl
der kleinen Zähne im Verhältniss zur Gesammtmenge beständig
zugenommen hat, mit Ausnahme des Jahres 1884, das durch ein relativ
grosses Quantum von schweren Zähnen ausgezeichnet war. Man theilt
am Kongo die Zähne nach dem Gewicht in drei Kategorien: Ley, von
20 $tt.$ engl. und darüber, Meão von 10—20 $tt.$ und Escarvelho unter

10 *tl.* engl.  Den Procentsatz der Escarvelho im Verhältniss zur Gesammtzahl ermittelte ich, wie folgt:

$$
\begin{aligned}
&\text{im Jahre } 1881 \quad 37,08\,^0/_0 \\
&\quad\;\; \text{\textquotedblright} \quad\quad 1882 \quad 44,58 \quad \text{\textquotedblright} \\
&\quad\;\; \text{\textquotedblright} \quad\quad 1883 \quad 46,75 \quad \text{\textquotedblright} \\
&\quad\;\; \text{\textquotedblright} \quad\quad 1884 \quad 41,28 \quad \text{\textquotedblright} \\
&\quad\;\; \text{\textquotedblright} \quad\quad 1885 \quad 47,59 \quad \text{\textquotedblright} \\
&\quad\;\; \text{\textquotedblright} \quad\quad 1886 \quad 55,94 \quad \text{\textquotedblright}
\end{aligned}
$$

Obgleich ich diesen Zahlen, da sie sich nur auf den kurzen Zeit-
raum von 6 Jahren beziehen, kein allzu grosses Gewicht beilegen will,
so kann ich doch das Resultat, welches sich daraus ergiebt, nicht für
ein zufälliges halten. Die Erklärung scheint mir im Folgenden zu
liegen. Durch die „civilisatorischen" Bestrebungen des Kongostaates
sind in den letzen Jahren die Negerstämme des oberen Kongo in den
Besitz von Gewehren gekommen und dadurch in den Stand gesetzt,
mit Erfolg der Elefantenjagd obzuliegen, daher die Zunahme der exportirten Elfenbeinmengen. Die Abnahme des Durchschnittsgewichtes
der Zähne und die beständig wachsende Anzahl von Zähnen der
kleinsten Kategorie beweisen, dass mehr junge Thiere getödtet werden
als früher, vermuthlich, weil die alten in Folge der intensiver be-
triebenen Jagd immer seltener werden und der Neger ohne Schonung
alles wegschiesst, was ihm vor die Flinte kommt.

Ein ziemlich hoher Procentsatz der Kongozähne ist gefunden, was
man aus der rissigen Oberfläche und den vielen Nagespuren schliessen
kann. Meist ist die Spitze angefressen, doch erinnere ich mich eines
Zahnes, dessen gesammte Oberfläche total zernagt war und welcher
nur noch 10 *tl.* wog, während er ursprünglich der Grösse nach das
doppelte Gewicht hatte".

Nach Schweinfurth, „Im Herzen Afrikas" II, p. 469 ist besonders
*Aulacodus swinderianus* der Benager der Zähne, ausserdem wohl auch
*Cricetomys gambianus*, der Franzose Jeanneot erwähnt sogar in seinem
naiven Buche: „Quatre années au Çongo" eines besonderen „rongeur
d'ivoire"! Letzterer ist *Sciurus stangeri*, dem DU Chaillu den Namen
ivory-eater gab. Endlich sollen auch Hystriciden das Elfenbein benagen. Vergl. Jentink in: Notes L. M., 1882, p. 9.

Ich füge noch eine Bemerkung hinzu, welche ich jüngst an zwei
lebenden afrikanischen Elefanten, einem Pullus und einem halb erwachsenen gemacht habe. Die Haut des ganz jungen afrikanischen
Elefanten ist mehr der des indischen ähnlich, im höheren Alter finden
sich besonders an den Hinterschenkeln und Seiten durch Längen- und

Querfalten bewirkte rundliche Papillen, welche denen von *Rhinoceros indicus* ähneln, so dass die Haut des erwachsenen afrikanischen Elefanten ganz anders aussieht als die des indischen, wo sich die Falten schräg diagonal schneiden, ohne scharfe Ränder zu bilden. Schliesslich möge noch auf den Vorschlag der Herren Dr. BOLAU in Hamburg (Der Elefant in Krieg u. Frieden, p. 19) und MENGES (Peterm. Mitth. 1888), auch den afrikanischen Elefanten zum Hausthier zu machen, hingewiesen werden.

## Antilopina.

### 14. *Cephalolophus* = *Grimmia mergens* BLAINV.

GRAY, „On the bushbucks", in: Proc. L. Z. S. 1871, p. 588—600.

Kongomündung am Banana-Creek, auch bei Mucullu und Ambrizette. Coll. HESSE.

Die Specimina bestehen aus einem männlichen und einem weiblichen Schädel, beide adult, nebst getrockneten Beinen und einem fast vollständigen Balge eines Pullus.

GRAY hat, wie ich glaube, mit Recht sowohl *Grimmia irrorata* wie *ocularis* PETERS unter *Ceph. mergens* vereinigt, denn wenn man die zahlreichen Abbildungen aus den verschiedenen Theilen Afrikas in seiner Monographie der Antilopen betrachtet, so sind es hauptsächlich Unterschiede der Farbe, die von Gelbgrau zum lebhaften Gelbroth variirt, in welchen die Differenzen bestehen. Ob er mit Recht auch *A. hastata* PETERS und *altifrons* P. damit vereinigt, ist fraglich, da PETERS doch im Schädel, wie man sich aus dessen Abbildungen überzeugen kann, erheblichere Unterschiede gefunden hat.

Das erwachsene Thier wird nach HESSE etwas grösser als eine Gazelle und ist hell rehbraun gefärbt. Die mir vorliegenden hinteren Extremitäten sind am Fersengelenk gelblich-rostbraun, unten mehr gelbbraun mit weisslichen Haaren, an der Innenseite weisslich-graugelb gefärbt; die weissliche Farbe reicht aussen an der Unterseite des Metatarsus fast bis an das Tarsalgelenk. Vom Tarsalgelenk ist das Bein bis zu den Klauen dunkel umbrabraun mit einzelnen weissen Haaren. Der vordere dunkelbraune mit Weiss gemischte Streifen reicht nur bis zur Hälfte des Metacarpus und ist viel matter als an den Vorderbeinen. Letztere sind über den Klauen ebenfalls dunkel umbrabraun, der vordere braune Streifen zieht sich, unten breiter, nach oben schmaler und matter werdend, bis zum Carpalgelenk, die Aussenseite ist weisslich-gelbgrau, die Innenseite fast rein weiss. Die Afterklauen sind sehr klein und rudimentär, braun mit weisslicher Spitze, die Klauen lang und spitz, stark spreizbar, unten mit scharfen Rändern. Beim jungen Thier haben die Beine eine röthliche Färbung, ähnlich denen von *Nanotragus spiniger*. *Grimmia* ist wahrscheinlich früher nach Jugend-Exemplaren von *C. mergens* bestimmt worden, wenigstens stimmt der Balg ganz mit der Diagnose von *Grimmia*. Das Thier hat den characteristischen schwarzbraunen Streifen auf der Nase, die Wangen sind gelbgrau, der Schopf rostroth, die Oberseite gelblich-rehfarben, d. h. das Haar ist ockergelb mit breitem braunem Ringe über der Basis und schwärzlich-brauner Spitze, im Nacken ist die Färbung mehr röthlichgelb. Die Färbung der Beine ist ähnlich wie oben, doch das Fersengelenk weniger röthlich. Vorderseite des Halses weiss, Brust gelbröthlich-weiss, Bauch und Hinterseite der Schenkel weiss, der kurze Schwanz gelblich, unten weiss mit brauner Spitze. Maasse. Metacarpus 12 cm, Phalangen 4, Klauen 3; Metatarsus 14, Phalangen 5, Klauen 3. Juveniles Exemplar: Körper 48, Schwanz 5, Metatarsus ca. 11.

*Cephalolophus. mergens* ist die von Dr. Pechuel-Loesche (Bd. 3, p. 225) nicht bestimmte Antilope, deren ♀ er als gehörnt bezeichnet, was sowohl bei *C. mergens* als *maxwelli* vorkommt, aber nicht die Regel ist. Sie heisst bei den Bafiote mfūnu; die Farbe giebt er als fahlbraun mit hellerer Unterseite an. Das Thier wird sich an der Kongomündung, wie die sehr langen, stark spreizbaren Klauen beweisen, auch dem Sumpfleben anpassen: an den Klauen des Hesse'schen Exemplars klebten noch Schlammreste. *C. mergens* leidet viel an Oestriden; Herr Hesse, dem ein ♀ daran zu Grunde ging, fand beim Präpariren des Kopfes die Nase und Stirnhöhle voll von weissen Larven.

Schädel. Die *Cephalolophus*-Arten sind nach dem Schädel sehr schwierig zu bestimmen, weil sie unter einander sehr ähnlich sind und die Schädel von ♂ und ♀, von juv. und ad. Exemplaren ebenso sehr oder mehr von einander abweichen, als die einzelnen Arten von einander. Besonders ist *C. mergens* in Grösse, Farbe und auch im Schädel sehr leicht mit *C. coronatus* zu verwechseln, nur liegen bei *coronatus* die Hörner etwas mehr nach hinten, die unteren Seitenflügel der Stirnbeine sind kürzer und der Winkelfortsatz des Unterkiefers springt weniger heraus, eine Eigenthümlichkeit, wodurch überhaupt die kleineren *Cephalolophus*-Arten, wie *maxwelli*, *rufilatus*, *rufidorsalis* etc., sich characterisiren, welche einen etwas kürzeren Kopf besitzen als *mergens* und *coronatus*. Der auch bei Gray a. a. O. p. 591 abgebildete Schädel von *C. mergens* zeigt einige wenige Unterschiede von dem des ostafrikänischen *C. ocularis* Pet., der vordere Theil

8 *

des Zygoma geht bei *mergens* etwas weiter abwärts, die Schädelfurche über den Augen endet bei *ocularis* ♂ unten mehr nach innen, bei *mergens* näher dem Orbitalrande, der Schädel von *Grimmia irrorata* ist, wie bei kleineren und jüngeren Schopfantilopen überhaupt, etwas mehr gewölbt. Sicher sind diese Schopfantilopen — nicht alle, denn *C. sylvicultrix*, *Terpone longiceps*, *C. doria* u. a. zeigen erhebliche Abweichungen —, verhältnissmässig junge Zweige eines Stammes, wie die *Tragelaphus*- und *Strepsiceros*-Arten eines anderen.

Die Unterschiede des männlichen und weiblichen Schädels sind nicht unerheblich. Der obere Rand der Squama occipitalis ist beim ♂ gerade mit seitlich nach oben vorspringenden Zacken, beim ♀ mehr gebogen ohne Zacken, aber viel schmaler, die hintere Leiste des Sq. occip. beim ♂ kräftiger. Die Scheitelbeine verlaufen beim ♂ vorn viel weniger spitz als beim ♀, was durch die am hinteren Ende der Stirnbeine sitzenden Hornzapfen bedingt wird, welche die Stirnbeine nach hinten drängen. Die Stirnbeine des ♀ sind mehr denen des ♂ von *C. ocularis* ähnlich, schwach S-förmig gebogen, während sie beim ♂ mehr gerade verlaufen, daher ist der vordere Theil derselben mehr nach innen gerichtet. Der vordere Flügel der Stirnbeine ist beim ♂ rundlich, beim ♀ spitz, der hintere Flügel der Nasenbeine gerade, mit kleinem Zacken nach hinten, beim ♀ wegen des vorspringenden Zackens der Stirnbeine nach vorn eingebogen. Die eigenthümliche Form der Thränengrube bei diesen Antilopen, von welcher man sich nach den getrockneten Bälgen eine falsche Vorstellung macht, wo sie nur als langer Spalt ohne wulstige Ränder erscheint, bedingt jene tiefe Depression an den Seiten des Oberkiefers, an welcher die Thränenbeine, die Nasenbeine und der obere Theil der Maxillen theilnehmen. Diese ist beim ♀ flacher, mit weniger scharfem oberem Rande, die gebogene Furche in dieser Depression der Maxillen liegt beim ♀ über dem Foramen infraorbitale, beim ♂ erheblich davor. Die Oeffnungen am vorderen Augenrande oben und hinter den Thränengruben sind beim ♂ viel tiefer und schärfer, die obere Naht des Zwischenkiefers ist beim ♀ verwachsen, beim ♂ sichtbar. Bei diesem sind die Bullae aud. erheblich kleiner, das Os basale länger, der Spalt zwischen den Ossa pterygoïdea hinter dem knöchernen Gaumen vorn schmaler, desgleichen und weniger entwickelt der vordere Theil des Vomer, schmaler auch die innere Kante der Maxillen vor den Backenzähnen.

Die Hörner des ♂ sind denen von *coronatus* sehr ähnlich, conisch, im spitzen Winkel zur Stirnachse gestellt, sehr flach mit kaum erkennbarer S-förmiger Biegung nach vorn eingebogen, während diese

für die Antilopen so characteristische Curve sich immer mehr vom
Typus der Gazellen an durch den der *Redunca* bis zu dem fast horizontal liegenden sehr stark S-förmig gebogenen Horn der *Adenota*
steigert. Die Antilopen mit spiralig gewundenem Horn gehören einer
ganz anderen Entwicklungsreihe an. Die Hornzapfen des ♂ von
*Cephal. mergens* greifen nicht, wie bei den meisten Gazellen, an der
ganzen Basis, sondern nur hinten etwas über die Stirnzapfen über.
Die Hörner sind schwarz, an der Spitze glatt, im basalen Theile mit
je 6 Reifen, deren Curven an der Seite, wie bei den Antilopen überhaupt, S-förmig nach hinten eingebogen sind, wo die äusseren und
inneren Reifen correspondiren und aufeinander stossen, was vorn und
der Fall ist, so dass man für das Wachsthum des Horns eine von der
Stirn ausgehende zweitheilige Entwicklung annehmen muss. Die in
den Furchen zwischen den Reifen liegenden Längenwülste sind bei
*C. mergens* und den Schopfantilopen nur mittelstark, sehr kräftig bei
den Reduncina, besonders bei *Eleotragus isabellina, redunca* und *bohor*
entwickelt. Auch das ♀ von *C. mergens* hat Rudimente von Stirnzapfen, wie auch das von *C. coronatus*, es kommen sogar öfter ausgebildete Hörner vor, worüber die Angaben sehr schwanken. Der
weibliche Schädel von HESSE besitzt wohl erkennbare Stirnzapfen, die
als kleine, durch eine Furche mit aussen etwas wulstigem Rande markirte Knochenböcker auftreten. Der Unterkiefer zeigt beim ♀ schlankere
Formen, der horizontale Ast ist weniger stark gebogen, der Eckfortsatz
springt weniger kräftig vor, der Condylus ist kürzer, aber dicker.
Offenbar repräsentirt der weibliche Schädel in Bezug auf seine Bildung
wie hinsichtlich der Hörner die ältere Form. In Bezug auf die Hörner
habe ich eine etwas ketzerische Ansicht, welche sich bei mir durch
das Studium der Dinocerata gebildet hat. Ich halte die am Geweih
der Cerviden so oft und mit so viel Gelehrsamkeit erörterte Lehre,
dass die Hörner Organe für die natürliche Zuchtwahl, Waffen für das
streitende Männchen seien, für irrig. Sollte wirklich das ♂ von *Terpone longiceps* oder von *Helladotherium* mit den in der Schädelachse
nach hinten überliegenden Hörnern erfolgreich den Nebenbuhler bekämpfen, das ♂ der Giraffe — denn was für Hirsche recht, das dürfte
für Antilopen, Giraffe und *Dinoceras mirabile* billig sein — mit ihrem
langen Halse und devexen Körperbau erfolgreich stossen und kämpfen
können? Waren nicht für *Sivatherium* oder *Dinoceras mirabile* zwei
Hörner genug, und wird sich nicht das letztere Thier seine langen,
dolchähnlichen, senkrecht im Oberkiefer stehenden Eckzähne trotz der
angeblichen Schutzvorrichtung des Unterkiefers beim Stossen in die

Brust treiben, also der angebliche Zweck der Hörner gerade bei dem
kräftigsten ♂ zur Selbstvernichtung, daher zur Schädigung der Art
führen, wie das z. B. bei den Argalis der Fall ist? Eben *Dinoceras
mirabile* weist durch das zweite Hörnerpaar, dessen Zapfen durch die
Wurzeln der langen Eckzähne gebildet werden, darauf hin, dass die
Hornbildung eine Zahnbildung auf der Oberseite des
Schädels ist, welche erst begann, seit den Pachydermen und den aus ihnen entwickelten Wiederkäuern die
vorderen Zähne des Oberkiefers verloren gingen.

Die Ursache freilich, welche die Verkümmerung und den Verlust
der oberen I oder C oder P schon bei den Pachydermen und in viel
höherem Grade bei den Ruminantien bewirkte, gestehe ich heute noch
nicht zu kennen. Uebrigens erscheint mir das Horn des Rhinoceros
hier genau unter denselben Gesichtspunkten wie das eines Cavicorniers
oder Cerviden. *Palaeotherium crassum* hatte noch I, C und P und
kein Horn, *Acerotherium incisivum* noch I und kein nasales Horn,
vielleicht eins auf der Stirn, bei *R. pachygnathus* fehlen die I und das
Ende der Nasenbeine hat sich zum Hornträger verdickt. Vergl. die Abbildungen bei GAUDRY: „Les ancêtres de nos animaux", p. 32—34. Bei
den lebenden Rhinoceroten befinden sich die vorderen Zähne des
Oberkiefers im Zustande der Verkümmerung. Die Reihe *Anoplotherium
— Dichobune* hatte noch obere I und C und keine Hörner, desgleichen
die Tylopoden; den Moschiden, Traguliden und *Hyaemoschus* fehlen
die Hörner, während sie obere C besitzen. Die ältesten miocänen
Hirsche des *Dicroceros*-Typus hatten noch einfache oder mehrfache
Stangen und die 4 Hörner der *Antilope quadricornis*, wie sie noch
vereinzelt bei Schafen und Ziegen vorkommen, weisen darauf hin, dass
ursprünglich für die I, C und P entsprechende Hornpaare sich auf
der Oberseite des Schädels bildeten. Dies wird ganz klar, wenn man
den Schädel von *Dinoceras mirabile* und *Tinoceras pugnax* studirt,
wo das vordere Hornpaar den verloren gegangenen oberen I entspricht,
das zweite den vorhandenen C, während das dritte Hornpaar natürlich
von den Nasenbeinen auf die Stirnbeine rücken musste, weil auf
ersteren kein Platz mehr war. Bei *Tinoceras pugnax* entspricht die
Krümmung der mittleren Hornzapfen noch der des darunter stehenden C.
Bei *Bronthotherium ingens* fehlen die I, die C sind verkümmert und
nur ein vorderes Hörnerpaar ist vorhanden; vergl. die Abbildungen
bei MARSH in: Amer. Journal Science, Februar 1873, Januar 1874 und
März 1885. Wenn die Entwicklung des Hirschgeweihs durch das
Geschlechtsleben der Cerviden bedingt sein soll, warum denn nicht

bei den Antilopinen, denen die Hörner doch für die geschlechtliche Zuchtwahl ebenso nöthig wären? Einen gewissen Einfluss der Geschlechtsfunctionen auf das Gehörn leugne ich gar nicht, der ist aber auf die Zähne auch vorhanden, denn mit der Geschlechtsreife findet ursprünglich der Eintritt des zweiten Gebisses statt. Uebrigens hat schon CUVIER auf den Zusammenhang der Zähne und Hörner hingewiesen. Heute erscheinen die Hörner als mehr oder weniger überflüssige Rudimente einer früheren Organisation, deren Zweck wir, wenn es überhaupt einen gab, noch nicht kennen. Waffen hat überhaupt kein Thier von Hause aus, sondern nur Werkzeuge; dass aber bei dem kräftigeren und activeren Männchen die Hörner sich weiter entwickelt und fortgebildet haben und, da das Thier der Hebelkraft des Horns sich wohl bewusst ist, auch gelegentlich in dem heftigsten Kampfe, dem um die Liebe, benutzt werden, ist sehr begreiflich. Man soll sich nur endlich von der Idee losmachen, als ob es in \der Entwicklung der Organe eine bewusste Teleologie a priori gebe. Diese findet sich erst hinterher durch die jeweiligen Bedürfnisse, und diese ändern sich mit der Zeit, so dass wir bei den Säuge- und anderen Thieren heute häufig zwecklosen Rudimenten begegnen, wohin z. B. bei vielen Säugethieren der Schwanz gehört, dessen ungestörter Besitz unter anderem den *Macrosceliden* so selten vergönnt ist, dass es viele giebt, denen die Schwanzspitze schon bei Lebzeiten verloren ging. Für die Sciuriden ist der Schwanz ein sehr wichtiges Organ geworden, für die meisten Muriden ist er überflüssig etc. Ueber den tiefen Zweck abgängiger Rudimente aber zu philosophiren, ist Zeitverschwendung.

## Schädelmaasse.

| | ♂ | ♀ |
|---|---|---|
| Scheitellänge bis zum Ende der Nasenbeine . . . . | 145 | 134 |
| In der Krümmung gemessen . . . . . . . . . . | 165 | 145 |
| Basilarlänge bis zur äusseren vorderen Kante der Maxillae . . . . . . . . . . . . . . . . | 132 | — |
| Hinterhaupt über dem For. occipit. . . . . . . . | 22,5 | |
| Scheitelhöhe . . . . . . . . . . . . . . . | 60 | 51 |
| Breite des Hinterhauptes . . . . . . . . . . . | 57 | 52 |
| Grösste Breite hinten zwischen den Proc. zygom. . . | 71 | 70 |
| Stirnbreite hinter den Orbitae . . . . . . . . | 56 | 53 |
| Zwischen den Orbitae . . . . . . . . . . . | 69 | 63 |
| Stirn zwischen den Augen . . . . . . . . . | 41 | 37 |
| Nasenbreite in der Mitte . . . . . . . . . . | 20 | 20 |
| Höhe des rundlich viereckigen, an der oberen Kante ausgebogenen Foramen occipitale . . . . . . | 15 | — |
| Breite . . . . . . . . . . . . . . . . | 12 | — |

|  | ♂ | ♀ |
|---|---|---|
| Lange der etwas schneckenförmig gewundenen, aussen stark vertieften Bullae aud. | 20 | 23,5 |
| Breite | 11 | 13 |
| Scheitelnaht | 29 | 30 |
| Stirnzapfen | 7 | 2 |
| Hornzapfen | 66 | — |
| Squama occipit. bis zur Scheitelnaht | 31,5 | — |
| Länge der Stirnbeine | 61,5 | 58 |
| Naht bis zum vorderen Flügel | 73 | 72 |
| Nasenbeine, Mittelnaht | 53 | 44 |
| Thränenbeine, grösste Länge | 31 | 28 |
| Höhe | 22 | 21 |
| Maxillae, grösste Länge | 87 | 80 |
| Unterkiefer bis zum Proc. cor. | 138 | — |
| Bis zur Mitte des Condylus | 130 | 120 |
| Höhe hinter M II | 21 | 17 |
| Von der Mitte des Eckfortsatzes bis zur gegenüberliegenden Kante des aufsteigenden Astes | 33 | 33 |
| Grösste Höhe des aufsteigenden Astes unter dem Proc. coronoid. | 65 | — |
| Unter der Vertiefung zwischen Proc. cor. u. Condylus | 46,5 | 42 |

Gebiss. Die Incis. sind sehr schlank, mit den Wurzeln 15—16
mm lang, zwischen den beiden mittleren eine weite Lücke, wie sonst
auch bei den *Cephalolophus*-Arten, bei allen die Krone nach aussen
umgebogen. Die Krone der beiden grössten inneren mässig gross,
schaufelförmig, innen mit scharfer, aussen mit rundlicher Kante und
scharfer Spitze. Die nächsten mit schmaler, nur 2 mm breiter Krone,
auch der äussere Rand innen mit scharfer Kante, die folgenden 1,5 mm
breit, fast stiftartig, die beiden äusseren nur 1 mm breit mit scharfer
Spitze und Kante. Die Schneidezähne der *Cephalolophus*-Arten machen
bis auf die beiden inneren den Eindruck der Verkümmerung, da das
Laub, von welchem sie sich nähren, nur eine minimale Arbeit erfordert,
während die Gazellen, die *Kobus*- und *Tragelaphus*-Arten, welche harte
Nahrung geniessen, besonders auch Schilfblätter, kräftig entwickelte
Incis. mit scharfer Schneide und spitzen Ecken besitzen. Am stärksten
ist die äussere Ecke der Krone bei den *Eleotragus*-Arten ausgezogen.
  Die Molaren von *Ceph. mergens* sind abgebildet bei BRONN, Taf. 44,
Fig. 14 u. 15. Die des obwohl jüngeren ♀ sind besonders in der
Krone erheblich höher und breiter als die des ♂. Bei letzteren ist
die Kaufläche gelbbraun, besonders zwischen der Aussen- und Innen-
seite der Prismen. Die Schmelzcylinder besitzen aussen und innen
einen horizontalen schwarzen Ring unter der weissen Krone, während

die Molaren des ♀ oben rein weiss, unten an den Seiten und auf der Kaufläche hell gelbbraun sind. Die Molaren der Antilopen sind ein höchst unsicheres Erkennungszeichen, ich halte es sogar für unmöglich, was besonders bei fossilen Funden zu berücksichtigen ist, nahe stehende Arten danach zu bestimmen, während sie bei Nagern ein sehr, bei Carnivoren ein ziemlich sicheres Merkmal sind.

### 15. *Cephalolophus maxwelli* SMITH.

GRIFF. Anim. Kingd. vol. 4, p. 267.

Vollständiger Schädel ♂. Banana März 85, coll. HESSE.

*Cephal. maxwelli* kommt verhältnissmässig häufig nach Europa, hält sich aber immer nur kurze Zeit, während ein *Cephal. coronatus* des Hamburger Gartens bis in's dritte Jahr dort lebte. Er characterisirt sich äusserlich durch geringe Grösse, chocoladenfarbene Oberseite, weissgraue Unterseite und hellen, unten dunkel begrenzten Augenring (vergl. in: Zool. Garten 1884, p. 104 u. 105, wo ich ihn nach dem Leben abgebildet habe). Der Schädel ist dem von *Ceph. mergens* sehr ähnlich, nur erheblich kleiner. Die Stirn und der Scheitel sind viel stärker gewölbt, zwischen Stirn und Nasenbeinen befindet sich eine Depression, der vordere Orbitalrand ist nicht eingebuchtet. Der Canal durch die Thränenbeine setzt sich als Wulst auch durch die Kiefer fort, bei *Ceph. mergens* nicht. Eigenthümlich ist, dass die Oeffnungen im Schädel über den Augen, wie auch bei *mergens*, rechts und links ungleich weit vom Ende der Stirnbeine entfernt sind. Nase und Oberkiefer sind seitlich sehr stark zusammengedrückt, da das lebende Thier eine sehr lange und tiefe, von wulstigen Rändern und mehreren tiefen Furchen umgebene Thränengrube besitzt, die dem Kopf im Verein mit der sehr spitzen Schnauze ein eigenthümliches, wenig an Wiederkäuer erinnerndes Aussehen giebt. Der hintere Ausschnitt des knöchernen Gaumens ist bei *C. maxwelli* breit lanzettförmig, bei *mergens* scharf zugespitzt. Die Squama occipitalis springt gegen die Scheitelbeine dreieckig ein und ist über dem Foramen occipitale stärker gewölbt, die Leiste in der Mitte flacher und nur im oberen Theil vorhanden. Die Hörner sind ganz nach hinten in der Achse der Nasenbeine gerichtet, innen stärker, aussen nur undeutlich geringelt, die glatte Spitze etwas nach innen und vorn gebogen. Im Unterkiefer ist der Eckfortsatz bei *maxwelli* schmaler, die obere und untere Kante mehr gerundet, der innere Zacken des Condylus etwas mehr in die Höhe gezogen und verhältnissmässig schmaler als bei *mergens*. Die Unterschiede sind also bis auf die Grösse sehr fein, und ein sehr junger Schädel von *mergens* würde auch die stärkere Wölbung der Stirn besitzen und sich kaum von *maxwelli* wesentlich unterscheiden.

Auch das Gebiss zeigt bis auf die Grösse nur geringe Differenzen. Die Lücke zwischen den inneren Incis. beträgt 2 mm. Die innere Kante derselben ist etwas eckiger als bei *mergens*, sonst die Form der Zähne ganz dieselbe. Die hinteren Molaren sind verhältnissmässig breiter, ein wesentlicher Unterschied findet sich nur im ersten Prämol. des Unterkiefers: dieser besitzt bei *C. mergens* einen mittleren hohen Hauptzacken mit ganz verkümmertem vorderem Nebenzacken, während bei *C. maxwelli* der Hauptzacken niedriger und der vordere Nebenzacken wohl entwickelt ist. Die Färbung der Backenzähne bei *C. maxwelli* ist über der Wurzel weiss, die Aussen- und Innenseite schwarz, die Spitzen der Kronen wiederum weiss. Die Kauflächen sind gelbbraun, die mittleren Schmelzprismen oben gelbbraun, unten weiss.

Maasse. Scheitellänge bis zum Ende der Nasenbeine 115, in der Rundung 130, bis zum Ende des Zwischenkiefers 125; Hornlänge von der Basis des Stirnzapfens 45; Breite des Hinterhauptes 41, der Stirn 44, am hinteren Rande der Orbita 49, vorn an der Einschnürung innen gemessen 31. Nasenbreite in der Mitte 31; Länge der Nasenbeine 41,5, an der Seite 35; Stirn- und Scheitelbeine 53. Thränenbeine vor den Augen 16. Hinterhauptleiste über dem For. occipit. 14, Höhe des For. occipitale 10,5, Breite 12; Zwischenkiefer 33; Gaumenbreite 20,5; Länge der Bullae aud. 14, Breite 8. Unterkiefer bis zum Proc. coron. 95, bis zum Condylus 92, zwischen Schneide- und Backenzähnen 27; Höhe des horizontalen Astes in der Mitte 10, des aufsteigenden Astes zwischen Proc. cor. und Condylus 28. Backenzahnreihe oben 38, unten 36.

### 16. *Cephalolophus pygmaeus* PALLAS.

PALL. Spic. Zool. XII, 18.

„Nicht selten an der Kongomündung, auf der Insel Bulambembe sah ich eine kleine Gesellschaft von 6 Stück. Die reizenden Thierchen werden zuweilen von den Negern zum Verkauf gebracht, bleiben aber immer scheu und sterben gewöhnlich bald. Ein Pärchen kam nach Amsterdam, das ♀ warf während der Reise ein Junges. Die kleinen, fast geraden Hörnchen sind beim ♀ etwas kürzer als beim ♂ und werden von den Negern häufig als Schmuck oder Amulet am Halse getragen. Fiote nsesse". H.

Ein mir von Herrn HESSE übergebenes Vorderbein gehört einem ♀ von *Cephalolophus pygmaeus* an. Die Färbung ist vorn bräunlich roth, an den Seiten und hinten mehr ockergelb, über den Klauen vorn etwas mehr bräunlich, hinten bis zu den kleinen Afterklauen umbrabraun. Die Färbung der Klauen ist bräunlich hornfarben mit rothgelbem Rande. Länge des Metacarpus 8 cm, des Fusses mit Klaue 6, der Klaue 1,5.

Ein erwachsenes ♂ des Hamburger Museums, welches einige Monate im dortigen zoologischen Garten gelebt hatte, stammt gleichfalls aus der Umgegend von Banana und unterscheidet sich etwas von einem ostafrikanischen aus Mosambique stammenden Exemplar des Berliner Museums. Der Kopf ist verhältnissmässig gross, die Profillinie etwas gebogen, die Färbung der Stirn dunkelumbra, über den Augen rostbraun, vorn am Ohrrande sitzt ein gelblicher Haarbüschel, das Ohr ist innen dicht weissgrau behaart, nicht wie bei *maxwelli* fast nackt, hinten umbra. Der Schopf ist bei *C. pygmaeus* wirr ausgebreitet, nicht wie bei den meisten Schopfantilopen pfriemförmig, die Färbung desselben in der Mitte braun, am Rande gelbroth. Der Körper ist röthlich umbra gefärbt, das Haar mit schwarzem Ringe, die Beine gelbroth, über den Klauen umbrabraun (beim ♀ ist diese dunklere Färbung weniger bemerkbar), die Innenseite der Beine ist weisslich gelb. Brust und Bauch sind scharf abgesetzt gelblich grau mit röthlichem Anflug. Sehr characteristisch für *C. pygmaeus* ist der weisse Schwanz mit schwarzbrauner Basis. Die pfriemförmigen, etwas nach vorn eingebogenen Hörner zeigen an der Wurzel vier Ringe. Bemerkenswerth ist das sehr grosse Scrotum auch bei der ostafrikanischen Form. Ohr 5, Körper 91, Schulterhöhe 30, Hörner 3, Schwanz 4,5, mit Haar 7, Metacarpus 8, Métatarsus 12. Das Berliner Exemplar hat eine Schulterhöhe von 32 cm, Brust und Bauch sind etwas dunkler und weniger scharf abgesetzt, der Kopf kleiner.

Dr. PECHUEL-LOESCHE (Bd. 3. p. 224—226) hat 7 Antilopen im Gebiete des unteren Kongo gefunden, *Tragelaphus scriptus*, *Tragelaphus euryceros*, *Cephalolophus sylvicultrix*, *C. maxwelli* und 3 von ihm nicht bestimmte Arten. Von diesen wurde *C. mergens* schon oben besprochen, und die beiden anderen lassen sich ebenfalls mit hoher Wahrscheinlichkeit identificiren. Die p. 224 erwähnte, der Schirrantilope ähnliche mit höherem, schlankerem und enger gestelltem Gehörn ist der seltene und sehr scheue *Tragelaphus sylvaticus*, „nkabi" der Bafiote, dunkelbraun gefärbt mit nur drei verwaschenen Querstreifen und im Alter fast verschwindenden Tüpfeln auf den Hinterbeinen. (Nach dem Leben von mir besprochen in: Zoologischer Garten 1887, p. 202). Die andere „nsungu" genannte mit ähnlichem Gehörn wie *Tragelaphus euryceros* ist nicht, wie Pechuel-Loesche und Hesse meinen, vielleicht ein *Kobus*, denn kein *Kobus*, von denen hier nur *K. unctuosus* (nach dem Leben von mir besprochen in: Zoologischer Garten 1887, p. 199) in Frage kommen könnte, hat spiralig gewundene Hörner, sondern höchst wahrscheinlich *Tragelaphus spekii*. Herr Hesse berichtet darüber: „Eine Antilope von der Grösse und Färbung eines Hirsches, ziemlich langhaarig, mit etwa 65 cm langen gewundenen schwarzen Hörnern wurde von Mussurongo erlegt und in Banana verkauft. Der Körper besass keine weissen Streifen und Tüpfel". *Trag. spekii* (Scl. in: Proc. L. Z. S. 1864, p. 103) entbehrt derselben und dürfte demnach quer durch das tropische Afrika vorkommen. Wahrscheinlich wird sich nördlich der Kongomündung auch *Tragelaphus gratus* finden, der sich leicht mit *Trag. euryceros* verwechseln lässt. Ueber letzteren giebt neue wichtige Mittheilungen Jentink in: Notes 1888, p. 23—25.

Ich habe *Tragelaphus gratus* lebend im Hamburger Zool. Garten gesehen und wie die meisten afrikanischen Antilopen gezeichnet. Er ist hochbeinig mit langen, stark spreizbaren Klauen, langhaarig, lebhaft roth, mit ca. 9 weissen Querstreifen und einigen Tüpfeln auf den Hinterschenkeln, im Gesicht und an den Schultern. Der zweite vordere Querstreifen ist eng mit dem weissen Längenstreifen an der Seite verbunden. Im Wesen unterscheidet er sich kaum von *Tragelaphus scriptus*, von dem ich sowohl ostafrikanische wie westafrikanische Exemplare kenne. Die Zunge von *Trag. scriptus* ist nach Hesse schwarz. *Cephalolophus sylvicultrix* ist mir gleichfalls bekannt. Sie gehört wie *C. pygmaeus* zu den Schopfantilopen mit breitem Schopf und hat nähere Verwandte in *Cephal. natalensis* und dem schönen, tief dunkelbraun gefärbten *C. niger*, von dem sich ein gutes Exemplar im Hamburger Museum befindet. Diese Schopfantilopen characterisiren ausser dem abweichenden Haarschopf der dicke Kopf mit gebogenem Profil, das vorn sehr kurze, hinten sehr lange fast borstenartige straff anliegende Haar sowie eine eigenthümliche Färbung. *C. sylvicultrix* besitzt auf der Hinterseite des Rückens einen breiten hellgelben Streifen, wie ihn sonst nur noch *Capricornis sumatrensis* Shaw im Nacken und auf dem Rücken trägt.

Danach würden bis jetzt am unteren Kongo folgende Antilopen constatirt sein: *Tragelaphus euryceros*, *spekii*, *scriptus*, *sylvaticus*, *Cephalolophus mergens*, *maxwelli*, *pygmaeus*, *sylvicultrix*.

Herr Dr. Schinz hat folgende Wiederkäuer in den von ihm bereisten Gebieten gefunden: 1. *Bubalus caffer*, 2. *Camelopardalis giraffa*,

3. *Catoblepas gnu*, 4. *Kobus ellipsiprymnus*, 5. *Strepsiceros kudu*, 6. *Buselaphus oreas*, 7. *Alcelaphus caama*, 8. *Oryx capensis*, 9, *Aepyceros melampus*, 10. *Gazella euchore*, 11. *Eleotragus arundinaceus*, 12. *Cephalolophus mergens*, 13. *Calotragus tragulus*, 14. *Oreotragus saltatrix*. Von diesen wurden *Aepyceros*, *Eleotragus*, *Kobus* häufig nur noch am Ngami-See, längs des Okavambo und im Oshinpolo-Felde, der Fortsetzung der Kalahariformation, im Nordwesten des Ngami-Sees gefunden. Auch Büffel, Gnu, *Oreas* und *Cama* fanden sich häufiger nur noch in der Kalahari, vereinzelt in Nama-, Damara- und Ovamboland, *Oreotragus* häufig im südlichen Theile von Gross-Namaland. Von *Oryx capensis* sah derselbe einen Schädel mit nur einem fast in die Mitte gerückten Horn. Von dem zweiten war kaum eine Spur des Stirnzapfens vorhanden. Die Erzählungen vom Einhorn haben also doch eine gewisse Berechtigung.

JENTINK fand in einer Collection von Mossamedes (in: Notes Leyden M. 1887, p. 172) *Kobus ellipsiprymnus*, *Eleotragus eleotragus*, *Cephal. hemprichianus*, *Pediotragus tragulus*, *Aegoceros leucophaeus*, *Aepyceros melampus* und *Strepsiceros kudu*.

Die Collection BÜTTIKOFER (in: Notes Leyd. Mus. 1888), der gute biologische Bemerkungen giebt, lieferte dem Leydener Museum von Liberia: *Terpone longiceps*, (Schädel, Taf. I) *Cephal. dorsalis*, *niger*, *ogilbyi*, *sylvicultrix*, *maxwelli*, *doria* (Schädel u. Abbild., Taf. II u. III), *Euryceros euryceros*, *Tragel. scriptus*, *Hyaemoschus aquaticus* und *Bubalis brachyceros*. *Bubalis pumilus* seit kurzem im Berliner Museum.

### 17. *Ovis aries L.*
Fiote: mémme.

„Eine mittelgrosse Rasse mit kurzem glattem Haar und winzigem, ganz verkümmertem Gehörn wird in allen Mussurongo-Dörfern gehalten. Die Thiere sind häufig schwarz und weiss gescheckt oder einfarbig dunkelbraun, die Widder am Halse gemähnt. Fast immer sind sie sehr mager, daher ihr Fleisch kein grosser Genuss. In einigen Factoreien südlich vom Kongo hält man grössere Heerden, die indess während der trockenen Zeit gewöhnlich in Folge von Futtermangel stark gelichtet werden." H.

Dieselbe Rasse lebt seit längerer Zeit im Hamburger Zoologischen Garten, vermehrt sich regelmässig und ist wohlbeleibt, Farbe braun oder schwarz. Eine zweite, grössere, hochbeinige, stark gemähnte Rasse von Kamerun, die in zwei Exemplaren im Hamburger Garten sich befand, ist in den landwirthschaftlichen Garten nach Halle gekommen.

Farbe weiss mit schwarzem Augenfleck, wie das Schaf der Bischarin bei SCHWEINFURTH, J. H. v. A., Bd. 1, p. 37, oder röthlich weiss gesprenkelt, beim Hammel das Horn spiralig seitwärts gerichtet, ähnlich dem Zackelschaf. Die Ansicht, als ob das afrikanische Mähnenschaf bei der Entstehung dieser Rassen betheiligt sei, ist unhaltbar. „Im südlichen Theil der Provinz Angola, in Benguela und Mossamedes lebt eine andere kräftigere Rasse fast von der Grösse eines Kalbes mit wohl entwickeltem Gehörn, meist rothbraun gefärbt, mit einem durch Fettmassen stark verdickten Schwanz. Das Haar ist nicht glatt und schlicht, sondern mehr oder weniger gekräuselt, namentlich an den Seiten." H.

Alle westafrikanischen Schafrassen haben durch den portugiesischen Import seit dem 16. Jahrhundert ihren ursprünglichen Typus bereits eingebüsst und sind grösstentheils als degenerirte europäische Rassen aufzufassen.

## 18. *Capra hircus* L.
Fiote: nkómbe.

„Allenthalben wird eine kleine kurzbeinige, oft ziemlich fette Rasse mit kurzem Haar und mässig entwickeltem Gehörn gehalten. Die Milch wird von den Negern nicht benutzt, das Fleisch ist wie das des Schafes zäh und saftlos." H.

Fernere Bemerkungen über die westafrikanische Ziege bei P.-LOESCHE und werthvolle Zeichnungen und Beschreibungen bei SCHWEINFURTH, J. H. v. A., Bd. 1 u. 2. Mit den centralafrikanischen Ziegen hat auch die jüngst von der Insel Joura bei Euböa beschriebene *Capra dorcas* REICHENOW im Körperbau und der Biegung des Gehörns auffallende Aehnlichkeit.

## Hyracina.

### 19. *Hyrax capensis* SCHREBER.
Kalahari. SCHINZ.

BÜTTIKOFER fand in Liberia *Hyrax stampflii* JENTINK (in: Notes 1886, p. 211, Schädel bei JENTINK, Cat. ostéol., Taf. 4, desgl. von *H. dorsalis*) und *Hyrax dorsalis*, einen Baumbewohner. Abbild. in: Notes 1888, Taf. 4.

## Rodentia.

Ich werde die mir von den Herren HESSE und SCHINZ zur Untersuchung übergebenen Nager in der Reihenfolge des Catalogs von

TROUESSART, dem allerdings grössere Vereinfachung besonders in generischer Beziehung zu wünschen wäre, besprechen. Ueber die Entwicklung der Nager vergl. auch SCHLOSSER: Nager des europ. Tertiärs, 1884.

## 20. *Sciurus punctatus* TEMMINCK.

### Taf. III, Fig. 6—8.

Litteratur bei JENTINK: A monograph of the African squirrels, in: Notes Leyden Museum 1882, p. 21.

Zwei Spiritus-Exemplare, beide ♂. Banana. Coll. HESSE.

„*Sciurus punctatus* lebt auf Palmen und benagt die Früchte der Oelpalme (Elais guineensis). Ich hatte das Thier einige Tage lebend und fütterte dasselbe mit Erdnüssen (Arachis hypogaea), die es sehr gern nahm. Leider nagte es nach kurzer Zeit seinen Käfig durch und entkam; da ich es nicht lebend fangen konnte, erschlug ich es mit einem Stocke." H.

Von den afrikanischen Sciuriden gilt dasselbe, was oben von den Maniden gesagt wurde: sie befanden sich bis vor einigen Jahren in heilloser Verwirrung, so dass es mir nach der Originalbeschreibung von TEMMINCK, Esq. de Guiné, p. 125 ff., absolut unmöglich war, die Art zu bestimmen, während dies durch die vortreffliche Monographie JENTINK's sehr leicht wurde. Ich möchte überhaupt vor manchen Diagnosen TEMMINCK's in seinen Esquisses warnen, ich habe viele Zeit nutzlos damit vergeudet. Viel brauchbarer ist die Monographie von HUET in: Nouvelles Archives du Museum d'H. N. 1880, p. 131—158, in welcher aber *Sciurus aubinnii* und *lemniscatus* LE CONTE = *sharpei* GRAY fehlen. Mit der Monographie von JENTINK in: Notes Leyden Mus. 1882, p. 1—53, hat der Forscher festen Boden unter den Füssen, denn JENTINK reducirt die mehr als 50 beschriebenen Arten, *Xerus* eingeschlossen, auf 19, zu denen noch *Sciurus böhmi* REICHENOW kommen würde. Die Gesichtspunkte seiner Monographie sind ausserordentlich praktisch, seine Diagnosen geben stets die wesentlichen Merkmale. Auch er trennt *Sciurus* 16 Species von *Xerus* 3 Species. Von den 16 Sciuriden sind 12, nämlich *S. stangeri, ebii, aubinnii, rufo-brachiatus, palliatus, mutabilis, shirensis, punctatus, annulatus, cepapi, poënsis* und *minutus,* ungestreift am Körper, 4 haben Streifen: *pyrrhopus, congicus, lemniscatus* und *getulus,* letztere Art einzig auf N.-W.-Afrika beschränkt, während 9 Arten W.-Afrika, 4 ausschliesslich O.-Afrika bewohnen und nur 2, *annulatus* und *congicus,* im Osten und Westen, keine Art aber sonst auf der Erde lebt.

*Sciurus punctatus* characterisirt sich durch geringe Grösse, mehr oder weniger als körperlangen, schwarz und roth gebänderten, in der letzten Hälfte weiss umsäumten Schwanz und schwärzlich olivenröthliche, mit gelbweiss punktirte Färbung an der Oberseite, die unten in schmutziges Gelbgrau übergeht. Die Beine sind schwärzlich rostroth.

Meine beiden Exemplare sind in der Grösse, Schwanzlänge und Schwanzbreite erheblich verschieden, auch ist das grössere Exemplar viel schwächer an der Unterseite behaart. Die eigenthümliche Färbung der Oberseite wird dadurch bewirkt, dass das an der Basis schwarzgraue Haar einen rostgelben, einen schwarzen, einen die Punktirung bewirkenden weissgelben Ring und schwarze Spitze besitzt. An der Unterseite bewirkt die hellgraue Haarbasis die schmutzig gelbe Färbung. An den Wangen und um die Augen herrscht die rostgelbliche Färbung vor, das kleine rundliche Ohr entbehrt wie bei allen afrikanischen Sciuriden des Haarbüschels, die nackte Nasenkuppe ist gespalten, die schwarzen Schnurren bis 4 cm lang. Das Auge steht der Nase etwas näher als dem Ohr. Die kurzen, sehr spitzen, stark gekrümmten und zusammengedrückten Nägel sind röthlich graubraun, der vordere Daumen eine rudimentäre nagellose Warze. Die beiden mittleren Nägel sind hinten und vorn die längsten. Es finden sich 5 deutliche Handballen, 2 seitlich über der Daumenwarze und 3 an der Basis der Finger, von denen der mittlere zwischen dem zweiten und dritten Finger weiter vorgerückt ist. Hinten ist der äussere Ballen weiter vom Daumenballen abgerückt als vorn. Hand- und Fussfläche sind nackt, der Metatarsus aber zur Hälfte behaart. Der lange gelbe Penis besitzt eine schwärzliche Spitze, das Scrotum ist mittelgross.

Der Schwanz ist flach zweizeilig behaart, bei dem grösseren Exemplar schmaler und länger, die basale Hälfte ist wie der Körper behaart, die hintere schwarz und rothgelb gebändert, die seitlichen Haarspitzen sind in der hinteren Schwanzhälfte weiss, die Spitze langhaarig und schlank. Bei dem kleineren Exemplar beginnt die Bänderung schon an der Basis und die schwarzen Querbänder sind die breiteren, bei dem grösseren Exemplar die gelben. Die Hand- und Fussballen sind bei dem kleineren Exemplar viel undeutlicher.

Maasse: Kopf und Körper 15—19 cm, Schwanz 12—16, mit Haar 14—20, mittlere Schwanzbreite 4,5—2; Ohrhöhe 12 mm, zwischen Auge und Nase 11—12, zwischen Auge und Ohr 13; Daumenwarze 5—6 mm abgerückt, Metacarpus und Hand 25, Unterarm 30—32, Metatarsus und Fuss 44, Tibia 40—47.

Der Schädel von *Sc. punctatus* (Taf. III, Fig. 6—8) characterisirt sich durch ein gewölbtes Schädeldach, eine flachere Depression zwischen dem Auge, schlanke Jochbogen, lange gerade Ossa pterygoïdea und mässig grosse, seitlich etwas eingedrückte Bullae anditoriae. Uebrigens bestehen nicht unerhebliche Differenzen zwischen dem jüngeren und älteren Exemplare Nr. I u. II. Bei I ist das Hinterhauptloch breiter als hoch, bei II höher als breit und oben in der Mitte hochgezogen, die mittlere Leiste des Hinterhauptes und die beiden seitlichen Höcker desselben sind bei II viel stärker. Die vordere Kante des Os interparietale ist bei II fast gerade, bei I springt sie in der Mitte pfeilartig vor, die hintere Kante der Stirnbeine ist bei adult. fast gerade, bei juv. bogig abgerundet, die Bullae aud. sind bei I breiter und an der Aussenseite stärker eingebogen. Die Nagezähne sind bei I seicht gefurcht und hellgelb, bei II glatt und orangegelb, die Schnittfläche derselben bei I convex, bei II concav.

Im Unterkiefer überragt der stark gebogene Proc. coron. den Condylus, der ziemlich breite Winkelfortsatz steigt tief herab und ist windmühlenflügelartig gebogen, die untere Kante nach innen gerichtet.

Schädelmaasse: Scheitellänge 44,5 mm, in der Rundung 51, Basilarlänge 34, Breite des Hinterhauptes 18, grösste Scheitelbreite 20,5, hinten zwischen den Proc. zygom. 25, zwischen den Orbitalzacken 17, kleinste Stirnbreite zwischen den Augen 13; Os interpar. 4,5, Scheitelbeine 10, Stirnbeine 18, Nasenbeine 14; obere Zahnreihe 8,5, zwischen Incis. und Mol. 9,5, Gaumenbreite 6; Os pterygoid. 9, Bullae aud. 10 lang, 5,5 breit, Hinterhauptloch 7 hoch, 6 breit, Höhe des Hinterhauptes über dem For. occip. 4,5. Bei I sind die Maasse etwa um 1 mm kleiner.

Unterkiefer bis zum Proc. cor. 22, bis zum Cond. 23, Höhe des horizontalen Astes 6, aufsteigender Ast in der Vertiefung zwischen Proc. cor. und Cond. 10,5, Eckfortsatz ca. 5 lang und breit, Entfernung zwischen den Condylen 19.

*Sciurus punctatus* ist auf das tropische Westafrika beiderseits vom Aequator beschränkt. Auch JENTINK führt Banana als Fundort an.

## 21. *Sciurus congicus* KUHL.

Litt. bei JENTINK, p. 34.

Herr HESSE hat in Banana längere Zeit drei männliche Exemplare dieses *Sciurus* in der Gefangenschaft gehalten und zwei Bälge nach Europa gebracht, die allerdings von einem Zoologen für *Tamias* (!) erklärt worden sind. Er schreibt mir darüber: „Die reizenden Thierchen machten mir viele Freude; sie waren beständig in Bewegung, kletterten ausserordentlich geschickt, selbst an den Wänden des Käfigs, und wurden im Laufe der Zeit ganz zahm. Schon eine Stunde vor Sonnenuntergang pflegten sie sich in einer Ecke ihres Behälters zum Schlafe niederzulegen, wobei sie sich zusammenringelten und möglichst dicht an- und aufeinanderhockten. Nach Aussage der Neger leben sie auf Elais guineensis und nähren sich von den Früchten derselben. Auch bei mir nahmen sie diese Früchte sehr gern, noch lieber aber Mais, namentlich wenn die Körner noch unreif und weich waren. Grosse Heuschrecken und Mantiden wurden als besondere Leckerbissen verspeist und auch die grossen stinkenden Blattiden nicht verschmäht. Ein Versuch, die Thiere an Nüsse von Arachis hypogaea zu gewöhnen, schlug fehl, trotzdem diese ölige Frucht sonst von den meisten Thieren gern gefressen wird. Sie frassen schliesslich einige Erdnüsse, weil ich ihnen nichts anderes reichte, schienen aber davon erkrankt zu sein, da das eine Thier an demselben Tage an heftigen Krämpfen starb. Die beiden anderen lebten noch längere Zeit und starben zugleich an demselben Tage, wahrscheinlich von einem Neger vergiftet."

Nach JENTINK ist *Sc. congicus* häufig in Mango-Pflanzungen und baut sein Nest in hohlen Bäumen.

Ich habe Gelegenheit gehabt, ein Pärchen von *Sciurus congicus*, von dem das eine Thier über ein Jahr gelebt hat, im Hamburger Zoologischen Garten, welcher öfter afrikanische und amerikanische Sciuriden erhält, zu beobachten.

Auch *Sciurus congicus*, wie die Varietät *flavivittis* PETERS, welche auf der Ostküste lebt, gehört zu den kleineren afrikanischen Arten: die Hamburger Exemplare waren noch etwas kleiner als *Sc. punctatus*; JENTINK giebt die Körperlänge auf 18,7, die des Schwanzes auf 17,5 cm an. Die Färbung ist oben und an den Seiten der Beine olivenfarben, an Kinn, Brust, Bauchseiten scharf abgesetzt hellgelb (chromgelb mit weissen Haarspitzen), das Auge weiss umrandet, von der Schulter zieht sich ein weissgelber, dunkler umsäumter Streifen nach den Schenkeln, die breite Ohrmuschel ist ebenfalls hell umsäumt. Der buschige Schwanz, in dem sich die Fortsetzung der Streifen verfolgen lässt, ist olivenfarben und weissgelb gesprenkelt, das grosse Auge, die Schnurren und der Penis schwarz. Der buschige Schwanz wird im Sitzen dicht über den Rücken und Nacken gelegt, so dass die Spitze zwischen den Ohren in die Höhe ragt. Die öfter gehörte Stimme ist ein feines Zwitschern, übrigens erfreuten die niedlichen Thierchen durch ihre ausserordentliche Munterkeit: pfeilschnell, so dass das Auge den Bewegungen der Beine nicht zu folgen vermag, huschen sie im

Käfig und am Gitter mit wagerecht gehaltenem Schwanze einher, um wieder auf Augenblicke in ihrer Behausung zu verschwinden.    Auch in der Gefangenschaft war ihre Hauptnahrung Mais.

Dr. PECHUEL-LOESCHE (Bd. 3, p. 232) hat ausser den beiden genannten Arten noch *Sc. pyrrhopus* und *rufo-brachiatus* im Gebiete des unteren Kongo beobachtet. Ein sehr kleines, von ihm lebend gehaltenes und ebenfalls sehr munteres Hörnchen mit rostgelbem Fell und je zwei schwarzweissen Seitenstreifen lässt sich nach den kurzen Angaben nicht bestimmen, scheint aber von dem ungestreiften *Sciurus minutus* verschieden zu sein.

## 22.  *Xerus capensis* KERR.

Litt. bei JENTINK, p. 48.

Vollständiger Balg ♂, Gross-Namaland, April, häufig in der Kalahari und Damaraland. Wohnt in Erdhöhlen. SCH.

Auch die Gattung *Xerus* ist durch JENTINK auf die 3 Species *Xerus rutilus*, *erythropus* und *capensis* vereinfacht worden. Die Gesammtmerkmale der Gruppe sind: borstenartig straffes, in dem buschigen Schwanze weicheres Haar, längere Klauen mit verlängerter Mittelzehe, kleine oder fehlende Ohren. Der knöcherne Gaumen ist länger als bei den eigentlichen Sciuriden. Langen und schmalen Schädel und äussere Ohrmuschel besitzen *X. rutilus* und *erythropus*, kurzen und breiten Schädel ohne Ohrmuschel *X. capensis*. Das Haar von *X. rutilus* ist strohgelb mit weisser Spitze, Unterseite rein weiss, das Schwanzhaar gelb mit 4 weissen Ringen und weisser Spitze, keine schwarzen eingesprengten Haare, kein Seitenstreif. *X. erythropus* ist strohgelb bis rothbraun gefärbt, mit weissem Seitenstreifen und rothbraunen, schwarz und weiss geringelten Haaren. Heimath von beiden Ost- und Westafrika. *Xerus capensis* mit strohgelben, weissspitzigen und eingesprengten schwarzen Haaren und rothgelb, schwarz und weiss geringelten Schwanzhaaren ist auf Südafrika beschränkt. Die Schnurren sind bei allen schwarz, die Augen weiss umrandet, die Nagezähne nur bei *capensis* weiss, sonst orangegelb oder in der Jugend weisslich. Ausser der strohgelben Färbung kommt die röthlich fleischfarbene vor.

Auch das von Dr. SCHINZ gesammelte Exemplar zeigt die strohgelbe, schwarz und weiss gesprenkelte Färbung. Die überhängende Nasenkuppe ist bis auf einen schmalen Streifen zwischen den Nasenlöchern behaart, die zahlreichen sich nach der Spitze zu verjüngenden Schnurren sind bis 6 cm lang, die Nägel braun mit weisslichen Spitzen,

9 *

unten ausgehöhlt, doch die basalen Ränder auf eine Strecke verwachsen, der mittlere Nagel 1 cm lang, die Hinterbeine kräftig mit um 17 mm aufgerücktem Daumen. Die Haare des zweizeilig behaarten Schwanzes stehen in Büscheln zu etwa 20 vereinigt, die schwarzen und weissen Ringe werden durch Gelblich-braun getrennt, welches an der Unterseite des Schwanzes zu einem lebhaften Lehmgelb wird. An der Hinterseite der Vorderbeine stehen mehrere lange, feine, stark gebogene Haare. Die Wangen sind weissgelb, Kehle und Brust weiss, die Vorderbeine aussen hellgelb ohne weisse Haarspitzen. Das Haar ist an der Unterseite kürzer und weniger glatt. Das Schwanzhaar ist bis 5 cm lang. Das Haar ist an der Basis rundlich, in der Mitte bandartig breit, oben mit tiefer, unten mit seichter Furche. Zwei Kanäle ziehen sich durch die beiden verdickten Haarseiten. In den schwarzen Ringen ist das Haar breiter und greift mit scharfem Rande etwas über die Kante über. Das mittelgrosse Scrotum ist dünn weisslich behaart.

Die weissen Nagezähne sind schmal und ungefurcht. Von dem Schädel war nur der vordere Theil erhalten, den ich nicht aus dem getrockneten Balge genommen habe, weil das Haar von *Xerus* bei wiederholtem Aufweichen leicht bricht. Gute Abbildungen des Schädels von *X. capensis* und *erythropus* bei JENTINK: Catal.· ostéol. des Mammifères T. 9.

M a a s s e : Körper 25,5 cm, Schwanz ohne Haare 22,5, mit Haaren 25, Vorderbein bis zur mittleren Nagelspitze 78 mm, Metacarpus und Mittelzehe ohne Nagel 28, Metatarsus und Mittelzehe 58, Metatarsus 38, Fussbreite vorn 10, hinten 14 mm.

Ein jugendliches Exemplar des Hamburger Museums ist dunkler, gelblich rothbraun gefärbt, auch die Stirn ist dunkler. Die schwarzen Haare sind zahlreicher, die weissen Haarspitzen weniger deutlich, die Nägel rothbraun. Am Schwanz sind die Haarspitzen mehr gelbgrau, das Gelbroth im Schwanze mehr braunroth. Die beiden Furchen des einzelnen Haares sind breiter und flacher, die seitlichen Verdickungen am Rande schwächer. Der untere Rand der hellen Seitenstreifen ist etwas dunkler als der Rücken gefärbt, also eine Spur von dunkler Umrandung wie bei *Sc. congicus* und *Tamias* vorhanden.

M a a s s e : Körper 18,5 cm, Schwanz 15, mit Haar 17, Kopf 5; zwischen Nase und Auge 15, zwischen Auge und Ohr 16 mm, Metacarpus und Hand 25 mm, Unterarm 30, Mittelzehe mit Nagel 15, Metatarsus mit Fuss 55, Mittelzehe mit Nagel 20.

Ein *Xerus erythropus* des Hamburger Museums unbekannter Herkunft ist lebhaft fleischroth gefärbt. Körper 28, Schwanz 22, mit Haar 26,5, Vorderarm und Fuss 8, Metatarsus und Fuss 7,5 cm.

Ein Exemplar derselben Art lebte längere Zeit im Hamburger Zool. Garten und zeichnete sich durch grosse Trägheit aus, indem es meist in der dunklen Behausung seines Käfigs schlief.

Von X. *rutilus* besitzt das Hamburger Museum ein schönes Exemplar, welches von Dr. G. A. FISCHER in Nguruman am Kilima-Ndscharo gesammelt wurde. Dasselbe ist fleischroth gefärbt, besonders am Oberarm, der Nasenrücken ist rostroth, die Nasenspitze dottergelb, auch Wangen und Halsseiten gelblich, die Hinterschenkel heller hellgrau. Die Kehle ist gelblich weissgrau, der Bauch röthlich weiss. Die schwarzen Haare sind auf dem Rücken sehr zahlreich, die weissen Haarspitzen auf dem Scheitel mehr gelblich. Der Schwanz ist weniger buschig als bei X. *capensis*, oben in der Mitte befindet sich ein schwarzer Streifen, unten ein rostrother mit Weiss gemischter, die Spitze ist rostbraun. An den Schwanzseiten haben die Haare lange weisse, oben schwarze Spitzen, übrigens sind sie schwarz, gelbroth und weiss geringelt. Eine Reihe weisser Haarspitzen bildet in den Weichen eine Spur eines Seitenstreifens. Das sehr grosse, 5 cm lange, fast 3 cm breite Scrotum ist oben gelbgrau behaart, unten nackt.

Der an der Schwanzbasis etwas ausgebuchtete Körper ist 25,5 cm lang, Schwanz 21, mit Haar 24,5, zwischen Auge und Nase 25, zwischen Auge und Ohr 15 mm; das Auge steht also dem Ohr viel näher als bei X. *capensis*. Vorderarm mit Hand 65 mm, Unterarm 40 mm, Mittelfinger 16, Metatarsus und Fuss 55, Mittelzehe 20, Tibia ca. 55.

Der Schädel (Taf. III, Fig. 10—11) ist schmal, das Hinterhaupt fällt rundlich senkrecht ab, die Nasenbasis ist etwas eingebogen, die Orbitalleisten markirt, die Jochbogen hinten tief gezogen. Vor dem ersten Molar ein scharfer, nach aussen gebogener Processus maxillaris, darüber das kleine D-förmige Foramen infraorbitale. Die Bullae auditor. sind ziemlich gross, vorn breiter als hinten, um die Ohröffnung etwas eingedrückt, darüber das Hinterhaupt vertieft. Der untere Rand des Unterkiefers ist stark eingebogen, der hintere rundliche Winkelfortsatz nach oben gezogen mit breitem Rande, von unten gesehen S-förmig gebogen.

Scheitellänge 54 mm, Basilarlänge 49, Breite des Hinterhauptes 20, hinten zwischen den Proc. zygom. 30, in der Mitte 32, Scheitelbreite hinter den 2 mm langen Orbitalzacken 20,5, Stirnbreite 16,5, Scheitelhöhe 19, Höhe des For. occipit. 5,5, Breite 7, Gaumenbreite 9,5. Unterk i e f e r bis zum Condylus 29, Entfernung der Winkelfortsätze aussen 28,5. Obere Zahnreihe 10, zwischen Mol. und Incis. 11. Obere Incis. 8, untere 11 mm lang.

Die orangegelben Nagezähne sind ungefurcht, oben und unten 4 Molaren. Die obere Zahnreihe ist nach aussen ausgebogen, die untere gerade. Die oberen Mol. besitzen 2 Aussenhöcker und einen von breitem Schmelzrande umgebenen Innenhöcker, der erste Zahn steht schräg und ist schmaler als die übrigen. Auch unten ist der erste Zahn der kleinste. Unten haben die Zähne 2 Aussen- und 2 Innenhöcker, bei I ist der vordere Aussen- und Innenhöcker der höhere, bei den übrigen dagegen nur der vordere Innenhöcker höher. Die Aussenhöcker der Zähne sind in der Mitte napfartig vertieft, die Kaufläche in der Mitte, besonders oben deprimirt, die oberen M. sind etwas breiter als die unteren. Der vierhöckerige Molar der Sciuriden zeigt die alte Form des quadritubercularen Zahnes, wie der der Affen. Beide werden sich aus verwandten bunodonten Formen entwickelt haben.

### 23. *Gerbillus tenuis* Smith, var. *schinzi* N.
### Taf. III, Fig. 13—16.

Smith, Mammal. of S. Afr. 15, Taf. 36 u. 37. Trouessart, Catalogue des rongeurs, p. 108.

Erwachsenes ♂, Balg und Schädel, Kalahari, Juli 86. Coll. Schinz.

Der von Herrn Dr. Schinz in einem Exemplar gefundene Gerbillus unterscheidet sich in einigen Beziehungen von G. tenuis, dem er im allgemeinen nahe steht, so dass er mindestens als Varietät bezeichnet werden muss.

D i a g n o s e v o n Gerbillus tenuis Smith: Kleiner Gerbillus mit oben orange-, unten strohgelben Nagezähnen, über körperlangem, in einem kleinen Büschel endendem Schwanze und hell gelbbraunen Nägeln. Farbe oben lebhaft gelbroth, mit Braun gesprenkelt, unten weiss, Oberarm und Unterschenkel aussen gelb, innen weiss. Lebt in offenen Gegenden bei Lataku in Südafrika.

D i a g n o s e v o n var. schinzi: Kleiner Gerbillus mit oben und unten orangegelben Nagezähnen, körperlangem, in einem kleinen Büschel endendem Schwanze und weissen Nägeln. Farbe oben lebhaft gelb mit Braun gesprenkelt, unten weiss, Oberarm und Metatarsus aussen und innen weiss.

B e s c h r e i b u n g. Der Kopf ist rund, die nackte, etwas vorstehende Nasenkuppe ist scharf gegen das längere Wangen- und Stirn-

haar abgesetzt und oben kurz und straff bräunlich behaart. Die feinen
Schnurrhaare sind bis 5 cm lang, die oberen schwarz, die unteren
weiss, die längsten schwarz mit weisser Spitze. Das mittelgrosse
Auge ist von Nasenspitze und Ohr gleich weit entfernt. Das Ohr
gross und breit, oben löffelförmig zugespitzt, am äusseren Rande etwas
ausgebuchtet, die inneren Ränder an der Basis stark genähert. Am
inneren Rande ist es dünn weisslich behaart, sonst innen nackt, aussen
nur die Basis kurz gelb, darüber braun behaart, die Spitze auch unbehaart. Die Vorderfüsse sind kurz, der Unterarm wenig über 1 cm
lang, von den fünf Fingern ist das nagellose Daumenrudiment 2 mm
aufgerückt, von den nicht mit Schwimmhaaren bekleideten Fingern
ist der Mittelfinger und Nagel am längsten, der nicht aufgerückte
5. Finger nur kurz benagelt. Die Nägel sind fast rein weiss. Die
Handfläche ist nackt mit einem warzigen mittleren Ballen. Der hinten
nackte Metatarsus ist kurz, der hintere kurz benagelte Daumen um
5 mm aufgerückt. Die Ballen der Fussfläche sind dünn weisslich
behaart, grob gefurcht, hinter Daumen und fünftem Finger sitzt eine
Warze, der mittlere Fussballen befindet sich oberhalb neben dem
Daumen. Die Nägel sind hinten schmutzig weiss mit weisser Spitze,
die Behaarung der Hinterschenkel bis auf das Tarsalgelenk dicht und
lang, von da an kurz und glatt. Der nach der Spitze stark verjüngte Schwanz ist dicht und ziemlich lang behaart, doch kann man
unter den Haaren noch die Schwanzringel erkennen. Der schwache
Endpinsel wird durch etwas verlängerte Haare gebildet. Penis sehr
klein, Scrotum äusserlich nicht sichtbar. Die Behaarung ist sehr zart,
lang und dicht, besonders auch an der Stirn und den Wangen. Die
Farbe der Oberseite ist schön gelb (terra siena), auf dem Rücken,
besonders nach hinten mit Schwarz gemischt, an der Basis aschgrau,
die Schläfe hinten über dem Auge weisslich, die Wangen heller gelb,
die ganze Unterseite scharf abgesetzt rein weiss, die Vorderbeine
aussen und innen weiss, desgleichen die Hinterbeine bis auf einen
gelben Streifen, der sich an der Hinterseite bis zum Tarsalgelenk
zieht. Der Schwanz ist unten weiss, oben schmutzig gelb, im letzten
Drittel zieht sich nach der oben dunkelbraunen, unten weissen Spitze
zu dunkler werdend ein gelbbrauner Streifen. Der Hauptunterschied
von *G. tenuis* beruht auf der weissen Färbung der Beine, die bei
*tenuis* bis nach den Zehen hin gelblich grau sind.

Maasse: Körper 13 cm, Kopf 3,5 cm, Schwanz 13 cm; (bei *G.
tenuis* misst der Körper etwa 10,5, der Schwanz 12 cm, doch hat Smith

nur 3 Exemplare untersucht); Ohr 14 mm, Unterarm 10, Hand bis zur Nagelspitze 14 mm, Metatarsus 20, Metarsus mit Fuss 32.

S c h ä d e l. Derselbe stimmt wie das Gebiss im allgemeinen mit *G. tenuis*, doch finden sich auch hier kleine Abweichungen. Die Schädelkapsel ist ziemlich flach, das Hinterhaupt abgestutzt, die Stirnbeine nach hinten ziemlich halbkreisförmig gebogen, an den Seiten mit erhöhtem Rande. Das Zygoma ist sehr dünn, tief gesenkt, hinten winklig abgesetzt, vorn mit breiter, hinten eckiger Platte und darüber mit kleinem Orbitalzacken. Das nach oben geöffnete Foramen infraorb. endet nach unten in einen schmalen Spalt mit dünner, oben etwas umgebogener Seitenplatte. Nach hinten zu ist die Oeffnung des Foramen elliptisch abgerundet. Die sehr schmalen Nasenbeine mit aussen erhöhtem Rande sind stark gefurcht und springen weit nach vorn vor. Die beiden Spalten an der Unterseite des Oberkiefers sind sehr lang. Eine schmale aber hohe gegabelte Knochenleiste stützt vorn die halb durchsichtigen mittelgrossen, ellipsoidisch gerundeten und stark genäherten Bullae auditoriae. Das Os pteryg. biegt sich hinter den Backenzähnen nach oben bis zu der Vertiefung für den Condylus des Unterkiefers. Die kleine Ohröffnung sitzt sehr hoch, die Hinterhauptcondylen sind klein, das Foramen occipitale oben etwas in die Höhe gezogen.

An dem zarten Unterkiefer ist der Coronoidfortsatz sehr dünn, nach hinten umgebogen, der Condylus sehr klein, der Eckfortsatz dünn und schmal.

M a a s s e: Scheitellänge 39, Scheitelbreite in der Mitte 16, hinten zwischen den Proc. zygom. 20, vorn 15, Stirn zwischen den Augen 6, Nasenbreite 4, Bullae aud. 11 lang, 6,5 breit, For. occipit. 3,5 hoch, 3 breit, Zygoma 15, Backenzahnreihe 6, Lücke zwischen den Nage- und Backenzähnen 10 mm.

G e b i s s. Die Nagezähne sind orangegelb, oben etwas dunkler, mit tiefer, etwas mehr nach aussen stehender Rinne. Die hintere Fläche ist fast gerade, die Spitze weit nach rückwärts gebogen. Die unteren Nagezähne sind schmaler, mit seitlich abgeschrägter Schnittfläche. Die oberen sind vorn gemessen 6 mm lang, 1,75 breit, die unteren 8 lang, 1,25 breit. Backenzähne: Oben I mit bräunlicher Basis und 3 elliptischen Lamellen, von denen 1 am kleinsten, 2 am grössten, 3 kleiner als 2 und grösser als 1 ist. Die mittlere Lamelle ist schmaler und ihre Cementfläche mit der von 1 verbunden, während ein Schmelzstreifen die von 2 und 3 trennt. Nr. II besteht aus 2 elliptischen, durch Schmelz verbundenen Lamellen, von denen die erste grösser ist. Die

Schmelzkante der Aussenseite besitzt 2 kleine Zacken. Nr. III zeigt die Kleeblattform wie bei *Gerbillus schlegeli*, der bei II und III schwärzlich gefärbte Rand ist auch hier zackig. Die etwas vertiefte Kaufläche der Zähne ist wenig nach aussen gerichtet, die Zahnreihen sind parallel. Die unteren Zahnreihen biegen sich hinten etwas nach innen. Auch hier ist die Basis der Zähne bräunlich. Nr. I besteht aus 3, II aus 2, und III aus einer Lamelle. Bei I ist die erste Lamelle sehr charakteristisch für *Gerbillus tenuis* var. *schinzi*, sie ist rautenförmig wie bei *G. tenuis,* aber die vordere Ecke ist eingeknickt und der Schmelz in einer Falte nach innen umgebogen, übrigens etwas kleiner als 2 und 3. Der Schmelzrand zwischen 2 und 3 stösst fast aneinander. Die beiden Lamellen von II sind in der Mitte nicht getrennt, die hintere etwas kleinere bildet also mit der vorderen auch eine kleeblattartige Figur. Nr. III besteht aus einer einzigen, vorn geraden, hinten abgerundeten Lamelle, die wie sonst bei den Gerbilliden nach vorn geneigt ist. Die Furchen zwischen den einzelnen Lamellen sind schmal und dringen auf etwa $1/_4$ der Zahnhöhe ein.

Aus Südafrika sind bis jetzt ausser *tenuis* und var. *schinzi* bekannt: 1. *Gerbillus afer,* erheblich grösser als *tenuis,* oben gelbbraun, unten weiss mit gelbbraunen Beinen, Gebiss ähnlich wie bei *tenuis;* 2. *Gerbillus montanus,* gelbbraun, nur die Unterseite des Bauches weiss; 3. *Gerbillus schlegeli,* sehr bekannt und weit durch Afrika verbreitet. Die verwandte Gattung *Malacothrix* besitzt in Südafrika als Repräsentanten *M. typicus* und *albicaudatus*. *Gerbillus auricularis* SMITH, der äusserlich ähnlich aussieht wie *G. tenuis*, aber einen kürzeren Schwanz und stark ausgebuchteten Hinterleib besitzt, gehört zur Gattung *Pachyuromys* LATASTE und heisst heute *Pachyuromys brevicaudatus*. (Vergl. TROUESSART, Cat. des rongeurs, p. 108 u. 110).

### 24. *Lemniscomys lineatus* GEOFFR. et F. CUV.
#### Taf. III, Fig. 17.

TROUESSART, Cat. des rongeurs, p. 124.

Erwachsenes ♂, Balg und defecter Schädel. Kalahari, Juli 1886. Coll. SCHINZ.

Die Gattung *Lemniscomys* umfasst die afrikanischen Streifenmäuse, welche man früher unrichtig mit *Mus* vereinigte, da nicht bloss das gestreifte Haarkleid, sondern das borstenartig straffe Haar und anatomische Unterschiede sie von den eigentlichen Mäusen unterscheiden, während das Gebiss in der Anordnung der Höcker im allgemeinen den murinen Charakter zeigt.

Das Exemplar von Dr. Schinz zeigt mehrfach Abweichungen von einem damit verglichenen des Hamburger Museums, weshalb eine genauere Besprechung nicht überflüssig erscheint. Die überhängende Nasenkuppe ist oben mit steifen feinen Haaren wie bei *Mus rufinus* behaart. Die langen feinen, stark nach rückwärts gerichteten Schnurren sind schwarz mit weisslicher Spitze, die unteren nur an der Basis schwarz, bis 3 cm lang. An der bräunlichen Nase fällt die complicirte Bildung der Nasenlöcher auf. Die nach aussen geöffneten, ziemlich nahe bei einander stehenden Nasenlöcher besitzen vorn einen etwas wulstigen Rand, der oben in Form einer Klappe in die halbkreisförmige Oeffnung hineingreift und sie zu verschliessen im Stande ist. Der hintere Rand ist stark behaart, unten am Rande befindet sich eine kleine Grube. Auch der untere Rand ist wulstig, und es lässt sich offenbar die Nasenöffnung hermetisch schliessen, vielleicht zum Schutz gegen den Staub, da die Streifenmäuse nicht im Wasser, sondern gerade in den trockensten Steppen leben. Die Oberlippe ist gefurcht, an der Unterlippe sitzt im Mundwinkel ein warziger Lappen, auch eine Eigenthümlichkeit, die sich bei den eigentlichen Mäusen nicht findet. Das grosse oval gerundete Ohr ist aussen und innen dicht behaart, nur die innere Ohröffnung nackt. Am vorderen Rande sind die hellgelben Haare etwas büschelförmig verlängert, die schmutzig gelbbraunen Nägel sind spitz und stark gekrümmt, vorn 2, hinten 2,5 mm lang. Die Schwimmborsten fehlen vorn und erreichen hinten nicht die Nagelspitze. Das kleine nagellose Daumenrudiment ist vorn etwa um 8 mm, der letzte Finger um 4 mm aufgerückt, Metacarpus und Metatarsus unten nackt, die Finger und Zehen unten fein quergefurcht, Mittelfinger und Zehe etwas länger und stärker bekrallt. Hinten ist der benagelte Daumen und der letzte Finger bis zur Mitte der mittleren Zehen aufgerückt. Der Nasenrücken ist oben röthlich gelb, die Nasenseiten graugelb, die Halsseiten lehmgelb, der weissliche Augenrand röthlichgelb umsäumt. Das rostgelbrothe Ohr besitzt hinten an der Basis einen weisslichen Fleck. Die Unterseite ist weisslich gelb, die Vorderbeine weisslich, die Hinterbeine mehr gelblich. Das straffe borstenähnliche, an der Basis dunkelgraue Haar ist an der Oberseite graugelb mit schwarzbrauner, schwarzer oder röthlichgelber Spitze und bildet über dem Rücken 4 gelbroth und schwarz mehrte Streifen, die durch helle gelbgraue Binden getrennt sind und bis zur Schwanzbasis verlaufen. An den Hinterschenkeln ist das Haar etwas verlängert. Der lehmgelbe Schwanz mit schwärzlicher Mittellinie ist dicht und straff behaart, doch scheinen die Ringel noch durch.

Maasse: Körper 13 cm, Schwanz 9; Augenspalt 4,5 mm, Ohr 12 mm lang, 9,5 breit, zwischen Auge und Ohr 12, zwischen Auge und Nasenspitze 11,5; Unterarm 14,5, Metacarpus und Hand bis zur mittleren Nagelspitze 12, Metatarsus 16, Fuss 10 mm.

Bei dem Hamburger Exemplar ohne Ortsangabe sind die dunklen Streifen dunkelrothbraun, intensiver als bei meinem Exemplar, die hellen Streifen röthlichweiss gesprenkelt, das Rostroth der Ohren matter, ebenso das Gelb des Schwanzes, das Gelb der Hinterbeine intensiver, die Nagezähne heller gelb, unten weissgelb gefärbt. Trotzdem ist das Hamburger Exemplar dieselbe Art. Es misst im Körper 13,75, im Schwanz 10 cm, Unterarm 12, Metacarpus und Hand 11, Metatarsus mit Fuss 25 mm.

An dem defecten Schädel (Taf. III, Fig. 17) ist nur der Kiefertheil bis zum Ende der Stirnbeine und das linke Schläfenbein erhalten. Danach ist der Schädel im Scheitel ziemlich breit, etwa 13 mm, zwischen den Augen auf 5 mm eingeschnürt, das Zygoma ziemlich tief abwärts gebogen, vor den Augen, ähnlich wie bei *Gerbillus tenuis*, mit kleinem plattenförmigem Ansatz, ebenso das 4,5 mm hohe For. infraorb. unten spaltenförmig. Die Stirnbeine sind nach hinten stumpf lanzettförmig abgerundet, der Orbitalrand schwach, die Nasenbeine schlank, 12 mm lang, vor dem For. infraorb. 4,75 breit. Die Gaumenbreite beträgt 2, die Länge der oberen Zahnreihe 5,5, die Lücke zwischen Nage- und Backenzähnen 8 mm. Der Unterkiefer ist zart, die untere Kante der Massetergrube scharf, der kurze zarte, nach hinten umgebogene Proc. cor. erreicht nicht ganz die Höhe der Condylus-Länge. Bis zum Condylus 15, Höhe des aufsteigenden Astes bis zum Proc. cor. 9,25, des horizontalen Astes 4, Breite zwischen den Condylen 10,5, Zahnreihe 4,5, Lücke zwischen Nage- und Backenzähnen 3,5 mm.

Gebiss. Die orangegelben ungefurchten Nagezähne sind oben etwas nach hinten gerichtet, 4 mm lang, 1,25 breit mit gerader Schneide, unten mit rundlicher Schneide 5 lang und 0,75 breit. Das Grössenverhältniss der Molaren ist durchaus ähnlich wie bei den wirklichen Mäusen, z. B. bei *Mus sylvaticus*, ebenso haben die oberen Zähne 3, die unteren 2 Höckerreihen, aber die Form der Höcker ist verschieden.

Die beiden mittleren Höcker von I sind vorn eckig und der erste derselben hinten eingebogen, die beiden äusseren Seitenhöcker sind bei I und II verkümmert, der erste mit dem mittleren Höcker eng verbunden. Die Schmelzgruben liegen bei allen Seitenhöckern nach

aussen, bei den mittleren nach hinten. Bei I ist der zweite, bei II
der erste Aussenhöcker der höhere.

Der dritte Backenzahn ist *Gerbillus*-artig mit Kleeblatt-Figur und
kleinem innerem Nebenhöcker. Die Kaufläche ist hier in der vorderen
rundlichen, hinten eingebogenen Lamelle cementirt, der hintere Höcker
sehr klein. Unten ist I gewöhnlich mit 2 Höckerreihen, bei II die
beiden hinteren Höcker durch eine Querleiste verbunden, also die
Kaufurche unterbrochen, bei III die hintere Lamelle *Gerbillus*-artig mit
elliptischer, stark nach vorn geneigter Kaufläche. Der erste Aussenhöcker von I und II ist vorn eingekerbt. Die untere Kaufläche der
3 Zähne ist wenig concav, die obere entsprechend convex. Die Form
des letzten Zahnes oben und unten weist auf eine entfernte Verwandtschaft mit den Gerbilliden hin. In ähnlicher Weise ist die amerikanische Gattung *Calomys* durch einen sciurinen Character des hinteren
Backenzahnes characterisirt. Bei sorgfältigem Studium der Nager
findet man, dass, wie die Carnivoren schliesslich nur in Caniden und
Feliden zerfallen, die Nager sich unter den beiden grossen Gruppen
der Glires und der Duplicidentata subsumiren lassen. Das Gebiss
lässt sich dann weiter auf die gemeinsamen tillodonten Urformen zurückführen. Freilich beweist die enorme Differenzirung des Nager-
gebisses ebenso für das gewaltige Alter der Glires, wie die geringe
des Wiederkäuergebisses für das relativ sehr junge Alter der letzteren
Ordnung.

Von den durch Dr. Böhm in Central-Afrika gefundenen Sciuriden
und Muriden, welche ich in diesen Jahrbüchern Bd. 2, 1887, p. 228
und p. 257 besprochen habe, hat Herr OLDFIELD THOMAS zwei, nämlich
*Sciurus boehmi* REICH. und *Mus kaiseri N.* unter einer von EMIN
PASCHA dem britischen Museum aus dem äquatorialen Afrika zugegangenen Collection constatirt. (Vergl. Proc. L. Z. S. 1888, p. 3—17).
Herr O. THOMAS tadelt, dass ich p. 239 GRAY's veraltete Bezeichnung
*Golunda pulchella* benutzt und p. 235 eine neue Art unter *Pelomys*
und nicht unter *Golunda* gesetzt habe, da die Identität von *Pelomys*
und *Golunda* schon 1876 durch BLANFORD nachgewiesen sei. Ich
fand die Angabe über *Golunda pulchella*, so wie ich sie wiedergegeben
habe, in BOEHM's Tagebuch, und da kein Specimen vorlag, glaubte
ich sie ohne Verletzung der Pietät nicht verändern zu sollen. Die
Gattung *Pelomys* PETERS ist bei uns allgemein anerkannt und TROUESSART
hat im Catalogue des rongeurs p. 130 nicht nur *Pelomys fallax*
PETERS aufgenommen, sondern auch *Pelomys watsonii* BLANFORD unter
*Pelomys* und nicht unter *Golunda* gestellt.

## 25. *Mus* (= *Micromys*) *microdontoides nova species.*
### Taf. II, Fig. 4; Taf. III, Fig. 18—20.

Litteratur der Gattung *Micromys* bei Trouessart Cat. des rongeurs p. 129.

„Spiritus-Exemplar ♂. Holländische Faktorei in Banana". Coll. Hesse.

D i a g n o s e : Kleine, dem Gebiss nach *Mus microdon* Pet. nahe stehende, aber nur halb so grosse Maus mit körperlangem, geringeltem und behaartem Schwanze, stumpfer Nase und grossem ovalem, innen gelbroth behaartem Ohre. Färbung oben rothbraun, unten nicht scharf abgesetzt umbragrau, an den Beinen silbergrau, an den Füssen weisslich gelbgrau.

Die Zahl der bis jetzt in Afrika gefundenen Zwergmäuse ist nicht gross. In Südafrika leben *Micromys natalensis* Smith und *minutoïdes* Selys, in Westafrika *M. musculoides* Temm., ausserdem die verwandte Gattung *Nannomys minimus* in Ost- und *setulosus* in Westafrika. Die vorliegende Zwergmaus ist mit keiner dieser Arten identisch, da sie sich sowohl durch das Gebiss wie durch die Färbung unterscheidet. Die letztere ist bei den bisher beschriebenen Zwergmäusen an der Unterseite scharf abgesetzt weiss, so bei *Nann.* (*Mus*) *minimus* Peters, bei *M. musculoides* und *minutoides* (vergl. Temminck, Esquisses sur la côte de Guinée, p. 161—163), röthlich weiss bei *M. natalensis*; *Mus modestus* Wagner ist grösser und von Trouessart nicht unter *Micromys* gestellt. *Nann. setulosus* unterscheidet sich schon durch die straffe Behaarung. Dagegen schliesst sich *Micr. microdontoïdes* in Färbung und Gebiss an *Mus microdon*, in ersterer auch an *Mus coucha·* an, kann aber nicht damit vereinigt werden, weil mein Exemplar im Gebiss Abweichungen zeigt und, fast erwachsen, um die Hälfte kleiner ist als *Mus microdon*, sich auch in der Grösse wie die übrigen afrikanischen Zwergmäuse an *Mus minutus* Pall. anschliesst.

B e s c h r e i b u n g : *Micromys microdontoïdes* besitzt einen ziemlich grossen Kopf mit breiter, stumpfer, an *Arvicola* erinneruder Nase, die Nasenlöcher sind durch eine feine Furche getrennt, der Spalt der Oberlippe setzt sich nicht bis in die Furche zwischen der Nase fort, sondern ist oben geschlossen. Die Nasenkuppe ist hellgelb, unbehaart, der Lippenrand hell gelbgrau, kurz weisslich behaart. Die bis 22 mm langen Schnurren sind umbragrau mit dunkelbrauner Basis und weisslich grauer Spitze, nur ein paar untere Schnurren sind rein weiss.

Das Auge ist klein, das grosse ovale Ohr zeigt unten an der inneren Seite einen starken graubraunen Haarbüschel, der Rand ist rothbraun, die kurze innere Behaarung gelbroth, bei *Mus microdon* weisslich. Aussen ist das Ohr am oberen Rande spärlich und kurz gelblich behaart, übrigens nackt. Der Körper ist in der Rückenlinie stark gebogen, hinten etwas ausgebuchtet. Die zarten, vom Handgelenk hell weissgelb behaarten Hände tragen eine sehr rudimentäre, um 4,5 mm aufgerückte Daumenwarze mit kurzem Kuppennagel und wie die Füsse weisse Nägel. Der dritte Finger ist am längsten, IV wenig kürzer, II etwas kürzer als IV, V um 2 mm kürzer als IV. Die Finger sind unten fein quergefaltet, die Handfläche weissgelb, unter den kurzen, gebogenen, zusammengedrückten Nägeln, die von den weisslichen Haaren nicht überragt werden, sitzen starke glatte Ballen. Die Handfläche zeigt eine runde Warze etwas oberhalb neben dem Daumen. Eine stärkere Warze sitzt auf der anderen Seite neben dem Handgelenk, 4 kleinere an der Fingerbasis, die entsprechend der Fingerlänge aufwärts gerückt sind, so dass diejenige unter dem fünften Finger weit aufwärts steht. Die Unterseite des Metatarsus ist nackt und glatt, die Füsse auffallend stark nach einwärts gerichtet, der stark gegenständige, 1 mm lange Daumen um 5,25 mm aufwärts gerückt. Von den Zehen ist III etwas länger als II, IV nur sehr wenig kürzer als III, V um 3,5 mm aufwärts gerückt. Der Daumen mit kurzem Krallennagel hat einen viel schwächeren Ballen als die übrigen Zehen. Die weisslich gelbe Fussfläche ist fein warzig und trägt 2 grössere runde Warzen, von denen die innere mehr nach unten gerückt ist, im unteren Drittel des Metatarsus. Kleinere runde Warzen sitzen an der Basis der 4 Zehen, bei IV und V sogar je 2. Der Metatarsus ist oben silbergrau behaart, die oberen weissen Haare der Zehen überragen gleichfalls nicht die Nägel. Der fast körperlange Schwanz ist allmählich zugespitzt, fein geringelt und mässig dicht, an der Spitze dicht behaart, ohne dass die hier etwas verlängerten Haare jedoch einen Büschel bildeten. Die Farbe des Schwanzes ist hell, oben röthlich umbragrau, unten hell umbragrau. Der zweilappige Penis ist 2 mm lang, das 3 mm lange Scrotum dünn dunkelrothbraun behaart. Die Färbung des Kopfes ist umbrabraungrau mit rothbraunem Schimmer, des Körpers aschgrau mit braunrothem Anflug, auf dem Rücken mit dunklerem Ton, an der Unterseite mit allmählichem Uebergange hellgrau, mit röthlich weissen Haarspitzen, so auch an der Kehle und Brust. Die Behaarung lang, dicht und weich. Die röthlichen Haarspitzen treten besonders in den Weichen und an den Hinterschenkeln hervor, zwischen den Hinterschenkeln sind die Haarspitzen hell weissgelb mit röthlichem Schimmer. Nirgends ist in der Färbung reines Weiss vorhanden.

Maasse: Körper 60 mm, Schwanz 58, Ohr 9,5, mittlere Breite desselben 7, zwischen Nase und Auge 7, zwischen Auge und Ohr 6. Unterarm 10, Metacarpus und Hand 7,5, Unterschenkel 13, Metatarsus 9, Fuss 6,5. *Micromys musculoides* von Westafrika misst 3 Zoll 9 Linien, das kleine runde Ohr 3 Linien, der Tarsus $3^1/_2$ Linien, ist also noch etwas kleiner.

Der Schädel (Taf. III, Fig. 18 u. 19) besitzt im allgemeinen Aehnlichkeit mit dem von *Mus microdon*, nur ist er entsprechend kleiner. Die obere Profillinie ist mässig gebogen, die stärkste Krümmung liegt zwischen den Stirn- und Scheitelbeinen. In der oberen Contour ist derselbe rundlich elliptisch, flach gerundet, die Hinterhauptlinie mehr gerade, das Hinterhaupt mässig gerundet, das Hinterhauptloch sehr gross, unten nach vorn und oben etwas in die Höhe gezogen. Die Zwischenscheitelbeine sind vorn gerade abgeschnitten, die Stirnbeine greifen im stumpfen Winkel in die Scheitelbeine ein. Die Einschnürung zwischen den Augen ist mässig stark, der Nasenrücken seicht gefurcht, das grosse For. infraorb. endet unten spaltenförmig, am Zygoma sitzt oben ein rundlicher Ansatzhöcker, übrigens ist er dünn, flach S-förmig gebogen und hinten ziemlich tief gesenkt. Die Bullae audit. sind klein und flach, die Ohröffnung gross, der knöcherne Gaumen hinten rundlich ausgeschnitten.

Der horizontale Ast des zarten Unterkiefers ist mässig gebogen, der aufsteigende Ast niedrig, der Proc. coronoid. stumpf dreieckig, der Condylus stark nach hinten übergebogen, der Eckfortsatz mässig stark und rundlich zugespitzt, die untere Kante desselben etwas nach innen umgebogen, die seichte Massetergrube ist unten durch eine kräftige Leiste begrenzt.

Maasse: Scheitellänge 17 mm, Basilarlänge 14, Breite am Hinterhaupt 7, mittlere Schädelbreite 10, Länge der Schädelkapsel 10,5, Einschnürung zwischen den Augen 4; Zwischenscheitelbeine 3, Scheitelbeine 3,75, an den Seiten 5,5, Höhe der Schädelkapsel 6,5, Nasenbeine 7,5, Nasenbreite vor dem Foramen infraorb. 3,5, Gaumenlänge 8, Gaumenbreite 2,5. Unterkiefer bis zum Condylus 8, Höhe des horizontalen Astes unter den Backenzähnen 3, Höhe des aufsteigenden Astes zwischen Condylus und Eckfortsatz 4,5, Entfernung der beiden Condylen 6.

Gebiss. Die Nagezähne sind kurz und schmal, die oberen hellgelb mit bräunlichem Anflug und seichter, aber erkennbarer Furche,

ziemlich senkrecht gestellt und mit der Spitze etwas nach hinten
gebogen. Die unteren sind rein weiss, um ihre eigne Breite von einander entfernt. *Mus microdon* hat oben dunkelgelbe, unten hellgelbe
Nagezähne.

Von den echt murinischen weissen Backenzähnen ist der erste
wie bei *Mus microdon* sehr lang, II = $^1/_2$ I, III noch nicht ganz entwickelt, kaum $^1/_2$ II. Alle Zähne sind absolut genommen klein. Nr. I
und II oben besitzen 3 Höckerreihen, die 3 mittleren Höcker von I
sind hoch und mit ihren 3 äusseren Nebenhöckern eng verbunden,
dagegen die beiden inneren Nebenhöcker, die seitlich von 2 und 3
stehen, von den mittleren Haupthöckern und unter einander durch einen
tiefen, fast bis auf die Alveole gehenden Spalt getrennt. Nr. II ähnlich mit 2 mittleren, 2 äusseren und 2 inneren Höckern, die inneren
etwas vorgerückt. Nr. III sehr klein und niedrig mit 2 grösseren
inneren und einem äusseren Nebenhöcker. Die unteren Zähne haben
nur 2 Höckerreihen, Nr. I gross, mit einem vorderen und dahinter
2 Aussen- und Innenhöckern, die in der Mitte durch eine niedrige,
oben eingekerbte Leiste mit einander verbunden sind. Der vordere
Höcker ist mit dem ersten äusseren eng verbunden, dagegen ziehen
sich die übrigen Spalten innen und aussen bis auf die halbe Zahnhöhe hinab. Nr. II, noch nicht = $^1/_2$ I, besitzt 2 vordere Höcker,
während die hintere breite Lamelle nur durch eine seichte Furche
eingeschnitten ist. Nr. III sehr klein, schmal und niedrig, mit 2 vorderen und einem hinteren Höcker. Die Zahnreihen divergiren oben
etwas nach hinten und die Kaufläche ist unten etwas nach innen
gerichtet.

### 26. *Mus decumanus* PALL.

„In den Factoreien am Kongo, besonders in der Nähe der Küste
sehr zahlreich. Die Thiere sind sehr dreist und bissig und verur-
sachen grossen Schaden." H.

### 27. *Georychus hottentottus* LESSON.
#### Taf. III, Fig. 21—25.

H. N. Mamm. vol. 4, p. 524; GIEBEL, Säugethiere, p. 525; JENTINK,
in: Notes 1887, p. 176; TROUESSART, Cat. des rongeurs, p. 160.

Kalahari, Juli 1886, Balg und Schädel ♂. Coll. SCHINZ.

*Georychus hottentottus* gehört zu den kleineren Formen der südafrikanischen Erdgräber. Das von Dr. SCHINZ gefundene fast erwachsene
Exemplar misst 15 cm, der Schwanz 12, mit Haar 20 mm, Metacarpus

und Hand 20, Radius ca. 7 mm, Metatarsus und Fuss 26, Tibia 8 mm, Ohröffnung 1,5 mm. JENTINK misst an 4 Exemplaren 127—193 Körperlänge. Die Muffel des runden Kopfes ist nicht so breit wie bei *Heliophobius*, die Ohrmuschel ein kleiner runder Knorpel, die Augenöffnung im Balge nicht wahrzunehmen. Die feinen weissen Schnurren sind bis 18 mm lang. Von besonderem Interesse sind die Hände und Füsse des Thieres (Taf. III, Fig. 25). Die Hand ist verhältnissmässig kurz und breit, beide mit nackter Sohlenfläche, oben spärlich weiss behaart. An den Seiten der Finger und Zehen befinden sich eigenthümliche Hautlappen, die an den Lappenfuss der Taucher und Blässhühner erinnern und welche ich sonst noch an keinem Nagerfusse gesehen habe. An den Zehen sind dieselben schmaler. Daumen und fünfter Finger sind etwa gleich lang, II und III doppelt so lang wie der Daumen, III wenig länger als II, IV etwas kürzer als II. Die Handfläche ist unter dem Carpalgelenk stark ausgehöhlt. Die Metacarpal-Knochen enden an der Handwurzel in rundlichen Ballen mit verdicktem hornartigem Rande. Hornige Ballen sitzen auch am Ansatz der Finger-Phalangen. Die Fingerballen sind undeutlich gefurcht, der Metacarpus unten behaart, dagegen der Metatarsus nackt. Wahrscheinlich benutzt *Georychus* besonders die viel längeren Hinterfüsse beim Graben zum Fortschieben der Erde. Der Rand des Metatarsus ist wulstig markirt, der Metatarsalknochen der Mittelzehe stark hervortretend, oben und unten warzig verdickt. Die Fussfläche ist ebenfalls ausgehöhlt. Die Metatarsalknochen der ersten und fünften Zehe zeigen 4 eigenthümliche Verdickungen, die man wohl, was ohne Zerstörung des Fusses nicht völlig zu entscheiden ist, für Sesamknochen halten muss, wie sie LECHE (BRONN, Säugethiere, p. 615) an der Plantarfläche von *Dipus hirtipes* gefunden hat, und wie sie der 2. Metacarpus von *Orycteropus capensis* in auffallender Weise besitzt. (Vergl. BRONN, Taf. 84, Fig. 7). Vielleicht lässt sich diese Bildung als ein atavistischer Rest von Polydactylie erklären, wie die Neigung von *Myodes torquatus* und *obensis* (vergl. v. MIDDENDORFF, Reise nach Sibirien, Taf. 6 u. 8) zur Verdoppelung des Nagels. Auch *Chrysochloris capensis* besitzt gespaltene Nagelphalangen. (Abbildung bei BRONN, Taf. 87, Fig. 8). Die weissen, an der Spitze abgerundeten, innen mässig vertieften Nägel haben gleichfalls Aehnlichkeit mit denen von *Myodes torquatus* und *obensis*. Sind doch die Lebensbedingungen beider unter so verschiedenen Breiten lebenden Thiere ähnliche: hier der harte Lehmboden der Kalahari und darüber loser Sand, in Sibirien das gefrorene Erdreich von Schnee bedeckt.

10

Ein gelbgrauer *Bathyergus* (*maritimus?*) von Ostafrika befand sich im Sommer 1888 lebend im Hamburger Zoologischen Garten und nährte sich von Salatblättern, die er Nachts in sein Erdloch zog. Weiter konnte er von mir nicht beobachtet werden, da er sich beständig in der Erde versteckt hielt. Die Färbung von *Georychus hottentottus* ist ein feines Gelbbraun und Graubraun. Ein grosser unregelmässig eckiger, weisser Fleck sitzt auf dem Scheitel, nicht im Nacken. JENTINK hält denselben für indifferent, da er einem seiner Exemplare fehlt. Das dichte feine, seidenartig glänzende und etwas wollige Haar ist an der Basis theilweise gelbbraun, theils hellgrau oder dunkelgrau. Die Färbung ist b e i d e r s e i t i g unregelmässig, die eine Stirnseite ist dunkler als die andere, die eine Körperseite mehr graubraun, die andere mehr gelbbraun, auf der Unterseite ist die Färbung mehr umbra-silbergrau. Die straffen, zweizeilig geordneten Schwanzhaare sind gelbbraun. An der Hinterseite der Schenkel sind die Haare länger und etwas straffer.

Auch Schädel und Gebiss von *Georychus hottentottus* zeigen unregelmässige und eckige Formen, gleich denen von *Myodes obensis*, wie die knorrigen und stachligen Mimosen der Kalahari den verkrüppelten Lärchen und Birken der Tundra gleichen.

Der S c h ä d e l (Taf. III, Fig. 21—23) besitzt die starke knorrige Entwicklung des Hinterhauptes, wie sie den Erdgräbern auch anderer Familien eigen ist. Sie ist bedingt durch die starke Entwicklung der Nackenmuskeln, die beim Aufwühlen des harten Bodens ebenso gewaltige Arbeit zu leisten haben, wie die starken Nagezähne der Erdgräber bei der Verarbeitung der harten Wurzeln. Eine ähnliche Bildung des Hinterhauptes zeigen z. B. *Arctomys* und für eine *Arvicola* enorm entwickelt *Myodes obensis*. Die obere Profillinie des Schädels ist gleichmässig gebogen, die Squama occipitalis flach, etwas concav, unten stark nach hinten gerichtet. Die Schädelkapsel vorn mässig stark eingeschnürt, die Pfeilnaht wohl entwickelt, die grossen rundlich viereckigen Bullae audit. stehen sehr schräg im stumpfen Winkel zu einander und sind stark nach aussen gerichtet Die kaum 0,5 mm breite Ohröffnung ist so klein, dass man nicht einmal mit einer Nadel hineingelangen kann. Der Spalt des Os basale, dessen Länge bei *Heliophobius* ein unterscheidendes Merkmal bildet, ist kaum 2 mm lang. Das Os pterygoideum gabelförmig verlängert, zwei starke, ziemlich parallele, nicht wie bei *Gerbillus* gegabelte Leisten stützen auf der Unterseite des Schädels die Bullae aud. Der Gaumenspalt vor den Backenzähnen ist kurz. Vor dem ersten oberen Backenzahn sitzt das Rudiment jenes Processus maxillaris, der den Sciuriden-Schädel kennzeichnet und welches neben den Zähnen ein Beweis für die sciurine Abstammung der Erdgräber ist. Viele Details des Schädels sind für die Verwandtschaft unwesentlich, weil sich der Schädel durch die Musculatur und diese durch die Lebensweise geändert hat. So hängt das Fehlen der Orbitalzacken, welche die Sciurinen besitzen, mit der totalen Degeneration des *Georychus*-Auges zusammen. Der Oberkiefer ist sehr breit und kräftig, die Wurzeln der oberen Nagezähne reichen wie bei *Aulacodus* über die Backenzähne hinaus. Das kleine elliptische Foramen infraorbitale sitzt tief. Der mittelkräftige Jochbogen ist ziemlich tief gesenkt, der aufsteigende Processus zygom. sehr breit, die Nasenbeine sind hinten elliptisch zugespitzt.

Der Unterkiefer ist dem von *Heliophobius* sehr ähnlich, besonders auch die untere Ansicht (vergl. meine Zeichnung in dieser Zeitschrift, Bd. 2, Taf. 9, Fig. 24). Der hintere Theil ist wie dort weit flügelförmig abgebogen, Proc. cor. und Condylus niedrig, letzterer nach hinten und innen umgebogen. Bei geöffnetem Kiefer reicht der Condylus über die kleine Ohröffnung hinaus, so dass man kaum begreift, wie der bekanntlich bei den Erdgräbern scharfe Gehörsinn wirksam functioniren kann.

Der Schädel von *G. capensis* (BRONN, Taf. 23, Fig. 2) ist erheblich grösser, die Einschnürung vor der Schädelkapsel stärker und weiter nach hinten gerückt, die Nasenbeine länger, die Bullae aud. kleiner, am Unterkiefer der Condylus mehr nach vorn gerichtet. Bei *Heliophobius* sind ausser dem langen Spalt des Os basale die Nasenbeine hinten breit und rundlich, der Oberkiefer schmaler, die Bullae aud. kleiner, der Jochbogen vorn mehr eingebogen, am Unterkiefer der Proc. coronoid. viel länger. Die oberen Nagezähne stehen steiler und sind weniger gebogen. Am Unterkiefer von *Bathyergus suillus* sitzt hinter den Nagezähnen ein Zacken, der Proc. cor. sehr niedrig, der Condylus ganz nach hinten gebogen, der Eckfortsatz sehr lang. (Vergl. BRONN, Taf. 46, Fig. 22.) Ueber *Heterocephalus* habe ich noch nicht Gelegenheit gehabt, eigene Studien zu machen, weshalb ich auf das verweise, was durch RÜPPELL, RÉVOIL (Tour du monde 1885, p. 163) und über *H. philippsi* und *heterocephalus* in den Proc. L. Z. S. 1885, p. 845 von OLDF. THOMAS veröffentlicht ist. Letzterer bildet auch die Schädel von *Het. glaber* und *philippsi* ab.

M a a s s e: Scheitellänge 34,5, in der Krümmung gemessen 37, Basilarlänge 31, grösste Breite vor den Bullae audit. 19,5, Höhe des Hinterhauptes 10, Schädelbreite vor den Bullae aud. 16, grösste Breite zwischen

10*

den Proc. zygom. aussen gemessen 27, Einschnürung 8, Nasenbeine 11, Nasenbreite 8,5. Lücke zwischen Nage- und Backenzähnen 11. Unterkiefer bis zum Proc. coron. 15,5, bis zum Condylus 24, bis zur hinteren Ecke 26,5. Höhe des horizontalen Astes vor den Backenzähnen 5,5. Dicke des unteren Astes an der Innenseite 4, der hintere Flügel ist 16,5 lang, unter dem Condylus 13,5 hoch. Lücke zwischen I und M 8, Breite zwischen den Proc. cor. 18,5, zwischen den Condylen aussen gemessen 22,5, hinten aussen zwischen den Flügeln 23,5.

G e b i s s. Die beiderseits sehr kräftigen, weissen und ungefurchten, ziemlich stark gebogenen Nagezähne sind an der Vorderseite duff, hinten glatt, die vordere Fläche gegen die hintere mit runder Leiste an den Seiten vorspringend, oben ist diese Leiste doppelt. Die Nagefläche ist unregelmässig abgenutzt, da die Zähne wohl auch zum Zerkleinern der Erde benutzt werden. Die beiden oberen Zähne convergiren, die Spitzen der unteren divergiren und sind 4 mm von einander entfernt. Die hintere Seite ist glatt, glänzend und sehr hart, schmelzartig, so dass der Unterschied in der Structur zwischen der vorderen und hinteren Fläche gering ist. Die oberen Zähne sind vorn gemessen 9 mm lang, 4 mm breit, die unteren bei gleicher Breite 14 mm lang.

Die 4 Backenzähne (Taf. III, Fig. 24) oben und unten, von denen oben eine ganze Reihe, unten die beiden letzten verloren gegangen sind, weichen wesentlich von denen des *Geor. capensis* ab. Die beiden ersten oben sind ziemlich lang, die beiden folgenden niedrig, unten scheinen sie allmählich nach hinten an Höhe abzunehmen. Die beiden hinteren oben sind stark nach vorn gerichtet, die 5 mm lange Kaufläche ist von oben gesehen S-förmig gebogen. Nr. 1 ist 2,5 mm hoch, die Krone rundlich elliptisch, der bläuliche Schmelzrand schliesst eine graue Cementfläche mit dunklerer Insel ein. Nr. 2 ist kürzer und breiter, die äussere Kante mehr spitz nach aussen gezogen und hinten etwas nierenförmig eingebogen, die Cementinsel ist heller, die dunkle Insel in der Mitte etwas vertieft. Nr. 3, stark nach innen gerückt, ist schmal und unregelmässig nierenförmig gebogen, Schmelz und Cement gehen ohne scharfe Grenze in einander über; die Farbe des Randes ist weisslichgelb, die Mitte bräunlich; Nr. 4 klein, unregelmässig viereckig, am inneren Rande in die Höhe gezogen, in der Mitte zwei kleine Vertiefungen, Schmelz und Cement nicht mehr zu unterscheiden.

Der erste Zahn unten ist weissgelb, mehr nach hinten gerichtet als der zweite, die Kaufläche unregelmässig elliptisch, der innere Rand nach hinten umgebogen. Schmelz und Cement gehen ohne scharfe Grenze in einander über, in der gelbgrauen Fläche eine spaltenartige

Insel. No. 2 ähnlich, rundlich viereckig ohne scharfen Schmelzrand. Die Alveole von Nr. 3 ist rundlich viereckig, die Aussenkante nach hinten gerichtet, die von Nr. 4 ist rundlich dreieckig, entschieden myoxinisch in der Form. Von zwei mir lose übergebenen Zähnchen, die vielleicht in die Alveolen gehören, ist Nr. 1 unregelmassig länglich rund, Nr. 2 mehr dreieckig, die Zähne sind 2 mm hoch. Der innere Rand hochgebogen, Schmelz und Cement wohl unterschieden, die Wurzel von Nr. 1 etwas gefurcht. Eigentliche Falten fehlen der Kaufläche.

Die Backenzähne von *G. hottentottus* ähneln mehr denen von *Heliophobius* als von *G. capensis*. Bei ersterem ist nur die Kaufläche des dritten Zahns oben flach herzförmig, des dritten unten auf beiden Seiten eingebuchtet, während die andern länglich rund sind. Bei *G. capensis* ist die Kaufläche von II, III und IV oben beiderseits eingeschnitten, unten die Einschnitte beiderseits sehr unregelmässig, es ist aber möglich, dass bei der anormalen Organisation der Erdgräber sich individuelle Differenzen in den Zähnen finden würden, wenn man Gelegenheit hätte, viele Exemplare zu untersuchen. *Bathyergus suillus* hat wie *Geomys bursarius* beiderseits regelmässige Einschnitte der Kaufläche, während der hintere Zahn aus 2 getrennten Lamellen wie bei den Gerbilliden besteht. *Spalax typhlus* hat neben unregelmässigen Einschnitten kleine Nebenhöcker, ähnlich wie *Cricetomys gambianus*. Auch das Gebiss des fossilen *Nesokerodon* (SCHLOSSER, Taf. 7, Fig. 14, 16) hat Aehnlichkeit mit dem der Erdgräber. Die Grundform der Backenzähne ist bei den Erdgräbern entschieden sciurinisch, aber es finden sich mehrfach Anklänge an andere Familien, viel weniger an die Murinen als an die Gerbilliden und selbst Hystricinen, man muss daher annehmen, dass die Erdgräber sich schon in einer sehr frühen Zeit von den Sciuromorpha getrennt haben, als der Nagertypus noch wenig differenzirt war, womit auch die starke Rückbildung der übrigen Organe, z. B. des Auges, stimmt. Dass sich selbst in geschichtlicher Zeit die Rückbildung des Auges, wenn auch nicht an Säugethieren, verfolgen lässt, hat SCHNEIDER (in: M. B. Berl. Acad. 1887, p. 723) an *Gammarus*, *Niphargus* und *Asellus*, welche seit Jahrhunderten in Bergwerke eingewandert waren, nachgewiesen.

Der Grund dieser Rückbildung liegt auch für die Erdgräber zunächst sicher in der subterranen Lebensweise auf einem sterilen Gebiete. Was aber die Thiere, wie auch die *Xerus*-Arten, unter die Erde getrieben hat, darüber kann man nur Vermuthungen aufstellen. Vielleicht waren es grosse und lange dauernde Erdkatastrophen, wie die Eiszeit, der ja WALLACE einen so grossen Einfluss auf die Entwicklung der Säugethiere in der Quaternärzeit beimisst. Diese Katastrophen werden aber in den Zeiten grösserer Erdwärme nicht als Eis-, sondern als Wasserphänomene aufgetreten sein, sie werden die langen Geschlechter der Creodonta bis zu den Miaciden hin in Nebraska und Wyoming vernichtet, werden jedesmal einen grossen Theil der Säugethiere, viele Gattungen und Arten ganz ausgetilgt und die überlebenden immer wieder in neue Lebensbedingungen hineingezwungen haben, wie in unseren Tagen *Lepus cuniculus* nach: The Field, Juni 1888 in Australien zum Baumkletterer geworden ist. Diese veränderten Lebensgewohnheiten, welche in einer bestimmten Richtung sich immer wiederholten, brachten schliesslich Rückbildung oder Weiterentwicklung zu Wege. GAUDRY sagt mit Recht in dem Capitel: Les enchainements des Mammifères (Les ancêtres de nos animaux, p. 60): Ces révolutions ont nécessairement interrompu le développement des animaux terrestres. Freiwillig ändern sich die Organismen nicht, und nichts ist lächerlicher, als den Darwinismus dadurch zu widerlegen, dass man auf altägyptische Thiere und Pflanzen hinweist, die den heutigen gleichen. Warum sollten sie sich in der kurzen Zeit ändern, da die Lebensbedingungen die gleichen waren? Anderseits glaube ich nicht, dass die blosse Descendenztheorie im Stande ist, über die Lücken und Klüfte in der paläontologischen Entwicklung der Säugethiere hinweg zu kommen. Immer und immer wieder drängt sich uns trotz der intermediären untergegangenen Formen das Gesetz der discontinuirlichen Entwicklung auf, wie es auch GAUDRY in seinem vorzüglichen Buche: Les ancêtres de nos animaux anerkennt.

### 28. *Pedetes caffer* PALL.

Damara-Ovamboland, Kalahari. SCH.

### 29. *Aulacodus swinderianus* TEMM.

#### Taf. III, Fig. 26—29.

Litt. bei TROUESSART, Cat. des rongeurs, p. 126; GIEBEL, Säugethiere, p. 500—501; SCHLOSSER, Nager, in: Palaeontogr., 1885, p. 324.

Vordere und hintere Extremität in Spiritus, Haarproben, 2 vollständige Schädel adult. und juv. Coll. HESSE. „Moanda nördlich von Banana, wird von den Bafiote sĭbĕse genannt und liefert ihnen einen delicaten Braten." H.

Das zuerst von TEMMINCK beschriebene Borstenferkel findet sich durch ganz West-, Ost- und Südafrika und unterscheidet sich von

*Aul. semipalmatus* HEUGL. durch den Mangel der Schwimmhäute an den Hinterfüssen. FITZINGER's Subgenus *Thryonomys* ist dafür unnöthiger Weise aufgestellt worden. HESSE's Exemplar entbehrt an Händen und Füssen der Schwimmhäute, ist also der echte *A. swinderianus*. SCHWEINFURTH (Im Herzen von Afrika, Bd. 2, p. 465—470), der ausführlich die Lebensweise bespricht und eine gute Abbildung giebt, hat im Monbuttulande nur *semipalmatus* gefunden. Ich habe in: Zoolog. Garten 1886 ein lebendes Exemplar von Westafrika besprochen, welches deutliche Schwimmhäute besass; danach findet sich also *semipalmatus* neben *swinderianus* auch in Westafrika, was der Angabe von TROUESSART ergänzend hinzuzufügen ist.

Das von Herrn HESSE in Banana erworbene Thier ♂ war leider verdorben. Bauch weiss, Kopf, Rücken und Schwanz mit starken borstenähnlichen Stacheln bedeckt. Die Gestalt der von *Myopotamus coypu* ähnlich, doch kurzbeiniger. Am Kopf zahlreiche kleine weisse Schmarotzer, am Rücken und Bauch einzelne Zecken. Körperlänge von der Stirnleiste bis zur Schwanzwurzel 35 cm.

Die Hände und Füsse von *Aul. swinderianus* sind sehr dick und fleischig, die nackte Handfläche mit dicker gelbgrauer Haut bekleidet. Der 6,5 mm lange, mit 3 mm langem und breitem Kuppennagel bekleidete Daumen ist rudimentär und ragt nicht über den inneren Handballen hinaus. Die Finger sind unten weitläufig quergefaltet, sie messen vom Daumen an 11, 12, 9,5, 8 mm. Der Nagel des Mittelfingers ist 10 mm lang, die anderen kürzer. Bei *A. semipalmatus* waren die Nägel, wohl in Folge längerer Gefangenschaft, gegen 2 cm lang. Unter der Handwurzel, aber mehr nach dem 5. Finger hin, liegt ein grosser dicker, durch eine Falte abgesetzter Handballen, unter den Fingern befinden sich 3 Ballen, von denen der des 3. und 4. Fingers gemeinsam ist. Die obere Handfläche ist straff und glatt behaart, nach den Fingerspitzen zu sind die Haare verlängert mit umbrabrauner Spitze, während die übrigen eine schwarzbraune Basis, ockergelben und schwarzen Ring und ockergelbe Spitze besitzen; im Carpalgelenk sind sie rein weissgelb. Die starken, innen ausgehöhlten Nägel sind gelblich-grün hornfarben. Die Hand ist bis zur Nagelspitze des 3. Fingers 50 mm lang und in der Mitte 21 mm breit. Die Fussfläche ist dunkler, die Haare erreichen nicht die Nagelspitze und sind mehr ockergelb gefärbt, also die Füsse oben heller. Der obere ungefaltete Fussballen ist 20 mm breit, von den 3 Zehenballen ist der für 2 und 3 gemeinsam, der für 4 sehr klein.

Der Nagel der letzten Zehe ist sehr klein und flach. Der 25 mm breite Fuss misst bis zur Nagelspitze der Mittelzehe 70 mm, die Zehen ohne Nägel 17, die zweite Zehe 18, die letzte 9. Die an der Hand 4, am Fuss 4,5 mm breiten Nägel sind am Fuss bis 16,5 mm lang, der der letzten Zehe 4 mm.

Das Haar ist eine im Querdurchschnitt elliptische Borste, welche mit horniger Hülle ein weisses Mark einschliesst, in welchem sich Gefässrinnen wie bei *Xerus* nicht erkennen lassen, vielmehr ist derselbe der Stachelborste von *Hystrix* ähnlich. Der untere stark verbreiterte Theil der Borste besitzt an der Oberseite in der Mitte eine tiefe Längen- und eine feinere Nebenfurche, welche sich nach der oberen Hälfte zu verlieren. Die letztere verjüngt sich allmählich und endet in eine haarartige Spitze. An der Unterseite verläuft eine ganz nahe am Rande liegende feine Furche fast bis zur Spitze hin. Die basale Hälfte des Haares ist hell gelbgrau gefärbt, die Farbe steigert sich nach der Spitze zu dunklem Schwarzbraun, dann folgt scharf abgesetzt ein gelblich weisser Ring mit feiner schwarzbrauner Haarspitze. Die Gesammtfärbung wird sich also wenig von *A. semipalmatus* unterscheiden, der nach HEUGLIN (Reise in das Gebiet des Weissen Nil, p. 324) trüb dunkel braungrau, unten schmutzig gelblich weiss gefärbt ist. Seine Länge giebt SCHWEINFURTH auf $1^2/_3$ Fuss an, wovon auf den Körper 52,5 cm kommen. Das westafrikanische von mir beschriebene Exemplar war schwarzbraun und gelb gestichelt, Nase, Unterkiefer und Unterseite gelblich grau, Iris schwarz, Nase fleischfarben. Es sass beständig in hockender Stellung und schien harmlos, während HEUGLIN ihn als wild und bissig bezeichnet.

Der S c h ä d e l von *Aulacodus swinderianus* (Taf. III, Fig. 26 u. 27) ist characterisirt durch die Verkürzung der Kiefer gegenüber ·der Schädelkapsel; weil die letztere aber im erwachsenen Zustande lang ist, kann man den Schädel nicht als kurz bezeichnen, wie GIEBEL, Säugethiere, p. 500 thut. Eigenthümlich und hystricinisch ist ferner das sehr grosse Foramen infraorbitale, die bedeutende Höhe des vorderen Zygoma und die erhebliche Entwicklung der Alae des Hinterhauptes. Im einzelnen sind die beiden Nasenbeine stark gewölbt und durch eine tiefe Furche getrennt, weshalb die Nasenöffnung herzförmig erscheint. Die Nasenbeine sind wie die Stirnbeine hinten gerade abgeschnitten, dagegen greifen die aussen mit scharfer Leiste versehenen, oben ausgekehlten Zwischenkiefer mit langen Flügeln in die Stirnbeine ein. Auch die Stirnbeine sind stark gewölbt und durch eine scharfe mediane Furche getrennt. Die grösste Erhöhung in der oberen Profillinie liegt in der vorderen höckerartig gewölbten Partie der Stirnbeine. Die mit der Squama occipit. eng verbundenen Ossa interparietalia, die sich in der Mitte zu einer scharfen, sich in die Ossa pariet. fortsetzenden Crista vereinigen, springen spitz dreieckig nach vorn in die Scheitelbeine ein. Das Hinterhaupt bildet eine senkrechte, wenig concave Platte mit medianer Leiste, die wie Schraubenflügel gedrehten Griffelfortsätze sind sehr lang, die Bullae aud. gross, sehr stark, elliptisch mit stark vorspringendem Rande der Gehöröffnung, das Os basale hinten gerade abgeschnitten, der innere Flügel der Ossa pterygoidea sehr hoch. Der knöcherne Gaumen besitzt zwischen den zweiten Backenzähnen zwei ungleich grosse birnförmige Oeffnungen, der Oberkieferspalt zwischen den Nage- und Backenzähnen ist erheblich kleiner als bei den Leporiden. Die characteristischen Zacken der Leporiden an den Thränenbeinen sind rudimentär. Der Jochfortsatz des Oberkiefers bildet als wulstige Leiste die Alveole der Backenzähne und umschliesst dadurch eine kleinere Oeffnung unter der grossen Infraorbital-Oeffnung. Der vordere Theil des Jochbogens ist so hoch, dass er die Brücke zu bilden scheint zu der bekannten eigenthümlichen Bildung bei *Coelogenys paca.*

Am Unterkiefer erscheint der horizontale Ast wegen der breiten, sich bis unter den Condylus hinziehenden Alveolen der Nagezähne sehr robust, der Proc. coronoid. ist niedrig und stumpf, die Condylenfläche nach vorn und innen umgebogen. Der Winkelfortsatz bildet einen sehr breiten dünnen Flügel mit starker unterer Leiste nach aussen und innen, die hintere Kante ist eingebogen, der Eckfortsatz ziemlich lang und hinten gerade abgeschnitten.

Der Schädel des juvenilen Exemplars zeigt nicht unerhebliche Differenzen. Die obere Profillinie ist nicht wie bei ad. stumpfwinklig, sondern mehr rund gebogen. Nur der vordere Theil der Nasenbeine ist stark gewölbt und durch eine tiefe Furche getrennt, hinten bilden dieselben eine seicht vertiefte Platte. Auch die Furchung der Stirnbeine ist schwächer, ebenso die Flügel des unten viel schmaleren Hinterhauptes, dagegen die Verbindung der Zwischenscheitelbeine und des Hinterhauptes viel kräftiger und in breiterem Winkel in die Scheitelbeine vorspringend. Das bei adult. oben flache Hinterhauptloch ist oben in die Höhe gezogen. Die Griffelfortsätze sind viel länger, dünner und mehr nach innen gebogen. Die Bullae aud. sind breiter und stärker gewölbt, des Os basale noch nicht mit den kürzeren Flügeln der Ossa pteryg. verwachsen, der vordere Rand des Oberkiefer-Jochfortsatzes steht viel steiler als bei adult. Die Verkürzung des jugendlichen Kiefers liegt weniger in den Stirn- als in den Scheitelbeinen und der Nase. Im Unterkiefer ist der vordere Theil des horizontalen Astes kürzer und relativ stärker. Der Proc. coronoid. höher, der hintere Flügel schwächer und der Winkelfortsatz länger.

## Maasse.

| | adult. | juven. |
|---|---|---|
| Scheitellänge bis zum oberen Rande des Hinterhauptes . | 88 | 80 |
| Breite des Hinterhauptes über den Griffelfortsätzen . . | 40 | 33 |
| Schädelbreite über den Bullae aud. . . . . . . . . | 32 | 30 |
| zwischen den Bullae aud. . . . . . . . . . . . | 40 | 33 |
| zwischen den hinteren Zacken der Proc. zygom. . . | 46 | 38 |
| Grösste Breite hinten zwischen den Proc. zygom. aussen gemessen . . . . . . . . . . . . . . . . . | 59 | 47 |
| Breite der Stirnbeine hinten . . . . . . . . . . | 33 | 26 |
| vorn über den Thränenbeinen . . . . . . . . . | 36,5 | 27 |
| hinten an den Nasenbeinen . . . . . . . . . | 37 | 21 |
| Crista sagittalis . . . . . . . . . . . . . . | 16 | 11,5 |
| Länge der Scheitelbeine in der Mitte . . . . . . . | 11,5 | 7 |
| an den Seiten . . . . . . . . . . . . . | 27 | 25 |
| Stirnbeine: Länge in der Mitte . . . . . . . . . | 29 | 25 |
| hinter den Zacken des Zwischenkiefers . . . . . | 23 | 21 |
| unter den Zacken . . . . . . . . . . . . | 31,5 | 27 |
| Nasenbeine . . . . . . . . . . . . . . . . | 29 | 25 |
| Grösste Länge des Zwischenkiefers . . . . . . . . | 43 | 35 |
| Höhe des For. infraorbitale . . . . . . . . . . | 27 | 19,5 |
| Höhe der Thränenbeine . . . . . . . . . . . | 6,5 | 6,5 |
| Obere Zahnreihe . . . . . . . . . . . . . . | 19 | 17 |
| Lücke zwischen Backen- und Nagezähnen . . . . . | 21 | 17,5 |
| Gaumenbreite . . . . . . . . . . . . . . | 9 | 7,5 |
| Höhe des Hinterhauptes über dem For. occipitale . . | 20,75 | 14 |
| Bullae aud. Länge . . . . . . . . . . . . . | 16 | 17 |
| Breite . . . . . . . . . . . . . . . | 11,5 | 12 |
| For. occipit. hoch . . . . . . . . . . . . . | 10 | 11 |
| breit . . . . . . . . . . . . . . . | 12 | 11,5 |
| Unterkiefer bis zum Condylus . . . . . . . . . | 57 | 48 |
| zwischen Cond. u. Proc. cor. . . . . . . . . | 13,5 | 8,75 |
| bis zum Winkelfortsatz . . . . . . . . . . | 71 | 58 |
| Höhe des horizontalen Astes innen gemessen . . . . | 16 | 12,25 |
| Höhe des Flügels zwischen Proc. cor. und Condylus . | 26,5 | 21 |
| Breite zwischen den Condylen . . . . . . . . . | 36 | 29 |

Gebiss. Die Nagezähne von *Aul. swinderianus* zeigen sehr kräftige Formen und sind oben und unten orangegelb gefärbt. Der obere, seitwärts gesehen, in einer Ebene liegende Zahn bildet mehr als die Hälfte eines kleineren Kreises, und die vordere Fläche wird durch 3 tiefe Furchen in 4 Leisten getheilt, deren Breite sich verhält wie 1:2:3:5. Die Furchen gehen bis zum Rande der Pulpalhöhle, die gelbe Farbe bis zur Mitte des Zahnes, das obere Ende sieht hell grünlich gelb aus. Die weisse Hinterseite zeigt eine seichte Furche, die näher nach innen liegt, dicht daneben nach aussen eine ganz feine, nur durch die Lupe sichtbare Rinne. Der innere Rand der vorderen Fläche ist stärker abgerundet, und beide Ränder stehen etwas über die Seiten über. Die Kaufläche trägt eine scharfe Schneide und dahinter eine schräge, zweimal eingekerbte Fläche, die Zahnmasse ist elfenbeinartig hart und zeigt eine streifige Structur, die Gefässöffnung an der hinteren Kaufläche als stumpfwinkliger Spalt sichtbar. Die oberen Zähne des jungen Exemplars, welche ich nicht aus dem Kiefer genommen habe, sind schmutzig hellgelb, sonst ähnlich. Die wulstig markirte Alveole biegt sich bis über den zweiten Backenzahn.

Der untere Nagezahn beträgt weniger als die Hälfte eines grösseren Kreises und liegt nicht ganz in einer Ebene, sondern zeigt von vorn oder hinten gesehen eine schwach S-förmige Biegung. Die vordere glatte Fläche ist seitlich wenig gebogen, die weisse Hinterseite ohne Längenfurchen, aber undeutlich quer gestreift, zwischen der orangegelben Spitze und der schmutzig grünlichen Pulpalhälfte ein heller weisser Fleck. Die vordere Fläche ist einen cm vor der Pulpalöffnung stark, die Nagefläche unregelmässig gefurcht, die Gefässöffnung ein spitzwinkliger Spalt. Die unteren Zähne des jungen *Aulacodus* sind auf 5 mm von der Spitze hellgelb, dahinter schmutzig orangegelb. Die Alveole der unteren Nagezähne reicht enorm weit, bis unter die Biegung zwischen Proc. cor. und Condylus, wo sie sich noch deutlich markirt. Die oberen Zähne messen in der Krümmung 60, vorn in der Breite und Dicke 6 mm, Schneide- und Pulpalrand sind 27 mm entfernt. Bei den unteren Zähnen beträgt die Krümmung 27, die vordere Breite 5, die directe Entfernung von Anfang und Ende 50 mm.

Die Backenzähne von *Au. swinderianus* (Taf. III, Fig. 28) sind sehr regelmässig und characteristisch geformt. Jeder obere Zahn zeigt eine mehr breite als lange, innen runde, aussen gerade abgeschnittene Fläche, von der Aussenseite dringen 2, von der Innenseite eine Schmelzfalte bis zur Mitte des Zahnes vor. Durch die Rundung der Falten entstehen auf der Aussenseite 3, auf der Innenseite 2 durch Kerben getrennte Höcker. Bei jedem folgenden Zahn ist die innere Falte mit der Spitze mehr nach vorn gerichtet und mehr der Spitze der beiden äusseren Falten genähert, ausserdem ist I kleiner und schmaler, III grösser als II und I, IV etwas kleiner als III. Die Aussenfalten sind so weit zusammengedrückt, dass sie durch keinen Spalt wie die Innenfalte, sondern nur durch eine seichte Schmelzgrube getrennt sind. Bei IV gehen die Spitze der Innen- und der Aussenfalte in einander über. Der zwischen den Aussen- und Innenfalten in der Mitte des Zahnes übrigbleibende Raum zeigt eine vertiefte gelbliche Cementfläche, die bei III kleiner, bei IV fast verschwunden ist. Bei IV entwickelt sich die hintere Schmelzfalte zu einem breiteren Höcker. Die Farbe der Zähne ist weiss, die Zahnreihen parallel, die Kaufläche schwach windmühlenflügelartig gebogen.

Die unteren Backenzähne sind nach demselben Gesetz gebildet, doch nehmen sie nach hinten an Breite zu, und der erste Zahn weicht dadurch ab, dass er innen 3 Schmelzfalten besitzt und die äussere Falte nur wenig eindringt, die äusseren Falten sind nach hinten gerichtet und bei III und IV mit den inneren eng verbunden. Die Hinterseite von IV wird durch eine rundliche quergefaltete und in der Mitte mit der vorderen Falte verbundenen Lamelle gebildet.

Bei dem jungen Exemplar, bei welchem der vierte Zahn (Taf. III, Fig. 29) noch unentwickelt in der Alveole sitzt, weichen die Zähne nicht unerheblich ab. Der erste Zahn ist fast eben so breit wie der folgende, die Falten sind dünn und noch durch tiefe Rillen getrennt, die Innenfalte stark nach vorn gerichtet. Bei II ist der hintere Rand der zweiten Aussenfalte massiv, bei III sind noch keine eigentlichen Falten, die sich erst durch Spaltung aus den massiven Querwülsten bilden, zu unterscheiden, sondern die Kaufläche besteht aus 3 queren, auf der Innenseite stark nach hinten gebogenen Lamellen, die dritte mit kleinem innerem Nebenhöcker legt sich im Bogen an die vorhergehende an. Der vierte Zahn zeigte nach Oeffnung der Alveole eine stark vertiefte Kaufläche mit einer von der Aussenseite halb einspringenden Leiste. Die unteren Zähne sind schmaler und dicker, die Faltenränder der beiden ersten Zähne dünn und scharf getrennt, der dritte besteht ebenfalls aus 3 Lamellen, von denen die erste und zweite aussen verbunden sind. Der Zahn zeigt also eine gewisse Aehnlichkeit mit denen von *Gerbillus* und *Otomys*.

*Au. swinderianus*, eine Gattung und eine Art bildend, steht heute vereinsamt in der Ordnung der Nager. Von tertiären Nagern steht ihm am nächsten *Theridomys gregarius*, weniger *Trechomys*, in N. Amerika *Ischyromys*. Die Verbreitung des Typus war also einst eine grössere; heute leben seine Verwandten nur in Südamerika. Zwar zeigt auch der afrikanische *Pedetes caffer* im Schädel Anklänge, z. B. ist auch bei ihm der Schädel hystricinisch, die Oeffnung im Oberkiefer sehr gross, der Jochbogen vorn sehr hoch und die Griffelfortsätze lang, doch weicht die Bildung des Hinterhauptes ab, die Backenzähne sind mehr leporinisch, und der äussere Habitus wie die Lebensweise ist gänzlich verschieden. Für die Verwandtschaft entscheidend ist besonders die mittlere Partie des Schädels, also die Stirnbeine, die Jochbogen und die Backenzähne, der vordere und der hintere Theil ist durch die veränderte Lebensweise, besonders das Wühlen in der Erde, wodurch ebenso die Nasengegend wie das Hinterhaupt abgeändert wird, viel rascher differenzirt worden. Ferner zeigt *Cavia* in der Bildung des Schädels entschiedene Verwandtschaft, doch ist am Unterkiefer der hintere Flügel niedriger und der Eckfortsatz viel länger. Am nächsten steht *Aulacodus* dem südamerikanischen Schweifbiber *Myopotamus coypu*, dessen Schädel in der allgemeinen Bildung sehr ähnlich ist. Auch das Gebiss zeigt in der unteren Reihe, i n w e l c h e r w i r s t e t s d i e ä l t e r e F o r m d e r Z ä h n e f i n d e n, grosse Aehnlichkeit, indem auch hier die äussere Falte nach hinten, wie die obere nach aussen gerichtet ist, doch verlaufen die inneren Falten unten schräg nach hinten, und oben sind sie durch breitere Schmelzleisten getrennt. Die hinteren Falten des letzten Backenzahnes sind wiederum denen von *Aulacodus* sehr ähnlich, besonders denen des Jugendgebisses. Entfernter, aber immer noch ähnlich ist die Verwandtschaft mit *Castor fiber* im Gebiss, im Schädel mit *Acanthion mülleri* von Java, JENTINK, Cat. ostéol., Taf. 8. Ausserdem stehen *Aulacodus* sw. nahe die südamerikanischen und centralamerikanischen Borstenratten, wie *Loncheres cristatus, Mesomys spinosus, Nelomys antricola* und *Plagiodontia aedium*, die wie andere Nager eine frühtertiäre Verbindung zwischen Afrika und Südamerika wahrscheinlich machen, wie sie NEUMAYR in: Denkschr. Wien. Acad. Bd. 50 ausführlich begründet. Gleichfalls noch erkennbar ist die Aehnlichkeit mit dem Gebiss der eigentlichen Stachelschweine, deren Backenzähne sehr alte, denen der fossilen Nesodonten näherstehende Zahnformen zeigen. Aber schon bei *Nesodon* und *Toxodon*, zu welchen die lebende Gattung *Reithrodon* eine Brücke bildet, finden wir eine von aussen und 2 bis 3 von innen in die Zahnfläche eindringende Falten. *Aulacodus* hat sich also später von den südamerikanischen Stachelratten als mit ihnen zusammen von den Hystricinen abgetrennt, welche einen der ältesten Nagertypen repräsentiren (vergl. BRONN, Taf. 23—25 und Taf. 46).

Für die Entwicklung der Nager ist von höchster Bedeutung eine Abhandlung von E. D. COPE im American Naturalist, 1888, Jan., p. 3 ff. Nachdem RYDER in den Proc. Acad. Philad. 1877 darauf hingewiesen hatte, dass sich Spuren von accessorischen Incisiven bei Nagern in der Lücke zwischen Incis. und Molaren finden, gelang es

Cope's glänzendem Scharfsinn, unterstützt durch herrliche Entdeckungen
die Abstammung und Entwicklung der Nager für jeden, der sich nicht
absichtlich den Ergebnissen der Descendenz-Lehre verschliesst, festzustellen. Cope leitet die Ordnung der Nager von den *Tillodonta*,
einer Unterordnung der *Bunotheria* ab, welche sich mit den *Taenio-
donta* von einem Typus der *Bunotheria*, z. B. *Esthonyx*, entwickelte,
bei welchem sich die Dentes incisivi zu erheblicher Grösse zu verstärken beginnen. Das von Cope in den Puerco-beds entdeckte
*Psittacotherium multifragum*, wahrscheinlich der Urahn der Nager, und
*Calamodon simplex* aus dem Wasatsch-Eocän in Wyoming zeigt im
Unterkiefer echte Nagerzähne, aber keine Lücken zwischen Incis. und
Mol. Dieselbe ist vielmehr durch accessorische Schneidezähne ausgefüllt. Die Thätigkeit des Nagens ist es, welche nach Cope
die Entwicklung des Gebisses und des Schädels der Nager bewirkte.
Diese Thätigkeit übte den Hauptdruck auf die Incisivi
aus und bedingte eine Vorwärts- und Rückwärtsbe-
wegung des Unterkiefers. Die unteren Schneidezähne rückten
hinter die oberen, während umgekehrt bei den Carnivoren der nach
vorwärts gerichtete Druck auf den Unterkiefer und der Erwerb der
Fleischnahrung die Entwicklung der Caninen verursachte. Nur die
beiden mittleren Schneidezähne oben und unten entwickelten sich, die
übrigen und etwaige Caninen und die meisten Prämolaren verschwanden,
weil das Benagen unverdaulicher Stoffe, z. B. von Holz, die Entfernung der Späne durch die Lücke nothwendig machte. Die Bewegung
des Unterkiefers beim Nagen bewirkte ferner, dass der Processus
postglenoideus des Oberkiefers verschwand, der Condylus des Unterkiefers halbkugelig wurde und der
Processus coronoideus sich mehr und mehr (Murinen)
verschmälerte bis er bei den Leporinen fast ganz verschwand. Auch die Entwicklung der Molaren der Nager, die schräge
Stellung ihrer Längenachsen, das Uebergreifen der oberen Molaren-
reihe über die untere, die auch bei den Wiederkäuern durch die eigenartige Bewegung des Unterkiefers hervorgerufen sein wird, erklärt
Cope in scharfsinniger Weise durch die Bewegung des Unterkiefers
beim Nagen. Schon die *Marsupialia multituberculata*, wie *Plagiaulax*
und *Ctenacodon serratus* (p. 12), zeigen diese Entwicklung. Der Processus postglen. fehlte wahrscheinlich, der Condylus des Unterkiefers
ist abgerundet, und die unteren Schneidezähne zeigen eine den Nagern
ähnliche Form. Vergl. auch Schlosser, a. a. O., p. 116—155.

## 30. *Atherura africana* GRAY.

„Ein Stachelschwein mit kräftigen kurzen, 5—10 cm langen Stacheln, die nicht rund, sondern meist seitlich zusammengedrückt waren, wurde in Banana zur Küche geliefert. Das Fleisch war nicht sonderlich schmackhaft." H.

## 31. *Hystrix africae-australis* PETERS.

Fiote: nsekele.

„In der Umgebung des Banana Creek nicht selten. Die Stacheln dünner und schlanker als von *H. cristata*. Das gefangene Thier hält sich gut, gereizt, rasselt es mit den Stacheln und stampft mit einem Fusse stark auf." H. Damara-Ovamboland, Kalahari. SCH.

## 32. *Lepus capensis* L.

Litt. bei TROUESSART, Cat. des rongeurs, p. 204.

Pullus ♀. Kalahari, Juli 86. Coll. SCHINZ.

Die Jugendform von *Lepus capensis* weicht nicht unerheblich von adult. ab, besonders durch die Kürze des Ohrs und des Metatarsus, während die Unterschiede in der Färbung unbedeutender sind. Das Exemplar besitzt noch einen ziemlich grossen weissen Stirnfleck, wie auch der Pullus von *L. timidus*, die Stirn ist gelbgrau mit Schwarz gemischt, die Wangen weissgrau, das Haar hinter der Muffel nach hinten gerichtet. Von den Schnurren sind die vorderen weiss, die hinteren schwarz. Das Ohr ist etwas kürzer als der Kopf, hinten gelbgrau, die schwärzliche Spitze nicht scharf markirt, der Ohrrand oben ziemlich lang hell ockergelb behaart, unten ist derselbe weiss. Der Nacken ist röthlich gelbgrau, der Rücken gelbgrau mit Schwarz melirt, die Brust gelbgrau, die Seiten heller als der Rücken, Schultern und Vorderbeine gelbgrau mit röthlichem Anflug, die Hinterschenkel gelbgrau. Die Haare über den Zehen sind schwärzlich, die Oberseite des kurzen Schwanzes zeigt oben nur einen schmalen grauschwarzen Streifen, die Unterseite ist weiss. Die Behaarung ist lang, dicht und weich, die Unterwolle des Rückenhaares gelbgrau, das einzelne Haar an der Basis gelbgrau, dann schwarz geringelt mit gelber oder schwarzer Spitze. Das einzelne Haar ist bandartig breit mit schmaler Seitenfurche, besonders vor der Brust, wo sich die Haare rauh anfühlen, wenn auch nicht in so hohem Maasse wie bei dem ostasiatischen *L. mantschuricus.*

Maasse: Körper 28 cm, Kopf bis zwischen die Ohren 7,5, Ohr 6, Schnurren bis 4,5; Metacarpus und Hand 3,25, Vorderarm 4,5; Metatarsus 4, Fuss 2,5; Schwanz 4,5.

Ein erwachsenes Exemplar des Hamburger Museums stimmt im allgemeinen in der Färbung, doch ist der Nacken fast rein grau, das Weiss der Unterseite nicht ganz rein, die schwarze Oberseite des Schwanzes dunkler und breiter. Die characteristische Färbung des im erwachsenen Zustande etwas über kopflangen Ohres ist genau dieselbe wie beim Pullus. Maasse: Körper 51, Kopf 13, Ohr 14, Schwanz 8; Vorderarm und Fuss 15, Metatarsus und Fuss 12.

Die Nagezähne von *L. capensis* sind erheblich schmaler als von *L. timidus*, sie messen bei dem erwachsenen Hamburger Exemplar oben kaum 2 mm, unten 3,25 mm in der Breite, gegen 3 und 4 mm bei L. tim. Die Furche der oberen Nagezähne ist mehr dem inneren Rande genähert und nur durch eine sehr feine Leiste getheilt, während diese bei *L. timidus* so breit ist, dass bei alten Exemplaren der obere Nagezahn eine zweite Nebenfurche zu besitzen scheint. Von amerikanischen Hasen besitzt *L. campestris* ebenfalls nur eine tiefe Furche, während bei *L. californicus* eine kleine Nebenfurche erscheint. Die unteren Nagezähne von *L. timidus* sind gleichfalls nach der Innenkante zu seicht gefurcht, bei *L. capensis* dagegen glatt, die amerikanischen Arten zeigen eine sehr seichte Furche unten. Weitere Vergleichungen von Schädel und Gebiss waren mir nicht möglich, da im Hamburger Exemplare von *L. capensis* der Schädel im Balge steckte und meinem Pullus der Schädel fehlt. Die Jugendform der Leporiden schliesst sich hinsichtlich der Kürze der Ohren und des Metatarsus näher an *L. cuniculus* an, welches man als den älteren Typus der Leporiden betrachten muss. Uebrigens sind im Schädel und Gebiss die Unterschiede von *Lepus* und *Cuniculus* sehr unwesentlich, während doch bei den neugeborenen Pulli die Differenzen enorm gross sind. Die Molaren der Leporiden weisen auf Ahnen hin, welche dem Typus von Beutelthieren der Gruppe *Phascolomys* nahe standen. Vergl. auch *Kurtodon* OSBORN, Journ. in: Ac. Philad. 1888, p. 209.

In Afrika leben: im Norden *L. aegyptius* der nach Westasien hineinreicht, und *isabellinus,* der auf Nordafrika beschränkt ist, im Nordosten *L. microtis*, im Westen der langläufige kleine, erst vor einigen Jahren von JENTINK beschriebene *L. salae*, in Süd- und Centralafrika *L. saxatilis, crassicaudatus* und *capensis.*

Neuerdings sind drei Collectionen von Nagern aus West-Afrika bearbeitet durch OLDF. THOMAS in: Proc. L. Z. S., 1882, p. 265 und JENTINK in: Notes Leyden M., 1887, p. 171 ff. und 1888, p. 34—46. Ersterer fand in der von ANDERSON in Damaraland erworbenen Collection: 1. *Sciurus congicus,* 2. *Gerbillus tenuis,* 3. *Pachyuromys auricularis,* 4. *Saccostomus lapidarius,* 5. *Mus pumilio,* 6. *Mus minutoïdes,* 7. *Mus silaceus,* 8. *Mus coucha* und 9. *Mus nigricauda nov. sp.*

JENTINK's Collection vom Kongo und aus Mossamedes enthält davon 1, 5, 8, 9, ausserdem *Euryotis irrorata, Georychus hottentottus* und *Lepus ochropus.*

In der von demselben bearbeiteten Collection BÜTTIKOFER von Liberia sind vorhanden: *Anomalurus beecroflii, Anomalurus fraseri, Sciurus stangeri, Sc. aubinii, Sc. rufobrachiatus, Sc. punctatus, Sc. poënsis, Sc. pyrropus, Xerus erythropus, Graphiurus nagtglasii* JENT. *n. sp., Claviglis crassicaudatus* JENT. *n. g. et spec., Cricetomys gambianus, Lophuromys sikapusi, Mus rattus, M. decumanus, M. alexandrinus, M. nigricauda, M. rufinus, M. barbarus, M. trivirgatus, M. dorsalis, M. musculoïdes, Aulacodus swinderianus* (nach JENTINK richtiger *swinderenianus*), *Atherura africana, Hystrix cristata.*

## Carnivora.

### 33. *Felis leo* L.

Häufig in der Kalahari, am Ngamisee, am Okavambo und am Kunene von Humbe an aufwärts, ganz vereinzelt in Nama-Damara- und Ovamboland. SCH.

### 34. *Felis pardus* L.

Kalahari, Tunobis. Coll. SCHINZ. Vollst. Balg.

Der Hof der Flecke ist nicht wesentlich dunkler als der ocker-gelbe Ton des Fells, die Flecke sind sehr klein und dicht, die Voll-flecke ziehen sich von den Vorderbeinen über die Schulter, die hintere Schwanzhälfte ist im Grundton weiss. Körperlänge 113, Schwanz 80. Bei einem in meinem Besitz befindlichen Fell aus dem Somalilande ist der Grundton schmutzig olivengelb, die Ringflecke auf dem Rücken gehen in einander über und alle dunklen Flecke sind dunkel umbra-braun, nur die an den Vorderbeinen schwarz.

Der Leopard, in der Sprache der Fiote ngó, lebte noch vor etwa 30 Jahren in nächster Nähe von Banana, wo er jetzt ausgerottet ist. Auf der Prinzeninsel bei Boma soll er noch vorkommen, und oberhalb Boma gehört er nicht zu den Seltenheiten. Herr H. besitzt den

Schädel eines Thieres, das in Kaika-Masi am linken Kongoufer zwischen Boma und Nokki erlegt wurde. „In Lodïa Tafi unweit Vivi zeigte sich ein Leopard bei Tage, auf dem Hofe der Factorei ein Schwein verfolgend. Unweit Nokki wurde von einer Elfenbeinkaravane ein ganz junges, nur wenige Tage altes Thier am Wege gefunden. Vor 200 Jahren muss der Leopard am unteren Kongo noch eine wirkliche Landplage gewesen sein. Der Pater ZUCCHELLI berichtet, dass des Höchsten Gerechtigkeit, um die gottlosen Bewohner von Sogno an der Kongomündung zu züchtigen, ihnen eine nachdrückliche und notabele Züchtigung geschickt habe, indem alle Nächte die Tiger aus ihren Wäldern gingen frank und frei in die Ställe, allwo sie die Ziegen und Schweine wegfrassen, und dieser Raub geschah so vielfältig, dass oft die Zahl auf 8—10 Stück in einer Nacht anwuchs. Das Fell gilt als Abzeichen fürstlicher Würde; die Klauen werden von den Prinzen zuweilen zur Verzierung ihrer Mützen benutzt". H.

### 35. *Felis serval* SCHREB.

Ein junger Serval wurde von Negern in Banana zum Verkauf gebracht, starb aber schon nach einigen Tagen. Fell von gelblicher Grundfarbe mit runden schwarzen Tupfen. H.

### 36. *Felis neglecta* GRAY. ?

Neger brachten das Fell einer grösseren Katze von den Dimensionen eines Hühnerhundes in Banana zum Verkauf. Grundfarbe grau mit schwarzer Zeichnung, welche einigermaassen an die von *Viverra civetta* erinnerte. H.

Das Thier war höchst wahrscheinlich die sehr seltene *Felis neglecta* (= *chrysothrix* TEMM. ?), welche in einem schönen Exemplar 1888 im Hamburger zoologischen Garten lebte. Die Färbung ist dunkel chocoladengrau mit feinen schwarzen Tüpfelreihen und matter Gesichtszeichnung, in welcher der helle Streifen an der Innenseite der Augen und die Bänder auf den Wangen nur wenig markirt sind. Der mittellange Schwanz ist ziemlich dick, die Grösse etwa die von *Felis moormensis*, also den Angaben von HESSE entsprechend.

### 37. *Felis domestica* BRISS.

Cabinde: uaja, Mussurongo: mbúddi.

Die Hauskatze scheint in den Negerdörfern nicht gehalten zu werden, während sie in den Factoreien wegen der entsetzlichen Rattenplage nicht zu entbehren ist. Die am Kongo geborenen Katzen degeneriren und bleiben in der Grösse beträchtlich hinter den aus Europa importirten Eltern zurück. H.

### 38. *Cynaelurus guttatus* HERMANN.

Kalahari, Tunobis. Coll. SCHINZ. Balg.

TROUESSART vereinigt p. 96 alle *Cynaelurus* unter *jubatus*, doch glaube ich, dass *jubatus* und *guttatus* als Arten aus einander gehalten werden müssen. Das sehr grosse, von SCHINZ gesammelte Exemplar hat kurzes Haar, welches vom Nacken bis zu den Schultern nur wenig verlängert ist. Der Grundton ist ein schönes Gelbroth mit schwarzen ovalen Vollflecken, die auf dem Rücken sehr dicht stehen; an den Weichen und an den Schenkeln sind kleinere mattbraune dazwischen eingesprengt, wie sie sich auch beim chinesischen Tiger finden. Brust und Bauch sind im Grundton hell gelbgrau, wenig getüpfelt. Der Schwanz ist nicht, wie in der Abbildung bei BREHM, Thierleben, Bd. 1, p. 511, gebändert, sondern getüpfelt, auch die grossen Flecke der hinteren Schwanzhälfte sind nicht zu Bändern vereinigt. Körper 127 cm; Schwanzspitze fehlt. Bei den zahlreichen Exemplaren von *jubatus*, die ich lebend gesehen habe, war der Grundton gelblich grau und das Schwanzende geringelt, alle hatten eine starke Mähne. Ich besitze einen Balg der Varietät *C. soemmeringi* RÜPPELL aus dem Somalilande, welche aber entschieden mit *C. jubatus* vereinigt werden muss. Die Mähne ist sehr stark, schon der Scheitel lang behaart. Der Grundton auf Kopf und Nacken schmutzig gelbgrau, auf dem Rücken unrein ockergelb mit röthlichem Anflug und wegen der dicht gedrängten Flecke, die klein und mehr eckig als rund sind, auch sehr dicht stehen, viel dunkler als bei *C. jubatus*, Kehle und Bauch hell weissgrau. Die langen weissgrauen Haarspitzen der Mähne verdecken die Tüpfelung im Nacken fast vollständig. Uebrigens ist der Habitus durchaus derselbe wie bei *C. jubatus*.

### 39. *Lynx caracal* GÜLD.

Kalahari. Coll. SCHINZ.

Defecter Balg. Sehr lang- und flockhaarig, hell zimmtroth, Schwanzmitte mit schwarzem Streifen, Ohrpinsel aus schwarzen und weissen Haaren gebildet. Haarbasis und Spitze weisslich. Körper 88. Die nordafrikanischen Exemplare sehen mehr chocoladenfarben aus, der Färbung des Puma ähnlich.

11*

### 40. *Hyaena crocuta* ZIMM.
### und
### 41. *Hyaena striata* ERXLEBEN.

Kalahari, Tunobis. Coll. SCHINZ.

Dr. SCHINZ hat beide Arten überall in den von ihm bereisten
Gebieten gefunden, während *Hyaena striata* in Centralafrika zu fehlen
scheint. TROUESSART giebt für *striata* Nord-, Süd- und Südwestafrika
als Heimath an, während sich *crocuta* durch ganz Afrika südlich der
Sahara findet und bisher allein in Centralafrika beobachtet ist. Dagegen ist erstere fossil im oberen Pliocän von England und Frankreich
und letztere vielfach in Pliocän- und Quaternärschichten in Europa gefunden. WALLACE, Bd. 2, p. 223 giebt unrichtig nur Nordafrika als
Heimath von *Hyaena striata* an. Es scheint, dass durch die Entstehung der Sahara das Gebiet von *Hyaena crocuta* eingeengt worden
ist. Am unteren Kongo fehlt *H. crocuta* nach P. HESSE, doch soll
sie bei Ambriz nicht selten sein und in früheren Jahren öfter auf dem
Friedhofe zur Nachtzeit ihr Unwesen getrieben haben, so dass man
genöthigt war, denselben zu umzäunen.

Ein von Dr. SCHINZ gesammelter Balg von *H. crocuta* zeichnet
sich durch sehr schwache, kaum wahrnehmbare Tüpfel aus. Nur in
der Mitte des Rückens stehen grosse schwarze Flecke in 4 weitläufigen
Reihen. Der Grundton ist hellgrau, im Nacken schmutzig sepiagelb.
Die Haare bilden im Kreuz einen Wirbel und sind von hier bis zu
den Schultern nach vorn gesträubt. Der Bauch ist dunkler als die
Seiten. Die schwarze Schwanzquaste ausserordentlich stark, die Haut
der Hyäne auffallend dick. Körper 130, Schwanz ohne Haar 25, mit
Haar 40.

### 42. *Proteles lalandi* IS. GEOFFR.

Herr HESSE erhielt ein Fell aus der Umgegend von Benguella.

### 43. *Canis mesomelas* SCHREBER.

Kalahari, Tunobis. Coll. SCH.

*Canis mesomelas*, von den Ovaherero „ombandje“, von den //Ai
San (Buschmännern) „/giri“, von den Aandonga „ombandja“ genannt,
kommt noch ziemlich zahlreich in Südafrika vor. Ein aus 19 Fellen
zusammengenähter Kaross der Eingeborenen bot reiches Vergleichsmaterial. Die Schabracke war immer weiss und schwarz gefleckt, die

untere schwarze Umrandung immer sichtbar, aber bei einigen Bälgen fast verschwindend, die Stirn heller oder dunkler rothgrau, das Haar immer kurz. Herr HESSE erhielt Felle von Benguella.

### 44. *Canis adustus* SUNDEVALL = *lateralis* SCLATER.
#### Fiote: mbúlu.

Herr HESSE erhielt Exemplare von Cabinda und Massabe von gelblich grauer, auf dem Rücken rostroth angehauchter Farbe mit buschigem Schweife. Südlich von der Kongomündung ist derselbe besonders bei Mase Mandombe häufig. Zahme junge Thiere von dort zeichneten sich durch hellgraue Färbung des Balges, sowie durch eine weisse Schwanzspitze aus. Ausführliche Beobachtungen über *Canis adustus* bei PECHUEL-LOESCHE, Loango-Exped., Bd. 3, p. 227—230. Interessant ist, dass ein grosser Neufundländerhund des Herrn HESSE, der sehr zahm und gutartig war, gegen einen ganz jungen *Canis adustus*, der frei umherlief, eine unüberwindliche Abneigung zeigte. Wenn ihm das kleine Thier zu nahe kam, gab er durch wüthendes Bellen seinen Unwillen zu erkennen, versuchte indess nie das Thierchen zu beissen. Nahm man den Schakal in die Hand und rief den Hund herbei, so ergriff er die Flucht, während er sonst auf's Wort gehorchte. Mir scheint dies für die Thatsache zu sprechen, dass die klappohrigen *megalotis*-Hunde nichts mit denen zu thun haben, welche aus der *lupus*- und *lupulus*-Reihe entstanden sind.

### 45. *Canis familiaris* L.
#### Fiote: mbuá.

„In den meisten Dörfern findet man eine verkommene, magere, von Unrath lebende und mit Parasiten besetzte Rasse. Dieselbe ist mittelgross und schlank, mit spitzem Kopf und spitzen Ohren, die Farbe gewöhnlich braun, oder schwarz und gelb. Sie sind feige und falsch, nur wenige bellen, die meisten lassen ein langgezogenes Geheul hören. Zwei junge Thiere, die nach Europa geschickt wurden, sollen vortreffliche Jagdhunde geworden sein." H. Interessant ist in der Sprache der Fiote die Aehnlichkeit des Namens von Schakal und Hund, wie auch im Kiunyamuesi nach BÖHM der Schakal „limbúe" und der Haushund „imbúa" heisst. Das Studium der westafrikanischen Haushunde wird sehr dadurch erschwert, dass man es theils mit einheimischen, theils mit früher von den Portugiesen eingeführten Rassen zu thun hat. Haushunde von Kamerun im Berliner Zoologischen

Garten waren weiss und braun gefleckt oder isabellgelb mit weisser Blässe, kurzhaarig, schlank, mit halben Klappohren. Die Jungen mehr schakalartig, gelbgrau mit schwärzlicher Schnauze, weisser Blässe und zum Theil weissen Füssen, alle mit schwarzem Augenfleck. Bei allen war das Weisse im Auge auffallend stark zu sehen. Mir scheinen die Thiere Bastarde von eingeführten und afrikanischen Hunden zu sein.

### 46. *Otocyon caffer* LICHTENSTEIN.

Litt. bei TROUESSART, Cat. des carn., p. 51.

Kalahari, Tunobis. Coll. SCH.

Ein leider sehr defecter Balg, an welchem der untere Theil der Tarsen, der Schwanz, der Unterkiefer und ein Ohr fehlten, bewies, dass die grünliche Färbung des Rückens, den die Autoren und auch FRITSCH (Reise, p. 286) erwähnen, mindestens nicht allgemein ist, denn es ist keine Spur davon vorhanden. Das Haar ist gegenüber dem anderer Schakalarten sehr lang, fast flockig und dicht, auf dem Rücken 6, an der Schwanzbasis 9 cm lang, die dichte Unterwolle umbragrau, das Haar gelblich, auf dem Rücken mehr röthlich mit schwarzem und weisslichem Ringe, welcher auf der Oberseite eine weissliche Sprenkelung bewirkt, und immer schwarzer, oft langer Spitze. Sehr characteristisch ist das ca 26 mm lange, ovale, schräg und näher der Nasenspitze stehende, nicht heller umrandete Auge, das grosse, aussen gelbbraun behaarte Ohr, vor welchem ein weisslicher Haarbüschel steht, der bis zwischen die Augen reichende braune Nasenrücken mit straffem Haar und ein vom äusseren Augenwinkel zur Ohrbasis verlaufender graubrauner Streifen, sowie die braune Oberlippe. Die Stirn ist hell graubräunlich, über den Augen noch heller, die Kehle ockergelb, der Bauch gelblich grau, die Färbung nirgends scharf abgesetzt und nicht wesentlich von manchen Exemplaren von *C. aureus* verschieden. Ein dunkler Schultersattel ist durch etwas längere schwarze Haarspitzen eben angedeutet. Die Aussenseite der Beine ist tief schwarzbraun, an der Hinterseite dunkel umbrabraun, die dunkle Färbung durch einen schmalen gelben Streifen getrennt. Körper 62, die schwarzen Schnurren 6, das Ohr gegen 8 cm lang. In der Abbildung bei BREHM, Bd. 1, p. 690 ist das Thier entschieden zu dunkel gefärbt. Die Aandonga nennen nach Dr. SCHINZ das Thier „ombuya“, die Ovaherero „okataha“, die //Ai San (Buschmänner) „//a“, die Hottentotten nach FRITSCH „motlosi“.

Ein zweiter sehr interessanter, ebenfalls unvollständiger Balg des

Herrn Dr. Schinz lässt sich mit keiner bisher bekannten Schakalart identificiren, vereinigt aber in auffallender Weise die Eigenthümlichkeiten von *Otocyon caffer* und *Canis mesomelas*. Es ist sehr unwahrscheinlich, dass in Südafrika noch sollte eine neue Schakalart entdeckt werden, vielmehr scheint das Thier, welches von den Hottentotten Drey-Schakal, wahrscheinlich, wie Dr. Schinz glaubt, nach einem verballhornten holländischen Worte genannt wird, ein Bastard von *Otocyon caffer* und *Canis mesomelas* zu sein. Herr Dr. Schinz hat nur diesen einen Balg von Eingeborenen erwerben können, und nur erfahren, dass das Thier sehr selten sei und sehr geschätzt werde. Es muss danach also doch öfter gefunden werden.

Die Körpergestalt ist der von *Otocyon caffer*, dagegen die Färbung der von *C. mesomelas* ähnlich. Die schräg stehenden ovalen Augen sind ebenfalls sehr gross und stehen nahe bei einander, der Nasenspitze näher als dem Ohr, das Ohr ist gross und breit, gleichfalls sind die Haare des Nasenrückens straff und borstenartig, aber es fehlt im Gesicht durchaus die für *Otocyon caffer* characteristische Zeichnung. Die Färbung des Gesichts ist hell röthlich weiss mit etwas bräunlicher Beimischung, die Haarspitzen röthlich weiss, das Auge ist heller umrandet, die schwarzen Schnurren 5,5 lang, über den Augen und an den Wangen stehen 4 cm lange schwarze Borsten, die bei *Otocyon caffer* kürzer und sparsamer sind. Das Ohr ist viel heller behaart als bei *O. caffer*, aussen röthlich mit bräunlicher Beimischung und weissem Rande wie bei *O. caffer*. Die Halsseiten sind fahlgelblich mit weisslichen Haarspitzen, die Seiten ockergelb, Kehle, Brust und Bauch weisslich graubraun, die Vorderbeine gelblich weiss, an der Hinterseite gelbbraun, die Hinterbeine vorn röthlich weiss, der Metatarsus hinten scharf abgesetzt gelbbraun und wollig, über dem Metatarsus sind die Hinterschenkel schwärzlich, weil die gelben Haare lange schwarze Spitzen haben. Der dicht behaarte Schwanz, dessen Spitze fehlt, ist weisslich gelbgrau mit schwarzem Mittelstreif wie bei *C. mesomelas*. Ebenso ist die Oberseite vom Nacken an silbergrau, indem feine schwarze und weisse Tüpfel mit einander wechseln, doch ist diese Färbung an den Seiten nicht durch einen schwarzen Streifen eingefasst, wie bei *C. mesomelas*. Das Haar ist ebenso lang und flockig wie bei *Otocyon caffer*, die Grundwolle gelbgrau, das Grannenhaar an der Basis falbbraun, dann weiss geringelt mit schwarzer Spitze. Auf dem Rücken fühlen sich die Haare straff an, wie bei *O. caffer*. Die Färbung stimmt also fast genau mit *C. mesomelas* überein, an *C. lateralis* ist natürlich nicht zu denken. Maasse: Körper 60, Entfernung der beiden Augen 15 mm, Breite der Nase 16 mm, Ohr 72,

basale Breite desselben 72, Metatarsus bis zum fehlenden Fuss 10,5.
Ich habe im: Zoolog. Garten 1885, p. 109 einen afrikanischen Caniden
nach dem Leben abgebildet und beschrieben, welcher mit hoher Wahrscheinlichkeit ein Bastard von *C. mesomelas* und einem afrikanischen
Haushunde war. Wenn es sich bewahrheiten sollte, dass ein anatomisch
von dem Schakale so weit verschiedener *megalotis*-Canide, in welcher
Gruppe COPE die ältesten noch lebenden Caniden sieht, sich öfter
fruchtbar mit dem ebenfalls grossohrigen, aber sonst den Alopeciden
näher stehenden Schabrackenschakal in der Freiheit paart, so würde
darin ein wichtiger Schlüssel für die Entstehung der Hundearten
liegen. Auch ein von mir im Zoolog. Garten beschriebener Bastard
von Wolf und Hund aus Bosnien ist wahrscheinlich in der Freiheit
entstanden.

### 47. *Lutra inunguis* F. CUV.

Litt. bei TROUESSART, Cat. des carn., p. 51.

Defecter Balg ohne Tarsen. Ngamisee. Coll. SCHINZ.

Färbung dunkel kastanienbraun, stark metallisch glänzend mit
einzelnen weisslichen Haarspitzen, welche besonders im Nacken zahlreicher sind. Am Schwanz sind die Haarspitzen gelbbraun. Unterwolle
gelbgrau, an der Unterseite gelb, Lippenrand weissgelb, Schnurren
hell gelbbraun, Halsseiten röthlichbraun. Die Unterseite und der
obere Theil der Beine etwas heller. Der untere dunklere Theil der
Beine und die so interessanten, theilweise nagellosen Füsse fehlen.
Das Auge steht schräg, das kleine schmale Ohr ist dem des
Seehunds ähnlich, verschliessbar, und wie der Körper gefärbt.
Der braune Fleck zwischen Nase und Auge ist wenig deutlich.
Körper 73, Schwanz 38, Ohr 15 mm, Augenspalt 18 mm, Entfernung
zwischen Auge und Ohr 4,5, zwischen Auge und Nase 2,5 cm. JEN-
TINK erhielt *Lutra inunguis* von Otjipahe südlich von Mossamedes,
in: Notes 1887, p. 172. Ausser der von TROUESSART mit *Aonyx* vereinigten *Lutra inunguis*, deren verlassene Bauten Dr. SCHINZ weit ab
vom Ufer des immer kleiner werdenden Ngamisees zahlreich gefunden
hat, lebt in Süd- und Westafrika noch die von LICHTENSTEIN entdeckte, am Halse und an den Vorderbeinen gefleckte *Lutra maculicollis*. Die sehr kleinkrallige *Aonyx leptonyx* ist auf Südasien beschränkt.
Die otterartige, sich gleichfalls von Fischen nährende und im Wasser
lebende *Potamogale velox* (abgebildet bei WALLACE, Verbreitung der
Thiere, Bd. 2, p. 310) wird zu den Insectenfressern gerechnet und
findet sich nur in Westafrika. Interessant ist, wie bei den Maniden,

bei *Hyaemoschus* und *Megaloglossus woermanni* (s. unten) das dis-
continuirliche Vorkommen nahe verwandter Arten in Westafrika und
Südasien, welches auf eine nach NEUMAYR in der Jurazeit vorhandene
Verbindung Südwestafrikas mit Südasien (Gondwána SUESS) hinweist.

### 48.  *Viverra civetta* SCHREB. *var. poortmanni* PUCHER.

Rev. et Magaz. Zool., 1855, p. 304.

Oefter von Herrn HESSE in Banana gefangen gesehen. Der Cadaver eines jungen Thieres stark von Parasiten besetzt. Auch von
PECHUEL-LOESCHE beobachtet.

### 49.  *Genetta senegalensis* F. CUV.

### Taf. IV, Fig. 30—32.

Litt. bei TROUESSART, Cat. des carnivores, p. 82.

Balg und Schädel ♂, Kalahari, Juli. Coll. SCHINZ.

Das Studium der Genetten ist ausserordentlich schwierig, weil
wir bei keiner Gruppe der Viverren so viele Uebergänge finden und
doch wieder die einzelnen regionalen Arten resp. Varietäten sich
unterscheiden. Auch das Studium der Schädel bietet, wie bei den
Viverren überhaupt, grosse Schwierigkeiten. Molaren fehlen oder sind
vorhanden. Die Altersdifferenzen bei einer Art der Viverren und
Mustelinen sind oft grösser, als sonst zwischen zwei wohl unterschiedenen Arten. Es waren z. B. 5 Schädel des Zobels vom Amur,
welche ich untersuchte, dem von *Mustela abietum* viel ähnlicher als
dem von MIDDENDORFF abgebildeten Zobelschädel. Es wird also für
das Verständniss der Genetten ziemlich gleichgültig sein, oh man mit
TROUESSART nur 2 Arten, *G. vulgáris* und *tigrina*, oder mit GRAY
(in: Proc. L. Z. S. 1864) 5, nämlich *G. vulgaris, felina, senegalensis,
tigrina* und *pardina* annimmt, wozu noch die etwas weiter abstehende
*Fossa daubentoni* auf Madagaskar kommt. Vielleicht empfiehlt es
sich, sämmtliche Genetten zu einer Art zu vereinigen und *Fossa
daubentoni* als *Genetta daubentoni* anzureihen. Der Genettentypus
zeigt nämlich in seiner Differenzirung noch deutlich den Ursprung aus
einem gemeinsamen Stamm, und die längere oder kürzere Zeit, welche
seit der Abzweigung vergangen ist, erklärt neben den verschiedenen
Lebensbedingungen die grössere oder geringere Differenz. Ich führe
als Beispiel für die Differenzirung in der Farbe 2 Genetten an, eine
im Sommer 1887 im Hamburger Zoologischen Garten lebend studirte
Art aus Westafrika, welche sich von den mir bekannten Genetten

durch die tief dunkle Färbung und fast zusammenlaufende grosse Flecken unterscheidet und vielleicht ein sehr dunkles Exemplar von *G. pardina* ist, sodann einen in meinem Besitz befindlichen Balg von *G. vulgaris* aus dem Somalilande.

1. *G. pardina*? aus Westafrika: Stirn gelbbraun, der seitliche Nasenfleck sehr gross, fast schwarz. Der helle Fleck unter den schwarz umrandeten Augen sehr stark markirt, Schnurren meist schwarz, Ohr dunkel umbra, Grundton der Färbung dunkel umbragelb, Nacken röthlichbraun, etwas gemähnt, fein getüpfelt. Sehr dunkle, fast schwarze Fleckenreihen, die beinahe zu Streifen verschmelzen und an den Schultern durch Querriegel verbunden sind, ziehen sich über den Körper, ein breiter schwarzer Streifen über den Hinterrücken; der dicke, dicht behaarte Schwanz ist tief dunkelbraun, die Endhälfte schwarz, die sehr breiten dunklen Ringe sind durch 7 ganz schmale helle Ringe unterbrochen. Beine dunkel umbrabraun, tief schwarzbraun getüpfelt. Auge grün mit ganz schmaler Pupille, wie bei *Nandinia binotata*. Wesen sehr wild und scheu. Das Thier kommt bei Tage nie freiwillig aus seinem dunklen Käfig. Herr HESSE sah ein sehr zahmes junges Exemplar von *G. pardina* in Banana.

2. *G. vulgaris*, Somaliland: Grundton der Färbung hell umbragrau, der dunkle Nasenfleck klein und matt. Schnurren meist weiss. Flecke klein und sparsam, hell gelbbraun, die Seitenstreifen am Halse fast verschwindend. Der stark gemähnte Rücken ohne deutliche Flecke und Streifen, nur einzelne Haarbüschel mit langen schwarzbraunen Spitzen. Der lange dünne Schwanz mit breiten weissen und schmalen umbraröthlichen Ringen. Die dunkle Färbung an der Hinterseite der Vorderbeine fast verschwindend, nur an der Hinterseite des Metatarsus umbrabraun. Körper 52, Schwanz 52.

Die Färbung der beiden Thiere entspricht aufs genaueste ihrem Aufenthalte: dort der dunkle lichtscheue Bewohner des dunklen westafrikanischen Urwaldes, in welchem man selbst um die Mittagszeit kaum lesen kann, das Auge, welches sonst bei Genetten eine gelbbraune Iris und grössere oder kleinere ovale Pupille hat, die sich keineswegs immer, wie BREHM sagt, am Licht zu einem Spalt zusammenzieht, ganz der Dunkelheit angepasst, hier das licht und diffus gefärbte Kind des baumlosen, sonnenverbrannten, felsigen Somalilandes, die Färbung genau der des felsigen Bodens entsprechend.

Auch sonst zeigen westafrikanische Viverren eine auffallend dunkle Färbung. Dunkel ist *Nandinia binotata*, dunkel *Herpestes pluto* und *Athilax vansire*, dunkel auch *Felis neglecta*.

Für das Studium der Genetten stand mir im Sommer 1887 in Hamburg ein verhältnissmässig reiches Material an lebenden Exemplaren, Bälgen und Schädeln zu Gebote. Im Zoologischen Garten waren *Fossa daubentoni*, *Genetta tigrina*, *pardina*? und *vulgaris*, im Museum alle Arten ausser *Genetta senegalensis* vertreten.

Die unterscheidenden Merkmale der bisher unterschiedenen Arten sind nach GRAY folgende:

1. *Genetta vulgaris*. Schwärzlich grau, schwarz gefleckt, langer Schwanz mit gleich breiten schwarzen und weissen Ringen und weisser Spitze (?). Rücken mässig gemähnt mit schwarzem Längenstreifen. Vorderbeine und Füsse grau mit schwarzen Flecken. Metatarsus hinten schwarzbraun. Hab. paläarktische und äthiopische Region.

2. *Genetta felina*. Schwärzlich grau, schwarz gefleckt, lange schwarze Rückenlinie, Schwanz wie bei *G. vulgaris*. Aussenseite der Beine schwarz, Füsse schwärzlich. Deutlicher schwarzer Streifen zwischen den Augen. Kopf, Beine und Füsse dunkler als bei *G. vulgaris*. Hab. Süd- und Südwestafrika. Die Form ist nur als Varietät von *G. vulgaris* zu betrachten, sowie etwa *Graphiurus* und *Eliomys* sich sehr nahe stehen.

3. *Genetta senegalensis*. Hell gelbgrau, bräunlich gefleckt, Rücken hinten stark gemähnt mit schwarzer Mittellinie. Schwanz lang, gelb und schwarz geringelt, Spitze blass, die gelben Ringe breiter. Hinterseite des Metatarsus schwärzlich braun. Hab. Nord-, West- und Südafrika.

4. *Genetta pardina*. Schwanz subcylindrisch mit kurzem Haar, schwarz. Schwanzmitte mit einigen schmalen weissen oder röthlichen Ringen. Färbung röthlich graubraun mit schwarzen, im Centrum mehr oder weniger braunen Flecken. Füsse und Hinterseite der Beine braun. Hab. tropisches Westafrika.

Wenn die oben beschriebene westafrikanische Species mit *G. pardina* vereinigt werden kann, was wegen der noch viel dunkleren Färbung seine Schwierigkeit hat und erst durch Untersuchung des jetzt im Hamburger Museum befindlichen Balges und Schädels entschieden werden kann, so muss *G. pardina* schon wegen des ganz anders als bei den übrigen Genetten gebildeten Auges als abweichende Varietät aufrecht erhalten werden.

5. *Genetta tigrina*. Schwanz subcylindrisch mit kurzem Haar, breiteren weissen Ringen und schwarzer Spitze. Körper graubraun mit schwarzen Flecken, die breiteren im Centrum mehr oder weniger braun. Hinterfüsse dunkler. Hab. Ost-, West- und Südafrika.

6. *Fossa daubentoni.* Kleiner Kopf, grosse, nahe beieinander stehende Ohren und tief schwarze grosse genäherte Augen, subcylindrischer, stark behaarter kurzer Schwanz mit breiten weissen, schmalen schwarzen Ringen und weisser Spitze. Die kleinen dunkelbraunen Flecke auf graubraunem Grunde bilden regelmässige Reihen und sind an den Halsseiten und auf dem Rücken fast zu Streifen vereinigt. Beine umbrabraun, die vorderen dunkler. Hab. Madagaskar und Ostafrika, woher das Hamburger Exemplar stammte. Wesen schüchtern, aber nicht wild. Nachtthier, welches nur ungern den dunklen Käfig verlässt.

Die Diagnosen erweisen sich Angesichts lebender Thiere immer nur innerhalb gewisser Grenzen als richtig. Bei einer lebenden *Viverra tigrina* aus Ostafrika waren die schwarzen Schwanzringe die breiteren, die Spitze auf ein Viertel der Schwanzlänge hin schwarz, die schwarzen Flecke gross, auch im Nacken ein dunkler Mittelstreif. Die braune Farbe der Vorderbeine war wenig bemerkbar. Iris gelbbraun, Pupille senkrecht oval, Wesen ziemlich zahm und nicht sehr lichtscheu. Verliess freiwillig den dunklen Käfig.

Eine westafrikanische *G. tigrina* des Hamburger Zool. Gartens war hell gelbgrau mit mittelgrossen schwarzen Flecken, der Schulterstreifen schmaler als bei der ostafrikanischen Form, der Schwanz gelb und braun geringelt, die hinteren dunklen Ringel breiter, die Spitze schwarz. Die Beine waren nicht dunkler als der Körper, der hellbraune Nasenfleck nicht sehr stark, die Insel der vorderen Rückenflecke heller als der Grundton. Eine Mähne fehlte ganz. Die Iris des Auges war grünbraun, die Pupille ein schmaler verticaler Spalt, Wesen viel scheuer und wilder, als bei der ostafrikanischen Genette. Das Thier spuckte bei der Annäherung des Menschen wie eine Katze. Die beiden Exemplare von *Genetta vulgaris* aus Südspanien zeigten die bekannte hell gelblich braune Färbung, die grossen, matt braunen Flecke, welche fast doppelt so gross sind wie die von *G. tigrina*, auf dem Rücken einen breiten ununterbrochenen Streifen ohne Mähne und s c h w a r z e Schwanzspitze.

Man sieht, dass die Färbung der Schwanzspitze zwar bei *G. tigrina* und *pardina* constant ist, dass aber *G. vulgaris* sowohl eine dunkle als auch helle Schwanzspitze besitzt, bei meinem Exemplar aus dem Somalilande ist die Spitze oben hellbraun, unten weiss. Es finden sich also im äusseren Habitus überall Uebergänge, welche die einzelnen typisch unterschiedenen Arten wieder verbinden. Biologische Bemerkungen finden sich bei PECHUEL-LOESCHE, Bd. 3, p. 231, v. D. DECKEN,

Reisen, Bd. 1, p. 66 und v. HEUGLIN, Reise ins Gebiet des weissen Nil, p. 322. Versuche, die einzelnen Arten zur Verbastardirung zu bringen, sind kaum zu erwarten, da die bei uns lebend gehaltenen Genetten nach kurzer Zeit eingehen. Von den im Hamburger Zool. Garten 1887 vorhandenen zahlreichen Genetten hat keine einschliesslich *Fossa daubentoni* den Sommer überlebt. Also auch in der Beziehung sind die Schwierigkeiten vorläufig unüberwindlich.

Der aus der Kalahari stammende Balg von *G. senegalensis* zeigt weissgraues Gesicht mit umbradunklem Nasenfleck und zahlreichen, bis 83 mm langen, unten weissen, oben schwarzen Schnurren, das Ohr, welches schmaler ist als bei *G. vulgaris*, hinten hell umbragrau, über den gelbbraunen Nacken ziehen sich vier undeutliche braune, schwarz getüpfelte Streifen, über den Rücken ein langer schwarzer Haarkamm, dessen Haare bis 6 cm messen. Die Seitenflecke sind klein, umbragelbbraun mit gelber oder schwarzer Insel, an den Hinterschenkeln fast schwarz. Schwanz mittellang, gelbweiss und schwarz, in der letzten Hälfte breit weiss und schwarz geringelt, mit oben schwarzer, unten weisser Spitze. Unterarm hinten hell umbrabraun, Metatarsus hinten dunkler. Körper 45, Schwanz 32, mit Haar 35, Ohr 31 mm, Vorderarm 10,5, Metacarpus und Hand 38, Metatarsus und Fuss 70 mm. Am Metacarpus hinten ein 9 mm langer ovaler Ballen, mittlerer Handballen dreifach gefaltet ohne tiefen Furchen, Fussballen dreifach, tiefer gefaltet als vorn, hinten am Metatarsus 2 feine parallele unbehaarte Streifen, die sich nach unten vereinigen. Eine gründliche Untersuchung der Fussballen der Säugethiere wird durch die unpractische Befestigung ohne Schrauben, wie sie sich bei älteren Exemplaren in den Museen vielfach findet, sehr erschwert, würde aber bei den Viverren zu wichtigen Resultaten führen.

Maasse von *G. vulgaris* Hamb. Museum: Körper 57, Schwanz 40, mit Haar 42, Vorderarm und Hand 13, Metatarsus und Fuss 9, Radius ca. 9, Tibia ca. 12, Ohr 30 mm.

Maasse von *G. tigrina* ebenda: Körper 42, Schwanz 30, mit Haar 32, Ohr 25 mm, also erheblich kürzer als bei *G. vulgaris*, wie denn auch der Kopf kürzer ist. Vorderarm mit Hand ca. 10, Metatarsus und Fuss ca. 7,5, Tibia 10.

Der Schädel (Taf. IV, Fig. 30—32) ist lang gestreckt, die Basis der durch eine Medianfurche getrennten Nasenbeine etwas hervortretend, die Schädelkapsel gewölbt. Die Stirnbeine greifen in zwei Bogen in die Scheitelbeine ein, die stark in die Höhe gezogenen Jochbogen laufen von oben gesehen fast parallel. Die Lambdanaht ist von oben gesehen flach dreieckig, die Seitenflügel stark ausgeschweift, also die

Nackenmuskeln kräftig entwickelt. Die Hinterhauptscondylen und Proc. occipit. sind kräftig entwickelt, die innere Scheidewand des Schädels, welche für die Unterscheidung der Arten sehr wichtig ist, hat oben einen starken dreieckigen Zacken. Der hintere Theil der Bullae aud. ist oval, der vordere ziemlich scharf abgesetzte schneckenförmig gebogen. Die Orbitalzacken sind kurz, die Orbitalleisten verlaufen bis zum Ende der Stirnbeine. Der seitliche Rand der schmalen Nasenbeine setzt sich scharf gegen den Oberkiefer ab, das länglich ovale For. infraorb. sitzt hoch. Der knöcherne Gaumen endet in einen nach hinten vorspringenden Zacken.

Der schlanke Unterkiefer ist stark gebogen, der hintere Rand des Proc. coron. convex.

Bei einem Schädel von *G. tigrina* ♂ im Hamburger Museum ist die Schädelkapsel flacher und schmaler, die Nasenbeine mehr eingebogen, die Einschnürung hinter den längeren Orbitalzacken schärfer, die Crista des Hinterhauptes stärker in die Höhe gezogen. Die Jochbogen stehen weiter ab, die vordere Windung der Bullae aud. ist schwächer, der aufsteigende Ast des Unterkiefers höher und schmaler, auch der Condylus höher angesetzt. Ein sehr alter Schädel von *G. tigrina* zeigt eine noch schmalere Schädelkapsel, noch stärkere Einschnürung vor der Stirn und eine bis zur Höhe des Scheitels emporgezogene Crista sowie nach hinten umgebogene Proc. cor. des Unterkiefers. Die Schädeldifferenzen zwischen *G. senegalensis* und *tigrina* sind also relativ sehr gross, absolut aber nicht stärker als zwischen jungen und sehr alten Exemplaren einer Species der Viverren oder Mustelinen.

Vergleichende Maasse von *G. senegalensis* und *G. tigrina*.

|  | G. sen. ♀. | G. tigr. ♂. adult. | G. tigr. ♂. senil. |
|---|---|---|---|
| Scheitellänge | 82 | 83 | 92 |
| In der Krümmung | 90 | 75 |  |
| Basilarlänge | 74 |  |  |
| Grösste Scheitelbreite dicht hinter den Jochbogen | 32 | 27 | 30 |
| Hinten zwischen den Bullae aud. | 25 | 24 | 27 |
| Hinten zwischen den Jochbogen | 38,5 | 24 | 46 |
| Höhe des Hinterhauptes | 19,5 |  |  |
| Hinterhauptloch breit | 7,5 |  |  |
| hoch | 8,5 |  |  |
| Scheitelhöhe zwischen den Bullae aud. | 26,5 |  |  |
| Bullae aud. lang | 17 |  |  |
| breit | 9 |  |  |

|  | G. sen. ♀. | G. tigr. ♂. adult. | G. tigr. ♂. senil. |
|---|---|---|---|
| Scheitelbeine . . . . . . . . . . . | 35 | | |
| Stirnbeine . . . . . . . . . . . . | 29,5 | | |
| Nasenbeine . . . . . . . . . . . . | 16 | | |
| Einschnürung hinter den Orbitalzacken . . | 16 | 12 | 11 |
| Vor den Augen . . . . . . . . . . | 12 | 11,5 | 12 |
| Breite des Nasenrückens . . . . . . . | 5 | | |
| Ganzer Jochbogen . . . . . . . . . | 36 | | |
| Knöcherner Gaumen . . . . . . . . | 37 | | |
| Unterkiefer bis zum Proc. cor. . . . . . | 44,5 | | |
| bis zum Condylus . . . . . . . . . | 56 | 57 | 60 |
| Höhe des horizontalen Astes . . . . . | 7,5 | 7 | 9,5 |
| Höhe des Proc. cor. . . . . . . . . . | 18 | 19 | |

$$\text{Zahnformel der Genetten: I } \frac{6+6}{6+6} \; C \; \frac{1+1}{1+1} \; P \; \frac{3+3}{3+3} \; M \; \frac{2+2}{2+2}.$$

I oben mit convexer Schneide und seitlich etwas vorspringenden Kanten, unten stark zweilappig. C oben schlank, stark gekrümmt, unten in der Basalhälfte verdickt mit hinterem kleinem Zacken, glatt. Die Prämolaren und Molaren der Genetten zeigen sehr schlanke und spitze Formen, welche an die mancher Insectenfresser erinnern und beweisen, dass der Genettentypus sich schon früh von dem der Insectivoren getrennt hat. Von den oberen Präm. der *Genetta senegalensis* ist P I von C und P II durch eine Lücke getrennt, mittelgross, dreieckig mit vorn stark convexer, hinten schwach concaver Schneide, P II besitzt vorn einen, hinten zwei Basalzacken. Bei P III ist der Hauptzacken nach hinten und innen gebogen, der vordere Zacken hat hinten an der Innenseite einen kleinen Höcker, der innere Nebenhöcker des Hauptzacken ist sehr schwach, der hintere Zacken aussen ausgekehlt, die vordere scharfe Schneide desselben mit kleiner convexer Erhebung. Der Molar I ist niedrig, der zweite Aussenzacken nach hinten gebogen, der erste der beiden Aussenhöcker stark nach aussen gerückt, die beiden inneren Nebenhöcker klein. Der lange schmale Innenhöcker hat eine vertiefte Kaufläche und scharfe Innenkante. Auch bei M II ist die Kaufläche vertieft, der Aussenhöcker nach vorn vorspringend, der hintere Höcker zweilappig.

Unten sind P I und II stark nach vorn gerichtet, bei P I ist der vordere Zacken schwächer als der hintere, P II mit stärkerem Vorderzacken und zwei rechteckigen Hinterzacken. P III mit starker kantiger Basalwulst, kleinen eingekerbten Vorderzacken und zwei kleinere hinteren Basalzacken. Bei M I ist der Hauptzacken schmaler als bei den Feliden, der vordere Zacken mit etwas eingekerbter Kante ganz nach innen gerückt, der niedrige Innenzacken mit einem kleinen hinteren Zacken verbunden und stark vertiefter Kaufläche. M II besitzt einen kräftigen dreieckigen Aussenzacken, die beiden inneren Spitzen sind nach vorn gerichtet, von ihnen die vordere zweilappig, die Kaufläche stark vertieft.

Bei den beiden Schädeln von *G. tigrina* besitzen die C. eine doppelte Seitenfurche; freilich ist auf die Furchung der Caninen nicht viel Gewicht zu legen, da ich sie bei Mustelinen derselben Art stärker oder schwächer entwickelt oder fehlend gefunden habe. Auch die Incis. von *G. tigrina* unterscheiden sich, die unteren sind ungelappt, die oberen haben eine dreieckige Schneide, indessen variirt die Form der Schneide sehr mit dem Alter. Die P. und M. sind sehr ähnlich, die grössere oder geringere Länge der Nebenzacken mehr durch Alter und Abnutzung als durch specifische Unterschiede bedingt.

## 50. *Nandinia binotata* GRAY.

Litt. bei TROUESSART, p. 75.

Defecter Balg ♂, Banana. Coll. HESSE.

„Nicht selten, das Fell wird von vornehmen Negern über dem Lendenschurz getragen. Das Thier raubt besonders Nachts Hühner in den Negerdörfern. Ein gefangenes Exemplar war scheu und fauchte mich bei jeder Annäherung wüthend an. Ein lebendes Huhn wurde nie in meiner Anwesenheit berührt, sowie ich aber einige Schritte zurück trat, sofort an der Kehle gepackt." H.

Färbung dunkel gelbbraun, etwas heller, als ich sie bei lebenden Exemplaren gesehen habe, Halsseiten mehr mit Grau gemischt, Kehle mehr gelb, Unterseite besonders nach dem Bauche hin mehr rostgelb, die Hinterseite des Rückens mit roströthlichem Anfluge. Der lange, zugespitzte Schwanz rostgelblich mit undeutlichen braungelben Ringen und braungelber Spitze. Das Haar ist an der Basis braungrau, die Haarspitzen hell gelblich, hinten mehr röthlich, einige mit kurzer brauner Spitze. Ueber den Nacken ziehen sich drei dunkelbraune Bänder, über den Rücken undeutliche braune Flecke. Die beiden hellen Flecke über den Schultern sind wenig markirt. Die braunen Schnurren sind bis 8 cm lang. Körper 56, Schwanz 57, mit Haar 59. Ich habe das Thier zweimal lebend gesehen und eine lebende *Nandinia binotata* in: Zool. Garten 1886, p. 78—80 genauer beschrieben. Hier möchte ich nur hervorheben, dass *N. binotata* ein vollendes Nachtthier ist, wie dies ähnlich der oben beschriebenen westafrikanischen

Genette die grüngelbe Iris mit ganz schmaler Pupille beweist. In der Gefangenschaft zieht sich das Thier immer in's Dunkel zurück und .frisst kein Fleisch, sondern nur Früchte, besonders Datteln und Feigen, in der Freiheit wohl auch Insecten. Von besonderem Interesse ist eine unbehaarte Bauchfalte, welche auch FLOWER (in: Proc. L. Z. S. 1872, p. 683) bespricht und die mir als ein Rest des Beutelthierstadiums erscheint. Bei dem vorliegenden Balge ist von derselben nichts zu sehen, doch habe ich sie am lebenden Thiere wie FLOWER am Cadaver, allerdings nur an ♂, beobachtet. Ein ♀ scheint noch nicht untersucht zu sein. MARSH behauptet (in: Amer. Journal of Science, April 1887) in der Besprechung einer Anzahl jurassischer Säugethiere, dass die placentale und die aplacentale Reihe der Säugethiere schon zur Zeit des Jura getrennt gewesen seien, und dass man die gemeinsame Abstammung von noch älteren Vorfahren ableiten müsse. Um so wichtiger erscheint es, dass auch bei placentalen Säugethieren sich noch vereinzelte Rudimente des Beutelthierstadiums erhalten haben. Ueber *Ovis* vergl. MALKMUS in: Arch. wissensch. Heilkunde, 1888, p. 1 ff.

### 51. *Herpestes galera* ERXLEBEN.
### Taf. IV, Fig. 33—35.

Lit. bei TROUESSART, Cat., p. 88.

Spiritusexemplar, Pullus ♀. Umgegend von Banana, Mai. Coll. HESSE.

OLDFIELD THOMAS hat in seiner Bearbeitung der Herpestinae (in: Proc. L. Z. S. 1882, p. 59 ff.) die Classification dieser Gruppe gegenüber GRAY (in: Proc. L. Z. S. 1864) wesentlich vereinfacht und verbessert. Derselbe nimmt 7 Genera an: *Herpestes, Helogale, Bdeogale, Cynictis, Rhinogale, Crossarchus* und *Suricata*. Er unterscheidet 8 Arten von *Herpestes*, nämlich *H. ichneumon, caffer, gracilis, sanguineus, galera, pulverulentus, punctatissimus* und *albicauda*. Ihm ist auch TROUESSART in seinem Catalege p. 85—91 gefolgt. Unter *H. galera* vereinigen beide alle jene einfarbig dunkelbraunen Herpestiden, welche in der ganzen äthiopischen Region zu finden und früher als besondere Arten, ja Gattungen, wie *Atilax vansire, H. paludinosus, pluto* u. a., beschrieben worden sind. So sehr ich überzeugt bin, dass die letzteren nur Varietäten der einen Art *galera* sind, so scheint es mir doch bedenklich, *H. galera* ohne weiteres in eine Reihe mit den übrigen Herpestiden zu stellen, weil diese Art, wie mein Pullus beweist, sehr viel abweichende Eigenthümlichkeiten besitzt.

Mein Exemplar ist vielleicht ein paar Monate alt und unter-

scheidet sich durch die kurze, stumpfe Nase, den kurzen Schwanz und die
sehr dicken fleischigen Zehen von der erwachsenen Form, die allerdings
den übrigen Herpestiden im Körperbau ähnlicher ist. Die breite, oben
leicht, an der Spitze nicht gefurchte Nase ist abweichend von der
anderer Herpestiden fleischfarben; von den Nasenlöchern bis zum
Lippenrande zieht sich eine Furche, die nach der Lippe zu tiefer
wird. Der rostgelb behaarte Lippenrand trägt kurze und dünne
schwarze, kaum 2 cm lange Schnurren, die sich auch am Kinn finden.
An der Seite der Unterlippe sitzt ein hinten schmaler, vorn 4 mm
breiter Hautlappen, dessen vorderer Rand rundlich ausgeschnitten ist.
Das kleine, runde, wenig hell umrandete Auge hat vorn am Rande
einen gelblich-braunen Fleck. Das kurze, breit abgerundete Ohr ist
durch eine 6 mm lange, 3 mm breite, oben angewachsene
Klappe, wie ich sie bei anderen Herpestiden nicht gefunden habe, verschliessbar. Letztere izt kurz gelbbraun
behaart und erinnert an die Ohrbildung mancher Insectenfresser, z. B.
der Spitzmäuse. Die Hände und Füsse sind sehr fleischig, die braun-
graue, nackte Fussfläche hat 3 Ballen, den grössten unter 3 und 4,
die fleischigen Finger und Zehen tragen starke, elastische Polster. An
der Hand sitzt 1 cm über der fünften Zehe, 2 mm vom Handrande
entfernt, eine 3 mm lange fleischfarbene Warze. Der Daumen ist um
2 cm aufgerückt. Die nicht zusammengedrückten Nägel sind braun,
an der Spitze weisslich, die vorderen etwas dunkler, 3 und 4 ziemlich
gleich lang, ebenso 2 und 5, welche um 5 mm kürzer sind. Die Hände
sind etwas auswärts gestellt, offenbar zum Graben geeignet. Die nackte
Tarsalfläche ist dunkel braungrau. Eine 4 cm lange, nackte
Hautfalte sitzt wie bei *Nandinia binotata* und *Galictis
vittata* 25 mm vor der kleinen Scheide; meines Wissens findet
sich dieselbe nicht bei anderen Herpestiden. Wie dieselbe bei dem
erwachsenen Thier aussieht, welches ich unter *Atilax vansire* in: Zool.
Garten 1884, p. 105 nach dem Leben besprochen habe, kann ich nicht
sagen. Ich habe sie dort wegen der sehr langen Behaarung nicht
wie bei *Nandinia binotata* beobachten können. Die Aftertasche mit
wulstigem Rande hat 9 mm Durchmesser. Der noch kurze Schwanz
ist an der Basis kräftig und spitzt sich conisch zu. Er ist wie bei
manchen Spitzmäusen mit einzelnen längeren Haaren besetzt, welche
über die eigentliche Behaarung noch 2 cm hinausragen. Die Behaarung
ist sehr lang und dicht, bis 3 cm lang. Das Unterhaar ist dunkel
rostbraun, die Grannen schwarz, daher die Gesammtfärbung tief
schwarzbraun mit braunrothem Schimmer. Die Kehle ist mehr gelb-

braun, die Haare sind hier rostgelb mit schwarzer Spitze. Auch die Seiten sind etwas heller, der Schwanz zeigt nur im Basaltheil, besonders unten, die rostrothe Färbung, übrigens ist er schwarz, wie die Hände und Füsse.

Bei dem erwachsenen Exemplar war die Schnauze viel schlanker und schärfer von der Stirn abgesetzt, die Finger waren dünner, die Nägel fleischfarben, das Auge mit gelbbrauner Iris heller umrandet, sonst war die Färbung ähnlich. Das Thier zeigte den listigen Ausdruck der Herpestiden und war sehr beweglich, richtete sich häufig aufrecht in die Höhe, sass auch wie ein Hund auf dem Hintern.

M a a s s e : Kopf und Körper 28 cm, Schwanz 13, mit Haar 14,5. Kopf 7,5, Ohr 14 mm hoch, 23 breit; zwischen Auge und Nase, resp. Ohr je 22 mm, zwischen den Nasenlöchern 5 mm. Unterarm 44 mm, Humerus ca. 42, Metacarpus und Hand 30, Mittelfinger 18, Femur ca. 55, Metatarsus und Fuss 56, Mittelzehe 18.

Die breite Zunge ist vorn abgerundet, vorn am Rande sitzen längere weiche Zotten, in der Mitte scharfe hornige, nach hinten gegerichtete Papillen, die nach der Seite zu kleiner werden; die nach hinten gerichteten Papillen des Basaltheils mit 2 grossen Warzen sind gleichfalls klein.

Die neun Gaumenfalten sind sämmtlich nach hinten gebogen, die vorderen sind breiter mit scharfen Rändern, die hinteren flacher und schmaler. Zwischen den vorderen Falten stehen 2 Reihen länglicher, nach hinten gerichteter Papillen, die an Zahl nach hinten abnehmen.

S c h ä d e l (Taf. IV, Fig. 33—34). Die Profillinie des Schädels ist stark gewölbt, die Schädelkapsel gross, der Nasentheil fast felinisch verkürzt. Die Scheitelbeine haben hinten eine rundliche Leiste; das ziemlich flache Hinterhaupt fällt etwas nach vorn ab, die Stirnbeine sind hinten gerade abgeschnitten, an den Seiten ausgezackt, die Nasenbeine hinten stark zugespitzt. Das Foramen infraorb. in der Richtung des Jochfortsatzes ausgezogen, wie bei den Musteliden, der Proc. zygomaticus ziemlich flach und schwach. Die obere Kante des Hinterhauptlochs ist auffallend gerade, die innere Scheidewand der Schädelkapsel mit kleinem flachem Zacken. Die breiten Bullae auditoriae haben grosse Aehnlichkeit mit denen von *Suricata tetradactyla*, der hintere Theil ist rundlich, der vordere halbkreisförmig, g a n z   ä h n l i c h w i e   b e i   *S u r i c a t a   t e t r a d a c t y l a*   v o n   e i n e m   3   m m   l a n g e n S p a l t   u n t e r   d e r   O h r ö f f n u n g   d u r c h z o g e n , eine Eigenthümlichkeit, wodurch sich *Herpestes galera* entschieden von den übrigen Herpestiden unterscheidet. Der knöcherne Gaumen hat hinten einen

12*

Zacken wie bei *Cynictis*, während er bei *H. badius* rund ausgeschnitten ist. Auch der Unterkiefer ist ähnlich dem von *Suricata tetradactyla* robust und stark gebogen, der aufsteigende Ast schwach, der Proc. coronoid. oben breiter als bei den anderen Herpestiden und wie bei *Suricata* nach hinten umgebogen, mehr felinisch als mustelinisch.

Ein bei BRONN, Taf. 13, Fig. 4—6 abgebildeter Schädel von *H. paludinosus* weicht so erheblich ab, dass ich ihn für falsch bestimmt halte, während mein Schädel, obwohl jugendlichen Alters, sich im Allgemeinen an den von *Herpestes badius*, welcher mir zur Vergleichung zu Gebote stand, anschliesst.

Maasse: Scheitellänge bis zum Ende der Nasenbeine 59 mm, Basilarlänge 52, Breite des Hinterhaupts 26, Höhe über dem For. occipit. 13, grösste Scheitelbreite dicht hinter dem Proc. zygom. 31, hinter den Orbitalzacken 20, Einschnürung 13, Länge der Scheitelbeine 25, Stirnbeine in der Mitte 20, Nasenbeine 14, Weite zwischen den Proc. zygom. 33, Scheitelhöhe 25, Höhe des Hinterhaupts 7,5, Breite 10, Länge der oberen Kante 7, Bullae aud. 14 mm lang, 10 breit. Gaumenlänge 29, Breite zwischen den M. 13. Unterkiefer bis zum Proc. cor. 34, Höhe des horizontalen Astes in der Mitte 7, vorn 8, Dicke 6, Höhe des aufsteigenden Astes 15, Entfernung der Proc. coron. 28.

$$\text{Gebiss der Herpestiden: } I \frac{6+6}{6+6} \; C \frac{1+1}{1+1} \; P \frac{4+4}{4+4} \; M \frac{3+3}{3+3}.$$

Bei vorliegendem Exemplar (Taf. IV, Fig. 35) oben und unten nur je 2 P und M entwickelt. Die Incis. und Can. haben eine eigenthümliche braun marmorirte Farbe, wie ich sie öfter bei Bärenzähnen, z. B. von *Ursus torquatus*, und bei amerikanischen Affen, z. B. *Cebus*, gefunden habe, auch erinnern sie in der Form an die der Bären. Oben sind die beiden inneren I klein und stiftförmig, die beiden nächsten stumpf conisch, die beiden äusseren erheblich grösser, cylindrisch mit stumpf conischer Spitze nach hinten umgebogen. C ist kräftig, wenig gebogen und vorn an der Basis verdickt. P I fehlt, doch ist auf einer Seite eine kleine Alveole vorhanden, über welcher die Krone des beginnenden Zahnes im Zahnfleisch sass. P II stumpf conisch mit breiter Basis und vorderem Basalhöcker. Die Spitzen von P und M I sind stark nach innen gebogen. Der Molar I zeigt einen starken dreieckigen Mittelzacken, kleinen, einwärts gerichteten Vorderhöcker und niedrigen, weit ausgezogenen, durch eine scharfe Furche abgesetzten, mit der Spitze nach aussen gerichteten Hinterzacken. Neben dem mittleren Zacken steht ein sehr kleiner Innenhöcker. M II ist kräftig, quer gestellt, die äussere Kaufläche gefurcht mit je 2 vorderen und hinteren Höckern, von denen der erste vorn am höchsten ist. Die innere vertiefte Kaufläche zeigt in der Mitte eine kleine Erhöhung und scharfen, an der Innenseite zackigen Rand. Der letzte M ist noch nicht vorhanden, da sich der Kiefer noch nicht so weit entwickelt hat.

Die unteren I zeigen eine von der senkrechten Wurzel stark nach vorn gerichtete Krone, wie bei dem jugendlichen *Galago*. Die beiden mittleren sind schwach dreilappig, der mittlere höhere Zacken nach hinten gebogen. Die beiden folgenden sind gleichfalls klein und stark nach hinten gerückt. Die äusseren I breit und kräftig, die obere Kante der Aussenseite weit nach hinten ausgezogen. Die Schneide ist schwach dreilappig, bei *Mustela* deutlich zweilappig, bei *Felis* schwach zweilappig. C mit kräftigem Basaltheil und schlanker Spitze ist winklig gebogen. Zwischen C und P II eine Lücke, in welcher P I fehlt. P II ist breit dreieckig mit gerundeten Kanten, kleinem vorderen und hinteren Nebenhöcker und kleinem Basalhöcker an der hinteren Kante. P II besitzt einen höheren Hinterzacken, dessen innere Kante weit nach hinten ausgezogen ist. Der einzige entwickelte Molar ist sehr breit, der Hauptzacken etwas nach hinten gerichtet, der Vorderzacken mit Doppelspitze und kleinem Basalhöcker, neben dem Hauptzacken steht ein niedrigerer Innenzacken. Der hintere Zacken ist noch niedrig, daneben eine stark vertiefte Kaufläche. Von dem zweiten Zahn waren nur ein paar niedrige Höcker entwickelt, welche sich mit dem Zahnfleisch ablösten, die tiefe Alveole war mit einer weichen gallertartigen Masse angefüllt. So zeigte dieser Zahn deutlich, wie die Entwicklung der Molaren von der Krone nach der Wurzel und nicht umgekehrt vor sich geht; Schädel aber und Gebiss des jugendlichen *Herpestes galera* bieten noch eine Menge Anklänge an andere carnivore und insectivore Typen, welche in dem erwachsenen Schädel bereits verwischt sind.

### 52. *Herpestes ichneumon* L.

Trouessart, p. 87.

Defecter Balg. Umgegend von Banana. Coll. Hesse.

Das von den Bafiote mbáku genannte Thier, welches bei Banana sehr selten zu sein scheint, wurde Herrn Hesse von einer entfernten Factorei durch einen expressen Boten lebend geschickt, der aber vorzog, dasselbe unterwegs aufzuessen und nur das ganz verdorbene Fell zu überbringen. Dasselbe ist noch eben so weit erhalten, dass es

sich sicher als *Herpestes ichneumon* bestimmen lässt. Die Färbung
ist wie gewöhnlich schmutzig gelb, auf dem dunkleren Rücken das
lange straffe Haar doppelt weisslich und braun geringelt, die Spitze
meist weisslich. Oberlippe und Beine schwarzbraun, Weichen röthlich-
gelb. Von den braunen Nägeln sind die beiden mittleren am längsten.
Körper 40, Schwanz 34, Metacarpus und Hand 52 mm, Metacarpus
und Fuss 88 mm.

Die Verbreitung dieses bekanntesten Herpestiden ist also nicht
so discontinuirlich, wie Trouessart angiebt, nach welchem er in Afrika
nördlich von der Sahara und am Senegal, sodann in Südafrika vorkommt. Immerhin dürfte sein Vorkommen in der Mitte der Westküste
Afrikas neu sein und sich also ausser Südspanien und Vorderasien
der Verbreitungsbezirk des Thieres auf ganz Afrika einschliesslich
Madagaskar erstrecken, wohin es vielleicht durch Menschen eingeführt ist.

Dr. Pechuel-Loesche hat an der Loango-Küste *Viverra civetta*,
eine *Genetta*, *Herpestes paludinosus* und den Palmenmarder = *Nandinia binotata* beobachtet. Letzteren erwähnt er unter der mir unverständlichen Namen *Cynogale velox*: *Cynogale* ist eine asiatische
Gattung und mir nur *Cynogale bennetti* bekannt. Die von Kersten
(v. d. Decken, Reisen, Bd. I, S. 67) in Sansibar erwähnte Tschetsche
ist wohl auch *Herpestes galera*.

Büttikofer fand in Liberia von Carnivoren *F. pardus*, *F. serval*,
*Felis celidogaster* (= *neglecta* u. *chrysothrix?*), *Viverra civetta*, *Genetta pardina*, *Nandinia binotata*, *Herpestes pluto* (= *galera*), *H. gracilis*, *Lutra* (= *Anonyx*) *inunguis*, *Lutra* (= *Hydrogale*) *maculicollis*
(in: Notes, 1888, p. 14—18).

### 53. *Herpestes gracilis* Rüpp. var. *badius* Smith.
### Taf. IV, Fig. 36—38.

Trouessart, p. 87.

Vollständiger Balg und Schädel ♂. Olifants Kloof, Kalahari, Juli.
Coll. Schinz.

Gray trennt (in: Proc. L. Z. S. 1864, p. 560 ff.) *Herpestes gracilis*
ohne genügenden Grund als Genus *Calogale* von *Herpestes*, vereinigt
auch damit *H. sanguineus*, während O. Thomas (in: Proc. L. Z. S.
1882, p. 59 ff.) alle äusserlich ziemlich stark abweichenden Varietäten
unter *H. gracilis* vereinigt. Letztere entsprechen den von Sclater-
Wallace aufgestellten Regionen, der dunkelbraun-graue *H. gracilis*

gehört der ostafrikanischen Region an, der dunkelrothe kurzhaarige *melanurus* lebt in Westafrika, der lebhaft rothe, langhaarige *badius* reicht von Südafrika bis nach Sansibar und lebt nach SMITH in sandigen Ebenen, aber nicht dicht an der Küste, endlich die hell sandgelbe Varietät *ochraceus* ist auf Habesch beschränkt.

Das von Dr. SCHINZ gesammelte Exemplar entspricht in der Färbung der von SMITH gegebenen Beschreibung und Abbildung. Die lebhaft rothe, auf dem Rücken weissgelb und schwarz gespritzelte Färbung und der lang behaarte Schwanz mit schwarzer Spitze sind für *H. badius* sehr characteristisch und unterscheiden ihn neben der geringeren Grösse leicht von *H. ichneumon*. Auch die Nasenspitze ist roth, die länglich-ovalen, durch tiefe Furchen getrennten Papillen derselben haben in der Mitte eine kleine erhöhte Insel und erinnern in der Form an die Schilder der Gürtelthiere. Die braunen Schnurren haben eine gelbe Basis. Das einzelne Rückenhaar ist an der Basis braungrau, darüber lebhaft gelbroth, dann folgt ein schwarzer und ein weissgelber Ring mit rothbrauner oder gelbrother Spitze. Die Haare bilden an den Halsseiten einen starken Wirbel, die der Schwanzspitze sind stark glänzend. Die Nägel sind vorn stärker gekrümmt als hinten, die 3 Ballen der schwarzen Sohlen felinisch, über dem kleinen Finger an der Hinterhand ein schmaler nackter Streifen. Der behaarte Penis felinisch gekrümmt, mit Knochen. Körper 31, Schwanz 26, mit Haar 31, zwischen Auge und Nase 22, zwischen Auge und Ohr 14 mm, Ohr 28 mm lang, 18 breit. Hand bis zur mittleren Nagelspitze 27 mm, Metatarsus und Fuss 35.

Der Schädel (Taf. IV, Fig. 36—38) ist viel schlanker und gestreckter als der von *H. galera,* der Nasentheil länger, felinisch gekrümmt, die Schädelkapsel schlank, oval, die Scheitel- und Lambdanaht mässig. Die Bullae aud. sind schlank, der hintere Theil rundlich, wenig nach aussen gezogen, der vordere schneckenartig gewunden mit Vertiefung unter der Ohröffnung. Der knöcherne Gaumen ist hinten rundlich ausgeschnitten ohne Zacken.

Der runde Zacken an der bogig gerundeten, inneren Scheidewand des Schädels ist sehr unbedeutend. Die Stirnbeine runden sich hinten ohne Zacken ab, der vordere Theil des Processus zygom. ist viel schlanker als bei *H. galera.* Das Hinterhaupt ziemlich flach, oben abgerundet, das For. occipit. ebenso hoch wie breit. Auch der Unterkiefer zeigt schlankere Formen als *H. galera,* der obere Rand des

Proc. coron. ist nicht wie dort breit abgerundet, sondern rundlich
dreieckig zugespitzt.

M a a s s e : Scheitellänge 62 mm, Basilarlänge 60, Breite des Hinterhauptes 18,5, Höhe 15,5, grösste Schädelbreite hinter den Proc. zygom.
26, Einschnürung hinter den Orbitalzacken 11, grösste Weite zwischen
den Jochbogen 30,5, Scheitelbeine 21, Stirnbeine 22, Nasenbeine 15,
Schädelhöhe zwischen den Bullae aud. 21, Bullae aud. 14 lang, hinten
8 breit, Hinterhauptloch 6, Nasenbreite 11. U n t e r k i e f e r bis zum
Condylus 39, bis zum Proc. cor. 30, Höhe des horizontalen Astes 6,
des aufsteigenden Astes 15, Breite zwischen den Proc. cor. 22.

G e b i s s. Nach O. THOMAS ist die Zahnformel für die Herpestiden
wie oben bei *H. galera* angegeben, doch sind die Prämolaren selten
in dieser Zahl vorhanden, auch die Lücke, welche sich nach THOMAS
immer an Stelle des ersten fehlenden Prämolaren findet, oft kaum
bemerkbar, so dass der erste Prämolar bei den Herpestiden auf dem
Aussterbeetat steht. Auch mein Exemplar hat oben und unten nur
3 P, und die obere Lücke vor P II ist sehr unbedeutend. In der
Praxis ist also die Zahl von P eher $\frac{3+3}{3+3}$ als $\frac{4+4}{4+4}$, und da öfter der
letzte untere Molar fehlt, M $\frac{3+3}{2+2}$.

Die Incis. sind unten zweilappig, oben greifen sie mit dreieckiger
Spitze in die untere Kerbe ein. C aussen und innen mit Seitenfurche,
unten verhältnissmässig schlank, P I oben rudimentär, die übrigen P
dreieckig, vorn und hinten mit Basalzacken, unten fehlt P I, P II
ohne Basalzacken mit scharfer Spitze, bei den übrigen der hintere
Basalzacken jedesmal stärker. Die Innenzacken von M sind schmal,
der hintere Zacken von M I verhältnissmässig lang, M III rudimentär.
Unten M I mit hohen Zacken, M II aus zwei vorderen und einem
hinteren Zacken bestehend. Das Gebiss der Herpestiden zeigt die
Neigung, sich dem der Feliden zu nähern, oder aber wir finden bei
den Herpestiden noch die Reste abgängiger Zähne, die bei den jüngeren Feliden schon bis auf wenige Spuren verschwunden sind. Die
fossile *Dinictis* hat noch den dritten M., bei *Cryptoprocta ferox* ist
er noch oben vorhanden, wie im Milchgebiss von *Felis*, ebenso nach
meinen Untersuchungen bei *Felis microtis* vom Amur im erwachsenen
Zustande, welche auch noch den uralten, oben breit und rund umge-
bogenen Proc. coron. besitzt. Vergl. z. B. den jurassischen *Diplo-
cynodon victor* MARSH, in: Am. Jour. Science 1880, p. 235, und *Met-
arctos* bei GAUDRY: Ancêtres etc., p. 118.

### 54. *Cynictis penicillatus* G. Cuv.
Taf. IV, Fig. 39—43.

Balg ♂ und Schädel von juv. Fig. 42—43 u. adult. Fig. 39—41.
Kalahari, Olifants Kloof, Juli. Coll. Schinz.

Auch von *Cynictis* wurden früher neben *penicillatus* mehrere
Arten wie *levaillanti, steedmanni, ogilbyi, albescens* und *leptura* unterschieden, die gleichfalls von O. Thomas a. a. O. mit *penicillatus* vereinigt worden sind. So besitzt *lepturus* gelbrothe Farbe und wie
*ogilbyi* weisse Schwanzspitze. Auch im Gebiss weichen die Varietäten
etwas ab, ausserdem erwähnt Thomas, dass ein Schädel von *C. leptura*
im Leydener Museum sich durch schlankere Formen von dem des Britischen Museums auszeichne. Die Iris scheint ebenso wie bei *H. badius*
immer roth oder gelbroth zu sein.

*C. penicillatus* unterscheidet sich, abgesehen von den Eigenthüm-
lichkeiten des Schädels, erheblich von den Herpestiden durch 4 Zehen
hinten und den breitbuschigen, zweizeilig behaarten Schwanz. Das
Thier lebt nach Smith in trockenen sandigen Ebenen Südafrikas, ruht
Nachts in Erdhöhlen und macht bei Tage Jagd auf Mäuse und kleine
Vögel oder wärmt sich in der Sonne.

Die Nasenlöcher sind deutlich durch eine Furche getrennt und
unterscheiden sich von denen der Herpestiden durch eine obere, stark
überhängende Klappe.. Die Muffel ist schwarz, die Papillen warzig,
undeutlich begrenzt, ganz anders als bei *Herpestes*. Das runde Ohr
hinten wenig ausgebuchtet, übrigens ist es bei *ogilbyi* um 2—3 mm
grösser. Die gelbbraunen, 35 mm langen Schnurren sind feiner als
bei *Herpestes*. Ueber der Handfläche fehlt der schmale unbehaarte
Streifen, der mittlere der 3 Handballen ist vorn gerade abgeschnitten.
Der 6 mm lange Penis dicht behaart, ohne Knochen, die Farbe der
Nägel schwarzbraun. Die Behaarung ist dichter, aber viel weniger
straff als bei *H. badius*, die Färbung kann man am besten als wolf-
farben bezeichnen. Wie beim Wolfe sind die Wangen weisslich-gelbgrau, die Stirn lehmfarben mit schwarzen Haarspitzen. Das Körper-
haar ist an der Basis graubraun, dann folgt ein breiter lehmgelber,
ein breiter schwarzer und ein weissgelber Ring mit gelbbrauner oder
schwarzer Spitze. Im Nacken ist der weissliche Ring breiter, weshalb
hier die Färbung weisslich melirt erscheint. An Beinen, Brust und
Bauch entbehren die Haare der schwarzen Spitze und des dunklen
Ringes, weshalb hier die Färbung einfach lehmgelb ist. Auf dem

Rücken ist das Gelb lebhafter und mit viel Schwarz gemischt, auch der breite, buschige Schwanz ist undeutlich schwarz gebändert. Körper 39, Schwanz 19, mit Haar 22, zwischen Nase und Auge 14, zwischen Auge und Ohr 23 mm, Ohr 22 mm lang und hoch.

Mehrere Exemplare des Hamburger Museums von var. *ogilbyi* messen: Körper 42, Schwanz 25,5, mit Haar 30, das Ohr 19—24 lang, 27—32 breit, bei einem Exemplar 16 : 26, das Ohr variirt also erheblich. Bei dem grössten Exemplar von 42 cm Länge mass der Vorderarm mit Krallen 7, der Metatarsus desgl. 6,5, bei kleineren Exemplaren 9,5 resp. 8,5, und 11,5 resp. 8,25. Die Länge der Krallen bedingte nicht allein den Unterschied, sondern auch die der Knochen. Wichtiger als diese Maasse ist, dass der Schwanz von *C. ogilbyi* nur $^3/_4$ Körperlänge erreicht.

S c h ä d e l (Taf. IV, Fig. 39—43). Der Schädel von *Cynictis* weicht erheblich von dem von *Herpestes* ab, wie sich auch zwischen dem Schädel von juv. und adult. erhebliche Unterschiede finden. Die Knochen der ovalen Schädelkapsel sind halb transparent, besonders bei alten Thieren, die Scheitelbeine mit starken Längsfurchen. Der Schnauzentheil ist länger als bei *Herpestes,* die Orbita immer geschlossen, obwohl der Orbitalring in der Jugend nur schwach ist. Scheitel- und Lambdanaht sind sehr kräftig und stark abgesetzt, das Hinterhaupt glockenförmig, das Hinterhauptloch bei adult. höher, die innere Scheidewand des Schädels mit breitem, bei ad. tiefer herabhängendem Zacken. Der hintere runde Theil der Bullae aud. steht weiter auswärts und ist grösser, der vordere an der Seite tiefer eingedrückt und stärker gebogen. Der Schädel ist hinter den Stirnbeinen stark eingeschnürt und die Stirn wulstig aufgetrieben, und zwar ist die Einschnürung und Auftreibung bei ad. viel stärker. Das hintere Ende des Zwischenkiefers und der Nasenbeine läuft in einem spitzen Winkel zusammen. Die Mittelfurche vor der Stirn ist bei juv. stärker. Das For. infraorb. sitzt tief, bei juv. noch tiefer als bei ad. Der hintere Ausschnitt des knöchernen Gaumen ist durch einen rundlichen Zacken getheilt. Die Flügelbeine sind ziemlich kurz und aussen gefurcht, das Os basale viel flacher als bei *Herpestes*. Der Unterkiefer ist mittelkräftig, der mittlere Theil des horizontalen Astes stark gebogen, der Eckfortsatz klein, nach innen umgebogen, der Proc. coronoid. dreieckig abgerundet, schmal, bei juv. oben breiter. Die obere Schädelcontour ist bei juv. stark gebogen, bei ad. hinter der Auftreibung der Stirnbeine stark eingedrückt. Der Schädel eines alten ♂ von *Cyn. ogilbyi* im Hamburger Museum ist erheblich grösser, die

Crista lambd. viel stärker entwickelt, die Stirnauftreibung hinten durch eine scharfe Kante markirt, die Jochbogen weiter ausgebogen und hinten tiefer gesenkt das Hinterhaupt noch tiefer gefurcht.

| Maasse. | juv. (Fig. 43) | ad. (Fig. 40) | sen. |
|---|---|---|---|
| Scheitellänge . . . . . . . . . . . . . . | 63 | 65 | 76 |
| Höhe des Hinterhauptes . . . . . . . . | 17 | 19 | |
| Grösste Breite zwischen den Bullae audit. . . | 26 | 27 | |
| Basilarlänge . . . . . . . . . . . . | 55 | 57 | |
| Grösste Schädelbreite am Ende der Proc. zygom. | 26 | 27 | |
| Grösste Weite zwischen den Jochbogen aussen | 35,5 | 35,5 | 45 |
| Einschnürung . . . . . . . . . . . . | 15 | 13 | 14 |
| Stirnbeine . . . . . . . . . . . . . | 28 | 28 | |
| Scheitelbeine . . . . . . . . . . . . | 21 | 21 | |
| Nasenbeine . . . . . . . . . . . . . | 11 | 12 | |
| Schmalste Stirnbreite . . . . . . . . | 12,5 | 13 | |
| Länge der Bullae aud. . . . . . . . . | 15 | 17 | |
| Scheitelhöhe zwischen den Bullae aud. . . . | 22 | 23 | |
| Breite} des Gaumens . . . . . : . . . . | 7 | 7 | |
| Länge} | 31 | 31 | |
| Unterkiefer bis zum Proc. coron. . . . . . | 33,5 | 35 | |
| Bis zum Condylus . . . . . . . . . | 40 | 42 | |
| Höhe des horizontalen Astes . . . . . . | 5 | 6 | |
| Weite zwischen den Proc. cor. . . . . . | 24 | 25 | |

Gebiss. GRAY giebt unrichtig 38 Zähne an, die Zahnformel bei den 3 von mir untersuchten Schädeln lautet:

$$I \frac{6}{6} \ C \frac{1+1}{1+1} \ P \frac{3+3}{4+4} \ M \frac{3+3}{2+2},$$

doch entwickelt sich bei sehr alten Exemplaren immerhin ein dritter M. Jedenfalls hat *Cynictis* unten einen P. mehr als oben.

I ähnlich wie bei *Herpestes*, ebenso C oben, C unten stärker gekrümmt, beide aussen und innen gefurcht. Dass C bei *Cynictis* stärker comprimirt sei als bei *Herpestes*, wie BRONN p. 191 angiebt, kann ich nicht finden. Die Zacken von P I — M I sind stärker nach vorn gerichtet als bei *Herpestes*. P I oben rudimentär, P II vorn und hinten mit Basalzacken, P II hinten mit starkem basalen und inneren Zacken. Bei M I sind die Nebenzacken viel breiter als bei *Herpestes penicill.*, dagegen der Innenhöcker kürzer. M II und III mit längerem Innenhöcker als bei *Herp. pen.* Unten P I rudimentär, P II, dem ersten P von *Herpestes pen.* entsprechend, mit rundlicher (dort scharfer) Spitze und langem Hinterzacken. P III bei beiden ähnlich, bei P IV, dem dritten P von *Herpestes pen.* entsprechend, sind die beiden Hinterzacken niedrig, während der erste derselben bei *Herpestes pen.* ziemlich hoch ist. Bei M I der erste Hinterzacken niedriger als der Hauptzacken, der zweite ganz nach hinten gerichtet, während bei *Herp. pen.* die Zacken ziemlich senkrecht stehen und der erste Hinterzacken etwas höher ist als der Hauptzacken. M II ähnlich wie M I, doch kleiner und niedriger, die beiden inneren Vorderzacken stehen näher an einander, der hintere Innenzacken ist im Verhältniss höher als bei M I. M III unten fehlt.

### 55. *Crossarchus (Herpestes) fasciatus* Desm.

„Nicht selten am unteren Kongo, gezähmte Exemplare öfter in den Factoreien gehalten. Die Farbe ist dunkelbraun mit schmalen weissen Querbinden, besonders am Hintertheil. Sie fressen gern Fleisch und lassen, wenn man sich nähert, ein zwitscherndes Schnalzen hören. Eier fassen sie mit den Vorderpfoten und stossen sie fest auf den Boden, um sie zu zerbrechen". H.

### 56. *Suricata (= Rhyzaena) tetradactyla* Desmarest.
### Taf. V, Fig. 44—46.

Balg und Schädel ♀ juv. Kalahari. Coll. Schinz.

Die dritte der für Südafrika characteristischen Mangusten weicht im Körperbau wie im Schädel erheblich von *Herpestes* und *Cynictis* ab und steht am nächsten der Gattung *Crossarchus*, mit welcher man heute auch die früheren *Herpestes zebra* und *Herpestes fasciatus* vereinigt. Von den übrigen Viverren unterscheiden sie äusserlich die lange, überhängende Nase, die schwarzen Ohren, die nur ihre eigenthümliche schwarze Zeichnung um die Augen und die 4 langen, vorn an der Spitze massiven, nur hinten wie bei den Herpestiden an der Spitze ausgehöhlten Krallen. Die Nasenlöcher sind grösser als bei *Herpestes*, der untere wulstige Rand und der hintere Spalt länger als bei jenen. Die Nasenkuppe ist nur an der Spitze, wie Giebel sagt, ungefurcht, an der Unterseite tief gefurcht, über der nackten Muffel zieht sich ein 3 mm breiter papillöser, nur mit kurzen einzelnen Härchen besetzter Streifen. Die 3 cm langen Schnurren sind an der Spitze gelbbraun, sonst schwarz. An dem aussen und innen schwarzbraunen Ohr ist der innere Rand weisslich-gelbbraun. Das Auge zeigt eine grosse, runde Pupille und silberhelle Iris, wodurch der Kopf ein ganz anderes Aussehen erhält, als bei den anderen Mangusten. Bei *Crossarchus obscurus* bildet die Pupille einen länglichen horizontalen Spalt. Die Handfläche der plantigrad gehenden *Suricata* ist nackt, doch die

Handwurzel behaart. Die 3 mittleren Ballen sind länger und vorn breiter als bei *Herpestes*, die der Finger sehr stark. Die vorderen Nägel viel länger und stärker gekrümmt als die hinteren, mit sehr scharfer Kante. Auch der Metatarsus ist nackt, die Fusswurzel behaart, die Ballen wie vorn. Die Färbung ist oft genug beschrieben. Die Unterwolle ist hellgrau, das ziemlich straffe, hier und da mehr verlängerte Grannenhaar lehmgelb mit langer weisser, in der Bänderung des Hinterkörpers brauner Spitze. In der Gefangenschaft bleicht die besonders hinten lebhaft gelbe Grundfärbung aus. Körper meines Exemplars 30, Schwanz 15, mit Haar 16, Metacarpus und Hand ohne Krallen 3, Metatarsus und Fuss ebenso 4,5. Krallen vorn 12—20, hinten 6—10 mm. Bei einem alten Exemplar des Hamburger Museums misst der Körper 39,5, der Schwanz ca. 20, der Metatarsus 4, die Krallen vorn — 25, hinten — 15 mm.

Ein lebendes Exemplar des Hamburger Zoologischen Gartens aus Port Elisabeth erinnerte in der Behaarung und im Wesen an *Crossarchus fasciatus*. Die Behaarung ist vom Scheitel an recht dicht, nur der Schwanz schwächer behaart als bei *Cross. fasciatus*. Das Wesen beider ist sehr munter und zuthunlich, da beide sehr zahm werden. Die Surikate richtete sich gern auf den Hinterfüssen empor und streckte ähnlich wie *Galictis vittata* die Hände bettelnd dem Beschauer entgegen. In Süd-Afrika lebt sie nach Smuts auf hügeligem Terrain in selbstgegrabenen Höhlen, während *Crossarchus fasciatus* Termitenbaue vorzieht. Leider halten auch alle Mangusten nur kurze Zeit in der Gefangenschaft aus, gewöhnlich nur einen Sommer. Nach meiner Ansicht fehlt ihnen in der Gefangenschaft die Insectennahrung, weshalb man auch die so interessante Gruppe der Insectenfresser so gut wie gar nicht lebend studiren kann.

Die Stellung von *Suricata tetradactyla* ist, worauf schon erhebliche Besonderheiten des Schädels und Gebisses hinweisen, eine sehr isolirte. Nach Huxley (in: Proc. L. Z. S. 1869, p. 4—37) nehmen die Viverriden, die man für einen ruinenhaft erhaltenen Generaltypus der Carnivoren halten muss, eine mittlere Stellung zwischen den Katzen, denen sie offenbar viel näher stehen als den Caniden, die Füchse ausgenommen, und zwischen den Hyänen ein, mit den Feliden sind sie besonders durch *Cryptoprocta ferox*, mit den Hyäniden durch den ebenfalls isolirten *Proteles lalandi* verknüpft, übrigens klaffen sie in zwei Gruppen auseinander, von denen die eine durch *Viverra*, *Genetta*, *Paradoxurus*, *Arctitis*, *Cynogale*, die andere durch *Herpestes* und *Crossarchus* gebildet wird. Von letzterem ist *Suricata* ein abirrender Zweig.

Der Schädel von *Suricata* (Taf. V, Fig. 44—46) hat von jeher das Interesse der die Viverren studirenden Zoologen in Anspruch genommen, weil er viele Besonderheiten zeigt. Das Verhältniss des Nasentheils zur Schädelkapsel ist ähnlich wie bei *Cynictis*, jedoch die Nasenbeine noch länger, viel länger als bei *Herpestes*, die Schädelkapsel rundlich gewölbt, die Auftreibung im basalen Theile der Nasenbeine schwächer als bei *Herpestes* und *Cynictis*. Die Scheitel- und Lambdanaht entwickelt sich erst in höherem Alter und die erstere bleibt schwächer als bei *Herpestes* und *Cynictis*. Der Processus zygom. ist noch viel stärker winklig nach oben gezogen als bei *Cyn.*, und der Winkel liegt weiter hinter dem immer geschlossenen Orbitalringe. Das Hinterhaupt und die innere Scheidewand ist glockenförmig und letztere entbehrt des Zacken. Ganz besonders abweichend sind die Bullae audit. und der Gehörgang. Der hintere breit-ovale Theil zeigt einen weit, bei *Crossarchus* schwächer nach aussen verlängerten Gehörgang und ist unter der Ohröffnung durch einen tiefen Spalt, welcher bei *H. galera* flacher ist, von dem vorderen ebenfalls breitovalen und stark abgeschnürten Theile geschieden. Vergl. THOMAS in: Proc. L. Z. S. 1882, p. 92 und HUXLEY, Proc. L. Z. S. 1869, p. 4—37. Das Hinterhauptloch ist breiter als hoch, die Zacken der Flügelbeine sind lyraförmig gebogen, der hintere Theil des knöchernen Gaumen viel länger und breiter als bei *Cynictis* und *Herpestes*, hinten in ganz flachem Bogen ohne Zacken ausgeschnitten, auch zwischen den Zähnen hat der breite Gaumen eine durch Wülste begrenzte Medianfurche.

Der vordere Theil des Os basale besitzt einen starken durch zwei Furchen abgesetzten Grat. Die Einschnürung der auf jeder Seite der Naht gefurchten Schädelkapsel ist in der Jugend unbedeutend. Die Nasenbeine stossen mit tiefer Längsfurche aneinander, und das hintere Ende derselben bildet nebst dem der Zwischenkiefer einen grösseren Winkel als bei *Herpestes*. Das hintere Ende der beiden Scheitelbeine bildet einen sogenannten Kleeblattbogen. Das sehr kleine Foramen infraorb. sitzt höher als bei *Cynictis*, viel höher als bei *Herpestes*.

Der Unterkiefer zeigt die grösste Höhe im vorderen, nicht wie bei *Cynictis* im mittleren Theil, der Proc. cor. ist ganz abweichend stark nach hinten umgebogen, also die hintere Seite stark concav, der Eckfortsatz kurz, nach hinten gerichtet, der vordere Rand der Massetergrube scharf.

Ein sehr alter Schädel des Hamburger Museums ist viel länger, die rauh gefurchte Schädelkapsel vorn stärker eingeschnürt, die Orbita über den Augen und der Proc. zygom. hinter dem Knick viel breiter, die Scheitelnaht schwach, die Lambdanaht ziemlich kräftig entwickelt, das Hinterhauptloch nicht grösser und ebenso geformt wie bei meinem Exemplar. Der hintere Theil der Bullae aud. ist flacher und breiter als bei juv., der Spalt ähnlich, die innere Scheidewand des Schädels schwächer und in spitzerem Bogen nach oben gezogen. Am Unterkiefer ist der horizontale Ast vorn viel kräftiger nach oben und der Proc. coron. noch stärker nach hinten umgebogen.

Maasse:

| | juv. | sen. |
|---|---|---|
| Scheitellänge . . . . . . . . . | 60 | 71 |
| Basilarlänge . . . . . . . . | 52 | |
| Höhe des Hinterhauptes . . . . . | 15 | |
| Breite zwischen den Bull. aud. hinten . | 30 | 38 |
| Grösste Schädelbreite . . . . . | 29 | |
| hinter den Orbitalzacken . . . . | 21 | |
| zwischen den Jochbogen . . . . | 38 | 48 |
| Scheitelhöhe zwischen den Bullae aud. . | 26 | |
| Länge der Bullae aud. . . . . . . | 15,5 | |
| Hintere Breite . . . . . . . . . | 10 | |
| Hinterhauptloch breit . . . . . . | 9 | |
| „ hoch . . . . . | 6 | |
| Einschnürung zwischen den Augen . | 10,5 | 13 |
| Nasenbreite an der Basis . . . . . | 15 | 15 |
| Länge der Scheitelbeine . . . . . | 19 | |
| „ „ Stirnbeine . . . . . | 26,5 | |
| „ „ Nasenbeine . . . . . . | 14 | |
| Knöcherner Gaumen . . . . . . | 31 | |
| Unterkiefer bis zum Proc. cor. . . . | 35,5 | |
| „ „ „ Condylus . . . | 43 | 48 |
| „ „ „ Horizontaler Ast mittlere Höhe . . | 6,5 | 9 |
| Weite zwischen den Proc. cor. . . . | 27,5 | |

Gebiss nach Thomas: I $\frac{6}{6}$ C $\frac{1+1}{1+1}$ P $\frac{3+3}{4+4}$ M $\frac{2+2}{2+2}$.

Bei meinem Exemplar P $\frac{3}{3}$ M $\frac{2}{2}$, bei sen. oben nur M I.

Das Gebiss von *Suricata* zeigt also eine starke Neigung zur Reduction, wie bei den Feliden, übrigens ist es dem von *Crossarchus* ähnlich. Das Gebiss von *Suricata* bei Bronn, Taf. 49, Fig. 7 zeigt mit dem meiner Exemplare wenig Aehnlichkeit, dort haben die Zähne Basalwülste, welche auch dem Hamburger Exemplare fehlen. Auch sonst scheinen mir die nach Blainville gezeichneten Zähne mehr Phantasiegebilde zu sein, nach denen keiner das Thier bestimmen kann.

Inc. oben bei meinem Exemplar fast gleich gross, nur der äussere I etwas schmaler und länger. Achse senkrecht, der äussere I links ganz unregelmässig nach oben und vorn gerichtet. Bei sen. sind alle I stark nach vorn gerichtet und die äusseren erheblich stärker. C schlank, fast gerade, stark nach vorn, bei ad. auch erheblich nach aussen gerichtet. P I und II mit rundlichen Haupt- und vorderen und hinteren Nebenzacken, sowie starker Depression zwischen den beiden Nebenzacken. Bei P II ein kleiner Innenzacken, der hintere nach hinten gerichtet. Bei ad. ist P I noch runder, bei P II der vordere Höcker verschwindend, der hintere Höcker höher aufgerückt und schwächer. Diese Form der Zähne lässt sich bis auf die *Lacertidae* zurückverfolgen und findet sich z. B. in auffallender Weise bei dem südamerikanischen *Tejus teguixin*. P III mit ziemlich langem schmalem inneren Querhöcker, der von der Aussenseite des Zahns durch eine Furche getrennt ist. Aussen 2 Zacken. Bei adult. ist der vordere Zacken viel kleiner und niedriger, der hintere höher und dichter an den Hauptzacken gerückt, der innere Nebenhöcker verschwindend. M I aussen mit Doppelzacken und weit ausgezogenem Innenzacken, dessen ausgehöhlte Kaufläche und scharfe Spitze an die V-förmigen Zähne der Chiroptera erinnern. M II noch unentwickelt. Bei *Herpestes* sind die beiden letzten M nach innen gerichtet, bei *Suricata* nur der letzte.

Unten I zweilappig, C im Basaltheil verdickt und in der Mitte geknickt, bei ad. viel schlanker und spitzer, mehr felinisch. Zwischen C und P I eine 4 mm breite Lücke. Auch bei P unten sind die Spitzen rundlich mit starker Basalgrube. P I schlank, der vordere und hintere Basalzacken rund und unbedeutend. Bei P II sitzen die runden Basalzacken höher, besonders der hintere. Bei P III sind sie spitz, nach vorn und hinten gerichtet, mehr denen von *Cynictis* als von *Herpestes* ähnlich. Innen ein Nebenzacken. Auch bei M I der schmalere Vorderzacken nach vorn, der hintere Doppelzacken nach hinten gerichtet. Der Hauptzacken ist spitzer, als bei P III. Kleiner Nebenzacken innen. M II noch unvollständig entwickelt, vorn 3 Zacken neben einander, hinter dem Hauptzacken noch ein kleiner Nebenzacken, dahinter der Hinterzacken. Besonders die unteren Zähne zeigen noch manche Anklänge an die der Insectenfresser, selbst der ältesten Formen wie *Amblotherium soricinum*, wo auch die Nebenzacken nach vorn und hinten gerichtet sind, ferner an *Rhynchocyon* und *Centetes*.

Von den Centetiden leitet E. COPE, The Creodonta, p. 261, ebenso wohl die Insectivora wie die Carnivora ah. In nach höherem Maasse nähern sich die Molaren von *Suricata* denen der Creodonta, welche nach COPE die Ahnen der Carnivoren sind. Vergl. in: American Naturalist, März 1884. Der Schädel der ältesten Feliden, z. B. von *Proaelurus julieni*, zeigt noch ganz überraschende Anklänge an die Mangusten. Vergl. E. COPE in: American Naturalist, Dec. 1880, p. 837. Die winklige Krümmung des Proc. zygomaticus bei *Suricata* ist entschieden caninisch und bildet eine Brücke zu den alten Formen der Hunde, z. B. *Enhydrocyon stenocephalus*, *Aelurodon saevus* u. a. Vergl. E. COPE, in: American Naturalist, März 1883.

Auch mit dem Gebiss der carnivoren Beutelthiere, z. B. *Dasyurus ursinus*, hat das der Viverren Aehnlichkeit, so dass besonders der jugendliche Schädel der Viverren Beziehungen bis zu den ältesten Typen der Carnivoren, selbst noch der Saurier erkennen lässt.

SCHLOSSER bespricht in seinem trefflichen Werke: Affen, Lemuren, Chiroptera etc. des europäischen Tertiärs, Th. I, Wien, Hölder, 1887, nur die Creodonten, die er p. 172 von der gleichen, noch nicht ermittelten didelphischen Stammform wie die Raubbeutler und die Beutelratten ableitet. Ihm erscheinen die Carnivoren als ein neben den Creodonten entwickelter Zweig, der von hypothetischen placentalen Formen mit $I \frac{3}{3}$ abstamme. Besonders sieht er eine der creodonten Gattung *Stypolophus* nahe stehende Form (p. 218) als den gemeinsamen Ursprung der Carnivoren an. Mir scheint die directe Abstammung der Carnivoren von den Creodonta wahrscheinlicher.

## Insectivora.

### 57. *Crocidura doriana* DOBSON.
Taf. II, Fig. 5, Taf. V, Fig. 47—49.

Ann. Mus. Civ. Stor. Nat. Genova, Ser. 2, Vol. 4, April 1887.

Spiritus-Exemplar ♀. Banana. Coll. HESSE.

„Das Thier wurde beim Bau eines Hauses in einer Erdgrube gefangen, an drei auf einander folgenden Tagen erbeutete ich jeden Tag eines dieser Thiere, die vermuthlich in der Grube Insecten gesucht hatten und an den senkrechten Wänden nicht wieder hinaufklimmen konnten." H.

Mein Exemplar ist identisch mit einem von Herrn Dobson bestimmten des Berliner Museums vom Gaboon, beide sind erheblich kleiner, als das typische Exemplar Dobson's von Schoa. Die westafrikanische Form scheint doch den Charakter einer Varietät zu tragen. *Crocidura doriana* steht nach Dobson *C. flavescens* nahe, dessen ♂ die gleiche Länge wie mein und das Berliner Exemplar besitzt, übrigens stimmen beide bis auf die Grösse mit Dobson's Beschreibung.

Der Kopf ist lang, der 9,5 mm breite Rüssel lang und lanzettförmig, vor den Nasenlöchern, die bei dem Berliner Exemplar etwas heller sind als bei dem meinigen, auf 3 mm Breite verengt, die röhrenförmig verlängerten, fast 2 mm langen Nasenlöcher nach vorn geöffnet und durch eine tiefe Furche getrennt. Am hinteren Rande derselben stehen zwei Warzen. Die warzige Fläche hinter den Nasenlöchern, an den Lippen und auf der Oberseite des Rüssels ist fast unbehaart. Die untere Seite des Rüssels ist nach oben eingedrückt, an beiden Rändern, wie bei *Crocidura odorata* Le Conte (in: Proc. Ac. Nat. Sc. Philadelphia 1857, p. 11) seicht quer gefurcht und dünn behaart. Oberlippe und der untere Theil des Rüssels sind hell gelbbraun. Auch die dünn und kurz behaarte Unterlippe ist undeutlich gefurcht. Zahlreiche bis 21 mm lange Wimpern stehen nach oben, den Seiten und unten ab, die oberen in der Basalhälfte schwarzbraun mit weisslich grauer Spitze, die unteren weiss. Die Färbung der dünn behaarten Oberseite der Nase ist gelbbraun. An dem verhältnissmässig grossen ovalen Ohr, welches scheinbar nicht eingerollt wird, ist der äussere Rand an der Spitze etwas eingebuchtet, übrigens nach innen umgebogen und unten bis vor die Ohröffnung zu einer runden napfförmigen Klappe vorgezogen, über welcher eine zweite kleinere, ebenfalls napfförmige sitzt, deren unterer Rand am äusseren Ohrrande angewachsen ist. Die Ohrklappen sind am Rande mit straffen gelblichen Härchen besetzt. Auch die Bildung des Ohrs ist ähnlich wie bei *Crocidura odorata*, jedoch ist dasselbe innen und aussen kurz und dünn gelbbraun behaart. Die weisslichen Nägel sind vorn etwas kürzer als hinten, seitlich zusammengedrückt mit erhöhter First und ziemlich gebogen, über denselben sitzen ein paar weissliche längere Haare, aber keine eigentlichen Schwimmborsten; Daumen und fünfter Finger um 3 mm aufgerückt, der Mittelfinger etwas länger als II und III. Zwei Ballen sitzen unter dem Handgelenk, je einer an der Basis des Daumen und des kleinen Fingers, und je 2 zwischen dem zweiten und dritten, sowie zwischen dem dritten und vierten Finger. Die Finger sind unten stark quer gefurcht, die Hände dünn behaart, die Handfläche nackt. Der Unterarm und Hinterschenkel sind musculös, der Metatarsus unten nackt mit tiefer Längenfurche, die Ballen ähnlich wie vorn, doch sitzt hinter dem Ballen des Daumens und kleinen Fingers auf jeder Seite noch ein zweiter. Die Zehen und Nägel sind etwas dunkler als vorn, die Querfalten nicht einfach, sondern in der Mitte gebrochen. Die Schwanzlänge ist nach DOBSON schwankend, doch ist derselbe lang, kürzer als der Körper, die Wirbel viereckig; JENTINK macht indess in: Notes 1888, p. 46 wohl mit Recht darauf aufmerksam, dass dieses nach PETERS für *Crocidura schweitzeri* characteristische Merkmal sich auch sonst findet. Allerdings wird bei manchen Soriciden auch ein dreieckiger Querdurchschnitt des Schwanzes erwähnt. Die Basis ist stark, und ich würde, wenn ich das Thier neu beschrieben hätte, dasselbe deshalb und wegen der Form des nach vorn überliegenden zweiten unteren Zahnes unter *Pachyura* gestellt haben, die nach DOBSON nur ein Subgenus von *Crocidura* ist. Ich muss gestehen, dass ich die Subgenera und Subspecies, die von den englischen Naturforschern vielfach aufgestellt werden, nicht liebe, sondern für scharfe Abgrenzung der Genera und für Varietäten schwärme. Selbst die Aufstellung einer Varietät als Art ist nicht so schlimm als die Haarspalterei in den Genera.

Die letzte Hälfte des Schwanzes ist dünn zugespitzt, die Basalhälfte wie der Körper behaart mit einzelnen längeren, bräunlichen und weisslichen Haaren, die letzte Hälfte dünn behaart und undeutlich geringelt, an der dünnen Spitze einige weissliche Haare. Schwanz oben schwarzbraun, unten mehr röthlich, Beine und Füsse mehr röthlichbraun, Carpus mehr gelbbraun. An dem Berliner Exemplar sind die Arme und Beine etwas heller. Die Behaarung ist fein und dicht, ziemlich lang, die Haarbasis aschgrau, Körper dunkel umbrabraun, Kopf, Nacken, Wangen und Kinn etwas heller, ebenso die Unterseite, wo die Haarspitzen heller sind, doch ist die Unterseite bei den beiden mir bekannten Exemplaren nicht, wie DOBSON angiebt, durch eine mehr oder weniger deutliche Linie von der Oberseite getrennt, sondern geht unmerklich über. Die ♀ sind nach DOBSON etwas dunkler.

Maasse: Kopf mit Rüssel ca 25, Kopf und Körper 85, Berliner Exemplar 88, Schwanz 76, Berliner Exemplar 54; zwischen Mundwinkel und Nasenspitze 14, zwischen Auge und Nase 16, Auge—Ohr 8, mittlere Ohrbreite 8, Höhe 10; Unterarm 15, Metacarpus und Hand bis zur mittleren Nagelspitze 12, Tibia 21, Metatarsus und Fuss 19, so auch das Berliner Exemplar. DOBSON's Exemplare messen: Nase—Anus ♂ 102, ♀ 95, Anus—Schwanzspitze ♂ 73, ♀ 57, Hand ohne Nagel ♂ 12, ♀ 11, Fuss ohne Nagel $18^{1}/_{2}$—18.

Schädel (Taf. V, Fig. 47—48), wie bei Dobson lang, gestreckt, der vordere Theil der Schädelkapsel undeutlich quer gestreift, alle Nähte verwachsen.   Nase lang und schmal, Hinterhaupt dreieckig, nach vorn übergebogen, mit ziemlich scharfer Lambdanaht, Scheitelnaht von der Dicke eines Zwirnfadens nach der Nase hin verlaufend. Hinterhauptloch gross, rundlich viereckig, breiter als hoch, Tympanum mit zwei knöchernen Halbringen, Schädelbasis flach, Profillinie ziemlich gerade, nur an der Stirn etwas eingesenkt und die Nasenbeine etwas gebogen.   An dem vorderen Proc. zygom. eine flache rundliche Leiste, das Foramen infraorb. rundlich dreieckig, vorn an der Basis ein rundlicher Höcker.   Schädel wie bei Dobson zwischen den Proc. mastoid. ziemlich breit, Gaumen einfach quergestreift, hinter den Schneidezähnen eine warzige Papille, hinter dem Gaumen gerade abgeschnitten mit etwas erhöhtem Rande.   Am Unterkiefer der horizontale Ast schlank, mässig gebogen, der aufsteigende dreieckig, die vordere Kante etwas nach hinten gerichtet.   Winkelfortsatz ein langer, schräg nach hinten und unten gerichteter Zacken, hintere Condylenfläche dreieckig, der aufsteigende Ast innen tief dreieckig ausgehöhlt, die Vertiefung besonders unten durch eine scharfe Leiste begrenzt.

Maasse: Scheitellänge vom Ende der Scheitelbeine bis zum Ende der Nasenbeine 21,5, vom oberen Rande des Hinterhauptes bis zur Alveole der I 27, Basilarlänge 24, Hinterhaupt über dem For. occipit. fast 5, Breite des Hinterhauptes 8,5, grösste Schädelbreite hinter dem Tymp. 11, vordere Breite der Schädelkapsel 10, Länge 11, Einschnürung der Stirn vor der Schädelkapsel 6,5, hinter den M fast 6, Länge des eingeschnürten Theils fast 6, Entfernung zwischen dem vorderen Rande des For. occipit. und dem letzten M 12,5; Gaumenbreite hinten zwischen M 3, zwischen den vorderen M 2, vorn 1. Gaumenlänge 12, Nasenbreite vor der verdickten vorderen Leiste des For. infraorb. 4.  Unterkiefer zwischen Schneidezahnalv. und Condylus 13,5, Höhe des horizontalen Astes 1,75, Höhe unter dem Proc. coron. 7, Länge des Eckfortsatzes 2,5.

Gebiss (Taf. V, Fig. 49).   Zähne weiss, 28.   Nach Dobson a. a. O. ist die Zahnform für *Crocidura*:

$$\frac{\text{I } 3\text{—}3 \text{ P } 2\text{—}2 \text{ M } 3\text{—}3}{\text{Mand. } 6\text{—}6.} = 28.$$

Es ist erfreulich, dass Dobson endlich mit den Caninen bei den Soriciden aufräumt.   Allerdings besteht bei Dobson's Erklärung die Schwierigkeit, I III und P I generisch zu trennen, da beide Zähne sich ausserordentlich ähnlich sehen.   Die Versuche von Peters (Säugeth. von Mosambique, p. 76), das Gebiss der Soriciden in die gewöhnliche

Zahnform hinein zu zwängen, überzeugen Niemand. Gute Characteristik des Gebisses der Soriciden bei M. SCHLOSSER: Die Affen, Lemuren, Chiroptera, Insectivoren etc. des europäischen Tertiärs, 1887, p. 121.

I I hakig gekrümmt, seitlich comprimirt, der mittlere Theil der beiden genähert, die Spitzen etwas von einander entfernt, der hintere Theil flach ausgehöhlt, auch die äussere Seite hinten kannelirt. Hinten ein starker Zacken, der etwa halb so lang ist wie der vordere Theil des Zahns, mit kleinerem inneren Nebenzacken, ein starker Basalwulst begrenzt den Zahn hinten. Auch I II und III mit starkem, nach hinten hochgezogenem Basalwulst, I II gross, die vordere Kante stumpfzackig aus-, die hintere scharfe Kante eingebogen, I III erheblich kleiner. P I noch kleiner als I III, sonst ganz ähnlich. P II starker Kauzahn mit vorderem Basalzacken, nach rückwärts und innen gerichtetem Hauptzacken und starkem und breitem, aber dünnem, dem von *Crossopus* ähnlichem, nach innen gerichtetem Ansatz. Innen der Hauptzacken zu einer breiten Basis mit vorderem Zacken und breiter Leiste verdickt, der Raum zwischen dieser und dem Hauptzacken stark ausgehöhlt. M I und II Chiroptera-artig mit W-förmiger Kaufläche und tiefer liegenden inneren Nebenzacken. Aussen bei M I 3 Zacken, 2 und 3 nach hinten gerichtet, vorn bei 2 ein kleiner, basaler Höcker. Der hintere Aussenzacken sehr hoch, etwas nach vorn gebogen und vorn ausgehöhlt. Der innere W-Zacken sehr hoch, hinter dem zweiten inneren Nebenzacken ein basaler Wulst. M II ähnlich, doch die äussere Fläche nach einwärts gerichtet, die Aussenzacken niedriger als bei M I, der zweite Innenzacken des W nur wenig höher als der erste, der zweite innere Nebenzacken schwach, der Basalwulst desselben vorn mehr abgerundet als bei M II. M III klein, niedrig und schmal, nach innen gerückt, der vordere Zacken mit scharfer Schneide, der mittlere niedrig, der hintere durch eine Querleiste mit dem Innenzacken verbunden, die Kaufläche etwas vertieft.

Unten Mand. I zusammengedrückt, nach vorn gerichtet, die Spitze hakig nach oben gebogen, wie sonst bei *Crocidura*. Die beiden Zähne im mittleren Theil genähert, Basis und Spitzen etwas von einander entfernt. M II horizontal über der oberen Basis von I liegend, ganz ähnlich wie der entsprechende Zahn des Milchgebisses von *Galago*, so überhaupt bei der Gattung *Pachyura*, vorn mit rundlichem Zacken, an den Seiten und hinten mit Basalwulst wie die folgenden, die obere Seite aussen und innen eingeschliffen. M III kegelförmig, die vordere Kante mit kleinem Zacken etwas aus-, die hintere desgl. etwas eingebogen. M IV—VI nach hinten an Grösse abnehmend, IV und V

ähnlich, aussen 3 Zacken, der mittlere am höchsten, der vordere nach
vorn und innen gerichtet, 2 und 3 mit den entsprechenden inneren,
die niedriger sind, durch Leisten verbunden. M VI viel kleiner und
niedriger, hinten kein innerer Nebenzacken. Im geschlossenen Zustande greifen die oberen Mol. weit über die unteren über. Länge der
unteren Vorderzähne 5 mm, der oberen 4 mm.

. Zu den bei TROUESSART (Cat. des Insectivores, p. 34 ff.) angeführten afrikanischen Species von *Crocidura* und *Pachyura*, von denen
einige, z. B. *Crocidura morio* GRAY, sehr liderlich beschrieben wurden,
sind ausser *C. doriana* jüngst noch hinzugekommen: *Croc. bovei*
DOBSON, Vivi, Loanda, (in: Ann. Mus. Civ. Genova, Ser. 2, Vol. 5,
Oct. 1887), *Crocidura büttikoferi* JENTINK, *Cr. stampflii* JENT., *Pachyura
megalura* JENT. (in: Notes 1888, p. 47 u. 48). Ausser den beiden
letzteren fand JENTINK in der Collection BÜTTIKOFER von Liberia
noch *Crocidura schweitzeri* PETERS und *Cr. mariquensis* SM. in der
Collection V. D. KELLEN von Mossamedes (in: Notes 1887, p. 178).
SCHLOSSER (Affen, Lemuren etc., p. 122) leitet *Crocidura* von der
fossilen *Sorex schlosseri* des Untermiocän, und diese nebst *Crossopus*
und *Sorex* von einer noch älteren unbekannten Stammform ab.

### 58. *Macroscelides brachyrynchus* SMITH var. *schinzi* N.

TROUESSART, Cat. des Insectivores, p. 20 u. 21.

Ondongastamm, Ovamboland, Dec. Coll. SCHINZ.

Das vorliegende Exemplar schliesst sich an *Macr. brachyrynchus*
SM. = *melanotis* OGILBY an, ohne beiden ganz zu gleichen. Ausserdem ist es beschädigt und der Schädel fehlt, die Differenzen von
*M. brach.* sind aber erheblich genug, um mindestens eine Varietät
zu begründen, denn es ist kleiner, der Rüssel länger und die Färbung
abweichend.

Der Rüssel ist an der Basis ziemlich verdickt, das cylindrisch
verjüngte und ziemlich schlanke Ende ca 7 mm lang und fast 2 mm
stark. Die Nasenlöcher mit besonders unten wulstigem und etwas
vorragendem Rande sind nach aussen geöffnet und durch eine tiefe
Furche getrennt, welche sich an der Unterseite des Rüssels auf 1 mm
fortsetzt. Die bis 54 mm langen Schnurren sind meist in der Basalhälfte weiss mit gelbbrauner Spitze, die oberen schwarz. Der gelbbraune Nasenstreifen ist heller als bei SMITH, Mamm. S. Africa. Das
grosse Ohr ist oval abgerundet, der äussere Rand wenig eingebuchtet,
innen kurz hellgelb behaart, bei SMITH viel dunkler, aussen nur an

den Rändern weisslich gelb, in der Mitte fast nackt. Am inneren Rande steht ein Büschel weisslicher Haare, vor der Ohröffnung sind die Haare rostgelb. Der Lippenrand ist weisslich, eine helle Umrandung des Auges kaum wahrzunehmen. Arme, Beine und Pfoten sind zart, der Arm unterhalb des Ellbogengelenks kurz behaart, der Daumen um 6 mm aufgerückt, der Mittelfinger etwas länger als die übrigen, die 2 mm langen schwarzen Nägel sehr stark, vorn mehr als hinten gekrümmt. Unten am Handgelenk sitzt ein rundlicher Knorpel, von dort bis zur Mitte des Unterarms zieht sich ein unbehaarter, geschuppter Streifen, seitlich davon an der Aussenseite eine kleine Warze. Ein 2 mm langer, 0,5 breiter, gefurchter Ballen sitzt oberhalb des kleinen Fingers an der inneren Handfläche, zwischen diesem und dem Daumen ein kleiner rundlicher. Die Handfläche vor dem Daumen besteht aus einem rundlichen, gefalteten Ballen, seitwärts vom Mittelfinger ein fein geschuppter, warziger Vorsprung. Die Finger mit starken Ballen sind an der Unterseite fein warzig gefurcht.

Die nackte Unterseite des Metatarsus ist ebenfalls fein warzig geschuppt, der Daumen um 10,5 mm aufgerückt. Der obere Theil der Metatarsalfläche trägt eine warzige Verdickung mit kammartigen Schuppen, auch der Daumenballen ist fein geschuppt. Am Rande der 4 geschuppten Zehenballen sitzt ein kammartiger Vorsprung, welcher bis zur kleinen Zehe hin immer grösser wird. Auf den Ballen sitzen 3—5 Schuppen, welche oberhalb der Zehen in 2 Reihen stehen. Die Bildung des Fusses, auf welche Smith leider nicht geachtet hat, erinnert an *Ctenodactylus*. Der Schwanz ist gleichmässig behaart, so dass man unter den Haaren Ringel nicht erkennen kann.

Das Haar ist bis 15 mm lang, dicht und fein, an der Basis grau, auf der Unterseite schwarzgrau. Die Färbung der Oberseite ist ein lebhaftes bräunlich gemischtes Gelbroth mit schwärzlichen Haarspitzen. Eine orangegelbe Färbung, wie Smith angiebt, kann ich in seiner Abbildung nicht erkennen. Hinterschenkel und Schultern sind gelbroth ohne Schwarz, die Vorderbeine hellgelb, die Hand weisslich grau, der Unterarm fast weiss, so auch die Unterseite des Körpers, welche nach Smith röthlichweiss ist. Die Hinterbeine sind weisslich gelbgrau, der Schwanz an der Oberseite gelbgrau, unten heller, nach der Spitze zu mit schwärzlichen Haarspitzen, doch fehlt ein Stückchen.

Maasse: Körper 93, vorhandener Schwanz 46, zwischen Mundwinkel und Rüsselspitze 20, zwischen Auge und Nase 24, zwischen Auge und Ohr 9,5, Ohr ca 17 lang mit 12 mm mittlerer Breite; Vorderarm 15, Metacarpus und Hand 11, Metatarsus 24.

SMITH giebt die Körperlänge von *Macr. brachyr.* auf $4^1/_2$, die Schwanzlänge auf $3^1/_2$ Zoll an, doch stimmt seine Abbildung in der Grösse etwa mit meinem Exemplar. Der Rüssel ist bei SMITH entschieden etwa um 3 mm kürzer als bei meinem Exemplar, auch erscheint das Thier bei ihm auf der Oberseite heller. Bei *melanotis* ist das Ohr dunkelbraun, Kehle und Unterseite weissgrau. Das Thier wohnt in offenen Ebenen in unterirdischen Höhlen und lebt von Insecten.

Der Schädel, welchen SMITH gleichfalls abbildet, ist schmal, zwischen den Augen eingeschnürt, die Bullae aud. klein, die obere Zahnreihe ziemlich stark gebogen, doch weniger als bei *M. intufi*, die Nasenbeine stark gefurcht, weniger bei *rupestris* und *typicus*, der Unterkiefer ist ziemlich gerade und schlank, kürzer und kräftiger bei *typicus*. *M. rupestris* zeichnet sich durch grosse Gehörblasen, *typicus* durch 2 auffallende Auftreibungen der Scheitelbeine aus. Das Hinterhaupt ist bei *M. intufi* am breitesten, sonst steht *M. brachyr.* ihm in der Schädelform am nächsten. Schädelmaasse von *M. brachyr.* nach der Zeichnung bei SMITH: Länge 21,5, Schädelbreite 13, zwischen den Jochbogen 16, Einschnürung 5, Unterkiefer bis zum Condylus 23.

Der südafrikanischen Subregion gehören an *M. intufi, typicus, edwardi, rupestris* resp. *alexandri* und *brachyrhynchus*. Vergl. die Abbildungen bei SMITH, Mamm. S. Afr., Taf. 10—13.

JENTINK fand in der Collection von Mossamedes (in: Notes 1887, p. 177) *M. intufi* und *Erinaceus frontalis*. SCHLOSSER (a. a. O., p. 116), der consequent unrichtig Macroseliden schreibt, leitet diese Gruppe von dem obermiocänen *Parasorex socialis* ab, der zugleich eine Lücke zwischen den Macrosceliden und den Tupajiden ausfülle.


## Chiroptera.

### 59. *Epomophorus macrocephalus* OGILBY.
#### Taf. V, Fig. 50—51.
Fledermaus bei den Fiote: ngembe.

DOBSON, Cat. Chiropt., p. 8.

Spiritus-Exemplar ♂ adult. Porto da Lenha. Coll. HESSE.

*Epomophorus macrocephalus* gehört zu den grössten Pteropiden und ist leicht kenntlich durch seinen grossen breiten Kopf, der wegen der sehr breiten wulstigen Schnauze hippopotamusartig erscheint. Die Nasenkuppe ist bis zur Oberlippe tief gespalten, letztere vorn dreieckig ausgeschnitten. Die nackte Muffel spitzt sich unten nach dem dreieckigen Ausschnitt hin zu. Die Nasenlöcher sind hinten durch zwei Wülste scharf abgesetzt, Nase und Oberlippe mit feinen Warzen besetzt. Auch die wulstige Unterlippe ist vorn eingeschnitten und neben der Furche mit Warzen besetzt, der Lippenrand quergefaltet, der Mundwinkel von dicken Wülsten umgeben. Die sehr lange Zunge ist an der Basis breit, nach vorn schlank zugespitzt. Die vorderen Papillen sind fein und dicht, in der Mitte werden sie zu dicht stehenden, länglich runden Warzen mit feinen Spitzen. An der Zungenseite sind sie in rautenförmigen Reihen geordnet und der papillöse Rand greift scharf über die glatte Unterseite über. Hinten sind die Papillen stark nach hinten gerichtet und erweitern sich zu langen zahnähnlichen, nach innen gebogenen Zotten, die sich bis auf die untere Seite fortsetzen. Die Länge der Zunge beträgt 37 mm. Offenbar wirken die Papillen der Zunge zusammen mit den Gaumenfalten zahnartig. Ich fand die Vertiefungen zwischen den Gaumenfalten dicht angefüllt mit Speiseresten, welche vergrössert aus einer feinen grauen Masse, langen Fasern und Fruchtschalenresten bestehen und wohl von den pfirsichähnlichen Früchten des Mangobaumes, die nach dem Kern hin von holzigen Fasern durchzogen sind, herrühren. Der auch bei Dobson abgebildete Gaumen, welcher wichtige Differenzen bei den Pteropiden zeigt, ist sehr lang und schmal, hinter den Can. eingeschnürt, dann allmählich verbreitet und nach dem weichen Gaumen hin wieder verengt. Er zeigt 6 sehr hohe und scharfe Wülste, von denen die 3 ersten in der Mitte nach hinten eingeknickt sind, die vierte breiteste geht einfach quer durch, 5 und 6 sind in der Mitte gebrochen, bei 6 die beiden kurzen Hälften durch einen 1 mm breiten Spalt getrennt. Der harte Gaumen ist hinten gerade abgeschnitten. Der weiche Gaumen (Taf. V, Fig. 51) hat 2 quere, in der Mitte durchschnittene Falten mit kleinen zahnartigen Papillen, die kleineren hinteren Papillen sind nach vorn gerichtet, ebenso wie die beiden hinteren Gaumenfalten. Das breit oval abgerundete Ohr mit vorn umgebogenem Rande, vor welchem ein weisser Haarbüschel steht, hat 11 Falten. In der starken Flughaut treten die Längenadern kräftig hervor. Sie hüllt den Daumen bis zu ein Drittel der zweiten Phalanx ein, zeigt zwischen Humerus und Schenkel sehr starke Papillen und ist am äusseren Rande der 4. Zehenbasis angewachsen. Der Rand der Flughaut ist glatt. Der 7 mm lange, rudimentäre Schwanz liegt unter der Flughaut. Der Daumen tritt an der unteren Basis mit rundlicher Warze hervor, die kräftig gebogenen, braunrothen Nägel sind ohne stärkere Ballen. Die vor der Schulter liegende querovale Epidermaltasche hat vorn einen verdickten Rand, von welchem die Falten nach dem Centrum hin verlaufen, während hinten die Haut dünn ist. In der 10 mm langen, 8 breiten Tasche stecken in einzelnen Büscheln geordnet die weissen bis 13 mm langen sie auskleidenden Haare, von denen nur die Spitzen etwas über den Rand der Tasche hervorragen. Der Unterarm ist behaart, doch verschwinden die Haare nach dem Handgelenk. Die Flughaut zwischen Arm und Schenkel ist im hinteren Theil bis zum Rande behaart, oben wie der Körper, unten weissgelb, ebenso der 7 mm breite Saum über dem Schwanz. Der Penis ist ein 6 mm langer abgeschnittener Cylinder, welcher dicht vor dem Anus liegt, die Hoden stecken in der Bauchhöhle. Die Färbung des Kopfes ist bis auf den weissgelben Haarbüschel vor und hinter der Ohrbasis gelb sepiabraun, Halsseiten und Kinn umbrabraun, letzteres dunkler als die Unterseite. Oberseite gelb röthlich braun mit röthlich gelber Haarbasis und braunrother Haarspitze. Nach hinten zu wird der röthliche Ton stärker. Unterarm und Flughaut oben intensiver rothbraun, die Unterseite der Finger hell gelbbraun.

Maasse: Körper 18 cm, Kopf 56 mm, Ohr 22 hoch, 17 breit, zwischen Ohr und Auge 15, zwischen Auge und Nase 21, Stirnbreite 25, Augenspalt 9,5; Unterarm 75, Humerus 55, ganzer Daumen mit Nagel 41, freier Daumen 20; II=65, III=62+47+51=160, IV=60+27+26+5 =118, V=59+26+29=114. Femur 25, Unterschenkel 35, Fuss mit Krallen 22, die an Länge wenig verschiedenen Zehen ca. 11. Der deutlich hervortretende Calcaneus 2,5.

Der Schädel von *Epom. macrocephalus* (Taf. V, Fig. 50) ist sehr gestreckt, die Schädelkapsel flach mit langen Orbitalzacken und stark verdickten Orbitalrändern. An die pfeilförmige Stirnnaht schliesst sich eine starke Scheitel- und Lambdanaht. Das Hinterhaupt ist sehr breit und niedrig, das Hinterhauptloch breiter als hoch, die Schädelbasis flach. Die Nasenbeine mit scharfen Rändern sind gefurcht und an der Basis etwas wulstig aufgetrieben, die Stirn eingesenkt, das Foram. infraorb. dreieckig, der kräftige und breite, seitlich flach S-förmig gebogene Jochbogen nach innen etwas eingebogen, wie auch sonst bei den Pteropiden. Die Einschnürung des Oberkiefers hinter C ein wichtiges Merkmal von *E. macrocephalus*. Die kleinen Bullae aud. zeigen am Rande einen verdickten Knochenring. Sämmtliche Schädelknochen verwachsen.

Der horizontale Ast des Unterkiefers ist gerade und kräftig, der aufsteigende hoch, aber dünn, der Winkelfortsatz abgerundet mit kleinem Zacken unter dem Condylus, der untere Rand desselben nach aussen, der hintere nach innen umgebogen.

Maasse: Scheitel- und Basilarlänge 48, Nasenlänge 16, obere Nasenbreite 3,5, Breite des Hinterhauptes und grösste Scheitelbreite 18, Einschnürung 11, Scheitelnaht 11,75, Weite zwischen den Proc. zygom. 29, vor den Orbitalzacken 16, Gaumenlänge 30, grösste Gaumenbreite hinter M = 10,5, an der Einschnürung hinter C = 8. Scheitelhöhe 11, Höhe des Hinterhauptes über dem For. occip. 4, Foramen occip. 4,5 hoch, 5 breit.

Unterkiefer bis zum Condylus 41, Höhe des horizontalen Astes 4 bis 3,5, Höhe unter dem Proc. coron. 18, grösste Breite des aufsteigenden Astes schräg bis zum Winkelfortsatz 13, Breite zwischen den Proc. coron. 21.

Gebiss wie bei allen *Epomophorus*-Arten:

$$I \frac{2+2}{2+2} \quad C \frac{1+1}{1+1} \quad P \frac{2+2}{2+2} \quad M \frac{1+1}{2+2}.$$

Oben I klein, stumpf conisch, über der Basis verdickt, unter einander durch schmalere, von C durch breitere Lücken getrennt, starke Lücke zwischen C und P I, kleinere zwischen P I und II, noch kleinere zwischen P II und M. C stark hakig gebogen, hinten flach, der Basaltheil nach hinten eckig ausgezogen. P I ähnlich, doch weniger gebogen, $= \frac{1}{2}$ C. P II $= \frac{2}{3}$ P I, ebenso breit an der Basis, M mit der bei den Pteropiden gewöhnlichen Form, der äussere Rand höher, die Ränder vorn stark markirt, die Kaufläche vertieft. Unten I klein, gestielt, zweilappig, die beiden äusseren grösser. C hakig gebogen, die hintere Fläche etwas vertieft. P I klein, kurz, conisch abgerundet, über der Basis verdickt, näher an P II als an C. Bei meinem Exemplar fehlt der Zahn rechts, doch ist die Alveole vorhanden. P II fast so hoch wie C, kräftig, wenig gebogen mit vertiefter Hinterseite, P III $= \frac{2}{3}$ P II, breit, hinten die Basis zackig ausgezogen, M I rundlich dreieckig, M II die gewöhnliche rundliche napfförmige Form. Stärkere Lücken zwischen P II und P III als zwischen den übrigen. Milchgebiss von *Epomophorus* bei Leche, Zur Kenntniss des Milchgebisses bei Chiroptera, Taf. II, Fig. 13.

### 60. *Epomophorus gambianus* Ogilby.
Taf. V, Fig. 52—53.

In: Proc. L. Z. S. 1835, p. 100.

Zwei Spiritus-Exemplare juv. ♂, ad. ♀. Netonna, April und Mai. Coll. Hesse.

Unterschiede von *E. macrocephalus*. *E. gambianus* ist kleiner, besonders der Kopf kürzer, die Schnauze weniger wulstig, übrigens auch mit Warzen besetzt, die Oberlippe vorn abgerundet, die Muffel unten am Rande der Oberlippe breiter, die Gaumenfalten ähnlich wie bei *E. macrocephalus*. Das Ohr ist verhältnissmässig länger, in der Mitte des Aussenrandes breiter ausgezogen, übrigens flach eingebuchtet, oben mehr zugespitzt, hinten der basale Theil behaart. Die hellen Haarbüschel vorn und hinten an der Ohrbasis sind weisslich sepiabraun. Die Epidermaltasche ist kleiner als bei *macroceph.*, die Haut viel dünner, die Ränder schwächer markirt. Die Haare in derselben sind nicht weiss, sondern hell umbra und stehen nicht in einzelnen Büscheln, sondern gleichmässig, der Calcaneus tritt äusserlich nicht hervor, der Penis ist kurz und rundlich, dicht dahinter ein kleines Scrotum, die Scheide zweilappig, ziemlich gross, die Nägel sepiabraun mit weisslichen Spitzen, letztere bei *macroceph.* kaum angedeutet. Die Färbung ist mehr sepiabraun ohne röthlichen Ton, die Unterseite dunkler als bei *E. macroceph.* Die Flughaut ist wie bei *macroceph.* an der vierten Zehe angewachsen, oben sepiabraun, unten weisslich behaart. Alte ♂ besitzen nach DOBSON am Bauche einen ovalen grauen Fleck.

| Maasse: | ♀ adult. | ♂ juv. |
|---|---|---|
| Körper . . . . . . . | 13 cm | 11,5 cm |
| Kopf . . . . . . . : | 45 mm | 42,5 mm |
| Nase . . . . . . . | 8 | 8 |
| Ohr lang . . . . . . | 20 | 18 |
| Ohr breit . . . . . | 13 | 12 |
| Augenspalt . . . . . | 9,5 | 9 |
| Auge — Nase . . . . | 15 | 14 |
| Auge — Ohr . . . . | 17,5 | 16 |
| Humerus . . . . . . | 51 | 44 |
| Unterarm . . . . . . | 80 | 70 |
| Daumen . . . . . . | 36 | 33 |
| Freier Daumen . . . . | 18 | 15 |
| II . . . . | 62 | 52 |
| III . . . . | 59+48+48=155 | 48+31+37=116 |
| IV . . . . | 55+29+29=113 | defect |
| V . . . . | 56+37+25=108 | defect |
| Femur . . . . . . . | 20 | 17 |
| Unterschenkel . . . . | 32 | 29 |
| Fuss . . . . . . . | 22 | 20 |
| Zehe . . . . . . . | 14 | 12 |
| Schwanz . . . . . . | 6 | 4 |

Schädel (Taf. V, Fig. 52) ähnlich dem von *E. macrocephalus*, besonders die Schädelkapsel, welche wenig kürzer ist als bei *macroceph.*, dagegen der Schnauzentheil erheblich verkürzt und in der Lücke hinter C fast gar nicht eingeschnürt. Die Stirnleisten sind länger und spitzen sich hinten breiter eckig zu. Die Scheitelnaht ist unbedeutend, die Schädelkapsel mehr gewölbt, die Jochbogen schlanker, besonders in der Mitte schwächer und weniger aufwärts gezogen. Bei juv. sind die Orbitalzacken schwach, die Orbitalränder weniger wulstig, der Scheitel stärker gewölbt, die Lambdanaht schwächer und das Hinterhauptloch etwas grösser als bei adult. Der horizontale Ast des Unterkiefers ist nicht wie bei *E. macroceph.* zwischen M I und II verschmälert, der Proc. cor. kürzer und breiter, bei juv. sehr kurz, der hintere Rand unten eckig umgebogen, der Winkelfortsatz hinten am oberen Rande eckig.

| Maasse: | ♀ adult. | ♂ juv, |
|---|---|---|
| Scheitellänge . . . . . . . . . . . . . . . . | 45 | 38 |
| Basilarlänge . . . . . . . . . . . . . . . . | 43 | 34 |
| Breite des Hinterhauptes . . . . . . . . . | 18 | 16 |
| Höhe über dem For. occipit. . . . . . . . . | 4,5 | 4,5 |
| Hinterhauptloch, Höhe . . . . . . . . . . . | 4 | 4 |
| „ Breite . . . . . . . . . . | 4,5 | 4,5 |
| Scheitelhöhe . . . . . . . . . . . . . . . | 13 | 12 |
| Grösste Scheitelbreite . . . . . . . . . . | 17 | 16 |
| Länge der Schädelkapsel . . . . . . . . . . | 23 | 20 |
| „ der Scheitelnaht . . . . . . . . . . | 12 | 12 |
| Einschnürung hinter den Orbitalzacken . . . . | 10 | 10 |
| „ vor denselben . . . . . . . . | 8 | 7 |
| Weite hinten zwischen den Process. zygom. . . | 26 | — |
| Nasenlänge . . . . . . . . . . . . . . . . | 13 | 10,5 |
| Gaumen, Länge . . . . . . . . . . . . . . . | 25 | 21 |
| „ Breite zwischen M . . . . . . | 10 | 8 |
| Unterkiefer bis zum Condylus . . . . . . . . | 36 | 29 |
| Höhe des horizontalen Astes . . . . . . . . | 3 | 3 |
| Aufsteigender Ast unter dem Proc. coron. . . . | 14 | 10 |
| Grösste Breite schräg bis zum Winkelfortsatz . . | 11 | 8 |

Gebiss. I unten dreilappig, C oben etwas weniger gebogen, die kleinen höckerigen Fortsätze von P II oben stärker und breiter, desgleichen M breiter. Auch unten sind, selbst bei juv. ♀, die hinteren Fortsätze von P II—M I eckiger und stärker, M II breiter als bei *Epomophorus macrocephalus*.

## 61. *Epomophorus pusillus* PETERS.

Taf. V, Fig. 54 u. 55.

Litt. bei DOBSON, Cat. of the Chiropt., p. 14.

Acht Spiritus - Exemplare ♂ u. ♀. Banana und Netonna. Ein Exemplar in einer Negerhütte gefangen. März — Mai. Coll. HESSE.

*Epomophorus pusillus* ist kleiner als *E. gambianus*, die Nase kurz, die Nasenlöcher wie bei *E. macrocephalus* und *gambianus* gespalten, auch die Oberlippe gefurcht. Die verdickten Lippen und Falten um den Mundwinkel bei alten Exemplaren ähnlich wie bei *macroceph.* und *gamb.*, das Auge fast in der Mitte zwischen Nase und Ohr, das Ohr doppelt so lang wie die Nase, auch mit weissem Haarbüschel an der Basis, der innere Ohrrand etwas nach dem Auge hin verlängert. Die Epidermaltasche ist klein und scheint nur bei dem ♂ entwickelt. Die langen Haare sitzen mehr am Rande und sind meist wenig heller als der Körper. Nur ein jüngeres ♂, bei welchem auch die Kehle auffallend weiss und scharf gegen die Körperfärbung abgesetzt war, besass eine der von *E. macroceph.* ähnliche Epidermaltasche mit weisslichen Haaren. Hier war auch die darunter liegende Drüse sehr stark entwickelt, wo diese schwach war, zeigte sich die Tasche nebst den Haaren verkümmert. Der Calcaneus tritt nicht hervor, der Penis ist ähnlich dem von *macrocephalus*. Die Hoden liegen getrennt weit nach vorn n e b e n dem Penis; Clitoris ein unten durchbohrter Lappen. Schwanz sehr kurz.

Die Zunge ist dreieckig zugespitzt, die vorderen Papillen sind klein, die mittleren grösseren dreilappig, im Quincunx gestellt, die hinteren wiederum klein, von beiden Seiten nach innen gerichtet. Die Gaumenfalten (Taf. V, Fig. 55) weichen sehr von denen von *E. macroceph.* und *gambianus* ab. Hinter C steht eine mittlere pfeilförmig nach hinten gespitzte Leiste. Die folgenden Leisten sind in der Mitte vollständig getrennt durch einen vorn breiteren, hinten schmaleren Streifen und bestehen aus je 4 schmalen queren Gaumenhöckern, welche eng verbunden sind. Der weiche Gaumen hat hinten 3 Reihen feiner zahnähnlicher Papillen.

Die Färbung ist der von *E. macroceph.* ähnlich, doch ist dieselbe oben weniger röthlich, mehr sepiagelbbraun, unten heller mit grauem Schimmer, weil hier die Haarspitzen grau sind. Kopf hell sepiabraun,

das Ohr heller als bei *gambianus*, innen hell gelbgrau, aussen olivenbraun mit etwas dunklerer Spitze, Flughaut gelbbraun, unten weisslich
behaart, Humerus oben rothgelb. Die Kehle ist weisslich oder rein
weiss, bei den meisten Exemplaren spärlich behaart.

|  | Maasse: | ♀ juv. | ♂ adult. | ♀ senil. |
|---|---|---|---|---|
| Körper | . . . . . | 8 cm | 10,5 cm | 12,5 cm |
| Ohr lang | . . . . . | 12 mm | 15 mm | 16 mm |
| „ breit | . . . . | 8 | 9,5 | 10 |
| Nase — Ohr | . . . . | 18 | 21 | 24 |
| Humerus | . . . . . | 30 | 36 | 40 |
| Unterarm | . . . . | 45 | 50 | 60 |
| Ganzer Daumen | . . | 19 | 20 | 24 |
| Freier Daumen | . . | 9,5 | 10 | 12 |
| II | . . . | 31 | 33 | 41 |
| III | . . . | 76 | 86 | 100 |
| IV | . . . | 59 | 68 | 80 |
| V | . . . . | 59 | 68 | 80 |
| Femur | . . . . . | 13 | 14 | 16 |
| Unterschenkel | . . . | 18 | 19 | 25 |
| Fuss | . . . . . . | 10 | 13 | 15 |
| Krallen | . . . . . | 5 | 6,5 | 7,5 |

S c h ä d e l (Taf. V, Fig. 54). Schnauzentheil sehr verkürzt, besonders bei juv., Schädelkapsel stark gewölbt und nach hinten abfallend, Orbitalrand stark. Beim jugendlichen Schädel spitzen sich
die Stirnbeine rundlich dreieckig nach hinten zu und in der Scheitel-
mitte ist eine ganz schwache Leiste vorhanden, bei den älteren Schädeln verschwinden diese Leisten und dafür ziehen sich zwei ziemlich
kräftige, ca. 7 mm von einander entfernte Leisten vom hinteren Rande
der Orbitalzacken über die ganze Schädelkapsel bis zur Lambdanaht.
Hinten springt zwischen ihnen der obere Theil der Squama occipitalis
stumpf dreieckig vor. Diese sehr interessante Bildung von sagittalen
Doppelleisten ist ein Rückschlag bis auf die Creodonta und findet sich
z. B. schon bei *Leptictis haydeni*. Ebenso finden sie sich bei den
Beutelthieren. Wie sie sich bei *Cuscus orientalis* und *maculatus*
im Alter zu einem gemeinsamen Scheitelkamm vereinigen, zeigen
die Abbildungen bei JENTINK, Cat. ostéol., Taf. 11 und 12. Vergl.
auch COPE, in: American Naturalist, März 1882, p. 479. Die
Stirnbeine setzen sich besonders bei senilen Exemplaren stark
wulstig an die Nasenbeine an. Die Nasenlinie ist bei juv. nach der
Spitze zu gesenkt, die Nase sehr spitz, bei adult. liegt die Nasenlinie
und Spitze viel höher. Der Knochenring der Bullae aud. ist viel
stärker als bei *E. macroceph.* und *gambianus*. Am Unterkiefer ist

der Proc. coron. wie bei *gambianus* nach hinten gebogen, aber schmaler, die hintere Kante des Winkelfortsatzes fällt ohne hakigen Fortsatz schräg nach vorn ab, während sie bei *gambianus* rundlich nach hinten ausgebogen ist.

Ein seniles ♀ erreicht im Schädel und Körperbau fast die Dimensionen von *E. gambianus*.

| Maasse: | juv. | ♂ adult. | ♀ senil. |
|---|---|---|---|
| Scheitellänge | 25,5 | 28 | 32 |
| Basilarlänge | 22 | 25 | 30 |
| Breite des Hinterhauptes | 12 | 11 | 13 |
| Grösste Scheitelbreite | 13,5 | 12 | 14,5 |
| Scheitelhöhe | 8,5 | 9,5 | 9,5 |
| Länge der Schädelkapsel und der Scheitelleisten, die bei juv. fehlen | 15 | 13 | 16 |
| Entfernung der Leisten | — | 6,25 | 7 |
| Weite zwischen den Process. zygom. | 14 | 17 | 20 |
| Einschnürung | 9 | 9,5 | 10 |
| Vor den Orbitalzacken | 5 | 5 | 7,5 |
| Nasenlänge | 5 | 6 | 8,5 |
| Gaumenlänge | 14 | 15 | 17 |
| „ breite zwischen M | 6 | 7,5 | 8 |
| Hinterhauptloch, Höhe | 4,5 | 4 | 4 |
| „ Breite | 5 | 4,25 | 4,25 |
| Unterkiefer bis zum Condylus | 20 | 22 | 26 |
| Horizontaler Ast, Höhe | 2 | 2 | 2,25 |
| Unter dem Proc. coron. | 6 | 8 | 9 |
| Breite des Proc. coron. | fast 2 | 2 | 2,25 |
| Grösste Breite schräg bis zum Winkelfortsatz | 5 | 5,5 | 6 |

Gebiss. Obere I durch Lücken getrennt, stumpf conisch mit kleinem Basalwulst, bei juv. die beiden mittleren grösser, hakig nach innen und aussen gekrümmt, doch scheinen es nicht mehr die Milchzähne zu sein, da sie schon den gewöhnlichen Schmelzüberzug haben. C hakig gekrümmt, der Basaltheil nach hinten ausgezogen, bei juv. schmaler. P und M gewöhnlich, doch besitzt M vorn innen und hinten aussen einen starken rundlichen Nebenhöcker, an der Aussenseite fehlt er bei juv., während hier der innere Nebenhöcker höher ist. Die unteren I sind bei juv. deutlich zweilappig, im Alter ist die Schneide rundlich gerade ohne jede Kerbe. P I steht in der Mitte zwischen C und P II und ist stärker nach hinten gekrümmt als bei *E. macroceph.* und *gambianus*. P II $= \frac{2}{3}$ C mit breitem Basaltheil, P III gewöhnlich. M kürzer, als bei *E. gambianus*, die vordere, bei juv. kaum vorhandene Furche von M I seicht; bei M II juv. ist die Kaufläche hinten stumpf dreieckig zugespitzt, also der Zahn hinten sehr schmal.

„In der holländischen Factorei zu Vista wurden im Nov. 1886 die Mangobäume von grossen Schaaren von *Epomophorus* geplündert, und die Einfälle wiederholten sich mehrere Nächte hindurch, bis fast keine Frucht mehr auf den Bäumen war. Es wurden Wachen mit Gewehren ausgestellt, die unter die Thiere schossen, doch ohne jeden Erfolg. Morgens war gewöhnlich der Boden unter den Bäumen bedeckt mit unreifen, zum Theil angenagten Früchten". H.

### 62. *Megaloglossus woermanni* Pagenstecher.
### Taf. V, Fig. 56—58.

In: Jahrbuch der Hamburg. wissenschaftl. Anstalten, 1885, p. 125—28.

Spiritus-Exemplar ♂, Netonna, Nov. Coll. Hesse.

Vor vier Jahren wurde durch Herrn Prof. Dr. Pagenstecher in Hamburg nach einem von Soyaux in Ssibange am Gabun gesammelten Exemplare *Megaloglossus woermanni n. gen. n. sp.* beschrieben. · Die Entdeckung machte berechtigtes Aufsehen, weil in Afrika bisher kein Vertreter jener langzüngigen Pteropiden gefunden war, von denen in Südasien und Australien mehrere Gattungen in je einer Art, so *Macroglossus* auf den Sundainseln, *Eonycteris* in Hinterindien und *Notopterus* auf den Fidschiinseln, leben. Die Entdeckung bestätigte ferner die merkwürdige Thatsache, dass Westafrika eine Säugethierfauna besitzt, deren Verwandte sonst nur im malayischen Archipel existiren, während sie in Ostafrika fehlen.

Das Congo - Exemplar von *Megaloglossus woermanni* stimmt bis auf unwesentliche Differenzen in der Färbung und im Schädel mit dem vom Gabun überein. Die Grösse ist etwa die eines kleinen Exemplars von *Epomophorus pusillus*, doch fällt sofort der lange schmale Kopf und die sehr lange schmale Schnauze auf, aus welcher im todten Zustande die Zunge fast 2 cm heraushängt. Die schwarzbraune Nase ist auch hinter den Nasenlöchern unbehaart, letztere durch eine Furche getrennt. Das oval abgerundete mittelgrosse Ohr ist am Aussenrande quer gefaltet. Das grosse runde Auge hat eine schwarze Iris.

Die Basis des Daumens ist bis unter das erste Glied von der Flughaut eingeschlossen, zweiter Finger mit kleinem Krallennagel, Nägel dunkelgelbbraun, Unterseite der Zehen fein quer gefaltet. Der obere Theil des Vorderarms und des Unterschenkels ist dunkelumbra behaart, dünn gelbbraun die Unterseite der dunkelbraunen Flughaut

bis etwas ausserhalb des Unterarmes. Starke Papillen auf der Seitenflughaut. An der Basis der zweiten und dritten Zehe bildet die Flughaut zwei Fältchen. Der kurze Schwanz besitzt nach PAGENSTECHER
nur zwei Wirbel. Nasenspitze schwarzbraun, sonst die Nase und das
Ohr gelbbraun. Haar an der Oberseite des Körpers umbrabraun mit
gelbbrauner Basis, die Unterseite umbragraubraun mit gelbröthlichem
Anflug, die Haarbasis hier etwas heller als oben. Das Hamburger
Exemplar ist am Hinterrücken etwas dunkler und hat oben einen
röthlichen Anflug. Die 28 mm lange Zunge ist schlank zugespitzt, an
der Unterseite glatt, doch greifen die Papillen der Spitze weit nach
unten über. Dieselben sind vorn sehr lang und dicht, haarartig, nach
hinten gebogen, in der Mitte der Zunge kürzer, in kurzen Büscheln
zu 4—5 geordnet, die Furchen zwischen denselben verlaufen schräg
nach hinten, am Rande bilden die Papillen ein fein gegittertes schup-
piges Netz, im Basaltheil sind dieselben lang und dicht, dicker als
vorn und von den Seiten nach der Mitte zu gerichtet.

Maasse: Körper 88 (PAG. 90), Auge—Nase 15, Zunge 28, Ohr 12
lang, ca. 7 breit, Vorderarm 44 (PAG. 45), Daumen 18,5, II=32, III =
80, IV = 61, V = 56. Unterschenkel 19 (PG. 20), Fuss 12. Schwanz
ganz rudimentär.

Schädel (Taf. V, Fig. 56—57) lang und schmal, zwischen den
Augen eingeschnürt, Stirn und Scheitel stark gewölbt, der vordere
Augenrand blasig aufgetrieben. Stirnbeine hinten oval abgerundet, die
Seiten der Stirnbeine durch zwei parallele schwache Leisten eingefasst.
Der Nasenrücken ist gefurcht, der Oberkiefer niedrig, der schwache
Jochbogen vorn tief gesenkt und schwach S-förmig gebogen. Das
kleine Tympanum wird durch einen Knochenring gebildet, das Hinter-
haupt ist sehr niedrig, das For. occipit. mittelgross. Die Gaumen-
falten (Taf. V, Fig. 58) haben entfernte Aehnlichkeit mit denen von
*Ep. pusillus*, doch ist auch der vordere bei *Ep. pus.* pfeilförmige
Wulst getrennt, und die beiden Faltenreihen, die durch einen ca. 1 mm
breiten glatten Streifen geschieden sind, verlaufen ziemlich parallel.
Die 4 Wülste jederseits werden nach hinten grösser und haben eine
rundlichdreieckige Form. Hinter den beiden letzten grössten stehen
dicht neben einander noch ein paar ganz kleine Höcker.

Der Unterkiefer ist sehr schlank und schmal, der dünne horizontale Ast in der Mitte etwas ein- und vorn etwas nach oben gebogen.
Der niedrige, sehr dünne Proc. cor. verläuft schräg nach hinten mit
nach hinten umgebogener Spitze. Der Condylus sitzt tiefer als bei

*Epomophorus*, der abgerundete Winkelfortsatz ist etwas nach aussen umgebogen. Im geschlossenen Zustande ragt der Unterkiefer über 1 mm über den Oberkiefer hervor, entsprechend auch die unteren I über die oberen. Am Hamburger Exemplar ist die Schädelkapsel etwas mehr gewölbt, der Jochbogen geht vorn um 1 mm tiefer hinab, der Unterkiefer etwas mehr gebogen, die oberen C stehen steiler. Das Thier scheint etwas älter zu sein als mein Exemplar.

Maasse: Scheitellänge bis zum Ende der Nasenbeine 27, bis zur Alveole von I 29 (PG. 29), Basilarlänge 24, Breite des Hinterhauptes 10, Foram. occipit. 4, grösste Schädelbreite vor dem Ansatz der Proc. zygom. 10,5, hinter den Orbitalzacken 7, Stirn zwischen den Augen 4, Scheitelhöhe 8, Höhe des Hinterhauptes 6, Nasenbeine 11, Breite des Oberkiefers in der Mitte 5, Gaumenlänge 16, grösste Breite hinter dem letzten M 6, vorn zwischen C C 4. Horizontaler Ast des Unterkiefers bis zum Condylus 21, Höhe 1,5, Dicke 0,75, Höhe des aufsteigenden Astes 6, Entfernung der Proc. coron. 13.

$$\text{Gebiss.} \quad \text{I} \ \frac{4}{4} \quad \frac{1+1}{1+1} \quad \text{P} \ \frac{3+3}{3+3} \quad \text{M} \frac{2+2}{2+2}.$$

$$\text{(bei } \textit{Macroglossus} \quad \text{P} \ \frac{2+2}{3+3} \quad \text{M} \ \frac{3+3}{3+3}, \quad \text{bei } \textit{Melonycteris} \ \text{P} \ \frac{3+3}{3+3}$$

$$\text{M} \ \frac{2+2}{3+3}.)$$

Oben I klein, stiftförmig, durch Lücken von je 1 mm getrennt, die beiden äusseren mit mehr gerader Schneide. Die inneren sitzen vorn in dem über 2 mm schräg nach vorn gerichteten Zwischenkiefer, die beiden äusseren seitwärts. C 3 mm lang, im schlanken Bogen zugespitzt, nach vorn und etwas nach aussen gerichtet, hinten die Basis etwas verdickt. P I klein, ziemlich dicht an C gerückt, nach vorn gerichtet, mit rundlichem Haupt- und stumpfem Hinterzacken. P II = $^1/_3$ C, flach, mit breiter Basis, rundlichem, etwas umgebogenem Haupt- und hinten und vorn mit rundlichem Nebenzacken. P III mit noch breiterer Basis, der niedrige Hauptzacken rundlich umgebogen, der hintere Nebenzacken weit ausgezogen. Die beiden M niedrig und flach mit gerader, in der Mitte etwas vertiefter Kaufläche. M II weniger als $^1/_2$ M I. Die Lücke zwischen P III und M I etwas grösser als zwischen M I und M II.

Unten I sehr klein, undeutlich zweilappig, die inneren durch eine Lücke getrennt, der äussere links nicht entwickelt. C sehr schlank,

14*

hakig nach hinten und stark nach aussen gebogen, die vordere Kante
über der Basis etwas verstärkt, der obere Theil an der Innenseite ausgehöhlt. P I klein, rundlich, mit schräg nach vorn gerichteter Schneide
und hinten etwas verlängertem Basaltheil, P II = $^1/_2$ C, mit runder
Spitze und hinten verlängertem Basaltheil, die hintere Kante etwas
eingebogen, P III niedriger und länger als P II, die hintere Fläche
schon molarartig. P I—III sind durch Lücken von 1—1,5 mm getrennt. Die 3 M sind flache Kauzähne mit gerader Kaufläche, die
nach hinten an Grösse abnehmen im Verhältniss 4 : 3 : 2. Auch die
trennenden Lücken werden nach hinten zu kleiner. M III sehr klein
und niedrig. Alle Zähne sind dem dünnen Kiefer entsprechend sehr
schmal.

Einen theilweisen helleren Halbring, den JENTINK an einem ♀
von Liberia fand (in: Notes 1888, p. 53), ähnlich wie bei *Cynonycteris
torquata*, besitzt weder das Hamburger noch mein Exemplar. Auch
das Britische Museum hat *Meg. woermanni* erhalten; in: Proc. L. Z. S.
1887, p. 324.

Von amerikanischen Chiroptera zeigen die Glossophaga, z. B.
*Ischnoglossa*, eine gewisse Verwandtschaft, trotzdem sie zu den Istio-
phora gehören.

Von orientalischen Langzünglern besitzt das Hamburger Museum
*Macroglossus minimus* ♂ aus Australien und *Melonycteris melanops* ♂
von den York-Inseln. Ersterer ist ca. 6,5 cm lang, mit kleinem Schwanz,
oben hell gelblich roth, unten weissgelb, Flughaut rothbraun. Letzterer misst ca. 10 cm, ist schwanzlos, oben lebhaft gelbroth, unten
schwärzlich gefärbt. Auch Kopf und Flughaut sind schwärzlich.

Von asiatischen Pteropiden lebt seit längerer Zeit im Hamburger
zoologischen Garten *Pteropus pselaphon* TEMM. ♂ von den Bonin-
Inseln. Derselbe gehört zu den grössten Fruchtfressern, indem der
Körper gegen 22 cm misst. Die Behaarung ist schwarz mit weisslichen Haarspitzen, die besonders am Halse hervortreten, die Iris gelbbraun, die Pupille ein schmaler verticaler Spalt, wodurch sich derselbe
als Nachtthier characterisirt. Die Nase ist tief gespalten, die Lippnn
wulstig, die Ohren klein, der Daumennagel enorm entwickelt. Die
schwarzen glänzenden Hoden sind sehr gross, von Haselnussgrösse,
und liegen beiderseits neben dem Penis sehr weit nach vorn. Für
gewöhnlich nimmt der *Pteropus* die an den Hinterbeinen aufgehängte
Stellung ein, doch vermag er sich sehr rasch in die Höhe zu richten

und ist überhaupt recht beweglich und zahm. Mit Datteln, Brot, Früchten hat er sich gut gehalten, ohne Geschwüre an der Flughaut zu bekommen.

In Afrika leben ausser *Epomophorus* und *Megaloglossus* noch:

*Cynopterus* mit $I \frac{4}{4(2)}$ $C \frac{1+1}{1+1}$ $P \frac{3+3}{3+3}$ $M \frac{1+1}{2+2}$ und

*Cynonycteris* mit $I \frac{4}{4}$ $C \frac{1+1}{1+1}$ $P \frac{3+3}{3+3}$ $M \frac{2+2}{3+3}$,

von letzterer die Arten *aegyptica*, *grandidieri* und *collaris*. *C. collaris* hat sich im Londoner Garten ebenfalls gut gehalten und sogar zwei Junge in der Gefangenschaft geworfen.

## 63. *Vesperus damarensis n. sp.*

### Taf. V, Fig. 59.

Ueber *Vesperus* s. Dobson, Cat. Chiropt., p. 184 ff.

Drei Exemplare ♀, zwei in Spiritus. Damaraland, Omburo und Golabu. Coll. Schinz.

D i a g n o s e. Mittelgrosser *Vesperus* mit langen, oval zugespitzten Ohren, deren äusserer Rand aber etwas eingebuchtet ist, und geradem, aussen halbmondförmig abgerundetem Tragus, mit dunkelbrauner, zwischen Schenkeln und Schwanz hell gelbbrauner, von weissen parallelen Adern durchzogener Flughaut, oben von hell sepiagelber mit Graubraun gemischter, unten von weissgrauer mit Schwarzbraun gemischter Farbe der ziemlich langen und flockigen Haare.

B e s c h r e i b u n g. Die spärlich behaarte Nase ist kurz und breit, schwarz gefärbt, die nach aussen geöffneten Nasenlöcher mit wulstigem Rande sind weit vorgestreckt und durch eine breite Furche getrennt, die Oberlippe verdickt, die Stirn stark behaart. Die 12 mm lange Zunge schmal, hinten nur wenig verdickt. Das oval zugespitzte Ohr reicht niedergedrückt bis zur Nasenspitze, nur der Basaltheil des vorderen Randes und die hintere Basis sind behaart. Der äussere Rand ist wenig ausgebuchtet und u n t e n verdickt, der untere Lappen mässig, bei weitem nicht bis gegen den Mundwinkel vorgezogen. Der Tragus ist etwas nach vorn geneigt, der innere Rand desselben gerade, der äussere halbmondförmig convex und unten umgebogen. Daumen und Zehen dünn behaart, der kleine Daumen mit basaler Schwiele und weissem oder weisslichbraunem Nagel frei, der dritte Finger stark verlängert, daher die Flughaut zwischen zweitem und drittem Finger stark zugespitzt; die distale Hälfte des Oberarmes nackt, die Flughaut zwischen Arm und Schenkeln mit starken Papillen, von weissen parallelen Adern durchzogen, oben am proximalen Rande und unten etwas weiter hin dünn behaart. Die Schwanzflughaut schliesst den Schwanz ganz ein, ist hinter dem Calcaneus stark ausgebuchtet und oben und unten am proximalen Theile dünn weisslich behaart; auch hier verlaufen weisse parallele Adern schräg nach dem Schwanze.

Das lange weiche Haar ist von ungleicher Länge, erscheint daher flockig, die Basis dunkel schwarzbraun, die Spitze weisslich-gelb mit Sepiabeimischung und Silberglanz. Am Oberarm und der Unterseite sind die Haarspitzen weisslich. Stirn, Scheitel und Ohr sepiagelbbraun, Kinn und Gesichtsseiten etwas heller. Die Färbung ist der von *Vespertilio lanosus* SMITH ähnlich; letztere, der SMITH ungeheuerlicher Weise einen halbmondförmigen an seinem Exemplar offenbar zufällig entstandenen Ausschnitt des äusseren Ohrrandes zuschreibt, ist falsch bestimmt und muss nach DOBSON *Kerivoula lanosa* heissen, da sie gar nicht das Gebiss von *Vespertilio* hat.

M a a s s e : Körper 43—50 mm, Schwanz 26—30, Ohr 9—10 lang, 7—8 breit, Tragus 4, Humerus 19, Unterarm 32—33, Daumen 4,5—5, II 57,5—60, III 52—54, IV 45—47, Oberschenkel 12, Unterschenkel 11—12, Sporn 10—10,5.

S c h ä d e l . Die obere Profillinie ist ziemlich gerade, die Nase sehr wenig eingebogen, die Stirn sehr wenig convex, die Scheitelnaht schwach, die Stirnbeine nach hinten rundlich pfeilförmig (im maurischen Kielbogen) verlaufend, der Schädel zwischen den Stirnbeinen eingeschnürt. Die Nasenbeine und Zwischenkiefer sind durch die Wurzeln von I und C verdickt. Der Jochbogen sehr fein, in der Mitte etwas nach oben gezogen. Hinterhaupt rundlichdreieckig, etwas gewölbt und unten nach vorn abfallend, das Foramen occipit. sehr gross. Das Tympanum an der Aussenseite flach mit etwas verdicktem Rande, der knöcherne Gaumen hinten mit einem Zacken. Das rundliche Foramen infraorbit. sitzt hoch, dicht am Orbitalrande.

Der horizontale Ast des Unterkiefers ist mässig gebogen, nach hinten verjüngt, der Proc. coron. wie gewöhnlich dreieckig, etwas nach vorn gerichtet, die Massetergrube tief, vorn mit dreieckigem scharfem Rande.

M a a s s e : Scheitellänge 19,5—20, Basilarlänge 18—18,5, Höhe des Hinterhauptes und Scheitelhöhe 5, Breite des Hinterhauptes zwischen dem Tympanum 8,5, hinter den Jochbogen 8, Weite zwischen den Jochbogen 10, Scheitelbeine fast 7, Nasen- und Stirnbeine 5, knöcherner Gaumen 6,5, Breite vor den Jochbogen 5, Länge des Jochbogens 5, For. occipit. 2,5 hoch, 3 breit. Unterkiefer bis zum Proc. cor. 8, bis zum Condylus 10,25; Höhe des horizontalen Astes fast 1, unter dem Proc. coron. 2,75.

$$\text{Gebiss von } \textit{Vesperus:} \quad \text{I } \frac{2+2}{6} \quad \text{C } \frac{1+1}{1+1} \quad \text{P } \frac{1+1}{2+2} \quad \text{M } \frac{3+3}{3+3}.$$

Oben I (Taf. V, Fig. 59) mit Basalwulst, I innen klein, mässig gebogen mit sehr kleinem hinterem Zacken, der bei *Vesperus* im Alter verschwindet und nur bei einem Exemplar noch deutlich sichtbar ist. I aussen sehr klein, eng an I innen gedrängt, etwas nach vorn gerichtet. C mässig gebogen, senkrecht zur Kieferachse gestellt, hinten und innen ausgekehlt mit scharfer äusserer Kante. P $= \frac{1}{2}$ C, mit starkem hinterem Basalzacken, vorderem Basalwulst und starkem innerem Zacken mit vertiefter Kaufläche, Spitze nach innen gerichtet. M I und II W-förmig, die Aussenzacken doppelt, die innere Reihe höher, vor dem ersten Aussenzacken noch ein kleiner Basalzacken. Der innere tief liegende Kauhöcker innen gefurcht mit scharfem mittlerem Zacken. M III nach hinten gerichtet $= \frac{1}{2}$ M II, aussen ein, daneben nach innen zwei Zacken, hinten zwei Zacken, der innere höher.

Unten I mit gestielter Wurzel, die Krone scharf dreilappig, die I stehen nicht senkrecht, sondern schräg nach vorn zur Achse des Kiefers. C senkrecht zur Kieferachse, schlank, mässig gebogen, mit Basalwulst, der nach hinten und vorn in einen Zacken endet, wie auch bei P II und M. Die hintere Fläche von C ist mässig ausgekehlt. P I klein, eng zwischen C und P II eingekeilt, kleiner als $\frac{1}{2}$ C, etwas höher als $\frac{1}{2}$ P II; P II $= \frac{3}{4}$ C. M I aussen und innen mit je 2 Zacken, I aussen höher mit kleinem vorderen Nebenzacken, M II aussen 2, innen 3 Zacken, ebenso M III, der erste viel höher als der zweite, innen der letzte mit kleinem Hinterzacken.

Von den Afrika, resp. die südafrikanische Subregion bewohnenden *Vesperus*-Arten sind zu vergleichen *V. serotinus* und *capensis*, da, wie aus der Beschreibung erhellt, *V. minutus, andersoni*, welcher viel grösser ist, *tenuipennis* und *grandidieri* nicht in Frage kommen, vollends nicht *V. nasutus* und *platyrrhinus*. Es ist an und für sich nicht wahrscheinlich, dass *V. serotinus* sich bis in die südafrikanische Subregion erstreckt, und da bei diesem das nach vorn gebogene Ohr nur über die Mitte zwischen Auge und Muffel, bei *damarensis* bis zur Nasenspitze reicht, ist eine Identificirung mit *V. serotinus* nicht mög-

lich. Das Ohr von *V. damarensis* hat die Proportion wie bei dem
kürzlich von F. LATASTE (in: Ann. Mus. Civ. Stor. Nat. Genova (Ser. 2),
Vol. 4, 1887) aus Kairo beschriebenen *Vesperus innesi*, nur ist der
Tragus ganz anders. Auch das Ohr von *V. capensis* unterscheidet
sich erheblich, hier liegt der verstärkte Aussenrand des Ohrs viel
höher als bei *V. damarensis*, der Tragus ist bei *damarensis* u n t e n
an der Aussenseite umgebogen, die äussere Schwanzspitze ist frei,
die Ausbuchtung der Schenkelflughaut ist viel kleiner, die Färbung
ist oben röthlichbraun mit hellerer Haarspitze, die inneren I oben
stehen bei *damarensis* weiter von den äusseren ab als bei *capensis,*
die unteren I stehen bei *V. capensis* senkrecht zur Kieferachse, der
hintere Ansatz von P oben ist breiter.

### 64. *Vesperus pusillus n. sp.*
Taf. II, Fig. 2, Taf. V, Fig. 60 u. 61.

Spiritus-Exemplar ♂. Boma, März. Coll. HESSE.

D i a g n o s e : Winzig kleiner *Vesperus* mit langem, schmalem, wenig
eingebuchtetem Ohr, nach oben breit dreieckig verbreitertem, mit der
Spitze nach innen gebogenem Tragus, kurzer stumpfer Nase, drei-
zackigen äusseren Incisiven, geringer Ausbuchtung der Schenkelflughaut, freiem letzten Schwanzwirbel, von tief russschwarzer, unten
wenig hellerer Farbe.

B e s c h r e i b u n g : Nase kurz und stumpf mit runder Muffel, die
Nasenlöcher durch eine sehr seichte Furche getrennt. Die wulstige
Oberlippe ist durch eine tiefe horizontale Furche abgesetzt. Die Oberlippe an der Seite dick wulstig, unter dem Kinn (nicht an der Oberlippe) eine starke runde Warze. Von den Gaumenfalten sind die
beiden ersteren ungebrochen, die folgenden durch einen breiteren
Zwischenraum getrennt und gebrochen, die Halbbogen auf der Innenseite nach hinten gezogen, die letzte, stark wulstige Doppelfalte innen
sehr weit nach hinten reichend. Das lange schmale Ohr mit oval
abgerundeter Spitze oben am äusseren Rande etwas eingebuchtet,
unten der Lappen fast bis zum Mundwinkel hin vorgezogen. Tragus
an der Basis schmal, nach oben verbreitert, innere Kante concav,
äussere fast gerade, die Spitze bildet ein rundliches Dreieck, dessen
Spitze nach innen gerichtet ist. Die vordere Fläche des Tragus ist
ausgehöhlt. Der Daumen ist frei, der Humerus oben in der proximalen
Hälfte behaart, unten nur zunächst dem Körper, die Flughaut auf
2—3 mm vom Körper dünn behaart, die Schwanzflughaut, aus welcher

der letzte Wirbel herausragt, ist stark zugespitzt, oben nackt, die Ausbuchtung unbedeutend. Der Hinterleib ist auffallend schmächtig, der Penis lang herabhängend, Scrotum ziemlich gross. Färbung des Körpers und der Flughaut tief schwarzbraun, das Ohr tief schwarz, auf der Unterseite sind die Haarspitzen gelblichbraun, doch ist die Gesammtfärbung nur wenig heller als oben.

Maasse: Körper 31 mm, Schwanz 22, Ohr 7, mittlere Breite 4, Tragus 4, Humerus 17, Unterarm 26, Daumen 3; II 20,5; III 35; IV 31; V 28. Femur 10, Unterschenkel 10,5, Fuss 4,5.

An dem sehr zarten S ch ä d e l (Taf. V, Fig. 60) mit etwas blasig aufgetriebenen Stirnbeinen ist die Schädelkapsel doppelt so lang wie die Nase, die Kapsel ziemlich flach und breit, vor den Augen mässig eingeschnürt, die obere Contour mässig gebogen, die Stirn etwas gewölbt und die Nasenbasis mässig deprimirt. Der Oberkiefer ist vorn nur wenig in die Höhe gezogen, das Hinterhaupt mässig gerundet und unten nach vorn gezogen, besonders am unteren Rande des grossen For. occipit., die ziemlich grossen runden Bullae aud. nicht vom Tympanum getrennt, mit langem seitlichen Halbringe. Die Basis cranii liegt auffallend hoch, so dass die Scheitelhöhe eine geringe ist.

Der Unterkiefer ist nach vorn schmal zugespitzt, die Symphyse kräftig, unten mit rundlichem Zacken, der horizontale Ast ziemlich stark gebogen, so dass der Winkelfortsatz bis in die Höhe der Zahnbasis emporgezogen ist. Der Proc. cor. ist etwas nach vorn, der Winkelfortsatz nach aussen, die hintere Kante des aufsteigenden Astes schwach S-förmig gebogen.

Maasse: Scheitellänge 10,5, Basilarlänge 9, grösste Scheitelbreite in der Mitte 7, am Hinterhaupt 6,5, Einschnürung 3,25; Breite des Oberkiefers 4, Gaumenlänge 4, das runde Hinterhauptloch 3.
Unterkiefer bis zum Condylus 7, Höhe des horizontalen Astes in der Mitte 0,75, aufsteigender Ast unter dem Proc. coron. 2, Breite desselben 2.

Gebiss. Oben I (Taf. V, Fig. 61) innen einspitzig, hinten mit kleinem Basalzacken, hakig gekrümmt, die Spitzen stark convergirend. I aussen sehr klein, dreispitzig, indem der vordere kleinere Zacken eine Doppelspitze hat. Der Zahn steht fast senkrecht, ein wenig nach aussen. C mit unbedeutendem Basalwulst, der hinten etwas ausgezogen ist, schlank, wenig gebogen, nach hinten gerichtet, innen mässig cannelirt. P = $^3/_4$ C, fast gerade, senkrecht, conisch zugespitzt, durch eine Lücke von C getrennt, dicht an M I gerückt. M I und II identisch, mit niedrigen Zacken, von den beiden Aussenzacken der erste nach vorn gerichtet, W-förmige Kaufläche, die beiden inneren Nebenzacken höher als die äusseren, der vordere etwas höher, der vertiefte innere Nebenhöcker klein, der innere Rand vorn mit Zacken. M III schmal, der hintere Theil des W von der Mitte des ersten Haarstrichs an fehlt, hinter dem inneren Nebenzacken noch ein ganz kleiner.

Unten I klein, dreilappig, nach vorn gerichtet. C, P und M mit Basalwulst. C schlank, ziemlich gerade, wenig nach vorn, aber nicht nach aussen gerichtet. Zwischen C und P I eine kleine Lücke, die übrigen Zähne in geschlossener Reihe. P I = $^2/_3$ C, mässig gebogen, etwas nach hinten gerichtet, innen cannelirt, der Basaltheil nach hinten ausgezogen. P II etwas höher, aber viel schlanker, fast senkrecht stehend. M I und II identisch, der vordere Aussenzacken höher, fast so hoch wie C, etwas nach vorn gerichtet, die beiden inneren Zacken niedriger, etwas nach hinten gerichtet. Bei M III der hintere Aussenzacken und die beiden Innenzacken niedriger.

Von *Vesperus brunneus* THOMAS (in: Ann. Mag. Nat. Hist. 1880, p. 165, DOBSON, Geogr. distrib. Chiropt., p. 17) unterschieden durch geringere Grösse, längere, schmalere Ohren, die freie Schwanzspitze, die dunklere Färbung. *Vespertilio pusillus* LE CONTE vom Gabun (in: Proc. Ac. Nat. Hist. Philadelphia 1857, p. 10 u. 11) sieht ähnlich aus, hat aber ein viel kürzeres Ohr und lanzettförmigen Tragus, ist übrigens, da LE CONTE nichts über die P sagt, so oberflächlich beschrieben, dass die Gattung, geschweige die Species, fraglich ist.

Die genannten drei tief dunklen Chiroptera sind meines Wissens ausser *Vesperugo stampflii* JENT. (in: Notes 1888, p. 55), der schwarz mit rothbraunen Flecken ist, die einzigen bisher in Afrika gefundenen, während sich diese tief schwarzbraune Färbung bei südamerikanischen Arten öfter findet.

### 65. *Vesperus tenuipennis* PETERS.
#### Taf. V, Fig. 62 u. 63.

In: M. B. Berl. Acad. 1872, p. 263; DOBSON, p. 201.

Spiritus-Exemplar ♂, Kuilu-Fluss, Mai. Coll. HESSE.

*Vesperus tenuipennis* ist etwas grösser als *pusillus* und leicht an den weissen Flughäuten und der weissen Unterseite kenntlich, welche scharf gegen die umbrabraune Färbung der Oberseite abstechen. Die Nase ist braun, wenig behaart, die nach aussen geöffneten Nasenlöcher mit wulstigem Rande durch eine seichte Furche getrennt, die Stirn heller umbragrau, das ovale, niedergedrückte, bis zur Nasenspitze reichende Ohr hat aussen einen verdickten Rand. Der Tragus ist ähnlich geformt wie bei *pusillus*, doch sind die Spitzen des oberen breiteren Theils mehr abgerundet. Hinter dem grossen unteren, nach dem Mundwinkel vorgezogenen Lappen ist im Ohrrande ein Einschnitt. Vom Schwanze ist wie bei *pusillus* der letzte Wirbel frei. Die Unterseite der breit lanzettförmigen Schwanzflughaut ist im proximalen Theile dünn weisslich behaart, Unterarm oben hellbraun, unten weiss, Beine hellbraun, Nägel weisslich. Der 3,5 mm lange Penis ist an der Spitze behaart, das Scrotum stark entwickelt, von Erbsengrösse.

Maasse: Körper 32 mm, Schwanz 20, Ohr 7 lang, 4,5 breit, Tragus 1,25, zwischen Auge und Nase 3, Humerus 16, Unterarm 25, Daumen mit Nagel 4, II 21, III 35, IV 32, V 26; Femur 9, Unterschenkel 8,5, Fuss 6.

Schädel (Taf. V, Fig. 62). Weniger flach als *pusillus*, die Nase länger, die Schädelkapsel mehr rundlich als elliptisch, die Nasenbasis etwas eingesenkt, der Oberkiefer etwas nach oben gebogen. Os petrosum und Knochenring des Tympanum wohl getrennt, letzteres ziemlich gross. Unterkiefer ähnlich wie *pusillus*, doch der hintere Theil des horizontalen Astes kräftiger und der aufsteigende Ast breiter.

Maasse: Scheitellänge 11, Basilarlänge 10, Schädelkapsel 7 lang und breit, Einschnürung 4, Breite der Nase 5, Gaumenlänge 4,5, Gaumenbreite 4; Unterkiefer bis zum Condylus 8,25, Höhe des horizontalen Astes 1, Höhe des aufsteigenden Astes unter dem Proc. cor. 2,5.

Gebiss. Das Gebiss meines Exemplars ist sehr interessant, weil es die I (Taf. V, Fig. 63) mitten im Zahnwechsel zeigt und oben beiderseits noch drei statt zwei Inc. vorhanden sind. Die Einzelheiten sind bei fünffacher Vergrösserung vollkommen deutlich.

Die Milchschneidezähne sind lang und hakig zugespitzt, ohne Schmelz, und die späteren Zähne brechen aus der Basis derselben hinter ihnen hervor, jedenfalls wird auch hier, was unten an den Pulli von *Nyctinomus limbatus* sich zur Evidenz nachweisen lässt, der Milchzahn nicht ausgestossen, sondern resorbirt. Der innere Milchzahn ist lang und schmal, hakig gekrümmt, mit zwei seitwärts nach aussen gerichteten Zacken. Hinter denselben, von der schwachen Wandung des Zahns wie von einem Mantel umschlossen und offenbar durch die breite Basis desselben durchgebrochen, stehen die beiden inneren I mit hinten dreispitziger Kante und convergirender Spitze. Der äussere Milchschneidezahn ist von dem inneren durch eine Lücke getrennt, und seine beiden Spitzenzacken sind ganz nach hinten und innen umgebogen. Hier ist der bleibende äussere I noch nicht vorhanden. Es wird auch hier wie bei *Nyctinomus limbatus* sein, dass im frühsten Alter die Milchschneidezähne des Saugens wegen ganz nach hinten umgebogen sind, sich dann später aufrichten, während die Spitzen nach hinten gerichtet bleiben, und dass unterdessen der bleibende Zahn durchbricht und der Milchzahn allmählich resorbirt wird. Die bleibenden Zähne sind vollständig entwickelt, wie auch der Schädel und der ganze Körper nicht mehr den Eindruck eines ganz jugendlichen Thieres macht. Milchgebiss von *Vesperus serotinus* bei LECHE, Studier öfver mjölkdentitionen hos Chiropt., Taf. I, Fig. 9. C fast senkrecht zur Kieferachse, mässig gekrümmt, ohne Basalwulst, innen cannelirt, P = $^3/_4$ C, einspitzig, hakig gekrümmt, die Aussen- und Innenfläche cannelirt. M I und II identisch, W-förmig, die Zacken nicht sehr hoch, M III mit unvollkommener W-Form, ähnlich wie bei *V. pusillus.*

Unten I gestielt, dreilappig, in der Richtung des Kiefers nach vorn gerichtet, C klein, mässig gekrümmt, ohne Basalwulst. P I mit Basalwulst = $^1/_2$ C, also klein, spitz, P II höher als P I. Die M mit mässigem Basalwulst. Bei M I und II der vordere Aussenzacken höher als P II, die Basis desselben biegt sich nach innen zu einem niedrigeren Zacken um. Von den beiden Innenzacken ist der hintere höher, und an der Basis desselben sitzt noch ein ganz kleiner. M III ähnlich, doch die hinteren Zacken niedriger.

### 66. *Vesperugo pagenstecheri n. sp.*
#### Taf. II, Fig. 3, Taf. V, Fig. 64—65.

Zwei Spiritus-Exemplare ♀. Netonna. Im Wipfel einer Kokuspalme gefangen. Coll. HESSE.

D i a g n o s e. Kleiner *Vesperugo,* der *Vesperugo nanus* PETERS nahe steht, aber erheblich kleiner und viel heller gefärbt ist. Ohr lang und schmal zugespitzt, hinten etwas ausgeschnitten, der äussere Ohrrand mässig gegen den Mundwinkel vorgezogen, der kleine und schmale Tragus innen gerade, aussen convex. Färbung oben hell gelblich olivenfarben, unten noch heller weisslichgelb mit olivenfarbenem Anfluge.

B e s c h r e i b u n g. *Vesperugo pagenstecheri* in zwei identischen Exemplaren unterscheidet sich von *V. nanus* durch die geringere Grösse, die längeren und schmaleren Ohren, den anders geformten Tragus, den längeren zweiten Finger und die viel hellere Färbung.

Der Kopf ist klein, die Nase, deren Seiten mit borstigen, nach vorn gerichteten Wimpern besetzt sind, stumpf, die seitwärts geöffneten Nasenlöcher mit wulstigem Rande durch eine seichte Furche getrennt, die Unterlippe ohne Warzen, fein behaart. Die langen, niedergedrückt die Nasenspitze überragenden Ohren sind sehr schlank zugespitzt, aussen nur wenig eingebuchtet, der untere nach vorn vorgezogene, etwas verdickte Rand endet in einen hochstehenden Lappen von 0,75 mm Länge. Der schmale Tragus ohne Furche steht ziemlich vertical und ist nicht beilförmig wie bei *V. nanus*, sondern oben einfach abgerundet, die innere Kante gerade, die äussere etwas gebogen. Der Daumen ist frei. Die unbehaarte Flughaut am Ende des zweiten Fingers scharf zugespitzt, der letzte Wirbel des Schwanzes ist frei. Die im Basaltheile dichter, unten spärlicher mit gelblichen, oben mit bräunlichen Härchen besetzte Schwanzflughaut ist schlank zugespitzt und entbehrt der Ausbuchtung, die Schenkelflughaut reicht bis über die erste Phalange des Fusses. Bein und Fuss sehr zart, Nägel weisslichgelbbraun. Flughaut schwarzbraun, Schenkelflughaut heller, gelbbraun, Humerus, Unterarm, zweiter Finger, Unterschenkel weisslichgelb. Wimpern und Nasenseite schwärzlichbraun. Haarbasis hell graubraun, bei *nanus* schwarzbraun, Haar lang, fein, flockig, hell gelblichumbra mit Stich ins Olivenfarbene, unten heller mit vielfach durchschimmernder graubrauner Haarbasis. Bei *V. nanus* ist die Färbung viel dunkler braun. Vergl. PETERS, Säugethiere Mosamb., p. 63, Taf. 16, 3; DOBSON, Cat. Chiropt., p. 237.

| Maasse. | *V. pagenst.* | *V. nanus.* |
|---|---|---|
| Körper . . . . | 40 | Körper und |
| Schwanz . . . . | 28 | Schwanz 80 |
| Ohr lang . . . | 9,5 | 11,5—12 |
| „ breit . . . | 6 | 7 |
| Tragus . . . . | 3 | 3,5 |
| Humerus . . . | 16 | 19—20 |
| Unterarm . . . | 30 | 31,5 |
| Daumen . . . . | 5 | 5,5 |
| II . . . . | 35 | 29—30 |
| III . . . . | 52 | 54—57 |
| IV . . . . | 44 | 45—49 |
| V . . . . | 37 | |
| Femur . . . . | 12 | 12,5—13 |
| Unterschenkel . . | 11 | 12 |
| Fuss mit Krallen . | 6 | 7 |
| Sporn . . . . . | 5 | — |

Der Schädel (Taf. V, Fig. 64) ist ziemlich schmal, Scheitel und Hinterhaupt abgerundet, Scheitel- und Lambdanaht fehlen, das sehr grosse Hinterhauptloch wird erheblich von der Squama occipit. überragt, die Stirn ist gewölbt, die Nasenbasis eingesenkt, die rundlichen Nasenbeine durch eine mediane Furche getrennt. Der Orbitalrand ist vorn wulstig, die sehr feinen Jochbogen wenig gebogen, der kurze Oberkiefer nach oben gebogen, der Gaumen ist hinten breit, vorn zugespitzt. Von den 7 Gaumenfalten gehen die beiden ersten quer durch, die folgenden sind gebrochen und die inneren Bogen stark nach hinten gezogen. Am Unterkiefer ist der aufsteigende Ast niedrig und sehr breit, der Proc. coron. mit scharfer Spitze, etwas nach vorn gerichtet, die Massetergrube tief mit scharfen Leistenrändern.

M a a s s e. Scheitellänge 11 (bei *Vesperugo nanus* 12), grösste Scheitelbreite 6,25, Einschnürung 3,5, Schädelkapsel 7, Nasenbreite 3,5, Hinterhauptloch 2,5 hoch und breit, Höhe der Squama occipit. über dem For. occipit. fast 2, hintere Gaumenbreite 3,5. Unterkiefer bis zum Condylus 7, aufsteigender Ast 2, Höhe des horizontalen Astes 1.

G e b i s s (Taf. V, Fig. 65) von *Vesperugo*:

$$I \frac{2+2}{6} \; C \frac{1+1}{1+1} \; P \frac{2+2}{2+2} \; M \frac{3+3}{3+3}.$$

I innen mit der Spitze nach innen und vorn gerichtet, zweispitzig, der hintere Zacken stark, nicht ganz so lang wie der vordere. I aussen vorn mit kräftigem Basalwulst, kürzer und schmaler als I innen. C mit breitem Basaltheil, aber schlank zugespitzt und nach vorn gerichtet, vorn, aussen und hinten mit scharfer Kante, innen stark cannelirt. Der Basalwulst springt nach hinten höckrig vor und ist röthlich gefärbt, wie auch P und M einen hellröthlichen Anflug haben. P I ein sehr kleiner, rudimentärer, nach innen gerichteter Zacken. P II = ³/₄ C, länger als M. Basalwulst vorn höckrig, hinten ausgezogen, der Innenzacken vertieft. M I und II identisch, die beiden Aussenzacken gleich hoch, der Innenhöcker vertieft mit nach vorn gerichtetem Innenzacken. M III kleiner, der hintere Theil des W unbedeutend, der Innenzacken nach vorn gerichtet. C ist 1 mm hoch, die übrigen Zacken entsprechend niedriger.

Unten I nach vorn gerichtet, klein, gestielt, stark dreilappig, C schmal und gerade, der Basalwulst innen mit kleinem Nebenzacken. P und M mit Basalwulst, P I und II einspitzig, I etwas niedriger. Bei M der vordere Aussenzacken etwas höher als der hintere, innen 3 Zacken, der vordere nach vorn, der hintere nach hinten gerichtet. M III etwas kleiner.

## 67. Chalinolobus congicus n. sp.

Taf. II, Fig. 1; Taf. V, Fig. 66—68.

Genus *Chalinolobus* bei Dobson, Cat. Chiropt., p. 252.

Acht Spiritus-Exemplare, 4 ♂ und 4 ♀. Netonna, April u. Mai.
Coll. Hesse.

Die vorliegende Collection bietet nicht unerhebliche Schwierigkeiten, weil die Exemplare nach Geschlecht und mehr noch nach dem
Alter in der Färbung ziemlich stark abweichen, während Schädel und
Gebiss beweisen, dass sie zu einer Art gehören, welche ich geglaubt
habe mit *Chalinolobus* vereinigen zu müssen, obwohl die inneren I
zweispitzig wie bei *Vesperus* sind. Die Bildung des Ohres dagegen
und des Mundwinkels ist durchaus die von *Chalinolobus*.

D i a g n o s e. *Chalinolobus* mit zweispitzigen inneren I, halbmond-
förmigem Lappen am unteren Mundwinkel und Warze über dem Mundwinkel, rundem, nach hinten umgebogenem Lappen am unteren Ohrrande, Tragus mit gerader innerer, gebogener äusserer Kante mit
spitzem Lappen am unteren Rande, weisslichgelber bis hell röthlich-
brauner Flughaut, ganz von der Flughaut eingeschlossenem Schwanze
und olivengelblich-silbergrauer Färbung und mehr oder weniger deutlichen weisslichen Streifen oben und unten an den Schultern.

B e s c h r e i b u n g. Kopf und Nase kurz, letztere breit abgerundet,
die weit von einander entfernten Nasenlöcher durch eine seichte Furche
getrennt. Oberlippe an den Seiten wulstig, die Lippenränder ganz
vereinzelt kurz behaart. Mundwinkel mit einem grossen, halbmondförmig herunterhängenden Lappen, der nach unten mehr oder weniger
scharf begrenzt ist. Auch vor dem Lappen ist die Unterlippe wulstig.
Oberlippe im Mundwinkel warzig verdickt. Eine runde Warze steht
über dem Mundwinkel nach dem Ohr hin. Auge sehr klein, näher
dem Ohr als der Nasenspitze. Ohr gross, aber kürzer als der Kopf,
breit abgerundet, innen nackt, aussen mit nackter Spitze. Der innere
Rand unten zu einem runden Lappen umgebogen, der äussere verdickte Rand mit kleinem, rundem Lappen bis an den Mundwinkel
vorgezogen. Tragus innen ausgehöhlt, an der Basis schmal, der
äussere Rand springt über der schmalen Basis mit kleinem dreieckigem
Lappen vor, mittlerer und oberer Theil des Tragus ziemlich gleich
breit, die innere Kante gerade, die äussere rundlich gebogen. Zunge
kurz und dick, am Rande mit einzelnen kleineren Wärzchen, sonst
mit feinen Papillen. Von den 7 Gaumenfalten ist die erste und die

letzte ungebrochen, bei den übrigen wie gewöhnlich die Innenseite der Bogen nach hinten gezogen. Die Flughäute sind sehr zart und stark zugespitzt, zwischen Unterarm und fünftem Finger von starken, bräunlichen Adern durchzogen, sonst fein geädert, der Lappen der Schwanzflughaut unbedeutend, der Schwanz mit 7 Wirbeln ganz von der Flughaut eingeschlossen. Die Schwanzflughaut oben bis zum dritten Wirbel dünn behaart, der Humerus oben auf $^1/_3$ Länge, etwas stärker die Unterseite der Flughaut vom Ellbogengelenk bis zum Anfang des Unterschenkels. Der Daumen frei, an der Basis ohne stärkere Schwiele.

Färbung der Gesichtsseiten und des Ohrs weisslich, vor der Stirn olivenfarben, vom Auge zum Ohr ein dunkler Streifen, der nur bei einem ♂ stärker hervortritt. Extremitäten unten weisslich, oben gelbbraun. Nägel tief schwarz. Färbung der Flughaut zwischen den Fingern weisslich, doch bei einigen ♂ mehr rothbraun, an den Seiten und zwischen den Schenkeln hell röthlich-grau, Haar lang und fein, etwas flockig, Haarbasis etwas heller als das Haar. Färbung der Oberseite olivengrau mit silbergrauen Haarspitzen, nach hinten zu mehr olivengelb, Kehle etwas heller, sonst die Unterseite etwas dunkler als die Oberseite. Die Unterseite der Flughaut hell gelbbraun behaart. Zwei weissliche Streifen von der Schulter bis zu den Schenkeln treten nur bei einem ♂ deutlich hervor. Die gelbliche Färbung des Hinterrückens ist bei einem Exemplar ebenfalls streifig, übrigens der Farbenton bei den alten ♀ heller als bei den ♂, nur ein ♂ sehr hell.

Bei *Chalinolobus argentatus* ist die Haarbasis schwarz, die Haarmitte weiss, die Spitze silbergrau, *Chal. variegatus* ist viel kleiner, bei *Chal. poensis* die Flughaut immer braun. Das Subgenus *Glauconycteris* ist grösser. Die breite Vorhaut ist zweilappig, an der Spitze kurz borstig behaart, das kleine Scrotum dicht hinter dem 4 mm langen Penis, dicht dahinter der After. Auch die Scheide dicht vor dem After, die Clitoris sehr klein, unten gefurcht und an der Spitze durchbohrt. Die beiden Mammae nur bei einem ♀ kahl mit angesogenen Zitzen.

| Maasse. | ♂ | ♀ adult. |
|---|---|---|
| Körper . . . . | 52—56 | 50 |
| Ohr . . . . . | 9,5—10 | 9,5 |
| Mittlere Breite . | 7 | 7 |
| Tragus . . . . | 4— 4,5 | 4,5 |
| Schwanz . . . | 42—45 | 45 |
| Humerus . . . | 26—28 | 25 |
| Unterarm . . . | 41—43 | 40 |

| Maasse: | ♂ | ♀ adult. |
|---|---|---|
| Daumen . . . | 4,5 | 4 |
| II . . | 53—58 | 54 |
| III . . | 78—84 | 81 |
| IV . . | 57—61 | 59 |
| V . . | 50—52 | 50 |
| Femur . . . . | 17—18 | 18 |
| Unterschenkel . | 17—18 | 18 |
| Fuss . . . . . | 6—7 | 7 |
| Sporn . . . . | 12—14 | 13 |

Schädel (Taf. V, Fig. 66) kurz und breit, der obere Theil des abgerundeten Occiput nach vorn gegen den Scheitel umgebogen, Stirnbeine etwas blasig aufgetrieben, Nasenbasis stark eingesenkt, der kurze und breite Oberkiefer nach oben gebogen, die Nase seicht gefurcht, die Seiten der Nasenbeine mit rundlicher Leiste, die Bullae audit. mittelgross, aussen flach, innen kräftig entwickelt, der schlanke Jochbogen in der Mitte eckig in die Höhe gezogen.

Am Unterkiefer die Symphyse breit und kräftig, schräg nach vorn gerichtet und unten mit kleinem Zacken, der horizontale Ast gerade, der aufsteigende Ast niedrig und breit, nach hinten gerichtet, der niedrige Proc. coron. nach vorn und stark nach aussen gebogen, die obere Kante des aufsteigenden Astes flach eingebogen.

Maasse von ♂ adult.: Scheitellänge 12, Basilarlänge 11,5, Schädelkapsel 8,5, Hinterhaupt über dem For. occipit. 5, For. occipit. 3 breit, 2,5 hoch, Scheitelbreite hinten 7,25, die Stirn hinter der Nase 5 lang und breit, Bullae aud. 3, Höhe der Schädelkapsel 6, Kieferlänge von I bis M III 5, Gaumenlänge 5, Breite 3,25. Die Schädel der ♀ sind um ein Geringes kleiner. Unterkiefer bis zum Condylus 9, Höhe der Symphyse fast 2, des horizontalen Astes 1, des aufsteigenden Astes unter dem Proc. coron. 3.

Gebiss (Taf. V, Fig. 67—68) von *Chalinolobus*:

$$I \frac{2+2}{6} \; C \frac{1+1}{1+1} \; P \frac{1+1}{1+1} \; M \frac{3+3}{3+3}.$$

Oben I innen durch eine 1,25 breite Lücke getrennt, stark nach vorn und mit der Spitze etwas nach einwärts gerichtet, mässig gebogen, stark zugespitzt mit kleinem hinteren Nebenzacken, der bei allen Exemplaren vorhanden ist. I aussen sehr klein, eng zwischen I innen und C, stumpf zugespitzt, wie I innen gerichtet. C schlank gebogen, etwas weniger nach vorn gerichtet als I innen, hinten flach cannelirt, Basalwulst wie bei I, P und M schwach, innen zackig vorspringend. P kaum ¹/₂ C, nach innen gerichtet, an der Basis ziemlich breit, aussen cannelirt, mit schlanker

Spitze, wenig gebogen. M I und II identisch, die Aussenzacken niedrig, der vordere stärker, erheblich nach vorn gerichtet. Der hintere innere W-Zacken stärker und höher als der vordere, der innere Nebenzacken hoch, mit scharfem Rande und starkem vorderen, nach innen gerichteten Zacken. M III schmal, der vordere Aussenzacken stark, nach vorn gerichtet, die niedrigen hinteren Zacken ebenfalls nach vorn gebogen.

Unten I klein, undeutlich dreilappig, in der Richtung der Kiefer-Symphyse schräg nach vorn gerichtet. C schlank, stark nach aussen und etwas nach hinten gerichtet, vorn innen mit Nebenzacken. P I sehr klein und niedrig, kaum $^1/_4$ C, breit dreieckig zugespitzt, Aussenseite etwas nach innen gerichtet. P II schlank, $= ^1/_2$ C. Die Aussenzacken von M breit dreieckig, der vordere um $^1/_3$ höher als der hintere. Die Hauptzacken der M sind etwas niedriger als C und nehmen nach hinten etwas an Grösse ab. Der innere Nebenzacken von M I ist stark nach vorn, der hintere von M III stark nach hinten gerichtet.

### 68. *Scotophilus borbonicus* Peters.
#### Taf. V, Fig. 69—70.

Peters, Säugethiere v. d. Decken, p. 7; Dobson, Cat. Chir., p. 260.

Zwei Spiritus-Exemplare ♂, Boma, März, und ♀ Banana-Creek, Juni, am Bord eines Schiffes in der Takelage schlafend gefunden. Coll. Hesse.

*Scotophilus borbonicus* gehört zu den grössten *Scotophilus*-Arten und ist oben olivenbraun, mit weissgelber Haarbasis, unten weissgelb gefärbt. Jentink fand ein Exemplar von Mossamedes mit olivenbrauner Kehle, in: Notes 1887, p. 180. Die breite Nasenkuppe ist nicht gefurcht, die Nasenlöcher weit von einander entfernt, die nackten Lippen mit vielen kleinen Warzen besetzt, doch die wulstigen Ränder glatt. Beiderseits der vorn gespaltenen Unterlippe liegen zwei starke Wülste, zwischen ihnen unter dem Kinn eine 2 mm starke, runde Warze, die wulstigen Wangen sind nackt, die Zunge kurz und dick, der hintere Theil sehr fleischig, der vordere lanzettförmig zugespitzt mit scharf gegen das dicke Zungenband abgesetztem Rande, die Papillen sind vorn kurz und borstig, nach vorn gerichtet, in der Mitte dichter und feiner. Vor der ersten ungebrochenen, aber leicht geknickten Gaumenfalte liegt ein rundlicher Knopf, die 6 übrigen Falten wie gewöhnlich gebrochen und innen nach hinten gezogen. Die mittelgrossen, weit von einander entfernten Ohren sind in der Mitte breit, nach oben schmal rundlich zugespitzt, mit kleiner Einbuchtung aussen nahe der Spitze. Querfalten schwach, der äussere Rand unten verdickt, vorn mit rundlichem, hochstehendem, in der Mitte vertieftem Rande. Tragus lang, oben verschmälert, nach vorn umgebogen, der basale Theil vertieft. Innen ist das gelbgraue Ohr nur spärlich behaart, aussen nackt, doch der innere Rand behaart. Daumen frei, an der Basis mit Schwiele, auch die Basis des fünften Fingers mit warzigem Ballen, der dritte Finger lang, daher die Handflughaut stark zugespitzt. Die Flughaut zwischen Oberarm und Schenkel zeigt drei sehr starke Adern, eine gleiche, nach hinten dreifach verzweigte zwischen Unterarm und fünftem Finger, zwei starke, verästelte Adern in der Schwanzflughaut. Oben ist etwa der halbe Humerus behaart, unten ein Drittel, unten die Flughaut zwischen fünftem Finger und Schenkel dünn behaart. Die Papillen der Seitenflughaut sind fein, der Spornlappen klein, der letzte der 8 Schwanzwirbel frei. Handflughaut dunkel gelbbraun, unten schwarzgrau, an den Seiten oben rothbraun, unten hell gelbgrau, Schwanzflughaut unten weiss, oben hell rothbraun. Die Extremitäten oben rothbraun, unten weissgelb. Nägel weissgelb, von den Zehen die äussere und innere kürzer, Sohlen weiss.

Sehr interessant sind die Geschlechtstheile, besonders die männlichen. Der 7 mm lange Penis besitzt eine sehr grosse, wulstige Vorhaut und ist vor der auch von aussen sichtbaren Prostata eingeschnürt. Unmittelbar hinter dem Penis liegt der Anus, hinter diesem an der Schwanzbasis beiderseits die Hoden. Die Testikel hat die Grösse und Form eines Weizenkorns, die langen Vasa deferentia legen sich beiderseits um das Ende des Mastdarms. Auch die Scheide ist nur 1 mm vom Anus entfernt, die 2 mm breite, rundliche Clitoris quergespalten.  ·

| Maasse. | ♂ | ♀ |
|---|---|---|
| Körper . . . . | 88 | 90 |
| Ohr . . . . . | 12 | 12 |
| Mittlere Breite . | 10 | 10 |
| Tragus . . . . | 8 | 8 |
| Humerus . . . | 33 | 37 |
| Unterarm . . . | 55 | 55 |
| Freier Daumen . | 8 | 7 |
| II . . | 69 | 72 |
| III . . | $52+17+14+8=91$ | $55+19+16+9=99$ |
| IV . . | $50+14+11=75$ | $52+15+12=79$ |
| V . . | $46+8+6=60$ | $50+9+8=67$ |
| Unterschenkel . | 23 | 25 |
| Fuss . . . . . | 10 | 10 |
| Sporn . . . . | 16 | 16 |

Schädel (Taf. V, Fig. 69—70). Kapsel eiförmig, vor den Augen stark eingeschnürt, der starke Scheitelkamm greift nach hinten weit über das Hinterhaupt über. Basis des Hinterhauptes breit, letzteres dreieckig nach oben zugespitzt. Profillinie mässig gebogen, an der Vereinigung der pfeilförmigen Stirnleisten etwas hervortretend. Nasentheil kurz und breit mit parallelen Rändern und wulstigen Alveolen von C. Jochbogen verhältnissmässig schwach, flach S-förmig gebogen, Hinterhauptloch breiter als hoch, Bullae aud. rundlich, ziemlich hoch, das Tympanum wenig markirt, der knöcherne Halbring lang und etwas S-förmig gebogen. Gaumen breit, Orbitalzacken kurz und stumpf.

Unterkiefer kurz und kräftig, die Symphyse kurz und breit gerundet, der horizontale Ast gerade, der aufsteigende etwas nach oben gebogen, die vordere Kante desselben nur wenig nach hinten gerichtet, der Proc. cor. hoch, dreieckig zugespitzt, mit hinten etwas eingebogener Kante, der kräftige Eckfortsatz nach aussen umgebogen.

Maasse: ♂. Scheitellänge bis zum Ende der Crista 21, Basilarlänge 17, Hinterhauptloch 3 hoch, 4 breit, Breite des Hinterhauptes hinter dem Tympanum 12, mittlere Breite der Schädelkapsel 10, Einschnürung 5, Weite zwischen den Jochbogen 15, Gaumenlänge 10, Breite 5, Scheitelhöhe 8, Nasenbreite 7, Länge des Scheitelkamms 12. Unterkiefer bis zum Condylus 14,5, Höhe des horizontalen Astes 2,5, aufsteigender Ast unter dem Proc. coron. 5,5, basale Breite desselben 5.

Gebiss von *Scotophilus*: $I \dfrac{1+1}{6} \ C \dfrac{1+1}{1+1} \ P \dfrac{1+1}{2+2} \ M \dfrac{3+3}{3+3}.$

Oben I durch eine 3 mm breite Lücke getrennt, schräg nach vorn gerichtet, die Spitzen etwas nach innen convergirend, Länge $= 1/3$ C, kräftig, mässig gebogen, mit der Spur eines Nebenzackens hinter der Spitze. Der Basalwulst ist nach hinten ausgezogen. C ist weniger nach vorn gerichtet, conisch, wenig gebogen, der Basalwulst nach hinten und innen ausgezogen mit vertiefter Fläche, aussen und hinten cannelirt mit innerer Nebenfurche. Bei P und M ist der Basalwulst sehr mässig. P etwas höher als M, aussen stark cannelirt, breit, der Basalwulst ist innen zu einem vorn höheren Nebenzacken ausgezogen. M I und II identisch, der hintere W-Zacken länger als der vordere, die beiden Aussenzacken niedrig, durch eine stark vertiefte Cannelüre getrennt. Der innere Nebenhöcker liegt vorn sehr hoch und fällt nach hinten senkrecht ab, ohne wie bei *Vesperus* und *Vesperugo* eine breite Kaufläche zu bilden. M III sehr schmal, $= 1/3$ W.

Unten I im flachen Bogen gestellt in der Richtung der Symphyse, nicht gestielt, die Krone undeutlich zweilappig mit stumpfen Spitzen.

C mässig nach hinten und aussen gebogen, hinten die Fläche aussen und innen cannelirt, der starke Basalwulst innen napfförmig mit vorn erhöhtem Rande. P I zwischen C und P II eingekeilt, klein, breit dreieckig, der äussere Basalwulst hinten zu einem kleinen Höcker ausgezogen. P II kräftig, $= \frac{2}{3}$ C, aber breiter. Basalwulst innen ähnlich wie bei C. M I und II identisch, der vordere Hauptzacken kräftig, der hintere niedrig und eng an den vorderen gelegt. Die Spitzen von P I—M III nehmen nach hinten allmählich an Höhe ab. Innen 3 Nebenzacken, der vordere kleinere nach vorn gerichtet, der mittlere am höchsten und mit dem äusseren Hauptzacken verbunden, der dritte hinten mit kleinem Nebenzacken. M III schmaler und niedriger, innen auch mit 3 Zacken.

Ueber die Verbreitung von *Scotophilus* vergl. diese Zeitschrift, Bd. 2, p. 282.

## 69. *Nyctinomus limbatus* = *Dysopes limbatus* Peters.
### Taf. V, Fig. 71—75.

Peters, Säugethiere von Mosambique p. 56; Dobson, Cat. Chir., p. 428.

Neun Spiritus-Exemplare, zwei ♂, ein ♀ adult., 6 ganz kleine Pulli ♀ und ♂. Boma, April. Coll. Hesse.

*Nyctinomus limbatus* characterisirt sich durch die hyänenartig vorspringende, nach vorn und oben verlängerte breite Schnauze, gegen welche die Unterlippe zurücktritt. Die Nasenlöcher sind vorn durch eine Knorpelleiste getrennt, der obere Rand der Nasenlöcher fein ausgezackt. Der obere Rand der Nase ist durch eine Hautleiste und eine dahinter liegende Furche scharf abgesetzt. Die Oberlippe ist faltig, die am Rande kurz und spärlich behaarte Unterlippe wulstig, doch sind die Wülste nicht scharf begrenzt. Das die Ohren verbindende Stirnband zeigt vorn eine sich über die Stirn hinziehende Furche und neben derselben je zwei grössere und kleinere Warzen. An dem sehr breiten, ganz nach vorn wie bei den *Dysopes* überhaupt übergelegten Ohr ist der innere Rand hinten muldenförmig vertieft und der Hautrand scharf gegen den Knorpel abgesetzt. Die Ohrfalten sind undeutlich auch aussen sichtbar. Der äussere Ohrrand mit runder Klappe zieht sich bis zum Mundwinkel und ist von demselben nur durch eine Warze getrennt. Hinter der Klappe über dem Knorpel eine zweite Warze. Der kurze, vorn angewachsene Tragus ist dreieckig, die Spitze nach innen etwas lappenförmig verlängert. Der hinter dem Stirnbande vertiefte nackte Scheitel lässt die Sehnen und Adern ziemlich stark hervortreten. Die Muskeln des Scheitels sind

sehr stark entwickelt. Die im Basaltheil verdickte, vorn spitze Zunge
trägt vorn sehr feine Papillen, am Rande längere, zottige Fransen, die
Papillen des hinteren Theils sind stärker nach vorn gerichtet. Die
Halbbogen der Gaumenfalten sind im scharfen Bogen nach hinten gezogen, vor der letzten Falte zwei kleine Querwülste. Die Stirn ist
mit feinen, nach vorn gerichteten Borsten behaart, der Augenspalt
lang, die Augenlider von einer tiefen Furche umgeben. Der freie
Daumen hat an der Basis einen starken, glatten Ballen. Die verhältnissmässig kurzen, schmalen Flügel sind scharf zugespitzt, die Handflughaut fein ohne stärker hervortretende Adern, weisslich olivengrau,
die Seitenflughaut schmal, stark papillös, oben ganz fein behaart, oben
olivengelbbraun, unten gelblichgrau, die Schwanzflughaut, welche weniger als die Hälfte des Schwanzes einhüllt, oben sepiabraun, unten
graubraun. Die weissen Nägel, auch der des Daumens, sind von
weissen Haaren überragt, Schenkel und Unterarm kurz und sehr
musculös, dagegen der Humerus schwach. Die Füsse sind stark nach
aussen gerichtet. Der Daumen mit Ballen, dieser und die fünfte Zehe
etwas kürzer als die übrigen, aber viel dicker. Der freie Schwanz
ist schlank cylindrisch zugespitzt, der Sporn unbedeutend. Penis kurz
zugespitzt, die Eichel nicht sichtbar, das wenig sichtbare Scrotum unmittelbar dahinter. Die kurze Clitoris ein runder Lappen mit flacher
Warze darüber. Die Arme und Beine sind unten weiss, nur der zweite
und dritte Finger olivenfarben, sonst die Färbung des kurzen, weichen
Haares auf der Oberseite röthlich sepiabraun, an der Basis gelbbraun.
Von der Unterseite sind Brust und Bauch, sowie ein Streifen längs
der Schultern schmutzig gelbweiss, Halsseiten und Kehle heller röthlichbraun, Kopf und Ohr bei ♂ etwas dunkler, die Kehle des ♀ hinter
den Lippen gelblich. Ein fast erwachsenes ♂ ist oben und unten viel
dunkler, so auch die hellen Bauch- und Brustpartien, gehört aber nach
Schädel und Gebiss sicher zu *Nyctinomus limbatus*. Wahrscheinlich
sind auch *N. brachypterus* und *dubius* PETERS nur Jugendformen resp.
Varietäten.

Die sehr jugendlichen Pulli erscheinen fast nackt, obwohl sich
ganz vereinzelt sehr lange feine gelbbraune Haare im Nacken und
auf dem Rücken, besonders dem Kreuz finden, vereinzelte weisse an
der Unterseite, die weissen Haare an den sehr grossen, ganz nach
vorn gerichteten Füssen schon wie bei adult. Die Muskeln des Hinterhauptes sind sehr stark entwickelt, so dass der Kopf grösser erscheint,
als er wirklich ist, die Nase ist kürzer als die Hälfte des Hinterhauptes. Die Flügel sind noch sehr kurz, besonders der dritte Finger

nur um ein Viertel länger als der Unterarm, während er bei ad. fast doppelt so lang ist; alle Phalangen noch weich und knorpelig, nur der oberste Metacarpus-Knochen schon fest. Die sehr faltige Flughaut ist oben olivengelbgrau, unten bläulichweiss, bei den grösseren Pulli schon mit olivenfarbenem Strich, die Schwanz- und Schenkelflughaut oben graubraun, Kopf und Ohr schon schwarzbraun, wie bei adult.

| Maasse. | ♂ juv. | ♀ adult. | Maasse. | Pull. | Pull. |
|---|---|---|---|---|---|
| Körper . . . . | 55 | 63 | Körper . . . . | 38 | 34 |
| Zwischen Auge | | | Kopf . . . . | 15 | 15 |
| und Ohr . . | — | 4 | Nase . . . . | 5 | 4,5 |
| Auge—Nase . . | — | 8 | Schädel . . . | 13 | 11,5 |
| Stirnlappen bis | | | Ohr . . . . | 9 | 7 |
| Nacken . . . | — | 16 | Ohrbreite . . . | 8 | 6,5 |
| Kopf . . . . | — | 20 · | Humerus . . . | 15 | 13 |
| Ohr bis zum un- | | | Unterarm . . . | 20 | 18 |
| teren Lappen | — | 12 | Freier Daumen . | 5 | 5 |
| Mittlere Breite . | — | 12 | Ganzer Daumen . | 9,5 | 9 |
| Entfernung der | | | II . . . | 17 | 12 |
| Ohren . . . | — | 5 | III . . . | 39 | 25 |
| Höhe des Stirn- | | | IV . . . | 25 | 20 |
| lappen . . . | — | 4 | Femur . . . . | 8,5 | 8 |
| ·Schwanz . . . | 28 | 32 | Unterschenkel . | 9,5 | 8,5 |
| Humerus . . . | 18,5 | 20 | Fuss . . . . | 8 | 8,5 |
| Unterarm . . . | 32 | 38 | Schwanz . . . | 20 · | 19 |
| Freier Daumen . | 6 | 7 | Freies Schwanz- | | |
| II . . . | 29 | 38 | ende . . . . | 14 | 11 |
| III . . . | 53 | 71 | | | |
| IV . . . | 44 | 58 | | | |
| V . . . | 28 | 38 | | | |
| Femur . . . . | 12,5 | 14 | | | |
| Unterschenkel . | 13 | 13 | | | |
| Fuss . . . . | 8 | 8 | | | |
| Freies Schwanz- | | | | | |
| ende . . . . | 15 | 19,5 | | | |

Schädel (Taf. V, Fig. 71). Profillinie ziemlich gerade, die Nasenbasis mässig eingesenkt, die Stirn mässig gewölbt mit blasig hervortretenden Stirnbeinen, der Scheitel etwas eingesenkt, eine schmale Scheitelnaht nur bei ganz alten Exemplaren. Das Hinterhaupt über dem For. occipit. ziemlich hoch, oben gerundet und in der Lambda-naht etwas nach vorn gezogen, das Hinterhauptloch breiter als hoch. Von oben gesehen erscheint die Schädelkapsel elliptisch, aber hinten mehr gerade abgeschnitten, mit starker Einschnürung vor der grössten Scheitelbreite. Jochbogen dünn und fast gerade, der Processus zygom. hinten eckig, der Kiefertheil ist vorn breit und die Alveolen der seit-

lichen Zähne stark auswärts gezogen, so dass der Oberkiefer, allerdings bei dem Pullus in noch viel höherem Maasse, ein saurierähn-
liches Ansehen gewinnt. Der Nasenrücken ist breit gewölbt, die
Augenöffnung weit nach vorn vorgezogen, die Schädelbasis flach, die
Bullae aud. flach und rund mit schneckenförmiger Windung.

Am Unterkiefer ist die Symphyse ziemlich steil, schmal und
kräftig, der horizontale Ast ziemlich gerade, der aufsteigende Ast
niedrig und breit, der Proc. coron. und noch mehr der lange Winkelfortsatz stark nach aussen gebogen.

Der Schädel des Pullus (Taf. V, Fig. 72 u. 73) erinnert entschieden an den der Lacertiden, die bekanntlich in einigen Gattungen,
z. B. *Acanthodactylus* und *Doryphorus*, eine Neigung zur Verlängerung
der Zehen, sowie zur Bildung einer Flughaut wie bei *Ptychozoon* oder
zu Hautwucherungen wie bei *Chlamydosaurus* haben, so dass in dieser
Richtung der Ursprung der Chiroptera überhaupt zu suchen ist.
SCHLOSSER (Affen, Lemuren, Chiroptera etc., p. 56) schliesst aus dem
primitiven Schädelbau der fossilen Gattungen *Pseudorhinolophus* und
*Vespertiliavus*, welcher an den der Didelphiden erinnere, dass die
Chiroptera von solchen Aplacentaliern abstammen (?). Die Profillinie
des Schädels von *N. limbatus* ist stark gebogen mit der grössten Erhebung in der Mitte der Stirn, die Schädelkapsel hinten am breitesten,
die Einschnürung absolut und relativ geringer als bei adult. Der
nasale Theil ist stark verkürzt, breit und rund, der wulstig nach der
Seite ausgebogene Oberkiefer mit den Alveolen der M weit nach hinten
bis unter die Stirnbeine vorgezogen, der kurze Jochbogen hinten gesenkt, die Schädelkapsel flacher als bei adult., weil die Basis cranii
höher hinaufgezogen ist, die Squama occipit. sehr dünn, Tympanum
und Bullae aud. deutlich geschieden, ersteres durch einen aussen häutig
geschlossenen Knochenring gebildet.

Auch der Unterkiefer, an welchem der horizontale Ast relativ
und absolut dicker als bei adult., der aufsteigende Ast sehr niedrig
und schmal, Proc. cor. und Winkelfortsatz minimal entwickelt ist,
nähert sich dem Sauriertypus.

PETERS hat gleichfalls Pulli von *Nyctinomus limbatus*, die verhältnissmässig leicht zu bekommen sein müssen und wohl in Baumhöhlen
gefunden werden, untersucht und beschrieben, ohne dass ihm bei
seinem antidarwinistischen Standpunkt der Zusammenhang mit den
Sauriern klar geworden wäre.

| Maasse. | Ad. | Pull. | Pull. |
|---|---|---|---|
| Scheitellänge . . . . . . . . | 16 | 12,5 | 10,5 |
| Scheitelhöhe . . . . . . . . | 5,5 | 5 | 5 |
| Basilarlänge . . . . . . . . | 14 | 10,5 | 9,5 |
| Breite des Hinterhauptes . . . | 7 | 6,5 | 5 |
| Länge der Schädelkapsel . . . | 10 | 9 | 8,5 |
| Grösste Scheitelbreite . . . . | 8,5 | 8 | 7,5 |
| Einschnürung . . . . . . . . | 3,5 | 5,5 | 5 |
| Weite zwischen den Proc. zygom. | 10 | 8 | 7,5 |
| Breite des Oberkiefers hinten . . | 8 | 6,5 | 6 |
| Vorn an der Nasenöffnung . . . | 3 | 1 | 0,75 |
| Nasenbeine . . . . . . . . | 6 | 3,5 | 2 |
| Höhe des Hinterhauptes über dem | | | |
| For. occipit. . . . . . . . | 5 | 2,5 | 1 |
| Bullae auditor. . . . . . . | 2,75 | 3,5 | 3,5 |
| Gaumenlänge . . . . . . . | 8 | 4,5 | 4 |
| Gaumenbreite hinten . . . . . | 5 | 3 | 2,5 |
| Unterkiefer bis zum Condylus . | 10,5 | 7,5 | 7 |
| Höhe des horizontalen Astes . . | 1,5 | 1 | 1 |
| Höhe des aufsteigenden Astes . . | 2,5 | 1,75 | 1,25 |
| Breite . . . . . . . . . . | 3,5 | 1,75 | 1,5 |
| Winkelfortsatz . . . . . . . | 1,25 | 0,5 | 0,25 |

$$\text{Gebiss: } I\ \frac{1+1}{4}\ C\ \frac{1+1}{1+1}\ P\ \frac{2+2}{2+2}\ M\ \frac{3+3}{3+3}.$$

Die beiden I stark genähert und mit den Spitzen convergirend, wie C wenig nach vorn gerichtet. An der Basis die äussere Kante zackig ausgezogen, der hintere Theil ausgekehlt, der Basaltheil nach hinten verlängert. Zwischen I und C eine Lücke. C mit starkem Basalwulst, der an der Innenseite zackig vorspringt, schlank, mässig gebogen. P I sehr klein, dreieckig, P II = $^3/_4$ C, Basalwulst vorn mit Basalzacken, hinten weit ausgezogen. Innen die Zähne mit M-ähnlicher, vertiefter Kaufläche. Bei M die Zacken nach vorn und hinten gerichtet, die äusseren sehr niedrig, der innere Kauzacken ziemlich hoch, hinten schräg ausgeschnitten. M III mit $^3/_4$ W, der innere Kauzacken schmal, hinten nur wenig ausgeschnitten, der erste Aussenzacken springt nach aussen hervor. Unten die 4 I sehr klein, stiftförmig, wie Leche richtig bemerkt, durch den starken Basalwulst von C eng zusammengedrängt, zweilappig, C schlank, auswärts und senkrecht zur Kieferachse gerichtet, wie auch die übrigen mit starkem Basalwulst, der vorn innen zu einem starken, schräg aufwärts gerichteten Basalzacken ausgezogen ist. P I kaum $^1/_2$ C, P II = $^2/_3$ C, alle wie auch C innen mit molarartiger, hinten zackig ausgezogener Kaufläche. Von M der erste Aussenzacken der höhere, wenig niedriger als P II, der letztere mit ganz kleinem hinteren Nebenzacken, M III etwas kleiner als I und II, sonst ähnlich.

Milchgebiss. Ueber das Milchgebiss der Chiroptera sei ausser den Bemerkungen von PETERS über *Nyctinomus limbatus* (Säugeth. v. Mosambique, Taf. 14, Fig. 3a, und in: Monatsb. Berl. Acad. 1865, p. 573) auf die beiden umfassenden Arbeiten von W. LECHE: „Studier öfver mjölkdentitionen och tändernas homologier hos Chiroptera" und „Zur Kenntniss des Milchgebisses und der Zahnhomologien bei Chiroptera" verwiesen. Von den vorliegenden Exemplaren ist ein fast erwachsenes ♂ noch im Zahnwechsel begriffen, während sich das Milchgebiss gut an den Pulli studiren lässt. Nach PETERS ist das Milchgebiss von *Nyctinomus limbatus* I $\frac{2+2}{3+3}$ C $\frac{1+1}{1+1}$, was auch mit meinen Exemplaren stimmt (Taf. V, Fig. 74 u. 75). Bei zwei von mir präparirten Schädeln waren die I deutlich über dem Zahnfleisch sichtbar, von P und M nur die Spitzen; nach Wegnahme des Zahnfleisches und Oeffnung der Alveolen liessen sich die Verhältnisse gut erkennen. Wenn LECHE (Zur Kenntniss etc., p. 3) sagt, die gewöhnliche Stellung der Milchzähne sei die, dass sie am hinteren und äusseren Rande der bleibenden Zähne stehen, so trifft das weder für *Vesperus tenuipennis* noch für *N. limbatus* zu, wo die Milchzähne v o r den bleibenden Zähnen am äusseren Rande stehen. Die Molaren der Molossi werden nach LECHE schon im Zahnfleisch resorbirt, ich habe in demselben keine Spuren derselben finden können, sondern nur die in der Alveole schon angelegten bleibenden M. Für I und C scheint mir bei *N. limbatus* und *Vesperus* sicher zu sein, dass sie resorbirt werden wie bei den Galagos und nicht ausfallen, denn bei einem fast erwachsenen ♂ liegt noch vor I oben links das Rudiment des einen Milchzahns, welches ganz dünn und zusammengeschrumpft ist und nur an der Spitze Schmelz zeigt, höchstens würde hier die Schmelzspitze abgestossen werden. Die beiden I oben sind noch kurz, conisch, und stehen nahe bei einander mit convergirender Spitze. Die Lücke zwischen I und C ist weiter als bei adult., auch vor C ist noch ein weicher Rest des Milchzahns erhalten. P I steckt noch in der Alveole, und es ist ohne stärkere Zerstörung des Kiefers nicht zu erkennen, ob es der Milchzahn oder der bleibende ist. Von M III ist erst der erste Aussenzacken durchgebrochen. Unten sind schon alle bleibenden Zähne entwickelt.

Bei den kleinsten Pulli sind die I und C in der Form nicht verschieden, nur C stärker. Alle 6 Zähne liegen horizontal nach hinten und haben in dieser Lage offenbar nur den negativen Zweck, die Brustwarze des Mutterthiers beim Saugen nicht zu verletzen. In den Falten des Gaumens und der Mundhöhle fand sich nur eine graue Masse, wohl geronnene Milch, noch keine Spur von Chitinpanzern der Insekten, die man sonst häufig antrifft. Diese Zähne sind also offenbar ganz unnütz und nur das Rudiment eines früheren Typus. P II— M II steckten noch im Zahnfleisch, und zwar als bleibende Zähne, von M III noch keine Spur vorhanden. Bei den älteren Pulli richten sich der neuen Nahrung entsprechend die Zähne in die Höhe, doch ist die hakige Spitze nach hinten und aussen gebogen, gleichzeitig gehen sie, besonders C, in der Grösse zurück. Hinter einem Milch-I ist der bleibende Zahn schon im Kiefer als kleiner Höcker zu erkennen. Auch der bleibende P I ist schon als kleines Schmelzkegelchen mit Basalwulst erkennbar, während die übrigen Zähne, von denen auch M III schon in der geöffneten Alveole angelegt ist, noch die gelbe duffe Knorpelfarbe haben. Die 6 Milch-I des Unterkiefers sind schmale, mit der Doppelspitze nach hinten gebogene Zähne, bei dem grösseren Pullus an der Innenseite des Milch-I schon der bleibende Zahn zu erkennen, die übrigen sind fast resorbirt. Die Spitzen von C, P und M sind eben über dem Zahnfleisch zu erkennen, C und P scheinen schon die bleibenden Zähne zu sein, die genauere Untersuchung ist ohne Zerstörung des horizontalen Astes nicht zu machen.

Von JENTINK wurde 1879 neu beschrieben *Nyctinomus bemmeleni* in: Notes 1879, p. 125.

### 70. *Nycteris grandis* PETERS.
Taf. V, Fig. 76 u. 77.

PETERS in: M. B. Berl. Acad. 1865, p. 358; 1870, p. 906; DOBSON, Cat. Chir. p. 164.

Spiritus-Exemplar ♀. Netonna, August. Coll. HESSE.

Die Nycteriden characterisiren sich besonders durch die eigenthümliche Form des Nasenblattes und die grossen Ohren, sowie durch eine carnivore Form des Schädels. Bei *Nycteris grandis* liegt vor der Stirn über der Nase eine feine, oben etwas stärkere Leiste, neben derselben beiderseits zwei länglichrunde, mässig behaarte Hautlappen, darunter zwei grössere mit innen aufgeworfenen Rändern, der äussere, oben etwas eingebuchtete Rand biegt sich unten zu einem warzig verdickten Hautlappen um, welcher von dem inneren Rande getrennt ist, unter ihm liegen in einem schmalen Spalt mit besonders aussen warzig verdicktem Rande die Nasenlöcher. Die dicke, abgerundete Nase zeigt

vorn eine schwache, oben warzig verdickte, dreieckig zugespitzte Leiste,
die mit dem häutigen Nasenblatte verwachsen ist. Die runde und
dicke, vorn wulstige Oberlippe hat vorn ein paar Warzen, das tief
gespaltene Kinn mit ein paar Wülsten um die untere Lippenwarze.
Länge des unteren Stirnlappens 7, des oberen 5,5, Oberlippe bis zur
Nasengrube 6. Die grossen ovalen umbragrauen, durch einen 1,5 mm
breiten häutigen Saum über dem Scheitel verbundenen Ohren sind nackt,
doch hinten an der Basis behaart, die Innenseite mit Reihen von kleinen,
durch nackte Streifen getrennten Wärzchen, die sich nach oben hin
mehr gleichmässig verbreiten, dazwischen einzelne dünne Härchen.
Der Ohrrand unten innen rundlich umgebogen, aussen mit rundlichem,
am äusseren Rande verdicktem Lappen nach vorn vorgezogen. Die
Basis des nach aussen gerichteten, innen ausgehöhlten Tragus ist ein
breites Band mit geraden Rändern, die Spitze desselben rundlich quer-
elliptisch, innen ein Haarbüschel, der äussere Rand mit warzig verdicktem Zipfel, der innere Rand mit kleiner, runder Warze. Ohrlänge 29, mittlere Breite 20, Länge des Tragus 5,5, Breite des basalen
Theils 4, des oberen quer-elliptischen 6,5. Das sehr kleine Auge in
der Mitte zwischen Nase und Ohr, von der Oberlippe 14, vom Ohr
12 mm entfernt, Augenspalt rundlich. Zunge vorn breit mit feinen,
hinten stärkeren Papillen, unten wulstig verdickt und tief gefurcht.
Von den Gaumenfalten die vordere und hintere quer durch, erstere
in zwei Bogen geknickt, die mittleren vier gebrochen und durch
einen vorn breiten, nach hinten sich verschmälernden, nackten Streifen
getrennt, daher die Querwülste nach hinten an Länge zunehmend.
Aussen haben die Wülste zackige Papillen. Humerus und ein Drittel
des Unterarms unten, zur Hälfte oben behaart, oben tief dunkelbraun,
unten hell gelbbraun gefärbt, die Flughaut unten unterhalb des Ellbogengelenks und zwischen Humerus und Unterarm dünn weissgelb
behaart. Flügel lang und breit mit stumpfer Spitze, vom Daumen
das letzte, wie die weissen Nägel und die Zehen stark zusammen-
gedrückte Glied frei. Der Rand der Schwanzflughaut mit 2 mm
breitem, dicht behaartem Rande. Die letztere mit starken, meist
parallelen Queradern. Die starken Adern der Seitenflughaut verlaufen
meist parallel in einem Winkel von $33 \frac{1}{3}$° zum Unterarm und Unterschenkel, Flughaut oben dunkel rothbraun, unten heller, die Adern
unten weiss. Der lange Schwanz mit sehr kräftigen basalen Wirbeln
ist an der Spitze gegabelt durch zwei 4 mm lange Seitenfortsätze des
letzten Wirbels, die Breite des gegabelten Ausschnitts beträgt 5 mm.
Clitoris rundlich, 3,5 lang, fast 3 breit, oben stark behaart, unten mit

Grube. Stirn und Oberlippe gelbgrau, das Stirnhaar hell gelbbraun, Wangen und Halsseiten braun, das Haar scharf gegen die unbehaarte Oberlippe abgesetzt. Haar lang und fein mit weissgelber Basis, Oberseite gelbbraun mit röthlichem Anflug (Sepia coloré), Unterseite heller, mehr gelbgrau. Das Haar an der Unterseite der Flügel ist lang gewellt. Nacken etwas heller, Behaarung des Unterarms etwas dunkler braun als der Körper. Beine oben rothbraun, unten weissgelb. Körper 95, Schwanz 72, Humerus 31, Unterarm 61, Daumen 17, freier Daumen mit Nagel 10, II $= 50$, III $= 43 + 29 + 35 = 107$, IV $= 49 + 15 + 16 = 80$, V $= 52 + 16 + 15 = 83$. Femur ca. 29, Unterschenkel 31, Fuss mit Krallen 17, Sporn 22.

S c h ä d e l (Taf. V, Fig. 76 u. 77). Die Schädelkapsel ist ziemlich schmal, länglich elliptisch, die Stirnbeine blasig aufgetrieben, die kleine Squama occipit. schräg nach vorn gerichtet und tief sitzend, das Hinterhaupt oval zugespitzt. Ein hoher Scheitelkamm verbindet sich mit der breiten, in der Mitte vertieften Stirnplatte von breitlanzettförmiger Gestalt, welche auf jeder Seite den Schädel um 4 mm überragt. Die 2,5 mm betragende Vertiefung wird vorn durch die wulstig nach hinten gebogenen Nasenbeine begrenzt. An der Seite der Stirnplatte sitzen die 1,5 langen Orbitalzacken, vor ihnen die an den Seiten eingeschnittenen Orbitalbogen, die nach vorn einen zweiten kleineren Zacken tragen. Die Nasenöffnung, deren äussere Ränder durch die fast parallel laufenden, wulstigen Verlängerungen der Eckzahn-Alveolen gebildet werden, ist breit herzförmig. Das hochsitzende For. infraorb. klein, die Jochbogen kräftig, der Proc. zygom. sehr breit und stark umgebogen, ähnlich wie bei *Hyaena*, womit der Schädel eine gewisse Aehnlichkeit hat. Ist doch auch die Stirnplatte bei den Hyaeniden und manchen Caniden, z. B. bei *Canis argenteo-cinereus*, angedeutet. Der sehr starke Schläfen- und Kaumuskel füllt den ganzen Raum zwischen der überstehenden Stirnplatte und dem Schädel aus. Tympanum und Bullae aud. getrennt, ersteres eine 1 mm breite, runde, stark nach innen gerückte Kapsel, letztere oval, 1,75 mm lang, aussen mit langem schmalem Knochenhalbringe. Hinterhauptloch breiter als hoch, oben in die Höhe gezogen, knöcherner Gaumen hinten bogig ausgeschnitten.

Auch der Unterkiefer zeigt einige Aehnlichkeit mit dem der Carnivoren. Die Symphyse ist sehr kräftig mit vorderer Leiste, der horizontale Ast schwach S-förmig gebogen, der aufsteigende mässig hoch, aber breit, der Proc. coronoid. stark nach aussen, die hintere

Kante eingebogen. Der breite Winkelfortsatz gleichfalls stark nach aussen umgebogen.

Maasse. Scheitellänge 26, Scheitelkamm 13, ebenso lang das Stirnblatt, Breite desselben zwischen den Orbitalzacken 13, mittlere Breite 9, Basilarlänge 20,5, grösste Scheitelbreite 11,5, Schädelbreite vor dem Blatt 7, Nase bis zu den Alveolen von I = 6, Scheitelhöhe ohne den Kamm 9, Weite hinten zwischen den Jochbogen 17, Hinterhauptloch 4 hoch, 4,5 breit, knöcherner Gaumen 10, Breite des Oberkiefers zwischen der Basis von CC = 7,25.

Unterkiefer bis zum Condylus 19, Höhe des horizontalen Astes 2,25, Höhe unter dem Proc. coron. 6,75, Breite des aufsteigenden Astes 5, Entfernung der Proc. coron. 12.

$$\text{Gebiss. } I \ \frac{2+2}{3+3} \ C \ \frac{1+1}{1+1} \ P \ \frac{1+1}{2+2} \ M \ \frac{3+3}{3+3}.$$

(bei BRONN, p. 214, *Nycteris* falsch $P \ \frac{1+1}{1+1}$.)

I oben klein, zweilappig, in einer geraden Linie, senkrecht gestellt, die äusseren I von C durch eine 0,5 breite Lücke getrennt. C fast senkrecht mit wulstiger Basis, der Basalwulst an der Seite, hinten und innen stärker, innen ausgehöhlt mit schmaler Furche hinten am inneren Rande. $P = \frac{1}{2} \ C$, kräftiger etwas gebogener Hauptzacken mit nach hinten und aussen gerichtetem Nebenzacken; innen ein breiter Nebenhöcker mit einer durch flache Gruben vertieften Kaufläche. Der Basalwulst wie bei M I und II nach hinten umgebogen. M I und II fast identisch, der bei I etwas breitere erste Aussenzacken nach vorn gerichtet, Kaufläche W-förmig, der hintere Theil des W nach hinten ausgezogen, der zweite Aussenzacken etwas nach hinten gerichtet, die Aussenzacken gleich hoch, nicht höher als der hintere Zacken von P. M III schmaler, die W-Form hinten verkümmert, der vordere Aussenzacken stark nach vorn gebogen, der vertiefte innere Höcker durch einen schmalen inneren Basalwulst ersetzt.

Unten I klein, schräg nach vorn gerichtet, die inneren undeutlich dreilappig, die äusseren mit fast gerader Schneide, die beiden Reihen von 1—3 nach vorn convergirend. C ziemlich schmal, etwas nach hinten und aussen gebogen, die hintere Seite mässig vertieft. Basalwulst wie bei P—M II, bei M III sehr unbedeutend. Innen der Basalwulst mit nach hinten umgebogener Kante und vertiefter Kaufläche. P I kräftiger etwas nach hinten gebogener Zacken = $\frac{2}{3} \ C$, P II ein sehr niedriger verkümmerter Zacken; bemerkenswerth bei *Nycteris* ist, dass der zweite P der kleinere ist. M I und II identisch, der vordere Zacken etwas höher als P I, der hintere erheblich niedriger. Innen, neben dem Hauptzacken zwei Nebenzacken, der vordere etwas nach vorn gerichtet. M III etwas kleiner und niedriger, hinten ein kleiner, nach hinten gerichteter Innenzacken.

Aehnlich wie *Nycteris grandis*, doch etwas kleiner, ist *N. macrotis*, noch kleiner und dunkler *capensis*. Nach DOBSON leben *N. hispida* var. *villosa* in SO.-Afrika, *grandis* in W.-Afrika, *aethiopica* in NO.-Afrika, *macrotis* im Westen, *thebaica* in ganz Afrika, *capensis* im Süden = *fuliginosa* im Osten.

Herr HESSE erhielt noch eine Fledermaus von Ambriz, welche grösser war als irgend eine der von ihm gesammelten Arten, also auch *Epom. macrocephalus*, mit hellgrauem Rücken und schmutzig-weissem Bauch und ebenso gefärbten Flughäuten.

JENTINK fand an Chiroptera von Mossamedes *Rhinolophus aethiops, capensis, Phyllorrhina fuliginosa* und *Scotophilus borbonicus,* vom Congo *Nycleris hispida* und *Vesperugo nanus* (in: Notes 1887, p. 179).

BÜTTIKOFER sammelte in Liberia *Epomophorus monstruosus, gambianus, franqueti, pusillus, E. veldkampii* JENT. n. sp., *Cynonycteris torquata, Cyn. straminea, Leiponyx büttikoferi* JENT. (in: Notes 1881, p. 59), *Megaloglossus woermanni, Phyllorrhina fuliginosa, Nycteris hispida* und *grandis, Vesperus minutus, tenuipennis, Vesperugo stampflii* JENT. n. sp., *Vesperugo nanus, Kerivoula africana.* Aus Schoa neu *Rhinolophus antinorii* DOBSON, in: Ann. Mus. Civico Genova (Ser. 2), Vol. 2, 1885.

## Prosimiae.

### 71. *Galago demidoffi* FISCHER.

### Taf. V, Fig. 78—81.

In: Mém. S. N. Moscou 1806, I, 24; vergl. GRAY in: Proc. L. Z. S. 1863, p. 129—152, 1872, p. 846—860, MIVART in: Proc. L. Z. S. p. 611—648, TROUESSART, Cat. sim., p. 39—40.

Pullus ♂, Kuishassa am Stanleypool. Coll. HESSE.

Der vielleicht 8 Tage alte Pullus zeigt bereits deutlich die characteristischen Eigenthümlichkeiten von *G. demidoffi.* An dem grossen Kopf sind Stirn und Scheitel stark gewölbt, die kurze Nase stark eingebogen, Nasenrücken und Nasenseite nackt, letztere warzig und gefaltet. Die nach aussen geöffneten Nasenlöcher sind entschieden carnivorisch gebildet und durch eine Falte bis zum Rande der Oberlippe getrennt, die Schnurren und ebenso lange Haare vorn an den Augenbrauen bis 13 mm lang, die Augen mit dunkelbrauner Iris von starken Falten umgeben. Das länglich ovale Ohr ähnelt dem der

Pteropiden und besonders der Spitzmäuse, der äussere Theil zeigt
gerade Querfalten, über der Ohröffnung eine kleine, runde Klappe,
ebenso ist der äussere Rand unten klappenförmig hochgezogen, so dass
durch das Aneinanderlegen der beiden Klappen ein dichter Verschluss
der Ohröffnung stattfindet. Das Ohr ist innen nackt, aussen nur nach
dem Rande hin spärlich behaart. Von den 7 Gaumenfalten bilden die
vorderen nach hinten geöffnete Bogen, die fünfte ist in der Mitte eingebogen, die sechste gebrochen, die siebente ein starker Doppelbogen
in der Mitte mit rundlichem Wulst. Zunge schwarzgrau, 9 mm lang,
unten nur eine Nebenzunge, Oberfläche sehr stark papillös, seicht gefurcht, fast filzig aussehend, mit einzelnen grösseren Warzen. Die
glatte Unterseite scharf gegen den wulstig papillösen Rand abgesetzt.
An der Basis der Finger und Zehen treten bereits deutlich die knor-
peligen Fortsätze der Lemuren hervor, welche mir ein Rest der Polydactylie zu sein scheinen und sich bei den Affen noch als Ballen
finden. Diese sind bei den jungen Affen hornig und hart, bei den
alten Thieren weich, sind also nicht als die Folge eines Drucks beim
Klettern zu erklären. Ich habe unterlassen müssen, eine Hand von
*Galago* zu präpariren, weil ich nicht eine so eingreifende Zerstörung
eines mir nicht gehörenden Exemplars vornehmen zu dürfen glaubte,
und verweise des weiteren auf die Untersuchungen von GEGENBAUR
und BARDELEBEN, von PARKER am Hühnerembryo, von H. VIRCHOW am
menschlichen Fötus. Ueber die Unterschiede der Finger und Zehen
bei ·Lemuren und Insectivoren vergl. E. COPE in: American Naturalist,
Mai 1885, p. 457 ff, welcher nachweist, dass die Differenzen zunächst
in der zusammengedrückten Form der letzten Phalangen bei den Insectivora und der runden bei den Lemuren bestehen. Der Hallux ·ist
bei den Lemuren gegenständig, bei den Insectivoren nicht, dagegen
ist der Daumen bei den meisten Lemuren noch wenig gegenständig
und wird es erst bei den Affen und Menschen. Ein spitzer zusammen-
gedrückter Nagel findet sich schon beim eocänen *Pelycodus.* Ein
knorpeliger Fortsatz sitzt bei *G. demidoffi* zwischen Daumen und
Zeigefinger, ein zweiter zwischen Zeige- und Mittelfinger und zwei
weitere rudimentäre neben den beiden folgenden Fingern, ähnlich bei
vielen anderen Halbaffen. Man würde also noch die Zahl von 9
Fingern am *Galago* erkennen können. Ein Nutzen dieser Rudimente
ist absolut nicht einzusehen, eher müssen sie beim Klettern hinderlich
sein. Die Oberseite der Hand ist fein warzig, sehr spärlich behaart,
die Spitzen der Phalangen und die Rudimente glatt. Kuppennägel
und die starke Einknickung an der letzten Fingerphalanx schon wohl

entwickelt. Der spitze Krallennagel des Zeigefingers entwickelt sich aus der Basis, nicht der Endhälfte der letzten Phalanx und scheint ein Rudiment des insectivoren Typus zu sein. Auch an den oben dünn behaarten Füssen und Zehen sind die vier accessorischen Rudimente sehr deutlich, sehr stark das neben dem Daumen, am kleinsten das zwischen II und III. Der Metatarsus ist unten fast nackt. An Hand und Fuss ist IV am längsten. Die Endphalangen von II und III nach innen, die der beiden anderen Finger nach aussen gerichtet, ähnlich am Fuss. Penis und das unten ungefurchte Scrotum schon stark entwickelt, ähnlich dem der Affen und Menschen, unbehaart, je 4,5 mm lang. Schwanzspitze mit starken Muskeln, stark federnd und nach innen sich spiralig zusammenrollend, wie bei den amerikanischen Affen mit Wickelschwanz. Uebrigens ist der ganze Schwanz stark und dicht, stärker nach der Spitze hin behaart. Nasenrücken und Nasenseiten, Bauchende und Innenseite der Schenkel nackt, sonst auf der Oberseite die Behaarung lang und seidenartig weich, die Haare im Nacken, am Unterarm und den Hinterschenkeln sehr lang.

Färbung um die Augen und besonders an den Nasenseiten blauschwarz, sonst die Haut im Gesichte gelbbraun, Ohr innen graugelb, aussen mit schwarzbraunem Rande, Nasenrücken heller als das Gesicht, ohne eine eigentliche Blässe zu bilden. Oberseite gelblich rothbraun, die Spitzen der langen Haare schwarzbraun, ein schmaler dunkler Rückenstreif zieht sich von den Schultern bis zur Schwanzbasis. Halsseiten mehr gelbgrau, Arm hell graubraun, innen wie die Unterseite hell gelbgrau, Hinterschenkel vorn heller gelbroth, sonst mit Stich ins Olivenfarbene. Schwanz olivenfarben rothbraun. SCHWEINFURTH fand *G. demidoffi* auch im Lande der Niam Niam und Monbuttu, II, p. 104.

Maasse: Körper 82 mm, Kopf in der Rundung 32, zwischen Auge und Ohr 8, Ohr bis zum unteren Ausschnitt 11, mittlere Breite 7,5, Breite der oberen Klappe 3. Schwanz 70, mit Haar 75, Humerus 16, Unterarm 16, von der Handwurzel bis zur Spitze des vierten Fingers 13,5, Handbreite zwischen der Basis von II und V 6,75, Daumen 7, II 7,5, III 8, IV 8,75, V 6,75. Femur 16,5, Unterschenkel 21, Metatarsus 10, von der Fusswurzel bis zur Spitze von IV = 14,5. Fussbreite viel schmaler als die der Hand = 4,5, Daumen 9, II bis zur Nagelspitze 7, III 7,75, IV 8,5, V 6,5. Alle Maasse am Cadaver sind nur relativ genau.

Schädel (Taf. V, Fig. 78 u. 79). An dem jugendlichen Schädel von *Galago demidoffi* überwiegt die Hirnkapsel stark über den ver-

kürzten und zugespitzten Schnauzentheil. Die erstere ist stark gewölbt und von oben gesehen eiförmig, an Stelle des Os interparietale
noch eine häutige Fontanelle, die Knochen selbst ausserordentlich dünn
und zerbrechlich. Zwischen den Augen ist der Schädel sehr stark
eingeschnürt, die Stirnbeine springen im runden, doch in der Mitte
stumpfeckigen Bogen nach hinten vor, die Scheitelbeine hinten seitwärts der Fontanelle oval abgerundet, die Squama occipit. oben flach
bogig gerundet. Die Orbita, oben mit schmalem scharfem Rande, ist
schon geschlossen, die Nasenbeine spitzen sich nach hinten zu. Der
Zwischenkiefer beginnt 1 mm vor dem Ende der Nasenbeine und springt
über der oberen Schneidezahnalveole flach eingebogen erheblich nach
vorn vor. Die Thränenbeine sind vorn stumpfwinklig. Foramen
infraorb. klein und tief sitzend. Bullae aud. gross, die innere Seite
gerundet, die äussere flach mit einem von einer Haut überspannten
Knochenringe. Am Unterkiefer entsprechend den wohl entwickelten I der
Symphysentheil kräftig, der horizontale Ast stark auswärtsgebogen, aufsteigender Ast mit Proc. coron. und Winkelfortsatz noch wenig entwickelt, da der Aufbau des Unterkiefers von vorn nach hinten vorschreitet.

Am alten *Galago*schädel ist die Schädelkapsel deprimirt, der
Kiefertheil mit ziemlich gerader oberer Contour, viel länger und höher,
der vorspringende Zwischenkiefer wie beim Pullus. Der jugendliche
Schädel nähert sich mehr dem von *Tarsius*, ebenso sind Anklänge an
die ältesten bekannten fossilen Typen wie *Adapis, Necrolemur* und
*Anaptomorphus* vorhanden. So springen schon bei *Adapis par.* Cuv.
die vorderen Schneidezähne horizontal vor. *Necrolemur antiquus*, der
nach FILHOL dem Genus *Galago* am nächsten steht, hat eine stärker
gewölbte Schädelkapsel als der erwachsene *Galago* und ist, besonders
von oben gesehen, dem jugendlichen Schädel von *Gal.* ähnlich, während
die Molaren von *G. demid.* pull. eine viel grössere Aehnlichkeit mit
denen von *Anaptomorphus homunculus* COPE haben als die des erwachsenen Thieres. Vergl. COPE, The Lemuroidea etc. in: American
Naturalist, Mai 1885. Os interp. vielleicht der Rest des dritten Auges,
vergl. COPE in: A. N. 1888, Oct.

### 72. *Galago peli* TEMMINCK.

TEMMINCK, Esqu. sur la c. d. G., p. 42—45.

Pullus ♂ Umgebung des Banana-Creek. Coll. HESSE.

„Ich kaufte das Thierchen lebend von einem Neger, welcher es
luvinda nannte und behauptete, es lebe von Palmnüssen. In der Gefangenschaft berührte der junge *Galago* weder diese noch Spinnen

und Insekten aller Art. Nachts liess er beständig einen klagenden Ton hören, der wie ein leises Meckern klang. Um das Thierchen, welches für die Gefangenschaft wohl noch zu jung war, nicht verhungern zu lassen, tödtete ich es am nächsten Tage. H." TEMMINCK fand im Magen Reste von Insekten. N. Der Pullus, welcher vielleicht ein paar Tage jünger ist als der von *demidoffi*, stimmt gut mit der Beschreibung von TEMMINCK, besonders in Bezug auf die für das Thier characteristische brennend rothe Farbe auch der Haut. Uebrigens kann ich mich nicht der auch von TROUESSART recipirten Ansicht von PETERS anschliessen, dass *G. peli* und *demidoffi* eine Art seien, denn ich habe zu erhebliche Differenzen gefunden, wenn sich auch beide Arten nahe stehen. Die Nase von *G. peli* ist kürzer, die Muffel hellgelb, eine starke Warze hinter den Augen wie bei *demidoffi*. Iris hellgelb mit schmaler Pupille, Ohrmuschel stärker, die gebrochenen, nicht wie bei *dem.* geraden Falten in der Mitte des Ohrs, die untere Ohrklappe grösser, die obere kleiner als bei *dem.* Die sechste Gaumenfalte ist bei *peli* nicht so weit nach hinten gezogen wie bei *G. dem.* Die Zunge ist nicht wie die von *demidoffi* schwärzlich und hat unten zwei Nebenzungen, die kleinere basale, welche *G. d.* fehlt, 2,5 lang, mit Wimpern am Rande, die folgende 5 mm lang, unten mit scharfer Leiste, während die von *demidoffi* unten mehrere tiefe Furchen zeigt. Diese Differenzen genügen schon reichlich als Beweis für die Verschiedenheit der Arten. Unterseite des Körpers nackt, stark runzelig gefaltet. Penis und Scrotum unten mit Längenfurche, die bei *dem.* fehlt. Finger etwas kürzer.

Färbung lebhaft gelbroth ohne dunklen Rückenstreif und Wangen, kein weisser Nasenstreif, der nach TEMMINCK auch bei adult. sehr undeutlich ist. Augenlider braun, bei *dem.* schwarzgrau, die spärlichen Schnurren rothbraun, die gefurchte gelbröthliche Nase weniger warzig als bei *dem.*, Armhaut umbragrau, Schwanz rostbraunroth ohne schwarze Haarspitze, der Basaltheil bei beiden an der Unterseite gefurcht, aber bei *peli* stärker behaart.

Maasse: Körper 80, Schwanz 68, mit Haar 72, Finger um 0,5 kürzer als bei *dem.*, Humerus 13, Unterarm 13,5, Hand bis zur Spitze von IV 12, Metatarsus 10,25, Fuss bis zur Spitze von IV 14.

Der Schädel von *G. peli* sieht von oben nicht eiförmig, sondern ellipsoidisch aus, ist also am Hinterhaupt schmaler, die Stirnbeine hinten einfach abgerundet ohne den in der Naht vorspringenden Zacken, Bullae aud. schmaler, die Nasenbeine kürzer und hinten gerade abgeschnitten, nicht zackig vorspringend; Zwischenkiefer kürzer, die

16*

Symphyse des Unterkiefers gerade und fast senkrecht, bei *dem.* viel schräger.

| Vergleichende Maasse. | G. dem. | G. peli. |
|---|---|---|
| Scheitellänge bis zur oberen Kante der Squama occipit. . . . . . . . . . . . . . | 25 | 24 |
| Basilarlänge bis zum oberen Rande des Zwischenkiefers . . . . . . . . . . . . | 18 | 17 |
| Breite der Sq. occipit. am oberen Rande . . | 11 | 10 |
| Grösste Schädelbreite hinten zwischen den Bullae aud. . . . . . . . . . . . | 16 | 14 |
| Grösste Scheitelbreite in der Mitte . . . . | 17 | 16 |
| Scheitelhöhe zwischen den Bullae aud. . . . | 13 | 13 |
| Naht der Scheitelbeine . . . . . . . . . | 10 | 14 |
| Naht der Stirnbeine . . . . . . . . . . | 11 | 11,5 |
| Stirnbreite hinter der Orbita . . . . . . | 13 | 13,5 |
| Einschnürung zwischen den Augen . . . . | 3,5 | 4 |
| Nasenbeine . . . . . . . . . . . . . | 5,5 | 4,5 |
| Breite des Nasenrückens . . . . . . . . | 4 | 3,25 |
| Gaumenlänge . . . . . . . . . . . . | 7 | 6,5 |
| Breite vorn . . . . . . . . . . . . . | 2 | 2 |
| „    hinten . . . . . . . . . . . | 4 | 4 |
| Höhe und Breite der Augenöffnung . . . . | 7 | 7,25 |
| Unterkiefer bis zum Condyl. . . . . . . . | 13 | 12 |
| Höhe des horizontalen Astes . . . . . . . | fast 2 | fast 2 |
| „ des aufsteigenden Astes. . . . . . . | 3 | 3 |

## Milchgebiss von *Galago demidoffi* und *peli*.

Das Gebiss der Lemuriden ist jüngst von SCHLOSSER (Affen etc. p. 38—41) einer gründlichen Untersuchung unterzogen worden. COPE hebt in seiner sehr anerkennenden Besprechung des SCHLOSSER'schen Buches (in: American Naturalist 1888, Febr., p. 163) die Wichtigkeit der von SCHLOSSER entdeckten Thatsache hervor, dass der angebliche untere Eckzahn der Lemuren ein modificirter erster P ist, wie bei dem artiodactylen Genus *Oreodon*. Ich kann noch die weitere Thatsache hinzufügen, dass im Milchgebiss auch der obere C ein modificirter P ist, denn er ist zweiwurzelig, wie die am Kiefer von *G. peli* von mir geöffnete Lamelle unwiderleglich beweist. Der wahre untere C hat nach SCHLOSSER die Gestalt eines I angenommen, wie bei den selenodonten Artiodactylen. Die Zahnform für die Galagos und die übrigen Lemuren mit Ausnahme von *Propithecus* und *Lichanotis* ist nach SCHLOSSER

$$I \frac{2}{2} \ C \frac{1}{1} \ P \frac{3}{3} \ M \frac{3}{3}.$$

Das Milchgebiss von *Galago dem.* befindet sich in einem vorgeschrittneren Stadium als das des etwas jüngeren *peli*, zeigt aber in

den oberen Inc. eine höchst interessante Eigenthümlichkeit, die bei
*peli* nicht zu erkennen ist, nämlich das Rudiment eines
dritten innern I oben an der linken Seite, so dass die
Formel für die Milchincis. lautet:

$$I \; \frac{3+3}{2+2}.$$

Im frischen Zustande waren die I bei *dem.* und *peli* weich und
knorpelig und werden jedenfalls wie bei den Chiroptera nicht abgestossen, sondern resorbirt, und zwar verhältnissmässig früh. Im getrockneten Zustande sind die I von *dem.* als kleine, hakige, nach hinten
und aussen, wenn auch nicht so stark wie bei den Chiroptera gebogene Zähnchen zu erkennen, die nach innen an Grösse abnehmen,
so dass der kleine dritte I noch eben deutlich unter der Vergrösserung
erkennbar ist. Die Höhe beträgt 0,1 bis 0,3 mm. Bei *peli* sind die
4 I vom Zahnfleisch eingehüllt. Unten sind die 4 I bei beiden schon
wohl entwickelt, zeigen aber ebenfalls archaistische Merkmale. Die
nach vorn gerichtete Krone der stark seitlich zusammengedrückten
und eng aneinander gedrängten, etwas gebogenen Zähne mit rundlicher Spitze, von denen die beiden äusseren grösser sind und einen
braunen Kern wie bei manchen Soriciden besitzen, ist in einem starken
Winkel, stärker als bei adult., von der stieligen Wurzel abgesetzt,
welche fast senkrecht steht. Diese Zahnform, welche einen uralten
Typus repräsentirt und sich z. B. bei den Schneidezähnen des triassischen
*Placodus andriani* findet, kommt meines Wissens sonst bei Säugethieren nur sehr selten vor, ähnlich beim Pullus von *Herpestes galera*.
C oben ein zweiwurzliger Zahn mit breiter Basis, die hakige Spitze
kurz nach hinten gekrümmt mit rundlicher Aussen- und flacher Innenseite, mehr dem der Insectenfresser als dem des erwachsenen *Galago*
ähnlich. Der wahre C unten liegt ganz nach vorn über, wie die I,
nur ist er grösser und giebt sich durch die verdickte Leiste der
Innenseite noch als C zu erkennen, auch P I, der scheinbare C, ist nach
vorn übergelegt wie bei *Pachyura*, erheblich grösser als C, er besitzt
eine rundliche Spitze, hinter derselben an der oberen Kante einen
kleinen Zacken und eben solchen hinten über der Basis. Der bleibende
Zahn steht mehr aufgerichtet und ist spitzer, mehr carnivor. P II
unten klein mit breiter Schneide, die vorn einen kleinen Zacken trägt.
Auch oben nur 2 P vorhanden, also die Zahnformel für P im Milch-
gebiss P $\frac{2}{2}$, nicht $\frac{3}{3}$. Oben P I kleiner und schmaler als C, aber auch
eckzahnartig mit kleinem Zacken unterhalb der Spitze und grösserem
Basalzacken hinten, Aussen- und Innenseite wie bei C, die Spitze stark

nach einwärts gerichtet. P II noch niedriger als P I, eng an M I
gerückt, mit breiter Basis und innerem Nebenzacken, der Hauptzacken
mit nach hinten umgebogener Spitze, hinter dem äusseren Nebenzacken
noch ein zweiter basaler. P I und P II sind durch eine Lücke getrennt.
Auch bei *demidoffi* ragen erst die Spitzen von C bis M I aus dem
Zahnfleisch hervor. M bei beiden $\frac{3+3}{3+3}$. Die Präparation der oberen
Molaren gelang bei *demidoffi* gut, da die Gestalt auch der beiden
letzten Molaren, die im frischen Zustande allerdings noch weich und
knorpelig waren, sich nach Abhebung des Zahnfleisches in der geöffneten Alveole gut erkennen liess; bei *peli* missglückte sie, da die
Nuclei sich mit dem Zahnfleisch abhoben. Unten war in der geöffneten
Alveole die Form der Zähne einigermaassen erkennbar. M I mit
Basalwulst und zwei Aussenzacken, der erstere mit kleinem vorderen
Basalzacken etwas höher, der zweite etwas breiter, innen ein durch
eine niedrige Leiste mit dem zweiten Aussenzacken verbundener Nebenzacken, in der Mitte der Leiste gleichfalls ein Zacken, neben dem
vorderen Aussenzacken ein ganz kleiner, hinten ein kleiner Innenzacken neben der, von oben gesehen, stark vertieften Basalfläche.
Schmelzüberzug schon vollständig vorhanden. M II und III zeigen
getrocknet an den noch kaum die Alveole überragenden Spitzen schon
Spuren von Schmelz, übrigens ist die Form schon gut ausgebildet,
obwohl die Krone erst eben angelegt ist. M II hat zwei Aussenzacken,
der erstere höhere vorn mit basalem Ansatz, ein kräftiger Innenzacken steht durch zwei zackige, eine tiefe Kaufläche begrenzende
Leisten mit den beiden Aussenzacken in Verbindung, hinter dem Innenzacken weit nach hinten gerückt und dadurch den Kauzahn viel stärker
verbreiternd als beim erwachsenen *Galago*, ein zweiter Innenzacken.
Diese Zahnform findet sich mit auffallender Aehnlichkeit beim vorletzten Molar von *Vampyrus spectrum*. Der letzte Backenzahn
ähnlich, aber noch wenig entwickelt, besonders der hintere Aussenzacken noch kaum angelegt, in der Mitte der Kaufläche scheint noch
die Basis des Kiefers hindurch, der Innenzacken ist schon deutlich
entwickelt, von dem hinteren Nebenzacken, der beim erwachsenen
*Galago* verschwindet, ist schon ein kleines Höckerchen angedeutet.
M I unten mit 4 Zacken, der erste aussen und innen höher. M II
und III als vierhöckrige Molaren, die denen des erwachsenen *Galago*
ähnlich sind, bei *G. peli* in der Alveole zu erkennen, bei *demid.* sind
noch kaum Spuren davon vorhanden.

　　Die Verbreitung von *G. peli* und *demidoffi* scheint quer durch

Centralafrika zu gehen, aber die Ostküste nicht zu erreichen. Sonst leben noch in Westafrika, resp. Fernando Po *G. alleni, pallidus, gaboonensis, elegantulus, apicalis*, quer durch Afrika *senegalensis* und *monteiri*, in Ostafrika *crassicaudatus, agisymbanus* und *lasiotis*, in Südafrika *conspicillatus, garnetti, maholi*. Die generische Spaltung in *Otolycnus, Otogale, Hemigalago* etc. ist wie sonst überflüssig und schädlich.

Ein nicht bestimmter *Galago* des Hamburger Museums (wahrscheinlich *gaboonensis*) ist braunroth, unten weisslich gelbgrau mit weissem, bräunlich eingefasstem Nasenstreif bis zu einem Drittel der Stirn, Ohr gelbbraun, Nasenseiten bräunlich. Körper 11 cm, Schwanz 14,5, Unterarm 2,75, Hand 15 mm, Metatarsus und Fuss 4,25 cm, Fuss 20 mm. *G. alleni* ist dunkel schwärzlich braun mit grauem Kopf, *monteiri* gleichmässig grau, *teng* gelbgrau mit weissgelber Blässe und gelben Beinen, *maholi* braungrau, unten weisslich, *senegalensis* grau, Schwanz und Füsse schwarzbraun, *senaariensis* oben bläulichgrau, unten weiss, *conspicillatus* schwarzbraun, unten weiss, *crassicaudatus* gelblichbraungrau und *agisymbanus* lebhafter gelbbraun. Auch *Microcebus* könnte sehr wohl mit den Galagos vereinigt werden.

Herr HESSE sah noch in Banana gefangen zwei Prosimiae, der eine klein, anscheinend jung, mit schwarzbraunem Pelz, der andere graubraun, fast von der Grösse eines *Cercopithecus*, beide am Tage träge und schläfrig.

Nach SCHLOSSER (p. 19 ff.) bildet das Bindeglied zwischen den Affen und Lemuren die artenreiche Gruppe der ausgestorbenen Pseudolemuriden, die er in die beiden Gruppen der Adapiden und Hyopsodiden theilt und für deren primitivste Form er *Pelycodus* erklärt. Dazu gehören auch die zahlreichen in Nordamerika von COPE und LEIDY entdeckten Formen. Diese Gruppe bildet zugleich eine Brücke zwischen den Affen, resp. Lemuren und den Carnivoren, resp. Creodonten, während SCHLOSSER die Beziehungen zwischen Affen und Pachydermen, resp. Suiden, zu denen früher z. B. *Adapis* gestellt wurde, nur als sehr entfernt anerkennt, insofern Lemuren und Affen mit Carnivoren und Fleischfressern einen gemeinsamen Ursprung haben. Als diese gemeinsame Stammform wird von COPE *Phenacodus primaevus* angesehen, dessen Skelet er im Amer. Naturalist 1888, No. 1, ff. abbildet. Im Gebiss und Skelet von *Galago* erkennt SCHLOSSER das Ueberwiegen alter Merkmale an; den Ursprung der Quadrumanen, Pseudolemuriden uud Lemuren sieht er p. 54 in einer noch unbekannten Stammform, von welcher sich die Lemuriden und eine gemeinsame Stammform der Pseudolemuriden und Vierhänder abzweigten.

## Simiae.

### 73. *Cercopithecus werneri* I. Geoffroy.
### Taf. V, Fig. 82 u. 83.

Archives du Muséum, T. 5, p. 539; Schlegel, Mon. des singes, Sect. III. B.

Fast erwachsenes ♀, Schädel und Balg ohne Carpen und Tarsen mit defecter Schwanzspitze. Benguella. Coll. Hesse.

Die Heimath von *C. werneri* wurde von Geoffroy nicht genauer bezeichnet. Trouessart, Cat. des singes, p. 15, giebt Westafrika? an. Der Affe ist auch sonst nur sehr selten gefunden worden. Aeusserlich hat er eine gewisse Aehnlichkeit mit *C. flavidus* Peters, besonders aber mit *C. sabaeus*, resp. *griseo-viridis*, von welchem er sich aber sofort durch das weiche, feine Haar unterscheidet, welches bei *sabaeus* viel straffer und gröber ist. Sehr characteristisch ist für *C. werneri* der weissgraue, steil nach oben gerichtete Backenbart, auch vor dem weissgrauen Augenstreifen stehen die straffen, schwarzen Haare nach oben. Nase und Gesichtsmitte sind schwärzlich, die mit straffen, nach unten gerichteten Haaren besetzte Oberlippe grau. Die Augenlider fleischfarben, Stirn und Scheitel olivenfarben, schwärzlich gesprenkelt, die dunkel schwarzgraue, durchscheinende Haarbasis lässt diese Partie noch dunkler erscheinen, ein eigentlicher schwarzer Streifen ist nicht vorhanden. Nacken graugelb mit hellgrauer Haarbasis, Rücken ähnlich wie *griseo-viridis* olivenfarben mit schwärzlichen Haarspitzen. Der Schwanz ist oben schwarzgrau, unten weisslichgelb, Bauchseite, Kehle und Arme gelblichgrau, letztere an der Aussenseite schwärzlich angelaufen. An der Schwanzbasis und um die elliptischen, 21 mm langen 16 mm breiten hellen Gesässschwielen stehen kurze gelbrothe Haare. Die Epidermis des rundlichen, nicht ausgeschnittenen Ohres ist schwärzlich.

Körper 43 cm, vorhandener Schwanz 30, Ohr 3 cm lang, 2 cm breit.

S c h ä d e l (Taf. V, Fig. 82) oval mit grösster Breite in der Mitte der Squama temporalis, Rundung der Scheitellinie gleichmässig, mit wenig hervortretender Stirn und ziemlich starkem Hinterkopf, Einschnürung hinter den Augen mässig, die Supraorbitalbogen mässig vorspringend, Os interparietale vorn stumpfwinklig zugespitzt. Stirnbeine nach hinten in ziemlich flachem Bogen zackig verlaufend. Die Augenöffnung, welche bei den einzelnen Arten erheblich abweicht, bildet ein gleichseitiges rundliches Dreieck, die Nasenbeine ziemlich stark vorgestreckt, der basale Theil etwas aus-, der mittlere etwas eingebogen. Jochbogen ziemlich gerade, der vordere Theil wenig gesenkt. Hinterhauptloch höher als breit, rautenförmig, Tympanum flach, vorn mit scharfem Zacken.

Unterkiefer kräftig, die Symphyse gebogen mit sehr kleinem unteren Zacken, der aufsteigende Ast breit und niedrig, der Proc. coron., der ebenfalls ein wichtiges unterscheidendes Merkmal ist, etwas nach vorn und stark nach aussen gebogen, der Eckfortsatz flach gerundet und in der Mitte stark nach innen gebogen.

Maasse: Scheitellänge bis zum oberen Rande der Squama occipit. 89 mm, Schädelkapsel 68, in der Rundung 90, Breite zwischen dem Tympanum 48, grösste Breite 52, Stirnbeine in der Mitte 40, Scheitelbeine 32, Os interpar. 15, grösste Breite 39, Squama occipit. über dem Foramen occipit. 18, letzteres 15 lang, 11 breit, Einschnürung 40, zwischen den Augen aussen 47, Nasenbeine 15, knöcherner Gaumen in der Mitte 33, Gaumenbreite 19, zwischen den Jochbogen aussen 54, Os basale post. 11, ant. 7, äusseres Flügelbein 11,5 lang, 8 breit, Augenhöhle 18 breit, 19 hoch, Unterkiefer bis zum Proc. coron. 41, bis zur hinteren Kante des Condylus 55, Höhe des horizont. Astes unter P II 12, Höhe des aufsteigenden Astes zwischen Proc. coron. und Cond. 21, Breite des horizontalen Astes 17,5.

Gebiss (Taf. V, Fig. 83). Oben I sehr prognath, denen der Makaken ähnlich, die beiden inneren mit breiten, gegen einander gerichteten Kronen, die äusseren viel schmaler, zwischen ihnen und C eine fast 3 mm lange Lücke. C lang, scharf zugespitzt, fast senkrecht, innen mit basalem Höcker, vorn mit seichter Furche, die Innenseite flach, vorn und hinten der Zahn unterhalb des dünneren Basaltheils verdickt. P I aussen mit höherem, innen mit niedrigerem Zacken, die durch eine flache Leiste verbunden sind. P II breiter, auch die hintere vertiefte Kaufläche viel grösser. Von den 3 M erst I und II entwickelt, III noch in der Alveole. Die 4 Höcker spitzig, der zweite äussere bei M II schmaler, der entsprechende innere höher als bei M I. M II breiter als M I. Auch bei M III schon die 4 Höcker entwickelt.

Unten I viel weniger prognath als oben, die inneren I schmaler, die äusseren mit nach hinten schräg eingebogener Schneide. C wenig nach hinten gerichtet, die vordere Kante in der Mitte verstärkt, die Spitze flach abgeschnitten, an der Innenseite vorn und hinten eine seichte Furche, innen ein basaler Höcker. P I ganz nach hinten gerichtet, spitzer Aussenzacken, innen ein starker, lemurenartiger Nebenhöcker mit mittlerem Zacken, der mit dem äusseren durch eine Leiste verbunden ist. P II viel schmaler, vorn ein äusserer und ein innerer

Hauptzacken, dahinter beiderseits ein kleinerer. Bei M I und II die inneren Höcker erheblich höher, die Querfurche zwischen den vorderen und hinteren Höckern etwas nach vorn gerichtet. M III mit schräg nach vorn gerichteter Kaufläche steckt noch in der Alveole des aufsteigenden Astes, die hintere Kante ganz nach aussen gerichtet.

Sehr gut wird das Gebiss sämmtlicher Affen characterisirt von SCHLOSSER, Affen etc. des europäischen Tertiärs, der *Cercopithecus* in der grossen Gruppe der Cynopithecinae bespricht und nebst *Cynocephalus* von dem miocänen *Oreopithecus*, die ganze Gruppe von dem oligocänen *Hyopsodus*, beide allerdings fraglich, ableitet.

### 74. *Cercopithecus campbelli* WATERHOUSE.
#### Taf. V, Fig. 84 u. 85.

In: Ann. Mag. Nat. Hist. 1838, Vol. 2, p. 473; SCHLEGEL, Sect. V.

Erwachsenes ♀, Spiritus-Exemplar, Banana-Creek. Coll. HESSE.

„*Cercopith. campb.* wird in Banana öfter zum Kauf ausgeboten und ist in der Umgebung der Stadt nicht selten. Auf der Insel Bulambemba in der Congomündung beobachtete ich einst vom Schiffe aus eine ganze Schaar dieser Affen, die an den Wurzelgerüsten der Mangroven ihr drolliges Wesen trieben. Das vorliegende Weibchen hatte ich ein halbes Jahr in der Gefangenschaft mit einem noch säugenden männlichen Jungen, das von der Mutter zuweilen ziemlich rauh behandelt wurde. Das Junge war sehr lebhaft und machte gern Kletterübungen an dem Drahtgitter des Käfigs. Als die Alte gestorben war, sass es mehrere Tage traurig in einer Ecke und liess leise Klagetöne hören, es gelang mir indessen bald, ein anderes Weibchen zu kaufen, welches sich sofort des verwaisten Thierchens annahm. Ich fütterte die Affen mit gekochtem Reis und Erdnüssen, hin und wieder gab ich ihnen auch einige Insecten, die sie mit grossem Behagen verzehrten. Vor Schlangen hatten sie eine heillose Angst und erhoben bei ihrem Anblick ein lautes Zetergeschrei. HESSE."

Die Nase von *C. campbelli* ist ziemlich gerade, wenig eingedrückt, die Iris gelb, die Backentaschen mässig, die Haut an den Halsseiten sehr faltig, Schläfen- und Kaumuskel ziemlich schwach. Vor der ersten der 7 Gaumenfalten eine 2 mm breite runde, hinten gerade abgeschnittene Platte mit kleinem vorderen Zacken, die beiden vorderen Falten quer durch, die übrigen zu Halbbogen gebrochen, welche von 4—6 an getrennt sind, die letzte Falte unbedeutend. Die 32 mm lange, 13 breite Zunge unten mit breiter, nicht ganz bis zur Spitze reichender Furche, oben hinten drei starke, im Dreieck stehende Warzen, längs der Seiten und vorn sehr stark markirte warzenförmige Papillen. Das grosse Ohr ist halbkreisförmig abgerundet, die Tasche des Ohrläppchens doppelt, die hintere gross, in der Mitte mit Falte, die vordere klein, darüber eine kleine Warze, der Ohrrand breit nach vorn, unten am Ohrläppchen nach hinten umgebogen. Clitoris penisartig gestaltet mit breiter, lappiger Vorhaut und verdicktem, vorn gespaltenem Knopf. Finger und Zehen lang mit 5 mm langer Bindehaut, der Mittelfinger von Hand und Fuss am längsten. Die Polster der Fingerspitzen, besonders am Daumen, viel breiter als beim Menschen, starke, warzige Ballen, die denen des *Galago* ähnlich sind, unter dem Daumen, unter II, zwischen III und IV und unter IV; ein starker Ballen, der am Fuss fehlt, sitzt unter dem Carpalgelenk nach der Aussenseite hin, besonders der Daumenballen ist stark verlängert. Die Hautfalten der Hand sind denen des Menschen ähnlich, bestehen aber am Fuss nach dem Tarsalgelenk aus Reihen von Papillen, die Falten der Ballen sind concentrisch, beim Menschen nicht. Nur der Daumennagel ist ein eigentlicher Kuppennagel, die von III und IV sind schmal, die von II und V sehr schmal, fast Krallennägel, mehr denen der Nager und Insectivoren ähnlich, unten sind die Nägel mit horniger Hautmasse gefüllt, beim Menschen nicht, die Spitze schräg nach aussen abgeschnitten. Das Studium der Hände und Füsse der Affen weist auf eine sehr frühe Trennung von Simia und Homo hin.

Nase und Ohr schwarz, der Basaltheil des Ohrs hinten hellgelb, innen in der Ohrmuschel einzelne schwarzgraue Haare, Augenlider und Nasenseiten schwarzgrau, Lippen und ein Streifen über den Augen hellgelb. Backenbart seitwärts gerichtet, die Stirnhaare schopfartig nach hinten, auch im Nacken die Haare verlängert. Hände und Füsse wie der Körper gefärbt, Handfläche und Sohle gelb, Finger und Zehen grau. Färbung der Oberseite lebhaft olivengelb mit Schwarz gesprenkelt, der Rücken besonders nach hinten viel dunkler, weil die schwarzen Haarspitzen hier viel länger sind. Haarbasis schwarzgrau, die Mitte lebhaft olivengelb, die Spitze schwarz. Unterseite hell umbragrau. Schwanz oben wie der Hinterrücken schwärzlich olivengelb gesprenkelt, unten, besonders an der Basis, heller olivengelbbraun, zwischen Scheide und Anus und um die Gesässschwielen grau, Halsseiten hellgelb, das rostige Olivengelb besonders an den Schultern und Hinterschenkeln intensiv.

Maasse: Körper 39 cm, Schwanz 48, Kopf 12, Ohr 22 mm lang, 30 breit, Gesicht bis zur Lippe 38 mm, Auge bis Ohr 35 mm, Auge bis Oberlippe 22, Humerus 90, Unterarm 90, Hand aussen bis zum Mittelfinger 65, Handfläche 55, Handbreite 23, Finger aussen I 16, II 30, III 40, IV 38, V 25. Femur 110, Unterschenkel 135, Fusssohle 95, I 20, II 32, III 40, IV 38, V 30; Zitzen 28, Vorhaut der Clitoris 9 mm lang und breit, die letztere 7 lang, die Eichel derselben 4 breit, Gesässschwielen 15 lang, 10 breit.

S c h ä d e l (Taf. V, Fig. 84). Die Nähte sind ohne Zacken verwachsen, die Stirnbeine greifen an den Seiten über die Schläfenbeine über, besonders stark der wulstige obere Rand der Squama occipitalis über die Scheitelbeine. Der Schädel ist viel weniger prognath als der von *Cercop. werneri*, die Schädelkapsel, von oben gesehen, in der Scheitelpartie schmaler, desgl. die Stirnbeine, an welchen die Frontalhöcker weniger markirt sind und welche mehr zugespitzt nach hinten verlaufen. Die Jochbogen sind vorn mehr gesenkt und in der Mitte etwas stärker gebogen, der obere Rand der Squama occipit. rundlich, bei *werneri* stumpfdreieckig, in der Profillinie Scheitel und Hinterhaupt weniger gebogen und letzteres flacher als bei *werneri*, die Schläfenbeine viel niedriger, die Augenhöhlen grösser und der äussere Rand stärker gebogen. In der Vertiefung neben dem Os pterygoid. befindet sich ein kleiner Höcker, welcher den drei anderen von mir untersuchten *Cercopithecus*-Arten fehlt. Der Zacken am vorderen Rande der Bullae audit. ist schwach, das Os basale viel schmaler als bei *werneri*, der Orbitalwulst sehr unbedeutend und schmal. Am Unterkiefer ist der vordere Theil des horizontalen Astes schwächer, der Proc. cor. viel spitzer und gerader, weniger nach vorn gerichtet, der Eckfortsatz nicht so stark gebogen wie bei *werneri*.

M a a s s e. Grösste Schädellänge von der Alveole der oberen I 75, Schädelkapsel 61, in der Rundung 76, grösste Scheitelbreite 46, Einschnürung 38, Scheitelhöhe 35, Höhe der Augenöffnung 20, Breite zwichen den Jochbogen 49, zwischen den Orbitae 44, Scheitelbeine 28, Stirnbeine 34, Nasenbeine 16, Breite der Squama occipit. 39, Hinterhauptloch 12 lang, 10 breit, Ende der Nasenbeine bis Alveole der oberen I 13,5; Gaumenlänge 21, Breite 12,5, Tympanum 18 lang, 10 breit.

Unterkiefer bis zum Condylus 44, Höhe des horizontalen Astes 10, Breite des aufsteigenden Astes 13, Höhe unter dem Proc. cor. 22, zwischen Proc. cor. und Cond. 19, Zahnreihe 24.

G e b i s s (Taf. V, Fig. 85). Vollständig, alle Zähne zeigen zarte Formen, die inneren I oben gewöhnlich, die äusseren klein und schmal, stark convergirend, der basale Theil derselben hinten stark ausgezogen, niedrig, die Kaufläche vertieft, innen mit höckrigem Rande. Zwischen ihnen und C eine 1 mm breite Lücke. C fast senkrecht und stark auswärts gestellt, kurz, mit breiter Basis, also breit kegelförmig, seitlich zusammengedrückt, die hintere Seite flach ausgehöhlt, die Aussenkante an der Basis nach hinten ausgezogen. Die Kaufläche von P rundlich quadratisch, bei *werneri* rundlich dreieckig, auch M rundlich quadratisch. Die Zähne nehmen von P I — M II an Grösse zu, M III kleiner als II, hinten mit scharfem, stärkerem Aussen- und kleinerem Innenzacken. Uebrigens bilden die 4 Höcker der Molaren kein Unterscheidungsmerkmal der *Cercopithecus*-Arten.

Auch unten die Zähne, besonders C, klein, die äusseren I mit verhältnissmässig viel breiterer Schneide als bei *werneri* und mit langem, bei *werneri* schwachem Hinterzacken an der äusseren Kante. C niedrig, ziemlich stark gekrümmt, mit breiter Basis und langem hinteren Zacken. P I stumpf dreieckig, nicht so weit nach hinten übergelegt wie bei *C. werneri*, bei P II der hintere Zacken stärker. M gewöhnlich.

### 75. *Cercopithecus erxlebeni* DAHLB. & PUCHERAN.
### Taf. V, Fig. 86 u. 87.

DAHLBERG et PUCHERAN, Zool. Stud.; SCHLEGEL, Mon., Sect. V.

Fast erwachsenes ♀ mit Milchgebiss. Spiritus-Exemplar. Kakamueka am Kuilu. Coll. HESSE.

*Cercopithecus erxlebeni*, von SCHLEGEL und TROUESSART mit *pogonias* vereinigt, charakterisirt sich durch den grossen Kopf mit etwas gebogener und stumpfer Nase, an welcher die breite Scheidewand sich nach der Oberlippe zuspitzt. Das Ohr ist klein, breiter als lang, halbkreisförmig abgerundet, mit starkem rostgelbem Haarbüschel. Der tragusähnliche Vorsprung vor der Ohröffnung ist schwächer als bei *C. campbelli*, die Haut vor dem Ohr nackt. Die unten gefurchte Zunge ist kurz und rund, 25 mm lang, 13 mm breit mit kleinen, vorn und rings um den Rand grösseren Papillen besetzt. Dem starken Backen- und Kinnbart entsprechen sehr grosse, innen stark gefaltete Backentaschen von 45 mm Länge und 25 mm Breite und ein sehr stark entwickeltes Zellengewebe unter der Haut an den Halsseiten. Die Hand- und Fussballen sind ähnlich wie bei *campbelli*, jedoch stärker an der Aussenseite der Handwurzel, desgl. der Daumenballen am Fuss, der Metacarpus des fünften Fingers ist lang, die Ferse ziemlich kurz und schmal. An der Hand ist der Daumennagel sehr kurz, am Fuss die Nägel von II—V sehr schmal. Der lange Schwanz bleibt bei den *Pogonias*-Arten bis zur Spitze viel stärker, während er sich bei *C. campbelli* und *cephus* stark verjüngt. Die sehr schmale, 5 mm lange, vorn gespaltene Clitoris wird von einer wenig markirten Vorhaut umschlossen. Nase, Gesichtsseiten und Stirn sind braungrau, Iris dunkelbraun, die Augenlider gelb, die kurz und spärlich schwarz behaarte Oberlippe gelbgrau, die Unterlippe gelb, die Kinnhaut hellgrau, das aussen spärlich rostgelb behaarte Ohr gelbgrau. Ueber den Augen liegen zwei ockergelbe Streifen, darunter von den Augen bis zum Ohr ein breiter schwarzer Streifen. Das schwarz und okergelb gesprenkelte Stirnhaar ist schopfartig nach vorn gerichtet, der nach unten gerichtete Backen- und Kinnbart olivenrostgelb, das Haar mit schwarzem und gelbem Ringe und schwarzer Spitze. Die hellgelben Halsseiten sind fast nackt, die Kehle ockergelb, Bauch und Schenkel innen lebhaft rostgelb, die Oberseite schwarz, mit Rostroth gesprenkelt, welches besonders an den Seiten lebhaft hervortritt. Unterarm und Hand schwarz, Hinterschenkel grau, mit Olivengelb gesprenkelt, der Fuss schwarz, die Hand- und Fussfläche gelblich graubraun. Die Oberseite des Schwanzes ist zu zwei Drittel schwarzgrau mit vereinzelter gelber Sprenkelung, die Unterseite auf zwei Drittel lebhaft olivengelb, die Endhälfte schwarz. Die runden Gesässschwielen haben einen Durchmesser von 12 mm.

Maasse. Körper 39 cm, Schwanz 52 cm, Auge bis Mundwinkel 30 mm, Auge bis Ohr 31, Ohr 20 lang, 28 breit, Humerus 100, Unterarm 100, Hand 58, Handbreite 22, I 15, II 28, III 34, IV 30, V 21; Femur 108, Unterschenkel 126, Fuss 100, Fussbreite 21, I 20, II 32, III 37, IV 32, V 26.

Schädel (Taf. V, Fig. 86). Derselbe ist kurz und rund mit bedeutender Stirn- und Scheitelwölbung, deren grösste Höhe in der Verbindung der Stirn- und Scheitelbeine liegt. Die Scheitelbeine sind in der Mitte etwas deprimirt und hinten ziemlich stark gewölbt. Die hintere Naht der Stirnbeine ist breit lanzettförmig, die Stirn viel breiter als bei *campbelli*. Da der Schädel noch nicht ganz ausgewachsen ist, greifen die Stirnbeine stark über die Scheitelbeine über, ebenso die Squama occipitalis. Am oberen Rande des Orbitalbogens nach den Nasenbeinen hin sitzt ein starker Zacken, welcher den übrigen drei Arten fehlt. Die Augenöffnung ist rundlichviereckig, der obere Orbitalrand nach innen convergirend. Die Basis der Nasenbeine ist breit, in der Mitte sind dieselben eingeschnürt, unten so breit wie oben, bei *werneri* und *campbelli* unten viel breiter als oben. Im Profil sind die Nasenbeine oben etwas aus-, im unteren Drittel eingebogen. Kiefer wenig prognath, die Leiste des Schläfenmuskels stärker und höher am Augenrande angesetzt als bei *werneri*. Jochbogen fast gerade und vorn ziemlich tief gesenkt, der obere Rand der Schläfenbeine oben ausgebogen, nicht wie bei *campbelli* eingebogen. Oberkiefer höher und breiter als bei *campbelli*, das Hinterhauptloch runder und hinten viel breiter, die Flügelbeine kürzer, die hintere Kante der Ossa pteryg. eingebogen, nicht gerade verlaufend wie bei *werneri* und *campbelli*, die Zacken schwächer.

Am Unterkiefer der horizontale Ast kürzer und stärker gebogen als bei *werneri*, der Winkelfortsatz breiter gerundet, der vordere Rand des Proc. cor. stark aus-, der hintere stark eingebogen, der Condylus aussen stark in die Höhe gezogen, die hintere Kante des aufsteigenden Astes nur wenig eingebogen.

M a a s s e. Grösste Schädellänge von der Alveole der oberen I 76, Schädelkapsel 66, in der Rundung 86, grösste Scheitelbreite 52, Einschnürung 40, Scheitelhöhe 42, Breite zwischen den Jochbogen 51, zwischen den Orbitae 44, Höhe der Augenöffnung 20, Nasenbeine 17, Stirnbeine 38, Scheitelbeine 34, Breite der Squama occipit. 36, Ende der Nasenbeine bis zur Alveole von I 15, Hinterhauptloch 12,5 lang, 11,5 breit. Gaumenlänge 22, Breite 16, Tympanum 21 lang, 9,5 breit.

Unterkiefer bis zum Cond. 46, Höhe des horizontalen Astes 11, Breite des aufsteigenden Astes 13,5, Höhe unter dem Proc. cor. 24, zwischen Proc. cor. und Condylus 19.

Milchgebiss (Taf. V, Fig. 87). Es erscheint auffallend, dass ein fast erwachsener *Cercopithecus*, dem man äusserlich das jugendliche Alter kaum mehr ansieht, noch das vollständige Milchgebiss besitzt, welches viele bemerkenswerthe Eigenthümlichkeiten aufweist. Die oberen I sind stark convergirend, die inneren kurz und breit mit sehr breiter Schneidefläche, die äusseren schmaler, besonders im Basaltheil, mit breiter, schräg gestellter schaufelförmiger Schneide. Zwischen I und C eine fast 3 mm breite Lücke. I n d e r s e l b e n s i t z t h a r t a n d e r G r e n z e d e s Z w i s c h e n k i e f e r s, a b e r n ä h e r a n I b e i d e r s e i t s e i n k l e i n e r r u n d l i c h e r, z i e m l i c h f l a c h e r Z a h n, w e l c h e r e r s t n a c h E n t f e r n u n g d e s Z a h n f l e i s c h e s s i c h t b a r w u r d e. D e r s e l b e i s t 0,5 m m b r e i t u n d m i t S c h m e l z b e d e c k t, s o d a s s a l s o *C. erxl.* o b e n i m M i l c h g e b i s s 6 I b e s i t z t, w i e *Galago demidoffi.* Der Zahn ist jedenfalls als ein atavistisches Rudiment aufzufassen und beweist, dass die Ansicht, die Lücke zwischen I und C oben sei nur durch den unteren C veranlasst, nicht richtig ist. Jedenfalls würde derselbe später ausgefallen sein, ohne ersetzt zu werden. Auch bei einem jugendlichen Schädel von *Cebus robustus* habe ich an einer Seite zwischen I und C oben eine kleine Alveolar-Oeffnung mit kleinem Nucleus darin gefunden. Die Spuren des 5. und 6. Schneidezahns werden jedenfalls noch öfter zu finden sein, wenn man darauf achtet und genau zusieht. C kurz und breit mit flacher Spitze, über der schmaleren Basis ein Höcker am vorderen Rande, hinten über der Basis die Kante nach einwärts zu einem scharfrandigen Höcker mit vertiefter Kaufläche ausgezogen, die hintere Seite flach, wenig ausgekehlt, die innere stark vertieft mit mittlerer Leiste. Die beiden P sind durchaus molarartig mit zwei äusseren Leisten und Höckern. Die Kaufläche von P I ohne Schmelz liegt schräg nach innen und erinnert lebhaft an die mancher sciuromorphen Nager. Der innere Höcker fehlt und ist durch den erhöhten Rand der inneren Kante angedeutet. Bei P II ist die Kaufläche schon mit Schmelz überzogen und zeigt 4 unvollkommene Höcker mit Kaugruben, erstere sind durch eine Längen- und zwei Querleisten verbunden, so dass der Zahn eine gewisse Aehnlichkeit mit den M amerikanischer Arten, wie *Cebus*, *Propithecus*, auch *Inuus* und *Troglodytes* besitzt. Der erste innere Höcker ist am wenigsten entwickelt. Die Farbe der Milchzähne ist röthlich, der einzig vorhandene Molar ist weiss und besitzt 4 Höcker, die beiden vorderen und hinteren durch niedrige scharfe Leisten verbunden, hinten und vorn zwischen den Höckern befinden sich Gruben, von denen die hintere tiefer ist. Von dem nächsten M nur eine Spur im Oberkiefer.

Unten I innen rundlich stiftförmig, an die Zähne von *Adapis* erinnernd, I aussen comprimirt mit breiterer Seitenfläche, alle I in der Richtung der Symphyse gestellt. C breit, wenig gebogen, mit flach dreieckiger Spitze, hinten an der Basis ein scharfer, nach aussen gerichteter Zacken. Auch unten P I und II molarisch mit 2 Leisten und Wurzeln, die Kaufläche ohne Schmelz. P I hat die Gestalt von P II des bleibenden Gebisses, die beiden durch eine seichte Furche getrennten mittleren Höcker am höchsten, vorn ein nach innen gerichteter, scharfer Zacken mit mittlerer Leiste, hinten die Kaufläche eingebogen. Bei P II schon 4 Höcker mit scharfen verbindenden Leisten angedeutet. Alle Zähne wie oben röthlich. Nur M ein Molar von weisser Farbe und gewöhnlicher Form, doch sind die Kanten der 4 Höcker schärfer, die inneren höher, und hinter den beiden letzten sitzt noch ein kleines Höckerrudiment, wodurch der Zahn dem von *Cercocebus* ähnlicher wird. Der folgende Molar noch in der Alveole des aufsteigenden Astes, auch er zeigt nach der Präparation hinten ein kleines fünftes Höckerchen und zwischen den 4 Höckern einen kleinen mittleren, der sich z. B. im vorletzten und letzten oberen M bei *Ateles* findet. Von M III war nur ein ganz kleiner brauner Nucleus in der Alveole vorhanden.

Das Milchgebiss von *C. erxlebeni* weist also auf einen Vorfahr mit 6 oberen Schneidezähnen und fünfhöckrigen Molaren hin.

## 76. *Cercopithecus cephus* ERXLEBEN.
### Taf. V, Fig. 88 u. 89.

Syst. Mamm. 37; SCHLEGEL, Mon., Sect. IX.

Spiritus-Exemplar ♂ juv. Kuilu, Kakamueka. Coll. HESSE.

*Cercopithecus cephus* kommt häufig lebend nach Europa und characterisirt sich durch die tief blaue, unter den Augen schwarze Färbung des Gesichts mit schwarzem Seitenstreifen vom Auge zum Ohr und lebhaft gelbe Wangen. Die unter der Nase stark hervortretende weissliche Oberlippe ist mit straffen schwarzen Haaren besetzt. Im Tode wird das Blau grau, auch sonst werden die Farben schmutziger. An der blaugrauen Haut der Unterseite markirt sich um den Hals ein weisser Ring. Die Scheidewand zwischen den Nasenlöchern ist unten breiter als oben, an dem grossen runden hellgrauen Ohr mit stumpfer Spitze ist nur der obere Rand einwärts gebogen; zwischen Auge und Ohr eine Warze, der nach unten gerichtete Backenbart rostroth mit Schwarz gesprenkelt. Stirnschopf schwarz und olivengelb gesprenkelt, Oberseite wie der Backenbart, Haar mit gelbgrauer Basis, schwarzem, breitem, rostrothem Ringe und schwarzer Spitze. Unterseite gelbgrau, um die Geschlechtstheile schmutzig rostroth, Basaltheil des Schwanzes schwarz mit Rostroth, die Endhälfte rostrothbraun, die Unterseite schmutzig gelbgrau, nach der Spitze zu rostroth. Arme aussen schwarz, mit gelblicher Sprenkelung, innen heller graubraun, Finger und Zehen graubraun, nur Phal. I behaart, Hand- und Fussflächen braungrau, Ballen ähnlich wie bei *C. campbelli*, sehr stark der Daumenballen am Fusse. Alle Ballen sind noch deutlich schwielig, der vierte Nagel schmaler als der zweite, die der Zehen von 2, 4, 5 sehr schmal; Ferse sehr schmal, der Metatarsus der fünften Zehe kürzer und schmaler als bei *C. campbelli*.

Zunge 28 mm lang, 14 breit, mit feinen zahnähnlichen, nach hinten gerichteten Papillen, hinten regelmässig gestellte grössere zwischen den kleineren, vorn und an den Seiten sind die grösseren Papillen unregelmässig. Backentaschen klein, Penis 5 mm breit, Scrotum äusserlich kaum bemerkbar. Die braungrauen, ovalen Schwielen 11 mm lang, 6 breit.

M a a s s e. Körper 31 cm, Schwanz 38, Ohr 24 mm lang, 28 breit, zwischen Auge und Ohr 29, Auge bis Mundwinkel 23, Humerus 68,

Unterarm 68, Hand 50, Handbreite 17, I 14, II 23, III 32, IV 30,
V 20, Femur 73, Unterschenkel 85, Fuss 80.

Der Schädel (Taf. V, Fig. 88) zeigt noch die Merkmale der
Jugend, der hintere Rand der Stirnbeine greift stark über die Scheitelbeine über,. ebenso das rechte Scheitelbein über das linke, links ragt
der Rand der Squama occipit. über das Scheitelbein, rechts wird sie
vom Scheitelbein überragt. Obere Ansicht des Schädels stumpf
eiförmig, im Profil die obere Contour mässig gerundet mit ziemlich
flachem Scheitel, die Stirnbeine breit lanzettförmig. Squama occipit.
rundlich, lanzettförmig, Hinterhauptloch sechseckig, aber vorn viel
schmaler als hinten, der vordere Theil des Tympanum stark gerundet,
vorn dreieckig abgeschnitten mit kurzem Zacken. Der äussere Flügel
des Os pteryg. stark auswärts gebogen. Augenöffnung rundlich, fünfeckig, die untere Ecke stark nach aussen gezogen. Nasenbeine fast
gerade, die Biegung des noch schwachen Jochbogens liegt in der
Mitte, nicht wie bei *erxlebeni* und *campbelli* mehr nach vorn.

Am Unterkiefer ist der aufsteigende Ast kurz und stark nach
hinten gerichtet, der Proc. cor. kurz und breit, der Eckfortsatz stärker
hervortretend als bei dem etwa ebenso alten *C. erxlebeni.*

Maasse. Grösste Schädellänge 70, Schädelkapsel 60, in der Rundung 75, grösste Scheitelbreite 49, Einschnürung 36, Scheitelhöhe 36,
Breite zwischen den Jochbogen 41, zwischen den Orbitae 37, Höhe der
Augenöffnung 17, Nasenbeine 14, Stirnbeine 32, Scheitelbeine 31, Breite
der Squama occipit. 33, Ende der Nasenbeine bis zur Alveole von I 11,5,
Hinterhauptloch 12 lang, 11,5 breit, Gaumenlänge 22, Breite 14, Tympanum 16 lang, 9,5 breit.

Unterkiefer bis zum Condylus 36, Höhe des horizontalen Astes 9,5,
Breite des aufsteigenden Astes 11, Höhe unter dem Proc. coron. 14,
zwischen Proc. coron. und Condylus 13.

Milchgebiss (Taf. V, Fig. 89). I oben innen sehr breit,
viel grösser als bei dem stärkeren *C. erxlebeni*, die vordere Fläche
stark gebogen, die Kaufläche vertieft mit hinterem Höcker. I aussen
klein, mit rundlicher Spitze, nicht wie bei *C. erxl.* flach. C grösser
als bei *C. erxl.*, dreieckig, senkrecht zur Kieferachse, die vordere
Kante an der Basis etwas höckerig verdickt, noch stärker die hintere,
die Innenfläche mit rundlicher Leiste. Die beiden einzig entwickelten
P molarartig mit 4 Höckern, grösser und länger als bei *C. erxl.*, M I
noch tief in der Alveole mit vorderem und hinterem Höcker. Unten
I mit sehr breiter, fast horizontal liegender Kaufläche, welche besonders bei I innen die Form einer menschlichen Fusssohle hat. C kurz
mit breiter Basis, ziemlich stark gebogen, die hintere Kante mit Basal-

zacken, die innere Leiste unten höckerig verdickt. P I breit, molarartig mit 4 Höckern, von denen jedoch schon die beiden vorderen erheblich höher sind. Im zweiten Gebiss verschwindet der innere vordere Höcker. P II vierhöckerig mit Querleisten, wie bei *C. erxl.* Die Verbindung der Höcker durch Querleisten ist die ältere Zahnform, welche sich mehrfach bei amerikanischen Affen, wie *Cebus*, und besonders bei den ältesten Typen, z. B. *Nyctipithecus*, findet. M I noch tief in der Alveole.

Pechuel-Loesche hat von *Cercopithecus*-Arten beobachtet (Loango-Exped., Bd. 3, p. 236 ff.) *C. cephus, erxlebeni, nictitans, pygerythrus, aethiops*, sodann *Cercocebus albigena, Cynocephalus maimon*, endlich Gorilla und Schimpanse, von dem er p. 248 zwei Varietäten unterscheidet. Herr Hesse hat noch einen grossen, grauen *Cercopithecus* gefangen gehalten, der sich sehr unliebenswürdig benahm. In der Collection Büttikofer von Liberia fand Jentink *Simia troglodytes, Colobus sp.? C. ursinus, C. ferrugineus, C. verus, Cerc. callitrichus, C. campbelli, büttikoferi, stampflii, diana, Cercocebus fuliginosus, Nycticebus potto, Galago demidoffi* (in: Notes 1888, p. 1—14).

Trouessart giebt nach Schlegel, Monographie des Singes, 26 *Cercopithecus*-Arten an. Dazu sind noch neuerdings gekommen: *C. büttikoferi* Jentink, in: Notes Leyden M. 1886, p. 56, *C. signatus* Jent. in: Notes 1886, p. 55, *C. stampflii* Jent., in: Notes 1888, p. 10, und in Ostafrika (Kaffa) *C. boutourlini* Giglioli, in: Zoolog. Anzeiger, 1887, p. 510. Das Leydener Museum besitzt 24 Arten. Vergl. Cat. ostéol. von Jentink, p. 15—21.

### 77. *Troglodytes niger* E. Geoffr.

Jugendliches ♂, Kakamoëka am Kuilu. Coll. Hesse.

Herr Hesse besass das Thier einige Zeit lebend, es starb an chronischem Darmkatarrh. Kakamoëka ist nach Pechuel-Loesche die untere Grenze des Gorilla, während der Schimpanse am Kuilu bis zur Küste vorkommt.

Nachtrag. Nach Abfassung meiner Arbeit erschienen: Flower, Osteologie der Säugethiere, deutsch v. Gadow, Leipzig 1888; Schlosser, Affen, Lemuren etc., II. Abtheil., Wien 1888; Osborn, Evolution of Mammal. Molars und Cope, the Artiodactyla, in: Amer. Naturalist, 1888, December.

# Erklärung der Abbildungen.

## Tafel I.

*Manis hessi,* Kopf und Vorderdarm in natürl. Grösse, Schwanzspitze etwas verkleinert, Körper stark verkleinert.

## Tafel II.

Fig. 1. *Chalinolobus congicus.* Fig. 2. *Vesperus pusillus.* Fig. 3. *Vesperugo pagenstecheri.* Fig. 4. *Mus microdontoïdes.* Fig. 5. *Crocidura, doriana.* Alle in natürl. Grösse.

## Tafel III—V.

Fig. 1—3. Schädel von *Manis hessi,* 4. Gaumenfalten, 5. Zungenbein natürl. Grösse.

Fig. 6—8. Schädel von *Sciurus punctatus,* natürl. Grösse, 9. Mol. vergrössert.

Fig. 10—11. Schädel von *Xerus rutilus,* natürl. Grösse, 12. Mol. vergrössert.

Fig. 13—15. Schädel von *Gerbillus tenuis,* var. *schinzi,* natürl. Grösse, 16. Molaren vergrössert.

Fig. 17. Mol. von *Lemniscomys lineatus* vergrössert.

Fig. 18—19. Schädel von *Micromys microdontoïdes,* natürl. Grösse, 20. Mol. vergrössert.

Fig. 21—23. Schädel von *Georychus hottentottus,* natürl. Grösse, 24. Mol. vergrössert, 25. Hand und Fuss, natürl. Grösse.

Fig. 26—27. Schädel von *Aulacodus swinderianus,* stark verkleinert, 28. Mol. natürl. Grösse, 29. Mol. eines Pullus, natürl. Grösse.

Fig. 30—32. Schädel von *Genetta senegalensis,* natürl. Grösse.

Fig. 33—34. Schädel von *Herpestes galera,* Pullus, natürl. Grösse, 35. Gebiss, natürl. Grösse.

Fig. 36—38. Schädel von *Herpestes badius,* natürl. Grösse.

Fig. 39—41. Schädel von *Cynictis penicillatus* adult., natürl. Grösse.

Fig. 42—43. Schädel von *Cynictis penicillatus* juv., natürl. Grösse.

Fig. 44—46. Schädel von *Suricata tetradactyla* juv., natürl. Grösse.

Fig. 47—48. Schädel von *Crocidura doriana*, natürl. Grösse, 49. Gebiss, stark vergrössert.

Fig. 50. Schädel von *Epomophorus macrocephalus*, 51. Gaumenfalten, natürl. Grösse.

Fig. 52. Schädel von *Epomophorus gambianus*, 53. Gaumenfalten, natürl. Grösse.

Fig. 54. Schädel von *Epomophorus pusillus*, 55. Gaumenfalten, natürl. Grösse.

Fig. 56—57. Schädel von *Megaloglossus woermanni*, 58. Gaumenfalten, natürl. Grösse.

Fig. 59. Obere I von *Vesperus damarensis*, vergrössert.

Fig. 60. Schädel von *Vesperus pusillus*, natürl. Grösse, 61. obere I, vergrössert.

Fig. 62. Schädel von *Vesperus tenuipennis*, natürl. Grösse, 63. obere I, Milchgebiss, vergrössert.

Fig. 64. Schädel von *Vesperugo pagenstecheri*, natürl. Grösse, 65. obere I—P, vergrössert.

Fig. 66. Schädel von *Chalinolobus congicus*, natürl. Grösse, 67—68. Gebiss, vergrössert.

Fig. 69—70. Schädel von *Scotophilus borbonicus*, natürl. Grösse.

Fig. 71. Schädel von *Nyctinomus limbatus*, natürl. Grösse, 72. Schädel des Pullus, natürl. Grösse, 73. Schädel des Pullus, vergrössert, 74—75. Milchgebiss des Pullus, stark vergrössert.

Fig. 76—77. Schädel von *Nycteris grandis*, natürl. Grösse.

Fig. 78—79. Schädel von *Galago demidoffi* Pullus. natürl. Grösse, 80. Gebiss oben, 81. Gebiss von der Seite, beides stark vergrössert.

Fig. 82. Schädel von *Cercopithecus werneri* adult., verkleinert, 83. Gebiss, in natürl. Grösse.

Fig. 84. Schädel von *Cercopithecus campbelli* adult., verkleinert, 85. Gebiss, natürl. Grösse.

Fig. 86. Schädel von *Cercopithecus erxlebeni* juv., verkleinert, 87. Milchgebiss, nat. Grösse.

Fig. 88. Schädel von *Cercopithecus cephus* juv., verkleinert, 89. Milchgebiss, natürl. Grösse.

# Miscellen.

## Biologische Miscellen aus Brasilien.

### Von Dr. Emil A. Göldi in Rio de Janeiro.

**VII. Der Kaffeenematode Brasiliens (*Meloidogyne exigua* G.).**

Seit annähernd zwei Decennien macht sich in den Kaffeeplantagen der mittleren Provinzen Brasiliens eine eigenthümliche Krankheit bemerklich, die dem bedeutendsten Agriculturzweige des Reiches schlimme Verlegenheit bereitet. Bisher hatte namentlich die Provinz Rio de Janeiro — ihrem Areal nach ungefähr so gross wie die Schweiz — von der Calamität zu leiden; neueren Berichten zufolge scheinen indessen auch die anstossenden Gebiete der benachbarten Provinzen Minas Geraes und Espirito Santo mit der Kaffeekrankheit bekannt geworden zu sein. Aus der Provinz São Paulo stehen zuverlässige Angaben noch nicht zu Gebote; dagegen meldete mir jüngst ein mir befreundeter, in der Provinz Bahia ansässiger Pflanzer, dass er mit ziemlicher Sicherheit auch dort Anzeichen von dem Vorhandensein der Seuche zu erkennen im Stande sei.

Am besten ist heute die Ausdehnung der Kaffeestrauchkrankheit über die Provinz Rio de Janeiro bekannt. Meiner Berechnung gemäss beträgt das Seuchengebiet hier ungefähr 84 geog. Quadratmeilen, was einer Fläche von annähernd 300000 Hektaren entspricht. Besagte Zahlen repräsentiren gegenüber dem Gesammtareal der Provinz den Bruchtheil eines Dreiundzwanzigstels. Es wäre indessen ein entschiedener Irrthum, aus diesem letzteren Umstande den Schluss zu ziehen, dass die Epidemie also bislang Besorgniss erregende Ausdehnung noch nicht erlangt habe. Vielmehr ist jenem $1/_{23}$, das in geographischer Hinsicht durch die Angaben: 21—22° südl. Breite und 0° 30'—1° 30' östl. Länge (Meridian von Rio de Janeiro) hinreichend bestimmt wird, eine weit grössere Bedeutung beizumessen, denn es fällt mit derjenigen Zone zusammen, die als vorzüglichste Kaffeeproducentin der Provinz angesehen wird[1]).

Ueber den von der Krankheit angerichteten Schaden mögen folgende Angaben in Kürze informiren. Ein Deputirter der Provincial-Versammlung von Rio de Janeiro schlug den jährlichen Ausfall für 3 Municipien geschilderter Zone auf 5000000 Milreis an (augenblicklich in deutscher Reichswährung 10870000 Mark). Eine Plantage A, die vor der Invasion der Krankheit 16000 Arrobas Kaffee (à 16 Kilo) als sehr gute Jahresernte lieferte, trug seither bloss noch 700 Arrobas ein. Dem entspricht ein Verhältniss des Kaffeeertrages nach und vor der Krankheit von 7 : 160; für zwei weitere Plantagen B und C gestaltet sich dasselbe wie 7 : 140 und 2,5 : 20. Eine Zusammenstellung von 40 Plantagen ergab als neuerlichen Ertrag 26580 Arrobas gegenüber von 234000 Arrobas früherer, sehr guter Jahresernte, woraus folgt, dass die betreffenden Fazenden durchschnittlich bloss noch c. $1/_9$ von dem früheren Betrage produciren. Zwei das Seuchengebiet durchquerende Eisenbahnen

---

1) Meiner portugies. Abhandlung ist eine Seuchenkarte beigegeben.

sind aus Mangel an Fracht lahm gelegt; mehrere früher blühende Städte und Dörfer sind heute in ausgesprochenen Verfall gerathen. Eine erhebliche Anzahl von Kaffeebauern haben geradezu das Gebiet verlassen und sind nach der Provinz Espirito Santo übergesiedelt.

Das Vorhandensein der in Frage stehenden Krankheit verräth sich äusserlich dadurch, dass die Kaffeebäumchen plötzlich und anscheinend ohne eine handgreifliche Ursache, wie etwa langandauernde Trockenheit, vergilben und unaufhaltsam absterben. Bei den einen geht es langsamer, bei anderen ist der Verlauf ein acuter, dergestalt, dass in Zeit von 8—14 Tagen ein Strauch dasteht, der einen Anblick bietet, als wäre er durch ein sengendes Feuer in unmittelbarer Nachbarschaft verdorrt. Es handelt sich keineswegs bloss etwa um eine Blattkrankheit, wie die durch *Hemileya vastatrix* hervorgerufene. Die obige Merkmale aufweisenden Kaffeebäume Brasiliens sind erfahrungsgemäss unrettbar dem Tode verfallen.

Angesichts solcher Thatsachen konnte die Seuche nicht verfehlen, in Brasilien die Aufmerksamkeit auf sich zu ziehen. Provincial- und Reichsregierung sahen sich veranlasst, den immer lauter werdenden Klagen Gehör zu schenken und die Angelegenheit untersuchen zu lassen. Indessen verliefen private und officielle Expeditionen sammt und sonders im Sande — es wurde nichts aufgeklärt, dagegen viele Hypothesen aufgestellt und erstaunlich viel Confusion in die Sache gebracht. Seit 20 Jahren wurde über Kaffeestrauchkrankheit hin und her geschrieben; bezüglich der Ursache hatte der Kaffeebauer die Freiheit, zwischen nahezu einem Dutzend verschiedener und sich gänzlich widersprechender Erklärungs-Modi einen ihm zusagenden auszuwählen.

So war die Sachlage, als mir im Juli 1886 von Seiten des Kais. Ackerbau-Ministeriums der Auftrag zu Theil wurde, die Expertise zu übernehmen. Seit jenem Zeitpunkt habe ich mich mit kurzen Unterbrechungen sehr eingehend mit der Angelegenheit befasst. Ich bereiste so ziemlich das ganze Seuchengebiet und auch die anstossenden Theile der Nachbarprovinzen. Monatelang war ich mitten in der Krankheitszone, an Ort und Stelle das Uebel examinirend — und bin darüber selber krank geworden.

Im November vorigen Jahres legte ich dem Ackerbau-Ministerium einen umfassenden Bericht in portugiesischer Sprache vor, worin über den bisherigen Stand meiner Studien Rechenschaft abgelegt wird. Derselbe wurde durch die brasilianische Staatsdruckerei veröffentlicht als ein Theil des unter der Presse befindlichen 8. Bandes der „Archivos do Museu Nacional do Rio de Janeiro". Er ist betitelt: „Relatorio sobre a molestia do cafeeiro na Provincia do Rio de Janeiro" und enthält vier lithographische Tafeln und eine Verbreitungskarte. Uebersetzung in europäische Sprachen ist nicht in Aussicht genommen. Dagegen erschienen verschiedene Auszüge in deutscher, französischer, englischer und holländischer Sprache. Als den ausführlichsten in ersterer Sprache bezeichne ich den in Nr. 14 Jahrg. 10 des „Export" erschienenen (3. April 1888). Ich gestehe freimüthig ein, dass auch ich anfangs klar und bündig eine Krankheitsursache nicht einsehen konnte. Während mehrerer Monate verlor ich Mühe und Arbeit mit der Untersuchung von Stöcken, die ich damals als krank ansah, während ich sie heute für bereits abgestorben erklären muss. Auf Grund fleissiger Studien über das Wurzelwerk solcher Stöcke neigte ich mich nach einiger Zeit dahin, gewissen Cryptogamen eine grössere Bedeutung beizulegen, als ich ihnen heute beimessen kann. Dass übrigens eine ächte Wurzelkrankheit vorliege, darüber war ich trotz verschiedener gegentheiliger Meinungs-äusserungen früherer Autoren auch keinen Augenblick im Zweifel.

Im Juni 1887 kam ich, bei erneuter Anstrengung auf der Fazenda Boa Fé am unteren Rio Parahyba, auf die richtige Fährte. Ich lernte einsehen, dass die Krankheit nicht an den äusserlich als inficirt sich documentirenden Kaffeesträuchern, sondern an den anscheinend gesunden Nachbarn zu studiren sei. Diese Aenderung in der Taktik war von den besten Erfolgen gekrönt. Zweifellos constatirte ich als Vorläufer des Absterbens die Gegenwart einer Unzahl von Nodositäten, die sich als das Werk eines Nematoden herausstellten. Gleichzeitig bestärkten mich in dieser Ansicht inzwischen eingetroffene briefliche Mitthei-lungen der Herren Professoren Dr. Cramer am Polytechnikum in Zürich und Dr. de Bary an der Universität zu Strassburg. Namentlich war es Ersterer, der mit aller Bestimmtheit mir anrieth, dem zwar schon früher von mir gesehenen, aber in seiner Rolle anfangs nicht genügend gewürdigten Nematoden meine volle Aufmerksamkeit zuzuwenden. Be-sagtem Herrn, der sich in der uneigennützigsten Weise um meine Mission interessirt hat, mir fortwährend mit Rath und That zur Seite stand und dem ich die gute Hälfte der gethanen Arbeit zuschreibe, fühle ich mich verpflichtet, auch an dieser Stelle meinen aufrichtigen Dank auszusprechen.

Von den Nodositäten habe ich auf Taf. I meiner portugiesischen Abhandlung eine Anzahl zur bildlichen Darstellung gebracht. Durch die Schnitt-Methode wurde die Urheberschaft dieser Nodositäten mit aller wünschbaren Bestimmtheit auf den Nematoden zurückgeführt, dessen zoologischer Betrachtung nachfolgende Zeilen gewidmet sein sollen.

Zahlreiche Lückenräume im Parenchym, das sich im Turgor-Zu-stand befindet, lassen auf Quer- und Längsschnitten dreieckige oder apfelkernartige Körper erkennen, deren Natur mir erst räthselhaft war, bis ich zur Erkenntniss kam, dass ich modificirte weibliche Nematoden vor mir habe. Bezügliche Sicherheit erlangte ich namentlich durch sorgfältiges Herauspräpariren der sonderbaren Cysten theils aus frischen, theils aus gehärteten Nodositäten vermittelst zweier Dissectionsnadeln und durch nachherige Färbung. Besagte Cysten sind von kugeliger oder birnförmiger Gestalt. Als Durchschnittswerth aus zahlreichen Messungen ergab sich deren Länge zu 0,47 mm. Der eine Pol ist in eine Spitze ausgezogen, in der sich bei geeigneter technischer Behand-lung deutlich die in zusammengeschrumpftem Zustande befindlichen Mundwerkzeuge und Oesophagus eines ausgebildeten Nematoden beob-achten lassen. Jede Cyste repräsentirt somit einen ganzen weiblichen Rundwurm, dessen vegetative Organe zusammengeschrumpft sind, wäh-rend dessen Eierstock einen derartigen Schwellungszustand angenommen hat, dass die Wurm-Natur des unförmlichen Sackes zu erkennen schwer hält. Ich verweise hinsichtich der Gestalt der Cysten auf die Figuren

19—24 meiner Tafel III, während über das Lagerungsverhältniss auf Quer- und Längsschnitten von Nodositäten die Tafel II Auskunft giebt. Dass die weiblichen erwachsenen Kaffee-Nematoden sich encystiren und in toto an der gewählten Stelle der Nodosität verbleiben, um (nach Art mancher Cocciden) in einen Auflösungsprocess zu Gunsten einer neuen Generation einzugehen, war für mich eine durch meine eigenen Untersuchungen völlig erwiesene Thatsache, schon zur Zeit, als die zoologische Literatur zu einem derartigen Verhältniss in der Serie der Pflanzenparasiten unter den Anguilluliden noch nicht mit der wünschbaren Bestimmtheit ein Pendant an die Seite stellen konnte. Ich darf zum Beweise bloss auf die Darstellung verweisen, wie sie Prof. BUTSCHLI in seinen „Beiträgen zur Kenntniss der freilebenden Nematoden"[1]) gegeben hat, nach welcher es eben bis auf jenes Datum ein strittiger Punkt war, ob die Bläschen an den von *Heterodera schachtii* befallenen Rüben „wirklich einen aufgeblähten ganzen Nematoden darstellen oder vielleicht nur einen Theil, etwa das ausgestülpte weibliche Geschlechtsorgan eines solchen". Meine Befunde über den Kaffeenematoden brachten mich begreiflicher Weise zur Vermuthung, dass bei *Heterodera schachtii* ähnliche Verhältnisse obwalten möchten. Durch die Güte des Herrn Prof. CRAMER in Zürich bekam ich jüngst eine Copie einer englischen Abhandlung neuesten Datums[2]) zugeschickt, wonach es dem Anschein nach, dass der Autor die berührte Frage auch jetzt noch nicht als gelöst betrachtet.

Von A. STRUBELL las ich eine vorläufige Mittheilung über Anatomie und Entwicklungsgeschichte von *Heterodera schachtii*, veröffentlicht im „Zoologischen Anzeiger". Die ausführliche Arbeit, auf die ich hinsichtlich der berührten Frage begierig bin, habe ich mir trotz meiner Bemühungen bei deutschen Buchhändlern bis jetzt noch nicht verschaffen können.

Für den Kaffeenematoden ist die Streitfrage erledigt, vermuthlich ist sie inzwischen für *Heterodera schachtii* durch Beobachter in Europa ebenfalls in meinem Sinne gelöst. Damit hat ein höchst interessanter Punkt aus der Lebensgeschichte der Wurzelgallen bildenden, parasitischen Nematoden seine Aufklärung gefunden dank neuerlicher Untersuchung, ausgeführt an zwei verschiedenen Arten und in zwei verschiedenen Erdtheilen.

E i e r. Die innerhalb der aufgeblähten, encystirten Weiber in grösserer Anzahl angehäuften Eier messen durchschnittlich in der Länge 0,085 mm. Sie besitzen eine durchsichtige, dicke und resistente Membran. In der Art und Weise, wie sich an derselben der Furchungs-Process vollzieht, habe ich einen befriedigenden Einblick gewinnen können. Einlässlichere Besprechung dieses Processes findet [der Leser auf p. 59 und 60 meiner portugiesischen Abhandlung; Tafel III bringt

---

1) in: Nova Acta der Leop.-Carol. Akad. deutsch. Naturforscher, Bd. 35, 1872, p. 32.
2) The Gardenia - disease by Dr BEIJERINCK, in: The Gardener's Chronicle, 1887, April, p 488. Ich citire folgende zwei Stellen: „Every single cavity is filled with or rather consists of a so-called ovo-cyst, that is, the strongly swollen posterior portion of the body of a viviparous maternal animal . "  und „the cysts are nothing but the overgrown posterior part of the body of the females" — welch letztere denn doch kaum einen Zweifel darüber aufkommen lässt, dass Dr. BEIJERINCK die Cysten nicht dem ganzen weiblichen Thiere gleichwerthig hält.

die bildliche Darstellung einiger der interessanteren Phasen, welche zur
Beobachtung gelangten (Fig. 18 a—h).

J u n g e s   T h i e r. Die den Eiern entschlüpften jungen Kaffeenematoden sind durchsichtig, farblos, von cylindrischer Form. Das Kopfende spitzt sich ziemlich rasch zu, während das aborale Ende in ·eine
lange, feine Spitze ausgezogen ist. Ich habe eine deutliche Quer-
strichelung des Körper - Integumentes beobachten können, nicht immer
zwar, aber doch an einer grösseren Anzahl von Individuen. In einen
Wassertropfen gebracht, führen sie energisch peitschende Bewegungen
aus. Ihre Länge beträgt im Mittel 0,3 mm. Am terminalen Ende des
Oesophagus ist eine sphärische, musculöse Anschwellung ersichtlich
(Taf. III, Fig. 16, 17, 19).

Beim Zerzupfen von Nodositäten stösst man fast regelmässig auf
eine Anzahl freier, junger Rundwürmer, die vermuthlich sich auf der
Wanderung quer durch das Parenchym der Wurzel befinden. Am besten
gewahrt man sie beim Färben eines Schnittes, da der Körper dieser Nematoden mehr Farbstoff absorbirt als das umgebende Parenchym-Gewebe.

A l t e s   T h i e r. Ausser den eben geschilderten jungen Exemplaren
stösst man bei Dissection frischer Nodositäten hin und wieder auf Individuen von abweichender Gestalt, die erwachsene Thiere repräsentiren (Taf. III, Fig. a, b, c). Sie haben mehr keulenförmige Gestalt;
das aborale Ende ist dicker als das orale und läuft in einen aufge-
setzten spitzen Stachel zu. Letzterer bedingt einen Anblick, der mit
demjenigen des ausgewachsenen weiblichen Thieres von der in Europa vorkommenden *Rhabditis teres* grosse Aehnlichkeit zeigt [1]). Her-
auspräparirt und auf den Objectträger in einen Wassertropfen gebracht,
verhalten sich diese Individuen im Gegensatz zu jungen Thieren auffallend passiv und geben anscheinend gar keine Lebensäusserungen von
sich. Die Construction des Oesophagus ist wiederum die gleiche, wie
bei den Jungen; die terminal liegende musculöse Anschwellung bürgt
für die Identität der Art. — Die Länge dieser Form wurde im Mittel
zu 0,4 mm gefunden.

Das wäre ein kurzgefasster Auszug aus meiner Arbeit, der das
Wesentlichste von dem enthält, was den speciellen Zoologen an derselben interessiren kann. Ich räume gerne ein, dass durch meine Studien die Naturgeschichte des Kaffeenematoden noch keineswegs nach
allen Seiten aufgeklärt ist. Der zu lösenden Probleme bleiben noch
manche der Zukunft vorbehalten. Darunter nenne ich in erster Linie
die Festellung der beiden Geschlechter, die Art und Weise, unter der
das erwachsene Weibchen seine Encystirung vollzieht, die Wanderungen
der jungen Generation nach Raum und Zeit u. s. w.

Es erübrigt mir noch, an dieser Stelle einige Worte bezüglich der
Systematik des Kaffeenematoden beizufügen. Gründe, die ich auf p. 67
und 68 meiner Abhandlung des Weiteren ausgeführt habe, veranlassten
mich, für unseren Nematoden den Namen *Meloidogyne exigua* vorzu-
schlagen. Die Gesammtheit der Charactere stimmt mit keiner einzigen

---

1) Vergl. Dr. L. ÖRLEY, ,,Monographie der Anguilluliden‘‘, Tafel III, Fig. 14. — Wie
ich aus der Copie von Dr. BEIJERINCK's Arbeit über die Gardenia-Krankheit ersehe, besitzt auch dessen *Heterodera radicicola* einen ähnlichen Schwanzstachel.

der mir zu Hand befindlichen Gattungs-Characteristiken, und statt unser Thier in den Rahmen eines schon bestehenden Genus wider bestes Wissen und Gewissen einzuzwängen, habe ich, obwohl ich keineswegs darauf Anspruch erhebe, auf dem Gebiete der Nematoden-Systematik zu reformatorischen Umtrieben berechtigt zu sein, es vorgezogen, in provisorischer Weise zu dem erwähnten Nothbehelf meine Zuflucht zu nehmen. Den Kaffeenematoden dem Genus *Heterodera* einzuordnen, erkläre ich für unzulässig, denn nach verschiedenen Angaben in der Literatur steht *Heterodera* hinsichtlich der Lage der musculösen Anschwellung am Oesophagus (Mitte) bei *Tylenchus*.

Schliesslich sei noch des Umstandes Erwähnung gethan, dass Dr. BEIJERINCK in seinem Artikel „The Gardenia-disease" bemerkt, dass er den Nematoden, welchen er als Ursache der Gardenia-Wurzelverdickungen beschreibt und *Heterodera radicicola* nennt, auch bei einer ziemlichen Anzahl anderer Dicotyledonen und Monocotyledonen constatirt habe, und unter diesen Pflanzen führt er auch Coffea arabica an. Ich muss lebhaft bedauern, dass für mich durch den grossen Literaturmangel, unter dem unser einer in Brasilien zu leiden hat, ein vergleichender Ueberblick über ältere und neuere Wurzelgallen bildende Nematoden zu einem Ding der Unmöglichkeit wird.

Rio de Janeiro, zu Anfang October 1888.

## Ueber das Kriechen von Hirudo und Aulastoma.

### Eine Berichtigung.

Von Dr. STEFAN APATHY.
**Privatdocent in Budapest.**

Gleich nach der Versendung meines Aufsatzes über „Süsswasser-Hirudineen" [1] bemerkte ich, dass im Manuscript ein Irrthum stehen geblieben war, welcher um so schwerer zu entschuldigen ist, als er leicht zu vermeiden gewesen wäre. Ich hoffte ihn während der Correctur beseitigen zu können; da mir aber in Folge eines Missverständnisses letztere nicht in die Hände gekommen ist, so bin ich genöthigt, das Versäumte im Gegenwärtigen nachzuholen.

Es handelt sich um die Kriechweise von *Hirudo* und *Aulastoma*, welche sich dadurch von derjenigen der *Clepsine* unterscheiden sollte, dass der Körper während des Kriechens bei *Aulastoma* nur im vorderen Drittel, bei *Hirudo* gar nicht bogenförmig emporgehoben werde. Dem ist es aber nicht so. Das Material, welches mir damals vorlag, zeigte zwar ausschliesslich die beschriebene Kriechweise; und in meiner Meinung, diese sei die charakteristische, wurde ich durch MOGUIN-TANDON, der für *Hirudo* genau dieselbe Kriechweise angiebt, nur bestärkt; allein ich zog zwei Umstände nicht mit in die Rechnung, welche mir gleich darauf, als ich von *Aulastoma* und *Hirudo* frische und nüchterne Exemplare zu sammeln Gelegenheit fand, klar geworden sind. Dieselben scheinen das Kriechen beider Egelgattungen auf einen, zwar nicht abnormen, doch nicht ausschliesslichen Typus beschränkt zu haben. Der

---

1) Band 3, Heft 5 dieser Zeitschrift (Abth. f. Syst.).

eine Umstand war, dass die Thiere, bereits seit Monaten in der Gefangenschaft gehalten, durch das sehr kalkhaltige Neapler Serinowasser
erkrankt oder wenigstens schlaff geworden waren; der andere, dass die
*Hirudo* nicht nüchtern, sondern stark vollgesogen waren. Muntere *Aulastoma* und *Hirudo*, letztere, hauptsächlich wenn sie nicht vollgesogen
sind, ziehen den Körper beim Kriechen oft bogenförmig nach und setzen
die Haftscheibe ganz in die Nähe des Saugnapfes; und doch gleicht
ihr Kriechen weder dem von *Nephelis*, noch dem von *Clepsine*.

Für *Nephelis* ist der, glaube ich, von mir zuerst specialisirte Typus,
dass der Höhepunkt des Bogens auf die vordere Körperhälfte fällt, und
das hintere Körperdrittel gestreckt nachgezogen wird, so dass die Haftscheibe nie ganz in die Nähe des Saugnapfes geräth, absolut charakteristisch; demnach bleibt die Aussage der früheren Autoren, dass
*Nephelis* ähnlich wie *Hirudo* kriecht, doch falsch. Wenn sich *Aulastoma* auf horizontaler Ebene bewegt und demselben kein Hinderniss
im Wege steht, so wird das vordere und das hintere Körperende in
der Weise ein wenig gekrümmt, dass die 2., 3. und 4. Körperregion
dem Boden zwar nicht anliegt, aber doch nur einen sehr flachen, oder
meistens gar keinen Bogen bildet; die Haftscheibe wird dem Saugnapf
nur, soweit es die Contraction des Körpers erlaubt, genähert. Mir ist
bei einem solchen Kriechen anfangs bloss der vordere Bogen aufgefallen.
Bewegt sich das Thier auf der Glaswand aufwärts, und stösst es z. B.
an den Deckel des Gefässes an, so wird der ganze Körper in einen
sackartig hinunterhängenden Bogen eingekrümmt und die Haftscheibe
gelegentlich unmittelbar hinter den Saugnapf gesetzt.

Die letztere Kriechweise wird auch von *Hirudo*, und zwar hauptsächlich, ausgeübt. Allein der in Bogen nachgezogene Körper wird nie,
wie es bei *Clepsine* immer der Fall ist, aufrecht gehalten, der Bogen
steht auf der Grundlage nie vertical, sondern er hängt entweder nach
unten resp. nach hinten oder neigt sich seitwärts gegen den Boden.

Hinunter können weder *Aulastoma* noch *Hirudo* kriechen. Wenn
sie hinunter wollen, so strecken sie sich zwar und haften mit dem
Vorderende, lassen aber den Körper, anstatt ihn nachzuziehen, ganz
plump, einfach hinunterfallen.

Wenn wir nun in Betracht ziehen, was ich bereits hervorgehoben
habe, dass *Aulastoma* und *Hirudo* leicht zum Schwimmen gebracht
werden können, wogegen *Clepsine* immer, ohne es auch nur zu versuchen, zu Boden sinkt, so glaube ich meinen Satz, dass die Locomotion
bei den Süsswassergattungen auch als Unterscheidungsmerkmal angenommen werden kann, nur in der Weise modificiren zu müssen, dass
*Aulastoma* und *Hirudo* von den anderen Gattungen leicht, aber von
einander in dieser Hinsicht nicht unterschieden werden können.

Freilich verhält es sich mit den an die Kriechweise geknüpften
phylogenetischen Folgerungen schon etwas schlimmer. Da sie aber bei
der Feststellung der Phylogenese auch nach meinem damaligen Ideen-
gang nicht als Gründe, sondern bloss als Bestätigung der vermuthlichen
Reihenfolge eine Rolle spielten, so glaube ich sie ohne weitere Nach-
theile für das Uebrige selbst als voreilig erklären zu können.

Haraszti bei Budapest, den 1. November 1888.

Frommannsche Buchdruckerei (Hermann Pohle) in Jena. — 516

# Die Unterfamilie der Halacaridae Murr. und die Meeresmilben der Ostsee.

Von

Dr. **Hans Lohmann** in Kiel.

---

**Hierzu Tafel VI—VIII.**

Vorliegende Arbeit, welche in der Zeit vom Winter 1886/7 bis zum Winter 1887/8 im Zoologischen Institute der Universität Kiel unter der Leitung von Herrn Prof. Dr. Möbius und später von Herrn Professor Dr. Brandt entstand, bildet den ersten Theil einer die gesammten Verhältnisse der *Halacaridae* Murray behandelnden Untersuchung. Sie enthält ausser einer Uebersicht der Literatur die morphologischen und hauptsächlichsten anatomischen Verhältnisse, soweit sie die Sicherstellung der Milben im System erforderte, die systematische Bearbeitung der bisher bekannten Gattungen und Arten und endlich biologische und entwicklungsgeschichtliche Beobachtungen. Der zweite Theil soll die anatomischen und histologischen Verhältnisse behandeln.

Meinen hochverehrten Lehrern Herrn Prof. Dr. Möbius und Herrn Professor Dr. Brandt sage ich hiermit meinen besten Dank, nicht minder auch Herrn Prof. Dr. Reinke, durch dessen Freundlichkeit ich die reiche und von der Kieler sehr abweichende Fauna des Langelandssundes kennen lernte. Zu vielem Danke bin ich endlich auch Herrn Dr. Dahl verpflichtet, der mich stets durch Rath und That unterstützt hat.

---

## I. THEIL.

### Geschichte der Halacaridae Murray.

Bereits 1875 hat ein Engländer, Brady (6), den Versuch gemacht, zusammenzustellen, was bisher über *Halacaridae* geschrieben worden.

Doch war diese Zusammenstellung schon damals nicht vollkommen genügend, so hat sich unsere Kenntniss der Meeresmilben seitdem in mehreren Punkten so wesentlich verändert, dass eine neue Durcharbeitung nicht umgangen werden kann. Allerdings war es mir bei einigen Werken, theils wegen ungenügender Angaben, theils wegen der Unzugänglichkeit der Journale selbst, nicht möglich, die Angaben genauer zu prüfen. Die oft sehr mangelhafte Beschreibung der Species, welche zu beurtheilen, stellte des Weiteren einer Bearbeitung manche Schwierigkeiten entgegen. Doch denke ich, dass schon die Klarlegung und Sichtung des Materiales selbst nicht unwillkommen sein wird.

Vorher aber dürften zur Orientirung einige kurze Bemerkungen erwünscht sein. Durch meine im Folgenden darzulegenden Untersuchungen glaube ich erweisen zu können, dass wir bis jetzt 4 Genera unterscheiden müssen, von denen eines, *Aletes* n. g., die früher fälschlich in DUGÈS's Gattung *Pachygnathus* gestellten Arten enthält, und *Agaue* n. g. auf eine von CHILTON (9) gefundene Art hin neu aufgestellt ist. Die zwei anderen Gattungen sind dagegen alt und heissen *Halacarus* GOSSE und *Leptognathus* HODGE. Alle diese Genera sind ferner meiner Ansicht nach in eine Unterfamilie der Prostigmata KRAMER's (37) einzureihen, die ich mit MURRAY *Halacaridae* nenne. Endlich sind die genaueren Angaben der Literatur am Schluss der Arbeit in alphabetischer Reihenfolge zusammengestellt; im Text ist nur durch Zahlen neben den Namen der Autoren auf dieses Verzeichniss hingewiesen.

Die erste Kunde von Halacariden verdanken wir FABRICIUS (16), der 1781 einen *Acarus zosterae* von der norwegischen Küste beschrieb. Die kurze, in ihrer Art aber treffende Beschreibung lässt zweifellos eine Halacaride erkennen, deren rother Lebermagen und weisser durchsichtiger Panzer dem Forscher am meisten aufgefallen war. Doch ist nichts vom Bau der Milben im Einzelnen gesagt.

Erst nach mehr denn 70 Jahren folgte die nächste [1]) Beobachtung von GOSSE (21) 1855, der eine eingehende Beschreibung mehrerer Arten nebst guten Abbildungen lieferte. Er beschrieb von der Küste Englands 3 Species, welche er in 2 Genera unterbrachte. Das eine derselben ist die von DUGÈS aufgestellte Gattung *Pachygnathus,* und in der einen ihr zugewiesenen Art erkennt man sofort Verwandte der von mir einer neuen Gattung *Aletes* eingereihten Formen. Die Form des Körpers, die charakteristische Gestalt der Maxillartaster

---

1) Cfr. indess Nachtrag, S. 395.

(„small, thick at the base, conical and pointed"), die Vertheilung der Beine, die Form der Glieder derselben und der Klauen, selbst das unpaare Gelenkstück der letzteren („little round disk") sind erkannt. Da aber die unversehrten Thiere untersucht wurden, so mussten trotz der genauesten Beobachtung doch manche Eigenthümlichkeiten unbeachtet bleiben und selbst manche Fehler sich einschleichen. Vor allem wäre eine Entfernung des dunklen, alle Einzelheiten des Skelets verdeckenden Lebermagens und Zerlegung des Capitulums in seine einzelnen Theile nothwendig gewesen. So aber hielt Gosse die Form für einäugig und nannte sie danach *notops*, von der Panzerung sah er gar nichts, die Mandibeln glaubte er mit denen von *Raphignathus* Dugès vergleichen zu können, und durch die Bewegungen des Pharynx wurde er fälschlich zu der Annahme einer zweitheiligen Lippe geführt, deren Hälften gegen einander beweglich seien.

Für die beiden anderen Arten schafft Gosse ein neues Genus *Halacarus*, dessen Diagnose, wenngleich viel zu allgemein gehalten und in mehreren Punkten falsch, doch als die erste der Gattung Erwähnung verdient. Auch diese Formen sind derart beschrieben und abgebildet, dass ihre Erkennung keine Schwierigkeiten macht. Die grössere Art, *Hal. ctenopus,* ist sehr nahe mit *spinifer* n. sp. (S. 343) verwandt, die zweite dagegen mit *Halacarus oculatus* Hodge (S. 273). In Folge der sehr starken Ausbildung des Panzers erkannte Gosse bei der letzteren Art trotz derselben ungenügenden Untersuchungsmethoden die Structurirung des Skelets und theilweise die Querfurche der Dorsal- und Ventralfläche. Sehr gut sind die Maxillartaster beschrieben, während die der Mandibeln Zweifel an ihrer Richtigkeit erregt. Bei einem Exemplare fand Gosse auch die 3 Augen, glaubte aber hierin einen Geschlechtsunterschied sehen zu dürfen.

Die Beschreibung und Abbildung der einzelnen Arten ist in Anbetracht der unvollkommenen Untersuchungsmethode vorzüglich; wenig glücklich ist dagegen ihre Einreihung in Gattungen und Familien. Dass Gosse seinen *Aletes notops* in die Dugès'sche Gattung *Pachygnathus* einreiht, ist sehr wenig verständlich, da ausser der Angabe des Franzosen, dass die Taster conisch seien, eigentlich nichts mit *Aletes notops* (Gosse) übereinstimmt. Die Form des Körpers und der Mandibeln, ebenso die Einlenkung der Beine ist eine von *Aletes* nov. gen. durchaus abweichende oder musste Gosse doch so erscheinen. Denn die Mandibeln, welche in Wirklichkeit gar nicht schwer sich auf die von *Pachygnathus* Dug. zurückführen lassen, glaubte Gosse als „two slender styles" beschreiben zu dürfen. Er selbst fühlte auch

18*

diesen Widerspruch und meinte, dass die Milhen in ihren Mandibeln sich auffällig *Raphignathus* DuGÈs näherten. Und allerdings konnten, da GOSSE seiner Abbildung nach die Mandibelklauen nur von der Kante, nicht aber von der Fläche sah, diese sehr wohl zwei Stechborsten ähnlich erscheinen. Immerhin genügte das noch lange nicht, eine wirkliche Aehnlichkeit mit *Raphignathus* DuG. zu begründen, da das charakteristische dicke, fleischige Grundglied (14) hier nicht beobachtet war. So irrig aber auch die eine wie die andere Annahme GOSSE's war, so hatte er doch in der Stellung zu den Trombididen DuGÈs's diese Gattung viel richtiger als *Halacarus* GOSSE beurtheilt.

GOSSE meint nämlich, dass diese Gattung wegen der dorsalen Panzerung zu den Oribatiden zu stellen sei, obwohl die Mundwerkzeuge gleichfalls „a curious affinity with *Raphignathus* among the Trombidiadae" haben. Auch diese Angabe kann sich nur wie bei *Aletes nov. gen.* aus der Kantenansicht der Mandibelklauen erklären und ist im Grunde völlig falsch. Gleichwohl findet GOSSE in den Mandibeln doch bereits eine Aehnlichkeit mit *Aletes nov. gen.*, wenn er dieses auch nicht besonders ausspricht. Da ihm aber bei *Aletes nov. gen.* die Panzerung, welche genau der von *Halacarus* GOSSE gleicht, entgangen war und ihm bei der mangelhaften Kenntniss beider Formen auch sonst die Verschiedenheiten weit zu überwiegen schienen, stellte er dennoch *Aletes nov. gen.* und *Halacarus* GOSSE so weit aus einander, wie es unter den Acarinen beinahe nur möglich ist. Erstere Gattung soll eine Trombidide, letztere hingegen nur wegen der dorsalen Panzerung eine Oribatide sein, beides mithin Verwandte von Milhen, die bisher wenigsens fast ausschliesslich vom Lande bekannt geworden waren.

Diesen missglückten Versuchen gegenüber, die eigenthümlichen Formen unterzubringen, ist eine kurze Recension sehr bemerkenswerth, welche GERSTÄCKER (19) bereits im folgenden Jahre erscheinen liess. Dass GERSTÄCKER die Neuheit der Arten bezweifelt, ist unbegründet; dagegen verwirft der verdiente Forscher die Einreihung von *Halacarus* GOSSE in die Familie der Oribatiden und befürwortet wegen des klauenartigen Endgliedes der Taster die Anreihung an die Hydrarachnen (oder Hydrachniden) „trotz der wesentlichen Abweichungen in anderer Hinsicht". Sehr richtig bemerkt er: „aus der ganzen Organisation" ergebe sich das Falsche der Ansicht GOSSE's. Denn die. Stellung und Gliederung der Beine, der Bau des Capitulums und seiner Anhänge in den gröbsten wie in den feinsten Zügen, die Lage der Genitalöffnung, der völlig durchsichtige Panzer, der stark entwickelte Lebermagen u. s. w. spricht alles gegen die Oribatiden, lässt sich dagegen mit den Verhältnissen der Süsswassermilben sehr wohl vereinen. Weniger richtig verlangt GERSTÄCKER die generische Trennung von *Halacarus ctenopus* GOSSE und *Halacarus rhodostigma* GOSSE, die er auf Punkte begründet, welche zwar damals als bedeutungsvoll erscheinen konnten, jetzt aber durch das Auffinden einer grösseren Zahl von *Halacarus*-Arten als nur specifische Unterschiede sich herausstellen [1]).

Zu den zwei Gattungen, die GOSSE beobachtet, fügte 1863 HODGE (32II) noch als dritte *Leptognathus* hinzu [2]). Als Diagnose derselben stellt er die Abwesenheit wahrer Taster und die Dreizahl der Augen auf. Aus einer Vergleichung nämlich von GOSSE's Angaben mit seinen eigenen Beobachtungen schloss er auf eine grosse Verschiedenheit der Zahl der Augen. Bei den damals bekannten *Pachygnathus*-Arten (*P. notops* GOSSE, *seahami* und *minutus* HODGE) war nur das unpaare mediane Auge, bei allen *Halacarus*-Arten aber (*H. ctenopus* und *rhodostigma* GOSSE, *granulatus* und *oculatus* HODGE) sonderbarer Weise nur die zwei lateralen Augen bemerkt, und somit glaubte HODGE, als er bei *Leptognathus* sowohl das mediane wie die lateralen Augen antraf, auch hier eine Eigenthümlichkeit der Gattung annehmen zu dürfen. Das Capitulum verkannte er in seinem Bau völlig. Die Taster, meinte er, seien nur in ihrem vorderen, seitwärts gebogenen und gegliederten Abschnitte frei, im Uebrigen aber mit dem Schnabel verwachsen. Das bestimmte ihn, in den Tastern Mandibeln und nicht Taster zu sehen; denn der letztere Umstand schien ihm schwerwiegender zu sein. Es standen somit nach HODGE's Ansicht die Taster von *Leptognathus* in der Mitte zwischen wahren Palpen und echten Mandibeln: „true palpi" fehlten dieser Gattung. Trotzdem lässt Zeichnung wie Beschreibung auf das Deutlichste die eigenthümliche Form dieser Milben erkennen.

In demselben Aufsatze beschreibt HODGE noch zwei neue *Halacarus*-Arten (*Hal. oculatus* und *granulatus*), sowie eine weitere *Pachygnathus*-Form (*P. minutus*). Vor allem die Beschreibung von *Hala-*

---

1) GERSTÄCKER stützt sich auf die abweichende Form des letzten Tastergliedes, der Beine und der Krallen letzterer.

2) Nur den eifrigen Bemühungen meines Bruders, welcher bei einem zufälligen Aufenthalte in London die beiden Aufsätze HODGE's im British Museum nach langem Suchen auffand, verdanke ich die genaue Kenntniss derselben. Eine sorgfältige Abschrift der Abhandlungen sowie eine getreue Wiedergabe der Abbildungen liegen meinen Angaben zu Grunde.

*carus oculatus* ist recht genau: Krallengrube nebst Beborstung, Form der Unterlippe, die Panzerung sind richtig gedeutet. Bei *Halacarus granulatus* werden auch die Mandibeln bereits zweigliedrig als „two long mandibular organs, with a jointed process at their free ends" beschrieben.

Einer eingehenden Besprechung unterwirft HODGE in der Einleitung die Augen, welche er für zusammengesetzt hält. Da er die Linsen noch nicht gesehen, so betrachtete er jedes Pigmentklümpchen, welches das sehr grosse Pigmentlager der Augen zusammensetzt, als eine besondere kleine Linse und wünschte diese Eigenthümlichkeit der Meeresmilben in die Diagnose derselben aufzunehmen: „it is an undoubted fact that some of the marine mites have visual organs composed of a number of lenses irregularly grouped, so as to form a composed eye."

Ein kurzer Aufsatz von HODGE (32[I]) aus dem Jahre 1860 hatte nur den Zweck, den von ihm in Seaham beobachteten *Aletes seahami* zu kennzeichnen. Eine eigentliche Beschreibung wird gar nicht geliefert, nur ein Habitusbild und die Krallen abgebildet. Ausserdem sind in einer etwas unverständlichen Figur (Fig. 1 b) die Mandibeln dargestellt. Ich vermag nur die zwei sehr entstellten und verzeichneten Taster (man beachte die Borste nahe der Spitze) und zwischen denselben eine zweigliedrige Mandibel zu erkennen.

Waren in Norwegen bereits 1781, in England 1855 zuerst H a l a - c a r i d e n beschrieben, so stossen wir 1862 (48) auf die erste Erwähnung derselben in einem deutschen Meere. MEYER und MÖBIUS sahen im Kieler Hafen „zwischen faulenden Substanzen am Boden des Aquariums eine kleine Milbe (*Halacarus* GOSSE sp.) herumkriechen". Doch wurden die Thiere damals nicht weiter untersucht.

Nach diesem ersten Anlauf zu einer genaueren Erforschung der Halacariden trat wieder eine längere Pause ein. Denn erst 1875 und 1877 erschienen in den Proceedings of the Zoological Soc. of London zwei Aufsätze von BRADY (5, 6). Der Verfasser hatte eine ganze Reihe von Milben, die sonst nur auf dem Lande gefunden oder noch gar nicht bekannt waren, an der Küste der Britischen Inseln, doch auch im Brack- und Süsswasser beobachtet. Von den meisten Formen hatte er nur ein Exemplar gefunden und war selbst in Zweifel, ob wirklich alle diese Milben dem Wasser angehörten. Unter den im Meere gefundenen Formen befand sich auch eine neue Halacaride: *Pachygnathus sculptus* BRAD. und mehrere der bereits beschriebenen Arten. Diese sehr vereinzelten Funde veranlassten BRADY, das bisher über im Meere gefundene Milben Beobachtete zusammenzustellen und zum Theil die Angaben seiner Vorgänger zu kritisiren. Aber eine solche Arbeit erforderte eine eingehendere Untersuchung, als Brady an den Milben vornahm. Beide Aufsätze desselben tragen nur den Charakter von gelegentlichen Aufzeichnungen und Skizzen, und daher war das Resultat leider nur eine Verschlimmerung der bereits begangenen Fehler und selbst vollständiges Zweifeln der Zoologen an dem Leben der von Brady beschriebenen Milben im Meere überhaupt. So äusserte Haller (28) 1881 nach einer vollständig gerechtfertigten Kritik über den die Süsswasser-Milben behandelnden Aufsatz Brady's, nachdem er nachzuweisen gesucht hatte, dass alle im Süsswasser von dem Engländer gefundenen Milben Landmilben seien: „Wenn es sich nun mit Brady's sogenannten „freshwater-mites" so verhält, ist die Annahme wohl gestattet, dass sich auch seine Salzwassermilben als solche unglückliche Verirrte ausweisen werden." Anderseits waren gleichwohl beide Aufsätze Brady's doch deshalb von nicht geringer Bedeutung, weil sie die Aufmerksamkeit der Forscher wieder auf die Halacariden lenkten, und wegen der Auffälligkeit der Funde in energischerer Weise als Gosse und Hodge's Arbeiten, von denen die letztere überdies in einem ganz unzugänglichen Blatte vergraben ist. Seit dem Erscheinen dieser Arbeiten mehren sich daher die Notizen über Meeresmilben und speciell Halacariden beträchtlich.

Diese Bedeutung sowohl wie einige Fehler, welche zu verbessern sind, nöthigen uns, Brady's Arbeiten eingehender zu besprechen. In der kurzen Literaturübersicht, um nur bei den Halacariden zu bleiben, hat der Verfasser die Bemerkungen Gerstäcker's übersehen, was bei der Schwierigkeit, alle einzelnen Angaben zusammenzustellen, leicht entschuldbar ist. Ganz unverständlich aber erscheint es, dass Brady (6) die Gattung *Leptognathus* Hodge einfach aufhebt, den *L. falcatus* Hodge *Raphignathus* Dugès zuteilt und dann wieder in seinen freshwater-mites eine Oribatide, die auch in keinem Punkte irgend welche Aehnlichkeit mit diesem *Lept. falcat.* Hodge hat, in dieselbe Gattung stellt. Dugès (14) giebt in seiner Diagnose der Gattung *Raphignathus* an: „*pro mandibulis aciculae binae, breves, bulbo carneo insertae*"; Brady sagt von *Leptognathus* Hodge „two slender, curved, unguiculate mandibles". Bei Dugès heisst es „*corpus integrum, coxae contiguae*", d. h. alle Hüften einer Seite berühren einander, bei Brady's *Raphignathus falcatus* befindet sich nicht nur zwischen dem 2. und 3. Beinpaare ein grosser Zwischenraum, sondern auch das 3. Paar ist vom 4. um ein Beträchtliches entfernt. Endlich sollen nach Dugès

*„pedes antici longiores"* sein, bei BRADY's Form sind alle Paare gleich
lang, höchstens die Vorderbeine etwas kürzer. Vollends unerklärlich
ist es endlich, dass BRADY in diese selbe Gattung jene erwähnte O r i-
b a t i d e stellen konnte. Wer einmal eine Oribatide gesehen hat,
musste den *Raphignathus spinifrons* BRD. als solche erkennen; und
trotz der Einreihung unter die Trombididen bemerkt selbst BRADY,
dass diese Milbe mit *Carabodes nitens* nahe verwandt sei. Die kurzen,
dicken Maxillartaster, die eng an einander und ganz nach vorn gerückten Beinpaare, die überdies 5gliedrig waren, die 3 Klauen der
Beine, das sind theilweise die Gegensätze von *Raphignath. falcat.*
HODGE und genügen jedenfalls, eine mehr als generische Trennung zu
begründen.

Auch die übrigen Correcturen BRADY's an HODGE's Arbeit sind
hinfällig. Er meint *Halacarus granulatus* und *oculatus* HODGE seien
mit *rhodostigma* GOSSE identisch resp. Jugendformen desselben. Indessen widerstreiten dem die Verschiedenheiten in der Form des Körpers,
dem Bau der Taster, des vorderen Rumpfendes und der Krallen bei
*Halacarus granulatus* HODGE und bei der anderen Art die Klauen
allein schon auf das entschiedenste. Damit schliesslich keine der von
HODGE 1863 aufgestellten Arten bestehen bleibe, soll *Pachygnathus minutus* die Larve von *Pachygnathus sculptus* BRADY sein. Doch lässt
sich hierfür gar nichts, dagegen aber wiederum als völlig ausreichendes
Argument die Differenz der Klauen anführen. HODGE's Species- und
Gattungsaufstellungen waren daher sämmtlich berechtigt.

Wenig brauchbar ist endlich die Abbildung, welche BRADY von
der einzigen von ihm im Meere neu gefundenen Halacaride, *Pachygnathus sculptus*, entwirft. Eine Halacaride ist sie sicher, ob aber ein
*Aletes nov. gen.*, das kann nicht entschieden werden. Wie das Capitulum, wie die Panzerung der Dorsalfläche und der in einer besonderen
Figur wiedergegebenen Maxillartaster beschaffen sind, ist nicht zu erkennen, und die Form muss also als zweifelhaft zunächst zurückgestellt
werden.

Dem gegenüber können uns BRADY's Angaben über das Vorkommen
der Milben, welche, obwohl zum Theil nur die von HODGE und GOSSE
citirt werden, die einzigen sind, die ein grösseres Gebiet umfassen, nur
willkommen sein (S. 360).

Da wir über den *Raphignathus spinifrons* BRD. bereits oben gesprochen, bleibt uns über BRADY's freshwater-mites (5) nur noch wenig
zu sagen übrig. Die einzige wahre Halacaride, welche beschrieben
wird, ist ein *Pachygnathus nigrescens* BRD., ein echter *Aletes nov.*

*gen.*, von dem aber nur ein Exemplar gefunden wurde, so dass das Vorkommen der Gattung im Süsswasser dadurch nur wahrscheinlich gemacht, nicht aber gesichert erscheint, zumal da nicht angegeben wird, ob sie lebend oder todt getroffen wurde. Die Beschreibung ist dürftig, Mandibeln und Taster sind gar nicht erwähnt; doch genügt sie, um Brady's Einreihung der Milbe zu rechtfertigen.

Ueber die Stellung der Halacariden hatte Brady nichts Neues beigebracht. Bei *Halacarus* Gosse und *Pachygnathus* Dug.-Gosse schloss er sich vollkommen der von Gerstäcker bereits widerlegten Ansicht Gosse's an; seine Einordnung von *Leptognathus* Hodge aber war völlig unbegründet. Dagegen that 1877 Murray (51) einen wichtigen Schritt, als er *Pachygnathus* Dug.-Gosse und *Halacarus* Gosse, deren Verwandtschaft ja bereits Gosse gefühlt hatte, thatsächlich vereinte, indem er für beide Gattungen die Familie der H a l a - c a r i d a e schuf. In der Einreihung dieser Familie in das System schloss er sich indessen offenbar noch Gosse's Ansicht an, nach welcher *Halacarus* Gosse den Oribatiden verwandt ist, da er sie unmittelbar vor die O r i b a t i d a e, zwischen diese und die I x o d i d a e stellte. Was ihn bewog, sie den letzteren anzufügen, ist mir nicht verständlich.

So wichtig nun in Wirklichkeit dieser Schritt war, erging es ihm doch nicht viel besser als Gerstäcker's Angaben; er wurde so gut wie übersehen. Auch konnte es scheinen, als ob wenigstens die Aufstellung einer besonderen Familie „der Meeresmilben" verfrüht sei. Angedeutet war ein Vorkommen im Süsswasser bereits durch Brady's *Pachygnathus nigrescens*, und 1879 beschrieb Kramer (40) gar einen *Lepthognathus* Hodge, den er im Süsswasser Thüringens, also weitab vom Meere gefunden hatte. Doch erfahren wir auch von Kramer über die Stellung der Gattung im System nichts. Indessen legte Kramer den Fehler Brady's klar und setzte die Gattung *Leptognathus* Hodge wieder in ihr altes Recht ein. Zum ersten Male begegnet uns hier eine scharfe und klare Diagnose.

Was Kramer versäumt, suchten Haller (28) in Deutschland und Michael (49) in England nachzuholen. Zunächst constatirte jener, dass auch *Pachygnathus* Dugès-Gosse mit dem *Pachygnathus* Dugès nicht das Geringste zu thun habe, was allerdings bei der oberflächlichsten Vergleichung mit der Dugès'schen Diagnose klar werden musste und auch Kramer (39) beiläufig bereits 1877 in seinem Aufsatze über die Systematik der Milben betont hatte. Des Weiteren aber wusste er diese Thiere nicht unterzubringen. „Was wir endlich aus dieser Art zu machen haben", äussert er bei Besprechung von *P. ni-*

*grescens* BRD., „weiss ich wirklich nicht", und kam schliesslich zu der sicher richtigen Ueberzeugung, dass die betreffende Figur „nach einem durch das Wasser verdorbenen Individuum gezeichnet worden" sei. „Ein *Pachyhnathus* ist es nicht, eine Wassermilbe scheint es ebenso wenig", sagt HALLER noch in diesem Aufsatze.

Ein besseres Resultat brachte demselben Forscher 1886 ein *Halacarus* GOSSE (30), über dessen Fundort nichts angegeben wird, den er aber wahrscheinlich im Mittelmeer fand und als *H. gossei* in einer vorläufigen Publication kurz und nicht hinreichend zur Wiedererkennung beschrieb. Da er seit längerer Zeit mit der Untersuchung der Mundwerkzeuge der Acariden beschäftigt war, so wurde seine Aufmerksamkeit auch hier gerade auf das bisher so sehr mangelhaft bekannte Capitulum gelenkt, und da musste ihm denn die fast völlige Uebereinstimmung mit dem der H y d r a c h n i d e n sehr auffallen. Er ging daher noch weiter als GERSTÄCKER und erklärte die Halacariden für „e c h t e Hydrachniden". Aber HALLER hatte in sein Urtheil nur die Gattung *Halacarus* GOSSE eingeschlossen, *Pachygnathus* DUG.-GOSSE und *Leptognathus* HODGE standen für ihn noch völlig isolirt da.

Bereits 3 Jahre vorher (1883) hatte indess MICHAEL (49) auch *Pachygnathus* DUG. - GOSSE den Süsswassermilben zugewiesen. Mit MURRAY's Vorgehen vertraut, liess er beide Gattungen vereint, glaubte aber wie HALLER die Selbständigkeit der Familie aufheben und die Halacariden den L i m n o c h a r i d e n einreihen zu müssen. In seinem bewunderungswerthen Werke über Oribatiden schreibt er darüber: „I have some doubt about my own correctness in including the *Halacaridae* among the *Limnocharidae,* but I think on the whole that they are fairly placed together". Seitdem ist nichts weiter über die Gattungen der Halacariden, die Stellung derselben zu einander und zu den übrigen Milben geschrieben, und demnach ist das Resultat der bisherigen Arbeiten folgendes:

1) Von den von mir als *Halacaridae* bezeichneten Milben sind 3 Genera bekannt geworden: *Pachygnathus* DUG.-GOSSE (21) = *Aletes n. g., Halacarus* GOSSE (21) und *Leptognathus* HODGE (32).

2) Indessen ist nur die Verwandtschaft von *Pachygnathus* DUG.-GOSSE und *Halacarus* GOSSE zu einander erkannt und in der Familie der *Halacaridae* MURRAY (51) zum Ausdruck gebracht. Da sie aber nach MICHAEL (49) und HALLER (30) in eine U n t e r f a m i l i e  d e r Hydrachniden eingereiht werden müssen, so kann diese Familie MURRAY's nicht aufrecht gehalten werden.

3) *Pachygnathus* DUGÈS steht zu den von GOSSE so genannten Formen in keinerlei Beziehung (28). Die Einreihung GOSSE'S ist daher falsch.

4) Möglicherweise ist die Gattung *Halacarus* GOSSE noch zu trennen (19), indem *Halac. rhodost.* GOSSE und *ctenop.* GOSSE generisch verschieden sind.

5) *Leptognathus* HODGE ist beizubehalten (40); die Stellung der Gattung ist vollkommen unbekannt.

Schliesslich erschien 1883 [1]) ein kleiner Aufsatz von CHILTON (9) über zwei bei Neuseeland gefundene Halacariden, welche der Verfasser *Hal. parvus* und *truncipes* nennt. Dieselben bieten manches Eigenthümliche, sind aber sicher keine Angehörige der Gattung *Halacarus* GOSSE. Weiter als auf eine oberflächliche Beschreibung der Arten geht CHILTON nicht ein. Des von HALLER am Mittelmeer (?) gefundenen *Hal. gossei* (30) wurde bereits Erwähnung gethan. Es war mit diesen Entdeckungen die Zahl der beschriebenen Halacariden-Species auf 16 gestiegen. Diese waren folgendermaassen auf die Genera vertheilt worden:

1) *Pachygnathus* DUGÈS.
    1. *P. notops* GOSSE (21).
    2. „ *seahami* HODGE (32).
    3. „ *minutus* HODGE (32).
    4. „ *sculptus* BRADY (6).
    5. „ *nigrescens* BRADY (5).
2) *Halacarus* GOSSE:
    1. *H. ctenopus* GOSSE (21).
    2. „ *rhodostigma* GOSSE (21).
    3. „ *granulatus* HODGE (32 II).
    4. „ *oculatus* HODGE (32 II).
    5. „ *gossei* HALLER (30).
    6. „ *parvus* CHILTON (9).
    7. „ *truncipes* CHILTON (9).

---

1) 1872 bildete GIARD (20) eine Milbe ab (S. 317), welche zweifellos ebenfalls eine Halacaride ist, aber da jede Beschreibung und Benennung fehlt, nicht in eine der bisher beschriebenen Gattungen eingereiht werden kann. Diese Form wurde an der Küste der Bretagne auf Synascidien gefunden. Ohne weitere Angaben zählt auch KÖHLER in der Strandfauna der Insel Jersey eine Milbe auf „qui est peut-être un *Halacarus*". (Contributions à l'étude de la faune littorale des iles anglo normandes, in: Ann. Sc. Nat. Zool. sér. 6, t. 20).

3. *Leptognathus* HODGE:
  1. *L. falcatus* HODGE (32).
  2. „ *violaceus* KRAMER (40).

Endlich noch *Acarus zosterae* FABRICIUS (16), der selbstverständlich nicht mehr eingereiht werden kann, und die von GIARD (20) beschriebene Halacaride.

---

## II. THEIL.
## Morphologische, anatomische Verhältnisse und Stellung im System.

Die vier in vorliegender Arbeit beschriebenen Gattungen sind so eng mit einander verwandt, dass sie unmittelbar zusammengestellt und, falls die Einreihung unter die bisher bekannten Formen nicht möglich sein sollte, eine neue Familie oder Unterfamilie für sie gegründet werden muss. Es versetzen uns aber die *Halacaridae* gleich von vornherein dadurch in eine eigenthümliche Lage, dass ihnen zwar die Tracheen vollkommen fehlen und sie somit den Atracheata KR. zuzugesellen wären, sie aber anderseits durch die Ausbildung ihrer Beine sowie ihren gesammten übrigen Bau sich eng den Tracheata KR. anschliessen. MÉGNIN (47) und theilweise auch MICHAEL (49) haben Diagnosen der verschiedenen Familien ohne so eingehende Berücksichtigung der Respirationsorgane wie im KRAMER'schen (37) System aufgestellt. Beide führen uns dazu, die *Halacaridae* in die Nähe der Prostigmata KR. zu stellen. Da dem Ventralpanzer ein Sternum fehlt (Taf. VII, Fig. 80, Taf. VIII, Fig. 101) und die Hüftplatten die Hauptmasse des Panzers hergeben, so fallen von den Landmilben MÉGNIN's die *Gamasidae*, *Ixodidae* und *Oribatidae* fort; die 6-Gliedrigkeit der Beine (Taf. VIII, Fig. 101) bringt auch die *Sarcoptidae* in Wegfall; es bleiben demnach fraglich nur die *Trombididae* und *Bdellidae*. Von den Wassermilben anderseits schliesst die Gliederzahl der Beine die *Demodicidae* und *Arctisconidae* aus; es bleiben von diesen demnach nur die *Hydrachnidae* DUG. übrig. MICHAEL ferner theilt zwar die Acarinen mit KRAMER in Tracheata und Atracheata ein; aber von den letzteren besitzt keine einzige Familie wie die *Halacaridae* 6gliedrige Beine, von den ersteren fallen aus denselben Gründen wie bei MÉGNIN die *Gamasidae*, *Ixodidae* und *Oribatidae* fort und von den restirenden Milben wegen 5gliedriger Beine noch die *Cheyletidae* und *Myobiidae*. Auch hier bleiben demnach nur *Trombididae*, *Bdellidae* und *Hydrachnidae* zur genaueren Untersuchung übrig; es sind das aber die Prostigmata KR. mit Ausschluss der *Cheyletidae*.

Diese Stellung der *Halacaridae*, welche zum Theil auch bereits von GOSSE (21), MICHAEL (49) und HALLER (30) erkannt wurde, zeigt auf's Deutlichste der gesammte morphologische und anatomische Aufbau der Milben. Es schwankt derselbe zum Theil derartig zwischen Hydrachniden und Trombididen hin und her, dass es schwer wird, die *Halacaridae* einer dieser beiden DUGÈS'schen Familien einzureihen oder auch nur der einen näher als der anderen zu stellen. Eine directe Einordnung aber in eine der KRAMER'schen Unterfamilien (39) ist erst recht nicht möglich. MURRAY'S zusammenfassende Bezeichnung *Halacaridae* (51) muss daher wieder aufgenommen werden, nur fragt sich, ob als Bezeichnung einer Familie oder einer Unterfamilie.

## Die morphologischen und anatomischen Verhältnisse.

### I. Die Körperform.

Die Gestalt des Körpers ist manchen Schwankungen unterworfen. Sie ist langgestreckt oval bei verschiedenen *Halacarus*-Arten (Taf. VIII, Fig. 111, 120), dagegen kurz, gedrungen und von rundlichem Umriss bei *Halacarus fabricii n. sp.* (Taf. VII, Fig. 82). Der Körper von *Leptognathus* HODGE (Taf. VIII, Fig. 121) und *Aletes nov. gen.* (Taf. VII, Fig. 80) ist meist flach, der von *Halacarus* GOSSE (Taf. VI, Fig. 1) meist stark gewölbt. Zwischen diesen Extremen aber kommen alle Zwischenstufen vor. Da die Beine lateral in Ausbuchtungen des Körpers (Taf. VIII, Fig. 117) eingelenkt sind, so erscheint der Umriss stets mehr oder weniger eckig und nie so gerundet wie bei *Caligonus* KOCH (40) oder den meisten Hydrachniden (53). Zwischen den dicht an einander gerückten Vorderbeinpaaren und den stets beträchtlich von einander entfernten Hinterbeinpaaren befindet sich ein weiter Abstand (Taf. VIII, Fig. 101), in welchen gleichzeitig der laterale Theil der Ringfurche fällt. Indess schneidet diese gar nicht oder nur sehr unbedeutend (*Leptognathus* HODGE Taf. VIII, Fig. 122) in den Körper ein, so dass der Umriss hier continuirlich bleibt und Schulterbildungen, wie sie bei so vielen Trombididen (14, 33) vorkommen, fehlen. Dafür setzt sich das anhangslose Abdomen viel schärfer als dort von dem die Beine tragenden Abschnitte ab, indem an seiner vorderen Grenze die Einlenkungsstelle des letzten Beinpaares stufenartig seitlich vorspringt und der Hinterleib unmittelbar zwischen die gerade nach hinten gerichteten Beine zu liegen kommt. Anderseits ist vorn das

Capitulum ebenfalls sehr deutlich als besonderer Körperabschnitt vom übrigen Rumpfe gesondert und bedingt durch seine sehr verschiedene Gestalt in den drei Haupt-Gattungen wesentlich den Eindruck des ganzen Körpers (Taf. VII, Fig. 64, Taf. VIII, Fig. 102, 121). Nur ausnahmsweise verdeckt eine Verlängerung des vorderen Körperrandes das Trugköpfchen so weit, dass es bei der Dorsalansicht nicht zu sehen ist (Taf. VII, Fig. 79). Es ist zwischen den Hüften des 1. Beinpaares durch eine weite Gelenkhaut beweglich mit dem Rumpfe verbunden.

Sehen wir von der den Halacariden eigenthümlichen Einlenkung der Beine ab, so nähern sich dieselben durchaus in ihrer Körperform den Trombididen Dug. und Limnochariden Kr., weichen aber von den Hydrachniden Kr. und Hygrobatiden Kr. sehr weit ab. Vor allem zeigt *Leptognathus* Hodge (Taf. VIII, Fig. 121, 122) viel Aehnlichkeit mit einem *Rhyncholophus* Dug. (14) und *Aletes setosus n. sp.* (Taf. VII, Fig. 79, 80) mit einem *Pachygnathus* Dug. (14), nur *Halacarus fabricii n. sp.* (Taf. VII, Fig. 81, 82) liesse sich einigermaassen mit einer Hygrobatide Kr. (53) vergleichen. Indess sind diese Verhältnisse, welche in beiden Familien sehr schwanken (*Bradybates* Neum. hat z. B. vollkommen *Trombidium*-ähnliche Gestalt, obwohl er eine echte Hygrobatide ist (53), von geringerer Bedeutung, ebenso das Fehlen einer im Umriss hervortretenden Ringfurche (bei *Rhyncholophus* Dug. (14), *Erythraeus* Latr. (14), *Cryptognathus* Kr. (40) u. a. fehlt eine Ringfurche überhaupt). Dagegen verdient das Verhalten des vorderen dorsalen Rumpfendes Beachtung. Bei den Hydrachniden Kr. (23) und Hygrobatiden Kr. (53, 25, 34, 35) wird von diesem das Capitulum stets derart bedeckt, dass höchstens einige Tasterglieder unter demselben hervortreten, das ganze übrige Capitulum aber ventral liegt. Dazu kommt, dass das sog. antenniforme Borstenpaar unmittelbar dem abschüssigen Vorderrande selbst eingelenkt ist und auch die Augen dicht hinter denselben liegen, ja bei einigen Arten die hintere Hälfte der Doppelaugen noch dorsal, die andere dagegen bereits ventral gelegen ist; so bei *Diplodontus filipes* (14, 53). Bei den Halacariden indessen und den Trombididen ist das antennenförmige Borstenpaar noch beträchtlich hinter dem Vorderrande, etwa in der Höhe des 1. Beinpaares eingelenkt, und die lateralen Augen liegen noch weiter hinten auf dem Rumpfe, ja können selbst wie bei *Megamerus haltica* Hall. (23) hinter die Ringfurche zurückweichen.

Nun kommt freilich auch bei den Halacariden eine völlige Verdeckung des Capitulums durch den Rumpf vor (Taf. VII, Fig. 79), aber selbst hier bewahren das Borstenpaar und die Augen ihre normale Lage vollkommen. Es handelt sich demnach in solchen Fällen bei den Halacariden und wahrscheinlich auch bei den Trombididen (40) (*Caligonus* KOCH, *Bryobia* KOCH und *Cryptognathus* KR.) nur um eine Verlängerung des vor dem 1. Borstenpaare gelegenen Rumpfabschnittes über das Capitulum hin, bei den Hygrobatidae KR. hingegen und den Hydrachnidae KR. ist der gesammte vordere Rumpfabschnitt mit jenem Borstenpaar und den Augen nach vorn über das Capitulum vorgezogen, so dass bei verwandten Milben dorsal gelegene Organe hier terminal oder ventral zu liegen kommen und das Capitulum aus seiner terminalen Lage in die ventrale hinüberrückt.

## II. Das Skelet.

### 1. Das Skelet des Rumpfes:

Alle bisher bekannt gewordenen Arten sind durch den Besitz von Panzerplatten ausgezeichnet, zwischen denen mehr oder weniger breite Streifen weichen Integumentes verlaufen. Die Ausbildung dieses Panzers ist sehr verschieden stark, seine Anordnung aber stets dieselbe. Am constantesten erscheint die Dorsalfläche. Vom Vorderrande des Rumpfes aus, zwischen den Hüften des 1. Beinpaares und vom Hinterrande des Abdomens aus zieht sich nach der Mitte der Körperlänge hin je eine Platte: das vordere und das hintere Dorsalschild (Taf. VI, Fig. 1, Taf. VIII, Fig. 102). Bei schwach gepanzerten Formen, z. B. bei *Halacarus spinifer n. sp.* (Taf. VIII, Fig. 102), trennt beide ein breiter Zwischenraum, bei anderen hingegen, wie *Halacarus rhodostigma* GOSSE (cfr. auch *Hal. oculatus* HODGE Taf. VII, Fig. 68), stossen sie etwas hinter der Einlenkungslinie des 2. Beinpaares unmittelbar an einander. Lateral in dem Raume, welcher 2. und 3. Beinpaar trennt, liegt ferner jederseits eine ebenfalls sehr verschieden grosse Platte, welche ich, da sie stets die Doppelaugen bedeckt, Ocularplatte nenne (Taf. VI, Fig. 1 und Taf. VIII, Fig. 102). Endlich greifen meist am Körperrande noch die Hüftplatten (Taf. VI, Fig. 1, Taf. VIII, Fig. 102) auf die Dorsalfläche herüber. Da diese indess streng genommen dem Bauchpanzer angehören (Taf. VIII, Fig. 104), so muss der bei stark gepanzerten Formen (*Halacarus fabricii n. sp.* (Taf. VII, Fig. 81, 82) und *oculatus* HODGE (Taf. VII, Fig. 67, 68), *Aletes pascens n. sp.* (Taf. VII, Fig. 64, 65), *Leptognathus marinus n. sp.* (Taf. VIII, Fig. 121, 122) u. a.) deutlich hervortretende Streifen weichen Integumentes, welcher diese ventralen Hüftplatten und die dorsalen Platten trennt, der Furche verglichen werden, welche bei an-

deren Milben den einheitlichen Ventralpanzer von dem einheitlichen
Dorsalschilde scheidet.    Dann aber entspricht die Grenze zwischen
vorderer und hinterer Dorsalplatte der Ringfurche, was auch ihre Lage
zwischen dem 2. und 3. Beinpaares andeutet.   Demnach sind die Ocularplatten von den Seiten her zwischen die beiden Hälften des Dorsalpanzers in den Verlauf der Ringfurche eingeschoben, wodurch diese
hier verdeckt ist.   .
     Die Bauchfläche empfängt im Wesentlichen ihre Panzerung von
den Hüften.    Es schieben sich hier demnach bei *Aletes setosus n. sp.*
(Taf. VII, Fig. 80), einer Art, bei welcher eine ganz abnorm schwache
Panzerung der Ventralseite sich findet, von jedem Beine eine Chitinplatte schräg medianwärts nach hinten resp. vorn vor.   Die der Vorderbeine sind jederseits durch einen weiten Abstand von einander getrennt und schmal, die der Hinterbeine dagegen durch eine Naht
locker verbunden und kurz.   Median sind alle weit von einander entfernt.   Weitere Panzerplatten fehlen durchaus.   Bei der grossen Mehrzahl der übrigen Arten erscheinen die Vorderhüften nicht nur jederseits, sondern auch median zu einer einheitlichen, nahtlosen vorderen
Hüftplatte verschmolzen (Taf. VIII, Fig. 104), die sich nach hinten unter
allmählicher Verschmälerung noch bis etwa in die Höhe des 3. Beinpaares fortsetzt, wo sie gerade abgeschnitten endet.   Die hinteren
Hüften (Taf. VIII, Fig. 104) sind dagegen nur jederseits, ebenfalls naht-
los, verschmolzen; median trennt sie ein weiter Abstand, in welchen bei
den stark gepanzerten Formen sich von hinten her eine mächtige Platte
vorschiebt (Taf. VIII, Fig. 101 u. Taf. VII, Fig. 67).   Es ist dies die
G e n i t o - A n a l p l a t t e, welche die Geschlechts- und Analöffnung umschliesst und vom hinteren Körperrande entspringt.   Bei Individuen mit
schwächerem Panzer (Nymphen von *Halac. spinifer* und *fabricii*) ist sie in
eine A n a l - und G e n i t a l p l a t t e getrennt (Taf. VII, Fig. 75 u. Taf. VIII,
Fig. 104), bei *Halacarus spinifer n. sp.* deutet verschiedene Strukturi-
rung noch in der reifen Form (Taf. VIII, Fig. 101) diese Entstehung der
einheitlichen Platte aus zwei getrennten Schildern an.   Endlich kann,
wie *Aletes notops* (GOSSE) zeigt, durch Verschmelzung aller dieser ventralen Platten ein einziges, durchaus nahtloses Bauchschild (Taf. VIII,
Fig. 94) entstehen, welches dann in den Hüfttheilen sogar noch etwas
dorsalwärts übergreift.   Mit Ausnahme dieses letzten Falles vermag
man die Ringfurche leicht in dem Abstande der vorderen Hüftplatte
(resp. der Hüften des 2. Beinpaares bei *Aletes setosus n. sp.*) von den
hinteren Hüftplatten und der Genito-Analplatte zu erkennen.   Indess
verläuft sie auch hier nicht ungestört, sondern wird durch die hintere

Verlängerung der vorderen Hüftplatte nach hinten abgelenkt, so dass sie eine zweifach geknickte Form erhält.

Neben diesen grösseren Panzerplatten kommen noch in der Gattung *Halacarus* GOSSE an zwei Stellen, welche Muskeln zum Ansatz zu dienen scheinen, k l e i n e  v e r h ä r t e t e  P l ä t t c h e n vor. Bei allen Arten dieses Genus liegt ventral in dem lateralen, schräg nach vorn gerichteten Theile der Ringfurche ein schmaler Streifen von 4—5 kleinen Knötchen (Taf. VIII, Fig. 104), und bei *Halacarus spinifer n. sp.* treten auch dorsal noch drei Paar in zwei mittleren Längslinien angeordnete Knötchen auf (Taf. VIII, Fig. 102), welche bei stärkerer Vergrösserung dieselben Maschen und Wälle wie die Schilder zeigen, aber nicht mehr als 2 oder 3 Gruben ohne Poren enthalten (Taf. VI, Fig. 5).

Dorsal- und Ventralpanzer werden durch die oben erwähnte Furche vollkommen getrennt (Taf. VI, Fig. 1); nur ist die Grenzlinie durch die eigenthümliche Einlenkung der Beine weit dorsalwärts verschoben. Mit Ausnahme des Camerostoms (Taf. VI, Fig. 1) zur Einlenkung des Capitulums sind alle grösseren Durchbrechungen des Panzers den ventralen Schildern zugefallen. Hier verlangt nur das erstere und die Geschlechts- wie Analöffnung eine kurze Besprechung. Die Umwandung des C a m e r o s t o m s wird von dem Vorderrande der vorderen Dorsalplatte und der vorderen Hüftplatte sowie einem schmalen Streifen weichen Integumentes gebildet, welcher beide trennt. Es liegt das Camerostom demnach durchaus terminal. Die vordere Hüftplatte ist mehr oder weniger tief ausgeschnitten zur Aufnahme des grossen Ventraltheiles des Capitulums, die vordere Dorsalplatte hingegen stets etwas vorgezogen, so dass ihr freier Rand noch etwas über den Hinterrand des bedeutend kürzeren Epistoms (Taf. VI, Fig. 11) sich nach vorn hinüberschiebt. Nicht selten ist sie ferner in eine Spitze oder einen Dorn ausgezogen (Taf. VIII, Fig. 88 u. 102), ja sie kann sogar wie bei *Aletes setosus n. sp.* das ganze Capitulum kapuzenförmig bedecken (Taf. VII, Fig. 79). Die G e s c h l e c h t s ö f f n u n g (Taf. VI, Fig. 1) liegt stets vor dem Anus, meist noch von diesem durch einen Zwischenraum getrennt. Sie ist gross, breit bis langgestreckt oval. Der A n u s (Taf. VI, Fig. 1) springt papillenartig vor, vor allem, wenn er, wie das Regel, terminal liegt (*Leptognathus* HODGE, *Halacarus murrayi* (Taf. VIII, Fig. 86, 121); er ist durch starke Klappen ausgezeichnet und besitzt eine beträchtliche Grösse. Nur bei *Aletes setosus n. sp.*, wo die Genitalöffnung weit nach vorn gerückt ist, liegt er ventral, aber dicht am Körperrande (Taf. VII, Fig. 80); selbst da, wo die Geschlechtsöffnung terminal liegt, geht der Anus nicht auf die Dorsalfläche über, sondern liegt vertical über der Vulva am hohen Hinterleibsende (*Halac. oculatus* HODGE, Taf. VII, Fig. 67).

Sehr bemerkenswerth sind die feineren Structurverhältnisse des Integumentes und seine Anhänge. Borsten sind nur in spärlicher Zahl über den Rumpf vertheilt (Taf. VIII, Fig. 102, 104); doch fehlen sie nie und zeigen in ihrer Stellung eine grosse Constanz. Zunächst trägt der Hüfttheil jedes Beines ventral 1 Borste, der des 3. Beinpaares überdies dorsal 1 oder bei *Leptognathus marinus n. sp.* (Taf. VIII, Fig. 122) selbst 2 Borsten. Ausserdem aber zeigt die Dorsalfläche 4—6 Paar Rumpfborsten, welche in 2 Längsreihen angeordnet sind. Nur bei *Leptognathus* HODGE (Taf. VIII, Fig. 123) werden sie durch die Ocularplatten in eine etwas abweichende Stellung gebracht. Ausnahmslos trägt die vordere Dorsalplatte eines dieser Paare, welches in vielen Fällen durch seine Länge oder Form vor den übrigen Paaren ausgezeichnet ist (Taf. VIII, Fig. 89, 102, 121) und den antennenförmigen Haaren anderer Milben entspricht. Irgend ein Zusammenhang dieser Borstenpaare mit einer Segmentation des Körpers kann übrigens nirgends gefunden werden. Zwar treten bei mehreren Arten von *Halacarus* GOSSE das 4. Rumpfborstenpaar in der Höhe des 3., das 5. Rumpfborstenpaar in der Höhe des 4. Beinpaares auf (Taf. VIII, Fig. 111 und 120; auch bei *H. striat. n. sp.* ist dieselbe Stellung vorhanden); aber es hängt das nur von der Ausbildung der hinteren Dorsalplatte ab. Wo diese, wie bei *Halacarus murrayi* und *spinifer n. sp.* sehr klein ist (Taf. VIII, Fig. 86, 102), steht das 4. Rumpfborstenpaar dicht vor dem 4., das 5. aber in der Mitte des Seitenrandes der Platte ganz nahe dem Hinterrande des Abdomens, weit vom 4. Beinpaare getrennt. Ebenso spricht es gegen eine Bedeutung der Rumpfborsten als Reste einer ursprünglichen Segmentation, dass bei den Larven zwar bereits sämmtliche Borsten der Dorsalfläche vorhanden sind, von denen der Ventralfläche dagegen noch ein Paar fehlt. Auf der Ventralfläche ist meist die Zahl der dem Rumpfe eigenen Anhänge sehr viel geringer. Die *Halacarus*-Arten besitzen nur dicht vor und dicht hinter der Ringfurche je ein Paar, von denen das vordere stets auf der vorderen, das hintere mit Ausnahme von *Halacarus murrayi n. sp.* (Taf. VII, Fig. 83) auf den hinteren Hüftplatten steht. Bei dieser einen Species, wo die Hüftplatten sehr kurz sind, umgiebt bereits weiches Integument die Borste. Bei *Halacarus floridearum n. sp.* endlich und *balticus n. sp.* (Taf. VIII, Fig. 108 u. 115) fehlt das hintere Borstenpaar ganz. Bei *Aletes n. gen.* sind die Verhältnisse ähnlich; doch kann noch ein

3. Paar auf der Genito-Analplatte hinzukommen (Taf. VIII, Fig. 94), und bei *Leptognathus marinus n. sp.* stehen auf letzterer noch 4 Paar Borsten, welche nicht gut den Genitalborsten zugezählt werden köunen (Taf. VIII, Fig. 122). Eine Borste endlich, welche bisher nur bei *Aletes notops* GOSSE beobachtet wurde, ist eine lateral, dicht hinter dem 2. Beinpaar stehende sog. S c h u l t e r b o r s t e (Taf. VII, Fig. 89).

Eine grössere Zahl von Borsten schliesst sich eng an Durchbrechungen des Panzers an; so besonders die die Genitalöffnung umgebenden, aber meist von Art zu Art variirenden Borsten, welche indess bei *Halacarus oculatus* HODGE beiden Geschlechtern fehlen (Taf. VII, Fig. 67). In der Regel ist das männliche Geschlecht durch reicheren Borstenschmuck ausgezeichnet (Taf. VIII, Fig. 87). Den Anus begrenzen anscheinend bei allen Arten 2 kleine, gebogene Börstchen (Taf. VIII, Fig. 89). Sehr eigenthümlich sind ferner meist nur kurze Borsten der Ocularplatten (Taf. VIII, Fig. 88), welche bei *Aletes*-Arten zum Theil an Stellen auftreten, wo bei verwandten Formen nur G r ü b c h e n mit einem centralen Z a p f e n sich finden (Taf. VII, Fig. 79). Auch stehen sie selbst meist noch in einem solchen Grübchen und scheinen somit an Stelle des Zapfens getreten zu sein. Sie erscheinen in allen vier Winkeln der Platten. Uebrigens entspringt auch das letzte dorsale Rumpfborstenpaar ab und an einem ähnlichen Grübchen (Taf. VI, Fig. 6).

Die S t r u c t u r  d e s  I n t e g u m e n t e s kann eine sehr verschiedene sein. Die n i c h t  v e r h ä r t e t e n  T h e i l e sind sehr fein bis sehr grob (Taf. VIII, Fig. 117) gerillt, doch laufen die Rillen bei den einen Arten einander parallel, bei anderen bilden sie ein feines Netzwerk (Taf. VIII, Fig. 104). Die e r h ä r t e t e n  T h e i l e sind meist im Gegensatz zu der übrigen Haut von deutlichen Porenkanälen durchbrochen, welche das Integument in geradem Verlaufe durchsetzen (Taf. VI, Fig. 3). Doch erscheint oft der Panzer der Ventralfläche, seltener alle Schilder nur sehr fein gekörnt, ohne jede Spur von Poren. In diesem Falle entbehrt er auch jeder anderen Structur (*Leptognathus marinus*, Taf. VIII, Fig. 121). Sonst aber überzieht die Platten ein sehr zierliches Maschenwerk mit vertieften polygonalen Gruben und verdickten, diese umgebenden Wällen (Taf. VI, Fig. 2, 4). In jenen pflegen die Poren dicht gedrängt zu sein, ab und an wiederum zu kleineren Gruppen geordnet (*Halacarus loricatus n. sp.*); doch können sie auch sichtbarer Poren vollkommen entbehren und nur starke Kanäle die Wälle vor allem an Kreuzungspunkten durchbohren (Taf. VI, Fig. 2). Endlich sind in dem Maschenwerk des Panzers überhaupt

19 *

nur sehr spärliche Poren zu finden, dagegen treten Gruppen von
solchen auf streifenähnlichen Stellen der Schilder auf, welche abweichend von den übrigen Partien des Maschenwerkes entbehren und
einfach glatt erscheinen (Taf. VII, Fig. 64).

Solche structurlose Stellen treten sehr verbreitet bei *Aletes n. gen.*
und *Halacarus* GOSSE auf, werden aber bei einigen Arten nur durch
besonders tiefe Gruben und grössere Poren (*Halacarus fabricii n. sp.,*
Taf. VII, Fig. 82) vertreten. Auch die vordere Dorsalplatte zeigt bei
*Aletes pascens n. sp.* (Taf. VII, Fig. 64) eine Fortsetzung dieser Streifen,
während sie bei *Halacarus balticus n. sp.* (Taf. VIII, Fig. 120) durch
ein Querband in 2 Theile geschieden wird. Ein kleines unregelmässiges
Feld derart trägt auch die Ocularplatte bei *Aletes n. g.* (Taf. VII,
Fig. 64).

Die Schilder der Dorsalfläche sind endlich zum Theil ganz constant mit sehr eigenthümlichen Organen ausgerüstet, deren Bedeutung
mir in keiner Weise klar geworden ist. Am Seitenrande der vorderen
Dorsalplatte und im hinteren und medianen Winkel der Ocularplatten,
wahrscheinlich endlich auch bei einigen Arten an Stelle des letzten
Borstenpaares der hinteren Dorsalplatte treten wallartig umzogene
G r ü b c h e n von unregelmässig ovalem Umriss auf, aus deren Tiefe
ein Zapfen oder eine kurze Borste hervorschaut (Taf. VI, Fig. 6—8).
Bei der grössten Art, *Halacarus spinifer n. sp.*, schien mir der Zapfen
hohl zu sein (Taf. VI, Fig. 7). Nach HALLER's (24) Abbildungen entsprechen sie durchaus ähnlichen bei den Hygrobatiden KR. auf der
Rückenfläche vorkommenden Gebilden, welche aber selbst dieser Forscher als „Oeffnungen unbekannter Bedeutung" beschreibt.

Von grösseren P o r e n  d e r  H a u t, welche möglicherweise Drüsen
zur Ausführung dienen könnten, habe ich trotz eifrigen Suchens nur ein
Paar auf der Ventralfläche dicht hinter dem Anus liegender Oeffnungen
(Taf. VII, Fig. 115) und bei einigen *Halacarus*-Arten lateral von dem
in der Ringfurche liegenden Chitinstreifen einen Porus mit Chitinring
(Taf. VII, Fig. 104) beobachtet. Eine Verbindung mit irgend welchen
Organen zu erkennen, ist mir indess nie gelungen.

Interessant ist schliesslich ein eigenthümliches s t i g m e n a r t i g e s
O r g a n  d e r  v o r d e r e n  H ü f t p l a t t e (Taf. VIII, Fig. 104), welches
in einem zwischen den dem 1. und 2. Beinpaare zugehörigen Theilen
median und nach vorn verlaufenden Chitinstreifen besteht, welcher an
der Spitze durchbohrt ist (Taf. VI, Fig. 9, 10). Im Einzelnen erleidet
das Organ mancherlei Variationen und giebt sich dadurch als entschieden rudimentäre Bildung zu erkennen. Es nur als Naht aufzu-

fassen, hindert die Durchbohrung und das völlige Fehlen einer Verschmelzungslinie bei den anderen Beinpaaren. Auch kann an Stelle des verdickten Streifens eine seichte Grube treten (*Halacarus fabricii n. sp.*, Taf. VI, Fig. 9), in welcher der hier sehr grosse Porus liegt. Bei den Larven von *Halacarus spinifer n. sp.* ist dagegen diese Oeffnung fein punktförmig und scheint die Ausmündung eines trichterförmigen chitinösen Organs zu sein, welches genau unter ihr an das Integument sich ansetzt (Taf. VI, Fig. 10). Bei den erwachsenen Formen habe ich allerdings etwas derartiges bisher nicht mehr beobachten können; auch scheint bei *Halac. fabricii n. sp.* trotz der Grösse des umwallten Porus gar keine wirkliche Durchbohrung stattzufinden; bei anderen Arten ist überhaupt das seltsame Organ nur durch einen Spalt angedeutet. Der Lage wie der Bildung nach ist das Gebilde dem bei *Trombidium*-Larven beobachteten und von HENKING (31) „Urtrachee", von MÉGNIN (45, 46) aber „stigmate" genannten Organe homolog. Alle diese Bildungen liegen am hinteren Rande der Epimeren des 1. Beinpaares, was der Lage bei den Halacariden vollkommen entspricht, sind wallartig oder doch von Verdickungen des Skelets umgeben und gehen nach HENKING aus einer Bildung des Embryos hervor, welche die embryonale Puppenhaut mit der Leibeshöhle in Communication setzt. Indess sind dieselben bei *Trombidium* nur der Larve eigenthümlich und schwinden später völlig; hier dagegen bleiben sie, wenn sie auch geringe Rückentwicklungen zu erleiden scheinen, während des ganzen Lebens erhalten. Derartiges kommt auch bei Sarcoptiden vor, wo MÉGNIN (46) bei Erwachsenen ein Organ beschreibt, welches er den Bildungen bei *Trombidium* gleichstellt.

Eine Hornhaut (Taf. VIII, Fig. 99) findet sich bei den meisten Halacariden in der vorderen Hälfte der Ocularplatten; doch fehlt sie bei einigen Arten von *Halacarus* GOSSE (Taf. VIII, Fig. 114), während andererseits bei *Aletes notops* (GOSSE) und *Leptognathus marinus n. sp.* zwei dicht hinter einander gelegene Hornhäute vorkommen (Taf. VIII, Fig. 89, 121). Dieselben erheben sich meist kaum über die Rückenfläche, nur bei *Halacarus oculatus* HODGE bilden sie einen stark gewölbten Hügel (Taf. VII, Fig. 62).

Unter den eben geschilderten Verhältnissen des Rumpfes befinden sich einige, welche sehr an die Hydrachniden DUG. erinnern. Schon die Panzerung der Milben an sich nähert sie dieser Familie, da unter den Trombididen DUG. bisher nur sehr wenig gepanzerte Formen beobachtet sind. Vor allem aber scheint die Vertheilung der Schilder, so characteristisch sie in ihrer Gesammtheit sicher für die

Halacariden ist, und auf den ersten Blick fast noch mehr die Structurirung der Panzerplatten für eine engere Verwandtschaft mit den
Süsswassermilben zu sprechen. Dieser zweiten Uebereinstimmung indessen, glaube ich, darf deshalb gar kein oder nur sehr wenig Gewicht beigelegt werden, weil die wenigen gepanzerten Formen der
Trombididen, *Caligonus piger* KOCH (40) und *Cryptognathus lagena*
KR. (40), genau dieselbe Felderung des Panzers und Anordnung der Poren
in den Maschen zeigen wie die Hydrachniden, so dass dieses vielmehr
beide Familien mit den Halacariden gemein haben. Die Vertheilung der
Platten dagegen zeigt in der That bemerkenswerthe Uebereinstimmungen
mit den letzteren, während jene beiden Landmilben eine völlig abweichende Art der Panzerung besitzen. Wir finden hier den Hüftplatten, den Genitalplatten und in den allerdings nur selten Hornhäute
tragenden Augenbrillen HALLER'S (25) auch den Ocularplatten der
Halacariden entsprechende Verhärtungen; endlich kommen bei den
*Hydrachnidae* DUG. gewöhnlich dorsal 4—6 paarige kleine Verhärtungen vor, welche Muskeln zum Ansatze dienen und den 6 knötchen-
förmigen Chitinplättchen von *Halacarus spinifer n. sp.* gleich sind.
Die Hüftplättchen ferner können sämmtlich von einander getrennt sein
oder mit der Genital- und Analplatte, wo die letztere (was sehr selten)
vorkommt, zu einer einheitlichen dorsalwärts noch übergreifenden Platte
verschmelzen. In der Regel aber verschmelzen genau wie bei den
Meeresmilben die Hüftplatten der Vorderbeine gesondert von denen
der Hinterbeine, wobei die hinteren Hüftplatten selten, die vorderen
dagegen häufig auch median sich fast bis zur Berührung nähern oder
selbst verschmelzen. In diesem letzteren Falle hat die Ringfurche
durch weite Ausdehnung der vorderen Hüften nach hinten ganz die
gleiche Gestalt wie bei den *Halacaridae* (*Megapus spinipes* NEUM.,
*Hygrobates impressus* NEUM., eine Reihe von *Arrhenurus*-Arten u. s. w.)
(34, 35, 53) angenommen. Immerhin ist indess die nur geringe Ausbildung der Genitalplatte, welche bei den Halacariden meist etwa die
Hälfte der ganzen Bauchseite bedeckt (Taf. VII, Fig. 65, 67, 81, Taf. VIII,
Fig. 91, 115, 117, 122), und die sehr geringe Panzerbildung der Dorsalfläche, die sich in der Regel nur auf jene Knötchen und Augenbrillen beschränkt, bemerkenswerth. Auch wurde das stigmenartige Organ bei den
Hydrachniden nicht beobachtet, und ganz den Meeresmilben entgegen erhalten sich die Verwachsungslinien der Hüften mit grosser
Zähigkeit selbst bei sehr stark gepanzerten Formen (35).

Zu diesen unbedeutenden Abweichungen kommen indess noch andere. Obwohl in auffälliger Weise jene Grübchen mit Zäpfchen sich

bei den Halacariden wie bei den Süsswassermilben finden (25), fehlen
doch die für die letzteren so sehr characteristischen Hautdrüsen-
öffnungen ganz oder sind auf 2 Paar reducirt, falls jene oben genannten Poren hierher gehören.  Ganz abweichend ist ferner die
Umbildung der feinen Hautporen im Umkreise der Geschlechtsöffnung zu weiten Genitalnäpfchen (10, 25, 35), und birnförmige Organe, wie sie HALLER (25) bei den Eylaiden KR. und Limnochariden KR. beschreibt, kommen bei den Halacariden ebenfalls nicht
vor.  Endlich steht dem auffällig kleinen punktförmigen Anus der
Hydrachniden der grosse und papillenförmig vorspringende Anus der
Meeresmilben gegenüber, während bei *Cryptognathus* KR. (40) ein nach
Lage und Form genau analoger Anus sich findet.  Einen sicheren Anhalt giebt demnach das Skelet des Rumpfes nicht; denn an die *Trombididae* schliesst sich dasselbe mit Ausnahme der auffälligen Anus-
bildung wie bei *Cryptognathus* KR. und der terminalen Einlenkung
des Capitulums noch weniger an.

## 2. Das Skelet der Beine:

Ueber die eigenthümliche Einlenkung der Beine wurde bereits oben (S. 281) gesprochen. Es wird durch sie ein doppelter Vortheil
für die Milben erreicht.  Einmal sind die Beine auf diese Weise
in dorso-ventraler Richtung vollkommen frei beweglich und können
bereits bei geringerer Länge ein weiteres Gebiet als ventrale Extremitäten beherrschen.  Sie sind daher zum Klettern ganz vorzüglich
geeignet.  Des weiteren wird aber auch die Sicherheit des Ganges so
viel wie möglich gesteigert, obwohl durch die Entfernung der Beine
vom Schwerpunkt das Tragen des Körpers erschwert wird.  Die Richtung der Vorderbeine direct nach vorn, der Hinterbeine direct nach
hinten bei dorso-ventraler Beugungsrichtung der Glieder macht ferner
jede Schwimmbewegung unmöglich und characterisirt die Thiere als
gehende oder kletternde.  Es liegt daher in der Stellung der Beine
ein scharfer Gegensatz zu den anderen Wassermilben, den Hydrachniden, ausgedrückt.

Die Länge der Beine ist sehr verschieden. Gemeinsam ist
allen Halacariden nur, dass die Vorderbeine kürzer, aber kräftiger als
die meist schlanken und dünnen Hinterbeine sind (Taf. VIII, Fig. 101).
Die kürzesten Beine finden sich bei *Aletes n. gen.*, deren 1. Beinpaar
nur die Hälfte der Körperlänge erreicht, während die Hinterbeine
etwas länger sind. Nur *Aletes notops* (GOSSE) (Taf. VIII, Fig. 89) ist, wie
durch so viele andere Eigenthümlichkeiten, so auch durch etwas längere
Beine ausgezeichnet. Doch auch bei den meisten Arten von *Halacarus*

GOSSE und bei *Leptognathus* HODGE erreichen die Vorderbeine die
Länge des Körpers nicht oder nur eben, die Hinterbeine sind etwas
länger. Auffällig lang werden nur die Beine von *Halacarus murrayi*
*n. sp.* (Taf. VIII, Fig. 86), dessen 1. Beinpaar bereits länger als der
Rumpf ist und dessen 4. Paar denselben noch um seine halbe Länge
überragt. Bei den erwachsenen Formen sind alle Beine 6 g l i e d r i g
(Taf. VIII, Fig. 102 u. 104). Die ersten zwei Glieder sind kurz und
dienen zum Heben und Senken der ganzen Extremitäten (Gelenk
zwischen Hüfte und 1. Gliede) oder zur Seitwärtsbewegung. Für diese
letztere ist das 2. Gelenk in eigenthümlicher Weise so umgestaltet,
dass das 2. Glied sich, wie die Thür um ihre Angeln, um zwei einander gegenüberstehende Zähne des 1. Gliedes nach innen und aussen
dreht und auf diese Weise mit dem doppelt (rechts und links) ausgeschnittenen distalen Ende des 1. Gliedes ein weites Doppelgelenk bildet
(Taf. VIII, Fig. 102 u. 104). Trotzdem dient auch das nach demselben
Typus gebaute, doch einfache 3. Gelenk noch der Ausswärtsbewegung;
an der Innenfläche stossen hier beide Glieder wie an der Streckfläche
eines einfachen Beugegelenks unmittelbar an einander (Taf. VIII, Fig. 102
und 104). Alle übrigen Gelenke sind nur der Beugung und Streckung
fähig (Taf. VIII, Fig. 104). Von den sie bildenden Gliedern ist das 4.
kurz, nicht oder kaum länger als breit, das 3. dagegen kräftig und
lang. Auch das 5. und 6. sind meist von beträchtlicher Länge und
stets bedeutend grösser als das 1., 2. und 4.

Das letzte Glied trägt an seinem distalen Ende zwei K r a l l e n,
deren Gestalt und Articulation sehr beachtenswerth ist. Bei einer
Neuseeländischen Form, deren Einreihung in eine Gattung aber vorläufig nicht möglich ist, *Halacarus truncipes* CHILTON (9), sollen die
Krallen fehlen oder sehr klein sein. Bei allen anderen Formen aber
sind sie sehr wohl entwickelt. Sie sind stets stark gekrümmt und
daher meist sichelförmig, doch nur ausnahmsweise wie bei *Leptognathus*
*marinus n. sp.* (Taf. VII, Fig. 51) und *Halacarus rhodostigma* GOSSE
einfach glattrandig. In der Regel springt vielmehr von der Spitze der
Krümmung und dem convexen Rande ein mehr oder weniger starker
Nebenzahn vor (Taf. VII, Fig. 50 a, 52), der mit dem Hauptzahn gleich-
gerichtet, aber sehr viel kleiner ist. Der concave Rand ferner erscheint ganz oder zum Theil durch reihenweis geordnete und von der
Fläche der Kralle entspringende feine, cilienartige Fiederblättchen gekämmt (Taf. VI, Fig. 50a). Bei zwei Arten, *Halacarus spinifer n. sp.*
und *Aletes nigrescens* (BRADY), entspringt überdies eine ähnliche, aber
kürzere Cilienreihe von dem convexen Rande der Kralle (Taf. VI, Fig. 50b).

Von dieser normalen Krallenform weicht ein Theil der *Aletes*-Arten ab. Bei gewisser Lage erscheinen nämlich die Krallen von *Aletes pascens n. sp.* und Verwandten sehr auffällig rechtwinklig gebogen (Taf. VI, Fig. 47 u. 48). Es rührt das daher, dass der convexe Rand vorzüglich an dem der Krümmungsstelle gegenüberliegenden Punkte nach der der Krallenspitze entgegengesetzten Richtung hin in ein rechtwinkliges Dreieck ausgezogen ist; dessen rechter Winkel eben die starke Knickung des sonst convexen Randes hervorruft. Zu gleicher Zeit rückt die Cilienreihe, welche dem convexen Rande aufsitzt, natürlich mit, und das dreieckige Feld nimmt eine von der Ebene der Kralle etwas abweichende Richtung an, so dass der distale jetzt fast geradlinige Krallenrand an seinem einen Ende ganz schwach eingerollt erscheint. *Aletes setosus n. sp.* (Taf. VI, Fig. 47) zeigt uns das Ausgangsstadium dieser Bildung, in dem die ursprünglich normale sichelförmige Kralle mit Nebenzahn noch sehr deutlich erkennbar ist, *Aletes pascens n. sp.* (Taf. VII, Fig. 48, 53) dahingegen ein Extrem, in welchem nur in dem verdickten concaven Theile die eigentliche Kralle noch schwach hervortritt und das dreieckige Feld aus einem rechtwinkligen bereits in ein spitzwinkliges übergegangen ist. Sieht man bei schräger Lage der Krallen nur auf den concaven Rand, so erscheint selbst hier noch die einfach sichelförmige Gestalt. Sehr auffällig ist es, dass diese winklig gebogenen Krallen, wie ich sie den Engländern folgend nennen will, an ein und demselben Beine von verschiedener Grösse (Taf. VII, Fig. 48) sind, und zwar ist an den Vorderbeinen die äussere, an den Hinterbeinen die innere Kralle die längere. Ganz unbedeutende und schwer nachweisbare Differenzen derart scheinen indess auch bei den übrigen Halacariden vorzukommen. Stets sind ferner, analog dem Verhalten der Beine, die Krallen der Vorderbeine kürzer als die der Hinterbeine, bei *Halacarus spinifer n. sp.* (Taf. VII, Fig. 50 *a* und *e*) sind die des 1. Beinpaares sogar auffällig dick und klein.

Diese Krallen nun sind nicht direct dem 6. Beingliede eingelenkt, sondern sitzen zunächst einem 5-seitigen Krallenmittelstück (Taf. VII, Fig. 50 *d*) auf, dessen seitliche Vorsprünge gelenkkopfartig in Gruben der Krallenbasis (Taf. VII, Fig. 50 *a*) eingreifen, und welches den Sehnen der Krallenmotoren zum Ansatz (Taf. VII, Fig. 50 *e*) dient. Zwischen den Krallen ist nicht selten der distale Rand des Mittelstückes in kleine Zähne oder selbst in eine kleine unpaare Kralle (*Aletes seahami* (Hodge) und *pascens n. sp.*) ausgezogen (Taf. VII, Fig. 50 *e* und 48). Mit dem breiten proximalen Rande dagegen ist es einer stabförmigen Verlängerung des 6. Beingliedes gelenkig verbunden (Taf. VII, Fig. 48, 51, 54), von dem aus überdies eine chitinöse Membran zum distalen freien Rande des Mittelstückes verläuft und dies ganze dreifach zusammengesetzte Gelenk umhüllt. Bei *Aletes n. gen.* indess und *Leptognathus* Hodge gliedert sich auch das hier besonders lange stabförmige Ende des 6. Gliedes als selbständiges Stück ab (Taf. VII, Fig. 48 und 51), so dass bei diesen Formen zwischen Krallenbasis und Beinende noch zwei Glieder eingeschoben sind und die Gesammtarticulation der Krallen durch vier Gelenke besorgt wird.

Bei allen Arten ist endlich das 6. Glied am distalen Ende mehr oder weniger stark auf der Streckfläche ausgeschnitten, so dass eine K r a l l e n g r u b e (Taf. VII, Fig. 55) entsteht, in welche die Krallen zurückgeschlagen werden können. Bei den Arten der Gattungen *Halacarus* Gosse und *Agaue n. gen.* ist diese besonders gross und tief und jedenfalls bei der ersteren durch membranöse Wände seitlich geschützt.

H a f t l a p p e n dagegen fehlen. Nur ist bei einigen *Halacarus*-Arten und bei *Leptognathus marinus n. sp.* (Taf. VII, Fig. 51) das distale Ende des 6. Gliedes ventral in eine feine, nach den Arten verschieden gestaltete Schuppe vorgezogen, welche von unten her das stabförmige Glied oder dessen Analogon schützt. Mit Haftlappen oder auch nur Rudimenten derselben lassen sich diese Bildungen indessen nicht vergleichen (42).

Grosse Mannigfaltigkeit zeigt auf den ersten Blick die B e - b o r s t u n g d e r B e i n e (Taf. VI, Fig. 37 u. 38), und doch lässt sie sich überall auf einen sehr einfachen Typus zurückführen. Allgemein verbreitet sind drei verschiedene Arten von Anhängen: 1) auf der Streckfläche kurze, gebogene, spitz auslaufende Borsten, 2) auf der Beugefläche steife, grade und dicke stachel- oder dornenartige Borsten, 3) auf der Aussenfläche, nahe der Streckfläche und dem distalen Ende der Glieder drei sehr lange, biegsame, doch meist gerade, sehr gelenkig befestigte Haarborsten. Die e r s t e F o r m (Taf. VI, Fig. 37 b) tritt, wenn wir der Einfachheit halber hier nur das 1. Beinpaar betrachten, nur auf den ersten 4 Gliedern und stets unpaar auf; ganz constant kommt eine von ihnen auf dem 2. Gliede vor, und nicht selten trägt das grosse 3. Glied 1—3 in mässigen Abständen hinter einander folgende Borsten dieser Art. Weit charakteristischer indess ist das Verhalten der beiden anderen Formen. Die v e n t r a l e n s t e i f e n u n d d i c k e n B o r s t e n (Taf. VI, Fig. 37 b) können an allen Gliedern mit Ausnahme des 1. auftreten; constant ist eine unpaare Borste am

2. Gliede und wenigstens ein Paar ganz nahe dem distalen Ende des 5. Gliedes. Auf diesem letzteren indessen ist diese Art von Borsten der Zahl wie Ausbildung nach den mannigfachsten Variationen unterworfen. Zunächst können in der Richtung nach dem proximalen Ende zu 1—3 weitere Paare, ja in abnormen Fällen selbst 4 hinzutreten. (Die *Aletes*-Arten haben sämmtlich nur 1 Paar (Taf. VII, Fig. 64, Taf. VIII, Fig. 89), *Halacarus fabricii n. sp.* 1 ¹/₂ (Taf. VI, Fig. 38), *Halacarus floridearum n. sp.* 3, *Halacarus murrayi n. sp.* und *spinifer n. sp.* 4 (Taf. VI, Fig. 37) und endlich abnorme Formen von *Halacarus murrayi n. sp.* 5 Paar Borsten oder Dornen.) Meist nehmen dabei die Anbänge, je mehr sie sich dem proximalen Ende nähern, um so mehr an Länge ab und an Dicke zu, so dass die letzten Paare kurzen dicken Stacheln oder Dornen gleichen. Ueberhaupt haben diese ventralen Anhänge, wo immer sie auftreten, das Bestreben, zu Stacheln oder Dornen sich auszubilden: nur bei *Halacarus murrayi n. sp.*, wo alle Anhänge feine, steife Borsten bilden, haben auch diese eine gleiche Form bewahrt, umgekehrt sind sie sehr dick und von lanzettförmigem Umriss bei *Halacarus spinifer n. sp.*, wo aber das vorderste Paar in auffälliger Weise zwei ganz feine Haarborsten vorstellt (Taf. VI, Fig. 37). Bei dieser Art ist ferner die Einlenkung der Borsten durch einen erhöhten Wall ausgezeichnet. Noch eigenthümlicher sind die doppelt gefiederten Dornen von *Aletes notops* (GOSSE) (Taf. VI, Fig. 27) und die an ihrer fein auslaufenden Spitze geschwungenen Anhänge von *Halacarus loricatus n. sp.* Bei *Halacarus fabricii n. sp.* endlich sind die zwei median stehenden Dornen wie bei *Aletes notops* (GOSSE) doppelt gefiedert und ausserdem an ihrer Basis durch einen dreieckigen Chitinzipfel oder Basalhöcker geschützt (Taf. VI, Fig. 22). Diese ausserordentliche Mannigfaltigkeit der Ausbildung würde ein sehr leichtes Mittel zur Unterscheidung der Arten abgeben können, wenn nicht die Stellung und Zahl überall, wo eine grössere Zahl auftritt, manchen Variationen unterworfen wären. Es ist daher, wenn nicht derartige Besonderheiten wie bei *Aletes notops* (GOSSE) und *Halacarus fabricii n. sp.* auftreten, dennoch das 5. Glied nur als Anhaltspunkt zu verwenden, während das viel weniger auffällig behaarte 3. Glied wegen seiner seltenen Variationen recht gute Diagnosen abgiebt. Die langen Haarborsten der Aussenfläche endlich sind durch ihre Anordnung und Stellung sehr auffällig (Taf. VI, Fig. 37*b*,,,). Sie stehen stets nahe dem distalen Ende des 3., 4. und 5. Gliedes auf der Aussenfläche nahe der Streckfläche oder auch direct auf der letzteren selbst; zwei von ihnen stehen symmetrisch zu einander vorn, das dritte weiter hinten und so zu den zwei

vorderen Borsten, dass ihre Einlenkungsstellen die Ecken eines Dreiecks beschreiben (Taf. VI, Fig. 37 b‚‚‚). Durch ihre meist sehr bedeutende Länge, ihre Feinheit und gelenkige Einfügung, in Folge deren sie bei jeder Bewegung der Extremitäten eine andere Lage einnehmen, sind sie sehr auffällig. Dazu kommt noch, dass auf dem 5. und 4. Gliede nicht selten (*Halacarus spinifer n. sp.* und *floridearum n. sp.* u. a.) die hintere Borste ausserordentlich fein und sehr schlaff wird, so dass sie meist unter dem Deckglase wellenförmig gewundene Form annimmt und die Einlenkungspore viel zu gross für sie erscheint (Taf. VI, Fig. 37 s). Welche Bedeutung diese sehr eigenthümliche Borste haben mag, weiss ich nicht. Nicht immer scheinen indess alle 3 Borsten entwickelt zu sein, obwohl sie in der Mehrzahl der Fälle sofort auffallen. Wenigstens konnte ich bei *Aletes pascens n. sp.* am 4. Gliede nur 2 hierher gehörige Borsten entdecken; doch ist bei diesen kleinen Formen die Untersuchung des Borstenkleides sehr schwierig. Bei allen *Halacarus*-Arten hingegen und bei *Leptognathus marinus n. sp.* ist das Borstendreieck stets vorhanden. In der Länge der Borstenhaare kommen selbstverständlich nach den Arten Verschiedenheiten vor; auch kann die am meisten dorsal oder nach innen stehende Borste sich dem Character der gebogenen Borsten der Streckfläche näbern. Immer wird die eigenartige Stellung und die Form der anderen 2 Borsten hier die Erkennung leicht machen.

Ausser diesen drei Arten von Anhängen treten nur noch wenige andere Formen auf. So beobachtet man bei den sehr reich behaarten *Halacarus spinifer n. sp.* und *murrayi n. sp.* am 5. und auch am 4. Gliede (*H. spinifer*) paarige, feine, aber nicht sehr lange Borsten auf den Seiten der Glieder zwischen den Borsten der Streck- und der Beugefläche (Taf. VI, Fig. 37 b⁴). Ferner ist bei den meisten Arten das distale Ende des 6. Gliedes auf der Beugefläche mit einer geringeren oder grösseren Zahl kurzer, fadenförmiger und schwach wellig gebogener Anhänge ausgerüstet, welche ich ihrer Stellung nach als Tasthaare bezeichnen möchte, zumal da sie stets in grösserer Zahl an den Vorderbeinen vorkommen als an den Hinterbeinen und meist den letzteren ganz fehlen (Taf. VI, Fig. 37 b⁵). Endlich stehen auf dem Rande der Krallengrube oder unmittelbar proximalwärts von derselben 3 bis mehr, längere, stets schwach gebogene feine Borsten, welche sich über die Krallen hinüberneigen (Taf. VI, Fig. 37 b⁶). Ob sie den kurzen Borsten der Streckfläche der übrigen Glieder oder, was unwahrscheinlich ist, den Dreiecksborsten entsprechen, ist schwer zu entscheiden.

Im Allgemeinen ist die Zahl der Borsten eine geringe (Taf. VI, Fig. 38), so bei allen *Aletes*-Arten und der Mehrzahl der *Halacarus*-Arten. Nur bei *Halacarus murrayi* und *spinifer n. sp.* (Taf. VI, Fig. 37) sowie *Leptognathus marinus n. sp.* wird durch Vermehrung der Borsten der Streck- und Beugefläche, das Hinzutreten der Seitenborsten und in einem Falle selbst durch Vermehrung der Dreiecksborsten (Taf. VI, Fig. 39) die Zahl derselben erheblich gesteigert. Je nach der Stärke und Länge der Anhänge kann des weiteren das Aussehen eines Thieres vielfach modificirt werden.

Als den Halacariden eigenthümliche Verhältnisse im Bau der Beine müssen die Einlenkung derselben, der Bau der Krallen und wahrscheinlich auch die Beborstung aufgefasst werden. Die Ausbildung derselben zu reinen Gang- oder besser Kletterfüssen nähert gleichzeitig die Milben den Trombididen, während die Art der Beborstung vielmehr auf die Hydrachniden hinweist. Schwimmborsten können indess mit Sicherheit nicht nachgewiesen werden. Am meisten Aehnlichkeit mit solchen haben die langen Dreiecksborsten durch ihre Länge und sehr gelenkige Einfügung; aber sie stehen dorsal oder nahezu dorsal den Dornen der Beugefläche gegenüber. Auch meint HALLER (30), wenn er bei *Halacarus gossii* von „rudimentären Schwimmborsten" spricht, offenbar diese nicht, da er ausserdem „lange, schwache Haare" erwähnt. Auch spricht er von „verkürzten" Schwimmborsten. Es bleiben demnach nur die Seitenborsten und die Stacheln und Dornen selbst übrig. Da diese aber stets am 1. Beinpaare ihre Hauptentwicklung erreichen, an den Hinterbeinen dagegen nur sehr schwach und in bedeutend geringerer Zahl auftreten, während bei den Hydrachniden gerade die Hinterbeine die Hauptträger der Schwimmborsten sind, so wäre auch für diese Anhänge eine solche Deutung völlig ungereimt, zumal da bei *Hydrachnidae* DUG. am 1. Beinpaare ganz ähnliche starke Dornen und Stacheln sich finden (z. B. bei *Nesaea mirabilis* NEUM. und *Atax vernalis* KOCH (53)), die ohne weiteres schon durch dieselbe Stellung, dann aber auch durch die Modificationen ihrer Form (doppelt gefiedert oder einfach) als analoge und eventuell homologe Bildungen sich kennzeichnen. Immerhin liegt in der Mannigfaltigkeit der Anhänge, ihrer Stärke und Länge eine Uebereinstimmung mit den Hydrachniden, obwohl die langen Haarborsten eine Eigenthümlichkeit der Halacariden zu bilden scheinen. Ebendahin führt auch die Zunahme der Länge der Beine vom 1. zum 4. Paare, während meistens bei den Trombididen das umgekehrte Verhältniss besteht; doch dürfte das ebensowenig von grösserer Be-

deutung sein wie der Umstand, dass bei den Hydrachniden die Krallen
an den Hinterbeinen kürzer als an den Vorderbeinen sind, ja an
letzteren ganz fehlen können. Die Bildung des letzten Gliedes kehrt
in überraschend gleicher Weise bei einer Subfamilie der *Trombididae*
wieder, bei den *Tydidae*. KRAMER schreibt in seinen Grundzügen zur
Systematik der Milben (39): „Characteristisch ist, dass das letzte
Glied in der vorderen Hälfte verdünnt erscheint. In der Mitte des
oberen Randes, da wo die dickere Hinterhälfte zur dünnen vorderen
herabfällt, stehen meist mehrere besonders ansehnliche Haarborsten."
Indessen finden wir auch bei den Hydrachniden mit leichten Modificationen dasselbe. Eine Krallengrube mit membranösen hohen Seiten-
wänden ist leicht nachweisbar und ebenso ein rundliches Krallen-
mittelstück, an dem die Krallen eingelenkt sind. Nur die langen
Borsten und das stabförmige Glied von *Aletes n. gen.* und *Leptognathus*
HODGE fehlt. Es ist demnach dieses Mittelstück keineswegs, wie
KRAMER (42) meinte, nur bei Gamasiden und Oribatiden entwickelt,
sondern ebensowohl bei Hydrachniden, Halacariden und nach den
Zeichnungen HENKING's (31) von der Larve von *Trombidium fuliginosum*
HERM. auch bei Trombididen vorhanden [1]). Dies Mittelstück aber als
Hauptkralle anzusehen, wie KRAMER es (37) will, ist bei diesen drei
Familien jedenfalls durch nichts motivirt.

### 3. Das Skelet des Capitulums.

An dem Capitulum der Halacariden unterscheidet man leicht einen
kugeligen Basaltheil von den Tastern und dem deutlich abgesetzten Schnabel (Taf. VIII, Fig. 101, 104). Ersterer bildet eine vollkommen geschlossene, ringförmige Hülse, welche indess dorsal ein gut
Theil schmäler ist als ventral und dadurch einige Aehnlichkeit mit
dem menschlichen Schildknorpel bekommt (Taf. VI, Fig. 11 u. 12, 18).
Bei *Aletes n. gen.* und *Halacarus* GOSSE, deren Trugköpfchen wir
zunächst allein betrachten wollen, sind lateral am Vorderrande die
Taster eingelenkt, und der zwischen den Basen derselben gelegene
ventrale Vorderrand ist in einen Schnabel von verschiedener Länge
ausgezogen. Dorsal hingegen ist meist der Vorderrand einfach gerade
abgeschnitten. Aber die dorsale Decke des Capitulums ist in anderer
Hinsicht sehr interessant. Auf ihrer hinteren Hälfte verlaufen in
der chitinösen Wandung selbst zwei helle Kanäle (Taf. VI, Fig. 11,

---

1) Es besitzen diese nämlich neben den 2 Krallen der reifen Form
noch eine mittlere, der kleinen Mittelkralle von *Aletes seahami* (HODGE)
sehr ähnliche Kralle.

Taf. VII, Fig. 63 *sp.*), welche am Hinterrande in den Rumpfabschnitt münden und hier ein starkes Gefäss mit sehr zarter chitinöser Wandung, die aber durch eine Spiralleiste verstärkt ist (Taf. VI, Fig. 63 *sp.''*), nach hinten entsendet. Es ist das, wie wir weiter unten sehen werden, der **A u s f ü h r u n g s g a n g  v o n  S p e i c h e l d r ü s e n**, welche im vorderen Rumpfabschnitte liegen. Diese leicht auffallenden Kanäle nun verlaufen auf der dorsalen Decke des Capitulums weit von einander getrennt, so dass ihre vordere Verlängerung genau den medianen Rand der Tastereinlenkung trifft und sie in ihrem Verlaufe unmittelbar die dicht unter der Decke liegenden Mandibeln an ihrer Aussenseite begleiten. Den Vorderrand erreichen sie nie, meist hören sie schon in der hinteren Hälfte auf (Taf. VIII, Fig. 116), nur bei *Aletes n. gen.* gehen sie bis nahe an den Vorderrand heran. Lösen wir nun vorsichtig das ganze zwischen diesen Speicheldrüsengängen gelegene dorsale Stück der Hülse bis zum Vorderrande ab und heben die unter ihr liegenden Mandibeln heraus, so stossen wir auf eine **C h i t i n-b r ü c k e** (Taf. VI, *mdr.* in Fig. 23, 30, 43, 44). Dieselbe durchsetzt indess nicht die Hülse in ihrer ganzen Breite, sondern biegt schon eine bedeutende Strecke, bevor sie die Seitenwand erreicht, in sehr steilem Bogen dorsalwärts um und verschmilzt genau in der Verbindungslinie von Speicheldrüsengang und Innenrand der Tasterbasis mit ihrer dorsalen Decke. Es bildet demnach diese Brücke, welche wir ihrer Function nach **M a n d i b e l r i n n e** nennen wollen, mit dem lateralen und ventralen Theile des Capitulums ein Ganzes, welches wir am besten wiederum mit einem breiten Ringe vergleichen können, dessen dorsale Hälfte derart zu einer tiefen Rinne eingedrückt ist, dass der Vorderrand des eingedrückten Theiles fast den ventralen Vorderrand berührt, der Hinterrand aber noch erheblich höher als der ventrale Hinterrand liegt. Es entsteht dadurch ein schräg von hinten und oben nach vorn und unten abfallender Boden der Rinne (Taf. VI, Fig. 23 *mdr.*), welcher genau dem Boden der Mandibelrinne entspricht und am Vorderrande des Ringes (Taf. VI, Fig. 30) nur lateral je eine rundliche Oeffnung als Rest des ursprünglichen Lumens lässt, durch welche am Capitulum die Musculatur der Taster nach aussen tritt und auf welcher das Basalglied der Taster eingelenkt ist. Denn in den medianen, sehr niedrigen Theil der vorderen Oeffnung des Ringes schiebt sich, ihn ganz ausfüllend, ein Chitinring, welcher das vorderste Ende des Pharynx umschliesst (Taf. VI, Fig. 30 *mdg.*). Bedeutend höher ist die hintere Oeffnung (Taf. VI, Fig. 44), bei der die ventrale Wand und der Rinnenboden durch einen weiten Abstand von einander getrennt sind. Beide Verhältnisse zeigen Schnitte sehr deutlich. In ihrem vorderen, nach dem Schnabel absteigenden Theile ist die Brücke sehr zart, ihr hinterer Rand hingegen, der meist schon in beträchtlicher Entfernung vor dem Hinterrande des ventralen Theiles liegt, ist stark verdickt (Taf. VI, Fig. 23 *sp.*) und umschliesst die letzten Theile jener Speicheldrüsenkanäle (Taf. VI, Fig. 44 *mdr.*), denen wir bereits auf der dorsalen Decke begegneten. Es sind dieselben von der letzteren aus direct in die Mandibelrinne hinabgestiegen, deren Hinterrand sie bis zur Mediane verfolgen (Taf. VI, Fig. 12 *sp.*); hier biegen sie an einem mittleren, kielartigen Längswulste nach vorn um und scheinen auf der Mandibelrinne auszumünden. Wenigstens können die Gänge nicht weiter verfolgt werden.

Die bisher geschilderte untere und laterale Abtheilung des Basaltheiles umschliesst nur die Musculatur der Taster und den P h a r y n x. Dieser letztere ist in eine seichte mediane Längsfurche der ventralen Wandung mit seiner chitinös verdickten, unteren Hälfte eingelassen (Taf. VI, Fig. 44 *ph.*), ragt aber mit seinen ebenfalls noch verdickten Seitenwänden über dieselbe hervor. Die dorsale Wand des Pharynx ist der Hauptsache nach membranös geblieben, besitzt aber auf der Aussenfläche feine Längs- und Querrippen, an welche sich mächtige Saugmuskeln (Taf. VI, Fig. 49) ansetzen. Auch diese Muskeln sind in ihren Ansatzpunkten durchaus auf den unter der Mandibelrinne gelegenen Raum beschränkt oder auf die hintere Verlängerung desselben. Die ventrale und dorsale Wand des Pharynx aber erscheinen bei der Ventralansicht als eine mediane unpaare, bei *Halacarus* GOSSE vorn flaschenartig verengte Platte, welche durch die Rippen der durchscheinenden Dorsalwand zierlich gefeldert aussieht (Taf. VI, Fig. 12 u. 24 *lg.*) und von KRAMER (36) bei anderen Milben als Lingula oder Z u n g e aufgefasst ist. — Unter und seitlich von der Mandibelrinne liegen also nur die Muskeln der Taster und des Pharynx, sowie dieser letztere selbst. Auf der Mandibelrinne aber gleiten die M a n d i b e l n mit ihrem dicken, geschwollenen Basaltheile hin und her (Taf. VI, Fig. 23), während ihr schlankeres Vorderende mit der Klaue auf dem Schnabel ruht. Erstere werden von einer zarten häutigen Membran bedeckt, welche sich median noch zwischen beide Mandibeln eine Strecke weit hinabzieht (Taf. VI, Fig. 43 *ob.*), und über diese endlich lagert sich die dorsale Wand des Capitulums (Taf. VI, Fig. 43 *ep.*), welche zwischen den Tastern gerade abgeschnitten endet oder in eine verschieden gestaltete Spitze ausgezogen ist (Taf. VI, Fig. 11 *ep.* u. 15 *r.*). Auch über diese Verhältnisse geben Schnitte Rechenschaft. HALLER (29) nennt diesen Theil der Hülse E p i s t o m, die darunter gelegene häutige Hülle aber Oberlippe. Stigmen fehlen ebenso wie Tracheen vollkommen.

Endlich bleibt noch ein Paar stäbchenförmiger Chitinstücke übrig, welche von CRONEBERG (11, 12), ihrer Bedeutung bei Trombididen und Hydrachniden entsprechend, als T r a c h e a l l e i s t e n, von HALLER (29) aber als Rudiment eines 3. Kieferpaares bezeichnet werden. Sie befinden sich genau am Hinterrande der Mandibelrinne in dem hintersten nicht getheilten Abschnitte der Hülse (Taf. VI, Fig. 23), und es ist daher nicht zu entscheiden, wohin sie gestellt werden sollen. Mit ihrem vorderen Ende liegen sie dicht unter den Mandibeln noch über der Rinne, von der Medianlinie und von einander nur durch einen hinteren medianen Fortsatz des Rinnenbodens getrennt, und in ihrer ganzen Länge sind sie durch Muskeln mit den Mandibeln verbunden; ihr weitaus grösserer hinterer Abschnitt dagegen liegt unter dem Niveau des Rinnenbodens, und an der Berührungsstelle mit letzterem stellt eine häutige Membran eine enge Verbindung her. Endlich sind sie auch bei den Halacariden durchbohrt von einem Kanale, der nur als Rest früherer Tracheen aufgefasst werden kann (Taf. VI, Fig. 46). Ihre Länge ist sehr verschieden bei den einzelnen Arten.

Die ganze Hülse ist vollkommen einheitlich gebaut, nirgends lassen sich derartige T r e n n u n g s l i n i e n, wie KRAMER (35) sie bei den Hydrachniden gefunden hat, direct nachweisen. Nur in wenigen Punkten können wir solche vermuthen. Es sind das 1) die Grenze von Epistom und dem die Taster tragenden unteren und lateralen Abschnitte in der Verschmelzungslinie der Mandibelrinne mit der dorsalen Wand und in dem Verlaufe der Speicheldrüsengänge im Integumente der Hülse; 2) in dem median zwischen die Mandibeln herabsteigenden Zipfel der Oberlippe[1]); 3) in dem medianen Längswulste und hinteren unpaaren Fortsatze des Bodens der Mandibelrinne. Sehr deutlich tritt dagegen in dem S c h n a b e l, der zunächst nur als Verlängerung der ventralen Wand erscheint, eine Zusammensetzung aus zwei symmetrischen Abschnitten hervor. Bei *Aletes n. gen.* sind die Verhältnisse zu klein, um ins Einzelne verfolgt zu werden, dagegen habe ich sie bei *Halacarus* GOSSE sehr genau studiren können. Die Gestalt des Schnabels (Taf. VI, Fig. 13 u. 2 4) ist dem Umrisse nach verschieden, doch stellt er stets eine mehr oder weniger tiefe, dorsal offene Halbrinne dar, deren Boden besonders in seiner vorderen Hälfte

---

1) Auch HALLER (29) folgerte bei anderen Milben so.

bereits bei geringem Drucke in zwei seitliche Theile auseinander-
weicht. *Halacarus spinifer n. sp.* zeigt nun, dass in der That auf
der Unterfläche des Schnabels eine von zwei Wülsten begrenzte, in
ihrem Verlaufe verschieden breite Furche hinzieht. Jede Schnabel-
hälfte aber zerfällt in einen grösseren lateralen und hinteren Abschnitt, welcher hohl ist, dicke Chitinwandung besitzt und die Hauptmasse des Schnabels bildet, und in einen medianen vorderen, durch
einen Wulst abgegrenzten Theil, welcher nur aus einer dünnen Membran besteht und mit dem entsprechenden Theile der anderen Hälfte
ein langgestrecktes, ovales bis spindelförmiges Feld bildet, durch
welches die mediane Furche mit ihren Wülsten der Länge nach hin-
durchzieht. Der laterale Theil trägt überdies mehrere Borsten und
wärzchenartige Anhänge (Taf. VI, Fig. 13, 28 u. 29); am lateralen und
oberen Rande aber geht er wiederum in eine feine Membran über,
welche sich über die Oeffnung der Rinne von den Seiten her hinüber-
schlägt und vorn, da wo die Mandibelklauen zu liegen kommen, nur
einen schmalen Spalt zwischen sich lässt (Taf. VI, Fig. 24). Auf der
dorsalen Fläche des Schnabelbodens, unmittelbar am Vorderrande des
Basaltheiles, liegt die M u n d ö f f n u n g (Taf. VI, Fig. 30), welche, von
einem Chitinringe umgeben, dorsal von dem Vorderrande der Mandibelrinne bedeckt wird. Der letztere setzt sich unmittelbar in die
Chitinwandung der Schnabelhälften fort, die zunächst noch fest verwachsen sind und zwischen sich den engen Mundspalt (Taf. VI, Fig. 29 *m*)
bergen, der in die Rinne, nicht aber durch den Boden derselben nach
aussen sich öffnet. Weiter nach vorn dagegen, da, wo das membranöse
Feld beginnt, findet, wie Schnitte lehren, eine wirkliche Trennung der
Hälften statt (Taf. VI, Fig. 28); doch liegen sie stets eng aneinander
und vermögen, da jede seitliche Bewegung unmöglich, auch nicht ohne
Druck sich von einander zu entfernen. Wir haben demnach bei *Halacarus spinifer n. sp.* im Grunde einen nur an der Basis einheitlichen,
sonst aber in zwei anfangs divergirende, nach der Spitze zu zangen-
artig wieder sich berührende Hälften getheilten Schnabel vor uns, der
nur durch membranöse Fortsätze zu einer scheinbar einheitlichen
Rinne geschlossen wird. Jede Hälfte umschliesst Gewebe und trägt
mehrere Borsten. Indem die Hälften mehr oder weniger weit verschmelzen und die membranösen Fortsätze schwächer oder stärker
sich entwickeln, endlich auch die Gestalt ersterer sich ändert, erfolgen
die Abweichungen, welche die übrigen *Halacarus*-Arten und *Aletes
n. gen.* zeigen. Bei letzterer Gattung ist die Rinne sehr flach, bei
*Halacarus murrayi n. sp.* (Taf. VI, Fig. 17) sehr tief. Auch ist der

Schnabel von *Aletes n. gen.* nur kurz (Taf. VII, Fig. 65), während der von *Halacarus murrayi n. sp.* eine nicht unbedeutende Länge erreicht.

Bei den M a n d i b e l n und T a s t e r n können wir uns kurz fassen. Erstere sind zweigliedrig (Taf. VI, Fig. 34, 45, Taf. VII, Fig. 57), im 1. Gliede nach hinten zu stark angeschwollen, nach vorne zu dagegen stark verschmälert, im 2. Gliede klauenförmig. Die Klauen sind bei *Aletes n. gen.* (Taf. VI, Fig. 34, 45) sehr spitz, bei *Halacarus* Gosse mehr stumpf, aber stark und kräftig, am concaven dorsal gerichtetem Rande fein gekerbt (Taf. VI, Fig. 25, 33). Das distale Ende des 1. Gliedes ist in zwei, bei *Halacarus* Gosse sehr grosse, farblose und zarte Schutzblätter verlängert (Taf. VI, Fig. 25, 33), welche dorsal das Gelenk, ventral aber den gesammten concexen Rand bedecken. Bei *Aletes n. gen.* ist nur dorsal ein deutliches Deckblatt ausgebildet, ventral dagegen erscheint nur eine breit abgerundete, kurze Membran, welche bis in die Höhe der dorsalen Einlenkung reicht. Es sind die Klauen aber mit sehr schräger Basis eingelenkt, so dass die dorsale Einlenkungsstelle bedeutend weiter nach vorn liegt als die ventrale.

Die T a s t e r (Taf. VI, Fig. 11, 16) endlich sind aus vier regelmässig an einander gereihten Gliedern aufgebaut, von sehr verschiedener Dicke und Länge nach den Gattungen, aber trotzdem stets nach demselben Typus gebaut. Immer ist das 1. und 3. Glied kurz, das 2. sehr lang und das 4. länger als das vorletzte, ja unter Umständen länger als das 2. (*Halacarus oculatus* Hodge, Taf. VI, Fig. 31). Dies letzte Glied ist also der Länge nach das variabelste, und ebenso verhält es sich nach Form und Behaarung. Das grosse 2. Glied trägt stets auf der Streckfläche, nahe seinem distalen Ende, eine steife Borste.

Von dem C a p i t u l u m von *Aletes n. gen.* und *Halacarus* Gosse weicht das von *Leptognathus* Hodge (Taf. VII, Fig. 57, 58, 60, 61) vor allem darin ab, dass die Taster mit ihrer Basis dorsal bis nahe an die Medianlinie zusammengerückt sind und dadurch das Epistom so gut wie ganz zum Schwunde gebracht ist (Taf. VII, Fig. 61). Nur zwischen der Basis der Taster selbst springt ein kleines Plättchen nach vorn über die Mandibeln vor, welches als Verlängerung des Epistoms angesehen werden muss und darauf schliessen lässt, dass auch der schmale mediane Theil der Dorsaldecke der Hülse, welcher in seiner Verlängerung liegt, als Epistom aufzufassen ist. Denn in der Chitinwandung eingelagerte Speicheldrüsengänge fehlen hier gänzlich; die betreffenden Gänge verlaufen frei im Lumen des Capitulums dicht

20 *

unter der dorsalen Wand über dem Basalgliede der Mandibeln (Taf. VII, Fig. 51). Ihr weiterer Verlauf konnte indess nicht festgestellt werden, da auch die Mandibelrinne nur unvollkommen ausgebildet ist. Zwar sieht man bei der Seitenlage des Trugköpfchens deutlich den von der Basis des Schnabels nach hinten verlaufenden Boden derselben, aber die aufsteigenden Wände, welche die Mandibeln von den Seiten einscheiden, sind nicht zu erkennen. Ebenso wenig tritt bei der Dorsal- oder Ventralansicht ihr hinterer Rand hervor. Die Trachealleisten haben ihre Lage bewahrt; auch die Wände des Pharynx scheinen ventral, wenngleich auch weniger deutlich als bei *Halacarus* GOSSE, durch.

In Folge dieser Verschiebung der Tasterbasis sind auch die übrigen Tasterglieder in Form und Haltung modificirt. Bereits vom distalen Ende des 1. Gliedes an lagern beide Taster einander eng an, und es ist daher die Innenfläche des 2. Gliedes ganz abweichend von den andern Gattungen vollkommen gerade und nicht convex nach vorn hin ausgebuchtet (Taf. VII, Fig. 61). Die beiden Endglieder ferner werden nach unten gesenkt, so dass sie mit dem Schnabel eine Art Kneifzange bilden (Taf. VII, Fig. 58). Dass der Schnabel bei den bisher bekannten Arten stets sehr lang und pfriemenförmig ist, ist wohl sehr nebensächlich, die Haupteigenthümlichkeit der Gattung liegt sicher nur in den durch die mediane dorsale Einlenkung der Taster bedingten Verhältnissen und dem Verlauf der Speicheldrüsengänge. Im Uebrigen sind Taster, Mandibeln und Klauen ganz wie bei *Aletes n. gen.* und *Halacarus* GOSSE gebildet.

Die Vergleichung der eben geschilderten Verhältnisse mit den Hydrachniden und Trombididen [1]) zeigt uns in allen wesentlichen Zügen des Capitulums und seiner Anhänge eine völlige Uebereinstimmung mit beiden Familien. Das von CRONEBERG (11, 12) und HENKING (31) für *Trombidium* wie für Süsswassermilben geschilderte innere Gerüst, die Mandibelrinne, die Trachealleisten, ist hier genau ebenso ausgebildet. Die Mandibeln sind wie bei den typischen Trombididen und der Mehrzahl der Hydrachniden im 2. Gliede klauenförmig [2]), und die Taster zeigen in ihrem 1.—4. Gliede in überraschender Weise dieselben Grössenverhältnisse wie *Scyphius* KOCH (33), *Raphignathus* DUGÈS (14), *Erythraeus* LATR. (14) und *Trombidium* LATR. (14, 31). Auch von den Tastern der Gattungen *Atax* BRUZEL, *Limnesia* KOCH,

---

1) Siehe Nachtrag S. 395.
2) Auch ein membranöses Deckblatt kommt bei Hydrachniden vor.

*Nesaea* KOCH, *Arrhenurus* KOCH, *Lebertia* NEUM. u. a. (53) gilt dieselbe Uebereinstimmung. Stets sind das 1. und 3. Glied kurz und dick, das 2. lang und kräftig, das 4. endlich ebenfalls lang, aber meist schlanker. Vor allem beachtenswerth aber ist, dass bei *Halacarus* GOSSE sehr deutlich auch die bei Hydrachniden (z. B. *Limnesia pardina* NEUM. und *Piona fusca* NEUM. (53)) vorkommende, für eine grosse Zahl der Trombididen (14, 33) aber characteristische langklauenförmige Gestalt des 4. Gliedes ausgeprägt ist. Es ist daher wahrscheinlich, dass die Halacariden das letzte den Trombididen und Hydrachniden zukommende Glied verloren haben. Ob dieses wie bei der Mehrzahl der Trombididen nahe der Basis des 4. oder an dessen Spitze, wie bei fast allen Süsswassermilben, eingelenkt gewesen ist, vermag nicht mehr entschieden zu werden, da jede Spur eines 5. Gliedes fehlt.

Durch die viergliedrigen, regelmässig gebauten Taster, in denen jedes Glied dem Ende des vorhergehenden aufsitzt, schliessen sich die Meeresmilben enger an die *Eupodidae* und nach KRAMER's (39) Angaben auch an die *Erythraeidae* unter den Trombididen an. Es wäre insofern von Interesse, dass gerade bei *Erythraeus* LATR. und einer den Eupodiden nahe verwandten Gattung, *Megamerus* DUG., eine Bildung des Capitulums vorkommt, welche in dem dorsalen Schluss der Hülse durch ein Epistom und in dem halbrinnenförmigen, dorsal offenen Schnabel (23, 14) sich mehr den Halacariden nähert als die aller anderen Trombididen. Aber die *Erythraeus*-Arten, bei denen DUGÈS ein solches Capitulum beschreibt, besitzen durchaus unregelmässige Fühler und sind somit von den von KRAMER (39) bezeichneten Formen verschieden, und die Gattung *Megamerus* DUG. ist ebenfalls durch unregelmässige Taster, ausserdem aber noch durch Scheerenmandibeln ausgezeichnet. Gleichwohl ist nach DUGÈS' Schilderung der Schnabel von *Erythraeus* LATR. dreieckig, wie bei der Mehrzahl der *Halacarus*-Arten, und das Epistom nach vorn in einen dreieckigen Zipfel verlängert. Das Epistom von *Megamerus* DUG. hingegen weicht dadurch sehr auffällig von dem der Halacariden ab, dass es nach HALLER (23) 2 Borsten trägt.

HENKING (31) hat ferner für *Trombidium fuliginosum* denselben Verlauf der Speicheldrüsengänge im Hinterrande der Mandibelrinne beobachtet, wie ich bei den Meeresmilben. Auch schliesse ich nur aus seinen und einigen anderen Angaben auf diese Bedeutung der Gänge. Den Zusammenhang mit den allerdings deutlich im Vordertheile sichtbaren Speicheldrüsen habe ich vielmehr noch nicht nachweisen können,

Aber da, abgesehen von dem sehr eigenthümlichen Verlaufe, auch eine
Chitinspirale in der Wandung von Speicheldrüsengängen von *Trombi-*
*dium* LATR. und *Ixodes* LATR. erwähnt wird (58) und endlich diese
tracheenähnlichen Kanäle in den Anfangstheil des Rumpfes nach hinten
verfolgt werden konnten, wo der Hauptstamm noch einmal in dem
medianen Rande des Dorsaltheiles der vorderen Hüftplatte im Integumente selbst verläuft, so glaube ich an der Gleichartigkeit beider
Organe nicht zweifeln zu dürfen. Auch erschien der Inhalt bei durch-
fallendem Lichte am lebenden, frei sich bewegenden Thiere stets farblos und durchsichtig, nie, wie das bei Tracheen der Fall hätte sein
müssen, dunkel. Bei Süsswassermilben sind ebenfalls solche Speichel-
ausführungsgänge im vorderen Rumpfabschnitte beobachtet und von
CLAPARÈDE (10) als „blasse Kanäle" beschrieben. Aber nie ist hier
ein ähnlich absonderlicher Verlauf geschildert worden. Die in der
dorsalen Wand des Epistoms verlaufenden Gänge können deshalb als
Eigenthümlichkeit eines Theiles der Halacariden betrachtet werden.

Endlich mag noch kurz erwähnt werden, dass, während bei den
Hydrachniden der Schnabel die Neigung zeigt, sich nach unten an der
Spitze umzubiegen, er bei den Meeresmilben umgekehrt stets dorsal
emporgebogen erscheint (Taf. VI, Fig. 23 und 58).

### III. Die allgemeinsten anatomischen Verhältnisse.

Ohne irgendwie auf die vielen Controversen einzugehen, welche
augenblicklich noch fast bei jedem Organe der Milben herrschen, will
ich nur ganz kurz einige auffällige Punkte aus der Anatomie der
*Halacaridae* hervorheben, welche geeignet sind, die Stellung derselben
zu den anderen Milben aufzuklären. Alles andere bleibt der zweiten
Arbeit vorbehalten.

Da die *Halacaridae* abweichend von der Mehrzahl der Hydrachniden und Trombididen jedes Pigmentes im Integumente und dem
subcutanen Gewebe entbehren, und das Integument daher vollkommen
durchsichtig ist (Taf. VI, Fig. 20, 21), so wird das Ansehen der Milben
sehr wesentlich durch die inneren Organe bestimmt. Den ganzen
Rumpf aber erfüllt eine mächtig entwickelte, traubige Masse von tief-
schwarzer, grünschwärzer, brauner oder scharlachrother Färbung.
Diese Farbe ist durch intensiv gefärbte, kugelförmige Tropfen bedingt,
welche bald weniger dicht, bald eng gedrängt in einer heller gefärbten
oder selbst farblosen Grundmasse eingebettet sind, die ebenfalls aus

kleinen Tröpfchen gebildet erscheint. Diese ganze drüsige Masse wird
der Länge nach durch eine mediane Furche in zwei Lappen getheilt,
die indess vorn in grösserer oder geringerer Ausdehnung durch eine
Querbrücke zusammenhängen, und von denen jeder am lateralen Rande
durch drei Einschnürungen in drei vordere traubige Seitenlappen und
einen hinteren schmalen und spitz auslaufenden Hinterlappen zerfällt.
Diese Einschnürungen liegen ziemlich constant in der Höhe der Ringfurche, der Einlenkung des 3. und der des 4. Beinpaares. Kleine
Läppchen treten auch am Vorderrande auf (Taf. VI, Fig. 20). Bei
Individuen mit gefülltem Magen kann man sehen, wie dieses von
MICHAEL (49) „follikelähnliche Masse" [1]) genannte Gewebe
einen weiten, unpaaren, vorderen Abschnitt und zwei lange nach hinten
spitz auslaufende Blindsäcke umschliesst, in deren hinterster Spitze
man noch Nahrungsreste beobachtet. Es ist das also sicher das L u m e n
d e s  M a g e n s  und seiner Anhänge.

In der medianen Furche liegt eine leicht in mehrere Stücke zer-
brechende wurst- oder stabförmige Materie, welche bei auffallendem
Lichte weiss erscheint und das Lumen des als Furche erscheinenden
Rohres meist bei weitem nicht ausfüllt.

Diese Verhältnisse entsprechen vollkommen denen der T r o m b i -
d i d e n  und  H y d r a c h n i d e n. Denn nur bei diesen Milben hat man bisher eine solche mächtig entwickelte folliculäre, die Wand des Magens und
seiner Blindsäcke bedeckende (?) Masse beobachtet. Bei den O r i b a t i d e n
hat zwar MICHAEL (49) etwas Aehnliches gefunden, doch erlangt das Gewebe hier nicht dieselbe Bedeutung. Ebenso wichtig ist die mediane
und dorsale Lage des E n d d a r m e s oder Excretionsorganes, als welches
jene mittlere Längsfurche aufgefasst wird, welche ebenfalls für diese
beiden Familien characteristisch ist. Der traubige Bau der folliculären Masse und vielleicht auch der ungetheilte, ein einfaches Längs-
band vorstellende Excretionskanal entsprechen mehr den herrschenden
Verhältnissen bei den T r o m b i d i d e n, die vollkommen dorsale Lage
und das Fehlen jeder Ueberdeckung durch die Follikellappen mehr
dem von den Hydrachniden her Bekannten [2]).

---

1) Ich habe diese Bezeichnung weiter unten fast stets gebraucht,
weil noch streitig ist, ob dieses Gewebe die Magenwand selbst bildet
oder von derselben durchaus getrennt ist.

2) Interessant ist, dass die junge Larve der folliculären Masse vollkommen entbehrt und der sehr weite viereckige Magen nur an den
Ecken etwas ausgezogen, sonst aber völlig einfach ist. Er führt in
einen dicken und langen im Anus ausmündenden Enddarm. Auf diesem

Auf die Ausführungsgänge der Speicheldrüsen, welche ebenso schlagend die Verwandtschaft der Halacariden mit den Hydrachniden und Trombididen beweisen, aber auch auf die Besonderheiten der Meeresmilben, welche in ihnen ausgedrückt sind, ist bereits bei der Beschreibung des Capitulums (S. 299, 305) eingegangen.

Sehr abweichend dagegen von beiden Familien ist die gänzliche Tracheenlosigkeit, welche bei jeder Art der Untersuchung hervortritt und nicht zweifelhaft sein kann. Weder Untersuchungen der lebenden Thiere, noch Zupfpräparate, Schnitte oder Kalilaugepräparate haben mir jemals auch nur ein Stück einer Trachee gezeigt, obwohl bei den ersten Methoden jeder Druck sorgfältig vermieden wurde. Dennoch sind die Trachealleisten bei allen Arten in einer Weise entwickelt, die sich eng an die Hydrachniden anschliesst (Taf. VI, Fig. 36, 46). Es sind dieselben nämlich in ihrem vorderen Theile eigenthümlich häutig umgewandelt, in ihrer hinteren Hälfte aber von einem feinen Kanale durchbohrt, der dem Verlaufe der Tracheen bei den Hydrachniden entspricht, aber hier niemals eine Trachee entsendet. Genauere Vergleichung mit der Trachealleiste einer Süsswassermilbe macht es ferner sehr wahrscheinlich, dass auch der vordere Theil dem modificirten Luftsacke entspricht, zu dem bei jenen die vordere Hälfte der Leiste erweitert ist, dass hier aber die untere und die Seitenwände desselben membranös geworden und mit der Mandibelrinne verwachsen sind. Es sind diese Verhältnisse aber deshalb sehr wichtig, weil bei *Trombidium* (11, 31) das ganze 3. Kieferpaar zu einem Luftsacke umgebildet ist und somit die *Halacaridae* durch den Bau der Trachealleisten sich von den Trombididen entfernen und aufs engste den Süsswassermilben anschliessen (12, 31). Unter der Haut liegende Tracheen, wie sie HALLER (25) bei letzteren beobachtet hat, fehlen den Meeresmilben ebenfalls.

Auch in den Sinnesorganen nähern sich die Halacariden mehr den Süsswassermilben. Bei den Trombididen (14, 31) sind die lateralen Augen meist einfach, nur bei einigen Formen (*Erythraeus*-Arten, *Rhyncholophus* Dug. und der Larve von *Trombidium* LATR.) sind sitzende Doppelaugen beobachtet, andere Arten entbehren sogar der Augen ganz (39, 40) (*Tydeus* KOCH, *Cryptognathus* KR.). Bei den

---

in einer Furche oder aber direct in seinem Lumen liegt der wurstförmige Excretionsballen. Bei der Durchsichtigkeit der Organe war keine Entscheidung möglich; nach Durchschnitten an Erwachsenen ist der letzte Fall der wahrscheinlichste (Taf. VI, Fig. 35). Cfr. auch S. 388.

*Halacaridae* hingegen kommen stets zwei grosse sitzende, laterale Doppelaugen (Taf. VI, Fig. 21, Taf. VII, Fig. 62) vor, welche aus einem an der
Verschmelzungsstelle eingeschnürten Pigmentfleck und zwei demselben
aufgelagerten Linsen bestehen.    Meist kommen dazu noch 1 oder 2 im
Integumente liegende Hornhäute (Taf. III, Fig. 99, 121).   Genau ebenso
sind aber bei allen H y d r a c h n i d e n die lateralen Augen (25, 35, 39)
gebaut, nur fehlen den H y g r o b a t i d e n KR. stets die Hornhäute,
die ja übrigens auch nicht allen Meeresmilben zukommen (Taf. III,
Fig. 114).    In einem medianen unpaaren Pigmentfleck (Taf. VI, Fig. 20,
21), welcher dicht vor den antennenförmigen Haaren unter dem Rückenpanzer liegt, haben sich indess auch hier wieder die letzteren eine
Eigenthümlichkeit bewahrt, die keiner Hydrachnide und in genau
gleicher Weise auch keiner Trombidide zukommt.   DUGÈS (14) freilich
wollte bei *Hydrachna globulosa* ein unpaares vorderes Auge gesehen
haben, doch entspricht dasselbe so sehr einer unpaaren grossen Hautpore,
welche HALLER (25) beschreibt, dass hier wahrscheinlich eine Verwechselung. vorliegt.    Auch hat niemand nachher dieses Auge erwähnt.
Bei Trombididen (31) ferner kommt zwar ein als Sinnesorgan gedeutetes,
medianes, eigenthümlich eingelenktes Borstenpaar vor und bei *Pentha-*
*leus* KOCH sogar auf dem Nacken ein einziges Auge (15), welches aber
aus 8 — 10 kleinen Hornhäuten zusammengesetzt ist.   Nur dieser letzte
Fall entspricht daher in gewisser Weise dem Verhalten der Halacariden; aber die ganz abnorme Ausbildung dieses unpaaren Auges von
*Penthaleus* KOCH zu einem sehr zusammengesetzten Auge und das
ganz vereinzelte Vorkommen lässt diese Uebereinstimmung nur ganz
zufällig erscheinen.

Das Fehlen oder die Reduction der H a u t d r ü s e n und der Mangel
b i r n f ö r m i g e r  O r g a n e, wie sie bei den Hydrachniden (25) vorkommen, wurde bei der Besprechung des Rumpfes erwähnt.

Dass endlich bei den Halacariden allgemein ein mächtiger O v i-
p o s i t o r aus der Geschlechtsöffnung der ♀ hervorgestülpt werden
kann (Taf. VII, Fig. 59), ist, da ein solcher ausser bei Hydrachniden
und Trombididen (14) auch bei anderen Milben (49) beobachtet wurde,
ohne Bedeutung.   Ich erwähne sein Vorkommen nur in Rücksicht auf
die Biologie.

## Die Stellung im System.

Die morphologischen und anatomischen Verhältnisse der *Hala-*
*caridae* beweisen die Zugehörigkeit derselben zu den P r o s t i g m a t a
KR. so sicher, dass es dazu des Vorhandenseins jener Spuren eines

| 1. | 2. | 3. | 4. | 5. |
|---|---|---|---|---|
| Eigenthümlichkeiten der Prostigmata. | Eigenthümlichkeiten, welche den Trombid., Hydrachnid. und Halacarid. gemeinsam sind. | Eigenthümlichkeiten allein der Halacariden. | Eigenthümlichkeiten, welche die Halac. mit den Hydrachnid. theilen. | Eigenthümlichkeiten, welche die Halac. mit den Trombidid. theilen. |
| | | | | 1. Nicht so gerundet wie bei den Hydrachniden, mehr polygonal. 2. Vorderrand verlängert, nicht vorgezogen. |
| 1. Kein Sternum, nur Hüftplatten bilden die Basis des Bauchskelets. | 1. Structur der erhärteten Theile: Felder mit Porenkanälen eingefasst von Wällen verdickten Chitins. | 1. Art der Vertheilung der Panzerplatten: auf der Ventralfläche Genitalplatte oft das Uebergewicht erlangend; dorsal characteristisch die vordere u. hintere Dorsalplatte, welche, wie bei *Gamasidae*, zwischen sich die Ringfurche fassen. 2. Erhaltung des stigmenartigen Organes bis zum reifen Stadium. | 1. Panzerung d. Ventralfläche (Hüftplatten, Form der Ringfurche). 2. Panzerung der Dorsalfläche in den Augenbrillen, den 4—6 Knötchen, den Grübchen mit Zäpfchen. | 3. Grosse, papillenartig vorspringende, terminale Analöffnung wie bei *Cryptognathus* Kr. |
| 2. Als reife Form stets mit 8 6-gliedrigen Beinen. | 2. Einlenkung der Krallen an einem Mittelstück (allerdings bei anderen Milben auch !). | 3. Laterale Einlenkung der Beine und directe Richtung derselben nach vorn oder hinten. 4. Bau der Krallen. 5. Dreiecksborsten d. Beine. | 3. Zunahme der Länge der Beine vom 1. bis zum 4. Paare, nicht umgekehrt. | 4. Form und Behaarung des letzten Beingliedes genau wie bei *Tydeus* Koch. |
| 3. Mehr als 3-gliedrige Taster; „raptorial or holdings organs" (Michael). 4. Trachealeisten mit Resten der Luftkammer und des Trachealkanals. | 3. Das Gerüst des Capitulums: Brücke, Mandibelrinne, Trachealleisten. 4. Schnabel zwar paarig gebaut, doch ohne gegliederte Anhänge. 5. Klauenmandibeln, deren Basalglied nicht dorsoventral abgeplattet ist. 6. Freie Taster, deren Glieder sehr verschieden lang sind, 1. u. 3. kurz. | 6. Schnabel an der Spitze dorsalwärts gebogen. | | 5. Einlenkung des Capitulums (nur bei *Sperchon* Kr. unter den Hydrachnid.). 6. Taster 4-gliedrig und regelmässig wie bei *Scyphius* Koch (*Eupodid.*). 7. Capitulum im Schnabel, Epistom u. Basaltheil wie bei *Erythraeus* Latr. u. *Megamerus* Dug. |
| | 7. Folliculäre Masse sehr stark entwickelt, so dass sie den Rumpf fast ganz erfüllt. 8. Excretionskanal einfach, dorsal in der Mediane. | 7. Pigment im Integument oder darunter liegenden Gewebe fehlt stets. 8. Verlauf der Speicheldrüsengänge in der dorsalen Wand des Capitulums und theilweise auch der des Rumpfes. 9. Fehlen der Tracheen. 10. Unpaarer medianer Augenfleck ohne Linse, ohne Hornhaut. | 4. Stets laterale Doppelaugen. 5. Trachealleisten nur im vorderen Theile zu einer Luftkammer umgewandelt, im hinteren Abschnitte nur von einem Kanale durchzogen. | 8. Fehlen der birnförm. Organe Hall. u. d. Geschlechtsnäpf. 9. Fehlen (oder äusserste Reduction) der Hautdrüsen. 10. Ausführ.-gänge d. Speicheldrüsen in dem Hinterrande d. Mandibelrinne wie bei *Trombidium*. 11. Unpaares med. Auge wie bei *Penthaleus* Koch (Megamer.); aber bei *P.* sehr hoch organisirt (!) |

Tracheensystems in den Trachealleisten gar nicht bedurft hätte. Die Frage nach der Stellung der Meeresmilben in dieser Familie indess ist selbst durch sie nicht zu vollkommener Zufriedenheit zu lösen. Nur so viel geht klar aus ihrer Besprechung hervor, dass die Halacariden aufs engste mit den beiden Dugès'schen Familien der Trombididen und Hydrachniden verwandt sind, mit den Bdelliden und Cheyletiden dagegen nichts zu thun haben. Bei ersteren (39, 41) weicht der für diese Thiere so charakteristische Bau des Capitulums mit den in dorso-ventraler Richtung abgeplatteten Mandibeln, dem Rüssel, dem paarigen Anhange des Schnabels, den Tastern u. a. mehr durchaus von den Halacariden ab; bei den *Cheyletidae* (44) aber treten zu den Abweichungen im Bau des Trugköpfchens (stechborstenförmige Mandibeln, ringsum geschlossener Schnabel) noch so erhebliche Abweichungen im äussern und innern Bau des übrigen Körpers (männliche Geschlechtsöffnung liegt dorsal, Darmtractus einfach schlauchförmig, Beine 5-gliederig), dass diese Milben noch weiter als die Bdelliden sich entfernen. Von den Hydrachniden und Trombididen hingegen trennt die Halacariden nichts als die Tracheenlosigkeit und die laterale Einlenkung der Beine, welche beide als rein secundäre Erscheinungen aufzufassen sind. Der Bau des Capitulums hingegen, die Körperform, die Anatomie stimmt entweder mit beiden Familien oder doch mit einer derselben überein. Ich habe in der beigefügten Tabelle (S. 310) der Uebersicht halber noch einmal die wesentlichsten Merkmale aufgeführt, welche die Halacariden und ihre Stellung zu den anderen Milben charakterisiren. Diesem zufolge sollte man meinen, dass die Meeresmilben den Trombididen weit näher ständen als den Hydrachniden. Indess knüpfen fast alle Uebereinstimmungen mit ersteren nur an eine einzelne Gattung und an ein ganz specielles Organ, wie etwa die Form und Behaarung des letzten Beingliedes oder die Form der Taster u. s. w. an. Bei den Süsswassermilben hingegen beziehen sich die Angaben mit Ausnahme einer einzigen (*Sperchon* Kr. betreffend) auf die gesammte Familie und haben daher auch eine weit grössere Bedeutung. Es hängt das damit zusammen, dass die *Hydrachnidae* Dugès eine viel einheitlichere Familie bilden als die Trombididen, welche Kramer sicher mit Recht in eine Zahl von kleineren Familien (resp. Unter-Familien der Prostigmata) aufgelöst hat. Ausserdem aber sind die letzteren auch ungleich weniger genau untersucht als die ersteren; wirklich eingehend ist bisher fast nur der Bau von *Trombidium* (11, 31, 58) erforscht; bei der grossen Mannigfaltigkeit der zu der ganzen Familie gehörigen Formen kann man aber selbstverständ-

lich die dabei gewonnenen Resultate auf die vielen anderen Unterfamilien nicht ohne weiteres anwenden, und so stehen die Angaben über
diese Familie Dugès' in doppelter Hinsicht denen über die Hydrachniden nach. Es lässt sich daher aus diesen vereinzelten Uebereinstimmungen keinerlei Schluss ziehen, zumal da mit Ausnahme von *Tydeus*
Koch alle in Betracht kommenden Gattungen schon in den Tastern
und Mandibeln erhebliche Abweichungen von den Halacariden zeigen
und Kramer wenigstens gerade auf diese beiden Organe die Diagnosen
seiner Unterfamilien im Wesentlichen gründet. Bei einigen aber, wie
*Cryptognathus* Koch (40) und *Erythraeus* Latr. (14), kommt noch
eine völlig abweichende Vertheilung der Beine und bei ersterem eine
abnorme Bildung des Capitulums hinzu. *Tydeus* Koch (39) dagegen
besitzt wie die Meeresmilben 4-gliedrige, regelmässig gebaute Taster
und ein klauenförmiges 2. Mandibelglied. Selbst die nach unten gerichtete Haltung der beiden letzten Tasterglieder würde der Haltung
bei *Halacarus* Gosse und *Leptognathus* Hodge entsprechen. Aber
diese Aehnlichkeit weiter zu verfolgen, fehlt es mir an Material, und
die Lebensweise der Milben auf trockenen Heuböden, ihr sehr zarter
Körperbau und die ständige Ausrüstung mit Haaren, welche in dieser
eigenthümlichen, perlschnurartigen Form bisher unter den Milben ganz
allein steht, macht es wahrscheinlich, dass auch hier nur zufällige
Uebereinstimmungen vorliegen. Können somit die Halacariden in keine
der Kramer'schen Unterfamilien der Trombididen eingereiht werden,
so kommen auch unter denjenigen Merkmalen, welche allgemein verbreitete Eigenthümlichkeiten dieser Milben betreffen, keine vor, welche
mit Nothwendigkeit einen engern Anschluss an die Trombididen ver-
langten. Die Anklänge an die Gestalt finden sich ebenso bei *Limno-*
*charidae,* also echten Hydrachniden, wieder, und das Fehlen der Haut-
drüsen, Geschlechtsnäpfe und birnförmigen Organe sind nur negative
Charactere, die auch bei jeder anderen Milbe wiederkehren können.
Dahingegen weist der Bau der Trachealleisten und das Verhalten
der Hüftplatten wie überhaupt der Panzerplatten in sehr bemerkenswerther Weise auf die Hydrachniden hin. Zwar können weitere Untersuchungen zeigen, dass ein gleiches Verhalten auch bei Trombididen
vorkommen kann; so wie jetzt unsere Kenntnisse stehen, können wir
aber hierin nur Zeichen einer Verwandtschaft erkennen. Auch ist die
gleiche Ausbildung und Stellung der Augen bei allen Hydrachniden
und das, wenn auch nur vereinzelte, Vorkommen eines beweglich mit
dem Rumpfe verbundenen Capitulums bei *Sperchon* Kr. (34) bemerkenswerth. Trotzdem ist an eine Einfügung in diese Familie nicht zu

denken. Von den *Hygrobatidae* Kr. (39) trennt sie das Fehlen der Geschlechtsnäpfe, die Hornhäute der Ocularplatten und der Mangel jeder von einem Haar begleiteten Hautdrüse; von den *Hydrachnidae* Kr. wie den *Limnocharidae* (39) entfernen sie die weit von einander getrennten lateralen Augen, die klauenförmigen 2. Mandibelglieder und völlig freien 1. Glieder, das Fehlen der von HALLER (25) beschriebenen birnförmigen Organe u. s. w. Die *Eylaïdae* Kr. (39) endlich stellt die abnorme Capitulumbildung allen anderen Prostigmata und ebenso auch den Halacariden gegenüber, dazu kommt noch der Mangel der birnförmigen Bildungen und die laterale Stellung der Augen. Ausserdem aber weichen die Meeresmilben in der Viergliedrigkeit der Taster und dem Fehlen der Tracheen von allen 4 Unterfamilien zugleich sehr wesentlich ab. In die Nähe der *Hydrachnidae* Dug.[1]) werden daher allerdings die Halacariden unter den Prostigmata gestellt werden müssen, aber als selbständige neue Unterfamilie, welche ich nach MURRAY's Vorgehen (51) *Halacaridae* MURRAY genannt habe. In der Gestalt leiten sie wie die *Limnocharidae* Kr. zu den *Trombididae* Dug. hinüber, ohne indess irgend nähere Beziehungen zu ersteren zu verrathen. Durch ihre Panzerung, die laterale Einlenkung der Beine, die Tracheenlosigkeit und ein vorderes, medianes unpaares Auge unterscheiden sie sich leicht von allen andern Prostigmata.

---

## III. THEIL.
### Die Unterfamilie der *Halacaridae* MURR.
(Systematischer Theil).

### Prostigmata Kr.

Subfamilia: Halacaridae MURRAY.

Milben mit Panzerplatten auf dem Rumpfe und seitlich in Ausbuchtungen des Körpers eingelenkten

---

1) Der Bau der Trachealleisten lässt es am wahrscheinlichsten erscheinen, dass die Halacariden sich durch Aenderung ihrer Lebensweise aus den Hydrachniden Dug. entwickelt haben. Es würden dann *Aletes nigrescens* BRADY und *Leptognathus violaceus* Kr. noch oder bereits wieder die Orte ihres ursprünglichen Vorkommens bewohnen. Doch sind unsere Kenntnisse über die Milben noch zu gering, um mehr als blosse Vermuthungen über den genetischen Zusammenhang derselben zu geben.

Beinen, von denen die Vorderpaare bei dem Gehen direct nach vorn, die Hinterbeine nach hinten gerichtet sind. Maxillartaster regelmässig, 4-gliederig, das 1. und 3. Glied kurz, das 2. lang. Mandibeln im 2. Gliede klauenförmig. Unter der vorderen Dorsalplatte ein unpaarer, medianer Pigmentfleck. Tracheen fehlen.

Die Vergleichung der 13 von mir genauer untersuchten Halacariden lässt keinen Zweifel, dass unter denselben drei sehr verschiedene Bildungsweisen des Capitulums auftreten. Die vorherrschende Form ist die der Gattung *Halacarus* GOSSE (Taf. VI, Fig. 11, 12): schlanke, frei an den Seiten des Capitulums eingelenkte Maxillartaster und auf dem Epistom, weit von einander getrennt, die mehr oder weniger stark hervortretenden Speichelkanäle. Im schroffsten Gegensatz dazu scheint auf den ersten Blick das kurze, kugelige oder kegelförmige Trugköpfchen von *Aletes n. gen.* zu stehen mit seinen eng anliegenden, kurzen Tastern (Taf. VI, Fig. 15). Und doch lässt sich bei genauerer Untersuchung nicht nur nachweisen, dass der Basaltheil des Capitulums mit seinem ganzen, inneren Gerüst und den Speichelcanälen dem von *Halacarus* GOSSE gleicht, sondern auch die scheinbar so abweichenden Taster zeigen im Grunde einen ganz ähnlichen Bau (Taf. VI, Fig. 11 u. 16), der nur durch die Anpassung an eine besondere Art der Ernährung modificirt ist. Ganz anders dagegen steht es mit der dritten Form, mit dem Capitulum von *Leptognathus* HODGE (Taf. VII, Fig. 58, 60). Hier sind die Taster ebenso sehr verlängert, wie die von *Aletes n. gen.* im Vergleich mit *Halacarus* GOSSE verkürzt sind. Es tritt daher die Aehnlichkeit mit letzterer Gattung sofort hervor, während dort die Ableitung nicht so leicht gelingt; die Abweichung ist hier aber bedeutend erheblicher. Denn statt lateral sind die Taster vollkommen dorsal, dicht neben der Medianlinie des Epistoms eingelenkt, so dass bereits die Basalglieder sich mit ihrem distalen Ende, die 2. Glieder in ihrem ganzen Verlaufe berühren. Von den Speichelkanälen ist endlich nichts zu entdecken, auch ist ja, streng genommen, das Epistom hier ganz und gar durch die dorsal zusammenstossenden Maxillarladen verdrängt, so dass in der That für Speichelkanäle gar kein Platz geblieben ist. Endlich ist auch das innere Gerüst sehr wesentlich durch diesen selben Umstand verändert.

Es sind diese drei Gruppen so scharf von einander geschieden, dass schon deshalb an der Berechtigung ihrer Aufstellung schwerlich gezweifelt werden kann. Ueberdies zeigt aber eine genauere Prüfung, dass fast nur das Capitulum sich als constant erweist und dass das einzige Organ, welches diese Eigenschaft theilt, die Einlenkung der Krallen, in seinen Modificationen denen des Trugköpfchens vollkommen parallel geht. Alle Formen mit dem *Aletes*-Capitulum besitzen zwischen dem Krallenmittelstück und dem 6. Beingliede ein stabförmiges Zwischenglied eingeschoben (Taf. VI, Fig. 48, Taf. VII, Fig. 51), dasselbe fehlt allen Arten mit dem *Halacarus*-Köpfchen (Taf. VII, Fig. 50) und kehrt endlich wieder bei allen *Leptognathus*-Formen. Alles andere aber, der Vorderrand des Epistoms (*Aletes notops* (Gosse) und *pascens n. sp.*), die Form des Schnabels (*Halacarus murrayi n. sp.*, *spinifer n. sp.* und *rhodostigma* Gosse), die Gestalt des Rumpfes (*Aletes notops* (Gosse) und *setosus n. sp.*), die Art und Stärke der Panzerung (*Aletes setosus n. sp.*, *notops* (Gosse) und *pascens n. sp.*), der Bau der Krallen (*Halacarus rhodostigma* Gosse und *oculatus* Hodge), die Stärke und Art der Beinbehaarung (*Halacarus murrayi n. sp.* und *fabricii n. sp.*), die Lage der Genitalöffnung (*Aletes setosus n. sp.* und *pascens n. sp.*), das Vorkommen von Hornhäuten auf den Ocularplatten (*Halacarus striatus n. sp.*, *balticus n. sp.* und *oculatus* Hodge; *Aletes pascens n. sp.* und *notops* (Gosse)) u. s. w., das Alles schwankt bei Arten, die ihrer grossen sonstigen Uebereinstimmung wegen nicht generisch getrennt werden dürfen. Es stimmt das auch mit den Erscheinungen aus den verwandten Unterfamilien der Trombididen und Hydrachniden überein, wo die Taster, Mandibeln und Unterlippe die vorzüglichsten Unterscheidungsmittel der Genera schon seit Dugès (14) geliefert haben und auch noch von Kramer (39) in ausgiebigster Weise als solche benutzt sind. Die Mandibeln können freilich vorläufig bei den Halacariden nicht in Betracht kommen, da sie bei den bekannten Gruppen vollkommen übereinstimmend gebaut sind. Doch wird es gut sein, ihren Bau jeder Genusdiagnose beizufügen, da augenscheinlich grosse Differenzen im Bau des Trugköpfchens vorkommen, und wir erst ganz im Anfange der Untersuchungen stehen. Die drei Gruppen der Halacariden würden demnach in der Weise zu characterisiren sein, wie es die Tabelle angiebt.

In diesem Schema ist aber gleichzeitig die für die erste und letzte dieser Gruppen characteristische, auffällige Bewegungs- und Haltungsweise der Maxillartaster zur Diagnose verwandt. Bei *Aletes n. gen.* dienen dieselben zum Abrupfen der pflanzlichen Nahrung, sie sind eben deshalb kräftig, kurz und gedrungen; ihre Bewegung entspricht vollkommen der von Kiefern der Hexapoden, da sie stets in horizontaler Richtung erfolgt. Bei *Leptognathus* Hodge hingegen sind die

Taster an ihrer Basis vertical beweglich und bilden mit dem unbeweglichen Schnabel einen Scheerenapparat. Daher die enge, bei *Leptognathus marinus n. sp.* durch ineinandergreifende Zähnchen noch gesicherte (Taf. VII, Fig. 69) Aneinanderlegung der langen 2. Glieder und die Herabneigung der beiden Endglieder auf die Spitze des Schnabels.

Ziehen wir jetzt auch die anderen von KRAMER und den Engländern [1]) beschriebenen Halacariden in Betracht, so gewinnt allerdings auf der einen Seite die Unterscheidung jener drei Gruppen ausserordentlich an Sicherheit, anderseits aber stellt es sich als sehr schwierig heraus, eine Einordnung der mehrfach falschen Genera zugestellten Arten einigermaassen sicher auszuführen. Denn weiter als bis auf die allgemeinsten Verhältnisse und auf specifische Verschiedenheiten der Arten geht kaum eine einzige Beschreibung, und man ist daher genöthigt, auch die allgemeine Gestalt, die Färbung etc. in Betracht zu ziehen, obwohl das nie ganz feste Stützen sein können. Doch lassen sich leicht in dem *Halacarus ctenopus* und *rhodostigma* GOSSE, *Hal. granulatus* und *oculatus* HODGE und in dem *Halacarus parvus* CHILTON (9) Angehörige der Gruppe *Halacarus*, in dem *Leptognathus falcatus*

---

1) Die Identificirung der englischen und der von mir gefundenen Arten ist aus mehreren Gründen schwierig. Zunächst tragen alle jene Aufsätze von GOSSE und BRADY den Character von mehr vorläufigen Veröffentlichungen. Wir sind daher meist nur auf wenige wirklich brauchbare Kennzeichen angewiesen. Ferner können wir uns auch auf die Grössenangaben nicht verlassen. Denn einmal haben die bisherigen Beobachter die Nymphen nicht von den reifen Formen unterschieden, so dass scheinbar zu geringe Grössenangaben von Nymphen herrühren können, während die reifen Formen mit den unsrigen übereinstimmen. Es erklärt das z. B. die Differenz zwischen unserem *Aletes notops* (GOSSE) und dem von GOSSE beschriebenen Exemplare. Andererseits aber könnte selbst auf eine erheblich stärkere Grösse keine Unterscheidung gegründet werden, da viele Thiere des Atlantischen Oceans in der Ostsee in sehr viel schwächeren Individuen vertreten sind. Möglicherweise könnten endlich selbst geringe Modificationen im Bau mit einer solchen Abnahme der Grösse Hand in Hand gegangen sein. Vielleicht tritt uns ein solcher Fall in *Aletes nigrescens* (BRADY) entgegen. Doch kommt hier in Betracht, dass diese Art bisher wenigstens nur im Süsswasser gefunden ist und demnach, falls sie mit der marinen Form: *Alet. seahami* (HODGE) identisch wäre, mit der Uebersiedelung aus dem Ocean in das Süsswasser ebenfalls eine Grössenabnahme hätte eintreten müssen. Da nun trotzdem *Aletes seahami* (HODGE) von *Aletes nigrescens* (BRADY) um etwa ebenso viel übertroffen wird wie die *Aletes*-Arten der Ostsee von den kleineren Exemplaren von *Halacurus spinifer n. sp.*, so werden wir hier doch wohl eine verschiedene Art annehmen müssen.

HODGE (32) und *violaceus* KRAMER (40) der Gruppe *Leptognathus* erkennen. Endlich fallen *Pachygnathus seahami* HODGE (32), *minutus* HODGE (32) und *nigrescens* BRADY (5) mit der *Aletes*-Gruppe zusammen; dahingegen ist es nach den bis jetzt vorliegenden Angaben nicht möglich, *Pachygnathus sculptus* BRADY (6) und *Halacarus truncipes* CHILTON (9) in eine der Gruppen einzureihen. Beides sind offenbar abnorme Formen ¦und verlangen deshalb eine besonders eingehende Beschreibung. Bis eine solche geliefert ist, werden sie nur als Halacariden von gänzlich unbekannter Stellung betrachtet werden können. Dasselbe gilt von einer Milbe, welche GIARD (20) 1872 als „Arachnide parasite du Botryllus pruinosus" abbildete, aber nicht beschrieb [1]).

In den einzelnen Gruppen aber zeigen die Arten fast durchgehend eine solche Uebereinstimmung im Bau der Maxillartaster und im weiteren Sinne auch des Schnabels und des Capitulums überhaupt, dass wir ohne weiteres für jede Gruppe eine Gattung setzen können. Die *Aletes*-Formen gleichen sich sämmtlich in den Tastern und der Unterlippe (Taf. VI, Fig. 16, Taf. VII, Fig. 65, 77, Taf. VIII, Fig. 92, 94), nur der Vorderrand des Epistoms variirt; die *Leptognathus*-Formen sind auf den ersten Blick als engste Verwandte zu erkennen. Grössere Verschiedenheiten kommen allein unter den *Halacarus*-Formen vor. Der Schnabel von *Halacarus rhodostigma* GOSSE (21) ist breit, an der Basis eingeschnürt, beträchtlich kürzer als der Basaltheil des Capitulums, der von *Halacarus murrayi n. sp.* (Taf. VI, Fig. 14) beinahe pfriemenförmig und länger als der Basaltheil; das 4. Tasterglied von *Halacarus*

---

1) Die Zeichnung, welche mir durch die Freundlichkeit des Herrn Prof. SPENGEL zugänglich wurde, zeigt eine schlanke gestreckte Milbe, deren Rückenpanzer genau wie bei den Halacariden in vordere und hintere Dorsalplatte und 2 Ocularplatten getheilt ist. Die letzteren springen aber in auffallender Weise wie zwei halbkugelige Buckeln seitwärts über den Körperumriss vor. Das deutlich abgesetzte Capitulum zeigt keinerlei Einzelheiten, so dass die Gattung durchaus unentschieden bleiben muss, wenngleich bei *Halacarus* GOSSE und *Leptognathus* HODGE die Taster nicht leicht so gänzlich hätten übersehen werden können. Die Vorderbeine sind kürzer als die Hinterbeine. Die Färbung ist eine gleichmässig blaugrüne. Neben den Ocularplatten ist dies eine zweite sehr auffällige Eigenthümlichkeit, welche eine Wiedererkennung nicht unwahrscheinlich macht. Vermuthlich wird nur der Lebermagen Ursache dieser Färbung sein, die dann auch nur den Rumpf betrifft. Die Milbe, deren Grösse nicht angegeben ist, war häufig („fréquemment") auf den Colonien von Synascidien *(Botryllus* und *Botrylloides)* von Roscoff.

*murrayi n. sp.* (Taf. VIII, Fig. 86) ist kurz, bei *Halacarus loricatus n. sp.*
ist es bereits sehr schlank und bei *Halacarus oculatus* HODGE (Taf. VI,
Fig. 31) endlich griffelförmig ausgezogen. Gleichwohl bleibt hier noch
immer die sonstige Gestalt und Behaarung der Taster so constant, dass
alle diese Formen trotz der Abweichungen von einander in eine Gattung
vereint werden können. Nur jene australische Art, CHILTON's *Halacarus parvus* (9), besitzt ein so abweichendes 3. und 4. Tasterglied,
dass sie von den übrigen getrennt werden muss, zumal da noch ein
vollkommen pfriemenförmiger Schnabel hinzukommt. Während nämlich
nicht nur alle anderen *Halacarus*-Formen, sondern auch alle *Aletes-*
und *Leptognathus*-Arten ein sehr kurzes 3. Glied besitzen, welches
mehrmals kürzer als das Endglied ist, ist hier das 4. Glied, wie
CHILTON zeichnet und ausdrücklich bemerkt, nur wenig länger als das
schlanke 3. Glied. Ueberdies trägt das ganz anders als bei *Halacarus*
GOSSE gestaltete Endglied mehrere kürzere Borsten, nicht aber jene
drei für diese Gattung so characteristisch gestellten Borsten. Die
neue Gattung, deren einziger Repräsentant *Halacarus parvus* CHILTON
ist, nenne ich *Agaue*.

Die vier Gattungen würden sich demnach folgendermassen characterisiren lassen:

A. Maxillartaster lateral am Capitulum eingelenkt; die Speichelkanäle
  weit von einander getrennt auf dem breiten Epistom.

  I. Maxillartaster kurz, dem Capitulum eng anliegend; zwischen
    dem 6. Beingliede und dem Krallenmittelstück ein stabförmiges
    Glied eingeschoben: *Aletes n. g.* (*Aletes*-Gruppe).

  II. Maxillartaster lang, frei beweglich am Capitulum eingelenkt.
    Das Krallenmittelstück ist unmittelbar dem 6. Gliede ange-
    fügt (*Halacarus*-Gruppe).

    1) 3. Tasterglied mehrmals kürzer als das Endglied, welches
      vor der dicken Basis sich stark und plötzlich verschmälert
      und auf ihr drei divergirende lange Borsten trägt:
      *Halacarus* HODGE.

    2) 3. Tasterglied nur wenig kürzer als das Englied, welches
      aus breiter Basis sich ganz allmählich spindelförmig zu-
      spitzt und wenige kurze Borsten trägt:
      *Agaue n. gen.*

B. Maxillartaster dorsal neben der Medianlinie eingelenkt, mit dem
  pfriemenförmigen langen Schnabel eine Scheere bildend, deren be-

weglicher Arm in verticaler Richtung bewegt wird; bereits die
2. Glieder der ganzen Länge nach einander berührend. Epistom
durch die Maxillarladen verdrängt, Speichelkanäle fehlen:
*Leptognathus* Hodge. (*Leptognathus*-Gruppe.)

## I. *Aletes n. gen.*

Maxillartaster lateral am Capitulum eingelenkt;
Mandibeln mit klauenförmigem 2. Gliede, die Speichelkanäle weit von einander getrennt auf dem breiten
Epistom. Maxillartaster kurz, dem Capitulum eng anliegend; zwischen dem 6. Beingliede und dem Krallen-
mittelstücke ein stabförmiges Glied eingeschoben.

Die Arten dieser Gattungen sind sehr leicht an dem kurzen, ge-
drungenen, fast kugeligen Capitulum zu erkennen (Taf. VI, Fig. 18,
Taf. VII, Fig. 65), welches da, wo der Dorsalpanzer sich nach vorn
erheblich verlängert, wie bei *Aletes setosus n. sp.*, sogar bei der Dorsalansicht völlig verdeckt bleibt (Taf. VII, Fig. 79). Es beruht diese Form
wesentlich auf den dicken, kurzen Tastern und dem kleinen, länglich-
ovalen Schnabel, dem jene eng angelagert sind. Eigenthümlich ist
nur das letzte Tasterglied gebildet, welches auf seiner Innenfläche
durch Riefen uneben, sehr kräftig und kurz ist (Taf. VI, Fig. 16 u. 19),
bald spitz zuläuft, bald mit breitem gekerbten Rande endet und mit
wechselnder Zahl von Anhängen ausgerüstet ist (Taf. VII, Fig. 77 und
Taf. VIII, 92). Dennoch lässt sich die Aehnlichkeit auch dieses Gliedes mit
dem von *Halacarus* Gosse nicht verkennen. Das Epistom ist einfach
gerundet oder in einen schmalen Dorn ausgezogen (Taf. VI, Fig. 15).

Auch die tiefschwarze Färbung des Lebermagens (Taf. VI, Fig. 20)
ist bisher nur bei dieser Gattung beobachtet, während eine ähnliche
flache Form des Körpers auch bei *Leptognathus* Hodge sich findet.
Auffällig kurz sind dagegen die Beine, welche bei *Aletes setosus n. sp.*
(Taf. VII, Fig. 79) und *nigrescens* (Brady) eine sehr plumpe, dicke
Form besitzen. Das 1. Beinpaar ist nur halb so lang wie der Rumpf
(ventral), die Hinterbeine sind etwas länger. Nur bei *Aletes notops*
(Gosse) (Taf. VII, Fig. 89), welcher überhaupt einen gestreckteren Bau
besitzt, erreichen alle Beine etwa $^3/_4$ der Körperlänge. Das 6. Glied
besitzt keine membranösen Seitenwände der Krallengrube.

Die Arten sind trotz ihrer plumpen Form zum Theil sehr flinke
Thiere, welche sich von vegetabilischen Stoffen zu nähren scheinen. Sie
kommen gesellig in grösserer Zahl in allen Regionen der Ostsee,
welche Pflanzen enthalten, und in der Littoral-Zone der englischen

Küste vor. Im Langelandssunde fehlten sie bei 12,5 Faden so gut wie ganz, in England wurden sie in tieferen Regionen nicht beobachtet. Eine Art fand BRADY im Süsswasser Englands (5).

Geschichte der Gattung: GOSSE (21) fand 1855 zuerst an den englischen Küsten Angehörige dieser Gattung und ordnete sie in die DUGÈS'sche Gattung *Pachygnathus* ein. 1877 vereinte MURRAY (51) dieselbe mit *Halacarus* GOSSE in der Familie der *Halacaridae*. Erst 1881 erkannte HALLER (28), dass diese Einordnung der Milben eine völlig falsche sei und dass die Thiere mit den zu den Trombididen gehörigen DUGÈS'schen Milben auch nicht das Geringste gemein hätten. Indessen gab er keinerlei Andeutungen einer besseren Einordnung. Der Vergleich mit DUGÈS' (14) Diagnose beweist schlagend die Richtigkeit der HALLER'schen Ansicht. Schon die klauenförmigen Endglieder der Mandibeln entfernen sie weit von denselben. Ueberhaupt lassen sie sich, wie alle *Halacaridae*, in keine der bisher bekannten Gattungen einreihen, und es ist daher die Aufstellung eines neuen Genus nöthig. Die Diagnose ist oben gegeben, die Benennung leitet sich von dem griechischen Worte ἀλήτης, der Umherirrende, ab und deutet auf das nie ruhende, emsige Umherlaufen dieser Thiere hin.

Was die Arten betrifft, so beschrieb GOSSE (21) 1, darauf HODGE (32) 2 Arten, von welch letzteren die eine allerdings nur als sechsbeinige Larve beobachtet wurde. Die Eigenthümlichkeit in der Entwicklung der Halacariden aber, dass bereits die frühesten Stadien die Artencharactere der Erwachsenen aufweisen, ermöglicht dennoch die Beibehaltung dieser Art. Endlich fügte auch BRADY (5) noch eine Süsswasserform hinzu, von der er nur ein Exemplar gefunden hatte. Sein *Pachygnathus sculptus* (6) dagegen, den er in „a review etc." beschreibt und abbildet, kann nach beiden Darstellungen weder zu *Aletes n. gen.* gestellt noch überhaupt irgend einer Gattung der Halacariden mit Sicherheit eingefügt werden. Die Zeichnung wie Beschreibung ist sehr skizzenhaft. Die Bepanzerung wäre in Folge eine von allen anderen Halacariden gänzlich abweichende, was bei der sonstigen Uebereinstimmung kaum anzunehmen ist. Ocularplatten fehlen danach nicht nur gänzlich, sondern es ist ihr Platz durch das vordere Dorsalschild mit eingenommen, und dieses erreicht nicht einmal den Vorderrand des Rumpfes. Ebenso sind die Maxillartaster der Zeichnung nach ohne jede Gliederung, und am Capitulum ist weder Taster noch Mandibel noch Unterlippe zu unterscheiden. Die Einlenkung und Stellung der Beine, sowie ihre Gliederung und ihr Krallenbau, die übrige Panzerung des Rumpfes bezeugen die Halacariden-Natur hinreichend; das aber ist auch Alles, was den Angaben BRADY's entnommen werden kann.

Wollen wir für alle Arten eine Bestimmungstabelle aufstellen, so sind wir gezwungen, diese auf die Bildung der Krallen und deren Mittelstück zu begründen. Denn nur auf diese hat sich von allen specifischen Eigenthümlichkeiten von vorn herein die Aufmerksamkeit der Forscher gelenkt.

A. Krallen winkelig gebogen („angularly bent" BRADY [5, 6]).

  1. Krallenmittelstück nur an den Vorderbeinen in eine Kralle ausgezogen:

      *Aletes pascens n. sp.*

  2. Krallenmittelstück an allen Beinen in eine Kralle ausgezogen:

    a. Krallen mit doppeltem Cilienkamm, Körper sehr gross = 0,72 mm:

      *Aletes nigrescens* (BRADY).

    b. Krallen mit einfachem Cilienkamm, Körper den der übrigen Arten an Grösse nicht übertreffend, 0,41 mm:

      *Aletes seahami* (HODGE).

B. Krallen sichelförmig gekrümmt („falcate"):

  I. Krallenmittelstück in eine Kralle ausgezogen:

      *Aletes minutus* (HODGE).

  II. Krallenmittelstück nicht in eine Kralle ausgezogen:

    1. Vorderrand des Dorsalpanzers kapuzenförmig ausgezogen, das Capitulum völlig verdeckend:

      *Aletes setosus n. sp.*

    2. Vorderrand des Dorsalpanzers nicht verlängert, das Capitulum fast ganz frei lassend:

      *Aletes notops* (GOSSE).

Insofern diese Tabelle fast nur Charactere benützt, welche nach den bisherigen Erfahrungen in allen Entwicklungsstadien gleichbleiben, bietet sie vor jeder anderen einen grossen Vorzug. Leider wird derselbe aber durch die Schwierigkeit ihres Gebrauches und die unnatürliche Anordnung der Species wieder aufgehoben. Denn die Gestalt der Krallen ist, wenn man nur ein Exemplar zur Untersuchung hat, oft sehr schwer zu bestimmen, da je nach der Lage winklig gebogene Krallen sichelförmig und gekrümmte Krallen unbewehrt erscheinen können (Taf. VI, Fig. 48 u. VII, 53). Es fällt das hier aber um so mehr ins Gewicht, als die meisten von den Engländern beobachteten Arten nur flüchtig untersucht wurden und Fehler der Beobachtung nicht ausgeschlossen sind. Nur der Mangel anderer Unterscheidungsmittel zwingt uns vorläufig zur Aufstellung dieser Tabelle.

Für diejenigen Species hingegen, welche ich selbst genau untersuchen konnte, ist leicht eine andere Tabelle in folgender Weise aufgestellt:

A. Ocularplatten mit je 1 Hornhaut:

  I. Vorderhüften zu einer einheitlichen vorderen Ventralplatte verschmolzen:

1. Mittelstücke der Krallen nur an den Vorderbeinen in eine
   kleine Kralle ausgezogen.
   *Aletes pascens n. sp.*

2. Mittelstück an allen Beinen in eine kleine Kralle ausgezogen:
   *Aletes seahami* (HODGE).

II. Vorderhüften sämmtlich von einander getrennt, eine jede nur
einen schmalen Chitinstreifen bildend:
*Aletes setosus n. sp.*

B. Ocularplatten mit je 2 Hornhäuten:
*Aletes notops* (GOSSE).

In dieser Tabelle tritt das gegenseitige Verhältniss der Arten zu
einander sehr deutlich hervor. Denn es nimmt *Aletes notops* (GOSSE)
schon allein durch seine Gestalt, dann aber auch durch die Art der
Panzerung, der Beborstung des Rumpfes und der Beine eine von den
übrigen drei Arten völlig abweichende Stellung ein. Unter den letzteren aber steht wieder *Aletes setosus n. sp.* isolirter, während *Aletes
pascens n. sp.* und *seahami* (HODGE) fast nur durch das Krallenmittelstück sich unterscheiden. Diesen letzteren schliesst sich nach der
Zeichnung von BRADY (6) *Aletes nigrescens* (BRADY) an. Nur die
Stellung von *Aletes minutus* (HODGE) (32) bleibt völlig ungewiss. Wir
werden daher diese Art allen übrigen Species nachfolgen lassen, *Aletes
nigrescens* (BRADY) aber der ersten Gruppe zutheilen.

## I. Abtheilung.

Ocularplatten mit einfacher Hornhaut; Gestalt des
Körpers breit, gedrungen.

### 1. *Aletes pascens n. sp.*
(Taf. VII, Fig. 64, 69).

Vorderhüften zu einer einheitlichen vorderen Ventralplatte verschmolzen. Mittelstück der Krallen nur
an den Vorderbeinen in eine kleine Kralle ausgezogen.
Körperform: wie oben angegeben.
Capitulum (Taf. VI, 15; Taf. VII, 77 u. VI, 19; VI, 45; VII, 78):
Maxillartaster im letzten Gliede breit, schaufelförmig, distal nur wenig
verschmälert und mit stumpfen Kerben und Zähnen am Vorderrande;

ausserdem trägt das 4. Glied auf der Streckfläche einen griffelartigen Anhang. Das Epistom ist in eine lange Spitze ausgezogen, welche die Mandibeln dorsal zum grössten Theil bedeckt.

Rumpf (Taf. VII, 64, 65; Taf. VI, 6): sehr stark gepanzert, alle Panzerstücke dorsal wie ventral gefeldert, die Zwischenräume zwischen den Schildern sehr schmal. Dorsal stehen die Poren wesentlich auf den nicht gefelderten Theilen der Platten, welche auf der vorderen und hinteren Dorsalplatte 2 longitudinale Streifen bilden und auf den Ocularplatten die ganze mittlere Partie mit der Hornhaut einnehmen. Ventral sind die Poren sehr dicht über den ganzen Panzer zerstreut. Die vordere Dorsalplatte ist schwach kapuzenförmig vorgezogen, die Einlenkung der Taster bleibt noch unverdeckt. Die Ocularplatten sind sehr breit viereckig, nach hinten kurz und spitz ausgezogen, im vorderen, lateralen und hinteren Winkel tragen sie je eine Grube mit kurzer Borste. Schulterborsten fehlen, die hintere Dorsalplatte zeigt 5 Borstenpaare, von denen das letzte in einer Grube steht; ventral fehlt das zweite Rumpfborstenpaar, dagegen tritt in der Höhe des 4. Beinpaares ein drittes Paar auf. Die Genito-Analplatte ist sehr umfangreich, die Geschlechtsöffnung liegt beim ♂ ventral und wird von einer Reihe spärlicher Borsten eingefasst, die des ♀ dagegen liegt terminal, unmittelbar unter dem Anus und wird nur in ihrem vorderen Umfange von 2 kurzen Borsten begleitet.

Beine: Krallen winklig gebogen, mit Cilienkamm, doch ohne Nebenzahn; die Krallen jedes Paares ungleich lang, an den Vorderbeinen ist die innere, an den Hinterbeinen die äussere Kralle kleiner als die andere; an den Vorderbeinen ist das Mittelstück in eine kleine Kralle ausgezogen. Behaarung sehr einfach, nicht übermässig lang, doch variirt die Länge und Stärke der einzelnen Borsten. Am 1. Beinpaare trägt das 3. Glied ausser dem Borstendreieck nur noch ventral eine Borste; das 5. Glied zeigt dorsal die normalen 3 langen Borstenhaare, ventral 2 einfache, glatte Dornen, am 6. Gliede stehen an der Krallenbasis wenige Tasthaare.

Grösse[1]): Gesammtlänge: 0,341 mm. Rumpf: 0,276 mm.

Fundort: Region des sandigen Strandes, des lebenden und todten Seegrases, der rothen Algen; Kieler Förde, Stoller Grund, Fehmarn,

---

1) Gesammtlänge : Rumpf + Basaltheil des Capitulums und Schnabel. Rumpf: Basis des Anus bis zum ventralen Vorderrande des Rumpfes am Camerostom.

Langelandssund (12,5 Faden nur 1 Exemplar!), Hohwachter Bucht, Dahmer Höft.

### Entwicklungsstadien (Taf. VII, 66, 70, 76 a, b).

1) **Eier:** farblos, mit weit abstehender Hülle; 0,079 mm im Durchmesser. In moderndem Seegrase.

2) **Larven:** in allen Theilen den Erwachsenen ähnlich oder gleich, nur erscheinen das Capitulum und die Beine sehr gross im Verhältniss zum Rumpfe; Panzer schon sehr weit ausgebildet. Die hintere Dorsal-platte zeigt bereits den mittleren gefelderten Streifen. Gleichwohl sind die weichen Theile noch sehr breit und die Rillen in diesen sehr stark. Die Ocularplatte besitzt in ihrem hintern Winkel bereits das Grübchen, dagegen vermag ich eine Hornhaut nicht zu erkennen. Taster, Man-dibeln, Gerüst des Capitulums u. s. w. genau wie bei der reifen Form. Beine nur fünfgliedrig, doch lässt das 2. Glied bereits an den Vorder-beinen sehr deutlich die starke Knickung auf der Streckfläche erkennen, die später dem 2. allein zukommt. Alle Glieder sind sehr plump und dick; die Behaarung ist derjenigen der reifen Form sehr ähnlich, nur sind an den Vorderbeinen die Dornen des späteren 5. Gliedes kürzer, und vielleicht fehlen einige der kleinen Borsten. Die langen Borsten der Dorsalfläche aber sind sämmtlich vorhanden. 2. und 3. Beinpaar mit klauenlosem Mittelstück der Krallen, nur das erste besitzt wie bei den Nymphen und der reifen Form eine kleine Mittelkralle. Krallen wie bei der reifen Form. Grösse 0,157—0,206 mm. Die farblose Larve ist etwa $^1/_{4,5}$ so gross wie die reife Form, während *Halacarus spinifer n. sp.* noch im gefärbten Stadium erst $^1/_6$ von der reifen Form erreicht.

3) **1. Nymphe:** 4. Beinpaar ist noch fünfgliederig, 2. und 3. Glied der reifen Form noch verschmolzen. 2. Beinpaar jetzt ebenfalls mit Kralle des Mittelstücks. Ocularplatte gefeldert und mit Horn-haut; ventral auf den Panzerplatten ist noch keine Felderung bemerk-bar; gegen die Larve hat sich die Ausdehnung der Panzerplatten nur wenig oder gar nicht vergrössert. Genitalgrube, soweit ich zu erkennen vermag, mit nur 2 Haftnäpfen, in einer dreieckigen, gefelderten, doch nicht scharf umschriebenen Platte liegend.

4) **2. Nymphe:** alle Beine sechsgliederig. Die Platten haben dorsal nur wenig an Ausdehnung gewonnen, nur die hintere Dorsal-platte scheint stark gewachsen. Ventral sind jetzt alle Platten gefel-dert, und es ist bereits eine einheitliche Genito-Analplatte ausgebildet,

die der des erwachsenen *Halac. spinifer n. sp.* ähnlich. Genital-grube mit 4 Haftnäpfen.

## 2. *Aletes seahami* (HODGE.)
(Taf. VIII, Fig. 88, 91.)

Vorderhüften zu einer einheitlichen vorderen Hüft-platte verschmolzen. Mittelstück der Krallen an allen Beinen in eine kleine Kralle ausgezogen.

Körperform: genau mit der von *Aletes pascens n. sp.* überein-stimmend. Capitulum in der Form des 4. Tastergliedes und des Epistoms durchaus der vorigen Art gleich; indess fehlt dem Endgliede der Taster der Anhang.

Rumpf: nur in untergeordneten Punkten von *Aletes pascens n. sp.* abweichend. Die Ocularplatten tragen nur im lateralen und medianen Winkel eine Borste, und die Genito-Analplatte, welche breiter und kürzer als dort ist, fehlt das 3. Borstenpaar des Rumpfes. Ich fand leider nur ein Männchen. Die Geschlechtsöffnung desselben lag ventral, wurde von einem spärlichen Borstenkranze umgeben und trug ausserdem auf den Schlussklappen selbst noch je 5 kurze Borsten. Die vordere Dorsalplatte entbehrt der nicht gefelderten Streifen und ist in eine kurze mediane Spitze ausgezogen.

Beine: genau wie bei der vorigen Art. Aber das Krallenmittel-stück ist an allen Beinen in eine Kralle ausgezogen und es fehlen Tasthaare gänzlich.

Grösse: Gesammtlänge: 0,366 mm. Rumpf: 0,301 mm.

Fundort: Region der rothen Algen, Fehmarn [1]).

Die Identificirung dieser Species mit der von HODGE von der englischen Küste beschriebenen Form ist eine sehr unsichere. Da indess nach der Zeichnung, welche HODGE liefert, die Gestalt der Milbe durchaus mit *Aletes pascens n. sp.* und Verwandten überein-stimmt und dennoch GOSSE wie HODGE als einzige Unterscheidung von *Aletes notops* (GOSSE) den Bau der Krallen hinstellen, so scheint beiden Forschern nur der Gegensatz zu den *Halacarus*-Arten vorgeschwebt und sie bei ihren Angaben geleitet zu haben. Daher auch das Fehlen aller genaueren Schilderungen, selbst der Anführung der Grösse. Denn wenn in der That *Aletes seahami* (HODGE) mit den Ostseeformen

---

1) Die englische Form wurde bei den Shetland-Inseln, Northumber-land, Scilly-Inseln und der Westküste Irlands in der Littoralzone ge-funden.

identisch ist, so müssen von dieser „very common" angetroffenen Art die meisten beträchtlich grösser als 2,9 mm (Grösse von *Aletes notops* Gosse) gewesen sein. Der Bau der Krallen und ihres Mittel-stückes gleicht dem von *Aletes pascens* n. sp. und *seahami* (Hodge) vollkommen: winklig gebogen, ohne Nebenzahn, gekammt; und da nicht angegeben wird, dass die Mittelklaue an den Hinterbeinen fehle, so wird man wenigstens für das von Hodge untersuchte Exemplar eine gleichmässige Ausbildung aller Beine annehmen dürfen. Freilich ist es gleichzeitig sehr wahrscheinlich, dass, falls *Aletes pascens* n. sp. auch bei England vorkommt, diese Art mit als *Al. seahami* (Hodge) beschrieben ist. Endlich bewegt mich noch die Verwandtschaft der Ost-seefauna mit derjenigen der britischen Küsten überhaupt, in dem *Aletes seahami* (Hodge) die oben beschriebene Ostseeform wiederzuerkennen.

Auffällig ist nur, dass sowohl Gosse wie Hodge, obwohl letzterer ein Exemplar zeichnete, die stark entwickelte Panzerung und ihre Structuren vollkommen übersehen haben. Sollte dennoch *Aletes seahami* (Hodge) von der Ostseeform specifisch verschieden sein, so schlage ich für diese die Bezeichnung *Aletes triunguiculatus* n. sp. vor.

### 3.　*Aletes setosus* n. sp.
(Taf. VII, Fig. 79, 80.)

Vorderhüften sämmtlich von einander getrennt, eine jede nur einen schmalen Chitinstreifen bildend, welcher die betreffende Extremitätenborste trägt.

Körperform (Taf. VII, Fig. 79, 80): noch breiter und gedrun-gener als *Aletes pascens* n. sp. und *seahami* (Hodge). Vor allem sind auch die Beine sämmtlich sehr dick und plump, ihre Glieder sehr kurz, die Gelenkhäute sehr weit. Der vordere Körperrand ist kapuzen-artig so weit vorgezogen, dass er das Capitulum völlig verdeckt, wo-durch die Milbe ein noch plumperes Aussehen bekommt.

Capitulum (Taf. VI, Fig. 16, 18): etwas kugliger, sonst dem der beiden anderen Arten durchaus gleichend. Durch die Verlängerung des Rumpfes ganz auf die Ventralseite gerückt, doch in seiner Lage zum 1. Beinpaar dadurch nicht beeinflusst. Die Maxillartaster sind dem ganzen Körperbau entsprechend dick, gedrungen, ihr Endglied läuft schmäler aus und ist auf seiner Innenfläche mit unregelmässig concentrischen Furchen versehen. Ausser dem Griffelanhange tritt ventral noch eine feine Borste auf. Das Epistom ist gerade abgeschnitten.

Rumpf (Taf. VII, Fig. 79, 80, Taf. VIII, 90 *a*, *b*): durch die sehr geringe Panzerung vor allem der Ventralfläche und die vordere Verlängerung interessant. Die letztere bezieht sich keineswegs auf den Vorderrand des Rückenpanzers allein, sondern betrifft ebenso sehr das weiche Integument der Ventralfläche. Während das Capitulum zwischen den Hüften des 1. Beinpaares liegen geblieben, ist der gesammte hier befindliche Theil des Rumpfes zugleich mit der vorderen Dorsalplatte nach vorn über das Trugköpfchen fortgezogen. Eigenthümlich ist noch dabei, dass der mediane Pigmentfleck in die äusserste, etwas aufwärts gebogene Spitze der Kapuze gewandert ist. Die Panzerplatten sind dorsal stark, ventral nur schwach gefeldert, auf dem Rücken stehen in den Gruben sehr feine, auf den Wällen grössere Poren. Die vordere Hüftplatte fehlt, statt ihrer sind nur 4 kleine, schmale Leisten ausgebildet, welche, median weit von einander entfernt, den Hüftplatten der Hydrachniden und anderer Milben entsprechen. Auch die hinteren Hüftplatten zeigen deutlich eine Einschnürung des medianen Randes und eine Naht als Trennungslinie der 3. und 4. Hüfte. Weder die Hüften der Vorder- noch die der Hinterbeine greifen auf die Dorsalfläche über. Jede Hüfte trägt 1 der 8 Extremitätenborsten. Eine Genital- und Analplatte fehlt vollkommen. Dorsal ist die Form der Ocularplatten eine von derjenigen der vorigen Arten gänzlich abweichende und durch die Schmalheit und die gerundeten Ecken sehr an *Halacarus* GOSSE erinnernde. Im lateralen und hintern Winkel liegt eine Grube mit Zäpfchen, nicht mit Borste. Sehr breit ist ferner die hintere Dorsalplatte, deren Seitenränder hinten auf die Ventralfläche übergreifen und welche durch ihre vollkommen gleichmässige Felderung von der aller übrigen Arten sehr auffällig abweicht. Dorsal fehlt das letzte Rumpfborstenpaar, ventral das 2. und 3. Die Genitalöffnung des Weibchens liegt weit nach vorn gerückt auf der Bauchseite des Abdomens, so dass selbst der Anus noch ventral zu liegen kommt und daher die Hinterleibsspitze eine seichte Einbuchtung zeigt. 3 Paar Borsten stehen zu den Seiten der Vulva, 2 in der vorderen Hälfte, 1 hinten. Die Genitalklappen tragen 3 Paar Haftnäpfe, von denen das mittelste aus 2 Saugnäpfen verwachsen erscheint.

Beine (Taf VI, Fig. 47 *a—c*): Gestalt bereits oben (S. 326) geschildert. Krallen durchaus die Mitte zwischen den Krallen von *Aletes pascens n. sp.* und den einfach sichelförmigen von *Aletes notops* (GOSSE) und den *Halacarus*-Arten haltend. Der innere, der anderen Kralle zugewandte, vordere Abschnitt des Krallenstieles ist bereits ebenso lamellös ausgezogen und nach unten mit vorspringendem, gekämmtem

Rande versehen, wie bei *Aletes pascens n. sp.* der gesammte vordere Theil der Kralle. Der laterale Abschnitt dagegen ist noch völlig unverändert wie bei *Halcarus* GOSSE geblieben und mit einem Nebenzahn ausgerüstet. Das Krallenmittelstück ist nicht verlängert. Das 6. Glied des 1. Beinpaares trägt mehrere Tasthaare, im übrigen scheint die Beborstung nichts Abweichendes zu bieten. Die Haare werden indess ziemlich lang und fallen bei dem plumpen Gliederbau der Thiere viel mehr auf als bei den anderen Arten. Nach diesem ersten Eindrucke habe ich die Species *setosus* genannt.

G r ö s s e : Gesammtlänge 0,319 mm[1]). Rumpf: ?

F u n d o r t : Regionen des sandigen Strandes, Kieler Förde.

E n t w i c k l u n g s s t a d i e n (Taf. VII, Fig. 90 *b*): die eine Nymphe, welche mir allein zu Gebote stand, zeigt dieselbe Bepanzerung wie die reife Form; doch fehlt auffälliger Weise im Umkreise der Genitalgrube die Rillung des Integumentes, so dass hier im Gegensatz zur reifen Form eine Genitalplatte angedeutet ist, welche überdies 1 Borstenpaar trägt. Unter der Platte befinden sich 2 sehr grosse und 2 sehr kleine Saugnäpfe. Alle Beine sind bereits sechsgliederig. An Grösse stand das Exemplar der erwachsenen Form nur wenig nach. Kommen demnach 2 Nymphenstadien vor, so dürfte diese Form dem zweiten angehören.

#### 4. *Aletes nigrescens* (BRADY) (5).
#### (BRADY's Fig. 4.)

K r a l l e n  w i n k l i g  g e b o g e n ,  o h n e  N e b e n z a h n ,  a b e r m i t  d o p p e l t e r  C i l i e n r e i h e ;  K r a l l e n m i t t e l s t ü c k  a n  a l l e n (?) B e i n p a a r e n  i n  e i n e  K r a l l e  a u s g e z o g e n .  K ö r p e r  s e h r g r o s s ,  0,72  m m.

BRADY (5) bezweifelte 1877, als er diese Art aufstellte, ob dieselbe der Gattung *Pachygnathus* DUG.-GOSSE = *Aletes n. g.* eingereiht werden dürfe. Es kann das indess gar nicht zweifelhaft sein. Schon die bisher wenigstens nur bei *Aletes n. g.* beobachtete eigenthümliche Bildung der Krallen (Fig. 5), die Form des Krallenmittelstücks, der weite Abstand der Krallenbasis vom 6. Beingliede, der auf ein Zwischenglied hindeutet, endlich auch die gar nicht oder nur eben über den Vorderrand des Dorsalschildes (?) hinausragenden kurzen Maxillartaster (Fig. 4) erweisen das. Es lässt sich die Art aber sogar

---

1) Ausnahmsweise wurde hier die Länge vom Hinterleibsende bis zur Spitze der vorderen Dorsalplatte gemessen, da ich die Messung vor der weiteren Untersuchung versäumte und mir nachher leider kein unverletztes Exemplar mehr zur Verfügung stand.

noch mit einiger Sicherheit in die erste Gruppe dieser Gattung einreihen, wie die breite, plumpe Körperform, das kurze Abdomen und
das Vorkommen nur einer Borste auf der Streckkante des 3. Gliedes
der Vorderbeine (Fig. 4) zeigt. Dass sie nicht mit *Aletes pascens n. sp.*
oder *seahami* (Hodge) identisch ist, kann aber fast nur aus der
ganz abnormen Grösse geschlossen werden, da Brady irgend ein wirklich characteristisches Merkmal nicht anführt. Die Krallen sind
wie bei jenen zwei Arten winklig gebogen, die Krallen eines Paares
von verschiedener Grösse und gekämmt (Fig. 5). Nach der Zeichnung
ist dieser Cilienbesatz für jede Kralle ein doppelter; das Mittelstück
ist in eine kleine Kralle ausgezogen, doch wird nicht gesagt, ob an
allen Beinen. Die Behaarung der Beine soll nur aus „wenigen, kurzen,
steifen" Borsten bestehen; indess scheint Brady mehrfach nur die
über den Rand der Glieder vorragenden Enden der langen Haarborsten
der Aussenfläche gesehen und diese für kurze Borsten der Beugefläche
gehalten zu haben. Wenigstens ist nur so die sehr verschiedene und
oft ganz aborm hohe Zahl der Borsten der Beugefläche verständlich,
und überdies war eine solche Täuschung in dem Falle Brady's sehr
leicht, da der in die Extremitäten vorgequollene Lebermagen die auf
der Fläche der Beine liegenden Borstentheile nur sehr schwer erkennen
lassen musste. Die Form ist gepanzert und auf dem Rumpfe wie auf
den Extremitäten mit vertieften Grübchen besäet, auch hierin also
in Uebereinstimmung mit *Aletes pascens n. sp.* und *Aletes seahami*
(Hodge). Der Zeichnung (Fig. 4) nach sollte man annehmen, dass
*Alet. nigrescens* (Brad.) eine ähnliche kapuzenförmige Vorziehung des
Dorsalpanzers besässe wie *Aletes setosus n. sp.*, mit dem er die plumpe
Form der Beine theilt. Es würde dadurch *Aletes nigrescens* (Brad.)
bei dem von *Alet. setosus n. sp.* völlig abweichenden Krallenbau trefflich characterisirt sein. Da aber Brady von dieser doch sehr auffälligen Bildung kein Wort sagt, so weiss ich nicht, ob hier nicht nur
eine Ungenauigkeit in der Zeichnung vorliegt. Da das von Brady
gefundene Exemplar nach Beschreibung und Abbildung bereits in
seinem Inneren durchaus zerstört war, und die schwarzgrüne Inhalts-
masse in unregelmässiger, wolkenähnlicher Vertheilung das Skelet erfüllte, so mögen hierdurch in der That die Verhältnisse des Capitulums undeutlich geworden sein.

So bleibt denn schliesslich nur die alle übrigen *Aletes*-Arten weit
übertreffende Grösse und der doppelte Cilienkamm an den Krallen
als Unterscheidungsmittel übrig. Weshalb die an und für sich kaum
verwendbare Körpergrösse in diesem Falle mir dennoch beweiskräftig

erscheint, wurde bereits oben (S. 316) erörtert. Ob aber auf die Dauer dadurch *Aletes nigrescens* (BRADY) haltbar bleiben wird, können erst weitere Funde zeigen.

Fundort: Northumberland, 1 Exemplar in einem Süsswassersee (Crag-Lake).

## II. Abtheilung.

Ocularplatten mit doppelter Hornhaut; Körper schmal, gestreckt.

### 5. *Aletes notops* (GOSSE).
#### (Taf. VIII, Fig. 89 u. 94.)

Ocularplatten mit je 2 Hornhäuten; Krallen sichelförmig, mit Nebenzahn, aber ohne Cilienkamm.

Körperform (Taf. VIII, Fig. 89, 94): wie oben angegeben, es erinnert dieselbe durchaus an die von *Halacarus floridearum n. sp.* und Verwandten. Mit diesen Arten stimmt auch in auffälliger Weise der vordere dorsale Körperrand und die in 2 hintere Höcker ausgezogene hintere Dorsalplatte überein.

Capitulum (Taf. VI, Fig. 34; Taf. VII, 63; Taf. VIII, Fig. 92): von dem der 1. Gruppe nicht abweichend. Endglied der Maxillartaster wie bei *Aletes setosus n. sp.* ziemlich spitz zulaufend, mit einigen Absätzen am Dorsalrande, seichten Längsfurchen auf der Innenfläche und drei Borsten, von denen zwei auf der Streckfläche, eine auf der Beugefläche steht. Das Epistom ist wie bei *Aletes pascens n. sp.* in eine Spitze ausgezogen.

Rumpf (Taf. VIII, Fig. 89, 93, 94): dorsal stark, ventral abnorm stark gepanzert, doch nur ein medianer Streifen der hinteren Dorsalplatte gefeldert. Poren sind nicht wahrzunehmen. Wie bei allen bisher bekannten Arten weicht die Rückenfläche in ihrer Panzerung wenig von dem Typus der Halacariden ab, die Ventralfläche dagegen zeigt uns das entgegengesetzte Extrem wie die von *Aletes setosus n. sp.*, indem alle Platten zu einer einzigen Platte verschmolzen sind, welche in den hinteren Hüftplatten noch dorsalwärts übergreift. Dorsal ist nur die Gestalt der Ocularplatten sehr auffällig, welche in den zwei lateralen Winkeln je eine Grube mit Zapfen, in den zwei medianen dagegen je eine Borste tragen. Diese Borsten entsprechen ihrer Stellung nach, obwohl kein Grübchen mehr zu erkennen ist, doch den kleinen Börstchen von *Aletes pascens n. sp.* und *seahami* (HODGE), sind hier aber so lang, dass man sie unwillkürlich mit dem 2. und 3. Rumpfborstenpaare der *Halacarus*-Arten vergleicht. Aber es stehen diese zwar fast an derselben Stelle, doch stets ausserhalb der Ocular-platten im weichen Integumente. Auf der hinteren Dorsalplatte sind nur ein vorderes Borstenpaar und ein auf den Vorsprüngen der Platte stehendes Grübchen zu sehen. Ventral sind nicht nur alle Extremitäten-borsten, sondern auch alle 3 Rumpfborstenpaare vorhanden. Die Vulva des einen Exemplares, welches mir zur Verfügung stand, umstehen 3 Paar Borsten; die Oeffnung liegt ventral, der Anus terminal.

Beine (Taf. VI, Fig. 27, Taf. VII, 52, 57): Krallen sichelförmig mit stark vorspringendem Nebenzahn, doch ohne Cilien. Die Beborstung des 1. Beinpaares ist nur im 3. und 5. Gliede abweichend, indem das erstere dorsal hinter dem nicht vollzähligen Borstendreieck noch drei Borsten und ventral nicht 1, sondern 2 Borsten trägt. Es sind das ganz ähnliche Unterschiede, wie sie auch bei den *Halacarus*-Arten vorkommen. Die ventralen Dornen des 5. Gliedes sind sehr deutlich doppelt gefiedert. Das 6. Glied trägt wenig Tasthaare.

Grösse: Gesammtlänge [1]): 0,341 mm. Rumpf: 0,244 mm.

Fundort [2]): Region der rothen Algen; Langelandssund (12,5 Fad.).

Die Identificirung dieser Ostseeform mit dem englischen *Aletes notops* Gosse (21, Taf. VIII, Fig. 1—4) ist nicht ganz leicht. Die Gestalt im Allgemeinen, vor allem die Schmalheit und Länge des Körpers, das lange Abdomen, die flach abgerundete Gestalt des Vorder-randes des vorderen Dorsalschildes stimmen durchaus mit der Ostsee-form überein (Fig. 1). Dazu kommt noch als sehr beachtenswerther Umstand, dass die Borstenbekleidung des 3. Gliedes am 1. Beinpaare genau dieselben Abweichungen von der ersten *Aletes*-Gruppe zeigt wie die der Ostseeform: auf der Streckkante nicht 1, sondern 4, auf der Beugefläche 2 Borsten. Abweichend von dieser ist nur, dass auf der Aussenfläche 2 Borsten stehen, so dass das Borstendreieck voll-zählig ist, während dort eine Borste fehlt. Dass in der Zeichnung Gosse's die Seitenränder zwischen dem 2. und 3. Beinpaare nach hinten, bei der Ostseeform nach vorn divergiren, kann sich leicht aus dem Druck des Deckglases erklären, auf den auch die Haltung des 3. Bein-paares hinweist. Dass weder in Zeichnung noch Beschreibung mit einem Worte der Panzerung gedacht ist und Gosse nur von der Farb-

---

1) Gosse giebt als Gesammtlänge der englischen Form 0,29 mm an. Wahrscheinlich hat er zufällig eine Nymphe gemessen.

2) Die englische Form wurde gefunden in der Littoralzone bei den Shetland-Inseln und bei Ilfracombe in Südengland.

losigkeit und der hyalinen Beschaffenheit des vom sog. Lebermagen
freigelassenen Körperrandes spricht, scheint auf einen ähnlich durchsichtigen und vollkommen structurlosen Panzer hinzuweisen, wie er die
Ostseeform vor den übrigen *Aletes*-Arten auszeichnet. Endlich lässt
sich auch die „little round disk" in der Umhüllung des eigenthümlich
gestalteten Krallenmittelstückes ohne Mühe wiedererkennen.

Dahingegen kommen andere Eigenthümlichkeiten vor, die sich
nicht ohne weiteres auf die Verhältnisse den Ostseeform zurückführen
lassen. Das Epistom zeichnet GOSSE allerdings auch etwas zwischen die
Maxillartaster vorgezogen (Fig. 1), aber die so gebildete Spitze ist
nur sehr kurz, bedeutend kürzer als bei der von mir beobachteten
Form. Und dies ist der einzige Umstand in dem Baue des Capitulums, der immerhin beachtenswerth ist, da die Dorsalansicht sehr deutlich und klar von GOSSE dargestellt wird, während die Ventralansicht·
(Fig. 2 und 3) von ihm durchaus missverstanden wurde. Was GOSSE
als Lippenhälften ansieht, existirt in Wirklichkeit gar nicht, vielmehr
ist der zwischen diesen „in a pincerlike manner" einander genäherten
Theilen liegende langgestreckte, ovale Raum der durchscheinende
Pharynx mit der „Zunge", deren verdickte Seitenränder in der That
leicht diese Täuschung hervorrufen konnten. Der Schnabel ist gar
nicht gesehen, doch offenbar zwischen den Mandibeln in der Zeichnung
als länglich ovales Feld angedeutet, da ein solcher Abstand bei den
Mandibeln nicht wohl möglich ist. Ebensowenig ist der Bau der
Maxillartaster nach der Zeichnung erkennbar, nur findet man das
kleine Endglied und das grosse 2. Glied in Fig. 2 wieder; von den
Borsten aber ist nicht einmal die bei allen von mir gefundenen Halacariden überhaupt ganz constant vorkommende lange Borste des
2. Gliedes gezeichnet, und folglich kann man auf die Nacktheit des.
letzten Gliedes in der Zeichnung erst recht keinen Unterschied gründen
Die Gesammtform des Trugköpfchens ist sonst sehr wohl von GOSSE
getroffen und die für die Gattung characteristische.

Eine weitere Abweichung zeigt die Borstenbekleidung des Rumpfes
und der Beine. Vor allem ist auffällig, dass keine von den 8 steifen
Borsten gezeichnet ist, welche den Körperrand zwischen dem 2. und 3.
Beinpaare überragen. Dass dieselben ganz fehlen, ist nicht anzunehmen,
da wenigstens die 2 hinteren Paare allen Halacariden zukommen; aber
sie dürften vielleicht bei der englischen Form kürzer, vielleicht auch
qiegsam sein. Endlich zeichnet GOSSE (und wie wir bereits oben gesehen
haben, hat derselbe mit Genauigkeit die Beborstung der Beine wiedergegeben) am 2. Glied der Vorderbeine ventral je 2 und nicht 1 steife

Borste. Die Borsten am Endgliede sind sicher falsch, da bei allen Halacariden wenigstens 3 grosse Borsten vorkommen, ich vermag daher auch nicht auf die des 4. und 5. Gliedes Werth zu legen, ebenso wenig darauf, dass die eigentlichen Fiederborsten nicht als solche erkannt wurden.

Schliesslich mag noch auf die spitz zulaufende Gestalt des Abdomens und das Fehlen der vorspringenden Höcker des hinteren Dorsalschildes hingewiesen werden. Doch würden die Verschiedenheiten leicht dadurch sich lösen, dass das von GOSSE gezeichnete Exemplar noch eine Nymphe war, da diese nicht selten durch schlankeres Abdomen und geringere Skeletbildung sich auszeichnen.

Ein ganz sicheres Resultat lässt sich aus diesen Uebereinstimmungen und Abweichungen nicht ziehen. Nur ist GOSSE's Form auf jeden Fall auf das allernächste mit der Ostseeform verwandt (Gestalt des Rumpfes, Form des Vorderrandes des Dorsalpanzers, Beborstung des 3. Beingliedes der Vorderbeine). Da nun ein Theil derjenigen Abweichungen, welche nicht gut Fehlern der Beobachtung zugeschrieben werden können, sich unter der Annahme erklärt, dass GOSSE eine Nymphe gezeichnet hat (Grösse, Abdomen, Höcker des hinteren Dorsalschildes, vielleicht auch das Fehlen von Borsten des Rumpfes und der 3 letzten Glieder der Vorderbeine), die übrigen Unterschiede aber, welche thatsächlich als Differenzen der reifen Formen angesehen werden müssen (Beborstung des 2. und 3. Gliedes der Vorderbeine, Epistom), zu gering sind, um auf sie allein hin eine besondere Art zu schaffen, so stelle ich vorläufig die Ostsee- und die englische Form in die eine Species GOSSE's, *Aletes notops*, zusammen. Sollten spätere Untersuchungen ergeben, dass dennoch die von GOSSE beschriebene Form eine selbständige Species repräsentire, so schlage ich für die Ostseeform den Namen *Aletes gracilis n. sp.* vor.

Endlich müssen wir die Stellung von

## 6. *Aletes minutus* (HODGE)

(32 *b*) zu den anderen Arten der Gattung unentschieden lassen.

Krallen sichelförmig gekrümmt mit Nebenzahn, Krallenmittelstück in eine Kralle ausgezogen.

HODGE (32) hat nur eine Larve beschrieben und abgebildet. Dieselbe zeichnet sich in mehreren Punkten vor den anderen Arten aus, so dass ihre Wiedererkennung nicht ausgeschlossen ist. Die Krallen sind wie bei *Aletes notops* (GOSSE) sichelförmig gekrümmt und entbehren des Cilienkammes, aber das Krallenmittelstück ist in eine kleine scharfe Klaue ausgezogen. Sehr auffällig ist ferner die röthlich-braune Färbung des Lebermagens sowie die gewaltige Ausdehnung der vorderen Dorsalplatte. Dieselbe reicht nach der Zeichnung bis fast zum 3. Beinpaare, während von einer hinteren Platte nichts gezeichnet oder beschrieben ist. Dieser Umstand wie auch die Haltung der Beine macht es mir wahrscheinlich, dass Hodge beim Zeichnen das Mikroskop zu tief eingestellt und, während er die Ventralfläche zeichnete, durch den medianen Pigmentfleck der Dorsalfläche zu der Ueberzeugung gekommen sei, die Rückenfläche vor sich zu haben. Bei der Zartheit der Larven und der Unbekanntheit Hodge's mit der Verschiedenheit der ventralen und dorsalen Panzerung ist eine solche Täuschung sehr leicht möglich. Die Panzerplatte ist mit unregelmässigen zellenähnlichen Zeichnungen bedeckt; der weiche Theil der Haut fein gerunzelt und gefurcht, Capitulum und Beine mit kleinen Punkten besäet. Wie bei allen Larven sind die Extremitäten dick und plump. Was Brady bewog, in dieser Larve ein Jugendstadium seines *Pachygnathus sculptus* zu vermuthen, weiss ich nicht. Anhaltspunkte dafür existiren jedenfalls nicht.

　　Grösse: 0,28 mm.

　　Fundort: Littoral-Zone bei Northumberland (Seaham).

## II. Halacarus Gosse.

　　Maxillartaster lateral am Capitulum eingelenkt; die Speichelkanäle weit von einander getrennt auf dem breiten Epistom. Maxillartaster lang, frei beweglich am Capitulum eingelenkt. 3. Tasterglied mehrmals kürzer als das Endglied, welches vor der dicken Basis sich stark und plötzlich verschmälert und auf ihr drei divergirende lange Borsten trägt. Mandibeln mit klauenförmigem 2. Gliede. Das Krallenmittelstück ist unmittelbar dem 6. Gliede angefügt.

　　Die Thiere dieser Gattung sind durch die Einlenkung und Form ihrer Taster derartig characterisist, dass weitere Bemerkungen überflüssig erscheinen, zumal da in den meisten übrigen Organen Modificationen vorkommen und zum Beispiel der Schnabel keineswegs so constant bleibt wie bei *Aletes n. gen.* Das 6. Glied der Beine besitzt membranöse Wände der Krallengrube (Taf. VII, Fig. 55); die Beine selbst erreichen bei *Halacarus murrayi* (Taf. VIII, Fig. 86) eine beträchtliche Länge, und der Lebermagen ist wie bei *Leptognathus* Hodge und *Agaue n. gen.* braun bis scharlachroth gefärbt (Taf. VI, Fig. 21).

Die Milben sind theilweise noch sehr beweglich, zum Theil aber auch langsam und träge. Ich habe sie nie gesellig gefunden. Sie kommen in der Region des lebenden und todten Seegrases und der Region der rothen Algen der Ostsee vor und wurden in der Littoral-, Laminarien- und Corallinen-Zone der britischen Küste (6) beobachtet. Endlich kommt eine Art auch im Brackwasser Englands (6), eine zweite im Brackwasser Deutschlands vor. Herr Dr. DAHL fand an genanntem Orte eine mit *Halacarus spinifer n. sp.* identische oder nahe verwandte Art in grösserer Zahl (Neustadt zwischen Fehmarn und Lübeck).

Geschichte der Gattung: GOSSE (21) stellte 1855 zuerst diese Gattung auf und gab eine kurze Diagnose, die aber, wie damals nicht anders zu erwarten, viel zu allgemein gehalten war und auch mehrere Fehler enthielt. Die Beschreibung des Panzers und der Beine ist daher gänzlich unbrauchbar; auch die des Schnabels zu unbestimmt, die Mandibeln („filiform") sind falsch beschrieben; nur das Endglied der Taster wird als „a fang-like unguis" nicht unzutreffend characterisirt, kommt aber ebenso bei *Leptognathus* HODGE vor.

Sonst ist niemals eine Characterisirung der Gattung versucht worden; nur erhob 1856 GERSTÄCKER (19) gegen die Zusammenstellung von *Halacarus ctenopus* GOSSE und *Halacarus rhodostigma* GOSSE in ein Genus Einspruch, ohne indess stichhaltige Gründe vorbringen zu können. Durch die Auffindung einer der letztern Art sehr nahe stehenden Species, sowie durch das Studium einer beträchtlichen Zahl anderer unzweifelhafter *Halacarus*-Arten konnte ich die Nichtberechtigung dieses Einwandes nachweisen. Später beschrieb HODGE (32) noch *Halacarus granulatus* und *oculatus*. Letzterer kommt auch in der Ostsee vor; erstere Art hingegen ist trotz Abbildung und Beschreibung nicht wieder zu erkennen. Nur soviel lässt sich angeben, dass sie auf keinen Fall mit *Halacarus murrayi n. sp.* („Legs little differing in length, moderately hispid"), *Halacarus spinifer n. sp.* oder *ctenopus* GOSSE (vorderes Dorsalschild nicht in eine Spitze ausgezogen) und *Halacarus oculatus* HODGE oder *rhodostigma* GOSSE (Endglied der Taster in eine plumpe („blunt") Spitze auslaufend) identisch ist. Am nächsten verwandt möchte *Halacarus granulatus* HODGE mit *Halacarus fabricii* oder *loricatus n. sp.* sein, doch hindert das Fehlen characteristischer Angaben jede genauere Bestimmung. Wenn BRADY in dieser Art *Halacarus rhodostigma* GOSSE wiedererkennen will, so berücksichtigt er nicht die grosse Verschiedenheit der Klauen- und Tasterbildung. BRADY (6) selbst lieferte in seiner „review" nur eine erneute Beschreibung von *Halacarus ctenopus* GOSSE. Erst 1882 beschrieb dann CHILTON (9) 2 neue Meeresmilben, die er der Gattung *Halacarus* GOSSE einverleibte. Doch zeigt bereits eine flüchtige Betrachtung der Abbildungen, dass es zwar Halacariden, aber auf keinen Fall Angehörige dieser Gattung sind. Ich werde weiter unten auf beide zurückzukommen haben. Von HALLER (30) kam endlich 1886 eine leider nur vorläufige Nachricht über einen *Halaca-*

22*

*rus* des Mittelmeeres, welchen cr *Halacarus gossei* taufte [1]). Die
vorläufige Mittheilung enthält leider fast nur Familiencharactere, und
es ist daher vorläufig nicht möglich, diese Art wiederzuerkennen.

Die 10 bisher bekannt gewordenen Arten weisen eine stärkere
Verschiedenheit auf als die *Aletes*-Arten. Die Mehrzahl derselben (7)
besitzt einen Schnabel, welcher kürzer als der Basaltheil des Capitulums ist und die Form eines gleichschenkligen, mit der Spitze nach
vorn gerichteten Dreiecks hat (Taf. VI, Fig. 12). Hiervon kommt indess eine doppelte Ausnahme vor. Zunächst übertrifft die Unterlippe
von *Halacarus murrayi* n. sp. den Basaltheil an Länge und convergirt
mit ihren Rändern nur nahe der Wurzel, während dieselben von hier
ab bis in die Nähe der Spitze einander parallel laufen (Taf. VI, Fig. 14, 17).
In der Länge, Schmalheit und der Form nähert sich diese Schnabel-
bildung der von *Leptognathus* HODGE; umgekehrt führt der Schnabel
von *Halacarus oculatus* (HODGE) und *rhodostigma* GOSSE mehr zu
*Aletes* n. sp hinüber (Taf. VI, Fig. 31 und GOSSE (21) Taf. III, Fig. 3).
Denn dieser ist breit, an der Basis eingeschnürt und von etwa verkehrt herzförmiger Gestalt. Indem nun mit diesen Verschiedenheiten
im Bau der Unterlippe gleichzeitig andere Abweichungen Hand in
Hand gehen, geben sich die drei so characterisirten Gruppen als Com-
plexe von Arten zu erkennen, welche unter einander enger verwandt
sind als mit den Arten einer jeden der anderen Gruppen. Wir werden
daher auch bei der Beschreibung der Species diese Eintheilung be-
folgen, zur Diagnose der Species aber möge folgende Tabelle dienen:

A. Schnabel schmal, Seitenränder bis auf den Basaltheil und das
   vorderste abgerundete Ende, einander parallel laufend, länger als
   der Basaltheil des Capitulums. 3. Tasterglied mit sehr feinem,
   borstenartigem Dorn an der Innenseite. 4. Tasterglied nicht griffelartig verlängert:

   *Halacarus murrayi* n. sp.

B. Schnabel ein gleichschenkliges, nach vorn gerichtetes Dreieck bildend, ohne Einschnürung an der Basis. Endglied der Taster
   nicht griffelförmig verlängert:

   I. Maxillartaster im 3. Gliede mit dickem, nicht borstenartigem
      Dorn am Innenrande:

---

1) Der von GRUBE (22) als *Gamasus thalassinus* abgebildete und
beschriebene Parasit an Spongien ist jedenfalls keine H a l a c a r i d e,
sondern, soweit die Fig. 7 auf Taf. II erkennen lässt, in der That eine
echte G a m a s i d e. Da andrerseits die Beschreibung HALLER's es nicht
bezweifeln lässt, dass sein *Halacarus gossei* ein *Halacarus* war, so
ist mir die Behauptung dieses Acarinologen, dass beide Formen identisch wären, nicht verständlich.

1. 3. Glied des 1. Beinpaares auf der Streckfläche nur mit Borstendreieck, Hornhaut fehlt:
   *Halacarus floridearum n. sp.*

2. 3. Glied des 1. Beinpaares auf der Streckfläche mit mehr Borsten; Ocularplatten mit grosser Hornhaut:

   a. Vorderrand des vorderen Dorsalschildes in einen aufwärtsgerichteten Dorn ausgezogen:

   aa. Krallen des 1. Beinpaares auffällig kurz und dick. *Halacarus spinifer n. sp.*

   bb. Krallen des 1. Beinpaares nicht erheblich kürzer als die des 2. Beinpaares: *Halacarus ctenopus* GOSSE.

   b. Vorderrand des vorderen Dorsalschildes fast gerade abgeschnitten, flach gerundet:
   *Halacarus balticus n. sp.*

II. Maxillartaster im 3. Tastergliede ohne Dorn am Innenrande:

   1. Ocularplatten schmal, ohne Hornhaut:
   *Halacarus striatus n. sp.*

   2. Ocularplatten breit, mit deutlicher Hornhaut:

   a. mediane Dornen des 5. Gliedes der Vorderbeine gefiedert und mit Basalhöcker:
   *Halacarus fabricii n. sp.*

   b. mediane Dornen des 5. Gliedes der Vorderbeine nicht gefiedert und ohne Basalhöcker:
   *Halacarus loricatus n. sp.*

C. Schnabel an der Basis sehr breit und eingeschnürt, verkehrt herzförmig; Endglied der Taster griffelartig verlängert:

   I. Kralle mit Nebenzahn und Cilienkamm: *Halacarus oculatus* HODGE.

   II. Krallen ohne Nebenzahn und ohne Cilienkamm:
   *Halacarus rhodostigma* GOSSE.

## I. Abtheilung.

Schnabel länger als der ventrale Basaltheil des Capitulums, schmal, die Seiten desselben nur nahe seiner Wurzel convergirend, sonst bis zur gerundeten Spitze einander parallel laufend. Endglied der Taster nicht griffelartig verlängert. Geschlechtsöffnung des Männchens verkehrt zwiebelförmig.

## 1. *Halacarus murrayi* n. sp.

(Taf. VII, Fig. 83 u. Taf. VIII, Fig. 86.)

Anus terminal. 3. Glied der Maxillartaster mit sehr feinem, borstenartigem Dorne, welcher spitzwinklig nach vorn geneigt ist. Beine dünn, Hinterbeine sehr lang, alle Krallen von auffallender Länge. Panzerung sehr schwach, Ocularplatten mit Hornhaut und im hinteren Winkel mit grossem Porus und einer kleinen Chitinplatte dahinter.

Körperform (Taf. VII, Fig. 83, Taf. VIII, Fig. 86): breit oval, die Seiten des Rumpfes gerundet. Abdomen kurz, halbkreisförmig im Umriss. Die Art erinnert in dieser Hinsicht an die Arten der 3. Abtheilung, unterscheidet sich indessen durch den schlanken Bau ihrer Anhänge (der Extremitäten wie der Borsten) von diesen scharf.

Capitulum (Taf. VI, Fig. 14, 17; Taf. VIII, Fig. 106): Der Schnabel zeigt in seiner Form und Länge eine Annäherung an *Agaue* n. gen. und *Leptognathus* HODGE und bildet eine ziemlich tiefe, schmale und relativ lange Rinne für den vorderen Theil der Mandibeln. Er trägt dicht unter seiner Spitze ein kurzes, sehr feines Borstenpaar und auf dem verbreiterten Wurzeltheile 4 lange Borstenhaare. Die Mandibeln sind schlank, der dorsale Rand der Klauen fein gekerbt. Die Maxillartaster besitzen im 1. Gliede eine eigenthümliche scharfe Knickung ihrer Wandung, so dass sie auf den ersten Blick 5-gliedrig erscheinen. Das 3. Glied ist schlanker als bei den übrigen Arten, welche hier einen Dorn tragen. Das Epistom endet zwischen der Wurzel der Maxillartaster mit geradem Rande, die Speichelkanäle treten nicht besonders stark hervor.

Rumpf (Taf. VII, Fig. 83, Taf. VIII, Fig. 86, 87): Die Panzerung ist sehr schwach, nur dorsal sind das vordere und hintere Schild gefeldert, die Ocularplatten tragen nur eine Gruppe von Poren. Auf den beiden anderen Platten stehen dieselben in den Feldern. In Folge der sehr geringen Grösse der hinteren Dorsalplatte steht nur das 5. Rumpfborstenpaar auf derselben und weit hinter der Einlenkungslinie des 4. Beinpaares. Ventral umschliesst die hintere Platte nur die Genitalöffnung und ist von dem Anus, in dessen Umgebung ein Schild nicht zu bemerken ist, durch weiches Integument getrennt. Hierin ist *Hal. murrayi* auf einer Stufe stehen geblieben, welche bei allen anderen Arten nur bei Nymphen vorkommt. Die hinteren Hüftplatten sind median sehr stumpf abgeschnitten und nicht in eine Spitze ausgezogen. Es steht daher auch das 2. Rumpfborstenpaar weit von diesen Schildern entfernt im weichen Integumente. Lateral von dem Chitinstreifen der Ringfurche ist ein Porus bemerkbar. Der Anus ist durch sehr stark entwickelte zangenartige Klappen ausgezeichnet, welche meist weit vorstehen und die Art sofort kenntlich machen. Das Männchen besitzt einen dichten Borstenkranz, das Weibchen hingegen nur 3 Paar steifer Borsten im Umkreise der Genitalöffnung; 2 von diesen stehen etwa in der Mitte, 1 nahe an dem Vorderrande des Vulva-Randes.

Beine (Taf. VI, Fig. 39; Taf. VIII, Fig. 86): sehr schlank und lang; Krallen ebenfalls auffällig schlank, mit sehr kurzem Nebenzahn und Cilienkamm. Die Borsten sehr zahlreich und fast sämmtlich zu steifen, feinen Borsten umgebildet, ohne indess eine besondere Länge zu erreichen. Nur die sehr zahlreichen Tastborsten der Vorderbeine und die dorsalen Borsten des 2. Gliedes haben ihre normale Gestalt bewahrt. Es bekommt dadurch das Thier ein borstiges oder geradezu stachliges Aussehen, zumal da auch sämmtliche Borsten des Rumpfes auffällig lang sind. Die Vertheilung der Beinborsten erinnert ebenso wie die dorsale Panzerung sehr an *Halac. spinifer* n. sp., nur weicht das 3. Glied des 1. Beinpaares darin gänzlich von allen anderen Arten ab, dass es dorsal ausser dem Borstendreieck noch 2 paarig gestellte Borsten trägt und ventral 3 Borsten stehen, von denen wiederum 2 paarig.

Grösse: Gesammtlänge: 0,521—0,573 mm. Rumpf: 0,378—0,404 mm.

Fundorte: Region der rothen Algen an Florideen, Spongien und Flustren; im Langelandssunde (12,5 Faden) und bei Dahmer Höft zwischen Fehmarn und Neustadt.

## II. Abtheilung.

Schnabel ein mit der Spitze nach vorn gerichtetes Dreieck bildend, welches stets kürzer als der Basaltheil des Capitulums und an der Basis nie eingeschnürt ist. Endglied der Taster nicht griffelartig verlängert. Genitalöffnung in beiden Geschlechtern gleich.

Von den 7 hierhergehörigen Arten schliessen sich eng an einander auf der einen Seite:

*Halacarus floridearum* n. sp.
    „    *balticus*    „  „
    „    *striatus*    „  „

auf der anderen Seite:

*Halacarus spinifer n. sp.*
  „      *ctenopus* GOSSE
  „      *fabricii n. sp.* und
  „      *loricatus n. sp.*
Wir werden sie daher auch in zwei Gruppen anführen:

## L Gruppe.

Körper gestreckt, Abdomen lang, nicht halbkreisförmig im Umriss, Seiten des die Beine tragenden Rumpfabschnittes einander parallel laufend, nicht gerundet.

### 2. *Halacarus floridearum n. sp.*
(Taf. VIII, Fig. 111 u. 115.)

Anus terminal; 3. Glied der Maxillartaster mit dickem, nicht borstenartigem Dorne an der Innenseite. Ocularplatten ohne Hornhaut; das 3. Glied des 1. Beinpaares nur mit dem Borstendreieck auf der Streckfläche.

Körperform (Taf. VIII, Fig. 111, 115): in Folge des schlankeren Baues des Rumpfes, welcher dadurch an die Larven von *Halacarus spinifer n. sp.* erinnert, tritt das Capitulum weit stärker als bei den anderen Abtheilungen hervor, um so mehr als der Vorderrand des Dorsalpanzers nur unerheblich vorgezogen und vorn fast gerade abgeschnitten ist. Beine von normaler Länge und Dicke.

Capitulum (Taf. VIII, Fig. 112, 116): Schnabel nahe der Basis und nahe der Spitze, weit von einander getrennt, je ein Borstenpaar tragend. Jederseits medianwärts von dem Basalhaar ein eigenthümlicher, schräg gestellter Eindruck. Unmittelbar an der Spitze jederseits eine ganz kleine Borste. Mandibelklaue kräftig, mit fein gekerbtem concaven Rande. Epistom vorn gerade abgeschnitten, in seiner hinteren Hälfte mit den stark hervortretenden Speichelkanälen.

Rumpf (Taf. VIII, Fig. 111, 114, 115): Panzer stark entwickelt; dorsal sind alle Platten gefeldert, ventral dagegen nur die Genito-Analplatte des Weibchens. Die Poren stehen auf den Kreuzungspunkten der Grubenwälle. Auf der hinteren Dorsalplatte ist noch die Eintheilung in drei Längsbänder angedeutet, doch die structurlosen Streifen zwischen denselben, welche gewöhnlich vorkommen, nicht mehr ausgebildet. Die Ocularplatten tragen nur im lateralen und hinteren Winkel je einen Porus. Das Männchen besitzt einen dichten Borstenkranz, das Weibchen nur 3 Paar Borsten im Umkreise der Genitalöffnung. Von den letzteren stehen 2 dicht neben einander, etwa in der Mitte der Länge der Vulva, 1 dagegen nahe dem Vorderrande der ganzen Platte.

Beine (Taf. VI, Fig. 41): Krallen mit starkem Nebenzahn und Cilienreihe, an den Hinterbeinen länger als an den Vorderbeinen, kräftig. Borsten nicht sehr zahlreich, doch die Haarborsten der Borstendreiecke lang und auf der Ventralfläche des 5. Gliedes des 1. Beinpaares mit 3 Paar Dornen, von denen aber nur das hinterste Paar kurz und dick ist. Am 3. Gliede desselben Beinpaares besitzt die Streckfläche nur das Borstendreieck, die Beugefläche 1 Borste. Am 5. Gliede des 3. Beinpaares fallen leicht 4 ventrale lange Dornen auf. Tasthaare sind an den Vorderbeinen sehr spärlich.

Grösse: Gesammtlänge 0,456—0,501 mm. Rumpf: 0,326—0,404 mm.

Fundort: Region der rothen Algen, bei Fehmarn (3—4,5 Fad.) und im Langelandssunde (12,5 Fad. tief) an Florideen.

### 3. *Halacarus balticus n. sp.*
(Taf. VIII, Fig. 108 u. 120.)

Anus terminal; 3. Glied der Maxillartaster mit starkem Dorn an der Innenseite. 3. Glied des 1. Beinpaares dorsal hinter dem Borstendreieck noch 2 Borsten tragend. Ocularplatten mit grosser Hornhaut. Vorderrand des Dorsalschildes fast gerade abgeschnitten.

Körperform (Taf. VIII, Fig. 108, 120): genau wie bei der vorigen Art, nur ist der Abstand des 2. und 3. Beinpaares von einander grösser und das Abdomen etwas kürzer.

Capitulum (Taf. VIII, Fig. 119): mit der vorigen Species durchaus übereinstimmend. Indessen ist der Dorn der Maxillartaster länger und kräftiger und ebenso treten die Speichelkanäle schärfer hervor.

Rumpf (Taf. VIII, Fig. 108, 120, 123): Panzerung ähnlich *Hal. floridearum n. sp.*, doch reicht die hintere Dorsalplatte nicht so weit nach vorn. Ventral ohne jede Felderung, dorsal stehen die Poren wie bei der vorigen Art auf den Kreuzungspunkten der Wälle. Die Genito-Analplatte des Männchens ist weiter als die des Weibchens nach vorn ausgedehnt und trägt einen dichten Borstenkranz, während dem Weibchen nur 2 Borstenpaare zukommen, von denen 1 nahe dem Vorderrande des Schildes, 1 in der Mitte des Seitenrandes der Vulva steht. Auf der vorderen Dorsalplatte werden die Felder durch ein structurloses Querband in zwei Gruppen getheilt, welche ihre convexen Ränder einander zukehren. Zwischen beiden, in dem nicht gefelderten

Theile, steht das characteristische Borstenpaar. Ebenso sind auf der hinteren Dorsalplatte die drei longitudinalen Bänder durch zwei structurlose Streifen deutlich geschieden. Die Ocularplatten endlich besitzen ausser der Hornhaut nur im hinteren Winkel einen durch seinen weiten Hof sehr auffälligen Porus. Das weiche Integument ist überall stark gerillt.

Beine (Taf. VI, Fig. 40): Krallen mit wenig hervortretendem Nebenzahn und sehr dichtem Cilienkamm. Borsten nicht sehr zahlreich, doch mehr als bei der vorigen Art, indem am 1. Beinpaare die Streckfläche des 3. Gliedes hinter dem Borstendreieck noch 2 Borsten trägt. Die Dornenpaare des 5. Gliedes nehmen von hinten nach vorn an Länge und Dünnheit zu, variiren aber sehr stark. Besonders interessant war ein Fall, in dem an dem rechten Beine die normale Zahl sich fand, an dem linken aber ganz wie bei *Halac. floridearum n. sp.* nur 3 Paar. Das 6. Glied trägt endlich mehrere Tasthaare.

Grösse: Gesammtlänge 0,560 — 0,625 mm. Rumpf 0,404 bis 0,456 mm.

Fundort: Region der rothen Algen; Fehmarn und Langelandssund (12,5 Fad.).

### 4. *Halacarus striatus n. sp.*
### (Taf. VIII, Fig. 117.)

Anus terminal; Maxillartaster im 3. Gliede ohne Dorn, Ocularplatten schmal und ohne Hornhaut.

Körperform (Taf. VIII, Fig. 117): schliesst sich durchaus der von *Halacarus balticus n. sp.* an.

Capitulum (Taf. VIII, Fig. 113, 118): wie bei den vorigen Arten; nur ist das 3. Glied der Maxillartaster schlank und völlig unbewehrt. Bei dem einen Exemplar, welches mir zur Verfügung stand, trug überdies der Schnabel 4 Basalborsten; doch ist dies wahrscheinlich nur eine Variation, wie sie häufiger, nur meist unsymmetrisch, auch auf dem Rumpfe und den Beinen vorkommt.

Rumpf (Taf. VIII, Fig. 117): Panzerung der von *Hal. floridearum n. sp.* und *balticus n. sp.* gleich. Ventral alle Platten ohne Felderung. Das weiche Integument auffällig stark gerillt. Die grosse Genito-Analplatte des Weibchens trägt 3 Borstenpaare, von denen das vordere wieder am Vorderrande des Schildes, die beiden anderen aber in dem Umkreise der hinteren Hälfte der Vulva stehen. Die hinteren Hüftplatten tragen abweichend von den vorigen beiden Arten ausser den zwei Extremitäten noch je eine Rumpfborste. Dorsal sind die

Poren auf den Wällen der Gruben sehr spärlich, in den Gruben selbst aber gar nicht zu sehen. Auf der hinteren Dorsalplatte erscheinen sie vorzüglich auf die zwei structurlosen Längsstreifen zusammengedrängt. Die Ocularplatten tragen in ihrem hinteren Winkel 2 hinter einander liegende Poren.

Beine (Taf. VI, Fig. 26): Krallen mit Cilien und Nebenzahn, Borsten noch zahlreicher als bei *Halac. balticus n. sp.* und in ihrer Vertheilung in einigen Punkten bereits an *Halac. murrayi n. sp.* und *spinifer n. sp.* erinnernd. So treten am 1. Beinpaare ausser dem dorsalen Borstendreieck und den ventralen Dornenpaaren noch 3 Paar lateraler Borstenhaare auf, und die Zahl der Tasthaare ist den vorigen Arten gegenüber gewachsen. Das 3. Glied stimmt in der Anordnung der Borsten mit *Halac. balticus n. sp.* überein, nur die Form der einzelnen Anhänge ist verändert. Die 3 Dornenpaare des 5. Gliedes endlich sind wenig stark entwickelt, wiederum ist das hinterste Paar das kürzeste aber kräftigste.

Grösse: Gesammtlänge: 0,612 mm. Rumpf: 0,456 mm.

Fundort: Region der rothen Algen, Fehmarn (3—4,5 Fad.). Leider kann ich, da dieses Exemplar durch ein Versehen von mir in ein falsches Glas gesetzt wurde, nicht sicher angeben, ob es von Fehmarn oder aus dem Langelandssunde stammt. Es ist daher diese Art in die Tabelle des biologischen Theiles der Arbeit gar nicht aufgenommen.

## 2. Gruppe.

Rumpf mit kurzem, im Umriss halbkreisförmigem Abdomen und mit gewölbten, nicht einander parallelen Seiten.

### 5. *Halacarus spinifer n. sp.*
(Taf. VIII, Fig. 101 u. 102.)

Maxillartaster im 3. Gliede mit kräftigem Dorn an der Innenseite. 3. Glied des 1. Beinpaares mit 2 Dornen hinter dem dorsalen Borstendreieck; Krallen des 1. Beinpaares auffällig kurz und dick. Ocularplatten mit Hornhaut. Vorderrand des Dorsalpanzers in eine aufwärts gebogene Spitze ausgezogen. Anus terminal.

Körperform (Taf. VIII, Fig. 101 u. 102): bereits genügend in der Diagnose characterisirt.

Capitulum (Taf. VI, Fig. 11, 12, 23, 25, 43, 44, Taf. VII, Fig. 49; — Taf. VI, Fig. 13, 24, 28, 29; — Taf. VI, Fig. 32, 33; — Taf. VI, Fig. 46);

am Schnabel weichen die beiden Wülste, welche die Verwachsungslinie
der beiden Unterlippenhälften begrenzen, vorn weit aus einander, so dass,
indem sie sich an der Spitze wieder berühren, ein lanzettlich-ovales
Feld entsteht, welches aber durch eine Membran geschlossen ist. Die
2 vorderen Borstenpaare stehen am Rande dieses Feldes, ausserdem
befindet sich unmittelbar an der Spitze jederseits ein kleiner warzen-
ähnlicher Zapfen.   Epistom mit geradem Rande.

Rumpf (Taf. VIII, Fig. 101; 99; Taf. VI, Fig. 2, 3, 5, 7, 8,
10): Panzerung schwach, *Hal. spinifer n. sp.* erinnert dadurch an
*Hal. murrayi n. sp.*; doch ist eine Genito‑Analplatte vorhanden,
wenngleich die Trennung in eine Genital- und Analplatte, wie sie bei
der Nymphe bestand, noch darin angedeutet ist, dass nur der zum
Anus gehörige Theil gefeldert und gegen den vorderen nicht structu-
rirten Abschnitt in gerader Linie abgesetzt ist. Die Genitalöffnung
wird beim Männchen von einem dichten Borstenkranze, beim Weibchen
aber nur von 4 Borstenpaaren umgeben. Von den letzteren steht
wiederum 1 Paar nahe dem Vorderrande des Schildes, 1 etwa in der
Mitte der Vulva-Länge, die 2 letzten dagegen dicht neben einander
am hinteren Ende der Oeffnung. Die hinteren Hüftplatten tragen das
2. Rumpfborstenpaar. Lateral von den Chitinstreifen der Ringfurche
liegt jederseits eine Pore. Dorsal sind nur die vordere Hälfte der
vorderen Dorsalplatte, der zum 3. Beinpaare gehörige Theil der hinteren
Hüftplatten und die zwei Längsstreifen der kleinen hinteren Dorsalplatte nicht gefeldert. Die Ocularplatten tragen in ihrem hinteren
Winkel eine Chitinplatte und davor eine Pore. Sehr eigenthümlich
und bisher nur hier beobachtet sind endlich 3 Paar Chitinplättchen,
die trotz ihrer Kleinheit gefeldert sind und in zwei Längsreihen
zwischen der vorderen und hinteren Rückenplatte stehen. Das weiche
Integument bildet in seinen Rillen Maschen; die Poren des Panzers
stehen auf den Wällen.

Beine (Taf. VI, Fig. 37, Taf. VII, Fig. 50): Krallen kräftig, mit Nebenzahn und doppeltem Cilienkamm; doch ist nur der eine stark entwickelt,
die Cilien des anderen sind dagegen sehr kurz. Besonders kräftig, aber
auffällig klein sind die Krallen des 1. Beinpaares. Die Borsten sind
sehr zahlreich und am 5. und 6. Gliede des 1. Beinpaares gerade so
wie bei *Halacarus murrayi n. sp.* angeordnet. Indessen sind die
ventralen Dornenpaare bis auf das vorderste, in 2 feine Borsten umgewandelte Paar sehr kräftig und von eigenthümlicher lanzettförmiger
Gestalt. Auch sind sie auf einer höckerartigen Erhebung des Integumentes eingelenkt. Am 3. Gliede ist ferner die Anordnung der

Borsten dorsal dieselbe wie bei *Halacarus balticus n. sp.* und *striatus n. sp.*, während wiederum ventral, analog den 3 Borsten bei *Halac. murrayi n. sp.*, 3 lanzettförmige Dornen auftreten. Die Zahl der Tasthaare ist sehr gross.

Grösse: Gesammtlänge 0,991 mm; Rumpf 0,717 mm.

Fundort: Regionen des lebenden Seegrases und der rothen Algen; Kieler Förde, Stoller Grund, bei Fehmarn, im Langelandssunde (12,5 Fad.), Hohwachter Bucht, Dahmer Höft, Hoborg Bank südlich Gotland.

Entwicklungsstadien (Taf VI, Fig. 37, Taf. VII, Fig. 73, Taf. VIII, Fig. 102—105).

1. Larve: farblos; in späterem Alter, mit dem Auftreten des sogenannten Lebermagens, bekommt der Rumpf eine rothe Färbung. An den kurzen Krallen des 1. Beinpaares, der dornenartigen Verlängerung des vorderen Dorsalschildes und dem Dorne der Maxillartaster sofort erkennbar als dieser Species angehörig. Borsten der Beine sehr viel spärlicher, auch am Rumpfe fehlen noch Borsten. Von den Ocularplatten nur der Porus des hinteren Winkels vorhanden. Auch die übrigen Schilder schwächer als bei der reifen Form entwickelt; eine Genitalplatte und -Oeffnung fehlt vollkommen: Grösse 0,433 mm.

2. 1. Nymphe: Panzer dem der reifen Form sehr ähnlich; doch fehlt den Ocularplatten noch die Hornhaut, und die sehr kleine Genitalplatte ist von der Analplatte durch einen weiten Zwischenraum getrennt. Unter ersterer liegen 2 Haftnäpfe. Eine Geschlechtsöffnung fehlt, das 4. Beinpaar ist noch fünfgliedrig. Grösse: 0,532 mm.

3. 2. Nymphe: Panzer unverändert, indess ist die Genitalplatte gewachsen, trapezförmig und trägt 2 Borstenpaare. Unter ihr liegen 4 Saugnäpfe; eine Oeffnung fehlt. Alle Beine sind sechsgliedrig, aber noch weniger behaart als bei der reifen Form. Grösse 0,656 mm.

### 6. *Halacarus ctenopus* GOSSE (6, 21).
(GOSSE, Taf. III, Fig. 6 u. 7.)

Maxillartaster im 3. Gliede mit kräftigem, dickem Dorn an der Innenfläche. Vorderrand des vorderen Dorsalschildes in einen aufwärts gekrümmten Dorn ausgezogen. Krallen des 1. Beinpaares nicht wesentlich kürzer und dicker als die des 2. Beinpaares. Anus terminal, nicht ventral.

Diese Art, welche zuerst GOSSE (21) und darauf BRADY (6) beschrieben haben, steht *Halacarus spinifer n. sp.* sehr nahe. Der

Schnabel ist nach der Fig 7 und 8 GOSSE's kürzer als der ventrale
Basaltheil des Capitulums und bildet durchaus ein ebensolches gleichschenkliges Dreieck wie bei allen Arten der Abtheilung II. Ferner
sind die Seiten des Rumpfes gewölbt, nicht einander parallel, das
Abdomen aber kurz und im Umriss halbkreisförmig.

Von der vorigen Art unterscheidet sich *Halac. ctenopus* GOSSE
durch die Krallen des 1. Beinpaares, welche zwar nicht speciell beschrieben werden, aber nach der Zeichnung GOSSE's nicht von denen
des 2. Beinpaares abweichen. Auch hätte eine so auffällige Bildung wie
bei *Halac. spinifer n. sp.* den englischen Forschern nicht entgehen können.
Ausserdem scheint aber noch die Behaarung der Beine und die Ausrüstung der Maxillartaster abzuweichen (Taf. III, Fig. 8 u. 9). Denn
BRADY sagt: „the feet of the first pair are often armed on the middle
of the inner edge of the third, fourth and fifth joints (on one or more
of them) w i t h  a  s i n g l e  s t o u t  s p i n e"; dass hiermit den ventralen
Dornen analoge Anhänge beschrieben werden, ist nach den Gliedern
wie auch nach der Stellung unzweifelhaft, da dieselben an der Innenseite, wenn Differenzen auftreten, stets stärker entwickelt sind an
der Aussenseite. Nun trägt aber *Halacarus spinifer n. sp.* am 3. und
4. Gliede 3, am 5. Gliede 6 solcher starker Dornen, die sowohl an der
Innen- wie an der Aussenseite stehen; und diesen 12 Dornen entsprechen bei *Halacarus ctenopus* GOSSE nur „o f t e n" „a single stout
spine" des 3.—5. Gliedes. Aber selbst diese wenigen Dornen sind
nicht einmal constant („but this is very variable"), so dass dieselben
hier keineswegs derartig auffällig sein können wie bei der vorigen
Art, wo sie jedem sofort in die Augen springen. Auch findet man in
GOSSE's Zeichnung keine Andeutung der Dornen. Endlich soll das
4. Tasterglied an derselben Stelle, wo bei den übrigen Arten die 3
Borsten stehen, einen schlanken Dorn tragen (Taf. III, Fig. 9). Bei
der Constanz, mit der sonst bei den *Halacarus*-Arten diese 3 Borsten
wiederkehren, ist eine solche Angabe sehr auffällig. Da aber GOSSE
einen Maxillartaster sehr genau in Fig. 9 zeichnet, und BRADY diese
Form sehr häufig begegnet ist, so kann wohl an dem Vorhandensein
dieses Dornes, der dann einer jener Borsten entsprechen würde, nicht
gezweifelt werden. Nur liessen sich vielleicht doch noch die beiden
anderen Borsten nachweisen. Endlich liegt nach GOSSE der Anus
ventral (Taf. III, Fig. 2), vom Hinterrande des Körpers noch eine
Strecke entfernt. Es würde das von allen bisher bekannten *Halacariden* überhaupt abweichen, wenngleich der Anus bei *Aletes setosus
n. sp.* bereits auf den hintersten Abschnitt der Ventralfläche rückt,

ist aber entschieden auch für *Halac. ctenopus* Gosse nicht richtig. Denn Gosse selbst beschrieb in einem zweiten Aufsatze (21) eine Nymphe (nach der Durchsichtigkeit, hellen Färbung und Kleinheit zu schliessen; auch wird eine Genitalöffnung nicht erwähnt), die er für das Männchen hielt und deren Anus vollkommen normal terminal lag und papillenartig vorsprang. Es muss daher durch Druck oder sonstige Einflüsse in dem einen reifen Exemplar, welches Gosse untersuchte, das Hinterleibsende auf die Bauchseite verschoben sein, und dafür spricht in der That die auffällige Kürze und Breite des Abdomens, vor allem in Fig. 6. Die Panzerung ist ventral derjenigen von *Halacarus spinifer n. sp.* gleich, dorsal soll nach Gosse ein einheitliches Schild den Rumpf bedecken. Doch nennt er trotzdem die ganze Oberfläche des Thieres weich. Es wird Gosse hier durch den dunklen Körperinhalt, der alle Umrisse der Panzerplatten und selbst die Augen verdeckte, irre geleitet sein. Dann fällt aber auch der einzige Grund fort, weshalb Gosse *Halacarus* zu den Oribatiden stellte. Auffällig ist allerdings, dass selbst bei der Nymphe, deren Augen sehr schön zu sehen waren, keinerlei Panzerplatten erkannt wurden.

Grösse: Gesammtlänge 0,79 mm.

Fundort: Littoral-, Laminarien- und Corallinen-Zone; Shetland-Inseln, Firth of Clyde, Northumberland, Scilly-Inseln, Ilfracombe, ·Westküste Irlands.

### 7. *Halacarus fabricii n. sp.*
(Taf. VII, Fig. 81 u. 82.)

Maxillartaster im 3. Tastergliede ohne Dorn. Ocularplatten breit mit deutlicher Hornhaut. Mediane Dornen des 5. Gliedes des 1. und 2. Beinpaares mit Basalhöcker und gefiedert. Anus terminal.

Körperform (Taf. VII, Fig. 81, 82, Taf. VI, Fig. 1): wie bei *Halacarus spinifer n. sp.*, doch gedrungener und kürzer.

Capitulum (Taf. VII, Fig. 81, 82): Am Schnabel ist das hintere Borstenpaar auf den Basaltheil des Capitulums gerückt, und ein Bedeutendes hinter der Basis des Schnabels zu den Seiten des durchscheinenden Pharynx eingelenkt. Maxillartaster schlank, vor allem im unbewehrten 3. und im 4. Gliede. Die Speichelcanäle fallen hier wenig auf, da auch das Epistom gefeldert ist.

Rumpf (Taf. VI, Fig. 1, 4, 9, Taf. VII, Fig. 81, 82, 85): Panzerung sehr stark; alle Platten dorsal wie ventral gefeldert. Poren liegen wesentlich in den Gruben. Die Ocularplatten erinnern durch ihre beträchtliche Grösse und Breite an die von *Aletes pascens n. sp.* Am lateralen, sehr stumpfen Winkel liegt eine feine Pore. Die hintere Dorsalplatte ist continuirlich gefeldert; an Stelle der structurlosen Längsstreifen treten zwei longitudinale Bänder auf, in denen die Gruben tiefer und die Poren grösser sind und die daher dunkler als der übrige Panzer erscheinen. Zwei gleiche, aber schmälere Streifen grenzen lateral die Platte gegen das weiche Integument ab. Im Gegensatz zu den bisher besprochenen Arten steht hier und bei *Halacarus lori-catus n. sp.* auch die 4. Rumpfborste weit vom Vorderrande der Platte entfernt auf der hinteren Dorsalplatte, während dicht vor derselben das 3. Paar von Rumpfborsten steht. Ventral erscheint ferner auf der vorderen Hüftplatte zwischen dem 1. und 2. Beinpaar statt einer Chitinleiste eine nicht gefelderte glatte Stelle, welche median einen spaltähnlichen Eindruck und lateral davon einen Chitinring trägt, der aber keine Pore, sondern nur ein etwas granulirtes Stück des Panzers zu umschliessen scheint. Die Genito-Analplatte ist sehr ansehnlich, beim Männchen trägt sie einen dünnen Borstenkranz, zwischen dem jederseits eine Gruppe feiner Poren steht. Bei dem Weibchen um-geben die Vulva nur 3 Paar Borsten, von denen 1 vorn, 1 in der Mitte, 1 hinten neben der Oeffnung steht.

B e i n e (Taf. VI, Fig. 22, 38): Krallen mit langem feinen Neben-zahn und langer, dünngereihter Cilienreihe; an den Vorderbeinen kürzer als an den Hinterbeinen. Borsten wenig zahlreich, aber zum Theil von beträchtlicher Länge. Am 1. Beinpaare trägt das 3. Glied auf der Streckseite ausser dem Borstendreieck noch 1 Borste; eine lange Borste steht ventral. Das 5. Glied trägt auf der Beugefläche nur 3 Dornen, von denen 2 median stehen, an ihrer Basis einen dreieckigen Basalhöcker aufweisen und, ähnlich wie die entsprechenden Dornen von *Aletes notops* (GOSSE), deutlich zweiseitig gefiedert sind.

G r ö s s e : Gesammtlänge 0,508—0,521 mm; Rumpf 0,391 mm.

F u n d o r t : Region des lebenden und todten Seegrases und der rothen Algen; Kieler Förde, Dahmer Höft, Langelandssund (12,5 Fad.)

E n t w i c k l u n g s s t a d i e n (Taf. VII, Fig. 74, 75, 84, Taf. VIII, Fig. 95—98, 100).

1. L a r v e : Den erwachsenen Formen in allen wesentlichen Punkten gleich. Panzerung bereits ziemlich weit, etwa wie bei *Hala-carus spinifer n. sp.* im reifen Stadium, ausgebildet. Genitalplatte fehlt. Analplatte angedeutet. Hornhaut bereits vorhanden. Auf der hinteren Dorsalplatte ist bereits die Structurirung angedeutet. Grösse: 0,298 mm.

2. **Nymphe:** Nur eine Form, welche eine trapezförmige Genital-platte besitzt und eine kleine Analplatte etwa wie die 2. Nymphe von *Halacar. spinifer n. sp.* Unter ersterer liegen nur zwei Haftnäpfe. Das 4. Beinpaar ist noch fünfgliedrig. Grösse: 0,398 mm.

### 8. *Halacarus loricatus n. sp.*

Maxillartaster im 3. Gliede unbewehrt; Ocularplatten breit, mit deutlicher Hornhaut; Dornen des 5. Gliedes der Vorderbeine ohne Basalhöcker und ungefiedert. Anus terminal.

Körperform: der von *Halac. fabricii n. sp.* völlig gleichend.

Capitulum: in allen Stücken mit dem der vorigen Art über-einstimmend. Mandibeln am concaven Klauenrande fein gekerbt.

Rumpf: Leider stand mir zur genaueren Untersuchung nur eine Nymphe zur Verfügung, die aber vollkommen der von *Halacarus fabricii* glich. Nur war schon hier der Panzer bedeutend dicker und die laterale Pore der Ocularplatte durch ihre Umwallung sehr auffällig.

Beine: Obwohl die Ausbildung und Vertheilung der Anhänge sehr an *Halac. fabricii n. sp.* erinnert und die Milbe von den übrigen Arten unterscheidet, weist sie dennoch mehrfache Unterschiede auf, welche hinreichend sind, die Aufstellung einer neuen Art zu rechtfertigen. Die Krallen sind länger und schlanker, die Cilienreihe sehr dicht, der Nebenzahn sehr fein. Am 1. Beinpaare besitzt das 3. Glied einzig und allein das Borstendreieck, während bei der Nymphe der vorigen Art, ausserdem noch die ventrale Borste auftritt. Das 5. Glied trägt ventral vier Dornen, welche sämmtlich der Basalhöcker und der Fiederung entbehren. Freilich war die Stellung dieser Dornen an beiden Beinen eine verschiedene, so dass möglicherweise normal nur drei vorhanden sein mögen. Auf jeden Fall würde auch darin bereits eine Abweichung liegen, da *Halac. fabricii n. sp.* in diesem Stadium nur 2 Dornen trägt. Wichtig ist aber, dass alle Dornen hier gleich und einfach, ohne Basalhöcker und ohne Fiederung sind. Ausserdem steht am 6. Gliede aller Beine vor der Krallengrube nur eine Borste, nicht wie dort an den Vorderbeinen 3, an den Hinterbeinen 4.

Grösse[1]): Gesammtlänge: 0,391 mm, Rumpf: 0,274 mm.

Fundort: Region der rothen Algen; Langelandssund (12,5 Fad.).

Entwicklungsstadien: Die beschriebene Nymphe glich durchaus der Nymphe von *Halacarus fabricii n. sp.* auch in der

---

1) Nur auf die Nymphe sich beziehend.

Bildung der Genitalplatte, unter welchen nur zwei Haftnäpfe sichtbar
waren und in dem fünfgliedrigen Bau des 4. Beinpaares.

### III. Abtheilung.

Schnabel an der Basis sehr breit und eingeschnürt,
verkehrt herzförmig. Endglied der Maxillartaster grif-
felartig verlängert. Es gehören in diese Abtheilung *Halacarus oculatus* HODGE und
GOSSE's (21) *Halacarus rhodostigma*, für welchen GERSTÄCKER (19)
die Aufstellung einer besonderen Gattung befürwortet hat. Ich habe
lange geschwankt, glaube aber doch die Einordnung des englischen For-
schers aufrecht erhalten zu müssen, da man sonst mit ebenso viel Recht
auch *Halacarus murrayi n. sp.* aus der Gattung *Halacarus* GOSSE
ausweisen könnte. Aber dort wie hier spricht die Bildung und Einlenkung der Maxillartaster, die Gestalt des Körpers, die Panzerung,
der Bau der Krallen gegen eine solche Trennung.

### 9. *Halacarus oculatus* HODGE.
#### (Taf. VII, Fig. 67 u. 68.)

Krallen mit Nebenzahn und mit Cilienkamm.

Körperform (Taf. VII, Fig. 67, 68): der von *Halacarus floridearum n. sp.* und Verwandten sehr ähnlich, etwas gerundeter an den
Seiten, Beine kurz und kräftig.

Capitulum (Taf. VII, Fig. 56, 69, Taf. VI, Fig. 31):
Basaltheil sehr kurz, aber breit, daher der Schnabel länger, obwohl derselbe keineswegs eine besondere Länge besitzt. Vorderes
Borstenpaar in der vorderen Hälfte des Schnabels, hinteres Paar dagegen wie bei *Halacarus fabricii n. sp.* auf dem Basaltheile des Trugköpfchens stehend. Epistom in eine sehr breite, nicht sehr lange
Spitze ausgezogen. Die Speichelkanäle wenig auffällig, doch ganz wie
bei den übrigen Arten. Mandibelklaue sehr kräftig, concaver Rand
fein gekerbt. Maxillartaster im 3. Gliede unbewehrt.

Rumpf (Taf. VII, Fig. 62, 67—69, 71, 72): Sehr stark gepanzert, die Streifen zwischen den einzelnen Platten fast geschwunden. Dorsal wie ventral alle Schilder gefeldert, doch auf der Bauchseite schwächer. Die Poren stehen ventral in den Feldern, dorsal
auch auf den Wällen. Die vordere Dorsalplatte ist nur wenig vorgezogen, besitzt aber am Vorderrande jederseits von der Medianlinie
ein kleines Zähnchen. Die Ocularplatten sind median in eine kurze,
hinten aber in eine sehr lange, schwanzartige Spitze ausgezogen und

tragen eine stark gewölbte Hornhaut. Ob Poren in den Winkeln vorhanden sind, habe ich an den wenigen mir zur Verfügung stehenden Exemplaren nicht ermitteln können. Mit Ausnahme des 1. Rumpfborstenpaares, welches seine normale Stelle einnimmt, trägt alle die hintere Dorsalplatte (3 Paar). Die zwei bei den übrigen *Halacarus*-Arten median von den Ocularplatten stehenden Paare habe ich bei dieser Species nicht finden können. Wie bei *Halacarus fabricii n. sp.* ziehen über die hintere Dorsalplatte zwei Längsbänder grösserer Poren. Auf der Ventralfläche ist vor allem die sehr grosse, in der Höhe des 3. Beinpaares rechtwinklig abgeschnittene Genito-Analplatte auffällig, welche an ihrem hintersten Ende, fast terminal wie bei *Aletes pascens n. sp.*, die weibliche Geschlechtsöffnung trägt. Bei dem Männchen liegt dieselbe durchaus ventral, von dem terminalen Anus durch einen beträchtlichen Abstand entfernt. Irgend welcher Borstenschmuck wurde nicht bemerkt. Die Rumpf- und Extremitätenborsten der Bauchfläche bieten nichts Besonderes.

B e i n e (Taf. VI, Fig. 42, Taf. VII, Fig. 55): Kräftig, gedrungen, kurz; 3. Glied der Vorderbeine mit Längsrinne auf der Beugefläche. Krallen mit starkem und langem Nebenzahn und feiner Cilienreihe. Borsten spärlich wie bei *Halacarus fabricii n. sp.*, mit welcher auch die Zahl und Stellung der Borsten am 1. Beinpaare sehr nahe übereinstimmt. 3. Glied desselben hinter dem Borstendreieck nur eine gekrümmte und ventral eine steife Borste; 5. Glied dorsal nur die drei langen Haarborsten, ventral aber drei Dornen tragend. An der Basis der Krallen einige Tasthaare.

G r ö s s e : Gesammtlänge: 0,321 mm, Rumpf: 0,260 mm.

F u n d o r t : Region des abgestorbenen Seegrases und der rothen Algen; Kieler Förde.

HODGE hat diese Species so genau beschrieben und abgebildet, dass ich an der Identität der englischen und deutschen Form kaum zweifle. Die einzige Differenz besteht darin, dass HODGE weder in der Beschreibung noch in der Zeichnung einen Cilienkamm der Krallen andeutet. Da ihm indess nur 1 Exemplar zu Gebote stand und diese feinen Verhältnisse nicht immer gleich sichtbar sind, so mag ihm dies nur entgangen sein. Sein Individuum war etwas grösser als die hiesigen: 0,34 mm. Corallinen-Zone an Zoophyten.

### 10. *Halacarus rhodostigma* GOSSE (21).
(GOSSE, Taf. III, Fig. 1 u. 2.)

K r a l l e n  o h n e  N e b e n z a h n  u n d  o h n e  C i l i e n k a m m.

23*

Körperform (Taf. III, Fig. 1, 2): durchaus mit der vorigen Art übereinstimmend. Beine etwas schlanker.

Capitulum (Taf. III, 1, 2 u. 3): Schnabel und Maxillartaster sind vollkommen dem von *Halacarus oculatus* HODGE gleich, aber sonderbarer Weise ist das Grössenverhältniss von Schnabel und Basaltheil des Capitulums ein gerade umgekehrtes, indem letzterer sehr lang und 'jener bedeutend kürzer als der Basaltheil ist. Da GOSSE (21) nicht nur in der Zeichnung diese Eigenthümlichkeit wiedergiebt, sondern sie auch ausdrücklich erwähnt, so ist dieselbe entschieden richtig. Nach den Figuren 1 und 3 erreicht der Schnabel überdies nicht einmal die Spitze des 2. Tastergliedes, was sehr abweichend sein würde. Ueber das Epistom äussert GOSSE nichts, und nach der Zeichnung wage ich keine Entscheidung zu treffen. Ganz unverständlich ist endlich, was GOSSE von den Mandibeln sagt, „two apparently soft, flexible, filiform, divergent organs (mandibles?)". Es ist klar, dass hier nur die Klauen in Betracht kommen, die von der Schneide gesehen schon „fadenförmig" und „divergirend" erscheinen können. Weshalb sie GOSSE aber „soft" und „flexible" nennt, ist mir um so unverständlicher, als der zweifellos sehr nahe verwandte *Halacarus oculatus* HODGE besonders kräftige Mandibelklauen besitzt. Nach dieser Beschreibung und der Zeichnung (Fig. 1) muss man indess hier wenigstens auf bedeutend schlankere Klauen schliessen.

Rumpf (Taf. III, Fig. 1, 2, 4): Panzerung stärker als bei der vorigen Art, im übrigen aber die Form der einzelnen Schilder genau die gleiche (besonders Ocular-, hintere Hüft- und Genito-Analplatte). Nur ist das vordere Dorsalschild in eine kurze Spitze ausgezogen. Poren in der Form kleiner Rosetten zusammengestellt, welche nach Fig. 4 sehr weit aus einander stehen und den Feldern der anderen Arten entsprechen. Nach der Lage der Geschlechtsöffnung ist das abgebildete Exemplar ein Männchen. Ob Borsten die Oeffnung umstehen, ist nicht zu erkennen, da offenbar durchscheinende innere Chitinbildungen auf den Panzer gezeichnet sind.

Beine (Taf. III, Fig. 1 u. 5): Krallen sehr stark gekrümmt, ohne Nebenzahn und ohne Cilienkamm. Das 6. Glied ist bedeutend schlanker als bei der vorigen Art. Das 3. Glied des 1. Beinpaares besitzt indess die gleiche Längsfurche (Fig. 1). Die Behaarung ist spärlich, genaueres nicht aus Beschreibung und Zeichnung zu erkennen.

Grösse: 0,35 mm („from anus to tip of rostrum").

Fundort: Littoral-, Laminarien- und Corallinen-Zone; Northum-þerland, Weymouth.

### III. *Agaue nov. gen.*

Maxillartaster lateral und freibeweglich am Capitulum eingelenkt, lang und gestreckt, 3. Glied nur wenig kürzer als das Endglied, welches aus breiter Basis sich ganz allmählich spindelförmig zuspitzt und wenige kurze Borsten trägt. Mandibeln im 2. Gliede?

Soweit man nach der einen von CHILTON (9) beschriebenen und auch abgebildeten Art schliessen kann, zeigt diese Gattung enge Verwandtschaft mit *Halacarus* GOSSE, mit der sie der Bildung und Einlenkung der Taster nach in eine Gruppe gestellt werden muss. Auch die Abbildung des Beinendes in Figur 1 b auf Taf. XXII B lässt eine weite und tiefe Krallengrube erkennen, wie sie sonst nur bei *Halacarus* GOSSE, überdies umgeben von membranösen Seitenwänden, sich findet. Für das Vorhandensein der letzteren spricht auch hier die Tiefe der Grube und die Höhe der einen Seite, sowie die Einlenkung der „zwei oder drei langen Borsten". Ein stabförmiges Zwischenglied fehlt der Kralleneinlenkung ferner ganz sicher, und die Krallen selbst gleichen mit ihrem kräftigen Nebenzahn und Cilienkamm denen von *Halacarus* GOSSE vollkommen. Eigenthümlich ist, dass CHILTON, dessen Beschreibung sonst sehr genau ist, die Taster als sechsgliedrig beschreibt (Taf. XXII B, Fig. 1 a). Beginnen wir indess von der Spitze, so entspricht das letzte Glied entschieden dem 4. der übrigen Halacariden, das vorletzte durch seine geringere Länge dem 3. und das drittletzte endlich ganz unzweifelhaft nach Form und Grösse dem 2. Ganz wie bei *Halacarus* GOSSE übertrifft dasselbe die übrigen Glieder weit an Stärke und Länge und schwillt gegen das Ende an, bis dass es mit dem der anderen Seite zusammentrifft. Es bleiben nun noch drei kurze sogenannte Glieder übrig, von denen aber das 1. nach der Zeichnung nichts anderes ist als die etwas vorspringende Einlenkungsstelle der Taster am Capitulum, und wenn wir die Länge des vorletzten Tastergliedes sowie den Umstand erwägen, dass bei *Halacarus murrayi n. sp.* das eine Glied durch eine plötzliche Knickung seiner Wandung zunächst völlig den Eindruck zweier gesonderter Glieder hervorruft, so liegt es nahe, auch hier dasselbe Verhalten vorauszusetzen. Denn dass in der That bei *Halacarus parvus* CHILTON fünfgliedrige Taster auftreten sollten, ist bei der Constanz der Taster bei allen übrigen Halacariden nicht wahrscheinlich. Anderseits könnte freilich auch jene Knickung bei *Halacarus murrayi n. sp.* bereits ein Rudiment

oder der Anfang einer Zweitheilung des Basalgliedes sein und hier
diese letztere zur Ausbildung gelangt sein. Auf jeden Fall aber wären
auch die fünfgliedrigen Taster von *Agaue n. gen.* durchaus nach dem
Typus der viergliedrigen Taster der anderen Halacariden gebaut.

Nach der Gestalt und der Länge des Schnabels (Taf. XXII B,
Fig. 1 a) liegt es nahe, in *Agaue n. gen.* einen *Leptognathus* HODGE
zu vermuthen, dessen Taster an ihrer Basis durch den Druck des
Deckglases aus einander gedrängt sind. Dagegen aber spricht schlagend
die Form der 2. resp. 3. Tasterglieder, welche mit ihren stark convexen Innenrändern auf keine Weise median einander anlagern könnten
und somit auch eine dorsal-mediane Einlenkung der Taster unmöglich
machen. Die Lage, welche CHILTON den Tastern in seiner Abbildung
giebt, ist entschieden die natürliche, und diese stimmt ebenso wie
andere Eigenthümlichkeiten mit *Halacarus* GOSSE überein. Der Lebermagen scheint hellbraun gefärbt zu sein.

### 1. *Agaue parva* (CHILTON (9)).
### (CHILTON, Taf. XXII *B*, Fig. 1.)

**Vorderrand des Dorsalpanzers einfach convex, nicht
verlängert. Krallen mit grossem Nebenzahn und Cilien·
kamm, am 1. Beinpaare mit dichtgestellten Tasthaaren.**

Der **Schnabel** (Taf. XXII B, 1a) ist pfriemenförmig und reicht fast
bis zur Spitze der Taster. Der **Körper** (Taf. XXII B, 1) ist oval, nach
vorn verschmälert. Dass derselbe gepanzert ist, deuten einige den
Contouren der hinteren Dorsalplatte wahrscheinlich entsprechende
Linien an. Der Anus liegt terminal, die Geschlechtsöffnung in einem
kreisförmigen Felde dicht vor dem Anus.

Auf den **Beinen** (Taf. XXII B, 1 u. 1 b) sind Borsten spärlich
über die Glieder vertheilt.

**Grösse:** Körper ohne Rostrum (= Schnabel) ca 0,64 mm.

**Fundort:** Littoral-Zone (between tidemarks); Neuseeland: Little-
ton Harbour.

### IV. **Leptognathus** HODGE.

**Maxillartaster dorsal neben der Medianlinie einge-
lenkt, mit dem pfriemenförmigen langen Schnabel eine
Scheere bildend, deren beweglicher Arm in verticaler
Richtung bewegt wird; bereits die 2. Glieder der ganzen
Länge nach einander berührend. Mandibel im 2. Gliede
klauenförmig. Epistom durch die Maxillartaster verdrängt, Speichelcanäle fehlen.**

Von diesen langsamen, stets nur vereinzelt vorkommenden, sehr auffälligen Milben sind nur 3 Arten bekannt, welche so sehr einander gleichen, dass es unnöthig erscheint, der kurzen Diagnose noch weitere Bemerkungen zuzufügen. Der Lebermagen ist wie bei *Halacarus* GOSSE und *Agaue n. gen.* röthlich gefärbt (meist schön scharlachroth). Der Körper ist breit und flach und nähert die Milben dadurch *Aletes n. gen.* Die Thiere sind in der Region des lebenden und todten Seegrases und der rothen Algen der Ostsee, in der Laminarien- und Corallinen-Zone der britischen Küste und in einem Süsswasser-Teiche Thüringens gefunden.

Geschichte: HODGE (32 II) stellte zuerst für seinen *Leptognathus falcatus* diese merkwürdige Gattung auf. BRADY (6) verwarf sie 1875 vollkommen grundlos und reihte die eine bis dahin bekannte Art der DUGÈS'schen Gattung *Raphignathus* ein. KRAMER (40) wies 1879 das Fehlerhafte dieses Schrittes nach und stellte die Gattung *Leptognathus* HODGE wieder her, indem er zugleich eine Diagnose der Gattung gab, die aber dem damaligen Stande unserer Kenntnisse entsprechend im Wesentlichen nur Charactere der Familie enthielt und daher nicht beibehalten werden konnte. Ausser dem *Leptognathus falcatus* HODGE ist nur noch eine Süsswasserform *Leptognathus violaceus* KRAMER (40) bisher gefunden. Zwar beschrieb auch BRADY (5) in seinen „Notes on freshwater-mites" einen *Raphignathus spinifrons n. sp.* aus dem Süsswasser Englands, doch ist derselbe, wie bereits früher gezeigt wurde, eine Oribatide.

Die drei Arten dieser Gattung stimmen sehr nah mit einander überein; sie unterscheiden sich im wesentlichen nur nach der Structur des Panzers und der Grösse des Epistoms:

A. Epistom nur bis zur Basis der Maxillartaster reichend, höchstens mit einem kleinen Vorsprunge zwischen dieselben vorragend:

I. Panzerplatten deutlich gefeldert:
*Leptognathus violaceus* KR.

II. Panzerplatten nicht gefeldert:
*Leptognathus marinus n. sp.*

B. Epistom beträchtlich über die Basis der Maxillartaster hinausragend:
*Leptognathus falcatus* HODGE.

### 1. *Leptognathus violaceus* KR. (40).
(Taf. VIII, Fig. 1—4.)

Epistom nur bis zur Basis der Maxillartaster reichend. Panzer deutlich gefeldert.

Diese Art ist von KRAMER so treffend beschrieben, dass jede weitere Bemerkung unnöthig ist. Von den beiden anderen Formen unterscheidet sie die Structurirung der Panzerstücke, die der von *Halacarus fabricii n. sp.* und *Aletes pascens n. sp.* ganz analog ist, und der amethystähnliche violette Anflug dieser Platten und der Extremitäten. Anscheinend trägt das 4. Tasterglied noch unmittelbar am Ende einen ähnlichen Dorn wie *Leptognathus marinus n. sp.* in 'dem proximalen Abschnitte desselben; denn KRAMER redet von einem ganz kurzen, krallenförmigen Gliede, „welches dem vorderen Ende des 4. Gliedes" eingelenkt ist. Auffällig ist an der Zeichnung der Bauchseite (Fig. 3), dass die Genitalöffnung weiter als bei *Leptognathus marinus n. sp.* nach vorn gerückt ist und der Anus zwar unmittelbar vor der Hinterleibsspitze, aber doch noch ventral liegt. Das würde von der Ostseeform abweichen, bei der der Anus terminal liegt und stark vorspringt.

G r ö s s e : etwa 0,88 mm.

F u n d o r t : Teiche Thüringens, zwischen Algen.

## 2. *Leptognathus marinus n. sp.*
### (Taf. VIII, Fig. 121 u. 122.)

E p i s t o m  b i s  z u r  B a s i s  d e r  T a s t e r  r e i c h e n d , z w i s c h e n  d i e s e l b e n  n u r  i n  e i n e m  k l e i n e n  K n ö p f c h e n  v o r s p r i n g e n d . P a n z e r  n i c h t  g e f e l d e r t .

K ö r p e r f o r m (Taf. VIII, Fig. 121, 122): wie bei der vorigen Art, doch das Abdomen mit papillenartig vorspringendem Anus.

C a p i t u l u m (Taf. VII, Fig. 57, 58, 60, 61): Der lange Schnabel trägt in seiner vorderen Hälfte 2 Borstenpaare, der ovale, schlanke Basaltheil dagegen entbehrt der Borsten. Die Taster sind am Innenrande des 2. Gliedes fein gezähnt, das 3. Glied trägt einen dornartigen Höcker, das letzte Glied ist mit 3 feinen Borsten und 1 Dorn ausgerüstet. Der Vorderrand des Epistoms schiebt sich mit einem kleinen Vorsprunge zwischen die sich fast berührenden Grundglieder der Taster. Auf dem Basaltheile des Capitulums befinden sich grössere runde Felder, die aber wahrscheinlich von Muskelansätzen herrühren und mit der Felderung des Panzers nichts zu thun haben.

R u m p f (Taf. VIII, Fig. 121, 122, 109, 110): Panzerung etwas schwächer als bei der vorigen Art. Anus liegt terminal, die Geschlechtsöffnung wird in beiden Geschlechtern von einem Borstenkranz umgeben; doch ist derselbe bei dem Weibchen viel spärlicher als bei dem Männchen ausgebildet. Der Vorderrand der vorderen Dorsalplatte ist wie bei *Leptognathus violaceus* KRAM. gerade abgeschnitten, ebenso tragen die Ocularplatten je 2 Hornhäute. Von diesen ist die vordere die grössere. Dorsal sind 4 Rumpfborstenpaare, von denen die ersten 3 die für *Halacarus* GOSSE typische Stellung einnehmen, während das 4. in der Höhe des 3. Beinpaares neben der hinteren Dorsalplatte steht. Sehr auffällig ist, dass die Extremitätenborste verdoppelt ist, und dass ventral auf der Genito-Analplatte noch 4 Borstenpaare stehen, die nur den 2 normalen Rumpfborstenpaaren angereiht werden können.

B e i n e (Taf. VII, Fig. 51): Krallen ohne Nebenzahn und ohne Cilienkamm. Borsten zahlreich und kräftig, aber kurz; mit Ausnahme der Dreiecksborsten und der Tasthaare sind alle Anhänge hier in starke dornartige Bildungen verwandelt, so dass die Beine ein stachliges Aussehen bekommen. 3. Glied des 1. Beinpaares dorsal mit 2 Borsten ausser dem Borstendreieck, ventral ebenfalls 2 Dornen; 6. Glied mit mehreren Tasthaaren.

G r ö s s e : Gesammtlänge 0,573 mm. Rumpf: 0,357 mm.

F u n d o r t : Region des lebenden und abgestorbenen Seegrases und der rothen Algen; Kieler Förde, Langelandssund (12,5 Fad.).

E n t w i c k l u n g s s t a d i e n (Taf. VIII, Fig. 107): Ich fand bisher nur eine Nymphe, die der Panzerbildung, Grösse und Extremitätenbildung nach der 2. Nymphe, falls eine solche hier vorkommt, entsprechen dürfte. Zwischen den Panzerplatten noch sehr breite Streifen weichen Integuments mit sehr ausgeprägter Furchung. Ocularplatte bereits mit beiden Hornhäuten, unter der Genital-Platte wahrscheinlich 4 Haftnäpfe (jedoch ist das leider nicht deutlich zu erkennen) und auf ihr 2 Borstenpaare. Analplatte klein, derjenigen der Nymphen von *Halacarus spinifer n. sp.* ähnlich. Alle Beine sechsgliedrig, aber Vorderbeine mit weniger Borsten als die der reifen Form. 1. Beinpaar im 5. Gliede nur mit 2 Paaren ventraler Dornen.

G r ö s s e : 0,556 mm.

### 3. *Leptognathus falcatus* HODGE (6, 32).
#### (BRADY, Taf. XLII, Fig. 7.)

Epistom beträchtlich über die Basis der Maxillartaster hinaus ragend.

HODGE (32) sowohl wie BRADY (6) haben eine Beschreibung und Zeichnung dieser Milbe geliefert. Leider verkannte ersterer die Bildung des Capitulums völlig, so dass nur die Darstellung des Rumpfes und der Extremitäten brauchbar ist. BRADY dagegen gelang die Deutung der Mundwerkzeuge und, wenn auch seine Zeichnung nicht ganz

klar ist, so scheint doch aus ihr eine Eigenthümlichkeit dieser Species
gegenüber den beiden deutschen Arten hervorzugehen. Was indess
zunächst den Rumpf anbetrifft, so stehen (Taf. XLII, Fig. 7) die 2 lateralen
Augen auffällig weit vorn. Die Behaarung der nur fünfgliedrig (das
eine Hinterbein ist hingegen sechsgliedrig gezeichnet) gezeichneten
Beine lässt kaum irgend etwas Sicheres erkennen; nur tritt am 1. Beinpaare der auch für die Ostseeform characteristische Umstand hervor,
dass die Borsten der Beugefläche auffällig lang sind und ihrer Stärke
halber sehr auffallen, während dorsal nur die kurzen, gebogenen
Borsten schärfer hervortreten. Die feinen langen Haarborsten der
Streckseite scheint BRADY daher gänzlich übersehen zu haben. Indessen weichen das 1. und das 2. ebenso wie das 3. und 4. Beinpaar
nach BRADY's Zeichnung so völlig von einander in der Behaarung ab,
dass diese wohl in keiner Weise als naturgetreu gelten darf. HODGE
hat die Stellung der Haare überhaupt nicht zum Ausdruck gebracht.
Ebensowenig gelingt es, sich aus der Abbildung des distalen Beinendes
(Taf. XLII, Fig. 10 bei BRADY und Taf. II, Fig. 4 bei HODGE) ein sicheres
Bild von der Einlenkung und der Form der Krallen zu machen. Das Capitulum endlich ist ganz sicher verzeichnet, da eine Bildung, wie sie BRADY
in Fig. 7 vorführt, bei keiner der bisher bekannten Halacariden überhaupt vorkommt. Stets sind die Einlenkungsstellen der Maxillartaster
frei, und bei *Leptognathus violaceus* KRAM. wie bei der Ostseeform
liegen dieselben ganz besonders auffällig vollkommen dorsal unmittelbar neben der Mediane. Hier dagegen werden dieselben von einer
dreieckigen Verlängerung des Epistoms verdeckt, die nicht wie bei
*Aletes pascens n. sp.* und *seahami* (HODGE) oder selbst der Ostseeform von *Leptognathus* HODGE auf den zwischen den Tastern gelegenen
Raum beschränkt ist, sondern von den Seitenrändern des Capitulums
her continuirlich bis zur Mediane sich fortsetzt. Das Endglied der
Maxillartaster trägt ferner im Habitusbilde 3 lange [1] und 1 kurze Borste,
auf der Specialzeichnung (Taf. XLII, Fig. 8) des Capitulums dagegen
wird nur 1 steife Borste der Streckseite gezeichnet, welche die Spitze
überragt und ein kleiner Dorn- oder Zapfen-ähnlicher Anhang, der auch
bei der Ostseeform auftritt. Die Mandibeln (Taf. XLII, Fig. 9) stimmen
mit letzterer überein, ebenso die Unterlippe, obwohl dieselbe nicht
eigentlich „bifid" ist, sondern vollkommen geschlossen erscheint. Die
Panzerung besteht dorsal aus einer vorderen, zwei lateralen und

---

1) Auch HODGE zeichnet und beschreibt 3 kräftige Borsten für das
Endglied der Taster.

einer hinteren Platte, welche durch zarte Furchen von einander getrennt sind.

Der offenbaren Ungenauigkeit der Zeichnung halber ist es sehr schwer, die Art wieder zu erkennen, zumal da wir immer ausserdem noch auf eventuelle geographische Varietäten Rücksichten zu nehmen haben. Ich würde daher trotz der anscheinend langen Behaarung der Vorderbeine und der stärkeren Beborstung der Taster dennoch vorläufig wenigstens die Ostseeform einfach der englischen Art einordnen, wenn nicht die ganz abnorme Form und Grösse der dorsalen Wand des Capitulums trotz der Mangelhaftigkeit der Abbildung sehr deutlich auf eine wirklich vorhandene specifische Verschiedenheit beider Formen hinwiese. Gleichzeitig entfernt sich *Leptognathus*

## Uebersicht der Gattungen

nebst den fraglichen und falsch eingereihten Arten, sowie den Synonyma.

| Name der Gattung. | In die Gattung gehörig. | Als fraglich vorläufig zurückgestellt. | Als sicher nicht in die Gattung gehörig, ausgeschieden. |
|---|---|---|---|
| I. *Aletes* n. gen. = *Pachygnathus* Dugès-Gosse(21) | 1. *Aletes pascens* n. sp. <br> 2. ,, *seahami* (HODGE) (32). <br> 3. ,, *setosus* n. sp. <br> 4. ,, *nigrescens* (BRADY) (5). <br> 5. ,, *notops* (GOSSE) (21) <br> 6. ,, *minutus* (HODGE) (6, 32II). | *Pachygnathus sculptus* BRADY (6). | |
| II. *Halacarus* GOSSE (21). | 1. *Halacarus murrayi* n. sp. <br> 2. ,, *floridearum* n. sp. <br> 3. ,, *balticus* n. sp. <br> 4. ,, *striatus* n. sp. <br> 5. ,, *spinifer* n. sp. <br> 6. ,, *ctenopus* GOSSE (6, 21). <br> 7. ,, *fabricii* n. sp. <br> 8. ,, *loricatus* n. sp. <br> 9. ,, *oculatus* HODGE(32II). <br> 10. ,, *rhodostigma* (GOSSE) (6, 21). | *Halacarus gossei* HALLER (30). <br> *Halacarus granulatus* HODGE (32II) | *Halacarus truncipes* CHILTON (9) ist auch keiner der anderen Gattungen einzureihen. |
| III. *Agaue* n. gen = *Halacarus* GOSSE pr. p. | 1. *Agaue parva* (CHILTON) (9). = *Halacarus parvus* CHILT. | | |
| IV. *Leptognathus* HODGE (6, 32) = *Raphignathus* Dugès-Brady (6). | 1. *Leptognathus violaceus* KRAM. (40). <br> 2. ,, *marinus* n. sp. <br> 3. ,, *falcatus* (HODGE) (6, 32II). | | *Raphignathus spinifrons* BRADY (5) = Oribatide. |

V. Endlich kann selbstverständlich der *Acarus zosterae* FABRIC. (16) nicht mehr in die Gattungen eingereiht werden, ebensowenig GIARD's (20) Halacaride.

*falcatus* HODGE dadurch auch von *L. violaceus* KRAMER, welcher im Bau des Capitulums völlig mit der Ostseeart übereinstimmt.

G r ö s s e : 0,91 mm.

F u n d o r t :  Laminarien-· und Corallinen - Zone;  Scilly - Inseln, Northumberland.

---

## IV. THEIL.

## Biologische Resultate.

Ueber die Biologie der Halacariden liegen nur wenige Notizen vor. Indessen haben immerhin die Beobachtungen der Engländer gezeigt, dass die Milben sehr weit verbreitet sind. Wir haben durch sie *Halacaridae* von den S h e t l a n d - I n s e l n (6) sowie andererseits aus N e u s e e l a n d (9) kennen gelernt. FABRICIUS (16) hatte sie ferner bereits 1791 an N o r w e g e n s  K ü s t e beobachtet. Ihr Vorkommen in der nördlichen wie südlichen Halbkugel ist daher bewiesen. GI-ARD (20), DU PLESSIS (57) und HALLER (29) haben Meeresmilben im M i t t e l m e e r bei Marseille und Villafranca beobachtet.

Im B r a c k w a s s e r wurde *Halacarus rhodostigma* GOSSE von BRADY (6) in England und im S ü s s w a s s e r *Leptognathus violaceus* KR. (38) von KRAMER in Thüringen gefunden.

Ferner wurden *Halacaridae* noch in T i e f e n von 35 Faden (6), also 70 m, angetroffen andererseits aber auch in der Littoral-Zone Englands (6) zwischen der Ebbe- und Flutlinie gefunden.

Als O r t e  d e s  h ä u f i g s t e n  V o r k o m m e n s bezeichnet BRADY (6) die Stengel von Seepflanzen und Zoophyten, und auch KRAMER's *Leptognathus violaceus* zeigte ein ähnliches Verhalten (38), ·indem er „an den von zarten Wasseralgen durchzogenen ersten Schichten des Wassergrundes von Teichen" umherkroch. Doch leben die Milben den englischen Beobachtern (6) zu Folge auch in grosser Zahl unter den Steinen und in den Höhlungen der Felsen der britischen Küste.

Wurde von diesen Forschern entschieden ein f r e i e s  L e b e n für die Halacariden angenommen, so neigte GIARD (20), welcher *Halacaridae* im Mittelmeere auf Synascidien antraf, zu der Annahme einer p a r a s i t i s c h e n  L e b e n s w e i s e . Ihm schloss sich auch HALLER (29) an, der wahrscheinlich ebendort seinen *Halacarus gossei* an Synascidien und Würmern fand.

Obwohl Gosse (21) in seinem Aquarium Halacariden beobachtete, so verdanken wir doch weder ihm noch den übrigen Forschern irgend welche genauere Angaben über das Verhalten derselben. Kramer (38) ist der Einzige, welcher für *Leptognathus* Hodge den langsamen und bedächtigen Gang beschreibt, und aus der unbeholfenen Art der Bewegung auf „leicht zu gewinnende thierische oder pflanzliche" Nahrung schliesst.

Endlich führte Brady's (6) Aufnahme von Landmilben in seine Süss- und Salzwassermilben Haller (27) dazu, überhaupt das Leben der *Halacaridae* im Meere anzuzweifeln. Freilich war diese Annahme nicht ganz gerechtfertigt; denn eine Reihe von Formen waren durch die Funde der Engländer bereits als ganz sichere Meeresthiere erwiesen. Auch fand Haller (29) 1886 selbst einen *Halacarus* Gosse. Gleichwohl fehlt noch immer eine übersichtliche Zusammenstellung und Prüfung derjenigen Fälle, in welchen *Halacaridae* oder Milben überhaupt im Meere gefunden sein sollen.

Da meine Arbeit mich zu einer solchen Zusammenstellung nöthigte, so möge sie hier folgen. Doch zuvor einige Bemerkungen über die Beurtheilung solcher Angaben über das Vorkommen von Milben im Meere oder überhaupt im Wasser.

Schon Haller (23) betonte 1880, dass man vielfach im Wasser und so auch im Meere echte Landmilben finden könne, die aber sichtlich sich sehr unbehaglich fühlen und über kurz oder lang darin den Tod gefunden haben würden. Auch hatte er in Italien in dem Auftreten solcher Funde eine gewisse Periodicität entsprechend stärkeren Regengüssen beobachtet.

Eigene Beobachtungen haben mich von der Schwierigkeit der Entscheidung, ob im Meere gefundene Milben hier heimisch sind oder nicht, genügend überzeugt. Gamasiden, die ich an der Meeresküste zwischen angeschwemmten Algen fand, leider aber, da es sämmtlich 8-beinige Jugendstadien waren, nicht bestimmt werden konnten, liessen selbst nach achttägigen Beobachtungen keine sichere Entscheidung zu, ob das Meer oder das Land ihre Heimath sei. Im allgemeinen zeigten sie im Wasser eine dem Character der *Gamasus*-Arten völlig widersprechende grosse Trägheit der Bewegung, derart, dass ab und an die Entscheidung, ob sie noch lebten, schwierig wurde. Dagegen liefen sie, wenn die Verdunstung des ihrem Körper anhaftenden Wassers möglichst langsam erfolgte, auf dem Trocknen sehr

lebhaft und munter umher. Auf der anderen Seite zeigten sie dann
und wann auch im Wasser dasselbe Gebahren und gingen bei schnellem
Verdunsten des Wassers sowie überhaupt bei völliger Trockenheit zu
Grunde. Rechtzeitige Ueberführung in Wasser brachte sie wieder
zum Leben. Da aber nach Kramer die Gamasiden wie die Mehrzahl der frei lebenden Milben feuchte Umgebung beanspruchen und, wo
diese fehlt, sterben, so war selbst dieses Verhalten kein entscheidendes.
Ihr Aufenthalt blieb eben völlig unklar.

Nach diesen Beobachtungen darf man selbst in solchen Fällen die
Meeresnatur eines Gamasiden wenigstens nicht als erwiesen betrachten, wo lebende Exemplare aus grösseren Tiefen und fern vom
Strande gedredscht wurden. Nach dem aber, was wir von der Zäh-
lebigkeit der Milben überhaupt wissen, ist anzunehmen, dass auch Thiere
aus anderen Klassen sich ähnlich verhalten werden, und zunächst
müssen wir demnach unbedingt verlangen, dass zur sicheren Erkennung einer Meeresmilbe gehöre: endweder die genauere
und länger fortgesetzte Beobachtung der Bewegungen und des ganzen
Betragens im Meerwasser oder der Art des Vorkommens; in welcher
Zahl, ob regelmässig und ob in allen Altersstufen. Wo dagegen ein
oder wenige Exemplare gefunden und ohne sorgfältigere Beobachtung
getödtet sind, kann von einer begründeten Annahme keine Rede sein.
Dasselbe wird für jedes bisher noch nicht constatirte Vorkommen von
Milben im Wasser überhaupt gelten müssen.

Von den in nebenstehender Tabelle angeführten 35 Fällen, in
denen Milben, die nicht Hydrachniden sind, im Wasser oder
Hydrachniden im Meereswasser gefunden wurden, sind demnach,
soweit ich habe ermitteln können, nur 10—11[1]) derartig beobachtet (selbst
nach Abzug der 5 Fälle, deren Prüfung sich mir entzog [5, 26, 30,
34 u. 35], bleiben noch 30, von denen also nur etwa $1/_3$ bewiesen sind)
dass sie die Milben als Wassermilben erweisen. Diese Fälle aber treffen
nur *Oribatidae*, *Gamasidae*, *Hydrachnidae* und *Halacaridae*, wovon
wieder auf das Meer nur die drei letzten kommen. Während aber die
*Oribatidae* und *Gamasidae* fast nur dem Lande angehören, sind die
*Hydrachnidae* und *Halacaridae* auf das Wasser beschränkt, oder doch
noch nie auf dem Lande gefunden worden. Wo demnach solche Milben
im Meere resp. Süsswasser sich finden, ist nur noch festzustellen, ob
sie in der That dieser Art des Wassers angehören. Bei den *Halacaridae* aber ist durch die Untersuchungen der Engländer und meine

---

1) In der Tabelle durch einen Stern gekennzeichnet.

| I. Acarina atracheata KR. | | II. Acarina tracheata KRAMER. | | | | | | | III. Milben unbestimmter Stellung. |
| --- | --- | --- | --- | --- | --- | --- | --- | --- | --- |
| 1. ... sens. str. | 2. Sarco- i pt. | 1. Oribatidae. | a. Rhyncho- lophid. | b. Halacaridae. | c. Hy- drachnid. | d. ... idie. | c. Cheyle- tidie. | 3. Gamasidae. | |
| 1. Tyrogly- phus fa- rinae C. KOCH (24) 1 Ex. von HALLER im Brack- wasser gefunden). 2. Acarus cubicula- rius KOCH (24) (wie oben). | 3. Derma- nyssus sp.? (23) 1 Ex. | 5. „a ... one Ori- ... " von DUJAR- ... 1842 beobachtet. Nach GERVAIS im (5) (1 Ex.) Journal de l'Inst.; GOSSE (21) ver- ... diese Angabe ... inht zu finden. Zu ... schungen sind die Angaben (21) zu un- genau. *6. Im süssen Wasser lebende ... von MI- CHEL (49) beob- achtet. 7. Raphignathus spinifrons im (5) (2 Ex.). *8. Trombidium fu- cicolum (fuscum) BRD. 5. u. 6, 58). Der ... Beschreibung nach eine Oribatide. Im süssen Wasser. | 9. Rhyncho- phus hi- spidus BRD. im Süss- wasser. | *10. ... notops GOSSE (21). *11. Aletes seahami HODGE (6, 32). 12. Aletes ... HODGE (6, 32 1 Larve). 13. Aletes nigrescens BRD. (5). (1 Ex.) im süss. Wasser. 14. Pachygnathus c ... (6). BRD. „seve- ral spes", an versch. Ort., 23—25 Fad. tief. *15. Halacarus cte- nopus GOSSE (21). *16. Halacarus rho- dostigma GOSSE (21). 17. Halacarus granu- latus HODGE (32[11]) 1 Ex. 18. Halacarus ocula- ... 1 Ex. 19. H. gossei HALL. (30). 20. H. truncipes CHIL- TON (9). 21. Agaue ... CHLT. (9). 22. Leptognathus fal- ed. HODGE ... spes", (20—30 F.)(6) 23. L. violaceus KRA- ...(40)(l.süss.Wass). *25. Halacaride auf | *25. Ponta- rana punctula- tum PH. (23, 58). | 26. Bdella marina PACK. (55). | 27. Cheyle- tus ... sonii BRA- DY (5) (1 Ex., 27 Fd.). 28. Cheyle- tus sp. (1 Ex.) | 29. Acarus fucorum FABRIC. (16). In den ... Species Insector. sagt BRA- ... „Acarus pal- ... lineis ... ... ... nigris, pedibus brevissimis, ... fand incurvis." ... ... HALLER in „Habitat in Oceani (fraglich ob ... eine Milbe) (23). 30. ... marinus Messina 30. *31. ... BRADY(5)(ziemlich ge- mein in der Littoralzone Sunderlands und ge- gen im Firth of ...). 32. Gamasus littoralis CANESTRINI (8). Ve- ... unter Steinen im Brackwasser. *33. Gamasus thalas- sinus GRUB. (22). In Triest und ... in grösserer Zahl auf Spongien. | 34. Thalas- ... verrillii PACK. (56). 35. Poeci- lophysis kerguelen- sis CAMB. (7). |

eigenen für 12 Arten[1]) das Leben im Meere nachgewiesen, während im Süsswasser mit Sicherheit nur eine Art gefunden ist, obwohl gerade dieses bereits sehr genau nach Milben untersucht wurde.

Umgekehrt kommt, soviel wir bisher wissen, nur 1 Hydrachnide im Meere vor, alle anderen aber gehören dem Süsswasser an. Es ist demnach die Annahme nicht unbegründet, dass die Halacariden ihre eigentliche Heimath im Meere, die Hydrachniden aber im Süsswasser haben und dass nur, ebenso wie einzelne Gamasiden und Oribatiden vom Lande ins Wasser gegangen (sehr interessant ist, dass eine Oribatide amphibiotische Nymphen hat, die sowohl im Wasser als auch auf dem Lande sich zu entwickeln vermögen), einzelne Halacariden das Süsswasser, einzelne Hydrachniden das Meerwasser mit ihrem heimischen Element vertauscht haben.

Die Mitte zwischen Milben, die auf dem Lande leben und die im Meere wohnen, halten einige Schmarotzer an Seethieren. Ich habe nur wenig Angaben hierüber finden können und mit Ausnahme der bekannten *Halarachne halichoeri* ALLM. (1) aus den Nasenhöhlen des Seehundes (*Halichoerus gryphus*), die von verschiedenen Seiten genau untersucht ist, sind die Angaben so dürftig, dass sie vorläufig nur als Hinweis darauf gelten können, dass es auch hier noch viel für den Acarinologen zu thun giebt. FRAUENFELD (18) beschreibt 1868 eine sechsbeinige Larve (eine eigenthümliche zeckenartige Milbe von kreisförmigem Umriss) als *Cyclothorax carcinicola* von dem weichen Hinterleibe eines Nikobarischen Einsiedlerkrebses (*Calcinus tibicen*), und VAN BENEDEN (4) führt einen *Acarus balaenarum n. sp.* an, den er in mehreren Exemplaren auf einer *Balaena australis* zwischen Tubicinellen und *Cyamus* gefunden. Endlich hat BARROIS (3) in Lille ganz neuerdings eine Gamaside beschrieben, die in grosser Zahl an Orchestiiden schmarotzt, aber bisher von ihm nur im 2. Nymphenstadium gefunden ist.

Wo wir demnach Halacariden im Meere antreffen, werden wir zunächst annehmen dürfen, dass sie hier in der That leben, für jedes andere Vorkommen aber werden wir erst besondere Beweise verlangen müssen.

## 1. Vorkommen und Verbreitung.

Obwohl bereits BRADY (6) 1875 behauptet hatte, dass die Halacariden offenbar den Meeresboden in erstaunlicher Menge bevölkerten, schrieb doch KRAMER (37) noch 1878: „Allerdings mag die Durch-

---

1) *Halacarus loricatus* und *striatus n. sp.* allein wurden nur in je einem oder wenigen Exemplaren gefunden und keine verschiedenen Entwicklungsstadien von ihnen beobachtet.

forschung der Seetangwiesen und anderer Orte nach so winzigen Thieren, wie es die Milben sind, grössere Schwierigkeiten bieten als das Fischen nach Süsswassermilben; es würde aber, wenn wirklich zahlreiche Milben Seebewohner wären, die Ausbeute auch bis jetzt schon grösser gewesen sein." Meine Untersuchungen haben indess nicht nur die Beobachtungen des Engländers bestätigt, sondern auch durch den Nachweis einer grossen Mannigfaltigkeit in der Art der Panzerung, der Beborstung der Beine etc. es sehr wahrscheinlich gemacht, dass wir hier einer Unterfamilie gegenüberstehen, deren Reichthum an Arten wir zunächst noch gar nicht zu übersehen vermögen.

Zu den 10 englischen, 1 deutschen und 2 australischen Arten haben die Untersuchungen eines nur sehr beschränkten Theiles der Ostsee 10 weitere Arten hinzugefügt, so dass die Gesammtzahl der Species jetzt bereits 23 beträgt, von denen 6 der Gattung *Aletes n. g.* und 11 der Gattung *Halacarus* GOSSE angehören. So zahlreich freilich wie BRADY, welcher das Auftreten der Halacariden mit dem der Tyroglyphen am Käse vergleicht, sind mir die Milben nie begegnet. Gleichwohl ist ihre Zahl oft ebenso gross wie die der Ostracoden, die doch auch Niemand für seltene Thiere halten wird.

In der Tabelle S. 384 habe ich die Resultate meiner eigenen Untersuchungen sowie der freundlich mitgetheilten Beobachtungen der Herren Professor Dr. BRANDT und Dr. DAHL den Fundorten nach zusammengestellt. Beiden Herren, ebenso wie Herrn Prof. Dr. REINKE, der mich bereitwilligst an einer Fahrt in den Langelandssund theilnehmen liess, sage ich meinen herzlichsten Dank.

Am eingehendsten habe ich den Kieler Hafen selbst untersucht, in dem ich mit leichter Mühe die verschiedenen verticalen Regionen erreichen konnte, während ausserhalb desselben nur in der Region der rothen Algen gedredscht wurde. Im ersteren fanden sich die Halacariden von der Wasserlinie am Strande an bis zur unteren Grenze der Vegetation enthaltenden Regionen. Weder am Strande selbst noch in der Region des schwarzen Schlammes oder des Muddes babe ich Milben finden können[1]). Aber die Vertheilung in den dazwischen liegenden Regionen war keine überall gleiche. In der flachen, sandigen

---

1) Diese Behauptung ist nach neueren Beobachtungen von mir einzuschränken. Sowohl bei Kiel wie in der östl. Ostsee habe ich inzwischen an einzelnen Stellen des Strandes Halacariden angetroffen. Da die Untersuchungen indes noch nicht abgeschlossen sind, behalte ich die Veröffentlichung einer weiteren Arbeit vor. Ausser *Aletes nov. gen.* war auch *Halacarus* GOSSE am Strande vertreten.

Strandregion, dem Aufenthalte von *Arenicola piscatorum* und *Mya arenaria*, babe ich bisher nur *Aletes n. gen.* gefunden, darunter eine Art, die mir sonst nirgends wieder begegnet ist. Da aber diese Form, *Aletes setosus n. sp.*, abweichend von den anderen Arten mit dem Sande und den Algenüberzügen von den Steinen abgebürstet wurde, und ich in den tieferen Regionen diese nie genauer untersucht habe, so ist es sehr wohl möglich, dass sie trotzdem noch tiefer im Meere vorkommt. Das eine Mal, in dem ich *Aletes setosus n. sp.* fand, bevölkerte sie in grosser Zahl und in den verschiedensten Entwicklungsstadien die Steine; seitdem habe ich sie stets vergebens gesucht. Von *Aletes pascens n. sp.* begegnete mir an demselben Orte, wie die vorige Art, ein einziges Exemplar.

Mannigfaltiger bereits und zahlreicher ist die Milbenfauna des an die Region des Strandes sich anschliessenden G e b i e t s  d e s  g r ü n e n S e e g r a s e s. Doch ist es merkwürdig, dass gerade an den hier in so ausserordentlicher Menge vorkommenden Ulva, Monostroma, Zostera und Fucus nie Milben sich finden. Dagegen treten sie ab und an in nicht geringer Zahl an den Fäden von Ectocarpus und den an manchen Stellen auch bereits hierher vordringenden Florideen, sowie in den filzigen Algenbüscheln von Elachista fucicola und anderen Algen auf. An solchen Stellen ist *Aletes pascens n. sp.* und *Halacarus spinifer n. sp.* häufig. Doch habe ich auffälliger Weise von letzterer Art nur Larven gefunden, die zwischen den feinen Algen zuweilen in Gruppen bis zu acht zusammensassen. Nicht selten war eine zweite *Halacarus*-Art (*H. fabricii n. sp.*), und ganz vereinzelt trat nur *Leptognathus marinus n. sp.* auf, der auch in den tieferen Regionen stets nur in wenigen Exemplaren gefunden wurde. Einige Exemplare von *Aletes n. gen.* traf ich auch auf Schwämmen und mehrere Individuen von *Halacarus fabricii n. sp.* an Eierschnüren von *Acera bullata* und einem Stück modernden Seegrases an. Doch sind das ganz vereinzelte Funde.

Die R e g i o n  d e s  t o d t e n  S e e g r a s e s giebt trotz ihres sehr abweichenden Characters doch nicht selten gute Ausbeute. Zwischen den braunen Stücken des modernden Seegrases ist auch hier *Aletes pascens n. sp.* häufig. Neben *Halacarus fabricii n. sp.* und *Leptognathus marinus n. sp.* fand ich hier zuerst *Halacarus oculatus* HODGE; *Hal. spinifer n. sp.* dagegen beobachtete ich weder in Larven noch reifen Formen.

Weder in der Region des lebenden noch in der des todten Seegrases kann man mit Sicherheit auf Ausbeute rechnen. Es ist mir mehrere Male begegnet, dass ich an ein und derselben Stelle das

eine Mal reichen Ertrag hatte, während eine Woche später das Netz
auch nicht eine einzige Milbe heraufholte; dagegen scheinen die Halacariden die R e g i o n  d e r  r o t h e n  A l g e n überall in derartiger Zahl
zu bewohnen, dass man mit jedem Zuge grosse Mengen derselben trifft.
Und da auch in der Region des lebenden Seegrases ihr Vorkommen
auf solche Pflanzen und Thiere (Porifera) sich beschränkt, welche hier
meist in ausserordentlicher Menge vorkommen, da endlich auch an
allen Fundorten ausserhalb des Hafens die rothen Algen denselben
oder einen noch bedeutend grösseren Reichthum an Milben zeigen,
so muss diese Region als die eigentliche Heimath der Halacariden
in der Ostsee bezeichnet werden. Hier im Hafen wurde in geringen
Tiefen gedredscht. Es war daselbst *Aletes pascens n. sp.* noch sehr
zahlreich, *Halacarus spinifer n. sp.* hatte an Zahl zugenommen; auch
kamen die reifen Formen der letzteren Art häufiger vor als in den
höheren Regionen. *Halacarus fabricii n. sp.*, *oculatus* Hodge und
*Leptognathus marinus n. sp.* wurden ebenfalls gefunden. Besonders
bevorzugt scheinen die Furcellarien-Büschel und die wirren Delesseria-
Pflänzchen zu werden. Aber auch auf Schwämmen, Ascidien und
Bryozoen-Colonien traf man nicht selten *Aletes n. gen.* wie *Halacarus*
Gosse an.

Die tiefste Region des Hafens, die des  s c h w a r z e n  S c h l a m m e s
endlich und ebenso die sonst so überaus thierreichen U e b e r z ü g e
a n  d e n  B r ü c k e n p f e i l e r n lieferten mir nie eine Milbe. Sonach
sind die Halacariden auf die an lebenden oder vermodernden Pflanzen
reichen oberen vier Regionen beschränkt. Diese Verbreitung ist verständlich für die pflanzenfressenden *Aletes*-Arten, obwohl auch hier
das sonderbare Verhalten gegen Ulva, Zostera u. s. w. ganz unerklärlich erscheint. Die räuberischen *Halacarus*-Arten aber und wahrscheinlich auch *Leptognathus* Hodge müssen durch unbekannte Existenzbedingungen in diesen Schranken gehalten werden. Nur dass sie in
der Region der rothen Algen culminiren, während sie in den Rasen
von Ulva, Zostera und Fucus so gut wie fehlen oder auf ganz besonders günstige Stellen beschränkt sind, folgt leicht aus dem überaus reichen Thierleben, welches jene, und der sehr armen Fauna, welche
diese Pflanzen umschliessen.

Für das Gebiet  a u s s e r h a l b  d e s  H a f e n s beschränken sich,
wie bereits bemerkt, alle meine Erfahrungen auf die günstigste R e -
g i o n,  d i e  d e r  r o t h e n  A l g e n. An zwei Stellen, von denen ich
eine grosse Menge Algen, Poriferen und Bryozoen untersuchen konnte,
waren die Milben in ganz erstaunlicher Menge vorhanden. Doch würde

selbst hier BRADY's (6) Vergleich mit Käsemilben noch immer zu weit gehen.

Vor allem aber zeigen diese beiden Funde, dass ausserhalb der Kieler Förde eine zum Theil völlig andere und reichhaltigere Milbenfauna herrscht als in derselben.

In der Kieler Förde fand ich in der Region der rothen Algen
5 Species;
bei Fehmarn
ebenfalls nur     5 Species, von denen
aber     3 neu;
im Langelands-Sund
9 Species, von denen
5 neu waren.

Es ist aber nicht nur die Zahl der Arten vermehrt und an die Stelle einer Form eine andere im Hafen nicht beobachtete Art getreten, es ist vielmehr auch das gegenseitige Verhältniss der Arten ein von dem in der Kieler Förde gänzlich verschiedenes:

In der Kieler Förde
ist *Aletes pascens n. sp.* überwiegend, daneben aber *Halacarus spinifer n. sp.* häufig, *Halacarus fabricii n. sp.* nicht selten.

Bei Fehmarn (6—9 m)
dagegen überwiegt *Halacarus spinifer n. sp.* durchaus; daneben ist noch *Aletes pascens n. sp.* und eine neue Art, *Halacarus balticus,* zahlreich vertreten. *Halacarus fabricii n. sp.* wurde dagegen gar nicht gefunden.

Im Langelands-Sunde (25 m)
überwiegt endlich *Halacarus murrayi n. sp.* vollkommen; *Halacarus spinifer n. sp.* ist nicht selten. *Halacarus balticus n. sp.* kommt nur vereinzelt vor. Von *Aletes pascens n. sp.* wurde nur ein einziges Exemplar gefunden.

Solange diese Beobachtungen sich nur auf eine zwar sehr gründliche, aber doch nur einmalige Untersuchung beschränken, können dieselben nur zeigen, dass grosse Schwankungen in der Zusammensetzung der Milbenfauna auf sehr kleinem [1]) Terrain vorkommen. Ob diese hier

---

1) Wenn ich stets vom Langelandssunde rede, so ist das nicht ganz genau, da die Beobachtungsstelle noch südöstlich vom Beginn des eigentlichen Sundes zwischen Fehmarn und diesem liegt. Da sie indess in der Fortsetzung der Rinne des Sundes (und darauf kommt es hier wesentlich an) und dem Eingange desselben näher als Fehmarn zu suchen ist, habe ich diese kürzere Bezeichnung gewählt.

aber constant an bestimmte Verhältnisse der betreffenden Meerestheile gebunden sind oder temporäre Erscheinungen, kann selbstverständlich noch nicht entschieden werden. Interessant ist indessen, dass
durch den grossen Belt und in der südlichen Fortsetzung desselben
auch durch den Langelandssund ein Nordseestrom verläuft, der in der
Tiefe unter dem Ostseewasser in der Rinne strömt, welche diesen
Meerestheil der Länge nach durchzieht (2). Aus dieser Rinne aber
stammen die von mir hier gefundenen Milben und unter ihnen auch
ein Exemplar von *Aletes notops* GOSSE, das einzige dieser englischen
Art, welches bisher in der Ostsee beobachtet wurde. Ferner fand
Herr Dr. DAHL den im Langelandssunde vorherrschenden *Halacarus
murrayi n. sp.* auch bei Dahmer Höft zwischen Fehmarn und Neustadt.
*Halacarus spinifer n. sp.* endlich wurde an allen Fundorten, selbst
noch auf der Hoborg-Bank südlich Gotland, gefunden. Allgemeiner
verbreitet scheint auch *Aletes pascens n. sp.* zu sein, dessen gänzliches
Zurücktreten im Langelandssunde durch die Tiefe bedingt ist. Wenigstens sprechen dafür wegen der vergleichsweise erheblichen Tiefe, aus
welcher das Material heraufgeholt wurde, die weiter unten (S. 371) zu
erörternden Beobachtungen der Engländer. Ueberhaupt sind die Ergebnisse des Langelandssundes eigentlich nicht direct mit den von Fehmarn
aus nur 6—9 m Tiefe und den aus ebensolcher, zum Theil aber aus
noch geringerer Tiefe stammenden Milben des Kieler Hafens zu vergleichen. Verticale und horizontale Verbreitung vermischen sich hier.

Kehren wir jetzt noch einmal zu den Beobachtungen der
Engländer (6, 21, 32) zurück, so müssen wir bei der Vergleichung
derselben mit den jetzigen die Ostsee betreffenden Untersuchungen
berücksichtigen, dass die Untersuchungsmethode der *Halacaridae* ohne
Präparation des Skeletes eine vollkommen unzureichende ist, um die
einzelnen Arten scharf und sicher zu unterscheiden und zu erkennen.
Die 7 von den Engländern beschriebenen Arten lassen sich nun zwar
bis auf *Halacarus rhodostigma* GOSSE und *oculatus* HODGE auch ohnedem leicht von einander trennen; aber es ist sehr wohl möglich, dass
von diesen 7 Arten noch manche nahe verwandte, im Grunde aber
von ihnen durchaus verschiedenen Formen umfasst werden. Sehr
wahrscheinlich ist das, wie bereits früher auseinandergesetzt wurde,
für *Aletes seahami* (HODGE). Die einzige Art, die vielleicht durch den
sehr abnormen Dorn des Tasterendgliedes und den Dornfortsatz des
Rückenpanzers sofort zu erkennen ist, da wohl kaum einer zweiten
Art diese beiden Besonderheiten zufallen dürften, ist: *Halacarus
ctenopus* GOSSE. In Folge dieses misslichen Umstandes verlieren die

Notizen der Engländer viel an Brauchbarkeit. Doch können sie uns immerhin wenigstens einige interessante Vergleiche bieten.

EDWARD FORBES (17) theilt die Meeresfauna der britischen Küsten in 4 Regionen: 1) Littoral zone oder the tract between tide-marks, 2) Laminarian zone — 15 fath. circa, 3) Coralline zone — 15—50 fath. circa, 4) Region of deep-sea corals. Das erste dieser Gebiete wird vor allem durch die verschiedenen Fucus- und Littorina-Arten charac-terisirt und danach noch in eine Reihe Unterabtheilungen zerfällt. Da es oberhalb der Ebbelinie liegt, so ist es im steten Wechsel bald von Wasser entblösst, bald vom Meere bedeckt. Auch in der Lami-narian zone herrscht noch üppiges Pflanzenleben, für welches Laminaria und Verwandte characteristisch ist, doch tritt an sandigen Stellen auch Zostera auf. In der 3. und 4. Region dagegen fehlen Pflanzen vollkommen („but from which conspicuous vegetables seem almost entirely banished" (233)), es herrschen Zoophyten vor. Die Mehrzahl der Thiere lebt vom Raube.

Es ist nicht ganz leicht, diese Regionen mit denen der Ostsee in Parallele zu bringen. Indessen wird die ganze Abtheilung vom Strande bis zur Region der rothen Algen nur den zwei ersten Zonen FORBES' entsprechen können, da unterhalb dieser das pflanzliche Leben auf-hört. Nun entspricht aber die Littoralzone ihrer Lage nach wie in dem Vorherrschen von Fucus und Littorina entschieden im Wesent-lichen der Region des flachen Strandes und des lebenden wie todten Seegrases. Denn nach MÖBIUS[1]) werden die zwei letzten Abtheilungen auf steinigem Boden durch Fucus vertreten. Die Laminarian zone würde dann der Region der rothen Algen zu vergleichen sein. Nun zeigt sich (s. die Tab. S. 383), dass nach den Beobachtungen der Eng-länder die Littoral zone (between tide-marks) der Zahl der Arten wie der Individuen nach der bevorzugte Aufenthalt der Milben ist. Es wurden hier 5 Arten, von denen 3 in grosser Menge vorkommen, ge-funden. Diese Region zeigt aber durch die Ebbe und Fluth Lebens-bedingungen, welche von denen der correspondirenden Regionen der Ostsee sehr abweichen. Periodisch werden die Thiere vom Meere entblösst oder zum Wandern veranlasst. Da aber die Halacariden bei ihrer Unfähigkeit, zu schwimmen, zum schnellen Wandern völlig un-tauglich sind, so müssen sie unter den Steinen, in den zurückbleiben-den Lachen, zwischen den Seepflanzen u. s. w. Zuflucht suchen, und

---

1) MEYER und MÖBIUS, Fauna der Kieler Bucht, Bd. 1 u. 2. Leipzig 1865 u. 1872.

es erklärt sich so, weshalb die englischen Forscher die Milben am
Strande in grosser Menge antrafen, während ich hier in Kiel trotz
andauernden Suchens weder unter den Steinen, noch an den angeschwemmten Seepflanzen je eine einzige Halacaride habe finden können[1]).
Auch in Neuseeland fand CHILTON (9) die Milben zwischen der Ebbe-
und Fluthlinie. Aber es kommen andrerseits auch noch zahlreiche
Milben in der vegetationsleeren Coralline zone vor. In grösseren Tiefen
wurde leider nicht gedredscht. Es ist überraschend, wie oft die englischen Forscher die Ausdrücke „in great number", „plentifully", „abundant" gebrauchen. Man muss daraus schliessen, dass die Halacariden
in der That an den britischen Küsten noch häufiger vorkommen als in der
Ostsee bei Kiel. In allen drei Zonen gemein ist: *Halacarus ctenopus*
GOSSE, dagegen ist *Aletes n. gen.* zwar in der Region between tide-
marks ausserordentlich häufig (abundant, plentifull), aus den zwei
andern Regionen aber wird auch nicht ein einziges Mal ihr Vorkommen
erwähnt. Es weicht diese Gattung daher entschieden den tieferen Gebieten (von 15 Faden = 30 m) aus; und damit stimmt vollkommen
das fast gänzliche Zurücktreten von *Aletes n. gen.* im Langelandssunde
bei 12,5 Faden überein. Umgekehrt wurden *Leptognathus falcatus*
HODGE und *Pachygnathus sculptus* BRADY nur in der Laminarian
und Coralline zone beobachtet, letztere Art sogar nur in der Coralline
zone. Aber bei Kiel kommt *Leptognathus marinus n. sp.* bereits in
der Region des grünen Seegrases vor, und dann ist bei diesen seltenen
Formen schon eine reiche Erfahrung nöthig, um etwas über deren
Verbreitung festzustellen. Immerhin ist es nicht uninteressant, dass
*Leptognathus falcatus* HODGE ebenso wie *Leptognathus marinus n. sp.*
nur in einzelnen Individuen gefunden wurde, nie in grösserer Zahl.

Endlich ist die Armuth und Eintönigkeit auffällig, welche nach den
Angaben der Engländer die britische Milbenfauna aufweist. Gegenüber
dem sehr beschränkten Gebiete der Ostseeuntersuchung (etwa $1/2°$ in
der Länge) umfassen die englischen Untersuchungen 10 volle Längen-
grade und beziehen sich im Wesentlichen auf 6 zum Theil weit von
einander getrennte Punkte. Trotzdem wurden nur 7 Species beschrieben,
und wenn wir einmal annehmen wollen, dass die Engländer stets richtig
Art von Art unterschieden und nirgends mehrere in eine zusammengestellt haben, so würden überdies fast in diesem ganzen Gebiete
kaum Unterschiede in dem Vorkommen zu constatiren sein. *Halacarus
ctenopus* GOSSE wurde an allen Punkten gefunden. BRADY (6) sagt

---

1) Siehe indess Anmerkung Seite 365.

von ihm „it seems to be of common occurrence and generally distri-
buted round the British coast". *Aletes notops* (Gosse) wurde bei den
Shetlands-Inseln und bei Ilfracombe ganz im Süden Englands, *Aletes
seahami* (Hodge) in Northumberland, an der Westküste Irlands und auf
den Scilly-Inseln gefunden u. s. w. Gerade in diesem Punkte sind
alle Untersuchungen neu zu beginnen, da nach meinen Beobachtungen
eine solche Einförmigkeit sehr auffällig ist und sie sich aus den oben
angegebenen Gründen als nur scheinbar erklären könnte. Eine oder
die andere Art, so *Halacarus ctenopus* Gosse, mag aber trotzdem in
der That allgemein verbreitet sein.

Weitere Schlüsse aus den vorliegenden Beobachtungen zu ziehen,
wäre vorläufig unberechtigt. Dass *Aletes notops* (Gosse) und *seahami*
(Hodge) sowie *Halacarus oculatus* Hodge an den britischen wie an
den Ostseeküsten leben, entspricht nur der allgemeinen Erscheinung,
dass die Fauna der Kieler Bucht überhaupt mit derjenigen der kleinen
Buchten der schottischen und westenglischen Küste und der Grenzen
zwischen Ebbe und Fluth Species gemein hat.

Einen interessanten Vergleich gestatten die Beobachtungen über
das Vorkommen der Halacariden in den Aquarien des Instituts.
In diesen waren von Seepflanzen fast nur Ulva oder Monostroma vorhanden; gerade die von den Milben vorzüglich bewohnten Florideen
aber fehlten gänzlich. Trotzdem kamen die Milben in grosser Zahl
in ihnen vor, und es liess sich in ihren Fundorten deutlich ein Unterschied zwischen *Halacarus* Gosse und *Aletes n. gen.* erkennen, weit
deutlicher, als er bei den Beobachtungen an dem frisch gesammelten
Material hervortrat. *Leptognathus* Hodge kam zu selten vor, um in
Frage zu kommen. Während nun *Aletes pascens n. sp.* überall und
auch auf den breiten Blättern jener Algen sehr häufig war, und ebenso
in modernden Halmen von Zostera zahlreich sich fand, war *Halacarus*
Gosse fast ganz auf die Steine und den feinen Algenüberzug an den
Glaswänden beschränkt. Es war dieser Unterschied so auffällig, dass
ich bei dem Aufsuchen von Material mit Sicherheit auf dieses Verhalten rechnen konnte. Auch war es bei isolirten Exemplaren sehr
merkwürdig, wie die *Halacarus*-Formen stets die verästelten Algen
aufsuchten und die Blattflächen von Ulva u. a. vollkommen unberücksichtigt liessen, während die *Aletes*-Arten auf der letzteren fort und
fort ihr geschäftiges Treiben führten. Vor allem waren mit kleinen
Höhlen und Gruben bedeckte Steine ein beliebter Aufenthalt von
*Halacarus* Gosse, und es ist mir deshalb sehr wohl erklärlich, dass
an geeigneten, stets durch die wiederkehrende Fluth nass gehaltenen

Küsten Halacariden auch am Strande regelmässig und häufig vor-kommen mögen. Hätten mir nur diese Beobachtungen aus dem Aqua-rium zu Gebote gestanden, ich hätte irrthümlicher Weise schliessen müssen, dass die Halacariden auch hier in Kiel gerade in der Nähe des Strandes unter den Steinen und auf den Blättern jener Algen ihr eigentliches Heim hätten, während im Grunde nur die besonderen Umstände dieses Verhalten herbeiführten und in der That das freie Leben sie hier andere Gebiete bevölkern lässt.

Schon aus den Beobachtungen im Hafen selbst ging hervor, dass wenigstens diese Halacariden nicht parasitisch leben und dass, wenn man sie auch oft an Ascidien, Spongien und Bryozoen antrifft, sie hier doch nur vorübergehend, solange als sie hier Nahrung finden, sich einstellen.

Trotz der grossen Zahl von Halacariden, welche ich längere Zeit lebend gehalten habe, ist es mir doch nur sehr selten möglich ge-wesen, sie bei der Nahrungsaufnahme zu beobachten. In dem einen Fall beobachtete ich einen *Aletes pascens n. sp.* beim Fressen. Das Capitulum schräg ab und vorwärts geneigt, suchte er die Fläche einer Ulva in ziemlich schnellem Gange ab und riss kleine, einzellige, röth-lich-braune Algen (Diatomeen?), die in grosser Zahl auf derselben wuchsen, ab und verzehrte sie. Das Ergreifen geschah dabei mit den Maxillartastern, auch wurden diese sonst bei den Absuchen der Blatt-fläche von einander entfernt und wieder einander median genähert, während von den Mandibeln nichts zu sehen war. Dies Abreissen ge-schah mit einem kräftigen Ruck, bei dem die Hinterbeine sich merk-lich krümmten und der gesammte Rumpf zurückgezogen wurde. Ein anderes Mal weidete ein Exemplar von *Aletes setosus n. sp.* unter stetem ruckweisen Zurückweichen und Wiedervorwärtslaufen die Epi-dermiszellen eines modernden Stückes Seegras ab; einige noch grüne Zellen des Gewebes hielten sie besonders lange auf. Auch dass ich *Aletes n. sp.* colonienweise bis zu 30 Individuen in solch halbver-modertem Seegrase fand, mit 8- und 6-beinigen Larven und selbst Eiern untermischt, spricht nicht wenig für die Ernährung von diesen Pflanzenstoffen selbst. Die Colonien sassen im Innern des Halmes und waren von der Aussenwelt ganz abgeschlossen. Da *Aletes n. gen.* von allen anderen Halacariden durch die Bildung seiner Taster abweicht und gerade diese hier wesentlich bei der Verschaffung der Nahrung betheiligt sind, so darf aus diesen Beobachtungen auch nur auf die übrigen *Aletes*-Arten geschlossen werden, deren Maxillartaster ebenfalls zu Greif- und Rupforganen dienen können. Die übrigen drei Gattungen dagegen stimmen so sehr unter einander in den schlanken, zum festen

Ergreifen wenig geeigneten Tastern überein, dass wir für sie eine gemeinsame, von der der *Aletes*-Arten abweichende Ernährungsweise
werden annehmen dürfen.    Nur einmal habe ich gesehen, wie ein *Halacarus spinifer n. sp.* einen zartgepanzerten *Halacarus murrayi n. sp.*
auf seinen Mandibeln aufgespiesst umhertrug und aussog.    Fast die
Hälfte des rothen Lebermagens der Beute war bereits aufgeschlürft,
als ich beide fand, und dennoch bewegte der *Halacarus murrayi n. sp.*
noch nach $^1/_2$ Stunde Beine und Taster.    Von der Einwirkung eines
giftigen Secretes kann hier demnach keine Rede sein.    Für eine solche
räuberische Natur der *Halacarus-* und *Leptognathus*-Arten überhaupt
spricht nun aber auch sonst Vieles.    Ganz entgegen *Aletes n. gen.*,
dessen Arten fast stets in grösserer Zahl nahe zusammenleben und
emsig und behend umherlaufen, leben die Arten dieser zwei Gattungen
sämmtlich vorwiegend isolirt und klettern langsam und behutsam, als
ob sie der Beute auflauerten, zwischen Florideen umher.    Auch ihr
verborgenes Leben in den Spalten und Höhlungen der Steine des
Aquariums erklärte sich aus einem räuberischen Leben leicht.    Endlich
findet man gar nicht selten *Halacarus*-Formen, denen ein Bein oder
mehrere Glieder eines solchen fehlen; dasselbe kommt freilich auch
bei *Aletes n. gen.* vor, kann hier aber aus Angriffen durch die anderen
Gattungen sich erklären.    Wenn aber ein Theil der Halacariden sich
von thierischen Säften nährt, so ist es nicht nur sehr wahrscheinlich,
dass die auf Spongien sich viel aufhaltenden *Halacarus*-Arten auch
deren leicht zugängiges Gewebe aussaugen, sondern auch keineswegs
ausgeschlossen, dass verwandte Formen ein echt parasitäres Leben
führen.    Nur ist der Beweis dafür noch nicht geliefert.

## 2. Eigenthümlichkeiten aus der Lebensweise.

### a) Verhalten gegen äussere Einflüsse.

Die Beobachtung, dass verschiedentlich Milben, die ich im Winter
in einem Schälchen zur weiteren Beobachtung isolirt hatte, des Morgens
bewegungslos angetroffen, nachher aber, wenn ihnen frisches Wasser
gegeben war, wieder munter umherliefen, führte mich zuerst dazu,
genaue Beobachtungen über das Verhalten der Halacariden
gegen Kälte zu machen, da ich jene Erscheinung auf die Kälte der
Nacht zurückführte.

Ich notirte mir daher täglich am Morgen die Temperatur des
Wassers auf dem Boden meines Aquariums sowie das gleichzeitige
Verhalten von *Aletes pascens n. sp.*; diese Beobachtungen wurden vom
Ende December bis über die Mitte des Februars hinaus angestellt,

von welcher Zeit ab keine bedeutenderen Kältegrade mehr vorkamen. Das Resultat war aber anders, als ich erwartet. Selbst bei 2,2° C blieben die Milben völlig rege, und auch während und nach der kältesten Zeit vom 7.—15. Januar 1886, wo die Temperatur des Wassers unter 3° C blieb und an 2° C kam, liefen die Thiere munter auf den Algen umher. Noch schlagender bewiesen die ausserordentliche Unempfindlichkeit gegen hohe Kälte zwei andere Versuche, in denen mehrere *Aletes pascens n. sp.* in einer kleinen flachen Schale ins Freie gestellt wurden und vollkommen einfroren. In dem einen Falle wurden 5 Milben 5 Uhr Nachmittags ins Freie gebracht und erst am andern Morgen um 9 Uhr wieder aufgethaut; das Wasser war fast durch und durch gefroren, nur am Rande des Schälchens befand sich noch eine dünne Schicht Wassers. Bereits nach einer Stunde waren die Milben wieder munter. Das zweite Mal wurden nur drei Milben 1 Stunde lang bei mehr als — 5° C eingefroren. Alle drei Individuen lebten nach dem Aufthauen wieder auf, zwei lebten noch nach $2^1/_2$ Tagen, das dritte konnte nicht wieder gefunden werden. In ihrem Leben schienen die Thiere vollkommen ungestört.

Bei dieser überraschenden Unempfindlichkeit gegen Kälte ist eine sehr geringe Ausdauer gegen Trockenheit und Süsswasser um so auffälliger. Schon wenn *Aletes pascens n. sp.* bei den Beobachtungen unter dem Mikroskope durch Verdunstung des Tropfens Seewassers, in dem er sich befand, nur kurze Zeit trocken gelegen und in frisches Seewasser gebracht wurde, lebte er nicht wieder auf. Da indess hierbei stets grosse Salzkrystalle sich auf den Thieren bildeten und möglicherweise von Einfluss auf den Tod sein konnten, die Verdunstung ferner sehr rasch erfolgte, so legte ich mehrere Milben auf mit Wasser durchtränktes Fliesspapier. Aber auch hier, wo die Verdunstung 4—6 Stunden dauerte und an den Thieren keinerlei Zerreissungen innerer Organe zu erkennen waren, blieben Wiederbelebungsversuche völlig erfolglos. Ein dritter Versuch endlich wurde mit Fliesspapier angestellt, welches stets mit Seewasser in Verbindung stand, demnach immer feucht blieb und die Milben auch bedeckte. Nach 6 Stunden waren zwei bewegungslos, doch ohne irgend welche Zeichen innerer Zerstörung; eine bewegte sich noch sehr lebhaft, sobald sie in einen Wassertropfen gesetzt wurde. Nach $26^1/_2$ Stunden waren alle drei bewegungslos, doch ebenfalls ohne Veränderungen zu zeigen; sie wurden jetzt sämmtlich in Seewasser gesetzt. Am nächsten Morgen nach weiteren $20^1/_2$ Stunden war eine 8-beinige Larve wieder vollkommen munter, eine reife Form zeigte ganz schwache Bewegungen und Ergiessung eines Theiles des sog. Lebermagens in die Basis des einen Beines. Das dritte Exemplar war scheinbar unverletzt, aber blieb bewegungslos. Während die zwei letzten Individuen starben resp. todt blieben, lebte das erste noch am folgenden Tage, ohne irgend welchen Schaden erkennen zu lassen.

Es bedürfen daher die Halacariden, ebenso wie eine grosse Zahl der zarter gebauten Landmilben, einer sehr grossen Menge Feuchtigkeit zur Erhaltung ihrer Gewebe, so dass selbst die in durchtränktem Fliesspapier enthaltene Menge auf längere Zeit nicht immer genügt und sogar sichtbare Veränderungen in den Geweben eintreten. Bei der Structur des Skeletes ist ein schneller Austausch des Wassers wohl verständlich; für das Vorkommen der Milben aber muss diese Eigenthümlichkeit sicher von Bedeutung sein. Nur wo regelmässig wiederkehrende Flut und Ebbe am Strande selbst stets die Höhlungen der Felsen, die Unterfläche der Steine und die angespülten Pflanzen mit Wasser füllt oder benetzt, wie im Atlantischen Oceane, werden die Halacariden, wie GOSSE, HODGE und BRADY beobachtet haben, ausserhalb der Wasserlinie gedeihen, wo aber, wie bei Kiel, je nach dem Wasserstande der eigentliche Strand wochenlang ganz trocken liegen kann, werden die Milben nur unter besonderen Umständen [1]) hier auftreten können. Daran, dass man an den angespülten Pflanzen keine Halacariden findet, mag zum Theil allerdings auch der Umstand Schuld sein, dass die bei weitem vorwiegenden Pflanzen, die den Strand versorgen, gerade Fucus und Zostera, sowie Ulva und Verwandte sind, dagegen Furcellarien und jene anderen von den Milben besuchten Algen meist sehr zurücktreten; eingetrocknete todte Exemplare zu finden, ist aber bei der Kleinheit der Thiere ungemein schwierig.

Um an einem fluthlosen Strande dauernd gedeihen zu können, müssten indess die Milben überdies noch starke Veränderungen des Salzgehaltes und Schlechtwerden des Wassers vertragen können. Letzteres ist allerdings einigermaassen der Fall. Thiere, die ich in schlecht ventilirten Glasröhren isolirt hatte, fand ich mehrmals in einer Art Erstarrung. In einem Falle war bereits vollständiger Verfall sämmtlicher Pflanzentheile eingetreten und alle Milben bewegungslos; doch begann nach Wechselung des Wassers eine Milbe wieder langsame Bewegungen zu machen. In einem andern Falle überzog bereits eine feine ölige Schicht das Wasser, aber nach Ersatz desselben waren die Milben bald wieder vollkommen munter.

---

1) Siehe Anmerkung S. 365.

Dagegen wirkt S ü s s w a s s e r geradezu wie Gift, wenn die Milben unmittelbar in dasselbe übertragen werden. So setzte ich vier *Aletes pascens n. sp.* und einen *Halac. fabricii n. sp.* in eine Schale mit Süsswasser. Bereits nach $^1/_2$ Stunde waren alle sehr matt, theilweise lagen sie auf dem Rücken ohne irgendwelche Bewegungen. *Halacarus* Gosse vermochte sich nicht mehr an einem Ranunkelblatte festzuhalten, nach 2 Stunden lag er bewegungslos auf dem Rücken, hatte die Beine ventralwärts zusammengekrümmt und reagirte nur sehr langsam und schwach auf Berührung. Zwei *Aletes* schienen todt zu sein, da sie gar nicht mehr reagirten, zwei andere dagegen waren noch in lebhafter Bewegung und krochen, wenn auch ermattet, an Blättern umher. Nach 4 $^1/_2$ Stunden war auch *Halacarus* Gosse todt; die zwei noch lebenden *Aletes* machten nur kraftlose, wenn auch schnelle Bewegungen; nach 5$^1/_2$ Stunden waren auch diese todt.

Wie langsame Veränderungen des Salzgehaltes wirken, habe ich leider bisher nicht untersucht, und es wäre daher kühn, aus Vorliegendem irgend andere Schlüsse ziehen zu wollen, als dass wenigstens *Aletes pascens n. sp.* und *Halac. fabricii n. sp.* keine starken und plötzlichen Aenderungen des Salzgehaltes würden vertragen können, und auch dies dafür spricht, dass sie in der That nicht am eigentlichen Strande als ständige und häufige Bewohner vorkommen.

Endlich mögen noch einige Versuche erwähnt werden, welche zeigen, dass *Aletes pascens n. sp.* das L i c h t scheut und die Dunkelheit aufsucht, da auch sie auf das Leben dieser Thiere einiges Licht werfen. In eine weisse flache Porzellanschale wurden kleine möglichst ebene Stückchen von Ulva gelegt und eine grössere Zahl von *Aletes pascens n. sp.* hineingesetzt. Nach einigen Stunden waren bei dem einen Versuche:

auf der Oberfläche   auf der Unterfläche
3                    17

in einem zweiten:

3                    24        Individuen.

Alle andern Versuche mit noch zahlreicheren Milben führten zu gleichen Ergebnissen. Des weiteren brachte ich, nachdem sich eine möglichst grosse Zahl von Milben auf die Unterfläche geflüchtet hatte, die Schale ins Dunkle und nach längerer Zeit fanden sich:

auf der Oberfläche   auf der Unterfläche   frei umherlaufend
15                   8                     8

im Verhältniss also:

2                    1

Als dann wieder längere Zeit das Tageslicht eingewirkt hatte, waren:

auf der Oberfläche   auf der Unterfläche   frei umherlaufend
        5                    32                    6
oder im Verhältniss:
        1                     6                    1

### b) Die Bewegungen der Thiere.

Betrachtet man einen *Aletes pascens n. sp.* genau, während er auf der Blattfläche von Ulva dahinläuft, so sieht man, dass die Gangesweise dieser Milben eine recht eigenartige ist. Sämmtliche Beinpaare sind mehr oder weniger stark gekrümmt, die vordern indess mehr als die hintern und so, dass das Endglied aller senkrecht mit seiner Längsachse auf die Blattfläche gerichtet ist, während die Klauen dieser eng anliegen. Es dient die Beugefläche des 6. Gliedes demnach keineswegs als Sohle, sondern bleibt ebenso wie die aller andern Glieder vollkommen frei, und auf dem distalen Ende ruht eigentlich der ganze Körper. BRADY stellt bereits in seiner Seitenansicht von *Pachygnathus sculptus* BRD. (6) diese Eigenthümlichkeit recht wohl dar, nur ist die ganze Haltung etwas zu steif und die Krallen der Vorderbeine senkrecht statt horizontal gestellt. Es sind deshalb die Beine stets in gewisser Weise gekrümmt, und es scheint, als ob diese Krümmung daher von dem Thiere auch in der Ruhe nicht aufgegeben würde, oder selbst, wie das bei den Vorderbeinen wegen der Gestalt der Glieder und der Kürze der Gelenkhaut sicher der Fall ist, gar nicht einmal aufgegeben werden könnte. Dagegen besitzen alle Beine zwischen dem 1. und 2. Gliede ein sehr bewegliches Doppelgelenk, welches die laterale Bewegung der ganzen Gliedmaassen nach rechts und links erlaubt und bei vollkommener Ruhe und ebensowohl bei Erschlaffung der Thiere dem Gewichte des Körpers nachgiebt. In Folge dessen drehen sich die Beine mit ihrer Aussenfläche dorsalwärts um, der Rumpf sinkt nieder, und es scheint nun, vor allem bei den langbeinigen *Halacarus*-Arten, als ob die Milbe ihre Beine in ganz abenteuerlicher Weise verbogen hätte, so dass man leicht zu der Annahme einer ganz ausserordentlichen Biegsamkeit derselben geführt wird.

Beim gewöhnlichen Vorwärtsgehen werden die Vorderbeine nur wenig schräg nach vorn und aussen, die Hinterbeine nur wenig schräg nach hinten und aussen gesetzt, so dass dabei im Wesentlichen nur Beugungen und Streckungen, Hebungen und Senkungen, aber wenig Seitwärtsbewegungen vorkommen dürften. Doch wissen die Milben

sehr vielfach und mit grosser Gewandtheit von der geraden Linie abzuweichen und unterbrechen nicht nur häufig das Vorwärtslaufen durch
ruckweises Rückwärtslaufen, sondern vermögen auch geradezu kurze
Strecken seitwärts zu gehen. Schon hierbei werden die eigenthümlichen
Gelenke zwischen dem 2., 3. und 4. Gliede (S. 292) gute Dienste leisten,
während sie in volle Thätigkeit erst beim Umherklettern zwischen den
Algen kommen. Ganz dieselbe Gewandtheit lässt sich von *Halacarus*
GOSSE berichten, obwohl diese Gattung, wenn sie nur ebene Flächen
findet, so plump wie nur möglich erscheint. Als ich z. B. einen
*Halacarus spinifer n. sp.* in ein Gefäss mit Blattstücken von Ulva
brachte, kroch die Milbe allerdings, auf dieselben gesetzt, darauf umher, krümmte aber stets die Vorderbeine zu stark, so dass sie nicht
so sehr mit den Krallen als mit der Streckfläche des letzten Gliedes
selbst den Boden berührte. Aehnlich verhielt sich *Halacarus fabricii
n. sp.*, und doch war es eine Freude, zu beobachten, mit welcher
Sicherheit und Gewandtheit die *Halacarus*-Arten zwischen den Fäden
und Aesten der Algen umherkletterten. Besonders war dies bei dem
lebhafteren *Halacarus fabricii n. sp.* der Fall. Mit den Vorderbeinen
weit vorwärts ausholend, umklammerte diese Milbe mit ihnen die
Algenfäden, um dann den Körper nachzuziehen, während sie mit den
Krallen der langen Hinterbeine sich möglichst lange an den verlassenen Fäden festhielt. So lief sie ohne irgend Beschwerden durch
das dichteste Algenflecht, schoss ab und an schnell vor, um ein ander-
mal wieder ebenso schnell rückwärtszugehen, hierin vollkommen mit
*Aletes n. sp.* übereinstimmend.

   *Aletes pascens n. sp.* und *Halacarus spinifer n. sp.* stehen so in
einem gewissen Gegensatze zu einander, während *Halacarus fabricii
n. sp.* die Vermittlung zwischen beiden herstellt: *Aletes pascens
n. sp.* auf Blattflächen, ja selbst auf glasirten Ebenen mit derselben
Leichtigkeit sich bewegend wie zwischen Algenfäden und anderen
unebenen Dingen, *Halacarus spinifer n. sp.* dagegen plump und unbe-
holfen auf jeder ebenen Fläche und nur heimisch, wo seine Klauen
und langen Beine einen sichern Ankerplatz finden können, *Halacarus
fabricii n. sp.* endlich zwar in auffälliger Weise, wenn ihm beides
geboten wird, die Blattflächen verschmähend und die Algenfäden auf-
suchend, gleichwohl aber auch auf jenen nicht ungeschickt. Ueberdies
ist *Halac. fabricii n. sp.* wie *Aletes pascens n. sp.* lebhaft, nie ruhend,
*Halac. spinifer n. sp.* aber langsam und träge in seinen Bewegungen.

   Es ist interessant, wie gerade in einzelnen Zügen des Verhaltens
die Zusammengehörigkeit von Arten oft unmittelbarer uns entgegen-

treten kann als in dem Körperbau. Schon das ruckweise Wiederrück-
wärtslaufen bei *Halacarus* GOSSE wie bei *Aletes n. gen.* ist auffällig
genug; noch merkwürdiger ist die Uebereinstimmung in der Haltungsweise der Beine, sobald den Milben ihre feste Unterlage
entzogen wird und sie mehr oder weniger frei im Wasser schweben.
Es wirft alsdann sofort *Halacarus* GOSSE sowohl wie auch *Aletes n. gen.*
das 2. und 3. Beinpaar so weit wie möglich dorsalwärts, das 1. und 4.
aber schräg vor- resp. rückwärts nach der Ventralseite hin. Dabei
werden die Beine wie der Rumpf vollkommen steif gehalten, nur die
Krallen zucken hin und her, höchstens kann eine leise zitternde Bewegung an den Gliedmaassen beobachtet werden. Auch die Larven
haben dieselbe Gewohnheit, die, weil sie nur durch die vollkommen
laterale Stellung der Beine ermöglicht wird, als eine Eigenthümlichkeit
der Halacariden betrachtet werden muss. Aber es wird hier das 1.
und 3. Beinpaar wie das 1. und 4. der Nymphen und Imagines ventralwärts und nur das 2. Beinpaar dorsalwärts zurückgeschlagen.
Offenbar sind hier demnach mechanische Principien allein maassgebend,
denn das 3. Beinpaar der Larve entspricht nicht dem 4. der reifen
Form, sondern dem 3. Beinpaar und müsste, wenn die Function an
den Bau gebunden wäre, ebenfalls dorsalwärts gerichtet werden. Es
ist daher, glaube ich, diese gewaltsame Spreizung der Beine dorsal-,
ventral- und auch lateralwärts ein Manöver, die Wahrscheinlichkeit
der Ergreifung irgend eines Gegenstandes mit den zitternden Klauen
möglichst gross zu machen. Denn es wird dadurch die Schnelligkeit
des Untersinkens auf den Meeresboden verringert und vor allem der
Bereich der Klauen möglichst weit nach allen Seiten hin ausgedehnt.

Zum Schwimmen sind alle von mir beobachteten Arten vollkommen unfähig, eigentliche Schwimmhaare (S. 297) fehlen ihnen, und
in Wasser eingetaucht sinken alle sofort unter. Jedoch vermögen die
*Aletes*-Arten und die Jugendstadien von *Halac. fabricii n. sp.*, wahrscheinlich auch von *Halac. spinifer n. sp.*, an der Oberfläche des
Wassers hängend, mit ziemlicher Schnelligkeit hinzulaufen, wobei ihnen
wahrscheinlich die breiten und gekämmten Klauen wesentliche Dienste
leisten. Nur durch diese auch kann es *Aletes n. gen.* ermöglicht
werden, mit derselben Schnelligkeit auf der Unterseite der Blätter von
Ulva umherzulaufen wie auf der Oberfläche, obwohl in beiden Fällen
die Klauen flach aufliegen, und nicht etwa umgeschlagen werden. Es
werden hier eben die der Klauenfläche parallel gerichteten Kammzähne
in Function treten.

Indessen werden die Beine offenbar nicht nur zur Locomotion

benutzt. Schon die Ausstattung des letzten Gliedes, meist nur der
vordern Beinpaare mit jenen sonderbaren, kurzen, gebogenen Borsten,
die beim Gehen mit ihrer Spitze stets den Boden berühren müssen,
weist auf die s e n s i b l e F u n c t i o n derselben hin. Und so konnte
ich einmal bei einem *Halac. fabricii n. sp.*, der auf moderndem Seegras umherlief, deutlich beobachten, wie die Spitze des 1. Beinpaares
oft tastende Bewegungen ausführte, ohne zur Locomotion zu dienen.
Indessen ist diese Verwendung nur nebensächlich und keineswegs, wie
etwa bei den Gamasiden, zur Hauptfunction geworden.

Ueber die B e w e g u n g d e s ü b r i g e n K ö r p e r s ist wenig zu
berichten. Das ganze C a p i t u l u m kann etwas nach den Seiten und
nach der Ventralfläche hin bewegt werden, soweit das die Verbin-
dungshaut mit dem Rumpfe erlaubt. Von den Anhängen des Capitulums sind selbstverständlich die T a s t e r am meisten in Bewegung,
doch schwankt entsprechend der so verschiedenen Ausbildung auch
deren Beweglichkeit in den verschiedenen Gattungen sehr. Am meisten
in Thätigkeit sind sie bei *Halacarus* Gosse, hier kann man sie in
zitternder Bewegung den Untergrund betasten sehen; dem entgegen
beobachtete ich an den stark entwickelten Tastern von *Leptognathus*
Hodge nur selten in dem letzten Gliede geringe Bewegungen, bei denen
es seitwärts gehoben wurde. Am allerwenigsten traten die kiefer-
ähnlichen Bewegungen der kleinen Taster von *Aletes n. gen.* hervor.

Die M a n d i b e l n endlich werden, im Vergleich mit denen der Tyroglyphen wenigstens, sehr ruhig gehalten; werden sie aber bewegt, so
schieben sie sich wie dort meist abwechselnd neben einander her, nur
selten werden sie gleichzeitig vorgeschoben oder zurückgezogen.

c) V e r h a l t e n z u a n d e r e n T h i e r e n u n d z u P f l a n z e n.

Wie die kleinen flinken *Aletes*-Arten auf den festsitzenden Ascidien
und Spongien nicht selten angetroffen werden, so habe ich auch
verschiedentlich bei den im Aquarium lebenden Milben beobachtet,
wie dieser oder jener *Aletes* auf den zahlreichen die Bassins be-
völkernden Idoteen sass und von denselben umhergetragen wurde.
Es kann sein, dass die Milben auf die ruhig in einem Schlupfwinkel
sitzenden Krebse zufällig gerathen, von diesen wider ihren Willen
mit fortgenommen sind. Da aber unsere Halacariden des Schwimmens
unfähig sind, so können sie sicher von diesen blitzschnell und gewandt
schwimmenden Isopoden leichter von einem Ort zum andern kommen,
als es ihnen selbst gestattet ist. Manchmal werden sie jedoch nur,

indem Idoteen Algenfäden und Mudd mit fortreissen und hinter sich herziehen, ganz ohne ihr Zuthun durch das Wasser davongetragen.

Sehr häufig dienen indessen die Halacariden selbst Protozoen als Transportmittel, wie das ja auch von Krebsen bekannt ist. An einem *Aletes setosus n. sp.* fand ich nicht weniger als 13, an einem *Halacarus spinifer n. sp.* aber mehr als 33 Exemplare von Acineten. Dieselben gehören verschiedenen Arten an und sitzen sowohl auf den Beinen wie auf dem Rumpfe [1]). Bei dem Umherkriechen der Milben durch die Algenfilze und andere Dinge bleibt es namentlich nicht aus, dass diese Passagiere auf jede Weise gedrückt und zerrissen werden, und man sieht oft leere Hüllen oder nur Stiele auf dem Panzer. Aber gleichwohl gedeihen die Acineten hier sehr gut, man trifft sogar Knospungsstadien der verschiedensten Stufen an.

Da aber ausser Protozoen auch Diatomeen und kleine Fadenalgen oft in überraschender Zahl auf dem Panzer der Milben sich ansiedeln, so kann es nicht fehlen, dass auch allerhand Mudd an diesen wandernden Inseln sich festsetzt, und mehrere isolirt gehaltene *Halacarus spinifer n. sp.* waren schliesslich dermassen eingehüllt, dass sie kaum zu erkennen waren und nur mühsam sich von der Stelle bewegen konnten [2]).

Ein derartiges Stadium ist nun allerdings abnorm, kleine Algen- und Diatomenbüschel findet man indess auch auf frisch aus dem Meere gezogenen Milben.

Nur ein einziges Thier ist mir bekannt geworden, welchem, abgesehen von den eigenen Familienmitgliedern, die Halacariden dann und wann zur Beute fallen: die Scyphistoma-Stadien von *Aurelia aurita*, die in einem Aquarium in grosser Menge sich angesiedelt hatten, und zwischen deren Armen oder in deren Magen ich einige Male einen *Aletes* fand. Diese gefrässigen Thiere schreckten selbst vor der grossen *Hydrachna* MÜLL. nicht zurück, als ich eine grosse Zahl derselben in Seewasser setzte, und da diese ihre Feinde gar nicht kannte, so fielen im Nu mehrere der Armen der Polypen zum Opfer.

---

1) GOSSE beschreibt von *Halac. ctenopus* GOSSE neben einer Acinete, die sehr der Acinete von *Aletes setosus n. sp.* gleicht, auch eine *Vorticelle* (On new or little known marine animals).

2) Interessant ist eine Notiz DUGÈS' über *Eylais* LATR.: „j'ai trouvé dans une eau marécageuse, l'*E. extendens* ordinairement d'un rouge si vif, coloré en vert sur toute la surface du dos; cette teinte n'était due, comme je m'en assurai bien-tôt, qu'à un enduit fort adhérent et bien lisse de matière végétale confervoide" (p. 156, Tome 2.)

| Fundorte der britischen Inseln | Littoralzone (between tide-marks). | Laminarienzone — 15 fath. | Corallinenzone 15—50 fath. |
|---|---|---|---|
| 1. Shetland-Inseln (6) (incl. Balta - Sound) 60⁰ nördl. Breite. | *Aletes notops* (GOSSE) (abundant). *Aletes seahami* (HODGE) (abundant). *Halacarus ctenopus* GOSSE (common). | *Halacarus ctenopus* GOSSE (common). | |
| 2. Firth of Clyde (6) an demselben Ayr): Fraglich, in welcher Region gefunden: *Halacarus rhodostigma* GOSSE (in great numb.). | *Halacarus ctenopus* GOSSE (common). | *Halacarus ctenopus* GOSSE (common). (7—29 fath.). | *Halacarus ctenopus* GOSSE (common). |
| 3. Northumberland (6, 32) (mit Durham und Sunderland) circ 55⁰ nördl Breite, North - Yorkshire | *Aletes seahami* (HODGE) (plentifull.). *Halacarus ctenopus* GOSSE (common). *Halacarus rhodostigma* GOSSE (in great number) [1]. *Aletes minutus* (HODGE) (1 Ex.). | *Halacarus ctenopus* GOSSE (common) und *Hal. rhodostigma* GOSSE (in great number). | *Halacarus oculatus* HODGE 15—25 fath. (1 Ex.). *Halacarus ctenopus* GOSSE 20—35 fath (in welcher Zahl?). *Halacarus rhodostigma* GOSSE (in great numb.). *Leptognathus falcatus* HODGE (20—30 fath, 2 Ex.). *Pachygnathus sculptus* BRAD. (25—35 fath., several spes). |
| 4. Scilly-Inseln (6) (50⁰ nördl. Breite). | *Aletes seahami* (HODGE) (plentifull.). *Halacarus ctenopus* GOSSE (common). | *Halacarus ctenopus* GOSSE (common,10—12 fath.). *Leptognathus falcatus* HODGE (10 bis 12 fath., several spes). | |
| 5. Ilfracombe (21). | *Aletes notops* (GOSSE). *Halacarus ctenopus* GOSSE. | | |
| 6 Westküste Irlands (6) (Galway - B. und Arran-Insel). | *Aletes seahami* (HODGE) (plentifull). *Halacarus ctenopus* GOSSE (common). | *Halacarus ctenopus* GOSSE (common). | |

1) „In great number in almost all dredgings from the coasts of Durham" (BRADY).

| Fundorte in der Ostsee. | Flache, sandige Strandregion. | Region des grünen oder lebenden Seegrases, 3—4 Fad. tief. | Region des abgestorbenen Seegrases 3—6, an einigen Stellen 10 Fad. tief. | Region der rothen Algen, 5—10 Fad. tief. | Region des schwarzen Schlammes 7—9, selt. — 11 Fad. tief. |
|---|---|---|---|---|---|
| 1. Kieler Förde: | Einmal in grosser Zahl *Aletes setosus* n. sp. von Steinen abgebürstet. — Ebenso 1 Expl. von *Aletes pascens* n sp gefunden. | An Ectocarpus- und Elachista-Knäueln u. anderen Algenfilzen, sowie zwischen Florideen: häufig: *Aletes pascens* n. sp. u. Larven von *H. spinifer* n sp. nicht selten: *H. fabricii* n. sp. vereinzelt: *Leptognath. marin.* n. sp. (einmal 1 Expl.). | Häufig: *Hal. fabricii* n sp. und *Aletes pascens* n. sp. nicht selten: *H oculat.* HODGE. vereinzelt: *Leptognathus marinus* n. sp. (einmal 1 Expl.) | Häufig: *Aletes pascens* n. sp. und Larven von *Halacarus spinifer* n. sp. nicht selten: *Halacarus fabricii* n. sp. und *Hal spinifer* n. sp. (reife Form) vereinzelt: *Leptognathus marinus* n. sp. (3 Expl.), *Halacarus fabricii* n. sp (1 Ex), *Halacarus oculatus* HODGE (2 Expl.). | Gar keine Milben gefunden. |
| 2. Stoller Grund: | | | | Häufig: *Halacarus spinifer* n. sp. (reife Form) und *Aletes pascens* n. sp. vereinzelt: *Halacarus fabricii* n. sp. (1 Expl.) und *Leptognathus marinus* n. sp. | |
| 3. Fehmarn (3—4,5 Fad.). | | | | Häufig: *Halacarus spinifer* n. sp. (reife Form) und *Halacarus balticus* n. sp. sowie *Aletes pascens* n. sp. vereinzelt: *Aletes seahami* HODGE und *Halacarus floridearum* n. sp. | |
| 4. Langelandssund [1]) (12,5 Fad.). | | | | Häufig: *H. murrayi* n. sp. nicht selten: *Halacarus spinifer* n. sp. vereinzelt: *Aletes pascens* n. sp. (1 Expl.!), *A. notops* (GOSSE) (1 Expl.) *Halacarus balticus* n. sp, *H. fabricii* n. sp. (1 Nymphe), *H. floridearum* n. sp., *H. loricatus* n sp., *Leptognathus marinus* n. sp. | |
| 5. Hohwachter Bucht. | | | | *Aletes pascens* n. sp. und *Halacarus spinifer* n. sp. | |
| 6. Dahmer Höft. | | | | *Aletes pascens* n. sp. *Halacarus fabricii* n. sp. *H. spinifer* n. sp. *H. murrayi* n. sp. | |
| 7. Hoborg-Bank südl. Gotland. | | | | *Halacarus spinifer* n. sp. | |

1) Vergl. Anmerkung S. 100.

## V. THEIL.

### Eier und Entwicklungsstadien.

Da eine grössere Zahl von Individuen nur den Engländern bisher zu Gebote gestanden hat, diese aber in ihren Beschreibungen auf eine in's Detail gehende Untersuchung verzichteten, so ist es erklärlich, dass wir über die Entwicklungsstadien der Halacariden bisher so gut wie gar nichts wussten. HODGE (32) allein zeichnete in seinem *Pachygnathus minutus* eine Larve ab. Nymphen oder achtbeinige Larvenformen mögen den Forschern gleichwohl häufig genug durch die Hände gegangen sein, doch ohne von ihnen erkannt zu werden. GOSSE (21) wenigstens hielt offenbar alle reifen Formen für Weibchen, da er die Genitalöffnung als Vulva beschreibt, und BRADY (6) berichtet von Verschiedenheiten in der Zahl von Dornen, welche auf der Beugefläche des 1. Beinpaares von *Hal. ctenopus* GOSSE stehen, die entschieden den Differenzen zwischen den Nymphen und der reifen Form von *Hal. spinifer n. sp.* analog sind. Doch legt er dieselben als einfache Variationen aus: „but this is very variable as also is the length and strength of the setiferous armature in general" (310). BRADY's (6) Vermuthung, dass *Hal. oculatus* HODGE eine Jugendform von *Halac. rhodostigma* GOSSE sei, stützt sich daher entschieden nur auf Grössenunterschiede. Eier und Puppenstadien sind gar nicht gefunden.

Meine Untersuchungen vermögen diese Lücken in etwas auszufüllen. In den Aquarien des hiesigen zoologischen Instituts pflanzte sich jedenfalls die häufigste Art, *Aletes pascens n. sp.*, ungestört fort. Schon die ungeheure Zahl von Weibchen, welche Eier der verschiedensten Entwicklungsstadien bargen, liess darauf schliessen; mehr aber noch sechs- und achtbeinige Larvenstadien und endlich Eier, welche ich nach langem Suchen auffand. Die Weibchen sind bei allen Arten, von denen mir eine grössere Individuenzahl zu Gebote stand, ungefähr an Zahl gleich; so bei *Aletes pascens n. sp.*, *Halacarus murrayi n. sp.* und *spinifer n. sp.* Die Eier erscheinen zuerst unter dem ventralen Panzer der Weibchen als kleine, mit heller Flüssigkeit erfüllte Bläschen; allmählich bekommen sie eine deutliche dicke Hülle, und der Inhalt zerfällt in eine grosse Menge kleiner Bläschen, welche bei auffallendem Lichte weiss erscheinen und die trächtigen Weibchen leicht kenntlich machen. Ueberdies erfüllen allmählich die stark an Grösse zuneh-

menden Eier den Körper der Thiere derart, dass er nicht allein stark
aufgetrieben, sondern auch die follicule-looking mass in der abenteuer-
lichsten Weise ventral, ja sogar dorsal nach den Seiten hin ausein-
andergedrängt wird und fetzenartig nur wenige Stücke derselben die
Medianlinie des Rückens erreichen. In einem solchen Falle mochte
die Zahl der Eier etwa 18 betragen. Dieselben werden dabei durch
den gegenseitigen Druck oft in polyedrische oder seltsam gekrümmte
Formen gebracht. Trotz alledem laufen die trächtigen Weibchen, wenn
auch plumper als sonst, emsig umher.

Man hätte glauben sollen, dass es unter solchen Umständen leicht
gewesen wäre, Eier zu bekommen. Aber obwohl ich trächtige Weibchen isolirt gehalten habe, habe ich doch nur einmal auf diese Weise
ein Ei erhalten. Dasselbe lag einfach auf dem Boden des Gefässes,
war aber sicher von dem betreffenden Weibchen gelegt, da diesem
gegen früher Eier fehlten, der Ovipositor vorgestülpt war, und ich das
Schälchen wie das zugesetzte Wasser stets sorgfältig gemustert hatte.
Das Ei (Taf. VII, Fig. 66) war trotz seiner Kleinheit ziemlich leicht
zu finden, weil es von einer sehr weiten lockeren Hülle umgeben war.
Dieselbe war doppelter Art. Zunächst wurde das eigentliche Ei von
einer zarten, doch deutlich doppelt contourirten, farblosen Membran
unmittelbar umgeben; in einem Abstande aber vom Ei, der im Maximum
dem Halbmesser desselben gleichkam, fand sich eine zweite, ebenfalls
farblose, durchsichtige Hülle, von deren Innenfläche aus dünne Faser-
stränge nach der centralen Membran hinliefen. Sie war sehr dünn,
leicht faltbar und liess auf ihrer Oberfläche unregelmässige netzförmige
Faserzüge erkennen. Eine ganz gleiche eigenthümliche Hülle beobachtete ich an einem anderen Ei, welches im Zellgewebe von moderndem Seegrase, zwischen Larven und reifen Formen gefunden wurde
und dessen Inhalt genau wie so oft bei trächtigen Weibchen in kleine
Kügelchen zerfallen war. Offenbar kann das eigenthümliche Verhalten
der Hülle erst bei oder nach der Eiablage etwa durch Quellung oder
Drüsensecrete eintreten; denn solange die Eier im Mutterleibe liegen,
habe ich nie derartiges gesehen. Weitere Beobachtungen über die
Eier anzustellen oder gar ihre Entwicklung zu verfolgen, ist mir bisher
nicht gelungen. Diese beiden Eier entwickelten sich nicht weiter,
sondern gingen trotz regelmässiger Erneuerung des Wassers zu Grunde.
Ob sie in der That einzeln abgelegt werden, weiss ich nicht zu sagen,
doch müsste man sonst offenbar leichter die Eier finden; auch spricht
der besondere Legapparat (Taf. VII, Fig. 59) mehr für die Bergung der
einzelnen Eier, wie dies ja selbst bei Hydrachniden von DUGÈS (14)
beobachtet ist.

Die weiteren Entwicklungsstadien liessen sich besser bei *Halacarus* GOSSE untersuchen, da die Larven von *Aletes n. gen.*, dem die bisherigen Angaben galten, so klein und unscheinbar waren, dass wenigstens die sechsbeinigen Larven nur selten gefunden wurden. Züchtungsversuche aber misslangen bisher selbst mit den grösseren Formen stets. Denn wegen ihrer Kleinheit konnten die Thiere nur in Gefässen isolirt werden, die sehr wenig Wasser enthielten, wo dann aber das Schlechtwerden desselben und der häufige Wechsel sehr störend war. Ich versuchte daher sie in Glascylindern von der Weite eines mässigen Lampencylinders etwa, die ich an beiden Enden durch sehr feine Gaze schloss und im Aquarium dicht neben das Luftzuleitungsrohr hing, zu züchten, aber die Circulation wurde trotzdem durch die Gaze zu sehr gehemmt, das Wasser wurde schlecht, und die Thiere starben. Ich muss mich daher vorläufig mit dem begnügen, was die genaue Untersuchung der verschiedenen activen und ruhenden Entwicklungsstadien mich lehrte. Genauer will ich dabei mich nur an *Halac. spinifer n. sp.* und *fabricii n. sp.* halten, die ich besonders eingehend untersuchte, und das Andere nebenher beifügen.

Das kleinste und unentwickeltste Stadium, welches ich von *Halacarus spinifer n. sp.* fand, war eine s e c h s b e i n i g e L a r v e (S. 345). Eine nur etwas genauere Musterung konnte keinen Zweifel lassen, dass sie zu dieser Art gehöre (Taf. VII, Fig. 73 u. Taf. VIII, Fig. 103). Die Mundtheile waren völlig dieselben, auch der Dorn des 3. Tastergliedes war vorhanden; ebenso die auffallend kurzen Krallen des 1. Beinpaares, die dornenartige Verlängerung des Rückenpanzers über das Capitulum hin, alles dieselben Charactere, welche die reife Form von den anderen reifen Formen unterscheidet. Später fand ich eine sechsbeinige Larve von *Halac. fabricii n. sp.* (Taf. VII, Fig. 74, 84, S. 348). Auch hier dieselbe Aehnlichkeit mit der entwickelten Form: das 3. Tasterglied etwas gestreckt und vollkommen anhangslos, das Rückenschild nicht vorgezogen, die Krallen des 1. Beinpaares etwa gleich den übrigen und, was noch auffälliger, die Panzerung des Rumpfes entsprechend der stärkeren Panzerung der reifen Form auch hier bereits weit mehr entwickelt, als in dem gleichen Stadium von *Halac. spinifer n. sp.* Endlich gaben mir sechsbeinige Larven von *Aletes pascens n. sp.* (Taf. VII, Fig. 77, S. 324) Gelegenheit, dasselbe Verhalten auch für diese so abweichende Gattung zu constatiren.

Bei genauerer Betrachtung findet man nun allerdings, dass denn doch eine ganze Zahl sehr bemerkenswerther Unterschiede Imago und sechsbeinige Larven trennen. Einer der auffälligsten, der Bau des

Verdauungstractus, ist bereits oben (S. 307, Anm. 2) eingehender besprochen, doch verschwindet dieser Unterschied bereits während des sechs
beinigen Stadiums selbst. Es gewinnen die Blindsäcke sehr an Umfang,
so dass der Magen deutlich eingeschnürt und an jeder Seite zweimal vorgewölbt ist; die Wandungen scheinen dabei sehr dick zu
werden, und es tritt eine dunklere und dunklere Färbung zugleich mit
der follicule-looking mass ein, von der ich indess nicht weiss, ob sie
als Theil der Magenwandung selbst oder nur als Beleg derselben auftritt. Noch ältere Larven dieses Stadiums endlich scheinen auch in
der Ausbildung dieser Verhältnisse den Erwachsenen völlig zu gleichen;
doch habe ich das noch nicht genauer untersuchen können.

Dagegen bleiben Abweichungen in der Gliederung und Behaarung
der Extremitäten, der Beborstung und Bepanzerung des Rumpfes. Sämmtliche Beine sind nämlich wie bei Oribatiden und anderen niederen Milben
fünfgliedrig [1]), wobei deutlich das spätere 2. und 3 Glied noch mit einander
verschmolzen sind. Das Fehlen des eigenthümlichen Gelenkes zwischen
diesen Gliedern, dann aber auch die Gestalt der Glieder und ihre Behaarung beweist das evident. Alle anderen Glieder haben, abgesehen
von einer grösseren Plumpheit und Kürze, bereits ihre definitive Form,
nur das jetzt 2. ist bedeutend länger, am proximalen Ende wie das
spätere 2. Glied spitz ausgezogen, und auf dem 1. Gliede nach innen
wie aussen weit seitwärts bewegbar; überdies besitzt es in diesem
selben Theile eine Borste, die ihrer Stellung wie Form nach der ventralen so hervorstehenden Borste des späteren 2. Gliedes gleich ist,
sich dagegen mit keiner des späteren 3. Gliedes vergleichen lässt.
Dieselbe Eigenthümlichkeit zeigt wiederum die sechsbeinige Larve
von *Halac. fabricii n. sp.* und *Aletes pascens n. sp.* Was die Panzerung
betrifft, so ist das Fehlen jeder Spur einer Genitalplatte und einer
Geschlechtsöffnung am bemerkenswerthesten (Taf. VII, Fig. 84, Taf. VIII,
Fig. 103).

In dichtem Algenfilze fand ich einige Male in grösserer Zahl zusammengedrängt (in einem Falle ca. 8 Stück), doch auch einzeln, die
P u p p e n s t a d i e n, welche aus der Larvenform in die 1. Nymphen-
form hinüberführen. Da die Erscheinungen bei den übrigen Puppenstadien genau die gleichen sind, wie hier, so sei auch gleich alles im
Zusammenhange mitgetheilt, was ich beobachtet habe. Mehrmals be-

---

1) Dasselbe ist bei den Larven von Hydrachniden durch Neumann (53) und bei *Trombidium* von Henking (31) beobachtet. Ob hier
auch gerade diese Glieder verschmolzen sind?

merkte ich, dass Larven von *Halacarus* Gosse, die bisher noch umhergeklettert waren, vollkommen bewegungslos, doch ganz als ob sie im Umherklettern plötzlich von einem Starrkrampfe befallen wären, in den Algenfäden oder im Mulm sassen. Alles, was man an solchen Thieren Auffallendes wahrnahm, war eine geringe Aufblähung des Körpers; diese nahm jetzt zu und nach einigen Tagen (in einem genauer verfolgten Falle am 5. Tage), während welcher die Stellung unverändert dieselbe geblieben war, konnte man deutlich in der alten Hülle das neue Thier des nächstfolgenden Stadiums erkennen (Taf. VIII, Fig. 95, 97, 100). Sämmtliche Beinpaare, die Mandibeln, Maxillartaster, der dornartige Vorsprung des Rückenpanzers, an manchen Stellen auch das Integument waren angelegt und ruhten in dem eigentlichen Rumpfabschnitte des alten Panzers. Die alten Extremitäten waren demnach vollkommen leer, höchstens ragten die Spitzen der Taster in das Grundglied der alten Taster hinein. In dem Zwischenraume aber zwischen dem neuen Körper und dem alten Integumente befanden sich oft in grosser Zahl amöboide farblose Körperchen, deren kriechende Bewegungen ich einmal auf das Genaueste verfolgen konnte. In diesem Stadium waren die Extremitäten noch sehr plump gegliedert, sie erschienen fast wurstförmig, an anderen Puppen aber glichen sie denen der fertigen Nymphe bereits sehr. Die Glieder waren scharf gesondert, die Borsten, Krallen und ein Hohlraum in der Extremität zu erkennen. Endlich begannen die Krallen zuckende Bewegungen zu machen, auch die Beine selbst langsam sich zu rühren, während der Pharynx lebhafte Schluckbewegungen vollzog, und schliesslich riss die alte Hülle auf, um die junge Nymphe herauszulassen, die sehr bald (bereits 1 Stunde nach dem Ausschlüpfen) munter umherlief. In dem einen beobachteten Falle war das Aufreissen in einer unregelmässigen seitlich und dorsal zwischen den Panzerplatten verlaufenden Linie eingetreten.

Diese Erscheinungen sind denen vollkommen ähnlich, welche seit Claparède's (10) Arbeit bereits bei einer grossen Zahl von Milben beobachtet sind. Die enorme Aufblähung des Körpers, die Einziehung der Extremitäten in die centrale Körpermasse, das Auftreten amöboid beweglicher Zellen, die allmähliche Neubildung der Körpertheile stimmt völlig mit den Angaben bei Hydrachniden (10) und Trombididen (31) überein. Indessen habe ich diese Vorgänge noch nicht genau genug verfolgt, um angeben zu können, ob eine besondere Puppenhülle wie bei *Atax* Dug. und *Trombidium* Latr. (Henking's „Apoderma") gebildet wird oder nicht. Die Anlage des den Larven fehlenden Bein-

paares konnte ich ebenso wenig verfolgen, doch waren meist während
der ersten Anlage das 1.—3. sehr deutlich in ihren einzelnen Theilen
zu erkennen, während das 4. nur undeutlich und verschwommen erschien. Interessant ist es indess, dass eine Nymphe, der ein Bein
fehlte, nach der Verpuppung und dem Ausschlüpfen wiederum mit
nur 7 Beinen erschien. An derselben Stelle, wo vorher ein unförmlicher
Stummel gesessen, fand sich auch jetzt ein solcher. Schon Dugès beobachtete Gleiches bei *Hydrachna* Müll. und folgerte mit Recht daraus,
dass keine Wiederbildung der Organe aus der Gesammtmasse des Körper-
gewebes im Puppenstadium stattfinde, sondern dass nur eine Einziehung
der Extremitäten, etwa zu Imaginalscheiben ähnlichen Bildungen, und
Wiederhervorwachsen derselben zu den neuen Extremiäten einträte.

Dem Larvenstadium folgt das Nymphenstadium, welches
seiner Grösse nach die Lücke zwischen den grössten Larven und den
Imagines vollkommen ausfüllt und für welches ich bei *Halacarus
spinifer n. sp.* (S. 345) zwei einander folgende Stadien constatiren konnte
(Taf. VIII, Fig. 102, 104, 105). Die Hauptcharactere dieser Nymphen
liegen in der Bildung der Beinpaare und der äusseren Genitalien. Bei der Larve waren alle Beine 5-gliedrig, bei der 1. Nymphe
dagegen sind das 1.—3. Paar 6-gliedrig, indem das bisher 2. Glied
sich in ein kleines proximales und ein grösseres distales gegliedert
hat, und zwischen beiden das früher erwähnte Gelenk für die Aus-
wärtsbewegung der Beine entstanden ist. Das 4. Beinpaar hingegen
steht noch auf demselben Entwicklungsstadium wie die 3 anderen bei
der Larve und wird erst im 2. Nymphenstadium, ja bei *Halacarus
fabricii n. sp.* (Taf. VII, Fig. 75, S. 349) sogar erst im Imago 6-gliedrig.
Es liegt schon desshalb nahe, das 4. Beinpaar als das neu hinzuge-
kommene anzusehen, und bei genauerer Untersuchung ergiebt sich dies
als richtig. Einmal ist nämlich bei allen von mir untersuchten Genera
das 1. Glied des 3. Beinpaares vor dem des 4. durch eine an der
Aussenfläche stehende Borste scharf unterschieden; diese besitzt aber
bereits das 3. Beinpaar der Larve. Ebenso trägt der vor dem
3. Beinpaare der reifen Thiere gelegene Abschnitt der Hüftplatte
dorsal eine Borste, die dem entsprechenden Theile vor dem 4. Beinpaare
abgeht, und auch diese trifft man in gleicher Lage bei der Larve an.
Endlich liegt bereits bei dieser 6-beinigen Form der Hüfttheil des
3. Beinpaares genau ebenso zur Ocularplatte resp. dem Auge, wie bei
der Imago der des 3. Es ist dieses Resultat, welches ebensowohl für
*Aletes pascens n. sp.* wie für *Halac. spinifer n. sp.* und *fabricii n. sp.*
gilt, nicht ohne Interesse, obwohl man daraus keineswegs auf die

gleiche Bildungsweise bei anderen Halacariden schliessen darf. Denn nach dem, was wir bisher von den verwandten Trombididen und Hydrachniden darüber wissen (57, 36), wechselt die Anlage der Beinpaare so, dass bei einigen Hydrachniden (36) eins der vorderen nachgebildet wird, während sonst allerdings gewöhnlich das 4. in der Entwicklung nachfolgt (Taf. VI, Fig. 1, 38, Taf. VII, Fig 52, 54, 57). Auch hier weisen einige Umstände auf eine langsamere Entwicklung des 2. Beinpaares gegenüber dem 1. und 3. hin. Zunächst fehlt der Larve von *Halacarus spinifer n. sp.* neben der mit dem 4. Beinpaar zugleich selbstverständlich noch fehlenden 4. Extremitätenborste auch noch die zum 2. Beinpaar gehörige, während die des 3. bereits entwickelt ist. Erst in der 1. Nymphe finden wir sämmtliche Extremitätenborsten vertreten. Dazu kommt aber noch, dass bei *Aletes pascens n. sp.* (S. 324) auch die Ausbildung des Krallenmittelstückes am 2. Beinpaare langsamer erfolgt als am 1. Denn die Larve besitzt nur am 1. Beinpaare eine unpaare Kralle, das Krallenmittelstück des 2. Paares gleicht vollkommen dem des 3. Es wäre sehr interessant, die Larve von *Aletes seahami* (Hodge) kennen zu lernen, um zu erfahren, ob analog den Extremitätenborsten bei *Halac. spinif. n. sp.* bei dieser in der reifen Form an allen Beinen dreiklauigen Art das 3. Beinpaar bereits von Anfang an ein krallenartig ausgezogenes Mittelstück besitzt.

Die zweite Eigenthümlichkeit betrifft die **äusseren Genitalien**, von denen bei der Larve noch gar nichts zu sehen war. In dem 1. Nymphenstadium aber ist bereits eine ganz kleine Genitalplatte gebildet und unter derselben liegen 2 Haftnäpfe, zu denen unter gleichzeitigem Wachsthum der Platte im 2. Stadium noch ein 2. Paar hinzukommt. Eine Geschlechtsöffnung aber ist noch nicht vorhanden, wie die Untersuchung der bei der Häutung abgeworfenen Skelete ganz deutlich lehrt (Taf. VIII, Fig. 98).

Bisher scheint bei Trombididen und Hydrachniden eine solche Dreizahl der unreifen Stadien noch nicht beobachtet zu sein. Denn sowohl Neumann (53) wie Henking (31) und Claparède (10) beschreiben nur ein Nymphenstadium, ebenso Dugès (14). Kramer hat nichts Neues über die Entwicklung gebracht. Nun sind allerdings wegen der geringfügigen Unterschiede zwischen beiden Formen diese leicht zu übersehen, aber es kommen auch offenbar grosse Variationen in dieser Beziehung vor. So beschrieb Henking (31) eine Nymphe, die eine vollkommene Geschlechtsöffnung und jederseits von derselben 3 Haftnäpfe trug, so dass hier möglicher Weise wie bei den Oribatiden (49) 3 Nymphenstadien vorkommen mögen. Claparède (10)

hingegen beobachtete eine achtbeinige Form von *Atax* DUG. mit 2
Saugnäpfen, jederseits einer die Geschlechtsöffnung vertretenden Grube,
ganz analog unserer 2. Nymphe, und nach NEUMANN (54) schlüpft
*Limnesia pardina* NEUM. unter Ueberspringung der Larve als Nymphe
aus dem Ei. Endlich aber habe ich bei den Halacariden selbst und
zwar bei dem zur selben Gattung wie *Hal. spinifer n. sp.* gehörigen
*Halac. fabricii n. sp.* eine auffällige Abweichung beobachtet, indem
hier nur ein Nymphenstadium vorkommt und die Milbe direct aus diesem
in die geschlechtsreife Form sich verwandelt. Zum mindesten habe
ich beobachtet, wie die aus dieser Nymphe entstandene Puppe in ihrem
Innern die geschlechtsreife Form mit Genito-Analplatte, Borstenkranz
und Geschlechtsöffnung entwickelte, und es kann demnach nicht zweifelhaft sein, dass die zu beschreibende Nymphe das letzte Nymphenstadium repräsentirt (Taf. VIII, Fig. 95). Möglich wäre es freilich, doch
ist es sehr unwahrscheinlich, dass ihr ein anderes achtbeiniges Stadium
bereits vorausgegangen wäre. Denn wie bei der 1. Nymphe von *Halacarus spinifer n. sp.* ist auch hier noch das 4. Beinpaar fünfgliedrig
und unter der Genitalplatte befinden sich nur 2 Haftnäpfe (Taf. VIII,
Fig. 96). Ausserdem füllt diese eine Form mit ihren grössten und
kleinsten Individuen so gleichmässig die Lücke zwischen Larve und
reifer Form aus, wie es bei dem Vorhandensein einer 2. Nymphe nicht
erwartet werden dürfte.

Man sieht auch hieraus wieder, wie ausserordentlich vorsichtig
man bei den Acariden sein muss, dieselben Verhältnisse, die man bei
einer Art beobachtet hat, selbst nur auf Angehörige desselben Genus
ohne vorherige Beobachtung zu übertragen.

Zum Schluss noch einige allgemeine Bemerkungen über
die Entwicklung des Panzers und des Borstenkleides.
Das Auftreten der Borsten des Rumpfes ist oben kurz besprochen
(S. 286); weniger wichtig, aber immerhin interessant genug ist die
Reihenfolge in dem Erscheinen der Gliedmaassenborsten. Die Maxillartaster sind bei *Halacarus spinifer n. sp.* von Anfang an vollkommen
ausgerüstet, den Beinen dagegen fehlen bei dieser Art zuerst noch
eine erhebliche Zahl von Anhängen, so dass der Eindruck der Gliedmaassen dadurch wesentlich verändert wird. Fig. 37, Taf. VI, giebt eine
Darstellung ihres Auftretens. Dabei ist auffallend, dass auf jedem
einzelnen Gliede die Borsten ein und derselben Form stets am
distalen Ende zuerst auftreten und die neu sich bildenden stets
proximal von den alten stehen. Die Tastborsten ($b^5$), die dorsalen
Borsten des 6. Gliedes ($b^6$), die Dreiecksborsten ($b_{///}$), die Seitenborsten

($b^4$), die kurzen und gebogenen dorsalen Borsten des 3. Gliedes ($b_{,}$) und die Dornen der Beugefläche ($b_{,,}$) gehorchen dieser Regel. Nur an einer Stelle wird dieselbe ganz auffällig durchbrochen: an dem distalen Ende des 5. Gliedes durch das 1. ventrale Borstenpaar und eine Seiten-borste. Nun ist aber ersteres so abweichend von den übrigen ventralen Paaren, dass nur seine Stellung eine Parallelisirung mit ihnen erlaubte, und das 2.—4. Paar zeigen, für sich betrachtet vollkommene Ueber-einstimmung mit der beobachteten Regel. Für dieses 1. Paar wäre daher eine isolirte Stellung anzunehmen; aber die eine Seitenborste der Aussenfläche gestattet einen gleichen Ausweg nicht.

In der Entwicklung der Panzerplatten beanspruchen die Genito-Analplatte und die Ocularplatten deshalb einiges Interesse, weil hier die individuelle Entwicklung und das Auftreten in den verschiedenen Arten übereinstimmt. So ist die Genito-Analplatte nur da in eine Genital-und Analplatte getrennt oder überhaupt nur die erstere ausgebildet, wo die betreffenden Schilder nur gering entwickelt sind wie bei den Nymphen (Taf. VII, Fig. 83, Taf. VIII, Fig. 101, 108); sobald aber die Aus-dehnung bedeutender wird, verschmelzen beide zu einer Platte. Ebenso findet man nie eine Hornhaut ohne Ocularplatte, sondern nur Ocular-platten ohne Hornhaut, und dementsprechend tritt, wo nicht von vorn-herein beides vorhanden, zuerst bei den Larven (*Alet. pascens n. sp.* Taf. VII, Fig. 70) oder der 1. Nymphe (*Halac. spinifer n. sp.* Taf. VIII, Fig. 105) die Ocularplatten und erst später (bei *Halac. spinifer n. sp.* erst in der reifen Form) die Hornhaut auf. Es drückt sich hierin ein bestimmtes Entwicklungsgesetz aus, dessen Unumstösslichkeit man indess ebenso wenig wie der Entwicklungsregel der Beinborsten wird trauen dürfen. Bemerkenswerth ist vor allem, dass die Nymphe von *Aletes setosus n. sp.* (Taf. VII, Fig. 90b) eine schwache Genitalplatte zeigt, während die reife Form davon keine Spur mehr erkennen lässt.

Das Wichtigste in der Entwicklung der *Halacaridae* ist jedenfalls der Umstand, dass bereits die Larven alle Eigenthümlichkeiten der Erwachsenen zeigen und keinerlei Bildungen aufweisen, die ihnen eigen-thümlich, im späteren Leben verschwinden. Ueberhaupt zeigt sich hier deutlich, dass ganz abgesehen von den bedeutenden anatomischen Ver-änderungen in den Genitalien auch das Skelet an den verschiedensten Punkten sich erst allmählich ausbildet. Die Skelettheile des Rumpfes, die Beborstung desselben, die Hornhaut der Augen, die Gliederung und damit Articulationen der Beine, die Beborstung derselben, die Ge-stalt des Krallenmittelstückes, das sind alles Verhältnisse, welche sich erst nach und nach entwickeln und zwar bei Formen, die sonst eine

ganz auffällige Uebereinstimmung bereits in den jüngsten Stadien mit
den Imagines zeigen. Dieser Umstand, sowie der, dass alle diese Unterschiede nur als Verschiedenheiten in dem Grade der Ausbildung des betreffenden Theiles, keineswegs aber als Anpassungen an abweichende Lebensbedingungen sich darstellen, lassen diese Verhältnisse vielleicht einiger
Beachtung werth erscheinen. In der Grösse der Unterschiede zwischen
Larven und Imagines aber treten wieder grosse Verschiedenheiten auf.
Bei *Halac. spinifer n. sp.* (Taf. VIII, Fig. 101, 103—105, Taf. VI, Fig. 37)
und *Leptognathus marinus n. sp.* sind die Larven resp. Nymphen an
den Extremitäten bedeutend spärlicher behaart als die reifen Formen,
die Larve von *Aletes pascens n. sp.* dagegen besitzt bereits fast die
volle Behaarung der Imagines am 1. Beinpaare. Die Larve von *Hal.*
*spinifer n. sp.* (Taf. VII, Fig. 73) ist dorsal wie ventral nur sehr schwach
gepanzert. Ocularplatten fehlen ganz; bei dem stärker gepanzerten
*Hal. fabricii n. sp.* und *Aletes pascens n. sp.* finden wir, wie das zu
erwarten, bereits bedeutend stärkere Plattenbildung auch in diesem
frühen Stadium (Taf. VII, Fig. 74, 75, 77), dagegen aber besitzt auch
die Nymphe von dem so sehr stark gepanzerten *Halacarus oculatus*
HODGE nur geringe Verhärtungen.

Hält man diese Gleichheit der Larven und Imagines zusammen
mit dem gemeinsamen Vorkommen beider an demselben Orte, so kann
an der gleichen freien Lebensweise der Larven und des weiteren auch
der Nymphen nicht gezweifelt werden. Dadurch aber unterscheiden
sich die Halacariden sehr auffällig von den Hydrachniden und einem
Theil der Trombididen, deren Larven dementsprechend denn auch oft
in den wichtigsten Theilen sehr verschieden von den Imagines sind.
DUGÈS (14), CHAPARÈDE (10) und NEUMANN (53) wie auch HENKING
(31) liefern zahlreiche Belege dafür. Ein anderer Theil der Trombididen dagegen verhält sich bei freier Lebensweise der Larven auch in
morphologischer Hinsicht genau wie die Halacariden (14). Besonders
interessant ist bei den Halacariden noch das Auftreten jenes stigmen-
artigen Organes an der Basis des 2. Beinpaares, welches, dem rein
larvalen Organe von *Trombidium* LATR. offenbar homolog, dennoch hier
mit grosser Consequenz in allen Entwicklungsstadien sich erhält.

# Nachtrag.

Während des Druckes der vorliegenden Arbeit sind mir noch 2 Abhandlungen zur Kenntniss gekommen, welche ich nicht unerwähnt lassen möchte.

1) A. S. Örstedt giebt in seiner Schrift: „De regionibus marinis elementa topographiae historico-naturalis freti Oeresundi. Havniae 1844" das Vorkommen von 2 Acariden im Meere an der dänischen Küste bei Kopenhagen an. Die eine Art

*Acarus basteri* Johnst. soll in Loudon's Mag. Nat. Hist. V, 9, p. 353 beschrieben sein; doch habe ich leider diese Stelle nicht auffinden können. Die 2. Art

*Acarus setosus n. sp.* beschreibt Örstedt folgéndermaassen: „Corpore cinereo ohlongo-ovali, et anticam et posticam partem versus constricto, postice brevissime acuminato (vorspringender Anus?). — Palpis sub rostro (Vorderrand des vorderen Dorsalschildes) obtuso absconditis (cfr. *Aletes n. gen.*) — Mandibulis? — Pedibus remigatoriis aequalibus, setis longissimis numerosis in postico, modo duobus in antico corpore (auf dem Rumpfe selbst oder an den Vorder- resp. Hinterbeinen?) — Long. $^1/_3$" ($^1/_3$ Lin. = 0,7 mm oder $^1/_3$ mm, = 0,33 mm?).

Wie man aus den von mir beigefügten Bemerkungen ersieht, ist vorläufig wenig mit dieser Beschreibung anzufangen. Ich wollte nur auf die Arbeit hingewiesen haben. Örstedt fügt noch hinzu: „Utraque species distinctissima genera constituit." Die Milben wurden in der regio Trochoideorum (0—7 oder 8 Faden), welche etwa der Region des flachen Sandes und des grünen Seegrases bei Kiel entspricht, gefunden.

2) J. Koenike beschreibt in seinem Aufsatze: „Eine neue Hydrachnide aus schwach salzhaltigem Wasser", in: Abhandlung naturw. Ver. Brem. 1888, 10. Band in eingehender Weise den Bau des Capitulums von *Nesaea uncata n. sp.* Es geht daraus die vollkommene Uebereinstimmung mit dem Typus des Halacariden-Capitulums hervor, doch ergeben sich auch sehr interessante Abweichungen, auf welche ich ganz in der Kürze noch hinweisen möchte. Zunächst fehlt ein Epistom vollkommen, die Hülse ist daher dorsal weit geöffnet; da ferner die Mandibelrinne (Mandibularrinne und Maxillarbrücke Koenike's)

sehr steil emporgerichtet ist, so stehen die Mandibeln mit ihrer Längs-achse fast senkrecht und stossen mit ihren Klaucn direct auf die Basis des Schnabels. Dem entsprechend wird dem letzteren seine Function, als Fortsetzung der Mandibelrinne zu dienen, vollkommen entzogen und der Schnabel bleibt nur als ganz kurzer, freilich noch deutlich paariger Fortsatz des Basaltheiles zur vorderen Deckung der Mandibeln bestehen. Diese ferner durchbohren die über der Mundöffnung liegende Mandibelrinne (im „Mandibulardurchlass" KOENIKE's) und münden durch die hier unmittelbar nach aussen und ventral sich öffnende, nicht erst auf den Schnabel sich fortsetzende Mundöffnung zwischen den Basalborsten des Schnabels nach aussen. Die steile Aufrichtung der Mandibelrinne und das Fehlen des Epistoms sind demnach die wesentlichen Abweichungen des *Nesaea*-Capitulums von dem der Halacariden. Alle anderen Differenzen lassen sich ungezwungen aus ihnen als secundäre Erscheinungen ableiten. Schliesslich beschreibt auch KOENIKE die Lingula von HALLER und KRAMER als Pharynx.

Im December 1888.

H. Lohmann.

**Erklärung der Abbildungen.**

Tafel VI—VIII.

Vorbemerkungen.

I. Sämmtliche Figuren von 1—63 beziehen sich auf die morphologischen und anatomischen Verhältnisse und zwar:

1. Fig. 1—10, auf das Skelet des Rumpfes,
2. Fig. 22, 26—27, 37—42, 47—48, 50—55 auf das Skelet der Beine,
3. Fig. 11—19, 23—25, 28—34, 43—45, 48—49, 55—58, 60—61 auf das Skelet des Capitulums,
4. Fig. 20—21, 35—36, 46, 62—63 auf die anatomischen Verhältnisse.

II. Die Figuren von 64—113 beziehen sich vorwiegend auf den systematischen Abschnitt der Arbeit, doch sind auch die die Entwicklungsstadien betreffenden Figuren hier eingefügt. Dabei sind alle den gesammten Rumpfumriss einer Milbe darstellenden Figuren (auch Puppen [97 und 100 excl], Nymphen u.s.w.) in genau gleichem Maassstabe (Camer. lucid. eines HARTNACK'schen Mikroskops bei ausgezog. Tubus und Objektiv 2) gezeichnet, so dass dieselben ein getreues Bild von dem Grössenverhältniss der verschiedenen Entwicklungsstadien und Arten geben. Es beziehen sich aber auf:

1) *Aletes pascens n. sp.* 64—66, 70, 76—78 (cfr. Taf. VI, Fig. 6, 15, 19, 20, 45, 48, 53).
2) *Aletes setosus n. sp.* 79—80, 90 (cfr. Taf. VI, Fig. 16, 18, 47).
3) „ *seahami* (HODGE), 88, 91,
4) „ *notops* (GOSSE), 89, 92—94 (cfr. Taf. VI, Fig. 27, 34, 52, 54, 63).
5) *Halacarus oculatus* HODGE, 67—69, 71, 72 (cfr. Taf. VI, Fig. 31, 42, 55, 56, 62).
6) *Halacarus spinifer n. sp.* 73, 99, 101—105 (cfr. Taf. VI, Fig. 2, 3, 5, 7, 8, 10—13, 23, 24, 25, 28—30, 32—33, 35, 37, 43, 44, 46, 49, 50, 59).
7) *Halacarus fabricii n. sp.* 74, 75, 81, 82, 84, 85, 95—98, 100 (cfr. Taf. VI, Fig. 1, 4, 9, 21, 22, 38).
8) *Halacarus murrayi n. sp.* 83, 86, 87, 106 (cfr. Taf. VI, Fig. 14, 17, 39).
9) *Halacarus balticus n. sp.* 108, 119, 120, 123 (cfr. Taf. VI, Fig. 40).

10) *Halacarus floridearum n. sp.* 111, 112, 114—116 (cfr. Taf. VI, Fig. 41).

11) *Halacarus striatus n. sp.* 113, 117, 118 (cfr. Taf. VI, Fig. 26).

12) *Leptognathus marinus n. sp.* 107, 109, 110, 121, 122 (cfr. Taf. VI, Fig. 51, 57, 58, 60, 61).

Die Entwicklungsstadien speciell betreffen Fig. 66, 76, 77; 90; 74, 84, 75, 95—98, 100; 73, 103, 105, 102 und 104; 107.

## Tafel VI.

Fig. 1. Rumpfskelet eines reifen *Halacarus fabricii n. sp.* *V.D.* Vordere Dorsalplatte, *H.D.* Hintere Dorsalplatte, *O.* Ocularplatte, *V.H.* Vordere Hüftplatte, *H.H.* Hintere Hüftplatte, *G.A.* Genito-Analplatte, *a* Anus, *g* Genitalöffnung, *C.* Camerostom.

Fig. 2. Stück einer Panzerplatte von *Halacarus spinifer n. sp.*, bei starker Vergrösserung; Flächenansicht.

Fig. 3. Querschnitt eines solchen Stückes, um den geraden Verlauf der Porenkanäle zu zeigen.

Fig. 4. Wie Fig. 2, doch von *Halacarus fabricii n. sp.*

Fig. 5. Eins der kleinen dorsalen Chitinplättchen von *Halacarus spinifer n. sp.*

Fig. 6. Grübchen mit kurzer Borste von der hinteren Dorsalplatte von *Aletes pascens n. sp.*

Fig. 7. Grübchen mit hohlem Zapfen vom lateralen Rande der vorderen Dorsalplatte von *Halacarus spinifer n. sp.*

Fig. 8. Grübchen und verdickte Platte im hinteren Winkel der Ocularplatte von *Halacarus spinifer n. sp.*

Fig. 9. Die das stigmenförmige Organ vertretende Pore der vorderen Hüftplatte von *Halacarus fabricii n. sp.: p* die Pore, welche von einem Walle umgeben ist, *e* Rand des Rumpfes an der Einlenkung des 2. Beinpaares.

Fig. 10. Das stigmenförmige Organ der vorderen Hüftplatte von der 6-beinigen Larve von *Halacarus spinifer n. sp.: c* der Chitinstreifen, in welchem *p* der feine Porus liegt; *t* das trichterförmige Organ, *g* das 1. Glied des 2. Beinpaares.

Fig. 11. Dorsalansicht des vom Rumpfe abgelösten Capitulums von *Halacarus spinifer n. sp.: ep* Epistom, *sp* Speicheldrüsengänge, *m* Gelenkhaut, welche Capitulum und Rumpf verbindet, *md* Mandibeln, *tr* Trachealleisten, *lg* Lingula, *s* Sehnenbündel.

Fig. 12. Ventralansicht des isolirten Capitulums derselben Art. Die Zeichnung ist bei Einstellung des Mikroskops auf den Boden der Mandibelrinne angefertigt; es tritt daher deren hinterer Rand mit den Speicheldrüsengängen (*sp*) und den ihm aufgelagerten Trachealleisten (*tr*) sehr deutlich hervor. Die Lingula (*lg*) ist demnach aus der Ebene des Papiers heraus nach vorn, die Mandibeln (*md*) aber hinter die Ebene desselben verschoben zu denken.

Fig. 13. Schnabel derselben Species in der Ventralansicht.

Fig. 14. „ von *Halac. murrayi n. sp.* in der Ventralansicht.

Fig. 15. Vorderes Rumpfende von *Aletes pascens n. sp.* mit dem Capitulum; *r* schnabelartige Verlängerung des Epistoms.

Fig. 16. Maxillartaster von *Aletes setosus n. sp.*

Fig. 17. Schnabel von *Halacarus murrayi n. sp.*, halb von der Seite, so dass man die dorsal umgeschlagenen membranösen Ränder und den schmalen Spalt sieht, weichen dieselben nahe der Spitze des Schnabels zwischen sich lassen.

Fig. 18. Capitulum von *Aletes setosus n. sp.*, Seitenansicht, das nicht verlängerte Epistom zeigend.

Fig. 19. Endglied der Maxillartaster von *Aletes pascens n. sp.*, von der Innenfläche aus gesehen.

Fig. 20. Dorsalansicht des Rumpfes von *Aletes pascens n. sp.* mit den Eingeweiden. Die lateralen Augen sind durch den Lebermagen verdeckt; *l* Lebermagen oder „follikelähnliche Masse", *ex* wurstähnlicher Exkretionsballen, *p* unpaarer Pigmentfleck.

Fig. 21. Dasselbe von einer Nymphe von *Halacarus fabricii n. sp.* *O* laterale Doppelaugen, sonst Bezeichnungen wie in Fig. 20.

Fig. 22. Gefiederter Dorn vom 5. Gliede des 1. Beinpaares von *Halacarus fabricii n. sp.*

Fig. 23. Idealer Längsschnitt des Capitulums von *Halacarus spinifer n. sp.*: *ep* Epistom, *md* Mandibel, *mdr* Boden der Mandibelrinne, in *sp* deren stark verdickter Hinterrand, welcher zu beiden Seiten der Mediane die Speichelgänge birgt, hier aber compact ist und nach hinten in eine Spitze (*pr*) ausgezogen ist. Zu den Seiten dieser Spitze liegen die Trachealleisten (*tr*); *mdg* der die Mundöffnung umgebende Chitinring, welcher die Mandibelrinne mit der Ventralwand des Capitulums verbindet, *rst* Schnabel, *lg* Lingula.

Fig. 24. Schnabel derselben Art, von der Dorsalfläche aus gesehen nach Entfernung der Mandibeln. *mb* membranöse Umschlagsränder (cfr. Fig. 17), *mdr* Verlängerung des Bodens der Mandibelrinne des Basalteiles in den Schnabel; dieselbe weicht in der Mediane bei *m* zu einem Mundspalt auseinander (cfr. Fig. 29); *t* Einlenkungsstellen der Taster; zwischen denselben (*mdr¹*) der Boden der Mandibelrinne des Basalteiles und in *mdg* die Verwachsung des Bodens mit dem die Mundöffnung umgebenden Chitinring. Weiter nach hinten ist die Mandibelrinne entfernt und die Lingula (*lg*) freigelegt.

Fig. 25. Flächenansicht des distalen Endes der Mandibel von *Halacarus spinifer n. sp.* (lateral. Flch.).

Fig. 26. 3. Glied des 1. Beinpaares von *Halacarus striatus n. sp.*

Fig. 27. Gefiederte Borste (Flächen- und Kantenansicht) vom 5. Gliede des 1. Beinpaares von *Aletes notops* (Gosse).

Fig. 28. Querschnitt durch die Spitze des Schnabels von *Halacarus spinifer n. sp.* in der Höhe des 2. Borstenpaares: *mxt* Maxillartaster, *md* Mandibel, *lb* Unterlippenhälfte mit der dorsalen und ventralen membranösen Verlängerung.

Fig. 29. Querschnitt wie in Fig. 28, doch in der Höhe der Mundspalte (cfr. Fig. 24 *m*): Mundspalt *m*, sonst Bezeichnung wie in Fig. 28

26*

Fig. 30. Querschnitt wie in Fig. 28, doch durch die Basis des Schnabels; Bezeichnungen wie in Fig. 28, *mdr* Mandibelrinnenboden, *mdg* die Mundöffnung umgebender Chitinring.

Fig. 31. Ventralansicht des Capitulums von *Halacarus oculatus* HODGE; *tr* Trennungslinie der beiden Schnabelhälften, *lg* durch den Panzer durchscheinende Lingula.

Fig. 32. Mandibelklaue von *Halacarus spinifer n. sp.* von der concaven Kante aus gesehen.

Fig. 33. Wie in Fig. 32, doch von der medianen Fläche aus gesehen (cfr. Fig. 25).

Fig. 34. Mandibel von *Aletes notops* (GOSSE), Flächenansicht.

Fig. 35. Eingeweide einer noch ganz jungen 6-beinigen Larve von *Halacarus spinifer n. sp.* Die follikelähnliche Masse fehlt noch vollkommen. *g* Gehirn, *oe* Oesophagus, *mg* weiter Magen mit 2 vorderen und 2 hinteren kleinen Ausstülpungen, *ed* weiter, langer Enddarm, in (oder auf welchem?) *ex* die wurstförmige Exkretionsmasse liegt, *a* Anus.

Fig. 36. Trachealleiste einer Hydrachnide DUG. (Hygrobatide KR.); *l* Luftkammer, *tr* Tracheengang und freie Trachee (cfr. Fig. 46).

Fig. 37. Rechtes erstes Bein von *Halacarus spinifer n. sp.* von der Aussenfläche. Die Anhänge sind nach der Zeit ihres Auftretens mit verschiedenen Farben gezeichnet: 1. im Bleistiftston die bereits der 6-beinigen Larve eigenen Anhänge, 2. gelb die im 1. Nymphenstadium neu hinzutretenden, 3. roth die im 2. Nymphenstadium und 4. schwarz die erst in der reifen Form auftretenden Anhänge. Die der Innenfläche angehörenden Anhänge sind punktirt gezeichnet. $b_{,}$—$b_{,,,}$ die 3 Hauptformen der Borsten, $b^4$—$b^6$ die übrigen Formen nach; die römisch. Zahlen bezeichnen die Glieder.

Fig. 38. Dasselbe Bein von *Halacarus fabricii n. sp.* Die Stellung der Borsten ist durch Verbindungslinien hervorgehoben.

Fig. 39. 3. Glied des 1. Beinpaares von *Halacarus murrayi n. sp.*

Fig. 40. „ „ „ „ „ „ „ *balticus n. sp.*

Fig. 41. „ „ „ „ „ „ „ *floridearum n. sp.*

Fig. 42. „ „ „ „ „ „ „ *oculatus* HODGE.

Fig. 43. Querschnitt durch das Capitulum von *Halacarus spinifer n. sp.* durch die vordere Hälfte des Epistoms und der Mandibelrinne (der Schnitt ist von einem kleineren Individuum als die übrigen Schnitte): *ep* Epistom, *ob* Oberlippe, *md* Mandibel, *mdr* Mandibelrinne, *lg* Lingula, *ph* Lumen des Pharynx.

Fig. 44. Querschnitt wie in Fig. 43, doch durch den Hinterrand der Mandibelrinne, vom Epistom ist nur noch ein kleiner lateraler Theil getroffen; über dem Capitulum liegt bereits die Verlängerung des vorderen Dorsalschildes (*v.d.*). Bezeichnungen wie in der vorigen Figur und Figur 23; in der Mandibelrinne sieht man den Speicheldrüsengang; da der Schnitt schräg gefallen ist, so vermag man denselben jederseits nach oben bis zum Epistom hin zu verfolgen.

Fig. 45. Mandibel von *Aletes pascens n. sp.*

Fig. 46. Trachealleiste von *Halacarus spinifer n. sp.* Bezeichnungen wie in Fig. 36, ausserdem *m* Membran, welche die Leiste mit dem Hinterrande des Mandibelrinnenbodens verbindet (cfr. Fig. 23).

Fig. 47. Krallen von *Aletes setosus n. sp.*:
    a) von der Fläche aus gesehen,
    b) Ansicht vom convexen Rande,
    c)     „     „   concaven Rande.

Fig. 48. Krallenpaar von *Aletes pascens n. sp.* (cfr. Fig. 53); *km* Krallenmittelstück, *z* als selbstständiges Glied ausgebildetes Ende des 6. Beingliedes (*g*), *e* Fortsatz zur Einlenkung von *z*, *m* feine Membran, welche die 4 Gelenke bei 1—4 umhüllt (cfr. Fig. 50).

### Tafel VII.

Fig. 49. Querschnitt durch das Capitulum von *Halacarus spinifer n. sp.* durch den hinter der Mandibelrinne gelegenen Abschnitt. Bezeichnungen wie in Fig. 23 und 44. In *sp* sieht man die hier frei verlaufenden Speicheldrüsengänge, deren jeder einen Ast (*a*) abgegeben hat, während er selbst dorsalwärts emporsteigt, um in die vordere Dorsalplatte (*v.d.*) einzudringen.

Fig. 50. Krallen von *Halacarus spinifer n. sp.*:
    a) Ansicht einer Kralle von der Innenfläche,
    b) Ansicht von der Aussenfläche,
    c) ein einzelnes Zähnchen,
    d) das Krallenmittelstück von der ventralen Fläche,
    e) das Krallenmittelstück und eine Kralle des ersten Beinpaares in der Seitenansicht. *m* die Hüllmembran des Gelenkes, *s* Sehne des Flexors.

Fig. 51. Beinende von *Leptognathus marinus n. sp.*, eine Kralle ist entfernt. Bezeichnung wie in Fig. 48, *f* Schuppe, *t* Tasthaare.

Fig. 52. Krallen von *Aletes notops* (Gosse), Ansicht von der Fläche und vom concaven Rande.

Fig. 53. Kralle von *Aletes pascens n. sp.*, Flächenansicht (cfr. Fig. 48).

Fig. 54. Kralleneinlenkung von *Aletes notops* (Gosse). Bezeichnungen wie bei Fig. 51.

Fig. 55. Beinende von *Halacarus oculatus* Hodge, *w'* und *w''* membranöse Seitenwände der Krallengrube (*kg*), sonst wie in Fig. 51.

Fig. 56. Maxillartaster von *Halacarus oculatus* Hodge.

Fig. 57. Mandibel von *Leptognathus marinus n. sp.*

Fig. 58. Seitenansicht des Capitulums von *Leptognathus marinus n. sp.* Bezeichnungen wie bei Fig. 11 und 12; *mdk* Mandibelklauen, an der Spitze des Schnabels hervorragend.

Fig. 59. Ovipositor von *Halacarus spinifer n. sp.* (cfr. Taf. VIII, Fig. 108), *s* Haftnäpfe auf der Innenfläche der Genitalklappen, *m* feine Membran, welche bis nahe zur Spitze den Ovipositor einscheidet, *z'—z'''* 3 mit Dornen bewaffnete Zapfen, zwischen welchen die Eier austreten, *a* eine eigenthümlich gestaltete schuppenartige Borste der grossen Zapfen (*z''* und *z'''*).

Fig. 60. Ventralansicht des Capitulums von *Leptognathus marinus n. sp.*, *lg* durchscheinende Lingula.

Fig. 61. Basis der Maxillartaster von *Leptognathus marinus n. sp.*, *ep* rudimentäres Epistom zwischen den Tastern, *z* Zähnchen am medianen Rande des 2. Tastergliedes.

Fig. 62. Laterales Doppelauge von *Halacarus oculatus* Hodge, *c* stark gewölbte Hornhaut der Ocularplatte, *l* Linse, *p* Pigmentmasse; die Linsen sind aus dem Pigmente herausgedrückt.

Fig. 63. Dorsalansicht des Basalteiles vom Capitulum von *Aletes notops* (Gosse), *sp'* Verlauf der Speichelkanäle im Integumente, *sp"* frei im Körper verlaufender Teil der Kanäle, *md* Mandibel, *mxt* Maxillartaster.

Fig. 64. *Aletes pascens n. sp.* Dorsalansicht.

Fig. 65.     „         „         „     „ Ventralansicht des Weibchens.

Fig. 66.     „         „         „     „ Ei, *i* innere, *e* äussere Hülle, *d* Dotter; *a* Ei bei derselben Vergrösserung wie Fig. 64 und 65.

Fig. 67. *Halacarus oculatus* Hodge. Ventralansicht des Weibchens.

Fig. 68.     „         „         „     Dorsalansicht des Weibchens.

Fig. 69.     „         „         „         „     „ Vorderendes des Rumpfes mit dem Capitulum,

Fig. 70. *Aletes pascens n. sp.*, 6-beinige Larve.

Fig. 71. *Halacarus oculatus* Hodge, Ocularplatte mit Hornhaut.

Fig. 72.     „         „     Genitalöffnung des Weibchens.

Fig. 73.     „     *spinifer n. sp.*, 6-beinige Larve, Dorsalansicht.

Fig. 74.     „     *fabricii n. sp.*, 6-beinige Larve, Rumpfskelett vom Rücken aus gesehen.

Fig. 75. *Halacarus fabricii n. sp.*, Nymphe, Ventralansicht.

Fig. 76. *Aletes pascens n. sp.* Nymphen, hinteres Rumpfende mit der Genito-Analplatte, *a* erste, *b* zweite Nymphe.

Fig. 77. *Aletes pascens n. sp.* Maxillartaster.

Fig. 78.     „         „     „     „ Lingula.

Fig. 79.     „     *setosus* „     „ Weibchen, Dorsalansicht,

Fig. 80.     „         „     „     „. Ventralansicht.

Fig. 81. *Halacarus fabricii n. sp.* Ventralansicht des Männchens.

Fig. 82.     „         „         „     „ Dorsalansicht desselben.

Fig. 83. *Halacarus murrayi n. sp.* Ventralansicht des Weibchens.

Fig. 84.     „     *fabricii* „     „ 6-beinige Larve, Rumpfskelet vom Bauche aus gesehen.

Fig. 85. *Halacarus fabrici n. sp.* Genito-Analplatte des Weibchens.

## Tafel VIII.

Fig. 86.     „     *murrayi n. sp.* Dorsalansicht.

Fig. 87.     „         „     „     „ Genitalöffnung des Männchens.

Fig. 88. *Aletes seahami* (Hodge), Dorsalansicht (Männchen).

Fig. 89.     „     *notops* (Gosse), Dorsalansicht.

Fig. 90.     „     *setosus n. sp.* Genitalöffnung a) der reifen Form (Weibchen), b) der Nymphe.

Fig. 91.     „     *seahami* (Hodge), Ventralansicht des Männchens.

Fig. 92.   „   *notops* GOSSE, Maxillartaster.

Fig. 93.   „   „   „   Ovipositor in derselben Vergrösserung wie Fig. 89 und 94.

Fig. 94.   *Aletes notops* GOSSE, Ventralansicht.

Fig. 95.   *Halacarus fabricii n. sp.* Puppenstadium, welches von der Nymphe zur reifen Form hinberführt. Unter der Haut der Nymphe sieht man bereits den Körper der Geschlechtsform angelegt: $b_1$ bis $b_4$ die Beinpaare, $g$ Genitalöffnung, $a$ Anus.

Fig. 96.   *Halacarus fabricii n. sp.* Genitalöffnung der Nymphe.

Fig. 97.   „   *spinifer* „   „   Puppenstadium einer Nymphe, in der Haut der ersten Nymphe sieht man den Körper der zweiten Nymphe angelegt: *md* Mandibeln, *ts* Maxillartaster, *sp* Dornfortsatz des vorderen Dorsalschildes, $b_1 - b_3$ Beinpaare, *lb* Lebermagen, *ex* Exkretionsmasse. Ausserdem sieht man den unpaaren Pigmentfleck und die lateralen Doppelaugen; *itg* neues Integument.

Fig. 98.   *Halacarus fabricii n. sp.* Abgeworfene Nymphenhaut, deren Genitalplatte (*gp*) sehr deutlich das völlige Fehlen jeder Geschlechtsöffnung zeigt, *a* Anus.

Fig. 99.   *Halacarus spinifer n. sp.* Ocularplatte; *c* Hornhaut, *p* Pigment; die Linsen sind nicht mitgezeichnet.

Fig. 100.   *Halacarus spinifer n. sp.* Seitenansicht des Puppenstadiums wie in Fig. 97. Bezeichnungen wie dort, *o* laterales Doppelauge.

Fig. 101.   *Halacarus spinifer n. sp.* Reife Form, Ventralansicht des Weibchens, Bezeichnungen wie in Taf. VI, Fig. 1.

Fig. 102.   *Halacarus spinifer n. sp.* 2. Nymphe, Dorsalansicht; Bezeichnung wie in Taf. VI, Fig. 1, ausserdem $g'$ gelenkige Einfügung des 2. Gliedes an der Streckfläche, $sp'$ Dornfortsatz des 2. Gliedes zum Ansatz von Flexoren, *gh* Gelenkhaut des 3. Gelenkes.

Fig. 103.   *Halacarus spinifer n. sp.* 6-beinige Larve, Ventralansicht (cfr. Taf. VI, Fig. 73), die Gelenke des einen Vorderbeines sind mit römischen Zahlen bezeichnet, $II'$ und $II''$ deutet das Doppelgelenk zwischen Glied 1 und 2 an.

Fig. 104.   *Halacarus spinifer n. sp.* 2. Nymphe, Ventralansicht; Bezeichnungen wie in Taf. VI, Fig. 1 und VII, Fig. 103, ausserdem: *G* Genital-, *A* Analplatte, $g''$ gelenkige Einfügung des 2. Gliedes an der Beugefläche, *a* gelenkige Verbindung des 3. und 2. Gliedes an der Innenfläche; *st* stigmenförmiges Organ.

Fig. 105.   *Halacarus spinifer n. sp.* 1. Nymphe, Ventralansicht.

Fig. 106.   „   *murrayi* „   „   3. Glied der Maxillartaster, um den borstenförmigen Anhang zu zeigen.

Fig. 107.   *Leptognathus marinus n. sp.* Genital- und Analplatte der Nymphe.

Fig. 108.   *Halacarus balticus n. sp.* Ventralansicht des Weibchens; unter der Genitalplatte sieht man den Ovipositor (in gleicher Weise ist derselbe in der Ruhe bei allen *Halacarus*-Weibchen zu sehen).

Fig. 109.   *Leptognathus marinus n. sp.* Genito-Analplatte des Weibchens.

Fig. 110.   „   „   „   „   „   „   „   „   Männchens.

Fig. 111.   *Halacarus floridearum n. sp.* Dorsalansicht des Rumpfes.

Fig. 112. *Halacarus floridearum n. sp.* Ventralansicht des Schnabels.
Fig. 113.      „        *striatus n. sp.* wie Fig. 112.
Fig. 114.      „        *floridearum n. sp.* Ocularplatte.
Fig. 115.      „          „         „    „ Ventralansicht des weiblichen Rumpfes; *p* Porus.
Fig. 116. *Halacarus floridearum n. sp.* Dorsalfläche des Capitulums mit den Speichelkanälen.
Fig. 117. *Halacarus striatus n. sp.* Ventralansicht des weiblichen Rumpfskelettes.
Fig. 118. *Halacarus striatus n. sp.* Maxillartaster.
Fig. 119.      „        *balticus* „  „ Maxillartaster.
Fig. 120.      „          „      „  „ Rumpf in der Dorsalansicht.
Fig. 121. *Leptognathus marinus n. sp.* Dorsalansicht (das Capitulum ist in der Zeichnung etwas zu weit in den Rumpf zurückgezogen).
Fig. 122. *Leptognathus marinus n. sp.* Ventralansicht des Männchens.
Fig. 123. *Halacarus balticus n. sp.* Genito-Analplatte des Männchens.

## Alphabetisches Verzeichniss der citirten Abhandlungen[1]).

1) ALLMAN, G. J., Description of a new genus and species of tracheary Arachnidans, in: Ann. & Mag. Nat. Hist. 1847, vol. 20.

2) ACKERMANN, CARL, Beiträge zur physischen Geographie der Ostsee. Hamburg 1883.

3) BARROIS, TH., Sur un Acarien nouveau (Uropoda Orchestiidarum), Commensal des Talictres et des Orchesties. Lille 1887.

4) VAN BENEDEN, P. J., Les cétacés, leurs commensaux et leurs parasites, in: Bull. Acad. Roy. Sc. Belgique (2 sér.), t. 29, 1870.

5) *BRADY, G. S., Notes on British freshwater mites, in: Proc. Zool. Soc. London 1877.

6) *— —, A review of the British marine mites, with description of some new species, ibid. 1875.

7) CAMBRIDGE, nach BERTKAU's Jahresbericht, in: TROSCHEL's Archiv, 1876, p. 254.

8) CANESTRINI, GIOVANNI e BERLESE, Nuove specie del genere Gamasus. Venezia 1881. Estr. dal vol. 7 (ser. 5) degli Att. R. Ist. Venet. d. Sc.

9) *CHILTON, CH., On two marine mites (Halacaridae), in: Trans. New-Zealand Instit., vol. 15, 1883.

10) CLAPARÈDE, E., Studien an Acariden, in: Zeitschr. f. wiss. Zool. Bd. 18, 1868.

11) CRONEBERG, A., Ueber den Bau von Trombidium, in: Bulletin Sociét. Imp. Nat. Moscou, 1879, II.

12) — —, Ueber den Bau der Wassermilben, Auszug in: Zoolog. Anzeiger, 1878.

13) — —, Ueber die Mundtheile der Arachniden, in: Archiv für Naturgeschichte, Jahrg. 46, 1880.

---

1) Die speciell die Halacariden betreffenden Abhandlungen sind durch einen Stern hervorgehoben.

14) Dugès, A., Recherches sur l'ordre des Acariens en général et les familles des Trombidies, Hydrachnés en part, in: Ann. Sc. Nat. (sér. 2), t. 1 u. 2, 1834.

15) Dujardin, Mémoire sur les Acariens, in: Ann. Sc. Nat. (sér. 3), 1845.

16) *Fabricius, Species insectorum. Hamburg 1781.

17) Forbes, Edward, On recent researches into the natural history of the British seas. Royal Instit., Febr. 14, 1851, in: Ann. and Mag. of Nat. Hist. vol. 7 (ser. 2), 1851.

18) Frauenfeld, G. v., Zoologische Miscellen, in: Verhandl. Zool.-bot Ges. Wien, Bd. 18, 1868.

19) *Gerstäcker, Recension der 1855 erschienenen Arbeiten über Acarinen, in: Archiv f. Naturgesch., 1856.

20) *Giard, A., Recherches sur les Synascidies, in: Arch. Zool. expér. général. 1872, Bd. 1, Paris.

21) *Gosse, P. H., On new or little-known marine animals (2 Aufsätze), in: Ann. u. Mag. Nat. Hist. (ser. 2), vol. 16, 1855.

22) Grube, Ad. E., Ein Ausflug nach Triest und dem Quarnero. Berlin 1861.

23) Haller, G., Acarinologisches, in: Arch. f. Naturgesch. 1880, Jahrgang 46.

24) — —, Entomologische Notizen, in: Mittheil. der Schweiz. Entomol. Gesellschaft (nach dem Jahresb. der Zool. Stat. z. Neap., Bd. 7).

25) — —, Die Hydrachniden der Schweiz, Separat-Abzug aus: Mitth. d. Naturforsch. Ges. Bern 1881.

26) — —, Zur Kenntniss der Dermaleichiden, in: Arch. f. Naturgesch. 1882.

27) — — Die Milben als Parasiten der Wirbellosen. Halle 1880.

28) *— —, Kurze Mittheilung über Brady's sogenannte „British freshwater mites", in: Zool. Anzeig. 1881.

29) — —, Die Mundtheile und die systematische Stellung der Milben, ebenda 1881.

30) *— —, Vorläufige Nachrichten über einige noch wenig bekannte Milben, ebenda 1886.

31) Henking, Herm., Beiträge zur Anatomie, Entwicklungsgeschichte und Biologie von Trombidium fuliginosum Herm., in: Zeitschr. f. wiss. Zool. 1882.

32) *Hodge, G., Contributions to the zoology of Seaham Harbour. I. On a new marine mite (Pachygnathus Seahami). II. On some undescribed marine acari, in: Transactions Tyneside Naturalists Field-Club, vol. 4 u. 5.

33) KOCH, C. L., Uebersicht des Arachniden-Systems. Nürnberg 1837 bis 1845.

34) KRAMER, P., Neue Acariden, in: Archiv f. Naturg. 1879.

35) — —, Beiträge zur Naturgeschichte der Hydrachniden, ebenda 1875.

36) — —, Beiträge zur Naturgeschichte der Milben, ebenda 1876.

37) — —, Beiträge zur Naturgeschichte der Milben, in: Zeitschr. Gesammt. Naturw. 1878.

38) — —, Ueber Gamasiden, in: Archiv f. Naturg. 1882.

39) *— —, Grundzüge zur Systematik der Milben, ebenda 1877.

40) *— —, Ueber die Milbengattungen Leptognathus HODGE, Raphignathus DUG., Caligonus K. und die neue Gattung Cryptognathus, ebenda 1879.

41) — —, Ueber Milben, in: Zeitschr. Ges. Naturw. 1881.

42) — —, Zur Naturgeschichte einiger Gattungen aus der Familie der Gamasiden, in: Arch. f. Naturg. 1876.

43) LABOULBÈNE, ALEX., in: Annal. Société Entomol. France 1851, vol. 9, citirt nach einem Jahresbericht in: Arch. f. Naturg.

44) MÉGNIN, J. P., Cheylétides parasites, in: Journ. Anat. et Physiol. 1878.

45) — —, Mémoire sur les metamorphoses des Acariens en général et en particulier sur celles des Trombidions, in: Annal. Sc. Nat. (sér. 6) tom. 4, 1876.

46) — —, Nouvelles études anatomiques et physiolog. sur les Glyciphages, in: Compt. Rend. Ac. Sc. Paris, tom. 103, no. 25.

47) — —, Les parasites et les maladies parasitaires. 1880.

48) *MEYER, H. A., und K. MÖBIUS, Kurzer Ueberblick der in der Kieler Bucht von uns beobachteten wirbellosen Thiere, als Vorläufer einer Fauna derselben, in: Arch. f. Naturg. 1862.

49) *MICHAEL, British Oribatidae, Ray Society 1883.

50) MÖBIUS, K., und HEINKE, FR., Die Fische der Ostsee. 4. Bericht der Commission zur wissensch. Untersuchg d. deutsch. Meere in Kiel f. d. Jahre 1877—1881. 7.—11. Jahrg. Berlin 1884.

51) *MURRAY, Economic entomology, Aptera. London 1877. Ist mir nur aus MICHAEL's Werk bekannt geworden.

52) NALEPA, ALFR., Anatomie der Tyroglyphen, 2. Abth., in: Sitzgsb. Akad. Wiss. Wien. Math.-naturw. Classe, Bd. 92, 1. Abth., 1885.

53) NEUMANN, C. J., Om Sveriges Hydrachnider, in: K. Svenska Akad. Handlingar, Bd. 17, Nr. 3. Stockholm 1880.

54) — —, Sur le developpement des. Hydrachnides, in: Entomol. Tidskrift, Bd. 1, 1880, Stockholm. War mir nicht zugänglich; citirt nach HENKING (31).

55) NICOLET, Histoire naturelle des Acariens qui se trouvent aux environs de Paris, in: Archiv. Mus. Hist. Nat., tom. 7. Paris 1854—1855.

56) PACKARD, A. S. jr., Notes on salt-water insects Nr. 3, in: Amer. Natural., vol. 18.

57) — —, in: Amer. Journ. Science 1871, citirt nach den Jahresberichten der Station zu Neapel.

58) PAGENSTECHER, H. A., Beiträge zur Anatomie der Milben. Heft 1 und 2. Leipzig 1860 und 1861.

59) PHILIPPI, Pontarachna, eine Hydrachnide des Meeres, in: Arch. f. Naturg. 1840.

60) DU PLESSIS, von HALLER (Nr. 23) erwähnt, doch ohne jede weitere Angabe, so dass es mir unmöglich war, die Angaben DU PLESSIS' mir zu verschaffen.

61) REHBERG, in: Abhandlungen des Naturwissenschaftl. Vereins in Bremen, Bd. 7, nach dem Jahresbericht im Arch. f. Naturg. 1881.

# Ueber einige neue oder seltene indopacifische Brachyuren.

Von

Dr. **J. G. de Man** in Middelburg, Niederlande.

Hierzu Tafel IX—X.

---

In dem vorliegenden Aufsatze gebe ich die Beschreibungen von einigen brachyuren Decapoden der indopacifischen Meere. Die Bearbeitung dieser kleinen Sammlung, Eigenthum der SENCKENBERGischen Naturforschenden Gesellschaft in Frankfurt am Main, wurde mir auf freundliche Weise von Herrn Dr. F. RICHTERS, daselbst, anvertraut. Die Sammlung enthält die folgenden 27 Arten:

*Atergatis granulatus* n. sp.
*Actaeodes richtersii* n. sp.
    „    *themisto* n. sp.
    „    *variolosus* A. M. EDW.
*Xantho (Lachnopodus) tahitensis* n. sp.
*Xantho nudipes* A. M. EDW.
    „    *punctatus* M. EDW.
*Epixanthus corrosus* A. M. EDW.
*Heteropanope vauquelini* AUD.
*Thalamitoïdes tridens* A. M. EDW.
*Goniosoma erythrodactylum* LAM.
*Sesarma edwardsii* DE MAN, var. *brevipes* n.
*Sesarma smithi* M. EDW.
    „    *trapezoidea* GUÉRIN.

*Sesarma trapezoidea* GUÉRIN var. *longitarsis* n.
*Sesarma oceanica* n. sp.
    „    *angustifrons* A. M. EDW.
    „    *quadrata* FABR.
    „    *melissa* DE MAN.
    „    *erythrodactyla* HESS.
    „    *leptosoma* HILGEND.
*Metasesarma rousseauxi* M. EDW.
*Metaplax crenulatus* GERST.
*Pseudograpsus albus* STIMPS.
*Ptychognathus pusillus* HELLER.
*Paragrapsus quadridentatus* M. EDW.
*Durckheimia carinipes* n. g. n. sp.
*Dynomene pugnatrix* n. sp.

Am Schluss der Arbeit werden noch zwei andere Formen besprochen: *Dionippa pusilla* DE HAAN und *Porcellana euphrosyne* DE MAN, Arten, welche sich nicht in der Frankfurter Sammlung befanden.

## Gattung Atergatis de Haan.

### 1. *Atergatis granulatus n. sp.*

Taf. IX, Fig. 1.

Ein eiertragendes Weibchen von Mauritius.

Diese neue Art unterscheidet sich von allen anderen Vertretern der Gattung *Atergatis* durch die feine Granulirung des Rückenschildes und der Vorderfüsse.

Im äusseren Habitus scheint sie am meisten dem *Atergatis rosaeus* Rüpp. zu gleichen. Der Cephalothorax ist etwas mehr als anderthalbmal so breit wie lang; die obere Fläche ist stark gewölbt von vorn nach hinten, und auch in querer Richtung ist sie nach den vorderen Seitenrändern hin gewölbt. Die die Regio mesogastrica seitlich von der Branchialgegend trennenden Furchen sind eben angedeutet, übrigens fehlen die Furchen vollständig, so dass die obere Fläche sonst nicht gefeldert ist. Die Seitenränder verlaufen wie bei *A. obtusus* A. M. Edw. (in: Nouv. Archives du Muséum, I, Pl. XV, Fig. 3). Die vorderen sind stark gekrümmt und gehen continuirlich in die etwas kürzeren, geraden hinteren Seitenränder über. Die Seitenränder sind stumpf, wie bei *A. obtusus*, und zeigen keine Spur von Einschnitten; dennoch sind sie deutlich angedeutet, indem die feinen Körnchen der oberen Fläche unmittelbar am Seitenrande ein bischen grösser sind als die angrenzenden der unteren Fläche, und weil die Farbe der oberen Fläche den Seitenrändern entlang scharf gegen die Farbe der unteren Fläche abgesetzt ist. Die obere Fläche des Rückenschildes ist gleichmässig, sehr fein und sehr dicht gekörnt; die einzelnen Körnchen sind für das nackte Auge eben noch sichtbar.

Die Stirn ist ungefähr so breit wie bei *A. rosaeus* Rüpp.: die Entfernung der äusseren Augenhöhlenecken beträgt zwei Fünftel der grössten Breite des Rückenschildes. Die Augenhöhlen sind klein, und ihr oberer Rand hat zwei feine Einschnitte; die Augen tragen, gleich vor der Cornea, ein ziemlich vorragendes Körnchen. Die stark nach unten geneigte Stirn ist vierlappig; die zwei mittleren Lappen sind viel breiter als die ziemlich scharfen, zahnförmigen Seitenlappen. Die ersteren trennt ein nicht tiefer Einschnitt, während die nicht so weit vorspringenden Seitenlappen von den Mittellappen durch etwas tiefere Ausrandungen geschieden sind. Dreieckige Ausschnitte trennen die Seitenlappen von den inneren Augenhöhlenecken. Der untere Augenhöhlenrand ist glatt, ohne Einschnitte, und die stumpfe Innenecke desselben ragt nicht so viel hervor wie die innere Ecke des oberen Augenhöhlenrandes. Die untere Wand der Augenhöhlen ist runzelig punktirt. Die Subhepatical- und die Subbranchialgegend erscheinen unter der Lupe sehr dicht und sehr fein gekörnt, was auch mit der Pterygostomialgegend der Fall ist.

Die äusseren Kieferfüsse sind mit einem kurzen Filz bedeckt, und ihr drittes Glied trägt einige steife Haare an seinem vorderen Rande. Die Vorderfüsse sind gleich. Die Armglieder liegen ganz unter dem Cephalothorax, und dies ist sogar theilweise mit den anderen Gliedern der Fall. An der inneren Ecke des Carpalgliedes beobachtet man ein ziemlich scharfes Körnchen, und unter demselben am distalen Rande der inneren Fläche ein kleines Haarbüschel. Das Carpalglied ist sehr fein gekörnt, und fein und dicht gekörnt ist auch die Scheere an der Aussenfläche, am abgerundeten Oberrande und an dem etwas schärferen Unterrande. Die Körnchen, welche die Scheeren an ihrer Aussenfläche tragen, sind kaum grösser als diejenigen, welche die obere Fläche des Cephalothorax trägt, und liegen ganz unregelmässig angeordnet; auch die innere Fläche des Handgliedes ist an der proximalen Hälfte gekörnt. Das Handglied ist kaum länger als hoch. D i e F i n g e r s i n d k ü r z e r a l s d i e P a l m a r p o r t i o n d e r S c h e e r e , die horizontale Länge der ersteren beträgt die Hälfte der horizontalen Länge der letzteren. Die Finger sind stark seitlich zusammengedrückt und kreuzen einander, wenn sie geschlossen sind, m i t i h r e n s c h a r - f e n S p i t z e n , welche keine Spur einer Aushöhlung zeigen. Der be- .wegliche Finger hat oben zwei tiefe Längsfurchen, die durch eine schmale, schneidende Scheidewand, den Rücken des Fingers, getrennt sind; der unbewegliche Finger erscheint an der Aussenfläche gleich- falls schwach gefurcht. Der letztere trägt drei Zähne an der Schneide; auch der bewegliche Finger zeigt eine Zähnelung am inneren Rande, aber diese Zähne sind viel schwächer als die des unbeweglichen Fingers.

Die vier übrigen Fusspaare sind stark seitlich zusammengedrückt und ihre Mero-, Carpo- und Propoditen zeigen kammartig sich er- hebende, scharfe obere Kanten, während auch die unteren Kanten der Mero- und Propoditen scharf sind. Diese Füsse erscheinen sonst glatt. Auf dem scharfen Oberrande der Mero-, Carpo- und Propoditen stehen isolirte Büschel von steifen Haaren, und die Klauenglieder er- scheinen filzig. Schliesslich noch die Bemerkung, dass sowohl die

obere Fläche des Rückenschildes wie die Vorderfüsse mit einem
äusserst kurzen, feinen Filz bedeckt sind, welcher die Körnchen frei
lässt, die nackten Finger natürlich ausgenommen.

Maasse:

|  |  |  |  | ♀ |  |
|---|---|---|---|---|---|
| Grösste Breite des Rückenschildes | . | . | . | $27\frac{1}{4}$ | mm |
| Länge des Rückenschildes | . | . | . . . | $16\frac{1}{2}$ | „ |
| Entfernung der äusseren Augenhöhlenecken | . | | | $11\frac{1}{4}$ | „ |

## Gattung Actaeodes Dana.

### 2. *Actaeodes richtersii* n. sp.

Tafel IX, Fig. 2.

Ein Männchen von Tahiti.

Eine kritische Bearbeitung sämmtlicher Cancridengattungen scheint
mir in der That sehr erwünscht, wenn man sieht, wie wenig scharf
die meisten dieser Gruppen umgrenzt sind, so dass nicht selten die
Stellung einer Art nicht nur von verschiedenen Autoren, sondern sogar
von demselben Autor in auf einander folgenden Arbeiten verschieden
beurtheilt wird: eine Thatsache, welche die Artbestimmung sehr erschwert. So wurde z. B. im Jahre 1834 von MILNE EDWARDS eine
Art unter dem Namen *Zozymus pubescens* in die Wissenschaft eingeführt: der jüngere MILNE EDWARDS stellte diese Form später zu
*Liomera*, und im Challenger-Berichte reiht MIERS sie neuerdings in
die Gattung *Actaeodes* ein!

*Actaeodes richtersii*, welche ich Herrn Dr. RICHTERS in Frankfurt widme, schliesst sich diesem *Actaeodes pubescens* (M. EDW.) von
Mauritius sowie der *Liomera semigranosa* DE MAN von Amboina ganz
nahe an. Wie diese beiden Arten, zeigt er einen ebenso s t a r k  v e r -
b r e i t e r t e n  u n d  w e n i g  g e f e l d e r t e n  C e p h a l o t h o r a x , sind
die Scheerenfinger l ö f f e l f ö r m i g  a u s g e h ö h l t , und auch die
äusseren Antennen verhalten sich ganz ähnlich. Sie unterscheidet sich
aber von *A. pubescens* d u r c h  i h r e  v e r h ä l t n i s s m ä s s i g  l ä n g e r e n ,
m i n d e r  g e k r ü m m t e n  S c h e e r e n f i n g e r  und von *A. semigranosus*
durch die Form des Rückenschildes, dessen g a n z e  obere Fläche gekörnt ist.

Was die allgemeine Gestalt des Rückenschildes betrifft, gleicht
*A. richtersii* fast vollkommen den beiden genannten Actaeoden, aber
die v o r d e r e n  S e i t e n r ä n d e r  s i n d  e i n  b i s c h e n  k ü r z e r  i m
V e r h ä l t n i s s  z u r  L ä n g e  d e r  h i n t e r e n . Die grösste Breite

des Cephalothorax verhält sich zu dessen Länge fast ganz wie bei *A. pubescens* und *A. semigranosus*, indem die erstere fast z w e i m a l so gross ist wie die letztere; der Cephalothorax erscheint also sehr verbreitert. Die obere Fläche ist nicht nur in der Längsrichtung von vorn nach hinten, sondern auch in querer Richtung ziemlich stark gewölbt. Sie erscheint fast noch weniger gefeldert als bei *A. pubescens*. Die Cervicalfurche ist kaum angedeutet, die Magengegend also undeutlich begrenzt. Eine seichte, quere Vertiefung trennt die Herzgegend von der Regio intestinalis. Die mittlere Frontalfurche, welche sich in die zwei den spitzen vorderen Ausläufer der Regio mesogastrica begrenzende Furchen theilt, ist deutlich ausgeprägt. Von den beiden kleinen Einschnitten am vorderen Seitenrande, welche den dritten Seitenlappen begrenzen, ziehen, wie bei *A. pubescens* und *A. semigranosus*, kurze Querfurchen nach innen, welche gleichfalls die Magengegend nicht erreichen, sondern schon vor dem Felde 5·L aufhören: sie begrenzen also vorn und hinten das Feld 4 L, das nach innen zu von dem Felde 5 L gar nicht getrennt ist. Die Frontalfeldchen sind von der Augenhöhlenwand durch eine enge, glatte Furche getrennt; diese Furche fängt an der inneren Augenhöhlenecke an, zieht längs der Orbita hin und läuft dann, sich ein wenig erweiternd, längs dem vorderen Seitenrande, die Hepaticalgegend von dem letzteren trennend, bis zu der vorderen der beiden vom Seitenrande entspringenden Querfurchen. Diese Furche findet sich auch wohl bei *A. pubescens*.

Die Stirn ist ungefähr so breit wie bei *A. pubescens* und *A. semigranosus*. D i e  E n t f e r n u n g  d e r  ä u s s e r e n  A u g e n h ö h l e n e c k e n  b e t r ä g t  g e n a u  ⅔  d e r  g r ö s s t e n  B r e i t e  d e s  R ü c k e n s c h i l d e s. Die wenig vorragende Stirn ist schräg nach unten geneigt und durch einen sehr kleinen mittleren Einschnitt in zwei ein wenig schräg nach innen gerichtete Lappen getheilt; diese Lappen sind nach ihren Aussenecken hin schwach ausgerandet, aber vorn abgerundet und durch eine kleine Ausrandung von den inneren Augenhöhlenecken getrennt. Die querliegenden Augenhöhlen sind klein, wie bei *A. pubescens* und *A. semigranosus*, und ein bischen breiter als lang. Der obere und der untere Rand, die beide gekörnt sind, aber keine Einschnitte

---

1) Die Untersuchung der Pariser Originalexemplare von *A. pubescens* M. EDW. ergab für die grösste Breite des Rückenschildes $30\frac{1}{4}$ mm, für die Länge 17 mm und für die Entfernung der äusseren Augenhöhlenecken $11\frac{3}{5}$ mm. Bei *A. semigranosus* betrugen die beiden ersten Zahlen $12\frac{2}{5}$ mm und $6\frac{3}{4}$ mm.

zeigen, gehen nach aussen hin bogenförmig in einander über, ohne dass die äussere Augenhöhlenecke irgend wie angedeutet ist. Die Augenstiele tragen einige Körnchen.

Die vorderen Seitenränder sind so lang wie die hinteren, während die ersteren bei *A. pubescens* und *A. semigranosus* deutlich länger erscheinen als die hinteren. Sie sind ebenso undeutlich wie bei *A. pubescens* in vier Lappen getheilt. Der erste ist etwa so lang wie die drei folgenden zusammen und von dem zweiten bloss durch eine Unterbrechung der Körnchen getrennt; der dritte ist kaum mehr als halb so lang wie der zweite, ragt ein wenig hervor und ist von den angrenzenden durch kleine Ausschnitte des Randes geschieden, welche sich, wie ich schon sagte, in die zwei das Feldchen 4 L vorn und hinten begrenzenden Querfurchen fortsetzen. Dieser dritte Lappen erscheint verhältnissmässig kleiner, d. h. kürzer, als bei *A. pubescens* und *A. semigranosus*. Der vierte ist der kleinste von allen. Die hinteren Seitenränder erscheinen fast gerade, kaum ein wenig convex.

Die ganze gewölbte, obere Fläche des Rückenschildes ist gekörnt, wie bei *A. pubescens*, aber feiner. Diese runden Körnchen sind auf dem hinteren Theile, also auf der Regio cardiaca und auf der Regio intestinalis, sehr klein, kaum vorragend und zahlreich. Nach vorn und besonders nach den vorderen Seitenrändern hin nehmen die Körnchen allmählich an Grösse zu, so dass sie an den vorderen Seitenrändern, an dem Rande der Augenhöhlen und auf den Anterolateralfeldern am meisten hervorragen und sich hier als mehr oder weniger stumpf abgerundete, glatte Körner darstellen. Zwischen der kaum angedeuteten Regio mesogastrica und dem Feldchen 4 L sind die Körner minder zahlreich als auf der Herzgegend; auf der Anterolateralgegend und an den vorderen Seitenrändern wie an dem Rande der Augenhöhlen stehen sie wieder mehr gedrängt. Auch am vorderen Ende der hinteren Seitenränder, auf der dem Feldchen 1 R entsprechenden Gegend, sind die Körnchen fast so gross wie auf der Anterolateralgegend, aber nach der Regio intestinalis hin werden sie allmählich kleiner und häufen sich wieder zahlreicher an. Auf der Stirn liegen sie gleichfalls gedrängt, sind hier aber kleiner als an der Wand der Augenhöhlen, und der Stirnrand ist nicht gekörnt. Die ganze obere Fläche des Cephalothorax ist kurz behaart, und diese gelblichen Härchen stehen an der Basis der Körner, aber nicht auf den Räumen zwischen den Körnern eingepflanzt. Auch die Regio subhepatica und die Regio subbranchialis erscheinen gekörnt,

auf der ersteren erscheinen die Körner so gross wie auf der Anterolateralgegend der oberen Fläche, aber auf der letzteren sind sie viel
kleiner. Die Pterygostomialgegend ist gleichfalls fein gekörnt, aber
so fein, dass sie für das nackte Auge glatt erscheint.

Das gekörnte Basalglied der äusseren Antennen verhält sich wie
bei den anderen *Actaeodes*-Arten. Es ist so breit wie lang, und
die innere Ecke des Vorderrandes vereinigt sich mit dem nach unten
gerichteten Fortsatze der Stirn. Die Geissel dieser Antennen ist fast
so lang wie die Breite der Stirn.

Die äusseren Kieferfüsse verhalten sich typisch. Das zweite Glied
hat eine schwache Längsgrube, die dem inneren Rande näher liegt als
dem äusseren, und erscheint sehr fein gekörnt und punktirt; das dritte
Glied ist deutlicher gekörnt, was auch mit dem vorderen Ende des
Exognathen der Fall ist.

Das Abdomen des Männchens ist glatt, nur hier und da punktirt,
mit Ausnahme des an den Hinterrand der oberen Fläche des Cephalothorax grenzenden Basalgliedes, das ein wenig gekörnt ist. Das dritte,
das vierte und das fünfte Glied sind mit einander verwachsen und die
Nähte nicht mehr sichtbar. Das zweite Glied ist noch ein bischen
breiter als lang und das Endglied fast so lang wie die Breite seines
Hinterrandes. Das Sternum ist fast überall glatt.

Characteristisch sind die Vorderfüsse, die einander völlig gleich
sind. Die Ränder des Brachialgliedes sind gekörnt. Am Carpalgliede
erscheint die obere Fläche sowohl an der Aussen- wie an der Innenseite gekörnt, und die letztere läuft nach vorn hin in zwei Läppchen
aus, von welchen das obere grösser, abgerundet und stumpfer erscheint,
das untere kleiner, dreieckig und mehr zahnförmig. Die Scheeren sind
mässig verlängert, aber noch nicht dreimal so lang wie hoch,
die Finger mitgerechnet. Während nun bei *A. pubescens* die Scheerenfinger bedeutend kürzer sind als das Handglied und der bewegliche
Finger stark gebogen ist, sind bei der neuen Art die Finger verhältnissmässig länger und der bewegliche nur wenig
gebogen. Die Palmarportion der Scheere ist, am Unterrande gemessen, kaum anderthalbmal so lang wie die
horizontale Länge der Finger und ungefähr anderthalbmal so lang wie hoch. Das Handglied erscheint am
Oberrande, am oberen Drittel der Aussenfläche und
am Carpalgelenke gekörnt, am Unterrande und an der
Basis des unbeweglichen Fingers dagegen glatt; eine
imaginäre Linie, die vom Daumengelenke nach dem proximalen Ende

des Unterrandes hinzieht, trennt den gekörnten Theil der Aussenfläche von dem glatten, obgleich beide allmählich in einander übergehen, wenn man die Scheere unter der Lupe betrachtet. Die Körnchen, mit welchen die Vorderfüsse besetzt sind, gleichen denen der Antero-lateralgegend der oberen Fläche des Rückenschildes, sind aber ein bischen schärfer, besonders die der Scheere. Die innere Fläche des Handgliedes ist an einem entsprechenden Theile gekörnt. Die an ihren Enden tief löffelförmig ausgehöhlten Finger sind tief längsgefurcht, erscheinen aber sonst völlig glatt, sogar an der Basis des beweglichen Fingers. Dieser trägt fünf oder sechs schwache Zähne am Innenrande; am unbeweglichen Finger finde ich einen etwas grösseren Zahn gleich vor der Mitte und drei oder vier kleinere hinter ihm. Die Vorderfüsse sind kurz behaart, den glatten Theil des Handgliedes und die Scheerenfinger ausgenommen.

Die Meropoditen der vier hinteren Fusspaare sind ziemlich stark zusammengedrückt; sie sind an ihrem Oberrande gekörnt, aber ihre beiden Seitenflächen erscheinen dem unbewaffneten Auge glatt, sogar die des letzten Fusspaares, während sie bei *A. pubescens* gekörnt sind. Nur unter der Lupe erscheinen sie gegen die Oberränder hin fein granulirt. Auch die folgenden Glieder erscheinen dem unbewaffneten Auge fast glatt und nur bei Vergrösserung stellenweise ein bischen gekörnt. Sämmtliche Glieder sind, besonders an ihrem oberen Rande, die zwei letzten auch an ihrem Unterrande, mit langen, gelblichen, seidenartigen Haaren bewachsen.

Das Thier hat eine röthlichgelbe Farbe an Körper und Füssen. Die obere Fläche des Rückenschildes trägt zahlreiche, rundliche, weisse Fleckchen. Die Scheerenfinger sind bleigrau, und diese Farbe setzt sich, wie bei *Chlorodius sculptus* A. M. EDW., auf die grössere, untere, distale Hälfte der Aussenfläche des Handgliedes fort, während die kleinere distale Hälfte der Finger weiss ist.

Maasse:

| | ♂ | |
|---|---|---|
| Entfernung der äusseren Augenhöhlenecken . | $11\frac{1}{2}$ | mm |
| Grösste Breite des Rückenschildes . . . . | $28\frac{3}{4}$ | „ |
| Länge des Rückenschildes . . . . . . . | $15\frac{1}{5}$ | „ |
| Länge der Scheere . . . . . . . . . | $14\frac{1}{2}$ | „ |

### 3. Actaeodes themisto n. sp.

Taf. IX, Fig. 3.

Ein steriles Weibchen aus dem Rothen Meere.

Diese Form zeigt eine grosse Aehnlichkeit mit dem ausführlich beschriebenen *Actaeodes richtersii* von Tahiti, so dass ich mich bloss darauf beschränken will, die Unterschiede anzugeben.

Der Cephalothorax ist verhältnissmässig länger, also weniger verbreitert, und zweitens ist die Stirn, resp. die Entfernung der äusseren Augenhöhlenecken, breiter im Verhältniss zur Breite des Rückenschildes. In allen anderen Merkmalen gleicht der Cephalothorax dem von *A. richtersii*, nur scheinen die Körnchen der Anterolateralgegenden und der vorderen Seitenränder ein bischen grösser und schärfer zu sein.

Auch an den Vorderfüssen, die zwar ein wenig kleiner sind als bei *A. richtersii*, aber diesen sonst ganz ähnlich sind, erscheinen die Körnchen, mit denen die obere Fläche des Carpalgliedes und die Scheeren bedeckt sind, verhältnissmässig ein bischen grösser und spitzer. Die zwei Zähne an der inneren Ecke des Carpalgliedes, welche sich bei *A. richtersii* vorfinden, sind hier weniger ausgebildet. Auch ist bei der im Rothen Meere lebenden Art ein grösserer Theil der Aussenfläche des Handgliedes mit Körnchen bedeckt: eine Längsreihe von scharfen Körnchen verläuft gleich unter der Mitte der Aussenfläche vom Carpalgelenke bis zum unbeweglichen Finger; zwischen dieser Längsreihe und dem oberen Rande des Handgliedes stehen noch viele andere Körnchen unregelmässig angehäuft, und unterhalb dieser Längsreihe verläuft noch eine zweite Längsreihe von kleineren Körnchen, während bloss der Unterrand des Handgliedes abgerundet und glatt ist. An dem beweglichen Finger sind die Längsfurchen breiter und durch schärfere Kanten getrennt, und diese letzteren tragen einige scharfe Körner an der Basis.

Auch die hinteren Fusspaare gleichen denen von *A. richtersii* und zeigen dieselbe Behaarung; doch ist das letzte Fusspaar an der Aussenfläche ein wenig deutlicher gekörnt. Das Exemplar ist leider sehr verblichen, so dass über die Farbe nichts zu sagen ist. Die Untersuchung von zahlreichen Individuen an Ort und Stelle muss entscheiden, ob diese Art von *A. richtersii* in der That specifisch verschieden ist.

Maasse :                                                ♀
Grösste Breite des Rückenschildes  .  .  .  19   mm
Länge des Rückenschildes  .  .  .  .  .  .  11¼  „
Entfernung der äusseren Augenhöhlenecken  9⅔  „

#### 4.  *Actaeodes variolosus* A. M. Edw.

*Liomera variolosa* A. M. Edwards, in : Journal des Museums Godeffroy,
Heft 4, 1874, p. 3, Taf. XII, Fig. 5.

Ein Männchen aus der Südsee.

Characteristisch für diese Art, bei welcher die vorderen Seitenränder durch tiefe Ausschnitte in deutlich ausgebildete Lappen geschieden sind, ist das höckerförmige Hervorragen der Regio
hepatica, resp. der dieser Gegend entsprechenden Felder 1 L und
3 L, welche, nicht von einander getrennt, sondern zusammengewachsen,
durch eine tiefe Furche von den beiden vorderen Lappen des Seitenrandes und von der Augenhöhlenwand geschieden sind. Auf der von
Milne Edwards gegebenen Abbildung ist diese Bildung an der rechten
Seite des Rückenschildes besser gezeichnet als an der linken. Die
Cervicalfurche ist nur durch das Fehlen der Körnchen auf derselben
angedeutet, ebenso wie die sehr oberflächliche, mittlere Frontalfurche.

Die Scheeren sind an ihrem Oberrande und an der Aussenfläche
mit kegelförmigen, ziemlich scharfen Körnchen bedeckt, die unregelmässig angeordnet sind und gegen den glatten Unterrand hin kleiner
werden und verschwinden. Die löffelförmig ausgehöhlten Finger
sind etwas kürzer als die Palmarportion der Scheere und tief gefurcht;
auf dem Rücken des beweglichen Fingers sind diese Furchen durch
Längsreihen von scharfen Höckerchen getrennt.

Das Abdomen ist fünfgliedrig und, die zwei Basalglieder ausgenommen, glatt. Das zweite Glied der äusseren Kieferfüsse zeigt die
gewöhnliche Längsgrube: auf der Figur ist nur das Vorderende derselben gezeichnet.

Grösste Breite des Cephalothorax 13⅘ mm, Länge 8⅓ mm.
Das Originalexemplar von Milne Edwards war auf Upolu gesammelt
worden.

#### Gattung Xantho Leach.

#### 5.  *Xantho (Lachnopodus) tahitensis* n. sp.
##### Taf. IX, Fig. 4.

Ein Männchen von Tahiti.

Diese schöne Art, welche mir neu scheint, schliesst sich dem

*Xantho* (*Lachnopodus*) *rodgersii* STIMPS., welcher den indischen Archipel bewohnt, unmittelbar an. Es liegen mir die drei Exemplare dieser letzteren Art vor, die ich in meiner Arbeit über die von Herrn Dr. BROCK gesammelten Krebse angeführt habe. Ich beschränke mich deshalb darauf, bloss die Unterschiede zwischen diesen beiden so nahe verwandten Formen anzugeben. Der Cephalothorax unserer neuen Art ist ein wenig b r e i t e r im Verhältniss zu seiner Länge als bei dem *Xantho rodgersii*. Während bei der STIMPSON'schen Art die Breite genau anderthalbmal so gross ist wie die Länge des Rückenschildes, ist beim *X. tahitensis* d i e B r e i t e e t w a s g r ö s s e r. Die obere Fläche ist bei beiden Formen ebenso stark gewölbt und zeigt überhaupt bei beiden ungefähr die gleichen Verhältnisse: kaum erscheinen die Gruben, welche die Felder begrenzen, bei *tahitensis* ein wenig tiefer. Die Stirn hat dieselbe relative Breite bei beiden Arten, aber ihre vier Lappen ragen mehr hervor und sind deutlicher ausgebildet, indem sowohl der mediane Ausschnitt wie die seitlichen Ausrandungen bedeutend tiefer sind als bei *rodgersii*. Die Augenhöhlen haben genau denselben characteristischen Bau bei beiden Arten. Die äussere Augenhöhlenecke stellt sich als ein kleiner, stumpfer Höcker dar, der angrenzende äussere Theil des oberen Augenhöhlenrandes zeigt zwei feine Einschnitte, und der untere Rand bildet gleich neben dem Höcker der äusseren Ecke einen dritten Höcker, der schwach gekielt ist. Genau dieselben Höcker finden sich bei *X. rodgersii*. Während an den vorderen Seitenrändern der STIMPSON'schen Art bloss die zwei hinteren Höcker schwach ausgebildet sind, erscheint bei *X. tahitensis* der zwischen diesen Höckern und den Augenhöhlen gelegene vordere Theil der Seitenränder deutlich i n z w e i b r e i t e L a p p e n getheilt, von welchen der erste ein wenig breiter ist als der zweite. Auch die zwei hinteren Höcker ragen mehr hervor als bei *rodgersii*, und der letzte erscheint sogar s e h r s p i t z u n d s c h a r f, statt stumpf. Antennen und äussere Kieferfüsse zeigen genau denselben Bau bei beiden Arten und ebenso Sternum und Abdomen des Männchens: das letztere ist gleichfalls fünfgliedrig, doch ist zu bemerken, dass das Endglied bei der neuen Art ein bischen länger ist im Verhältniss zur Breite an der Basis.

Die Füsse zeigen gleichfalls eine grosse Uebereinstimmung. Die Ungleichheit der Vorderfüsse des Männchens ist bei *tahitensis* ein bischen geringer wie bei *rodgersii*. Die Brachialglieder haben dieselbe Form, und ihr stark gebogener Oberrand ist gleichfalls m i t s c h a r f e n, s p i t z e n Z ä h n c h e n besetzt. Der untere der beiden Höcker,

welche bei *rodgersii* an der inneren Ecke des Carpalgliedes stehen,
ist bei der neuen Art kaum ausgebildet, und auf der oberen Fläche
dieses Gliedes fehlt die freilich sehr seichte Grube, die man hier
parallel mit dem Scheerengelenke bei *rodgersii* beobachtet. Die
Scheeren haben bei beiden Formen ungefähr dieselbe Gestalt. Bei der
Stimpson'schen Art verläuft gleich unter der Mitte der Aussenfläche
ein schwacher Längswulst, und die Längsgrube gleich unter dem
oberen Rande des Handgliedes ist ziemlich tief; ausserdem erscheint
die obere Hälfte der Aussenfläche ein bischen runzelig. Bei X. *tahitensis* sind die beiden Scheeren dagegen an ihrer Aussenfläche völlig
glatt, ohne Spur dieses Längswulstes, und auch von der
submarginalen Längsgrube ist kaum etwas zu sehen.
Die Finger verhalten sich bei beiden gleich. Die vier hinteren
Fusspaare schliesslich gleichen vollkommen denen
von X. *rodgersii*. Die oberen Ränder der Mero-, Carpo- und wohl
auch der Propoditen sind mit kurzen, spitzen Zähnchen besetzt und die Füsse mit langen, gelben Haaren bewachsen.

Ich schlage für diese zwei *Xantho*-Arten die Aufrichtung einer
Untergattung *Lachnopodus* Stimps. vor, welche sich durch die glatte,
obere Fläche des Rückenschildes, durch den Bau der Augenhöhlen
und die mit spitzen Zähnchen besetzten Füsse characterisirt.

Maasse :                                                                    ♂
Grösste Breite des Rückenschildes = Entfernung
    der letzten Seitenzähne . . . . . . . . .   54 mm
Länge des Rückenschildes . . . . . . . . .   32 „

## 6. *Xantho punctatus* M. Edw.

*Xantho punctatus* Milne Edwards, in: Nouv. Archives du Muséum,
    T. 9, p. 199, Pl. VII, Fig. 6.
*Liomera punctata* de Man, in: Archiv f. Naturgeschichte, Jahrg. 53,
    Bd. 1, 1887, p. 238.

Ein Männchen und ein steriles Weibchen.

Bei dem Weibchen beträgt die grösste Breite des Cephalothorax
25⅓ mm, die Länge in der Mittellinie 15⅕ mm.

## 7. *Xantho nudipes* A. M. Edw.

*Xantho nudipes* A. Milne Edwards, in: Nouv. Archives du Muséum,
    T. 9, p. 197, Pl. VII, Fig. 5.
? *Leptodius nudipes* Dana, in: United Stat. Expl. Exp., Crust. I, p. 209,
    Pl. XI, Fig. 12.

Ein Männchen mittlerer Grösse, wahrscheinlich aus der Südsee. Es kommt mir wahrscheinlich vor, dass, gleich wie *Xantho crassimanus* A. M. EDW. sich später als zur Gattung *Leptodius* gehörig erwiesen hat, auch *Xantho nudipes* A. M. EDW. zu dieser Gattung gestellt werden muss, und dass der zufällig den gleichen Namen tragende *Leptodius nudipes* DANA eben die Jugendform der EDWARDSschen Art ist. Die Thatsache, dass *Xantho crassimanus* ein *Leptodius* ist, wurde durch die Untersuchung von zahlreichen Individuen verschiedener Grösse festgestellt. In meiner Arbeit über die Crustaceen der Mergui-Inseln stellte ich zwei Krebse, deren Cephalothorax 16½ mm resp. 10 mm breit war, zu *Leptodius nudipes* DANA. Die Scheerenfinger dieser Exemplare waren deutlich ausgehöhlt und der Cephalothorax kaum zweimal so breit wie die Entfernung der äusseren Augenhöhlenecken. Bei dem alten Exemplare von *Xantho nudipes* A. M. EDW., dessen Rückenschild 40 mm breit ist, erscheinen die Scheerenfinger nicht mehr ausgehöhlt, und die Entfernung der äusseren Augenhöhlenecken beträgt nur ein Drittel der Breite des Rückenschildes. Das vorliegende Männchen scheint mir nun in der That einen Uebergang zu bilden. Die Finger der grossen Scheere sind an ihren Enden leider abgenutzt, aber die der kleinen Scheere erscheinen an ihren Spitzen noch deutlich a u s g e h ö h l t. Und was die relative Stirnbreite betrifft, so ist der Cephalothorax fast n u r z w e i u n d e i n h a l b M a l so breit wie die Entfernung der äusseren Augenhöhlenecken. Es scheint also, dass diese Entfernung während des Wachsthumes allmählich relativ kleiner wird, eine Erscheinung, die auch wohl bei anderen Xanthiden vorkommt, wie z. B. bei *Epixanthus corrosus* (vergl. unten). Die Untersuchung von zahlreichen Zwischenformen möge meine Vermuthung bestätigen.

Maasse :                                                        ♂
Grösste Breite des Rückenschildes . . . . 26  mm
Länge des Rückenschildes . . . . . . . 16⅓  „
Entfernung der äusseren Augenhöhlenecken . 10  „

## Gattung Epixanthus HELLER.

### 8. *Epixanthus corrosus* A. M. EDW.

*Epixanthus corrosus* A. MILNE EDWARDS, in: Nouv. Archives du Muséum, T. 9, p. 241, Pl. 9, fig. 1.

*Epixanthus corrosus* DE MAN, in: Archiv f. Naturgeschichte, 53. Jahrg., Bd. 1, p. 292, Taf. XI, Fig. 3.

Ein junges Weibchen von Madagascar.

In meiner Arbeit über die von Dr. Brock gesammelten Decapoden betrachtete ich Kossmann's *Epixanthus rugosus* aus dem Rothen Meere als die erwachsene Form von *Epixanthus corrosus* A. M. Edw., also als identisch mit dieser. Bei dem vorliegenden, jungen Weibchen erscheint die Stirn resp. die Entfernung der äusseren Augenhöhlenecken nun in der That breiter als bei den erwachsenen Thieren und so breit wie bei *Epixanthus corrosus*. Dagegen ist das Verhältniss der Breite und der Länge des Rückenschildes noch fast genau dasselbe wie bei den alten Thieren, so dass der Cephalothorax noch nicht genau die von Milne Edwards abgebildete Form zeigt, resp. noch immer ein bischen mehr verbreitert erscheint. Was die Sculptirung des Rückenschildes betrifft, so stimmt das Exemplar gleichfalls völlig mit den alten, von mir a. a. O. beschriebenen Individuen von der Insel Noordwachter überein.

Maasse:                                                    ♀
Grösste Breite des Rückenschildes . . . . 12$\frac{1}{2}$ mm
Länge des Rückenschildes . . . . . . . 7$\frac{1}{5}$ „ .
Entfernung der äusseren Augenhöhlenecken . 5$\frac{3}{5}$ „

## Gattung Heteropanope Stimps.

### 9. *Heteropanope vauquelini* Aud.

Taf. IX, Fig. 5.

*Pilumnus vauquelini* Audouin, in: Savigny, Description de l'Égypte, Crustacés, Atlas, Pl. V, Fig. 3.
*Pilumnus vauquelini* Heller, in: Sitzungsber. Math.-Naturw. Classe der kais. Akad. der Wiss. Wien, Bd. 43, 1861, p. 344.

Zwei Männchen und ein Weibchen aus dem Rothen Meere.

Zuvor die Bemerkung, dass diese Art zur Gattung *Heteropanope* gestellt werden muss, wie ich sie in meiner Arbeit über die Crustaceen der Mergui-Inseln umgrenzt habe (in: Journal Linnean Soc. London, Vol. 22, 1887, p. 52), und dann, dass sie die grösste Aehnlichkeit zeigt mit *Heteropanope indica* de Man, welche die genannten Inseln bewohnt [1]). *Heteropanope vauquelini* unterscheidet sich aber durch die folgenden Charactere. Die obere Fläche des Rückenschildes erscheint ein wenig gewölbt. Die Stirn resp. die Entfernung der inneren

---

1) Auch *Pilumnus tridentatus* Maitland, welcher in Holland lebt, gehört zu der Gattung *Heteropanope* und ist *Heteropanope indica* de Man gleichfalls sehr ähnlich.

Augenhöhlenecken ist etwas b r e i t e r als bei *H. indica*, wo diese Entfernung genau nur ein Drittel der Entfernung der dritten Seitenzähne beträgt. Das vorletzte Glied des Abdomens des Männchens ist f a s t z w e i m a l s o b r e i t w i e l a n g, bei *H. indica* quadratisch, kaum breiter als lang. Bei der AUDOUIN'schen Art ist der obere Rand des Handgliedes der grossen Scheere f e i n g e k ö r n t, bei *H. indica* ist das Handglied dieser Scheere an allen Seiten überall glatt. Auch sind bei *H. vauquelini* die Finger dieser Scheere im Verhältniss zur Länge des Handgliedes länger als bei *H. indica* und nach unten gebogen, was bei *H. indica* nicht der Fall ist.

Die HELLER'sche Beschreibung stimmt fast vollkommen zu diesen Exemplaren. Die Vorderfüsse zeigen aber eine grössere Ungleichheit, als es bei den von SAVIGNY abgebildeten und von HELLER beschriebenen Individuen der Fall gewesen zu sein scheint. HELLER beschreibt auch nicht ein eigenthümliches Merkmal der grossen Scheere des Männchens. Der unbewegliche Finger ist nämlich beim alten Männ- .chen s t a r k n a c h u n t e n g e b o g e n; bei dem jüngeren Männchen ist dies weniger und bei dem Weibchen gar nicht der Fall. Bei den Männchen ist die horizontale Länge der Finger der grossen Scheere nur wenig kleiner als die horizontale Länge der Palmarportion, beim Weibchen sind die Finger relativ ein bischen kürzer. Die Finger der grossen Scheere des Männchens sind nicht gefurcht, der bewegliche ist an der Basis ein wenig gekörnt, und beide zeigen an ihren Innenrändern einige Zähne. Beim Weibchen sind die Finger der grossen Scheere auch nur schwach gefurcht. Der Präorbitalabschnitt des oberen Augenhöhlenrandes hat zwei Fissuren.

| Maasse: | $\male$ | $\female$ |
|---|---|---|
| Grösste Breite des Rückenschildes, d. h. die Entfernung der vorletzten Seitenzähne. . . | $14\frac{2}{3}$ mm | $11\frac{3}{4}$ mm |
| Länge des Rückenschildes . . . . . . . | $10\frac{1}{3}$ „ | $8$ · „ |
| Entfernung der inneren Augenhöhlenecken . . | $5\frac{2}{3}$ „ | $4\frac{3}{4}$ „ |

Verbreitung: Rothes Meer.

## Gattung Thalamitoides A. M. EDW.

### 10. *Thalamitoides tridens* A. M. EDW.

*Thalamitoides tridens* A. MILNE EDWARDS, in: Nouv. Archives du Muséum, T. 5, p. 149, Pl. VI, Fig. 1—7. — DE MAN, in: Notes Leyden Museum, Vol. 3, p. 99.

Ein eiertragendes Weibchen aus dem Rothen Meere.

Obgleich das Vorkommen dieses Krebses im Rothen Meere schon früher von mir a. a. O. angezeigt worden ist, so will ich doch bemerken, dass dieses Exemplar einige Charactere zeigt, welche Milne Edwards nicht erwähnt. Zuerst sind die queren Linien, die von der Magengegend nach dem dritten Seitenzahne hinlaufen, ebenso deutlich ausgebildet wie bei *Thalamitoides quadridens*. Dann sind die Einschnitte, durch welche die breiten, medianen Stirnlappen von den angrenzenden getrennt werden, ein bischen breiter, ungefähr wie bei *quadridens*, so dass diese angrenzenden Stirnlappen nicht geradlinig abgestutzt, sondern mehr abgerundet erscheinen. Das Basalglied der äusseren Antennen trägt unmittelbar unter der beweglichen Geissel zwei oder drei spitze Stacheln, die zwischen den beiden äusseren Stirnlappen theilweise sichtbar sind, wenn man den Cephalothorax von oben her betrachtet.

Das Brachialglied der Vorderfüsse trägt am Vorderrande vier Stacheln, von welchen der dritte der grösste, der vierte der kleinste ist, der Carpus vier Stacheln an der Aussenfläche und einen fünften grösseren an der inneren Ecke. Die Scheere trägt nur sieben Stacheln, in zwei Reihen angeordnet, während in der Originalbeschreibung deren acht oder neun erwähnt werden. Die Entfernung der äusseren Augenhöhlenecken beträgt 19 mm, die Länge des Rückenschildes 10 $\frac{1}{4}$ mm. Nach den Edwards'schen Zahlenangaben soll der Cephalothorax also relativ etwas weniger verbreitert sein. Diese Unterschiede sind aber wohl individuell, denn auch *Th. quadridens* scheint zu variiren.

## Gattung Goniosoma A. M. Edw.

### 11. *Goniosoma erythrodactylum* Lam.

*Goniosoma erythrodactylum* Lamarck, A. Milne Edwards, in: Archives du Muséum, T. 10, p. 369.

Ein Männchen von Tahiti.

Dieses Männchen stellt eine merkwürdige Varietät dieses schon Lamarck bekannten Krebses dar. Die Seitenränder sind nämlich nicht mit sieben, sondern mit acht Zähnen besetzt, und zwar ausser den fünf grossen, noch mit drei rudimentären, statt zwei; dieser dritte, sonst nicht vorhandene, rudimentäre Zahn liegt zwischen dem dritten und dem vierten grossen Zahne und findet sich an beiden Seiten.

Die querverlaufenden Körnerlinien auf der oberen Fläche des Rückenschildes sind deutlich ausgeprägt und in gleicher

Zahl vorhanden wie bei *Gonios. natator*, während diese Linien bei der typischen Form nur schwach angedeutet sein sollten. Die Stirnzähne sind leider theilweise verstümmelt, und das für unsere Art nach MILNE EDWARDS so characteristische subfrontale Höckerchen zwischen und unter dem medianen oder ersten und dem zweiten Stirnzahne fehlt an der linken Seite, wo es mit den Stirnzähnen verwachsen zu sein scheint. Auch ist noch zu bemerken, dass die Regio hepatica ein wenig gekörnt ist.

Die Füsse scheinen ganz mit der typischen Form übereinzustimmen. Das Handglied der Vorderfüsse ist zwischen den fünf Stacheln, mit welchen die obere Fläche bewaffnet ist, ein wenig gekörnt, an der unteren Hälfte dagegen zwischen den drei glatten Längsleisten und am unteren Rande völlig glatt.

Die Entfernung der letzten Seitenrandszähne beträgt 58 mm, die Länge des Rückenschildes 37 mm.

## Gattung Sesarma SAY.

### 12. *Sesarma edwardsii* DE MAN, *var. brevipes n.*
#### Taf. IX, Fig. 6.

*Sesarma edwardsii* DE MAN, Uebersicht der indopacifischen Arten der Gattung Sesarma SAY, in dieser Zeitschrift, Bd. 2, 1887, p. 649.
*Sesarma edwardsii* DE MAN, in: Journal Linnean Soc. London, 1888, p. 185, Pl. XIII, Figs. 1—4.

Drei Exemplare (1 ♂, 2 ♀) von Sydney.

Da diese Individuen von mir vorliegenden Originalexemplaren der *Sesarma edwardsii* aus dem Mergui-Archipel einige Unterschiede zeigen, so betrachte ich sie als Vertreter einer neuen, der Küste von Ost-Australien wahrscheinlich eigenthümlichen Varietät, denn die Unterschiede sind nicht gross genug, um die Aufstellung einer neuen Art zu rechtfertigen. Der Cephalothorax hat genau dieselbe Form wie bei dem Typus, nur springt der Epibranchialzahn seitlich ein bischen mehr hervor. Beim Männchen sieht das Abdomen anders aus, es erscheint m i n d e r verbreitert und das Endglied wird an seiner Basis von dem vorletzten Gliede ein wenig umfasst. Auch beim Weibchen wird das Endglied von dem vorletzten Gliede weiter umfasst als beim Typus.

Die Vorderfüsse gleichen vollkommen denen der typischen Exemplare. Die übrigen Fusspaare erscheinen dagegen v i e l  k ü r z e r, minder schlank, und ihre Mero-, Carpo- und besonders ihre Propoditen zeigen e i n e  v i e l  g e d r u n g e n e r e  G e s t a l t, wie aus einer Vergleichung der Figuren ersichtlich ist.

Maasse:      ♂      ♀.
Entfernung der äusseren Augenhöhlenecken . $13\frac{2}{3}$ mm $13\frac{1}{4}$ mm
Länge des Rückenschildes . . . . : . . $12$ „ $12\frac{1}{4}$ „
Breite der Stirn . . . . . . . . . $7\frac{3}{4}$ „ $8$ „

## 13. *Sesarma smithii* H. M. EDW.

*Sesarma smithii* H. MILNE EDWARDS, in: Archives du Muséum, T. 7, p. 149, Pl. IX, Fig. 2. — DE MAN, Uebersicht der indopacifischen Arten der Gattung Sesarma SAY, p. 652.

Ein erwachsenes Männchen von den Viti-Inseln.

Wie ich schon vermuthete, ist bei dieser Art die Entfernung der äusseren Augenhöhlenecken ein wenig k l e i n e r als die Länge des Rückenschildes, so dass sie in die z w e i t e Unterabtheilung der zweiten Gruppe meiner Uebersicht gestellt werden muss, neben *Sesarma impressa* H. M. EDW.

Maasse:      ♂
Entfernung der äusseren Augenhöhlenecken . . $35\frac{4}{5}$ mm
Grösste Breite des Rückenschildes . . . . . $42$ „
Länge des Rückenschildes, in der Mittellinie . $38$ „
Breite der Stirn, zwischen den Augen . . . . $19\frac{2}{5}$ „
Horizontale Länge der Scheere . . . . . . $42$ „
Horizontale Länge der Finger . . . . . . . $26\frac{1}{2}$ „
Höhe der Scheere . . . . . . . . . . . $26\frac{1}{2}$ „

Die Stirn ist also ein wenig breiter als die halbe Entfernung der äusseren Augenhöhlenecken, und die Scheere ist genau so lang wie die grösste Breite des Rückenschildes.

## 14. *Sesarma trapezoidea* GUÉRIN.
### Taf. IX, Fig. 7.

*Sesarma trapezoidea* GUÉRIN, DE MAN, Uebersicht der indopacifischen Arten der Gattung Sesarma SAY, p. 654 und 678.

Ein eiertragendes Weibchen von den Viti-Inseln.

Ich gebe eine Abbildung dieser seltenen Art.

Maasse:      ♀
Entfernung der äusseren Augenhöhlenecken . $19\frac{3}{4}$ mm
Grösste Breite des Rückenschildes . . . . $25$ „
Länge des Cephalothorax in der Mittellinie . $23$ „
Breite der Stirn . . . . . . . . . $10\frac{1}{4}$ „
Breite des Hinterrandes des Rückenschildes . $9\frac{1}{2}$ „
Länge der Scheeren . . . . . . . . $10\frac{1}{2}$ „

### 14 a. *Sesarma trapezoidea* GUÉRIN, *var. longitarsis n.*
### Taf. X, Fig. 8.

Ein Männchen von den Viti-Inseln.

Ich betrachte dies Exemplar als eine neue Varietät der *Sesarma trapezoidea* GUÉRIN, obgleich es möglich ist, dass wir es mit einer neuen Art zu thun haben. Diese Frage lässt sich nur durch die Untersuchung von zahlreichen Individuen entscheiden, indem wir mit dem Variationskreise und mit den Charakteren der *Ses. trapezoidea* auf verschiedenen Altersstadien noch immer nicht vollkommen bekannt sind. Wenn ich dies Männchen mit dem schon angeführten, zur typischen Form der *Ses. trapezoidea* gehörigen Weibchen vergleiche, so fällt sogleich das bedeutendere Hervorragen der vier Stirnlappen auf. Herr Dr. HILGENDORF, der die Güte hatte, unser Männchen mit den drei, von den Philippinen herstammenden Original-Exemplaren der *Sesarma oblonga* v. MART. zu vergleichen, welche im Berliner Museum aufbewahrt werden und von welchen ich in meiner Uebersicht der Gattung *Sesarma* gezeigt habe, dass sie mit *Sesarma trapezoidea* GUÉRIN i d e n t i s c h sind, schreibt mir aber, dass dieses Hervorragen der Stirnlappen entschieden mit dem Alter zusammenhängt, indem die Stirnlappen bei dem noch grösseren *oblonga*-Männchen sogar noch mehr ausgebildet sind als bei unserem Exemplare von den Viti-Inseln.

Die allerdings nicht so schnell in die Augen fallenden Abweichungen, die mich veranlassen, unser Exemplar für eine neue Varietät zu halten, bieten die vier hinteren Fusspaare. Z u e r s t e r s c h e i n e n d i e Dactylopoditen bei diesem Männchen im Verhält- niss zur Länge der Propoditen entschieden länger als bei den typischen Formen der *Ses. trapezoidea*. So sind z. B. die Dactylopoditen am hintersten Beinpaare fast so lang wie die Oberkante der Propoditen, während sie bei der typischen Form etwas kürzer sind. Bei dem grossen *oblonga*-Männchen des Berliner Museums messen aber die Klauenglieder am hintersten Beinpaare nicht einmal zwei Drittel der Länge der Propoditen und bei dem kleinen *oblonga*-Männchen gerade etwa zwei Drittel, was auch bei dem oben erwähnten Weibchen von den Viti-Inseln der Fall ist. Zweitens erscheinen die Meropoditen und die Propoditen bei der typischen Form im Verhältniss zur vorderen Breite des Cephalothorax g e s t r e c k t e r

als bei unserem Männchen. So misst z. B. das Schenkelglied des
letzten Fusspaares bei dem letzteren wenig mehr als zwei Drittel der
Entfernung der äusseren Augenhöhlenecken, bei dem *oblonga*-Männchen
der Berliner Sammlung dagegen sechs Siebentel. Auch bei unserem
Weibchen erscheinen diese Meropoditen länger als bei dem Männchen
von den Viti-Inseln, sie messen etwa drei Viertel der Entfernung der
äusseren Augenhöhlenecken; dass sie nicht sechs Siebentel messen,
darf wohl dem Umstande zugeschrieben werden, dass das Weibchen
bedeutend jünger resp. kleiner ist als das grosse Männchen des Berliner Museums.

Die Vorderfüsse scheinen sich vollkommen wie bei der typischen
Form zu verhalten. Die von mir a. a. O. beschriebenen, dem jungen
Berliner Männchen entnommenen Charactere finden sich genau bei
unserem Männchen wieder. Die horizontale Länge der Scheere ist
anderthalbmal so gross wie die Breite der Stirn, und die horizontale
Länge der Finger ist nur wenig grösser als die horizontale Länge des
Handgliedes. Die Aussenfläche des Handgliedes ist fein gekörnt; nach
dem Ober- und nach dem Unterrande hin gruppiren sich die Körnchen
zu schrägen Linien. Der bewegliche Finger trägt eine Längsreihe von
40—50 feinen Querrunzeln. Die Schneide des beweglichen Fingers
trägt einen grösseren Zahn ganz an der Basis, ähnlich wie bei dem
jungen Berliner Männchen; bei dem alten Berliner Männchen zeigt der
bewegliche Finger aber einen kräftigen Zahn etwas hinter der Mitte
der Schneide, unweit von dem grössten Zahn des unbeweglichen Fingers.
Die hintere oder äussere Fläche des Brachiums trägt bei unserem
Männchen wie bei dem kleinen Berliner Männchen feine, querverlaufende Körnerreihen, bei dem alten Berliner Männchen jedoch haben
sich diese Linien in eine grössere Zahl unregelmässig gestellter, kräftiger Granula aufgelöst. Diese Unterschiede hängen aber mit dem
Alter zusammen.

Der Cephalothorax stimmt mit dem Typus überein. Zu bemerken
ist aber, dass der Epibranchialzahn minder vorspringt als bei unserem
Weibchen, so dass die Entfernung der beiden Epibranchialzähne nicht
grösser, sondern sogar ein bischen kleiner ist als die Entfernung der
äusseren Augenhöhlenecken. Herr Dr. HILGENDORF erwähnte in seinem
Schreiben diesen Character nicht, so dass ich vermuthe, dass die Epibranchialzähne vielleicht auch bei den Berliner Männchen weniger
vorspringen. Das Abdomen habe ich in Figur 8 a abgebildet. Das
zweite Glied der äusseren Kieferfüsse verhält sich wie bei dem Weibchen dieser Sammlung, glatt, ohne Längsfurche, also typisch. In Folge

ihres bedeutenden Hervorragens liegen die vier Stirnlappen in einer geraden Querlinie, während sie bei dem Weibchen eine concave Linie bilden; dann erscheint auch der untere Stirnrand bei dem Weibchen nicht, bei unserem Männchen dagegen wohl von den Stirnlappen bedeckt.

| Maasse: | ♂ | |
|---|---|---|
| Entfernung der äusseren Augenhöhlenecken . | 25⅔ | mm |
| Grösste Breite des Cephalothorax, über den mittleren Füssen . . . . . . . . . . | 29½ | „ |
| Länge des Cephalothorax, in der Mittellinie . | 30 | „ |
| Breite der Stirn am Oberrande . . . . . | 14⅘ | „ |
| Breite des Hinterrandes . . . . . . . . . | 10½ | „ |
| Horizontale Länge der Scheere . . . . . | 22½ | „ |
| Horizontale Länge der Finger . . . . . . | 11¾ | „ |
| Länge der Meropoditen des vorletzten Fusspaares | 24½ | „ |
| „ „ Propoditen „ „ „ [1]) | 16¾ | „ |
| „ „ Dactylopoditen „ | 13 | , |
| „ „ Meropoditen „ letzten „ | 18 | , |
| „ „ Propoditen „ „ | 12½ | , |
| „ „ Dactylopoditen „ „ | 12 | „ |

Diese Zahlen stimmen ungefähr überein mit den Maassen des Berliner *oblonga*-Weibchens (DE MAN, Uebersicht u. s. w. p. 681), nur ist der Hinterrand bedeutend schmäler; dieser Unterschied ist aber vielleicht ein sexueller, indem auch bei den beiden Berliner Männchen die Breite des Hinterrandes verhältnissmässig geringer ist als bei dem Weibchen.

### 15. *Sesarma oceanica n. sp.*

Taf. X, Fig. 9.

Ein Männchen und ein Weibchen von Ponapé.

Diese Art zeigt eine grosse Aehnlichkeit mit der viel grösseren *Sesarma rotundata* HESS, unterscheidet sich aber durch die verschiedene Gestalt des Cephalothorax.

*Sesarma oceanica* gehört zur zweiten Unterabtheilung der zweiten Gruppe meiner Uebersicht der Arten der Gattung *Sesarma*. Der Cephalothorax ist fast quadratisch und die Entfernung der äusseren Augenhöhlenecken ist nur wenig kleiner als die Länge des Rückenschildes, während sie bei der erwachsenen *Sesarma rotundata* nur $\frac{6}{7}$ dieser Länge beträgt. Die obere Fläche ist abgeflacht und nur auf der vorderen Magengegend und auf der Branchialgegend ganz

1) Diese Maasse der Propoditen und der Dactylopoditen beziehen sich auf die Länge ihrer oberen Kanten.

nahe den Seitenrändern erscheint sie schwach gewölbt, aber durchaus
nicht so stark wie bei der von Hess beschriebenen Art. Die Felder sind
durch ziemlich tiefe Furchen begrenzt. Die obere Fläche erscheint in
der Mitte feiner, an den Seiten gröber punktirt; die vordere Magengegend und die Regio hepatica sind ein wenig gekörnt, und nahe den
Seitenrändern beobachtet man die gewöhnlichen, hier ziemlich kurzen,
schrägen Linien. Die schwach divergirenden Seitenränder sind ein
wenig nach aussen gebogen, jedoch nicht so stark wie bei Sesarma
rotundata, hören aber gleichfalls über dem dritten, d. h. dem mittleren,
Fusspaare auf. Sie tragen hinter der äusseren Augenhöhlenecke noch
z w e i kleinere Zähne, von welchen der hintere der kleinste ist. Bei
Sesarma dentifrons A. M. EDW. erscheint der dritte Zahn dornähn-
lich. Die Stirn ist schmal und kaum halb so breit wie die Entfernung
der äusseren Augenhöhlenecken; während die Stirn nun bei Sesarma
rotundata auffallend hoch ist im Verhältniss zu ihrer Breite, ist dies
bei Sesarma oceanica nicht der Fall. Ihre Höhe beträgt nämlich noch nicht ein Drittel ihrer Breite. Die Stirn ist fast
vertical nach unten gerichtet und ein wenig concav. Die Stirnlappen
sind scharf, ein wenig gekörnt, und wie bei Sesarma rotundata sind
die inneren dreimal so breit wie die äusseren; die Einschnitte, durch
welche sie von einander getrennt werden, sind wenig tief, der mittlere
ein bischen tiefer als die seitlichen. Der untere Stirnrand zeigt in
der Mitte eine ganz schwache Ausrandung und an jeder Seite derselben noch eine kleinere, so dass der Rand wellenförmig verläuft.
An den Ecken der beiden seitlichen Ausrandungen trägt die Stirnfläche ganz nahe dem Rande einen kleinen Höcker bei dem Männchen,
während diese vier Höckerchen bei dem Weibchen fast gänzlich fehlen.
Der Hinterrand des Rückenschildes ist genau so breit wie die Stirn.
Der Innenlappen des unteren Augenhöhlenrandes ist sehr klein. Das
zweite Glied der äusseren Kieferfüsse trägt eine behaarte Längsgrube.

Das Abdomen des Männchens ist ziemlich schmal und die Seitenränder desselben verlaufen concav. Das Endglied ist abgerundet und
genau so lang wie die Breite seines Hinterrandes; das vorletzte Glied
ist am Hinterrande fast zweimal so breit wie die Länge des Gliedes,
und dessen Seitenränder sind schwach bogenförmig erweitert; das
dritte Glied ist ein wenig kürzer als das zweite. Beim Weibchen
wird das Endglied des Abdomens vom vorletzten Gliede fast zur Hälfte
umfasst. Sternum und Abdomen sind punktirt.

Die Vorderfüsse des Männchens sind ziemlich klein und einander völlig gleich. Am Vorderrande des Brachialgliedes beobachtet man einen wenig vorstehenden, gezähnelten Fortsatz, der Oberrand ist unbewehrt. Der gekörnte Carpus trägt einen wenig scharfen Zahn an der inneren Ecke. An der Scheere erscheinen die Finger so lang wie das Handglied. Dieses zeigt an seiner Aussenfläche mehrere scharfe Höckerchen; vor jedem Höckerchen stehen ein Paar Härchen eingepflanzt. Der Oberrand des Handgliedes trägt eine fein gekörnte Längslinie. Die innere Fläche desselben ist auch ein wenig gekörnt, zeigt aber keine Spur einer Querleiste. Der Rücken des beweglichen Fingers trägt sechs oder sieben scharfe Zähnchen in einer Längsreihe hinter einander, und ähnliche Zähnchen finden sich auch am unteren Rande des unbeweglichen Fingers. Die Finger erscheinen an der Aussen- und an der Innenseite punktirt, sonst glatt und sind an ihren Innenrändern mit mehreren Zähnen ungleicher Grösse besetzt.

Die Scheeren des Weibchens sind ein bischen kleiner als beim Männchen, die Finger ein wenig länger; der bewegliche Finger trägt weniger Zähnchen auf seinem Rücken, und diese fehlen ganz am unteren Rande des unbeweglichen Fingers. Die vier hinteren Fusspaare gleichen denen von *Sesarma rotundata*, wie es scheint, sehr. Die am distalen Ende ihres Vorderrandes mit scharfem Zahne bewehrten Schenkelglieder sind sehr schmal, dreimal so lang wie breit. Die ein wenig verlängerten Propoditen sind bedeutend länger als die Dactylopoditen, welche, gleich wie bei *Ses. rotundata*, an ihren Rändern sehr filzig sind.

| Maasse: | ♂ | ♀ |
|---|---|---|
| Entfernung der äusseren Augenhöhlenecken . . | 13⅓ mm | 14¾ mm |
| Länge des Rückenschildes . . . . . . . . . | 15¼ „ | 17¼ „ |
| Grösste Breite über dem dritten Fusspaare . . | 15½ „ | 17½ „ |
| Breite der Stirn am oberen Rande . . . . . | 6⅓ „ | 7⅗ „ |
| Breite des Hinterrandes . . . . . . . . . . | 6⅓ „ | 7½ „ |
| Länge des Meropoditen des vorletzten Paares . | 12¾ „ | 14¼ „ |
| Breite „ „ „ „ „ . | 3⅚ „ | 4⅔ „ |
| Länge „ Propoditen „ „ „ . | 8½ „ | 10½ „ |
| Breite „ „ „ „ „ . | 2⅖ „ | 3 „ |
| Länge „ Dactylopoditen „ „ „ . | 5⅔ „ | 6⅓ „ |

*Sesarma polita* de Man, welche die Mergui-Inseln bewohnt, unterscheidet sich durch den noch stärker abgeflachten Cephalothorax, durch die breitere und verschiedenartig gebaute Stirn, durch die etwas verschiedene Form des männlichen Abdomens, durch die verschiedene Gestalt der vier hinteren Fusspaare, deren Propoditen eine mehr gedrungene Gestalt zeigen und ungefähr so lang sind wie die verlängerten Carpopoditen (während bei *Sesarma oceanica* die Propoditen bedeutend länger sind · als die Carpopoditen), und durch einige andere Charactere.

## 16. *Sesarma angustifrons* A. M. EDW.

### Taf. X, Fig. 10.

*Sesarma angustifrons* A. MILNE EDWARDS, in: Nouvelles Archives du Muséum, T. 5, Bulletin, p. 16.
*Sesarma angustifrons* DE MAN, Uebersicht der indopacifischen Arten der Gattung Sesarma, p. 655.
Ein Männchen von Tahiti.

Diese, den Stillen Ocean bewohnende *Sesarma* gehört zu denjenigen, bei welchen die Seitenränder des Rückenschildes nach hinten zu divergiren, so dass der Cephalothorax hinten bedeutend breiter ist als vorn. Eine ähnliche Gestalt des Rückenschildes zeigen *Sesarma gracilipes* M. EDW., *Sesarma longipes* KRAUSS, *Sesarma kraussii* DE MAN, *Sesarma impressa* M. EDW. und *Sesarma atrorubens* HESS.

Bei dem vorliegenden Exemplare ist die Entfernung der äusseren Augenhöhlenecken genau so gross wie die Länge des Rückenschildes, bei dem etwas älteren Originalexemplare, das MILNE EDWARDS von den Sandwich-Inseln empfing, übertraf die Länge aber sogar die Breite, unter welcher wir an dieser Stelle wohl die Entfernung der äusseren Augenhöhlenecken zu verstehen haben. Bei *Sesarma longipes* KRAUSS und bei der ihr verwandten *Sesarma kraussii* DE MAN ist die Länge des Cephalothorax stets kleiner als die Entfernung der äusseren Augenhöhlenecken. Die obere Fläche des Cephalothorax ist schwach gewölbt von vorn nach hinten. Die die Felder begrenzenden Furchen sind nicht tief, die Felder aber dennoch alle deutlich unterschieden. Auf den Stirnlappen und an den Seiten trägt die obere Fläche viele kleine und kurze Haarbüschel und an den Seiten die gewöhnlichen, bei unserer Art ziemlich kurzen, schrägen Linien. Die leicht concaven Seitenränder, welche hinter der äusseren Augenhöhlenecke mit einem einzigen, deutlichen Zahne besetzt sind, divergiren nach hinten und hören über dem mittleren Fusspaare auf. Der Hinterrand des Rückenschildes ist genau halb so breit wie die Entfernung der äusseren Augenhöhlenecken.

Die Stirn ist ein bischen breiter als die Hälfte dieser Entfernung und fast vertical nach unten gerichtet. Die vier etwas corrodirten Stirnlappen, von welchen die inneren fast zweimal so breit sind wie die äusseren, liegen in einer geraden Querlinie und bedecken den unteren Stirnrand nicht, wenn man den Cephalothorax von obenher betrachtet;

sie sind durch ziemlich tiefe Furchen von einander getrennt. Der untere Stirnrand zeigt in der Mitte eine ziemlich tiefe, mässig breite Ausbuchtung. Das Abdomen des Männchens gleicht dem von *Ses. bidens* DE HAAN (Fauna Japonica, Crustacea, Tab. XVI, Fig. 4), und der Hinterrand des vorletzten Gliedes ist zweimal so breit wie die Länge des Gliedes.

Die Vorderfüsse des Männchens sind ziemlich klein. Der linke ist ein bischen kräftiger als der rechte. Der Vorderrand des Brachialgliedes zeigt weder Dorn noch Fortsatz und trägt nur einige Zähnchen seiner ganzen Länge nach; der Oberrand endigt in einer stumpfen Ecke. Das oben gekörnte Carpalglied hat eine stumpfe, innere Ecke. An den Scheeren erscheint die Palmarportion reducirt, so dass ihre horizontale Länge nur zwei Drittel von der Länge der Finger beträgt. Die convexe Aussenfläche des Handgliedes erscheint schwach gekörnt, der Oberrand trägt keine Kammleisten, die innere Fläche trägt an der oberen Hälfte e i n e z w a r k u r z e, a b e r s e h r v o r s t e h e n d e, m i t f ü n f o d e r s e c h s K ö r n e r n b e s e t z t e Q u e r l e i s t e, während die untere Hälfte etwas gekörnt erscheint. Die Finger sind an der Aussen- wie an der Innenseite glatt und ebenso der Unterrand des unbeweglichen Fingers. Der Rücken des beweglichen Fingers trägt an der grösseren, proximalen Hälfte eine Längsreihe von sechs oder sieben kleinen, scharfen Körnchen und einige Körnchen liegen ausserdem an der Basis des Fingers. Die Schneiden der Finger tragen mehrere Zähne von ungleicher Grösse.

Die übrigen Fusspaare sind schlank und denen von *Sesarma gracilipes* M. EDW., von welcher Art mir ein Männchen vorliegt, sehr ähnlich. Die Schenkelglieder, deren Vorderrand am distalen Ende in einen scharfen Zahn ausläuft, sind fa s t d r e i m a l so lang wie breit. Die Propoditen sind auch schlank, doch nicht besonders verlängert und fast viermal so lang wie breit. Die nach der Spitze hin ein wenig gebogenen Klauenglieder schliesslich sind verlängert und ungefähr s o l a n g w i e d i e P r o p o d i t e n. Diese Füsse sind gefleckt.

Maasse: $\delta$

| | |
|---|---|
| Entfernung der äusseren Augenhöhlenecken . . | 15 mm |
| Länge des Rückenschildes, in der Mittellinie . | 15 „ |
| Breite der Stirn . . . . . . . . . | $8\frac{2}{5}$ „ |
| Breite des Hinterrandes . . . . . . . | $7\frac{2}{3}$ „ |
| Grösste Breite des Cephalothorax . . . . | 18 „ |
| Horizontale Länge der grossen Scheere . . . | 12 „ |
| Länge des Meropoditen des vorletzten Paares . | $12\frac{1}{2}$ „ |
| Breite „ „ „ „ „ . | $4\frac{4}{5}$ „ |

Länge des Propoditen des vorletzten Paares .   $8\frac{1}{4}$ mm
Breite   „        „        „        „        „        „   .   $2\frac{1}{2}$ „
Länge   „ Dactylopoditen „        „        „        „   .   8 „

Wie schon MILNE EDWARDS bemerkte, ist *Ses. gracilipes* eine nahe verwandte Art. Die Seitenränder, welche bei dieser Art nur Spuren von zwei Seitenzähnchen hinter der äusseren Augenhöhlenecke zeigen, erscheinen gerade oder leicht convex, bei *Ses. angustifrons* ein wenig concav. Bei *Ses. gracilipes* ist die Stirn schmäler, und der freie Rand der vier Stirnlappen erscheint schärfer, während sie durch minder tiefe Einschnitte getrennt sind. Das Abdomen des Männchens ist bei *Ses. gracilipes* auch breiter. Die Vorderfüsse sind kräftiger, die Scheeren tragen an der Aussenfläche e i n e n  s t a r k e n  H ö c k e r, an der inneren Fläche jedoch k e i n e Querleiste, und der unbewegliche Finger trägt auch Zähnchen an seinem unteren Rande. Schliesslich sind die Lauffüsse noch ein bischen schlanker.

## 17.  *Sesarma quadrata* FABR.

*Sesarma quadrata* FABRICIUS, DE MAN, Uebersicht der indopacifischen Arten der Gattung Sesarma, p. 655 und p. 683, Taf. XVII, Fig. 2.

Ein Weibchen von Madagascar.

Dieses Individuum weicht von der typischen Form dadurch ab, dass der grosse Stachel am Vorderrande des Brachialgliedes der Scheerenfüsse fehlt und, wie bei *Ses. erythrodactyla* HESS, durch einen etwas gezähnelten Fortsatz ersetzt ist. Auch sind die Meropoditen der Lauffüsse etwas weniger verbreitert, so dass z. B. die Breite dieser Glieder am hintersten Beinpaare etwas geringer ist als ihre halbe Länge. Beide Unterschiede sind ohne Zweifel nur als locale oder vielleicht sogar nur als individuelle anzusehen, wie auch HILGENDORF meint (Crustaceen von Ost-Afrika, 1869, p. 90).

Maasse :                                              ♀
Entfernung der äusseren Augenhöhlenecken .  ..  $16\frac{2}{3}$ mm
Länge des Rückenschildes, in der Mittellinie .   $12\frac{2}{3}$  „
Breite der Stirn . . . . . . . . . . .   $9\frac{1}{4}$  „
Verbreitung : Madagascar, Philippinen, Japan.

## 18.  *Sesarma melissa* DE MAN.

*Sesarma melissa* DE MAN, in: Journal Linnean Society London, Vol. 22, 1888, p. 170, Pl. XII, Fig. 5—7.
*Sesarma melissa* DE MAN, Uebersicht der indopacifischen Arten der Gattung Sesarma, 1887, p. 656.

Ein Männchen von den Viti-Inseln.

Dieses Exemplar stimmt fast vollkommen mit dem von mir beschriebenen Individuum aus dem Mergui-Archipel überein. Der Vorderrand des Brachialgliedes trägt aber nicht einen scharfen Dorn, sondern hat, wie bei *Ses. erythrodactyla* HESS, einen fein gezähnelten Fortsatz, eine Variation, welche auch bei *Ses. quadrata* FABR. vorkommt, und der Oberrand läuft in eine stumpfe Ecke, nicht in einen scharfen Zahn aus. Der rechte Vorderfuss ist ein wenig kräftiger als der linke. Der bewegliche Finger des rechten Vorderfusses trägt 14, der des linken 12 Querwülste. Diese Querwülste sehen denen von *Ses. erythrodactyla* HESS und von *Ses. livida* A. M. EDW. ähnlich (vergl. DE MAN, in: Archiv für Naturgeschichte, Jahrg. 1888, Taf. XVII, Fig. 1 *b*). Sie sind nicht symmetrisch in Bezug auf eine querverlaufende Achse, wie bei *Ses. bidens* DE HAAN, sondern bestehen aus einem fein längsgestreiften proximalen und aus einem leicht concaven, glatten, distalen Theile. In meiner Originalbeschreibung heisst es, dass der distale Theil jedes Höckers grösser sei als der proximale, dies ist bei dem gegenwärtigen Exemplare wie auch bei mir vorliegenden Originalexemplaren von *Ses. erythrodactyla* aus dem Göttinger Museum aber kaum der Fall, ja der proximale Theil erscheint fast grösser als der distale. Die innere Fläche der Scheeren ist gekörnt, zeigt jedoch keine gekörnte Leiste, welche bekanntlich die nahe verwandte *Ses. erythrodactyla* HESS auszeichnet. Der obere Rand des Handgliedes trägt zwei parallele Kammleisten, von welchen jede aus 12—13 Stachelchen besteht. Die Finger sind sowohl an der Aussen- wie an der Innenseite punktirt, sonst glatt.

Maasse:

|                                                    | ♂ |      |
| :------------------------------------------------- | :-------------- | :-- |
| Entfernung der äusseren Augenhöhlenecken . .       | $16\frac{1}{2}$ | mm  |
| Länge des Rückenschildes, in der Mittellinie .     | $14\frac{1}{5}$ | „   |
| Breite der Stirn . . . . · . . . . . .             | $10\frac{1}{5}$ | „   |
| Hinterrand des Rückenschildes . . . . .            | $6\frac{3}{4}$  | „   |

Ich will an dieser Stelle bemerken, dass auch *Ses. rupicola* STIMPS. von Japan, eine Art, die leider nur auf ein weibliches Exemplar gegründet wurde, wohl zu dieser Gruppe der *Ses. quadrata* gehört und sehr wahrscheinlich mit *Ses. picta* DE HAAN identisch ist.

Verbreitung: Bengalischer Meerbusen, Viti-Inseln.

### 19. *Sesarma erythrodactyla* Hess[1]).

*Sesarma erythrodactyla* Hess, de Man, Uebersicht der indopacifischen Arten der Gattung Sesarma, p. 656 und p. 686.

Ich gebe hier die Maasse von drei Originalexemplaren des Göttinger Museums.

|  | ♂ | ♂ | ♀ |
|---|---|---|---|
| Entfernung der äusseren Augenhöhlenecken | $21\frac{1}{6}$ mm | $19\frac{5}{6}$ mm | $21\frac{1}{5}$ mm |
| Länge des Rückenschildes, in der Mittellinie | $17\frac{1}{4}$ „ | $16\frac{1}{2}$ „ | $17\frac{1}{3}$ „ |
| Breite der Stirn . . . . . . . . . . | $12\frac{3}{4}$ „ | $12\frac{1}{4}$ „ | $12\frac{1}{2}$ „ |
| Breite des Hinterrandes des Rückenschildes | $8\frac{1}{3}$ „ | $7\frac{2}{3}$ „ | 9 „ |

Wie bei den Männchen trägt auch bei dem Weibchen der bewegliche Finger eine Längsreihe von 21—22 ähnlich gebauten Querwülsten, welche fast dieselbe Grösse zeigen wie bei den Männchen. Von den zwei Kammleisten, welche beim Männchen am Oberrande des Handgliedes stehen, findet sich beim Weibchen noch die distale schön ausgebildet. Die Innenfläche des Handgliedes trägt eine kurze Körnerleiste, die nur halb so gross ist wie beim Männchen. Das Endglied des Abdomens wird nur ganz an der Basis vom vorletzten Gliede umfasst.

Verbreitung: *Sesarma erythrodactyla* bewohnt die Küste von Neu-Süd-Wales.

### 20. *Sesarma leptosoma* Hilgend.
### Taf. X, Fig. 11.

*Sesarma leptosoma* Hilgendorf, Crustaceen von Ost-Afrika, 1869, p. 91, Taf. VI, Fig. 1.
*Sesarma leptosoma* de Man, Uebersicht der indopacifischen Arten der Gattung Sesarma, p. 645.

Ein Männchen und ein eiertragendes Weibchen von den Viti-Inseln.

In meiner Uebersicht stellte ich diese Art noch in die erste Gruppe, weil das Männchen unbekannt war. Jetzt finden wir, dass auch *Sesarma leptosoma* zur dritten Gruppe gehört, bei welcher die Scheeren des Männchens am Oberrande mit Kammleisten versehen sind. Unter den Vertretern dieser Gruppe unterscheidet sie sich ganz leicht durch die verlängerten Propoditen und die verhältniss-

---

1) Diese Art fand sich nicht in der Frankfurter Sammlung vor.

mässig sehr kurzen Endglieder der schlanken Lauffüsse.

Bei dem Männchen ist das Verhältniss der Entfernung der äusseren
Augenhöhlenecken und der Länge des Rückenschildes sowie die relative
Breite der Stirn genau dieselbe wie beim Männchen von *Sesarma
melissa;* dennoch zeigt der Cephalothorax eine andere Gestalt, weil
die Seitenränder nach hinten zu ein wenig convergiren,
so dass der Hinterrand verhältnissmässig bedeutend
schmäler erscheint. Beim Weibchen ist der Cephalothorax ein
bischen kürzer als beim Männchen und der Hinterrand ein wenig
breiter. Die Furchen auf der oberen Fläche sind tiefer als bei *Ses.
melissa*, so dass diese sehr uneben erscheint. Die Stirn ist schräg
nach unten gerichtet, bei *Ses. melissa* fast vertical. Die vier Stirnlappen ragen weniger hervor, und darum ist die Stirnfläche besser
sichtbar, wenn man das Thier von obenher betrachtet. Die inneren
Stirnlappen sind ein bischen breiter als die äusseren, und die Furchen,
welche sie von den letzteren trennen, erscheinen ein wenig breiter als
bei *Ses. melissa;* die Stirnlappen sind höckerig und tragen einige
querverlaufende, kurze Körnerlinien. Der untere Stirnrand ist in der
Mitte ziemlich breit, aber nicht tief ausgerandet und zeigt an jeder
Seite dieser mittleren Ausrandung noch eine schwächere Ausschweifung,
so dass er wellenförmig verläuft, ungefähr wie bei *Ses. melissa;* an
jeder Seite der mittleren Ausrandung ist die obere Fläche der Stirn
ein wenig höckerig. Das Abdomen des Männchens stimmt mit dem
von *Ses. melissa* und *Ses. bidens* ungefähr überein; beim Weibchen
wird das Endglied zur Hälfte vom vorletzten Gliede umfasst.

Die Vorderfüsse sind gleich. Der Vorderrand des Brachialgliedes
trägt einen dreieckigen, fein gezähnelten Fortsatz, also keinen Dorn,
und der Oberrand läuft in eine stumpfe Ecke aus. Das gekörnte Carpalglied ist an der inneren Ecke stumpf und unbewehrt. Die Scheere
gleicht der von *Ses. melissa*. Das Handglied ist so lang wie
die Finger und ein wenig höher als lang. Die convex gewölbte Aussenfläche ist gekörnt; der Oberrand trägt zwei parallele
Kammleisten; auch die convexe Innenfläche ist spärlich gekörnt, trägt
aber keine Körnerleiste. Die ziemlich kurzen Finger sind sowohl an
der Aussen- wie an der Innenfläche glatt, hier und da punktirt. Am
Rücken des beweglichen Fingers beobachtet man eine Längsreihe von
9—10 glatten, abgerundeten Querhöckern; diese Höcker stehen quer,
sind ziemlich kurz, nicht gestreift, und der proximale Theil jedes
Höckers ist nur wenig länger als der schräg abfallende, nicht ausge-

höhlte, distale Theil. An jeder Seite der Höckerreihe ist der bewegliche Finger an seiner Basis etwas gekörnt. Beim Weibchen sind die Vorderfüsse viel kleiner, die Finger viel länger als das Handglied, und der bewegliche Finger trägt nur 7—8 kleine Höckerchen längs der proximalen Hälfte.

Sehr characteristisch sind die vier hinteren Fusspaare.

Diese Füsse sind noch etwas mehr verlängert als die von *Ses. melissa*. Die Meropoditen, deren Vorderrand am distalen Ende in einen spitzen Zahn ausläuft, sind wenig verbreitert; so sind z. B. die des hintersten Beinpaares noch ein bischen mehr als zweimal so lang wie breit. Die Propoditen sind schlanker und mehr verlängert als bei *Ses. melissa*, die Endglieder dagegen bedeutend kürzer. Bei *Ses. leptosoma* beträgt die Länge der Dactylopoditen nur wenig mehr als ein Drittel der Länge der Propoditen, bei *Ses. melissa* dagegen zwei Drittel. Dieser Unterschied fällt gleich auf.

| Maasse: | ♂ | | ♀ | |
|---|---|---|---|---|
| Entfernung der äusseren Augenhöhlenecken . | 17¾ | mm | 16⅕ | mm |
| Länge des Rückenschildes . . . . . . . | 15½ | „ | 13⅕ | „ |
| Breite der Stirn . . . . . . . . . . | 11⅕ | „ | 9⅔ | „ |
| Breite des Hinterrandes des Rückenschildes . | 5⅘ | „ | 6⅕ | „ |
| Länge des Propoditen des vorletzten Fusspaares | 9½ | „ | 9 | „ |
| Länge d. Dactylopoditen „ „ „ | 3½ | „ | 3½ | „ |

Die obere Fläche des Cephalothorax zeigt gelbe Flecken und zwar einen hinten auf den äusseren Stirnlappen, einen an den äusseren Augenhöhlenecken, ein grosser Fleck liegt an jeder Seite der Regio mesogastrica auf der vorderen Branchialgegend, ein etwas kleinerer findet sich an jeder Seite auf der vorderen Herzgegend, und kleinere beobachtet man nahe dem Hinterrande des Rückenschildes und auf der hinteren Branchialgegend.

Herr Dr. Hilgendorf hatte die Güte, das Weibchen, das ich ihm geschickt hatte, mit dem einzigen Originalexemplare seiner *Ses. leptosoma,* gleichfalls einem Weibchen, zu vergleichen, schrieb mir, dass er beide unbedenklich für die gleiche Art halte, und fügte noch die folgenden Bemerkungen hinzu. Bei seinem von Sansibar herstammenden Exemplare seien die Unebenheiten der oberen Fläche des Rückenschildes durchweg geringer als bei dem Weibchen von den Viti-Inseln. Die Propoditen der Lauffüsse erscheinen zwar ein bischen breiter als bei unserem Exemplare, aber auf der Figur in von der Decken's Reise seien sie doch zu breit gezeichnet. Diese Abbildung sei auch insofern nicht correct, als die. äusseren Augenhöhlenecken zu sehr auf ihr vorspringen und die absolute Länge des Rückenschildes ein wenig zu klein geworden ist. Die Behaarung sei auf dem Originalexemplare auch ein wenig sparsamer als bei unserem Weibchen. Diese Unterschiede sind wohl als locale anzusehen.

Verbreitung: *Sesarma leptosoma* wurde bis jetzt bei Sansibar und bei den Viti-Inseln aufgefunden.

## Gattung Metasesarma M. Edw.

### 21. *Metasesarma rousseauxi* M. Edw.

*Metasesarma rousseauxi* H. Milne Edwards, in: Archives du Muséum, T. 7, p. 158, Pl. X, Fig. 1.
*Metasesarma granularis* Heller, in: Verhandl. Zool. Bot. Gesell. Wien, 1862, p. 522.
*Metasesarma rugulosa* Heller, Crustaceen der Novara-Reise, p. 65.

Drei Exemplare (1 ♂, 2 ♀) von Madagascar.

Für das unbewaffnete Auge erscheinen Cephalothorax und Vorderfüsse glatt; unter einer Lupe beobachtet man aber auf der Stirn und auf der Anterolateralgegend des Rückenschildes eine feine Granulirung, und die Posterolateralgegend trägt die bei *Sesarma* stets sich findenden schrägen Linien; auch beobachtet man ähnliche Körnchen auf der oberen Fläche des Carpalgliedes und am oberen Rande des Handgliedes der Vorderfüsse. Diese Individuen stimmen völlig mit den mir vorliegenden, von Dr. Brock im indischen Archipel gesammelten überein. Ich zweifle darum nicht an der Identität von Heller's *Metas. granularis* = *rugulosa* mit der *Metas. rousseauxi* und vereinige diese Formen. Dagegen bildet *Metas. trapezium* Dana von den Sandwich-Inseln eine zweite Art dieser Gattung [1]).

Verbreitung: Von Sansibar bis Tahiti.

## Gattung Metaplax M. Edw.

### 22. *Metaplax crenulatus* Gerst.

*Metaplax crenulatus* Gerstäcker, de Man, in: Journal of the Linnean Soc. London, Vol. 22, 1888, p. 156.

---

1) Ich will an dieser Stelle bemerken, dass die Zahlen und sonstigen Angaben bezüglich *Sesarma aubryi* in meiner „Uebersicht der indopacifischen Arten der Gattung Sesarma, 1887, p. 661“, sich auf

Ein eiertragendes Weibchen von Bengalen.

Die Entfernung der äusseren Augenhöhlenecken beträgt 29 mm, die Länge des Rückenschildes (das Epistom mitgerechnet, das Abdomen nicht!) $26\frac{1}{2}$ mm, die grösste Breite, d. h. die Entfernung der zweiten Seitenzähne, $33\frac{3}{5}$ mm.

Verbreitung: Bengalischer Meerbusen.

## Gattung Pseudograpsus M. Edw.

### 23. *Pseudograpsus albus* Stimps.

*Pseudograpsus albus* Stimpson, in: Proc. Acad. Nat. Scienc. Philadelphia, 1858, p. 104.

Zwei Männchen und drei eiertragende Weibchen von den Viti-Inseln.

Die innere Ecke des Carpalgliedes der Vorderfüsse erscheint bei den Männchen stumpf, bei den Weibchen stumpf zugespitzt. Die Carpalglieder der vier hinteren Fusspaare sind an ihrer oberen Fläche abgerundet, nicht gefurcht. Auch die Propoditen sind glatt, aber die Klauenglieder zeigen eine schwache Längsfurche. Die äusseren Kieferfüsse sind grob punktirt.

| Maasse: | ♂ | ♀ |
|---|---|---|
| Entfernung der äusseren Augenhöhlenecken . | $9\frac{2}{5}$ mm | $10\frac{4}{5}$ mm |
| Länge des Rückenschildes . . . . . . . . | 8 „ | $9\frac{1}{3}$ „ |
| Breite der Stirn an ihrem Vorderrande . . . | $4\frac{3}{4}$ „ | $5\frac{2}{5}$ „ |
| Bei dem kleinsten Weibchen beträgt die grösste Breite des Rückenschildes . . . . . . . | $6\frac{2}{3}$ „ | |

## Gattung Ptychognathus Stimps.

### 24. *Ptychognathus pusillus* Heller.

*Ptychognathus pusillus* Heller, Crustaceen der Novara-Reise, 1865, p. 60.

Ein Weibchen von den Viti-Inseln.

Diese Art zeigt eine grosse Aehnlichkeit mit *Pseudograpsus albus*, welche besonders bei den Weibchen auffällt. Der Cephalothorax ist

---

die *Metasesarma rousseauxi* beziehen, indem ich irrthümlicher Weise diese Art als *Sesarma aubryi* bestimmt hatte, was durch die grosse Uebereinstimmung zwischen beiden Formen verursacht worden war.

aber verhältnissmässig kürzer und erscheint also m e h r  v e r b r e i t e r t. Die zwei Anterolateralzähne sind deutlicher ausgeprägt und stellen sich als wirkliche, allerdings wenig vorstehende Zähne dar, während sie bei *Pseudograpsus albus* nur durch schwache Einschnitte am Rande angedeutet sind. Das dritte Glied der gleichfalls grob punktirten, äusseren Kieferfüsse ist noch mehr ohrförmig erweitert, und der Palpus erscheint noch breiter.

Die Carpalglieder der Vorderfüsse tragen einen spitzen Zahn an der inneren Ecke. Bei den Weibchen unterscheidet sich die Scheere dadurch, dass die Finger im Verhältniss zur Palmarportion ein bischen länger sind und schwach gefurcht, während sie, gleich wie die Palmarportion, fein gekörnt sind. Die Scheere des Weibchens zeigt an der Aussenfläche eine körnige Längslinie, nahe dem unteren Rande, die bis an die Spitze des unbeweglichen Fingers fortläuft: bei *Pseudograpsus albus* ist diese Linie schwächer ausgebildet.

An den vier hinteren Fusspaaren erscheinen nicht nur die Klauenglieder, sondern auch die Carpo- und Propoditen schwach längsgefurcht.

Maasse:                                          ♀
Grösste Breite des Rückenschildes . . . . . 11¼ mm
Länge des Rückenschildes . . . . . . . . 9⅔ „
Breite der Stirn am Vorderrande . . . . . 5½ „

Verbreitung: Indischer Ocean, indischer Archipel, Viti-Inseln.

## Gattung Paragrapsus M. Edw.

### 25. *Paragrapsus quadridentatus* M. Edw.

*Paragrapsus quadridentatus* Milne Edwards, Hist. Nat. des Crustacés, T. 2, p. 195. — Haswell, Catalogue of the Australian stalk- and sessile-eyed Crustacea, p. 105, Pl. III, Fig. 1.

Drei Weibchen ohne Eier von Brisbane.

Die Haswell'sche Abbildung dieser australischen Art ist insofern nicht genau, als der erste Zahn des Seitenrandes des Rückenschildes ein bischen zu lang gezeichnet worden ist. Bei unseren Thieren liegt die Fissur, welche den Epibranchialzahn bildet, ein wenig mehr nach vorn. An der leicht gewölbten, glatten, oberen Fläche des Cephalothorax bemerkt man die wenig tiefe Cervicalfurche, welche die Magen- von der Herzgegend trennt, sowie schwache Andeutungen der Branchiocardiacalvertiefungen. Die ziemlich stark nach unten gebogene

Stirn ist halb so breit wie die Entfernung der äusseren Augenhöhlenecken; ihr Vorderrand erscheint bei zwei Individuen in der Mitte ein
wenig ausgebuchtet, bei dem dritten fast gerade. Auf der hinteren
Branchialgegend liegen zwei feine Körnerlinien, von welchen die hintere
nahe dem Hinterrande des Rückenschildes verläuft.

Die innere Ecke des Carpalgliedes der Vorderfüsse ist ziemlich
scharf.

Maasse:                             ♀

Entfernung der äusseren Augenhöhlenecken . . $11\frac{1}{5}$ mm
Grösste Breite des Rückenschildes . . . . . $13\frac{1}{2}$ „
Breite der Stirn an ihrem Vorderrande . . . $5\frac{1}{4}$ „
Länge des Rückenschildes . . . . . . . . $10\frac{2}{3}$ „

Verbreitung: Ostküste von Australien, Nordküste von Tas-
manien.

## Gattung Durckheimia Rüpp. (in M. S.).

Die unten zu beschreibende neue Pinnotheride wurde von Rüffell
vom Rothen Meere mitgebracht, als *Durckheimia sp.* (wohl zu Ehren
von Straus-Dürckheim) bezeichnet, aber nie beschrieben. Diese Form
zeigt eine grosse Verwandtschaft mit der Gattung *Xanthasia* White,
indem die Ränder der oberen Fläche des Rückenschildes sich
gleichfalls zu einer scharfen Kante lamellenartig erheben;
sie weicht aber ab durch die allgemeine Gestalt des Cephalothorax,
durch die nicht vortretende Stirn, durch rudimentäre Augen und durch
die stark seitlich zusammengedrückten Lauffüsse.

### 26. *Durckheimia carinipes n. g. n. sp.*
### Taf. X, Fig. 12.

Ein eiertragendes Weibchen aus dem Rothen Meere.

Der Cephalothorax ist, wie bei vielen anderen Pinnotheriden, dick.
Die leicht concave, obere Fläche hat eine trapezförmige Gestalt. Die
vier Ränder, welche sie begrenzen, und von welchen der vordere und
der hintere parallel laufen, während die leicht gebogenen Seitenränder
nach hinten zu schwach convergiren, erheben sich lamellenartig zu
einer dünnen, scharfen Kante, die nur an einer einzigen Stelle,
und zwar in der Mitte des Vorderrandes, durch einen kleinen, dreieckigen Ausschnitt unterbrochen ist (Figg. 12 u. 12a). Der Vorderrand
ist also ein wenig breiter als der Hinterrand, und beide gehen mit

abgerundeten Winkeln in die Seitenränder über. Von der Mitte des
leicht concaven Hinterrandes zieht ein länglicher Höcker auf der Mitte
der oberen Fläche nach vorn; dieser Höcker erhebt sich allmählich
nach vorn hin über das Niveau der Seitenränder und bildet einen
seitlich zusammengedrückten, aber doch abgerundeten Längswulst, der
gleich von der Mitte des Rückenschildes schräg nach vorn hinabfällt.
Die Vorder- und die Seitenflächen des Cephalothorax fallen senkrecht
nach unten hin ab.

Die Antennenregion verhält sich wie bei der Gattung *Pinnotheres*.
Die Augen sind sehr klein, vielleicht rudimentär, und einander sehr
genähert. Die die Augenhöhle trennende Stirn ragt nur eben so weit
hervor wie der Vorderrand der oberen Fläche des Rückenschildes und
ist darum nur noch in dem Einschnitte des Vorderrandes sichtbar, wenn
man den Cephalothorax von obenher betrachtet.

Auch die äusseren Kieferfüsse gleichen denen von *Pinnotheres*
vollkommen. Das dritte Glied ist eiförmig. Der gerade Vorderrand
geht unter einem stumpfen Winkel in den leicht gebogenen Innenrand
über. Das zweite Glied des Endpalps ist stumpf zugespitzt, und das
in der Mitte seines Innenrandes inserirte Endglied reicht kaum über
seine Spitze hinaus; diese Glieder sind alle lang behaart. Der Cephalothorax erscheint sonst überall, sowohl auf der oberen wie auf den
Seitenflächen glatt, glänzend und unbehaart und ebenso das Abdomen.

Die Vorderfüsse des Weibchens sind klein und gleich. Die Brachialglieder sind zusammengedrückt und ihr Oberrand scharf und
schneidend. Die Carpalglieder sind ungefähr zweimal so lang wie dick
an ihrem Vorderende, glatt, unbewehrt und am Innenrande kurz behaart. An der schlanken Scheere erscheint das Handglied ungefähr
anderthalbmal so lang wie die Finger. Auch die Scheere ist schwach
comprimirt, glatt und unbewehrt, aber die grössere distale Hälfte des
Unterrandes ist kurz behaart, und auch der bewegliche Finger trägt
nach der Spitze hin einige Härchen. Die vier übrigen Fusspaare sind
stark seitlich zusammengedrückt. Die zwei mittleren Paare
haben etwa dieselbe Länge und sind ein bischen länger als die beiden
anderen; das hinterste Beinpaar ist kürzer als die übrigen. Die Meropoditen sind stark comprimirt, ihr Oberrand bildet eine scharfe,
schneidende Kante und auch der Oberrand der Carpo-
und der Propoditen erscheint scharf. Die sehr spitzen,
stark gebogenen, einfachen, an beiden Rändern kurz behaarten

Klauenglieder zeigen an allen vier Fusspaaren dieselbe Länge. Auch die Propoditen sind am distalen Ende ihres Hinter- oder Innenrandes kurz behaart, übrigens erscheinen die Füsse glatt und unbehaart.

Maasse:              ♀  
Grösste Breite des Rückenschildes . . . . . 9⅔ mm  
Länge des Rückenschildes in der Mittellinie . . 8¼ „  
Dicke des Cephalothorax (Abdomen und Eier  
 mitgerechnet!) . . . . . . . . . . . . 8½ „

## Gattung Dynomene Latr.

### 27. *Dynomene pugnatrix n. sp.*
Taf. X, Fig. 13.

Ein Weibchen von Mauritius.

Diese interessante neue Form unterscheidet sich auf den ersten Blick von den drei bis jetzt bekannten Arten der Gattung *Dynomene* durch ihre völlig glatten und sogar fast gänzlich unbehaarten Scheeren, sowie durch ihre schlankeren Lauffüsse.

Der Cephalothorax dieser Art ist fast quadratisch, indem er nur sehr wenig breiter ist als lang. Die leicht gewölbte, obere Fläche erscheint unter der Lupe ziemlich grob punktirt; sie zeigt gleich hinter der Mitte die ziemlich tiefe, V-förmige Cervicalfurche, die aber nicht bis an die Seitenränder des Cephalothorax fortläuft und die seitliche Grenze der Magengegend nicht überschreitet. Die Stirn hat dieselbe Form wie bei den anderen Dynomenen, ist breit dreieckig und mit der scharfen Spitze schräg nach unten gerichtet; ihre Ränder sind leicht concav und bilden mit dem oberen Augenhöhlenrande eine stumpfe Ecke, die innere Augenhöhlenecke. Die Ränder der Stirn sind wulstig verdickt und nahe ihrem Aussenrande fein längsgefurcht. Gleich hinter der Stirn liegen die kleinen abgerundeten Epigastricalhöcker; sie sind durch die enge Frontalfurche geschieden, die sich gleich hinter ihnen in die zwei den vorderen, spitzen Ausläufer der Regio mesogastrica umschliessenden Furchen theilt, welche sehr kurz sind und bloss die Mitte der Magengegend erreichen. Diese letztere geht ohne Grenze in die Regio hepatica über, indem sie durch keine Furchen oder Vertiefungen von ihr getrennt ist. Die Regio cardiaca wird durch ganz seichte Vertiefungen begrenzt, aber sonst fehlen die Furchen und Vertiefungen auf der oberen Fläche durchaus. Die Seitenränder des

Rückenschildes sind leicht gebogen; sie endigen nicht an der Aussenecke der Augenhöhlen, welche bogenförmig abgerundet ist, sondern laufen unter denselben fort nach der inneren Ecke des unteren Augenhöhlenrandes. Dieser letztere trägt zwei oder drei kleine, spitze Stachelchen, sonst erscheint der Rand der Augenhöhlen unbewehrt. Die vorderen Seitenränder des Cephalothorax tragen einige spitze Stacheln; die zwei oder drei vordersten sind sehr klein, dann folgen die fünf anderen, welche bedeutend grösser sind, aber nach hinten wieder an Grösse abnehmen. Eine imaginäre Linie, welche die hintersten Stacheln der Seitenränder vereinigt, bildet die Grenze zwischen der Magen- und der Herzgegend, fällt also mit der Cervicalfurche zusammen. Die hinteren Seitenränder sind abgerundet und der ziemlich breite Hinterrand des Rückenschildes ist leicht concav. Die Anterolateralgegend der oberen Fläche und die vorderen Seitenränder sind mit ziemlich langen, gelblichen Haaren bewachsen, und kürzere Härchen stehen auf der vorderen Magengegend, auf der hinteren Branchialgegend und wohl auch auf dem übrigen Theile der oberen Fläche.

Die äusseren Antennen, von welchen das zweite Glied einen stumpfen, zahnförmigen Fortsatz trägt, wie bei den anderen Arten dieser Gattung, zeichnen sich durch ihre sehr verlängerten Geisseln aus, welche so lang sind wie die Länge des Rückenschildes. Die inneren Antennen, das Epistom und die angrenzenden Theile verhalten sich wie bei den übrigen Dynomenen und ebenso die kurzbehaarten äusseren Kieferfüsse. Die Pterygostomialgegend ist leicht gewölbt und kurz behaart. Nach der Gestalt des Abdomens zu urtheilen, dessen Endglied halbkreisförmig und abgerundet erscheint, vermuthe ich, dass unser Exemplar ein Weibchen ist.

Von den beiden Vorderfüssen fehlt der linke. Der Vorderrand des Ischiopoditen ist kurz behaart und läuft vor dem distalen Ende in einen spitzen Stachel aus. Das Brachialglied trägt sowohl am vorderen wie am oberen Rande mehrere kurze, spitze Stacheln und Härchen. C a r p a l g l i e d  u n d  S c h e e r e  s i n d  d a g e g e n  v ö l l i g  g l a t t ,  u n b e w e h r t  u n d  u n b e h a a r t ,  d i e  F i n g e r  a u s g e n o m m e n. Das Carpalglied zeigt einen ziemlich spitzen Fortsatz an der inneren Ecke, wie bei den anderen Arten. Die Länge der Scheere beträgt ungefähr drei Viertel der Länge des Rückenschildes. D a s  s e i t l i c h  z u s a m m e n g e d r ü c k t e  H a n d g l i e d  i s t  u n g e f ä h r  z w e i m a l  s o  l a n g  w i e  h o c h  u n d  e t w a s  l ä n g e r  a l s  d i e  F i n g e r; seine Seitenränder laufen parallel. Die Finger sind ausgehöhlt und klaffen, weil der bewegliche stark gebogen ist; dieser letztere trägt einen kleinen, spitzen Zahn nahe dem Gelenke. Auch die Finger sind seitlich zusammengedrückt und tragen ein Paar Haarbüschel sowohl an der Aussenseite wie an ihrer concaven, inneren Fläche; der unbewegliche Finger trägt keine Zähne.

Die drei folgenden Fusspaare zeichnen sich vor denen der anderen Arten d u r c h  i h r e  s c h l a n k e r e n  G l i e d e r  aus. Die Meropoditen tragen an beiden Rändern spitze Stacheln, und kleinere Stacheln stehen noch auf der Aussenfläche nahe dem Oberrande auch in einer Längsreihe angeordnet. Die Carpalglieder sind mit mehreren Längsreihen kurzer Stachelchen sowohl am Aussenrande wie auf der Aussenfläche besetzt. Die Propoditen namentlich sind bedeutend schlanker als bei den bis jetzt bekannten Arten der Gattung *Dynomene*, erscheinen cylindrisch und tragen Längsreihen von Stachelchen am Aussenrande und an der Aussenfläche. Die Klauenglieder sind auch ein bischen schlanker als bei *Dynomene hispida,* erscheinen seitlich zusammengedrückt und laufen in eine Hornspitze aus. Sie tragen am Innenrande eine Längsreihe von kurzen Stachelchen. Diese drei Fusspaare sowie auch das letzte Fusspaar sind mit langen, gelblichen Haaren bewachsen. Im Gegensatze zu *Dynomene hispida* sind die Haare, mit welchen Körper und Füsse bewachsen sind, einfach, nicht mit Börstchen besetzt; doch finde ich am Aussenrande der Dactylopoditen der drei Lauffusspaare sowie an den Basalgliedern dieser Füsse kleine Härchen, die schön g e f i e d e r t sind (Fig. 13 *f* ), und am Innenrande dieser Klauenglieder stehen an der proximalen Hälfte mehrere kurze, steife Haare, welche auf eigenthümliche Weise g e k ä m m t sind (Fig. 13 *e*).

Der Cephalothorax ist $8\frac{1}{4}$ mm lang und $9\frac{3}{4}$ mm breit, die Seitenstacheln mitgerechnet.

# Nachtrag.

Bemerkungen über zwei Arten, die sich nicht in der Frankfurter Sammlung befinden, mögen hier ihren Platz finden.

## *Dioxippe pusilla* (DE HAAN).

*Cleistostoma pusilla* DE HAAN, Fauna Japonica, Crustacea, p. 56, Pl. XVI, Fig. 1.

Confer: DE MAN, On the podophthalmous Crustacea of the Mergui Archipelago, in: The Journal of the Linnean Society. Zoology, Vol. 22, 1888, p. 137.

Ich hatte, wie a. a. O. schon mitgetheilt wurde, Gelegenheit, dreiundzwanzig Exemplare (16 ♂, 7 ♀) dieser seltenen Crustacee aus Japan zu untersuchen, und diese Untersuchung befähigt mich, die DE HAAN'sche Beschreibung zu ergänzen, welche kurz ist und in welcher nur das Männchen beschrieben wurde. Auch werde ich die Charactere angeben, durch welche sich unsere Art von *Dioxippe orientalis* DE MAN unterscheidet, welche die Mergui-Inseln bewohnt und a. a. O. p. 138 beschrieben und abgebildet worden ist.

In der „Fauna Japonica" wird die Oberfläche des Rückenschildes glatt und unbehaart genannt; dies ist nicht richtig, denn sie erscheint unter der Lupe ziemlich grob punktirt. Die Punkte sind nicht zahlreich, sondern ziemlich gross, und jedem ist ein kurzes Härchen eingepflanzt, wie es bei einigen *Dotilla*-Arten der Fall ist. Die Stirn, deren zwischen den Augen gemessene Breite nur ein Sechstel von der Entfernung der äusseren Augenhöhlenecken beträgt, zeigt eine ziemlich breite, mediane Längsrinne, die sich nach hinten in zwei Furchen theilt; diese letzteren münden in die Cervicalfurche aus und begrenzen mit dem medianen, querverlaufenden Theile der letzteren die Area mesogastrica. Aber die mediane Stirnfurche setzt sich sogar nach hinten über die ganze Oberfläche des Cephalothorax fort als eine schwache, kaum wahrnehmbare Furche, welche in eine, dicht neben und parallel mit dem Hinterrande des Rückenschildes verlaufende Querfurche ausmündet. Die Branchiocardiacalfurchen sind gleichfalls vorhanden, obgleich ebenso schwach ausgeprägt, und die seitlichen Theile der oberen Fläche sind ein wenig ungleich. Die merkwürdigen Furchen, welche die meisten *Dotillae* auszeichnen, wie z. B. *Dotilla brevitarsis* DE·MAN, scheinen also bei unserer *Dioxippe* schon vor-

29 *

handen zu sein, wenn auch nur theilweise und in rudimentärem Zustande; aber diese Thatsache beweist eben wieder die grosse Verwandtschaft von *Dioxippe* und *Dotilla*. Die Seitenränder haben eine einigermaassen verschiedene Form bei den zwei Arten der Gattung *Dioxippe*. Bei beiden sind sie kurz bewimpert, und bei beiden tragen sie eine kleine Ausrandung unmittelbar hinter der äusseren Augenhöhlenecke. Bei beiden Formen tragen die Seitenflächen des Rückenschildes eine schräge Wimperlinie, welche sich mit dem Seitenrande vereinigt. Bei *Dioxippe orientalis* ist diese schräge Wimperlinie kurz und mündet ein wenig vor der Mitte des Seitenrandes in denselben hinein; der vor dieser Einmündungsstelle gelegene Theil des Seitenrandes ist nach hinten und schwach nach aussen gerichtet, der hintere Theil des Seitenrandes dagegen ist nach innen gerichtet. Demzufolge scheinen die Seitenränder in ihrer vorderen Hälfte schwach zu divergiren, in ihrer hinteren schwach zu convergiren. Bei *Dioxippe pusilla* DE HAAN dagegen ist derjenige Theil des Seitenrandes, welcher vor der Einmündungsstelle der schrägen Wimperlinie liegt, sehr kurz, weil diese Linie verhaltnissmässig viel länger ist als bei *Dioxippe orientalis* und sich mit dem Seitenrande ganz nahe dem Epibranchialzahne vereinigt. Weil der hintere convergirende Theil des Seitenrandes also relativ viel langer ist bei *Dioxippe pusilla* als bei *Dioxippe orientalis,* scheinen bei der ersteren die ganzen Seitenränder des Rückenschildes zu convergiren..

Die Pterygostomialfelder und die unteren Flächen des Cephalothorax sind mit sehr kurzen Wimpern bedeckt und die äusseren Kieferfüsse sind an ihrer Aussenfläche punktirt und kurz behaart. Beim Männchen ist der vordere Theil des Sternums ein wenig gekörnt. Das Abdomen bildete DE HAAN gut ab, das fünfte Glied zeigt nicht die eigenthümliche Einschnürung, die man bei *D. orientalis* beobachtet.

Die Vorderfüsse sind bei den beiden Dioxippen sehr verschieden gebaut. Beim Männchen von *Dioxippe pusilla* sind sie gleich: DE HAAN bildete sie sehr gut ab. Die Aussenfläche des Brachialgliedes ist ein wenig gekörnt, wie auch dessen Ränder. Einige sehr feine Körnchen beobachtet man auch auf der convexen, oberen Fläche des Carpalgliedes, das einen kleinen Haarbüschel gleich unter seiner abgerundeten inneren Ecke trägt. Die Aussenfläche der Scheeren ist gleichfalls mit zahlreichen Körnchen bedeckt, aber diese Körnchen sind, wie DE HAAN schon bemerkte, nur unter der Lupe sichtbar. Auf der Aussenfläche der Scheeren sind diese Körnchen zumeist in netzförmigen Linien angeordnet, deren Zwischenräume glatt sind.

Auf dieselbe Weise erscheint die Innenfläche der Scheere gekörnt. Die
Finger sind ein wenig kürzer als das Handglied, sie
haben scharfe Spitzen und ihre Innenränder, die kaum klaffen, zeigen
eine feine Zähnelung ihrer ganzen Länge entlang. Der bewegliche
Finger trägt eine Doppelreihe von Körnchen auf und längs seinem
Oberrande und eine andere Längsreihe von Körnchen auf der Mitte
der Aussenfläche; auf der distalen Hälfte dieser Längsreihe fehlen die
Körnchen und sind hier durch Punkte ersetzt. Aehnliche Reihen von
Körnchen finden sich auf dem unteren Rande und auf der Aussenfläche des unbeweglichen Fingers, welcher mit dem Unterrande des
Handgliedes keinen Winkel bildet. Zwischen diesen Körner-
reihen erscheinen die Finger völlig glatt.

Beim Weibchen sind die Vorderfüsse viel kleiner als beim Männchen und sehen ganz anders aus. Sie sind etwas punktirt, aber
zeigen nirgendwo die feine Granulirung, die wir auf den Vorderfüssen
des Männchens beobachteten. Die innere Kante des Carpalgliedes trägt
aber gleichfalls einen kleinen Haarbüschel. Die Scheeren sind verlängert, und die schlanken, verlängerten Finger sind fast
zweimal so lang wie das Handglied. Der Oberrand des beweglichen Fingers ist ein wenig behaart, und einige Haare stehen auch
längs den inneren Rändern der Finger, die nicht gezähnt sind.

Die Schenkelglieder der Lauffüsse sind stark zusammengedrückt;
die des letzten Paares tragen auf ihrer Aussenfläche deutliche ovale
„Tympana“, wie bei *Dotilla*; diese Tympana sind aber klein und kaum
halb so lang wie das Glied, worauf sie liegen, und bei jungen Männchen und beim Weibchen sind sie öfters undeutlich. Auf den Schen-
kelgliedern der anderen Füsse finden sich nur rudimentäre Spuren
dieser Organe, die hier nicht scharf mehr begrenzt sind; aber ich
vermuthe, dass man, wie bei den Meropoditen von *Dioxippe orientalis*,
auch auf denen von *Dioxippe pusilla* einen für die „Tympana“ characteristischen, histologischen Bau bei genauer Untersuchung erkennen
wird. Mit Ausnahme von denen des letzten Paares sind die Propoditen und Carpopoditen der Lauffüsse ein wenig gekörnt.

Bei dem grössten Männchen beträgt die Entfernung der äusseren
Augenhöhlenecken 10 mm; die Scheeren sind ungefähr 7½ mm lang,
die Finger mitgerechnet, deren horizontale Länge 3 mm beträgt. Bei
dem grössten eiertragenden Weibchen sind die äusseren Augenhöhlenecken kaum mehr als 8 mm von einander entfernt.

### Porcellana (Polyonyx) euphrosyne DE MAN.

Porcellana euphrosyne DF MAN, Report on the podophthalmous Crustacea
    of the Mergui Archipelago, in: Journal of the Linnean Society,
    London, Vol. 22, 1888, p. 221, Pl. XV, figs. 1—3.

Diese von mir auf ein Weibchen gegründete Art ist ohne Zweifel
identisch mit *Polyonyx cometes* WALKER, dessen Beschreibung (ALFRED
O. WALKER, Notes on a collection of Crustacea from Singapore, in:
Journal of the Linnean Society London, 1887, Vol. 20, p. 116,
Pl. IX, figs. 1—3) einige Monate früher erschien, so dass der Name
*Polyonyx cometes* die Priorität hat. WALKER's Exemplar war in
Singapore gesammelt und ein bischen kleiner als das Weibchen von
den Mergui-Inseln.

## Erklärung der Abbildungen.

Tafel IX—X.

Fig. 1. *Atergatis granulatus n. sp.*, Weibchen, $\frac{2}{1}$; 1*a* Frontalansicht des Rückenschildes, $\frac{2}{1}$; 1*b* Scheere, $\frac{2}{1}$.

Fig. 2. *Actaeodes richtersii n. sp.*, Männchen von Tahiti, $\frac{3}{2}$; 2*a* Scheere, $\frac{3}{1}$.

Fig. 3. *Actaeodes themisto n. sp.*, Weibchen aus dem Rothen Meere, $\frac{2}{1}$; 3*a* Scheere, $\frac{4}{1}$.

Fig. 4. *Xantho tahitensis n. sp.*, Männchen von Tahiti, $\frac{4}{1}$; 4*a* grosse Scheere, $\frac{4}{3}$.

Fig. 5. *Heteropanope vauquelini* Aud., grosse Scheere des Männchens, aus dem Rothen Meere, $\frac{3}{1}$.

Fig. 6*a*. *Sesarma edwardsii* DE MAN, var. *brevipes n.*, Abdomen eines Männchens aus Sydney, dessen Cephalothorax 12 mm lang ist, $\frac{2}{1}$; 6*b* linker Fuss des vorletzten Paares desselben, $\frac{2}{1}$; 6*c* linker Fuss des vorletzten Paares eines zur typischen Form gehörigen Männchens aus dem Mergui-Archipel, dessen Cephalothorax 18 mm lang ist, $\frac{2}{1}$.

Fig. 7. *Sesarma trapezoidea* GUÉRIN, Weibchen von den Viti-Inseln, $\frac{3}{2}$; 7*a* Scheere desselben, $\frac{2}{1}$.

Fig. 8. *Sesarma trapezoidea* var. *longitarsis n.*, Männchen von den Viti-Inseln, $\frac{3}{2}$; 8*a* Abdomen, $\frac{3}{2}$; 8*b* Scheere von der Aussenfläche gesehen, $\frac{3}{2}$; 8*c* dieselbe von oben gesehen, $\frac{3}{2}$.

Fig. 9. *Sesarma oceanica n. sp.*, Weibchen von Ponapé, $\frac{2}{1}$; 9*a* Frontalansicht desselben, $\frac{2}{1}$; 9*b* Abdomen des Männchens, $\frac{2}{1}$; 9*c* Scheere des Männchens, $\frac{2}{1}$; 9*d* Scheere des Weibchens, $\frac{2}{1}$.

Fig. 10. *Sesarma angustifrons* A. M. EDW., Männchen von Tahiti, $\frac{2}{1}$; 10*a* Vorderfuss des Männchens von innen gesehen, $\frac{2}{1}$; 10*b* Scheere desselben von aussen, $\frac{2}{1}$; 10*c* Scheere von oben gesehen, $\frac{3}{1}$.

Fig. 11. *Sesarma leptosoma* HILGEND., Männchen von den Viti-Inseln, $\frac{3}{2}$; 11*a* Scheere desselben von aussen, $\frac{2}{1}$; 11*b* dieselbe von oben gesehen, $\frac{2}{1}$; 11*c* beweglicher Finger der Scheere des Männchens, Seitenansicht, $\frac{4}{1}$.

Fig. 12. *Durckheimia carinipes nov. gen. n. sp.*, aus dem Rothen
Meere, Weibchen, $\frac{2}{1}$; 12*a* Frontalansicht des Cephalothorax desselben, $\frac{6}{1}$; 12*b* Vorderfuss, $\frac{6}{1}$; 12*c* rechter Lauffuss des zweiten,
also des mittleren Paares, $\frac{6}{1}$; 12*d* Palpus des äusseren Kieferfusses,
stark vergrössert.

Fig. 13. *Dynomene pugnatrix n. sp.*, Weibchen von Mauritius, $\frac{3}{1}$;
13*a* Ansicht der Antennen u. s. w. und der äusseren Kieferfüsse, $\frac{6}{1}$;
13*b* Abdomen des Weibchens, $\frac{3}{1}$; 13*c* Carpus und Scheere des
rechten Vorderfusses, $\frac{6}{1}$; 13*d* Klauenglied des vorletzten Fusspaares,
$\frac{12}{1}$; 13*e* Kammhaar von dem Innenrande dieses Gliedes, stark vergrössert; 13*f* Federhaar von dem Aussenrande desselben, stark
vergrössert.

# Literatur.

## Fortschritt unsrer Kenntniss der Spongien.

Von

### R. v. Lendenfeld.

Ich habe im zweiten Bande dieser Zeitschrift (p. 511—574) den Stand unsrer Kenntniss der Spongien Ende 1886 besprochen und damals jährliche Referate über die Fortschritte derselben in Aussicht gestellt.

Es zeigte sich aber, dass es vortheilhaft wäre, die Zeitpunkte zur Zusammenstellung dieser Referate dem Erscheinen der zu besprechenden Arbeiten anzupassen, und ich habe daher, im Einverständnisse mit dem Herrn Herausgeber die Besprechung der neuesten Resultate bis jetzt verschoben, um über die drei grossen Challengerreports von F. E. SCHULZE, über die Hexactinelliden [1]); von SOLLAS, über die Tetractinelliden [2]); und von RIDLEY & DENDY, über die Monaxonida [3]), sowie meine eigene Monographie der Hornschwämme [4]), welche unsere Kenntniss der Spongien zu einem gewissen vorläufigen Abschluss gebracht haben, zusammen referiren zu können. Auch einige der anderen, inzwischen erschienenen Arbeiten sollen in Betracht gezogen werden.

Die Eintheilung des Stoffes ist dieselbe, welche ich in meinem Referate über den „gegenwärtigen Stand unsrer Kenntniss der Spongien" (s. oben) in Anwendung gebracht habe.

---

1) F. E. SCHULZE, „Hexactinellida", in: Report on the scientific results of the voyage of H. M. S. „Challenger". Zoology, vol. 21.
2) W. J. SOLLAS, „Tetractinellida", ibid., vol. 25.
3) S. O. RIDLEY and A. DENDY, „Monaxonida", ibid., vol. 20.
4) R. v. LENDENFELD, A monograph of the horny Sponges. Royal Society of London 1889.

## Morphologie und Physiologie.

### 1. Gestaltung.

Viele der Tiefseeformen, welche in den Challengerreports beschrieben sind, erscheinen den eigenthümlichen Verhältnissen ihres Standortes angepasst. In den verschiedenen Ordnungen bewirkt diese Anpassung ganz verschiedene Resultate. Die Hexactinelliden sind nur ausnahmsweise massig und unregelmässig; häufiger bestehen sie aus einem mehr oder weniger complicirten Netzwerk von ziemlich dünnwandigen Röhren (*Farrea, Dactylocalyx subglobosus, Periphragella elisae* etc.). Die überwiegende Mehrzahl derselben ist aber ziemlich regelmässig radial-symmetrisch, sackförmig. *Bathydorus fimbriatus* z. B. ist ein langer, schlauchförmiger, am Ende offener, dünnwandiger Sack. Dickwandigere Röhren von eiförmiger Gestalt treten uns in *Polyrhabdus oviformis, Balanites nux, B. pipetta* und vielen anderen Arten entgegen. Diese Schwämme sind häufig gestielt; der letztgenannte besteht aus einem verzweigten Stiel, auf dessen Astenden je ein eiförmiger Schwammkörper sitzt. In anderen Formen, besonders solchen, welche eine bedeutendere Grösse erreichen, verbreitert sich das distale Röhrenende, und der Schwamm wird becher- oder vasenförmig, wie z. B. *Crateromorpha murrayi*. Am weitestgehenden ist diese laterale Ausbreitung in *Caulophacus latus* gediehen, wo der Becher zu einem flachen Präsentirteller ausgebreitet ist, dessen Rand nach abwärts umgebogen erscheint. Die Mündungen der abführenden Kanäle finden sich stets in der Innenwand der Röhren oder des Bechers, auf der concaven Seite; bei der erwähnten *Caulophacus*-Art liegen sie dementsprechend auf der oberen Fläche und auf dem convexen Randtheil. Auch *Euplectella, Holascus* und andere Formen sind röhrenförmig, doch kommt bei diesen eine weitere Complication dadurch zu Stande, dass die distale Oeffnung von einem Gitter überzogen wird. Die meisten Hexactinelliden entwickeln am unteren Ende lange ankernde Nadeln, mit denen sie im Schlamme festsitzen.

Unter den Tetraxoniern bilden unregelmässig massige Formen die Regel. Nicht selten ist der massig-kuglige Schwammkörper mit einem langen, distal geschlossenen und seitlich durchbrochenen, schornsteinartigen Oscularrohr ausgestattet (*Tribrachium schmidti*). Besonders eigenthümlich gestaltet ist *Disyringa dissimilis,* ein Schwamm, der aus einem kugligen Körper besteht, von welchem nach unten ein langer hohler Stiel und nach oben ein distal verbreitertes Oscularrohr abgehen. Die meisten Tetraxonier bleiben klein. Der grösste in diese Ordnung gehörige Schwamm ist der becherförmige *Synops neptuni,* welcher eine Höhe von 400 mm erreicht.

Die in seichtem Wasser vorkommenden Monaxonier sind meistens recht unregelmässig gestaltet, häufig röhren-, baum- oder schlank fingerförmig. Die der Ordnung Chondrospongiae angehörigen Monaxoniden sind massig, nicht selten ziemlich regelmässig kuglig (*Tethya*). Die meisten Tiefseemonaxoniden haben eigenthümliche und regelmässige Gestalten. Massige Formen kommen im tiefen Wasser nur ganz ausnahmsweise vor. Merkwürdig ist die bilateral-symmetrische *Esperiopsis challengeri*, die aus einem langen, schlanken Stamme besteht, an dem wechselständige, langgestielte, dicke, nierenförmige Blätter sitzen. Besonders fällt die Uebereinstimmung der Gestalten von *Chondrocladia clavata*, *Axinoderma mirabilis*, *Cladorhiza longipinna* und *Cladorhiza similis* auf, welche — sämmtlich Tiefseeschwämme — aus einem schlank conischen Körper bestehen, der nach unten in einen Stiel ausläuft und oben schirmartig verbreitert ist. Von dem Rande des Schirms gehen radial eine Anzahl langer und dünner Strahlen ab, welche nach abwärts geneigt sind, so dass der ganze Schwamm eine grosse Aehnlichkeit mit einem Regenschirmgestell gewinnt.

Interessant als Uebergangsformen zu den Hornschwämmen sind die Chalineen und die *Echinoclathria*-Arten; die ersteren werden von *Chalinopsilla*, die letzteren von *Aulena* — beides Hornschwämme — in der Gestalt mit grosser Treue imitirt.

Die wenigen Hornschwämme, welche in tieferem Wasser vorkommen, sind unregelmässig massig und scheinen ihrer Umgebung gar nicht angepasst zu sein; auffallend ist es, dass die einzigen drei Hornschwämme, welche in Tiefen über 700 Meter gefunden wurden, *Stelospongia australis* var. *laevis*, *Hircinia longispina* und *Spongelia fragilis* var. *irregularis*, auch in seichtem Wasser häufig sind, und dass die Exemplare aus grossen Tiefen sich in keiner Hinsicht von den Seichtwasserexemplaren unterscheiden. Obwohl die Hornschwämme im allgemeinen unregelmässig massig sind, so kommen doch unter ihnen regelmässigere Gestalten nicht selten vor. Besonders wären in dieser Hinsicht die regelmässig becherförmigen *Stelospongia*-Arten, *S. pulcherrima* und *S. costifera*, und die nicht selten symmetrischen *Thorecta*-Arten zu erwähnen. Einige der letzteren sind regelmässig cylindrisch-röhrenförmig. Nicht selten besteht der ganze Schwamm (*Thorecta wuotan*) aus einer Anzahl gerader, regelmässig fächerförmig von dem Anheftungspunkte des Schwammes ausstrahlenden Röhren, welche alle in einer Ebene liegen. Zarte und dünne, blattförmige oder blumenartige Gestalten treten uns in der formenreichen Gattung *Phyllospongia* entgegen. Die grossen massigen Formen, besonders von *Hircinia*, werden von ausgedehnten Lacunen durchzogen, welche mit dem eigentlichen Canalsystem des Schwammes nichts zu thun haben und von zahlreichen commensalen Krebsen und Würmern bewohnt werden.

## 2. Canalsystem.

Das Canalsystem der höheren Spongien, so sagte SCHULZE vor vielen Jahren bei Gelegenheit der Beschreibung der Plakiniden, entsteht dadurch, dass sich die ursprünglich einfache Wand des sackförmigen Urschwammes complicirt faltete und in dieser Weise zwei in einander greifende Systeme von verzweigten Canälen zu Stande kamen, von denen das eine, wasserzuführende, von der äusseren Oberfläche entspringt, während das andere, wasserabführende, in den centralen Gastralraum mündet. Die ausgedehnten neuerlichen Untersuchungen haben die Richtigkeit dieser Anschauung vollständig bewiesen.

Ebenso wie unter den Kalkschwämmen finden sich auch bei den
Hexactinelliden zahlreiche Stufen der Ausbildung des Canalsystems;
es entwickelt sich dasselbe jedoch bei diesen Schwämmen nirgends zu
solcher Höhe wie bei den Chondro- und Cornacuspongiae.

Wie bei den höheren Syconen kommt bei den Hexactinelliden stets
eine Haut an der äusseren und ebenso eine an der inneren Oberfläche
der gefalteten, geisselkammer-haltigen Membran vor. Sowohl die
äussere wie die innere Haut werden von zahlreichen Poren durchbrochen.
Der Raum zwischen den Geisselkammern und diesen siebartigen Dermal-
und Gastralmembranen wird von zarten Trabekeln durchzogen, welche
mit einander anastomosiren und die Verbindung zwischen den einzelnen
Theilen des Schwammes herstellen. Bei den Hexactinelliden ist das
Mesoderm nirgends bedeutend entwickelt, und das ganze Gewebe erscheint deshalb ausserordentlich zart, während die Canäle in Gestalt
continuirlicher, von den erwähnten Trabekeln durchzogener Räume auftreten. Aehnlich entwickelt ist das Canalsystem bei den Hexaceratina
(*Aplysilla, Dendrilla, Halisarca, Bajulus*): auch hier ist das Mesoderm
nur unbedeutend und die Canäle sind weit und unregelmässig.

Anders verhält es sich mit den Chondrospongiae und Cornacuspongiae, wo das Mesoderm solche Dimensionen annimmt, dass die
Lumina der Canäle eingeengt werden. Eigentlich nur auf die Wasser-
bahnen d i e s e r Schwämme passt der Name Canal. Der Grad, bis zu
welchem die Canäle verengt werden, ist sehr verschieden. Mit der Verengerung der Canäle geht eine Verkleinerung der Geisselkammern Hand
in Hand: die Syconidae und Sylleibidae unter den Kalkschwämmen,
alle Hexactinelliden und Hexaceratina haben grosse, langgestreckte,
sackförmige oder unregelmässige Geisselkammern; alle übrigen Spongien
dagegen kleinere, ovale oder häufiger kugel- oder birnförmige Kammern.

Alle Schwämme, mit Ausnahme der niedersten Kalkschwämme,
besitzen an der äusseren Oberfläche eine Haut, welche glatt über die
Falten der Geisselkammerlage hinwegzieht und als eine Neubildung
angesehen werden muss. Bei den Syconen ist diese Dermalmembran
(Ectosome SOLLAS) erst angedeutet und entsteht hier dadurch, dass sich
die distalen Enden der Radialtuben verbreitern und mit einander verschmelzen. Bei den Hexactinelliden, Hexaceratina und Cornacuspongiae
bleibt diese Haut in der Regel dünn und zart, nur selten erlangt sie durch
mächtige Sandeinlagerungen die Gestalt einer harten Rinde (*Thorecta,
Sigmatella corticata* u. a. Hornschwämme). Bei den Chondrospongien
hingegen ist die Dermalmembran sehr häufig besonders hoch entwickelt:
dick und zäh, lederartig, von Fibrillenbündeln durchsetzt (*Chondrosia,
Tethya*) oder mit einem eigenen Skelet ausgestattet, zu einem Hautpanzer geworden (Geodidae etc.). Die Dermalmembran wird von den
zuführenden Poren durchbrochen. Unter derselben breiten sich in der
Regel, besonders immer dann, wenn die Haut dünn und zart ist, Subdermalräume aus, in welche von oben die Poren einmünden und von
deren Boden die eigentlichen einführenden Canäle entspringen. Unter
den Schwämmen, welche der Subdermalräume entbehren, wären die
Chondrosidae sowie viele andere Chondrospongiae zu erwähnen.

Mit Recht hebt SOLLAS hervor (l. c. p. XVI), dass die Dermalmembran eine Neubildung ist und von dem, durch Faltung entstandenen Innentheil des Schwammes, dem Choanosome, wie er die Pulpa nennt, unterschieden werden muss.

Viele lamellöse Spongien falten sich, und die Falten verwachsen, so dass unregelmässige netz- oder bienenwabenartige oder einfachere röhrenförmige Bildungen zu Stande kommen, welche von Lacunen und Höhlen durchzogen werden, die zwar ursprünglich nicht einen Theil des Canalsystems bilden, die aber bei weiterer Entwicklung doch zu einem integrirenden Theil desselben werden. Die auf diese Weise secundär entstandenen Canäle und Hohlräume bezeichne ich als Vestibularräume.

Wir haben also, wenn wir das Canalsystem und die neueren darauf bezüglichen Entdeckungen besprechen wollen, folgende Theile in Betracht zu ziehen: die zuführenden Poren; die Rindencanäle und Subdermalräume; die eigentlichen zuführenden Canäle der Pulpa; die Geisselkammern; die abführenden Canäle, Oscularröhren und Oscula; und die Vestibularräume.

### Die Poren.

Die zuführenden Poren sind meist klein, ihre Grösse ist annähernd umgekehrt proportional ihrer Anzahl.

Bei den Hexactinelliden sind die Poren zahlreich und gleichmässig über die Oberfläche vertheilt; sie stehen in der Regel so nahe, dass die zwischenliegenden Dermalmembranstreifen kaum breiter sind als die Poren selbst. Nirgends wird die Dermalmembran durch stärkere Leisten oder Trabekel gestützt: sie ist durchaus zart und dünn und die Poren erscheinen als einfache Durchbohrungen derselben (SCHULZE). Aehnlich gestaltet, aber höher entwickelt ist das Porensystem von *Ianthella* (LENDENFELD). Auch bei diesem Schwamme sind die Poren gleichmässig über die eine Seite des fächerförmigen Schwammes vertheilt und nicht in Gruppen vereint. Es wird jedoch hier die Dermalmembran von einem tangential ausgebreiteten Netz starker Trabekeln gestützt, dem die Membran selber aussen aufliegt. Bei den übrigen Hexaceratina und den Cornacuspongiae sind die Poren in der Regel zu Gruppen vereint, welche gleichmässig über die Oberfläche des Schwammes vertheilt sind. Bei diesen ist die Dermalmembran viel mächtiger. Bei *Spongelia* und verwandten Formen besteht die ganze Haut aus Trabekeln, welche von den Conulis ausstrahlen und unter einander durch schwächere, secundäre Trabekel in der Weise verbunden werden, dass ein recht complicirtes Netz entsteht, dessen Maschen die Poren sind. Bei diesen Schwämmen sind die Poren gross und zahlreich. Bei *Dysideopsis* und anderen breiten sich die primären Trabekel flächenhaft aus, und die Poren sind viel weniger zahlreich.

Ganz anders ist das Porensystem bei *Dendrilla* und vielen Cornacuspongien entwickelt. Bei diesen ist die Dermalmembran ziemlich stark und bildet eine Platte von constanter Dicke, welche von grossen runden oder ovalen Löchern in regelmässigen Abständen durchbrochen wird. Diese Löcher werden aussen von einer sehr zarten, siebartig durchlöcherten Membran bekleidet. Bei *Sigmatella, Halme* und anderen Schwämmen mit einem Sandpanzer liegen ähnliche Verhältnisse vor, nur erscheint bei diesen die Haut in eine harte Rinde verwandelt, welche von grossen Löchern durchbrochen wird, die von zarten Porensieben bedeckt sind.

Eine andere Entwicklungsreihe bieten in dieser Hinsicht die meisten Chondrospongien dar, speciell jene, welche eine dicke Dermalmembran besitzen, wie *Chondrosia.* In der Oberfläche dieser Spongien finden sich zahlreiche kleine Poren, welche in schmale Canäle führen, die sich noch in der Rinde gruppenweise zu grösseren Canalstämmen vereinigen. In mannigfaltiger Ausbildung tritt uns dieses System bei einer Anzahl von Tetraxoniern entgegen, und es kommt bei diesen noch eine weitere Modification dadurch zu Stande, dass in den Stämmen je ein starker musculöser Sphincter auftritt, der in verschiedenen Höhen liegen kann (SOLLAS).

Bei *Erylus* und *Isops* liegt nur je ein Porus über jedem einführenden Canalstamm (SOLLAS), ein Verhältniss, welches jenem bei *Phyllospongia vasiformis* (LENDENFELD) verglichen werden kann, wo von jedem Porus ein schmaler Canal hinabzieht, der sich zwischen den Sandmassen des Hautpanzers hindurchwindet. SOLLAS giebt einige Maasse der Poren: sie sind durchschnittlich etwa 0,05 mm, bei *Tedania wyvilli* 0,32 mm, bei *Psammastra murrayi* bloss 0,008 mm weit.

Eine besondere Localisirung der Poren wurde bei einigen Monaxoniern und Tetraxoniern beobachtet. So sind die Poren von *Disyringa dissimilis* auf einen besonderen cylindrischen Fortsatz des kugligen Schwammes beschränkt (SOLLAS). Bei *Thenea* findet sich eine transversale (äquatoriale) Zone grosser Poren neben den zerstreuten kleinen (SOLLAS). Diese Zone grosser Poren fehlt kleinen Exemplaren, sie entwickelt sich erst später. Auch *Tedania actiniiformis* besitzt einen äquatorialen Porenring im oberen Theile des conischen Schwammes, der mit seinem schmalen Ende im Schlamme steckt (RIDLEY & DENDY). Bei *Halichondria latrunculoides* sind die Poren zu Gruppen vereint, welche auf die abgestutzten Enden vorragender warzenförmiger Erhebungen der Oberfläche beschränkt sind; sie fehlen in allen anderen Theilen der Oberfläche vollständig (RIDLEY & DENDY). Die Haut von *Esperella murrayi* wird von einem weitmaschigen Netz auffallender Spalten durchzogen, auf welche die Poren beschränkt sind (RIDLEY & DENDY). Ein ähnlicher Fall ist von VOSMAER bei *Esperella lingua* beschrieben worden. Bei *Tentorium semisuberites* sind die zuführenden Poren auf das obere Ende des Schwammes beschränkt (RIDLEY & DENDY). SCHULZE hat bei den Hexactinelliden die Poren stets auf einer, und die Mündungen der abführenden Canäle auf der gegenüberliegenden, concaven Seite lamellöser Formen gefunden. Das Gleiche gilt von den dünnen, plattenförmigen Hornschwämmen, wo in der Regel die Poren auf der einen und die Oscula auf der gegenüberliegenden Seite vorkommen (LENDENFELD). Besonders hervorzuheben wäre noch die von SOLLAS (p. 27) bei *Cinachyra barbata* beobachtete Bildung. In der

Oberfläche dieses Schwammes finden sich zahlreiche runde Löcher, welche in grössere, eiförmige Räume führen, die senkrecht zur Oberfläche orientirt sind und die Rinde durchsetzen. Die Wand dieser Hohlräume wird von einem Trabekelnetz gestützt, in dessen Maschen die Porensiebe liegen. Einige von diesen Gebilden scheinen einführende, andere ausführende Canalabschnitte zu sein (SOLLAS). Andere Complicationen treten bei *Tethya ingalli* und verwandten Formen auf, wo in der oberflächlichen Rindenlage tangential verlaufende Canäle angetroffen werden, welche in der tieferen Fibrillenschicht in verticale Canäle übergehen; dazwischen liegen wohlentwickelte Sphincteren (SOLLAS). Es ist dies wohl nur eine weitere Ausbildung der bei *Chondrosia* vorliegenden Verhältnisse. Bei *Tethya seychellensis* sind die Rindencanäle einfach. Da die Ausbildung der Ecto- und Endochonae einzig von der, sehr veränderlichen, Lage der Sphincteren in den Rindencanälen abhängt, so unterdrückt SOLLAS jetzt diese, von ihm selbst seiner Zeit aufgestellte Unterscheidung (l. c. p. XXIII). Besonders schön und hoch entwickelt sind diese Sphincteren bei *Cydonium magellani* (SOLLAS).

### Subdermalräume.

Unter der Dermalmembran breiten sich bei den meisten höheren Schwämmen grössere Hohlräume aus, in welche einerseits von oben die Poren, resp. Rindencanäle hineinführen, und von denen andrerseits die eigentlichen zuführenden Canäle entspringen.

Die Zone der Subdermalräume trennt die Dermalmembran (SCHULZE), das Ectosome (SOLLAS), von der Pulpa, dem Choanosome (SOLLAS). Ueber die phylogenetische Entstehung der Subdermalräume kann kein Zweifel bestehen. Sie verdanken ihre Existenz einer Wucherung des Gewebes an den freien Faltenrändern des Urschwammkörpers, welche dazu führt, dass die klaffenden Eingänge in die zuführenden Canäle, wie sie bei niederen Syconen vorkommen, verengt und theilweise geschlossen werden: die Poren sind als Reste dieser weiten Eingänge anzusehen und die Subdermalräume selbst als die Ueberbleibsel der distalen Theile der äusseren Faltenbuchten des Urschwammes (LENDENFELD).

Von SELENKA (in: Zeitschr. f. wiss. Zool., Bd. 33, p. 474) wurde s. Z. bei *Tethya maza* die embryonale Entwicklung der Subdermalräume studirt und als eine Spaltung beschrieben. SOLLAS (l. c. p. XVI) schliesst sich dieser Anschauung an, und in der weiteren Ausführung derselben kommt er (l. c. p. XVII) zu dem logischen Schlusse, dass die Subdermalräume von SELENKA als cölomatische Bildungen erkannt worden und daher von Endothel ausgekleidet seien. Es steht dies in directem Widerspruch mit der von mir vorgebrachten Theorie (siehe oben).

Die einfachsten Subdermalräume sind die zwiebelförmigen Erweiterungen der einführenden Canäle von *Sycandra* (z. B. *S. arborea*), wo je ein Porus in einen Subdermalraum führt. Bei höheren Schwämmen führen mehrere Poren in je einen Subdermalraum. Bei vielen Cornacuspongien und Chondrospongien sind die Subdermalräume klein, was besonders bei letzteren mit der mächtigen Entwicklung des Mesoderms

Hand in Hand geht. Gleichwohl finden sich auch unter ihnen, speciell
unter den Tetraxoniern, Formen mit grossen Subdermalräumen. So
wird bei *Anthastra communis* (Sollas) die Rinde von so grossen Canälen
durchsetzt, dass nur schmale Septa zwischen denselben übrig bleiben
und das Ganze den Eindruck eines hoch entwickelten Subdermalraums
macht. In *Pilochrota crassispicula* (Sollas) sind die Subdermalräume
so gross, dass sich mehrere der grossen Rindencanäle in je einen Subdermalraum ergiessen; eine noch höhere Ausbildung erlangen dieselben
bei *Myriastra,* wo sie durch tangentiale Membranen in distale und
proximale Räume getheilt werden. In die ersteren ergiessen sich die
Rindencanäle; von den letzteren entspringen die eigentlichen einführenden Canalstämme.

Bei den Cornacuspongien sind die Subdermalräume meistens unregelmässig und von verschiedenen Grössen. Jene der Homorrhaphidae
und Spongidae sind kleiner im allgemeinen als jene der Spongelidae,
doch kommen auch unter den ersteren, z. B. bei *Hippospongia canaliculata, Euspongia officinalis* und andren, zuweilen grosse Subdermalräume vor. Auffallend regelmässig sind dieselben bei *Coscinoderma*
(Lendenfeld), wo sich unter dem mächtigen Hautpanzer ein continuirlicher, durchschnittlich 1 mm hoher Raum ausbreitet, der von schmalen,
parallelen Trabekeln durchzogen wird, welche die Rinde an die Pulpa
heften. Aehnliche Subdermalräume werden bei *Rhizochalina* angetroffen (Ridley & Dendy). Eine viel höhere Ausbildung in diesem
Sinne erlangen die Subdermalräume der Axinellidae (Ridley & Dendy,
Lendenfeld), wo sie häufig halb so weit sind, wie die ganze Pulpa der
schlanken Aeste dieser Schwämme dick ist. Die Subdermalräume der
Axinellidae werden, ähnlich wie jene von *Coscinoderma,* von schräg zur
Dermalmembran aufsteigenden oder auch senkrechten Trabekeln durchzogen, in deren Axen die Skeletfasern verlaufen.

Die höchste Ausbildung erlangen die Subdermalräume bei den Hexactinellidae (Schulze) und der Hexaceratina (Lendenfeld). Bei den ersteren
breitet sich stets zwischen der zarten, porenreichen Dermalmembran
einer- und der Geisselkammerlage andrerseits ein weiter Raum aus, der
von einem mehr oder weniger entwickelten Netz feiner anastomosirender
Fäden durchsetzt wird. In der Regel ist dieses Netz durchaus gleichmässig dicht, zuweilen jedoch erscheinen die Fäden an bestimmten
Stellen concentrirt und bilden hier dichte Netze, welche Dermalmembran
und Kammerlage verbinden und zwischen sich bedeutende, hie und da
fast erbsengrosse Lücken gänzlich frei lassen. Dies wird bei *Caulophacus latus* und *Bathydorus fimbriatus* beobachtet (Schulze).
Weitergehende Complicationen werden bei *Malacosaccus* angetroffen
(Schulze). In ähnlicher Weise sind die ausgedehnten und continuirlichen Subdermalräume von *Bajulus laxus* (Lendenfeld) von einem
dichten Netz zarter Fäden durchzogen. Weniger ausgebildet ist dieses
Trabekelnetz bei *Ianthella.* Bei *Dendrilla rosea* finden sich in den
Subdermalräumen zahlreiche parallele Fäden, welche die Räume quer
durchziehen und senkrecht zur zarten Dermalmembran orientirt sind
(Lendenfeld).

Ueberall steht die hohe Ausbildung der Subdermalräume in Correlation mit der geringen Entwicklung des Mesoderms: sie ist geradezu ein Ausdruck derselben.

## Das zuführende Canalsystem.

Nirgends unter den Silicea ist die einfachste, bei Syconen persistirende Form des zuführenden Canalsystems erhalten.

Bei den Hexactinelliden (Schulze) kann man von zuführenden Canälen überhaupt nicht reden: bei diesen reicht der Subdermalraum überall bis an die Kammerwände, und die zuführenden Kammerporen stellen eine directe Verbindung zwischen Subdermalraum und Kammerlumen her. Erst mit der Massenzunahme des Mesoderms kommt es zur Bildung eigentlicher zuführender Canäle, deren Lumina phylogenetisch als Reste der proximalen Theile der äusseren Faltenbuchten des Urschwammes angesehen werden müssen. Bei *Aplysilla*, wo das Mesoderm nur mässig entwickelt ist, sowie bei *Bajulus* (beides Hexaceratina) erscheinen die zuführenden Canäle als radial, senkrecht zur Oberfläche orientirte, mehr oder weniger conische, proximal verjüngte Röhren, in deren Seitenwänden zahlreiche Poren liegen, welche in die Kammern führen. Bei den zu grösseren Dimensionen anwachsenden Hexaceratina, wie *Dendrilla* und *Ianthella*, sind die zuführenden Canäle vielfach gewunden und verzweigt (Lendenfeld), doch ist ihr Lumen stets um ein Vielfaches weiter als das Lumen der Geisselkammern.

Bei vielen Cornacuspongien kommen ähnliche Verhältnisse vor, so besonders bei *Halme*, wo die zuführenden Canäle weit und lacunös, mindestens 20 mal so breit sind wie die Kammern (Lendenfeld).

Selbst bei einigen Chondrospongien kommen weite zuführende, oft unregelmässig lacunöse oder conische Canalstämme vor (subcortical crypts, Sollas), wie z. B. bei *Stelletta phrissens*. Mit der weiteren Entwicklung des Mesoderms geht eine Aenderung der zuführenden Canäle Hand in Hand, welche dazu führt, dass zuführende Stämme entstehen, von denen zahlreiche feine Zweigcanäle abgeben. Dies ist die gewöhnliche Form des zuführenden Systems der Chondro- und Cornacuspongiae. Unter den ersteren wird es fast überall angetroffen. Eine Ausnahme ist *Tetilla pedifera* (Sollas, p. 7), wo die ganze Pulpa aus der gefalteten Geisselkammerlage besteht und wo weite, die Faltenbuchten einnehmende Canäle die Kammern direct versorgen; ähnlich ist auch das Canalsystem der Plakiniden.

Obwohl nun die Endzweige des zuführenden Canalsystems dieser Spongien sehr schmal sind, so versorgt doch in der Regel ein jeder mehrere Kammern; nur sehr selten geschieht es, dass jedem einzelnen zuführenden Kammerporus ein eigener Canalast zukommt, wie dies vorzüglich bei *Druinella* beobachtet worden ist (Lendenfeld). Bei diesem Schwamme entspringen von den nicht sonderlich engen Zweigen des zuführenden Systems zahlreiche feinste Canälchen, welche zu den Kammerporen führen.

### Geisselkammern.

Besonders bemerkenswerth sind die neuesten Entdeckungen in Bezug auf die Geisselkammern, diese wichtigsten Organe des Schwammkörpers. Wir können jetzt unsre Kenntniss über dieselben folgendermaassen formuliren:

Die Homocoela allein tragen auf der ganzen Gastralfläche Kragenzellen. Bei allen übrigen Schwämmen sind die Kragenzellen auf Theile der Gastralfläche beschränkt, welche phylogenetisch als Divertikel des Archenterons anzusehen sind.

Wir können in erster Linie zwei Grundformen von Kammern unterscheiden: 1) die korbförmigen oder langgestreckten, ovalen oder cylindrisch-sackförmigen, zuweilen unregelmässigen oder verwachsenen Kammern der Syconidae, Sylleibidae, Hexactinellida, Hexaceratina, Tetillidae und Spongelidae; und 2) die mehr oder weniger kugligen oder birnförmigen, kleineren, stets einfachen und unregelmässigen Kammern der Leuconidae, Teichonidae, der meisten Chondrospongiae und Cornacuspongiae (ausser Tetillidae, Spongelidae und vielleicht Heterorrhaphidae).

Die Spongien der ersteren Reihe zeichnen sich grösstentheils durch die unbedeutende Entwicklung des Mesoderms aus, und damit steht die bedeutendere Grösse der Kammern dieser Schwämme in Correlation. Bei den Spongien der zweiten Reihe ist das Mesoderm stets wohl entwickelt und meist derart angewachsen, dass Kammern und Canäle dadurch stark zusammengedrückt und daher kleiner sind.

Wie erwähnt, sind die Kammern der ersten Reihe regelmässig oder unregelmässig. Die regelmässigen Kammern haben Rotationskörpergestalt und münden mit weiter, kreisrunder Oeffnung in den abführenden Canal. In der folgenden Liste sind Beispiele von Schwämmen mit solcherart gestalteten Kammern nebst den Kammer-Maassen, systematisch geordnet, angegeben.

Die in dieser und den folgenden Listen enthaltenen Angaben beziehen sich, soweit sie meiner Hornschwamm-Monographie entnommen sind, auf die Gattung, und es sind neben dem Gattungsnamen entweder Mittelwerthe, in solchen, wo keine grossen Verschiedenheiten vorkommen, oder die beobachteten Grenzwerthe, wo die Kammermaasse der Arten bedeutender variren, angegeben. Die den Arbeiten Andrer entnommenen Maasse beziehen sich auf einzelne Arten, welche als Beispiele ausgewählt worden sind.

Regelmässige ovale, sack- oder korbförmige Kammern mit weiter Mündung.

|  | mm | |
| --- | --- | --- |
|  | lang | breit |
| Calcarea |  |  |
| Heterocoela |  |  |
| Syconidae. |  |  |
| *Ute argentea* (POLÉJAEFF) | 0,27 | 0,1 |
| *Amphoriscus poculum* (POLÉJAEFF) | 0,4 | 0,12 |

| | mm | |
|---|---|---|
| | lang | breit |
| Silicea | | |
| Hexactinellida | | |
| Lyssacina | | |
| Euplectellidae. | | |
| *Euplectella aspergillum* (Schulze) | 0,24 | 0,1 |
| *Walteria flemmingii* (Schulze) | 0,34 | 0,16 |
| Asconematidae | | |
| *Balanites pipetta* (Schulze) | 0,17 | 0,09 |
| Rossellidae | | |
| *Lanuginella pupa* (Schulze) | 0,17 | 0,09 |
| *Rossella antarctica* (Schulze) | 0,12 | 0,1 |
| *Crateromorpha tumida* (Schulze) | 0,17 | 0,13 |
| Dictyonina | | |
| Euretidae | | |
| *Eurete semperi* (Schulze) | 0,17 | 0,13 |
| *Periphragella elisae* (Schulze) | 0,2 | 0,14 |
| Coscinoporidae | | |
| *Chonelasma lamella* (Schulze) | 0,3 | 0,15 |
| Tectodictyinae | | |
| *Hexactinella lata* (Schulze) | 0,25 | 0,08 |
| Maeandrospongidae | | |
| *Myliusia callocyathus* (Schulze) | 0,25 | 0,13 |
| Hexaceratina | | |
| Darwinellidae | | |
| *Darwinella* (Lendenfeld) | 0,08—0,1 | 0,045—0,07 |
| Alysillidae | | |
| *Ianthella* (Lendenfeld) | 0,035 | 0,015 |
| *Aplysilla* (Lendenfeld) | 0,06—0,12 | 0,03—0,055 |
| *Dendrilla* (Lendenfeld) | 0,07—0,09 | 0,04—0,05 |
| Halisarcidae | | |
| *Bajulus* (Lendenfeld) | 0,17 | 0,03 |
| Chondrospongiae | | |
| Tetillidae | | |
| *Tetilla grandis* (Sollas) | 0,044 | 0,032 |
| *Tetilla sandalina* (Sollas) | 0,048—0,071 | 0,04—0,044 |
| Suberitidae | | |
| *Tentorium semisuberites* (Ridley & Dendy) | 0,058 | ˄ |
| Cornacuspongia | | |
| Spongelidae | | |
| *Phoriospongia* (Lendenfeld) | 0,07—0,1 | 0,03—0,06 |
| *Sigmatella* (Lendenfeld) | 0,07 | 0,04 |
| *Haastia* (Lendenfeld) | 0,05 | 0,03 |
| *Psammopemma* (Lendenfeld) | 0,07—0,1 | 0,04—0,07 |
| *Spongelia* (Lendenfeld) | 0,06—0,12 | 0,04—0,067 |

Die Anzahl der Spongien mit langgestreckt-sackförmigen, oder auch breiten, mit weiter Oeffnung versehenen, unregelmässigen Kammern ist eine verhältnissmässig unbedeutende. Solche unregelmässige Kammern sind bisher überhaupt nur bei gewissen Syconidae (einige Syconinae und die Grantinae), bei einigen Hexactinellida und bei *Halisarca* beobachtet worden. Niemals kommen solche Kammern bei den Chondro- und Cornacuspongien vor.

Die Unregelmässigkeit der Kammern kann auf zwei verschiedene Arten zu Stande kommen: entweder erheben sich von dem distalen Kammerende gelappte Divertikel; oder mehrere benachbarte Kammern verschmelzen zu complicirteren, häufig recht unregelmässigen Gebilden. Besonders geht dann jede gesetzmässige Gestaltung verloren, wenn sich die beiden erwähnten Ursachen der Unregelmässigkeit vereinigen, wie dies verhältnissmässig häufig beobachtet wird.

Folgende Beispiele können als typisch angesehen werden:

### Unregelmässige Kammern

Calcarea
  Heterocoela
    Syconidae

*Sycandra raphanus* (SCHULZE, LENDENFELD). Die Kammern sind an der Basis ausgewachsener Exemplare 2—3 mm lang und 0,4 mm breit. Von dem verbreiterten distalen Ende erheben sich zahlreiche lappige, selbst kurz fingerförmige Divertikel.

*Heteropegma nodus-gordii* (POLÉJAEFF). Die Kammern sind 0,3 mm lang und 0,16 mm breit, und am distalen Ende in abgerundete, fingerförmige Fortsätze getheilt; sie vereinigen sich proximal paarweise oder zu mehreren.

*Anamixilla torresii* (POLÉJAEFF). Die Kammern sind 0,7 mm lang und 0,2 mm breit und verschmälern sich gegen das proximale Ende hin, ihre Oberfläche ist wellig.

Silicea
  Hexactinellida
    Lyssacina
      Euplectellidae.

*Euplectella crassistellata* (SCHULZE). Die Geisselkammern sind cylindrisch, distal abgerundet, 0,47 mm lang und 0,14 mm breit und vollkommen regelmässig gestaltet. Ihre Oberflächen sind nicht wellig, und von Divertikeln am distalen Kammerende ist keine Spur vorhanden. Einige dieser Kammern sind isolirt; die meisten aber verschmelzen am proximalen Ende zu zweien oder mehreren, zu handschuh-ähnlichen Gebilden, die aus einem kurzen, weiten, ovalen Rohr bestehen, welches proximal an der Mündung in einer ovalen Linie endet und von dem am andern Ende mehrere fingerförmige Divertikel — die individuellen Kammern — abgehen.

*Holascus polejaëvi* (SCHULZE). Die Kammern sind 0,3 mm lang und 0,1 mm breit, regelmässig sackförmig. Sie verschmelzen mit ihren Basalenden und bilden garbenförmige Massen, die gegen grosse conische

Räume convergiren und in diese einmünden. Auch die andren Arten dieser Gattung haben ähnliche Kammern.

Rossellidae.

*Aulochone cylindrica* (Schulze). Die Kammern sind etwa 0,3 mm lang und breit, verzweigt, mit lappenförmigen Aesten.

Hyalonematidae.

*Hyalonema toxeres* (Schulze). Die Kammern sind etwa 0,5 mm lang und 0,3 mm breit. Zuweilen verschmelzen mehrere an der Basis; distal sind die Kammern verzweigt. Die Zweige erscheinen als lappenförmige Ausbuchtungen oder aber sie sind weiter, zu fingerförmigen Gebilden entwickelt.

*Hyalonema depressum* (Schulze). Die Kammern sind etwa 0,55 mm lang und 0,6 mm breit, unregelmässig lappig, jedoch ohne schlanke Fortsätze. Bei *Hyalonema apertum* liegen ähnliche Verhältnisse vor. Die Kammern von *Hyalonema clavigerum* sind ebenfalls gelappt, aber viel schlanker.

*Pheronema carpenteri* (Schulze). Die Kammern sind 0,3 mm lang und 0,14 mm breit, mit leichtwelliger Oberfläche. Mehr verzweigt sind jene von *Pheronema globosum*.

*Poliopogon gigas* (Schulze). Die Kammern sind 0,6 mm lang und 0,17 mm breit und distal unregelmässig verzweigt.

*Semperella schultzei* (Schulze). Die Kammern sind etwa 0,4 mm lang und breit. Sie stehen neben einander und bilden eine Schicht. Die Flächen, in denen die Kammermündungen liegen, sind convex, ein bei Spongien seltener Fall. Die Kammern sind sehr unregelmässig, reich verzweigt mit lappenförmigen Aesten.

Dictyonina
Farreidae.

*Farrea occa* (Schulze). Die Kammern sind regelmässig sackförmig und liegen parallel neben einander in einer ebenen Schicht. Sie verschmelzen zu 3—7 in ihren proximalen Theilen, und diese Concrescenz geht häufig so weit, dass unregelmässige, proximal quer abgestutzte Säcke mit klaffender Mündung entstehen, deren distaler Theil in mehrere cylindrisch-sackförmige, parallele Divertikel ausläuft. Zuweilen (Schulze, l. c. Taf. 73) liegen die Kammern nicht in einer Ebene neben einander, sondern sie stehen unregelmässig und treten zu garbenförmigen Gruppen zusammen.

Melittionidae.

*Aphrocallistes bocagei* und *Aphrocallistes ramosus* (Schulze). Die einfachen, domförmigen, 0,2 mm langen und 0,25 mm breiten Kammern treten zu sehr eigenthümlichen Bildungen zusammen, wie sie bei andren Schwämmen nicht vorkommen. In der dicken Körperwand findet sich eine Lage neben einander stehender cylindrischer, etwa 0,7 mm breiter und 1,6 mm langer Röhren, deren Wände durch die Geisselkammern

gebildet werden. Von dem distalen Ende der Röhre zieht eine kegel-
förmige Einstülpung bis unter die Mitte derselben herab. Die gastrale
Seite dieser kegelförmigen Einstülpung ist, wie alle übrigen Theile der
Röhren, von demselben Epithel wie die Geisselkammern ausgekleidet.

Tretodictyidae.

*Euryplegma auriculare* (SCHULZE). Die Kammern sind unverzweigt,
regelmässig cylindrisch-sackförmig, 0,4 mm lang und 0,15 mm breit.
Sie verwachsen an ihren Mündungen mehr oder weniger zur Bildung
garbenförmiger Gruppen.

Hexaceratina
Halisarcidae.

*Halisarca* SCHULZE. Die Kammern sind 0,06—0,15 mm lang und
0,025 mm breit, cylindrisch, distal abgerundet und einfach verzweigt.

Die Kammern, welche der zweiten Formenreihe angehören, sind
kuglig oder birnförmig, zuweilen breiter als lang, plattgedrückt, ellipsoidisch oder auch breit-oval. Während bei den Kammern der ersten
Reihe das Kragenzellenepithel plötzlich an dem scharfen Mundrande
der Kammer in das plattenförmige Epithel des abführenden Canalsystems übergeht, ist der Uebergang zwischen Kragen- und Plattenepithel am Kammermunde bei diesen ein allmählicher. Oft sitzen diese
Kammern nicht wie jene der ersten Reihe weiten Canälen seitlich auf,
sondern verengen sich allmählich zu einem schmalen Canal, der vom
Kammermunde zu einem benachbarten abführenden Canal hinzieht.
Die Kammern dieser Reihe sind ausnahmslos kleiner als jene der
ersten. In der folgenden Liste finden sich die Maasse einiger Beispiele
nebst Angaben über ihre Gestalt.
(Vergl. wegen des Arrangements der Liste die Erklärung zur vorhergehenden).

Kleine, kuglige oder birnförmige, selten platt ellipsoidische Kammern.

|  | Geisselkammern | |
|---|---|---|
|  | mm Durchmesser | Gestalt |
| Calcarea<br>Heterocoela<br>Teichonidae. |  |  |
| *Eilhardia schulzei* (POLÉJAEFF) | 0,13 | kuglig |
| Silicea<br>Chondrospongiae<br>Tetraxonia<br>Choristida<br>Theneidae. |  |  |
| *Thenea delicata* (SOLLAS) | 0,067 $\times$ 0,087 | platt-ellipsoidisch |
| *Characella aspera* (SOLLAS) | 0,03 $\times$ 0,04 | oval |

|  | Geisselkammern | |
|---|---|---|
|  | mm Durchmesser | Gestalt |
| **Stellettidae.** | | |
| *Myriastra simplicifurca* (SOLLAS) | 0,028—0,035 × 0,024 | platt-ellipsoidisch |
| *Pilochrota gigas* (SOLLAS) | 0,022—0,02 | platt-ellipsoidisch |
| *Pilochrota tenuispicula* (SOLLAS) | 0,016—0,02 × 0,02—0,024 | oval |
| *Pilochrota lendenfeldi* (SOLLAS) | 0,028—0,032 × 0,02—0,028 | platt-ellipsoidisch |
| **Lithistida** **Tetracladidae** | | |
| *Theonella swinhoi* (SOLLAS) | 0,024 × 0,026 | oval |
| **Pleromidae** *Pleroma turbinatum* | 0,04 × 0,044 | oval |
| **Monaxonia** **Spirastrellidae** *Spirastrella massa* (RIDLEY & DENDY) | 0,034 | kuglig |
| **Suberitidae** *Suberites caminatus* (RIDLEY & DENDY) | 0,034 veränderlich | rundlich-oval |
| *Stylocordyla stipitata* (RIDLEY & DENDY) | 0,034 | rundlich-oval |
| **Axinellidae** *Hymeniacidon caruncula* (RIDLEY & DENDY) | 0,034 | rundlich |
| *Phacellia ventilabrum* (RIDLEY & DENDY) | 0,038 | rundlich |
| *Axinella* (?) *paradoxa* (RIDLEY & DENDY) | 0,024 | kuglig |
| *Raspailia tenuis* (RIDLEY & DENDY) | 0,034 | kuglig oder oval |
| **Oligosilicina** **Chondrosidae** *Chondrosia reniformis* (LENDENFELD) | 0,03 | kuglig |
| **Cornacuspongiae** **Homorrhaphiadae** *Halichondria panicea* (RIDLEY & DENDY) | 0,034 | rundlich |
| *Petrosia hispida* (RIDLEY & DENDY) | 0,029 | kuglig |
| *Reniera sp.* (RIDLEY & DENDY) | 0,024 | kuglig |
| **Spongidae** *Chalinopsilla* (LENDENFELD) | 0,03 | birnförmig |
| *Phyllospongia* (LENDENFELD) | 0,02—0,038 | kuglig |
| *Leiosella* (LENDENFELD) | 0,032—0,037 | kuglig oder birnförmig |

| | Geisselkammern | |
| | mm Durchmesser | Gestalt |
|---|---|---|
| *Euspongia* (LENDENFELD) | 0,03—0,04 | birnförmig |
| *Hippospongia* (LENDENFELD) | 0,032 | kuglig |
| *Thorecta* (LENDENFELD) | 0,045 | kuglig |
| *Aplysinopsis* (LENDENFELD) | 0,034 | kuglig |
| *Aplysina* (LENDENFELD) | 0,026—0,035 | kuglig |
| *Oligoceras* (LENDENFELD) | 0,04 | birnförmig |
| *Dysideopsis* (LENDENFELD) | 0,04—0,048 | kuglig |
| *Halme* (LENDENFELD) | 0,016—0,024 | kuglig |
| *Stelospongia* (LENDENFELD) | 0,041—0,048 | kuglig |
| *Hircinia* (LENDENFELD) | 0,022—0,04 | kuglig |
| Desmacidonidae | | |
| *Esperella murrayi* (RIDLEY & DENDY) | ˙0,024 | rundlich |
| *Esperella gelatinosa* (RIDLEY & DENDY) | 0,034 | rundlich |
| *Esperiopsis challengeri* (RIDLEY & DENDY) | 0,043 | rundlich |
| *Myxilla nobilis* (RIDLEY & DENDY) | 0,048 | rundlich |
| Aulenidae | | |
| *Aulena* (LENDENFELD) | 0,027 | kuglig |
| *Hyattella* (LENDENFELD) | 0,03 | kuglig |

Was den Bau der Kammern selbst anbelangt, so sind zunächst folgende Angaben über die zuführenden Poren bemerkenswerth:

Bei den Hexactinelliden sind wie bei den Syconidae und den Sylleibidae die zuführenden Poren zahlreich und zerstreut (SCHULZE). Bei den Hexaceratina sind sie zumeist auf das distale Kammerende beschränkt (LENDENFELD). Minder zahlreich, kleiner und meist auf das aborale Ende beschränkt sind die Kammer-Poren bei den übrigen Spongien. Sie sind ausnahmslos kleiner als der Mund der Kammer, ich halte die gegentheiligen Angaben für unrichtig. SOLLAS hat (l. c. p. 143) behauptet, dass bei *Anthastra communis* die zuführenden Poren grösser als der Mund seien, und aus den Abbildungen von POLÉJAEFF (Ceratosa, Challengerreport) geht hervor, dass er der Ansicht ist, dass bei einzelnen Hornschwämmen die zuführenden Poren mindestens ebenso gross sind wie der Mund. Die vielfach ausgesprochene Ansicht, dass diese Poren veränderlich seien und von dem Schwamme ad libitum eröffnet und geschlossen werden können, scheint sich nicht zu bestätigen. Sicher ist es, dass bei Spongien wie *Druinella* ein solches unmöglich ist.

Der Mund der Kammer erscheint gross, regelmässig kreisförmig bei den Spongien mit regelmässigen cylindrischen oder sackförmigen Kammern (der ersten Reihe), bei denen die Geisselkammern grösseren Canälen seitlich aufsitzen. Noch grösser und häufig unregelmässig ist er bei jenen Hexactinelliden und Kalkschwämmen, bei denen die Kammern proximal zu unregelmässigen Gebilden verschmelzen.

Bei den übrigen Schwämmen, welche kleinere ovale oder meist rundliche Kammern haben, hängt die Gestaltung des Mundes von der Entwicklung des Mesoderms ab.

Bei den Plakiniden (SCHULZE, SOLLAS), bei *Thorecta, Halme* und vielen andren Schwammen, wo das Mesoderm verhältnissmässig unbedeutend entwickelt ist, erscheinen die Kammern sitzend: sie münden seitlich in grössere Canäle, deren Durchmesser grösser als jener der Kammern ist. Der Mund dieser Kammern ist ähnlich gestaltet wie bei den Schwämmen der ersten Serie mit cylindrischen oder sackförmigen Kammern.

Bei anderen Schwämmen, wo das Mesoderm mächtiger entwickelt ist, wie bei den meisten Chondrospongien, bei *Euspongia* etc., sind die Kammern von den abführenden Canälen entfernt und stehen mit denselben nur durch schmale, kurze, s p e c i e l l e abführende Canäle, denen die Kammern terminal aufsitzen, im Zusammenhang. Auf diese Weise kommen vorzüglich die birnförmigen Kammern zu Stande.

Mit der weiteren Entwicklung des Mesoderms geht eine weitere Ausbildung dieser speciellen Abzugscanäle Hand in Hand, und es erscheinen bei diesen (Chondrosidae) die Kammern terminal den Enden der langen und dünnen letzten Verzweigungen des abführenden Systems aufgesetzt. Die höchste Ausbildung dieser Canäle wurde von mir bei *Druinella* beobachtet, wo sie 10—20 mal so lang werden wie die Kammern, sich zu zweien oder dreien in ihrem Verlaufe vereinigen und dann plötzlich in weite Abzugscanäle ausmünden.

### Das abführende Canalsystem.

Sehr richtig unterscheidet SOLLAS (l. c. p. XVIII ff.) die aus den gastralen Faltenbuchten des Urschwammes hervorgegangenen Theile des ausführenden Canalsystems von jenem centralen Theil desselben, der als Rest der Urdarmhöhle anzusehen ist. Allen, durch Faltung entstandenen Theilen des ausführenden Systems entsprechen Theile des wasserzuführenden Systems, während dem centralen Urdarmrest keine einführenden Canäle gegenüberstehen.

Besonders ausgesprochen und scharf ist dieser Unterschied bei den Hexactinellida, wo die centrale Höhle der röhren- oder becherförmigen Schwämme — der Rest der Urdarmhöhle — durch eine siebartige Haut von dem durch Faltung entstandenen Lacunensystem getrennt wird, in welches die Geisselkammern münden.

Die Ausbildung abführender Canäle hält mit der Massenzunahme des Mesoderms gleichen Schritt, und es sind dementsprechend diese Canäle bei den Hexactinelliden am wenigsten entwickelt. Bei diesen Schwämmen münden die Kammern direct (SCHULZE) in eine continuirliche Lacune, welche ohne Unterbrechung den ganzen Schwamm durchzieht und von einem Netz feiner, fadenförmiger Trabekel durchsetzt wird. Diese Lacune wird von einer porenreichen, siebartigen Haut begrenzt. Sie ist in jeder Hinsicht dem Subdermalraume ähnlich und könnte mit Recht als ein gastraler Subdermalraum bezeichnet werden.

In der Regel bilden die Trabekel ein gleichmässiges Netz, doch

zuweilen treten sie zu dichten Büscheln zusammen, grosse Strecken
völlig frei lassend, wie z. B. bei *Caulophacus latus* (SCHULZE).

Bei vielen Hexactinelliden sind die Kammern parallel und bilden,
wie bei den Syconen, eine einzige Schicht in der Gastralwand; bei
andren erscheint diese Schicht gefaltet, und die Gastralmembran zieht
glatt über die Falten hinweg. Dabei kommt es zur Bildung weiter
ausführender Canäle, welche eine breit kegelförmige Gestalt haben.
Endlich giebt es auch welche, bei denen die Gastralmembran an der
Faltung theilnimmt.

Obwohl das Canalsystem der Hexaceratina jenem der Hexactinellida
nicht unähnlich ist, so finden wir bei diesen doch schon wohl ausgebildete abführende Canäle. Bemerkenswerth ist es, dass bei *Dendrilla* ein gastraler, von einfachen Trabekeln durchzogener Subdermalraum vorkommt, welcher mit dem entsprechenden Gebilde der Hexactinelliden direct verglichen werden kann (LENDENFELD). Die abführenden
Canäle der Hexaceratina sind nur wenig verzweigt und weit.

Bei den Cornacuspongien und noch mehr bei den Chondrospongien
sind die abführenden Canäle schmaler und vielfach verzweigt. Sei es
nun, dass den Kammern abführende Specialcanäle zukommen oder nicht,
jedenfalls sind die Anfänge des abführenden Systems schmal und vereinigen sich zu grösseren Stämmen, welche in der Regel weiter sind
als die entsprechenden zuführenden Canäle. Obwohl Fälle vorkommen,
wo diese abführenden Canalstämme unregelmässig gewunden den Schwammkörper ohne erkennbare Gesetzmässigkeit durchziehen, so kann es doch
keinem Zweifel unterliegen, dass dieselben in der Regel gesetzmässig
angeordnet sind. Ihre Lage hängt von der Gestalt des Schwammes
und der Form und Ausbildung der Oscularröhre ab.

In flachen, lamellösen Schwämmen sowie in becher- und röhrenförmigen streben die ausführenden Stämme aufwärts und münden, nach
einem longitudinalen Verlaufe von schwankender Länge, alle auf einer
Seite der Schwammplatte oder in das Lumen der Röhre oder des
Bechers aus. Bei incrustirenden Schwämmen (*Chalinopsilla australis*
var. *repens, Psammopemma marshalli, Aplysilla violacea* u. a. LENDEN-
FELD) breitet sich im Grunde des Schwammes ein System weiter Lacunen aus, in welches die, vertical herabziehenden, ausführenden Canalstämme münden. Von diesen Lacunen erheben sich dann die Oscularröhren.

Zuweilen sind die ausführenden Canäle glatt, häufig jedoch von
unregelmässigen sphincterartigen Membranen durchzogen. Etwas eigenthümlich gestaltet sind die ausführenden Stämme von *Aplysina archeri*
(LENDENFELD). Bei diesem Schwamme liegen die abführenden Canal-
zweige so dicht beisammen, dass fast kein Raum zwischen ihren Mündungen übrig bleibt, wodurch die Oberfläche der Canalstämme ausserordentlich unregelmässig wird.

Obwohl nun die ausführenden Canalstämme in der Regel gesetzmässig verlaufen, so kommt doch eine symmetrische Anordnung derselben sehr selten zu Stande. Zu den früher von SELENKA und LAMPE
bekannt gemachten Beispielen von radial symmetrischen Schwämmen

mit determinirter Antimerenzahl fügt nun SOLLAS ein neues: *Disyringa dissimilis*. Dieser Schwamm besteht aus einem kugligen Körper, von dem nach oben und unten je ein gerader cylindrischer Fortsatz abgehen. In der Oberfläche des ersteren liegen zahlreiche Ausströmungsporen, in jener des letzteren die Einströmungsporen. Beide Fortsätze werden von regelmässig longitudinal verlaufenden Canälen durchzogen, welche durch die erwähnten Poren mit der Aussenwelt communiciren. Solcher Canäle finden sich 4, 8, 12 oder 16, und sie sind regelmässig vierstrahlig symmetrisch angeordnet.

Es kommt gar nicht selten vor, dass die ausführenden Canalstämme getrennt mit kleinen, unter 1 mm weiten Osculis an der Oberfläche ausmünden. In der Regel ist dies jedoch nicht der Fall, und diese Canäle münden alle in weite, sogenannte Oscularröhren. Zwischen diesen Formen giebt es alle möglichen Uebergänge.

In zahlreichen lamellösen Schwämmen, wie z. B. *Phyllospongia*, münden die ausführenden Canalstämme getrennt, alle auf einer Seite. Die Platte kann fächerförmig sein (z. B. *Phyllospongia foliascens*) oder aber, und dies ist häufiger, sie ist gekrümmt oder gefaltet. Die seitlichen Ränder verschmelzen und ein unregelmässig becherförmiges Gebilde kommt zu Stande, auf dessen concave Innenseite diese kleinen Oscula beschränkt sind (z. B. *Stelospongia costifera*). Der Becher kann sich strecken und wird zu einer Röhre (z. B. *Chalinopsilla tuba*), in welche dann alle Oscula einmünden. Diese Röhre kann dann von dem anwachsenden Schwamm zu einem schmalen centralen Canal verengt werden (z. B. *Aplysina*). Mehrere solcher Röhren können seitlich zur Bildung fächerförmiger Gestalten verschmelzen (*Thorecta wuotan*) oder aber massige Spongien bilden (LENDENFELD).

Es ist in irgend einem gegebenen Falle unmöglich, festzustellen, ob das Oscularrohr in dieser Weise entstanden ist, oder ob es als Rest der Urdarmhöhle angesehen werden muss. Ich bin der Ansicht, dass bei den meisten Spongien, wenn nicht in allen, welche deutliche Oscularröhren besitzen, dieselben n i c h t als Reste der Urdarmhöhle anzusehen, sondern auf die oben angedeutete Weise entstanden sind.

Die Definition des Osculums als jener Oeffnung, wo Ectoderm und Entoderm zusammenstossen, ist klar und scharf genug; da aber kein morphologischer Unterschied zwischen ectodermalem und entodermalem Plattenepithel besteht, hilft uns diese Definition nicht über die Schwierigkeiten hinweg, die sich uns entgegenstellen, wenn wir die wahre Lage der Oscula auffinden wollen.

Ich will die auf die angegebene Weise entstandenen grossen Ausströmungsöffnungen, im Gegensatz zu den wahren Osculis, Praeoscula nennen. Die grossen Ausströmungsöffnungen, seien sie nun Oscula oder Praeoscula, finden sich fast immer auf vorragenden Partien der Oberfläche, am Rande fächerförmiger Spongien oder an den distalen Enden der Fortsätze fingerförmiger.

In der Regel klaffen diese Oeffnungen, doch sind sie zuweilen mit Gittern oder Sieben bedeckt. Deutliche Gitter finden sich über den Osculis der *Euplectella*-Arten (SCHULZE). Bei *Stelospongia canalis* und

mehreren Formen von *Euspongia, Hippospongia* und *Phyllospongia*
münden die ausführenden Canäle entweder in den Boden von Rinnen,
welche in die Oberfläche eingegraben sind, oder aber es setzen sich die
Oscularröhren (*Stelospongia canalis*), statt direct auszumünden, in Rinnen
fort, welche eine Strecke weit an der Oberfläche hinziehen. In beiden
Fällen sind die Rinnen von einer Membran bedeckt, welche von mehr
oder weniger zahlreichen Löchern durchbrochen ist. Je zahlreicher,
um so kleiner sind diese Löcher, und sie erscheinen zuweilen nicht
grösser als die zuführenden Poren (*Stelospongia canalis*, LENDENFELD).
Diese Fälle von Lipostomie dürfen natürlich nicht mit jenen bei den
zahlreichen Hexactinelliden, wo die Gastralmembran frei liegt (SCHULZE),
zusammengeworfen werden.

Zuweilen erhebt sich der Rand des Osculums zu einem kragen-
oder schornsteinartigen Gebilde (*Rhizochalina-* und *Polymastia*-Arten),
an dessen Ende dann das Osculum liegt. Bei *Tribrachium schmidti*
und *Disyringa dissimilis* hat SOLLAS hochentwickelte, freivorragende
Oscularrohre dieser Art gefunden, welche aber am Ende geschlossen
sind, und in deren Wand zahlreiche kleine Poren liegen, durch welche
das Wasser ausströmt.

Die kleinen Ausströmungsöffnungen dieser lipostomen Schwämme
werden stets von Sphincteren, contractilen Hautsäumen, umgeben. Auch
die grossen Oscula sind nicht selten mit ähnlichen Sphincteren ausgestattet. In diesen werden stets massenhafte Circulär-Fasern, öfters
Sinneszellen und hie und da auch, wie z. B. bei *Leiosella foliacea*,
Radialfasern, Musculi dilatatores, angetroffen (LENDENFELD).

### Vestibularsystem.

Häufig kommt es vor, dass lamellöse Schwämme sich in complicirter
Weise falten, wobei dann ein System von unregelmässigen Lacunen entsteht,
die zwischen den gefalteten Lamellen liegen und durch weit klaffende
Oeffnungen mit der Aussenwelt communiciren (*Phyllospongia ridleyi*).
Durch fortgesetzte Faltung und Congrescenz kommen bienenwabenartige
Bildungen zu Stande (*Halme simplex*). Die freien Ränder verdicken sich
und schränken die Oeffnungen ein, welche in das Lacunensystem führen
(*Halme nidus-vesparum*). Die Oeffnungen können endlich von Sphincteren
umschlossen werden (*Halme crassa*) oder gar von siebartigen, porenreichen Membranen bedeckt sein (*Dendrilla cavernosa*). Im Innern des
Schwammes sind die, so durch secundäre Faltung gebildeten Lacunen
meist einfach und leer; zuweilen jedoch, wie besonders bei *Halme
villosa*, von zahlreichen zarten Membranen durchzogen, welche diese
Räume in kleine rundliche Abschnitte zerlegen.

Drei verschiedene Formen solcher Lacunensysteme, welche als secundär entstandene Theile des Canalsystems anzusehen und von mir
vestibulare Lacunen und Canäle genannt wurden, lassen sich unterscheiden: 1) Die Schwammplatte faltet sich derart, dass sowohl Oscula
als auch einführende Poren in die Wände der vestibularen Lacunen
zu liegen kommen — indifferente Vestibule. 2) Die Faltung führt

dazu, dass bloss jene Oberflächentheile die Wände der Lacunen bilden, in denen ausschliesslich einführende Poren liegen — einführende Vestibule. (Diese sind die interessantesten und wichtigsten und werden von mir in der Regel einfach Vestibule genannt.) 3) Bloss Oscula liegen in der Lacunen-Wand: — Präoscularröhren (dieser Fall ist bereits oben erörtert worden). Als Beispiele mögen angeführt werden: *Halme nidus-vesparum* mit indifferenten Vestibulen; *Dendrilla cavernosa* und *Hippospongia canalis* mit eigentlichen einführenden Vestibulen; *Chalinopsilla tuba*, *Siphonochalina* etc. mit Präoscularrohr (LENDENFELD). Wie oben erwähnt, sehe ich auch die grossen Oscularröhren gewisser Hexactinelliden als präoscular an.

SOLLAS (l. c. p. XXXV) giebt an, dass bei den Tetractinelliden vestibulare Lacunen häufig sind. So ist z. B. der grösste Schwamm dieser Gruppe, *Isops neptuni*, von einem System vestibularer Lacunen durchzogen, welche in jeder Hinsicht jenen von *Hyattella clathrata* (LENDENFELD) ähnlich sind.

### Skelet.

Aus den Arbeiten von v. EBNER [1]) geht hervor, dass die Skeletnadeln der Schwämme aus einer innigen Mischung oder, wahrscheinlicher, einer chemischen Verbindung organischer Substanz mit Kieselsäure oder Kalk bestehen. Ihre Form ist unabhängig von der Moleculargestalt (Krystallgestalt) der betreffenden unorganischen Substanz und auf die Wirkung organischer, im Schwammkörper thätiger Kräfte zurückzuführen.

SCHULZE erklärt die Bildung der Skeletnadeln in folgender Weise: Alle Nadeln sind aus drei, unabhängig von einander entstandenen Grundformen hervorgegangen. Diese sind: dreistrahlige Kalknadeln, vierstrahlige Kieselnadeln und sechsstrahlige Kieselnadeln.

Die Urschwämme, welche Kalksalze absorbirten und zum Aufbau ihres Skelets verwendeten, bestanden aus einem dünnwandigen Sack, der von zahlreichen Poren durchbrochen war, wie dies heute noch bei den Asconidae der Fall ist. Zwischen den kreisrunden Poren lagen in der dünnen Haut natürlich dreistrahlige Räume, und diesen entsprechend bildeten sich zwischen den Poren dreistrahlige Nadeln, in der Weise, dass jeder Porus von einem sechseckigen Rahmen umschlossen wurde, der aus den Strahlen von drei oder sechs Nadeln bestand. Aus diesen Dreistrahlern haben sich alle Kalknadeln entwickelt.

In massiven Schwämmen mit dichtstehenden kugligen Geisselkammern bleiben zwischen diesen — wie man sich an einem Kugelhaufen überzeugen kann — vierstrahlige Räume übrig. Dementsprechend bildeten sich vierstrahlige Kieselnadeln. Von diesen werden die Dreistrahler Zweistrahler und Einstrahler der Chondrospongiae und Cornacuspongiae durch einfache Reduction der Strahlenzahl abgeleitet (Plakinidae).

---

1) In: Sitzber. Akad. Wien .

Die Sechsstrahler bildeten sich ähnlich wie die Vierstrahler zwischen fingerhutförmigen Geisselkammern, welche einschichtig in einer dünnen Lamelle nebeneinander angeordnet waren. Aus den Sechsstrahlern haben sich die Fünf-, Vier-, Drei-, Zwei- und Einstrahler der Hexactinellidae gebildet.

SOLLAS (l. c. p. LXXIII) geht sehr genau auf die Bildung der Nadeln ein. Er kommt zu ganz andren Resultaten als SCHULZE. Nach SOLLAS sollen alle Nadeln aus kleinen Kieselkugeln durch Einflüsse der Spannung hervorgegangen sein. Er neigt sich der Ansicht zu, dass bei Chondrospongien und Cornacuspongien aus den Kieselkugeln zunächst Tylostyli (Megasclera) und Spiraster (Microsclera) entstanden sind, und leitet dann alle Vier-, Drei-, Zwei- und Einstrahler vom Tylostylus und alle die mannigfachen Sterne etc. vom Spiraster ab.

Die Nadeln bilden sich nach SOLLAS in Zellen, es sollen aber die grossen Nadeln später durch Abscheidung eines Secrets zahlreicher Silicoblasten durch Apposition wachsen. Der Kern der Zelle, welche die Nadelanlage bildete, haftet später aussen der Nadel an. Anders scheint es sich bei den Kieselscheiben von *Erylus* zu verhalten (SOLLAS), wo die Kieselsubstanz in der Zellwand abgelagert wird und der Kern in der Mitte des entstehenden Kieselkörpers bleibt.

Durch secundäre Ablagerung von Kieselsubstanz entstehen aus regelmässigen Anlagen die unregelmässigen Kieselkörper (Desma) der Lithistidae. Die jüngsten Schichten sind weniger kieselreich als die älteren, und die äusserste Lage, welche SOLLAS die Desmascheide nennt, ist bei *Pleroma turbinatum* sogar tingirbar.

Es würde hier natürlich viel zu weit führen, auf die zahllosen von SCHULZE, SOLLAS und RIDLEY & DENDY gemachten Nadelformen einzugehen. Die grösste Mannigfaltigkeit bieten jedenfalls die kleinen häufig verzweigten Sechsstrahler der Hexactinelliden dar, deren gleich zierliche und mannigfaltige Formen in prächtiger Wiedergabe eine der Hauptzierden der Tafeln in SCHULZE's Hexactinelliden-Monographie bilden. Eigenthümlich sind die einseitig entwickelten, spazierstockartigen Nadeln von *Tribrachium schmidti* (SOLLAS l. c., Taf. 17, 18) und die frei vorragenden Defensivnadeln von *Rossella antarctica* (SCHULZE).

SOLLAS beobachtete in den Embryonen von *Craniella schmidti* als zuerst auftretende Nadeln schlanke radiale Oxea. Bei *Sigmatella*-Embryonen kommen ähnliche Nadeln vor (LENDENFELD).

Die Embryonen, welche RIDLEY & DENDY beobachteten (l. c. p. L—LII), enthielten schon in sehr frühen Stadien Nadeln. Bei *Myxilla nobilis* entwickeln sich die Chelae vor den Stabnadeln und die kleinen stachligen Styli, mit denen später, im ausgebildeten Schwamme, die Skeletfasern bewehrt sind, vor den grossen glatten Styli des Stützskelets.

SOLLAS nimmt an, dass viele Tetractinelliden einige der im innern gebildeten Nadeln in centrifugaler Richtung wandern und entweder schliesslich in Gestalt eines Dermalpanzers die Rinde erfüllen oder frei über die Oberfläche vorragen oder endlich ganz und gar ausgestossen werden. Er gründet diese Anschauung auf eine Reihe von Beobachtungen, von denen folgende besonders hervorgehoben zu werden verdienen: die Rinde der Geodidae ist von ausgebildeten Kieselkugeln erfüllt; Jugendstadien dieser Kugeln finden sich ausschliesslich in der Pulpa. — Bei sehr vielen Schwämmen verschiedener Ordnungen ragen Nadeln über die Oberfläche frei vor, und zwar in solcher Weise, dass unmöglich angenommen werden kann, dass sie sich an Ort und Stelle gebildet haben. — Bei *Synops neptuni* sind die Vestibularräume von ganz ausgestossenen Schwammnadeln völlig erfüllt.

Besondere Beachtung verdienen die Hornnadeln von *Darwinella*, welche nach dem triaxonen Typus gebaut sind und in jeder Hinsicht mit den Kieselnadeln der Hexactinellidae direct verglichen werden können (LENDENFELD).

Bei allen Kalkschwämmen, bei vielen lyssacinen Hexactinelliden und bei den Chondrospongien besteht das Skelet aus Nadeln, welche nicht durch irgendwelche besondere Kittsubstanz mit einander verbunden werden. Bei anderen Kieselschwämmen wird das Skelet dadurch verstärkt, dass die Nadeln mittels einer besonderen Kittsubstanz zu Bündeln an einander geheftet werden, welche in Gestalt eines Netzes den Schwammkörper durchziehen. Diese Kittsubstanz ist bei den Hexactinelliden (Dictyonina vorzüglich) eine kieselsäurereiche Substanz, welche jener, aus der die Nadeln bestehen, sehr ähnlich ist. Dieser Kieselcement bildet eigene Synapticula, welche aus concentrischen Schichten zusammengesetzt sind. Die Schichten jüngerer Synapticula liegen jenen der älteren discordant auf (z. B. bei *Rhabdodictyum delicatum* SCHULZE).

Bei den andern Kieselschwämmen, welche insgesammt der Ordnung Cornacuspongiae angehören, besteht dieser Cement aus Spongin. SOLLAS giebt an (l. c. p. 287), dass bei *Theonella swinhoei* (den Chondrospongiae angehörend) eine structurlose Substanz, welche sich mit Hämatoxylin stark färbt, in geringen Mengen an den Kreuzungspunkten der Nadeln vorkomme und diese mit einander verbinde. Dieser Cement wird von SOLLAS mit Spongin verglichen. Innerhalb der Familien der Cornacuspongiae können wir die Tendenz beobachten, dass die Nadeln allmählich mehr und mehr durch das massenhafter entwickelte Cement-Spongin verdrangt oder durch Fremdkörper ersetzt werden. Schliesslich gehen die Nadeln ganz verloren, und das Stützskelet besteht aus einem Netz von Sponginfasern, in denen in der Regel Fremdkörper enthalten sind (RIDLEY & DENDY, LENDENFELD).

In ähnlicher Weise könnten sich die Hexaceratina aus den Hexactinellida durch Eintreten eines Sponginskelets für das Kieselskelet entwickelt haben (LENDENFELD).

Das Stützskelet der Hornschwämme, welche zu den Cornacuspongien gehören, führt in der Regel, wie gesagt, Fremdkörper und ist fundamental von jenem der Hexaceratina verschieden, in dem Fremdkörper niemals vorkommen (LENDENFELD).

Die Gestaltung des Stützskelets entspricht im allgemeinen den Leistungen, die von demselben verlangt werden, und die Erklärung derselben ist ein rein mechanisches Problem. Es würde hier zu weit führen, darauf einzugehen; nur das will ich erwähnen, dass die neueren Untersuchungen gezeigt haben, dass die Hauptstützfasern des Skelets weder

den grossen Kanälen des Schwammkörpers parallel sind, noch in ihrem
Verlauf von denselben beeinflusst werden, wie früher von O. SCHMIDT,
MARSHALL und andern angenommen worden ist (LENDENFELD).

Ausser dem Stützskelet besitzen viele Spongien auch noch ein
Dermalskelet, welches zwar immer eine Defensiveinrichtung ist, aber
diesen Zweck in verschiedener Weise erreicht. Bei den Hexactinelliden
(SCHULZE) und bei einigen Chondrospongien und Cornacuspongien ragen
über die Oberfläche kleine Microsclera frei vor, welche, mit zahlreichen
Spitzen und Haken versehen, sich an irgend einen anstossenden Körper
gleich Kletten festheften. Bei *Cydonium* (LENDENFELD: Catalogue of
Sponges in the Australian Museum) habe ich lange, elastische Nadeln
beobachtet, welche aus einem langen Schaft bestehen, an dessen Distalende drei kurze, spitze Stacheln sitzen. Diese Nadeln sind vertical in
die Oberfläche des Schwammes eingesenkt und halbkreisförmig umgebogen. Das Distalende ist in der Haut verankert. Bei der leisesten
Berührung wird dasselbe durch die Elasticität des gebogenen Schaftes
aus der Verankerung herausgerissen, springt in die Höhe und versetzt
dem anstossenden Körper einen kräftigen Schlag.

Bei andern Spongien mit Dermalskelet — bei den meisten Chondrospongien und Cornacuspongien — beobachten wir in der Haut einen
wahren Panzer, welcher häufig sehr mächtig und hart ist. Dieser Panzer
besteht bei den Geodiden z. B. aus massenhaften Kieselkugeln oder
Scheiben (*Erylus* SOLLAS); bei den Lithistiden, z. B. *Discodermia
pamplia* (SOLLAS), aus engverflochtenen Desmen. Bei den meisten Cornacuspongiae und allen in diese Ordnung gehörigen Hornschwämmen
(LENDENFELD), bei *Polymastia agglutinans* (RIDLEY & DENDY), bei *Psammastra murrayi* (SOLLAS), bei *Clathriopsamma* (LENDENFELD, Catalogue
etc.) und bei einigen andern Formen besteht der Panzer aus Sand.

Wir haben im Obigen keine Rücksicht auf die Microsclera der
Cornacuspongiae genommen, welche in Gestalt von Haken und Chelae
die Familien Hämorrhaphidae und Heterorrhaphidae (RIDLEY & DENDY)
auszeichnen. Während die Megasclera des Stützskelets verloren gehen
und allmählich durch Hornmassen oder Fremdkörper ersetzt werden,
persistiren diese Microsclera längere Zeit, und es giebt eine beträchtliche Anzahl von Cornacuspongien (Hornschwämmen), welche ein nadel-
freies Stützskelet und nebenbei Microsclera besitzen. Diese verbinden
die Familien der Spongelidae mit den Heterorrhaphidae und der Aulenidae mit den Desmacidonidae (LENDENFELD). Als Beispiele mögen
*Haastia* mit Kieselnadelscheiden in der Umgebung der Hauptfasern,
*Phoriospongia* und *Sigmatella* mit Stäben und Haken in der Grundsubstanz und *Aulena,* deren oberflächliche Fasern durch abstehende Nadeln
stachlig erscheinen, genannt werden (LENDENFELD).

## Histologie.

### Epithelien.

Das ectodermale Plattenepithel, welches die äussere Oberfläche und
theilweise die einführenden Canäle bekleidet, wurde nur in wenigen

Fällen an dem Challengermaterial nachgewiesen; doch waren hinreichende Reste davon bei den Hexactinelliden vorhanden, um F. E. Schulze die Behauptung zu ermöglichen, dass die Hexactinelliden wie andere Schwämme ein solches Epithel besitzen.

Bei *Pachymatisma johnstoni* hat Sollas (l. c. p. XXXVI) die äusseren Plattenzellen aufgefunden und beobachtet, dass dieselben nicht ganz von Plasma erfüllt sind, sondern von sehr zahlreichen und überaus feinen Plasmafäden durchzogen werden.

Ueber das entodermale Plattenepithel sind keine neueren Angaben von Bedeutung gemacht worden.

Wichtig sind dagegen die Angaben über die Kragenzellen, welche die Geisselkammern auskleiden.

Bei den Hexactinelliden (Schulze), den Hexaceratina (Lendenfeld) und einzelnen Gruppen aus andern Ordnungen kleiden die Kragenzellen ebenso wie bei den meisten Kalkschwämmen die Kammern völlig aus. Bei andern, und besonders bei gewissen Spongidae (Lendenfeld) und bei vielen Tetractinelliden (Sollas) hingegen beschränken sich die Kragenzellen auf die aborale Seite der Kammern, während die Umgebung der Ausströmungsöffnung von gewöhnlichen Geisselzellen ohne Kragen eingenommen wird, die einen allmählichen Uebergang zwischen den hohen Kragenzellen der Dorsalseite der Kammer und dem flachen Epithel der ausführenden Canäle vermitteln. Als Beispiel eines Schwammes mit Kammern dieser Art möge *Thenea delicata* (Sollas l. c., p. 63) erwähnt werden.

Die Kragenzellen der Hexactinellidae zeichnen sich dadurch aus (Schulze), dass sie basale Ausläufer entsenden, welche der Kammerwand anliegen und sich mit ähnlichen Ausläufern benachbarter Zellen zu einem, häufig regelmässigen Netz mit quadratischen Maschen verbinden.

Die Arbeiten von Ridley und Dendy über die Monaxonida und von mir über die Hornschwämme haben gezeigt, dass die Kragenzellen dieser Schwämme den gewöhnlichen Bau haben.

Dagegen giebt Sollas an, dass die Kragenzellen der meisten Tetractinelliden ganz anders gebaut sind. Zunächst (l. c. p. XXXVIII) behauptet er, dass die Kragenzellen wie bei den Hexactinelliden durch basale Ausläufer mit einander in Verbindung stehen; z. B. bei *Thenea delicata* (Sollas l. c. p. 63). Die Kragenzellen selbst haben einen kugligen Körper und einen sehr langen, röhrenförmigen Kragen. Nun behauptet Sollas, dass die Kragenränder dieser Zellen mit einander verschmelzen und derart verdickt sind, dass die Eingänge in die Kragenlumina wesentlich verengt werden. Auf diese Weise soll ein Gitterwerk, oder eigentlich eine siebartige Membran zu Stande kommen (fenestrated membrane, Sollas), welche die Kragenzellen von dem Lumen der Kammer trennt.

Das Intervall zwischen der Kammerwand und dieser Siebmembran, welches der Länge der Kragenzellen entspricht, beträgt bei *Thenea wrightii* 0,016 mm (Sollas l. c., p. 65). Besonders deutlich soll diese Siebmembran auch bei *Pleroma turbinatum* und bei *Astrella vosmaeri* sein (Sollas), während sie bei *Characella aspera* (Sollas l. c., p. 93) sogar deutlicher ist als die Kammerwand.

Ich wage die Behauptung, dass es eine solche Verdickung der Kragenräder und eine Siebmembran in den Kammern, wie sie SOLLAS beschreibt, n i c h t g i e b t, und dass das, was ihn veranlasste, diese Behauptung aufzustellen, nichts anderes war als eine postmortale Schrumpfung der Kragen. SOLLAS giebt an (l. c. p. XXXVII), dass Geisseln und Siebmembranen nie zusammen vorkommen, mit anderen Worten, dass die Siebmembran nur dann zur Beobachtung gelangt, wenn die Geisseln durch die Reagentienwirkung vernichtet sind. Als Beispiel eines Schwammes mit Siebmembran, wo SOLLAS die Abwesenheit der Geisseln besonders erwähnt, möge *Astrella vosmaeri* angeführt werden (l. c. p. 139). Noch auffallender ist dies bei *Tetilla grandis*, wo nach SOLLAS (l. c. p. 12) in einigen Kammern Geisseln, aber keine Siebmembran, in andern eine Siebmembran, aber keine Geisseln vorkommen.

Ich glaube, dass daher kein Zweifel darüber bestehen kann, dass die „fenestrated membrane" von SOLLAS ein Kunstproduct ist, welches dadurch entsteht, dass die Kragen ebenso wie die Geisseln in Folge der Reagentienwirkung schrumpfen.

SOLLAS, mit dem ich diesen Punkt mündlich erörtert habe, war so freundlich, mir seine diesbezüglichen Präparate zu zeigen, und die von mir im Obigen ausgeführten Anschauungen stützen sich nicht nur auf die citirten Angaben von SOLLAS, sondern auch auf eigene Beobachtung.

## Mesoderm.

Ehe ich auf die neueren Angaben über die Elemente des Mesoderms eingehe, möchte ich auf einige Mittheilungen von SOLLAS über den Bau der bei vielen Tetractinelliden vorkommenden Rinde hinweisen.

Als typisches Beispiel möge *Pilochrota gigas* (SOLLAS l. c., p. 125) dienen. Die Rinde dieses Schwammes besteht, von aussen nach innen fortschreitend, aus dem ectodermalen Plattenepithel, einer Schicht von Nadeln (Chiaster), einem dunkel gefärbten faserigen Filz und endlich einer dicken Lage von Mesogloea, in welcher zahlreiche Spindelzellen und grosse ovale Bläschenzellen vorkommen. Die letzteren erscheinen als blasse Hohlräume in der Mesogloea und enthalten je einen Nucleus. Sie sind häufig gruppenweise angeordnet und stehen dann innerhalb derselben so dicht, dass sie sich gegenseitig abplatten (SOLLAS).

Bei *Pilochrota haeckeli* findet sich oberhalb der Fibrillenschicht eine Lage untingirbarer Zellen (SOLLAS).

Bei *Stryphnus niger* finden sich grosse Blasen in der Rinde, in welchen stark tingirbare Körnchen enthalten sind.

Bei *Pilochrota lendenfeldi* trennen tangentiale Canäle die Rinde in eine äussere zellenreiche und eine innere Fibrillenschicht. Die letztere besteht aus einem Geflecht von Bündeln von Spindelzellen, zwischen denen einzelne Kammern liegen. In der Regel kommen in der Rinde keine Kammern vor.

In der Mesogloea einer Anzahl von Tetractinelliden kommen zahlreiche bläschenförmige Zellen vor.

Bei *Pachastrella abyssi* (SOLLAS l. c., p. 106) stehen diese Zellen stellenweise so dicht, dass keine Mesogloea zwischen denselben übrig bleibt. SOLLAS erwähnt auch „pigment glands" in der Mesogloea; diese sind wohl in der Regel querdurchschnittene Faserbündel. Sicher ist dies jedenfalls in dem Falle von *Craniella carteri* (SOLLAS l. c., Taf. I, Fig. 35).

Die sternförmigen Bindegewebszellen stehen bei den Tetractinelliden nicht nur mit einander durch ihre Fortsätze in Verbindung, sondern sie sollen sogar auch mit den äusseren Epithelzellen und den Kragenzellen verbunden sein (SOLLAS), z. B. bei *Poecilastra schulzei* (SOLLAS l. c., p. 81, Taf. 9, Fig. 25).

SOLLAS stellt die Behauptung auf, dass die Körnchen, welche die Grundsubstanz vieler Tetractinelliden undurchsichtig machen, nicht frei in der Mesogloea, sondern innerhalb der Zellen derselben liegen.

Bei *Thenea muricata* sollen Reservenahrungszellen mit Fetttröpfchen vorkommen (SOLLAS).

Bündel spindelförmiger Zellen durchsetzen das Mesoderm von *Corallistes masoni* (SOLLAS).

Gewisse Spindelzellen von *Dragmastra* und *Tethya* erscheinen aus feinen longitudinalen Fibrillen zusammengesetzt.

Bei *Pachymatisma johnstoni* liegt das Pigment in Sternzellen, während es bei *Stryphnus* bloss in ovalen Zellen angetroffen wird (SOLLAS).

Ausser den gewöhnlichen circulären Muskelzellen kommen in den Sphincteren gewisser Tetractinelliden (SOLLAS), sowie bei *Aplysina archeri* (LENDENFELD) auch radiale Spindelzellen — Musculi dilatatores — vor.

Ueber den feineren Bau des Skelets sind bereits oben einige Angaben gemacht worden.

Nach SOLLAS entstehen einige Kieselnadeln i n je einer Zelle. Das spätere Wachsthum der grossen unregelmässigen Lithistiden-Nadeln geschieht durch Apposition, indem sich zahlreiche Kieseldrüsenzellen der jungen Nadel auflagern und auf ihre Oberfläche immer neue Kiesellagen niederschlagen. Diese Kieseldrüsenzellen wurden jedoch von SOLLAS nur ein einziges Mal, bei *Corallistes masoni*, beobachtet.

Kochende und selbst kalte Kalilauge löst die Nadeln der Tetractinelliden auf (SOLLAS). Wenn man die Nadeln mit Fluorwasserstoffsäure behandelt, so löst sich alles mit Ausnahme der Nadelscheide und des Axenfadens, die unverändert bleiben, auf (SOLLAS).

Betreffs der Sponginsecretion bei den nadelführenden Cornacuspongien bemerken RIDLEY & DENDY, dass Bindegewebshüllen, welche aus spindelförmigen Zellen bestehen, in der Umgebung der Fasern gewisser Arten angetroffen werden, und dass die Spongoblasten von solchen Spindelzellen abzuleiten seien. Hiermit kann ich mich nicht einverstanden erklären.

Das Hornfaserwachsthum von *Ianthella* bietet interessante Eigenthümlichkeiten (LENDENFELD). Die Vegetationsspitze der Faser besteht aus einer Masse rundlicher Zellen, welche nach den älteren Theilen der Faser hin allmählich in cylindrische Spongoblasten an der äusseren

31*

Oberfläche und in platte, kuchenförmige Elemente übergehen, welch letztere in der Sponginwand der Fasern liegen. Weiter unten schwinden zunächst die Spongoblasten an der äusseren Oberfläche und dann auch die kuchenförmigen Zellen in der Hornwand. Anstatt der letzteren findet man in älteren Fasertheilen kuchenförmige Höhlen im Spongin, welche leer sind. Die Hornsubstanz ist concentrisch um diese Höhlen geschichtet.

RIDLEY & DENDY beschreiben eigenthümliche Gruppen grosser Zellen in der Grundsubstanz von *Cladorhiza* (?) *tridentata*, deren Function unbekannt ist. Die Autoren bemerken, dass diese Gebilde möglicherweise Leuchtorgane sein könnten.

Ueber die S e x u a l p r o d u c t e sind in den Monographien nur wenige Angaben von besonderer Bedeutung enthalten. SOLLAS fand (l. c. p. 81, 82, Taf. 9, Fig. 25) bei *Poecillastra schulzei* sehr grosse, unregelmässig multipolare Zellen, welche wie Spinalganglien aussehen und möglicherweise junge Eizellen sein könnten. Auch bei *Chrotella macellata* (SOLLAS l. c., p. 22) kommen ähnliche Gebilde vor.

Die Eizellen der *Stelospongia* - Arten reifen in den engen Maschen der guirlandenförmigen Hauptfasern (LENDENFELD).

Eigenthümlich gebaut sind die Eizellen von *Haastia* (LENDENFELD l. c., Taf. 43, Fig. 2): sie sind kuglig und enthalten einen kugligen Kern. Das Plasma im Innern, in der Umgebung des Kerns, ist sehr feinkörnig, während die oberflächliche Plasmaschicht beträchtliche Mengen grosser Körnchen enthält. Die Spermaballen von *Tetilla pedifera* entbehren der Deckzelle (SOLLAS l. c., p. 7).

Weder RIDLEY & DENDY noch SCHULZE machen irgend welche Angaben über S i n n e s z e l l e n. Dagegen finden sich in den Monographien von mir und besonders von SOLLAS einige Beobachtungen über dieselben. SOLLAS nennt die Sinneszellen aestocytes (l. c. p. XLIII).

Die wichtigsten von SOLLAS über das N e r v e n s y s t e m der Tetractinelliden veröffentlichten Angaben sind folgende:

In den Sphincteren, welche die Einströmungsporen umgreifen, finden sich radial gestellte, spindelförmige oder mit mehreren Wurzelausläufern versehene birnförmige, stark tingirbare Zellen bei *Tribrachium schmidti* (l. c. p. 154) und bei *Anthastra parvispicula* (l. c. p. 146).

In den Canalwänden von *Pilochrota tenuispicula* (l. c. p. 127) finden sich ähnliche Zellen zerstreut.

Die Canäle von *Calthropella simplex* werden von sphincterartigen Membranen durchsetzt. In diesen Sphincteren liegen ebenfalls Sinneszellen, welche in die Oeffnung des Sphincters hineinragen (l. c. p. 108).

Die höchst eigenthümlichen Erweiterungen der Eingänge in die Canäle von *Cinachyra barbata* stehen mit der Aussenwelt durch eine enge, kreisrunde Oeffnung in Verbindung, in deren Umgebung sich ebenfalls solche Sinneszellen finden (l. c. p. 27).

Ich selber habe Sinneszellen neuerlich in der Umgebung der Einströmungsporen von *Ianthella* beschrieben und bei *Leiosella silicata* und *Stelospongia costifera*, in der Oberfläche zerstreut, ähnliche Elemente aufgefunden.

## Physiologie.

Nach SCHULZE sterben die Hexactinelliden häufig in ihrem Basaltheil ab, während sie oben fortwachsen. Die Achsencanäle der Nadeln der abgestorbenen Theile werden durch Auflösung der Kiesellagen von innen heraus erweitert. Nadeln desselben Schwammes in verschiedenen Graden der Auflösung haben daher sehr verschieden weite Achsencanäle, und es kann aus diesem Grunde die Weite der Achsencanals nicht als systematisches Characteristicum benützt werden, wie dies die älteren Autoren gethan haben.

Bei *Polylophus philippensis* studirte SCHULZE den Vorgang der Knospung.

SOLLAS nimmt an, dass das Wachsthum nicht bloss dicht unter der Oberfläche, sondern auch im Innern stattfinde. Bei *Tribachium schmidti* sind nämlich die Nadeln älterer Schwammtheile weiter von einander entfernt als in jüngeren (SOLLAS l. c., p. XXV).

Ueber die Nahrungsaufnahme bemerkt SOLLAS an einer Stelle, dass die Nahrung vieler Spongien aus Diatomeen bestehen dürfte, deren Schalen er mehrmals massenhaft in Schwämmen fand; l. c. p. XIII bemerkt er, dass die Epithelzellen Nahrung aufnehmen und, wenn sie satt sind, ins Innere des Schwammes hinabsinken. Diese Hypothese entzieht sich der Kritik.

Einige interessante Thatsachen über Symbiose sind bekannt gemacht worden. Ich möchte folgende erwähnen:

SCHULZE fand in *Walteria flemmingi* und SOLLAS in *Thenea grayi* (l. c. p. 67) symbiotische Hydroiden, ich selber, besonders in *Aplysina*, häufig Röhrenwürmer und Cirripedien. In den Lacunen von *Hircinia gigantea* wimmelte es von Decapoden, welche sonst nirgends beobachtet werden. *Euspongia hospes* lebt in leeren Muschelschalen.

## Systematik.

### Stellung der Spongien.

Die Anschauungen der Autoren über diesen Gegenstand, welche ich in meinem früheren Referate pp. 550, 551 auseinandersetzte, sind unverändert geblieben. Ich selber habe meinen, dort entwickelten Ansichten nichts hinzuzufügen, nur möchte ich bemerken, dass dieselben durch die neueren Arbeiten bekräftigt worden sind.

Ebenso wie ich hält SOLLAS an der von ihm schon früher vertretenen Ansicht fest und giebt dieselbe nun in präciserer Form. Er betrachtet die Spongien als Vertreter eines eigenen Thierstammes: „Subkingdom Parazoa". Nach SOLLAS stammen die Spongien von den Choanoflagellaten, die Cnidarier aber von solchen Infusorien ab, welche Nesselkapseln besassen. Solche giebt es noch heute. Auf meine Ansichten geht SOLLAS nur insoweit ein, als sie ihm Stoff zur Kurzweil bieten. SOLLAS gründet seine Ansichten über diesen Gegenstand auf folgende drei Punkte: 1) Alle Spongien und bloss die Spongien haben Kragenzellen. 2) Die Kragenzellen treten im Schwammembryo frühzeitig auf, kommen aber in den Embryonen anderer Thiere niemals vor. 3) Die Cnidarier haben Nesselzellen, die Spongien nie.

Nach den, in meinem früheren Referate (l. c.) enthaltenen Ausführungen glaube ich es nicht nöthig zu haben, die SOLLAS'sche Ansicht nochmals zu bekämpfen.

### Eintheilung der Spongien.

In meinem letzten Referate gab ich ein System, welches, um es den neuesten Resultaten anzupassen, in einzelnen Theilen abgeändert werden muss. Dieses neue System, in welches die Resultate von SCHULZE, SOLLAS, RIDLEY & DENDY und mir aufgenommen sind, bildet den Gegenstand einer eigenen Arbeit, welche in dieser Zeitschrift erscheinen wird, und ich glaube am besten zu thun, an dieser Stelle einfach auf jenes System zu verweisen. Ich will hier nur die Anschauungen der Autoren über die Hauptabtheilungen der Spongien berücksichtigen.

SCHULZE (l. c. p. 496) sagt hierüber Folgendes: Die Kalkschwämme stehen allen anderen Spongien gegenüber. Die Hornschwämme sind aus monaxonen Kieselschwämmen durch Substitution des Spongins für das ursprüngliche Kieselskelet entstanden. Die Plakiniden verbinden die tetraxonen mit den monaxonen Kieselschwämmen; die ersteren sind phylogenetisch älter. Die Triaxonier (Hexactinellida) stehen mit den Monaxoniern in keinem phyletischen Zusammenhang.

RIDLEY & DENDY gehen auf eine allgemeine Eintheilung der Spongien nicht ein.

SOLLAS theilt im Einverständnisse mit VOSMAER, SCHULZE und mir die Spongien in zwei Classen ein: 1) Megamastictora (Kalkschwämme) und 2) Micromastictora (die übrigen Spongien). Diese Bezeichnungen sind mit Calcarea und Silicea in meinem Sinne synonym. SOLLAS geht von der Anschauung aus, dass die Kragenzellen der Kalkschwämme grösser sind als die Kragenzellen der übrigen Schwämme, daher die neuen Namen. Diese Ansicht von SOLLAS ist keineswegs richtig, und die in der neuen Namengebung liegende Idee halte ich für unpassend. Die Micromastictora (Silicea) theilt SOLLAS, ebenso wie dies SCHULZE in seinem Stammbaume angedeutet hat, in zwei Subclassen, Hexactinellida (Triaxonia, Hexactinellida, SCHULZE) und Demospongia (Tetraxonia SCHULZE), und fügt hierzu noch eine dritte Subclasse: Myxospongiae [1]) für die skeletlosen Formen.

Die Demospongien umfassen alle Schwämme mit Ausnahme der Hexactinellida und Skeletlosen.

Die Demospongien werden einfach in die Ordnungen Tetractinellida (mit vierstrahligen Nadeln) und Monaxonida (mit einaxigen Nadeln oder Hornskelet) eingetheilt.

Die auf der Hand liegende Unhaltbarkeit dieses Systems hat

---

1) Im Sinne ZITTEL'S.

SOLLAS selber am besten dadurch demonstrirt, dass er bei den Tetractinelliden einige Spongien ohne vierstrahlige Nadeln untergebracht hat. Mein System stimmt im Wesentlichen mit jenem von SCHULZE überein. Ich betrachte die Spongien als ein Phylum (Mesodermalia), welches ich in zwei Classen (Calcarea und Silicea) theile. Die Eintheilung der Calcarea in die zwei Ordnungen Homocoela und Heterocoela bleibt. Die Silicea werden, im Einverständniss mit SCHULZE, in zwei Subclassen, Triaxonia und Tetraxonia, getheilt. Die Triaxonia begreifen die Ordnungen Hexactinellida (im gewöhnlichen Sinne) und Hexaceratina (eine kleine Ordnung für die Aplysillidae, Darwinellidae und Halisarcidae). Die Tetraxonia begreifen die Ordnungen Chondrospongiae und Cornacuspongiae. Die Axinellidae und Spongillidae, welche ich früher als Cornacuspongiae betrachtete, werden nun wegen der Form ihrer Microsclera den Chondrospongiae einverleibt. Ebenso scheiden die erwähnten drei zur Ordnung der Hexaceratina erhobenen Familien aus dem Verbande der Cornacuspongiae.

Mein System umfasst 57 Familien und kann als eine Compilation der bisherigen Resultate angesehen werden.

### Verbreitung.

Es ist natürlich unmöglich, hier auf die ausgedehnten Tabellen und Berechnungen einzugehen, welche in den vier Monographien der geographischen Verbreitung der betreffenden Spongien gewidmet sind.

Im Allgemeinen kann man sagen, dass die Spongien in tropischen und subtropischen Meeren ihren höchsten Formenreichthum entwickeln. Kein Theil des Meeres, welches hinreichend durchforscht ist, scheint der Spongien zu entbehren. Was die Hornschwämme anbelangt (LENDENFELD), so scheint ihr Verbreitungscentrum in den Küsten des australischen Continents gelegen zu haben.

Interessanter sind die Ergebnisse betreffs der verticalen Verbreitung der Spongien. Wir können hierüber Folgendes sagen:

Die Calcarea finden sich ausschliesslich in seichtem Wasser.

Die Hexactinelliden kommen in Tiefen von 95—3000 Faden vor. In seichterem Wasser fehlen sie wohl ziemlich sicher, aber an Stellen, welche tiefer als 3000 Faden sind, dürften sie wohl noch vorkommen. Von 0—1000 Faden sind die Hexactinelliden viel häufiger als unter 1000 Faden, obwohl bis zu 2500 Faden hinab Hexactinelliden in 45 bis 50 % der Schleppnetzzüge des „Challenger“ heraufgebracht worden sind. Von den zwischen 2500 und 3000 Faden ausgeführten Schleppnetzzügen enthielten bloss 12,5 % Hexactinelliden.

Die Hexaceratina sind typisch Seichtwasserschwämme, nur zwei Arten von *Aplysilla* kommen in Tiefen über 100 Faden, jedoch keine unter 300 Faden vor.

Die Chondrospongiae erlangen gleichfalls in seichtem Wasser ihre höchste Entwicklung, gleichwohl kommen eine grosse Anzahl derselben unter 100 Faden vor, und einige gehen bis zu 2000 Faden hinab. Die Tetractinelliden werden von 0—1913 Faden angetroffen, doch sind

eigentliche Tiefseeformen, welche unter 1000 Faden hinabgehen, selten.
*Thenea* - Arten wurden neunmal aus Tiefen von 1000 — 2000 Faden
heraufgebracht.    Die Lithistiden, welche in der Regel als Tiefseeschwämme par excellence angesehen werden, erreichen zwar in tieferem
Wasser ihre grösste Mannigfaltigkeit, sind aber unter 1000 Faden sehr
selten.    Unter den Monaxoniern gehen *Polymastia, Trichostemma, Ten-*
*torium* und *Stylocordyla* (Suberitidae) und *Phakellia* (Axinellida) unter
2000 Faden hinab.

Die Cornacuspongiae sind typisch Seichtwasserformen und speciell
sind Hornschwämme nie in Tiefen über 400 Faden gefunden worden.
Einige der kieselführenden Gattungen, wie z. B. *Chondrocladia,* gehen
unter 1000 Faden hinab, während *Cladorhiza longipinna* sogar aus
einer Tiefe von 3000 Faden heraufgebracht worden ist.

Das Verhältniss der gesammten Spongien (S) zu den Hexactinelliden
(H), zu den Monaxoniden (M) [1]) zu den Tetractinelliden (T), welche unter
1000 Faden vorkommen, ist (nach Sollas):

$$S : H : M : T = 11 : 7 : 3 : 1,$$

woraus hervorgeht, dass die Tetractinelliden (zu denen die Lithistiden
gehören) einen sehr kleinen Theil der abyssalen Spongienfauna aus-
machen.

---

1) Theils Chondro-, theils Cornacuspongien.

# Miscellen.

## Ueber Schmetterlingseier.

Von Dr. Adalbert Seitz.

Die Zucht der Schmetterlinge aus dem Ei wird ganz besonders in der Neuzeit betrieben und sie ist in der That eine sehr lohnende Methode. In Europa stört der Eintritt der kalten Jahreszeit vielfach den Fortgang dieser Arbeiten, so dass sich vorzugsweise diejenigen Arten zu solchen Versuchen eignen, welche als Eier überwintern. In den Tropen hat man eine derartige Unterbrechung nicht zu befürchten, doch macht dort das Eindringen von Schimmelpilzen oder Ameisen in die Zuchtkästen oft die Mühe vieler Stunden zu nichte. So kommt es, dass wir über die Jugendzustände aussereuropäischer Lepidopteren im Ganzen noch sehr wenig wissen; doch scheint es, als ob man jetzt diesem bislang vernachlässigten Gegenstande der Entomologie etwas mehr Interesse zuwenden wollte [1]).

Selbstverständlich ist es bei den mangelhaften Vorarbeiten zur Zeit noch nicht möglich, eine Arbeit zu liefern, die in irgend welcher Beziehung Anspruch auf Vollständigkeit machen könnte. Ich kann es deshalb nur als einen bescheidenen Versuch bezeichnen, wenn ich es unternehme, ein auf das erwähnte Gebiet entfallendes Detail im Zusammenhang zu besprechen, nämlich die Eiablage der Schmetterlinge; und selbst darin muss ich mich auf die Tagfalter beschränken, da die Ausdehnung dieser Arbeit auf die Nachtfalter zur Stunde ein zu lückenhaftes Werk zur Folge haben würde. Vielleicht regt das hier Gesagte andere Beobachter mit reichhaltigerem Material zur Veröffentlichung an; möglich auch, dass es mir selbst vergönnt sein wird, durch spätere Beiträge die Lücken auszufüllen.

Um bei einer Schmetterlingsart das Ablegen der Eier zu beobachten, kann man in doppelter Weise erfahren. Entweder man bringt die Weibchen in einen Behälter, in welchen man einen frischen Zweig der Futterpflanze gebracht hat (bei Nachtfaltern führt diese Methode

---

1) Besonders über indische und brasilianische Raupen erscheinen jetzt öfters Veröffentlichungen.

gewöhnlich an's Ziel), oder, was für wissenschaftliche Zwecke natürlich werthvoller ist, man beobachtet die Eiablage im Freien. Will man nur über Farbe und Gestalt der Schmetterlingseier in's Klare kommen, so kann man letztere auch leicht dem geöffneten Hinterleibe der Schmetterlingsweibchen entnehmen.

Die Beobachtung im Freien bietet, wie alle derartigen Experimente, ihre besonderen Schwierigkeiten; nicht etwa bei unsern einheimischen Arten, um so mehr aber bei manchen tropischen. So fliegen z. B. die Weibchen von *Pierella nereis* nur auf dicht überschatteten Waldpfaden; dem dahinhüpfenden Falter zu folgen ist ganz unmöglich, da jeder Schritt durch die kreuz und quer verschlungenen Lianen gehindert wird. Viele Brassoliden werden erst zu einer Tageszeit munter, wenn die einbrechende Dämmerung eine so feine Beobachtung wie die in Rede stehende unmöglich macht. Die Elymniaden flattern, um die Eier abzulegen, so tief in die Hecken hinein, bis das Laubwerk sie völlig verbirgt; biegt man einen Zweig zur Seite, um hinter das Geheimniss zu kommen, so fliegt der Falter sofort davon.

In solchen Fällen danke ich es mehr dem Zufalle, wenn ich — oft nach zahlreichen vergeblichen Versuchen — mein Ziel erreichte.

Bei Anstellung solcher Beobachtungen thut man gut, sich gewisser Hilfsmittel zu bedienen, die das Aufsuchen begatteter Weibchen wesentlich erleichtern. Zunächst erwarte man das Ende der Flugzeit bei der betreffenden Falterart; die letzten Nachzügler werden fast ausnahmslos befruchtete Weibchen sein. So erscheinen die eierlegenden Weibchen von *Limenitis populi* nicht im Juni, sondern im Juli; *Satyrus cordula* nicht im Juli, sondern im August. Während ich im August an einem Flugplatze der *Satyrus fidia* 24 Männchen und ein Weibchen fing, erbeutete ich 4 Wochen später an demselben Platze 18 Weibchen und nur 2 Männchen. Die *Apatura*-Weibchen legen ihre Eier oft erst Ende August ab, zu einer Zeit, wo die Männchen schon seit Wochen von den Waldwegen verschwunden sind. Die Eiablage von *Vanessa antiopa* und *Rhodocera rhamni*, deren Hauptflugzeit bei uns Ende Juli ist, erfolgt gemeinhin erst im März oder April des folgenden Jahres.

In den Tropen versagt dieses Hilfsmittel oft darum, weil viele tropischen Falter, besonders Papilioniden und Pieriden, keine scharf abgegrenzte Flugzeit haben, sondern in wechselnder Häufigkeit das ganze Jahr hindurch anzutreffen sind; dafür tritt aber dort der Geschlechtsdimorphismus häufig auf, der uns schon aus der Entfernung die weiblichen Individuen verräth, wie bei *Papilio policaon - androgeus, Pap. aegeus-erechtheus, Pap. pammon-polytes,* bei *Ornithoptera,* bei den meisten südamerikanischen Seglern und vielen Weisslingen.

Zu Beobachtungsobjecten wähle man keine ganz unversehrten, sondern abgepflogene oder defecte Stücke, da sich die Begatteten meist in einem solchen Zustande befinden. Gerade der Begattungsact selbst bringt vielfach derartige Läsionen hervor, besonders bei Arten mit zarten Flügeln. Es ist hauptsächlich das Einschieben der Hinterflügel von Seiten des Männchens zwischen die des Weibchens, was eine — ganz characteristische — Verletzung bewirkt: nämlich seitlich vom Afterwinkel sind entweder Einrisse im Flügel, oder es sind viereckige Lappen herausgeschnitten; bei *Satyrus fidia* und *Sat. circe* kann man das Entstehen dieser Defecte oft sehr deutlich beobachten [1]).

Besonders bei den *Papilio*- und *Morpho*-Arten findet man oft die Weibchen sehr übel zugerichtet, denn ausser der eben angeführten Ursache fügt auch das Durchflattern und Durchkriechen der Gebüsche, dem sich das eierlegende Weibchen oft unterziehen muss, den zarten Flügeln manchen Schaden zu.

Ein weiteres Merkmal, das uns das eierlegende Weibchen verräth, ist die Art des Fluges. Der in Folge des graviden Abdomens schwerfällige Flug kennzeichnet das Weibchen auch bei den Arten, wo ein augenfälliger Dimorphismus uns das Geschlecht nicht verräth (*Morpho, Danais, Heliconius*). Gewisse Falter haben nicht die Gewohnheit, sich viel an Blätter zu setzen; so sucht sich *Satyrus circe* trockene oder steinige Stellen des Erdbodens; die Ageronien ruhen in einer ganz characteristischen Stellung an Baumstämmen etc. Sehen wir solche Arten emsig um Büsche oder Halme herumflattern, so werden wir auf die richtige Vermuthung kommen, dass sie mit der Eiablage beschäftigt sind. Viele Falter haben die Eigenthümlichkeit, während des Eierlegens beständig mit den Flügeln zu fächeln (*Papilio agamemnon, macleayanus,* die Arten der *thoas*-Gruppe, *P. machaon* u. a.). Fast alle Falter fliegen langsamer, wie suchend umher, wenn sie ihre Eier ablegen [2]).

Hat man ein Weibchen beim Eierlegen entdeckt, so hüte man sich, durch voreiliges Herankommen dasselbe zu verscheuchen. Viele Schmetterlinge, auch wenn sie ihre Eier einzeln absetzen, besuchen eine Anzahl nahe zusammenstehender Pflanzen, oder mehrere Zweige e i n e s Baumes (*Papilio, Rhodocera*), während manche die Eier vorzüglich paarweise absetzen (*Harpyia*). Andere häufen sie zusammen (*Phalera*), zuweilen in schöner Ordnung (*Trichiura*). Wieder andere setzen sie in kleinen Gruppen von 4—8 Stück ab (*Smerinthus*). Dann haben wir auch Gattungen, deren Weibchen nach Ablegen eines Eies den Ort auf grosse Entfernung verlassen (*Grapta*). Bei gewissen Arten leben die Schmetterlinge gewissermaassen gesellig, so dass man oft ein halbes Dutzend auf einer Pflanze sitzend findet; sobald aber die Weibchen zur Eiablage kommen, fliegen sie stets einzeln (*Grapta triangulum*). Zuweilen besucht ein Falter eine kleine Gruppe von Pflanzen, jeder ein Ei mittheilend, und verlässt dann den Ort, um bei einer entfernt stehenden Pflanzengruppe dasselbe zu wiederholen (*Pyrameis*).

---

1) Da dieser Defect im Hinterflügel ganz den Eindruck macht, als ob er etwa durch den Schnabel eines Vogels verursacht worden sei, der den Schmetterling zu haschen versuchte, so liegt die Vermuthung nahe, dass manche Forscher dadurch zur Idee verleitet worden seien, dass die Rhopaloceren von Vögeln angefallen würden, eine Ansicht, die ich nach meinen neueren Beobachtungen für irrig halten muss; er entsteht vielmehr am häufigsten dadurch, dass das Männchen, nach der Analgegend des Weibchens strebend, mit den Pfoten oder Flügeln die Gegend um den Afterwinkel des Weibchens beschädigt.

2) Davon giebt es auch Ausnahmen. Die Weibchen der Gattung *Catopsilia* z. B. stürmen in schnellem Fluge auf die Futterpflanze der Raupe los, und eine secundenlange Rast genügt, um die Geburt eines Eies von statten gehen zu lassen.

Die meisten Schmetterlinge müssen sich behufs Ablegung der Eier niedersetzen. Wie erwähnt, ruhen manche nur kurze Zeit (*Catopsilia, Colaenis*), andere brauchen länger (*Heliconius*); bei manchen Danaiden vergeht nahezu eine halbe Minute, bis sie mit Absetzung eines Eies zu Stande kommen. Bei den Nachtfaltern giebt es allerdings Gruppen, deren Angehörige die Eier während des Fluges einfach in's Gras fallen lassen, dessen Wurzeln die Nahrung für die Raupen abgeben (*Hepiolus*).

Im Folgenden gebe ich eine kurz zusammengefasste, systematisch geordnete Uebersicht der von mir gemachten hierher gehörigen Beobachtungen.

## Equitidae.

Die Eier von *Papilio* sind verhältnissmässig klein, oval, weiss, gelb oder röthlich; sie liegen einzeln an Büschen und Bäumen oder an Kräutern, bei ersteren am Zweig, bei letzteren am Stengel. Meist wird ungefähr ein halbes Dutzend nahe bei einander abgelegt. Die Weibchen sind beim Eierlegen ziemlich vorsichtig und scheu.

## Pieridae.

Die Eier sind länglich, beiderseits ziemlich spitz, hell, selten lebhaft roth (*Perrhybris*). Im Verhältniss sind die Pierideneier grösser als die der *Papilio*, obgleich ein Weissling weit mehr legt als ein *Papilio*. Die Eier liegen zu zweien (*Anthocharis*), auf mehrere Zweige eines Baumes vertheilt (*Rhodocera, Catopsilia*), ganz vereinzelt (*Colias, Terias*), oder in beträchtlicher Anzahl bei einander (*Aporia*), auf dem Blatte selbst (*Catopsilia, Pieris*), am Blattstiel (*Colias, Idmais*) oder am Zweige (*Aporia, Rhodocera*), manche in den Kronen hoher Bäume (*Pieris nigrina*). — Die Weibchen setzen sich beim Eierlegen ruhig nieder und halten die Flügel dabei halb geöffnet (*Pieris, Tachyris*), oder geschlossen (*Colias, Rhodocera, Catopsilia, Leucidia*). Die Weibchen sind während des Eierlegens nicht besonders scheu, doch fliegen sie bei herannahender Gefahr stets auf; dies hilft uns bei gewissen brasilianischen Mimicryformen, welche *Acraea*-Arten vortäuschen, die Copie vom Originale sicher zu unterscheiden.

## Danaidae.

Wir müssen hier die eigentlichen Danaiden von den Heliconiiformen trennen. Erstere legen ihre Eier auf die auf freien sonnigen Plätzen stehenden Futterpflanzen, von denen viele zu den Asclepiadeen gehören, wobei die Falterweibchen gegen ihre Gewohnheit die Flügel fest schliessen und ziemlich lange verweilen. Die Eier sind, wenn sie aus dem Leibe der Weibchen genommen sind, spindelförmig, doch wird das eine Ende, mit dem sie dem Blatte (gewöhnlich dessen Unterseite) aufsitzen, dadurch flachgedrückt, so dass das Ei eine kegelförmige Gestalt erhält. Es ist weiss bis hellgelblich oder hellröthlich, mit ziemlich tiefen, parallelen Längsfurchen versehen. Gewöhnlich findet man an einem Strauch mehrere Eier, doch rühren diese von verschiedenen Weibchen her; jeder vorüberfliegende Falter theilt dem Strauch nur ein Ei mit. Die Eier entwickeln sich sehr bald; die jungen, quergestreiften Räupchen zeigen von den später vortretenden Anhängen keine Spur.

Die amerikanischen Danaiden (*Lycorea, Melinaea, Ithomia* etc.) legen verhältnissmässig kleine, gleichfalls spindelförmige, aber sehr

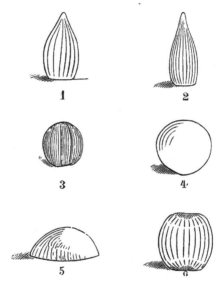

Eiformen ausländischer Schmetterlinge.

1. *Danais erippus.* 2. *Heliconius phyllis.* 3. *Acraea violae.* 4. *Pierella nereis.*
5. *Morpho helenor.* 6. *Opsiphanes berecynthus.*

schmale, meist weissliche Eier, nicht auf öden Plätzen, sondern in dichtem Gebüsch, oft im Blattgewirre undurchdringlicher Wälder (*Ithomia, Ceratinia*).

## Heliconidae.

Die Eier der Heliconier gleichen denen der Danaiden, doch ist ihre Gestalt schlanker, die Spitzen sind dünner und länger. Sie werden in den Blatttrieben von Schlinggewächsen, Bambus etc. ziemlich versteckt untergebracht; doch haben sie oft lebhafte Farben, die ihr Auffinden erleichtern; sie sind weiss, lebhaft citronengelb, manche sogar feuerroth (*Helic. phyllis, beskei*).  Auch sie zeigen eine deutliche Längs-furchung, doch sind die Rinnen nicht so tief und enger zusammen.  Auch sie sitzen mit der einen Spitze, die dadurch eingedrückt wird, der Blattunterlage auf, so dass sie kleinen *Cecidomyia* - Häubchen ähneln. Die Entwicklung dauert wenige Tage.

### Acraeidae.

Diese Falter legen kleine, weissgelbe, sehr stumpfovale, fast kuge-lige Eier, die unter der Loupe deutlich längsgestreift sind.  Die Weib-chen vieler Arten (*andromache, thalia*) sitzen beim Eierlegen so fest, dass man sie mit den Händen fassen kann.  Trotz der zahllosen Menge, in der einzelne Arten dieser Familie auftreten können[1]), scheint ein einzelnes Weibchen nicht viele Eier zu legen.

### Nymphalidae.

Diese Gruppe ist so ausgedehnt, dass es unmöglich erscheint, etwas Allgemeines darüber zu sagen.  Die wegen der grossen hierher gehörigen Gattungszahl nur vereinzelt dastehenden Beobachtungen, die ich zu machen Gelegenheit hatte, können in ihrer Lückenhaftigkeit kein grosses Interesse bieten.  Bei vielen Arten ist wegen der Eigenthümlichkeit der Lebensweise und bei dem scheuen Wesen der Weibchen keine ein-zige Beobachtung geglückt.  Die *Prepona* - Arten, *Historis*, *Apaturina* und *Catonephele* sah ich oft fliegen, konnte sie aber nie in der Nähe beobachten.  Die *Prepona* fliegen stets schnell und hoch; *Catagramma* und *Callicore* sah ich immer nur auf Wegen, nach Art unserer Schiller-falter, umherfliegen.  Die von mir beobachteten Nymphaliden-Eier (*Co-laenis, Agraulis, Argynnis, Junonia, Precis, Vanessa, Grapta, Age-ronia, Apatura, Limenitis, Diadema, Gynaecia* u. a.) waren stets weiss oder gelblich, länglich - oval und im Verhältniss zum Mutterthier klein.

---

1) Es scheint eine ganz besonders den Acraeen zukommende Eigenschaft zu sein, dass, wo eine Art vorkommt, diese in ganz ausserordentlicher Menge auftritt.  Die Acraeen halten auch, was bei andern gemeinen Schmetterlingen in den Tropen nicht oft der Fall ist, streng ihre Jahreszeit ein.  Mit der *Acraea violae* sind im Juli an einzelnen Plätzen in Indien alle Sträucher bedeckt  Bei Rio de Janeiro fand ich im Juli die *Acraea thalia* in zahlloser Menge fliegend; Mitte August sah ich auf den Wegen zahlreiche todte Acraeen liegen, während ein todter Schmetterling, der vielen Ameisen wegen, die jede Leiche alsbald aus dem Wege räumen, in den Tropen nicht oft angetroffen wird, somit diese Thatsache auf ein plötzliches, massenhaftes Zugrundegehen dieser Thiere weist.  Zur heissen Jahreszeit (Januar und Februar) erinnere ich mich auf meinen Excursionen auch nicht e i n Stück der *Acraea thalia* gesehen zu haben.  Aehnlich soll es sich mit *Acraea andromache* in Australien verhalten. — Es zeigt dies einen scharfen Gegensatz zu den Danaiden, deren Angehörige sich meist gar nicht an eine bestimmte Zeit binden.  Ich fand wenigstens den *Danais erippus* in Australien zur Winterzeit, trotz der ziemlich nie-drigen Temperatur, genau so häufig wie zu andern Jahreszeiten; ja an rauhen Tagen war er mit *Pieris nigrina* und *Pyrameis itea* der einzige Tagfalter, der die Gegend belebte. Auch in Süd - Amerika fliegt der *D. erippus* das ganze Jahr hindurch mit annähernd gleicher Häufigkeit.

### Morphidae.

Die Eier der *Morpho*-Arten sind flach-halbkugelförmig, durchscheinend grünlich, etwas opalisirend. Diejenigen der von mir untersuchten Species (*laertes - leontes - menelaus*) sind durch nichts von einander zu unterscheiden, wie auch die Gewohnheiten und die Lebensweise der mir bekannten Morphiden auf das vollkommenste mit einander übereinstimmen. Wenn das Ei in der Entwicklung fortschreitet, so erhält die zarte grüne Farbe ein mehr opakes Aussehen. Die junge Raupe, die Anfangs dichter behaart erscheint als später, entschlüpfte dem Ei am elften Tage nach dessen Ablage.

Ueber die Eier der östlichen Morphiden ist mir nichts Näheres bekannt, doch kann ich nach der vollständigen Uebereinstimmung der amerikanischen von mir untersuchten Arten in diesem Punkte eine erhebliche Abweichung nicht vermuthen.

Die Eierzahl, die ich von einem Weibchen erhielt, überschritt nie die Zahl zwanzig; sehr oft waren es weniger.

### Brassolidae.

Wenn einzelne Schmetterlinge dieser Gruppe an die vorige Familie erinnern, die Eier sind völlig verschieden. Die Eier von *Caligo* übertreffen die der Morphiden wohl um das Dreifache an Grösse. Sie sind kugelförmig, an beiden Polen etwas eingezogen. Während diese Gestalt bei allen Brassoliden ungefähr die nämliche ist, zeigen sich sonst kleine Verschiedenheiten; so zeigt *Caligo* eine aus wenig tiefen Rinnen bestehende Längsfurchung, *Dynastor* eine aus so feinen und seichten Rinnen bestehende, dass dieselben nur mit der Loupe wahrzunehmen sind, etwa wie bei *Acraea*. Die Farbe der Eier kann braun (*Opsiphanes*) oder grün (*Dynastor*) sein: constant sind zwei circumpolare hellere Ringe. Ein gezüchtetes Weibchen von *Dynastor darius* setzte 35 Eier ab; doch scheinen die dünnleibigeren Arten der Gattung *Opsiphanes* und *Caligo* diese Zahl nicht zu erreichen.

Die Beobachtung der Brassoliden im Freien ist schwierig, da die meisten erst mit eintretender Dunkelheit mit dem Ablegen der Eier beginnen.

### Hetaeridae.

Auch bei diesen Waldfaltern ist die Beobachtung schwierig. Sie fliegen im dichten, unzugänglichen Gestrüpp, dicht über dem Erdboden hin, wo das dürre Laub die fahlen oder farblosen Thiere gut schützt. Die Verfolgung wird durch die Lianen unmöglich gemacht, und nur dem Zufall habe ich es zu danken, dass ein Versuch mit Erfolg gekrönt war; ich fand das vor meinen Augen abgelegte Ei von *Pierella nereis*.

Dasselbe ist unverhältnissmässig gross, kugelrund, dickschalig, porzellanglänzend weiss. Selbst bei stärkster Ausdehnung des Abdomens ist es nicht denkbar, dass ein Weibchen mehr als höchstens 6—8 dieser Eier bergen kann.

### Satyridae.

Die von mir untersuchten Gattungen (*Xenica, Heteronympha, Neonympha* und einige indische Arten) zeigten in Bezug auf die Eier völlige Uebereinstimmung mit den bekannten europäischen Arten gleicher Grösse. Dasselbe Verhalten sah ich bei den Lycaenidae.

### Hesperidae.

Sämmtliche von mir beobachtete Hesperiden legten kugelförmige, weisse Eier auf die Unterseite der Blätter. Auch in den Tropen leben viele Arten als Raupe von Malvaceen, zwischen zusammengesponnenen Blättern. Die Eier der meisten Arten fand ich klein, denen der unsern ähnlich, aber bei den langgeschwänzten brasilianischen Arten fiel mir die verhältnissmässig beträchtlichere Grösse auf. Dadurch erlangt das Abdomen der Weibchen vor der Eiablage eine sehr bedeutende Ausdehnung, wie wir es bei unsern einheimischen Hesperiden nicht sehen; doch scheint dies nur bei den Arten vorzukommen, welche durch ein excessiv ausgebildetes Flugvermögen die erhöhte Last ohne Nachtheil zu tragen im Stande sind (*Goniurus, Pyrrhopyga*). Einige der braunen, langschwänzigen Hesperiden fliegen so schnell, dass man bei dem vorübersausenden Thier oft nicht festzustellen vermag, ob dasselbe ein Lepidopter oder ein Insect einer andern Ordnung ist.

Rio de Janeiro, 25. Juli 1888.

Frommannsche Buchdruckerei (Hermann Pohle) in Jena. — 531

# Beobachtungen an Steinkorallen von der Südküste Ceylons.

Von

Dr. **A. Ortmann** in Strassburg i. E.

**Hierzu Tafel XI—XVIII.**

Unter den Sammlungen, die Herr Professor HAECKEL im Jahre 1882 von Ceylon mitbrachte, befindet sich unter Anderem ein reichhaltiges Material von Steinkorallen, die alle von den Strandriffen der Südküste der Insel, in der Nähe der Localitäten Point de Galle und Weligama[1]) herstammen. Die Liebenswürdigkeit des Herrn Prof. HAECKEL machte es mir möglich, diese Korallen genauer zu studieren, und ich beabsichtige, die Resultate dieser Studien in der folgenden Abhandlung darzulegen.

Nicht das faunistische Interesse allein ist es, das mich zu dieser Veröffentlichung bestimmt hat: im Laufe meiner Untersuchungen wurde ich mehrfach gezwungen, die bisherige Morphologie des Korallenskeletes und die auf diese gegründete Systematik der Steinkorallen näher zu prüfen, und ich bin schliesslich zu Resultaten gelangt, die von denen früherer Bearbeiter des Korallensystems wesentlich abweichen. Eine nähere Begründung dieser meiner Ansichten musste dementsprechend in einem besonderen Abschnitt gegeben werden. Zum Schluss habe ich dann noch einige Worte über Stockbildung bei Korallen, über das vielfach discutirte MILNE-EDWARDS'sche Vermehrungsgesetz der Septen und über die Phylogenie der Korallen hinzugefügt.

---

1) Vgl. HAECKEL, Indische Reisebriefe, Berlin 1883.

Ich beginne mit der systematischen Aufzählung und Beschreibung des mir vorliegenden Materials, indem ich gleich von vornherein in der systematischen Anordnung neuen Principien folge, deren Begründung weiter unten folgen wird. Zugleich berücksichtige ich alle schon früher gemachten Angaben über die Fauna der ceylonischen Riffe; da aber von Ceylon bisher auffallend wenig Steinkorallen bekannt sind, ausserdem fast von allen von dort schon bekannten Formen auch unter meinem Material Vertreter sich fanden, so habe ich mich nur in wenigen Fällen betreffs Diagnose und Vorkommen gänzlich auf fremde Autorität zu stützen brauchen.

Von Synonymen habe ich nur die wichtigsten citirt, ausserdem die besten Abbildungen. Es bedeutet:

Exp. Exp.: DANA, U. S. exploring expedition, Zoophytes. 1846.

H. N. C.: MILNE EDWARDS et J. HAIME, Histoire naturelle des Coralliaires. Paris 1857.

List of the p. and c.: VERRILL, List of the polyps and corals sent by the Mus. Comp. Zool., in: Bull. Mus. Comp. Zool. Cambridge Mass. 1864.

BRGGM. N. K.: BRÜGGEMANN, Neue Korallarten aus dem Rothen Meer u. Mauritius, in: Abh. Naturw. Ver. Bremen V. 2. 1877.

STUD. Gaz.: STUDER, Uebersicht der Steinkorallen etc. Reise S. M. S. Gazelle, in: Monatsb. Akad. Wiss. Berlin 1877, 1878.

KLZG.: KLUNZINGER, Die Korallthiere des Rothen Meeres. Berlin 1879.

STUD. Sing.: STUDER, Beitrag zur Fauna d. Steink. von Singapore, in: Mitth. Naturf. Ges. Bern 1880.

RIDL.: RIDLEY, The coral-fauna of Ceylon, in: Ann. & Mag. Nat. Hist. (5) vol. 11, 1883.

Chall. Cor.: QUELCH, Report on the reef-corals, in: Voyage Challenger. Zool. vol. 16, 1887.

Mus. Strassburg: ORTMANN, Studien über Systematik u. geographische Verbreitung der Steinkorallen, in: dieser Zeitschrift Bd. 3, 1888.

## Systematischer Theil.

Typus: Coelenterata
Subtypus: Cnidaria
Classe: Anthozoa
Unterclasse: Zoantharia
Abtheilung: Madreporaria E. H.

## I. Ordnung: Athecalia.

Korallen mit festem Kalkskelet. Dieses besteht vorwiegend aus Sternleisten (Septen). Eine echte Mauer (Theca) fehlt: die

Septen verbinden sich unter einander durch Synaptikeln. Diese sind entweder auf der Septalfläche zerstreut oder treten zur Bildung eines porösen, maschigen Cönenchyms oder zu einer porösen falschen Mauer zusammen. Septa der benachbarten Kelche zusammenfliessend oder sich in dem Cönenchym oder der falschen Mauer auflösend. Sie sind aus regelmässigen oder unregelmässigen Trabekeln aufgebaut, porös oder massiv, ihr oberer Rand ist gezähnt. Traversen fehlend oder vorhanden.

### 1. Unterordnung: **Thamnastraeacea.**

Verbindung der Septen durch auf den Septalflächen zerstreute leisten- oder körnerartige Hervorragungen: Synaptikeln. Mauer oder mauerartige Gebilde den einzelnen Personen völlig fehlend, äusserst selten oberflächlich angedeutet. Septalapparat aus regelmässigen Trabekeln gebildet, porös oder mit der Tendenz compact zu werden. Die lebenden Formen astraeoidische Colonieen bildend, durch Knospung die Personen vermehrend. Letztere durch die Septen direct verbunden. Wachsthum acrogen, jedoch in geringem Maasse, daneben auch prolat. Traversen daher vorhanden.

#### Familie: *Thamnastraeidae.*

Septalapparat aus Trabekeln aufgebaut, die unvollkommen verschmelzen und unregelmässige Löcher zwischen sich lassen (besonders oberwärts). Synaptikeln und Traversen vorhanden, letztere bei der lebenden Gattung sparsam. Kelche durch die Septa zusammenfliessend, ohne jede Spur von Mauer.

#### Gattung: *Coscinaraea* E. H.

Septaltrabekeln oberwärts fast ganz isolirt, weiter unten unregelmässige Löcher zwischen sich lassend, nur ganz unten völlig compact. Traversen sparsam, aber vorhanden und sehr fein [1]). Synaptikeln vorhanden. Kelche in einander fliessend, Centren deutlich.

1. *C. maeandrina* E. H. = *monile* FORSK. — H. N. C., p. 204 u. KLZG. III, pl. IX, fig. 4, pl. X, fig. 17.

Kelche ungleich und unregelmässig, jedoch weniger zu mäandrischen Thälern zusammenfliessend als bei KLUNZINGER's Exemplaren aus dem

---

1) Diese Feinheit hat es wohl verursacht, dass DUNCAN dieselben nicht auffinden konnte. Vgl. DUNCAN, a revision of the families and genera of the sclerodermic Zoantharia, in: Journal Linnean Society London. April 1884. p. 164.

Rothen Meere. Kelchcentren 5—10 mm von einander entfernt. Septa
gedrängt, oben porös trabeculär; in der Tiefe compacter. Colonie
hoch convex, massiv. Mir liegt nur ein Stück dieser bisher nur aus
dem Rothen Meer (E. H., Klzg.) und vom Mergui Arch., Hinterindien
(Duncan), bekannten Art vor.

### Familie: *Siderastraeidae*

Septalapparat trabeculär, compact werdend. Traversen sparsam,
Synaptikeln zahlreich, oberflächlich zu einer zarten, wenig deutlichen Mauer zusammentretend, von der in der Tiefe jedoch keine Spur
wahrzunehmen ist. Septen zusammenfliessend, jedoch oberflächlich oft
winklig zusammenstossend.

### Gattung: *Siderastraea* Blainv.

Mit den Charakteren der Familie.

### 1. *S. sphaeroidalis* n. sp.
#### Taf. XI, Fig. 1.

Septen 24—28, gedrängt, nicht abschüssig. Columella 1—2 feine
Papillen. Hügel zwischen den Kelchen sehr stumpf oder fast flach,
Kelche stellenweise fast oberflächlich, höchstens $1/_2$ mm tief, 2—3 mm
breit. Colonie kuglig und ringsum mit Kelchen besetzt, frei, bis
10 cm im Durchmesser.

Von der amerikanischen Art schon durch geringere Anzahl der
Septen, von *galaxea* Lm. = *radians* E. H. durch stets sehr flache
und kleinere Kelche verschieden; durch die flachen Kelche sich der
*S. savignyana* E. H. nähernd, aber durch die Kleinheit derselben
(kaum 3 mm, meist nur 2), den kugelförmigen Wuchs, sowie durch
die flachen, nicht gratartigen Hügel leicht zu unterscheiden.

### 2. Unterordnung: **Madreporacea** Verr.

Die Synaptikeln ziehen sich von den Kelchcentren
zurück, bilden zwischen den Kelchen poröses Cönenchym —
ohne Mauern — oder poröse falsche Mauern. Traversen äusserst
selten, da das acrogene Wachsthum meist gering ist. Septalapparat
meist sehr porös bleibend, Trabekeln unregelmässig oder netzförmig.
Colonieen massig oder baumförmig, in letzterem Falle selten nach
Personen gegliedert.

## Familie: *Turbinariidae* KLZG.

Cönenchym reichlich, eng-porös, nicht mauerartig. Septen gut entwickelt, lamellös, fast alle gleich gross. Columella meist vorhanden. Kelche ziemlich gross.

### Gattung: *Turbinaria* OK.

Colonie becherförmig oder unregelmässig blättrig und verzweigt. Cönenchym reichlich, fein-porös. Kelche mehr oder minder vorragend. Septa ziemlich gleich gross, poröse Lamellen bildend. Columella deutlich, spongiös, meist auffallend gross.

**1. *T.* cf. *peltata* (Esp.). — Exp. Exp. pl. 30, fig. 4.**

Colonie regelmässig, flach schüsselförmig, dick. Kelche 4—5 mm gross, ziemlich gedrängt, wenig vorragend, mit 24 Septen. Columella breit.

Nach E. H. sollen die Kelche 8—10 mm gross sein, nach DANA 2—3 Linien: auf der Figur bei DANA sind sie, wie bei meinem Exemplar, 4—5 mm gross. Sonst weicht das vorliegende Stück von der citirten Abbildung durch gedrängtere Kelche ab, auch sind nur 24, nicht 32 Septen vorhanden.

Fidji-Inseln (DANA). — Somerset (Cap York) (QUELCH).

### 2. *T. quincuncialis n. sp.*

Colonie regelmässig und tief trichterförmig, mit etwas unregelmässigem Rand, dünn (höchstens 5 mm stark). Kelche klein, rundlich, wenig vorragend, häufig schief, 1—2 mm breit, 1 mm hoch, gedrängt und vielfach sehr regelmässig in sich kreuzende Reihen gestellt. Septen ungefähr 16. Columella sehr klein, punktförmig, aber deutlich.

Steht am nächsten der *T. crater* (PALL.), unterscheidet sich aber: durch kleinere Kelche, zahlreichere Septen und punktförmige Columella.

## Familie: *Montiporidae*.

Cönenchym reichlich, porös, an der Oberfläche meist dornig oder papillös, nicht mauerartig. Septa aus isolirten kurzen Septaldornen gebildet, wenige. Keine Columella [1]). Kelche klein, tief.

---

1) DUNCAN (l. c. pag. 192) sagt: „with columella and pali", — jedenfalls ein Druckfehler.

## Gattung *Montipora* Q. G.

Colonie massiv, incrustirend, blattförmig, becherig und auch baumartig. Cönenchym porös, an der Oberfläche meist mit Dörnchen oder Papillen besetzt, die oft zu Reihen oder Warzen zusammenfliessen. Septa aus isolirten Septaldornen gebildet, 6—12. Keine Columella und keine Pali.

I. Kelche eingesenkt. Cönenchym mit erhabenen, buckelförmigen oder zu runden oder länglichen Warzen erhobenen Zwischenräumen zwischen den Kelchen.

1. *M. tuberculosa* (Lm.). — Klzg. II, pl. VI, fig. 4, pl. V, fig. 13, pl. X, fig. 4.

Incrustirend. Kelche sehr klein, gedrängt, zwischen ihnen das Cönenchym zu kleinen Höckern erhoben, die etwas kleiner sind als auf den Figuren bei Klunzinger.

Hierher gehört auch — wie ich mich durch Vergleichung der Originalexemplare des Jenenser Museums überzeugen konnte — die *M. incrustans* Brggm.

Rothes Meer (Klzg. Mus. Strassburg). — Mauritius (Brggm. Mus. Strassburg). — Neu Irland (Stud.)

II. Kelche eingesenkt oder oberflächlich. Cönenchym mehr oder minder dicht mit Papillen oder Stacheln besetzt.

a. Blattförmig, trichterförmig, aufstrebend.

2. *M. foliosa* (Pall.) — H. N. C. III, p. 212.

Becher- oder tutenförmig eingerollte Blätter. Unterseite mit wenig vorragenden Kelchen, etwas papillös.

Indischer Ocean, Rothes Meer (E. H.). — Ceylon (Verr.). — Fidji (Mus. Strassburg). — Amboina (Quelch).

3. *M. patinaeformis* (Esp.)

Wie vorige, jedoch die Unterseite glatt, einheitlich (vgl. Stud. Gaz. 1878, pag. 538).

Bisher aus der Galewostrasse (Neu Guinea) bekannt (Stud.), von Tahiti und Ponapé (Mus. Strassburg).

b. Flach oder incrustirend oder massig.

**4. *M. stylosa*** (EHRB.) — H. N. C. III, p. 211. — KLZG. III, pl. V, fig. 7, pl. VI, fig. 5, pl. X, fig. 1.

Am Rande flach, in der Mitte dicker werdend. Papillen der Oberseite ziemlich grob, doch sehr variabel: kleinere und jüngere Stöcke haben feinere Papillen.

Rothes Meer (DANA, E. H., KLZG.) — Mauritius (Mus. Strassburg).

**5. *M. effusa*** (DANA). — Exp. Exp. pl. 46, fig. 4.

Von *stylosa* durch die durchaus dünne, incrustirende Colonie und die bisweilen (besonders auf den Buckeln) etwas zusammenfliessenden Papillen verschieden.

Tahiti (DANA, E. H.) — Societäts-Ins. (E. H., VERR.). — Ponapé (Mus. Strassburg).

**6. *M. scabricula*** (DANA). — H. N. C. III, p. 218.

Papillen sehr fein, sonst wohl kaum von *stylosa* verschieden.

Fidji (E. H., QU.) — Mathuata Islands off Venua Lebu (DANA). — Samoa (Mus. Strassburg).

III. Kelche oberflächlich, Cönenchym ohne Erhabenheiten, einfach porös.

**7. *M. exserta*** QUELCH. — Chall. Cor. p. 174, pl. VIII, fig. 5.

Colonie incrustirend. Kelche oberflächlich, $^1/_2$ mm gross, ziemlich gedrängt. Von den eckigen Hervorragungen des Exemplars im Strassburger Museum sind kaum Andeutungen vorhanden: das Stück ist noch jung, 20 cm lang, 10 cm breit.

Mit dieser Art ist meine *M. scabriculoides* des Mus. Strassburg identisch.

Samoa (Mus. Strassburg). — Wednesday-Ins., Torres-Str. (QUELCH).

### Familie: *Poritidae* E. H.

Cönenchym porös, gering entwickelt und häufig zu scheinbaren porösen Mauern zwischen den Kelchen zusammen gedrängt. Septen porös, nur die inneren Enden deutlich radiär, im Cönenchym oder der falschen Mauer sich zu einem netzförmigen Geflecht auflösend. Columella deutlich oder undeutlich, oft pali-artige Körner. Kelche meist klein.

## Gattung: **Psammocora** DANA.

Kelchcentren deutlich, durch ein Cönenchym verbunden, das aus den netzartig verbundenen Septen gebildet ist. Letztere nur in der Nähe der Kelchcentren deutlich, lamellös und anastomosirend. Columella undeutlich.

**1. Ps. planipora** E. H. — H. N. C. III, p. 220. — KLZG III, p. 80.

Aufrechte Rasen, aus ziemlich dicken, buckligen und etwas eckigen Lappen bestehend, die häufig coalesciren und 1 cm und darüber dick sind. Kelche oberflächlich. Jedenfalls mit *Ps. gonagra* KLZG. identisch. Rothes Meer (E. H.).

## Gattung: **Synaraea** VERR.

Kelchcentren deutlich, durch eine rudimentäre Columella und 5—6 vorragende pali-artige Körner bezeichnet. Ausserhalb der letzteren keine mauerartigen Gebilde, sondern ein dörnelig-rauhes, dicht echinulirtes Cönenchym, von dem sich die Septen nicht unterscheiden lassen.

**1. S. convexa** VERR. — List of the p. and cor. p. 43.

Colonie regelmässig hemisphärisch, aus zahlreichen, aufrechten, eckigen und coalescirenden Aesten gebildet, aber innen nicht völlig solide werdend. Zellen dicht stehend, klein, seicht. Pali kurz, dick, stumpf.

In der Länge der freien Zweigenden sehr variirend: einige Stücke näbern sich durch die Dicke und Länge derselben ($^1/_2$ Zoll) der *S. solida* VERR., die jedenfalls, wie auch *S. irregularis* VERR., nur eine Form von dieser ist.

Societäts-Ins. (VERR.). — Galewostrasse (Neu Guinea) (STUD.). — Samoa (Mus. Strassburg). — Tahiti (QUELCH, Mus. Strassburg).

## Gattung: **Porites** LM.

Kelche klein, umschrieben, da das Cönenchym zu dünnen oder etwas dicken, polygonalen, porösen, falschen Mauern zusammengedrängt ist. Septa meist 12, lamellenförmig, porös, mit 5—6 pali-artigen Zähnen oder Körnchen, letztere oft undeutlich. Columella papillenförmig, oft rudimentär.

1. *P. lutea* E. H. = *conglomerata* DANA. — Exp. Exp. pl. 55, fig. 3. — KLZG. II, pl. V, fig. 16.

Colonie massig, convex, bucklig. Kelche 1 mm gross und darüber, flach. Mauern dünn. Pali sichtbar, Columella undeutlich.

Rothes Meer (E. H., KLZG.). — Mactan-Ins., Philippinen (QU.) — Palau-Ins. (Mus. Strassburg). — Fidji (DANA). — Tongatabu (E. H.). — Samoa (Mus. Strassburg).

2. *P. fragosa* DANA. — Exp. Exp. pl. 55, fig. 9.

Colonie mit breiter Basis, diese bucklig und auf zusammengezogenem Stiel eine pilzartig verbreiterte, rundliche, etwas bucklige und gebuchtete Scheibe tragend (vgl. STUD. Gaz. 1878, p. 536). Kelche etwa 1 mm gross, flach. Mauern breit. Pali sichtbar, weniger die Columella.

Fidji (DANA). — Salomonsinseln: Bougainville, Augustabai (STUD.).

3. *P. cribripora* DANA. — Exp. Exp. pl. 55, fig. 5.

Incrustirend, bucklig. Kelche sehr klein, kaum $^1/_2$ mm gross, mit Fig. 5 *a* bei DANA gut übereinstimmend, doch scheinen sie etwas enger zu stehen. Mauern stumpf, ihre Dicke jedoch verschieden. Columella kaum erkennbar.

Fidji (DANA).

4. *P. echinulata* KLZG. — KLZG. II, pl. V, fig. 18. — RIDL. p. 258.

Colonie klein, blattartig, am Rande frei. Kelche oberflächlich oder etwas vertieft, 1—1$^1/_2$ mm breit. Mauern breit, echinulirt-körnig, wenig von den Septen verschieden. Pali deutlich, körnig; Columella nicht erkennbar.

Unter meinem Material nicht vorhanden. — Rothes Meer (KLZG.). — Ceylon (RIDL.).

5. *P. gaimardi* E. H. — H. N. C. III, p. 179. — RIDL. p. 258.

Colonie massiv, etwas bucklig. Kelche wenig unegal, etwas tief, 1$^1/_4$ mm gross. Mauern etwas dick. Die 6 Primärsepten mit rundlichen Pali, die meisten secundären mit eben solchen, kleineren.

Vanikoro. Neu Irland. Australien (E. H.). — Ceylon (RIDL.). — Lag mir nicht vor.

**6. _P. punctata_** (L.). — H. N. C. III, p. 181. — RIDL. p. 258.

Colonie massiv - bucklig. Mauern hier und da mit leichten Vorsprüngen. Kelche $1^1/_2$ mm breit. Columella tuberculös, gerundet, sehr deutlich.

Ceylon (RIDL.). — Lag mir nicht vor.

### Familie: _Alveoporidae._

Falsche Mauern sehr dünn, von grossen Löchern durchbohrt, trabeculär. Kelche tief, polygonal. Septa durch Reihen entfernt stehender, einfacher Septaldornen vertreten, der sich bisweilen mit ihren in's Innere des Kelches reichenden Enden verflechten.

### Gattung: _Alveopora_ Q. G.

Mit den Characteren der Familie.

**1. _A._ cf. _viridis_** Q. G. = _spongiosa_ DANA. — Exp. Exp. pl. 48, fig. 3.

Kelche etwas ungleich, 1 bis höchstens $1^1/_2$ mm gross. Septaldornen kurz. Mauern kaum „un peu fortes" (E. H.). Colonie in einige stumpfe, gerundete Lappen geteilt.

Fidji (DANA, E. H.). — Neu Irland: Havre Carteret (E. H.).

### Familie: _Madreporidae_ DANA.

Kelche von deutlichen, porösen, dünnen Mauern begrenzt, rundlich, frei (oberwärts) und unterwärts durch ein secundäres Cönenchym verbunden, welches die durch seitliche Knospung sich vermehrenden Personen später völlig verbindet, so dass die älteren Kelche in dasselbe eingesenkt erscheinen. Dies Cönenchym ist porös oder ziemlich dicht. Septa deutlich, lamellös oder porös. Columella fehlend.

### Gattung: _Madrepora_ L. (pars).

Stock massiv, lappig oder ästig. Kelche an den Enden der Aeste und Lappen vorspringend, ungleich: an der Spitze steht ein radiär gebauter, meist grösserer Kelch (End- oder Mutterkelch), von dem aus seitlich sich durch Sprossung b i l a t e r a l e Kelche (Seitenkelche) abzweigen; von den 6—12 Septen sind zwei (ein oberes und ein unteres) stärker entwickelt.

A. Aus einer massiven Basis erheben sich kurze, kegelförmige, unverzweigte Aeste. Endkelche vorhanden.

**1. *M.* cf. *conigera* Dana. — Exp. Exp. pl. 32, fig. 1.**

Die Kelchform stimmt recht gut mit der citirten Abbildung, auch sind einige der kurz-conischen Aeste am Rande schön entwickelt: in der Mitte des Stockes sind jedoch die Hervorragungen breiter, nicht conisch, sondern halbkuglig gerundet, die Endkelche kaum zu erkennen oder ganz fehlend.

Exemplar gross, breiter als hoch, schwer, massiv. Der Character der *conigera* nur am Rande erkennbar, sonst eigenthümlich gebildet. Singapore (Dana, E. H., Stud.).

B. Baumförmig, unregelmässig verzweigt.
    I. Endkelche breit, dickwandig; Aeste daher stumpf.

**2. *M.* *hemprichi* (Ehrb.). — Klzg. II, pl. I, fig. 11, pl. IV, fig. 17, pl. IX, fig. 1.**

Baumförmig, wenig ästig, auf der einen (unteren) Seite ohne Kelche (nackt). Endkelche breit (4—5 mm), nicht sehr hoch. Seitenkelche abstehend, länglich, 3—5 mm lang, bei 3 mm Breite, stumpf, mit centraler, runder, kleiner ($^1/_2$ mm) Kelchöffnung. Dazwischen warzenförmige und gegen die Basis des Stockes einzelne eingesenkte Kelche. Rothes Meer (Klzg.).

    II. Endkelche schmaler, cylindrisch. Aeste verjüngt, zugespitzt.
        a) Röhrige Seitenkelche sind vorhanden.
        1) Endkelche etwas gross, vorspringend (2—3 mm).

**3. *M.* *valenciennesi* E. H. — H. N. C. III, p. 137.**

Stock baumförmig, die cylindrischen Zweige oft zu 3 und 4 in derselben Höhe entspringend, ca. 2 cm dick, nach allen Richtungen divergirend. Endkelche gross und vorspringend (ähnlich *arbuscula* bei Dana, pl. 40, Fig. 2), 2—3 mm breit und ebenso hoch. Seitenkelche sehr unegal, gedrängt, röhrig, mit runder oder s c h i e f e r Oeffnung (letzteres bei den kleineren Kelchen von E. H. nicht erwähnt). Ceylon (E. H.).

        2) Endkelche nicht so vorspringend (kaum 2 mm laug), kleiner.
        α. Seitliche Kelche gleichmässig.

**4. *M.* *brachiata* Dana. — Exp. Exp. pl. 38, fig. 3.**

Baumförmig, Zweige schlank, 1—2 cm dick, sprossend, genau wie in der Fig. bei DANA. Endkelche etwas über 1 mm lang, kurz cylindrisch. Seitenkelche gleichmässig, kurz röhrig, fast senkrecht abstehend, besonders unterwärts und daselbst allmählich warzig werdend. Mündung an den obersten etwas schief oder oval, weiter unten rundlich (vgl. Fig. 3 a bei DANA), $^1/_2$—$^3/_4$ mm gross. Stern deutlich. Cönenchym dicht und fein granulirt (vgl. E. H.).

Betreffs der Gestalt der Mündung variirend, die bald mehr rundlich, bald mehr länglich ist.

Sulusee, Ost-Indien (DANA, E. H.). — Neu Irland. — Neu Hannover (STUD.).

### 5. *M. gracilis* DANA. — Exp. Exp. pl. 41, fig. 3.

Baumförmig, reichlich verzweigt, Aeste kaum über 1 cm dick. Endkelche klein, 1 mm breit und 1 mm hoch. Seitenkelche nasenförmig oder röhrenförmig (DANA, fig. 3 b), aufrecht abstehend, gleichmässig (wenigstens oberwärts), ziemlich gedrängt. Oeffnung oval oder länglich.

Fidji, Sulusee (DANA, E. H.) — Amboina (QU.).

β. Seitenkelche unegal.

### 6. *M.* cf. *formosa* DANA. — Exp. Exp. pl. 38, fig. 4.

Stimmt nicht völlig, da die Kelche an der Spitze der Zweige etwas länger sind und etwas ovale Oeffnungen haben.

Baumförmig, sehr ästig. Aeste höchstens etwas über 1 cm dick. Endkelche klein, kaum 2 mm breit und hoch. Seitenkelche klein (jedoch die oberen etwas länger!), röhrig, mehr oder weniger gedrängt, etwas unegal, an der Spitze gerundet, mit rundlicher, kleiner Oeffnung. Cönenchym dicht und fein granulirt.

Fidji (DANA). — Neu Irland (STUD.).

### 7. *M. multiformis* n. sp.
### Taf. XI, Fig. 2.

Stock sehr verschieden gestaltet: baumförmig, mehr oder minder ästig, oft sehr ästig und mit jungen Sprossen besetzt, so dass sie sich der *M. abrotanoides* nähert. Aeste sehr verschieden dick, 1—3 cm. Endkelche meist klein, 2 mm breit und ebenso lang, selten länger. Seitenkelche sehr ungleich, eingesenkt, nasenförmig, dillenförmig und röhrenförmig, mit schiefer, ovaler oder geschlitzter, nicht auffällig kleiner Mündung. Cönenchym fein echinulirt und porös.

b) Seitenkelche halbirt, ohne Innenwand, (selten etwas röhrig).

**8. _M. secunda_ Dana.** — Exp. Exp. pl. 40, fig. 4.

Stock ästig, baumförmig. Kelche nicht ganz gleichförmig, nasen-förmig, dimidiat, comprimirt, selten etwas röhrig.

Singapore (Dana, E. H., Verr.). — Ost-Indien (Dana). — Fidji (Stud.). — Palau-Ins. (Mus. Strassburg).

C. Rasenförmig, corymbös oder vasiform.

I. Oberwärts gerundet. Seitliche Aeste nicht oder nur wenig verflacht und nicht verlängert.

a) Endkelche 3—4 mm gross, hemisphärisch.

**9. _M. ocellata_ Klzg.** — Klzg., II, pl. I, fig. 7, pl. IV, fig. 14, pl. IX, fig. 5.

Stock rasenförmig, gerundet, niedrig, mit kurzen, 2—4 cm langen, nur gegen die Spitze sprossenden, stumpfen, 1 cm dicken Aesten. Endkelche 3—4 mm breit (etwas kleiner als bei Klzg.!), 1 mm hoch, mit kleiner Mündung. Seitenkelche nicht sehr dicht stehend, leicht compress, mit kleiner, runder oder elliptischer Oeffnung, 3 mm lang, 2 mm breit, häufig nasenförmig, mit eben geschlossenem Innenrand .oder auch röhrenförmig; dazwischen, besonders unten, eingesenkte Kelche.

Der Aussenrand der Kelche ist nach Klunzinger (II, p. 10) nicht verdickt; die Zeichnungen auf pl. IX, fig. 5, besonders _a_, _b_ und _c_, zeigen aber, wie auch meine Exemplare, etwas verdickten Aussenrand.

Rothes Meer (Klzg.).

**10. _M. plantaginea_ Lm.** — H. N. C. III, p. 149, vgl. auch Stud. Sing. p. 7.

Rasen kuglig-convex. Seitliche Aeste kurz. Endkelche ziemlich gross, 3—5 mm breit, nicht sehr hoch (1—2 mm). Aeste bis zur Spitze vielfach verzweigt und sprossend, bis über 5 cm lang. Seitliche Kelche sehr ungleich, röhrenförmig, warzenförmig, eingesenkt; Oeff-nungen stets rundlich, ziemlich gross (1 mm).

Indischer Ocean (E. H.). — Singapore (Verr.). — Galewostrasse. (Stud.). — Tahiti (Quelch, Mus. Strassburg).

**11. _M. variabilis_ Klzg.** — Klzg. II, pl. I, fig. 10, pl. II, fig. 1 u. 5, pl. V, fig. 1 u. 3, pl. IX, fig. 14.

Stock convex-rasenförmig, seitlich Aeste mit der Tendenz, sich zu verlängern und horizontal zu werden, ihre Unterseite mit spärlichen, angedrückten oder deformirten Kelchen oder fast nackt und flach gedrückt (Uebergang zu C. II). Endkelche 2—3 mm breit, gerundet, 1 mm hoch. Seitenkelche röhrig oder nasenförmig, etwas dickwandig, mit ziemlich kleiner, länglicher Oeffnung.

Rothes Meer (KLZG.). — Tonga und Samoa (Mus. Strassburg).

### 12. *M. effusa* E. H. — H. N. C. III, p. 153.

Eine der wenigen, von Ceylon schon bekannten Arten dieser Gattung, die unter meinem Material nicht vertreten sind. „Polypier ressemblant beaucoup à celui du *M. nasuta*, mais ayant les calices latéraux plus uniformes et les calices apicaux deux fois aussi larges; les ramuscules plus courts et plus inégaux; ceux des bords coalescents. Mers de l'Inde, Ceylon" (E. H.). — Amboina (QU.).

Von den vorhergehenden also besonders unterschieden: durch die gleichmässigen und nasenförmigen (cf. *nasuta*) Seitenkelche, mit länglicher (cf. *nasuta*) Oeffnung, und durch die selten sprossenden (rarement prolifères bei *nasuta*), subcylindrischen, kurzen und unegalen (d. h. wohl verschieden hohen) Aeste, sowie die coalescirenden Seitenäste.

> b) Endkelche klein, kaum breiter als die Seitenkelche, oft aber länger.
>
> 1) Kelchwände etwas dick.

### 13. *M. valida* DANA. — Exp. Exp. pl. 35, fig. 1.

Stock convex, seitliche Aeste bei den älteren Stücken Anfänge von plattenartiger Verbreiterung zeigend und dann unterseits mit fein granulirtem Cönenchym und nur wenigen, eingesenkten Kelchen. Endkelche fast nur so gross wie die seitlichen, letztere sehr ungleich, lang, röhrig, angedrückt, dazwischen eingesenkte. Kelchöffnungen meist rund oder oval, jedoch bei den einzelnen Stücken variirend.

Fidji (DANA, E. H.). — Singapore (Mus. Strassburg).

### 14. *M. ceylonica n. sp.*
### Taf XII, Fig. 3.

Aus incrustirender Basis erheben sich bis 5 cm hohe, unten 1 cm dicke, kantige Aeste. Diese tragen unterwärts nur eingesenkte, nicht dichtstehende, weitmündige (über 1 mm) Kelche, mit sehr auffallenden Sternleisten. Auch weiter oben bis ungefähr $1^1/_2$ cm vom Gipfel finden sich fast nur diese eingesenkten Kelche mit einzelnen schwalben-

nestförmigen gemischt. Am Gipfel treten jedoch nasenförmig ange-
drückte, röhrenförmige, 2—4 mm lange, sowie Sprosskelche auf, aber
immer noch mit eingesenkten und schwalbennestförmigen untermischt.
Durch die röhrenförmigen Sprosskelche löst sich die Astspitze oft in
mehrere (2—5) gleich hohe Sprossen auf. Endkelche dieser Sprossen
sowie der einfachen Aeste conisch abgestutzt, an der Spitze 1—2 mm
breit, 2—3 mm hoch. Mündungen der Kelche meist rund, die der
röhren- und nasenförmigen Gipfelkelche meist kleiner als die der
übrigen Kelche. Einzelne End- und Gipfelkelche zeigen auch spaltförmige Oeffnungen. Secundäres Cönenchym porös. Kelchwandungen
aussen fein echinulirt, undeutlich streifig.

2) Kelchwände dünn.

### 15.  *M. elegantula* n, sp.
### Taf. XII, Fig. 4.

Stock unregelmässig rasig, mit vielfach getheilten, $^1/_2$—1 cm
dicken Aesten, die sich nach oben verjüngen. Seitliche Aeste mit der
Tendenz, horizontal zu werden, sich zu verflachen und die Kelche auf
der Unterseite zu verlieren. Endkelche dünnwandig, 1—1 $^1/_2$ mm breit,
cylindrisch und — wo sie nicht zerstört sind — 3—5 mm lang und
selbst länger. Seitenkelche etwas entfernt von einander, dillen- oder
nasenförmig, jedoch mit geschlossenem Innenrand, mit kreisrunder,
verhältnissmässig grosser (1 mm und darüber) Oeffnung, dünnwandig.
Häufig stehen dazwischen lange (bis 10 mm), röhrenförmige Sprosskelche: Anfänge neuer Zweige. Kelchwand aussen streifig echinulirt,
Cönenchym wurmförmig-porös.

Steht der *M. subtilis* KLZG. nahe, unterscheidet sich aber vornehmlich durch den regelmässig rasenförmigen (nicht baumförmigen,
in eine Fläche ausgebreiteten) Wuchs und weniger entfernte Seitenkelche.

II.   Oberseite kaum gerundet, flach oder vertieft. Seitliche Aeste
  sich bedeutend verlängernd, häufig sich verflachend und coalescirend.

  a) Kelche dicht stehend, schuppenförmig, gleichmässig. Aussen-
    rand quer verbreitert. Seitliche Aeste wenig coalescirend.
    Aeste durch die eigentümlichen Kelche „kätzchenförmig."

    1) Unterseite der wenig coalescirenden seitlichen Aeste mit
      appresse bis tubuliforme Kelche tragenden kurzen Zweiglein.

### 16.  *M. selago* STUD. — STUD. Gaz. 1878, p. 527, pl. I, fig. 2.

Flach ausgebreitet. Horizontale Aeste selten coalescirend, bis zur

Basis gesondert, unterseits mit zahlreichen, kurz-conischen Zweigen, die eingesenkte, appresse oder (selten) tubuliforme Kelche tragen. Oberseite mit schlanken, zugespitzten Zweigen, die wenig sich theilen (wenigstens oben), 3—6 mm dick. Endkelche 1—1$^1/_2$ mm vorragend, cylindrisch, 1 mm breit. Seitenkelche dichtstehend, gelippt, Lippe quer verbreitert.

Neu Hannover und Galewostrasse (STUD.).

*Var. robusta:* einige Stücke unterscheiden sich durch dickere (5—10 mm) Aeste und kräftigere Kelchlippen, stimmen aber sonst mit den andern überein.

> 2) Unterseite netzig coalescirend, mit eingesenkten und ringförmigen Kelchen.

### 17. *M. millepora* (EHRB.). — Exp. Exp. pl. 33, fig. 2.

Horizontal; Unterseite weitmaschig-netzig, coalescirend, mit eingesenkten und ringförmigen Kelchen. Oberseite mit schlanken, 5—6 cm langen Aesten, die mehr oder minder proliferiren, ca. $^1/_2$—1 cm dick und stumpf sind, da die Endkelche fast 2 mm breit und kaum 1 mm hoch sind. (Unterschied von *subulata*!). Seitliche Kelche gelippt, Lippe verbreitert.

Ost-Indien (DANA). — Singapore (VERR.). — Neu Irland, Carteret-Hafen (STUD.). — Api (Neue Hebriden) (QUELCH).

### 18. *M. prostrata* DANA. — Exp. Exp. pl. 33, fig. 1.

Aehnlich der vorigen, aber die Aeste der Oberseite etwas dicker, nur 2—3 cm lang, sehr stumpf.

Fidji-Ins. und Sulu-See (DANA). — Samboangan (Philippinen) (QUELCH).

> 3) Unterseite stärker (netzig und plattig) coalescirend, mit einzelnen kurzen, eckigen Aestchen, nackt, mit wenigen, eingesenkten Kelchen.

### 19. *M. convexa* DANA. — Exp. Exp. p. 449.

Stock schwach convex oder horizontal. Unterseite ziemlich netzförmig coalescirend, mit kurzen, eckigen Aestchen und wenigen eingesenkten Kelchen, sonst nackt. Aeste der Oberseite schlank, 5—7 mm dick, in der Mitte des Stockes fast einfach, nach dem Rande zu sprossend. Endkelche kurz, 1 mm lang, cylindrisch, 1—2 mm breit; Aeste nicht sehr stumpf.

Singapore (DANA, VERR., STUD.). — Tonga (Mus. Strassburg).

b) Kelche nicht dichtschuppig, daher die Aeste nicht kätzchen-förmig. Seitliche Aeste meist plattenförmig verschmolzen.

1) Endkelche 3—4 mm breit, Aeste daher stumpf.

### 20. *M. coalescens n. sp.*
Taf. XIII, Fig. 5.

Stock corymbös, flach, selten etwas gewölbt. Aeste der Unter-seite plattenartig verschmelzend, wenige Lücken lassend, mit einzelnen conischen, kurzen Aestchen, die aber nicht aus der Fläche der Platte heraustreten, nackt, mit einzelnen eingesenkten Kelchen. Oberseite mit aufrechten, bei den verschiedenen Stücken verschieden hohen (3—10 cm) und 1 cm dicken, sprossenden Aesten. Endkelche ziemlich breit, 3—4 mm, aber niedrig, gewölbt, daher die Aeste stumpf. Seiten-kelche nasenförmig, gegen die Spitze der Aeste mit röhrigen unter-mengt, die neue Sprossanfänge darstellen, 2—4 mm lang, 2 mm breit, an der Mündung, besonders die oberen, dickwandig. Mündung rundlich oder oval, nicht gross. An den Zweigspitzen einzelne, weiter unten mehr, eingesenkte, mit offenen Mündungen versehene Kelche.

Besitzt einige Aehnlichkeit mit *M. variabilis*, aber durch die plattenförmige Unterseite und die mehr nasen- als röhrenförmigen Kelche verschieden. In der Höhe der Aeste und Grösse der Endkelche variiren die Stücke etwas.

2) Endkelche schmal, höchstens 3 mm breit. Aeste zugespitzt.

α. Kelche etwas dickwandig.

### 21. *M. appressa* Dana = *appressa* E. H. — Exp. Exp. pl. 34, fig. 5.

Stock corymbös, Unterseite plattenförmig coalescirend, mit kurzen, abgerundet stumpfen Aestchen und mit stumpfen Warzen besetzt, letztere ohne oder nur mit punktförmigen Kelchöffnungen; gegen die Basis ganz nackt. Oberseite mit aufsteigenden, cylindrischen, ähren-förmigen, 6—7 cm langen, kaum 1 cm dicken Aesten. Endkelche wenig (1—1 1/2 mm) vorspringend, cylindrisch, dickwandig, etwa 1 1/2 mm breit. Seitenkelche gedrängt, egal, aufrecht angedrückt, geschnäbelt nasenförmig, etwas dickwandig.

*M. plantaginea* Dana = *appressa* Verr. = *secale* Stud. ist hiervon wesentlich wohl nur durch „sehr ungleiche" Kelche verschieden.

Die *M. appressa* E. H. ist identisch mit der *appressa* Dana und vielleicht auch mit der *appressa* Ehrb., jedenfalls aber wegen der gleichmässigen Kelche von *plantaginea* DANA zu trennen. (STUDER identificirt sie mit der letzteren.)

Singapore (DANA, E. H., VERR., STUD.). — Galewostrasse (STUD.). — Amboina (QUELCH).

*var. tenuilabiata*: Aehnelt im Habitus der *M. appressa* DANA sehr, unterscheidet sich jedoch: 1) durch etwas dünnwandigere Kelche, 2) durch das Fehlen der stumpf warzenförmigen Kelche auf der Unterseite, woselbst eingesenkte Kelche vorhanden sind. — Das Stück nähert sich dadurch der *M. candelabrum* STUD., unterscheidet sich aber: 1) durch das Fehlen röhriger, appresser Kelche auf der Unterseite, 2) durch kürzere Endkelche.

Von der Hauptart lagen mir mehrere Stücke, von der Varietät nur eines vor.

**22. *M. secale* STUD. = *plantaginea* DANA = *appressa* VERR. — STUD. Gaz. 78, p. 525.**

Von der vorigen besonders durch die ungleichen Kelche verschieden (eingesenkte zwischen den angedrückten, nasenförmigen bis an die Spitze der Zweige). Unterseite fast ganz nackt, ohne Warzen, auch eine weniger durchlöcherte Platte bildend (letzteres sind wohl individuelle Merkmale), mit wenigen eingesenkten (aber nicht punktförmigen) Kelchen. Endkelche meist etwas stärker (2 mm) vorragend.

Singapore (DANA, VERR., STUD.). — Ceylon (DANA). — Ternate (QUELCH).

### 23. *M. remota* n. sp.
Taf. XIII, Fig. 6.

Stock horizontal ausgebreitet, seitlich gestielt, horizontale Aeste vielfach coalescirend, theilweis plattenartig verschmelzend. Unterseite nackt, mit dichtem, granulirtem Cönenchym, ohne Kelche. Aeste der Oberseite aufsteigend, 3—5 mm dick, bis $2^{1}/_{2}$ cm hoch. Endkelche dickwandig, conisch, abgestutzt, oben 1—2 mm breit, mit $^{1}/_{2}-^{3}/_{4}$ mm weiter Oeffnung, von sehr schwankender Länge, meist 2—4 mm, jedoch auch bis 1 cm lang oder noch länger und dann cylindrisch. Seitenkelche ziemlich entfernt stehend, angedrückt, nasenförmig, unterwärts warzenförmig an den peripherischen Zweigen auch röhrenförmig und abstehend, 2—4 mm lang, 1—2 mm breit, dickwandig, mit meist kleiner ($^{1}/_{2}$ mm) rundlicher Oeffnung.

Hierher gehört auch das von mir früher beschriebene Stück des Strassburger Museums von unbekanntem Fundort [1]).

$\beta$. Kelche durchaus dünnwandig. Aeste der Oberseite meist nicht sehr lang.

**24. *M. flabelliformis* E. H. — H. N. C., III, p. 156. — Ridl. p. 259.**

Stock flach ausgebreitet. Unterseite mit stark coalescirenden Aesten, die gegen die Basis fast ganz verschmelzen, sonst aber nur ein Netzwerk bilden, mit vielen warzenförmigen Sprossen und eingesenkten Kelchen. Oberseite mit ziemlich kurzen (2—5 cm langen), stark sprossenden Aesten. Endkelche gelippt, oft verlängert.

Unter meinem Material nicht vorhanden. — Indischer Ocean (E. H. u. Mus. Strassburg). — Ceylon (Ridl.)

**25. *M. efflorescens* Dana. Exp. Exp. pl. 33, fig. 6.**

Stock flach ausgebreitet. Unterseite compact durch die fast völlig verschmelzenden horizontalen Aeste, mit zahlreichen, kurz röhrenförmigen, meist angedrückten Kelchen. Oberseite mit kurzen, höchstens 2 cm langen Aesten, diese häufig sprossend. Endkelche 1 mm breit, höchstens 2 mm lang. Seitenkelche gelippt, Lippe oft verlängert, oder röhrig und dann junge Sprossanfänge darstellend.

Ceylon (Dana). — Tahiti (Mus. Strassburg).

**26. *M. spicifera* Dana. — Exp. Exp. pl. 33, fig. 4.**

Stock flach concav. Unterseite verschmolzen, fast ohne Kelche. Oberseite mit kurzen, fast einfachen Aesten. Endkelche klein, kurz. Seitenkelche gelippt, gedrängt.

Singapore (Dana, E. H., Verr.). — Fidji (Dana, E. H.). — Neu Irland. Salwatti (Stud.). — Neu Caledonien (Mus. Strassburg).

**27. *M. cytherea* Dana. — Exp. Exp. pl. 32, fig. 3 b. — H. N. C. III, p. 157. — Klzg. II, pl. II, fig. 4, pl. IV, fig. 2, pl. IX, fig. 20. — Ridl. p. 259.**

Von *spicifera* durch längere Endkelche (bis 6 mm), weniger compacte (mehr netzförmige) Unterseite, mit etwas mehr und eingesenkten Kelchen, verschieden.

---

1) Vgl. meine Arbeit: Studien über Systematik und geographische Verbreitung der Steinkorallen: *M. aff. tenuispicata* Stud. p. 153.

*M. patella* STUD. (STUD. Gaz. 1878, p. 526, pl. I, fig. 1) scheint von dieser nicht verschieden zu sein.

Rothes Meer (KLZG.). — Mauritius (MÖBIUS). — Ceylon (RIDL.). — Salomoninseln (*patella* STUD.). — Tahiti (DANA, E. H., QUELCH). — Gesellschafts-Ins. (DANA). — Samoa (Mus. Strassburg). Lag mir nicht vor.

### Familie: *Eupsammidae* E. H.

Polypar einzeln oder zu baumförmigen Colonien verbunden, ohne Cönenchym, aber häufig mit durch poröses, netziges Gewebe sich verdickender Mauer. Kelche meist tief und gross, mit Columella, ohne Pali. Septen porös oder compact (letzteres besonders die primären). Septen der höheren Ordnungen unter sich und mit denen niederer Ordnungen sich vereinigend. Mauern porös. Vermehrung der Personen durch seitliche oder basale Knospung.

### Gattung: *Coenopsammia* E. H.

Polypar zusammengesetzt, baumförmig oder büschelig. Personen cylindrisch. Septa nicht debordirend, nur 3 Cyclen sind vollständig, daher die Vereinigung der Septen undeutlich.

**1. *C. ehrenbergiana* E. H.** — M. E. et H. Eupsammid., in: Ann. Sc. Nat. (3), X, p. 109, pl. I, fig. 12. — H. N. C. III, p. 127. — KLZG. II, p. 56, pl. VIII, fig. 9. — RIDL. p. 257.

Unter meinem Material nicht vorhanden.

Colonie niedrig, rasenartig, prolat. Knospung basal oder subbasal. Personen ungleich an Höhe und Breite, meist kurz, die verdickten Mauern scheinbar ein basales Cönenchym bildend. Breite der Kelche 5—10 mm, Tiefe 4—6 mm, Höhe 2—13 mm. Septa schmal, regelmässig radiär, zweiter Cyclus gut entwickelt, der dritte schmal. Columella entwickelt oder rudimentär.

Rothes Meer (E. H., KLZG.). — Seychellen (E. H.). — Mauritius (MÖBIUS). — Ceylon (RIDL.).

### 3. Unterordnung: **Fungiacea** VERR.

Kelche durch die in einander fliessenden Septen verbunden, Synaptikeln zahlreich, niemals zur Bildung von Mauern oder Cönenchym zusammentretend. Septen meist compact. Traversen äussсrst selten vorhanden, da das Wachsthum ausgesprochen prolat, sehr selten (*Merulina*) etwas acrogen ist. Colonien daher meist horizontal ausgebreitete Blätter darstellend oder durch Aufkrümmung der letzteren rasenförmig werdend.

### Familie: *Lophoseridae.*

Gemeinsame Wand oder Unterseite, wo dieselbe frei ist, compact, berippt, aber ohne Dornen und Stacheln. Acrogenes Wachsthum kaum vorhanden, daher keine Traversen. Colonie festsitzend, häufig nasenförmig, aus blattartigen oder säulenförmigen, durch Aufkrümmung der ursprünglich aus flachen Blättern gebildeten Lappen bestehend oder flach bleibend. Septen äusserst fein, kaum sichtbar gezähnt.

### Gattung: *Lophoseris* E. H.

Colonie (selten) incrustirend oder (meist) aus aufrechten, nicht sehr dicken, blattförmigen Lappen gebildet, ohne regelmässige Hügelzüge, aber oft mit unregelmässigen, erhabenen, jedoch nicht zusammenfliessenden Kämmen besetzt, die meist senkrecht verlaufen. Kelche deutlich radiär, mit zusammenfliessenden Septen, auf beiden Seiten der aufrechten Blätter (wenn solche vorhanden sind) stehend.

**1.  *L. cristata* E. H. = *angulosa* (Klzg.) — Klzg. III, pl. IX, fig. 7.**

Colonie aus aufrechten, viel breiteren als dicken Blättern gebildet, mit senkrechten Kielen auf den Flächen. Diese Kiele variiren in ihrer Ausbildung: bald sind sie stark, bald schwach (nur 1 mm) vorspringend. Kelche beiderseits auf den Blättern, etwas quer in die Länge gezogen.

Mit dieser Art wird wohl auch *L. frondifera* zu vereinigen sein. Eine weit verbreitete Art. Rothes Meer (E. H., Klzg.). — Seychellen (E. H.). — Mauritius (Mus. Strassburg). — Malakka (E. H.). — Neu Guinea (Stud.). — Fidji-Ins. (E. H.).

**2.  *L. divaricata* (Lm.). — Exp. Exp. pl. 22, fig. 6.**

Colonie aus dicken (bis fast 1 cm), gedrängten, blattförmigen Lappen gebildet, die stark gelappt, winklig gebogen und verzweigt sind. Die Kiele sind gratartig, oft stark vorspringend, etwas unregelmässig („plus ou moins obliques" E. H.). Weicht von der Abbildung bei Dana durch dichter stehende Kelche ab.

Mir liegt nur ein Stück vor. — Fidji - Ins. DANA). — Tongatabu
(E. H., QUELCH).

### 3. *L. percarinata* (RIDL.). — RIDL. p. 258.

Von einer ausgebreiteten Basis erheben sich zahlreiche subcylin-
drische Lappen, die jung 4—5 mm, alt 10—12 mm im Durchmesser
haben. Meist sind sie cylindrisch, unten mit nur wenig hervortretenden
Kielen, die oberwärts unregelmässig werden und schliesslich in Zahl
und Höhe (1—2 mm) eine grosse Entwicklung erreichen und meist
longitudinal verlaufen. Enden der Lappen mehr oder minder abgerundet, bisweilen getheilt. Basaltheil der Colonie mehr eben. Kelche
klein, $1^1/_2$—2 mm breit. Septalzähne kurz und wenige.

Galle: Ceylon (RIDL.). — War mir nicht zugänglich.

Diese und die vorhergehende Art nebst der *L. prismatica* BRGGM.
bilden den Uebergang zur nächsten Gattung, besitzen jedoch keineswegs netzförmig zusammenlaufende Kiele.

### 4. *L. explanulata* (LM.). — H. N. C. III, p. 69, pl. D 11, fig. 2. RIDL. p. 259.

Colonie eine dünne Platte bildend, breit angeheftet. Kelche nur
oberseits. Oberfläche etwas bucklig. Kelche gedrängt, Septen sehr
fein gezähnt.

Lag mir nicht vor. — Ind. Ocean (E. H.). — Ceylon (RIDL.).

### 5. *L. repens* BRGGM. — BRGGM., N. K. p. 395, pl. 7, fig. 1. — KLZG. III, pl. IX, fig. 3.

Incrustirend, bucklig. Oberfläche mit zahlreichen, kurzen oder
langgezogenen, oft etwas gewundenen Kielen, die sich jedoch nicht
netzig vereinigen, so dass keine vollkommen umschriebenen Thäler
gebildet werden. Mit dem im Jenenser Museum befindlichen Original
BRÜGGEMANN's vollkommen übereinstimmend.

Rothes Meer: Tur am Sinai (BRGGM.), Koseir (KLZG.). — Mauritius (Mus. Strassburg).

### Gattung: *Tichoseris* QUELCH [1]).

Colonie aus aufrechten, eckigen oder gerundeten, dicken (1—4 cm)
Lappen gebildet, diese mit scharfen, gratartigen, $^1|_2$—$1^1|_2$ mm hohen

---

1) Nach der tabellarischen Uebersicht der L o p h o s e r i n e n bei
MILNE EDWARDS (H. N. C. p. 36) war ich zuerst versucht, die Arten

Hügelzügen, die sich (besonders oberwärts) unregelmässig netzartig vereinigen, jedoch keine concentrischen oder radiale Reihen bilden. Die Maschen des Hügelnetzes schliessen einen bis viele Kelche ein und sind zum grössten Theil völlig geschlossen. Kelche mit *Lophoseris* übereinstimmend, radiär, die benachbarten durch die Septen verbunden.

### 1. *T. angulosa n. sp.*
### Taf. XIV, Fig. 1.

Colonie aus zahlreichen, gedrängten, aufrechten, unregelmässig eckigen, kantigen und sprossenden, säulenförmigen Lappen gebildet,

---

dieser Gattung zu der bisher nur fossil bekannten Gattung *Oroseris* E. H. zu stellen, da der letzteren auch der Character der vielfachen und unregelmässigen Thäler, die durch Hügelzüge getrennt sind, zukommt. („Les calices séparés par des collines transverses en séries multiples ou irregulières".) Doch weicht die übrige Diagnose von *Oroseris* (l. c. p. 78) erheblich von den vorliegenden beiden recenten Arten ab. Die Colonie soll (bei *Oroseris*) aus einem wenig dicken Blatt gebildet werden, das eine gemeinsame Aussen- resp. Unterseite mit rudimentärer Epithek besitzt. Auch soll sie (nach p. 36) immer sehr niedrig sein (les polypiérites toujours très-courts).

Ausserdem kommt in Betracht, dass wenigstens einige der bei MILNE EDWARDS beschriebenen Arten der Gattung *Oroseris* nach Beobachtungen, die ich an Material des paläontologischen Museums zu Strassburg i. E. machen konnte, gar nicht zu den Lophoserinen E. H. gehören, sondern zu den Thamnastraeiden. Von einigen Nattheimer Korallen, die in der Form der Thäler und Kelche, sowie in der der Colonie, auffallend mit *O. graciosa* (MICH.) in der Abbildung bei MICHELIN (Iconograph. zoophytolog. pl. 23, fig. 3) übereinstimmen, zeigt eines in der inneren Structur vollkommen den eigenthümlichen Aufbau der Gattung *Thamnastraea*: poröse Septen mit den bekannten zu horizontalen Querkämmen verschmolzenen Synaptikeln. Ein weiteres Stück aus dem „Corallien" der Gegend von Verdun, welches der *O. plana* D'ORB. (*Agaricia soemmeringii* MICH. pl. 23, fig. 2) entspricht, ist zwar schlecht erhalten, zeigt jedoch immerhin noch eine mit unbewaffnetem Auge gut erkennbare Zähnelung der Septen (wie auch die Stücke von *O. graciosa*). Eine solche deutliche Bezähnung findet sich jedoch nirgends bei unzweifelhaften Lophoseriden, sondern bei ihnen allen erscheinen die Septen dem blossen Auge ganzrandig, und nur mit der Lupe vermag man eine feine Zähnelung zu erkennen. Die miocäne *O. appenina* (MICH.) (pl. 12, fig. 1) zeigt so grosse Kelche, wie sie nirgends bei den Lophoseriden vorkommen. Dagegen, dass die genannten Arten zu den Thamnastraeiden gehören, spricht keine Beobachtung.

Die jurassische Gattung *Comoseris* unterscheidet sich von *Tichoseris* einmal durch eine vollkommene Epithek und ferner dadurch, dass die Hügelzüge sehr weit von einander entfernt sind (vgl. MICHELIN, pl. 22, fig..) 3

die $^1|_2$—2 cm im Durchmesser halten und bis 5 cm hoch werden.
Die Kanten und Ecken der Lappen werden durch unregelmässige,
netzförmige, weiter oder enger maschige Hügelzüge gebildet, zwischen
denen in den Thälern je ein- bis viele Kelche liegen. Thäler nach
der Basis des Stockes zu weniger vollkommen geschlossen, oft lang-
gestreckt. Kelche 1—2$^1|_2$ mm gross. Thäler 2—3 mm breit, 2—10
mm lang, $^1|_2$—1 mm tief. Septen fast ganzrandig.
    Mir lagen eine grössere Anzahl Exemplare vor.

### · 2.  *T. obtusata* QUELCH. — Chall. Cor. p. 114, pl. V, fig. 3.

Colonie aus zahlreichen, gedrängten, aufrechten, getheilten, oben
gerundeten, walzenförmigen und knolligen Lappen gebildet, die 1$^1/_2$
bis 4 cm im Durchmesser halten und bis über 10 cm hoch werden.
Hügelzüge netzförmig, engmaschig, Thäler selten mehr als 4 Kelche
fassend; häufig sind umschriebene Kelche. Thäler 1—5 mm in der
Diagonale, unregelmässig, ca. $^1/_2$—1 mm tief. Hügel niemals kantige
oder eckige Vorsprünge an den Lappen bildend. Septen fast ganzrandig.
    Mir lagen zwei grosse Stücke vor nebst einigen Bruchstücken;
QUELCH bildet nur ein kleineres Stück ab. Fidji-Ins. (QUELCH).

### Gattung: *Pachyseris* E. H.

Colonie blattförmig, verschieden gestaltet. Kelche nur auf einer
Seite der Blätter, in concentrische Reihen gestellt, letztere durch
regelmässige oder unregelmässige Hügelzüge gebildet. Kelchcentren
einer und derselben Reihe vollkommen undeutlich und zusammenfliessend.

### 1.  *P. valenciennesi* E. H. — H. N. C. III, p. 86.

Colonie ein dünnes, concaves oder unregelmässig trichterförmiges
Blatt bildend. Hügelzüge an ihrer Basis 1—2 mm breit, häufig unter-
brochen, gedrängt, unegal, mit schmalem Kamm und häufig eckig
vorspringend. Thäler tief und eng. Columella wenig deutlich.
    Nur wenige Bruchstücke sind unter meinem Material vorhanden.
Fidji-Ins. (DANA). — Singapore (E. H.). — Samoa-Ins. (STUD.) (Mus.
Strassburg).

### Familie: *Merulinidae.*

Gemeinsame Wand (Unterseite) porös, mit stachligen Rippen.
Colonie festsitzend, im wesentlichen prolat, in der Mitte jedoch auch

acrogen wachsend, daher sind sparsame Traversen daselbst vorhanden. Daneben bilden sich durch Aufkrümmen der Lappen aufrechte, gefaltete Blätter und Säulen. Kelche deutlich, radiär, theilweis (besonders gegen den Rand der Lappen hin), in einfache, bisweilen sich theilende Reihen gestellt, die ungefähr radial gegen den Rand hin ausstrahlen. Zwischen ihnen einfache, niedrige Hügelzüge. Septen fein gezähnt.

Gattung: Merulina Ehrb.

Mit den Characteren der Familie.

1. M. ampliata Ehrb. — H. N. C. II, p. 628.

Colonie breit angewachsen, dünne, ausgebreitete, buckelige Lappen bildend, die sich zu unregelmässigen lappigen oder baumförmigen Säulen erheben. Kelche meist deutlich, in verzweigte, etwas radial verlaufende Thäler geordnet. Die Hügel zwischen den Thälern einfach, gerundet, wenig hoch. Einzelne Kelche umschrieben. Thäler 5—6 mm breit.

Eine weitverbreitete Art: Ostindien (Dana). — Singapore (Verr.). — Salomonsinseln (Augustabai) (Stud.). Von den afrikanischen Küsten und Inseln jedoch noch nicht bekannt.

Familie: Fungidae Dana.

Colonie durchaus prolat, nie acrogen wachsend (daher niemals Traversen vorhanden), becherförmig, flach oder gewölbt, nie aufrechte Lappen bildend, selten festsitzend, meist f r e i. Unterseite mehr oder minder porös (besonders am Rande), stets stachelig oder dornig. Kelche deutlich oder sehr undeutlich und reducirt. Vielfach echte Stockbildung in Folge von Arbeitstheilung unter den Personen, indem ein oder mehrere Kelche in der Mitte zu Fresspolypen, die übrigen zu Tentakeln reducirt werden: daher hat es den Anschein, als ob Einzelkorallen vorlägen. Septen meist deutlich, vielfach sehr grob gezähnt.

Gattung: Podabacia E. H.

Colonie festgewachsen. Die ganze Oberfläche ist von deutlich radiären Kelchen bedeckt, die um einen (oder mehrere) etwas grösseren centralen Mutterkelch gruppirt sind. Septocostalstrahlen sehr lang und zahlreich.

**1.  *P. crustacea* E. H. — H. N. C. III, p. 20.**

Colonie eine flache oder unregelmässig becherförmige Scheibe
bildend. Aussen- (Unter-)seite porös, mit kleinen, dornartigen Papillen
besetzt, die etwas in Reihen stehen. Kelche ziemlich gleichmässig,
radiär; Septocostalstrahlen vielfach radial zur Peripherie der Colonie
gestellt, ihr Rand eingeschnitten gezähnt. Dicke der Colonie 1—2 cm.

Ceylon (E. H.). — Malacca (E. H.). — Singapore (VERR.). —
Galewostrasse (STUD.).

### Gattung: *Herpetolitha* ESCHH.

Stock frei, länglich, unten stark bedornt, flach oder concav, oben
gewölbt. Kelche von zweierlei Gestalt: in der Mitte eine vertiefte
Reihe von undeutlich radiären, vielstrahligen Kelchen; die andern
sind wenigstrahlig, zerstreut, undeutlich radiär, ihre Septen vielfach,
besonders gegen den Rand hin parallel.

**1.  *H. limax* ESCHH. — H. N. C. III, p. 24.**

Stock länglich, oben convex, unten concav, bisweilen dreitheilig
oder kreuzförmig. Die Kelche der Centralreihe fast verschmolzen mit
einander. Septen abwechselnd dicker und dünner, gezähnt. Dicke
des Stockes 2—3 cm.

Durch den ganzen indischen und pacifischen Ocean verbreitet.
Bekannte Fundorte: Rothes Meer (KLZG.). — Zanzibar (VERR.) (Mus.
Strassburg). — Singapore (VERR., STUD.). — Banda-Ins. (QUELCH). —
? Ovalau (Fidji) (Mus. Strassb.). — Boston-Ins., Tahiti (Mus. Strassb.).

### Gattung: *Fungia* LM.

Die seitlichen Kelche sind stark reducirt: nur durch das plötzliche
Abfallen oder durch einen vorspringenden Lappen der von der Peripherie des Stockes nach dem Centrum radial gerichteten Septen werden
sie am Skelet angedeutet. Dementsprechend sind sie in den Weichtheilen nur durch einen einzigen entwickelten Tentakel vertreten.
Das Centrum des Stockes durch einen (selten durch einige) grossen
radialen Kelch eingenommen: daher hat es den Anschein, als ob man
Einzelkorallen mit auf der Fläche der Mundscheibe vertheilten Tentakeln vor sich habe.

Stock frei, unten flach oder concav, oben convex. Septen sehr fein oder gröber, oft sehr grob gezähnt. Unterseite mehr oder minder bedornt.

A. Runde Formen (Gattung *Fungia* AG.).

I. Septen fast ganzrandig, mit äusserst feinen Zähnen. Rippen der Unterseite nicht dornig, sondern nur fein granulirt, deutlich, dicht stehend. Tentakellappen nicht deutlich.

### 1. *F. costulata* n. sp.
#### Taf. XIV, Fig. 2.

Rund. Oben schwach convex, unten flach, 6 cm im Durchmesser. Septalrand sehr fein gezähnt, fast ganzrandig, Zähne mit blossem Auge kaum wahrzunehmen. Septen etwas unegal, ohne Tentakellappen. Unterseite mit gleichen, dichtstehenden, scharfen, fast bis zum Centrum deutlichen Rippen, welche fast ganzrandig und nur fein granulirt sind. Wand dicht, fast ganz ohne Poren.

Nur ein Stück lag mir vor.

II. Septen fein, aber deutlich und regelmässig gezähnt, fast gleich. Rippen ziemlich gleich, meist gleichmässig dornig, Dornen mittelmässig. Tentakellappen undeutlich.

### 2. *F. patella* E. H. — H. N. C. III, p. 7. — KLZG. III, pl. VII, fig. 4, pl. VIII, fig. 2.

Rund, flach oder hutförmig. Septen klein, aber deutlich gezähnt, gleichmässig. Rippen ziemlich gleich oder etwas ungleich, dornig. Bedornung variabel, meist gleichmässig und nicht sehr stark.

Sehr verbreitet: Rothes Meer: Tur am Sinai (HAECKEL), Ras Mohamed (WALTHER), Koseir (KLZG.). — Singapore (E. H., STUD.), — Sulu-See (E. H.). — Banda-Ins. (QUELCH). — Amboina (QUELCH). — Mactan Ins., Philippinen (QUELCH).

### 3. *F. repanda* DANA. — Exp. Exp. pl. XIX, fig. 1—3. — H. N. C. III, p. 12. — RIDL. p. 257.

Unter meinem Material nicht vorhanden.

Rundlich, flach. Septen sehr wenig unegal an Höhe, gedrängt, gerade, mittelmässig dünn. Zähne eckig, spitz, ziemlich gleich. Rippen abwechselnd etwas unegal, sehr gedrängt, allmählich nach dem Centrum hin undeutlich werdend, mit cylindro-conischen, etwas starken, subegalen und ziemlich gedrängten Dornen.

Fidji (DANA). — Singapore (VERR.). — Amboina. Banda. Mactan-
Ins. (QUELCH). — Ceylon (RIDL.).

    III. Septen grob gezähnt, ungleich.   Rippen sehr ungleich,
    stark dornig.

### 4. *F. lobulata n. sp.*
Taf. XV, Fig. 3.

Auffallend durch die bogigen, vorspringenden, jedoch nicht über
die benachbarten Septen hervorragenden Tentakellappen; bei dem
einen Stück sind dieselben durchgehends kleiner als bei dem andern.
Stock convex oben, concav unten. Septen ungleich. Septalzähne etwas
granulirt und verdickt, ziemlich gleich, dreieckig, etwa $1/2$ mm hoch,
1 mm breit. Unterseite mit ungleichen Rippen, die grösseren mit
nicht dicht stehenden, oft, besonders gegen den Rand hin, kammartige
Gruppen bildenden, nach der Mitte zu vereinzelten, 1—2 mm langen,
walzlichen, stumpfen, etwas granulirten Dornen; die kleineren Rippen
ohne Dornen, höchstens etwas warzig.

    Zwei Stücke.

### 5. *F. dentata* DANA. — Exp. Exp. pl. 18, fig. 7. — H. N. C. III,
p. 10.

Unter meinem Material nicht vorhanden.

Unterseite mit starken, cylindrischen, echinulirten und bisweilen
verästelten Dornen dicht besetzt, die mit Ausnahme der Mitte reihenweis auf den ungleichen Rippen stehen. Die schwächeren Rippen mit
weniger starken Dornen. Septalzähne ziemlich stark, etwas unregelmässig, doch nicht so tief zerrissen-eingeschnitten, wie bei der folgenden
Art, mit der sie nahe verwandt ist.

Nach MILNE EDWARDS von Ceylon und aus den chinesischen
Meeren und von Australien. — Fehlt im Rothen Meer (KLZG.). —
Nach VERRILL von Singapore. — Mus. Strassburg: Singapore, Chine-
sisches Meer, Samoa.

### 6. *F. danai* E. H. = *echinata* DANA. — H. N. C. pl. D 10, fig. 1.
— Exp. Exp. pl. 18, fig. 8, 9.

Rund, oben flach gewölbt, gegen die Mitte etwas erhaben, unten
wenig concav oder flach, uneben. Unterseite mit ungleichen, sehr stark
und ungleich bedornten Rippen (DANA, fig. 9 b). Oberseite mit ungleichen Septen, Septalzähne zahlreich, gedrängt, unegal, tief zerrissen-
eingeschnitten (DANA, fig. 8).

Ostindien, Fidji-Ins. (DANA) (Mus. Strassburg). — Manila (E. H.).
— Singapore (VERR.) (Mus. Strassburg). — Madagascar, Neu Irland
(STUD.).

B. Ovale oder lanzettliche Formen.

**7. *F. ehrenbergi* E. H.** = *pectinata* EHRB. (bei KLZG. unter *Haliglossa*) Gatt. *Ctenactis* AG. — Exp. Exp. pl. 19, fig. 11. — H. N. C. III, p. 14.

Länglich oval, convex oben, etwas concav unten. Unterseite mit dornartigen, echinulirten Papillen dicht besetzt, die am Rande sich zu Rippen ordnen. Septen ungleich, dicht, mit starken, dicht stehenden, ziemlich gleichen, an der Spitze echinulirten, ca. 1 mm breiten und 2 mm hohen Zähnen.

Ost-Indien (DANA). — Rothes Meer (E. H., KLZG.). — Singapore, Galewostrasse, Neu Irland (STUD.). — Palau-Ins. und Tahiti (Mus. Strassburg).

---

## II. Ordnung: Pseudothecalia HEIDER[1]).

Korallen mit festem Kalkskelet. Die Sternleisten verbinden sich niemals durch Synaptikeln, sondern an Stelle der letzteren findet sich in einer bestimmten, auf dem Querschnitt ursprünglich ringförmig oder polygonal um den Mittelpunkt der Person gelegenen Zone eine seitliche Verschmelzung der Septen in deren ganzer Höhe, welche eine compacte falsche Mauer bildet. Diese Mauer liegt entweder in der äussersten Peripherie der Person, oder mehr nach dem Centrum hin. Im letzteren Falle finden sich auch ausserhalb der Mauer Theile der Septen: Rippen. Letztere bilden mit den Exothecalblasen ein Costal-Cönenchym. Die Septen oder Rippen benachbarter Kelche gehen direct in einander über oder treffen winklig zusammen oder theilen sich gegenseitig aus. Septen trabeculär, gezähnt, compact, selten oberwärts etwas porös. Acrogenes Wachsthum sehr stark, daher sind stets und meist in reichlicher Entwicklung Traversen vorhanden. Sonstige Ausfüllungsgebilde fehlen.

---

1) HEIDER, H. R. v., Korallenstudien, in: Zeitschr. f. wiss. Zool., Bd. 24, Heft 4.

## 1. Unterordnung: **Astraeacea** VERR.

Einzelkorallen, oder häufiger Colonien bildend, diese gegliedert (jedes Glied eine Person) oder asträoidisch, mit oder ohne Costal-Cönenchym. Wachsthum stark acrogen, Traversen reichlich entwickelt. Vermehrung der Personen durch Knospung oder Theilung.

### Familie: *Astraeidae* KLZG.

Einzelkorallen, gegliederte, astraeoidische (oder mäandrische) Colonien. Wachsthum acrogen. Traversen reichlich. Costal-Cönenchym vorhanden oder fehlend. Vermehrung der Personen durch Knospung oder Theilung. Septen gezähnt, wenigstens unterwärts stets compact.

### Unterfamilie: *Lithophyllinae* VERR.

Einfach oder Colonien bildend. Im letzteren Falle durch Theilung sich vermehrend, ästig oder massiv. Septalzähne stark. Keine Palilappen. Kelche meist gross.

### Gattung: *Mussa* OK. (pars).

Colonie aufrecht, rasenförmig. Kelche seitlich frei oder zu kurzen, einfachen, seitlich freien Reihen verbunden. Mauern gerippt, Rippen mit mehr oder minder zahlreichen Dornen. Kelche gross, mit deutlichen Centren. Columella mehr oder minder entwickelt. Septen zahlreich, debordirend, mit starken, langen Zähnen, die äussersten Zähne die längsten, dornartig.

**1. *M. ringens* E. H.** — H. N. C. II, p. 332. — RIDL., p. 255.

Unter meinem Material nicht vorhanden.

Kelche sich schnell isolirend, selten kurze Reihen von 2—3 Kelchen bildend. Mauern dornig. Kelche deformirt, buchtig, wenig tief. Columella sehr entwickelt. Septen in 4—5 Cyclen, die primären sehr dick, debordirend, oben mit 5—6 sehr starken, dornförmigen Zähnen, ihr innerer Rand kaum eingeschnitten. Die übrigen Septen mit langen, schlanken Zähnen. Kelchbreite höchstens 3 cm.

Ceylon (RIDL.).

### Unterfamilie: *Maeandrininae* KLZG.

Colonieen bildend, durch Theilung vermehrt, massiv. Septen gezähnt, Zähne nicht sehr gross, häufig am inneren Ende mit Palilappen.

Kelche zu mehr oder minder langen Reihen verschmelzend, mit deutlichen oder undeutlichen Centren.    Kein Costal-Cönenchym, die Kelchreihen unmittelbar durch die falschen Mauern verbunden.

### Gattung: *Tridacophyllia* BLAINV.

Kelchreihen mit deutlichen Kelchcentren. Mauern dünn, hoch,
mehr oder weniger unterbrochen, selbst zerschlitzt, gewunden. Thäler
tief, mehr oder minder breit (über 1 cm). Columella fehlend. Septen
kaum debordirend, schmal, wenig gedrängt und wenig unegal, unregelmässig gezähnt. Zähne nicht sehr stark, die inneren etwas kräftiger.

**1.  *T. laciniata* E. H. — H. N. C. II, p. 382, pl. D. 5, fig. 1.**

Thäler viel tiefer als breit: 5 cm tief, kaum 2 cm breit, sehr
gewunden. Mauern sehr hoch, gefaltet, sehr tief, oft und lappig eingeschnitten, zerschlitzt, auf ihren Seiten oft mit Kelchen. Colonie
15 cm hoch.

Mir liegt nur ein Stück vor. — China-See (E. H.). — Singapore
(STUD.).

### Gattung: *Maeandrina* DANA = *Coeloria* E. H. (pr. parte).

Kelchreihen mittelmässig breit (3—10 mm), ungefähr ebenso tief.
Kelchcentren völlig undeutlich. Mauern einfach, scharf oder gerundet.
Septen meist etwas debordirend, gezähnt. Columella trabeculär, mehr
oder minder entwickelt.

**1.  *M. arabica* (KLZG.). — KLZG. III, p. 17.**

Thäler 5—6 mm breit, ungefähr ebenso tief. Mauern dünn.
Thäler eng, sehr gewunden und mit einander communicirend. Columella rudimentär. Septen wenig debordirend, schmal, innen steil abfallend, wenig gedrängt (13 auf 1 cm), fein und unregelmässig gezähnt.

*Var. leptotricha* EHRB. = *bottai* (E. H.). — H. N. C. II, p. 414.
— KLZG. III, p. 18. — RIDL. p. 255.

Thäler so tief wie breit (5—8 mm). Septen sehr schmal, sehr
steil. Mauern dünn, scharf, gratartig.

RIDLEY giebt diese Varietät von Ceylon an. Mir lag weder diese
noch die Hauptart vor. Letztere ist aus dem Rothen Meer (KLZG.)
und von Mauritius (Mus. Strassburg) bekannt.

**2. *M. ascensionis* (RIDL.), in: Ann. & Mag. Nat. Hist. (5) Vol. 8, p. 438, fig. 1 u. 2.**

Kelche polygonal, meist länger als breit, besonders die sich theilenden, Länge 3—5 mm, Breite 2—3 mm, Tiefe ca. 2 mm. Mauern ziemlich dünn, oben etwas gerundet. Septen kaum debordirend, dünn, zuerst horizontal, dann abfallend, deutlich gezähnt. Columella deutlich.

*Var. indica* RIDL. — RIDL. p. 256.

Länge der Kelche bis 4 mm. Am inneren Ende der Primärsepten häufig ein aufwärts gerichteter, verdickter, rauher Palilappen.

Die Hauptart stammt von Ascension (RIDL.), die Varietät von Ceylon (RIDL.). — Unter meinem Material fehlend.

**3. *M. ceylonica* (RIDL.). — RIDL. p. 256.**

Colonie hemisphärisch, massiv. Kelche meist deutlich umschrieben, bisweilen kurze, gebogene Reihen bildend, die höchstens 10—11 mm lang sind. Breite der Kelche ca. 5 mm, Tiefe 2—3 mm. Septen in 2—3 Cyclen, erst schräg, dann steil abfallend, dünn, mit 2—3 stumpfen Zähnen. Mauern dünn. Columella deutlich.

Ceylon (RIDL.). — Lag mir nicht vor.

**4. *M. delicatula* ORTM. — Mus. Strassburg, p. 171, pl. II, fig. 6.**

Kelche meist umschrieben, oder sehr kurze (1—1$^1/_2$ cm lange) Reihen bildend. Reihen kaum über 3 mm breit, kaum 2 mm tief. Septen nicht sehr gedrängt, gezähnt. Mauern dünn. Columella fast fehlend.

Unterscheidet sich von den beiden vorigen — mit denen sie eine besondere Gruppe unter den Maeandrinen, ausgezeichnet durch kurze, schmale und flache Thäler, bildet — besonders durch die unentwickelte Columella.

Colonie massig, convex, bis 40 cm im Durchmesser und über 20 cm hoch.

Samoa (Mus. Strassburg).

### Gattung: *Leptoria* E. H.

Kelchreihen schmal. Kelchcentren undeutlich. Columella blattförmig, compact, im Grunde der Thäler als kurze Lamellen, die in der Richtung der Thäler gestellt sind, bemerkbar. Mauern einfach.

### 1. *L. gracilis* (Dana). — Exp. Exp. pl. 14, fig. 6 a.

Septa fein gezähnt, spitzbogig (nicht dreickig oder gerundet). Von den drei bekannten Arten sind mindestens *gracilis* und *tenuis* zu vereinigen, doch ist *L. phrygia*, die E. H. von Ceylon anführen, auch nur gering von diesen verschieden.

Rothes Meer (Klzg.). — Fidji (Dana). — Mauritius (Mus. Strassburg).

### Gattung: *Hydnophora* Fisch. d. W.

Kelche mehr oder weniger deutlich in Reihen, Centren undeutlich. Mauern unterbrochen, oft sehr kurz, und kegelförmige Hügel bildend, nicht sehr hoch. Columella rudimentär oder fehlend. Septen gezähnelt.

### 1. *H. lobata* (Lm.). — H. N. C. II, p. 421.

Durch die kaum etwas langgezogenen, sondern einfach conischen Hügel von den übrigen unterschieden. Colonie aus incrustirender Basis sich zu aufrechten, 2—4 cm dicken, rundlichen oder etwas eckigen Lappen von ca. 10 cm Höhe erhebend. Letztere an der Spitze sich etwas lappig verzweigend. Jedenfalls mit *polygonata* (Lmk.) zu vereinigen.

Ost-Indien (Dana). — Rothes Meer (E. H.).

### Unterfamilie: *Astraeinae* Verr.

Polypar zusammengesetzt, massiv. Kelche umschrieben, keine oder nur sehr kurze, vorübergehende Reihen bildend. Bald durch extracalycinale Knospung, bald durch intracalycinale Knospung oder durch Theilung sich vermehrend. Kelche sich entweder mit den einfachen Mauern bis oben hin berührend, oder entfernt von einander: d. h. die falsche Mauer bildet sich mehr nach dem Centrum hin, und die Septen setzen sich als Rippen ausserhalb derselben fort und bilden ein Costal-Cönenchym. Septa gezähnt, oft paliartige Lappen am inneren Ende.

### Gattung: *Favia* Ok. (pars).

Vermehrung der Kelche durch Theilung oder intracalycinale Knospung in der Nähe des Centrums. Kelche unregelmässig gyrös, rundlich oder oval. Ränder getrennt, selten sich berührend und einfach. Mauern durch Costal-Cönenchym verbunden. Letzteres blasig oder mit der Tendenz compact zu werden. Columella spongiös oder trabeculär. Septa etwas debordirend, oft mit paliartigen Lappen.

## 1. *F. amplior* E. H. — H. N. C. II, p. 436.

Colonie convex, Cönenchym zellig, Kelche 10—15 mm breit, 5 mm und darüber tief, nicht sehr gedrängt, rundlich oder oval, oft Dreitheilung zeigend und dann unregelmässig gestaltet. Septen 26—44, also der 4. Cyclus unvollständig; paliartige Zähne vorhanden. Epithek rudimentär..

Der Fundort war bisher unbekannt.

## 2. *F. ehrenbergi* KLZG. — KLZG. III, p. 29, pl. III, fig. 5, 7, 8, pl. IX, fig. 1.

Colonie convex, Cönenchym mit Neigung, in der Tiefe compact zu werden. Kelche rund, oval oder etwas eckig, meist durch eine Furche getrennt (*var. sulcata* KLZG.), 8—10 mm breit, 3—4 mm tief. Septa gedrängt, 25—35 (weniger als KLUNZINGER angiebt!), fein gezähnt, ohne deutlichen Palikranz. Epithek vorhanden. — Von *F. clouei* E. H. (vgl. KLZG. III, p. 29) wohl nur durch das Fehlen der paliartigen Lappen verschieden.

Rothes Meer (KLZG.).

### Gattung: *Goniastraea* E. H. em. KLZG.

Von *Favia* nur durch die vorwiegend polygonalen Kelche, mit grösstentheils einfachen Mauern (ohne Furche) verschieden [1]).

## 1. *G. seychellensis* (E. H.). — KLZG. III, p. 33, pl. IV, fig. 3.

Kelche gross, 8—10 mm, in der Peripherie der Colonie durch Furchen geschieden, polygonal, mehr oder minder tief (bis 5 mm). Paliartige Lappen undeutlich. Septen 30—40, feingezähnt.

Rothes Meer (E. H., KLZG.). — Seychellen (E. H.). — Galewostrasse (STUD.). — Mauritius (Mus. Strassburg). — Ceylon (RIDL.).

Unter dem Ceylon-Material selten, nur ein Stück.

## 2. *G. serrata* n. sp.
### Taf. XV, Fig. 10.

Kelche verschieden gross, 4—10 mm, jedoch durchweg kleiner als bei *G. seychellensis*, polygonal, 2—3 mm tief. Mauern 1—2 mm dick,

---

1) *Plesiastraea haeckelii* BRGGM. (N. K. Abh. Naturw. Ver. Bremen Bd. 5, 2) ist identisch mit *Goniastraea favus* (FORSK.), wie ich mich durch Vergleichung des Originals im Jenenser Museum überzeugt habe.

meist mit feiner Furche. Septa 20—30, mit ziemlich kräftigen, $^1/_2$ mm
grossen Zähnen, deren oberstér debordirt, so dass der Oberrand der
Mauer ein gesägtes Ansehen erhält. Keine Palilappen. Columella
schwach. Colonie convex, etwas bucklig (durch Parasiten). Einzelne
Exemplare haben durchweg tiefere und grössere Kelche als andere,
lassen sich jedoch stets durch die gröber gezähnten Septen von *seychellensis* unterscheiden.

Auffallend ist bei einzelnen Stücken der Umstand, dass zwischen
den Rippen von oben her keine Exothecalblasen sichtbar sind, die
Mauern also tiefe Löcher zeigen.

### 3.  *G. retiformis* (Lm.). — Klzg. III, p. 36, pl. IV, fig. 5.

Kelche durchaus polygonal, selten mehr als 3 mm breit (etwas
kleiner als Klunzinger angiebt, aber mit E. H. II, p. 446 übereinstimmend), kaum über 1 mm tief (abweichend von *retiformis* und
*bournoni* E. H. sich nähernd). Septa ca. 20, dazu einzelne rudimentäre des 4. Cyclus, schmal, fein gezähnelt. Palilappen deutlich. Columella gering. Mauern oben sehr dünn. Colonie convex, oft bucklig.

Rothes Meer (E. H., Klzg.). — Seychellen (E. H.). — Singapore
(Mus. Strassburg).

### Gattung: *Prionastraea* E. H. em. Klzg.

Vermehrung der Personen durch intracalycinale, aber submar-
ginale Knospung. Kelche polygonal, Mauern unmittelbar verbunden,
ohne Zwischenfurchen, breit oder scharf. In der Tiefe finden sich
innerhalb der Mauern hier und da unregelmässige Blasen. Septalzähne klein oder mittelmässig, die äusseren kleiner oder wenigstens
nicht grösser als die inneren. Columella deutlich oder undeutlich.
Palilappen vorhanden oder fehlend.

### 1.  *P. tesserifera* (Ehrb.). — Klzg. III, p. 37, pl. IV, fig. 9.

Kelche gross, 1 cm und darüber, 3—5 mm tief. Septen 30—45,
ziemlich gleichmässig, gezähnt. Zähne nach der Mitte der Kelche zu
dornartig, aber keinen Palikranz bildend. Columella deutlich. Mauern
scharf oder stumpf, polygonal. Colonie ausgebreitet, mit eckigen
Hervorragungen, auf diesen mit winklig zu einander gestellten
Kelchen.

Rothes Meer (E. H., Klzg.). — Mir liegt nur ein Stück vor.

**2. *P. profundicella* E. H. — H. N. C. p. 515. — RIDL. p. 255.**

Kelche polygonal, 8—9 mm breit, 6`mm tief, mit dünnen und leicht concaven Mauern. Septen in 3 Cyclen, etwas gedrängt, sehr dünn, mit schwachen, aufsteigenden Zähnen. Columella ziemlich gut entwickelt, locker. Colonie convex, etwas bucklig.

Neu Irland (STUD.). — Ceylon (RIDL.). — Lag mir nicht vor.

**3. *P. magnifica* (BLAINV). — H. N. C. p. 515. — RIDL. p. 255.**

Kelche polygonal, ca. 1 cm breit und ebenso tief, mit ausserordentlich dünnen Mauern. Meist 34 Hauptsepten, diese sind oben sehr schmal, subegal, sehr dünn, kaum debordirend, fein gezähnelt und mit undeutlichen Palilappen versehen. Sie alterniren mit ebensoviel rudimentären Septen. Columella gut entwickelt. Colonie convex.

Batavia (E. H.). — Ceylon (RIDL.). — Luzon (Mus. Strassburg). — Unter meinem Material nicht vorhanden.

**4. *P. gibbosa* KLZG. — KLZG. III, p. 40, pl. IV, fig. 10.**

Kelche mittelgross, höchstens 10 mm breit, meist flach (3 mm tief und weniger). Septen dünn, 30—40, fein aber deutlich gezähnt, kein Palikranz. Columella gering. Mauern schmal oder meist breit (2 bis 3 mm), nie kantig, sondern gerundet. Colonie flach, etwas eckigbuchtig, aber nicht so stark wie die Exemplare KLUNZINGER'S.

Rothes Meer (KLZG.). — Ceylon (RIDL.). — ? Mauritius (Mus. Strassburg).

**5. *P. acuticollis* n. sp.**
Taf. XVI, Fig. 11.

Kelche mittelgross, 6—10 mm, ungleich, polygonal, 3—4 mm tief. Septen 26—34, nicht sehr gedrängt, etwas ungleich, kaum debordirend. Septalzähne mittelmässig, im Innern der Kelche etwa $\frac{1}{2}$ mm lang, keine paliartigen Lappen bildend. Columella nicht sehr stark. Mauern stets dünn und scharf, gratartig, nur an einem Stück am Rande hier und da etwas stumpflich. Die Tiefe der Kelche variirt etwas.

Steht in der Nähe der *Pr. spinosa* KLZG., aber die Septalzähne sind nicht dornig, die Kelche kleiner, die Mauern stets scharf.

**6. *P. pentagona* (Esp.).** — Klzg. III, p. 41, pl. IV, fig. 11.

Kelche 4—7 mm gross, ungleich, 2—5 mm tief, polygonal. Septa ungefähr 24, gezähnt (Zähne nicht auffallend klein). Palikranz sehr deutlich. Columella klein aber deutlich. Septa debordirend, auf den Mauern winklig zusammenstossend. Mauern kantig, dünn, selten stumpflich. Colonie convex, etwas bucklig.

Von der typischen *pentagona* bei Klunzinger durch deutliche Septalzähne abweichend. *Pr. melicerum* E. H. ?

Rothes Meer (Klzg.).

Gattung: ***Heliastraea*** E. H. = *Orbicella* Dana.

Vermehrung der Personen durch extracalycinale Knospung. Kelche rund, durch Costal-Cönenchym verbunden, Ränder getrennt, vorstehend. Rippen oberflächlich deutlich. Septa etwas debordirend, etwas gezähnt, compact oder oberwärts gefenstert. Columella trabeculär.

**1. *H. annularis*** E. H. — H. N. C. II, p. 473. — Agassiz, Florida Reefs, pl. IV. — Mus. Strassburg p. 174.

Auch unter dem Material von Ceylon befindet sich ein Stück, das vollkommen mit dieser westindischen Art übereinstimmt, die ich schon früher unter dem Strassburger Material aus dem pacifischen Ocean nachgewiesen habe. Die Diagnose bei E. H. stimmt vollkommen, ebenso die Abbildung von Agassiz.

Colonie convex, etwas bucklig. Kelche sehr wenig erhaben: „von der Gestalt kleiner, vollkommen runder und sehr wenig tiefer Krater" (E. H.), 2—3 mm im Durchmesser. Rippen ziemlich egal, gezähnt. Columella sichtbar, sehr locker. Septen 24 (3 Cyclen), gedrängt, debordirend, 12 davon gleich, die des 3. Cyclus klein, aber mit gut ausgebildeten Rippen correspondirend, alle gezähnt. Die 12 grösseren mit stärkeren, paliartigen Zähnen vor der Columella. Traversen wenig geneigt, fast stets einfach und ca. $^1/_2$ mm von einander entfernt.

West-Indien (Dana). — Florida (Ag.). — Samoa (Mus. Strassburg).

Gattung: ***Cyphastraea*** E. H. em. Klzg.

Unterscheidet sich nach Klunzinger von *Heliastraea* durch die nicht deutlich gerippte, sondern dörnlige Oberfläche zwischen den Kelchen. (Die Rippen fehlen jedoch keineswegs völlig und werden vielfach durch die reihenweis gestellten Dörnchen angedeutet). Septa nach der Achse der Kelche hin in lange, schmale, aufsteigende Balken zerspalten. Columella sehr gering, kaum durch einige Papillen angedeutet, auch in der Tiefe niemals compact (wie bei der Gattung *Leptastraea*). Cönenchym kleinblasig, bei der vorliegenden Art nicht compact werdend. Knospung extracalycinal.

### 1. *C. muelleri* E. H. — H. N. C. II, p. 486.

Kelche mehr oder minder dicht stehend, ringförmig, $1^1/_2$ mm breit, 1 mm tief. Septa 24, und zwar 12 gleich, die übrigen viel kleiner. Oberfläche zwischen den Kelchen mit feinen, einfachen, locker oder dichter stehenden Dörnchen. Colonie sphäroidal, fast frei.

Steht der *C. chalcidicum* FORSK. (bei KLZG.) nahe durch das blasige (nicht compacte) Cönenchym, die rudimentäre Columella, die convexe, fast kuglige Colonie, unterscheidet sich aber durch etwas kleinere, nicht cylindrisch vorragende, weniger tiefe (1 mm statt 2 mm) Kelche. Vielleicht sind beide Arten zu vereinigen.

Bisher war der Fundort unbekannt (E. H.).

### 2. Unterordnung: **Echinoporacea.**

Colonieen bildend. Colonie incrustirend oder blätterig (selten baumförmig durch Aufrichtung und Zusammenrollung der Blätter), vorwiegend aus dem flach ausgebreiteten, durch die Rippen gebildeten, soliden oder blasigen Costal-Cönenchym bestehend. Wachsthum in geringem Maasse und nur in der Mitte der Colonie acrogen. Traversen sparsam. Vermehrung der Personen durch subbasilare Knospung, äusserst selten durch Theilung.

### Familie: *Echinoporidae.*

Septen gezähnt. Rippen meist stark dornig gezähnt. Wachsthum vorwiegend prolat.

### Gattung: *Echinopora* DANA (pars).

Kelche umschrieben, mehr oder weniger vorragend, cylindrisch, warzenförmig oder conisch, oft schief. Oberfläche zwischen den Kelchen streifig-dornig gerippt. Colonie meist explanat, blattartig, oft sehr dünn, besonders am Rande, in der Mitte aber oft dicker, bisweilen baumförmig.

**1. *E. rosularia* Lm. — H. N. C. II, p. 623.**

Colonie becherartig, dünn, lappig. Kelche nur auf der oberen (inneren) Seite, nicht sehr gedrängt, wenig vorragend, 3 mm breit, flach oder tiefer (1—3 mm), mit zwei vollständigen Septalcyclen und Rudimenten eines dritten. Keine Palilappen. Septocostalstreifen dicht mit etwas ungleichen Dornen besetzt.

Scheint sehr weit verbreitet zu sein: Van-Diemens-Land. Seychellen (E. H.). — Galewostrasse (Stud.). — Palau-Ins. (Mus. Strassburg).

**2. *E. hirsutissima* E. H. — H. N. C. p. 624. — Ridl. p. 257.**

Colonie in Form einer convexen Platte ausgebreitet, etwas bucklig und unregelmässig. Kelche kurz, sehr gedrängt, 6—7 mm breit, 3 mm tief. Septen sehr debordirend, in 3 Cyclen (der letzte unvollständig), aussen dick, unegal mit verschieden und tief getheiltem Rand. Innere Zähne dünn, schlank, spitz, sehr schmale Pali darstellend. Rippen dick, subegal, gedrängt, von Doppelreihen kräftiger, unregelmässiger Dornen gebildet.

Ind. Ocean (E. H.) — Ceylon (Ridl.). — Unter meinem Material nicht vorhanden.

---

### III. Ordnung: Euthecalia Heider.

Korallen mit festem Kalkskelett. Die Sternleisten werden an ihrer äussersten Peripherie durch eine echte Mauer verbunden, deren Verkalkungscentren senkrecht zu denen der Septen gerichtet sind, tangential zum Umfang der Personen. Cönenchym fehlend oder compact und von der Mauer nicht unterscheidbar oder blasig. Septa nicht zusammenfliessend, nicht (?) aus Trabekeln aufgebaut, meist ganzrandig, compact. Traversen vorhanden oder fehlend. Bisweilen füllt sich die Kelchhöhlung von unten her durch compacte Kalkmasse aus.

### 1. Unterordnung: Pocilloporacea.

Massige oder verzweigte Colonieen, niemals Einzelkorallen. Septen gering entwickelt, sowohl an Anzahl als auch an Grösse. Dagegen ist die Mauer in vorzüglicher Weise ausgebildet: stellenweis linear, meist jedoch stark verdickt und ein dichtes, compactes Cönenchym zwischen den Personen bildend. Kelche mit regelmässigen Böden, oft von compacten Kalkmassen (besonders an der Oberfläche der Colonien) ausgefüllt.

## Familie: *Pocilloporidae.*

Kelche klein, polygonal oder rundlich. Septa rudimentär, 6—12, selten mehr. Columella meist vorhanden. Sclerenchym compact, hauptsächlich aus den stark verdickten, cönenchymartigen Mauern bestehend. Polyparhöhlen sich ausfüllend oder offen bleibend, mit Böden.

## Gattung: *Pocillopora* Lm. (pars).

Kelche wenig tief; nahe der Oberfläche füllen sich die Polyparhöhlen aus, in der Tiefe bleiben sie offen und zeigen deutliche, zahlreiche Querböden. Septa wenige. Columella eine conische oder quer gestellte Erhebung im Grunde der Kelchhöhle, oft fehlend. Mauern dick an der Basis der Colonie, dünn an deren Spitzen. Colonie ästig, lappig, rasenförmig, Aeste schlank oder dick oder blattförmig, mit zahlreichen Personen besetzt.

Schon in meiner Bearbeitung der Korallen des Strassburger Museums [1]) war ich gezwungen, die Gattung *Pocillopora* als Formenreihe abzuhandeln, da es mir unmöglich war, selbst bei dem immerhin geringen Material (einige 30 Stück) zwischen den einzelnen bisher beschriebenen „Species" scharfe Grenzen aufzufinden. Wenn schon bei derartigem Material, das aus allen Theilen des indischen und pacifischen Oceans stammte, eine grosse Menge von Verbindungs- und Uebergangsformen zwischen den von den älteren Autoren (besonders DANA und MILNE-EDWARDS und HAIME) beschriebenen Arten sich auffinden liessen, so ist dieses in noch höherem Maasse der Fall bei den von HAECKEL an einer einzigen Localität gesammelten Pocilloporen. Die ceylonischen Arten der Gattung zeigen dieselbe Formenreihe, welche ich für die Exemplare der Strassburger Sammlung — die von oft weit entfernten Fundorten stammen — beschrieben habe: nur die äussersten Extreme der Reihe sind unter dem Material von Ceylon nicht vertreten.

Bei der grossen Menge der mir vorliegenden Stücke (3—400 grössere und kleinere) ist es unmöglich, jedes einzelne zu beschreiben. Ich beschränke mich darauf, um gewissenhafte Systematiker nicht in Verlegenheit zu bringen, die vorhandenen sowohl als auch die fehlenden

---

1) Vgl. Mus. Strassburg, p. 162 ff.

von den bisher beschriebenen Formen namentlich aufzuführen und verweise im Uebrigen auf meine Bearbeitung der Strassburger Korallen, wo ich ausführlich auseinandergesetzt habe, nach welchem Princip sich die einzelnen Formen an einander reihen lassen. Auch hier muss ich wieder darauf aufmerksam machen, dass Stücke, die „Uebergangsformen" darstellen, bei weitem zahlreicher sind als solche, die sich mit den bisher beschriebenen und abgebildeten „Species" identificiren lassen.

Es fehlen unter dem Material nur Formen der beiden Extreme der Reihe und zwar von stumpf- und dickästigen:

P. *plicata* DANA,

P. *grandis* DANA,

P. *ligulata* DANA;

von spitz- und schlankästigen:

P. *subacuta* E. H.,

P. *acuta* LM.

Vorhanden sind Stücke, die folgende Typen vertreten:

1. P. *elegans* DANA. — Exp. Exp. pl. 51, fig. 1.
2. P. *meandrina* DANA. — Exp. Exp. pl. 50, fig. 6.
3. P. *eydouxi* E. H. — H. N. C. pl. F 4, fig. 1 a.
4. P. *elongata* DANA. — Exp. Exp. pl. 50, fig. 4.
5. P. *verrucosa* ELL. SOL.
6. P. *squarrosa* DANA. — Exp. Exp. pl. 50, fig. 5.
7. P. *danae* VERR. = *favosa* DANA. — Exp. Exp. pl. 50, fig. 1.
8. P. *nobilis* VERR. = *verrucosa* DANA. — Exp. Exp. pl. 50, fig. 3.
9. P. *hemprichi* EHRB. — KLZG. pl. VII, fig. 1, pl. VIII, fig. 13.
10. P. *brevicornis* LM. — Exp. Exp. pl. 49, fig. 8.
11. P. *damicornis* (ESP.). — Exp. Exp. pl. 49, fig. 7.
12. P. *bulbosa* EHRB. — Exp. Exp. pl. 49, fig. 6.
13. P. *favosa* EHRB. — KLZG. pl. VII, fig. 2, pl. VIII, fig. 10.
14. P. *caespitosa* DANA. — Exp. Exp. pl. 49, fig. 5.

## 2. Unterordnung: **Stylinacea.**

Massige, selten etwas ästige Colonieen. Septen gut entwickelt, in mehreren Cyclen. Mauer dünn, niemals secundär sich verdickend. Personen durch ein blasiges oder poröses, blättriges Cönenchym zu astraeoidischen Colonieen verbunden. Rippen fehlend oder schwach, niemals das Cönenchym durchsetzend. Traversen vorhanden, niemals aber compacte Kalkmassen als Ausfüllungsgebilde.

Familie: *Stylinidae* VERR.

Kelche grösser als bei den Pocilloporiden, polygonal oder rundlich. Septen gut entwickelt, ganzrandig. Mauern dünn. Personen durch ein blasiges Cönenchym verbunden. Knospung basal oder seitlich. Wachsthum der Personen acrogen, daher Traversen vorhanden.

Gattung: *Galaxea* OK.

Einzelpolypare lang, mit compacten, etwas gerippten Mauern, lamellösen, debordirenden Septen und entfernten Traversen: unter sich durch blasiges Cönenchym verbunden, oberwärts jedoch mehr oder minder weit herab frei. Colonie daher massiv mit vorstehenden Kelchen.

**1. *G. musicalis* (L.).** — H. N. C. II, p. 225. — RIDL. p. 254.

Kelche cylindrisch, parallel unter sich, sehr entfernt von einander, mit sehr wenig vorspringenden Rippen. Meist 3 Septalcyclen. Septen unegal dick, nach den Ordnungen. Cönenchym kleinblasig, Blasen kaum $^1/_2$ mm im Durchmesser. Breite der Kelche 4—5 mm, 6—7 mm von einander entfernt.

Ind. Ocean (E. H.). — Ceylon (RIDL.). — Somerset, Cap York (QUELCH). — Unter meinem Material fehlend.

**2. *G. bougainvillei* (BLAINV.).** — H. N. C. II. p. 226. — RIDL. p. 255.

Kelche cylindrisch, parallel, genähert, mit feinen, flachen Rippen. Vier Cyclen, der letzte rudimentär. Cönenchym scheint dichtere Etagen zu bilden, die „Collerets" entsprechen. Kelchbreite 6—7 mm, 3—4 mm von einander entfernt.

· Ceylon (RIDL.). — Lag mir nicht vor.

**3. *G. heterocyathus* n. sp.**
Taf. XVI, Fig. 12.

Kelche cylindrisch-kreiselförmig, divergirend. Septen 18—26, also ungefähr 3 Cyclen. (Gruppe: A. A. C. C. C. bei E. H.).

Form der Colonie ähnlich wie bei *G. clavus*: unregelmässig bucklig, die Buckel sich keulenförmig (bis 25 cm) verlängernd. (Unterschied von *quoyi* und *laperouseana*). Kelche dicht stehend oder etwas entfernt, sehr ungleich an Grösse, 2—10 mm im Durchmesser, rundlich oder polygonal. Septen gleichmässig stark (Unterschied von *clavus*), Rippen ziemlich scharf (Unterschied von *laperouseana*). Cönenchymblasen $^1/_2$—$^3/_4$ mm im Durchmesser.

### 3. Unterordnung: **Eusmiliacea.**

Einzelpolypen oder rasenförmige, büschlige, corymböse Colonien. Aeste oft flach und durch Theilung in kürzere und längere Reihen von Personen verwandelt. Septen gut entwickelt, zahlreich. Mauern dünn, niemals verdickt. Cönenchymartige Gebilde stets fehlend, daher die Aeste der Colonien frei. Rippen fehlend oder schwach. Traversen zahlreich, meist gross. Niemals compacte Kalkmassen als Ausfüllungsgebilde.

### Familie: *Euphyllidae.*

Kelche meist sehr gross, rundlich, oder unregelmässig und zu längeren oder kürzeren Reihen vereinigt. Aeste der Colonie seitlich frei. Septa zahlreich, dünn, ganzrandig. Kein Cönenchym. Wachsthum acrogen, daher zahlreiche, grossblasige Traversen. Vermehrung der Personen durch Theilung.

### Gattung: *Euphyllia* DANA.

Colonie rasenförmig, ästig; jeder Ast eine Person, oft blattartig verbreitert und mit mehreren unvollkommen geteilten Personen, die sich jedoch meist bald isoliren. Aeste seitlich frei. Kelchcentren deutlich. Keine Columella. Septen dünn, zahlreich, etwas debordirend, breit, ganzrandig, die Seiten fast glatt. Mauern dünn, nackt, unten fast glatt, oberwärts etwas gerippt. Traversen reichlich.

#### 1. **E. *gaimardi* E. H.** — H. N. C. II, p. 139.

Colonie rasenförmig. Kelche bisweilen in kurzen Reihen zu 3—4, bald jedoch sich isolirend. Septen 47—56, in etwa 4 Cyclen, etwas debordirend, nicht sehr gedrängt und nicht sehr fein, auf der Fläche granulirt. Rippen nur in der Nähe des Kelchrandes sichtbar. Kelche 2 cm im Durchmesser.

Bisher von Neu Irland (Carteret-Hafen) bekannt (E. H.).

---

## Ueberblick über die Fauna riffbildender Korallen der Südküste Ceylons.

Betrachten wir das vorliegende Material, welches nur von der Südküste Ceylons stammt, in faunistischer Beziehung, so ist dasselbe rücksichtlich seiner Reichhaltigkeit wohl geeignet, ein zutreffendes Bild von der Fauna der riffbildenden Korallen daselbst zu geben.

Auffallend dabei ist auf den ersten Blick, dass manche Gruppen und
Gattungen völlig fehlen oder nur in ganz untergeordneter Weise vertreten sind.

So fällt vor Allem der gänzliche Mangel an Vertretern der Gattung
*Stylophora* auf. Während im Rothen Meer (bei Koseir) nach KLUN-
ZINGER diese Gattung so häufig ist, das letzterer Forscher nach ihr
eine besondere Zone (die Stylophorazone) benannte, ist diese Gattung
unter meinem Material in keinem einzigen Stück vorhanden, auch bestätigte mir Prof. HAECKEL mündlich, dass ihm dieser Umstand schon
an Ort und Stelle aufgefallen sei. Wenn man auch annehmen muss,
dass eventuell die Gattung an der fraglichen Localität vorhanden sei,
so kann dies doch nur in so untergeordneter Weise der Fall sein,
dass man immerhin dies Factum als bemerkenswerth hervorheben muss.

Ebenso wie *Stylophora* fehlt die anderwärts allerdings auch nicht
gerade massenhaft auftretende Gattung *Seriatopora*.

Durch gänzliches Fehlen (wenigstens unter meinem Material)
zeichnen sich ferner noch die in anderen Gebieten mehr oder minder
zahlreich vertretenen Gattungen: *Mussa*, *Symphyllia* und die breit-
thaligen *Maeandrinen* (*Caloria*) aus.

Auffallend ist die geringe Arten- und Individuenzahl von Vertretern der Gattung *Porites*. Während in anderen Korallengebieten
gerade diese Gattung zu den wichtigsten Riffbildnern gehört, erscheint
sie an der Südküste Ceylons nur ganz sparsam. (Mir lagen nur 4
Exemplare vor, die 3 Arten angehören). Ihre Stelle vertritt hier in
gewissem Maasse die verwandte Gattung *Synaraea*, von der mir eine
grössere Anzahl mächtiger Stücke zu Gebote standen.

Die Hauptmasse meines Materials (fast die Hälfte) gehört der
Gattung *Pocillopora* an, die in ungeheurer Formenmannigfaltigkeit
vorhanden ist. An sie schliesst sich gleich die Gattung *Madrepora*
an, die besonders in ihren baumförmigen Typen einen grossen Theil
des Riffes zusammenzusetzen scheint. Nach diesen folgen hinsichtlich
der Individuenzahl die Gattungen: *Goniastraea, Montipora, Synaraea*;
ferner: *Echinopora, Turbinaria, Podabacia* und *Fungia*. Alle übrigen
Gattungen sind nur in geringer Individuenzahl vertreten.

Durch diese Zusammensetzung der Riffe bekommt die ceylonische
Korallenfauna ein besonderes Gepräge, welches fast — durch das Vorwiegen der Gattung *Pocillopora* — an die Sandwich-Inseln erinnert [1]. Wenn letztere Gattung auch in dem ganzen Korallengebiet

---

1) Vgl. unten.

des indischen und pacifischen Oceans überall zahlreich vertreten ist, so ist mir doch nirgends in der einschlägigen Literatur eine Stelle aufgestossen, wo ein solches unverhältnissmässiges Ueberwiegen dieser Gattung erwähnt ist. (Mit Ausnahme der Sandwich-Inseln.) Zwar sind die Riffe vieler wichtiger Korallengegenden in ihrer speciellen Zusammensetzung nur ganz ungenügend bekannt, doch lässt sich aus dem Artenreichthum mancher Gattungen an gewissen Orten immerhin auf die Individuenzahl ein ungefährer Schluss ziehen.

Am besten sind bisher die Korallenriffe des Rothen Meeres (durch EHRENBERG und KLUNZINGER) und die der Ost-Küste Amerikas (durch AGASSIZ) bekannt geworden.

Die Hauptmasse der Riffe des R o t h e n  M e e r e s (speciell bei Koseir nach KLUNZINGER) setzen die Gattungen *Porites, Madrepora, Stylophora* und in zweiter Linie auch *Montipora, Maeandrina, Goniastraea* und *Prionastraea* zusammen. *Pocillopora* scheint sich weniger zu betheiligen, wenigstens spricht KLUNZINGER nirgends von einem massenhaften Auftreten derselben.

Die w e s t i n d i s c h e Fauna zeigt nach AGASSIZ[1]) als wichtigste Riffbildner: *Porites, Madrepora, Maeandrina* und *Heliastraea.*

Von den Faunen anderer Gebiete sind die am massenhaftesten auftretenden Formen nirgends besonders genannt: man kann aber, wie gesagt, etwa aus dem Artreichthum einer betreffenden Gattung, im Vergleich mit anderen Faunen, Schlüsse auf die Individuenzahl ziehen.

So sind es die Riffe von S i n g a p o r e, von denen zahlreiche Arten bekannt sind[2]). Nur *Madrepora* zeigt sich hier besonders artenreich, und wir werden nicht fehl gehen, wenn wir dieser Gattung einen Hauptantheil am Aufbau der dortigen Riffe — nach Analogie anderer Faunen — zusprechen. Daneben scheinen *Montipora* und *Lophoseris* zahlreich zu sein, was einmal aus der Zahl der Arten, dann aber besonders daraus zu schliessen ist, dass sich unter den Singapore-Korallen, die in den Sammlungen zerstreut sind (die meisten stammen von G. SCHNEIDER in Basel), besonders viele Stücke dieser beiden Gattungen vorfinden. *Porites* scheint bei Singapore zurückzutreten: es sind wenigstens von dort nur 2 Arten bekannt, die ausserdem nicht zu denen gehören, die grössere compacte Massen bilden (wie *P. lutea* und *solida* im Rothen Meer). Ebenso scheint *Pocillopora* nicht sehr häufig zu sein.

---

1) Florida Reefs, p. 26.
2) Vgl. STUDER l. c.

Die Riffkorallen von *Mauritius* bestehen grösstentheils aus Arten der Gattung *Montipora* und *Porites*. *Madrepora* und andere sonst reichlicher auftretende Gattungen sind in geringerer Anzahl vorhanden [1]).

Was die oben erwähnte Fauna der Sandwich-Inseln anbetrifft, so scheint an dieser Localität die Gattung *Pocillopora* die Oberhand zu haben (9 Arten gegen 6 Arten *Porites* und 3 *Montipora*), ein Verhältniss, wie es bei Ceylon ähnlich ist, und das auch an der West-Küste Amerikas zu herrschen scheint (vgl. VERRILL) [2]).

Schliesslich vermag ich noch die ungefähre Zusammensetzung der Riffe der Karolinen anzugeben [3]). Es sind 9 Arten *Madrepora*, 6 Arten *Montipora*, 5 Arten *Porites*, 5 Arten *Lophoseris*, 2 Arten *Pocillopora* von dort bekannt: aus anderen Gattungen nur je eine Art. Durch die Häufigkeit von *Lophoseris* erinnert die Fauna etwas an die von Singapore.

Die Häufigkeit der wichtigsten Riffe bildenden Gattungen an den erwähnten Localitäten lässt sich an der Hand der folgenden Tabelle vergleichen.

| Gattung: | Rothes Meer | Mauritius | Ceylon | Singapore | Ponape | Sandwich | W.-K. Amerikas | Florida |
|---|---|---|---|---|---|---|---|---|
| *Porites* . . . . | XXX | XXX | X | X | XX | XX | XXX | XXX |
| *Synaraea* . . | | | XX | | X | X | | 0 |
| *Madrepora* . . | XXX | X | XXX | XXX | XXX | 0 | | XXX |
| *Montipora* . . | X | XXX | XX | XX | XX | XX | X | 0 |
| *Stylophora* . . | XXX | | | X | | | | 0 |
| *Pocillopora* . | X | X | XXX | X | X | XXX | XXX | |
| *Maeandrina* . | XX | X | X | X | | | | XXX |
| *Favia, Goniastraea, Prionastraea* . . | XX | | XX | XX | X | | | X |
| *Heliastraea* . | | | | | | | | XX |
| *Lophoseris* . . | X | X | X | XX | XX | | XX | 0 |

1) Dies Urtheil gründet sich vornehmlich auf eine Sammlung von Korallenbruchstücken von Mauritius, die das Museum zu Strassburg von G. SCHNEIDER in Basel erhielt.

2) Review of the corals and polyps of the West-coast of America, in: Transactions Connecticut Academy. Vol. 1, 1868—70.

3) Nach: BRÜGGEMANN, Korallen der Insel Ponapé, in: Journ. Mus. Godeffroy, Heft 14, sowie nach Material des Strassburger Museums von Ponapé und Palau. Vgl. meine Arbeit: Studien über Systematik und geographische Verbreitung der Steinkorallen.

Es bedeutet:

$\times \times \times$ diejenigen Gattungen, die die Hauptmassen der Riffe bilden;

$\times \times$ diejenigen Gattungen, die zwar nicht in grosser Menge, aber immer in einzelnen grösseren Massen vorkommen;

$\times$ die zurücktretenden Gattungen;

O die mit Bestimmtheit fehlenden Gattungen.

Wo kein Zeichen gesetzt ist, ist die betreffende Gattung entweder unbekannt oder nur in Spuren vorhanden.

Vergleichen wir nun die Korallenfauna von Süd-Ceylon im Speciellen mit derjenigen anderer Gebiete, so finden wir ebenfalls interessante Verhältnisse.

Ceylon liegt zwischen zwei Korallengebieten, die unter sich — trotz vieler Uebereinstimmungen — erheblich verschieden sind. Einerseits sind es die Riffe des Rothen Meeres, der Seychellen, die von Madagascar, Mauritius und den benachbarten Inseln, welche unter sich viele nahe Beziehungen zeigen, anderseits ist es die ungeheure Korallenflur, die sich von der Malakkastrasse über die Sundainseln theils nördlich zu den Philippinen und den Liu-Kiu-Inseln, theils östlich nach Australien und über die kleinen australischen Inseln erstreckt und die ihre äussersten Ausläufer bis zu den Sandwich-Inseln und bis zur Westküste Amerikas (Californischer Golf, Mexicanische Küste, Panama) entsendet. Beide Gebiete zeigen vielfach Contraste, weniger in der Entwicklung der Gattungen als in der der Arten, so dass man beide Gebiete als das Afrikanische und das Pacifische aus einander halten kann. Es handelt sich nun darum, zu constatiren, zu welchem von beiden Gebieten die Fauna von Ceylon nähere Beziehungen zeigt.

Von den 93 (unter Ausschluss von 14 Arten der Gattung *Pocillopora*) im systematischen Theil beschriebenen Arten sind 25 der Fauna Ceylons eigenthümlich: theils neu beschriebene, theils solche, deren Fundort entweder noch nicht bekannt war oder die bisher auch nur von dort angeführt wurden. Von den übrigen besitzen 14 überhaupt eine weitgehende Verbreitung (d. h. sie kommen sowohl im afrikanischen als auch im pacifischen Gebiete vor), 14 Arten gehören nur dem afrikanischen Gebiet, 40 dagegen nur dem pacifischen an. Erwägt man ferner, dass von den eigenthümlichen Arten viele ihre nächsten Verwandten im pacifischen Gebiete haben, so kommt man zu dem Resultate, dass die Korallenfauna der Südküste Ceylons ganz entschieden sich an die des pacifischen Oceans anlehnt, während sie zu der der Ostküste Afrikas nur in geringerem Maasse Beziehungen zeigt. Interessant wäre es nun, unter diesem Gesichtspunkte die Korallenfauna der Lakkediven und Malediven, sowie des persischen Meerbusens kennen zu lernen: leider fehlen aber über die Riffe dieser Localitäten bisher sämmtliche Nachrichten.

Ueber die genauere Verbreitung der Arten vergleiche man die folgende Tabelle.

| Species | nur cey-lonisch | nur afrika-nisch | nur paci-fisch | afrikanisch u. pacifisch | Species | nur cey-lonisch | nur afrika-nisch | nur paci-fisch | afrikanisch u. pacifisch |
|---|:-:|:-:|:-:|:-:|---|:-:|:-:|:-:|:-:|
| 1. Coscinaraea maeandrina ¹) | | X | | | 30. Madrepora plantaginea | | | X | |
| 2. Siderastraea sphaeroidalis | X | | | | 31. M. variabilis | | | | X |
| 3. Turbinaria peltata | | | X | | 32. M. effusa | | | X | |
| 4. „ quincuncialis | | | | | 33. M. valida | | | X | |
| 5. Montipora tuberculosa | X | | | | 34. M. ceylonica | X | | | |
| 6. M. foliosa | | | | X | 35. M. elegantula | X | | | |
| 7. M. patinaeformis | | | X | | 36. M. selago | | | X | |
| 8. M. stylosa | | X | | | 37. M. millepora | | | X | |
| 9. M. effusa | | | | X | 38. M. prostrata | | | X | |
| 10. M. scabricula | | | | X | 39. M. convexa | | | X | |
| 11. M. exserta | | | | X | 40. M. coalescens | X | | | |
| 12. Psammocora planipora | | X | | | 41. M. appressa | | | | X |
| 13. Synaraea convexa | | | X | | 42. M. secale | | | | X |
| 14. Porites lutea | | | | X | 43. M. remota | X | | | |
| 15. P. fragosa | | | | X | 44. M. flabelliformis | X | | | |
| 16. P. cribripora | | | | X | 45. M. efflorescens | | | X | |
| 17. P. echinulata | | X | | | 46. M. spicifera | | | X | |
| 18. P. gaimardi | | | X | | 47. M. cytherea | | | | X |
| 19. P. punctata | X | | | | 48. Coenopsammia ehrenbergiana | | X | | |
| 20. Alveopora viridis | | | X | | 49. Lophoseris cristata | | | | X |
| 21. Madrepora conigera | | | X | | 50. L. divaricata | | | X | |
| 22. M. hemprichi | | X | | | 51. L. percarinata | X | | | |
| 23. M. valenciennesi | X | | | | 52. L. explanulata | X | | | |
| 24. M. brachiata | | | | X | 53. L. repens | | X | | |
| 25. M. gracilis | | | | X | 54. Tichoseris angulosa | X | | | |
| 26. M. formosa | | | | X | 55. T. obtusata | | | X | |
| 27. M. multiformis | X | | | | 56. Pachyseris valenciennesi | | | | X |
| 28. M. secunda | | | X | | 57. Merulina ampliata | | | X | |
| 29. M. ocellata | | X | | | 58. Podabacia crustacea | | | X | |
| | | | | | 59. Herpetolitha limax | | | | X |

1) DUNCAN erwähnt das ganz vereinzelte Vorkommen dieser Art bei den Mergui-Ins. (W.-K. von Hinterindien). Man kann dieses hier zunächst unberücksichtigt lassen, da von dieser Localität sonst nichts weiter bekannt ist und die fragliche Art allem Anschein nach auch weiter östlich nicht mehr vorkommt.

| Species | nur ceylonisch | nur afrikanisch | nur pacifisch | afrikanisch u. pacifisch | Species | nur ceylonisch | nur afrikanisch | nur pacifisch | afrikanisch u. pacifisch |
|---|---|---|---|---|---|---|---|---|---|
| 60. *Fungia costulata* . | X | | | | 78. *Goniastraea serrata* | X | | | |
| 61. *F. patella* . . . | | | X | | 79. *G. retiformis* . . | | | | X |
| 62. *F. repanda* . . | | | X | | 80. *Prionastraea tesserifera* . . . . | | X | | |
| 63. *F. lobulata* . . | X | | | | 81. *P. profundicella* . | | | X | |
| 64. *F. dentata* . . . | | | X | | 82. *P. magnifica* . . | | | X | |
| 65. *F. danai* . . . | | | | X | 83. *P. gibbosa* . . . | | X | | |
| 66. *F. ehrenbergi* . . | | | | X | 84. *P. acuticollis* . . | X | | | |
| 67. *Mussa ringens* . | X | | | | 85. *P. pentagona* . . | | X | | |
| 68. *Tridacophyllia laciniata* . . . . | | | X | | 86. *Heliastraea annularis* . . . . | | | X | |
| 69. *Maeandrina arabica* . . . | | X | | | 87. *Cyphastraea mülleri* . . . . | X | | | |
| 70. *M. ascensionis v. indica* . . . . | X | | | | 88. *Echinopora rosularia* . . . . | | | | X |
| 71. *M. ceylonica* . . | X | | | | 89. *E. hirsutissima* . | X | | | |
| 72. *M. delicatula* . . | | | X | | 90. *Galaxea musicalis* | | | X | |
| 73. *Leptoria gracilis* . | | | | X | 91. *G. bougainvillei* . | X | | | |
| 74. *Hydnophora lobata* . . . . | | X | | | 92. *G. heterocyathus* . | X | | | |
| 75. *Favia amplior* . | X | | | | 93. *Euphyllia gaimardi* . . . . | | | X | |
| 76. *F. ehrenbergi* . . | | X | | | **Summa** | 25 | 14 | 40 | 14 |
| 77. *Goniastraea seychellensis* . . . | | | | X | | | | | |

Schliesslich kann ich nicht umhin, auch an dieser Stelle nochmals auf das eigenthümliche Vorkommen der *Heliastraea annularis* hinzuweisen. Diese bisher aus dem amerikanischen (westindischen) Meeren bekannte Art konnte ich schon früher [1]) im pacifischen Ocean (Samoa) nachweisen, und jetzt fand ich sie in einem Stück wieder unter dem Material von Ceylon. Bemerkenswerth ist auch das Vorkommen der *Maeandrina ascensionis*. Die Art ist eine der wenigen aus den westafrikanischen Meeren (Ascension) bekannten Korallen und findet sich in einer etwas abweichenden Form auch bei Ceylon (vgl. Ridley l. c.).

---

1) Studien über Systematik und geographische Verbreitung der Steinkorallen p. 174.

## Begründung des im systematischen Theil angewendeten Systems.

Die Classe der Anthozoen zerfällt nach den neuesten Autoren (bes. ZITTEL, CLAUS, DUNCAN) in die Ordnungen: Anthipatharia, Actinaria und Madreporaria. Letztere ist diejenige Gruppe, die uns hier beschäftigt. Die Rugosen (Tetracorallen), die CLAUS als besondere Ordnung betrachtet wissen möchte, nehmen unter den Madreporariern in den bisherigen Systemen immer eine exceptionelle Stellung ein. ZITTEL bildet aus ihnen (nach HAECKEL's Vorgang) eine der beiden Gruppen der Madreporaria, indem er sie den Hexacorallen entgegenstellt, und auch bei DUNCAN bilden sie eine etwas abgesonderte Section.

Ich will hier nicht untersuchen, welches das Verhältniss ist, in welchem Tetra- und Hexacorallen zu einander stehen, da ich vielleicht später in einer besonderen Arbeit darauf zurückkommen werde. Vorläufig kann ich jedoch soviel sagen, dass es mir — nach den wenigen Untersuchungen, die ich bisher zu machen im Stande war — als nicht unwahrscheinlich erscheint, dass man in Zukunft die Tetracorallen auflösen und unter die Hauptgruppen der sogen. Hexacorallen vertheilen muss.

Aus practischen Gründen bezeichne ich die Zoantharia als Unterclasse der Anthozoa, welche drei Abtheilungen enthält: Anthipatharia, Actinaria und Madreporaria.

Es handelt sich nun darum, zu untersuchen, in welche Ordnungen die letztere Abtheilung einzutheilen ist.

## I. Athecalia, Pseudothecalia, Euthecalia.

Schon FRECH [1]) hat seiner Zeit bei fossilen (palaeozoischen) Korallen auf die Verschiedenheit der Bildung der Mauern aufmerksam gemacht. Neuerdings hat HEIDER [2]) für recente Korallen eigenthümliche Unterschiede gefunden und die Ansicht ausgesprochen, dass

---

1) FRECH, Ueber das Kalkgerüst der Tetracorallen, in: Zeitschr. D. Geol. Ges. Bd. 37. 1885.
2) HEIDER, A. R. v., Korallenstudien, in: Zeitschr. f. wiss. Zool. Bd. 44. Heft 4.

diesen Verhältnissen bei der Systematik grosser Werth beizulegen sei. Dieser Ansicht schliesse ich mich an, indem ich glaube, dass es von höchster Wichtigkeit ist, in welcher Weise die zunächst isolirt von einander entstehenden [1]) Septen verbunden werden, so dass durch diese Verbindung ein einheitliches, unverrückbares Skelet für die Weichtheile gebildet wird. Diese Verbindung der Septen geschieht nun entweder durch eine Mauer oder mauerähnliche Gebilde oder auf andere Weise, und dem entsprechend werden die Ordnungen der Madreporarier (Steinkorallen) zu begrenzen sein.

Die gegenseitige Verbindung der Septen kann zunächst auf zwei fundamental verschiedene Weisen stattfinden. Entweder bilden sich getrennt von den Septen zwischen diesen in der Zone ihrer peripheren Enden Verkalkungscentren, die nicht mehr radiale, sondern tangentiale Richtung in ihrer Längserstreckung haben. Auf diese setzen sich die Kalkfasern auf, die dann mit denen der Septen zusammenstossen. Den Verlauf der Kalkfasern kann man an Schliffen deutlich erkennen. Im andern Falle findet diese Anlage anders gerichteter Verkalkungscentren nicht statt: die vorher getrennten Septen werden in ihrer gegenseitigen Lage dadurch fixirt, dass die auf die Verkalkungscentren der Septen senkrecht sich aufsetzenden Kalkfasern stellenweis sich stärker verlängern, sich von der Fläche der Septen in Körnern oder Leisten erheben und vielfach mit Gebilden derselben Art auf der Fläche des benachbarten Septums in dem Intraseptalraum zusammenstossen und verschmelzen. Aus dieser Verschiedenheit, wie sich die gegenseitige Fixirung der Lage der Septen herstellt, resultirt jener wichtige Gesichtspunkt für das System der Korallen.

Das eine Mal verbinden sich die Septen unter einander durch seitliche Verdickungen. Hier können zwei Modificationen eintreten. Entweder sind es leisten- oder warzenförmige Hervorragungen, die auf der Septalfläche zerstreut stehen: in diesem Falle kommt es niemals zur Bildung einer scharfen, massiven Mauer für jede Person; die Septen der einzelnen Kelche fliessen in einander (Athecalia). Dabei ist es nicht ausgeschlossen, dass diese Verbindungen der Septen, die sogen. Synaptikel, auf einen bestimmten, breiteren oder schmaleren Raum in der Mitte zwischen den Kelchcentren sich beschränken, und dass so ein Gebilde entsteht, welches bei oberflächlicher Betrach-

---

1) Vergl. Lacaze Duthiers, Développement des coralliaires, in: Arch. Zool. Expér. 1872.

tung einige Aehnlichkeit mit einer Mauer hat: es ist jedoch zu bemerken, dass die so entstandene Mauer durchaus porös oder netzig ist, niemals jedoch compact.

Bei der zweiten Modification [1]) beschränken sich die seitlichen Verbindungen der Septen vollständig auf eine ganz bestimmt (im Querschnitt kreisförmig oder polygonal um das Kelchcentrum) gelegene schmale Zone, und zwar findet hier die Verbindung in der ganzen Höhe der Septen statt, und es entsteht so eine scheinbare, compacte Mauer um jede Person (Pseudothecalia HEIDER). Dieses Gebilde braucht jedoch keineswegs in der äussersten Peripherie der Person gelegen zu sein, sondern kann sich in wechselnder Entfernung vom Centrum befinden: ein Umstand, der, wie wir unten sehen werden, von ziemlicher Bedeutung ist. Diese scheinbare Mauer ist den Synaptikeln der Athecalia homolog [2]).

Grundverschieden von diesen beiden Arten der Verbindung der Septen durch secundäre seitliche Verdickung ist die Verbindung derselben durch eine echte Mauer, wie sie sich bei einigen Korallengruppen findet (Euthecalia HEIDER). Hier wird die Mauer getrennt von den Septen angelegt, und ihre Verkalkungscentren besitzen zum Querschnitt der Person eine tangentiale Richtung, während die der Septen radial verlaufen: ein Beweis für die Heterogenität beider Gebilde. Verschmelzung der Septen durch Synaptikel oder synaptikelartige Gebilde existiren bei diesen Korallen niemals.

Diese geschilderten drei Formen der Verbindung der Septen bilden jedoch nicht das einzige Unterscheidungsmerkmal für die drei Gruppen, sondern es werden durch dieselben noch für jede einige Eigenthümlichkeiten im Skeletbau bedingt.

Die Athecalia characterisiren sich durch das Vorhandensein der Synaptikel, die bei den beiden anderen Gruppen niemals gefunden werden. Diese Synaptikel ziehen sich bisweilen von den Kelchcentren etwas zurück, werden in der Mitte zwischen den Kelchen

---

1) Die hier beschriebene Mauerbildung ist zuerst von KOCH (in: Morph. Jahrb. Bd. 5, 2, Bemerkungen über das Skelet der Korallen, und Ebenda, Bd. 8, 1, Mittheilungen über das Kalkskelet der Madreporaria) beobachtet worden.

2) Betreffs der Homologie von Synaptikeln und scheinbarer Mauer vergl. meine Arbeit: Die systematische Stellung einiger fossiler Korallengattungen und Versuch einer phylogenetischen Ableitung der einzelnen Gruppen der lebenden Steinkorallen, in: Neues Jahrbuch f. Mineral. etc. 1887, Bd. 2, p. 186 f.

häufiger und dichter und bilden so ein p o r ö s e s oder n e t z -
f ö r m i g e s sogen. C ö n e n c h y m. Wenn letzteres auf einen
schmalen Raum zusammengedrängt wird, bildet sich weiterhin eine
p o r ö s e M a u e r. Niemals findet sich jedoch hier eine feste, solide
Umwandung der Einzelkelche. Bei Formen, die keine astraeoidischen Colonieen bilden, sondern Einzelkorallen oder baumförmige
Colonieen sind, ist die Umwandung ebenfalls durch synaptikelartige Verschmelzung der Septen gebildet, sie ist stets porös (wenn
sie nicht durch aufgelagerte Epithek massiv wird), und verdickt sich
bisweilen nach aussen durch weitere Auflagerung von netzförmigen,
durchlöcherten Kalkmassen. Bei astraeoidischen Colonieen findet sich
bisweilen eine äussere gemeinsame compacte Wand, deren Bildung und
Homologie noch zweifelhaft ist. In manchen Fällen löst sich das
ganze innere Kalkgerüst in ein Netzwerk von feinen, unregelmässigen
Balken auf, in dem die Kelchcentren nur durch die radial verlaufenden
inneren Septalenden kenntlich sind, während im Uebrigen die Septen
völlig in dem umgebenden Gewebe verschwinden.

Die P s e u d o t h e c a l i a besitzen eine durch seitliche Verschmelzung der Septen gebildete s c h e i n b a r e , c o m p a c t e M a u e r. Diese
Mauer liegt jedoch keineswegs stets in der äussersten Peripherie der
Person, sondern ist bisweilen mehr oder minder dem Kelchcentrum
genähert. Die Folge davon ist, dass die Septen in diesem Fall über
die Mauer hinaus in den Raum zwischen den Mauern benachbarter
Kelche als R i p p e n verlängert erscheinen. Zwischen den Rippen befindet sich dann meist ein blasiges oder compactes Gewebe, homolog
denjenigen Ausfüllungsgebilden im Innern der Kelche, die man als
T r a v e r s e n oder D i s s e p i m e n t e bezeichnet, und mit diesem Gewebe bilden die Rippen einen Skelettheil, den man als C ö n e n c h y m
bezeichnet. Vielfach befindet sich jedoch die scheinbare Mauer wirklich am peripheren Ende der Septen: die Kelche erscheinen dann „durch
ihre Mauern verbunden", ohne Spur von Cönenchym.

Die E u t h e c a l i a haben eine w i r k l i c h e , isolirt von den Septen
entstehende, c o m p a c t e M a u e r, die stets in der äussersten Peripherie der Person gelegen ist: es sind demgemäss Rippen höchstens
als ganz schwache Hervorragungen ausgebildet. Eigenthümlich dieser
Gruppe ist eine häufig zu beobachtende secundäre, äussere Verdickung
der Mauer durch concentrische Anlagerung compacter Kalkmassen: diese
Anlagerung führt bei astraeoidischen Colonieen häufig zur Bildung
eines völlig compacten C ö n e n c h y m s. In anderen Fällen findet sich
jedoch auch ein blasiges Cönenchym, welches sich von dem der

Pseudothecalia durch das Fehlen jeglicher als Rippen über die Mauer hinaus verlängerter Septen unterscheidet.

Wie wir sehen, kann es in allen drei Gruppen zur Bildung eines sogen. Cönenchyms kommen, welches jedoch jedesmal einen andern Character zeigt. Vergegenwärtigt man sich die Art und Weise, wie sich das Kalkskelet bildet, so kommt man zu dem Resultat, dass unter dem allgemeinen Namen Cönenchym bisher verschiedene Gebilde begriffen wurden.

Unter Cönenchym versteht man im Allgemeinen diejenigen Theile des Korallenskelets, die vom Cönösark, d. h. von den die einzelnen Personen der Colonie verbindenden Weichtheilen, abgeschieden werden. Weil bei den Athecalia keine echte Mauer sich bildet, also die Personen unmerklich in einander übergeben, muss man ein etwa zwischen den letzteren gelegenes Gewebe mit dem allgemeinen Namen „Cönenchym" bezeichnen, da man einen Unterschied zwischen den den einzelnen Personen zugehörigen Theilen und den diese verbindenden, keiner Person im Speciellen angehörigen, nicht machen kann.

Bei den beiden anderen Gruppen liegt die Sache wesentlich anders. Die Mauer der Euthecalia bildet sich jedenfalls im Mauerblatt des Thieres, stellt also dessen äusserste periphere Grenze dar: alle ausserhalb der Mauer liegenden Skelettheile stellen also nur verbindendes Gewebe dar, das keiner Person im Speciellen angehört. Für diese Gebilde, sobald sie in ihrer Structur von der Mauer verschieden sind, kann man den Ausdruck von MILNE EDWARDS und HAIME, „Exotheca", anwenden, da letztere darunter sämmtliche ausserhalb der Mauer gelegene Skelettheile zusammenfassten.

Bei den Pseudothecalia liegt die falsche Mauer bisweilen nicht in der Peripherie der Person: es liegen Theile der einzelnen Personen ausserhalb der Mauer und nehmen an der Bildung des „Cönenchyms" Theil. Da die Rippen, welche diese Art der Verbindung der Personen characterisiren, verlängerte Septen sind, die sich in dem Raum zwischen den Mauern meist winklig vereinigen, so kann man meist sehr gut entscheiden, wo die ursprüngliche Grenze der einzelnen Personen gelegen ist: das Cönenchym bildet demnach kein besonderes verbindendes Gewebe, sondern besteht aus den ausserhalb der Mauer gelegenen Theilen der Personen. Da man aber die Mauer immerhin als — wenigstens physiologische — Grenze der Person ansehen kann, so kann man für dieses geschilderte Gebilde die Bezeichnung „Cönenchym" beibehalten, und ich möchte es als „Costal-Cönenchym" benannt wissen, da die Anwesenheit von Rippen (costae) für dasselbe bezeichnend ist.

Untersuchungen über die Beziehungen der einzelnen Skelettheile zu den Weichtheilen können über den angeregten Punkt noch weitere Aufschlüsse geben.

Bezüglich der übrigen Theile des Kalkgerüstes finden sich bei den drei Gruppen nur wenige Unterschiede.

Die Septa sind bei den Athecalien und Pseudothecalien ursprünglich trabeculär, d. h. aus subparallelen, senkrecht gegen den oberen Septalrand gerichteten Bälkchen aufgebaut. Dieser trabeculäre Aufbau kann jedoch verwischt sein, indem die einzelnen Trabekeln unregelmässig verlaufen, nicht gerade genau senkrecht stehen (Poritiden) oder mehr plattenförmig gebildet sind (Fungiden). Häufig verschmelzen sie frühzeitig, bisweilen bleiben sie jedoch mehr oder minder getrennt. Der Oberrand der Septen ist stets gezähnt, und je nach dem Bau der Trabekeln richtet sich die Gestalt der Zähne. Bei äussert feinen und dichtstehenden Trabekeln ist der Septalrand fast ganzrandig, d. h. die Zähne sind nur mit der Lupe zu erkennen (Lophoserinen); bei breiteren, gröberen (plattenförmigen) Trabekeln sind die Zähne grob und auffallend gross (manche Funginen).

Bei den Euthecalien habe ich bis jetzt nirgends mit Sicherheit einen trabeculären Aufbau der Septen kennen gelernt, und dem entsprechend ist der Oberrand der Septen durchweg ganzrandig, oder doch wenigstens niemals fein und regelmässig gezähnt.

Was die inneren Ausfüllungsgebilde anbelangt, so findet sich hierin in den drei Gruppen kaum ein Unterschied. Dieser Umstand findet darin eine Erklärung, dass das Fehlen oder Vorhandensein von Ausfüllungsgebilden eng mit den Wachsthumserscheinungen der Korallen zusammenhängt und diese in ihren verschiedenen Formen bei allen drei Gruppen vorkommen, wenn auch in verschiedener Häufigkeit.

Zeigt die Koralle kein Wachsthum nach oben (acrogen), so bilden sich niemals Ausfüllungsgebilde. Nur wenn ein solches Wachsthum vorhanden ist, so gelangen letztere zur Entwicklung. Die Weichtheile scheiden nach oben immer neue Kalktheile ab und ziehen sich aus den vorher bewohnten Theilen des Skelets nach oben heraus. Entweder geschieht dies allmählich: dann lagert sich in den unteren Theilen solide Kalkmasse ab; oder es geschieht dies periodisch: dann bilden sich über einander liegende sogen. Traversen (Dissepimente) oder Böden. Die Traversen sind den Böden homolog. Zieht sich das Thier unregelmässig, in kürzeren und häufig auf einander folgenden Zwischenräumen nach oben heraus, ist der Septalapparat gut entwickelt, so dass die einzelnen Kammern ziemlich vollständig getrennt sind, so entstehen Traversen als eine Anzahl unregelmässiger, über einander liegender Blasen. Zieht sich dagegen das Thier in regelmässigen grösseren Absätzen heraus, sind dabei die Septen kurz und lassen sie einen weiten Raum in der Mitte der Kelchhöhle offen, so entstehen Böden: in grösseren Abständen über einander liegende, die ganze Kelchhöhle abschliessende Plättchen.

Traversen finden sich bei Athecalien und Pseudothecalien, bei letzteren fast durchgehends typisch entwickelt. Bei Euthecalien finden sie sich seltener, bisweilen als Böden ausgebildet. Ausserdem zeigt sich bei Euthecalien, und zwar nur bei diesen, bisweilen eine Ausfüllung der Kelchhöhle durch compacte Kalkmasse.

Das gegenseitige Verhältniss der drei Gruppen, die man als die drei Ordnungen der Madreporarier bezeichnen muss, kann man nunmehr tabellarisch in folgender Weise feststellen, und dementsprechend sind auch ihre Diagnosen zu fassen.

| | Athecalia. | Pseudothecalia. | Euthecalia. |
|---|---|---|---|
| Theca | fehlt | fehlt | vorhanden, compact |
| Synaptikel | vorhanden, bisweilen ein Cönenchym oder eine poröse Mauer bildend | zu einer falschen Mauer zusammentretend, sonst fehlend | fehlen |
| Cönenchym | aus zusammentretenden Synaptikeln gebildet oder fehlend | als Costal-Cönenchym entwickelt oder fehlend | fehlend oder compact und von der Mauer nicht unterschieden oder blasige Exothek |
| Septa | die der benachbarten Kelche zusammenfliessend oder im Cönenchym oder der porösen Mauer sich auflösend, trabeculär, porös oder compact, gezähnt | die der benachbarten Kelche zusammenstossend, oder sich auskeilend, bisweilen als Rippen über die falsche Mauer verlängert, trabeculär, compact, selten oberwärts etwas porös, gezähnt | nicht zusammenfliessend, nicht (?) trabecular, compact, ganzrandig |
| Traversen oder Böden | vorhanden oder fehlend | meist zahlreich vorhanden | vorhanden oder fehlend |
| Sonstige Ausfüllungsgebilde | fehlen | fehlen | fehlen oder compacte Kalkmassen |

## II. Athecalia im Speciellen.

Im Grossen und Ganzen decken sich die oben festgestellten drei Gruppen mit bisher zusammengefassten Abtheilungen der Steinkorallen: es lassen sich ganze Familien in die eine oder andere verweisen, doch sind wiederum andere bisher nahe stehende Gattungen zu trennen.

Zu den Athecalia sind zunächst aus dem System von Milne Edwards und Haime, dass die Grundlage für alle späteren bildet, sämmtliche Madreporiden und Poritiden zu ziehen, mit Ausnahme einiger weniger fossiler (paläozoischer) Gattungen, deren Stellung überhaupt unsicher ist. Ausserdem gehören dahin die Fungiden aus dem System der genannten Forscher, die Gattung *Siderastraea* sowie die bei denselben isolirt stehende Gattung *Merulina*. In der neuesten Bearbeitung des Korallensystems von Duncan sind es die beiden Sectionen der Madreporaria fungida und der Madreporaria perforata, die hierher gehören, ausserdem *Merulina,* die Duncan unbegreiflicher Weise in die Nähe der Latimaeandren stellt, indem er dem Vorhandensein von Traversen einen viel zu hohen Werth beilegt.

Die Ordnung der Athecalia theile ich in drei Unterordnungen: Thamnastraeacea, Madreporacea, Fungiacea. Das Verhältniss dieser drei Gruppen zu einander habe ich schon anderweitig [1]) ausführlich auseinandergesetzt, brauche also hier nur kurz darauf einzugeben. Die Thamnastraeacea bilden den indifferenten Typus: sie besitzen ein Kalkskelet, das im Wesentlichen nur aus dem Septalapparat besteht. Die Septen der benachbarten Kelche fliessen in einander und sind durch warzen- oder leistenförmige Synaptikel verbunden. Der Aufbau der Septen ist trabeculär, oberwärts porös und häufig mit der Tendenz unterwärts mehr oder minder compact zu werden. Acrogenes Wachsthum ist vorhanden, und demzufolge finden sich Traversen.

Von diesen unterscheiden sich die Madreporacea (a. a. O. als Familie der Poritiden bezeichnet) dadurch, dass die Synaptikel zur Bildung von Cönenchym oder porösen Mauern zusammentreten, die Structur des Sclerenchyms durchaus netzartig-porös bleibt und das acrogene Wachsthum der Personen vielfach so weit verschwindet, dass es nicht mehr zur Bildung von Traversen kommt.

Ein nach anderer Richtung mehr specialisirter Typus der Thamnastraeacea sind die Fungiacea, indem die Septaltrabekel durchaus die Tendenz zeigen, frühzeitig zu verschmelzen, so dass von Po-

---

1) Vergl. meine Arbeit: Die systematische Stellung einiger fossiler Korallengattungen etc., p. 201 ff.

rosität der Septen kaum irgendwo die Rede sein kann. Ausserdem ist das acrogene Wachsthum so sehr unterdrückt, dass das Fehlen der Traversen zur Regel geworden ist: nur bei einer Gattung (*Merulina*) zeigen sich ganz schwache Spuren derselben, doch schliesst sich diese im übrigen Bau, besonders durch die poröse und stachlige Unterseite, die sich sonst bei keiner Gruppe so wieder findet, so eng an die Fungiden an, dass über ihre Zugehörigkeit zu dieser Unterordnung kein Zweifel herrschen kann.

Zu der ersten Unterordnung (Thamnastraeacea) gehören vorzugsweise fossile Formen. Nur zwei lebende Gattungen, *Coscinaraea* und *Siderastraea*, sind die sparsamen Ueberbleibsel dieser Gruppe, die in der Secundärzeit zu den wichtigsten Riffbildnern gehörte. *Coscinaraea* schliesst sich eng an die fossilen Vertreter der Unterordnung an, während *Siderastraea* etwas entfernter steht und als besondere Familie abgetrennt werden kann. (Das Nähere siehe oben im systematischen Theil.)

Beide Gattungen sind bisher immer in etwas zweifelhafter Stellung gewesen. MILNE EDWARDS und HAIME stellten *Coscinaraea* zu den Poritiden, DUNCAN zu den Lophoseriden. Der innere Bau derselben stimmt jedoch so vollkommen mit dem Schema der Thamnastraeacea überein, dass ich anfänglich versucht war, die einzige bekannte Art der Gattung einfach zu der fossilen *Thamnastraea* zu bringen [1]).

*Siderastraea* steht als *Astraea* bei MILNE EDWARDS und HAIME noch bei den Astraeiden. VERRILL [2]) trennte sie zuerst von den Astraeiden und brachte sie zu den Fungiden, und PRATZ [3]) wies auf ihre Beziehungen zu *Thamnastraea* und Verwandten hin: ihre Zugehörigkeit zu dieser Gruppe ist also schon anderweitig angedeutet worden.

Die zweite Unterordnung (Madreporacea) enthält alle übrigen Gattungen, die früher als Perforaten bezeichnet wurden: die Madreporiden und Poritiden bei MILNE EDWARDS und HAIME, die Eupsammiden, Madreporiden und Poritiden bei DUNCAN.

---

1) Den wesentlichsten Unterschied bilden die unregelmässig verschmelzenden Septaltrabekel und die dadurch bedingte unregelmässige Perforirung der Septen und die unregelmässige Anordnung der Synaptikel.

2) Vergl. VERRILL, „Notes on Radiata", in: Bull. Mus. Comp. Zool. 1864.

3) Vergl. PRATZ, in: Palaeontographica XXIX.

Nur *Psammocora* steht bei letzterem Autor anderwärts (bei den Lopho-
soriden): jedenfalls hat KLUNZINGER's Vorgang denselben zu dieser
Placirung veranlasst. Die Bildung eines netzförmigen Cönenchyms
sowie die grosse Aehnlichkeit in der Bildung der Kelche mit der von
*Synaraea* verweist sie jedoch entschieden in den Formenkreis, der
sich um die Gattung *Porites* gruppirt.

Die dritte Unterordnung (Fungiacea) ist schon früh als eng-
begrenzte Gruppe erkannt worden. Es gehören von recenten Formen
dahin die Fungiden von MILNE EDWARDS und HAIME und von
DUNCAN, soweit einzelne Gattungen nicht schon anderweitig untergebracht worden sind (*Coscinaraea, Psammocora*). Ausserdem ist die
Gattung *Merulina*, wie schon KLUNZINGER bemerkt [1]), hier einzureihen.

Was die Eintheilung der Unterordnungen in Familien anbelangt,
so will ich hier nicht näher darauf eingehen, da ich die im systematischen Theil gegebene selbst noch als provisorisch ansehe, vorwiegend
nach dem mir von Ceylon vorliegenden Material entworfen: besonders
die Begrenzung der Familien der Madreporacea wird wohl späterhin
mehr oder weniger abzuändern sein.

### III. Pseudothecalia im Speciellen.

Auch die Pseudothecalia bestehen zum grössten Theil aus
Formen, die schon früher als nahe verwandt erkannt wurden. So
sind es vornehmlich die beiden Unterordnungen der Astraeiden bei
MILNE EDWARDS und HAIME, die Astraeinen und Echinopo-
rinen, die hierher gehören. In dem System von DUNCAN sind es
ungefähr die Gattungen der Familie der Astraeiden, mit Ausnahme
der Gruppen: Trochosmiloida, Euphyllioida, Eugyroida (pars) und eines
Theils der Subfamilie der Astraeidae agglomeratae gemmantes, die sich
mit diesen decken. Von den recenten Gattungen habe ich bisher noch
nicht alle genauer untersuchen können, aber für viele lässt sich aus
der nahen Verwandtschaft mit solchen, auf die sich meine Beobachtungen erstrecken, ihre Zugehörigkeit zu dieser Ordnung erschliessen.

So scheinen sämmtliche, sowohl die einfachen als auch die durch
Theilung der Personen Colonieen bildenden Lithophylliaceen
eine falsche Mauer zu besitzen: ich habe mich wenigstens für die
Gruppe der Maeandrininen von dieser Thatsache überzeugt. Bis-

---

1) Verg. KLUNZINGER, l. c., III. p. 59.

weilen hat er bei den letzteren wie auch bei den durch Theilung der
Kelche wachsenden Astraeinen (die Faviaceen von M. E. u. H.)
den Anschein, als ob echte, solide Mauern vorhanden seien (ich beobachtete diesen Fall speciell bei *Tridacophyllia* und *Goniastraea*):
unabhängig von den Septen finden sich langgestreckte Verkalkungscentren in der Mauer. Diese Mauer ist aber, wie gesagt, nur scheinbar
echt: das Bild kommt dadurch zu Stande, dass bei der Theilung eines
Kelches oder einer Kelchreihe häufig die neue Mauer sich aus einem
Septum, welches höher und stärker wird, hervorbildet. Selbstverständlich behält dann die neue Mauer ihr gesondertes Verkalkungs-
centrum, das ihr als Septum zukam, wenigstens eine Zeit lang bei, bis
sie von den seitlich sich an sie anlegenden neuen Septen der von ihr
geschiedenen Tochterkelche überwuchert wird. Ob letzteres, die Ver-
drängung der Septalmauer durch eine Synaptikelmauer, stets der Fall
ist, scheint mir noch zweifelhaft: bei *Goniastraea* hat es wenigstens
nicht den Anschein, während z. B. *Maeandrina,* wenigstens in ihren
langthaligen Formen, trotz der Vermehrung der Kelchreihen durch
Theilung, echte Synaptikelmauern zeigt.

Bei den durch extracalycinale Knospung wachsenden Astraeinen
(Astraeaceen M. E. u. H.), als deren Typus man die Gattung *Heliastraea* ansehen kann, ist die falsche (Synaptikel-)Mauer stets deutlich
zu erkennen.

Ob die Cladocoraceen und Astrangiaceen eine gleich gebildete Mauer besitzen, vermag ich zur Zeit noch nicht zu entscheiden:
vielleicht gehören sie zur dritten Ordnung. Das gleiche gilt — bis
auf wenige, unten zu nennende Ausnahmen — von der Unterfamilie
der Eusmilinen bei MILNE EDWARDS und HAIME: vielleicht sind diese,
wie es DUNCAN gethan hat, in mehrere kleinere Gruppen aufzulösen,
die dann theils dieser, theils der folgenden Ordnung zuzutheilen sind.

## IV. Euthecalia im Speciellen.

Was die dritte Ordnung, die Euthecalia, anbetrifft, so scheinen
zu diesen zunächst alle Gattungen der Oculiniden zu gehören: für
die baumförmigen Formen ist diese Thatsache unzweifelhaft, da ich
bei den wichtigsten und typischen Gattungen: *Oculina, Acrohelia,
Lophohelia, Amphihelia* überall eine schön entwickelte echte Mauer
angetroffen habe.

Das Gleiche gilt für *Pocillopora, Seriatopora* und *Stylophora*, wo
der Mauerapparat gegenüber dem Septalapparat ganz besonders stark

entwickelt ist und vielfach ein compactes, von der Mauer nicht zu unterscheidendes Cönenchym bildet. Ebenso gehören viele und vielleicht alle Turbinoliden hierher: *Caryophyllia* [1]), *Deltocyathus*, *Desmophyllum*, *Flabellum* zeigen alle eine echte Mauer. Ausserdem sind hier verschiedene Gattungen und vielleicht ganze Gruppen der Eusmilinen (E. H.) einzureihen: *Euphyllia* zeigt eine echte Mauer, und es wird sich diese wohl bei allen Euphylloiden (DUNCAN) finden. Ebenso zeigt *Plerogyra* eine solche, und ihr werden sich ihre nächsten Verwandten anschliessen. Schliesslich ist die Gattung *Galaxea* hierher zu stellen, deren Verwandtschaft mit den Oculiniden u. s. w. schon von KLUNZINGER erkannt wurde.

Bisweilen findet sich bei Formen dieser Ordnung eine nachträgliche Verdickung der Mauer durch concentrische Auflagerung von Kalkmassen. Zugleich verbinden sich häufig die Septen höherer Ordnungen innerhalb der nur zwischen den Septen der niederen Ordnungen (meist des 1. und 2. Cyclus) angelegten Mauer unterwärts seitlich durch compacte Kalkablagerung: wird nun bei der Anfertigung eines Schliffes die äussere Verdickung der Mauer und diese selbst fortgeschliffen, so ist man bisweilen versucht, diese seitlichen Verbindungen der Septen für die allein vorhandene Umwandung anzusehen. Mit der nöthigen Vorsicht angefertigte Schliffe lassen jedoch über das wahre Verhältniss keinen Zweifel aufkommen. Die seitlichen Verschmelzungen der Septen sind nur das, was ich oben als „Ausfüllung der Kelchhöhle durch compacte Kalkmasse" bezeichnet habe. Die oben besprochene Erscheinung findet sich z. B. bei *Caryophyllia* (?) und *Desmophyllum*.

Schliesslich muss ich noch darauf aufmerksam machen, dass der von MILNE EDWARDS und HAIME angegebene Character der nachträglichen Ausfüllung der Kelchhöhle bei den Oculiniden gerade für diese nicht zutreffend ist. Zwar hat es im erwachsenen Kelch den Anschein, als ob nach unten in der Höhlung Kalkmassen abgelagert seien, d. h. die Kelchhöhle ist unten enger als oben, während der äussere Umfang des Kelches ziemlich derselbe ist. Jedoch es ist dieser Umstand keineswegs die Folge einer nachträglichen Ausfüllung im Grunde. Vielmehr ist der junge Kelch im Anfang (sobald er durch Sprossung sich vom Mutterkelch abgezweigt hat) von einem geringeren

---

1) Das Verhalten bei dieser Gattung ist mir noch nicht völlig klar geworden.

Durchmesser, und erst im Weiterwachsen erweitert er sich nach oben trichterförmig. Da jedoch später an der Aussenseite und zwar unterwärts am stärksten jene Ablagerung der concentrischen Kalkmassen eintritt, so ist der fertige Kelch äusserlich ungefähr cylindrisch und gleich dick, während die Höhlung sich trichterförmig nach unten verengt. Man kann sich von diesem Verhältniss einmal durch Vergleichung der jungen und alten Kelche, dann aber auch durch Betrachtung von Schliffen, die in verschiedener Höhe quer durch den Kelch gelegt sind, überzeugen: bei den letzteren sieht man stets, dass die ursprüngliche Mauer, die man an den Verkalkungscentren erkennt, unmittelbar die Höhlung umgiebt und nur nach aussen erhebliche Verdickung zeigt.

Die Ausfüllung der Kelchhöhle durch compacte Kalkmasse kommt jedoch noch immerhin häufig genug bei den Euthecalien vor: für die Pocilloporiden ist sie characteristisch, doch lässt sie sich auch anderwärts z. B. bei *Caryophyllia* beobachten.

## V. Nomenclatur der Theile des Korallenskelets.

Die Benennung der einzelnen Theile des Korallenskelets ist in dem Vorhergehenden grösstentheils der bisher üblichen angepasst, trotzdem sich ab und zu wohl das Bedürfniss herausstellte, dieselbe etwas zu modificiren. Ich will hier noch einmal kurz diejenigen Theile namhaft machen, die das Gesammtskelet (Sclerenchym) einer Koralle resp. einer Korallencolonie zusammensetzen, indem ich die wesentlichen und unwesentlichen Theile aus einander halte.

Die ursprünglichen Skelettheile, d. h. diejenigen, die nothwendig sind zum Zustandekommen der einfachsten Form des Sklerenchyms, sind die Septen und deren Verbindungen. Die Septen sind diejenigen Kalktheile, die zu allererst angelegt werden, die den Hauptcharacter des Skelets bilden. Sie bauen sich grösstentheils aus ungefähr parallel zu einander von unten nach oben gerichteten, feineren oder gröberen Stäbchen und Plättchen, den Trabekeln, auf, die mit einander mehr oder minder verschmelzen. Zu den Septen treten unter allen Umständen als weitere primäre Theile deren Verbindungen. Diese können schon in verschiedener Weise entwickelt sein, vorhanden sind sie jedoch stets. Sie können auf zweierlei Art entstehen, deren erste wieder zwei hauptsächliche Modificationen zeigt. Entweder werden sie von den Septen selbst gebildet, durch deren seitliche locale Verdickung: sie treten als Synaptikel auf, wenn sie auf der Septalfläche zer-

streut stehen, oder sie bilden die S y n a p t i k e l - M a u e r (oben meist
f a l s c h e  M a u e r genannt), wenn sie in einer bestimmten Zone daselbst ununterbrochen von unten nach oben und nur dort sich finden.
Oder im zweiten Fall bilden sich getrennt von den Septen in der
Peripherie der Person besondere Kalkgebilde, die eine e c h t e M a u e r
(theca) darstellen.　Die drei genannten Gebilde schliessen sich gegenseitig aus und sind deshalb ein wichtiges systematisches Merkmal.

Aus der Combination der Septen mit einer dieser ihrer Verbindungen entsteht die einfachste Form des Sklerenchyms einer Koralle:
diese Theile finden sich stets und setzen bisweilen allein das Skelet
zusammen [1]).　Meist kommen jedoch accessorische Gebilde als s e c u n -
d ä r e  S k e l e t t h e i l e hinzu, die Betreffs ihrer morphologischen Bedeutung und auch ihrer systematischen Verwendbarkeit eine niedere
Stufe einnehmen als die eben genannten Theile.　Vielfach stehen sie
in engem Zusammenhang mit der Weiterentwicklung der primären
Theile, oft aber sind es auch selbständige Gebilde.

Als S e p t a l g e b i l d e, d. h. solche, die ihre Entstehung von den
Septen aus nehmen resp. an die Existenz derselben gebunden sind,
sind einige Theile des Skelets zu bezeichnen, die im I n n e r n des von
der Mauer umschlossenen Theils der Person liegen (d. h. wenn eine
solche vorhanden ist: im anderen Falle liegen sie in der Nähe des
durch das Zusammenlaufen der inneren Septalenden angedeuteten
Kelchcentrums).　Ich meine die als S ä u l c h e n ( C o l u m e l l a) und
P f ä h l c h e n ( P a l i) bezeichneten Theile.　Ein grosser Theil der so
genannten Gebilde (jedoch nicht alle!) sind aus den Septen direct
hervorgegangen, und zwar speciell die Columella aus einer Verflechtung der inneren Septalenden, die Pali aus der Abgliederung eines
grösseren inneren Septalzahnes.　Diese Thatsache ist schon früher bekannt gewesen, doch hat man bisher nicht genügend Gewicht darauf
gelegt.　Ich möchte die so entstandene Columella und Pali als f a l s c h e
bezeichnen.

Ihnen gegenüber stehen als e c h t e Columella und e c h t e Pali
diejenigen bisher so bezeichneten Skelettheile, die sich u n a b h ä n g i g
von den Septen als Pfeiler vom Grunde der Kelchhöhle aus erheben.
Sie kommen verhältnissmässig selten vor und sind z. B. bei *Caryophyllia* neben einander typisch entwickelt.

---

1) Ein sogen. F u s s b l a t t existirt nicht als gesondertes Gebilde,
sondern entsteht durch eine basale Anhäufung von Kalktheilen, die aus
den primären sowohl als auch aus gewissen secundären hervorgehen.

Weitere selbständige secundäre Theile sind alle diejenigen, die man als Ausfüllungsgebilde bezeichnet hat. Es sind dies Kalkmassen, die sich in dem nicht mehr vom Thier bewohnten Theile des Skelets als Abschluss nach unten bilden. Sind sie compact und füllen sie den ganzen unteren Theil aus, so bezeichne ich sie (mit einer verallgemeinerten, von LINDSTRÖM eingeführten Benennung) als Stereoplasma; bestehen sie aus einzelnen, durch Blasen oder Hohlräume getrennten, über einander liegenden Plättchen, so heissen sie Traversen (Dissepimente, Interseptalplättchen) oder Böden (Tabulae), je nachdem sie unregelmässig oder regelmässig sich aufbauen.

Alle diese Gebilde liegen zunächst im Innern der Kelchhöhlen. Die letzgenannten und zwar die Traversen finden sich jedoch auch ausserhalb derselben in dem Falle, dass eine Synaptikelmauer nicht an den peripherischen Enden der Septen, sondern mehr nach dem Centrum zu gebildet wird. Man hat sie in diesem Falle Exothecalblasen genannt, doch muss man bei Beibehaltung dieser Bezeichnung sich über die vollkommene Homologie ihrer Entstehung mit den im Innern der Kelche gebildeten Traversen klar bleiben. Die Exothecalblasen treten mit den ausserhalb der Synaptikelmauer gelegenen Theilen der Septen zur Bildung des Costalcönenchyms zusammen.

Bei solchen Korallen, die eine echte Mauer besitzen, befinden sich bisweilen ebenfalls ausserhalb der letzteren noch secundäre, von den Septen unabhängige Skelettheile, die jedoch theilweis auch aus einer Weiterentwicklung der Mauer hervorgehen können. Gebilde der letzteren Art stellen vielfach nur eine Verdickung der Mauer dar, können aber, wenn sie eine hohe Entwicklung erreichen und die Personen mit einander völlig verbinden, zu einem compacten Cönenchym werden, das von dem eben genannten Costalcönenchym genetisch völlig verschieden ist. Man könnte es etwa als Mauer-Cönenchym bezeichnen. Als unabhängige secundäre Skeletbildung ausserhalb der Mauer existirt bei den Euthecalen noch die Bildung eines Cönenchyms, das man als echtes Cönenchym bezeichnen muss. Es besteht (z. B. bei *Galaxea*) aus einer blasigen Kalkmasse, welche die Personen verbindet, und deren Aufbau aus einzelnen Blasen analog ist demjenigen der Traversen, die durch das regelmässige Wachsthum der Korallen nach oben gebildet werden.

Das sogen. Cönenchym vieler Madreporacea nimmt seine Entstehung aus der Verflechtung der peripheren Septalenden.

Schliesslich findet man bisweilen bei Korallen als äussere Umhüllung entweder der Person, wenn eine Einzelkoralle vorliegt, oder der ganzen Colonie einen dünnen, meist auf die untersten und basalen Partien beschränkten · Kalküberzug, die E p i t h e c a. Ueber ihre Bildung und morphologische Bedeutung schwebt, besonders da ihr Fehlen oder Vorhandensein selbst individuellen Schwankungen unterworfen zu sein scheint, noch einiges Dunkel. Man hat in einem Schutz gegen das Eindringen von Parasiten die physiologische Bedeutung der Epithek zu finden geglaubt, eine Deutung, die mir jedoch aus verschiedenen Gründen, besonders aber wegen des Umstandes, dass sie sich meist (oder stets?) nur an den abgestorbenen Theilen findet, unwahrscheinlich erscheint.

### Colonie- und Stockbildung der Korallen.

Die einfachste Form des Skelets einer Koralle ist, wie wir oben gesehen haben, diejenige, in welcher eine Anzahl radial gestellter Septen auf irgend eine Weise sich mit einander verbinden. Diese einfachste Form ist in verschiedenen Korallengruppen thatsächlich vertreten. Vielfach treten zu ihr noch secundäre innere Skelettheile, die aber im Ganzen diesen Typus, den man als den der e i n f a c h e n oder E i n z e l k o r a l l e n schon lange zu bezeichnen gewohnt ist, nicht wesentlich verändern.

· Ueber die Individualitätsstufe der so gebildeten Korallen herrscht ebenfalls kein Zweifel. Wie aus dem Verhältnis der kalkigen Theile zu den Weichtheilen hervorgeht, wie sich ferner die embryologische Entwicklung dieser Weichtheile sowie die erste Anlage der Skelettheile in denselben darstellt [1]), so müssen wir in der Form der Einzelkoralle ein Thier erkennen, das über die Entwicklungsstufe der G a s t r u l a verhältnissmässig wenig sich erhoben hat, und das in allen seinen wesentlichen Theilen sich direct aus dieser ableiten lässt, demnach als P e r s o n aufgefasst werden muss.

Während die Tiefseekorallen vorwiegend in dieser Form angetroffen werden, stellen sich die Riffbildner wesentlich anders dar: es hat eine Vermehrung der Personen durch Knospung oder Theilung stattgefunden. Die Knospungs- oder Theilungsproducte bleiben mit einander in Zusammenhang, und es bilden sich so mehr oder minder

---

1) Vgl. Lacaze-Duthiers: Développement des Coralliaires, in: Arch. Zool. Expér. 1872 u. 1873.

grosse, compacte oder in mannigfachen bestimmten oder unbestimmten Gestalten auftretende Massen. Die verschiedenen Abänderungen der Knospungs- und Theilungsvorgänge, ihr enger Zusammenhang sind von Koch [1]) an fossilen Korallen genauer untersucht, und man kann die gleichen Verhältnisse bei recenten Korallen auffinden. Ich möchte hier nur noch den Punkt hervorheben, dass eine Theilung einer Person nur möglich ist unter der Vorbedingung des acrogenen Wachsthums. Fehlt das letztere, so kann man sich nur Knospungsvorgänge vorstellen, da eine Theilung des schon fertigen Kalkskelets nicht möglich ist. Eine Theilung der auf dem Skelet aufsitzenden Weichtheile einer Person kann sich im Skelet nur bemerkbar machen, wenn die Person nach oben wächst und auf die früher gebildeten einfachen Skelettheile sich solche, die von den beiden Tochterindividuen abgeschieden sind, also verdoppelte (oder vervielfachte), neben einander aufsetzen. Der Vorgang der Theilung, der Uebergang vom Mutterkelch zu den Tochterkelchen spricht sich dann auch im Skelet aus.

Durch diese Vermehrung der Personen an und für sich erreicht aber die betreffende Koralle noch keineswegs eine höhere Individualitätsstufe. Die so gebildeten Massen sind nur Aggregationen von Personen, die man als Colonien bezeichnen kann, die aber immerhin den Anfang einer höheren Individualität, der des Cormus oder Stockes, bilden. Die Individualität der Colonien ist äusserst gering entwickelt: sie können durch mechanische Kräfte in beliebig viele Bruchstücke zertrümmert werden, ohne dass die einzelnen Bruchstücke ihre Lebensfähigkeit verlieren. Beispiele für diese Thatsache, dass sich einzelne Korallenstücke in oft ganz eigenthümlichen Lagen zu neuen Colonieen heranbildeten, sind vielfach bekannt geworden [2]).

Zum Zustandekommen einer höheren Individualität, der des Stockes, fehlt den meisten Korallen-Colonieen ein wichtiger Factor: die Arbeitstheilung der Personen. Bei dem grössten Theil aller Colonieen sind sämmtliche Personen gleichgestaltet und versehen sämmtlich die gleichen Functionen [3]). Doch findet sich bei gewissen Formen schon der Beginn einer Arbeitstheilung. Als Ausdruck einer solchen kann man wenigstens die Verschiedenheit der Kelchbildung, wie sie

---

1) G. v. Koch, Die ungeschlechtliche Vermehrung einiger palaeozoischer Korallen vergleichend betrachtet, in: Palaeontographica, Bd. 29.

2) z. B. Klunzinger, Wachsthum der Korallen, in: Würt. Jahresschr. 1880. Studer, Gaz. Bd. 2, 1878, u. Sing. p. 6.

3) Der Umstand, dass die Personen bisweilen im Geschlecht verschieden sind, ändert hieran nichts.

uns besonders bei der Gattung *Madrepora* entgegentritt, ansprechen. Wir haben hier eine meist ästige Colonie, deren einzelne Aeste an der Spitze einen etwas eigenartig gebildeten Kelch, den Mutter- oder Endkelch, zeigen, während die darunter stehenden Seitenkelche in Gestalt und Grösse unter einander sich ziemlich gleichen. Wie sich die Thiere dieser beiden Kelchformen in Bezug auf ihre Functionen verhalten, ist an der lebenden Colonie noch nicht beobachtet worden: die Unterschiede werden nur geringfügige sein, immerhin aber ist der Anfang einer Arbeitstheilung angedeutet [1]).

In einer anderen Gruppe als derjenigen, zu der *Madrepora* gehört, in der Familie der Fungiden, findet sich nun aber weiterhin in anderer Weise sowohl der Beginn echter Stockbildung, als auch alle Uebergänge zu einer wirklichen Arbeitstheilung der Personen, die sich jedoch — soweit man aus dem Bau des Skelets und der Weichtheile schliessen kann — nur auf gewisse Functionen bezieht. Die Individualität der Formen, die ich im Sinne habe, ist besser ausgeprägt als bei anderen Korallencolonien, wenngleich eine weitgehende „Reproductionskraft" der Bruchstücke immerhin sich beobachten lässt. Diese „Reproductionskraft" äussert sich so, dass von einem Bruchstück aus die verlorenen Theile ersetzt werden, nicht aber beliebige ähnlicher Theile neu gebildet werden [2]). Auf den ersten Blick ist die Individualität vieler dieser Formen so gross, dass man bisher dieselben allgemein als Einzelkorallen, als Personen auffasste, Personen, die allerdings im Vergleich mit den sonst bekannten auffallende Eigenthümlichkeiten aufweisen. Ich meine die Gattung *Fungia* selbst. Durch Vergleichung mit den schon längst als nahe verwandt erkannten Gattungen kommt man jedoch zu dem Resultat, dass sich *Fungia* an die letzteren viel ungezwungener und natürlicher anreihen lässt, wenn man ihre einzelnen Exemplare als Stöcke ansieht, als wenn man in ihnen Personen erkennen will.

Zunächst hehe ich die Punkte hervor, die bei der Auffassung einer *Fungia* als Person, wenn nicht gerade Schwierigkeiten bereiten, so doch auffallend und abweichend von anderen Einzelkorallen erscheinen.

---

1) Vgl. Häckel's Tectologie: Generelle Morphologie, Bd. 1, p. 239 ff., und Monographie der Kalkschwämme, Bd. 1, p. 89 ff.

2) Solche Reproductionen der verlorenen Theile beschreibt schon Semper bei *Diaseris* in der Arbeit: Ueber Generationswechsel bei Steinkorallen etc., in: Zeitschr. f. wiss. Zool. Bd. 22, und Aehnliches findet sich im Strassburger Museum an Colonien von *Halomitra pileus* und *Lithactinia pileiformis*.

Schon die äusseren Grössenverhältnisse [1]) der Arten von *Fungia* im Vergleich zu denen der Arten aus den verwandten Gattungen, z. B. *Podabacia, Halomitra, Polyphyllia, Herpetolitha* u. a., sind derart, dass es auffallend erscheinen muss, wenn hier die Person eine um so vieles bedeutendere Grösse besitzt als bei den genannten, doch mit ihr so nahe verwandten Gattungen. Die *Fungia* ist durchschnittlich ungefähr ebenso gross wie die ganze Colonie eines Exemplars der übrigen Fungiden. Schon dieser Umstand könnte auf die Idee führen, dass die Exemplare beider Formen auch in ihrem tectologischen Werth auf gleicher Stufe stehen. Eine *Fungia* stellt eine mehr oder minder runde, flache oder gewölbte Scheibe dar. Diese Scheibe besteht wesentlich aus radial verlaufenden längeren und kürzeren Septen, die bisweilen auffallend dick sind und durch Synaptikel verbunden werden. Häufig ist eine eigenthümliche, unten weiter zu beschreibende Ana-stomosirung derselben zu beobachten. In der Mitte findet sich eine mit einer mehr oder minder entwickelten Columella versehene Ver-tiefung. Die Weichtheile entsprechen dieser Anordnung: wir haben einen centralen Mund und radiale Septen. Während nun bei allen anderen Einzelkorallen die Tentakel in einem oder mehreren regel-mässigen Kreisen um den Mund stehen, finden sich bei *Fungia* die-selben auf der ganzen Oberfläche (der sog. Mundscheibe) zerstreut, ohne erkennbare Ordnung [2]). Diese Tentakel finden sich dort, wo ein Septum zu endigen scheint. Da man aber am Skelet diese Stellen meist deutlich erkennen kann, jedoch daneben bemerkt, dass sich ein solches scheinbar aufhörendes Septum von diesem Abschnitt an (dem sog. Tentakellappen) noch weiter nach dem Centrum hin als feine niedrige Lamelle fortsetzt (vgl. auch BOURNE l. c. 'p. 300), so müssen auch die zu diesem Septum gehörigen Magenfalten sich weiter fortsetzen: die Anwesenheit der Tentakel an diesen Stellen

---

1) Vgl. HÄCKEL, Arabische Korallen, p. 41, Note 27.

2) BOURNE (Anatomy of the Madreporarian Cor. Fungia, in: Quart. Journ. Microsc. Science, (new ser.) vol. 27, part 3) will eine regelmässige Anordnung der Septen an einem Exemplar von *Fungia dentata* auf-gefunden daben. Wie wir unten sehen werden, ist es wohl möglich, dass sich die Septen in Folge äusserer Gestaltungsverhält-nisse in regelmässiger Weise anordnen, doch ist dies nur eine secun-däre Erscheinung. — Unter den zahlreichen Exemplaren dieser Gattung, die ich im Strassburger Museum, in der HÄCKEL'schen Sammlung von Ceylon und im Museum zu Jena zu untersuchen Gelegenheit hatte, zeigt kein einziges auch nur entfernt eine regelmässige Anordnung der Septen.

sowie die hier sich befindenden Gastralfilamente (Bourne, l. c. p. 304) besonders sind im höchsten Grade auffallend.

Nehmen wir dagegen an, dass eine *Fungia* als Stock aufzufassen sei, so ergiebt sich Folgendes. In der Mitte des Stockes findet sich eine mehr oder minder vollkommen radial gebaute Person, welche die Hauptfunction der Ernährung allein besorgt, da sie allein mit einer Mundöffnung versehen ist. Alle übrigen auf der bisher als Mundscheibe angesehenen Fläche zerstreut sitzenden Tentakel sind alsdann als reducirte Personen aufzufassen, die lediglich aus einem Tentakel mit dessen Function (Ergreifung von Nahrung oder Respiration)[1]) bestehen. Die Anwesenheit der Gastralfilamente an dieser Stelle findet dann auch ihre Erklärung.

Diese Ansicht wird bestätigt, wenn man die Gattung *Fungia* mit den übrigen, coloniebildenden Gattungen der Fungiden vergleicht, und wir werden sehen, dass sich innerhalb der letzteren alle Uebergänge zu der für *Fungia* characteristischen Bildung vorfinden.

Betrachten wir die oben genannten Gattungen im Einzelnen.

Die gewöhnliche Form einer Korallencolonie finden wir bei *Podabacia*. Wir haben eine flache, mehr oder minder unregelmässige, becher- oder schüsselförmig ausgebreitete, mit einem centralen oder excentrischen Stiel festgewachsene Scheibe. Auf ihrer Oberfläche finden sich zahlreiche, ungefähr gleichgrosse (d. h. gleichweit von einander entfernte) Kelche. Bisweilen kann man einen oder mehrere etwas grössere centrale (sog. Mutter-) Kelche unterscheiden. Die Septen sind durch Synaptikel verbunden, wie überall bei den genannten Gattungen, und die der benachbarten Kelche fliessen direct in einander und laufen in der Mitte zwischen den Kelchen ungefähr parallel, um sich in der Nähe der Kelchcentren radiär anzuordnen, so dass sämmtliche Kelche deutlich als solche hervortreten.

Bei den übrigen Gattungen lässt sich eine allmähliche Veränderung dieser Anordnung bemerken, und zwar in zweierlei Weise. Einmal zeigt sich bei den Kelchen ein entschiedener Grössenunterschied, so dass eine bestimmt angeordnete Gruppe grösserer Kelche hervortritt, die zunächst noch den radiären Bau beibehalten. Zweitens verlieren die kleineren Kelche allmählich den deutlich radiären Bau: nur wenige Septen zeigen noch durch Zusammenneigung der inneren Enden Kelchcentren an, in ihrem übrigen Verlauf ordnen sie sich mehr oder minder parallel, und zwar senkrecht zum Rande der Colonie, an.

---

1) Vgl. Dana.

Die Gattung *Halomitra* schliesst sich zunächst eng an *Podabacia* an: die Septen laufen jedoch auf grössere Strecken hin parallel, besonders am Rande der Colonie (von letzterem Umstand finden sich auch schon bei *Podabacia* Andeutungen). Die Kelchcentren sind immer noch deutlich radiär. Als hauptsächlicher Unterschied ist hervorzuheben, dass bei *Halomitra* die Colonie nicht mehr festgewachsen, sondern f r e i ist, ein Merkmal, das auch allen übrigen folgenden Gattungen zukommt.

Eine Differenzirung in der Kelchform findet sich bei der Gattung *Polyphyllia* [1]). Hier entwickelt sich in der Längsachse der ovalen oder langgestreckten Colonie eine Reihe etwas grösserer Kelche, die deutlich radiär gebaut sind. Auf der ganzen übrigen Oberfläche sind keine deutlichen Kelchcentren bemerkbar: die Septen sind von zweierlei Stärke (wie es auch bei den vorhergehenden Gattungen der Fall ist), die dickeren sind kurz und zeigen selten eine Andeutung von radiärer Stellung, indem sich 2 oder 3 etwas zusammenneigen. Zwischen ihnen verlaufen netzförmig dünnere, die bisweilen durch strahlige Gabelung undeutliche Kelchcentren markiren. Gegen den Rand der Colonie laufen sämmtliche Septen parallel.

Noch weiter geht der Unterschied und die Reduction der seitlichen Kelche bei der Gattung *Herpetolitha*. Die mittlere Kelchreihe tritt deutlicher hervor, da die sie bildenden radiären Kelche tief eingesenkt sind. Im übrigen Theil der Colonie laufen die Septen mit grösster Entschiedenheit annähernd parallel, und zwar von der Peripherie strahlig nach der mittleren Längsfurche. Die grösseren setzen häufig plötzlich ab und ziehen dann als feine Lamellen sich noch weiter hin. Die dünneren gabeln sich häufig vor dem Beginn eines stärkeren und deuten dadurch noch einigermaassen die Centren der Kelche an.

Dass mit dem Verschwinden der radiären Anordnung der Septen auch Veränderungen in den Weichtheilen Hand in Hand gehen müssen, ist klar. Und zwar macht sich dieser Umstand dadurch bemerklich, dass der Tentakelkranz der Personen, die nicht in der Mittellinie der Colonie stehen, reducirt wird. MILNE EDWARDS und HAIME sagen in der Gattungsdiagnose von *Polyphyllia*, dass die „Polypen nur einen einzigen Tentakel besitzen" (H. N. C. III, p. 26), und ebenso giebt DANA für *Herpetolitha* „rudimentäre Tentakel" an (vgl. ibid. p. 24).

Von dieser zuletzt geschilderten Bildung ist zu der bei *Fungia* bestehenden nur noch ein Schritt: die Septen verlaufen durchweg

---

1) Mit der auch *Cryptabacia* E. H. zu vereinigen ist.

radial von der Peripherie zur mittleren Vertiefung und ordnen sich
nach gewissen Gesetzen an, auf die ich weiter unten zurückkommen
werde. Von den Kelchcentren bleibt nichts weiter übrig als ein sog.
Tentakellappen, ein etwas vorspringender oder steil abfallender Theil
eines Septums, über den hinaus sich jedoch das letztere stets noch
als feine Lamelle fortsetzt. Bisweilen gabeln sich die Septen noch.
Von den Weichtheilen ist dann ebenfalls nur noch ein einziger Tentakel (wie bei *Polyphyllia*) übrig geblieben und die Mundöffnung der
seitlichen Personen obliterirt. (Wie sich die Mundöffnungen bei den
oben behandelten Gattungen verhalten, darüber fehlen noch die Beobachtungen.) Im Centrum des jetzt meist runden S t o c k e s findet
sich nur noch eine einzige radial gebaute Person mit der einzigen, für
den ganzen Stock vorhandenen Mundöffnung. (*Fungia ehrenbergi* besitzt jedoch nach KLUNZINGER, Kor. Roth. Meer Bd. 3, p. 66, häufig
noch mehrere Mundöffnungen in der mittleren Längsspalte.)

So ungefähr lässt sich der Bau der Gattung *Fungia* auf den der
verwandten Gattungen zurückführen. Der Gedanke, dass die geschilderten Verhältnisse in umgekehrter Richtung sich in Zusammenhang bringen liessen, dass man in *Fungia* eine Person vor sich habe,
von der aus sich die anderen Gattungen ableiten liessen, indem man
sich die Personenzahl vermehrt denkt, ist schon deshalb von der Hand
zu weisen, weil man in diesem Falle eine Art und Weise der Vermehrung der Personen annehmen müsste, die unter sämmtlichen Steinkorallen einzig dastehen würde: weder die bekannten Knospungs-
noch die Theilungsvorgänge bei den letzteren bieten irgend eine der
hier vorliegenden analoge Erscheinung, wo sich dann ein einzelner
Tentakel allmählich zu einer radiären Person ausbilden und dementsprechend die Kalktheile schrittweise zu einer radialen Anordnung
kommen würden. Da aber zwischen den beiden Extremen, *Fungia*
und *Podabacia*, thatsächlich jene Uebergangsreihe besteht, so muss
man den Ausgangspunkt der Reihe in *Podabacia*, den Endpunkt in
*Fungia* suchen. L e t z t e r e  s t e l l t  s o m i t  e i n e n  e c h t e n  S t o c k
m i t  A r b e i t s t h e i l u n g  v o r , und zwar in der Art, dass in
d e r  M i t t e  e i n e  g r o s s e , radiär gebaute, mit Mundöffnung
v e r s e h e n e  P e r s o n  s i t z t , und um diese herum zahlreiche
k l e i n e r e , von denen nur je ein Tentakel übrig geblieben
i s t .

## Der Strahltypus der Korallenperson und das Vermehrungsgesetz der Septen [1]).

Der Stamm der Strahlthiere (Coelenteraten) ist promorphologisch dadurch characterisirt, dass die ihm angehörenden Organismen einen strahligen Bau zeigen, und zwar gehören dieselben (nach GÖTTE l. c. p. 78) zur zweiten Grundform: sie zeigen den secundären Strahltypus. Derselbe zeichnet sich durch eine ungleichpolige Hauptachse und zwei (gleiche oder ungleiche) stets gleichpolige Kreuzachsen aus.

Diesem Typus entsprechen alle lebenden Coelenteraten [2]). Unter den fossilen Korallen jedoch giebt es eine Gruppe, die der nur palaeozoisch bekannten Rugosen (Tetracorallen), die vielfach einen deutlich bilateralen Bau zeigen. Untersuchen wir, in welchem Verhältniss die Grundform dieser Korallen zu den beiden Abänderungen der Bilateralform, der pleurogastrischen und hypogastrischen, steht.

Als typische bilaterale Tetracorallen wollen wir eine Art der Gattung *Zaphrentis*, z. B. *Z. cornucopiae* MICH., betrachten [3]). Die Koralle ist eine Einzelkoralle, im Grossen und Ganzen von umgekehrt kegelförmiger Gestalt. In der Kelchöffnung sieht man, dass ein Septum, das Hauptseptum, gering entwickelt ist, das Gegenseptum dagegen stärker; die übrigen laufen in jeder der durch diese Septen geschiedenen Hälften fiederstellig zusammen. Der Querschnitt des Kelches wird durch das Haupt- und Gegenseptum in zwei spiegelbildlich gleiche Hälften zerlegt.

Das Achsenverhältniss ist hier folgendes: Die Haupt- (Längs-) achse des Skelets ist ungleichpolig: an dem einen Pol lag der Mund des Thieres, der andere Pol (Scheitelpol) bildete das untere Ende, mit dem die Koralle festgewachsen war, resp. mit dem sie dem Meeresgrunde aufruhte. Die eine der beiden Kreuzachsen, die durch die beiden primären Septen angedeutet wird, ist ebenfalls ungleichpolig, wie aus der ungleichen Entwicklung dieser beiden

---

1) In Bezug auf das Folgende vgl. GÖTTE, Untersuchungen zur Entwicklungsgeschichte der Würmer. Vergleichender Theil, p. 69 ff.

2) Nur die Siphonophoren zeigen bilaterale Abänderungen des Strahltypus (vgl. GÖTTE l. c., p. 80 Anm.), sowie einige ganz vereinzelte, unten zu erwähnende lebende Korallen.

3) Vgl. ZITTEL, Handbuch der Palaeontologie.

Septen hervorgeht, die andere Kreuzachse ist gleichpolig. Die Grundform ist also ausgesprochen bilateral.

Der Unterschied der pleuro- und hypogastrischen Bilateralform beruht im Wesentlichen in dem Verhältnis der Hauptachse des erwachsenen Thieres zur Scheitelachse der Gastrula desselben. Bei der pleurogastrischen fällt die erstere mit der letzteren zusammen, bei der hypogastrischen entspricht sie der ungleichpoligen Kreuzachse der Gastrula.

Bei den nur fossilen Tetracorallen können wir eine directe Vergleichung des fertigen Thieres mit seiner Gastrula selbstverständlich nicht vornehmen. Da aber kein Grund vorliegt, an der Uebereinstimmung der Entwicklung der wesentlichen Theile derselben mit der anderer Coelenteraten zu zweifeln, so kann man wohl behaupten, dass die Theile der Tetracorallen in ihren Lagebeziehungen zu ihren embryonalen Entwicklungsstufen sich ebenso verhalten haben müssen, zunächst wie die anderer recenter Korallen, und dann auch wie die der übrigen Coelenteraten.

Ueber das Verhältniss der Weichtheile zum Skelet der Tetracorallen kann ebenfalls kein Zweifel herrschen: der Mund lag ungefähr in der Mitte der Kelchöffnung, von ihm aus erstreckte sich nach unten der Gastralraum, der entsprechend den kalkigen Septen ebenfalls in Fächer getheilt war. Die Längserstreckung des Gastralraumes fällt somit mit der Längsachse des Thieres zusammen: an dem einen Pole der letzteren lag der Mund.

Bei allen Coelenteraten haben wir dieselbe Lagebeziehung des Gastralraums zur Grundform, und zwar entspricht bei ihnen der definitive Mund der Prostomialöffnung der Gastrula[1]), und die Längserstreckung des Gastralraums fällt in dieselbe Richtung wie die Scheitelachse der Gastrula. Es würde demnach auch die Längsachse des erwachsenen Thieres mit der Scheitelachse der Gastrula zusammenfallen.

Bei den bilateralen Tetracorallen wird sich die Sache ebenso verhalten haben: wir hätten sie also als pleurogastrische Bilateralformen anzusprechen.

Nichtsdestoweniger ist die Bilateralform der Tetracorallen, wenn

---

1) Ich spreche hier selbstverständlich nur von der allgemeinen Lagebeziehung und lasse den Umstand unberücksichtigt, dass sich der definitive Mund erst durch eine Einstülpung des Ectoderms bildet und die eigentliche Prostomialöffnung im entwickelten Thier tiefer zu liegen kommt.

sie auch nach den allgemeinen Betrachtungen zunächst als pleuro-
gastrisch bezeichnet werden muss, immerhin noch erheblich verschieden
von der typischen pleurogastrischen, wie sie uns bei *Sagitta, Balano-
glossus* und den Embryonen der Echinodermen entgegentritt. Bei
diesen bildet sich an der Stelle der Prostomialöffnung der spätere
After, während ungefähr am entgegengesetzten Pol (dem Scheitelpol)
der Durchbruch des definitiven Mundes erfolgt [1]).
    Diese Differenzirung der beiden Darmöffnungen fehlt den Tetra-
corallen. Die ursprüngliche Gastralhöhle bleibt erhalten, und zwar mit
einer einzigen Oeffnung, die an der Stelle des Prostoma sich befindet.
Hieraus folgen dann weitere Eigenthümlichkeiten: während der Scheitelpol der Gastrula bei den typisch pleurogastrischen Thieren zum
Vorderende wird, und sich bei diesen eine Rücken- und Bauchseite
scharf unterscheiden lässt, wird bei den Tetracorallen der Scheitelpol
der Gastrula zum unteren Ende des Thieres, mit welchem dasselbe
sich am Meeresgrunde festsetzt, und es lässt sich keine der beiden
ungleichen, den ungleichen Polen der einen Kreuzachse entsprechenden
Körperseiten als Rücken- oder Bauchseite bezeichnen. Trotzdem ist
die pleurogastrische Bilateralform der Tetracorallen gewissermaassen
als Vorstufe von *Sagitta* u. s. w. aufzufassen, und es muss dieser Beziehung deshalb besondere Aufmerksamkeit geschenkt werden, da sie
vielleicht einen Beitrag zur Lösung der Frage nach der Abstammung
der pleurogastrischen Würmer und Echinodermen liefert. Dass dieselben mit den Cnidarien näher zusammenhängen, ist schon von
GÖTTE (l. c. p. 185 f.) ausgesprochen worden, und die vorange-
gangenen Betrachtungen bilden eine Bestätigung für diese Ansicht.

* * *

    Es erübrigt nunmehr noch, zu untersuchen, in welcher Beziehung
die sog. Hexacorallen hinsichtlich ihrer Grundform zu den Tetracorallen stehen.
    Zur Klarlegung dieses Verhältnisses muss man zunächst einige
Thatsachen berücksichtigen, deren Wichtigkeit bisher — trotzdem sie
wohl hinreichend bekannt sind — nicht genügend gewürdigt wurde.
    Erstens sind nicht alle Tetracorallen bilateral symmetrisch
gebaut. Zweitens lassen die ältesten (triasischen und liasischen)

---

    1) Bei den Echinodermen ist auch diese Bildung nur bei den
Larven erhalten, später erfolgen ganz eigenartige Umbildungen.

Hexacorallen einen 6-strahligen Bau selten erkennen [1]). Dasselbe gilt für viele jüngere und jüngste Korallen. D r i t t e n s existiren noch jetzt lebende bilaterale Korallen, die von einigen Forschern [2]) direct als Rugosen (Tetracorallen) aufgeführt worden sind. V i e r t e n s zeigen die wenigen in ihrer embryonalen Entwicklung bekannten Hexacorallen frühzeitig ein Stadium, in welchem sie bilateral symmetrisch sind [3]).

Zu jedem dieser Sätze sind einige Bemerkungen zu machen, aus denen, wie wir unten sehen werden, sich wichtige Schlüsse betreffs des Zusammenhanges der Hexacorallen mit den Tetracorallen ziehen lassen.

Zunächst also ist festzustellen, dass eine verhältnissmässig grosse Anzahl palaeozoischer Korallen durchaus keine bilaterale Symmetrie zeigt, ja dass viele sogar noch nicht einmal erkennen lassen, dass die Grundzahl ihrer Septen v i e r ist. Man hat für alle palaeozoischen Korallen die letztere Zahl als Grundzahl angenommen und dieselbe theilweise auch als wirklich vorhanden erkannt: jedoch giebt es viele derselben, bei denen letzteres absolut unmöglich ist, und wo alle Versuche, eine Vierzahl herauszufinden, zu überaus verwickelten und wenig einleuchtenden Erörterungen Anlass geben [4]). Typisch bilateral sind fast nur palaeozoische Einzelkorallen, z. B. die Arten der Gattungen *Zaphrentis*, *Menophyllum*, *Anisophyllum* und Verwandte, ferner *Hallia*, *Aulacophyllum*, *Campophyllum* u. s. w. Dagegen sind fast alle Coloniebildner unter den Tetracorallen durchaus mit einer unregelmässigen Anzahl von Septen versehen. Als Beispiele vergleiche man hierzu die Abbildungen bei FRECH (l. c.) von Arten der Gattung *Acervularia* (Taf. II), *Phillipsastraea* (Taf. III, IV, VI), *Smithia* (Taf. V); ferner lässt sich dasselbe bei den Arten der Gattung *Lithostrotion* und *Lonsdaleia* (vergl. ZITTEL) und vielen anderen beobachten. Viele Tetracorallen zeigen sogar einen ausgesprochenen sechszähligen

1) Vergl. DUNCAN, Citat bei ZITTEL, Handbuch der Palaeontologie.

2) Vergl. POURTALÈS, Deap-sea Corals, in: Ill. Cat. of the Mus. Comp. Zool. No. IV, 1871, p. 49, u. Zool. Res. Hassler Exp. Deap-sea Corals, ibid. vol. 8, 1874, p. 44.

3) Vergl. z. B. LACAZE-DUTHIERS, Développement des Coralliaires, 2. Mém., in: Arch. Zool. Exp. T. 2, 1873.

4) Vergl. hierzu FRECH, Die Korallenfauna des Oberdevons in Deutschland, in: Zeitschr. D. Geol. Ges. Bd. 37, 1885, unter *Decaphyllum koeneni*. Ich citire hier und gleich nachher diese Arbeit besonders deshalb, weil in ihr vorzügliche Abbildungen gegeben sind.

Bau. Zunächst mache ich auf die Abbildung von *Decaphyllum koeneni* bei FRECH aufmerksam [1]. Dann aber sind schon eine ganze Reihe von palaeozoischen Korallen von LUDWIG [2]) als sechsstrahlig aufgeführt worden (*Lithostrotion floriforme*, *Columnaria solida*, *Lithodendron fasciculatum*, *Cyathophyllum calamiforme*, 6 Arten von *Heliophyllum* u. a.). Ich selbst fand das Gleiche bei *Lithostrotion aranea* aus dem Kohlenkalk Russlands.

Das von ZITTEL citirte Factum, dass nach DUNCAN die Korallen des Lias und der Trias selten eine Anordnung der Septen nach 6 Systemen erkennen lassen, ist deshalb beachtenswerth, weil sich dasselbe Verhältniss (d. h. eine ganz unbestimmte, unregelmässig geordnete Anzahl von Septen) ebensowohl bei älteren (palaeozoischen) als auch bei anderen (jüngeren) fossilen und recenten Korallen findet.

Was die noch jetzt lebenden sogen. Rugosen anbetrifft, so ist hier ebenfalls hervorzuheben, dass dieselben s ä m m t l i c h Einzelkorallen sind. Es sind dies: *Haplophyllia paradoxa* POURT. (l. c. Ill. Cat. IV, Taf. II, Fig. 11—13), *Guynia annulata* DUNC. (POURTALÈS, l. c. Ill. Cat. VIII, Taf. IX, Fig. 3, 4) und *Duncania barbadensis* POURT. (ibid. Taf. IX, Fig. 5—7). Die Gattung *Conosmilia* DUNC. aus dem Tertiär, die von DUNCAN zu den Rugosen, von ZITTEL zu den Eusmilinen gestellt wird, ist ebenfalls einfach, die Gattung *Holocystis* LONSD. aus der Kreide ist zwar eine coloniebildende Form, zeigt jedoch auch nur eine Anordnung der Septen in 4 Systeme und wurde deshalb zu den Tetracorallen gerechnet.

Schliesslich ist in der embryonalen Entwicklung von Hexacorallen (z. B. *Astroides calycularis*) nachgewiesen, dass, bevor noch ein Kalkskelet auftritt, die Magenfächer sich bilateral anlegen, dass zwei spiegelbildlich gleiche Hälften im Embryo existiren. Erst später, wenn 12 Fächer vorhanden sind, gleichen sich diese unter einander aus,

---

1) Gerade diese palaeozoische Koralle ist deutlich 6 strahlig: die Kelche sind etwas oval, in den Eckkammern (die an den Enden der längeren Achse liegen) ist ein Cyclus mehr entwickelt als in den Mittelkammern. So ist der Bau ganz einfach (nach Analogie von *Flabellum*, vergl. die unten citirte Arbeit von v. MARENZELLER) erklärt, und der verwickelte Versuch von FRECH, den Bau auf die Vierzahl zurückzuführen, überflüssig.

2) LUDWIG, Zur Palaeontologie des Urals, in: Palaeontographica Bd. 10, p. 179 ff., und Korallen aus palaeolithischen Formationen: ebenda, Bd. 14.

ordnen sich radiär an, und es erfolgt dann erst die gleichzeitige Anlage von 12 ersten kalkigen Septen.

Aus diesen Betrachtungen ergeben sich folgende vier Sätze:

1) Zwischen den palaeozoischen Tetracorallen und
den Hexacorallen der Secundär-, Tertiär- und Jetztzeit ist kein principieller Unterschied vorhanden[1]).

2) Bilaterale Korallen sind vorwiegend Einzelkorallen.

3) Seit der palaeozoischen Zeit, wo die bilateralen
Korallen in grösserer Menge auftreten, haben derartige
Formen bis zur Jetztzeit an Häufigkeit abgenommen.

4) Die Bilateralität der Hexacorallen ist auf die
frühesten Embryonalstufen zurückgedrängt[2]).

Das Verhältniss der Hexacorallen zu den Tetracorallen erscheint
an der Hand dieser Sätze in einem neuen Lichte.

Demnach würde die ursprüngliche Grundform einer Korallenperson
die bilaterale sein. Doch schon in palaeozoischer Zeit gab es zahlreiche Korallen, welche die bilaterale Symmetrie nicht mehr zeigen,
und das Verschwinden derselben wird in späteren Zeiten zur ausgesprochenen Tendenz, so dass jetzt nur ganz vereinzelte bilaterale
Formen existiren. Eine Umwandlung der bilateralen Korallen in
strahlförmige (resp. unregelmässige) scheint stattgefunden zu haben,
nicht aber ein Aussterben der ersteren und ein Ueberhandnehmen der
letzteren: andernfalls würde das embryonale Auftreten der bilateralen
Symmetrie bei recenten Korallen sehr schwer verständlich sein. Wir
müssen also annehmen, dass die sog. Hexacorallen direct aus Tetracorallen hervorgegangen sind[3]).

Ueber die Ursachen, die das Aufgeben der Bilateralität veranlassen können, werden wir einigermaassen aufgeklärt, wenn wir berücksichtigen, dass es besonders Einzelkorallen sind, welche die bilaterale
Grundform deutlich zeigen. Man kann sich vorstellen, dass mit der
immer mehr ausgesprochenen Neigung der Korallen, Colonieen zu
bilden, es überflüssig wurde, die bilaterale Symmetrie, die allerdings

---

1) Ich sehe davon ab, auf die übrigen als Unterschiede für die
beiden Gruppen angeführten Merkmale näher einzugehen. Wie ich jedoch
schon hier bemerken will, sind auch diese keineswegs von durchgrei-
fendem Character.

2) Im Gegensatz zu v. Koch (in: Morph. Jahrb. Bd. 8, 1, p. 93, Anm. 1)
lege ich auf dieses Factum grosses Gewicht.

3) Vergl. hierzu Haeckel, Arabische Korallen, p. 39, Note 11.

ein höheres Stadium der Differenzirung darstellt, jedoch nur für frei-
lebende Thiere von grösserer Bedeutung ist, beizubehalten. An ihre
Stelle trat zunächst ein unregelmässiger Bau, dann aber auch — auf
die Gründe davon werde ich unten zurückkommen — ein radiärer
Bau nach der Grundzahl sechs. Diese Entwicklungsrichtung — man kann
sie als Rückschritt bezeichnen — mag sich in verschiedenen Gruppen
der Tetracorallen unabhängig von einander ausgebildet haben, sie mag
in den einzelnen Gruppen mehr oder weniger entschieden sich allmählich bemerkbar gemacht haben: jedenfalls war sie wesentlich durch
die Coloniebildung und die festsitzende Lebensweise angeregt. Die
bilaterale Symmetrie wurde allmählich in ihrem Auftreten in der individuellen Entwicklungsreihe auf die Jugendstadien zurückgedrängt
und spricht sich schliesslich im Skelet gar nicht mehr, sondern nur
noch in den ersten skeletlosen Embryonalstufen aus.

---

Wir kommen jetzt zur Erörterung der Frage, aus welchen Gründen
sich gerade die Sechszahl als Grundzahl für die radiären Theile der
Hexacorallen so oft bemerkbar macht. In Zusammenhang damit steht
die Frage, nach welchen Zahlenverhältnissen überhaupt sich die Anzahl der radiären Septen der Hexacorallen anordnet.

Um das gegenseitige Entstehungsverhältniss der Septen zahlen-
mässig auszudrücken, haben schon MILNE EDWARDS und HAIME [1] ein
Gesetz aufgestellt, das allgemein unter dem Namen des MILNE ED-
WARDS'schen Vermehrungsgesetzes der Septen bekannt ist.
Welche Korallen diesen Forschern bei der Ableitung des Gesetzes im
Ganzen vorgelegen haben, ist nicht bekannt, jedenfalls steht aber
so viel fest, dass für die überwiegende Mehrzahl der Korallen dasselbe
nicht zutrifft.

Die Aufstellung eines anderen, allgemeineren Gesetzes ist verschiedentlich versucht worden [2]. Theils wurde die Existenz eines
solchen überhaupt in Zweifel gezogen (SEMPER), theils glaubte man
ein solches zu finden. So sagt z. B. v. KOCH (l. c. p. 93) wörtlich:

---

1) H. N. C.

2) Von SCHNEIDER (in: Sitzungsber. Oberh. Ges. Nat.- u. Heilk.
Giessen 1871), SEMPER (in: Zeitschr. f. wiss. Zool. Bd. 22, 1872) und
v. KOCH (in: Morph. Jahrb. Bd. 8, 1883). Einen Ueberblick über die
betreffenden Arbeiten siehe bei letzterem, p. 86. Vergl. auch v. MAREN-
ZELLER (in: Zool. Jahrb. Abth. f. Syst. Bd. 3, 1888).

„Bei den sechszähligen Korallen wächst die Zahl der Sternleisten in der Art, dass sich nahezu gleichzeitig im ganzen Umfang des Kelches zwischen je zwei älteren eine jüngere anlegt . . . Alle Ausnahmen von dieser Regel sind auf directe Anpassungen oder erblich gewordene Veränderungen im Wachsthum des ganzen Thieres zurückzuführen."

Dieser Satz ist inhaltlich richtig, und er lässt sich für alle Korallen thatsächlich anwenden. Formell muss er jedoch schon deshalb geändert werden, weil er — wie aus dem Folgenden sich ergeben wird — die Ausnahme zur Regel und umgekehrt die Regel zur Ausnahme macht [1]).

Ich möchte den Satz etwa in folgende Form fassen.

Bei den sechszähligen Korallen wächst die Zahl der Septen derart, dass sich überall, wo Platz ist, neue Septen anlegen. Besitzt eine Koralle eine mehr oder minder regelmässige Gestalt, so erfolgt die Anlage neuer Septen in einer mehr oder minder regelmässigen Weise, die jedoch stets in engstem Zusammenhang mit der äusseren Form der Koralle steht und sich aus dieser direct erklären lässt.

Untersucht man bei einer coloniebildenden Koralle, die jedoch keine regelmässig gebildeten Kelche zeigen darf [2]), mittelst der Methode des allmählichen Abschleifens die Vermehrung der Septen, so findet man, dass an etwas ausgezogenen, verhältnissmässig länger ausgedehnten Strecken des Kelchumfanges sich entsprechend mehr Septen anlegen als an solchen, die in ihrer Ausdehnung gegen andere zurückgeblieben sind. Es ist unnöthig, auf die einzelnen von mir untersuchten Fälle näher einzugehen, da man sich bei extremen Fällen schon durch den äusseren Anblick des Kelches von dieser Thatsache überzeugen kann, und bei der Betrachtung einiger Specialfälle mit regelmässigem äusseren Wachsthum dieser Grundsatz immer wieder bewiesen wird. Die Menge der unregelmässig wachsenden Korallen überwiegt bei weitem die derjenigen, welche eine regelmässige äussere Umgrenzung zeigen, und die letzteren zeigen wiederum nur in einem

---

1) In der folgenden Erörterung gehe ich zunächst noch von dem Grundsatz aus, dass bei den Hexacorallen die Grundzahl sechs besteht.

2) Ich bilde den Befund bei *Prionastraea tesserifera* ab, da gerade diese auffallend unregelmässige Kelche besitzt.

ganz kleinen Bruchtheil das Verhältniss, das v. KOCH als Regel aufstellte. Es ist somit augenscheinlich, dass man letztere unter die
Specialfälle zu rechnen hat, die sich alle auf den angeführten allgemeinen Grundsatz zurückführen lassen.

Betrachten wir einige dieser Specialfälle genauer! Vorausschicken
will ich die Bemerkung, dass bei vielen Korallen die äussere Gestalt
eine constante Regelmässigkeit zeigt: die Folge davon ist, dass bei
diesen das Vermehrungsgesetz der Septen ebenfalls constant bleibt.
(Vergl. SEMPER l. c.: „Jede Art scheint ihr besonderes Gesetz zu
haben.")

Ueber die Arten der Gattung *Flabellum* liegen betreffs des in
Rede stehenden Punktes zahlreiche Beobachtungen vor [1]). Die äussere
Form eines *Flabellum* ist characteristisch: der Querschnitt des Kelches
ist, da letzterer seitlich comprimirt ist, mehr oder minder elliptisch
oder lanzettlich, die Ecken sind oft weit ausgezogen. Da bei jeder
einzelnen Art das Achsenverhältniss des Querschnitts ziemlich constant ist, so haben auch die Untersuchungen über die Vermehrung der
Septen bei dieser Gattung fast für jede Art eigenthümliche und constante Verhältnisse ergeben. Die Resultate, die v. MARENZELLER [2])
erhielt, sind zusammengefasst folgende: „Die Sternleisten entstehen zwischen
je zwei älteren. Dies geschieht bei einigen Arten vollkommen regelmässig, bei anderen sind die an den Enden der Längsachse gelegenen
Kammern besonders begünstigt, und es treten hier Sternleisten höherer
Ordnung auf, bevor noch in andern Kammern die der nächst niedrigeren Ordnung ausgebildet sind." Prüfen wir, wie sich diese beiden
Fälle unter den Arten der Gattung vertheilen, so finden wir, dass bei
den wenig comprimirten, also im Querschnitt annähernd runden Formen
(wie z. B. *Fl. japonicum, apertum, patagonicum*) die regelmässige
Vermehrung vorherrscht, dagegen bei anderen, die stark comprimirt
sind und einen bedeutend in die Länge gezogenen Querschnitt besitzen
(z. B. *Fl. pavoninum, distinctum, candeanum*), die Eckkammern, d. h.
die an den ausgezogenen Ecken gelegenen, mehr Septen bilden. Mit
dem oben ausgesprochenen Gesetz stimmen diese Verhältnisse durchaus: bei den mehr rundlichen Formen verhalten sich die primären
Kammern im späteren Wachsthum ungefähr gleich: die Bildung der
neuen Septen erfolgt also gleichmässig. Bei den comprimirten besitzen die Eckkammern ein stärkeres Wachsthum gegenüber den Mit-

---

1) Vergl. SEMPER l. c. u. v. MARENZELLER.
2) l. c.: Ueber das Wachsthum der Gattung *Flabellum*, p. 44.

telkammern: es wird also in ihnen mehr Platz sein für neue Septen, und demgemäss legen sich in ihnen auch mehr an. Je nach dem Verhältniss der Achsen auf dem Querschnitt ist für die einzelnen Arten das vermehrte Auftreten der Septen in den Eckkammern verschieden.

Ein weiterer Specialfall — den ich schon bei der einen Gruppe von *Flabellum* berührt habe — ist der, dass die Umgrenzung der Koralle kreisförmig ist. Derartige Formen (*Caryophyllia cyathus*, *Paracyathus sp.*, *Dendrophyllia ramea*) führten v. Koch dazu, ein Gesetz von der gleichmässigen Vermehrung der Septen in jeder Primärkammer aufzustellen. Betrachtet man diese Formen unter dem oben angeführten Grundsatz, so ist es ebenfalls klar, dass sich die Septen in dieser regelmässigen Weise vermehren müssen: zwischen je zwei Septen niederer Ordnung wird beim weiteren Wachsthum gleichmässig Platz, so dass sich in den Zwischenräumen auch gleichmässig die Septen höherer Ordnung anlegen.

Einen dritten Specialfall muss ich noch besprechen, und zwar hat dieser deswegen ein besonderes Interesse, weil bei ihnen eine Vermehrung der Septen nach einem dem Milne Edwards'-schen ähnlichen resp. auf dasselbe zurückführbaren Gesetze erfolgt. Ich meine die Vermehrung der Septen bei der Gattung *Stephanophyllia*.

Hier besitzt die Koralle eine kreisrunde Gestalt: auffallend dabei aber ist, dass die Columella, resp. das Kelchcentrum bedeutend in die Länge gestreckt ist. Eine wenig comprimirte Columella findet sich auch bei den anderen runden Formen, doch ist diese Bildung bei den meisten so wenig ausgesprochen, dass sie auf die Anlage der Septen wenig oder gar keinen Einfluss ausübt [1]).

Theoretisch würde sich das gegenseitige Verhältniss der von den Septen eingeschlossenen Kammern bei solchen runden Formen mit langgestreckter Columella folgendermaassen gestalten.

Durch die 6 ersten (grössten) Septen, von denen zwei in ihrer Längsrichtung mit der Centralgrube eine Linie bilden, werden 6 primäre Kammern gebildet. Diese Kammern verhalten sich schon ungleich.

---

1) Diese Formen sind keineswegs bilateral, da das wesentliche Merkmal der bilateralen Symmetrie, die Ungleichpoligkeit einer Kreuzachse, fehlt. Sie stellen nur (ähnlich den Ctenophoren) einen höheren secundären Strahltypus dar (vergl. Götte, l. c.).

Aus der Figur (Holzschnitt 2) ist leicht ersichtlich, dass die mit I
bezeichnete Kammer congruent ist ihrer Gegenkammer. Anderseits

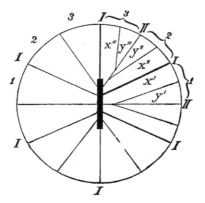

Fig. 1.

sind die übrigen vier Kammern, deren eine mit II bezeichnet ist,
unter sich congruent resp. symmetrisch, von I ist ihre Gestalt jedoch
wesentlich verschieden. Denkt man sich in diesen Primärkammern
einen zweiten Cyclus von Septen entstanden, so erhält man 12 secundäre Kammern, unter denen drei Gruppen von je 4 sich unterscheiden
lassen (1, 2 und 3). Die Kammern jeder dieser drei Gruppen sind
unter sich congruent resp. symmetrisch (je zwei und zwei), die verschiedener Gruppen lassen sich jedoch auf keine Weise zur Deckung
bringen, da jede Gruppe in ihrer Beziehung zum langgestreckten Centrum sich anders verhält [1]). Durch weitere Anlage von Septen werden
sich in den dadurch neugebildeten Kammern weitere entsprechende
Verschiedenheiten zeigen. Diese Verschiedenheiten in den Kammern
einer und derselben Ordnung können nun darin ihren Ausdruck finden,
dass in den verschiedenen Gruppen von Kammern die
Septen sich verschiedenartig anlegen.

Untersuchen wir, ob letzteres bei *Stephanophyllia* der Fall ist [2]).

---

1) Als Hülfsconstruction denke man sich die Septalenden auf die
Columella projicirt: nur so lässt sich die Beziehung der Kammern zu
dem langgestreckten Centrum (der Columella) graphisch darstellen.

2) Als Material für diese Untersuchung diente mir eine recente

Wir sehen daselbst (vergl. Holzschnitt 1) 6 einfache primäre Septen, die genau so, wie in der theoretischen Figur angeordnet sind [1]) (vergl. Holzschnitt 2). Es werden 6 primäre Kammern gebildet, von denen 2 (zu beiden Seiten der Columella) unter sich, und wieder 4 andere (je zwei an den ausgezogenen Ecken der Columella) gleich, resp. spiegelbildlich gleich sind. Diese 6 Septen sind mit I bezeichnet. Die secundären Septen (mit II bezeichnet) legen sich nun wirklich ungleich an, wenn auch nur minimale Abweichungen stattfinden. In den beiden Mittelkammern (ich gebrauche diesen Ausdruck der Kürze wegen,

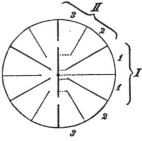

Fig. 2.

und weil sich diese von MARENZELLER für *Flabellum* angewendete Bezeichnung deshalb wohl hier anwenden lässt, weil seine Mittel- und Eckkammern zur Columella in demselben Verhältniss stehen, wie bei *Stephanophyllia*) sind die secundären Septen normal d. h. in der Mitte der Kammern gelegen und reichen bis zur Columella. In den vier Eckkammern dagegen erstrecken sich diese Septen von der Mitte des peripherischen Kreisbogens zwischen den Septen I. Ordnung nicht ·durch die Mitte der Kammern, sondern etwas schräg, geneigt gegen dasjenige Septum I. Ordnung, das jede Eckkammer von einer Mittelkammer trennt, zur Columella: diese Septen zeigen also die Tendenz, nach der gewissermaassen, in Folge des auf dieser Seite stärker entwickelten Primärseptums, ausgezogenen Spitze der Eckkammer hin sich stärker zu entwickeln. Da sie die Columella eher erreichen als die entsprechenden Septen der Mittelkammern, sind sie auch kürzer als diese.

In diesem Stadium erkennen wir sofort das oben theoretisch abgeleitete Verhältniss wieder; wo drei Gruppen (1, 2, 3) von je 4

---

*Stephanophyllia* (*St. superstes* ORTM., in: Zool. Jahrb. Bd. 3) aus Japan und besonders Exemplare von *St. nysti* E. H. aus dem Miocän von Antwerpen. Die Längenverhältnisse der Septen und ihre Lagebeziehungen sind genau an einem Stück der letzteren ausgemessen, so dass in diesem Punkt die Figur vollkommen den natürlichen Verhältnissen entspricht.

1) Die 4 seitlichen laufen nicht genau gegen den Mittelpunkt, sondern sind etwas schräg gerichtet: ein Umstand, durch den die unten zu erwähnende Verschiedenheit der Kammern noch stärker wird.

secundären Kammern sich unterscheiden: nur sind die Kammern der
Gruppe 2 und 3 durch die schiefe Anlage des sie trennenden Septums
weniger verschieden als in der theoretischen Figur.

In den drei Gruppen sind nun die Septen des 3. Cyclus (oder
Ordnung) im Verlauf ungefähr ähnlich angelegt, d. h. die Septen
dritter Ordnung verlaufen von der Mitte des peripherischen Theils
der secundären Kammern schräg nach innen und vereinigen sich
mit den benachbarten secundären Septen. Jedoch ist in
den Kammern verschiedener Gruppen die Länge der tertiären Septen
verschieden: am längsten sind sie in den Kammern der Gruppe 1,
kürzer in Gruppe 2, am kürzesten in Gruppe 3, was mit der verhält-
nissmässigen Länge der Kammern in Einklang steht.

Durch die Septen dritter Ordnung werden die secundären Kammern in je zwei tertiäre Kammern zerlegt, die nunmehr an Gestalt
völlig unähnlich und an Länge bedeutend verschieden sind. Ich bezeichne diese tertiären Kammern mit x' und y', x'' und y'', x''' und y''',
je nach der Gruppe von secundären Kammern, aus denen sie hervorgegangen sind. Man sieht, dass x', x'' und x''' in ihrer Gestalt unter
sich verwandt sind, wie anderseits auch y', y'' und y'''. x' ist länger
als x'', und dieses länger als x'''. Ebenso verhalten sich y', y'' und
y'''. Die gegenseitige Länge von y' und x'' u. s. w. steht in keinem
bestimmten Verhältniss, sie können ungleich oder zufällig auch gleich
sein. Jede dieser sechs Kammergruppen besteht aus vier einzelnen
Kammern. In allen diesen 24 tertiären Kammern legen sich nun die
folgenden Septen in der Weise an, dass immer eines höherer Ordnung
sich an das schon vorhandene niederer Ordnung mit dem inneren
Ende anlehnt. Es ist überflüssig, hierauf weiter einzugehen, da die
Verschiedenheit der Kammern immer wieder unter den gleichen Gesichtspunkten zunimmt. Auch wird weiterhin der Verlauf der einzelnen
Septen undeutlich: es sind in jeder der 24 Kammern noch etwa drei
Septen vorhanden, die aber für jede Gruppe besondere Längenverhältnisse zeigen: demnach also würden z. B. an der Bildung
des nächsten (des vierten) Cyclus (der nächsten 24 Septen) 6 Gruppen
von verschieden langen Septen, jede Gruppe zu vier, theilnehmen:
oder, um die Ausdrucksweise von MILNE EDWARDS u. HAIME beizubehalten, es würden die Septen von 6 Ordnungen (der 4. bis 9.), jede
Ordnung zu 4 Septen, den 4. Cyclus bilden. Bei genauerer Betrachtung der Längenverhältnisse — die ich hier nicht weiter anstellen
will — ergiebt sich dann auch, dass es in diesem Fall nicht nur dazu
kommen kann, sondern auch dazu kommen muss, dass hier und da

Septen eines höheren Cyclus angelegt werden, bevor der vorhergehende Cyclus vollständig ist.

Die bei *Stephanophyllia* sich findende Anordnung der Septen lässt sich nun mit dem MILNE EDWARDS'schen Gesetz in engsten Zusammenhang bringen. In der Figur von MILNE EDWARDS und HAIME (H. N. C. pl. A. 5 fig. 3), die ich hier (Holzschnitt 3) in groben

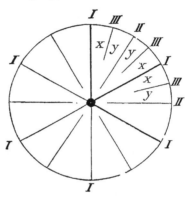

Fig. 3.

Strichen wiedergebe, ist das Centrum der Koralle als r u n d angenommen. Die 6 primären Kammern sind unter sich in Folge dessen völlig congruent. Der zweite Cyclus legt sich gleichmässig an, die entstehenden secundären Kammern sind congruent oder spiegelbildlich gleich. Es erfolgt demgemäss eine gleichmässige Anlage des dritten Cyclus. Von nun an sind aber Gruppen ungleicher Kammern vorhanden, und zwar zwei: die 12 zwischen je einem Septum I. und III. Ordnung gelegenen (welche den mit x′, x″ und x‴ bezeichneten bei *Stephanophyllia* entsprechen) verhalten sich unter sich gleich. Ich bezeichne sie mit x. Anderseits sind wieder unter sich die 12 zwischen je einem Septum II. und III. Ordnung gelegenen Kammern gleich (sie entsprechen bei *Stephanophyllia* den mit y′, y″ und y‴ bezeichneten). Sie sind hier mit y bezeichnet. In den einzelnen Kammern dieser beiden Gruppen legen sich die Septen verschiedener Ordnungen an: in denen der Gruppe x die der 4., 6. und 8., in denen der Gruppe y die der 5., 7. und 9. Ordnung. Man erkennt, dass die längeren Septen (die der niederen Ordnungen) sich in den entsprechend längeren Kammern anlegen.

Beim MILNE EDWARDS'schen Gesetz erfolgt also die Anlage der drei ersten Cyclen ganz regelmässig, von da an machen sich Verschiedenheiten in der Gestalt der Kammern bemerklich, und demgemäss treten auch Verschiedenheiten in der Bildung der nun folgenden Septen hervor [1]). Bei *Stephanophyllia* ist von Anfang an eine Verschiedenheit, schon in den Primärkammern, vorhanden, und deshalb sind schliesslich auch die Kammern x (x′, x″ und x‴) und y (y′, y″ und y‴) nicht völlig gleich, wie beim MILNE EDWARDS'schen Gesetz. Daher rührt in diesen Kammern die Grössendifferenz der Septen.

Aus alledem geht hervor, dass das MILNE EDWARD'sche Gesetz theoretisch sehr wohl eine Begründung besitzt. Es fehlen nur die thatsächlichen Beispiele für dasselbe oder sind doch sehr selten. MILNE EDWARDS und HAIME führen keine Koralle namentlich an, die ihr Gesetz in allen Einzelheiten deutlich erkennen liesse. Die successive Entstehung der Septen 4. und 5. Ordnung wird aus dem Verhalten verschiedener Korallen combinirt: eine derselben, *Coenopsammia tenuilamellosa*, besitzt nur die 4., andere, *Heliastraea forskalana*, *Trochocyathus gracilis*, *Cyathohelia axillaris*, besitzen die 4. und 5. Ordnung. Wir sehen jedoch, dass die Stephanophyllien das vollstäudige Gesetz erkennen lassen, jedoch in einer durch die längliche Gestalt des Centrums bedingten, etwas modificirten Form.

Jedenfalls aber steht fest, dass sowohl das MILNE EDWARDS'sche Gesetz in seiner reinen Form, als auch die veränderte Form desselben bei *Stephanophyllia* eng mit den äusseren Gattungsverhältnissen der Koralle zusammenhängt, dass sich eben die grössten Septen dort anlegen, wo der meiste Platz ist. Dass ein g r ö s s e r e s Septum ä l t e r ist als ein kleineres, ist ein Satz, der wohl gelegentlich nicht ganz zutreffen dürfte, aber bei den behandelten regelmässigen Gestaltungsverhältnissen wohl vorausgesetzt werden darf.

Der Grund davon, dass bei den von v. KOCH untersuchten runden Formen obiges Gesetz nicht zu Tage tritt, wird darin zu suchen sein, dass bei diesen Formen die Septen des ersten, zweiten und oft auch des dritten Cyclus g l e i c h l a n g sind, eine Verschiedenheit in der Gestalt der Kammern also entsprechend später oder gar nicht auftreten wird.

---

1) Schon bei MILNE EDWARDS u. HAIME findet sich der Hinweis auf den Zusammenhang der Gestalt der Kammern mit der Anlage der Septen, doch wird das Factum, dass gerade die Grösse der ersteren eine Anlage grösserer Septen (und demnach eine frühere Anlage der letzteren) bedingt, nicht genügend hervorgehoben. Vergl. H. N. C. I, p. 48 f., besonders die 2. und 4. Regel.

Dieses zuletzt angedeutete Verhältnis, dass allem Anschein nach bisweilen eine andere Anzahl als s e c h s primäre d. h. gleiche grösste Septen vorhanden sind, drängt uns schliesslich noch zur Erörterung der Frage, ob die S e c h s z a h l bei den Hexacorallen wirklich von der durchgreifenden Constanz und Bedeutung ist, dass man sie als Grundzahl für den ganzen Aufbau der Korallenperson ansprechen muss.

Bei der überwiegenden Mehrheit der Korallen c o l o n i e e n ist im erwachsenen Zustande eine Anordnung der Sternleisten nach sechs Systemen n i c h t e r k e n n b a r. Anderseits lässt sich jedoch immerhin noch häufig genug (bei ungefähr runden Personen) auch im erwachsenen Zustand ein mehr oder minder deutlicher sechsstrahliger Bau erkennen.

Da wir annehmen müssen, dass die Hexacorallen aus Tetracorallen hervorgegangen sind, so wird obige Frage so zu modificiren sein, ob es beim Verschwinden der bilateralen Symmetrie im Wesen der letzteren liegt, zur strahligen Sechszähligkeit überzugehen, oder ob diese eine Anpassungserscheinung für besondere Fälle der äusseren Gestaltung ist.

Betrachten wir die embryonale Entwicklung von *Astroides calycularis* [1]), wo sich vor unseren Augen der Uebergang aus der Bilateralform zur Strahlform vollzieht, so finden wir Folgendes. In dem Stadium, wo sechs Gastralfalten existiren, ist die bilaterale Symmetrie noch deutlich erkennbar. Es legen sich sechs weitere Falten an, jedoch nicht jede zwischen zwei primären, sondern zwei Fächer erhalten keine neuen Falten, während 2 andere deren je 2 erhalten. Die nunmehr bestehenden 12 Falten gleichen sich aus, und es erfolgt dann die gleichzeitige Anlage von 12 gleichen kalkigen Septen [2]).

Betrachtet man ferner das fertige Kalkgerüst von regelmässig umgrenzten Hexacorallen, so findet man vielfach nicht sechs primäre

1) Nach LACAZE-DUTHIERS l. c.
2) Die bilateral angeordneten 6 primären Magenfalten entsprechen zwar nicht der Vierzähligkeit der Tetracorallen: jedoch muss man beachten, dass dem Stadium mit 6 Magenfächern bei *Astroides* ein solches mit 4 vorangeht. Ueberhaupt ist auf das Vorhandensein von 4 Primärsepten bei den Tetracorallen kein besonderes Gewicht zu legen, sondern nur auf das Vorhandensein zweier u n g l e i c h e r Gegensepten, wie es auch bei *Astroides* der Fall ist. Man vergesse nicht, dass die Magenfalten mit den kalkigen Septen alterniren. Vgl. die Abbildungen bei LACAZE-DUTHIERS und auch FRECH: Ueber das Kalkgerüst der Tetracorallen, in: Zeitschr. d. D. Geol. Ges., Bd. 37, 1885, p. 939 ff.

Septen, sondern etwa deren z w ö l f (und mehr), d. h. zwölf grösste
Septen, die unter sich aber gleich gross sind (vgl. z. B. MARENZELLER,
der bei *Flabellum* 12 primäre Kammern annimmt.)

Aus diesen Beobachtungen scheint hervorzugehen, dass die kleinste
Zahl der Gastralfalten, bei der ein völlig radiärer Bau ausgesprochen
ist, die Zahl z w ö l f ist. Es ist jedoch nicht ausgeschlossen, dass ge-
legentlich schon bei einer niederen oder auch erst bei einer höheren
Zahl die ursprünglich bilateral angelegten Theile sich egalisiren.
J e d e n f a l l s  i s t  d i e  S e c h s z a h l  n i c h t  d i e  G r u n d z a h l  d e r
H e x a c o r a l l e n ,  d i e  s i c h  m i t  N o t h w e n d i g k e i t  a u s  d e r
U m w a n d l u n g  d e s  b i l a t e r a l e n  T h i e r e s  i n  e i n  s t r a h l -'
f ö r m i g e s  e r g i e b t , vielmehr scheint es, als ob die Zwölfzahl mehr
Berechtigung hat, als eine solche angesprochen zu werden, wenn über-
haupt eine gemeinsame Grundzahl für alle Hexacorallen besteht.
Letzterer Punkt kann nur durch weitere embryologische Untersuchungen
an lebenden Korallen seine Erledigung finden.

Trotzdem giebt es viele Korallen, die einen sechsstrahligen Bau
zeigen. Dieser muss, da er in der Ontogenie seine Erklärung nicht
findet, durch Anpassung an äussere Gestaltungsverhältnisse bedingt
sein, und in der That, glaube ich, lässt sich ein auch sonst bekanntes
Princip in diesem Fall anwenden.

Denkt man sich eine Anzahl in einer Ebene liegender kreisrunder
Elemente zusammengedrängt, so nehmen diese bekanntlich unter dem
gegenseitigen Druck eine sechseckige Gestalt an. Dieser Satz lässt sich
auch auf die Korallencolonien anwenden. Die einzelnen Personen sind
im Querschnitt ursprünglich rund. Durch das colonieweise Zusammen-
wachsen erhalten jedoch ihre in einer Ebene liegenden Durchschnitte
durch die gegenseitige Beeinflussung ebenfalls eine mehr oder minder
sechseckige Form. Hierdurch ist auch die Grundzahl der Septen gegeben: es mögen beliebig viel angelegt sein, stets sind sechs Haupt-
radien vorhanden, und die in diesen Radien liegenden Septen werden
sich demgemäss stärker als die übrigen entwickeln. Aendert sich in
irgend einer Weise der regulär-sechseckige Querschnitt der Person, so
wird sich dementsprechend auch das Grössen- und Zahlenverhältniss
der Septen ändern. Wir kommen somit auf theoretischem Wege zu
jenem auf Grund des thatsächlichen Verhaltens ausgesprochenen Satze,
d a s s  d i e  A n o r d n u n g  d e r  S e p t e n  d i r e c t  m i t  d e r  ä u s s e r e n
U m g r e n z u n g  i n  Z u s a m m e n h a n g  s t e h t ,  u n d  b e i  r e g e l -
m ä s s i g e r  ä u s s e r e r  G e s t a l t u n g  a u c h  e i n e  R e g e l m ä s s i g -

keit in der Anordnung der Septen sich bemerkbar
macht.

Zwei auffallende Fälle mögen noch zur Illustrirung der voran-
gegangenen Erwägungen dienen.

*Flabellum angulare* Mos. ist theils (nach Moseley in: Chall.
Rep. Zool. II) fünfeckig, theils (nach Pourtalès) sechseckig. Demgemäss besitzt es bald fünf, bald sechs Hauptsepten.

Die Formen der Gattung *Fungia* sind echte Stöcke (vgl. oben).
Die Septen der seitlichen reducirten Personen ordnen sich ungefähr
radial zu der Centralperson an. Da die Umgrenzung rund ist, das
Centrum aber langgestreckt, so muss eine regelmässige Anordnung der
letzteren ungefähr in der Weise stattfinden, wie es bei *Stephanophyllia*
beschrieben ist. In der That hat Bourne (vgl. oben) etwas Aehnliches
beschrieben: dass ich meinerseits bei *Fungia* solche Anordnung nicht
gefunden habe, wird dadurch erklärlich, dass man äusserst selten
wirklich kreisrunde Exemplare vor sich hat, sondern fast nur mehr
oder minder unregelmässig gestaltete, wo dann von einer regelmässigen
Anordnung nicht mehr die Rede sein kann. Ausserdem werden für
solche Formen noch Besonderheiten bedingt dadurch, dass eine Grundzahl sechs niemals, sondern stets eine höhere Zahl von ungefähr gleich-
grossen Septen vorkommt, die, wie vorauszusehen ist, erheblichen
Schwankungen unterliegt.

## Die phylogenetische Ableitung der einzelnen Familien der Hexacorallen.

Ueber den phylogenetischen Zusammenhang der Hexacorallen habe
ich schon anderweitig [1]) einige Gedanken ausgesprochen. Im Wesentlichen kann ich mich hier auf eine kurze Wiederholung der bereits
a. a. O. gemachten Ausführungen beschränken, doch sind — besonders
was die graphische Darstellung anbelangt — einige Aenderungen an-
zubringen.

Wie wir oben gesehen haben, muss man annehmen, dass die drei
Hauptabtheilungen der sog. Hexacorallen, die Euthecalia, Pseudothecalia und Athecalia, aus entsprechenden Gruppen palaeozoischer

---

1) Vgl. meine Arbeit: Die systematische Stellung etc., in: Neues
Jahrb. f. Min. etc. 1887, Bd. 2. — Vgl. hiermit den Stammbaum von
Haeckel, Arabische Korallen, Taf. VI, p. 47, 48.

Korallen hervorgegangen sind. Die gemeinsame Wurzel dieser drei Abtheilungen ist demnach in den ältesten geologischen Epochen zu suchen, aus denen überhaupt Fossilien bekannt sind. Ueber die Eigenschaften der gemeinsamen Stammformen aller Korallen (der Protocorallen) können wir uns einige Vorstellungen machen, wenn wir berücksichtigen, dass diese Formen zwar schon typische Korallthiere mit deren Merkmalen gewesen sein müssen, jedoch von den unterscheidenden Merkmalen der späteren Korallen, der Mauerbildung etc., noch keine Spur besessen haben können. Es mögen Coelenteraten gewesen sein, die wesentlich aus einer Gastralhöhle und deren Umwandung bestanden haben mögen, jedoch schon die Gastralfalten besessen haben müssen. Das Kalkskelet fehlte entweder vollkommen, oder es fanden sich nur die ersten Spuren von Septen, denn letztere können keineswegs eine bedeutende Entwicklung erreicht haben: das Auftreten derselben erforderte jedenfalls bald eine Fixirung derselben in ihrer gegenseitigen Lage, und es wurde somit die Veranlassung gegeben, einerseits zur Bildung der echten Mauer der Euthecalia, anderseits zur Bildung seitlicher Verschmelzung der Septen bei den Pseudothecalia und Athecalia. Dass sich alle drei Gruppen bei den palaeozoischen Korallen auffinden lassen, ist mehr als wahrscheinlich. Die Pseudothecalia und Athecalia stehen sich gegenseitig etwas näher als die Euthecalia jeder dieser beiden Gruppen.

Zu Beginn der Secundärzeit haben wir in den korallenführenden Ablagerungen eine fühlbare Lücke: erst in der oberen Trias treten wieder Korallenriffe auf. In diesen sind die beiden Gruppen der Pseudothecalia und Athecalia neben einander in zahlreichen Formen vorhanden: die Euthecalia finden sich wenig später, nämlich im Lias (z. B. *Thecocyathus*). Ihr Fehlen in der Trias erklärt sich wohl aus dem Mangel von Tiefseekorallen daselbst, zu denen die Euthecalia meistens gehören. Nur die riffbildende Gattung *Stylina* soll in der obersten Trias auftreten, doch ist deren systematische Stellung noch nicht endgültig entschieden.

In den folgenden Zeiträumen entwickeln sich die drei Hauptgruppen der Korallen in selbständigen Stämmen weiter. Was die Euthecalia anbetrifft, so haben wir immer nur verhältnissmässig sparsame Reste derselben, doch lassen sich z. B. die Turbinoliden in allen Ablagerungen, die Tiefseekorallen führen, nachweisen. Unzweifelhafte Oculiniden treten im oberen Jura mit *Ennalohelia* und Verwandten in grösserer Menge auf, finden sich später aber nur noch sparsam. Die Pocilloporiden erscheinen mit Beginn der

Tertiärzeit, und zwar in der Gattung *Stylophora*; *Pocillopora* findet sich dann vom Miocän an. Die übrigen Euthecalia, die ich provisorisch als Styliniden vereinige, werden wohl, wenn die einzelnen Formen näher untersucht sein werden, in mehrere Familien zu spalten sein. Von fossilen Formen erwähne ich, abgesehen von den Gattungen *Stylina* und *Cyathophora*, von denen die erstere von der Trias an bis zur Kreide, die letztere besonders im Jura sich findet, und die betreffs ihrer systematischen Stellung noch Zweifel bestehen lassen, noch folgende: *Rhipidogyra*, *Pachygyra* und Verwandte (Jura bis Tertiär und Recent).

Der Zusammenhang der einzelnen Zweige der Euthecalia ist zunächst noch nicht mit Sicherheit festzustellen, da über die einzelnen fossilen Gattungen noch nicht in hinreichend ausgedehntem Maasse Untersuchungen vorliegen. Vielleicht finde ich später einmal Gelegenheit, auf diesen Punkt zurückzukommen.

Die Pseudothecalia finden sich als Astraeiden durch sämmtliche Riffkorallen führende Ablagerungen von der Trias an in zahlreichen Gattungen, von denen viele eine ausgedehnte verticale Verbreitung besitzen, z. B. *Latimaeandra*, *Isastraea*, *Montlivaultia* und *Thecosmilia* (Trias-Tertiär). Maeandrininen treten vom Jura an auf und gehen bis zur Jetztzeit. Heliastraeen finden sich seit dem oberen Jura. Die Echinoporiden sind nur recent.

Die Athecalia erreichen die grösste Mannigfaltigkeit in der Formentwicklung. Zunächst sind sie als Thamnastraeiden von der Trias an bekannt. Diese erreichen im Jura und der Kreide den Höhepunkt der Entwicklung und sterben dann fast vollkommen bis auf wenige jetzt erhaltene Reste (*Coscinaraea* und die Siderastraeiden) aus. Im Jura (oder schon früher?) zweigt sich von ihnen die Familie der Cyclolitiden (mit *Anabacia*) ab, die in der Kreide in der Gattung *Cyclolites* eine grosse Entwicklung erreicht, im Tertiär aber verschwindet. Gleichzeitig scheinen sich die Lophoseriden (z. B. *Gonioseris*) entwickelt zu haben, letztere erreichen jedoch im Tertiär eine bedeutendere Mannigfaltigkeit und den Höhepunkt ihrer Entwicklung in der Jetztzeit, wo die Meruliniden und Fungiden hinzutreten. Im oberen Jura nehmen aus den Thamnastraeiden zwei weitere kräftige Zweige ihren Ursprung: es sind dies einmal die Eupsammiden durch Vermittlung von *Diplaraea*, die in verhältnissmässig geringer Anzahl sich gleichmässig bis zur Jetztzeit erhalten haben; dann aber sind es die Madreporacea, deren Ausgangspunkt in den Gattungen *Microsolena* und besonders *Actinaraea* zu suchen ist. An *Actinaraea* schliessen sich einerseits die T u r b i n a r i i d e n an, von denen typische Vertreter im Tertiär bekannt sind (*Astraeopora*: Eocän, *Turbinaria*: Miocän), anderseits die echten P o r i t i d e n, die seit der oberen Kreide auftreten. Von letzteren werden sich wieder zu Beginn der Tertiärzeit die M a d r e p o r i d e n, etwas später die A l v e o p o r i d e n und von diesen in der neuesten Zeit der M o n t i - p o r i d e n abgezweigt haben.

Was die graphische Darstellung des Stammbaums anbelangt, so ist Folgendes zu bemerken.

Die von HAECKEL eingeführte Art und Weise, einen Stammbaum durch einfache Linien darzustellen, ist zwar nicht im Stande, von der wirklichen Descendenz einer Thiergruppe in ihrem natürlichen Ver- hältniss ein völlig correctes Bild zu geben, es wird jedoch dieses schematische Mittel stets das einzige bleiben, um sich über die natür- lichen Verwandtschaftsverhältnisse eine bestimmte Vorstellung zu bilden. Man muss eben sich stets vergegenwärtigen, dass die einzelnen lebenden Abtheilungen einer Thiergruppe die äussersten Spitzen eines büschel- förmig in mannigfacher Weise verzweigten Stammes sind: die Dar- stellung eines Stammbaumes im R a u m e würde den wirklichen Ver- hältnissen bedeutend näher kommen als die in einer E b e n e. Da erstere aber nicht gut auszuführen ist, bleibt nur die letztere übrig.

Der von mir gegebene Stammbaum der Korallen macht nur dar- auf Anspruch, in groben Strichen die Ursprungsstellen der verschie- denen recenten Familien anzugeben. An das Ende der einzelnen Zweige ist die wichtigste der betreffenden Familie angehörige recente Gattung gestellt. In den verschiedenen geologischen Epochen sind die Namen anderer phylogenetisch wichtiger oder für die betreffende Zeit be- sonders characteristischer Gattungen gesetzt, jedoch wäre es durch- aus falsch, anzunehmen, dass alle durch Linien verbundenen Gattungsnamen in einem directen Descendenzverhältniss zu einander ständen.

Durch weitere Studien der fossilen Korallen werden sich jedenfalls noch weitere Einzelheiten ergeben: es ist selbst zu erwarten, dass der Stammbaum der Korallen später in einer Vollständigkeit sich ergeben wird, die nur bei wenigen Thierklassen möglich ist. Die korallen- führenden Ablagerungen der Secundär- und Tertiärzeit sind so zahl- reich, liegen in so verschiedenem Niveau, dass sich wohl nirgends grössere Lücken ergeben werden. Leider sind aber die meisten fossilen Korallenfaunen noch viel zu ungenügend bekannt, als dass man jetzt schon auf Grund von palaeontologischen Thatsachen an den Ausbau des Korallenstammbaums im Einzelnen gehen könnte. Auch die bisher beschriebenen fossilen Korallenablagerungen bedürfen sämmtlich einer Revision, um die systematische Stellung der aus ihnen bekannt gewordenen Formen nach den neuen Gesichtspunkten in's Klare zu bringen.

|  | ia |  | Athecalia | | | | | | | | | | |
|---|---|---|---|---|---|---|---|---|---|---|---|---|---|
|  | *hino-ora* | *Fungia* | *Meru-lina* | *Lopho-seris* | *Coscin-araea* | *Sider-astraea* | *Turbi-naria* | *Monti-pora* | *Alveo-pora* | *Porites* | *Madre-pora* | *Dendro-phyllia* |

*Heliastraea*
*Favia*
*Prionastraea*
*Latimaeandra*
*Symphyllia*
*Isastraea*
*Trochosmilia*

*Pachy-gyra*

*Trochoseris*
*Cyathoseris*

*Turbi-naria*

*Porites*

*Madre-pora*

*Alveo-pora*

*Flabel-lum*

*Cyclolites*

*Astraeo-pora*

*Porites*

*Madre-pora*

*Lobo-psam-mia*

*Leptoria*
*Hydnophora*
*Latimaeandra*
*Trochosmilia*
*Heliastraea*

*? Stylina*

*Cyclolites*

*Thamn-astraea*

*Trocho-cyathus*

## Erklärung der Abbildungen.

### Tafel XI—XVI.

Fig.  1.  *Siderastraea sphaeroidalis* n. sp.  Ganze Colonie ¼

Fig.  2.  *Madrepora multiformis* n. sp.  Ganze Colonie ca. ⅓.

Fig.  3.  *Madrepora ceylonica* n. sp.  Ganze Colonie ca. ⅓.

Fig.  4.  *Madrepora elegantula* n. sp.  Ganze Colonie ca. ⅓.

Fig.  5.  *Madrepora coalescens* n. sp.  Ganze Colonie ca. ¼.

Fig.  6.  *Madrepora remota* n. sp.  Ganze Colonie ca. ⅓.

Fig.  7.  *Tichoseris angulosa* n. sp.  Eine kleinere Colonie ¼.

Fig.  8.  *Fungia costulata* n. sp.  Stock von der Unterseite ¼.

Fig.  9.  *Fungia lobulata* n. sp.  Stock von der Unterseite ca. ¾.

Fig. 10.  *Goniastraea serrata* n. sp.  Ein Theil der Oberfläche ¼.

Fig. 11.  *Prionastraea acuticollis* n. sp.  Ein Theil der Oberfläche ¼.

Fig. 12.  *Galaxea heterocyathus* n. sp.  Ganze Colonie ca. ⅓.

### Taf. XVII.

Fig. 1.  *Turbinaria mesenterina* (LAM.).  Querschliff durch den Theil eines Kelches mit Cönenchym.  Letzteres bildet sich durch die netzförmig sich vereinigenden peripherischen Enden der Septen (*s*).  $\frac{30}{1}$.

Fig. 2.  *Heliastraea annularis* (ELL. SOL.).  Querschliff durch die Berührungsstelle dreier benachbarter Kelche (*c c c*).  Die seitlich verdickten Septen bilden die ringförmigen falschen Mauern (*t*), setzen sich über dieselben hinaus als Rippen fort, vereinigen sich und bilden die Exothek.  Sowohl im Innern der Kelche als auch zwischen den Rippen sieht man Traversen (*tr*).  $\frac{30}{1}$.

Fig. 3.  *Maeandrina labyrinthica* (L.).  Querschliff durch ein Stück einer Mauer.  Dieselbe bildet sich durch die seitlich verschmelzenden Septen.  Die Verkalkungscentren der letzteren (dunkel gehalten) sind sämmtlich radial, d. h. senkrecht zur Mauer gerichtet.  Tangential gerichtete Verkalkungscentren (d. h. eine echte Mauer) fehlen.  $\frac{30}{1}$.

Fig. 4. *Acrohelia horrescens* (Dan.). Querschliff durch einen Kelch, um die tangential gerichteten Verkalkungscentren der echten Mauer (*t*) zu zeigen. $\frac{30}{1}$.

Fig. 5. *Lophohelia prolifera* (Pall.). Querschliff durch den Theil eines Kelches. *s* = die Septen mit ihren radialen Verkalkungscentren. *t* = die tangential gerichteten Verkalkungscentren der echten Mauer. *x* = die secundären Verdickungsschichten der Mauer. $\frac{30}{1}$.

Fig. 6. *Amphihelia oculata* (L.). Querschliff durch den Theil einer Kelchwand. *s* und *t* wie in voriger Figur. $\frac{30}{1}$.

Tafel XVIII.

Fig. 7. *Pocillopora* sp. Querschliff durch einen Kelch. Die Septen sind nur schwach entwickelt, und die Hauptmasse des Sklerenchyms wird durch die echte Mauer (*t*) und ihre Verdickung gebildet. $\frac{30}{1}$.

Fig. 8. *Desmophyllum dianthus* (Esp.). Querschliff durch einen Theil der Kelchwand. *s* = zwei Septen niederer Ordnung (primäre). Zwischen ihnen findet sich die echte Mauer (*t*). $s^1$ = Septen höherer Ordnungen. $\frac{30}{1}$.

Fig. 9. *Flabellum distinctum* E. H. Querschliff durch einen Theil der Kelchwand. *s* und *t* wie in voriger Figur. $\frac{30}{1}$.

Fig. 10. *Euphyllia fimbriata* (Spglr.). Querschliff durch einen Theil der Kelchwand. *s* und *t* wie in den vorigen Figuren. *tr* = Traversen. $\frac{30}{1}$.

Fig. 11. *Galaxea fascicularis* (L.). Querschliff durch den Theil eines Kelches. *s'*, *s''*, *s'''* = Septen 1., 2. u. 3. Ordnung. Zwischen ihnen die echte Mauer. $\frac{30}{1}$.

Fig. 12. Schema der Anordnung der Septen. $\frac{1}{1}$.
   a) von *Podabacia crustacea* (Pall.).
   b) „ *Polyphyllia talpa* (Ok.).
   c) „ *Herpetolitha limax* E. H.
   d) „ *Fungia dentigera* Leuck.
   e) „ „ *crassitentaculata* Qu. Gaim.

Fig. 13 A — G. *Prionastraea tesserifera* (Ehrb.). Durch allmähliches Abschleifen gewonnene Bilder eines Kelches, mit der jedes Mal zwischen den zur Fixirung einzelner Kammern eingesteckten

Nadeln eingeschriebenen Anzahl der vorhandenen Septen. Von A bis E findet eine ziemlich regelmässige Vermehrung der Septen statt (von ca. 4 auf 7). Bei F ist die untere Hälfte des Kelches am stärksten gewachsen, demgemäss vermehren sich die Septen zwischen Nadel III und IV und zwischen III und II stärker. Bei G ist besonders die zwischen Nadel I und IV liegende Strecke des Kelchumfanges gewachsen: es findet sich auch hier die grösste Zunahme der Zahl der Septen. ⸸.

# Monographie der Bienen-Gattungen Chelostoma Latr. und Heriades Spin.

Von

**August Schletterer** in Wien.

---

## Einleitung.

Bei meiner im Sommer 1887 veröffentlichten faunistischen Arbeit „Die Bienen Tirols" wurde ich unter anderem auch auf die Unsicherheit und Verwirrung aufmerksam gemacht, welche bei den Autoren in Betreff der Auffassung der Gattungen *Chelostoma* und *Heriades* herrscht. Dieser Umstand veranlasste mich, das eingehende Studium der genannten Gattungen aufzunehmen, als dessen Resultat die vorliegende monographische Abhandlung zu betrachten ist, und worin ich mich möglichst bemüht habe, das herrschende Dunkel zu klären.

Die Formen von *Chelostoma* und *Heriades* erscheinen bei den ältesten Autoren, wie Linné, Scopoli, Villers, Fabricius und Kirby, als Bestandtheile der Gattung *Apis*, bei Fabricius auch als solche der Gattung *Hylaeus*. Gegen die Fabricius'sche Auffassung erhoben Illiger in seinem Magazin der Insectenkunde (V, p. 50, 1806) und Klug in seiner „Kritischen Revision der Bienengattungen in Fabricius' neuem Piezatensystem" (in: Illig. Magaz. VI, p. 202, 1807) Einspruch, indem Klug gleichzeitig bemerkt, dass *florisomnis* mit der von Kirby unterdessen beschriebenen *campanularum* eine neue, noch zu benennende Gattung ausmache, während er *truncorum* mit der *Osmia leucomelana* zur Gattung *Anthophora* stellt, welcher Gattung die fraglichen Formen bereits 1804 von Fabricius in seinem Piezatensystem und von Illiger in seinem Magazin (s. o. p. 119) zugetheilt erscheinen.

38*

Wie WALCKENAER schon 1802 (Faun. Paris. II, p. 133), so reihten LATREILLE 1805 (Hist. Nat. Crust. et Ins. XIV, p. 52) und SPINOLA 1808 (Ins. Ligur. B. 1, Fasc. 1, p. 133) die damals bekannten Formen von *Chelostoma* und *Heriades* in die Gattung *Megachile* ein, während sie PANZER in seinen Krit. Revis. p. 247, 1805 zu *Anthidium*, JURINE 1807 (Nouv. Method. Hymen. et Dipt. I. p. 247) zu *Trachusa* (= *Stelis*) stellten.

Im Jahre 1808, im Band 2, Fasc. 2 der Ins. Ligur. von SPINOLA (p. 8), erscheinen die betreffenden Formen zum ersten Mal unter dem Gattungsnamen *Heriades*, der sich jedoch auch auf *Trachusa cincta* und *Megachile conica* erstreckt, und 1809 stellt LATREILLE (Gen. Crust. et Ins. IV, p. 161) für *florisomne* eine besondere Gattung — *Chelostoma* — auf, während er für *truncorum* SPINOLA's Gattungsnamen *Heriades* beibehält, der letzteren Gattung aber irriger Weise auch *campanularum* zutheilt, anstatt diese zu *Chelostoma* zu stellen.

Das Schwanken in der Beurtheilung und Scheidung der zwei Gattungen von Seite der folgenden Autoren mag zum Theil sicher auch in dem letztgenannten Umstande betreffs Eintheilung von *campanularum* seinen Grund haben. So stellt LEPELETIER sein *rapunculi* (= *nigricorne*) und *campanularum* mit *truncorum* zu *Heriades,* behält jedoch für *maxillosum* (= *florisomne*) den Gattungsnamen *Chelostoma* bei (Hist. Nat. Ins. Hym. II, p. 406, 1841). ZETTERSTEDT (Insecta Lapponica, p. 467, 1840) vereinigt beide Gattungen in die eine, *Heriades,* und NYLANDER nimmt ebenso nur *Heriades* an, unter welchem Namen er alle Arten anführt, indem er *Chelostoma* für nicht wesentlich verschieden hält von *Heriades* (Adnotationes in expositionem monographicam Apum borealium, in: Act. Soc. Scient. Fenn. IV, 1847, und Revisio synoptica Apum borealium, in: Fenn. Förhandl. II, 1852). EVERSMANN (in: Bull. Soc. Imp. Nat. Mosc. XXV, p. 73, 1852 — Faun. Hym. Volgo-Uralens.) hingegen nimmt nur *Chelostoma* an, beschreibt aber *truncorum* nicht und führt sie auch nicht an, während die anderen Autoren wie CURTIS, BLANCHARD und SMITH beide Gattungen auseinanderhalten.

Auch SCHENCK erkennt beide Gattungen an, stellt jedoch zu *Heriades* ausser *truncorum* auch *Chelostoma campanularum* und *Osmia leucomelana* (in: Jahrbücher des Ver. f. Naturkunde, Nassau, H. IX, p. 74, 1853), während TASCHENBERG in seiner 1883 erschienenen Abbandlung „Die Gattungen der Bienen" (in: Berlin. Ent. Zeit. p. 62) hingegen nur *Heriades* anerkannt, d. h. *Chelostoma* mit *Heriades* vereinigt und darin den Anschauungen von Morawitz (1867) und Chevrier (1872) folgt.

Später glaubte Schenck der herrschenden Verwirrung dadurch abzuhelfen, dass er für *truncorum* eine neue Gattung, *Trypetes*, aufstellte (in: Jahrbücher d. Ver. f. Naturkunde, Nassau, 1859), indem er für *maxillosum* (= *florisomne*) *Chelostoma* beibehielt und *nigricorne* mit *campanularum* zu *Heriades* stellte.    Endlich im Jahre 1872 stellte gar Thomson in seinen Hymenoptera Scandinaviae II, p. 259 für *nigricorne* eine neue Gattung, *Gyrodroma*, auf. Ist es schon ein ganz überflüssiger Ballast oder, wie Taschenberg sehr richtig bemerkt, eine Haarspalterei, auf so geringfügigen Merkmalen eine besondere, neue Gattung aufzubauen, so ist auch ausserdem *Gyrodroma* unzulässig, da bereits 1818 Klug in Oken's Isis (IX. Heft, p. 1451) eine Gattung *Gyrodroma* (= *Stelis*) anführt, welche nach ihm aus *Megachile aterrima, phaeoptera* und *ornatula* besteht. Dies die wechselreiche Geschichte unserer Gattungen *Chelostoma* und *Heriades*.

Der auffallende Umstand, daß die verschiedenen Autoren in der Beschreibung der Mundtheile, speciell in jener der Kiefer- und Lippentaster von einander sehr abweichen, hat endlich jede Angabe über die Anzahl der Tasterglieder ganz und gar unverlässlich gemacht.    Ich habe daher an den sorgfältig präparirten Mundtheilen von *Chelostoma florisomne, nigricorne, campanularum* und *Heriades truncorum* eingehende Untersuchungen gepflogen und gefunden, dass die Kiefertaster bei den drei erstgenannten Arten aus d r e i, bei *Her. truncorum* aus v i e r Gliedern bestehen, während die Lippentaster bei allen vier genannten Arten viergliedrig sind.    Bei den drei erstgenannten Arten aber entspringt das vierte (letzte) Lippentasterglied vor dem Ende (seitlich) des dritten, bei *Her. truncorum* am äussersten Ende des dritten Gliedes.

Es scheint mir daher als das Einfachste und Natürlichste, für *florisomne* und die nächstverwandten Formen, wozu auch *nigricorne* und *campanularum* gezählt werden müssen, den Gattungsnamen *Chelostoma* beizubehalten, welche Gattung Latreille auf *florisomne* begründet hat, für *truncorum* und die nächstverwandten Formen aber den Gattungsnamen *Heriades* Spin., welcher vor Abtrennung von *florisomne* durch Latreille die Formen beider Gattungen umfasste.

Mit der Vermengung und Verwechselung beider Gattungen musste selbstverständlich auch eine Verwirrung in der Synonymie Platz greifen. Die Beschreibungen der älteren Autoren lassen zum Theil keine auch nur halbwegs sichere Deutung zu. Es sind ferner bis in die neueste Zeit Thiere als Arten von *Chelostoma* und *Heriades* beschrieben und eingereiht worden, welche theils identisch sind mit bereits früher beschriebenen Formen, theils aber anderen nahestehenden Gattungen wie *Osmia* und *Stelis* angehören. So ist z. B. NYLANDER's *Heriades breviuscula* eine *Stelis* und *Heriades robusta* NYL. synonym mit *Osmia rhinoceros*. THOMSON hat, um noch ein Beispiel aus der neuesten Zeit anzuführen, *maxillosum* (= *florisomne*) mit der *Osmia rhinoceros* GIR. zu *Chelostoma* gestellt, während er seiner neuen Gattung *Gyrodroma* ausser *nigricorne* noch *florisomne* L., welches er sonderbarer Weise als synonym mit dem kleinen *campanularum* KIRBY anführt, zutheilt. Für *truncorum* behält er *Heriades* bei, stellt aber *truncorum* L. unrichtiger Weise als synonym zu *nigricorne* NYLAND. Bezüglich der Unrichtigkeit dieser Synonymie lese man bei der Beschreibung von *Her. truncorum* nach.

Wie bei meinen früheren Arbeiten wurde eine Lupe mit 17-facher und in einzelnen Fällen eine solche mit 45-facher Vergrösserung verwendet. Zur leichteren, bequemeren Bestimmung der Arten wurden Bestimmungstabellen für Männchen und Weibchen eingefügt. Die einschlägige Literatur glaube ich erschöpfend benutzt zu haben.

Die vorliegende Abhandlung enthält: 1. die Gattungsbeschreibungen von *Chelostoma* und *Heriades*, 2. eine Beschreibung der mir zugänglich gewesenen paläarctischen und exotischen Arten; 3. habe ich am Kopfe der Gattungs- und Artenbeschreibungen die vollständig durchstudirte Synonymenliste angeführt; 4. Bestimmungstabellen (für Männchen und Weibchen); 5. habe ich im Interesse derjenigen, welchen die einschlägige Literatur nicht zugänglich sein mag, die Beschreibung jener Arten, welche ich nicht zu deuten vermochte oder welche mir unbekannt geblieben, im Originaltexte aufgenommen und nach ihrer mehr oder minder sicher zu bestimmenden verwandtschaftlichen Beziehung an der betreffenden Stelle eingefügt.

Allen, welche mich bei Abfassung der vorliegenden Abhandlung mit Material oder Mittheilungen unterstützt haben, sei herzlich gedankt, insbesondere der Intendanz des k. k. naturhistorischen Hofmuseums zu Wien, den Herren Regierungsrath Dr. FRANZ STEINDACHNER, Director der zoologischen Abtheilung an dem genannten Museum, Dr. HEINRICH DEWITZ, Custos am königl. naturhistorischen Museum zu Berlin, EMIL FREY-GESSNER, Custos am naturhistorischen Museum zu Genf, H. FRIESE, Entomologen zu Mecklenburg-Schwerin, meinen Freunden ANTON HANDLIRSCH, Mag. Pharm., und FRANZ KOHL, Assistenten am k. k. naturhistorischen Hofmuseum zu Wien, den

Herren J. KOLAZY in Wien, Dr. PAUL MAGRETTI in Canonica d'Adda (Lombardei), ALEXANDER MOCSARY, Assistenten am National-Museum zu Budapest, ALOIS ROGENHOFER, Custos am k. k. naturhistorischen Hofmuseum zu Wien, Prof. F. SICKMANN in Iburg (Hannover) und THEODOR STECK, Assistenten am naturhistorischen Museum zu Bern. Einer aus Nord-Amerika behufs Bestimmung an das hiesige k. k. naturhistorische Hofmuseum eingesandten Collection von Hymenopteren verdanke ich unter anderem eine neue *Heriades*-Art (*H. glomerans*).

## Genus Chelostoma LATR. [1])

($\chi\eta\lambda\iota' = ungula$, $\sigma\tau\acute{o}\mu\alpha = os$.)

| | |
|---|---:|
| ≺ *Apis* LINNÉ: Syst. Nat. Edit. X, T. I, p. 574 . . . . | 1758 |
| ≺ - LINNÉ: Faun. Suec. p. 419 . . . . . . . . | 1761 |
| ≺ - SCOPOLI: Ent. Carn. p. 298 . . . . . . . . | 1763 |
| ≺ - LINNÉ: Syst. Nat. Edit. XII, T. I, Pars II, p. 953 | 1767—70 |
| ≺ - FAB.: Syst. Ent. p. 378 . . . . . . . . . | 1775 |
| ≺ - FAB.: Mant. Ins. T. I, p. 387 . . . . . . . | 1787 |
| ≺ - LINNÉ: Syst. Nat. Edit. XIII. (GMEL.) T. I, Pars. V, p. 2770 . . . . . . . . . . . . | 1789 |
| ≺ - VILL.: LINN. Ent. T. III, p. 289 . . . . . | 1789 |
| ≺ *Hylaeus* FAB.: Ent. Syst. T. II, p. 302 . . . . . | 1793 |
| ≺ - CEDERHJELM: Faun. Ingric. Prod. Ins. Ag. Petrop. p. 172 . . . . . . . . . . . . . | 1798 |
| ≺ *Apis* KIRBY: Monog. Ap. Angl. T. I, p. 119 . . . | 1802 |
| ≺ *Megachile* WALCKEN.: Faun. Paris. T. II, p. 133 . . . | 1802 |
| ≺ *Anthophora* FAB.: Syst. Piez. p. 372 . . . . . . | 1804 |
| ≺ *Anthidium* PANZ.: Krit. Revis. p. 247 . . . . . . | 1805 |
| ≺ *Megachile* LATR.: Hist. Nat. Crust. et Ins. T. XIV, p. 52 | 1805 |
| ≺ *Anthophora* ILLIG: Magaz. Ins. T. V, p. 119 (5. Gruppe c. 2. γ) . . . . . . . . . . | 1806 |
| ≺ *Trachusa* JUR.: Nouv. Method. Hym. et Dipt. T. I, p. 247 | 1807 |
| ≺ *Megachile* SPIN.: Ins. Ligur. T. I, Fasc 1, p. 133 . . | 1808 |
| ≺ *Heriades* SPIN.: Ins. Ligur. T. II, Fasc 2, p. 7 . . . | 1808 |
| ≻ *Chelostoma* LATR.: Gen. Crust. et Ins. T. IV, p. 161 . | 1809 |
| - CURT: Brit. Ent. T. XIV, p. 628 . . . . . | 1837 |
| - LABRAM u. IMHOFF: Ins. d. Schweiz I. Heft | 1838 |

1) Das vorgesetzte Zeichen ≺ soll anzeigen, dass die Gattung *Chelostoma* in der betreffenden Gattung vollständig enthalten ist, ohne jedoch den Umfang derselben zu erreichen, das Zeichen ≻ sagt, dass *Chelostoma* einen grösseren Umfang als die betreffende Gattung hat; das Doppelzeichen ⋚ erklärt sich von selbst aus dem vorhergehend Bemerkten. — Die Zeichen sind den Arbeiten KOHL's entlehnt.

*Habitus mediocriter procerus. Caput magnum, thoracis latitudine vel latius. Ocelli n lineam curvam, fere in triangulum dispositi. Oculi infra dilatati, mandibularum basin attingentes; margines eorum interni paralleli. Feminae clypeus plus minusve convexus, margine antico vario modo formato. Maris clypeus ut facies villis plus minusve densis obtectus. Mandibulae magnae, apice plerumque bidentatae. Labium elongatum. Palpi maxillares articulis tribus, palpi labiales articulis quatuor instructi; palporum labialium articulus ultimus ante apicem tertii insertus. Antennae n medio oculorum longitudinis insertae, articulis duodecim in ♀, articulis tredecim in ♂, modice clavatae in ♀, filiformes vel plus minus perspicue dentatae et longiores in ♂.*

*Thorax quasi oviformis, plus minusve villosus. Mesonotum, scutellum et metanotum sulcis maxime perspicuis separata atque punctata; scutellum sine spinis lateralibus; metanotum libratum (horizontale) nec declive. Tibiae anteriores apice externe uncinatae; ungues in ♀ bipartiti, in ♂ indivisi.*

*Segmenti medialis area transversa antica librata, antice et postice plerumque perspicue separata atque longitudinaliter rugosa. Segmenti medialis postica pars praeceps; area ejus media triangularis polita (excepto Ch. florisomni).*

*Feminae abdomen plerumque evidenter albo-fasciatum, sex segmentis, n aversum plus minusve dilatatum, apice simplici, subtus scopa densa ad pollen colligendum instructum; maris abdomen segmentis septem, cylindricum, fasciis minus conspicuis seu obsoletis, segmentum ultimum foveolatum, apice vario modo, emarginato, dentato, obtuso etc. Maris segmentum secundum ventrale in gibbum varii modi productum, tertium ventrale saepissime excavatum.*

*Alae superiores cellulis duabus cubitalibus, secunda nervos recurrentes excipiente, stigmate parvo, cellula radiali quintuplo longiore quam lata, sine appendice et apice marginem anticum non attingente. Alae inferioris nervus analis transversus nervos analem atque medialem rectangulariter attingit; lobus basalis evidenter brevior quam dimidia cellula analis.*

Körpergestalt ziemlich schlank, Kopf gross, so breit oder ein wenig breiter als das Bruststück, von vorne gesehen bei dem Männchen ungefähr kreisförmig, bei dem Weibchen annäherungsweise quadratisch bis rechteckig. Netzaugen nach unten mehr oder weniger stark verbreitert und bis an den Oberkiefergrund reichend, daher die Wangen fehlen; Innenränder der Netzaugen so ziemlich parallel. Die Nebenaugen sind so gelegen, dass ihre geraden Verbindungslinien ein sehr stumpfwinkliges, gleichschenkliges Dreieck mit der Grundlinie nach hinten bilden, und dass die Gerade, welche man sich durch den Hinterrand der Netzaugen gezogen denkt, die zwei hinteren Nebenaugen durchschneidet. Hinterkopf bei dem Männchen kürzer, schmäler und stärker zugerundet, bei dem Weibchen länger und breiter, hinten bei beiden Geschlechtern einfach gerandet. Schläfen von oben bis unten gleich breit oder unten breiter. Kopfschild des Weibchens mehr oder minder stark gewölbt, mit verschieden geformtem Vorderrande, welcher häufig deutlich bewimpert ist. Kopfschild des Männchens meist dicht buschig behaart, weshalb seine Gestalt bei der Characterisirung der Arten nicht in Betracht gezogen werden kann. Oberkiefer kräftig, nach vorne mehr oder weniger verschmälert und in eine mehr oder minder scharfe Spitze (Zahn) auslaufend, neben welcher ein stumpfer Zahn vorspringt. In den meisten Fällen zeigen die Oberkiefer zwei von deutlichen, glänzenden Leisten begrenzte Längsfurchen, deren längere untere (äussere) auf der Endspitze, deren kürzere und breitere obere (innere) zwischen der Endspitze und dem Innenzahn endigen. Der Innenrand ist mit dicht stehenden, kürzeren, oft sehr feinen, der Aussen- (Unter-)rand mit längeren, mehr locker stehenden Wimpern besetzt, und zwar bei dem Männchen oft mit kürzeren als bei dem Weibchen. Unterkiefertaster aus drei Gliedern bestehend. Lippentaster eingliedrig; das vierte (letzte) Glied entspringt vor dem Ende des nächstvorhergehenden (dritten), indem es mit dem letzteren einen stumpfen Winkel bildet. Die Fühler entspringen in einer Geraden welche man sich quer durch die Mitte der Netzaugen gelegt denkt.

Sie bestehen bei dem Weibchen aus zwölf, bei dem Männchen aus dreizehn Gliedern. Bei dem Weibchen reichen sie nicht oder kaum bis zur Flügelbeule und sind gegen die Spitze hin mässig keulenförmig verdickt, bei dem Männchen reichen sie immer deutlich bis zur Flügelbeule oder darüber hinaus und sind ausgesprochen fadenförmig, manchmal innen sehr deutlich bis kaum merklich gezähnt, ferner öfters, besonders in der Mitte, heller gefärbt (lehmgelb bis rostroth). Während die mittleren Glieder bei dem Männchen so lang oder länger als breit, sind diese bei dem Weibchen breiter als lang. Die Behaarung des Kopfes ist bei dem Männchen eine viel stärkere als bei dem Weibchen. Das Weibchen trägt fast durchgehends nur am Fühlergrunde, mitten am Innenrande der Netzaugen, sowie an den Backen längere zottige Haare in reichlichem Maasse, am Hinterrande des Kopfes mehr locker stehende Haare, während das Männchen im Gesicbte sehr dicht und langbüschlig behaart ist.

Bruststück annäherungsweise eiförmig, nach hinten verschmälert. Mittelrücken, Schildchen und Hinterrücken sind durch sehr deutliche Furchen von einander geschieden und liegen in einer Ebene. Schildchen niemals mit seitlichen Dorn- oder Zahnfortsätzen. Die zottige Behaarung ist besonders reichlich an der Unterseite des Bruststückes, in der Umgebung der Flügelbeule und am Hinterende des Schildchens. Beine besonders an den Füssen und Schienen mit dichten, steifen, blassen Haaren besetzt. Die zwei vorderen Schienen am Ende aussen mit einem kurzen, spitzen, deutlichen, schwärzlichen Zahn, innen mit einem blassen, flachen, stumpfen Sporn, die Mittelschienen mit einem wenig merklichen, schwärzlichen Aussenzahn und einem spitzen, blassgelben, inneren Sporn, die Hinterschienen mit zwei bräunlich-gelben, deutlichen Spornen von verschiedener Länge, aber ohne dunkeln Aussenzahn. Nur bei *Ch. capitatum* sind die Sporne der vier Hinterbeine schwarz, sonst durchaus blassgelb bis röthlich. Die Klauen sind bei dem Männchen zweispitzig, getheilt, bei dem Weibchen ungetheilt.

Das Mittelsegment besteht aus einem oberen, horizontal liegenden, seitlich und mitten gleich breiten resp. langen, immer deutlich längsgefurchten Streifen — ich gebrauche in der Artenbeschreibung dafür den Ausdruck „obere horizontale Zone des Mittelsegments". — Diese obere horizontale Zone ist, von dem Hinterrücken deutlich geschieden, vom hinteren, steil abfallenden Theile des Mittelsegments durch ihre horizontale Lage und ausserdem meist durch eine wulstartige bis kantige Erhebung abgegrenzt; sie ist bald ein wenig länger, bald gleich lang, bald merklich kürzer als der Hinterrücken. Der hintere, steil

abfallende Theil des Mittelsegments ist seitlich punktirt und glänzend
(nur bei *Ch. florisomne* vollkommen matt) und lässt einen oberen,
mittleren herzförmigen oder dreieckigen Raum unterscheiden, welcher
polirt glatt und stark glänzend, unpunktirt ist (bei *Ch. florisomne*
ganz matt). In der Mitte, unterhalb des herzförmigen Raumes bemerkt man eine deutliche Längs- (Vertical-)grube und unten zu beiden
Seiten dieser je ein kleines rundes Grübchen.

Der Hinterleib, bei dem Männchen aus sieben, bei dem Weibchen
aus sechs Ringen bestehend, ist so lang oder kürzer als Kopf und
Bruststück zusammen, bei dem Weibchen nach hinten schwach, doch
merklich verbreitert, bei dem Männchen ein wenig länger und cylindrisch. Die vorne steil abfallende Fläche des ersten Hinterleibsringes
stark glänzend, mehr oder minder deutlich punktirt und von einer
von unten nach oben laufenden Mittelrinne durchzogen. Die einzelnen
Ringe tragen an ihrem Hinterrande in den meisten Fällen Wimpernbinden, bestehend aus dichten, knapp anliegenden, kurzen, weissen
Haaren; selten, z. B. bei *Ch. campanularum* und *foveolatum*, fehlen
dieselben. Bei dem Männchen fehlen diese Binden ganz oder sind
nur seitlich entwickelt als anliegender Besatz, z. B. bei *Ch. diodon*,
oder in Gestalt längerer abstehender Haare, z. B. bei *Ch. florisomne*.
Endrand des letzten Hinterleibsringes bei dem Weibchen einfach, spitz-
bis rundbogenförmig, schwach aufgestülpt und sammetartig dicht gelblich
behaart, bei dem Männchen vielgestaltig, in einen, zwei oder drei
Fortsätze auslaufend, die bald zugespitzt, bald abgestutzt sind. Am
Grunde dieser Fortsätze ist der Endring meist grubig vertieft. Den
erwähnten Fortsätzen gegenüber an der Bauchseite bemerkt man häufig
zwei lange, stumpfe Fortsätze. Die Bauchseite des Hinterleibes ist
bei dem Weibchen mit steifen Haaren von gelblicher oder weisser
Färbung dicht bedeckt (Sammelbürste); bei dem Männchen ist die
Bauchseite in ihrer vorderen Hälfte nackt, seltener der dritte Bauchring
kurz behaart (z. B. bei *Ch. emarginatum*). Bei dem Männchen trägt
der Hinterrand des dritten, vierten und fünften Bauchringes meist
einen gelblichen Wimperbesatz. Ausserdem trägt der zweite Bauchring im Gegensatze zu jenem der Weibchen eine auffallende höckerige
Erhebung von sehr verschiedener Form, welche oben (hinten) meist
von einer schief nach hinten abfallenden, mitten eingedrückten, seitlich
scharf gerandeten Fläche begrenzt ist. Bei jenen Arten mit stärkerem
Höcker zeigt der dritte Bauchring eine von einem höckerigen Wulst
vorne und seitlich begrenzte Vertiefung, der erste Bauchring aber eine
correspondirende Ausrandung oder einen Eindruck. Die erwähnten

Eindrücke bieten Raum für den Höcker des zweiten Bauchringes im Zustande der Ruhe, wenn die Thiere nach ihrer Gewohnheit mit eingerolltem Hinterleibe schlummern.

Kopf, Bruststück und Hinterleib sowie Beine sind mässig grob bis sehr fein punktirt, und zwar auf dem Hinterleibe durchschnittlich seichter als auf Kopf und Rücken. Nur die horizontale Zone des Mittelsegments ist grob bis fein längsgerunzelt.

Vorderflügel gegen die Spitze hin schwach rauchig getrübt und mit braunem Geäder. Radialzelle nach aussen verschmälert, stumpfspitzig, ungefähr fünfmal so lang wie breit, ohne Anhang und mit ihrem Ende den Flügelsaum nicht erreichend. Randmal ziemlich klein. Von den zwei Cubitalzellen ist die zweite (äussere) ein wenig kleiner als die erste (innere). Die zweite Cubitalquerader ist stark bogenförmig nach aussen gekrümmt. Die zweite Cubitalzelle nimmt beide Discoidalqueradern auf, so zwar, dass deren Mündungspunkte bald sehr nahe jenen der ersten und zweiten Cubitalquerader, bald ziemlich weit davon entfernt sind. Die Mündungsstellen der Discoidalqueradern sind durchaus nicht constant, nicht einmal innerhalb einer und derselben Art. Sie rücken vielmehr sehr merklich auf der Cubitalader hin und her, so dass sie z. B. bei *Ch. florisomne* bald von den Mündungspunkten der Cubitalqueradern ziemlich weit entfernt, bald diesen sehr nahe sind. Besonders gilt dies von der ersten Discoidalquerader, welche bisweilen den Mündungspunkt mit jenem der ersten Cubitalquerader gemeinschaftlich hat. Die Analquerader des Hinterflügels steht auf der Medialader und Analader senkrecht. Der Lappenanhang am Grunde des Hinterflügels ist sichtlich kürzer als die Hälfte der Analzelle. Die Frenalhäkchen des Hinterflügels bilden eine ununterbrochene Reihe, und ihre Anzahl ist auch innerhalb der einzelnen Arten nicht constant.

Körperfärbung durchaus schwarz. Nur die Fühler sind häufig pechbraun, bei dem Männchen bisweilen lehmgelb bis rostroth, und die Hinterleibsringe zeigen bei einigen Arten, z. B. *Ch. campanularum*, einen gebräunten Hinterrand. Die Behaarung ist rein weiss, grau, gelb bis röthlich.

Die Merkmale, auf welche sich die Unterscheidung der Arten vorzugsweise gründet, sind folgende: 1) die Gestalt des Kopfschildes, ob mehr oder weniger gewölbt, und die Form seines Vorderrandes (bei den Weibchen); 2) die Form der Fühler, ob gezähnt oder nicht und ihre Färbung (bei den Männchen), sowie die Längenverhältnisse der drei ersten Geisselglieder; 3) die Gestalt der Oberkiefer; 4) etwaige

Fortsätze der Backen; 5) die Form des Hinterkopfes, ob angeschwollen, ob kürzer oder länger; 6) Ausdehnung (Länge) der oberen horizontalen Zone des Mittelsegments und der Umstand, ob diese nach hinten d. i. vom steil abfallenden Theile des Mittelsegments durch eine kantige (wulstige) Erhebung geschieden ist oder nicht; 7) die allgemeine Gestalt des Hinterleibes; 8) die Form des letzten Hinterleibsringes, resp. die Anzahl und Gestalt seiner Endfortsätze (bei dem Männchen); 9) die Form und Grösse des Höckers an dem zweiten und der grubigen Vertiefung an dem dritten Bauchringe (bei dem Männchen); 10) die Art der Punktirung des Kopfes, Bruststückes und Hinterleibes, sowie die Runzelung (Furchung) des Mittelsegments; 11) die Färbung der Sporne an den vier Hinterschienen (ob blass oder schwarz); 12) in letzter Linie die Art und Stärke der Behaarung.

*Chelostoma* schliesst sich enge der Gattung *Osmia* an, so besonders in der Form des Geäders des Vorderflügels, in der Gestalt der Oberkiefer und in der Behaarung. In den betreffenden Uebergangsformen ist auch die Gestalt des ganzen Körpers sowie der einzelnen Abschnitte desselben bis auf wenige Unterschiede dieselbe. Man vergleiche z. B. das Weibchen von *Ch. grande* mit grösseren Stücken von *Osmia adunca*. Bei *Chelostoma* jedoch sind die Netzaugen nach unten merklich verbreitert, bei *Osmia* elliptisch und breiter. Während die Lippentaster bei beiden Gattungen viergliederig sind, haben die Unterkiefertaster bei *Chelostoma* drei, bei *Osmia* aber vier Glieder. Der Hinterrücken liegt mit dem Mittelrücken und Schildchen in einer Ebene, während er bei *Osmia* sehr schief, steil abfällt nach hinten. Das Mittelsegment weist oben nächst dem Hinterrücken und parallel zu ihm einen deutlich hervortretenden, längsrunzligen Streifen auf — obere horizontale Zone —, welcher meist so lang oder länger ist als der Hinterrücken und schon durch seine horizontale Lage deutlich hervortritt, wenn er auch in einzelnen Fällen nach hinten nicht sehr deutlich abgegrenzt ist. Bei *Ch. nigricorne* ist er zwar merklich kürzer als der Hinterrücken, jedoch nach hinten sehr deutlich abgegrenzt. Bei *Osmia* hingegen fällt das Mittelsegment sogleich, unmittelbar vom Hinterrücken steil ab, ohne einen ausgesprochenen, horizontalen Zwischenstreifen zu bilden. Ist auch oben nächst dem Hinterrücken öfters ein gerunzelter Streifen bemerkbar (z. B. *Osmia fulviventris* LATR., *confusa* MORAW., *melanogaster* SPIN.), so ist dieser doch immer sehr kurz und schief abfallend und verliert sich allmählich in den darunter liegenden dreieckigen (herzförmigen) Raum — ist also weder horizontal noch deutlich abgegrenzt nach hinten. Die Analquerader des Hinterflügels trifft bei *Chelostoma* die Medial- und Analader unter einem rechten Winkel, während sie bei *Osmia* darauf schief steht. Im Allgemeinen ist die Körpergestalt bei *Chelostoma* schlanker als bei *Osmia* und kommen bei *Chelostoma* häufiger auf dem Hinterleibe weisse, deutlich hervortretende Wimperbinden vor.

Als nächstverwandt sind noch die nordamerikanischen Gattungen *Monumetha, Andronicus* und *Alcidamea* zu erwähnen, welche CRESSON in den Proc. Ent. Soc. Philadelph. II, 1863—64 aufgestellt hat. *Monumetha* (p. 387, l. c.) steht der Gattung *Osmia* näher als der Gattung *Chelostoma*. Bei *Monumetha* sind die Netzaugen schmal und elliptisch, nicht nach unten verbreitert. Die Fühler sind bei dem Weibchen fadenförmig, nicht gekeult, jene des Männchens schon ungefähr von der Mitte an gegen die Spitze zu abgeplattet und unten sehr leicht gezähnt, bei beiden Geschlechtern kurz, so dass sie die Flügelbeule nicht erreichen. Die Oberkiefer des Weibchens sind wie bei *Chelostoma* sehr gross und nach vorne verbreitert, aber mit vierzähnigem Endrande. Die Unterkiefertaster sind fünfgliederig, während sie bei *Osmia* viergliedrig, bei *Chelostoma* dreigliedrig sind, die Lippentaster viergliedrig. Während aber bei *Chelostoma* nur das letzte Glied von dem nächst vorhergehenden (und vor dessen Spitze entspringend) unter einem stumpfen Winkel absteht, so ist dies bei *Monumetha* mit den zwei letzten Gliedern der Fall. Die Form des Kopfes, insbesondere des Hinterkopfes, die Behaarung des Kopfes und Bruststückes ist wie bei *Chelostoma*. Der Hinterrücken fällt nicht so steil ab wie bei *Osmia*, sondern liegt mit dem Schildchen beinahe in einer und derselben, nahezu horizontalen Ebene, fast wie bei *Chelostoma*. In der Form des Mittelsegments aber stimmt *Monumetha* mit *Osmia* überein, denn von einer oberen horizontalen Zone ist nichts zu sehen. Der Hinterleib, bei dem Weibchen und Männchen nach hinten leicht verbreitert, ist bei dem Weibchen mit einer dichten Bauchbürste, bei dem Männchen mit dichten, weissen Wimpernbinden ausgestattet, die dem Weibchen fehlen. Der zweite Bauchring des Männchens zeigt keinen mittleren Höcker, sondern wie der dritte und in abnehmender Grösse auch die folgenden Bauchringe zwei kleinere seitliche Höcker und der erste und zweite Bauchring (ob immer?) je einen mittleren, gerade nach hinten gerichteten, auffallenden Stachelfortsatz. Die Analquerader des Hinterflügels trifft die Medial- und Analader wie bei *Osmia* unter einem schiefen Winkel.

Von den beiden anderen Gattungen *Andronicus* und *Alcidamea* liegen mir keine Repräsentanten zur Vergleiche vor. Nach den Be-

schreibungen CRESSON's, der die Lippen- und Unterkiefertaster als
viergliedrig beschreibt, worin beide Gattungen mithin mit *Heriades*
und *Osmia* übereinstimmen scheinen sie jedenfalls *Heriades* und auch
*Osmia* näher zu stehen als *Chelostoma.*

## Lebensweise.

Man findet *Chelostoma* bekanntlich häufig in der Nachbarschaft
alter Pfosten und Baumstämme.    Es nistet in Löchern derselben,
welche entweder von Käfern herrühren oder welche es selbst mit seinen
starken Oberkiefern ausgehöhlt hat.    *Ch. campanularum* findet sich
nach SCHENCK häufig in Gesellschaft von verschiedenen *Prosopis*-Arten
und kleinen Grabwespen, besonders *Crabro*-Arten.    In der Nacht oder
auch des Tags über bei regnerischer Witterung bergen sich diese
Bienen häufig zusammengerollt in Blüthen, vorzugsweise in jenen von
Campanula.    *Ch. florisomne* nistet nach SCHENCK gerne in den Halmen
der Strohdächer und in andereren hohlen Pflanzenstengeln.    Als
Schmarotzer von *Ch. campanularum* nennt SCHENCK *Stelis minima.*
Bei *Ch. florisomne* schmarotzen nach LINNÉ *Gasteruption* und nach
einer brieflich erhaltenen Mittheilung des Herrn Prof. F. SICKMANN
in Iburg *Sapyga clavicornis* L.

Nicht uninteressant ist eine von KENNEDY in: Lond. and
Edinburgh Philosophical Magazine and Journal of Science, XII (Ser. 3),
·p. 18, 1838 publicirte Beobachtung über den Nestbau von *Ch. florisomne*, deren Inhalt hier Platz finden mag.

Er sah am 5. Juni, wie ein Weibchen eben beschäftigt war, in
einem Pfosten eine Höhle zu graben, indem es mit den Hinterbeinen
die Sägespäne hinter sich schleuderte.    Am folgenden Tage war die
Bohrung vollendet, und es trug Blüthenstaub und Honig ein und legte
Eier hinein.    Von Zeit zu Zeit trug es im Munde Lehmklümpchen
herbei und stellte damit die Scheidewände von Abtheilungen her, deren
er 8—10 zählte.    Diese waren schliesslich nahezu vollgestopft mit
Blüthenstaub und Honig.    Mitten an der Spitze jeder Zelle beobachtete
er die länglichen, weisslichen, halbdurchsichtigen Eier.    Endlich am
30. Juni verschloss das Weibchen die Oeffnung des Baues mit Lehm
und kleinen Steinchen.    Die Männchen fliegen gern an solchen Pfosten
umher, worin sich Nester befinden.

Es folge hier eine erst kürzlich von Dr. FERD. RUDOW in der
Züricher Zeitschrift „Societas Entomologica" veröffentlichte Beobachtung
über den Nestbau derselben Art: „Obgleich der Bau wohl genauer
bekannt sein dürfte, will ich doch ein von mir gefundenes Nest be-

schreiben. Der Eingang in einen morschen Pfahl ist drehrund, selbst-
genagt, auch in noch festeres Holz. Die Wölbung führt nach einigen
Krümmungen zu einer länglichen Larvenkammer, wohl doppelt so lang
als die Biene selbst, welche die weisse Larve, eingehüllt in eine dicke
Masse von Blüthenstaub und Honig, beherbergt. Hier liegt die Larve
2—3 Wochen, worauf sie sich, nachdem alles Futter verzehrt ist, verpuppt. Die Puppe ist stumpf eiförmig, die Hülle von brauner Farbe,
durchscheinend und die Masse ähnlich der der Hummelzellen. Die
Puppe füllt die Höhlung nicht vollständig aus. Der leere Raum enthält Holzspäne nebst Futterresten oder wenigstens Pflanzentheile wie
Wolle und Härchen."

*Chelostoma* spielt bei der Befruchtung der Blüthen eine sehr
wichtige Rolle. Befähigt die durchschnittlich geringe Körpergrösse
überhaupt diese Bienen zu leichtem Eindringen in viele Blüthen, so
haben sie in ihren starken Oberkiefern auch ein sehr wirksames Mittel,
den ersehnten Zugang zu dem etwa verborgenen, wohlverwahrten Honig
sich mit Gewalt zu bahnen. Die starke Behaarung des Körpers, insbesondere des Kopfes und Bruststückes aber befähigt Männchen sowohl wie Weibchen in vorzüglicher Weise, eine Menge des in Folge
der Erschütterung der Staubgefässe abfallenden Pollens aufzufangen,
wegzutragen und in andere Blüthen zu befördern. Ganz besonders
sind die Weibchen als Bauchsammler durch eine dichte Bauchbürste
für die Uebertragung des Pollens von Blüthe zu Blüthe eingerichtet.
Mit dieser Bürste kehren sie gleichsam in grösseren Blüthen, welche
Raum für den ganzen Körper haben, den von den Antheren bereits
abgefallenen, lose auf der Innenseite der Blumenkrone liegenden Blüthenstaub auf oder fegen auf kleinen Blüthen, in welche sie nur den Kopf
oder gar nur den Saugapparat einzuführen vermögen und welche ihnen
den Honig und Pollen von unten bieten, wie es z. B. bei Compositen
der Fall ist, den letzteren weg, um ihn zum Theil wieder während
des Suchens nach Honig oder während des Saugens selbst etwa auf
den nächsten Compositen-Körbchen an den Narben der hervorragenden
Stempel abzustreifen.

*Ch. florisomne* besucht nach HERMANN MÜLLER Campanula bononiensis, Ranunculus acris, bulbosus, lanuginosus und repens, nach
V. DALLA TORRE Veronica verna, Lamium album und Salvia verti-
cillata; *Ch. nigricorne* nach MÜLLER Campanula bononiensis, patula,
rapunculoides und rotundifolia, Geranium pyrenaicum und pratense,
Malva moschata und silvestris, Echium vulgare, Lavendula vera, Achillea
millefolium und Achillea ptarmica, *Ch. campanularum* nach MÜLLER

Campanula bononiensis, rapunculoides, rotundifolia und Trachelium, Iasione montana, Carduus acanthoides, Crepis biennis, Malva silvestris und Salvia officinalis, nach Schenck Campanula Rapunculus und nach Kirby Campanula hybrida; ich traf sie in Südtirol nicht eben häufig in einigen der bereits erwähnten Campanula-Arten und in Campanula glomerata.

## Geographische Verbreitung.

Von der Gattung *Chelostoma* sind 22 Arten bekannt. Alle gebören der paläarctischen Region an bis auf 3 nordamerikanische Arten. Das Hauptgebiet ihrer horizontalen Verbreitung sind die Mittelmeerlander; denn fast alle Arten, haben sie nun eine weite oder beschränkte Verbreitung, kommen dort vor. Während 6 Arten nur von den Küstenländern des Mittelmeeres bekannt sind, sind 6 von dort bis Ungarn, 2 zugleich bis Südtirol und 2 bis in die südliche Schweiz verbreitet; nur 3 Arten sind von den Mittelmeerküsten bis in das nördlichste Europa verbreitet. Eine Art vom Lande zwischen Wolga und Ural und zwei Arten aus der Gegend von Genf, sowie eine — das seltene *Ch. grande* — welches von Süd-Ungarn, der südlichen Schweiz, Wien und Tirol bekannt ist, dürften sehr wahrscheinlich auch im Mittelmeergebiete vorkommen. Aus den eben angeführten Daten möchte ich den Schluss ziehen, dass die Mittelmeerländer das Ausgangsgebiet der Gattung *Chelostoma* bilden, insbesondere wenn man für ihre Ausbreitung nur die postglaciale Zeit in Berücksichtigung zieht. In früherer Zeit, wie etwa in der jedem organischen Leben so günstigen Tertiärperiode, mag *Chelostoma* über ganz Europa verbreitet gewesen sein und mag auch eine und andere Art auf irgend eine Weise, z. B. mittels einer nordischen Festlands- oder Inselbrücke, wie eine solche Wallace [1] und auch Engler, letzterer zur Erklärung von Pflanzenwanderungen [2]), als wahrscheinlich annehmen, nach Nord-Amerika gelangt sein. Was die europäischen Thiere betrifft, so mochten diese in Folge der Verschlechterung des Klimas und der fortschreitenden Vereisung allmählich nach Süden gedrängt worden sein, bis endlich jener Theil, welcher in dem Kampfe um's Dasein nicht unterlegen war, in dem mediterranen

---

1) „Die geographische Verbreitung der Thiere" von Alfred Russel Wallace. Deutsche Ausgabe von A. B. Meyer, Bd. 2, p. 180, Dresden 1876.

2) „Versuch einer Entwicklungsgeschichte der Pflanzenwelt, insbesondere der Florengebiete seit der Tertiärperiode" von Dr. Adolf Engler, Th. 1, p. 83, Leipzig 1879.

Süden die Möglichkeit seiner Existenz fand und die Eiszeit über-
dauerte. Bei der folgenden Besserung des Klimas konnte nun neuerdings eine Ausbreitung vorzugsweise nach Norden stattfinden, in welcher
Ausbreitung *Chelostoma* auch gegenwärtig begriffen ist. Die Seltenheit der allermeisten *Chelostoma*-Arten scheint der letzteren Annahme
zu widersprechen. Doch im Gegensatze zu einem bevorstehenden Verschwinden der Gattung ist diese vielmehr in lebhafter Differenzirung
in verschiedene Formen, in sichtlicher Theilung in neue Arten begriffen. Beweise hierfür bietet das allbekannte, weit verbreitete *Ch.*
*florisomne*. Die Vielgestaltigkeit seines Kopfschildes — man lese die
Artbeschreibung — könnte Einen bei dem Mangel an Material und dem
Fehlen der vermittelnden Zwischenformen schon jetzt leicht verleiten,
diese Art in mehrere Arten zu theilen, wie es bereits geschehen ist.
Einen Beweis fortschreitender Differenzirung giebt auch das asiatische
*Ch. proximum*, welches — man vergleiche die Beschreibung — sicher
erst in spätester Zeit von *Ch. nigricorne* sich abgezweigt hat.

### Conspectus specierum.

♀

1  *Genae processu spiniformi subtus instructae. Tibiarum quatuor*
   *posteriorum calcaria nigra. Segmenti medialis area transversa*
   *antica rugoso-punctata. Long. 10 mm.*
                     **Ch. capitatum n. sp.** *(Algier).*
—  *Genae subtus inermes. Tibiarum omnium calcaria pallida. Seg-*
   *menti medialis area transversa antica rugis evidenter longitudi-*
   *nalibus*                                                       **2**
2  *Faciei clypeus lamella erecta instructus. Segmentum mediale*
   *omnino opacum. Long. 10—11 (rarissime 7—9) mm.*
            **Ch. florisomne** LINN. *(Tota Europa, Asia minor).*
—  *Faciei clypeus sine lamella erecta. Segmentum mediale area media*
   *triangulari polita nitidaque*                                 **3**
3  *Abdominis segmenti primi pars anterior obliqua (nec verticalis),*
   *a parte posteriore margine elevato separata. Faciei clypeus brevis,*
   *latus, apicem versus dilatatus, margine antico bisinuato nec fimbriato.*
   *Long. 10—11 mm.*  **Ch. schmiedeknechti n. sp.** *(Hungaria).*
—  *Abdominis segmenti primi pars anterior verticalis, margine rotun-*
   *dato nec elevato. Faciei clypeus longior, apicem versus haud*
   *dilatatus, margine antico haud emarginato*                    **4**
4  *Faciei clypeus gibbo transverso antice posticeque aequaliter obliquo*
   *instructus. Flagelli articulus secundus primo sesqui longior.*
   *Omnium specierum maxima. Long. 13—15 mm.*
                     **Ch. grande** NYL. *(Europa media).*
—  *Faciei clypeus planus vel convexus, sine gibbo. Flagelli articulus*
   *secundus quam primus nunquam longior*                         **5**

5     *Faciei clypeus fortiter convexus (margine antico omnino et perspicue crenulato fimbriisque longis instructo). Segmenti medialis area transversa antica quam metanotum dimidio brevior. Corporis punctatio subgrossa et perspicua. Long. 9—10 mm.*
**Ch. nigricorne** Ngl. (*Europa, Asia minor*).

—   *Faciei clypeus subconvexus vel fere planus. Segmenti medialis area transversa antica metanoti dimidio evidenter longior. Corporis punctatis evidenter tenuior*       **6**

6     *Faciei clypei margo anticus dente mediano superno atque lobulis duobus lateralibus instructus. Segmenti medialis area transversa antica a parte posteriore declivi inconspicue separata. (Abdomen in aversum evidenter dilatatum, pyriforme, sine fasciis albis ciliatis). Long. 7 mm.*   **Ch. foveolatum** Moraw. (*Europa*).

—   *Faciei clypei margo anticus haud dentatus, vel, si denticulatus, denticulis tribus vel crenulatus. Segmenti medialis area transversa antica a parte posteriore declivi evidenter separata*      **7**

7     *Faciei clypeus subconvexus, margine antico plus minusve perspicue crenulato. Abdomen sine fasciis albis ciliatis sive fasciis valde obsoletis*         **8**

—   *Faciei clypeus fere planus; margo ejus anticus directus atque politus vel denticulis tribus plus minusve perspicuis. Abdomen fasciis albis ciliatis evidentibus*       **9**

8     *Faciei clypeus convexiusculus, margine antico evidenter crenulato. Segmenti medialis area transversa antica metanoto brevior. Abdomen n aversum dilatatum, pyriforme, nigrum, punctis antice tenuibus sparsisque, postice tenuissimis subdensisque. Scopa fulva. Long 7 mm*   **Ch. ventrale n. sp.** (*Hungaria*).

—   *Faciei clypeus convexus, margine antico tenuissime crenulato. Segmenti area transversa antica metanoto longior. Abdomen haud pyriforme nec albido-fasciatum, segmentorum marginibus posticis brunneis, omnino tenuissime denseque punctatum. Scopa flavo-alba. Long. 5—6 mm*   **Ch. campanularum** Kirby (*Europa*).

9     *Faciei clypeus margine antico directo, polito-nitido, haud denticulato. Long. 8 mm*   **Ch. diodon n. sp.** (*Asia minor*).

—   *Faciei clypeus ad marginem anticum n medio denticulis tribus plus minus perspicuis*       **10**

10   *Faciei clypeus ad marginem anticum in medio denticulis tribus tenuissimis. Segmenti medialis area transversa antica a parte posteriore declivi inconspicue separata, rugis longitudinalibus tenuibus, quam metanotum paullo longior. Scopa flavo-alba. Long. 7—8 mm*
**Ch. emarginatum** Nyl. (*Europa meridionalis, Transcaucasia*).

—   *Faciei clypeus ad marginem anticum in medio denticulis tribus valde perspicuis. Segmenti medialis area transversa antica a parte posteriore declivi evidenter separata, subgrosse longitudinaliter rugosa ac metanoto longitudine aequalis (nec longior). Scopa alba. Long. 10—11 mm*
**Ch. handlirschi n. sp.** (*Europa meridionalis, Asia minor*).

39*

♂

1   *Abdominis segmentum ultimum apice indiviso*         **2**
—   *Abdominis segmentum ultimum apice bipartito vel tripartito*   **3**
2   *Abdominis segmentum ultimum superne longitudinaliter foveolatum, apice rotundato-fastigato. Corpus tenuissime punctulatum. (Abdominis segmentum ventrale secundum in gibbum fortem, rotundatum, antice magis praeruptum quam postice productum.) Long. 7 mm*
                  **Ch. foveolatum** Moraw. (*Europa*).
—   *Abdominis segmentum ultimum supra evidenter circulariter profundeque foveatum, apice lato, fere rectangulariter obtuso. Corporis punctatio multo grossior. Long. 8 mm*
           **Ch. proximum n. sp.** (*Transcaucasia*).
3   *Abdominis segmentum ultimum apice tripartito, diviso in tres partes latas, lamelliformes, quarum duae anteriores oblique obtusae, posterior recte obtusa. Segmenti medialis area transversa antica quam metanotum multo brevior. (Corpus mediocriter grosse punctatum. Segmenti ventralis secundi gibbus postice in forma soleae ferreae abbreviatae fere semicirculis.) Long. 9—10 mm*
          **Ch. nigricorne** Nyl. (*Tota Europa, Asia minor*).
—   *Abdominis segmentum ultimum apice bipartito. Corporis punctatio minus grossa*       ·      **4**
4   *Abdominis segmentum ultimum apice diviso n partes duas dilatatas, late obtusas*     **5**
—   *Abdominis segmentum ultimum apice diviso in partes duas acuminatas*     **7**
5   *Antennarum flagellum intus evidentissime serratum. Abdominis segmentum ventrale secundum in gibbum antice convexum nec directe obliquum productum. Segmentum mediale omnino opacum. Long. 9—11 mm*
           **Ch. florisomne** L. (*Tota Europa, Asia minor*).
—   *Antennarum flagellum filiforme sive vix serratum. Abdominis segmentum ventrale secundum in gibbum antice directe obliquum productum. Segmentum mediale area media triangulari politonitida*     **6**
6   *Abdominis segmenti ventralis tertii pars concavata sesqui latior quam longa, lateraliter imprimis toro fortiore marginata. Segmenti medialis area transversa antica postice evidentissime separata. Long. 10 mm*
  **Ch. appendiculatum** Moraw. (*Europa meridionalis, Asia minor*).
—   *Abdominis segmenti ventralis tertii pars concavata duplo latior quam longa, lateraliter toro leviori marginata. Segmenti medialis area transversa antica postice inconspicue separata. Corporis punctatio tenuior. Long. 7—8 mm.*
  **Ch. emarginatum** Nyl. (*Europa meridionalis, Transcaucasia*).
7   *Abdominis segmenti ventralis secundi gibbus antice in lamellam erectam, rectangulariter obtusam productus. Antennae fulvae.*

(*Antennarum flagellum valde inconspicue serratum.*) *Long.* 11—12
*mm* **Ch. mocsaryi n. sp.** (*Europa meridionalis, Asia minor*).
— *Abdominis segmenti ventralis secundi gibbus sine lamella erecta.
Antennae nigrae*          **8**

**8** *Abdominis segmenti ventralis secundi gibbus infra sive postice
triangularis, margine acri obliquo ac in medio declivi. Segmentum ventrale tertium per totum profunde impressum. Segmenti
medialis area transversa antica metanoto evidenter brevior atque
postice perspicue separata. Corporis punctatio mediocriter tenuis.
Long.* 10—11 *mm*
**Ch. handlirschi n. sp.** (*Europa meridionalis, Asia minor*).
— *Abdominis segmenti ventralis secundi gibbus minor, infra haud
triangularis nec acriter marginatus. Segmentum ventrale tertium
haud vel leviter impressum. Segmenti medialis area transversa
antica evidenter metanoti longitudine. Corporis punctatio tenuis
sive tenuissima, statura multo minor*      **9**

**9** *Abdominis segmenti ventralis secundi gibbus infra horizontaliter
planus, sulco mediano longitudinali perspicuo. Segmentum ventrale tertium evidenter impressum. Segmenti medialis area transversa antica rugis longitudinalibus tenuibus, postice inconspicue
separata. Corpus tenuiter punctatum. Long.* 6—7 *mm*
**Ch. diodon n. sp.** (*Asia minor*).
— *Abdominis segmenti ventralis secundi gibbus infra rotundatus vel
acutus, sine sulco. Segmentum ventrale tertium haud impressum.
Segmenti medialis area transversa antica rugis mediocriter grossis
longitudinalibus, postice evidenter separata. Corpus tenuissime
punctatum*      **10**

**10** *Segmenti medialis area transversa antica quam metanotum longior.
Abdominis segmenti ventralis secundi gibbus transversus, infra
rotundatus, antice posticeque aequaliter obliquus. Long.* 5—6 *mm*
**Ch. campanularum** Kirby (*Tota Europa*).
— *Segmenti medialis area transversa antica metanoto brevior. Abdominis segmenti ventralis secundi gibbus infra evidenter acutus,
antice directe obliquus, postice convexus. Segmenti ultimi processus apicales breviores. Corpus minus dense punctatum. Long.*
6—7 *mm*          **Ch. ventrale n. sp.** (*Hungaria*).

### Chelostoma florisomne L.

| | | | |
|---|---|---|---|
| *Apis florisomnis* | Linn.: Syst. Nat. T. I, p. 577, ♂ (Edit. X) | 1758 |
| „ „ | Linn.: Faun. Suec. (Edit. II), p. 423, ♂ | 1761 |
| „ „ | Scopoli: Ent. Carn. p. 299, ♂ Taf. 43, Fig. 796 | 1763 |
| „ „ | Linn.: Syst. Nat. T. I, Pars II, p. 954, ♂, (Edit. XII) | 1767 |
| „ *maxillosa* | Linn.: Syst. Nat. T. I, Pars II, p. 954, ♀, (Edit. XII) | 1767 |
| „ *florisomnis* | Fab.: Syst. Ent. p. 387, ♂ | 1775 |
| „ · *maxillosa* | Fab.: Spec. Ins. T. I, p. 486, ♀ | 1781 |
| „ *florisomnis* | Fab.: Spec. Ins. T. I, p. 486, ♂ | 1781 |

*Apis lumidus* HARRIS: Expos. Eng. Ins., p. 164, Taf. L.       1782
.,    *maxillosa* FAB.: Mant. Ins. T. I, p. 387, ♀       1787
.,   *florisomnis* FAB.: Mant. Ins. T. I, p. 387, ♂       1787
..   *maxillosa* FAB.: Mant. Ins. T. I, p. 305, ♀       1787
.,   *florisomnis* FAB.: Mant. Ins. T. I, p. 305, ♂       1787
     „     LINN.: (GMEL.) Syst. Nat. T. I, Pars V, p. 2773,
           ♂ (Edit. XII)       1789
     „    *maxillosa* LINN.: (GMEL.) Syst. Nat. T. I, Pars V, p. 2773,
           ♂ (Edit. XIII)       1789
.,   *florisomnis* VILL.: Linn. Ent. T. III, p. 289, ♂       1789
.,   *maxillosa* VILL.: Linn. Ent. T. III, p. 289, ♀       1789
*Hylaeus florisomnis* FAB.: Ent. Syst. T. II, p. 304, ♂       1793
     „    *maxillosus* FAB.: Ent. Syst. T. II, p. 303, ♀       1793
.,   *florisomnis* PANZ.: Faun. Germ. Heft 46, 13, ♂       1797
     „    *florisomnis* CEDERHJELM: Faun. Ingric. Prod. Ins. Ag.
           Petrop. Lips., p. 173, ♂       1798
     „    *maxillosus* PANZ.: Faun. Germ. Heft 53, 17, ♀       1798
*Apis maxillosa* KIRBY: Monog. Ap. Angl. T. II, p. 251, Taf. IX,
           Fig. 9—12, ♀       1802
.,   *florisomnis* KIRBY: Monog. Ap. Angl. T. II, p. 253, ♂       1802
*Megachile florisomnis* WALCKEN.: Faun. Paris. T. II., p. 135, ♂       1802
     „    *maxillosus* WALCKEN.: Faun. Paris. T. II., p. 134, ♀       1802
*Hylaeus florisomnis* FAB.: Syst. Piez. p. 379, ♀       1804
*Anthophora truncorum* FAB.: Syst. Piez. p. 379, ♀, var. β       1804
*Megachile maxillosa* LATR.: Hist. Nat. Crust. et Ins. T. XIV,
           p. 51, ♂, ♀       1805
*Anthophora florisomnis* ILLIG: Magaz. Ins. T. V, p. 121, ♂       1806
     „    *maxillosa* ILLIG: Magaz. Ins. T. V, p. 120, ♀       1806
*Trachusa maxillosa* JUR.: Nouv. Méthod. Hym. et Dipt. T. I,
           p. 252       1807
*Megachile florisomnis* SPIN.: Ins. Ligur. T. I, Fasc. I, p. 134, ♂       1808
*Chelostoma maxillosa* LATR.: Gen. Crust. et Ins. T. IV, p. 162, ♂, ♀       1809
     „    *maxillosa* BRULL.: Exped. Scient. Morée, T. III, p. 342       1832
     „    *florisomnis* CURT.: Brit. Ent. T. XIV, p. und Taf.
           628, ♂, ♀       1838
     „    *maxillosum* LABRAM u. IMHOFF: Ins. d. Schweiz, I. Heft,
           Fig. a, b, c, d, ♂, ♀       1838
*Heriades maxillosa* ZELTERST.: Ins. Lappon, p. 467, ♂, ♀       1840
*Chelostoma maxillosa* BLANCH.: Hist. Nat. Ins. V. III, p. 409       1840
     „    *maxillosa* LEPEL.: Hist. Nat. Ins. Hym. T. II, p.
           407, ♂, ♀       1841
     „    *culmorum* LEPEL.: Hist. Nat. Ins. Hym. T. II, p.
           408, ♂, ♀       1841
     „    *florisomnis* SMITH: Zoolog. T. IV, p. 1445       1846
*Heriades maxillosa* NYL.: Adnot. Ap. Boreal. in Act. Soc. Scient.
           Fenn. T. IV, p. 268, ♂, ♀       1848
     „    NYL.: Revis. Ap. Boreal. in Act. Soc. Scient.
           Fenn. T. II, p. 277       1852

*Chelostoma florisomne* Eversm.: Bull. Soc. Imp. Nat. Mosc. T.
      XXV, p. 74, ♂, ♀                        1852
   „   *maxillosum* Schenck: Jahrb. Ver. Naturk. Nassau, H.
      IX, p. 72, 186, 224, ♂, ♀              1853
   „   *culmorum* Schenck: Jahrb. Ver. Naturk. Nassau.
      H. IX, p. 72, 187, 224, ♂, ♀          1853
   „   *florisomne* Smith: Cat. Brit. Hym. Ins. T. I, (Bees of
      Great Britain), p. 189, ♂, ♀          1855
*Heriades maxillosa* Nyl.: Mém. Soc. Imp. Scienc. Nat. Cherbourg,
      T. IV, p. 107, ♂, ♀               1856
*Chelostoma maxillosum* Schenck: Jahrb. Ver. Naturk. Nassau,
      H. XIV, p. 348, ♂, ♀              1859
   „       „   Thoms.: Hym. Scandinav. T. II, p. 257, ♂, ♀  1872

♀ *Long. 7—11 mm. Caput perspicuis punctis tenuibus subdensisque. Capitis pars aversa tumida. Clypeus planus lamella erecta instructus. Mandibulae grandissimae, variolose punctatae, apice bidentatae, margine interiore evidentissime fulvo-fimbriato. Antennae perspicue clavatae. Flagelli articulus secundus primo vix brevior.*

*Mesonotum et scutellum tenuiter subdenseque, metanotum dense punctata. Segmenti medialis area transversa antica, metanoto longitudine aequalis, rugis longitudinalibus grossis, postice evidentissime separata, posterior pars praeceps omnino opaca, tenuiter denseque punctata.*

*Abdomen punctis tenuibus subdensisque, fasciis albis in medio plus minusve interruptis. Scopa flavo-cana. Pedum posteriorum metatarsus articulis quatuor ceteris longitudine aequalis. Tibiarum omnium calcaria pallida.*

♂ *Capitis aversa pars non tumida. Mandibulae breviores, margine inferiore fimbriis flavo-albis. Antennae haud clavatae, infra perspicue serratae, n medio fulvae. Flagelli articulus secundus primo evidenter longior.*

*Abdominis segmenta lateraliter solum fimbriis subdensis. Segmentum ultimum fortiter impressum sive foveolatum, apice diviso in lamellas duas latas, plus minusve rectangulariter obtusas. Segmentum ventrale secundum n gibbum productum. Gibbus antice convexus, nec directe obliquus, postice in forma soleae ferreae. Segmentum ventrale tertium late impressum, lateraliter gibberum et margine posteriore fimbriato ut in segmentis sequentibus.*

♀. Kopf mit feinen, deutlichen Punkten ziemlich dicht besetzt, dabei glänzend; Hinterkopf angeschwollen. Abstand der hinteren Nebenaugen von dem Hinterhauptrande sichtlich grösser als ihr Abstand von den Netzaugen; der hinter den Nebenaugen gelegene Kopftheil erscheint daher länger als z. B. bei *Chel. nigricorne*. Kopfschild flach, mit einer senkrecht aufgerichteten Platte von sehr wechselnder Gestalt (darüber Näheres am Schlusse der Beschreibung). Abstand der hinteren Nebenaugen von den Netzaugen gleich der Länge der beiden ersten Geisselglieder zusammen, ihr gegenseitiger Abstand kaum kleiner. Netzaugen innen sehr seicht ausgerandet. 'Schläfen angeschwollen, oben und unten so ziemlich gleich breit und breiter als bei *Ch. nigricorne*. Oberlippe auffallend verlangert und nach vorne verschmälert, mit deutlichen, narbigen, zerstreuten Punkten besetzt. Oberkiefer sehr lang, nach vorne wenig verschmälert, seicht, narbig punktirt; sie endigen in eine äussere (untere), starke Spitze und in einen inneren (oberen), kürzeren, stumpfen Zahn. Während die obere der zwei Furchen des Oberkiefers zwischen der Endspitze und dem stumpfen Innenzahn mündet, verschwindet die untere Furche, bevor sie die Spitze erreicht. Innenrand der Oberkiefer mit langen, röthlich-gelben Haaren besetzt. Kopf besonders an den Backen und zwischen den Netzaugen reichlich mit gelblich-weissen, zottigen Haaren bedeckt. Fühler gegen die Spitze hin deutlich keulig verdickt; zweites Geisselglied kaum kürzer als das erste; die folgenden Geisselglieder breiter als lang, das letzte abgeplattet und deutlich länger als breit, während die nächst vorhergehenden ungefähr so lang wie breit sind.

Bruststück eiförmig, vorne steil abfallend, oben abgerundet, in seiner ganzen Ausdehnung mit weisslichen oder gelblichen, zottigen Haaren besetzt, welche unten und besonders in der Umgebung des Flügelgrundes dichter, büschelförmig beisammen stehen. Mittelrücken und Schildchen glänzend, mit feinen, seichten, aber sehr deutlichen und ziemlich dicht stehenden Punkten. Hinterrücken dicht punktirt und wenig glänzend. Mittelsegment mit einer hinten durch einen Querwulst deutlich abgegrenzten oberen horizontalen Zone. Diese ist so lang wie der Hinterrücken, parallel zu ihm und sehr grob längsgerunzelt. Der hinter dieser horizontalen Zone gelegene, steil abfallende Theil des Mittelsegments ist vollkommen matt und dicht, fein punktirt (mit Ausnahme der mittleren Verticalrinne und der zwei seitlichen Grübchen).

Hinterleib ein wenig kürzer als Kopf und Bruststück zusammengenommen, nach hinten ein wenig verbreitert. Die steil abfallende Vorderfläche des ersten Hinterleibsegments zeigt eine tiefe, mittlere, langsrinnenartige Vertiefung. Letzter Hinterleibsring ohne Eindruck, mit einem einfachen, spitzbogenförmigen, mit kurzen, gelben Haaren bedeckten Hinterrande. Die Oberseite des Hinterleibes stark glänzend, mit ziemlich dichter, feiner, doch sehr deutlicher Punktirung und am Hinterrande der einzelnen Segmente mit in der Mitte mehr oder minder stark unterbrochenen Binden dicht stehender, anliegender, weisser Haare. Bauchbürste gelblich-weiss. Erstes hinteres Fussglied ungefähr so lang wie die vier übrigen Fussglieder zusammen. Beine gelblich-weiss behaart. Flügel schwach rauchig; Hinterflügel je nach der Grösse des Thieres mit 10—12, selten mit 13 Frenalhäckchen.

♂. Schlanker. Kopf kleiner, hinter den Nebenaugen nicht angeschwollen, zwischen den Netzaugen und an den Schläfen sehr stark büschelig, gelblich-weiss behaart. Oberkiefer kürzer und unten mit langen, gelblich-weissen Wimpern. Kopfschild ohne aufgerichtete Platte. Fühler nicht gekeult, länger d. i. über den Flügelgrund hinausreichend; Fühlergeissel unten deutlich gesägt und braun bis rostgelb gefärbt;

zweites Geisselglied deutlich länger als das erste, welches kaum länger als breit ist, letztes Geisselglied abgeplattet und doppelt so lang wie breit.

Bruststück und Hinterleib stärker behaart als bei dem Weibchen. Hinterleib schlanker als bei dem Weibchen, nach hinten nicht verbreitert, länger als Kopf und Bruststück zusammen; sein hinterer Theil nach unten eingekrümmt. Der Hinterrand der einzelnen Hinterleibsringe ist nur seitlich mit grauen, längeren aber weniger dicht stehenden Wimpern besetzt. Letzter Hinterleibsring stark grubig eingedrückt und mit zwei breiten, am Ende rechtwinkelig oder ein wenig schief abgestutzten Fortsätzen, so dass er bogenförmig (halbkreisförmig) ausgeschnitten erscheint. Den eben erwähnten Fortsätzen gegenüber an der Bauchseite bemerkt man zwei lappige Fortsätze, welche bald mehr oder weniger deutlich hervortreten, je nachdem sie aufgestellt oder niedergelegt sind. Der zweite Bauchring trägt eine auffallende Erhebung. Diese zeigt nach hinten eine allmählich abfallende Fläche von Hufeisenform, welche mitten vertieft, stark glänzend und dabei sehr seicht punktirt ist; nach vorne ist diese Erhebung bucklig gewölbt, polirt glatt und stark glänzend, seitlich deutlich punktirt. Dieser Erhebung entspricht eine tiefe Ausrandung des ersten Bauchringes, in welche bei eingekrümmtem Hinterleibe im Ruhezustande des Thieres (bei Nacht oder schlechter Witterung) der Höcker des zweiten Bauchringes genau hineinpasst. Dritter Bauchring mit einer mittleren, breiten, grubigen Vertiefung, welche von einer wallartigen, seitlich stark höckerigen Erhebung begrenzt ist; sein Hinterrand trägt eine mehr lockere Wimperreihe, welche den starken, gelblichweissen Wimperbesatz des vierten Bauchringes am Grunde bedeckt. Letzterer bedeckt wieder zum Theil den fünften Bauchring, dessen Hinterrand eine schwächere Wimperreihe trägt. Im Uebrigen mit dem Weibchen übereinstimmend.

Wie ich mich an einem sehr zahlreichen, sehr verschiedenen und entfernten Fundorten entstammenden Materiale zu überzeugen Gelegenheit hatte, zeigt *Chel. florisomne* eine bedeutende Veränderlichkeit in seiner Grösse und in der Form der aufrechten Platte des Kopfschildes. So erhielt ich Stücke aus dem südlichen Ungarn von nur 7—8 mm Länge, während durchschnittlich die Länge 10—11 mm erreicht. Einer auffallenden Veränderlichkeit aber ist die Kopfschildplatte unterworfen — quadratisch bis rechteckig und zwar oft sehr verkürzt querrechteckig; mitunter gegen das Ende hin verbreitert; ihr Oberrand bald geradlinig, bald mehr oder minder stark bogenförmig gewölbt, zuweilen ausgerandet oder mehr oder minder deutlich zweilappig, ja sogar drei- bis vierlappig und im letzten Falle nach oben verbreitert. Aus der Lombardei liegen mir mehrere Stücke vor, deren Kopfschildplatte bis auf den Grund ausgeschnitten ist, so dass sie also vollständig zweigetheilt erscheint.

Wollte man dem Vorgange LEPELETIER's und SCHENCK's folgen, welche auf Grund der kürzeren Kopfschildplatte („Kopfschildplatte nicht breiter als lang"), auf Grund der geraden, nicht schief abgestutzten Theile des Endsegments und der gelblichen Behaarung als eigene Art

*Chelostoma culmorum* von *Chel. florisomne* abtrennen, so würde man nach den oben angeführten Bemerkungen wohl gar ein halbes Dutzend sogenannter Arten vom Werthe des *Chel. culmorum* aus *Chel. florisomne* erhalten.

Lappland, Finnland, Scandinavien, Dänemark, Russland, Deutschland, Oesterreich (von Galizien und Böhmen bis Ungarn und Südtirol), Schweiz, Frankreich, England, Italien (von der Lombardei bis Calabrien), Algier, Bosnien, Griechenland, Tinos, Kleinasien.

Seine verticale Verbreitung geht bis über 1000 m. Nicht selten, stellenweise sogar häufig.

## *Chelostoma mauritanicum* Lucas.

*Chelostoma mauritanicum* Lucas: Explor. Algier, Zoolog. T. 3, p. 205, ♀, Taf. IX, Fig. 5. — 1849.

*Long.* 11 mm, *exverg.* 18 mm. *Caput nigrum, punctatum; capite antice profunde emarginato; alis subinfuscatis, nervu risfuscis; abdomine fortiter confertimque punctato, segmentorum margine postico pilis albo-argenteis ciliatis, infra flavo rufescente piloso; pedibus nigris, punctatis, rufescente-pilosis.*

„Femelle. Cette espèce, quoique ressemblant beaucoup au *C. culmorum*, en diffère par des caractères bien tranchés. La tête est plus grande, étroite, d'un noir brillant, parsemée de poils blancs, et ceux-ci deviennent plus touffus de chaque côté de la concavité dans laquelle viennent s'insérer les antennes; antérieurement elle est profondément échancrée, et ne porte pas d'écaille prolongée comme cela se voit chez le *C. culmorum*. Les mandibules sont noires et beaucoup plus allongées que dans le *C. culmorum*. Les antennes sont noires. Le thorax est noir, finement ponctué, et parait plus étroit que dans le *C. culmorum*; il est glabre, à l'exception cependant des parties latérales, sur lesquelles on aperçoit quelques poils blancs. Les ailes, à nervures d'un brun foncé, sont légèrement enfumées. L'abdomen, en dessus, est d'un noir brillant, avec les points dont il est parsemé un peu plus forts et plus serrés que dans le *C. culmorum*. Comme chez cette espèce, le bord postérieur des cinq segments est cilié de poils d'un blanc argent, courts et serrés; en dessous, il est de même couleur qu'en dessus, avec les poils dont il est entièrement couvert allongés et d'un jaune roussâtre. Les pattes sont noires, ponctuées, parsemées de poils roussâtres.

Comme il est facile de le voir, cette espèce a la plus grande analogie avec le *C. culmorum*, avec lequel, au premier aspect, celle ne pourra être confondue, à cause du bord inférieur du chaperon, qui est profondément échancré, au lieu d'être prolongé en un écaille aussi longue que large, comme cela se remarque dans le *C. culmorum*. Je n'ai trouvé qu'une seule fois ce Chélostome, que j'ai pris en juin, sur des fleurs, sur les bords du lac Tonga, aux environs du cercle de Lacalle.“

Nordafrika (Algier).

Nach Lucas ist *Chel. mauritanicum* nahe verwandt mit *Ch. culmorum* = *Ch. florisomne,* von welcher letzteren Art es sich aber leicht unterscheiden lässt durch den Mangel der aufgerichteten Platte auf dem Kopfschild und durch den grösseren Kopf.

Sowohl nach der Beschreibung als auch nach der Abbildung zu schliessen muss *Ch. mauritanicum* dem *Ch. nigricorne* nahe stehen, ist aber jedenfalls von dieser Art verschieden durch den vorne ausgeschnittenen Kopfschild.

## *Chelostoma grande* Nyl.

*Heriades grandis* Nyl.: Revis. Ap. Boreal., in: Act. Soc. Scient. Fenn. T. II, p. 277, ♀, 1852.
*Heriades grandis* Nyl.: Mem. Soc. Imp. Scienc. Nat. Cherbourg, T. IV, p. 107, ♀, 1856.

♀. *Long. 12—15 mm. Habitus minus procerus. Caput punctis subdensis subgrossisque. Capitis aversa pars paullum tumida. Clypeus gibbo transverso maxime conspicuo, antice posticeque obliquo instructus. Mandibulae grandissimae, punctis subtenuibus, subvariolosis, margine interiore longe rufo-fimbriato. Antennae leviter clavatae. Flagelli articulus secundus primo sesqui longior.*

*Dorsulum perspicuis punctis subgrossis subdensisque. Segmenti medialis area transversa antica metanoto paullo brevior, subgrosse punctato-rugosa et postice evidenter separata; posterior pars praeceps punctis perspicuis, subgrossis subdensisque area excepta triangulari media polita nitidaque.*

*Abdomen punctis subdensis, magis perspicuis et minus tenuibus quam in Chel. florisomni, fasciis albidis, in medio plus minusve interruptis. Scopa flava sive rufo-flava. Metatarsus pedum posteriorum articulis quatuor ceteris longitudine aequalis. Tibiarum omnium calcaria pallida.*

♀. Körpergestalt untersetzt, viel gedrungener als bei *Ch. florisomne.* Kopf gross, so breit wie das Bruststück, hinter den Nebenaugen leicht, nicht so stark angeschwollen wie bei *Ch. florisomne,* ferner mit mässig dichter, ziemlich grober, etwas nadelrissiger Punktirung, dabei glänzend. Hinterkopf verlängert; die Nebenaugen sind vom Hinterhauptsrande weiter entfernt als von den Netzaugen. Der Kopfschild trägt vor dem Fühlergrunde eine sehr deutliche Erhebung in Gestalt eines quergestellten Höckers, welcher nach vorne und hinten dachartig abfällt. Abstand der hinteren Nebenaugen von den Netzaugen reichlich so gross wie die Länge der ersten zwei Geisselglieder zusammen, ihr gegenseitiger Abstand deutlich kleiner und ungefähr gleich der Länge des zweiten Geisselgliedes. Netzaugen innen kaum merklich ausgerandet. Schlafen nach unten ein wenig verbreitet. Oberlippe auffallend verlängert, gegen die Spitze zu verschmälert, mit seichten, längsnarbigen Punkten; die zwei durch einen Längskiel getrennten Furchen gut ausgeprägt. Innenrand der Oberkiefer mit langen, zottigen, rostfarbigen

Haaren besetzt. Kopf besonders zwischen den Netzaugen und an den Backen, weniger stark am Hinterrande mit zottigen, gelbbraunen Haaren bedeckt. Fühler gegen die Spitze hin schwach keulig verdickt und kurz, zweites Geisselglied 1,5mal so lang wie das erste, drittes Geisselglied ungefähr halb so lang wie das erste, die übrigen Geisselglieder ungefähr so lang wie breit, Endglied länger als breit und gegen die Spitze hin abgeplattet.

Bruststück annäherungsweise eiförmig wie bei *Ch. florisomne* und mit zottigen, gelbgrauen Haaren bedeckt, welche hinten und um den Flügelgrund herum, wie gewöhnlich, dichter gehäuft sind. Rücken mit ziemlich groben, eingestochenen und ziemlich dicht stehenden Punkten besetzt. Mittelsegment in seinem grösseren, steil abfallenden hinteren Theile mit reingestochener, mässig grober und ziemlich dichter Punktirung, ausgenommen der obere, mittlere dreieckige Raum, welcher polirt glatt und stark glänzend ist. Obere horizontale Zone des Mittelsegments ein wenig kürzer als der Hinterrücken, ziemlich grob punktirt runzlig und nach hinten deutlich abgegrenzt.

Hinterleib deutlich kürzer als Kopf und Bruststück zusammen, nach hinten deutlich verbreitert, oben gewölbt, unten flach. Die steil abfallende Vorderfläche des ersten Hinterleibsringes mit einer weit über die Hälfte nach oben reichenden, tiefen Mittelrinne, seitlich deutlich und ziemlich dicht, nächst der Rinne seicht und zerstreut punktirt. Endsegment ohne Eindruck, mit spitzbogenförmigem Hinterrande, welcher mit kurzen, dicht anliegenden, roströthlichen Haaren bedeckt ist. Oberseite des Hinterleibes mit mässig dichter Punktirung; die Punkte sind ein wenig reiner gestochen und ein wenig gröber als bei *Ch. florisomne*. Am Hinterrande der vier ersten Hinterleibsringe mehr oder weniger deutlich unterbrochene Binden anliegender, kurzer, weisser oder gelbweisser Haare. Bauchbürste gelb bis röthlich-gelb. Das erste hintere Fussglied an Länge gleich den vier übrigen Fussgliedern zusammen. Schienensporne blass gefärbt. Hinterbeine dicht punktirt. Beine gelblich-grau, die zwei hinteren Füsse röthlich-gelb behaart. Hinterflügel mit zwölf bis dreizehn Frenalhäckchen.

Männchen unbekannt.

*Chel. grande* ist von dem nächst stehenden *Chel. florisomne* sehr leicht zu unterscheiden durch die bedeutendere Grösse und mehr gedrungene Gestalt, durch die gröbere Punktirung und den polirt glänzenden, dreieckigen Raum des Mittelsegments, sowie durch den Mangel der aufrechten Kopfschildplatte.

Die bedeutende Grösse und besonders die quergestellte, nach vorne und hinten gleichmässig, dachartig abfallende Erhebung des Gesichtes vor den Fühlern lässt *Chel. grande* auch von allen übrigen *Chelostoma*-Arten sehr leicht unterscheiden.

Nieder-Oesterreich (Wien), Nord-Tirol (Volders), Ungarn (Mehadia), Schweiz (Sierre). Ueberall sehr selten.

## Chelostoma appendiculatum Moraw.

*Heriades appendiculata* Moraw.: Hor. Soc. Ent. Ross. T. VIII, p. 209, ♂, 1872.

*Chelostoma quadrifidum* Kriechb.: Ent. Nachricht. T. V, p. 312, ♂, 1879.

♂. *L. 10 mm. Procerum ut Chel. florisomne. Mandibulae densis punctis magis tenuibus et magis perspicuis quam in Ch. florisomni, margine inferiore fimbriis albis brevioribus. Antennae infra maxime exigue serratae, in medio testaceae. Flagelli articulus secundus primo sesqui longior.*

*Notum subdense et paullo grossius quam in Ch. florisomni punctatum. Segmenti medialis area transversa antica metanoto longitudine aequalis, grosse longitudinaliter rugosa, postice evidenter separata; posterior pars praeceps nitida, area media triangulari polita.*

*Abdomen perspicuis punctis tenuibus subdensisque, lateraliter solum fimbriis albidis exstructum. Segmentum ultimum fortiter impressum, apice diviso in lamellas duas latas, obtusas, angustiores et evidentius divergentes quam in Ch. florisomni. Segmentum ventrale secundum in gibbum productum; gibbus antice directe obliquus nec convexus, postice in forma soleae ferreae brevioris quam in Ch. florisomni. Segmentum ventrale tertium minus late impressum quam in Ch. florisomni et lateraliter gibbosum. Metatarsus posterior articulis quatuor sequentibus longitudine aequalis. Omnium tibiarum calcaria pallida.*

♂. Körpergestalt schlank wie bei **Ch.** *florisomne*, welchem diese Art sehr nahe steht. Hinterkopf nicht angeschwollen. Oberkiefer mit dichter stehenden, feineren und reiner gestochenen Punkten als bei **Ch.** *florisomne*, an ihrem Unterrande mit rein weissen, nicht gelblich-weissen zottigen Haaren, die viel kürzer als bei **Ch.** *florisomne*. Behaarung des Kopfes überhaupt rein weiss. Fühler unten kaum merklich gesägt und mitten lehmgelb. Zweites Geisselglied 1,5mal so lang wie das erste (relativ ein wenig länger und dünner als bei **Ch.** *florisomne*), letztes Geisselglied abgeplattet und doppelt so lang wie breit. Abstand der hinteren Nebenaugen von den Netzaugen und von einander geringer als die Länge der zwei ersten Geisselglieder zusammen und dabei doppelt so gross wie die Länge des ersten Geisselgliedes.

Bruststück ungefähr eiförmig. Punktirung des Rückens ziemlich dicht und ein wenig gröber als bei **Ch.** *florisomne*. Bruststück ausserdem weiss behaart, besonders stark, büschelförmig zottig unten und in der Umgebung des Flügelgrundes. Mittelsegment stark glänzend, nicht matt; besonders tritt der polirt glatte mittlere, obere dreieckige Raum, welcher bei **Ch.** *florisomne* vollkommen matt ist, durch seinen starken Glanz hervor. Obere horizontale Zone des Mittelsegments so lang wie der Hinterrücken, grob längsgerunzelt und hinten durch eine querwulstige Erhebung deutlich abgegrenzt.

Hinterleib cylindrisch und länger als Kopf und Bruststück zusammen, mit deutlicher, feiner und ziemlich dichter Punktirung; sein hinterer Theil ist nach unten eingekrümmt. Die einzelnen Hinterleibsringe tragen an ihrem Hinterrande nur seitlich einen weisslichen, etwas lockeren Wimperbesatz. Letztes Hinterleibssegment stark grubig eingedrückt und schmäler als bei *Ch. florisomne.* Die zwei in Folge des halbkreisförmigen Einschnittes entstandenen Fortsätze des Endsegments sind schmäler, divergiren stärker als bei *Ch. florisomne* und sind am Ende leicht verbreitert. Ihnen gegenüber an der Bauchseite sind zwei bald mehr bald minder deutliche Lappenfortsätze bemerkbar, welche rein weiss und deutlich behaart sind. Die Erhebung des zweiten Bauchringes fällt vorne geradlinig ab, während sie bei *Ch. florisomne* bucklig gewölbt ist, die hintere hufeisenförmige Fläche ist sichtlich kürzer als bei *Ch. florisomne.* Der Eindruck des dritten Bauchringes ist zwar sehr deutlich ausgeprägt, mit höckeriger Randbegrenzung, aber von merklich geringerer Ausdehnung in die Breite. Sculptur der Bauchseite wie bei *Ch. florisomne.* Das erste hintere Fussglied so lang wie die vier übrigen zusammen. Schienensporne blass gefärbt. Hinterflügel mit elf Frenalhäckchen.

Weibchen unbekannt.

*Chel. appendiculatum* lässt sich von *Ch. florisomne* (♂) ganz leicht unterscheiden durch die kaum merkbar gesägten Fühler, die bei *Ch. florisomne* auffallend deutlich gesägt sind, durch den polirt glatten, stark glänzenden dreieckigen Raum des Mittelsegments, der bei *Ch. florisomne* vollkommen matt ist, durch die Form des Höckers am zweiten Bauchringe und die schmäleren, etwas stärker divergenten Fortsätze des Endsegments.

Von *Ch. emarginatum* ♂ ist *Ch. appendiculatum* am besten zu unterscheiden durch die gröbere Punktirung des Rückens und Hinterleibes, durch die gröber gerunzelte obere horizontale Zone des Mittelsegments, welche ausserdem vom hinteren steil abfallenden Theile desselben deutlicher abgegrenzt ist, endlich durch die merklich stärkere, höckerige Umrandung des grubigen Eindruckes auf dem dritten Bauchringe, sowie durch die bedeutendere Grösse.

Waren mir auch die Typen nicht zugänglich, so glaube ich doch, nach den klaren Beschreibungen von MORAWITZ und KRIECHBAUMER in den betreffenden Thieren — es lag mir etwa ein Dutzend Stücke vor — sicher *Ch. appendiculatum* MORAW. und *Ch. quadrifidum* KRIECHB. zu erkennen. Ich habe daher *Ch. quadrifidum* als Syn. zu *Ch. appendiculatum* gestellt, umsomehr, als mir auch einige Stücke aus Bozen vorlagen, dem Fundorte von KRIECHBAUMER's *Ch. quadrifidum,* und als die Beschreibung von *Ch. appendiculatum* damals KRIECHBAUMER, nach dem Inhalt seines Aufsatzes zu schliessen, nicht bekannt gewesen zu sein scheint.

Süd-Ungarn (Mehadia), Süd-Tirol (Bozen), Dalmatien, Herzogewina, Italien (Lombardei, Calabrien), Kleinasien (Smyrna, Brussa, Amasia). Selten.

## *Chelostoma emarginatum* Nyl.

*Heriades emarginata* Nyl., Mem. Soc. Imp. Scienc. Nat. Cherbourg. T. IV, p. 109, ♂♀, 1856.

♀. *Long. 7—8 mm. Magis procerum. Caput punctis mediocriter tenuibus densisque. Clypeus convexiusculus, fere planus, postice conspicue punctatus, antice nitidum, punctulis tenuissimis; clypei margo anticus directus, denticulo medio tenui atque denticulis duobus lateralibus tenuissimis. Antennae evidenter clavatae. Flagelli articulus secundus primo longitudine aequalis. Mandibulae breviores apice dentibus duobus obtusis.*

*Notum punctis mediocriter tenuibus densisque. Segmenti medialis area transversa antica metanoto longior, subtiliter longitudinaliter rugulosa et postice subconspicue separata; posterior pars praeceps perspicue subdenseque punctata area media triangulari polita excepta.*

*Abdomen punctis mediocriter subtilibus densisque, lateraliter solum fimbriis albis, scopa alba instructum. Metatarsus posterior articulis quatuor ceteris longitudine aequalis. Tibiarum omnium calcaria pallida.*

♂ *Long. 7—8 mm. Antennae infra serratae, basi apiceque fuscis exceptis rufae. Flagelli articulus secundus primo vix longior.*

*Abdominis segmentum ultimum supra evidenter impressum sive foveolatum, apice diviso in duas lamellas latas, rectangulariter obtusas. Segmentum ventrale secundum in gibbum minus elevatum productum. Gibbus antice directe obliquus, postice in forma soleae ferreae longioris. Segmentum ventrale tertium late impressum, omnino pilosum, margine posteriore ut in segmentis sequentibus fimbriis longis flavoalbis exstructo.*

♀. Körpergestalt kaum weniger schlank als bei *Ch. campanularum* und schlanker als bei *Ch. foveolatum.* Kopf so breit wie das Bruststück. Hinterkopf kurz; die hinteren Nebenaugen stehen von den Netzaugen und dem Hinterhauptsrande gleich weit ab. Kopfschild sehr schwach gewölbt, fast flach, hinten deutlich punktirt, vorne stark glänzend, mit kaum wahrnehmbaren feinen Pünktchen; sein Vorderrand geradlinig, fein leistenartig, dahinter ein feiner Mittelzahn und zwei sehr feine seitliche Zähnchen. Fühler gegen das Ende hin deutlich verdickt (keulig); zweites Geisselglied so lang wie das erste, die folgenden Geisselglieder breiter als lang, die näher der Spitze liegenden so lang wie breit und das letzte Geisselglied länger als breit. Abstand der hinteren Nebenaugen von einander und von den Netzaugen ein wenig grösser als beide ersten Geisselglieder zusammen. Schläfen nach unten deutlich verbreitert, merklich breiter als z. B. bei *Ch. foveolatum* und *campanularum.* Punktirung des Kopfes merklich gröber als bei *Ch.*

*campanularum,* mässig fein und dicht. Behaarung des Kopfes weisslich, nur an den Schläfen stärker, in der Gegend des Fühlergrundes und hinten schwach wie bei *Ch. foveolatum,* doch im allgemeinen spärlicher. Oberkiefer viel kürzer und weniger stark behaart als etwa bei *Ch. florisomne,* mit stumpfer Endspitze und einem stumpfen Innenzahn, ziemlich dicht, fein, narbig punktirt.

Bruststück mässig fein und dicht punktirt, merklich gröber als bei *Ch. campanularum,* auch ein wenig gröber als bei *Ch. foveolatum;* seine Behaarung weisslich und spärlicher als bei *Ch. foveolatum.* Obere horizontale Zone des Mittelsegments länger als der Hinterrücken, fein längsrunzlig und zwar kaum merklich weniger fein als bei *Ch. foveolatum;* sie ist von dem hinteren, steil abfallenden Theile des Mittelsegments nicht besonders deutlich abgegrenzt. Der mittlere dreieckige Raum polirt glatt und glänzend, der übrige Theil des Mittelsegments deutlich und ziemlich dicht punktirt, gröber als bei *Ch. foveolatum.*

Hinterleib sichtlich kürzer als Kopf und Bruststück zusammen, doch relativ länger und schmäler als bei *Ch. foveolatum.* Punktirung oben mässig fein und dicht, gröber als bei *Ch. foveolatum.* Die weissen Wimperbelege am Hinterrande der einzelnen Hinterleibsringe nur seitlich mehr oder minder schwach entwickelt. Die Mittelrinne auf der steil abfallenden Vorderfläche des ersten Hinterleibssegments sehr tief und breit, bis zur halben Höhe der Fläche reichend und sehr deutlich abgegrenzt von der Umgebung, welche oben seicht, doch deutlich punktirt und glänzend ist. Endring mit schwach spitzbogenförmigem Hinterrande. Bauchbürste weiss. Erstes hinteres Fussglied so lang wie die vier folgenden Fussglieder zusammen; alle Schienensporne blass gefärbt. Hinterflügel mit 8—9 Frenalhäckchen.

♂. Fühler mit Ausnahme des schwarzen Grundes und der schwarzbraunen Spitze rostfarben, unten schwach, doch noch sehr merklich gesägt und reichlich bis zum Flügelgrunde reichend, also ein wenig länger als bei *Ch. foveolatum.* Zweites Geisselglied fast ein wenig länger als das erste, die folgenden Geisselglieder ein wenig länger als breit, letztes Geisselglied deutlich länger als breit. Abstand der hinteren Nebenaugen von einander sowohl wie von den Netzaugen so gross wie die Länge der beiden ersten Geisselglieder zusammen. Behaarung des Kopfes und Bruststückes viel stärker als bei *Ch. foveolatum,* ungefähr wie bei *Ch. nigricorne,* indem der Kopf an den Backen, in der Gegend des Fühlergrundes und am Hinterrande lange, büschelförmig gehäufte, graulich-weisse Haare trägt.

Bruststück mit weniger dicht stehenden, langzottigen, graulichweissen Haaren, besonders in der Gegend des Flügelgrundes und des Ursprungs der Vorderschenkel.

Hinterrand der Hinterleibssegmente seitlich mit schwacher, weisslicher Behaarung. Endsegment mit deutlicher, grubiger Vertiefung und in zwei breite, am Ende rechtwinklig abgeschnittene Fortsätze auslaufend, welche durch einen halbkreisförmigen Ausschnitt von einander getrennt sind; ihnen gegenüber an der Bauchseite zwei Lappenfortsätze (wie bei *Ch. florisomne, appendiculatum* etc.). Zweiter Bauchring mit einer höckrigen Erhebung, die jedoch merklich weniger hoch und deren hintere hufeisenförmige Fläche merklich kürzer ist als bei *Ch. florisomne*. Dieser Höcker fällt nach vorne geradlinig schief ab, ist also nicht bucklig gewölbt und ähnelt somit mehr jenem bei *Ch. nigricorne*, ist aber weniger hoch als bei der letztgenannten Art, während seine hintere hufeisenförmige Fläche sichtlich länger ist (relativ genommen). Die correspondirende hintere Ausrandung des zweiten Bauchringes ist schwächer als bei *Ch. florisomne*, ungefähr wie bei *Ch. nigricorne*. Dritter Bauchring deutlich eingedrückt; der Eindruck ist von einer schwachen, wallartigen Erhebung umrandet, von relativ grösserer Ausdehnung als bei *Ch. nigricorne* und ähnlich wie bei *Ch. florisomne*, doch schwächer; der dritte Bauchring ist ferner in seiner ganzen Ausdehnung ziemlich dicht behaart, während er bei *Ch. florisomne* und *nigricorne* bis auf die Seiten des Hinterrandes ganz unbehaart ist und trägt am Hinterrande weissliche, zottige Haare. Vierter und fünfter Hinterleibsring mit einem dichten, blassgelben Haarbesatze.

*Ch. emarginatum* steht verwandtschaftlich zwischen *Ch. florisomne* und *appendiculatum* und zwar näher dem letzteren. Seine Hauptunterschiede von *Ch. appendiculatum* sind: die bedeutend feinere Sculptur; die obere horizontale Zone des Mittelsegments ist sehr fein — nicht grob gerunzelt; die Fühlergeissel ist unten noch deutlich gesägt, während sie bei *Ch appendiculatum* kaum merkliche Spuren von Zähnen zeigt; Hinterflügel nur mit acht bis neun Frenalhäckchen; Körper kleiner; dritter Bauchring in seiner ganzen Ausdehnung behaart, während er bei *Ch. appendiculatum* nackt ist.

Von *Ch. florisomne* ausser den oben erwähnten Merkmalen überdies durch folgende leicht zu trennen: der dreieckige Raum des Mittelsegments ist glatt und stark glänzend (bei *Ch. florisomne* ganz matt), ♀ ohne aufrechte Kopfschildplatte, die Wimperbinden am Hinterrande der einzelnen Hinterleibssegmente nur seitlich schwach angedeutet, Bauchbürste rein weiss, nicht gelblich; ♂ — Höcker des zweiten Bauchringes relativ kleiner und vorne geradlinig, nicht bucklig abfallend, dessen hintere, hufeisenförmige Fläche relativ kürzer, Ausrandung des ersten und Eindruck des dritten Bauchringes kleiner, Fühler weniger deutlich gesägt.

Von *Ch. nigricorne* am besten zu unterscheiden: der ganze Körper ist bei *Ch. emarginatum* viel feiner punktirt, die obere horizontale Zone des Mittelsegments fein gerunzelt und viel länger, der Kopfschild der ♀ fast flach (bei *Ch. nigricorne* stark gewölbt), die Bauchbürste weiss (nicht gelblich); bei dem ♂ endigt der letzte Hinterleibsring in zwei durch einen halbkreisförmigen Ausschnitt getheilte Lamellen, während er bei *Ch. nigricorne* in drei breite Zähne endigt; Höcker des zweiten Bauchringes schwächer und dessen hintere hufeisenförmige Fläche sichtlich kürzer; dritter Bauchring ganz behaart (nicht nackt), dessen Eindruck von relativ bedeutenderer Ausdehnung.

Von *Ch. foveolatum*, mit welchem *Ch. emarginatum* an Grösse übereinstimmt, durch folgende Merkmale leicht zu unterscheiden: ♀ —

Kopfschild vorne glänzend und fast glatt, sein Vorderrand mit einem
schwächeren Mittelzähnchen, Schläfen merklich breiter und nach unten
verbreitert, Hinterleib schlanker, schmaler; ♀ — Fühler noch merklich
gesägt, rostfarben und relativ länger, Behaarung des Kopfes und Bruststückes viel stärker und weiss, nicht gelblich, Endsegment in zwei breite
Lamellen endigend, während es bei *Ch. foveolatum* in einen stumpfspitzen Fortsatz endigt, Erhebung des zweiten Bauchringes mit einer
hinteren hufeisenförmigen Fläche, während sie bei *Ch. foveolatum* eine
einfach querhöckrige Gestalt hat, dritter Bauchring mit einem deutlichen Eindrucke, vierter und fünfter Bauchring mit einem starken
Wimpersaum am Hinterrande.

Süd-Frankreich, südliche Schweiz, Süd-Tirol (Bozen, Neumarkt),
Ungarn (Fünfkirchen, Mehadia), Transkaukasien (Talysch).

Ueberall selten.

## Chelostoma mocsaryi n. sp.

♂. *Long. 11 — 12 mm. Caput perspicuis punctis tenuibus subdensisque. Clypeus convexiusculus, pilosus, tenuiter denseque punctatus, margine antico denticulis tribus exiguis instructo. Mandibulae
apicem versus unidentatum angustatae. Antennae infra evidenter
serratae; flagelli articulus secundus primo sesqui longior.*

*Mesonotum et scutellum tenuiter subdenseque, metanotum dense
punctata. Segmenti medialis area transversa antica metanoto longitudine aequalis, rugis longitudinalibus, subgrossis, postice evidenter
separata; pars posterior praeceps tenuiter subdenseque punctata area
media triangulari polita excepta.*

*Abdomen punctis tenuibus subdensisque, segmentis lateraliter so-
lum albido-fimbriatis. Segmentum ultimum supra fortiter impressum
sive foveolatum, apice bidentatum. Segmentum ventrale secundum in
gibbum productum. Gibbus antice lamella elevata, rectangulariter obtusa instructus, postice in forma soleae ferreae brevioris. Segmentum
ventrale tertium late impressum, lateraliter gibberum et margine posteriore fimbriato ut in segmentis sequentibus. Metatarsus posterior
ceteris articulis quatuor longitudine aequalis. Tibiarum omnium calcaria pallida.*

♂. Körpergestalt schlanker als bei *Ch. florisomne*, welchem es
sehr ähnlich sieht. Kopf wenig breiter als das Bruststück. Der hinter
den Nebenaugen gelegene Kopftheil nicht angeschwollen und kurz; die
hinteren Nebenaugen sind von dem Hinterhauptsrande kaum so weit
entfernt wie von den Netzaugen. Kopf mit deutlichen, feinen Punkten
ziemlich dicht besetzt (ähnlich wie bei *Ch. florisomne*). Kopfschild
schwach gewölbt, fein und dicht punktirt, am Vorderrande mit den drei
schwachen Zähnchen, mehr oder minder stark gelblich - weiss, büschlig
behaart. Abstand der hinteren Nebenaugen von den Netzaugen gleich
der Länge der ersten zwei Geisselglieder zusammen; ihr Abstand von
einander kaum kleiner. Schläfen wie bei *Ch. florisomne* und *nigricorne*

dicht punktirt und nach unten leicht verschmälert. Oberlippe nicht sehr verlängert, breit und vorne abgerundet. Oberkiefer gegen das Ende verschmälert, in eine einzige Spitze auslaufend, ohne Innenzahn, in der hinteren Hälfte mit feinen Punkten dicht besetzt. Fühler bis zum Fühlergrunde reichend, unten schwach, doch noch deutlich gesägt; zweites Geisselglied 1,5mal so lang wie das erste, die folgenden Geisselglieder länger als breit, das letzte doppelt so lang wie breit. Bruststück in seiner ganzen Ausdehnung mit gelblich - weissen, zottigen Haaren bedeckt, welche unten und besonders in der Umgebung des Flügelgrundes dichter, büschlig gehäuft sind. Mittelrücken und Schildchen glänzend, mit feinen, ziemlich seichten, aber noch sehr deutlichen Punkten ziemlich dicht besetzt.

Hinterrücken dicht punktirt und schwach glänzend. Obere horizontale Zone des Mittelsegments von dem hinteren steil abfallenden Theile desselben durch einen deutlichen Wulst geschieden, so lang wie der Hinterrücken und ziemlich grob längsrunzlig. Der mittlere, dreieckige Raum des steil abfallenden Mittelsegmenttheiles polirt glatt und stark glänzend, der übrige Theil desselben ziemlich dicht und seicht punktirt.

Hinterleib mit ziemlich dichter und feiner, doch deutlicher Punktirung, länger als Kopf und Bruststück zusammen, nach hinten nicht verbreitert; die vordere, steil abfallende Fläche des ersten Hinterleibssegments mit einer mittleren, längsrinnenartigen Vertiefung. Der hintere Theil des Hinterleibes nach unten eingekrümmt. Der Hinterrand der einzelnen Hinterleibsringe ist nur seitlich mit graulichen, nicht eben dicht stehenden Haaren besetzt. Endsegment oben wie bei *Ch. florisomne* grubig eingedrückt, mit zwei Fortsätzen, welche jedoch länger als bei *Ch. florisomne*, am Ende zugespitzt und durch einen breiteren Zwischenraum von einander getrennt sind. Der zweite Bauchring trägt einen hufartigen Höcker, dessen hintere (hufeisenförmige) Fläche mitten vertieft, stark glänzend und sehr seicht punktirt ist. Die seitliche Punktirung des Höckers ist gröber als bei *Ch. florisomne*. Der hufartige Höcker ist merklich kürzer als bei *Ch. florisomne* und läuft nach vorne in eine lange, rechteckige Lamelle aus, welche nahezu senkrecht aufsteht. Der erste Bauchring trägt eine correspondirende, dreieckig grubige Vertiefung, ähnlich wie bei *Ch. florisomne*, wo aber ein vollständiger Ausschnitt vorhanden ist. Dritter Bauchring mit einer mittleren, grossen, polirt glänzenden, grubigen Vertiefung, welche durch eine wallartige, seitlich stark höckerige Erhebung begrenzt ist; sein Hinterrand mit einer mehr lockeren Wimpernreihe, welche den dichten, gelblichweissen Wimpernbesatz des vierten Bauchringes am Grunde bedeckt, sowie dieser wieder zum Theil den fünften Bauchring, dessen Hinterrand schwächer bewimpert ist, bedeckt. Erstes hinteres Fussglied so lang wie die vier übrigen Fussglieder zusammen. Schienensporne sämmtlich blass gefärbt. Hinterflügel mit elf Frenalhäkchen. Behaarung des Kopfes, Bruststückes und Hinterleibes reichlicher als bei ·*Ch. florisomne.*

Weibchen unbekannt.

*Ch. mocsaryi* lässt sich von dem ihm näher stehenden *Ch. emar-ginatum*, sowie von den ihm am nächsten stehenden Arten *Ch. appendiculatum* und *florisomne* leicht unterscheiden. Der Höcker des zweiten Bauchringes läuft nämlich bei *Ch. mocsaryi* nach vorne in eine lange, rechteckige, ungefähr senkrecht aufgestellte Lamelle aus, wie dies sonst bei keiner der mir bekannten *Chelostoma*-Arten der Fall ist. Die Oberkiefer haben neben der Endspitze keinen Innenzahn, und die zwei Fortsätze des Endsegments sind durch einen grösseren Zwischenraum getrennt und gegen das Ende hin zugespitzt, also nicht flächenartig verbreitert. Von *Ch. emarginatum* unterscheidet sich *Ch. mocsaryi* ausserdem durch die bedeutendere Grösse und viel gröbere Sculptur, von *Ch. florisomne* durch die sichtlich schwächer gesägten Fühler und den polirt glatten, stark glänzenden dreieckigen Raum des Mittelseg-ments, der bei *Ch. florisomne* matt ist, von *Ch. appendiculatum* durch die noch deutlich gesägten Fühler.

Dalmatien (Spalato), Süd - Russland (Krim), Kleinasien (Amasia, Aphrodisias). Sehr selten.

Die Typen befinden sich im kaiserl. naturhistorischen Hofmuseum zu Wien und im National-Museum zu Budapest.

Benannt nach Herrn ALEXANDER MOCSARY, Assistenten am National-Museum zu Budapest.

### Chelostoma handlirschi n. sp.

♀. *Long.* 10—11 *mm. Caput tenuiter subdenseque punctatum. Cly-peus convexiusculus, fere planus, tenuissime punctatus; margo ejus anticus in medio denticulis tribus perspicuis instructus, lateraliter an-gulatus. Mandibulae margine interiore flavo-fimbriato, bidentatae. Antennae perspicue clavatae; flagelli articulus secundus primo vix brevior.*

*Mesonotum et scutellum tenuiter subdenseque, metanotum dense punctata. Segmenti medialis area transversa antica metanoto longi-tudine aequalis, rugis longitudinalibus grossis, postice evidenter se-parata; pars posterior praeceps perspicue subdenseque punctata area media triangulari polita excepta.*

*Abdomen fasciis albis in medio interruptis, tenuiter subdenseque punctatum, supra minus convexum ut in Ch. flor i somni. Scopa alba. Metatarsus posterior articulis quatuor ceteris longitudine aequalis. Tibiarum omnium calcaria pallida.*

♂. *Long.* 10—11 *mm. Antennae infra tenuiter serratae; flagelli articulus secundus primo longitudine aequalis.*

*Abdomen pilis ravis dispersis, lateraliter subdensis: Segmentum ultimum apice bidentato. Segmentum ventrale secundum in gibbum productum antice declivem, postice quasi triangularem. Segmentum ventrale tertium latissime impressum, quartum margine posteriore flavo-fimbriato.*

♀. Hinterkopf ein wenig breiter und länger als bei *Ch. nigricorne,* fast wie bei *Ch. florisomne,* doch hinter den Nebenaugen nicht angeschwollen. Die hinteren Nebenaugen sind vom Hinterhauptsrande kaum so weit entfernt wie von den Netzaugen. Kopfschild sehr wenig gewölbt, fast flach, vorne glänzend und sehr seicht punktirt. Sein Vorderrand mit einem deutlichen, gelblichen Wimperbesatze; er ist ferner mitten geradlinig, mit drei deutlichen Zähnchen, seitlich in eine Ecke vorspringend und ähnelt in seiner Form jenem von *Ch. emarginatum*. Oberkiefer ähnlich jenen von *Ch. florisomne*, innen zottig gelb behaart, jedoch viel schwächer als bei *Ch. florisomne*, am Grunde weniger auffallend narbig punktirt und aussen mit merklich schwächer ausgeprägten Langsfurchen. Oberlippe sehr lang. Fühler gegen das Ende hin keulig verdickt; zweites Geisselglied kaum kürzer als das erste, die folgenden Geisselglieder breiter als lang, gegen das Ende hin ungefähr so breit wie lang, das letzte länger als breit. Abstand der hinteren Nebenaugen von einander gleich der Länge der ersten zwei Geisselglieder zusammen, ihr Abstand von den Netzaugen ein wenig grösser. Punktirung des Kopfes fein, doch deutlich und ziemlich dicht. Behaarung desselben wie bei *Ch. florisomne*, doch ein wenig schwächer.

Bruststück mit gelblich-weisser, zottiger Behaarung, welche in der Umgebung des Flügelgrundes dichter und büschlig, doch im allgemeinen schwächer als bei *Ch. florisomne* ist.

Mittelrücken und Schildchen glänzend, fein und seicht, doch sehr deutlich und ziemlich dicht punktirt. Hinterrücken dicht punktirt und schwach glänzend. Obere horizontale Zone des Mittelsegments hinten durch einen deutlichen Querwulst begrenzt; sie ist so lang wie der Hinterrücken und grob längsgerunzelt. Der hintere, steil abfallende Theil des Mittelsegments zeigt einen polirt glatten, glänzenden, dreieckigen Raum und ist ausserhalb desselben mit eingestochenen Punkten ziemlich dicht besetzt, welche viel gröber sind als bei *Ch. florisomne*.

Hinterleib so lang wie Kopf und Bruststück zusammengenommen, nach hinten ein wenig verbreitert wie bei *Ch. florisomne*, jedoch sichtlich weniger stark gewölbt. Punktirung fein und ziemlich dicht. Nur die ersten zwei Hinterleibssegmente tragen dichte, weisse Hinterrandsbinden, welche mitten eine stärkere Unterbrechung zeigen als bei *Ch. florisomne;* das dritte Segment zeigt nur noch seitlich einen schmalen, weissen Wimpersaum. Die steil abfallende Vorderfläche des ersten Hinterleibsringes mit einer verticalen Mittelrinne, welche bis über die Hälfte der Fläche nach oben reicht und von der deutlich punktirten Umgebung deutlich abgegrenzt ist. Bauchbürste rein weiss. Flügel an der Spitze schwach rauchig; Hinterflügel mit elf Frenalhäckchen. Erstes hinteres Fussglied an Länge gleich den vier übrigen Fussgliedern zusammen. Sämmtliche Schienensporne blass gefärbt.

♂. Oberkiefer wie bei *Ch. florisomne*, jedoch feiner und dicht punktirt. Fühler unten schwach gesägt (viel schwächer als bei *Ch. florisomne*), bräunlich schwarz und bis zum Flügelgrund reichend; erstes Geisselglied so lang wie das zweite. Abstand der hinteren Nebenaugen von einander und von den Netzaugen grösser als die ersten zwei Geisselglieder zusammen. Hinterkopf kurz; die hinteren Nebenaugen sind von dem Hinterhauptsrande kaum so weit entfernt wie von

den Netzaugen. Backen stark gelblich-weiss behaart wie bei *Ch. flori-*
*somne,* doch nicht langzottig.

Sculptur des Kopfes, Bruststückes und Hinterleibes wie bei dem ♀.
Hinterleib mit zerstreuten, gelbgrauen Haaren besetzt, welche seitlich
am Hinterrande der einzelnen Segmente einen dichteren, jedoch nicht
anliegenden Besatz bilden. Endsegment mit einem tiefen, am Grunde
spitzwinkligen, nicht halbkreisförmigen Ausschnitte. Die dadurch erzeugten zwei Fortsätze erscheinen in Folge dessen (besonders von der
Seite betrachtet) scharf zugespitzt. Bauchseite sehr grob punktirt.
Zweiter Bauchring mit einem stark hervortretenden Höcker, welcher
vorne steil abfällt, hinten eine eingedrückte, von einem scharfen Rand
begrenzte Fläche zeigt. Dieser Rand bildet im obersten Theile einen
mässig steil abfallenden Spitzbogen, fällt dann plötzlich steil ab und
setzt sich dann in mässig steilem Abfalle bis nahe an die Seitenränder
des Segments fort, so dass er, von oben gesehen, im ganzen ein gleichseitiges Dreieck darstellt. Der dritte Bauchring ist seiner ganzen Breite
nach stark eingedrückt, so dass nur beiderseits ein ihn begrenzender
Randwulst übrig bleibt; vierter Bauchring mit einem dichten, gelben
Wimpernbesatze.

Das ♀ ist von *Ch. florisomne* (♀) leicht zu unterscheiden durch
den Mangel der aufgerichteten Kopfschildplatte, durch die schwächeren
Oberkiefer, welche weniger tief gefurcht, weniger deutlich punktirt und
viel kürzer behaart sind. Der hintere, steil abfallende Theil des Mittelsegments zeigt einen polirt glänzenden, dreieckigen Raum und ist seitlich viel feiner punktirt als bei *Ch. florisomne,* welches letztere ausserdem eine reichlichere und längere Behaarung zeigt.

Eine Verwechslung könnte allenfalls stattfinden mit *Ch. nigricorne,*
mit welchem es wie mit *Ch. florisomne* die Grösse und allgemeine Körpergestalt gemeinschaftlich hat. Allein bei *Ch. nigricorne* ist der Kopfschild sehr hoch gewölbt und viel gröber punktirt, die Oberkiefer sind
breiter, tiefer gefurcht, dichter punktirt und tragen einen stärkeren
Innenzahn; bei *Ch. nigricorne* ist ferner die Punktirung des ganzen
Körpers viel gröber, die obere horizontale Zone des Mittelsegments
viel kürzer, und die weissen Wimpernsäume am Hinterrande der einzelnen Hinterleibssegmente sind viel vollkommener ausgebildet.

Von *Ch. emarginatum,* welchem es in der allgemeinen Körperform
und in der Gestalt des Kopfschildes stark ähnelt, leicht zu trennen
durch die viel bedeutendere Grösse, die rein weisse, nicht gelblich-weisse
Bauchbürste, die Form der oberen horizontalen Zone des Mittelsegments,
welche von dem steil abfallenden Theile desselben durch einen deutlichen Querwulst geschieden, nur so lang wie der Hinterrücken und
grob längsrunzlig ist, während sie bei *Ch. emarginatum* fein längsgewurzelt, länger als der Hinterrücken und vom hinteren, steil abfallenden Theile nicht deutlich abgegrenzt ist (ohne Wulst). Ueber die
Hauptunterschiede von *Ch. schmiedeknechti* lese man in der Beschreibung
dieser Art.

Eine Verwechslung des ♂ von *Ch. handlirschi* mit den ♂ der
ähnlichen Arten *Ch. schmiedeknechti, nigricorne, mocsaryi* und *flori-*

*somne* ist wohl schon durch die eigenartige Gestalt des Höckers auf dem zweiten und durch die bedeutende Ausdehnung der grubenförmigen Vertiefung auf dem dritten Bauchringe ausgeschlossen.

Nord-Italien, Ungarn (Mehadia), Kleinasien.

Sehr selten.

Die Typen befinden sich im kaiserl. naturhistorischen Hofmuseum zu Wien und im ungarischen Nationalmuseum zu Budapest.

Benannt nach meinem Freunde Anton Handlirsch in Wien.

## Chelostoma diodon n. sp.

♀. *Long. 8 mm. Caput magnum atque dense punctatum. Clypeus paullulum convexiusculus; margo ejus anticus supra denticulis tribus instructus. Mandibulae angustatae, sparsis punctis variolosis tenuibusque. Antennae leviter clavatae; flagelli articulus secundus primi dimidium aequans.*

*Mesonotum punctis subdensis, scutellum mediocriter densis et mediocriter tenuibus. Segmenti medialis area transversa antica evidenter metanoti longitudine, rugis longitudinalibus, mediocriter grossis, postice subconspicue separata; pars posterior praeceps tenuiter punctata area media triangulari polita excepta.*

*Abdomen leviter convexiusculum, in aversum paullulum dilatatum, punctis tenuibus densisque. Abdominis segmenta quatuor anteriora fasciis albis in segmentis primo et quarto in medio interruptis. Scopa alba. Metatarsus posterior paullo brevior articulis quatuor sequentibus.* ·*Tibiarum omnium calcaria pallida.*

♂. *Long. 6—7 mm. Antennae filiformes; flagelli articulus secundus evidenter primi longitudine. Abdomen fasciis albis in medio interruptis. Segmentum ultimum supra impressum sive foveolatum, apice bidentato. Segmentum ventrale secundum in gibbum productum. Gibbus infra in forma soleae ferreae libratae atque sulco mediano longitudinali. Segmentum ventrale tertium impressum, lateraliter gibberum; segmenta ventralia quartum et quintum margine posteriore albo-fimbriato.*

♀. Kopf sehr gross, breiter als das Bruststück. Punktirung vor den Nebenaugen sehr dicht und gröber als auf dem Rücken. Hinterkopf breit und verlängert; die hinteren Nebenaugen sind von dem Kopfhinterrande weiter entfernt als von den Netzaugen. Kopfschild sehr wenig gewölbt, dessen Vorderrand geradlinig, leistenförmig und hinter der Leiste dreizähnig. Oberkiefer lang und schmal, spärlich und seicht narbig punktirt wie bei *Ch. emarginatum*. Schläfen sehr breit. Fühler gegen die Spitze hin leicht keulig verdickt; zweites Geisselglied nur halb so lang wie das erste, die drei letzten Geisselglieder so lang oder ein wenig länger als breit. Abstand der hinteren Nebenaugen von einander und von den Netzaugen reichlich so gross wie die Länge der zwei ersten Geisselglieder zusammen.

Mittelrücken glänzend, ziemlich dicht, Schildchen mässig dicht und beide mässig fein und zwar sichtlich gröber als bei *Ch. campanularum*, dabei feiner und weniger dicht punktirt als der Kopf. Behaarung des Kopfes und Bruststückes weiss und mässig stark. Obere horizontale Zone des Mittelsegments reichlich so lang wie der Hinterrücken, mässig grob längsgerunzelt, seitlich schiefrunzlig und vom steil abfallenden hinteren Theile des Mittelsegments nicht sehr deutlich geschieden; der steil abfallende Theil zeigt einen polirt glänzenden dreieckigen Raum und ist seitlich von diesem schwach glänzend und fein punktirt.

Hinterleib nach hinten sehr wenig verbreitert, schwach gewölbt, stark glänzend, dicht und fein punktirt. Die vier vorderen Hinterleibsringe haben am Hinterrande dichte, weisse Wimperbinden, deren erste und vierte mitten mehr oder minder stark unterbrochen sind. Bauchbürste weiss. Hinterleib so lang wie Kopf und Bruststück zusammen. Die Mittelrinne auf der steil abfallenden Vorderfläche des ersten Hinterleibsegments reicht weit über die Hälfte nach oben und ist von der deutlich und zerstreut punktirten Umgebung deutlich abgegrenzt. Das erste Fussglied der Hinterbeine ist ein wenig kürzer als die vier übrigen Fussglieder zusammen. Hinterflügel mit acht Frenalhäckchen.

♂. Allgemeine Körpergestalt schlank wie bei *Ch. campanularum*. Hinterkopf weniger breit und kürzer; die hinteren Nebenaugen sind von dem Kopfhinterrande und den Netzaugen gleich weit entfernt. Punktirung des Kopfes dicht und merklich gröber als bei *Ch. campanularum*. Schläfe deutlich breiter und auch gröber punktirt als bei *Ch. campanularum*. Fühler fadenförmig, braun und über die Flügelbeule hinausreichend; zweites Geisselglied reichlich so lang wie das erste und dicker, drittes deutlich kürzer, die übrigen Geisselglieder länger als breit. Abstand der hinteren Nebenaugen von den Netzaugen gleich der Länge der ersten zwei Geisselglieder zusammen, ihr gegenseitiger Abstand wie bei *Ch. campanularum*. Backen und Gesicht langbüschlig, weiss behaart.

Bruststück wie bei dem ♀. Hinterleib cylindrisch, mit abwärts gebogenem Hinterrande. Die einzelnen Segmente am Hinterrande mit weissen, mitten unterbrochenen Wimperstreifen. Das Endsegment ist oben grubig vertieft und lauft in zwei lange, spitze Fortsätze aus (ähnlich wie bei *Ch. campanularum*), welchen an der Bauchseite zwei stumpfe Lappenfortsätze gegenüberstehen. Die Bauchseite ist viel gröber punktirt als bei *Ch. campanularum*. Der zweite Bauchring mit einem stark hervortretenden Höcker, dessen untere hufeisenförmige Fläche jedoch nicht schief nach hinten abfällt, sondern horizontal gelegen und von einer deutlichen Längsrinne durchzogen ist. Dritter Bauchring unbehaart, mit einem verhältnissmässig grossen Eindruck, welcher von einer wallartigen Erhebung begrenzt ist; vierter und fünfter Bauchring am Hinterrande mit einem deutlichen Wimpernbesatze.

Das ♀ von *Ch. diodon* könnte am ehesten verwechselt werden mit *Ch. emarginatum* und etwa noch mit *Ch. foveolatum* und *campanularum*. *Ch. emarginatum* zeigt jedoch eine merklich feinere Punktirung, besonders auf dem Kopfe, eine feiner gerunzelte obere horizontale Zone des Mittelsegments und der ·Vorderrand des Kopfschildes zeigt hinter der Leiste drei schwächere Zähnchen. Von *Ch. foveolatum* und *campanularum* leicht zu unterscheiden durch die Form des Kopfschildes, die gröbere Punktirung des Körpers und die bedeutendere Grösse und von ersterem überdies durch die weisse Bürste und gröber gerunzelte obere horizontale Zone des Mittelsegments. — Mit *Ch. nigricorne* ist eine Verwechslung wohl kaum möglich, da dieses einen stark gewölbten Kopfschild, eine sehr kurze obere horizontale Zone des Mittelsegments, eine gröbere Punktirung, sowie eine gelblich-weisse Bauchbürste und bedeutendere Grösse besitzt.

Das ♂ lässt sich sehr leicht von allen näherstehenden Arten unterscheiden schon durch die Gestalt des Höckers am zweiten Bauchringe, dessen obere hufeisenförmige Fläche horizontal und von einer mittleren Längsrinne durchzogen ist; dieser Höcker ist bei *Ch. emarginatum* breiter, seine hufeisenförmige Fläche schief nach hinten abfallend, der ganzen Breite nach eingedrückt und ohne Mittelrinne, während er bei *Ch. foveolatum* und *campanularum* unten abgerundet nicht eben oder vertieft ist. Bei *Ch. emarginatum* läuft das Endsegment in zwei breite, am Ende abgestutzte, nicht zugespitzte Fortsätze, bei *Ch. foveolatum* in einen einzigen stumpfspitzen Fortsatz, bei *Ch.* diodon aber in zwei lange, spitze Fortsätze aus. Von *Ch. campanularum*, mit welcher es in der Form des Endsegments übereinstimmt, ausserdem noch leicht zu unterscheiden durch die sichtlich gröbere Punktirung des Körpers, die die breiteren Schläfen, die nach hinten undeutlich abgegrenzte horizontale Zone des Mittelsegments, durch das längere zweite Geisselglied und die reichlichere, längere Behaarung.

Kleinasien (Amasia).

Scheint sehr selten zu sein.

Die Type befindet sich im kaiserl. naturhistorischen Hofmuseum zu Wien.

## *Chelostoma angustatum* Chevr.

*Heriades angustata* Chevr.: Mittheil. Schweiz. Ent. Gesellsch. H. III, p. 505, ♀. — 1872.

„Femelle. Noire. Beaucoup moins grande (7 mill.) que celle de *l'Her. casularum* Très flutée, soit étroite, grêle. Sa ponctuation surtout celle de la tête et du thorax, beaucoup plus fine; les points moins profonds, plus rapprochés. Le dessus de l'abdomen, est un peu moins cylindrique. Le bout des mandibules un peu plus aigu et moins visiblement tridenté. Le labre moins court, plus plan, comme imponctué, son extrémité terminée par une sorte de bourrelet. L'espace compris entre le postécusson et le sommet de la tranche du métathorax qui est presque nul chez *l'Her. casularum* est ici, beaucoup plus large à ce point qu'il surpasse la largeur du postécusson. Celui-ci plan, plus brillant que mat; ses points très petits, très rapprochés; l'approche de

ses deux extrémités avant une petite fossette arduement incrustée, tandisque chez *l'Her. casularum,* le postécusson est convexe, mat, plus finement rugueux que visiblement ponctué; ses deux extrémités sans fossettes.
Le 1ᵉʳ article des tarses de la 1ʳᵉ paire, est un peu plus long et moins
lourd. La 1ʳᵉ nervure récurrent (la plus interne) se soudant presque à la
nervure qui ferme la 2ᵐᵉ cubitale, tandisque, chez *l'Her. casularum,* cette
même nervure est un peu plus avancée vers le bout de l'aile.

Mâle. Inconnu. ♀ Environs de Nyon."

Schweiz (Nyon).

Scheint dem *Ch. diodon* am nächsten zu stehen. Leider ist nichts
erwähnt über die Form des Kopfschildes.

## *Chelostoma bidenticulatum* Costa A.

*Heriades bidenticulata* Costa Ach.: Ent. Calabr., p. 46, ♂, Taf. II,
Fig. 1—8. — 1863.

„*Her. nigra nitida, subtiliter crebre punctata, facie dense, thorace
pedibusque minus confertim cinereo pilosis; abdominis segmentis margine postico obsolete albo-ciliatis; segmenti sexti angulis posticis in
dentem brevem productis, valvula anali dorsali transverse concava,
postice rotundata; segmentis ventralibus 3ᵒ et 4ᵒ in medio marginis
postici fulvo-ciliatis; antennis infra tarsisque anterioribus brunneo-
ferrugineis, femoribus tibiisque incrassatis, antennarum articulo ultimo
subtus concavo-incurvo; alis hyalinis vix fumatis, venis fuscis.* ♂.

*Long. carp. lin.* 3¹/₄; *exp. alar. lin.* 6.

Maschio. Antenne brune, più chiare dal lato inferiore; i due primi
articoli neri; l'ultimo schiacciato, incurvato verso dietro nel mezzo.
Corpo di color nero uniforme, cangiante leggermente in bronzino, splen-
dente tutto egualmente e finamente punteggiato: la faccia rivestita di
folta peluria cenerina, il rimanente del corpo quasi nudo. Toracè poco
più lungo che largo, quasi ritondato; la faccia posteriore declive del
metatorace con profonda impressione verticale; rivestito di peluria cenerina poco stivata sul dorso e più folta ne' fianchi bianchiccia sotto il
petto. Addome lungo appena quanto il capo et torace, inarcato, leggermente allargato dalla base fino al quarto anello, quasi nudo, con bre-
vissima frangia di cigli bianchi caduchi sul margine posteriore di ciascun
anello; il sesto anellò fornito di due denti, uno per lata, prolungamento
degli angoli latero-posteriori. Valvola anale dorsale incavata nel mezzo
a modo di sella, ritondata posteriormente. Ventre piano, nudo; il secondo anello un poco rilevato per transverso nel mezzó del margine
posteriore; il terzo e quarto nel mezzo guarniti di frangia di cigli dorati.
Ali trasparenti, leggermente ombrati."

Italien (Süd-Calabrien).

· *Chel. bidenticulatum* steht sehr nahe dem *Ch. diodon*, ist aber
sicher davon verschieden. Während das Endsegment bei *Ch. diodon*

in sehr lange Zähne ausläuft, welche fast so lang wie der ganze übrige Theil des Segments sind, trägt es bei *Ch. bidenticulatum* kurze Zähne („*segmenti sexti angulis posticis in dentem brevem productis*"). Der dritte und vierte Bauchring tragen bei *Ch.* diodon am Hinterrande rein weisse Wimpernbesätze, während sie bei *Ch. bidenticulatum* gelb bewimpert sind („*segmenta ventralia 3 et 4 in medio marginis postici fulvo-ciliatis*"); die Fühler sind bei *Ch.* diodon gleichmässig pechbraun, bei *Ch. bidenticulatum* unten rostfarben („*antennis infra brunneo-ferrugineis*"). Von dem zweiten Bauchringe sagt Costa „il secondo anello un poco rilevato per transverso nel mezzo del margine posteriore"; bei *Ch.* diodon aber trägt der zweite Bauchring einen starken Höcker mit einer unteren hufeisenförmigen und von einer mittleren Längsrinne durchzogenen Fläche.

In der Körpergrösse und Punktirung sowie in der in's Bräunliche spielenden Färbung des Hinterleibes („cangiante leggermente in bronzino") stimmt es mit *Ch. campanularum* überein.    Allein nach Costa tragen die einzelnen Hinterleibsegmente am Hinterrande Wimperstreifen bei *Ch. bidenticulatum*, während diese Wimperbinden bei *Ch. campanularum* fehlen, die Fühler sind unten rostfarben, während sie bei *Ch. campanularum* durchaus schwärzlich, die Zähne des Endsegments sind kurz, während sie bei *Ch. campanularum* wenigstens halb so lang sind wie der übrige Theil des Endsegments.

### Chelostoma campanularum Kirby.

| | | |
|---|---|---|
| *Apis florisomnis minima* Christ: Naturg. Classif. u. Nomenclat. | | |
| Ins. p. 197, Taf. 17, Fig. 8 | 1791 |
| *Apis campanularum* Kirby: Monog. Ap. Angl. T. II, p. 256, | | |
| ♂, ♀, Taf. XVI, Fig. 14, ♀, 15, ♂ | 1802 |
| *Megachile campanularum* Latr.: Hist. Nat. Crust. et Ins. T. XIV, | | |
| p. 52, ♂, ♀ | 1805 |
| *Anthophora campanularum* Illig.: Magaz. Ins. T. V, p. 121, ♀ | 1806 |
| *Heriades campanularum* Lepel.: Hist. Nat. Ins. Hym. T. II, | | |
| p. 405, ♂, ♀ | 1841 |
| Smith: Zoolog. T. IV, p. 1448 | 1846 |
| „    Nyl.: Adnot. Ap. Boreae in Act. Soc. | | |
| Fenn. T. IV, p. 273, ♂, ♀ | 1848 |
| *Chelostoma campanularum* Eversm.: Bull. Soc. Imp. Nat. Mosc. | | |
| T. XXV, p. 75, ♂, ♀ | 1852 |
| „        „    Smith: Cat. Brit. Hym. Ins. (Bees of | | |
| Great Britain) T. I, p. 190, ♂, ♀ | 1855 |
| *Heriades campanularum* Nyl.: Mem. Soc. Imp. Scienc. Nat. Cher- | | |
| bourg T. IV, p. 111, ♂, ♀ | 1856 |
| „        „    Schenck: Jahrb. Ver. Naturk. Nassau, | | |
| H. XIV, p. 348, ♀, 349, ♂ | 1859 |
| *Gyrodroma florisomnis* Thoms.: Hym. Scandinav. T. II, p. 262 ♂, ♀ | 1872 |

♀. *Long. 5—6 mm.    Caput tenuiter punctatum. . Clypeus medio-criter convexus margine antico inconspicue crenulato et sufflave fim-*

*briato. Antennae clavatae; flagelli articulus secundus primi dimidium aequans. Mandibulae sparsis punctis tenuibus variolosisque, intus sufflave fimbriatae.*

*Notum punctis mediocriter densis et tenuibus. Segmenti medialis area transversa antica metanoto longior, rugis longitudinalibus grossis, postice evidenter separata; pars posterior praeceps punctis tenuibus sparsisque area excepta media triangulari polita.*

*Abdomen tenuissime denseque punctatum, fuscum nec nigrum, sine fasciis albis. Scopa flavo-alba. Metatarsus posterior articulis quatuor ceteris brevior. Tibiarum omnium calcaria pallida.*

♂. *Antennae filiformes; flagelli articulus secundus primo brevior. Abdominis segmentum ventrale secundum in gibbum transversum, infra rotundatum productum. Segmentum ventrale tertium haud impressum, quartum et quintum margine postico fimbriato. Segmentum ultimum superne foveolatum, apice bidentato.*

♀. Körpergestalt ziemlich schlank. Kopf mässig gross, so breit wie das Bruststück. Hinterkopf kurz und nicht angeschwollen; die hinteren Nebenaugen sind von dem Kopfhinterrande weniger weit entfernt als von den Netzaugen. Kopf sehr fein, doch noch deutlich punktirt und glänzend. Kopfschild mässig gewölbt; sein Vorderrand fein gekerbt und mit einem gelblichen Wimpernsaume. Fühler gegen das Ende hin deutlich keulig verdickt; zweites Geisselglied halb so lang wie das erste. Abstand der hinteren Nebenaugen von einander und von den Netzaugen reichlich so gross wie die Länge der zwei ersten Geisselglieder zusammen. Schläfen nach unten kaum merklich breiter, glänzend, mit feiner, dichter Punktirung. Oberlippe ziemlich lang. Oberkiefer wie bei *Ch. nigricorne* gestaltet, mit zerstreuten, feinen, narbigen Punkten besetzt und innen gelblich bewimpert.

Bruststück wie der Kopf schwach weisslich behaart. Rücken stark glänzend, mässig dicht und fein punktirt. Die obere horizontale Zone des Mittelsegments von dem hinteren steil abfallenden Theile desselben deutlich abgegrenzt, länger als der Hinterrücken und grob längsgerunzelt. Der dreieckige Raum des Mittelsegments polirt glatt und stark glänzend, der übrige seitlich gelegene Theil desselben stark glänzend und seicht, zerstreut punktirt.

Hinterleib merklich länger als Kopf und Bruststück zusammen und nach hinten verbreitert; die vordere, steil abfallende Fläche des ersten Hinterleibsegments mit einer deutlichen, verticalen Mittelrinne. Endsegment mit spitzbogenförmigem, fein und gelblich behaartem Hinterrande. Oberseite des Hinterleibes sehr fein und dicht punktirt und ohne Wimperbinden am Hinterrande der einzelnen Ringe, ferner mit dunkler, in's Bräunliche spielender Färbung. Bauchbürste gelblich-weiss. Das erste Fussglied der Hinterbeine kürzer als die vier folgenden Fussglieder zusammen. Schienensporne sämmtlich blass gefärbt. Flügel in ihrer ganzen Ausdehnung schwach rauchig. Hinterflügel mit sieben oder acht, häufiger mit sieben Frenalhäckchen.

♂. Körpergestalt schlanker; der ganze Körper etwas stärker weisslich behaart und mit abwärts gekrümmtem Hinterende. Fühler einfach fadenförmig und über die Flügelbeule hinausreichend; zweites Geisselglied kürzer und dünner als das erste. Der zweite Bauchring trägt eine kleine, doch sehr deutliche, querhöckerige, unten abgerundete Erhebung. Dritter Bauchring ohne grubige Vertiefung, vierter und fünfter Bauchring mit deutlich bewimpertem Hinterrande. Endsegment oben mit einem tiefen Grübchen und in zwei lange, zugespitzte, parallele Fortsätze auslaufend. Im übrigen mit dem Weibchen übereinstimmend.

*Ch. campanularum* ist die kleinste *Chelostoma*-Art. Es könnte eine Verwechslung stattfinden mit *Ch. foveolatum, diodon* und *emarginatum*. Von *Ch. emarginatum* am besten zu unterscheiden durch den mässig gewölbten, vorne sehr fein gekerbten Kopfschild, welcher bei *Ch. emarginatum* fast flach ist und einen leistenförmigen Vorderrand mit einem feinen Mittelzahn und zwei sehr feinen Seitenzähnchen zeigt. Das zweite Geisselglied ist bei *Ch. campanularum* nur halb so lang, bei *Ch. emarginatum* gleich lang wie das erste. Die Schläfen, bei *Ch. campanularum* nach unten kaum merklich breiter, sind bei *Ch. emarginatum* nach unten deutlich verbreitert. Die Punktirung des Rückens ist bei *Ch. emarginatum* sichtlich gröber. Der Hinterleib ist bei *Ch. emarginatum* ganz schwarz und zeigt seitlich am Hinterrande der einzelnen Ringe weisse Wimpernbelege, während er bei *Ch. campanularum* bräunlich schwarz ist und ohne Spur von Wimpernbinden.

Die ♂ sind sehr leicht · zu trennen: das Endsegment läuft bei *Ch. emarginatum* in zwei breite, am Ende rechtwinklig abgestutzte Fortsätze aus, der Höcker des zweiten Bauchringes weist eine deutliche hufeisenförmige, nach hinten abfallende Fläche, während der dritte Bauchring eine deutliche grubige Vertiefung zeigt; bei *Ch. campanularum* aber läuft das letzte Hinterleibsegment in zwei schmale, zugespitzte Fortsätze aus, die Erhebung des zweiten Bauchringes hat die Form eines kleinen, abgerundeten Querhöckers ohne hufeisenförmige Fläche und der dritte Bauchring ist nicht grubig vertieft.

Ueber die Unterschiede von *Ch. foveolatum* und *diodon* lese man am Schlusse der Beschreibung dieser Arten.

Schweden, Finnland, Russland (St. Petersburg, Orenburg, Ural), Dänemark, England, Frankreich, Schweiz, Deutschland, Oesterreich (von Galizien und Böhmen bis Süd-Ungarn und Südtirol), Italien (von der Lombardei bis Calabrien). Ueberall ziemlich häufig.

## *Chelostoma ventrale n. sp.*

♀. *Long. 7 mm. Minus procerum quam Ch. campanularum. Caput tenuiter subdenseque punctatum. Clypeus subconvexus margine antico evidenter crenulato et leviter badiofimbriato. Antennae clavatae; flagelli articulus secundus primo evidenter brevior, tertius secundo paullo brevior. Mandibulae evidenter bidentatae, ad basin punctis tenuissimis sparsisque.*

*Notum punctis tenuibus, in mesonoto sparsis, in scutello et meta-
noto subdensis. Segmenti medialis area transversa antica metanoto
brevior, rugis mediocriter grossis longitudinalibus, postice evidenter
separata; pars posterior praeceps polita, lateraliter tenuissime punctata.
Abdomen in aversum dilatatum, minus convexum, fasciis albis
obsoletis, punctis tenuibus, antice sparsis, postice subdensis, tenuissimis.
Scopa fulva. Metatarsus posterior articulis quatuor ceteris brevior.
Tibiarum omnium calcaria pallida.*

*♂. Long. 6—7 mm. Antennae filiformes; flagelli articulus secun-
dus quam primus, tertius articulus quam secundus paullo breviores.
Abdominis segmentum ventrale secundum in gibbum infra transverse
carinatum, antice declivem, postice convexum productum; segmentum
ventrale tertium haud impressum. Segmentum ultimum bidentatum.*

♀. Kopf fast breiter als das Bruststück. Hinterkopf kurz; die
hinteren Nebenaugen sind von den Netzaugen ein wenig weiter entfernt
als von dem Kopfhinterrande. Kopf fein und ziemlich dicht punktirt.
Kopfschild schwach, doch deutlich gewölbt; dessen Vorderrand in seiner
ganzen Breite deutlich gekerbt (ähnlich wie bei *Heriades crenulata*)
und leicht gelblich bewimpert. Fühler deutlich, wenn auch nicht stark
gekeult; zweites Geisselglied deutlich kürzer als das erste und reichlich
halb so lang, drittes ein wenig kürzer als das zweite, letztes länger als
breit, die nächst vorhergehenden Geisselglieder so lang wie breit. Abstand der hinteren Nebenaugen von einander und von den Netzaugen
gleich gross und gleich der Länge der ersten drei Geisselglieder zusammen. Schläfen nach unten ein wenig verbreitert, fein, seicht und
dicht punktirt. Oberkiefer glänzend, gegen den Grund hin mit seicht-
narbigen, sehr feinen, zerstreuten Punkten besetzt. Ueber der scharfen
Endspitze ein scharfer Innenzahn; zwischen beiden eine sehr deutliche
Furche. Kopf nur in der Fühlergegend mit spärlicher, weisslich-grauer
Behaarung.

Bruststück ebenso spärlich grau behaart. Rücken mit feiner, auf
dem stark glänzenden Mittelrücken zerstreuter, auf dem Schildchen und
Hinterrücken ziemlich dichter Punktirung (feiner und viel weniger dicht
als bei *Ch. foveolatum*). Obere horizontale Zone des Mittelsegments
ein wenig kürzer als der Hinterrücken, mässig grob längsgewurzelt und
hinten sehr deutlich abgegrenzt. Der hintere, steil abfallende Theil des
Mittelsegments vollkommen glatt und sehr stark glänzend, seitlich sehr
seicht und fein punktirt.

Hinterleib merklich kürzer als Kopf und Bruststück zusammen,
nach hinten sichtlich verbreitert (wie bei *Ch. foveolatum*), mit nur seitlich ausgebildeten, schwachen, weissen Wimpernbinden, fein punktirt,
vorne zerstreut, hinten ziemlich dicht und sehr fein. Bauchbürste rostgelb. Erster Hinterleibsring an seiner Vorderfläche schwach grubig
vertieft. Erstes hinteres Fussglied sichtlich kürzer als die vier folgenden
Fussglieder zusammen. Schienensporne sämmtlich gelb. Flügel ziemlich stark rauchig getrübt (wie bei *Ch. foveolatum*). Hinterflügel mit
acht Frenalhäckchen.

♂. Gesicht mit langen, zottigen, grauen Haaren bedeckt. Fühler fadenförmig und ganz schwarz; zweites Geisselglied ein wenig kürzer als das erste, drittes ein wenig kürzer als das zweite. Abstand der hinteren Nebenaugen von einander und von den Netzaugen reichlich so gross wie die Länge der ersten zwei Geisselglieder zusammen. Hinterrandsbinden der Hinterleibsegmente nur an den Seiten schwach entwickelt. Hinterrand der vorderen Hinterleibsegmente leicht gebräunt (ähnlich wie bei *Ch. campanularum*). Letzter Hinterleibsring in zwei spitze Fortsätze auslaufend, welche kürzer und durch einen schmäleren Ausschnitt getrennt sind als bei *Ch. campanularum*. Am Grunde der zwei spitzen Fortsätze oben ein schmales Grübchen. Hinterleib an der Bauchseite unbehaart; zweiter Bauchring mit einem deutlichen, punktirten Querhöcker, welcher durch eine untere, sehr deutliche Kante in einen vorderen, einfach schief abfallenden und in einen hinteren, convexen Theil geschieden wird; dritter Bauchring ohne Eindruck.

*Chel. ventrale* scheint *Ch. bidenticulatum*, soviel der Beschreibung Costa's entnommen werden kann, näher zu stehen, ist aber sehr von ihr verschieden. Die Fühler sind bei *Ch. ventrale* ganz schwarz, die Flügel ziemlich stark angeraucht, der dritte und vierte Bauchring unbewimpert, alle Beine schwarz und der zweite Bauchring trägt einen stark vorspringenden Höcker, während Costa von *Ch. bidenticulatum* bemerkt: „antenne brune, più chiare dal lato inferiore; i due primi articoli neri . . . ., ali trasparenti, leggermente ombrate . . . . . il secondo anello ventrale un poco rilevato . . . . il terzo e quarto nel mezzo garniti di frangia di cigli dorati". Von Chevrier's *Ch. angustatum* ist *Ch. ventrale* jedenfalls verschieden, da nach der Beschreibung Chevrier's die `obere horizontale Zone des Mittelsegments den Hinterrücken an Länge übertrifft, während bei *Ch. ventrale* sichtlich kürzer als der Hinterrücken ist. Auch hat *Ch. angustata* nach Chevrier dreizähnige Oberkiefer, welche bei *Ch. ventrale* zweizähnig sind.

Von *Ch. foveolatum* ist *Ch. ventrale* leicht zu unterscheiden durch die zerstreute Punktirung, die kürzere obere horizontale Zone, welche nach hinten sehr deutlich abgegrenzt ist, sowie durch die Gestalt des Kopfschildes (♀), das ♂ ausserdem durch das zweispitzige Ende des letzten Hinterleibsegments, welches bei *Ch. foveolatum* ungetheilt und mit einem Grübchen versehen ist, durch den stärkeren, oben scharf kantigen Querhöcker, welcher bei *Ch. foveolatum* unten abgerundet ist. — Von *Ch. diodon* am besten zu trennen durch die feinere, weniger dichte Punktirung, die kürzere und dabei gröber gerunzelte obere horizontale Zone des Mittelsegments, welche hinten deutlicher abgegrenzt ist, durch die rostrothe Bauchbürste und die Form des Kopfschildes (♀), das ♂ überdies durch die kürzeren Fortsätze des Endsegments, welche einander auch viel näher stehen als bei *Ch. diodon*, ferner durch die Gestalt des Höckers auf dem zweiten Bauchringe und durch den deutlichen Eindruck des dritten Bauchringes. — Das kleinere *Ch. capanularum*, welches allenfalls mit *Ch. ventrale* verwechselt werden könnte, hat einen kaum merklich gekerbten Kopfschildvorderrand, welcher bei *Ch. ventrale* sehr deutlich gekerbt ist, einen dichter punktirten Rücken und die obere horizontale Zone des Mittelsegments ist länger als der Hinterrücken, während er bei *Ch. ventrale* kürzer als dieser ist. Der Hinterleib ist bei *Ch. campanularum* dichter punktirt, die Bauchbürste gelblich-weiss, bei *Ch. ventrale* aber rostfarben. Das ♂ von *Ch. campanularum* ist leicht von *Ch. ventrale* (♂) zu unterscheiden an dem viel kleineren, mehr querwulstförmigen, unten abgerundeten Höcker des zweiten Bauchringes und durch die längeren Fortsätze des Endringes, welche überdies durch einen grösseren Zwischenraum von einander getrennt sind.

Nord-Ungarn (S. a. Uihely).

Scheint sehr selten zu sein.

Die Type befindet sich in der Sammlung des Herrn H. FRIESE in Mecklenburg-Schwerin.

### *Chelostoma foveolatum* MORAW.

*Heriades foveolata* MORAW.: Hor. Soc. Ent. Ross. V. V.,
    p. 152, T. VI, p. 41, ♀      1867—68
  „  MORAW.: Verhandl. zool. bot. Gesellsch.
    Wien, T. XXII, p. 363, ♀    1872
ᵣ „  *intermedia* CHEVR.: Mittheil. Schweiz. Ent. Gesellsch.
    T. III, p. 506, ♀      1872 [1]).

♀. *Long. 7 mm. Minus procerum quam Ch. campanularum. Caput subtenuiter denseque punctatum. Clypeus paullum convexiusculus; margo ejus anticus fimbriis russeis, denticulo medio obtuso instructus. Antennae clavatae; flagelli articulus secundus primo longitudine aequalis. Mandibulae breviores, punctis tenuibus, variolosis subdensisque.*

*Notum subtenuiter denseque punctatum. Segmenti medialis area transversa antica in medio longior, lateraliter brevior quam metanotum, rugis tenuissimis et inconspicue longitudinalibus, postice minus evidenter separata; pars posterior praeceps punctis tenuibus, mediocriter densis area excepta media triangulari polita.*

*Abdomen subtenuiter denseque punctatum, minus convexum, in aversum evidentius dilatatum (pyriforme), lateraliter solum fimbriis albis instructum. Scopa flavo-cana. Metatarsus posterior articulis quatuor ceteris longitudine aequalis. Tibiarum omnium calcaria pallida.*

---

1) „Femelle. Ressemble singulièrement à l'*Her. angustata*, mais elle est seusiblement plus grande. Dans son ensemble, l'insecte est moins étroit, moins fluté; l'abdomen plus pyriforme, tandis que chez l'*Her. angustata*, les 2ᵐᵉ, 3ᵐᵉ et 4ᵐᵉ segments sont bien de même largeur. Les deux fossettes du postécusson seraient plus éloignées l'une de l'autre et beaucoup moins distinctes toutefois, n'ayant qu'un seul exemplaire je n'oserais pas dire avec assurance qu'elle en soit réellement distincte. Ne peut-être rapportée à l'*Her. casularum* ne serait-ce, que par sa taille moins forte, le labre beaucoup plus allongé, et le relief de la region du postécusson.
Environs de Nyon."

*♂. Antennae filiformes; flagelli articulus secundus primo longitudine aequalis.*

*Abdominis segmentum ventrale secundum in gibbum transversum, supra grosse punctatum nitidumque productum. Segmentum ventrale tertium haud impressum, quartum margine posteriore breviter fimbriato. Segmentum ultimum supra foveola media evidentissima, apice indiviso, acumine quasi obtuso.*

♀. Körpergestalt weniger schlank als bei *Ch. campanularum*, an *Ceratina* mahnend. Kopf weniger breit als das Bruststück. Hinterkopf ziemlich kurz; die hinteren Nebenaugen sind vom Kopfhinterrande kaum so weit entfernt wie von den Netzaugen. Kopf ziemlich fein und dicht punktirt. Kopfschild schwach gewölbt, mit röthlich-gelb bewimpertem, geradlinigem Vorderrande, welcher leicht gezackt und mit einem mittleren, schwachen, stumpfen Zahne versehen ist. Fühler gegen das Ende hin deutlich keulig verdickt; zweites Geisselglied kaum so lang wie das erste, die folgenden Geisselglieder breiter als lang und gegen die Spitze zu höchstens so lang wie breit, letztes Geisselglied deutlich länger als breit. Abstand der hinteren Nebenaugen von einander und von den Netzaugen ein wenig grösser als die zwei ersten Geisselglieder zusammen. Schläfen nach unten kaum merklich breiter und mit feinen Punkten dicht besetzt. Oberkiefer mit feinen narbigen Punkten dicht besetzt, sonst wie bei *Ch. nigricorne* und *campanularum*. Kopf nur an den Schläfen stärker, in der Fühlergegend und hinten schwach weisslich behaart.

Bruststück verhältnissmässig schwach weisslich behaart. Rücken ziemlich fein und dicht punktirt. Obere horizontale Zone des Mittelsegments in der Mitte länger als der Hinterrücken, seitlich kürzer, sehr fein, undeutlich längsrunzlig und nach hinten nicht deutlich abgegrenzt (ohne Querwulst). Der hintere, steil abfallende Theil des Mittelsegments mit einem polirt glatten, stark glänzenden, dreieckigen Raume, daneben fein, seicht und mässig dicht punktirt.

Hinterleib merklich kürzer als Kopf und Bruststück zusammen, nach hinten merklich verbreitert, birnförmig, oben schwach gewölbt. Punktirung ziemlich fein und dicht und zwar sichtlich deutlicher und gröber als bei *Ch. campanularum*, was auch bezüglich des Kopfes und Bruststückes der Fall ist. Die Mittelrinne auf der steil abfallenden Vorderfläche des ersten Hinterleibsegments länger als etwa bei *Ch. emarginatum*, dabei weniger tief und von der glänzend glatten Umgebung weniger deutlich abgegrenzt. Endring mit schwach spitzbogenförmigem Hinterrande. Die einzelnen Hinterleibsringe zeigen nur seitlich weisse Wimperbelege. Bauchbürste gelblich-grau. Vorderflügel in der ganzen Ausdehnung beraucht. Hinterflügel mit acht Frenalhäckchen. Erstes hinteres Fussglied so lang wie die vier folgenden Fussglieder zusammen. Alle Schienensporne blassgelb.

♂. Fühler fadenförmig und bis zur Flügelbeule reichend; zweites Geisselglied so lang wie das erste. Abstand der hinteren Nebenaugen von einander und von den Netzaugen gleich der Länge der ersten zwei

Geisselglieder zusammen.  Kopf und Bruststück relativ kurz und gelblich-grau behaart.

Hinterleib schmal und so lang wie Kopf und Bruststück zusammen,
am Ende nach unten eingebogen und nur seitlich am Hinterrande der
einzelnen Segmente mit gelblich - grauen, jedoch abstehenden Haaren
besetzt.  Der Endring läuft in einen langen, ungetheilten, nach hinten
verschmälerten und stumpfspitzen Fortsatz aus, welcher oben ein sehr
deutliches Grübchen zeigt (*foveolatum*).  Zweiter Bauchring mitten mit
einer hohen, querhöckerigen, jedoch unten nicht hufeisenförmigen Erhebung, welche unten verhältnissmässig grob punktirt und dabei stark
glänzend ist.  Dritter Bauchring ohne grubigen Eindruck, vierter Bauchring am Hinterrande mit einem kurzen, dichten Wimpersaum.

Männchen bisher unbeschrieben.

*Ch. foveolatum* lässt sich von *Ch. campanularum* leicht unterscheiden und zwar das ♀ durch den breiteren, birnförmigen Hinterleib,
den deutlichen Mittelzahn des Kopfschildvorderrandes, die gröbere Punktirung des Körpers und die feine, mehr unregelmässig gerunzelte obere
horizontale Zone des Mittelsegments sowie durch die bedeutendere Grösse,
das ♂ ausser der Sculptur durch den ungetheilten, oben mit einem
deutlichen Grübchen versehenen Endfortsatz des letzten Hinterleibsringes
und durch den viel stärkern Höcker des zweiten Bauchringes; auch ist
die Behaarung des Körpers stärker als bei *Ch. campanularum* und
spielt mehr in's Gelbliche.

Schweiz (Lugano, Montreux), Süd-Tirol (Meran), Süd-Ungarn (Or-
sova), Fiume.

Selten.

## *Chelostoma schmiedeknechti n. sp.*

♀.  *Long.* 10—11 *mm.   Caput punctis subtenuibus densisque, post
ocellos leviter tumidum.  Antennae minus clavatae; flagelli articulus
secundus quam primus paullo brevior.  Clypeus planus, brevis, apicem
versus dilatatus, dense punctatus; margo ejus anticus in medio in
acumen productus, lateraliter leviter emarginatus.  Mandibulae apicem
versus vix angustatae, basin versus punctis subdensis, tenuibus atque
variolosis, denticulo interiore brevi, quasi rectangulariter formato instructae.*

*Notum subtenuiter denseque punctatum.  Segmenti medialis area
transversa antica metanoto evidenter brevior, rugis longitudinalibus
perspicuis, postice evidenter separata; pars posterior praeceps subtenuiter subdenseque punctata area excepta media triangulari polita.*

*Abdomen leviter convexiusculum, in segmentis anticis subtenuiter
et fere sparse, in aversum subdense punctatum.  Abdominis segmentum
primum antice obliquum nec (ut plerumque) directum (verticale).
Segmenta quatuor anteriora fasciis albis haud interruptis, segmentum
quintum fascia soluta.  Scopa flavo-cana.  Metatarsus posterior vix
longitudine articulorum quatuor sequentium.  Tibiarum omnium calcaria pallida.*

♀. In der Grösse mit *Ch. florisomne, handlirschi* und *nigricorne* übereinstimmend. Was die Körpergestalt betrifft, so schliesst es sich in der Form des Kopfes, insbesondere des Hinterkopfes, an *Ch. florisomne,* in der Form des Mittelsegments an *Ch. nigricorne,* in der Gestalt des Hinterleibes mehr an *Ch. handlirschi.*

Kopf gross, breiter als das Bruststück. Hinterkopf verlängert, indem die hinteren Nebenaugen von dem Kopfhinterrande sichtlich weiter abstehen als von den Netzaugen, dabei hinter den Nebenaugen angeschwollen, doch weniger auffallend als bei *Ch. florisomne.* Fühler gegen das Ende sehr schwach keulig verdickt; zweites Geisselglied ein wenig kürzer als das erste, die folgenden Geisselglieder breiter als lang und gegen die Spitze hin so lang wie breit, letztes Geisselglied länger als breit. Abstand der hinteren Nebenaugen von einander und von den Netzaugen gleich der Länge der ersten zwei Geisselglieder zusammen. Schläfen breit und nach oben kaum verschmälert wie bei *Ch. florisomne,* jedoch nicht angeschwollen. Kopfschild sehr verkürzt, nach vorne trapezartig verbreitert, so ziemlich flach und dicht, mässig grob punktirt; sein Vorderrand bildet mitten eine spitze Ecke, an welche sich beiderseits je eine leichte, doch sehr deutliche Ausrandung schliesst. Oberkiefer kürzer als bei *Ch. florisomne,* länger als bei *Ch. nigricorne* und gegen die Spitze hin kaum verschmälert. Sie sind am Grunde ziemlich dicht, seicht narbig punktirt; die zwei Furchen sind gegen die Spitze hin schwächer ausgeprägt als bei *Ch. florisomne* und *nigricorne;* der Innenzahn ist kurz und ungefähr rechtwinkelig geformt, der Innenrand der Oberkiefer unbehaart. Beharung des Gesichtes und der Backen gelblich-grau und kurz. Punktirung des Kopfes ein wenig gröber und dichter als bei *Ch. florisomne,* ungefähr so grob, jedoch dichter als bei *Ch. nigricorne.*

Beharung des Bruststückes schwächer als bei *Ch. florisomne,* ungefähr wie bei *Ch. nigricorne.* Rücken freier und merklich dichter punktirt als bei *Ch. nigricorne,* dabei gröber und dichter als bei *Ch. florisomne* — d. i. ziemlich dicht und mässig fein und sehr deutlich. Obere horizontale Zone des Mittelsegments viel kürzer als der Hinterrücken wie bei *Ch. nigricorne,* jedoch deutlicher ausgesprochen längsgerunzelt und von dem hinteren, steil abfallenden Theile des Mittelsegments deutlich abgegrenzt. Letzterer Theil mit polirt glattem, stark glänzendem dreieckigem Raume und daneben dichter und weniger grob punktirt als bei *Ch. nigricorne.*

Hinterleib so lang wie Kopf und Bruststück zusammen, oben sichtlich schwächer gewölbt als bei *Ch. florisomne* und *nigricorne.* Punktirung auf den vordersten Ringen mässig dicht, fast zerstreut, hinten ziemlich dicht, im Allgemeinen merklich gröber und reiner gestochen als bei *Ch. florisomne,* sowie dichter als bei *Ch. nigricorne.* Die Vorderfläche des ersten Hinterleibsringes fällt nicht steil (vertical), sondern schief ab; sie ist eingedrückt, seicht und zerstreut punktirt und von einer langen, von unten bis oben reichenden Mittelrinne durchzogen wie bei *Ch. capitatum.* Von dem hinteren Theile des Segments ist diese Fläche durch einen stumpfkantigen Rand abgegrenzt. Die vier vorderen

41*

Hinterleibsringe tragen je eine weisse, nicht unterbrochene, dichte Hinterrandsbinde, der fünfte Ring eine mehr lockere Binde. Bauchbürste
gelblich-grau wie bei *Ch. florisomne* und *nigricorne*. Das erste hintere
Fussglied kaum so lang wie die vier folgenden Fussglieder zusammen.
Sämmtliche Schienensporne blass gefärbt. Vorderflügel in der ganzen
Ausdehnung schwach rauchig. Die Radialzelle ist verhältnissmässig
länger und schmäler als bei *Ch. florisomne* und *nigricorne*. Hinterflügel mit neun Frenalhäckchen. Männchen unbekannt.

Von allen mir bekannten *Chelostoma*-Arten sofort leicht zu unter-
scheiden durch die schief abfallende, eingedrückte Vorderfläche des ersten
Hinterleibssegments, welche stumpfkantig gerandet und von einer langen
Mittelrinne durchzogen ist, sowie durch den kurzen, nach vorne trapez-
artig verbreiterten Kopfschild, mit seinem doppelt ausgerandeten, in der
Mitte spitz vorstehenden Vorderrande.

Ausserdem zu unterscheiden: von *Ch. florisomne* durch die kürzeren,
schwächer gefurchten, dichter und dabei feiner punktirten Oberkiefer,
durch die kürzere obere horizontale Zone und den stark glänzenden,
vollkommen glatten dreieckigen Raum des Mittelsegments, sowie durch
die sichtlich gröbere Punktirung des Körpers; von *Ch. florisomne* und
*nigricorne* durch den schwächer gewölbten Hinterleib, von letztgenannter
Art ferner durch die längeren und schwächer gefurchten Oberkiefer,
den längeren Hinterkopf und durch die etwas feinere, am Rücken merklich dichtere Punktirung; von *Ch. handlirschi* durch die gröbere Punktirung des ganzen Körpers, die kürzere obere horizontale Zone des
Mittelsegments, welche weniger grob und weniger ausgesprochen längsrunzelig ist, sowie durch den unbehaarten Innenrand der Oberkiefer.

Süd-Ungarn (Mehadia).

Sehr selten.

Benannt nach meinem geehrten Freunde Professor Dr. OTTO SCHMIEDE-
KNECHT in Gumperda (Sachsen-Altenburg).

Die Type befindet sich im ungarischen National-Museum zu Budapest.

### *Chelostoma nigricorne* NYL.

*? Heriades rapunculi* LEPEL: Hist. Nat. Ins. Hym. T. II, p. 406, ♀ 1841[1])
„ *nigricornis* NYL.: Adnot. Ap. Boreal. in Act. Soc. Fenn.
T. IV, p. 269, ♂, ♀ 1848
*Chelostoma inerme* EVERSM.: Bull. Soc. Imp. Nat. Mosc. T. XXV,
p. 74, ♂, ♀ 1852[2])

---

1) „*Caput nigrum, cinereo-subvillosum, labro simplice, clypei margine infero pilis ferrugineis ciliato. Thorax niger, cinereo-villosus. Abdomen supra nigrum, segmentorum margine
infero pilis stratis albidis ciliato. Patella ventralis fusca. Pedes nigri, cinereo-villosi.
Alae subfuscae, disco hyalino.*
*Tête noire; ses poils cendrés; labre sans bosse distincte; bord postérieur du chaperon
orné de cils ferrugineux. Corselet noir; ses poils cendrés. Dessus de l'abdomen noir,
chacun des cinq segments bordé de cils cendrés. Palette ventrale brune. Pattes noires, leurs
poils cendrés. Ailes un peu enfumées, surtout les bords assez transparentes sur le disque.
Femelle. Long. 3 lignes. De Falaise.*"
2) *Chelostoma inerme* wurde von HERR. SCHÄFFER in Nomenclat. ent. H. II, p. 98,
1840 ohne Beschreibung angeführt.

*Heriades nigricornis* SCHENCK: Jahrb. Ver. Naturk. Nassau, H.
    IX, p. 225, ♂, ♀          1853
    „   NYL.: Mem. Soc. Imp. Scienc. Nat. Cher-
    bourg, T. IV, p. 108, ♂, ♀      1856
  „   „  · SCHENCK: Jahrb. Ver. Naturk. Nassau, H.
    XIV, p. 348, ♂, ♀       1859
*Gyrodroma nigricornis* THOMS.: Hym. Scandinav. T. II, p. 260,
    · ♂, ♀.           1872
*Heriades casularum* CHEVR.: Mittheil. Schweiz. Ent. Gesellsch.
    T. III, p. 505, ♀        1872

 ♀. *Long. 9—10 mm. Caput subtenuiter denseque punctatum.
Clypeus fortiter convexus, margine antice crenulato, flavo-fimbriato.
Mandibulae breviores, tenuissime punctatae, denticulis duobus interioribus obtusis. Antennae leviter clavatae; flagelli articulus secundus
primi dimidium aequans.*
 *Notum subgrosse subdenseque punctatum. Segmenti medialis area
transversa antica metanoto evidenter brevior, mediocriter grosse punctato-rugosa, postice subinconspicue separata; pars posterior praeceps
tenuiter sparseque punctata area excepta media triangulari polita.*
 *Abdomen punctis subdensis subgrossisque, fasciis albis in medio
plus minusve interruptis. Scopa flavo-cana. Metatarsus posterior
articulis quatuor ceteris longitudine aequalis. Tibiarum omnium calcaria pallida.*
 ♂. *Antennae filiformes; flagelli articulus secundus primo longitudine aequalis. Abdominis segmenta lateraliter solum fimbriis canis
·instructa. Segmentum ventrale secundum in gibbum productum. Gibbus
antice directe obliquus, postice in forma soleae ferreae declivis brevioris
quam in Ch. florisomni. Segmentum ventrale tertium impressum, lateraliter leviter gibberum, margine postico lateraliter solum fimbriato.
Segmenta ventralia quartum et quintum margine posteriore flavo-
fimbriato. Segmentum ultimum supra fovea magna, apice diviso in
tres dentes late obtusos.*

 ♀. Körpergestalt wie bei *Ch. florisomne*. Kopf gross, ein wenig
breiter als das Bruststück. Hinterkopf nicht angeschwollen und kürzer als
bei *Ch. florisomne*; die hinteren Nebenaugen sind von dem Hinterhauptsrande ebenso weit entfernt wie von den Netzaugen. Punktirung des
Kopfes fast ein wenig dichter und gröber als bei *Ch. florisomne*. Kopfschild stark gewölbt, mit gekerbtem, gelb bewimpertem Vorderrande.
Abstand der hinteren Nebenaugen von einander und von den Netzaugen
deutlich grösser als die beiden ersten Geisselglieder zusammen. Schläfen
merklich dichter punktirt als bei *Ch. florisomne*, sehr fein und seicht
punktirt und neben der Endspitze mit zwei stumpfen Innenzähnen.
Fühler gegen die Spitze hin schwächer gekeult als bei *Ch. florisomne*;
zweites Geisselglied ungefähr halb so lang wie das erste. —
 Behaarung des Kopfes und Bruststückes wie bei *Ch. florisomne*,
doch merklich schwächer. Rücken mässig dicht und sichtlich gröber
punktirt als bei *Ch. florisomne*. Schildchen und Hinterrücken mit ziem-

lich dichter Punktiruug. Obere horizontale Zone des Mittelsegments von dem hinteren, steil abfallenden Theile desselben weniger deutlich abgegrenzt, mässig grob punktirt runzelig und sichtlich kürzer als der Hinterrücken. Der steil abfallende, stark glänzende Theil des Mittelsegments mit Ausnahme des polirt glatten mittleren dreieckigen Raumes seicht und zerstreut punktirt.

Hinterleib ein wenig kürzer als Kopf und Bruststück zusammen und nach hinten ein wenig verbreitert. Die steil abfallende Vorderfläche des ersten Hinterleibsegments mit einer tiefen mittleren Verticalrinne. Letztes Hinterleibssegment mit spitzbogenförmigem, leicht gelb behaartem Hinterrande. Oberseite des Hinterleibes mit ziemlich dicht stehenden und merklich gröberen Punkten als bei *Ch. florisomne* und am Hinterrande der einzelnen Ringe mit weissen, dichten, mitten mehr oder minder stark unterbrochenen Haarbinden. Bauchbürste gelblichweiss. Erstes hinteres Fussglied so lang wie die vier folgenden Fussglieder zusammen. Sämmtliche Schienensporne blass gefärbt. Vorderflügel in ihrer ganzen Ausdehnung merklich angeraucht. Hinterflügel mit neun bis zehn Frenalhäckeu.

♂. Schlanker gebaut. Kopf und Bruststück stärker behaart als bei dem ♀ und schwächer als bei *Ch. florisomne.* Oberkiefer ein wenig kürzer, kleiner als bei dem ♀. Fühler ungefähr bis zur Flügelbeule reichend, fadenförmig, nicht gesägt und schwach gebräunt; zweites Geisselglied so lang wie das erste, die folgenden Geisselglieder kaum länger als breit, das letzte deutlich länger als breit. Abstand der hinteren Nebenaugen von einander und von den Netzaugen reichlich so gross wie die beiden ersten Geisselglieder zusammen. Bruststück stärker zottig behaart als bei dem ♀.

Hinterleib am Ende nach unten eingebogen. Der Hinterrand der einzelnen Ringe ist nur an den Seiten mit gelblich-grauen Haaren besetzt, welche länger, aber weniger dicht aneinandergereiht sind als bei dem ♀. Zweiter Bauchring mit einem deutlichen Höcker, jedoch von geringerer Ausdehnung als bei *Ch. florisomne.* Dessen hintere, sehr steil abfallende hufeisenförmige Fläche ist sichtlich kürzer als bei *Ch. florisomne,* fast halbkreisförmig, eben oder wenig vertieft, stark glänzend und seicht punktirt. Seitlich ist der Höcker deutlich punktirt, vorne und unten polirt glatt und stark glänzend. Nach vorne fällt er geradlinig schief ab, während er bei *Ch. florisomne* vorne buckelig gewölbt ist. Die correspondirende Ausrandung des ersten Bauchringes ist weniger deutlich als bei *Ch. florisomne.* Dritter Bauchring mit einer schwachen, doch noch deutlichen, weniger (als bei *Ch. florisomne*) ausgedehnten Vertiefung, welche seitlich von einer schwach wallartigen Erhebung umrandet ist. Hinterrand des dritten Bauchringes nur seitlich deutlich bewimpert, jener des vierten Bauchringes mit einem starken, gelblichen Wimpernbesatze, welcher von dem lockeren Wimpernsaum des fünften Bauchringes grossentheils bedeckt. Endring oben mit einer tiefen Grube; sein Endrand mit drei breiten Zähnen, zwei vorderen seitlichen und einem mittleren hinteren, dahinter an der Bauchseite zwei kurze, breite Lappenfortsätze.

Das ♀ von *Ch. nigricorne* sieht in seiner allgemeinen Körpergestalt sehr dem *Ch. florisomne* ähnlich, ist aber bei näherer Betrachtung leicht davon zu unterscheiden durch den stark gewölbten Kopfschild, ohne aufrechte Lamelle, durch die ein wenig gröbere und dichtere Punktirung des Körpers, die kürzeren Oberkiefer, die kurze nach hinten undeutlich abgegrenzte obere horizontale Zone des Mittelsegments, welche auch weniger grob und punktirt runzelig ist, den polirt glänzenden, dreieckigen Raum des letzteren. Die Unterschiede von den ♀ der näher stehenden Arten *Ch. emarginatum, handlirschi*, sowie von *Ch. schmiedeknechti* und *diodon* sind am Schlusse der betreffenden Beschreibungen angeführt.

Das ♂ ist ebenso leicht von *Ch. florisomne* ♂ zu trennen. Die Fühler sind fadenförmig, nicht gesägt und kürzer, der Höcker des zweiten Bauchringes ist kleiner, nach vorne geradlinig schief, nicht buckelig abfallend, während die hintere hufeisenförmige Fläche kürzer, fast halbkreisförmig ist und steiler abfällt. Die Vertiefung des dritten Bauchringes ist kleiner, und der letzte Hinterleibsring läuft in drei breit abgestutzte Zähne, Lamellen aus. Auch ist die Punktirung der Bauchseite sichtlich gröber als bei *Ch. florisomne*.

Eine Verwechslung mit *Ch. appendiculatum, mocsaryi* und etwa *emarginatum* macht schon sein dreigetheilter Endring unmöglich. Von den beiden erstgenannten Arten unterscheidet man *Ch. nigricorne* ausserdem noch leicht durch die kurze, hinten undeutlich abgegrenzte, obere horizontale Zone des Mittelsegments, welche punktirt runzelig ist, von *Ch. mocsaryi* überdies durch die gröbere Punktirung des Körpers und besonders durch den Mangel des vorderen Lamellenfortsatzes am Höcker des zweiten Bauchringes. Die Hauptunterschiede von *Ch. emarginatum* und dem ihm am nächsten stehenden *Ch. proximum* sind am Schlusse der betreffenden Beschreibungen angegeben.

Russland, Finnland, Schweden, Dänemark, Frankreich, Deutschland, Oesterreich (von Böhmen bis Ungarn, Croatien und Südtirol), Schweiz, Italien, Kleinasien (Brussa, Amasia).

Nicht selten, doch auch nicht eben häufig.

## Chelostoma proximum n. sp.

♂. *Long. 8 mm. Caput punctis mediocriter tenuibus densisque. Antennae filiformes; flagelli articulus secundus primo longitudine aequalis. Mandibulae breviores, tenuissime punctatae, denticulis duobus interioribus obtusis. Clypeus subconvexus, dense punctatus, antice paullulum emarginatus et inconspicue crenulatus.*

*Mesonotum punctis mediocriter tenuibus et mediocriter densis, scutellum et metanotum punctis mediocriter tenuibus densisque. Segmenti medialis area transversa antica metanoto evidenter brevior, mediocriter tenuiter punctato-rugosa, postice inconspicue separatum; pars posterior praeceps punctis tenuibus sparsisque area excepta media triangulari polita.*

*Abdomen punctis subdensis et mediocriter tenuibus, quasi subgrossis, lateraliter fimbriis albis solutis. Segmentum ultimum superne fovea magna, apice indiviso late obtuso. Abdominis segmentum ventrale secundum in gibbum productum. Gibbus antice directe obliquus, postice in forma soleae ferreae declivis ut in Chel. nigricorni. Segmentum ventrale tertium impressum, lateraliter leviter gibberum, margine postico fimbriato ut in segmentis quarto quintoque. Metatarsus posterior articulis quatuor ceteris brevior. Tibiarum omnium calcaria pallida.*

♂. Körpergestalt wie bei *Chel. nigricorne*, nur schlanker. Kopf so breit wie das Bruststück. Hinterkopf nicht angeschwollen; die hinteren Nebenaugen sind von dem Kopfhinterrande nicht weiter entfernt als von den Netzaugen. Kopf dicht und mässig fein punktirt. Abstand der hinteren Nebenaugen von einander und von den Netzaugen reichlich so gross wie die Länge der beiden ersten Geisselglieder zusammen. Fühler fadenförmig, ungesägt und ungefähr bis zur Flügelbeule, aber nicht darüber hinausreichend; zweites Geisselglied von gleicher Länge wie das erste, die nächsten drei bis vier Geisselglieder so lang wie breit, die folgenden länger als breit. Oberlippe kurz. Oberkiefer mit zwei stumpfen Innenzähnen, sehr fein und seicht punktirt. Schläfen von oben bis unten gleich breit. Kopfschild schwach gewölbt, dicht punktirt, vorne sehr leicht ausgerandet und kaum merklich gezähnelt. Kopf mässig stark, gelblich-weiss behaart.

Bruststück ziemlich reichlich zottig und gelblich-weiss behaart. Mittelrücken mässig fein und mässig dicht, Schildchen und Hinterrücken mässig fein und dicht punktirt. Obere horizontale Zone des Mittelsegments sichtlich kürzer als der Hinterrücken und von dem hinteren, steil abfallenden Theile nicht deutlich abgegrenzt, wie bei *Ch. nigricorne*, jedoch merklich feiner punktirt runzelig. Der mittlere, dreieckige Raum des Mittelsegments polirt glatt und stark glänzend, der nebenliegende Theil glänzend, mit seichten, zerstreuten Punkten.

Hinterleib schlanker als bei *Ch. nigricorne*, mit ziemlich dichter, nur mässig feiner, rein gestochener Punktirung. Hinterende nach unten eingebogen. Der letzte Hinterleibsring oben tief grubig eingedrückt, mit einem ungetheilten, breiten, vollkommen geradlinig abgeschnittenen Endrand (ohne Einschnitt oder Zahn); dahinter an der Bauchseite zwei lange, nicht breitlappige, sondern mehr zugespitzte Fortsätze. Hinterrand der einzelnen Ringe nur seitlich und mehr locker weiss behaart. Zweiter Bauchring mit einem deutlichen Höcker, dessen hintere, sehr steil abfallende hufeisenförmige Fläche verkürzt, halbkreisförmig, dabei fast eben, stark glänzend und seicht, zerstreut punktirt ist; nach vorne fällt der Höcker geradlinig schief ab und ist glänzend glatt, während er seitlich deutlich punktirt ist. Dritter Bauchring am Hinterrande mit einer schwachen, wallartig umrandeten Vertiefung; sein Hinterrand mit einem deutlichen, wenn auch etwas lockeren Wimpersaume, welcher sich auch über die Mitte des Hinterrandes erstreckt. Vierter Bauchring mit einem dichten, gelblichen Wimpersaume am

Hinterrande, fünfter Bauchring mit einem mehr lockeren Wimper-besatze. Erstes Fussglied der Hinterbeine kürzer als die vier folgenden Fussglieder zusammen. Das letzte Fussglied der Hinterbeine ist merklich dünner und schlanker als bei den näher verwandten Arten *Ch. nigri-corne, florisomne* und *mocsaryi*, auch verhältnissmässig schlanker als bei *Ch. campanularum*. Alle Schienensporne blass gefärbt. Vorderflügel leicht angeraucht; Hinterflügel mit zehn Frenalhäkchen.

Weibchen unbekannt.

*Ch. proximum* stimmt in den meisten Merkmalen mit *Ch. nigri-corne* überein, welchem es also sehr nahe steht. Sein auffälligster Unterschied liegt in der Form des Endringes, welcher zwar in seinen allgemeinen Umrissen und in der oberen Grubenvertiefung jenen von *Ch. nigricorne* ähnelt, jedoch gänzlich ungetheilt ist und in einen ein-fachen, schneidigen, breiten, geradlinig, fast rechtwinkelig abgestutzten Endrand ausläuft; ferner sind die zwei gegenüberliegenden Fortsätze an der Bauchseite nicht breitlappig, sondern stumpfspitzig, hornartig ge-bogen; das letzte Fussglied der Hinterbeine ist sichtlich schlanker, dünner; auch ist das Thier kleiner.

Transkaukasien (Kussari).
Scheint selten zu sein.
Die Type befindet sich im k. k. naturhistorischen Hofmuseum zu Wien.

## Chelostoma signatum Eversm.

*Chelostoma signatum* Eversm.: Bull. Soc. Imp. Nat. Mosc. T. XXV, p. 73, ♂. 1852.

„*Ch. nigra, parce griseo-pubescens, ano inflexo obtusiusculo, superne foveolato; segmento ventrali primo in carinam transversam producto; articulo primo antennarum subtus albo. Mas.*

*Carpus* $4\frac{1}{2}$ *lin. longum, quadruplo aut quintuplo longius ac latius. Abdomen glabriusculum; thorax griseo-pubescens. Femina latet.*

*Habitat in terris transuralensibus.*"

Russland (zwischen Wolga und Ural).

Soviel der lückenhaften Beschreibung entnommen werden kann, steht *Chel. signatum* nahe den *Ch. proximum* und *nigricorne*. Ein auffallendes Merkmal ist die weisse Färbung des ersten Fühlergliedes („*articulo primo antennarum subtus albo*"), welche Eigenthümlichkeit ich an keiner der mir bekannten Formen von *Chelostoma* und *Heriades* wahrnehmen und auch in keiner anderen diesbezüglichen Beschreibung finden konnte.

## Chelostoma paxillarum Chevr.

*Heriades paxillarum* Chevr.: Mittheil. Schweiz. Ent. Gesellsch., T. III, p. 506, ♂, ♀. 1872.

„Petite taille (6 mill.), mais trapue. Les trois derniers segments de l'abdomen se dessinant ordinairement sous une forme plus arquée, plus plongeante.

Femelle. Noire. Mandibules médiocrement cintrées, mates, tridentées, les dents petites et seules brillantes; leur surface très finement granulée n'ayant pas de petites carènes-stries longitudinales. Chaperon coupé droit antérieurement, guère plus fortement granulé que les mandibules. Labre de la longueur du premier article des antennes (le scape), brillant, quelque peu ponctué, ses deux angles antérieurs externes, arrondis. Des poils blanchâtres particulièrement le long des yeux et sur les côtés externes de la tranche du métathorax. Celle-ci vaguement cordiforme, lisse, ou subtilement ponctuée. La base du coeur, assez profondement limitée du postécusson par une rainure dont la largeur n'excède pas la longueur du $2^{me}$ article des antennes, et dans le fond de la quelle se trouve une suite de petites cannelures transversales. Abdomen un peu plus long que la tête et le thorax réunis. Les cinq premiers segments assez de la même hauteur; le sixième un peu plus haut, les côtés latéraux, obliques, faiblement cintrés, son sommet ni aigu, ni arrondi, sa ponctuation peut-être un peu plus forte, mais surtout plus rugueuse que celle des précédents. Le bord antérieur, des cinq premiers segments, marginés de poils courts, mollets, grisâtres, n'ayant pas l'apparence de pluche. Le $1^{er}$ segment à son attache au thorax, ayant sur toute sa largeur et sa hauteur une dépression arrondie, brillante, à peu-près lisse; son cintre supérieur assez adouci ou, au moins non visiblement bordé. Ventre convexe, finement et très également ponctué, presque glabre; les trois premiers segments de la même hauteur, le bord des cinq premiers segments scarieux; le $4^{me}$, un peu moins haut, particulièrement à son bord central qui est comme largement mais très-peu profondément émarginé. Le $5^{me}$ et le $6^{me}$, un peu plus hauts que les précédents, leur ponctuation plus fine, plus serrée, plus grenue. Pattes plus tomenteuses que velues. Ailes enfumées, surtout la radiale. La seconde nervure récurrente se soudant à la nervure qui forme antérieurement la $2^{me}$ cubitale, si même chez certains sujets, elle ne la dépasse pas de quelque peu.

Mâle. Même taille. Les six segments de l'abdomen assez de la même hauteur; le $6^{me}$ fortement arrondi, surtout son bord antérieur; les trois derniers plus profondément ponctués, plus inclinés. Le $2^{me}$ et le $3^{me}$ du ventre seuls bien visibles; ils sont glabres, ponctués, d'une hauteur assez égale; le $2^{me}$ quelque peu convexe; le $3^{me}$ plan ou très-peu déprimé à sa partie centrale, émettant de son bord antérieur comme une petite lamelle horizontale composée de fines soies dorées ou argentées couvrant en part une cavité dans laquelle se montrent confusément et non toujours sous le même aspect les organes génitaux. A l'éxtrémité même de cette cavité, immédiatement à la suite du $6^{me}$ segment supérieur de l'abdomen, se montre une petite pièce qui vue en dessus, a toute l'apparence d'un $7^{me}$ segment très-exigu. Evirons Nyon."

Schweiz (Nyon).

## Chelostoma capitatum n. sp.

♀. *Long. 10 mm. Caput pergrande, punctis subtenuibus densisque. Antennae leviter clavatae; flagelli articulus secundus primo longitudine aequalis. Clypeus fere planus, margine antico directo, fimbriis solutis. Mandibulae grandissimae punctis tenuibus variolosisque, apicem versus deplanatae, in medio evidenter dilatatae, intus sinuatae. Genae subtus spina magna instructae.*

*Notum subtenuiter denseque punctatum. Segmenti medialis area transversa antica paullulo brevior quam metanotum, rugis longitudinalibus subgrossis, postice evidenter separata; pars posterior declivis mediocriter dense punctata area excepta media triangulari convexa polita.*

*Abdomen minus convexum, fasciis albis in medio fortiter interruptis, tenuiter subdenseque punctatum. Scopa albida. Tibiae pedum quatuor posteriorum calcaribus nigris nec pallidis.*

♀. Kopf sehr gross, breiter als das Bruststück. Hinterkopf verlängert, indem die hinteren Nebenaugen von dem Kopfhinterrande sichtlich weiter entfernt sind als von den Netzaugen. Die Netzaugen sind nach unten nur sehr wenig verbreitert. Fühler leicht gekeult; zweites Geisselglied so lang wie das erste, die letzten zwei Geisselglieder sichtlich länger als breit, die mittleren Geisselglieder so lang wie breit. Abstand der hinteren Nebenaugen von einander gleich der Länge der ersten zwei Geisselglieder zusammen, ihr Abstand von den Netzaugen ein wenig grösser. Kopfschild sehr wenig gewölbt; sein Vorderrand einfach, geradlinig, mit lockerem Wimperbesatze. Oberkiefer sehr lang und stark. Sie sind am Grunde höher und ähnlich wie bei *Heriades truncorum*, gegen das Ende hin abgeflacht; ferner am Grunde schmal, in der Mitte bedeutend verbreitert, gegen die Spitze hin wieder verschmälert; am Grunde nächst dem Kopfschild zeigen sie eine glänzende, abgerundete Kante, nächst der Endspitze einen stumpfen Innenzahn und dahinter eine breite Ausbuchtung; sie sind endlich glänzend, an der Aussenseite mit einer schwachen, doch noch deutlich bemerkbaren Furche versehen, ausserdem fein, seicht und narbig punktirt. Schläfen in der Mitte breiter als oben und unten. Die Backen sind mit einem auffallenden, starken, stumpfspitzen Zapfenfortsatz versehen. Kopf ziemlich fein und dicht punktirt, mit zerstreuten Haaren an den Backen, an der Innenseite und Unterseite der Oberkiefer, im Gesichte und in der Hinterhauptgegend.

Bruststück spärlich behaart. Rücken ziemlich fein und dicht punktirt. Obere horizontale Zone des Mittelsegments nicht ganz so lang wie der Hinterrücken, von dem hinteren, steil abfallenden Theile des Mittelsegments deutlich abgegrenzt durch eine querwulstige Erhebung (wie bei *Ch. florisomne*) und mässig grob, längsrunzelig punktirt. Der übrige Theil des Mittelsegments glänzend und mässig dicht punktirt, mit einem polirt glatten, stark glänzenden, dreieckigen Raum, welcher gewölbt und nicht flach ist.

Hinterleib sichtlich kürzer als Kopf und Bruststück zusammen. Die steil abfallende Vorderfläche des ersten Hinterleibssegments stark glänzend, seicht und zerstreut punktirt und mit einer tiefen Mittelrinne, welche die ganze Fläche von oben bis unten durchzieht. Der Hinterleib ist oben schwach gewölbt und nach hinten wenig verbreitert. Die einzelnen Hinterleibsringe mit schmalen, weissen, mitten stark unterbrochenen Hinterrandsbinden. Bauchbürste weisslich. Die Schienensporne der vier Hinterbeine schwarz, nicht blass wie gewöhnlich. Vorderflügel in ihrer ganzen Ausdehnung stark beraucht. Hinterflügel mit zehn Frenalhäkchen.

. Männchen unbekannt.

Der sehr grosse Kopf, die ausserordentlich grossen und eigenartig geformten Oberkiefer, die starken, zapfenartigen Fortsätze an den Backen, und die schwarzen (nicht blassen) Sporne an den vier Hinterschienen sind so auffallende Merkmale, dass dadurch allein eine Verwechslung mit einer der hier beschriebenen *Chelostoma*-Arten ausgeschlossen ist.

Von dem in Nord-Afrika (Algier) heimischen *Ch. mauretanicum,* mit welchem es im grossen Kopfe, in den sehr grossen Oberkiefern, in der Grösse übereinstimmt, sicher verschieden durch den geradlinigen Kopfschildvorderrand, welcher bei *Ch. mauretanicum* tief ausgerandet ist.

Nord-Afrika (Algier).

Wie *Ch. schmiedeknechti* durch die umrandete Vorderfläche des ersten Hinterleibssegments, so stellt *Ch. capitatum* durch eine annäherungsweise ähnliche Gestalt der Oberkiefer, welche letztere jedoch merklich länger sind als z. B. bei *Heriades truncorum,* den Uebergang zu *Heriades* her. Beide eben erwähnten Arten, besonders das schlanke *Ch. schmiedeknechti,* schliessen sich in ihrer allgemeinen Körpergestalt an *Ch. florisomne* und die anderen beschriebenen *Chelostoma*-Arten an, in der Gestalt des Hinterleibes speciell an die kleineren Arten *Ch. diodon* und *emarginatum.*

### Chelostoma albifrons Kirby.

*Chelostoma albifrons* Kirby: Faun. Boreal. Amer. p. 270, ♂. 1837.
„       „       Cress.: Proc. Ent. Soc. Phil. T. II, p. 382, ♂
(Abschrift der Beschreibung Kirby's) 1863.

„*C. albifrons atra, pubescens, fronte sub antennis argenteo-alba; thorace cinereo, abdomine nigro hirsutis; hoc segmentis niveo-ciliatis.*

*White fronted Chelostoma, black downy; front below the antennae silver-white; thorax hirsute with cinereous hairs and abdomen with black; in the latter the segments are fringed with snowy ones. Length of the body 4¹/₂ lines.*

A single specimen taken in Lat. 65°.

Description ♂. Body black, thickly punctured. Mouth bearded with white; mandibles carinated above, armed with two strong terminal teeth; nose square, flat, clothed with decumbent silver pile; antennae filiform; scape black; the other joints are rufo-piceous underneath; trunk very hirsute with white or subcinereous hairs; wings a little embrowned, with black veins and base-covers; legs hairy; abdomen subcylindrical, hirsute with black hairs, incurved, with the apex of the four intermediate segments fringed with white hairs; anal joint with a concavity above, obtuse; last ventral segment forcipate, rufo-piceous."

Nord-Amerika.

Scheint dem *Chel. moscaryi* näher zu stehen.

## Chelostoma californicum CRESS.

*Chelostoma californica* CRESS.: Trans. Amer. Ent. Soc. T. VII, p. 108, ♂. 1878.

„♂. Black, shining, very finely punctured, head and thorax thickly clothed with a long fulvo-ochraceous pubescence, sparse on vertex and mesothorax, and pale on cheeks and thorax beneath; tegulae piceous; wings fuscous, second submarginal cell narrowed at least two-thirds towards the marginal; legs slender, clothed with short pale pubescence; abdomen narrow, convex, much incurved at tip, clothed with a very short ochraceous pile, the apical margin of the segments narrowly fringed with ochraceous pubescence; apical segment with three obtuse teeth, disk deeply excavated; second ventral segment with a large transverse, obtuse elevation. **Length** 35 inch. **Hab.** California (H. EDWARDS). One specimen."

Californien.

Nach der Form des letzten Hinterleibssegments zu schliessen, steht *Ch. californicum* dem *Ch. nigricorne* unter den paläarctischen Arten am nächsten.

## Chelostoma rugifrons SMITH.

*Chelostoma rugifrons* SMITH: Cat. Hym. Ins. Brit. Mus. T. II, p. 220 ♀ 1854.
*Chelostoma rugifrons* CRESS.: Proc. Ent. Soc. Phil. T. II, p. 383, ♀, (Abschrift der Beschreibung SMITH's) 1863.

„Female. Length 5 lines. Black, the head strongly punctured; the face has some white pubescence on each side at the insertion of the antennae; the mandibles very stout, having a tooth near their base within, their apex tridentate, the middle tooth minute, longitudinally grooved above. Thorax strongly punctured; its pubescence as well as that of the legs, white, the claw-joint rufo-testaceous, the tarsi beneath fulvous, the wings subhyaline, the nervures black. Abdomen cylindric, shining and strongly punctured; the basal and apical margins depressed; the first and three following segments have very narrow fasciae of white pubescence, which is rather wider at the lateral margins; the fasciae cross the segments about one-third within, curving backwards to

the lateral apical margins, the sixth segment covered with white pubescence at the base; beneath densely clothed with white pubescence."
Nord-Amerika (Georgia).

---

## Genus Heriades Spin.

### Heriades Spin.

(ἔριον = lana.)

| | | |
|---|---|---|
| ≺ *Apis* Linn.: Syst. Nat. Edit. X. T. I, p. 574 . . . . | 1758 |
| ≺ „ Linn.: Faun. Suec., p. 419 . . . . . . . . . | 1761 |
| ≺ „ Linn.: Syst. Nat. Edit. XII. T. I, Pars II, p. 953 | 1767—70 |
| ≺ „ Linn.: Syst. Nat. Edit. XIII. (Gmel.) T. I, Pars V, p. 2770 . . . . . . . . . . . . . . | 1789 |
| ≺ „ Vill.: Linn. Ent. T. III, p. 289 . . . . . . | 1789 |
| ≺ „ Oliv.: Encycl. Method. T. IV, p. 57 . . . . . | 1789 |
| ≺ *Hylaeus* Fab.: Ent. Syst. T. II, p. 302 . . . . . | 1793 |
| ≺ „ Cederhjelm: Faun. Ingric. Prod. Ins. Ag. Petrop., p. 172 . . . . . . . . . . . . . | 1798 |
| ≺ *Apis* Kirby: Monogr. Ap. Angl. T. I, p. 119 . . . . | 1802 |
| ≺ *Megachile* Walcken.: Faun. Paris. T. II, p. 133 . . . | 1802 |
| ≺ *Antophora* Fab.: Syst. Piez., p. 372 . . . . . . . | 1804 |
| ≺ *Megachile* Latr.: Hist. Nat. Crust. et Ins. T. XIV, p. 51 | 1805 |
| ≺ *Anthidium* Panz.: Krit. Revis. p. 247 . . . . . . . | 1805 |
| ≺ *Anthophora* Illig.: Magaz. Ins. T. V, p. 119 . . . . | 1806 |
| ≺ „ Klug.: Illig. Magaz. Ins. T. VI, p. 219 . | 1807 |
| ≺ *Megachile* Spin.: Ins. Ligur. T. I, Fasc. 1, p. 133 . . | 1808 |
| ≺ *Heriades* Spin.: Ins. Ligur. T. II, Fasc. 2, p. 7 . . . | 1808 |
| „ Latr.: Gen. Crust. et Ins. T. IV, p. 162 . . | 1809 |
| „ Curt.: Brit. Ent. T. XI, p. 504 . . . . . | 1834 |
| „ Blanch.: Hist. Nat. Ins. T. III, p. 408 . . . | 1840 |
| ≺ „ Zetterst.: Ins. Lappon. p. 467 . . . . . | 1840 |
| ≺ „ Lepel: Hist. Nat. Ins. Hym. T. II, p. 404 . | 1841 |
| ≺ „ Schenck: Jahrb. d. Ver. f. Naturk. Nassau, Heft IX, p. 72 . . . . . . . . . . | 1853 |
| „ Smith: Cat. Hym. Ins. Brit. Mus. T. II, p. 221 | 1854 |
| „ Smith: Cat. Brit. Hym. Ins. T. I, p. 191 (Bees of Great-Britain) . . . . . . . . . | 1855 |
| ≺ „ Nyl.: Mem. Soc. Imp. Scienc. Nat. Cherbourg, T. IV, p. 106 . . . . . . . . . . . | 1856 |
| *Trypetes* Schenck: Jahrb. d. Ver. f. Naturk. Nassau, Heft XIV, p. 32, 39, 47 und 89 . . . . . . . | 1859 |
| *Heriades* Cress: (Abschrift Smith's) Proc. Ent. Soc. Philad. T. II, p. 383 . . . . . . . . . . . . | 1863—64 |

≺ *Heriades* Taschenb.: Hym. Deutschl. p. 255 (266) . . 1866
    „   Gir.: Ann. Soc. Ent. Franc. T. I, p. 391 . . 1871
    „   Thoms.: Hym. Scandinav. T. II, p. 262 . . 1872
    „   Laboul.: Ann. Soc. Ent. Franc. T. V, Ser. III,
         p. 58 . . . . . . . . . . . . . 1873
≺   „   Taschenb.: Berlin. Ent. Zeitsch. p. 62 . . . 1883

*Habitus robustus. Caput grande, latitudine thoracis vel latius. Ccelli in lineam curvam, fere in triangulum dispositi. Oculi evidenter elliptici, nec infra dilatati, mandibularum basin attingentes; margines eorum interni paralleli. Maris clypeus villis densis obtectus, feminae clypeus plus minus convexus, margine antico vario modo formato. Mandibulae (in femina robustiores quam in mari) apicem versus dilatatae, apice bidentatae. Palpi maxillares et labiales articulis quatuor; palparum labialium articulus ultimus apici tertii insertus nec ante apicem (lateraliter). Antennae in medio oculorum longitudinis insertae, in femina duodecim-articulatae, vix clavatae, in mari tredecim-articulatae, filiformes atque longiores.*

*Thorax plus minusve globosus et villosus. Mesonotum, scutellum et metanotum sulcis conspicuis separata; scutellum spinis lateralibus duabus saepissime instructum; metanotum declive. Tibiae omnes apice externe uncinatae, ungues in femina bipartiti, in mari indivisi.*

*Segmenti medialis area transversa antica librata, rugosa, metanoto brevior, a parte postica praecipi margine elevato semper separata. Pars praeceps postica area media triangulari polita, lateraliter punctis plus minusve sparsis tenuibusque. Abdomen maris feminaeque sex segmentis, cylindricum et fasciis albis perspicuis. Segmentum primum antice impressum, supra carina transversa evidentissima exstructum, segmentum ultimum apice simplici, in mari interdum lateraliter impresso, rarissimo dentato. Feminae abdomen subtus scopa densa ad pollen colligendum instructum, maris in gibbum haud productum nec excavatum.*

*Ala superior cellulis duabus cubitalibus instructa, secunda nervos recurrentes excipiente, stigmate parvo, cellula radiali vix quintuplo longiore quam lata, sine appendice et apice marginem anticum non attingente. Alae inferioris nervus analis transversus nervos analem atque medialem rectangulariter attingit; lobus basalis evidenter brevior quam dimidia cellula analis.*

Körpergestalt gedrungen. Kopf gross, so breit oder ein wenig breiter als das Bruststück, von vorne gesehen, durchschnittlich fast kreisrund. Netzaugen deutlich elliptisch, nicht nach unten verbreitert und bis zum Kiefergrunde reichend; ihre Innenränder zu einander parallel. Die Nebenaugen sind so gelegen, dass ihre geraden Verbindungslinien ein sehr stumpfwinkliges Dreieck, mit der Grundlinie nach hinten, bilden, und dass die Gerade, welche man sich durch den Hinterrand der Netzaugen gelegt denkt, die hinteren Nebenaugen durchschneidet. Hinterkopf bei Männchen und Weibchen mehr oder minder kurz und zugerundet; die hinteren Nebenaugen sind vom Hinterhauptrande so weit oder wenig weiter entfernt als von den Netzaugen. Schläfen von oben bis unten gleich breit oder nach unten verbreitert. Kopfschild mehr oder weniger stark gewölbt bis flach; sein Vorderrand meist bewimpert und bei dem Weibchen verschieden geformt. Der Kopfschild des Männchens ist dicht mit büschelig gehäuften Haaren bedeckt, so dass seine Gestalt bei der Unterscheidung der Arten nicht in Betracht kommen kann. Oberkiefer bei dem Weibchen kräftiger und vorne breiter. Sie sind nach vorne abgeflacht und endigen durchschnittlich in eine starke Spitze; daneben (innen) meist ein stumpfer, mehr oder minder deutlich hervortretender Innenzahn. An der Aussenseite der Oberkiefer nahe und parallel dem Unterrande verläuft eine deutliche Rinne, welche auf der Endspitze endigt und von zwei polirt glänzenden, gegen den Kiefergrund hin mehr oder minder stark divergenten Kiellinien begrenzt wird. Oberhalb durchschnittlich noch eine zweite kürzere und schwächere, mit der erwähnten Rinne parallele Furche, welche zwischen der Endspitze und dem benachbarten Innenzahn endigt. Unter- und Innenrand fein bewimpert. Die Oberkiefer sind ausserdem punktirt. Oberlippe durchschnittlich nicht verlängert. Unterkiefertaster und Lippentaster viergliedrig. Das vierte (letzte) Lippentasterglied entspringt am äussersten Ende des dritten, nicht seitlich, vor dessen Ende; beide letzten Glieder liegen in einer Geraden und bilden zusammen mit dem zweiten Tastergliede einen stumpfen Winkel. Die Fühler entspringen in einer Geraden, welche die Mitte der Netzaugen quer schneidet. Sie sind pechbraun, bei dem Weibchen zwölfgliederig, gegen die Spitze hin sehr wenig verbreitert, also nicht deutlich gekeult und kürzer, indem sie die Flügelbeule nicht erreichen, bei dem Männchen dreizehngliederig, vollkommen fadenförmig und länger, indem sie bis zur Flügelbeule oder ein wenig weiter reichen. Das zweite Geisselglied ist bei dem Männchen so lang, ein wenig länger oder sehr wenig kürzer als das erste, bei dem Weibchen durchaus merklich kürzer, wie denn überhaupt alle Geisselglieder bis auf das letzte bei dem Weibchen kürzer sind als bei dem Männchen. Der Kopf ist bei dem Weibchen am Fühlergrunde und Innenrande der Netzaugen sowie an den Backen zottig behaart, während bei dem Männchen das ganze Gesicht sammt Backen mit büscheligen Haaren dicht besetzt ist.

Bruststück meist rundlich eiförmig, seltener kugelig, wie dies vorzugsweise bei den amerikanischen Arten der Fall ist. Mittelrücken,

Schildchen und Hinterrücken sind durch deutliche Furchen von einander geschieden. Das Schildchen trägt in den meisten Fällen je
einen seitlichen, zapfenförmigen Dornfortsatz. Der Hinterrücken fällt
ziemlich steil zum Mittelsegment ab. Das Mittelsegment zerfällt in
einen oberen, horizontalen, deutlich längsgerunzelten Streifen — obere
horizontale Zone —, welcher niemals so lang wie der Hinterrücken
ist, aber nach hinten durchgehends durch eine deutliche Kante abgegrenzt wird, und in einen grösseren, steil abfallenden hinteren Theil.
Letzterer zeigt oben, mitten einen mehr oder weniger deutlich ab-
geschiedenen herzförmigen (dreieckigen) Raum, der polirt glatt und
meist stark glänzend ist; der übrige Theil ist mehr oder minder dicht
und seicht punktirt und mitten mit einer deutlichen Längs- (Vertical-)
Grube versehen. Das Bruststück ist bei beiden Geschlechtern gleich
stark zottig behaart und am reichlichsten in der Umgebung der Flügelbeule, an der Unterseite und am Hinterrande des Schildchens. Hinterfüsse dicht mit steifen, gelblichen oder röthlichen Haaren besetzt.
Alle Schienen am Ende mit einem kurzen, doch merklich vorspringenden Aussenzahn versehen. Am Ende der vier vorderen Schienen
(innen) je ein, am Ende der zwei hinteren Schienen je zwei ungleich
lange, blasse Sporne. Nur bei manchen amerikanischen Arten (*H. rotundiceps* und *denticulata*) sind die Sporne der vier hinteren Schienen
.schwarz. Die Klauen sind bei dem Männchen getheilt, zweispitzig,
bei dem Weibchen ungetheilt.

Hinterleib bei Männchen und Weibchen aus sechs Ringen bestehend
und sichtlich kürzer als Kopf und Bruststück zusammen. Bei dem
Männchen ist der Hinterleib nach unten und innen eingebogen. Seiner
Gestalt nach ist er cylindrisch, oben gewölbt, unten flach und nach
hinten nicht merklich verbreitert. Der erste Hinterleibsring ist in
seiner ganzen Ausdehnung vorne eingedrückt. Die dadurch entstandene Fläche weist in der Mitte eine mehr oder minder auffallende,
verticale Rinnenvertiefung auf, ist stark glänzend, bald deutlich, bald
kaum merklich punktirt oder bisweilen ganz polirt glatt; vom Rückentheil
des Segments ist sie durch eine deutliche Leiste geschieden, welche
bei den europäischen und afrikanischen Formen eine scharfe, bei den
amerikanischen Formen eine zwar sehr deutliche, doch abgerundete,
glänzende Kante darstellt. Am Hinterrande aller oder wenigstens der
Mehrzahl der Hinterleibsringe bemerkt man deutliche weisse Binden
dicht anliegender, kurzer Wimperhaare, welche an den vorderen
Ringen selten (mitten) unterbrochen sind. Sie sind bei beiden Geschlechtern in gleicher Weise und Stärke ausgebildet. Die einzelnen

Hinterleibsringe, insbesondere die vorderen, zeigen mitunter (vorzugsweise bei den amerikanischen Formen) deutliche Einschnürungen.
Hinterrand des Endsegments bei dem Weibchen rund- bis spitzbogenförmig, leicht aufgebogen, mit kurzen, weisslichen oder gelblichen
Haaren dicht besetzt, bei dem Männchen nicht aufgebogen und nackt.
Fortsätze in Gestalt von Zähnen, wie sie bei dem Männchen von *Chelostoma* gewöhnlich sind, sind am Hinterrande des Endsegments nur
sehr selten vorhanden (z. B. bei *H. denticulata*); mitunter jedoch ist
das Endsegment bei dem Männchen mit mehr oder weniger deutlichen
seitlichen Eindrücken versehen (*H. truncorum, crenulata*).. Die Bauchseite des Hinterleibes trägt bei dem Weibchen eine stark entwickelte,
weissliche oder gelblich-graue Sammelbürste; bei dem Männchen zeigt
sie niemals höckerige Fortsätze oder grubige Vertiefungen wie bei
*Chelostoma*, wohl aber graue, zottige Haare an den vorderen Ringen.

Kopf, Bruststück und Hinterleib sind deutlich punktirt; die obere
horizontale Zone des Mittelsegments ist längsgerunzelt.

Flügel bald vollkommen glashell, bald und häufiger mehr oder
minder stark rauchig getrübt. Randmal ziemlich klein. Radialzelle
vier- bis fünfmal so lang wie breit, gegen den Aussenrand hin verschmälert, ohne Anhang; sie erreicht den Flügelsaum nicht. Aeussere
Cubitalzelle wenig kleiner als die innere. Zweite Cubitalquerader stark
bogenförmig auswärts gekrümmt. Beide Discoidalqueradern münden
in die zweite Cubitalzelle, und zwar die äussere durchschnittlich näher
der zweiten Cubitalquerader als die innere der ersten Cubitalquerader;
doch ist auch bei *Heriades* der Mündungspunkt nicht constant. Die
Analquerader des Hinterflügels trifft die Medial- und Analader unter
einem rechten Winkel. Der Basallappenanhang des Hinterflügels lange
nicht halb so lang wie die Analzelle. Die Frenalhäkchen des Hinterflügels stellen eine ununterbrochene Reihe dar; ihre Anzahl ist bei
den einzelnen Arten nicht constant.

Allgemeine Färbung schwarz bis auf die meist pechbraunen
Fühler.

Die wichtigsten Merkmale für die Unterscheidung der Arten liegen:
1. in der Form des Kopfschildes, ob mehr oder minder stark gewölbt,
und in der Gestalt seines Vorderrandes; 2. in der Gestalt der Oberkiefer (besonders bei dem Weibchen); 3. in der Form der Stirngegend,
ob mitten schwach rinnenartig vertieft oder nicht; 4. in der Art und
Stärke der Punktirung des Körpers, speciell auch in dem Unterschiede
der Punktirung des Hinterleibes, verglichen mit jener des Kopfes und
Bruststückes; 5. in der Stärke, resp. Schärfe der Leiste auf dem

ersten Hinterleibsringe und in der Ausdehnung der verticalen, rinnenförmigen, mittleren Grube, sowie in der mehr oder minder deutlichen
Punktirung der concaven Vorderfläche des ersten Hinterleibsringes;
6. in der Anzahl der Wimperbinden des Hinterleibes, sowie in dem
Umstande, ob diese unterbrochen sind oder nicht; 7. in der Gestalt
des Endsegments bei dem Männchen, ob seitlich stark, wenig oder
nicht eingedrückt, ob am Hinterrande gezähnt oder nicht; 8. in
der Färbung der Sporne an den vier Hinterschienen, ob blass oder
schwarz; 9. in der Stärke der Runzelung der oberen horizontalen
Zone des Mittelsegments; 10. in der Breite der Netzaugen; 11.
in dem Vorhandensein oder Fehlen der Dornfortsätze des Schildchens.

Von *Chelostoma* unterscheidet sich *Heriades* im Folgenden: Körpergestalt mehr gedrungen. Oberkiefer breiter. Die Kiefertaster bestehen aus vier Gliedern, nicht aus drei; die Lippentaster haben zwar
auch vier Glieder wie bei *Chelostoma*, allein das letzte Tasterglied
entspringt am äußersten Ende des dritten, und beide letzteren liegen
in einer Geraden und bilden, indem das dritte am Grunde knieförmig
gebogen ist, mit dem zweiten Tastergliede einen stumpfen Winkel.
Netzaugen ausgesprochen elliptisch, nicht nach unten verbreitert und
breiter als bei *Chelostoma*. Fühler fadenförmig, bei dem Weibchen
gegen die Spitze zu kaum merklich verdickt. Schildchen häufig mit
je einem seitlichen, zapfenförmigen Dornfortsatze. Der Hinterrücken
fällt steil zum Mittelsegmente ab, während er bei *Chelostoma* so ziemlich in einer Ebene liegt mit dem Schildchen und Mittelrücken. Obere
horizontale Zone des Mittelsegments niemals so lang wie der Hinterrücken und nach hinten ausnahmslos von einer kantigen Erhebung
begrenzt. Der Hinterleib hat bei dem Männchen wie bei dem Weibchen sechs Segmente, während die Männchen von *Chelostoma* sieben
Hinterleibssegmente besitzen; er ist auch bei den Weibchen cylindrisch, nicht nach vorne verschmälert wie bei den *Chelostoma*-Weib-
chen. Die vordere Fläche des ersten Hinterleibsringes ist immer
concav und vom Rückentheile durch eine deutliche Leiste geschieden.
Bei *Heriades* trägt der Hinterleib der Männchen sowohl wie der Weibchen
deutliche weisse Wimperbinden, während diese den Männchen von
*Chelostoma* entweder ganz fehlen oder nur seitlich zum Theil entwickelt sind. Die Bauchseite der Männchen zeigt niemals am zweiten
Hinterleibsringe einen Höcker, am dritten Hinterleibsringe niemals
eine grubige Vertiefung. Das Endsegment des Männchens weist sehr
selten Fortsätze, dafür mitunter seitliche Eindrücke auf.

42*

Von *Osmia* wird man *Heriades* am besten unterscheiden durch die Leiste, welche die concave Vorderfläche des ersten Hinterleibsringes von seinem Rückentheile scheidet, sowie durch die sehr deutliche, wenn auch kurze obere, horizontale Zone des Mittelsegments, welche überdies nach hinten durch eine kantige Erhebung vom steil abfallenden Theile des Mittelsegments geschieden ist, während bei *Osmia* das Mittelsegment nächst dem Hinterrücken zwar oft noch Runzeln oder Punkte zeigt, welche jedoch im Gegensatze zu einer kantigen oder wulstartigen hinteren Begrenzung nach hinten sich allmählich verlieren. Der Hinterleib besteht bei Männchen und Weibchen aus sechs Segmenten, während er bei den *Osmia*-Männchen sieben Segmente besitzt. Die Analquerader des Hinterflügels steht bei *Osmia* auf der Medial- und Analader schief, bei *Heriades* auf beiden genannten Adern senkrecht.

Von der parasitischen Gattung *Stelis,* welcher *Heriades* in seiner Tracht mehr ähnelt als der Gattung *Chelostoma* (man vergleiche z. B. *Stelis breviuscula* NYL. mit *Her. truncorum*), trennt es sich in folgenden leicht ersichtlichen Unterschieden: den *Stelis*-Weibchen mangelt die Bauchbürste. Das Schildchen ist bei *Stelis* genau horizontal und ragt nach hinten mehr oder minder stark über den Hinterrücken, welcher vertical abfällt, hervor. Die zweite (äussere) Discoidalquerader des Vorderflügels mündet ausserhalb der zweiten (äusseren) Cubitalzelle, während sie bei *Heriades* wie bei *Chelostoma* innerhalb und nur in sehr seltenen Fällen mit der zweiten Cubitalquerader zugleich, niemals aber ausserhalb der letzteren in die Cubitalader mündet. Bei *Stelis* reicht ferner der Basallappen des Hinterflügels deutlich bis oder über die Hälfte der Analzelle, und die Analquerader trifft die Medial- und Analader unter schiefen, nicht rechten Winkeln.

## Lebensweise.

Wie *Chelostoma* so nistet auch *Heriades* in ausgehöhlten Zweigen, in alten Baumstämmen und Pfosten und bewohnt auch mit Vorliebe von Käfern hergestellte und verlassene Holzlöcher. LICHTENSTEIN traf *H. glutinosa* in alten Nestern von *Poelopaeus*, *Chalicodoma* und *Anthophora*. Ihre Zellen bestehen nach LICHTENSTEIN's Beobachtung aus einer gummiartigen, klebrigen, gelatinartig durchscheinenden Masse, gefüllt mit Nahrungsvorräthen für die Larven, deren Verwandlung in einem sehr kleinen, durchscheinenden Cocon vor sich geht. Als Schmarotzer führt schon LINNÉ *Gasteruption,* SCHENCK seine *Stelis pygmaea*, LICHTENSTEIN eine Fliege, *Anthrax aethiops*, an, deren Larve er mit jenen von *H. truncorum* in ausgehöhlten Rebenzweigen fand. Dr. FERD. RUDOW publicirte jüngst in der Zeitschrift „Societas entomologica", Zürich, folgende Beobachtung bezüglich *Her. truncorum*: „Baut ebenso (wie *Chelostoma florisomne*) und an denselben Orten, benutzt aber vorwiegend schon vorhandene Gänge anderer Holzbewohner, wohnt auch zur Miethe bei *Odynerus*, wenn sich in deren Bau passende Seitengänge vorfinden. Die Puppenhülle ist dicht, stumpfeiförmig, überall mit Holzmehl überzogen und in eine Höhlung tief eingesenkt. Anscheinend werden mehrere Larvenkammern neben einander angelegt und mit Speisebrei gefüllt; in mehreren Nestern konnte ich aber immer nur eine einzige vollständige Puppe finden."

Als Vermittler der Blüthenbefruchtung spielt *Heriades*, als mit denselben zweckmässigen Mitteln ausgestattet, eine ebenso bedeutende Rolle wie *Chelostoma*. HERMANN MÜLLER beobachtete *H. truncorum* auf Oenanthe fistulosa, Ligustrum vulgare, Melilotus officinalis, Scabiosa arvensis, Pulicaria dysenterica, Achillea millefolium und ptarmica, Anthemis tinctaria, Senecio Jacobaea, Crepis biennis und tectorum, Picris hieracioides, Carduus acanthoides und Cirsium arvense, FREY-GESSNER auf Buphthalmum.

Aus der eben angeführten Pflanzenreihe zu schliessen, sowie nach den von mir gemachten Beobachtungen scheint ihre Vermittlungsthätigkeit sich vorzugsweise auf die Blüthen der Compositen zu erstrecken. Ich traf *H. truncorum* im Laufe der drei letzten Jahre (Juli und August) in Südtirol häufig, aber nur auf den Blüthenkörbchen von Compositen, wie Carduus acanthoides und hemisphaericus, Crepis biennis, Taraxacum officinale und Centaurea arenaria. Die ihr sehr nahe stehende *H. crenulata* fand ich nirgends als auf Centaurea arenaria, dort aber (im Monat August 1887) sehr häufig, ungleich häufiger als *H. truncorum* und alle anderen Bienen, welche ich als regelmässige Besucher der genannten Pflanze resp. ihrer Blüthenkörbchen zu beobachten die Gelegenheit hatte.

### Geographische Verbreitung.

Von *Heriades* sind 21 Arten bekannt, welche sich auf drei Regionen d. i. auf die paläarctische, nearctische und äthiopische vertheilen. Der nearctischen Region gehören 9, der paläarctischen 6 und der äthiopischen 5 Arten an; die eine Art (*H. mordax*), deren Vaterland unbekannt ist, dürfte der äthiopischen Region oder der zweiten

Subregion der paläarctischen Region angehören. Europa besitzt vier Arten, von welchen eine — *H. truncorum* — über den ganzen Erdtheil verbreitet ist. Eine weitere Verbreitung dürfte auch die nächstverwandte *H. crenulata* haben, deren Vorkommen bisher nur für Mittel-Europa nachgewiesen ist. Von den zwei asiatischen Arten wurde eine in Turkestan und die andere in Kleinasien gefunden. Eine Uebereinstimmung in der geographischen Verbreitung zeigt sich darin, dass *Heriades,* wie durch das ganze Nord-Amerika, so auch in Europa und Afrika gleichmässig über den ganzen Erdtheil vertheilt ist. — Von der neotropischen, australischen und orientalischen Region ist keine Art bekannt.

## Conspectus specierum.

♀

1 *Capitis clypei plani margo anticus in medio semicirculariter impressus atque juxta partem impressum denticulis duobus conspicuis instructus. (Corpus grossissime punctatum.) Long.* 6 mm.
**H. odontophora n. sp.** America septent.
— *Capitis clypei margo anticus in medio haud impressus* 2
2 *Tibiae quatuor posteriores calcaribus nigris. Corporis punctatio omnino vadosa atque in abdomine tenuissima. (Capitis clypei fere plani margo anticus lateraliter habens processus duos parvos lobuliformes.) L.* 7 mm.
**H. rotundiceps** CRESS. America septent.
— *Tibiae quatuor posteriores calcaribus pallidis sive helvinis. Corporis punctatio valde expressa nec vadosa (inconspicua).* 3
3 *Scutellum sine spinis duabus lateralibus (longitudinalibus).* 4
— *Scutellum perspicuis spinis duabus lateralibus (longitudinalibus) instructum. (Mandibulae amplitudine mediocri. Thorax supra punctis mediocriter grossis vel grossis vel grossissimis.)* 5
4 *Mandibulae et labium pergrandia, mandibulae securiformes. Corporis totius punctatio aequaliter densa atque subtenuis. Capitis clypeus fortiter convexus, margine antico tenuiter crenulato. Scopa flava. L.* 10 mm. **H. mordax n. sp.** Patria ignota.
— *Mandibulae et labium amplitudine mediocri. Notum grossissime, antice dense, in medio posticeque subdense punctatum. Abdomen quam notum evidenter tenuius punctatum. Capitis clypeus subconvexus, margine antico levissime arcuato-emarginato et lateraliter obtuso-denticulato. Scopa alba. L.* 8 mm.
**H. glomerans n. sp.** America septent.
5 *Abdomen in segmentis anterioribus haud subtilius punctatum quam in thorace capiteque; punctatio grossa vel mediocriter grossa.* 6
— *Abdomen omnino multo subtilius punctatum quam thorax et caput.* 8

6   *Mandibulae margine interiore evidentissime sinuato. Capitis clypei margo anticus in medio denticulis duobus obtusis instructus. (Corpus perspicue, densissime et mediocriter grosse punctatum segmentis abdominis ultimis tenuiter punctatis exceptis.) Long. 7—9 mm.*
   **H. truncorum** L. *Europa tota.*

—   *Mandibulae margine interiore haud sinuato. Capitis clypeus margine antico plus minusve tenuiter crenulato.* **7**

7   *Capitis clypeus evidenter convexus. Notum dense et mediocriter grosse, abdomen mediocriter grosse punctata segmentis exceptis ultimis tenuiter punctatis. Abdominis segmentum primum haud transverse sulcatum. L. 9 mm.* **H. crenulata** Nyl. *Europa.*

—   *Capitis clypeus fere planus. Notum mediocriter dense et grossissime, abdomen grosse punctata segmentis exceptis ultimis densius et quasi variolose punctatis. L. 6—7 mm.*
   **H. frey-gessneri n. sp.** *Africa merid.*

8   *Abdomen punctis perspicuis, tenuibus densisque. Alae omnino hyalinae. L. 5,5 mm.* **H. impressa n. sp.** *Africa occident.*

—   *Abdomen punctis minus perspicuis, minus densis atque evidenter grossioribus. Alae apice evidenter infumatae. L. 6 mm.*
   **H. frontosa n. sp.** *Africa occident.*

♂

1   *Abdominis segmentum ultimum margine postico quadridentato. L. 6,5 mm.* **H. denticulata** Cress. *American septent.*

—   *Abdominis segmentum ultimum margine postico integro.* **2**

2   *Abdominis segmentum ultimum foveis duabus lateralibus, perspicuis, segmentum primum carina transversa acuta, scutellum spinis duabus longitudinalibus, lateralibus instructum.* **3**

—   *Abdominis segmentum ultimum haud evidenter foveatum, segmentum primum carina transversa rotundata sive obtusa, scutellum inerme.* **4**

3   *Abdominis segmenti ultimi foveae laterales maiores, spatium medianum convexum, angustatum, segmenti latitudinis partem quintam vix aequans. L. 6—7 mm.*
   **H. truncorum** L. *Europa tota.*

—   *Abdominis segmenti ultimi foveae laterales evidenter minores, spatium medianum minus convexum, evidenter latius, segmenti latitudinis quasi partem tertiam aequans. L. 7—8 mm.*
   **H. crenulata** Nyl. *Europa.*

4   *Cculi quam tempora sesqui latiores. Abdomen punctis mediocriter tenuibus, valde vadosis atque mediocriter densis. Segmenti medialis area transversa antica rugis longitudinalibus grossissimis. L. 6—6,5 mm.* **H. variolosa** Cress. *America septent.*

—   *Cculi quam tempora duplo latiores. Abdomen punctis tenuissimis, magis perspicuis (nec vadosis) densisque. Segmenti medialis area*

*transversa antica evidenter brevior, rugis longitudinalibus sub-
tenuibus. Long. 5—6 mm.*
### H. punctulifera n. sp. *Asia minor.*

## Heriades glutinosa GIR.

*Heriades glutinosus* GIR.: Ann. Soc. Ent. France, T. I, p. 389. 1871.

„*Niger, crebre punctatus, pubescens; ♀ mandibulis magnis,
scutiformibus; scopa ventrali griseo-albida; ♂ antennis subtus subcre-
nulatis, abdomine perspicue sexarticulato, segmento sexto dorsali in-
curvo, late truncato et bisinuato, segmento ventrali secundo tubercu-
lato. ♂ ♀. Long. 7 mm.*

Femelle. A peu prés de la taille de l'*Heriades truncorum*, mais
l'abdomen plus épais et moins cylindrique. Ponctuation de tout le corps
assez dense et moins forte que chez l'autre espèce. Pubescence du dessus de la tête et du thorax un peu fauve, celle du tour des antennes, du
dessous et des côtés du corps, pâle ou blanchâtre. Antennes d'un noir
brun, de douze articles. Mandibules d'une conformation très - remar-
quable : elles sont très-larges et forment, par leur juxtaposition, une espèce de bouclier ou une plaque semi-circulaire au moins aussi longue
que le chaperon. Chaque mandibule représente un triangle dont le
sommet est formé par le point d'articulation avec la tête; le côté ex-
térieur est en arc de cercle; le supérieur, presque droite, longe le chaperon dont il est un peu écarté; l'interne forme une ligne droite qui
s'applique exactement contre le bord de l'autre mandibule et porte dans
toute sa longueur un série de petites dents au nombre d'une dizaine,
alignées comme celles d'un peigne et tout à fait égales à l'exception de
la dernière qui est un peu plus avancée et un peu écartée de celle qui
la précède. La face supérieure de ces mandibules est en outre limitée
le long de son contour par une ligne en relief qui, commençant à quelque distance de leur base et laissant en déhors toute la partie déclive,
se rapproche du bord, qu' elle suit jusqu' au bout, sans se confondre
avec lui. Métathorax avec un espace triangulaire et un sillon profond,
lisses et luisants. Abdomen subovoide, presque tronqué à la base; le
premier segment marqué d'un ligne étroite qui sépare la face antérieure
de la face dorsale, les trois premiers portant une france de poils blancs,
largement interrompue sur le dos, on plutôt réduite à l'état de taches
latérales; la quatrième avec une bande continue, mais très-faible et
moins apparente que les taches. Brosse ventrale d'un blanc cendré à
reflet roussâtre. Pattes noires; les poils des cuisses blancs, ceux de
tarses roux; crochets simples. Ailes transparentes un peu assombries
vers le bout; nervures et stigma noirs; ecaille bordée de roux; la réti-
culation comme chez **Her. truncorum.**

Mâle. Tête et thorax plus richement couverts de poils roux. Les
taches ou franges de l'abdomen moins distinctes et le bord des segments
un peu décoloré. Antennes de treize articles, d'un noir brun, avec le

dessous vaguement fauve ou roux, les articles intermédiaires un peu dentés en scie, comme chez le *Chelostoma florisomne*. Abdomen fortement infléchi, ne montrant que six segments, comme l'*Heriades truncorum*; le sixième dorsal tourné en dessous, largement tronqué au bout et bisinué; les angles de la troncature émoussés et le milieu un peu relevé et saillant. Deuxième segment ventral armé d'un fort tubercle échancré au bout et formant deux angles divergents. Dans les mouvements de flexion, ce tubercle est embrassé par le sixième segment dorsal. Le troisième ventral est fortement incisé à milieu et porte de chaque côté un pli transversal peu saillant. Pattes comme chez la femelle, mais les crochets des tarses bifides. Ce mâle paraît avoir de grands rapports de conformation avec celui que SPINOLA (Ins. Lig. fasc. 2, p. 59) a décrit sous le nom d'*Heriades sinuata* et figuré pl. II, fig. 4. Mais, chez cette espèce ces poils de la face sont blanchâtres et la ponctuation est beaucoup plus forte, „*corpus totum punctatissimum, punctis excavatis*", ce qui ne peut pas convenir à notre espèce. La femelle est sans doute aussi différente, puisque SPINOLA ne fait point mention que les mandibules aient une conformation particulière; de plus, les franges des segments doivent être entières, car il n'est pas dit qu' elles soient interrompues. En outre, il n'est fait aucune mention de la forme denticulée des antennes du mâle.

C'est à notre zélé collègue M. JULES LICHTENSTEIN que revient la mérite de la découverte de cette espèce intéressante. D'après ses observations, faites prés de Saragossa, elle s'établit dans les vieux nids de *Pelopoeus,* de *Chalicodoma* et d'*Anthophora* et construit ses cellules avec une matière gommeuse ou glutineuse semblable à une gelatine dans l'intérieur desquelles se trouve la provision mielleuse destinée aux jeunes larves. Sa transformation se fait dans une coque très-mince et pellucide comme celle des *Heriades*. Cette appréciation est fort juste, car ces coques se ressemblent tellement qu'il est trés-difficile de les distinguer en les comparant les unes aux autres. L'économie de ces insectes se trouve en parfaite harmonie."

Spanien (Saragossa).

*H. glutinosa* scheint nach GIRAUD's Beschreibung den Uebergang von *Heriades* zu *Chelostoma* zu vermitteln, die Anzahl der Hinterleibsringe und die erhabene Querleiste auf dem ersten Hinterleibsringe weissen *H. glutinosa* zu der Gattung *Heriades*. Die Erhebung des zweiten Bauchringes, welche Eigenthümlichkeit ich an keiner der mir bekannten *Heriades*-Arten auch nur angedeutet finden konnte, sowie die mitten gezähnten Fühler und die allgemeine Körperform deuten auf nähere Verwandtschaft mit *Chelostoma* hin.

## Heriades mordax n. sp.

♀ *L. 10 mm. Caput permagnum, quasi quadratum, post ocellos leviter tumidum, tenuiter punctatum. Clypeus fortiter convexus, angustatus, punctis mediocriter tenuibus subdensisque, margine antico subtiliter crenulato. Mandibulae permagnae, securiformes, apicem versus acutum deplanatae, denticulo interiore obtusa, extra punctis tenuibus, mediocriter densis, supra rugis tenuissimis et punctis tenuissimis sparsisque, margine interiore et inferiore fimbriis flavis instructae. Labium perlongum. Oculi angustati. Flagelli articulus secundus primo paulo brevior.*

*Notum subtenuiter subdenseque punctatum, scutellum in lateribus sine spinis longitudinalibus. Segmenti medialis area transversa antica metanoti dimidium longitudine superans, rugis longitudinalibus grossis, postice evidenter separata; posterior pars praeceps punctis subgrossis subdensisque parte excepta superiore mediaque polita.*

*Abdomen tenuiter punctatum atque fasciis albis in medio non interruptis. Abdominis segmentum primum supra carina transversa perspicua instructum. Scopa flava. Tibiae calcaribus pallidis instructae. Metatarsus posterior articulos quatuor ceteros longitudine vix aequans.*

Kopf sehr gross, breiter als das Bruststück und, von vorne gesehen, annäherungsweise quadratisch, in seiner Form an jenen von *Chelostoma capitatum* erinnernd. Hinterkopf ein wenig angeschwollen. Die hinteren Nebenaugen sind von dem Hinterhauptsrand ebenso weit entfernt wie von den Netzaugen. Schläfen breit, unten ein wenig breiter als oben. Kopfschild sehr stark gewölbt, dabei schmal, mit fein, doch noch deutlich gekerbtem Vorderrande. Oberkiefer auffallend gross, beilförmig; sie sind nach vorne abgeflacht und laufen in eine scharfe Spitze aus, neben welcher sich ein schwacher, stumpfer Innenzahn befindet. An der Aussenseite laufen vom Grunde bis zur Spitze zwei deutliche Kiellinien, die nahe dem Kiefergrunde convergent, dann parallel sind und eine Rinne einschliessen. Oben zieht sich vom Grunde schief nach innen eine bogenförmige Leiste. Die Aussenseite der Kiefer zwischen den Kiellinien ist glänzend, mit feinen, seichten Punkten mässig dicht besetzt, die obere breite Fläche matt, sehr fein gerunzelt und mit zerstreuten, sehr feinen Pünktchen besetzt. Am Innenrande und noch deutlicher am Unterrande ein sehr feiner, kurzer, goldig schimmernder Wimperbesatz, am Grunde einzelne längere goldgelbe Haare. Oberlippe sehr lang und ähnlich geformt wie bei *Chel. florisomne*, d. i. nach vorne verschmälert und vorne abgestutzt, ferner matt, seicht punktirt und gegen das Ende hin mit einem mittleren Kiel und zwei seitlichen Furchen. Augen schmal. Zweites Geisselglied ein wenig kürzer als das erste, drittes ein wenig kürzer als das zweite und zugleich halb so lang wie das erste. Die folgenden Geisselglieder breiter als lang, das letzte nicht viel länger als breit, die nächst vorhergehenden so lang wie breit. Abstand der hinteren Nebenaugen von einander reichlich so gross wie die ersten zwei Geisselglieder zusammen, ihr' Abstand von den Netzaugen merklich grösser. Kopfschild merklich gröber punktirt als bei *Chel. florisomne*, fast so grob wie bei *Her. truncorum*, doch sichtlich weniger dicht; im übrigen ist der Kopf seicht und fein punktirt. Gesicht nächst den Fühlern und Netzaugen, Backen und Hinterkopf nicht eben reichlich behaart.

Punktirung des Rückens ziemlich dicht und ziemlich fein, merklich feiner als bei *H. truncorum*. Schildchen ohne seitliche Dornfortsätze und stark gelblich behaart hinten. Obere horizontale Zone des Mittelsegments nach hinten deutlich abgegrenzt, etwas mehr als halb so lang wie der Hinterrücken und grob längsgerunzelt. Der hintere, steil abfallende Theil des Mittelsegments oben mitten polirt glatt und stark glänzend, seitlich und unten mit ziemlich groben, seichten und mässig dicht stehenden Punkten besetzt.

Hinterleib wie bei *H. truncorum* geformt. Die concave Vorderfläche des ersten Hinterleibsringes durch eine deutliche Leiste vom hinteren Theile geschieden, seicht und mässig dicht punktirt und mit einer Mittelrinne, welche von unten bis fast zur Leiste oben reicht. Punktirung des Hinterleibes feiner als auf dem Bruststücke und nach hinten noch feiner und seichter; im Ganzen sichtlich feiner als bei *H. truncorum*. Am Hinterrande aller Hinterleibsringe ein dichter, gelblichweisser, mitten nicht unterbrochener Wimpersaum. Der letzte Hinterleibsring gegen das Ende mit kurzen, am spitzbogenförmigen Hinterrande dicht stehenden, goldgelben Haaren. Bürste und Behaarung der Beine goldgelb. Erstes hinteres Fussglied kaum so lang wie alle vier übrigen zusammen. Schienensporne sämmtlich blassgelb. Vorderflügel in ihrer ganzen Ausdehnung schwach rauchig; Hinterflügel mit neun Frenalhäkchen.

Männchen unbekannt.

Von *H. truncorum* leicht zu unterscheiden durch die bedeutendere Grösse, den stärker gewölbten, vorne gekerbten Kopfschild, die längeren beilförmigen, innen nicht ausgebuchteten Oberkiefer, die durchwegs feinere und weniger dichte Punktirung sowie durch die mehr in's Gelbe gehende Behaarung. Die meisten der gegebenen Unterschiede finden auch auf *H. crenulata* ihre Anwendung. Von *Chelostoma capitatum*, welchem es in der Form der Oberkiefer und des Kopfes sowie in der stärkeren Flügeltrübung ähnelt, sofort leicht zu trennen durch die deutliche Querleiste auf dem ersten Hinterleibsringe, durch den stark gewölbten Kopfschild, die weniger feine Punktirung, die viel reichlichere und gelbe Behaarung und durch den Mangel der zapfenartigen Fortsätze an den Backen.

Patria ignota.

Die Type befindet sich im Königlich. naturhistorischen Museum zu Berlin.

## *Heriades trinacria* Moraw.

*Heriades trinacria* Moraw.: Hor. Soc. Ent. Ross. T. VI, p. 41. 1869.

„*Nigra, griseo-pubescens, metanoto opaco, abdomine nitidissimo, subtiliter punctato-rugosa. Mas: antennarum scapo incrassato, flagello subtus piceo; segmento abdominis ultimo trispinosa, spina intermedia lateralibus maiori. Long. 6 mm.*

Das Männchen ist schwarz, mit stark glänzendem Hinterleibe und greiser. Behaarung, die auf dem Kopfe und Thorax ziemlich lang ist. Die Stirn und der Scheitel sind sehr fein und dicht punktirt, der weisslich behaarte Kopfschild und die Nebenseiten des Gesichtes äusserst fein und dicht gerunzelt, matt. Die Fühler sind länger als der Thorax, mit verdicktem Schafte, die Geissel unten pechbraun gefärbt, die Glieder derselben etwas abgeplattet, vorn eben, die hintere Fläche sehr schwach vortretend. Der Metathorax und das Schildchen sind fein, ersterer dichter, das Hinterschildchen äusserst fein und zerstreut punktirt. Der Metathorax ist kaum punktirt, die Seiten desselben glänzend, die hintere Fläche und die Basis matt, letztere einfach zugerundet, ohne vorspringende Querleiste. Die Flügelschuppen sind dunkelpechbraun, die Flügel sehr schwach getrübt, das Randmal und die Adern, letztere heller, bräunlich gefärbt; die zweite Cubitalzelle ist oben stark verschmälert, und die discoidalen Queradern münden fast in die Adern derselben. Der Hinterleib ist langgestreckt, das Ende nach innen gekrümmt, stark glänzend, sehr fein punktirt gerunzelt, fast nadelrissig. Das letzte Segment läuft in drei spitze Zähne aus, von denen der mittlere etwas grösser und breiter als die seitlichen.

Durch die eigenthümliche Fühlerbildung und das dreispitzige Endsegment des Abdomens unterscheidet sich *H. trinacria* leicht von allen anderen dieser Gattung. Es hat auch eine entfernte Aehnlichkeit mit der *Osmia parvula* Duf., letztere ist aber grösser und durch das hakenförmige Endglied der Fühlergeissel, das einfach zugespitzte Analsegment und den verschiedenen Adernverlauf der Flügel leicht zu unterscheiden. Jedenfalls bildet diese Art, deren Mundtheile ich leider nicht untersuchen konnte, einen Uebergang von *Osmia* zu *Heriades*."

Im Gouvernement St. Petersburg.

### *Heriades truncorum* L.

| | | |
|---|---|---|
| *Apis truncorum* Linn.: Syst. Nat. T. I, p. 575, ♀ (Edit. X). | | 1758 |
| „　　　　„　　Linn.: Faun. Suec. p. 421, ♀ (Edit. II). | | 1761 |
| „　　　　„　　Linn.: Syst. Nat. T. I, Pars II, p. 954, ♀ (Edit. XII). | | 1767 |
| „　　　　„　　Linn.: Syst. Nat. T. I, Pars V, p. 2773, ♀, Edit. XIII (Gmelin). | | 1789 |
| „　　　　„　　Vill.: Linn. Ent. T. III, p. 289, ♀. | | 1789 |
| „　　　　„　　Oliv.: Encycl. Meth., T. IV, p. 78, ♀. | | 1789 |
| *? Hylaeus truncorum* Fab.: Ent. Syst., T. II, p. 305, ♀. | | 1793 |
| *?　„　　　„*　　Cederhjelm: Faun. Ingric. Prod. Ins. Ag. Petrop., p. 173 | | 1798 |
| *?　„　　　„*　　Panz.: Faun. German., H. 64, 15. Fig. | | 1799 |
| *? Megachile truncorum* Walcken.: Faun. Paris. T. II, p. 135, ♀. | | 1802 |
| *Apis truncorum* Kirby.: Monogr. Ap. Angl., T. II, p. 258, ♂ ♀. | | 1802 |
| *? Anthophora truncorum* Fab.: Syst. Piez., p. 379, ♀. | | 1804 |
| *Megachile truncorum* Latr.: Hist. Nat. Crust. et Ins., T. XIV, p. 52, ♂ ♀. | | 1805 |

*Anthophora truncorum* ILLIG.: Magaz. Ins. T. V, p. 121, ♂ ♀.    1806

*Heriades truncorum* SPIN.: Ins. Ligur. T. II, p. 9 (nur genannt)    1808

„     „     LATR.: Gen. Crust. et Ins. T. II, p. 163.    1809

„     „     CURT.: Brit. Ent. T. IX, Taf. und p. 504,
♂ ♀    1834

„     *trumorum* (!) BLANCH.: Hist. Nat. Ins. T. III, p. 408.    1840

„     *truncorum* ZETTERST.: Ins. Lappon. p. 467, ♂ ♀.    1840

„     „     LEPEL: Hist. Nat. Ins. Hym. T. II, p. 404,
♂ ♀    1841

„     „     SMITH: Zoolog. T. IV, p. 1447.    1846

„     „     NYL.: Ap. Boreal. in Act. Soc. Fenn. T. IV,
p. 271, ♂ ♀.    1848

„     „     SCHENCK: Jahrb. d. Ver. f. Naturk. Nassau,
H. IX, p. 72, ♂ ♀    1853

„     „     SMITH: Cat. Brit. Hym. Ins. (Bees of Great-
Britain), T. I, p. 192, ♂ ♀.    1855

„     „     NYL.: Mem. Soc. Imp. Scienc. Nat. Cherbourg, T. IV, p. 105    1856

*Trypetes truncorum* SCHENCK: Jahrb. d. Ver. f. Naturk. Nassau,
H. XIV, p. 348 ♀, 349 ♂.    1859

*Heriades truncorum* THOMS.: Hym. Scandinav. T. II, p. 263, ♂ ♀.    1872

♀ *L. 8—9 mm. Caput densissime subgrosseque punctatum. Clypeus convexiusculus, margine antico lato, in medio denticulis duobus
rotundatis instructo. Mandibulae latae, punctis tenuibus, variolosis
densissimisque, margine interiore evidentissime sinuato. Flagelli articulus secundus primi dimidium aequans*

*Mesonotum et scutellum punctis subgrossis densisque, metanotum
punctis minus grossis sparsisque, scutellum lateraliter spina longitudinali instructum. Segmenti medialis area transversa antica rugis longitudinalibus subgrossis, posterior pars praeceps nitida, tenuiter sparseque punctata.*

*Abdomen evidenter brevior quam thorax unacum capite, fasciis
albis in medio non interruptis, punctis subdensis, antice grossioribus
quam postice. Abdominis segmentum primum supra carina transversa
evidentissima instructum, ante carinam tenuiter sparseque punctatum
atque sulco mediano evidentissimo. Scopa flavescens. Tibiae calcaribus pallidis; metatarsus posterior articulis quatuor ceteris longitudine
aequalis.*

♂. *L. 6—7 mm. Mandibulae minores denticulo interiore incon-
spicuo, margine interiore non sinuato. Flagelli articulus secundus et
tertius primo longitudine aequales.*

*Segmentum abdominale tertium non fasciatum. Segmentum ulti-
mum in lateribus evidentissime impressum. Segmentum ventrale secundum leviter impressum atque ut primum pilis longis albidis.*

♀. Kopf fast breiter als das Bruststück, mit ziemlich groben, reingestochenen Punkten sehr dicht besetzt und nicht glänzend. Kopfschild

schwach gewölbt, dessen Vorderrand breit und nur in der Mitte mit zwei kleinen, rundlich-stumpfen Zähnchen. Die hinteren Nebenaugen sind von dem Hinterhauptsrande und von den Netzaugen gleich weit entfernt; ihr Abstand von einander und von den Netzaugen ist merklich grösser als die Länge der beiden ersten Geisselglieder zusammen. Oberkiefer stark unb breit, sehr dicht und fein narbig punktirt und am Innenrande mit einer sehr deutlichen Ausbuchtung. Fühler kaum merklich gekeult; zweites Geisselglied ungefähr halb so lang wie das erste, die nächsten zwei Geisselglieder kürzer als breit, die folgenden so lang wie breit, das letzte sichtlich länger als breit und gegen die Spitze zu abgeflacht. Kopf besonders zwischen den Netzaugen und unten an den Schläfen (Backen) stark zottig behaart.

Bruststück mit zottigen, weissen Haaren besetzt, besonders an den Pleuren und am Hinterrande des Schildchens. Mittelrücken und Schildchen mit mässig groben, reingestochenen Punkten dicht besetzt. Das Schildchen trägt beiderseits einen deutlichen, gerade nach hinten gerichteten Dornfortsatz. Hinterrücken mit feineren, zerstreut stehenden Punkten.

Obere horizontale Zone des Mittelsegments ziemlich grob längsgerunzelt, seitlich länger, mitten sichtlich kürzer als der Hinterrücken und deutlich abgegrenzt vom hinteren, senkrecht abfallenden Theile des Mittelsegments; letzterer Theil stark glänzend, mit seichten, zerstreuten Punkten, welche nach oben zu mehr oder minder verschwinden.

Hinterleib viel kürzer als Kopf und Bruststück zusammen. Die schwach concave, glänzende Vorderfläche des ersten Hinterleibsringes mit einer sehr deutlichen Mittelrinne und mit seichter, zerstreuter Punktirung; sie ist von dem hinteren Theile des Segments durch eine scharfe, leistenartig hervortretende Kante sehr deutlich abgegrenzt. Der Hinterleib ist oben ziemlich dicht punktirt; die Punkte sind vorne sichtlich gröber und reiner gestochen als gegen das Hinterende hin. Am Hinterrande der einzelnen Segmente dichte, weisse, mitten nicht unterbrochene Haarbinden. Bauchbürste gelblich. Letzter Hinterleibring ohne Eindruck, mit einfachem, spitzbogenförmigem und kurz gelblich behaartem Hinterrande. Schienensporne alle blass gefärbt. Erstes Fussglied der Hinterbeine kaum so lang wie die vier übrigen Fussglieder zusammen.

Vorderflügel gegen die Spitze hin leicht rauchig getrübt. Hinterflügel mit neun Frenalhäkchen.

♂. Im Allgemeinen kleiner, doch kaum schlanker als das Weibchen. Abstand der hinteren Nebenaugen von einander und von den Netzaugen ein wenig kleiner als die beiden ersten Geisselglieder mitsammen. Oberkiefer sichtlich schwächer, mit undeutlichem Innenzahn; die Ausbuchtung am Innenrande fehlt. Fühler vollkommen fadenförmig. Zweites Geisselglied so lang wie das erste, drittes gleich lang wie das zweite. Die folgenden Geisselglieder ungefähr gleich lang wie breit, das vorletzte und besonders das letzte deutlich länger als breit und abgeflacht. Bruststück und Mittelsegment wie bei dem Weibchen.

Von den Hinterleibsringen tragen der erste und zweite deutliche, weisse, dichte, der vierte und fünfte weniger deutliche, oft fast unmerkliche Hinterrandsbinden, während bei dem Männchen die Wimperbinde des dritten Segments durchaus fehlt. Letzter Hinterleibsring mit einfachem, spitzbogenförmigem Hinterrande und nächst demselben beiderseits mit einem sehr deutlichen, grossen, quergrubenförmigen Eindrucke. Zwischen den beiden seitlichen Eindrücken ist nur ein schmaler, hoch gewölbter Mitteltheil übrig, welcher kaum ein Fünftel der Breite des ganzen Segments beträgt. Erster und zweiter Bauchring mit langen, zottigen, weissen Haaren besetzt; zweiter Bauchring schwach eingedrückt. Oberschenkel und besonders Schienen der Hinterbeine grob punktirt. — Im übrigen mit dem Weibchen übereinstimmend.

Lappland, Scandinavien, Finnland, Russland, England, Frankreich, Schweiz, Deutschland, Oesterreich (von Galizien und Ungarn bis Südtirol und Dalmatien), Italien (von der Lombardei bis Sardinien und Sicilien), Portugal, Bulgarien.

Ueberall sehr häufig.

Von den ältesten Beschreibungen, welche *Her. truncorum* zum Gegenstande gehabt haben mögen, ist jene, welche LATREILLE in seinem Werke Hist. Nat. Crust. et Ins., T. XIV, p. 52, 1805, gegeben hat, die erste, welche daraus *Her. truncorum* bestimmt erkennen lässt, indem er unter anderem bemerkt „bord supérieur de la truncature de la base de l'abdomen peu rebordé et aigu". Noch deutlicher und überzeugender ist die kurze Beschreibung ILLIGER's im Magaz. Ins., T. V, p. 121, 1806: „*Apis truncorum atra, abdominis basi transverse carinata, segmentis margine albidis, ventre lana fulvescente, ano masculo inflexo inermi.'*

LINNÉ's diesbezügliche Beschreibungen lassen allerdings unsere *Her. truncorum* darin nicht bestimmt erkennen; dass er aber nichtsdestoweniger diese vor sich gehabt, geht sicher aus ILLIGER's bestimmter Beschreibung von *H. truncorum* hervor und aus seiner angefügten Bemerkung, die Type in LINNÉ's Sammlung selbst gesehen zu haben.

Damit ist auch THOMSON's neuere Ansicht, dass *Apis truncorum* LINN. synonym mit *Chelostoma nigricorne* NYL. sei, widerlegt.

## Heriades crenulata NYL.

*Heriades crenulatus* NYL.: Mém. Soc. Imp. Scienc. Nat. Cherbourg, T. IV, p. 111, ♀ 1856.

♀. *L. 9 mm. Caput punctis perspicuis, densissimis subgrossisque. Clypeus subconvexus, margine antico lato, crenulato. Mandibulae latae, tenuiter rugosae, sparsis punctis tenuibus, margine interiore haud sinuato. Flagelli articulus secundus primi dimidium aequans.*

*Notum dense subgrosseque punctatum, metanotum punctis mediocriter tenuibus sparsisque; scutellum omni latere spina longitudinali instructum.*

*Segmenti medialis area transversa antica grosse longitudinaliter rugosa; pars posterior praeceps nitida, punctis tenuibus sparsisque.*

*Abdomen quam thorax unacum capite evidenter brevius, fasciis albis, punctis subdensis subgrossisque, in aversum minus grossis. Abdominis segmentum primum supra carina transversa evidentissima instructa, ante carinam concavum, sulco mediano conspicuo atque punctis tenuibus sparsisque. Scopa flavescens. Tibiae calcaribus pallidis. Metatarsus posterior ceteris articulis quatuor longitudine aequalis.*

♂. *L. 7—8 mm. Mandibulae minores, denticulo interiore parvo, rotundato. Flagelli articulus secundus et tertius primi longitudine.*

*Abdominis fasciae posteriores obsoletae. Segmentum ultimum lateraliter minus fortiter impressum quam in Her. truncorum. Abdominis segmenta ventralia primum et secundum pilis longis albidis, secundum leviter impressum.*

♀. Kopf reichlich so breit wie das Bruststück, ziemlich grob und dicht punktirt; Punkte reingestochen. Kopfschild mässig stark gewölbt, mit breitem Vorderrande, welcher der ganzen Breite nach schwach, doch deutlich gekerbt ist. Abstand der hinteren Nebenaugen von dem Hinterhauptsrande und von den Netzaugen gleich gross und grösser als die Länge der beiden ersten Geisselglieder zusammen. Oberkiefer stark und breit, mit sehr feiner und dichter Runzelung und zerstreuten, seichten Punkten; ihr Innenrand zeigt keine Spur einer Ausbuchtung.. Fühler sehr schwach gekeult; zweites Geisselglied ungefähr halb so lang wie das erste, drittes Geisselglied gleich lang wie das zweite; die nächst folgenden Geisselglieder breiter als lang, das letzte länger als breit, die nächst vorhergehenden so breit wie lang. Gesicht und Backen mit zottigen, grauen Haaren besetzt.

Bruststück seitlich und am Hinterrande des Schildchens grauzottig behaart. Rücken mit dichten, reingestochenen, mässig groben Punkten besetzt, welche am Hinterrücken seichter und zerstreut sind. Schildchen mit je einem seitlichen, gerade nach hinten gerichteten, stumpfspitzen Dornfortsatze.

Obere horizontale Zone des Mittelsegments mit mässig grober Längsrunzelung; sie ist seitlich länger, mitten sichtlich kürzer als der Hinterrücken und hinten deutlich abgegrenzt vom steil abfallenden hinteren Theile des Mittelsegments, welcher auf seiner stark glänzenden Oberfläche mässig ˙ dichte, seichte, nach oben und mitten verschwindende Punkte weist.

Hinterleib sichtlich kürzer als Kopf und Bruststück zusammen, mit dichten, weissen, nicht unterbrochenen Hinterrandsbinden an den fünf vorderen Segmenten, ziemlich dicht und mässig grob, nach hinten feiner und seichter punktirt. Die concave, glänzende, mitten von einer Verticalfurche durchsetzte, seicht und mässig dicht punktirte Vorderfläche des ersten Hinterleibsringes ist vom hinteren Theile desselben durch eine scharfe Querleiste geschieden. Bauchbürste gelblich. Letzter Hinterleibsring mit einem spitzbogenförmigen, kurz und eng anliegend gelb behaarten Endrande. Schienensporne alle blass gefärbt. Erstes hinteres Fussglied kaum so lang wie die folgenden Fussglieder zusammen.

Vorderflügel gegen die Spitze zu deutlich rauchig getrübt. Hinterflügel mit neun Frenalhäkchen.

♂. Gesicht und Backen stärker grauhaarig. Abstand der hinteren Nebenaugen von dem Hinterhauptrande und von den Netzaugen reichlich so gross wie die zwei ersten Geisselglieder zusammen. Zweites Geisselglied so lang wie das erste, drittes Geisselglied länger als das zweite; Fühler fadenförmig; die einzelnen Geisselglieder verhältnissmässig länger als beim Weibchen. Oberkiefer kleiner als bei dem Weibchen und mit einem schwachen, stumpfen Innenzahn. Die Wimperbinden des Hinterleibes sind viel weniger dicht als bei dem Weibchen, oft unmerklich ausgebildet, während die Hinterrandsbinde des dritten Segments gänzlich verschwunden ist. Der letzte Hinterleibsring mit je einem deutlichen, doch sichtlich schwächeren Seiteneindrucke als bei *Her. truncorum*. Die vorderen Bauchringe sind mit langen, zottigen, grauen Haaren bedeckt. — Im übrigen wie das Weibchen.

Männchen bisher unbeschrieben.

Von der zum Verwechseln ähnlichen und in den meisten Merkmalen übereinstimmenden *Her. truncorum* durch Folgendes zu unterscheiden: der Kopfschild des Weibchens hat einen der ganzen Breite nach gleichmässig, wenn auch schwach, so doch deutlich gekerbten Vorderrand, und der Innenrand der Oberkiefer ist nicht im mindesten ausgebuchtet, während bei dem Weibchen von *H. truncorum* der Kopfschildvorderrand nur in der Mitte zwei knapp nebeneinander liegende, abgerundet stumpfe Zähnchen zeigt und die Oberkiefer am Innenrande eine sehr deutliche Ausbuchtung zeigen. Während auf dem letzten Hinterleibsringe des Männchens von *H. truncorum* zwischen den seitlichen Eindrücken nur ein schmaler, stark gewölbter Raum übrig ist, welcher kaum ein Fünftel der Breite des ganzen Endsegments erreicht, sind bei *H. crenulata* (♂) die beiden seitlichen Grubeneindrücke sichtlich kleiner, und der Mitteltheil, welcher diese zwei Eindrücke trennt, ist schwächer gewölbt und merklich breiter, indem er ungefähr ein Drittel der Breite des ganzen Endringes erreicht.

Schweiz (Wallis-Sierre), Süd-Frankreich (Aix), Böhmen (Prag), Süd-Tirol (Lana, St. Pauls, Levico), Ungarn (Budapest, Szomobor, Deliblat), Fiume, Dalmatien, Herzegowina.

Ich beobachtete *Her. crenulata* den ganzen Monat August hindurch (1887) in Süd-Tirol sehr häufig auf Centaurea arenaria. Sie kommt im Etschthale viel häufiger vor als die in ganz Europa verbreitete nächstverwandte *H. truncorum*. Uebrigens mag sie bei ihrer sehr grossen Aehnlichkeit mit *H. truncorum* und bei dem auffallenden Umstande, dass ausser Nylander, welcher sie beschrieben hat, niemand ihrer Erwähnung thut, häufig von Autoren und Sammlern mit der allbekannten *Her. truncorum* vermengt worden sein, was um so leichter möglich ist, als ja die betreffende Zeitschrift „Mémoires de la Société Impériale des sciences naturelles de Cherbourg 1856“, worin Nylander die Beschreibung seiner *Her. crenulata* veröffentlicht hat, schwer zu bekommen ist.

## *Heriades clavicornis* MORAW.

*Heriades clavicornis* MORAW.: FEDTSCHENK. Reis. Turkestan, T. II, p. 75, ♂ 1875.

„*Scutello lateribus inermi; niger, sat crasse punctatus; capite thoraceque supra flavicanti-pilosis; abdominis segmentis margine apicali albido-ciliatis; mandibulis temporibusque subtus dense niveo-barbatis; antennis thorace longioribus, funiculo subtus testaceo, articulo ultimo valde dilatato nigro ♂. Long. 6,5—7 mm. Habitu simillimus H. truncorum* LINN., *sed articulo antennarum ultimo valde dilatato ab omnibus facillime distinguendus.*"
*Hab. prope Warsa minor (Turkestan).*

## *Heriades punctulifera* n. sp.

♂. *Long. 5—6 mm. Caput punctis mediocriter grossis densisque. Cculi latissimi, evidenter duplo latiores quam tempora. Mandibulae tenuiter denseque punctatae, denticulo interiore obtuso. Flagelli articulus secundus primo longitudine aequalis, tertius secundi dimidium evidenter aequans.*

*Thorax quasi rotundatus, supra punctis conspicuis, subtenuibus densisque; scutellum in lateribus sine spina longitudinali.*

*Segmenti medialis area transversa antica metanoto evidenter brevior (in medio), rugis longitudinalibus; posterior pars praeceps tenuiter sparseque punctata.*

*Abdomen dense tenuiterque punctatum, fasciis albis in medio non interruptis. Abdominis segmentum primum supra carina transversa minus acuta instructum. Segmentum ultimum in lateribus evidenter, sed minus fortiter impressum. Pedes robustiores quam in Her. truncorum. Metatarsus posterior articulis quatuor ceteris longitudine aequalis.*

♂. Kopf so breit wie das Bruststück. Hinterkopf sehr kurz; die hinteren Nebenaugen sind vom Hinterhauptsrande sichtlich weniger weit entfernt als von den Netzaugen. Die Netzaugen sind sehr breit, breiter als bei *H. truncorum,* und zwar reichlich doppelt so breit wie die Schläfen. Schläfen nach unten deutlich verbreitert. Oberkiefer am Grunde fein und dicht punktirt, nach vorne rothbraun gefärbt, von zwei feinen, doch deutlichen Furchen durchzogen und mit einem stumpfen Innenzahn. Erstes Geisselglied so lang wie das zweite, drittes reichlich halb so lang wie das zweite und so lang wie breit, wie die nächstfolgenden Geisselglieder; die letzten Geisselglieder deutlich länger als breit. Abstand der hinteren Nebenaugen von einander und von den Netzaugen kaum so gross wie die zwei ersten Geisselglieder zusammen.

Gesicht und Backen mit stark zottigen, gelblich-weissen Haaren besetzt, dichter als dies bei *H. truncorum* der Fall ist. Kopf dicht und mässig grob punktirt (ein wenig feiner als bei *H. truncorum*).

Bruststück fast kugelig, vorne wie der Hinterkopf mit kurzen, gelblich-weissen, am Schildchen mit langen, weissen Haaren dicht besetzt. Punktirung des Rückens dicht, rein gestochen, ziemlich fein, und zwar merklich feiner als bei *H. truncorum*. Am Schildchen fehlen die seitlichen, nach hinten gerichteten Dornfortsätze.

Obere horizontale Zone des Mittelsegments mitten sichtlich kürzer als der Hinterrücken und nach hinten sehr deutlich abgegrenzt wie bei *H. truncorum*, doch feiner längsgerunzelt. Der hintere, steil abfallende Theil des Mittelsegments stark glänzend, unten und seitlich mit seichten, zerstreuten Punkten besetzt.

Hinterleib dicht und fein punktirt, viel feiner als bei *H. truncorum*. Alle Hinterleibsringe tragen eine dichte, weisse Wimperbinde; die Binden sind auf den hinteren Ringen schwächer, jedoch durchaus ohne eine Unterbrechung. Erster Hinterleibsring wie bei *H. truncorum*, jedoch ist die Querleiste, welche die vordere, concave, glänzende Fläche vom hinteren Theile des Segmentes scheidet, schwächer, wenn auch noch sehr deutlich ausgeprägt. Der letzte Hinterleibsring beiderseits mit einem deutlichen Grubeneindrucke, welcher aber eine sichtlich geringere Ausdehnung zeigt als bei *H. truncorum*. Während bei *H. truncorum* nur eine schmale, kielförmige Erhebung mitten beide Eindrücke trennt, ist hier die mittlere Erhebung ungefähr dreieckig und selbst wieder leicht eingedrückt. Beine gedrungener als bei *H. truncorum* und *crenulata*; erstes hinteres Fussglied an Länge gleich den vier übrigen Fussgliedern zusammen. Vorderflügel kaum merklich rauchig; Hinterflügel mit acht Frenalhäkchen.

Weibchen unbekannt.

Von den ihr näherstehenden *H. truncorum* und *crenulata* am besten zu unterscheiden durch die sichtlich feinere Punktirung des Körpers und die feinere Längsrunzelung der oberen horizontalen Zone des Mittelsegments, durch die viel breiteren Netzaugen, die schwächere Leiste auf dem ersten Hinterleibsringe und besonders von *H. truncorum* durch die merklich kleineren, seitlichen Eindrücke des Endsegmentes.

Adalia in Kleinasien.

Die Type befindet sich im Königl. naturhistorischen Museum zu Berlin.

## *Heriades phthisica* Gerst.

*Heriades phthisica* Gerst.: Monatsber. Acad. Wiss. Berlin, p. 461, ♀. 1857.

*Heriades phthisica* Gerst.: Peters, Reis. Mozzambiq. T. V, p. 450, ♀. 1862.

„*H. angusta, atra, aequaliter confertim punctata, fere opaca, genis, thoracis lateribus abdominisque cingulis quinque niveis. Long. lin. 3. Fem.*

43*

Bei fast gleicher Länge um die Hälfte schmaler als die vorige Art (*H. argentata*), durch die viel feinere und auf allen Körpertheilen fast gleichmässige Punktirung unterschieden und durch diese fast matt erscheinend. Der Kopf des allein vorliegenden Weibchens ist dicht gedrängt, runzelig punktirt, der Clypeus am Rande und die Mandibeln mit einzelnen gelblichen, die Backen und die Mitte der Stirne zwischen den Fühlern mit dichten schneeweissen Haaren besetzt. Von der vorderen Ocelle verläuft zur Stirn eine seichte Mittelfurche. An den Fühlern ist die Geissel hell pechbraun. Der Thorax ist gleichmässig und dicht, aber nirgends zusammenfliessend punktirt und auf der Mitte des Schildchens nehmen die Zwischenräume der Punkte noch an Grösse zu; der Halskragen, die Seiten der Brust und der Hinterrand des Schildchens tragen kurze, weisse, schuppenförmige Haare. Auf den beiden ersten Hinterleibssegmenten sind keine erhabenen Querleisten sichtbar; die Punktirung der Oberseite ist kaum schwächer, wohl aber ein wenig gedrängter als auf dem Thorax und nimmt gegen den After hin in demselben Maasse an Dichtigkeit zu, als sie an Grösse und Tiefe abnimmt. Der Vorderrand des ersten und der Spitzenrand der vier ersten Segmente ist mit schneeweissen linearen Schüppchen besetzt, die sich am ersten und zweiten Segment seitlich dichter anhäufen, in der Mitte des Rückens dagegen nur eine einzige Reihe bilden. Der Endring ist an der Spitze regelmässig abgerundet; die Spitze selbst nicht aufgebogen. Die Farbe und Behaarung der Beine ist wie bei der vorigen Art (*H. argentata*); ebenso sind die Flügel wie dort glashell, jedoch nicht der Aussenrand, sondern hier die Spitze des Vorderrandes leicht gebräunt. Ein einzelnes Weibchen, ebenfalls Tette."

Ostafrika (Mosambique — Tette).

*Heriades phthisica* ist von *Her. impressa, frontosa* und *freygessneri* jedenfalls verschieden. Während der Kopf bei *H. phthisica* runzelig punktirt ist, zeigt er bei den genannten drei Arten sehr rein gestochene Punkte. Während bei *H. phthisica* die Querrinne und die vorstehende Leiste des ersten Hinterleibsringes mangeln, ist letztere bei den drei fraglichen Arten sehr deutlich entwickelt. Nach der Beschreibung muss *H. phthisica* auch eine merklich feinere Punktirung, besonders auf dem Rücken, haben.

## *Heriades argentata* GERST.

*Heriades argentata* GERST.: Monatsber. Acad. Wiss. Berlin, p. 461,
   ♂, ♀. 1857.
*Heriades argentata* GERST.: PETERS, Reis. Mozzambiq. T. V, p. 469,
   ♂, ♀. 1862.

„*H. nigra, nitida, fortiter punctata, facie pilis argenteis dense tecta, pectoris lateribus abdominisque cingulis quinque niveo-pilosis. Long. lin. 3—3¹/₂. Mas et Fem.*

*Mas antennis elongatis, abdominis segmento sexto ante apicem transverse impresso.*

Kaum grösser, aber etwas kräftiger gebaut als *Her. truncorum* LINN., im männlichen Geschlechte durch die sehr verlängerten Fühler besonders ausgezeichnet. Der Kopf ist mit groben, dicht gedrängten Punkten besetzt, das Gesicht beim Männchen bis über die Fühler hinaus mit silberweisser Behaarung, die nur zwischen den Fühlern etwas ins Gelbliche spielt, bekleidet; beim Weibchen ist dagegen der Clypeus und die Mitte der Stirn nackt und die Behaarung also nur auf die Wangen und einen Fleck oberhalb der Fühler beschränkt. An den Fühlern ist der Schaft schwarz, die Geissel pechbraun, letztere beim Männchen von halber Körperlänge. Während das Schildchen dieselbe grobe, grubenartige Punktirung wie der Hinterkopf zeigt, steht diejenige des Mesothorax sowohl an Grösse als an Tiefe merklich zurück, ist aber trotzdem noch als grob und gedrängt zu bezeichnen; der Vorder- und Hinterrand sind mit schneeweissen Härchen schmal gesäumt, ein gleichfarbiger Fleck steht vor und unter der Flügelschuppe auf der Brustseite. Der Hinterleib ist nicht wie bei den europäischen Arten nach vorne verengt, sondern ziemlich gleich breit, am Vorderrand tief ausgeschnitten, die einzelnen Segmente sind vorn und hinten leicht eingeschnürt, der Hinterrand schmal blassgelb, im übrigen glänzend schwarz, gleichmässig punktirt, nackt; über die Mitte des ersten und die Basis des zweiten Segments verläuft eine erhabene Querleiste. Am ersten Segment ist der ganze Vorderrand und die Seiten des Hinterrandes, am zweiten bis vierten der Hinterrand mit schneeweissen, haarförmigen Schuppen besetzt, welche schmale Querbinden bilden, die sich an den Seiten des ersten Segments stärker, an den folgenden nur schwach verbreitern. Die drei letzten Hinterleibsringe sind beim Männchen beträchtlich gedrängter, der letzte auch zugleich feiner punktirt, dicht vor der Spitze mit einem tiefen, quer dreieckigen Eindruck; der Spitzenrand scheint rothbraun durch. Beim Weibchen erscheint er spitz zugerundet, die Spitze selbst abgesetzt und leicht aufgebogen. Die Beine sind schwarz, weisslich behaart, die Tarsen röthlich pechbraun, gelbfilzig. Die Flügel wasserhell, mit braunem Stigma und Adern, nur ein schmaler Aussenrand sehr leicht bräunlich getrübt. In Mehrzahl bei Tette gefangen."

Ostafrika (Mosambique — Tette).

*Heriades argentata* steht jedenfalls der *H. frontosa* und *freygessneri* sehr nahe. Ein sicherer Unterschied findet sich besonders in der Sculptur. Nach GERSTÄCKER steht die Punktirung des Mittelrückens bei *H. argentata* sowohl an Grösse als auch an Tiefe hinter jener des Kopfes merklich zurück. Bei *H. frontosa* und *frey-gessneri* hingegen ist die Punktirung des Mittelrückens noch sichtlich gröber als jene des Kopfes und zum mindesten ebenso tief wie die des Kopfes.

### *Heriades frey-gessneri n. sp.*

♀. *Long. 6—7 mm. Caput pergrosse denseque punctatum. Clypeus planus margine antico directo, subtiliter crenulato, ciliis perspicuis flavo-albis instructo. Mandibulae robustae, basin versus evidenter punctatae, apicem versus deplanatae, denticulis duobus interioribus obtusis, margine interiore haud sinuato, margine exteriore ciliis subtilibus, densis badiisque instructo. Flagelli articulus secundus evidenter brevior quam primus, tertius secundo paullo brevior.*

*Notum punctis grossissimis et mediocriter densis; scutellum lateralibus spinis duabus fortibus instructum. Segmenti medialis area transversa antica dimidium metanoti vix aequans, rugis longitudinalibus tenuibus; posterior pars praeceps punctis mediocriter densis tenuibusque area excepta media triangulari levi, nitidula.*

*Abdomen grosse et antice mediocriter* dense, *in aversum dense punctatum, fasciis albis non interruptis prima excepta in medio interrupta. Segmentum primum supra carina transversa acuta instructum, segmentum secundum supra transverse sulcatum. Scopa flavo-alba. Metatarsus posterior paullo brevior quam ceteri articuli quatuor. Tibiarum omnium calcaria pallida.*

♀. Körpergestalt gedrungen, ganz so wie bei *H. truncorum.* Kopf reichlich so breit wie das Bruststück. Hinterkopf kurz; die hinteren Nebenaugen sind von den Netzaugen weiter entfernt als von dem Hinterhauptsrande. Kopfschild fast ganz flach; dessen Vorderrand vollkommen geradlinig, in der ganzen Ausdehnung fein gekerbt und mit langen, gelblich-weissen Wimpern besetzt. Oberkiefer stark, nach vorne abgeflacht und auf der gegen den Grund hin liegenden Hälfte sehr deutlich punktirt, deutlicher und gröber als bei irgend einer der hier beschriebenen Arten. Neben der scharfen Spitze sind noch zwei kleine und stumpfe Innenzähne bemerkbar. Die zwei Furchen der Oberkiefer sind deutlich ausgeprägt, Innen- und Aussenrand mit feinen, gelblichen Wimpern dicht besetzt; Innenrand ohne eine Ausbuchtung. Schläfen von oben bis unten gleich breit. Fühler schwärzlich-braun, kaum merklich gekeult; zweites Geisselglied deutlich kürzer als das erste, drittes Geisselglied ein wenig kürzer als das zweite. Abstand der hinteren Nebenaugen von einander und von den Netzaugen bedeutend grösser als die zwei ersten Geisselglieder. Punktirung des Kopfes grob, hinter den Nebenaugen mässig dicht, sonst dicht. Gesicht und Backen mit weissen, zottigen Haaren ziemlich reichlich besetzt, Hinterkopf spärlich gelblichgrau behaart.

Rücken mit sehr groben, rein gestochenen Punkten mässig dicht besetzt. Schildchen mit starken seitlichen Dornfortsätzen. Obere horizontale Zone des Mittelsegments nicht ganz halb so lang wie der Hinterrücken, seitlich verbreitert (verlängert), fein längsgefurcht und vom hinteren, steil abfallenden Theile des Mittelsegments deutlich abgegrenzt; letzterer Theil seicht und mässig dicht punktirt bis auf den glatten, schwach glänzenden dreieckigen Raum.

Hinterleib wie bei *Her. truncorum* gestaltet. Die concave Vorderfläche des ersten Hinterleibsringes glänzend und nur seitlich mit wenigen seichten Punkten besetzt; die verticale Mittelrinne kurz, kaum bis zur Mitte der Fläche nach oben reichend; vom Rückentheile ist die concave Vorderfläche durch eine sehr starke Leiste geschieden; der zweite Hinterleibsring wie bei *Her. impressa* durch eine tiefe Querrinne in eine grössere hintere und eine kleinere vordere Abtheilung geschieden. Punktirung des Hinterleibes weniger grob als die des Rückens, doch immerhin noch grob, vorne mässig dicht, nach hinten dicht. Die ersten fünf Hinterleibsringe mit dichten, weissen Hinterrandsbinden, deren letzte eine schwache, deren erste eine grosse mittlere Unterbrechung zeigen. Hinterrand des Endringes schwach spitzbogenförmig und mit kurzen, gelblichen Haaren dicht besetzt. Bauchbürste gelblich-weiss. Erstes hinteres Fussglied ein wenig kürzer als die vier übrigen Fussglieder zusammen. Alle Schienensporne blassgelb gefärbt. Vorderflügel gegen die Spitze zu leicht angeraucht. Hinterflügel mit neun Frenalhäkchen.

Männchen unbekannt.

*Her. frey-gessneri* steht am nächsten der *Her. impressa,* von welcher sie sich jedoch leicht unterscheiden lässt durch die bedeutendere Grösse, die besonders auf dem Hinterleibe viel gröbere Punktirung und die kräftigen, am Grunde sehr deutlich punktirten und stärker gezähnten Oberkiefer.

Südafrika (Cafferland).

Die Type befindet sich im k. k. naturhistorischen Hofmuseum zu Wien.

Benannt nach Herrn EMIL FREY-GESSNER, Custos am naturhistorischen Museum zu Genf.

## Heriades frontosa n. sp.

♀. *Long. 6 mm. Caput subgrosse, post ocellos subdense, ante ocellos dense punctatum. Clypeus punctis densissimis subtenuibusque, fortiter convexus, margine antico directe obtuso, ciliis subdensis, flavo-canis instructo. Frons tumida. Mandibulae tenuiter punctatae, apicem versus dilatatae et deplanatae, denticulo interiore obtuso, margine interiore leviter sinuato. Flagelli articulus secundus primo, tertius secundo paulo brevior.*

*Thorax fere globosus, punctis grossis, in mesonoto densis, in scutello sparsis; scutellum in lateribus spinis longitudinalibus longis. Segmenti medialis area transversa antica rugis longitudinalibus mediocriter grossis; posterior pars praeceps supra et in medio levis, infra et lateraliter grosse punctata.*

*Abdomen punctis mediocriter tenuibus subdensisque; segmenta primum et secundum fasciis obsoletis sive minus densis, segmenta sequentia fasciis albis densis. Scopa alba. Metatarsus posterior articulis quatuor ceteris longitudine aequalis. Tibiarum omnium calcaria pallida.*

♀. Kopf ein wenig breiter als das Bruststück. Hinterkopf kurz; die hinteren Nebenaugen sind vom Hinterhauptsrande kaum so weit entfernt wie von den Netzaugen. Kopf hinter den Nebenaugen mit groben, rein gestochenen Punkten ziemlich dicht besetzt; vor den Nebenaugen wird die Punktirung nach vorne hin dichter und der Kopfschild ist mit sehr dicht stehenden, jedoch feineren und seichteren Punkten besetzt. Unmittelbar vor den Nebenaugen ist der Kopf deutlich angeschwollen, und diese Anschwellung lässt mitten eine sehr schwache rinnenartige Vertiefung erkennen. Die Anschwellung setzt sich als verschmälerter Wulst zwischen den Fühlern fort. Der Kopfschild ist im Vergleiche zu jenem der anderen hier beschriebenen Formen stark gewölbt, mit geradlinigem Vorderrande, welcher mit feinen, nicht eben dicht stehenden, gelblich grauen Wimpern besetzt ist. Oberkiefer nach vorne verbreitet, abgeflacht und vorne abgestutzt, ferner fein, seicht punktirt und innen leicht ausgebuchtet; nahe dem Unterrande eine vom Grunde bis zur Spitze laufende Rinne, welche von einer deutlichen unteren und einer schwachen oberen Leiste begrenzt ist. Neben der Spitze ein stumpfer Innenzahn. Schläfen sehr dicht punktirt und nach unten sehr wenig verbreitert. Fühler kaum merklich gekeult und schwarz; zweites Geisselglied ein wenig kürzer als das erste, drittes Geisselglied ein wenig kürzer als das zweite. Abstand der hinteren Nebenaugen von den Netzaugen deutlich grösser als die zwei ersten Geisselglieder zusammen; ihr gegenseitiger Abstand ein wenig grösser als ihr Abstand von den Netzaugen. Kopf an den Backen, nächst dem Innenrande der Netzaugen und am Hinterrande schwach grauhaarig.

Bruststück nahezu kugelig, mit sichtlich gröberer Punktirung als der Kopf. Mittelrücken dicht, Schildchen zerstreut punktirt; letzteres mit zwei langen seitlichen Dornfortsätzen. Obere horizontale Zone des Mittelsegments vom hinteren, vertical abfallenden Theile deutlich abgegrenzt, mässig grob längsgerunzelt, seitlich verbreitert (verlängert) wie bei *Her. truncorum*. Der hintere, vertical abfallende Theil des Mittelsegments oben glatt und schwach glänzend, unten und seitlich grob punktirt.

Die schwach concave, glänzende Vorderfläche des ersten Hinterleibsringes von einer mittleren, verticalen Furche durchzogen, nur unten, und zwar kaum merklich, seicht punktirt und durch einen scharfen Leistenrand vom hinteren Theile des Segments geschieden. Der erste Hinterleibsring zeigt ferner nahe an seinem Hinterrande eine deutliche Querrinne. Punktirung des Hinterleibes viel weniger grob und seichter als auf dem Rücken, auf den ersten Ringen mässig dicht, nach hinten dichter, feiner und seichter werdend. Erster Hinterleibsring nur seitlich mit einem Fleck weisser Wimpern, zweiter Ring mit einer feinen, lockeren Haarbinde, dritter, vierter und fünfter Hinterleibsring mit zwar schmalen, aber dichten, weissen Wimperbinden.

Männchen unbekannt.

Von *Her.* truncorum und *crenulata* am besten zu unterscheiden durch die geringere Grösse und gröbere Punktirung, durch die von einer leichten Rinne durchzogene Kopfanschwellung (vor den Nebenaugen), durch die längeren Oberkiefer, die vorne abgestutzt, mit stumpfer Spitze und kurzem, stumpfem Innenzahne, durch die glänzend glatte Vorderfläche des ersten Hinterleibsringes, welcher ausserdem nahe dem

Hinterrande eine Querrinne zeigt, und durch die längeren Seitendorne des Schildchens.

*Her. frontosa* steht jedenfalls GERSTÄCKER's *H. phthisica* nahe, mit welcher sie in der Grösse und in der Anwesenheit der seichten Mittelfurche unmittelbar vor den Nebenaugen übereinstimmt. Allein der Kopf ist bei *H. phthisica* runzelig punktirt; auch dem ersten Hinterleibsringe fehlt die Querleiste, und die Punktirung des Hinterleibes ist kaum schwächer als jene des Rückens, während sie bei *H. frontosa* merklich schwächer ist.

Westafrika (Guinea).

Die Type befindet sich im Königl. naturhistorischen Museum zu Berlin.

### Heriades impressa n. sp.

♀. *L. 5,5 mm. Caput post ocellos grosse subdenseque, ante ocellos dense punctatum. Clypeus punctis subtenuibus atque densissimis, mediocriter convexus, margine antico levissime emarginato, fimbriis pallidis sparsisque instructo et in laciniae forma impresso. Mandibulae minores, apicem versus obtusum deplanatae, tenuiter punctatae, sine denticulo interiore, margine interiore haud sinuato. Flagelli articulus secundus primo paullo brevior, tertius primi dimidium aequàns.*

*Notum punctis grossis, antice mediocriter densis, in scutello sparsis. Mesonotum in medio longitudinaliter impressum, scutellum spinis lateralibus duabus longitudinalibus evidentissimis instructum.*

*Abdomen subgrosse punctatum. Segmentum primum supra carina transversa acuta instructum, segmentum secundum sulco transverso profundo et ante sulcum tenuissime punctatum. Segmenta primum et secundum lateraliter solum fimbriata, segmenta sequentia fasciis albis obsoletis. Scopa flavo-alba. Metatarsus posterior articulis quatuor ceteris longitudine aequalis. Tibiarum omnium calcaria pallida.*

♀. Körperbau untersetzt wie bei *Her. truncorum.* Kopf so breit wie das Bruststück. Hinterkopf kurz; die hinteren Nebenaugen sind von dem Hinterhauptsrande kaum so weit entfernt wie von den Netzaugen. Kopfschild mässig stark gewölbt; sein Vorderrand sehr leicht bogenförmig ausgerandet, fast geradlinig, mit spärlichen, gelblichen Wimpern besetzt und leicht eingedrückt in Form eines schmalen Streifens. Oberkiefer verhältnissmässig viel schwächer als bei *H. truncorum,* nach vorne abgeflacht, fein, doch deutlich punktirt, oben matt, vorne geradlinig abgestutzt, ohne Spur eines Innenzahnes neben der schwachen, stumpfen Spitze. Längs dem Aussenrande eine schwache Längsfurche, welche von einer unteren schwachen und oberen sehr schwachen und kurzen Leiste begrenzt ist; am Grunde ein schief nach innen laufender, leichter, kielartiger Wulst. Innenrand der Oberkiefer nicht ausgebuchtet, Unterrand mit einem schwachen, gelblichen Wimperbesatze. Netzaugen nicht breit. Fühler kaum merklich gekeult und schwarzbraun; zweites Geisselglied wenig kürzer als das erste, drittes Geisselglied halb so lang wie das erste. Abstand der hinteren Nebenaugen von den Netzaugen gleich der Länge der ersten drei Geisselglieder, ihr gegenseitiger Abstand merklich grösser. Punktirung hinter den Nebenaugen grob und ziemlich dicht, vor den Nebenaugen dichter, auf dem Kopfschild sehr dicht und ziemlich fein. Schläfen dicht und mässig grob punktirt, nach unten nicht verbreitert. Zwischen den Fühlern und Netzaugen ein dichter Bestand weisser, zottiger Haare; sonst ist der ganze Kopf spärlich behaart.

Bruststück eiförmig rundlich. Rücken mit groben, rein gestochenen Punkten besetzt, welche auf dem Mittelrücken mässig dicht, auf dem Schildchen zerstreut stehen. Die Punktirung ist bedeutend gröber als bei *H. truncorum* und zugleich etwas weniger grob als bei *H. odontophora*, dabei merklich weniger dicht als bei beiden eben genannten Arten. Der Mittelrücken weist einen mittleren Längseindruck, welcher bei der Drehung des Thieres, resp. bei wechselnder Beleuchtung deutlich bemerkbar wird. Schildchen mit zwei sehr deutlichen, seitlichen Dornfortsätzen. Behaarung gelblich-grau und sehr schwach. Bezüglich des Hintertheiles des Mittelsegments konnte ich am verletzten und einzig mir vorgelegenen Stücke nur folgende Bemerkungen machen: der Hinterrücken zeigt seitlich dieselben glänzenden Quergrübchen wie *H. truncorum;* ebenso lässt die Gestalt der seitlichen Theile den fast sicheren Schluss ziehen, dass die obere horizontale Zone des Mittelsegments dieselbe Form und Sculptur hat wie bei *H. truncorum;* dasselbe gilt von der eingedrückten Vorderfläche des ersten Hinterleibsringes.

Hinterleib ein wenig kürzer als Kopf und Bruststück zusammen und genau wie bei *H. truncorum* geformt. Die Vorderfläche des ersten Hinterleibsringes ist vom hinteren Theile desselben durch eine scharfe Leiste geschieden. Der zweite Hinterleibsring ist oben durch eine tiefe Querrinne in einen grösseren hinteren und in einen viel kleineren vorderen Abschnitt getheilt, deren letzterer hinten sehr fein punktirt, vorne glatt und dabei matt ist. Fast dieselbe Gestalt zeigt der zweite Hinterleibsring bei der nordamerikanischen *H. odontophora.* Dritter, vierter und fünfter Hinterleibsring mit schwachen, weissen Wimperbinden, erster und besonders zweiter mit stärkeren, jedoch nur seitlich entwickelten Wimperbinden. Hinterrand des Endsegments schwach spitzbogenförmig und mit kurzen, gelblich-weissen Haaren dicht besetzt. Bauchbürste gelblich-weiss. Das erste hintere Fussglied so lang wie die vier übrigen Fussglieder zusammen. Schienensporne sämmtlich blassgelb gefärbt. Vorderflügel glashell, nur in der Gegend der Radialzelle kaum merklich beraucht; Hinterflügel mit acht Frenalhäkchen.

Männchen unbekannt.

*Her. impressa* schliesst sich enge der nordamerikanischen *H. odontophora* an; allein der Kopfschild hat einen fast geradlinigen, unbezahnten, streifenförmig eingedrückten Vorderrand, während er bei *H. odontophora* einen mittleren Eindruck zeigt und daneben zwei deutliche Zähnchen. Der Hinterleib hat eine bedeutend weniger grobe, das

Schildchen und der Mittelrücken eine viel weniger dichte Punktirung als bei *H. odontophora*, dessen Mittelrücken mitten nicht eingedrückt ist. Dieser Eindruck und die sehr grobe Punktirung lässt *H. impressa* auch von allen anderen hier beschriebenen Arten leicht unterscheiden.

Westafrika (Benguela).

Die Type befindet sich im k. k. naturhistorischen Hofmuseum zu Wien.

### *Heriades odontophora* n. sp.

♀. *Long. 6 mm. Caput densissime subgrosseque punctatum. Clypeus convexiusculus, margine antico foveola mediana atque denticulis lateralibus duobus instructo. Mandibulae apicem versus deplanatae, nec angustatae, supra opacae, punctis tenuissimis, variolosis, denticulo interiore obtuso instructae.*

*Notum densissime grossissimeque (ut in H. impressa et freygessneri) punctatum; scutellum sine spinis lateralibus. Segmenti medialis area transversa antica metanoti dimidium longitudine aequans, rugis longitudinalibus subgrossis.*

*Abdomen grosse punctatum, fasciis albis prima excepta haud interruptis. Abdominis segmentum primum supra carina perspicua, segmentum secundum toro sulcoque transversis instructum. Scopa alba. Metatarsus posterior ceteris articulis quatuor longitudine aequalis. Tibiarum omnium calcaria pallida.*

♀. Körpergestalt nicht stärker untersetzt als bei *Her. variolosa*. Kopf so breit wie das Bruststück und schwach behaart. Hinterkopf nicht verlängert; die hinteren Nebenaugen sind vom Hinterhauptsrande und von den Netzaugen gleich weit entfernt. Kopfschild schwach gewölbt; sein Vorderrand weist mitten ein deutliches, kleines Grübchen, zu beiden Seiten desselben je ein deutliches Zähnchen und daneben zarte, gelbliche Wimpern. Oberkiefer nach vorne abgeflacht und nicht verschmälert, oben matt und sehr fein seicht narbig punktirt; unten eine deutliche Furche, neben der Spitze ein schwacher, stumpfer Innenzahn. Abstand der hinteren Nebenaugen von einander gleich der Länge der zwei ersten Geisselglieder und zugleich ein wenig grösser als ihr Abstand von den Netzaugen. Schläfen oben und unten gleich breit. Punktirung des Hinterkopfes sehr dicht und ziemlich grob, ein wenig gröber als bei *Her. truncorum*.

Bruststück eiformig rundlich; Punktirung desselben sehr dicht und sehr grob, wie es in dem Maasse nur bei *Her. impressa* und *freygessneri* der Fall ist. Schildchen ohne seitliche Dornfortsätze. Behaarung grau und spärlich bis auf den stärker behaarten Rand des Schildchens und einen Fleck hinter der Flügelbeule. Obere horizontale Zone des Mittelsegments ungefähr halb so lang wie der Hinterrücken, ziemlich grob längsgerunzelt und von dem hinteren, steil abfallenden Theil des Mittelsegments deutlich abgegrenzt.

Hinterleib kürzer als der Kopf und das Bruststück zusammen.

Die concave Vorderfläche des ersten Hinterleibsringes ist durch eine
scharfe Querleiste von dem hinteren Theile desselben geschieden. Der
Hinterleib ist im Allgemeinen weniger grob und seichter punktirt als
der Rücken; der zweite, vierte und besonders auffallend der dritte
Hinterleibsring sind jedoch nahe ihrem Vorderrande viel gröber, der
dritte Ring sogar sehr grob punktirt wie der Rücken. Der zweite
Ring hat aber ausserdem noch eine deutliche Querrinne, welcher ein
Querwulst vorliegt. Hinterrand des Endringes spitzbogenförmig, mit
einem kurzen, dichten, weissen Haarbelege. Am Hinterrande aller Hinterleibsringe dichte, weisse Haarbinden, von welchen nur die erste mitten
unterbrochen oder schwach ausgebildet ist. Bauchbürste weiss. Erstes
hinteres Fussglied so lang wie die vier übrigen Fussglieder zusammen.
Schienensporne durchaus blassgelb gefärbt. Vorderflügel fast bis zum
Grunde rauchig getrübt; Hinterflügel mit acht Frenalhäkchen.

Männchen unbekannt.

In Grösse und Gestalt stimmt *H. odontophora* mit *H. denticulata*
überein, lässt sich aber von ihr leicht unterscheiden durch die Gestalt
des Kopfschildes, dessen Vorderrand mitten grubig vertieft ist und daneben zwei Zähnchen besitzt, sowie durch die aussergewöhnlich grobe
Punktirung. Sehr ähnlich sieht *H. odontophora* der westafrikanischen
*H. impressa*, worüber man am Schlusse der Beschreibung der eben erwähnten Art nachlese..

Nordamerika (New-Jersey).

Die Type befindet sich im Königl. naturhistorischen Museum zu
Berlin.

### *Heriades simplex* Cress.

*Heriades simplex* Cress.: Proc. Ent. Soc. Philadelph. T. II, p. 384, ♀.
1863—64.

„Female. Head subquadrate, black, finely and densely punctured,
sparsely clothed with pale hairs; antennae short, black. Thorax black,
finely and densely punctured, shining; metathorax longitudinally impressed on the disk; tegulae tinged with rufous. Wings subhyaline, apical half clouded; nervures fuscous. Legs black with scattering pale
pubescence, that on the tarsi beneath dense and yellowish. Abdomen
subovate, convexe above, black, shining, minutly punctured; basal segment rounded in front; some of the segments have an obsolete marginal
fringe of pale pubescence; ventral scopa yellowish-white. Length about
3 lines. Hab. Connecticut. One specimen.

Resembles the preceeding species (*H. carinata*), but is distinguished
at once by the much finer punctation, and by the rounded front of the
basal segment of the abdomen."

Nordamerika (Connecticut).

Der *Her. odontophora* sehr nahestehend, jedoch sicher von ihr verschieden, da Cresson die Punktirung des Kopfes und Rückens als fein,

jene des Hinterleibes als sehr fein bezeichnet, während *H. odontophora* durchaus grob bis sehr grob punktirt ist.

## *Heriades glomerans* n. sp.

♀. *Long.* 8 *mm. Staturaminus robusta quam in H.* **truncorum.** *Frons et vertex punctis densissimis grossisque. Clypeus subconvexus mediocriter tenuiter subdenseque punctatus, margine antico leviter arcuato emarginato, denticulis duobus obtusis conspicuis lateralibus instructo. Mandibulae grandes, nitidae, vix punctulatae.*

*Notum punctis grossissimis densisque in aversum atque paullo minus densis in medio; scutellum sine spinis lateralibus longitudinalibus. Segmenti mediani area transversa antica rugis longitudinalibus subgrossis; pars posterior praeceps nitida, tenuiter punctulata.*

*Abdomen evidenter brevior quam thorax una cum capite, fasciis obsoletis, quam notum evidenter tenuius punctatum. Abdominis segmentum primum carina transversa evidentissima instructum, ante marginem posticum transverse impressum, ante carinam mediocriter dense punctatum. Tibiae calcaribus pallidis. Metatarsus posterior articulis quatuor ceteris longitudine aequalis. Scopa alba. Alae fumosae.*

♀. Körpergestalt mässig untersetzt, schlanker als bei *H. truncorum.* Kopf so breit wie das Bruststück und nicht stark behaart. Hinterkopf nicht verlängert; die hinteren Nebenaugen sind von den Netzaugen und von dem Kopfhinterrande gleich weit entfernt. Kopfschild schwach gewölbt und mässig fein, ziemlich dicht punktirt. Sein Vorderrand ist sehr leicht bogenförmig ausgerandet, fast geradlinig und seitlich an beiden Enden mit je einem deutlichen, stumpfen Zähne versehen. Oberkiefer gross, glänzend, kaum merklich punktirt, vorne in zwei stumpfe Zähne auslaufend, welche durch eine leichte Furche von einander getrennt sind, und der Innenzahn ist kürzer. Abstand der hinteren Nebenaugen von den Netzaugen ein wenig grösser als die zwei ersten Geisselglieder zusammen, ihr gegenseitiger Abstand kaum kleiner. Schläfen oben und unten gleich breit. Stirne und Scheitel grob, erstere sehr dicht, letztere dicht punktirt.

Bruststück eiförmig, sehr grob 'und dicht, nach hinten und mitten etwas weniger dicht punktirt, spärlich graulich behaart bis auf den stärker behaarten Rand des Schildchens; dieses ohne seitliche Dornfortsätze. Obere horizontale Zone des Mittelsegments halb so lang wie der Hinterrücken, ziemlich grob längsrunzelig und von dem hinteren, steil abfallenden Theile des Mittelsegments, welcher seicht punktirt ist, sehr deutlich geschieden.

Hinterleib deutlich kürzer als Kopf und Bruststück zusammen. Die concave, mit deutlichen Punkten mässig dicht besetzte Vorderfläche des ersten Hinterleibssegments ist durch eine scharfe Querleiste vom hinteren Theile desselben geschieden. Hinterleib sichtlich feiner punktirt als der Rücken. Der erste Hinterleibsring zeigt eine zu seinem Hinterrande parallele Einschnürung. Die weissen Wimperbinden der

einzelnen Segmente sind nur seitlich am Hinterrande vorhanden. Bauchbürste weiss. Erstes hinteres Fussglied so lang wie die vier übrigen Fussglieder zusammen. Sporne blassgelb. Flügel deutlich beraucht. Hinterflügel mit acht Frenalhäkchen.

Von *H. odontophora*, an welche sie durch die grobe Punktirung
(die ein wenig gröber als bei *H. truncorum* und zugleich ein wenig
feiner als bei *H. frey-gessneri* ist) mahnt, leicht zu unterscheiden durch
die Gestalt des Kopfschildvorderrandes; dieser zeigt bei *H. odontophora·*
mitten ein kleines, von zwei seitlichen Zähnchen begrenztes Grübchen,
während er bei *H. glomerans* der ganzen Breite nach sehr leicht bogenförmig ausgerandet ist und erst an den beiden Seitenenden je einen
stumpfen Zahn besitzt. Die Punktirung des Hinterleibes ist bei *H.
glomerans* gleichartiger, während bei *H. odontophora* die vorderen Ringe,
besonders die drei ersten, nahe ihrem Vorderrande viel gröber punktirt
sind. Endlich sind die weissen Wimperbinden des Hinterleibes bei
*H. odontophora* sehr deutlich ausgebildet, während sie bei *H. glomerans* fast ganz verschwunden sind. Auch ist *H. glomerans* viel grösser.
Männchen unbekannt.

Nordamerika (Spence's Bridge in British Columbia).

### *Heriades (?) cubiceps* Cress.

*Heriades cubiceps* Cress.: Trans. Amer. Ent. Soc. T. VII, p. 205, ♀. 1879.

„♀. Black, head and thorax strongly punctured, sides of face and
thorax clothed with whitish pubescence; head very large, quadrate,
larger than thorax, full and prominent behind the eyes; middle of clypeus smooth and polished, apical margin deeply emarginate and crenu-
lated; mandibles large and pubescent above; cheeks unarmed; wings
clear; legs slender; abdomen small, convex, shining, feebly punctured,
the segments narrowly fringed at apex with short white pubescence;
ventral scopa white. Length 30—35 inch.

Hab. Nevada. Four specimens."

Nordamerika (Nevada).

Von der näher stehenden *H. odontophora* sicher verschieden; denn
nach Cresson ist der Kopf breiter als das Bruststück, der mittlere Theil
des Kopfschildes glänzend glatt und sein Vorderrand gekerbt (crenulirt),
während bei *H. odontophora* der Kopf nicht breiter als das Bruststück
und der Kopfschild auch mitten punktirt ist, mit zweizähnigem Vorderrande.

### *Heriades variolosa* (Cress.)

*Megachile variolosa* Cress.: Trans. Amer. Ent. Soc. T. IV, p. 270, ♀.
1872—73.

♂. *Long. 6 — 6,5 mm. Caput subgrosse denseque punctatum.
Mandibulae minores, tenuissime punctatae, denticulo interiore parvo,
obtuso. Flagelli articulus secundus evidenter duplo longior quam primus, tertius primo sesqui longior.*

*Notum dense et mediocriter tenuiter punctatum (evidenter magis tenuiter quam caput), scutellum sine spinis lateralibus.* Segmenti medialis area transversa antica metanoti dimidium longitudine aequans, rugis longitudinalibus subgrossis; posterior pars praeceps punctis mediocriter tenuibus subdensisque area excepta media triangulari punctis paucis tenuissimis instructa.

*Abdomen subtenuiter subdenseque punctatum; segmenta tria anteriora fasciis albis haud interruptis. Segmentum primum supra carina transversa perspicua instructum; segmentum ultimum in lateribus levissime impressum. Tibiarum omnium calcaria pallida. Metatarsus posterior articulis quatuor ceteris paullo brevior.*

♂. Körpergestalt wie bei *Her. truncorum*, also untersetzt, doch schlanker als *Her. rotundiceps*. Kopf so breit wie das Bruststück. Hinterkopf kurz; die hinteren Nebenaugen sind vom Hinterhauptsrande kaum so weit entfernt wie von den Netzaugen. Oberkiefer äusserst fein, bei 17-facher Vergrösserung noch kaum merkbar punktirt und glänzend, kurz und schwach, unten mit einer schwachen Furche; neben der Spitze ein schwacher Innenzahn. Zweites Geisselglied reichlich doppelt so lang wie das erste, drittes Geisselglied 1,5mal so lang wie das erste. Alle Geisselglieder länger als breit und bräunlich-schwarz. Abstand der hinteren Nebenaugen von einander und von den Netzaugen gleich der Länge der beiden ersten Geisselglieder zusammen. Punktirung des Kopfes dicht und ziemlich grob, ungefähr wie bei *H. truncorum* und rein gestochen. Schläfen von oben bis unten gleich breit und ein wenig feiner punktirt. Gesicht und Backen sehr stark büschelig und weiss behaart, der übrige Theil des Kopfes schwach behaart.

Bruststück mehr eiförmig, mässig stark weiss behaart und nur am Rande des Schildchens mit langen, zottigen Haaren dicht besetzt. Schildchen ohne seitliche Dornfortsätze. Rücken dicht und merklich feiner punktirt als der Kopf. Obere horizontale Zone des Mittelsegments ungefähr halb so lang wie der Hinterrücken, seitlich verbreitert (verlängert) und grob längsrunzelig wie bei *H. truncorum*, vom hinteren, steil abfallenden Theile des Mittelsegments deutlich abgegrenzt; letzterer Theil ziemlich dicht und mässig seicht punktirt bis auf den glänzenden, dreieckigen Raum, der nur wenige und sehr seichte Punkte trägt.

Hinterleib wie bei *H. truncorum* gestaltet. Der erste Hinterleibsring mit einer deutlich hervortretenden Querleiste, welche den oberen, hinteren Theil des Segments von der vorderen, concaven Fläche trennt. Die concave Fläche ist mit rein gestochenen Punkten in ihrer ganzen Ausdehnung ziemlich dicht besetzt; jedoch fehlt die verticale Mittelrinne. Die Punktirung des Hinterleibes ziemlich dicht, doch ein wenig seichter als auf dem Rücken, besonders auf den mittleren Segmenten. Die ersten drei Hinterleibsringe mit dichten, weissen, nicht unterbrochenen Hinterrandsbinden, der vierte Ring mit einer schwächeren, lockeren Haarbinde, der fünfte und besonders der sechste Hinterleibsring mit kurzen, grauen Haaren dicht bedeckt, der letztere seitlich kaum merklich eingedrückt. Schienensporne alle blassgelb gefärbt. Das erste hintere

Fussglied ein wenig kürzer als die vier übrigen Fussglieder zusammen. Vorderfläche an der Spitze kaum merklich beraucht wie bei *H. truncorum*; Hinterflügel mit zehn Frenalhäkchen.

Männchen bisher unbeschrieben.

Der *H. truncorum* nahestehend; allein bei *H. variolosa* ist der letzte Hinterleibsring seitlich nur sehr leicht eingedrückt, die concave Vorderfläche des ersten Hinterleibssegmentes ist deutlich punktirt und hat keine Mittelrinne, welche wie die seitlichen Eindrücke des Endsegments (♂) bei *H. truncorum* sehr deutlich ausgebildet ist. Die Punktirung ist sichtlich weniger grob, und die Längenverhältnisse der drei ersten Geisselglieder sind ganz andere, indem diese bei *H. truncorum* alle drei gleich lang sind, während bei *H. variolosa* das zweite doppelt, das dritte 1,5mal so lang wie das erste ist.

Von *H. denticulata*, welcher es in der allgemeinen Körpergestalt und Grösse ähnelt, auf den ersten Blick zu unterscheiden durch den ungezähnten Hinterrand des Endsegments, durch die Form der Oberkiefer u. s. w.

Von *H. rotundiceps* ebenso leicht zu unterscheiden an seinem schmächtigeren Körper, der weniger seichten Punktirung des Hinterleibes, den Mangel der Mittelrinne auf der concaven Vorderfläche des ersten Hinterleibssegmentes, welche durch eine schärfere Querleiste von dem hinteren Ringtheile geschieden ist u. s. w.

Nordamerika (Texas, Colorado).

## *Heriades (?) osmoides* (Cress.).

*Megachile osmoides* Cress.: Trans. Amer. Ent. Soc. T. IV, p. 269, ♂, ♀. 1872—73.

„♀. Small, narrow, parallel, black, closely and rather coarsely punctured; head very large, nearly as large as thorax, very full behind eyes, the vertex being unusually long; face and cheeks beneath with dense white pubescence on clypeus it is short and sparse, while on vertex it is still more so; middle of vertex smooth and shining, with a few large scattered punctures; prothorax, mesothorax anteriorly, a line over tegulae, scutellum posteriorly, more or less densely clothed with long white pubescence, tegulae smooth and polished, black; wings hyaline; legs with thin whitish pubescence; abdomen convex, shining, finely punctured, sides parallel, base broadly concave, apical margins of segments 1—4 with a narrow fringe of snow-white pubescence, dilated on sides of first, apex with a very short dense pale sericeous pile, very dense on apical margin of last segment, which is obtusely rounded; ventral scopa pale yellowish. Length 33—36 inch.

♂. Head less enlarged behind eyes; face, clypeus and thorax laterally and posteriorly more densely pubescent; apex of abdomen with four broad, prominent, equidistant teeth, the two central ones truncate at tip. Length 33 inch. This resembles certain species of *Osmia* very much in form."

Nordamerika (Texas).

Nach Cresson steht *Her. osmoides* der *Her. variolosa* sehr nahe. *H. variolosa* ist aber viel kleiner, der Kopf ist kleiner und hinter den Nebenaugen nicht aussergewöhnlich verbreitert, die Punktirung gröber als bei *H. osmoides*.

## Heriades rotundiceps Cress.

*Heriades rotundiceps* Cress.: Trans. Amer. Ent. Soc. T. V, p. 205, ♀. 1879.

♀. *Long. 7 mm. Caput magnum et postice elongatum, punctis conspicuis subtenuibus subdensisque. Clypeus paullulum convexiusculus, margine antico flavo-fimbriato, denticulis perspicuis lateralibus instructo. Mandibulae apicem versus dilatatae et deplanatae, basin versus subtiliter rugosae atque tenuissime varioloso-punctatae, denticulo interiore parvo, obtuso, margine interiore subtiliter flavo-fimbriato, haud sinuato, margine inferiore ciliis flavis instructo. Flagelli articulus secundus primo paullo brevior, tertius primi dimidium longitudine aequans.*

*Thorax globosus. Notum punctis subgrossis subdensisque, quam in capite magis perspicuis; scutellum sine spinis lateralibus. Segmenti medialis area transversa antica metanoti dimidium longitudine vix aequans, rugis longitudinalibus mediocriter grossis; posterior pars praeceps perspicue punctata area excepta media triangulari levi.*

*Abdomen punctis mediocriter tenuibus, fasciis albis haud interruptis prima fascia excepta in medio evidenter interrupta. Abdominis segmentum primum supra carina transversa minus acuta, segmenta tria anteriora marginem secundum posteriorem carinula transversa levi instructa. Scopa flavo-alba. Tibiae quatuor posteriores calcaribus nigris instrctae. Metatarsus posterior articulis ceteris quatuor brevior.*

♀. Sehr gedrungen. Kopf sehr gross, breiter als das Bruststück. Hinterkopf länger als gewöhnlich; die hinteren Nebenaugen sind von dem Hinterhauptsrande merklich weiter entfernt als von den Netzaugen. Kopfschild sehr wenig gewölbt; sein Vorderrand mit zwei deutlichen seitlichen Zähnchen und feinen, goldig glänzenden Wimpern versehen. Oberkiefer nach vorne stark verbreitert und abgeflacht, gegen den Grund hin sehr fein runzelig, mit sehr feinen, narbigen Punkten. Neben der mässig scharfen Spitze ein schwacher Innenzahn, dann eine sehr deutliche Furche; Innenrand ohne Ausrandung und mit feinen, dichten, goldgelben Haaren besetzt, Unterrand mit goldig-glänzenden Fransenhaaren besetzt. Schläfen sehr seicht und fein punktirt und nach unten nicht merklich verbreitert. Fühler dunkelbraun; zweites Geisselglied ein wenig kürzer als das erste, drittes Geisselglied halb so lang wie das erste, also kürzer als das zweite. Abstand der hinteren Nebenaugen von einander grösser als ihr Abstand von den Netzaugen und zugleich grösser als die Länge der drei ersten Geisselglieder mitsammen. Punktirung des Hinterkopfes und Kopfschildes ziemlich grob, mässig dicht und mässig seicht, doch rein gestochen; zwischen dem Kopfschild und den Fühlern ist die Punktirung dicht und feiner. Backen und Schläfen mit starker, Gesicht und Hinterkopf mit schwacher, weisser Behaarung. Bruststück kugelig, stark zottig weiss behaart, besonders am Flügelgrunde und auf dem Schildchen. Rücken ziemlich grob und ziemlich dicht punktirt. Die Punkte sind reiner gestochen als auf dem Kopfe. Schildchen ohne seitliche Dornfortsätze. Obere horizontale Zone des Mittelsegments kurz, nicht halb so lang wie der Hinterrücken, seitlich verbreitert (verlängert), mässig grob längsgerunzelt und vom hinteren, steil abfallenden Theile des Mittelsegments deutlich geschieden; letzterer Theil deutlich punktirt mit Ausnahme des mittleren dreieckigen Raumes, welcher glänzend glatt ist, ohne Spur einer Punktirung.

Hinterleib sichtlich kürzer als Kopf und Bruststück zusammen. Die concave Vorderfläche des ersten Hinterleibssegmentes durch eine deutliche, wenn auch minder starke Querleiste als bei *H. truncorum* vom hinteren Theile des Segmentes geschieden, glänzend glatt, ohne Punktirung und von einer langen, verticalen Rinne durchzogen. Die drei ersten Hinterleibsringe zeigen oben am Hinterrande eine schwache Querleiste. Die Punktirung des Hinterleibes ist merklich feiner und seichter als auf dem Rücken. Am Hinterrande der fünf ersten Hinterleibsringe dichte, weisse Haarbinden, deren erste mitten stark unterbrochen ist; die letzte Binde ist viel schwächer ausgebildet als die vier vorderen. Endsegment mit rundbogenförmigem Hinterrande, der mit anliegenden, weissen Haaren dicht besetzt ist. Bauchbürste gelblichweiss. Die Schienensporne der vier Hinterbeine schwarz. Erstes hinteres Fussglied kürzer als die vier übrigen mitsammen. Flügel vollkommen glashell. Hinterflügel mit acht Frenalhäkchen.

Männchen unbekannt.

*Her. rotundiceps* lässt sich von der näher stehenden *H. denticulata* am besten unterscheiden durch die viel plumpere Körpergestalt, zumal den grossen Kopf, durch die merklich gröbere Punktirung und die viel längere Mittelrinne auf der concaven Vorderfläche des ersten Hinterleibsringes.

Nordamerika (Nevada, Oregon).

## *Heriades carinata* Cress.

*Heriades carinatum* (!) Cress.: Proc. Ent. Soc. Philad. T. II, p. 383, ♂, ♀. 1863—64.

„Female. Head subquadrate, rather large, black, deeply, roughly and densely punctured; clypeus prominent on the disk; mandibles stout and obtusely bifid at tip; antennae short and black. Thorax convex above, rounded in front, black shining, deeply and roughly punctured, with scattered pale pubescence; metathorax longitudinally impressed on the disk. Wings subhyaline, the apical half clouded, nervures black. Legs short, black, sparsely clothed with pale pubescence, tarse clothed with yellowish pubescence. Abdomen elongate, subcylindric, convexe above, slightly narrowed at base, black, shining, deeply and uniformly punctured, the punctures smaller and more dense towards the tip; apical margin of the segments transversely impressed and narrowly fringed with white pubescence; the anterior face of the basal segment deeply concave and bounded above by a rounded carina; apical segment rounded; ventral scopa yellowish-white. Length 3 lines.

Male. — Resembles the female, but the head is smaller, transverse and clothed in front and beneath with whitish hairs; the antennae are almost as long as the thorax; the abdomen is incurved at the apex and the first ventral segment has on its disk a rather large, obtuse tubercle; the tarsal claws are bifid and rufo-testaceous. Hab. Connecticut and Pennsylvania. Nine specimens."

Nordamerika (Connecticut und Pennsylvanien).

### *Heriades denticulata* Cress.

*Heriades denticulatum* (!) Cress.: Trans. Amer. Ent. Soc. T. VII, p. 108, ♂. 1878.

♂. *Long. 6,5 mm.   Caput magnum et postice elongatum, mediocriter tenuiter et mediocriter dense punctatum.   Mandibulae ad basin tenuissime punctulatae apice forti, denteque interno forti, obtuso instructae.   Flagelli articulus secundus primi dimidium evidenter aequans, tertius secundi longitudine.*

*Thorax quasi globosus; notum punctis mediocriter tenuibus subdensisque.   Scutellum sine spinis lateralibus.   Segmenti medialis area transversa antica metanoti dimidium longitudine vix aequans, rugis longitudinalibus grossis; posterior pars praeceps punctis mediocriter densis perspicuisque area excepta mediana triangulari polita.*

*Abdomen subtenuiter denseque punctatum, fasciis albis in medio haud interruptis instructum.   Abdominis segmentum primum supra carina transversa conspicua instructum; segmentum ultimum margine apicali dentibus duobus medianis denticulisque duobus lateralibus instructo.   Tibiarum posteriorum calcaria nigra.   Metatarsus posterior articulis quatuor ceteris evidenter longior.*

♂. Kopf reichlich so breit wie das Bruststück. Hinterkopf verlängert; die hinteren Nebenaugen sind von dem Hinterhauptsrande sichtlich weiter entfernt als von den Netzaugen. Oberkiefer in eine starke Spitze auslaufend, daneben ein sehr starker, stumpfer Innenzahn, am Grunde sehr seicht punktirt; sie sind ferner von einer unteren schmalen und einer oberen breiten und tiefen Furche durchzogen. Zweites Geisselglied reichlich halb so lang wie das erste, drittes Geisselglied so lang wie das zweite. Abstand der hinteren Nebenaugen von einander und von den Netzaugen ungefähr so gross wie die drei ersten Geisselglieder. Punktirung des Kopfes mässig fein und mässig dicht und seicht, an den Schläfen, welche nach unten kaum verbreitert sind, seichter, auf dem Kopfschild feiner und dichter. Behaarung des Kopfes weiss und reichlich, besonders stark im Gesichte und an den Backen; unbehaart ist die Mitte des Kopfschildes und die Umgebung der Nebenaugen.

44*

Bruststück fast kugelig und besonders stark zottig in der Umgebung der Flügelbeulen und am Rande des Schildchens behaart. Punktirung des Rückens mässig fein, dichter und etwas weniger seicht als auf dem Kopfe, auf dem Schildchen ziemlich dicht. Schildchen ohne seitliche Dornfortsätze. Obere horizontale Zone des Mittelsegments kaum halb so lang wie der Hinterrücken, seitlich verbreitert (verlängert), grob längsgerunzelt und von dem hinteren steil abfallenden Theile des Mittelsegments deutlich abgegrenzt; der letztere Theil mit rein gestochenen Punkten mässig dicht besetzt bis auf den mittleren dreieckigen Raum, welcher glänzend glatt und deutlich von der Umgebung abgegrenzt ist.

Hinterleib wie bei *Her. truncorum* gestaltet. Die concave Vorderfläche des ersten Hinterleibsringes glänzend glatt, ohne Spur einer Punktirung, mit einer sehr verkürzten verticalen Mittelrinne; sie ist vom hinteren Theile des Segments durch eine deutliche Querleiste geschieden, welche jedoch weniger scharf ist als bei *H. truncorum*. Punktirung des Hinterleibes ziemlich fein und dicht, etwas seicht, doch noch rein gestochen, nach hinten nicht feiner oder seichter werdend. Die vier vorderen Hinterleibsringe mit sehr deutlichen, dichten, nicht unterbrochenen, weissen Hinterrandsbinden, der fünfte Ring mit einer schwachen und mehr lockeren Binde. Hinterrand des Endsegments mit zwei mittleren längeren und zwei seitlichen kürzeren Zähnen. Schienensporne der vier Hinterbeine schwarz; erstes hinteres Fussglied deutlich länger als die vier übrigen Fussglieder zusammen. Flügel ganz glashell; Hinterflügel mit acht Frenalhäkchen.

Weibchen unbekannt.

Von der sehr nahe stehenden *Her. rotundiceps* am besten zu unterscheiden durch die verticale Mittelrinne auf der concaven Vorderfläche des ersten Hinterleibssegmentes, welche sehr verkürzt, während sie bei *Her. rotundiceps* sehr lang ist, sowie durch die merklich feinere Punktirung des Körpers.

Nordamerika (Nevada).

———

*Heriades pusilla* Spin. ist eine *Megachile*, *Heriades leucomelana* Kirby eine *Osmia* (*leucomelana*), *Heriades breviuscula* ist eine *Stelis* (*pygmaea* Schenck). *Heriades robusta* Nyl. ist eine *Osmia*, und zwar *Osmia rhinoceros* Gir., nach einer brieflich erhaltenen Mittheilung des Herrn Dr. F. Morawitz in St. Petersburg, welcher die im Helsingforser Museum befindlichen typischen Stücke kürzlich zu sehen Gelegenheit gehabt hat.

# Index.

## Nachtrag.

Ich beobachtete *Heriades crenulata* ferner auf *C*ichorium Intybus, Sonchus oleraceus, Achillea Millefolium und Hieracium Pilosella.

*Heriades truncorum* sammelte ich ausserdem wiederholt auf Cichorium Intybus, Sonchus oleraceus, Achillea Millefolium, Tagetes patula und erecta, *C*oreopsis tripteris, *C*alendula officinalis, Solidago canadensis und virga aurea, Aster amellus, Tanacetum vulgare, Knautia arvensis, Succisa pratensis und auf verschiedenen Hieracium-Arten.

Nachdem das kaiserl. naturhistorische Hofmuseum zu Wien kürzlich in den Besitz eines der typischen Stücke der MORAWITZ'schen *Heriades clavicornis* gelangt ist, halte ich es für angezeigt, eine Beschreibung dieser wegen der eigenthümlichen Gestalt ihrer Fühler interessanten Art der eben im Drucke befindlichen Monographie anhangsweise anzufügen.

### *Her. clavicornis* MORAW.

♂. *Long. 8 mm. Statura obesa. Caput crassum punctis conspicuis, subgrossis subdensisque, in temporibus, post ocellos et post oculos mediocriter densis; facies copiose albo-hirta. Antennarum articulus ultimus maxime dilatatus, fere circularis. Thorax supra subgrosse subdenseque punctatus. Abdomen punctis subdensis tenuibusque, lateraliter anticeque minus tenuibus, fasciis albis ciliatis evidentibus quatuor et fascia subconspicua in segmento quinto. Segmentum ultimum lateraliter leviter impressum atque margine postico evidenter reflexo.*

*Nigra, pedibus apice fulvescentibus, antennis in medio testaceis.*

♂. Körpergestalt sehr gedrungen. Kopf dick; Gesicht dicht weiss behaart. Hinterkopf mit rein gestochenen, ziemlich groben Punkten ziemlich dicht besetzt, unmittelbar hinter den Nebenaugen und hinter den Netzaugen mässig dicht punktirt. Schläfen mit rein gestochenen, gegen die Netzaugen hin mässig dicht, sonst ziemlich dicht stehenden Punkten besetzt. Oberkiefer am Grunde fein und dicht punktirt, weiter nach vorne weniger fein und runzlig punktirt. Zweites und drittes Geisselglied gleich lang, beide ein wenig kürzer als das erste; Endglied der Fühler ganz auffallend und plötzlich verbreitert, löffelartig.

Mittelrücken mit rein gestochenen, ziemlich groben und ziemlich dicht stehenden Punkten besetzt, mitten aber fast zerstreut punktirt. Schildchen dicht punktirt und stark zottig und grau behaart. Mittelsegment wie bei *Her. truncorum*.

Hinterleib mit ziemlich dichter und seichter, vorne und seitlich mit tieferer, gröberer Punktirung; die vier vorderen Segmente am Hinterrande mit je einer weissen, dicht geschlossenen Wimpernbinde (oben), fünftes Segment mit einer schwächeren, etwas lockeren Hinterrandsbinde. Erstes Hinterleibssegment mit einer sehr deutlichen Querkante, welche wie bei *truncorum* und *crenulata* den vorderen eingedrückten Theil vom Rückentheil scheidet. Endring beiderseits leicht eingedrückt und mit deutlich aufgebogenem Hinterrande.

Schwarz; Füsse gegen das Ende hin bräunlich gelb; Fühler mitten lehmgelb.

*H. clavicornis* steht sehr nahe der allerwärts verbreiteten *H. truncorum* und der nächst verwandten *H. crenulata*; von diesen beiden Arten aber kann man *clavicornis* auf den ersten Blick leicht unterscheiden an dem plötzlich und löffelartig verbreiterten Fühlerende, wie dies an keiner der mir bekannten *Heriades*-Arten auch nur annäherungsweise vorkommt. Ein weiteres, ebenfalls auffallendes Unterscheidungsmerkmal bietet das letzte Hinterleibssegment in seinem stark aufgebogenen Hinterrande, während die seitlichen Eindrücke weniger deutlich hervortreten als bei *crenulata* und besonders bei *truncorum*. Ueberdies weisen die Oberkiefer eine sichtlich deutlichere Sculptur, die Wimperbinden des Hinterleibes sind deutlicher, der Körper ist länger und stärker untersetzt als bei *truncorum* und *crenulata*.

Reg. I. Subreg. 2.

Armenien (Eriwan).

# Ueber die Zeichnungsverhältnisse der Gattung Ornithoptera.

Von

Dr. C. Fickert.

**Hierzu Tafel XIX bis XXI.**

Das alte Genus *Papilio* L., wie es zuerst von LATREILLE in seinen „Genera Crustaceorum et Insectorum" genauer begrenzt worden ist, und wie es noch KIRBY in seinem „Synonymic catalogue of diurnal Lepidoptera" auffasste, wird jetzt allgemein in drei Genera getheilt, von denen eines allerdings schon früher von BOISDUVAL (1832) aufgestellt worden ist. Der neueste Bearbeiter des Systems der Tagschmetterlinge, SCHATZ[1]), hat diese Dreitheilung angenommen und giebt für die erste, allerdings nur durch eine (afrikanische) Art vertretene Gattung *Drurya* AURIV. als characteristisch an, dass die dritte Subcostalader (s. später) nicht wie bei *Papilio* s. str. in den Vorderrand, sondern in die Spitze des Vorderflügels münde, dass der Vorderrand der Hinterflügel gerade sei, ebenso wie die Submedianader desselben, und dass der Innenrand der Hinterflügel weder gerollt noch eingefaltet sei, im Uebrigen seien die Verhältnisse wie bei *Papilio*. Da mir die einzige Art dieser Gattung *Drurya antimachus* (DRUR.) von der tropischen Westküste Afrikas nur aus Abbildungen bekannt ist und meine gegenwärtigen Untersuchungen überhaupt nicht berührt, so interessant die Zeichnungsverhältnisse derselben auch sind, will ich nur darauf hinweisen, dass mir wenigstens der erste Unterschied

---

1) Dr. O. STAUDINGER und Dr. E. SCHATZ, Exotische Schmetterlinge. 2. Theil: Die Familien und Gattungen der Tagfalter von Dr. E. SCHATZ, p. 40.

nach den auch von Schatz gegebenen Abbildungen nicht stichhaltig erscheint, während die von Staudinger [1]) gegebene colorirte Abbildung des Schmetterlings am Innenrande der Hinterflügel einen hellen Streifen zeigt, welcher mir nach Analogie der betreffenden Stelle bei *Papilio*-Arten doch auf eine, wenn auch nur geringe Faltung hinzuweisen scheint.

Die zweite, schon von Boisduval abgeschiedene Gattung *Ornithoptera* umfasst die prächtigen, grossen, durch einen grünen oder gelben Goldglanz oder durch atlasartige, gelbe Färbung der Hinterflügel ausgezeichneten Formen des indoaustralischen Faunengebietes, zu welchen Schatz noch eine eigenartige westafrikanische Form stellt, welche später genauer beschrieben werden soll. Als Hauptunterscheidungsmerkmal für *Ornithoptera* giebt Schatz [2]) an, dass die von den beiden Subcostalästen 4 und 5 gebildete Gabel sich zum Stiele bei *Ornithoptera* wie 5,5:1 verhalte, während bei *Papilio* sich das Verhältniss wie 2,6:1 stelle. Nach 10 Messungen, welche ich selbst an Exemplaren der *priamus*-Gruppe angestellt habe, erhalte ich das Verhältniss von 11,4:1 oder, wenn ich von einem ausnahmsweisen Verhalten bei einem *euphorion*-Weibchen absehe, das 29:1 zeigt, bei 9 Messungen 8,5:1. Dabei sind 5 Messungen über dem Mittel von 14:1 bis 9,55:1, eine stimmt genau mit dem Mittel und drei sind unter dem Mittel von 8,33:1 bis 7:1. Für die *pompeus*-Gruppe erhalte ich bei 28 Messungen ein Mittel von 2,59:1. Ueber dem Mittel sind 11 Messungen von 3,62:1 bis 2,8:1, unter dem Mittel 17 Messungen von 2,5:1 bis 1,7:1. Messungen von 4 *Ornithoptera brookeana* ergaben ein Mittel von 3,21:1. Ueber dem Mittel 2 Messungen von 3,43:1 und 3,22:1, unter dem Mittel 2 von 3,11:1 und 3:1. 3 Messungen bei *Ornithoptera zalmoxis* ergaben als Mittel 4,46:1, Maximum 5:1, Minimum 4,14:1. Ziehe ich nun aber aus sämmtlichen 45 Messungen das Mittel, so erhalte ich 4,72:1, ein Ergebniss, welches von dem Schatz's nicht zu sehr abweicht. Welche Schlussfolgerungen ich aber aus meinen Einzelergebnissen ziehen zu müssen glaube, wird sich am Ende meiner Untersuchungen ergeben. Nur so viel sei hier gleich bemerkt, dass meine Zahlen für die *pompeus*-Gruppe vollständig mit denen von Schatz für die Gattung *Papilio* übereinstimmen.

---

1) Dr. O. Staudinger und Dr. E. Schatz, Exotische Schmetterlinge. 1. Theil: Abbildungen und Beschreibungen der wichtigsten exotischen Schmetterlinge von Dr. O. Staudinger, Taf. XIII.

2) a. a. O.

Weiter sind die Arten der Gattung *Ornithoptera* durch die eigenthümliche Gestalt der Flügel characterisirt, aber auch hier finden sich
Uebergänge zu der beim Genus *Papilio* so überaus wechselnden Gestalt
derselben, wie ja überhaupt die Form der Flügel, so verschieden sie
sich zeigen mag, immer nur als etwas Secundäres, weil mehr oder
weniger auf Anpassung Beruhendes, zu betrachten ist; denn Thiere,
welche sich durch Flugwerkzeuge in der Luft bewegen, müssen, je
nachdem sie durch ihre Lebensweise auf geschützte oder weniger geschützte Standplätze angewiesen sind, ihre Flugwerkzeuge ausbilden.
Haben sie sich in Höhen zu bewegen, in welchen sie der Gewalt des
Windes Widerstand leisten müssen, so wird selbstverständlich ihre
Flugfertigkeit eine grössere sein müssen, als wenn sie sich an Orten
aufhalten, welche vor starken Luftströmungen geschützt sind. Die
Anpassung dieser Flugfertigkeit und damit die Formveränderung der
Flügel wird aber immer eine verhältnissmässig rasche sein müssen,
da sonst durch die natürliche Auslese die Art, welche sich nicht an-
zupassen versteht, dem baldigen Untergang geweiht sein würde.

Ebensowenig wie die Form der Flügel sind die verschiedenen
Farben, welche dieselben zeigen, für die Ermittelung des Zusammenhanges der Formen von Werth. Wer einmal gesehen hat, mit welch
geringen Mitteln die verschiedenen Farbentöne zu Stande kommen und
wie leicht dieselben sich in andere verwandeln, wie bei Ortsvarietäten
derselben Art, wie wir später sehen werden, Grün sich in Blau, in
Gelb, ja in Oranienroth verwandeln kann, wie bei verschieden auffallendem Lichte ein grüner Goldglanz in Kupferglanz übergehen kann,
der wird bei seinen Untersuchungen über den Verwandtschaftsgrad
verschiedener Arten den verschiedenen Farben wenig oder gar keinen
Werth beimessen.

Etwas anderes ist es mit der Zeichnung: wie EIMER[1]) gezeigt
hat, mag dieselbe noch so verwischt oder ganz verschwunden sein, so
wird man doch immer an verwandten Formen, die noch etwas mehr
davon zeigen, einzelne characteristische Eigenthümlichkeiten auffinden,
welche einen Fingerzeig geben, wo wir den Anschluss der betreffenden
Arten zu suchen haben. Ich will hier weiter nicht auf die allgemeinen
Ergebnisse der EIMER'schen Untersuchungen eingehen, sondern nur

---

1) Vergl. TH. EIMER, Untersuchungen über das Variiren der Mauer-
eidechse, Berlin 1881. Ferner die Aufsätze in: Jahreshefte des Vereins
für vaterl. Naturk. in Württemberg 1883, p. 556, Zoologischer Anzeiger
1882/83, Humboldt 1885—88.

erwähnen, dass ich wie E. auf Grund der verschiedensten Untersuchungen die Längsstreifung für die ursprünglichste Zeichnungsart
halte, aus welcher die Längsfleckung hervorgegangen ist. Aus dieser
ist dann Querfleckung und später Querstreifung hervorgegangen. Die
Einfarbigkeit bezeichnet wenigstens in den meisten Fällen die fortgeschrittenste Bildung. Nur darf man nicht ausser Acht lassen, dass
in vielen Fällen eine einzelne Zeichnungsart im Laufe der Entwicklung
der Formen verloren gegangen sein kann, so dass z. B. Längsstreifung
sofort in Querstreifung übergehen kann, bezw. dass jetzt von den beiden
nächsten verwandten Arten die eine Längsstreifung, die andere Querstreifung besitzt, dass die sie ursprünglich verbindenden Arten, welche
etwa längsgefleckt oder quergefleckt waren, ausgestorben sein können.

Weiter darf aber auch das nicht ausser Acht gelassen werden, dass,
wie thatsächlich Fälle vorkommen, in Folge secundärer Anpassung
sich aus einer Querstreifung wieder eine Längsstreifung herausbilden
kann, welche dann eine phyletisch jüngere Form darstellt. Ferner
ist es aber für die Richtung, in welcher eine Zeichnungsart sich über
den Körper der Thiere erstreckt, von Bedeutung, dass die Zeichnung,
wie ebenfalls die EIMER'schen Untersuchungen gezeigt haben, in zwei
Richtungen hauptsächlich an dem Körper der Thiere vorschreitet:
von hinten nach vorn und von unten nach oben. Je nachdem nun zu verschiedenen Zeiten der phyletischen
Entwicklung die eine oder die andere Richtung mehr
vorgeherrscht hat, wird die Zeichnung in verschiedenen,
zwischen beiden gelegenen, durch das Gesetz vom Parallelogramm der Kräfte bestimmten geraden Linien
oder Curven sich fortbewegen.

Endlich haben wir bei Untersuchung der Zeichnung der Schmetterlinge noch in Betracht zu ziehen, dass die Formveränderung der Flügel
auch eine Lageveränderung der einzelnen Zeichnungen und eine Gestalt-
veränderung der einzelnen Zellen des Flügels eintreten lassen kann,
und dass man deshalb sich in erster Linie darüber klar zu werden
hat, dass die einzelnen Streifen und Flecken, welche wir bei den
Schmetterlingen treffen, an ganz bestimmte Theile derselben geknüpft
sind, welche von einer etwaigen Formveränderung der Flügel mit betroffen werden. So sind bei den Schmetterlingen die verschiedenen
Adern und Zellen der Flügel für die Beurtheilung der Zeichnungsverhältnisse von hohem Werthe, und ist es deshalb nothwendig, dass
ich, bevor ich die Zeichnung der einzelnen *Ornithoptera*-Arten, die
Aufgabe dieser Untersuchung, beschreibe und aus der Beschreibung

derselben Schlüsse ziehe über die Berechtigung sowohl der Gattung *Ornithoptera* als auch über ihren Zusammenhang mit dem Genus *Papilio*, den Aderverlauf der beiden beschreibe und zu gleicher Zeit eine allerdings für's erste nur für diese beiden und die Gattung *Drurya* geltende Nomenclatur für die einzelnen Flügelzellen gebe.

Wir unterscheiden am Vorderflügel und am Hinterflügel der genannten Gattungen fünf Adersysteme: das Costaladersystem, das Subcostaladersystem, das Discocellularadersystem, das Medianadersystem und das Submedianadersystem. Das Costaladersystem ist am Vorderflügel durch eine einzige ·starke Ader, die Costalader, welche nahe dem Vorderrand des Flügels verläuft, vertreten ($C$ Fig. 1, Taf. XIX). Zum Subcostaladersystem gehört zuerst die Subcostalader selbst ($SC$ derselben Figur), welche dicht neben der Costalader ihr anliegend an der Vorderflügelwurzel entspringt, um später sich von ihr zu trennen und gegen die Flügelspitze zu zu verlaufen. Von ihr entspringen die fünf Subcostaladeräste ($SC$ 1 bis 5), am Ursprung von 4 und 5 endet die Subcostalader. An die Subcostalader setzen sich, die nachher zu besprechende Mittelzelle gegen den Seitenrand begrenzend, die drei Discocellularadern an, wir unterscheiden eine obere ($ODC$) eine mittlere ($MDC$) und eine untere ($UDC$); zwischen ihnen entspringen, nach dem Seitenrand des Vorderflügels laufend, die obere ($OR$) und die untere ($UR$) Radialader. Die Medianader ($M$) entspringt mit der Costal- und Subcostalader zusammen an der Flügelwurzel, trennt sich aber sofort von ihnen und endet an der unteren Discocellularader. Von ihr gehen nach dem Seitenrande des Flügels die drei Medianaderäste ($M$ 1—3) ab. Bei *Papilio* und verwandten Gattungen entsendet die Medianader etwa vom ersten Viertel ihres Verlaufes ab gegen die gleich zu besprechende Submedianader einen kleinen Ast, welcher entweder frei im Flügel endet oder sich mit der Submedianader verbindet. Die Submedianader ($SM$) entspringt an der Flügelwurzel und verläuft parallel dem Hinterrand des Flügels. Bald nach ihrem Ursprung entsendet sie an den Hinterrand des Flügels den Submedianaderast ($SM$ 1).

Die Hinterflügel sind im grossen Ganzen nach demselben Princip geädert wie die Vorderflügel. Wir haben zuerst auch eine Costalader ($C$) zu unterscheiden, welche aber bald nach ihrem Ursprung eine zweispaltige Präcostalader ($PC$) gegen den Vorderrand des Hinterflügels ausschickt. Die Subcostalader ($SC$) hat keine Seitenäste, sondern verläuft bis zum Flügelrand; nur zur Costalader, von der sie sich übrigens bald nach ihrem gemeinsamen Ursprung an der Flügelwurzel trennt, sendet sie einen kleinen Seitenast. Das **Discocellularadersystem** sowohl wie das **Medianadersystem** ist wie auf dem Vorderflügel beschaffen, die **Submedianader** dagegen ist einfach.

Die grosse Zelle der Vorder- und Hinterflügel, welche von Subcostalader, Medianader und den Discocellularadern eingeschlossen ist, wird gewöhnlich als Flügelzelle bezeichnet, richtiger dürfte es sein, sie als **Mittelzelle** zu bezeichnen. Auf den Vorderflügeln fällt weiter die von den Subcostaladerästen 4 und 5 gebildete Zelle auf, welche ich im Folgenden **Gabelzelle** nennen werde. Vor derselben liegt die **Vordergabelzelle**, dahinter die **Hintergabelzelle**. Die vor der Vordergabelzelle gelegenen, nach dem Vorderrand des Flügels offenen Zellen bezeichne ich als **Vorderrandzellen** 1—4, die hinter der Hintergabelzelle nach dem Seitenrand sich öffnenden als **Seitenrandzellen** 1—5, die beiden untersten zur Submedianader gehörigen als **Hinterrandzellen** 1 und 2. Die nach aussen mündenden Zellen der Hinterflügel werden von vorn und oben nach hinten und unten als **Randzellen** 1 bis 9 bezeichnet. Den von Costal- und Subcostalader, bezw. dem Seitenast der letzteren eingeschlossenen viereckigen Raum nenne ich das **Flügelviereck** (*FV* der Abbildung).

Wie schon erwähnt, vertheilen sich die Arten der Gattung *Ornithoptera* in vier Gruppen, von denen die beiden letzten aber nur je eine Art haben. Wir unterscheiden die *priamus*-Gruppe, bei welcher die Männchen goldgrüne, goldgelbe oder blaue Streifen auf den sammetschwarzen Vorderflügeln zeigen, während die braunen Weibchen weiss gezeichnet sind, ein Beispiel weitgehenden Geschlechtsdimorphismus, wobei jedoch gleich zu bemerken ist, dass, so verschieden Männchen und Weibchen auch auf der Oberseite erscheinen, wenigstens ihre Zeichnung auf der Unterseite annähernd übereinstimmt.

Die zweite Gruppe, die *pompeus*-Gruppe, zeigt weniger Dimorphismus und ist durch atlasartig schillernde, gelbe, schwarz eingefasste, oft noch eine schwarze Fleckenreihe zeigende Hinterflügel ausgezeichnet.

*Ornithoptera brookeana* WALL. ist tiefschwarz und durch ein Band goldgrüner, vogelfederartig zugespitzter, dreieckiger Flecken auf den Vorderflügeln ausgezeichnet, während die Hinterflügel goldgrün mit breiter schwarzer Umrandung sind.

*Ornithoptera zalmoxis* HEW. endlich ist auf der Oberseite eigen-

thümlich schieferblaugrau mit schwarzen Adern und schwarzen Keil-
strichen in einem Theile der Randzellen der Vorderflügel, während die
Hinterflügel schwarz umrandet sind. Die Unterseite ist wie die Oberseite gezeichnet, aber die Grundfärbung, namentlich der Hinterflügel,
ist mehr bräunlich-gelb.

Die geographische Verbreitung der Gattung *Ornithoptera* erstreckt
sich, wenn wir von der etwa vom 5° nördlicher Breite bis zum 2°
südlicher Breite in Westafrika vorkommenden *zalmoxis* absehen, vom
30° nördlicher Breite bis zu 40° südlicher Breite und vom 80° östlicher Länge bis zum 160° östlicher Länge. Die Grenze zwischen den
beiden Hauptgruppen der Gattung der östlicheren *priamus*-Gruppe und
der westlicheren *pompeus*-Gruppe liegt etwa unter 130° östlicher Länge.

Ich gehe nun zur Beschreibung zuerst der einzelnen Formen der
*priamus*-Gruppe über, soweit mir dieselben theils in Originalexemplaren,
theils in Abbildungen vorliegen oder ich für meine Zwecke brauchbare
Beschreibungen vorgefunden habe. Hervorzuheben ist noch, dass, wie
schon FELDER[1]) bemerkt hat, ein durchgreifender Unterschied zwischen
der *priamus*-Gruppe und der *pompeus*-Gruppe darin liegt, dass der
dritte Subcostaladerast ($S\,C\,3$, Fig. 1, Taf. XIX) bei *priamus* etwa in
der Mitte zwischen dem zweiten und dem gemeinsamen Stiel des
vierten und fünften Subcostaladerastes entspringt, während er bei den
Arten der *pompeus*-Gruppe ebenso wie bei *brookeana* und *zalmoxis*
kurz vor, an oder dicht hinter der Abzweigungsstelle jenes gemeinsamen Stieles entspringt (Fig. 2, Taf. XIX).

### 1. *Ornithoptera priamus* L.[2]).

♂ Fig. 1, Taf. XX, ♀ Fig. 2, Taf. XX.

Im Folgenden wird die zuerst bekannt gewordene Form dieser
vielgestaltigen Gruppe beschrieben, welche auf Amboina und Ceram
vorkommt. Es soll damit aber durchaus nicht ausgesprochen werden,

---

1) C. et R. FELDER: Species Lepidopterorum hucusque descriptae,
in: Verh. k. k. zool. Ges. Wien, Bd. 14, 1864, p. 331.

2) Abbildungen: Männchen bei CLERCK: Icones insectorum rariorum
t. XVII, f. 1 (1764), CRAMER, Uitlandsche Kapellen I, Taf. XXIII, Fig. A B
(1775), ESPER, Ausländische Schmetterlinge, Taf. I, Fig. 1, (1801).
Weibchen als *Pap. panthous* bei CLERCK, Taf. XIX, CRAMER II,
Taf. CXXIII, Fig. A, Taf. CXXIV, Fig. A, ESPER, Taf. X, als *priamus*
bei HÜBNER, Sammlungen exotischer Schmetterlinge, II, Taf. CXVI,
CXVII (1806).

dass wir in ihr die ursprünglichste oder die fortgeschrittenste Form vor uns haben.

Männchen: Vorderflügel tiefschwarz, sammetartig. Durch die Mitte der vierten und fünften und die Hinterhälfte der dritten Seitenrandzelle geht ein bräunlicher, schief dreieckiger, durchscheinender Fleck. Von der Flügelwurzel an, zuerst nur wenig über den Costalnerven gegen den Vorderrand hinausragend, dann denselben in seinem letzten Drittel nach innen überschreitend und nach dem Aussenrand der Vordergabelzelle und von da zurück den oberen inneren Theil der Gabelzelle, die Innenecke der Hintergabelzelle und das obere Drittel der Mittelzelle einnehmend, erstreckt sich der in der Gestalt einer Sense gleichende obere goldgrüne Streifen. Der untere goldgrüne Streifen, welcher mehr sichelartig gekrümmt ist, begrenzt bis zum Ende des Submedianaderastes den Hinterrand des Vorderflügels, sodann geht er, einen schmalen schwarzen Streifen nach unten und aussen freilassend, im übrigen parallel dem Flügelrande bis in den hinteren Theil der Hintergabelzelle, nach oben durch einen, nahe dem Unterrande des bräunlichen durchscheinenden Fleckes verlaufenden Bogen begrenzt. Während er in seinem unteren Theile Zusammenhang hat, löst er sich in der zweiten und ersten Seitenrandzelle, sowie in der Hintergabelzelle in fünf Flecken auf, nachdem schon vorher je an der Eintrittszelle der Adern und in der Mitte zwischen je zwei Adern diese Auflösung durch mehr oder weniger tiefe Einbuchtungen angedeutet ist.

Der Hinterflügel ist oben in der Hauptsache goldgrün, an den Rändern schmal schwarz eingefasst. In der Mitte der dritten bis sechsten Randzelle befindet sich je ein schwarzer runder Fleck. Vor den beiden mittleren oder nur vor dem zweiten dieser vier Flecken findet sich nach aussen ein kleiner goldgelber Fleck und in der Innenhälfte der zweiten Randzelle ist ein U-förmiger goldgelber Fleck.

Unten ist der Vorderflügel ebenfalls in der Hauptsache schwarz. In dem äusseren Drittheil der Mittelzelle finden sich auf die mittlere und untere Discocellularader gerichtet zwei rautenförmige, in der Mitte zusammenstossende goldgrüne Flecken. Die fünfte Seitenrandzelle ist fast ganz von einem grossen, im vorderen Viertel durch ein schmales schwarzes Band durchbrochenen, goldgrünen Fleck eingenommen; die drei nach oben folgenden Seitenrandzellen haben ebensolche, nur kleinere und mehr Schwarz an den Zellenadern übrig lassende durchbrochene Flecken. Die erste Seitenrandzelle hat einen mehr dreieckigen, mit der Basis nach aussen gerichteten grünen Fleck,

dessen Mitte einen gleichfalls dreieckigen schwarzen Fleck zeigt. Die
Hintergabelzelle hat einen, manchmal durch Schwarz durchbrochenen
dreieckigen grünen Fleck. In der Gabelzelle ist ein kleiner, im inneren
Drittel gelegener dreieckiger Fleck zu bemerken, und die Vordergabelzelle zeigt deren zwei, welche sich in der Mittellinie der Zelle erstrecken und oft durch feine grüne Punktirung verbunden sind.

Der Hinterflügel ist unten grün, schwarz gerandet, nach
dem Seitenrande zu geht das Grün mehr oder weniger in Grüngelb
über. Die achte Randzelle ist in ihrer Unterhälfte schwarz, ebenso
die oberen Adern des Flügels. In der zweiten bis siebenten Randzelle
findet sich je ein grosser U-förmiger schwarzer Fleck, der in den drei
oberen Zellen mehr in der Zellmitte, in den drei unteren mehr gegen
den Zellrand zu liegt. Die goldgelben Flecken liegen wie auf der
Oberseite.

Kopf und Fühler schwarz, Brust schwarz, oben mit goldgrünem Längsstreif, unten an der Flügelwurzel mit rothem Fleck.
Hinterleib gelb, Beine schwarz. Flügelspannung 170 mm.

Weibchen: Der Vorderflügel ist oben kaffeebraun. Die
Mittelzelle zeigt manchmal einen kleinen weissen Fleck in ihrer Mitte.
In Vordergabelzelle, Gabelzelle und Hintergabelzelle je ein mehr oder
weniger braun bestäubter weisser Keulenfleck, von denen der der
Hintergabelzelle aussen eingekerbt ist. In der ersten Seitenrandzelle
zwei dreieckige, mit ihren Spitzen zusammengeflossene weisse Flecken.
In den beiden folgenden Seitenrandzellen befindet sich je ein mit seiner
Höhlung nach aussen gerichteter Halbmondfleck und vor diesem meist ein
kleiner weisser Fleck. Die vierte Seitenrandzelle hat einen U-förmigen,
grösseren und davor einen viereckigen, kleineren weissen Fleck. Die
fünfte Seitenrandzelle zeigt in ihrer inneren Oberhälfte einen mit der
Spitze nach innen gerichteten weissen Keilfleck und ausserdem in der
äusseren Hälfte einen kleinen runden vorderen und einen grösseren
mehr dreieckigen hinteren Fleck.

Der Hinterflügel ist oben ebenfalls kaffeebraun mit weissen
Mondflecken in den Ausbuchtungen und grossen keilförmigen hellen
Flecken in der vierten bis siebenten Randzelle. Diese Keilflecken sind
bis auf die oberste Spitze braun bestäubt und zeigen in der Mitte
grosse, runde braune Flecken. Die zweite und dritte Seitenrandzelle
zeigt nahe dem Aussenrande je einen viereckigen, ebenfalls nach aussen
zu braun bestäubten weissen Fleck.

Die Unterseite des Vorderflügels zeigt im Allgemeinen
dieselbe Zeichnung wie die Oberseite, nur sind die Flecken grösser

und reiner weiss, und zeigen die der inneren Reihe Neigung zu Keil-
bezw. U-form.

Die Unterseite des Hinterflügels wie die Oberseite, nur
sind die Flecken ebenfalls weniger bestäubt, und die obersten (viereckigen) Flecken sind nach aussen zu gelb, nach innen zu befinden
sich vor ihnen grosse, mehr oder weniger abgegrenzte schwarze Flecken.

Kopf und Brust oben schwarz, letztere mit goldgrünem Mittel-
längsfleck, unten an den Seiten carminroth. Hinterleib gelbgrau,
mit einer schwarzen Punktreihe an den Seiten und unten schwarz gerandeten Segmenten. Flügelspannung 200 mm.

Das Vorkommen des ächten *priamus* beschränkt sich auf die
beiden Molukkeninseln Amboina und *Ceram*.

## 2. *Ornithoptera priamus* L. *var.* *cassandra* Scott [1]).

Männchen: Vorderflügel oben wie bei *priamus* gezeichnet,
nur die untere goldgrüne Binde stärker, namentlich am Aussenrande
gezackt.

Hinterflügel oben goldgrün, schwarz gesäumt, der unterste,
in der sechsten Randzelle befindliche schwarze Fleck des *priamus* fehlt,
und auch der in der fünften Randzelle befindliche ist nur klein, dagegen findet sich in der zweiten Randzelle vor dem goldgelben U-fleck
noch ein schwarzer Fleck, die kleinen Goldflecken fehlen.

Unterseite des Vorderflügels schwarz, in der Mittelzelle
findet sich nur ein auf die untere Discocellularader gerichteter Rauten-
fleck. Die Flecken der Randzellen sind durch breitere schwarze
Binden unterbrochen, welche die Länge der Flecken haben.

Der Hinterflügel unterscheidet sich auf der Unterseite von
dem des *priamus* dadurch, dass die achte Randzelle nicht in ihrer
ganzen unteren Hälfte schwarz ist, sondern nur im oberen Theile derselben, der untere Theil derselben ist bis auf die Randeinfassung goldgelb, wie überhaupt die Randzellen mehr wie bei *priamus* nach aussen
zu goldgelb werden. Die ganze Mittelzelle ist schwarz eingefasst, und
die kleinen goldgelben Flecken fehlen.

Kopf, Brust und Beine wie bei *priamus*. Hinterleib gelb
mit zwei Reihen schwarzer Flecken an den Seiten. Flügelspannung 135 mm.

---

1) Abgebildet bei Scott, in: Transactions Entom. Society New-
South-Wales, I, Taf. X (1866).

Weibchen mir unbekannt, nach STAUDINGER [1]) unterscheiden
sie sich von denen des *priamus* dadurch, dass sie durchschnittlich dunkler
sind und weniger und kleinere helle Flecken haben, welche auf den
Hinterflügeln, zuweilen auch auf der Oberseite ganz gelb sind.

Vorkommen: Mittleres Ostaustralien innerhalb des Wendekreises.
Port Denison, Bowen, Herbert-River.

### 3. *Ornithoptera priamus* L. *var. richmondia* GRAY [2]).

Männchen: Vorderflügel oben wie bei *priamus*, aber die
untere goldgrüne Binde reicht nur bis in die erste Seitenrandzelle und
ist überhaupt, namentlich am Hinterrande des Flügels, schwach ausgeprägt, manchmal sogar nur in Form von kleinen goldgrünen Punkten
vorhanden.

Hinterflügel oben wie bei *priamus*, doch findet sich noch
ein schwarzer Fleck, wie bei *cassandra* vor dem goldgelben U-fleck,
vor den übrigen vier schwarzen Flecken finden sich bisweilen kleine
gelbe Goldflecken, doch ändert ihre Zahl sehr ab.

Auf der Unterseite des Vorderflügels ist die untere Hälfte
der Mittelzelle goldgrün, doch ist häufig der innere Theil dieser grossen
goldgrünen Flecken abgespalten. Die Flecken der Randzellen sind wie
bei *cassandra*.

Ebenso ist die Unterseite des Hinterflügels wie bei
*cassandra*.

Kopf, Brust, Beine wie bei *priamus*. Hinterleib gelb, an
den Seiten schwarz. Flügelspannung 110 mm.

Weibchen: Oberseite der Vorderflügel dunkelbraun.
Mittelzelle mit bald breiterer, bald schmälerer weisser, grau über-
spritzter Querbinde, die sich auch in zwei bis drei Flecken auflösen
kann. In der Vordergabelzelle, der Gabelzelle und der Hintergabelzelle weisse, grau überspritzte, mit der Basis nach aussen gerichtete
Keilflecken, mitunter kommt ein solcher auch in der ersten Seitenrandzelle vor. In der ersten und zweiten Seitenrandzelle je zwei
kleine weisse Flecken, in der dritten deren drei, von welchen der
innerste der grösste und keilförmig ist. In der vierten Seitenrandzelle

---

1) a. a. O. S. 3.
2) Abgebildet bei GRAY, in: Catalogue of the Lepidopterous Insects
of the British Museum, Taf. II, Fig. 1 und 2 (1852), und bei STAU-
DINGER, Exotische Schmetterlinge, Taf. I.

ein innerer U-förmiger und ein äusserer rundlicher Fleck, in der fünften endlich ein innerer keilförmiger und zwei äussere mit einander verschmelzende Rautenflecken.

Oberseite der Hinterflügel im Allgemeinen wie bei *priamus* gezeichnet, nur ist der weisse Fleck in der dritten Randzelle von unten her durch einen halbkreisförmigen Ausschnitt eingeschnürt, und die achte Randzelle zeigt unten einen gelben, braun überstäubten Fleck. Die dunklen Mittelflecke sind mehr U-förmig und der Raum vor ihnen nach aussen mehr oder weniger gelb.

Vorderflügel unten wie oben gezeichnet, nur sind die Flecken reiner weiss. Die Unterseite der Hinterflügel ist wie die Oberseite gezeichnet, nur sind die Flecken ebenfalls reiner weiss, bezw. gelb gefärbt, die zweite Randzelle ist wie die dritte gezeichnet, und die achte ist bis zur Mitte hell und zeigt im Hellen einen dunklen U-fleck.

Kopf, Brust und Beine wie bei *priamus*, nur ist das Roth an den Brustseiten und am Hals auch von oben zu sehen. Hinterleib grauschwarz mit gelblicher Behaarung, an den Seiten mit schwarzer Fleckenreihe, unten bis auf das letzte gelbe Segment schwarz. Flügelspannung 115 mm (nach STAUDINGER bis 140 mm).

Vorkommen: Neusüdwales, wo diese einzige nicht tropische Form des *priamus* stellenweise häufig vorzukommen scheint.

### 4. Ornithoptera priamus L. var. euphorion GRAY ♂ [1]).

Männchen: Oberseite der Vorderflügel wie bei *priamus*, nur ist die Medianader in der Mitte und die drei Medianaderäste am Ursprung goldgrün überstäubt.

Oberseite der Hinterflügel goldgrün, schwarz gerandet. Der unterste schwarze Fleck des *priamus* fehlt oder ist kaum angedeutet, dagegen ist der oberste der *cassandra* vorhanden, vor den übrigen drei je ein goldgelber Fleck. Subcostalader schwarz.

Vorderflügel unten wie bei *richmondia*, nur sind die schwarzen Querbinden in den Randzellen nicht so breit.

Unterseite der Hinterflügel wie bei *priamus*, nur ist die achte Randzelle ohne Schwarz und die drei kleinen goldgelben Flecken deutlich zu erkennen.

Kopf, Brust, Beine wie bei *priamus*, Hinterleib gelb mit

---

1) Abgebildet bei GRAY, a. a. O., Taf. II, Fig. 3.

45*

einer Reihe schwarzer Punkte an den Seiten. Flügelspannung 125 mm.

Weibchen: Oberseite der Vorderflügel wie bei *richmondia*, nur ist in der ersten Seitenrandzelle stets ein keilförmiger Fleck, in der zweiten ist nur der äussere weisse Fleck erhalten, und in der dritten haben sich die beiden inneren Flecken vereinigt. Ausserdem ist aber noch in der vierten Vorderrandzelle ein schmaler weisser Strich erhalten.

Oberseite der Hinterflügel braun, an der Spitze der Mittelzelle zeigt sich ein kleiner heller Fleck. In der zweiten und dritten Randzelle gegen den Rand zu je ein heller Fleck. Die vierte Randzelle wie bei *richmondia*, die dritte, fünfte, sechste und siebente wie bei *richmondia*, nur ohne Gelb. Die achte Randzelle zeigt in der hellen Unterhälfte einen dunklen, von der dunklen Oberhälfte nicht vollständig abgeschnürten U-fleck. Alle hellen Flecken sind mehr oder weniger braun bestäubt.

Die Unterseite der Flügel gleicht im grossen Ganzen der Oberseite, nur ist in der zweiten Seitenrandzelle der Vorderflügel auch der innere helle Fleck erhalten, und in der dritten Seitenrandzelle ist derselbe etwas grösser als oben.

Auf dem Hinterflügel sind die hellen Flecken der zweiten und dritten Randzelle ganz, die der übrigen Randzellen in der Aussenhälfte gelb.

Kopf, Brust und Beine wie bei *richmondia*, Hinterleib oben graulich-weiss, unten gelb mit schwarzen Vorderhälften der Segmente und schwarzer seitlicher Punktreihe. Flügelspannung 140 mm.

Vorkommen: Nordwestaustralien.

### 5. *Ornithoptera priamus* L. *var. arruana* FELDER [1]).

♂ Fig. 3, Taf. XX, ♀ Fig. 4, Taf. XX.

Männchen: Vorderflügel auf der Oberseite wie bei *euphorion*, nur ist der untere goldgrüne Streifen gleichmässiger und bisweilen auch die Submedianader goldgrün.

Die Oberseite der Hinterflügel goldgrün, schwarz umrandet, die vier schwarzen Flecken des *priamus* sind vorhanden, die zweite Randzelle ist schwarz mit zwei goldgrünen Flecken, deren

---

1) Abgebildet bei FELDER, in: Reise der Novara, Lepidoptera, Taf. I (1865).

innerer bisweilen den sehr verkleinerten goldgelben U-fleck trägt. Keine kleinen goldgelben Flecken.

Die Unterseite der Vorderflügel ist dadurch ausgezeichnet, dass die ganze untere Hälfte der Mittelzelle bis auf eine schmale schwarze Randeinfassung goldgrün ist. Die äusseren grünen Flecken der Randzellen sind verhältnissmässig klein, ihre Grösse beträgt nur etwa ein Drittel der inneren. Der äussere Fleck in der ersten Seitenrandzelle ist dreieckig mit der Basis nach aussen, der innere Fleck entsprechend eingeschnitten, in der Hintergabelzelle nur ein Fleck, welcher durch ein schief von hinten nach vorn eindringendes schwarzes Band eingeschnitten ist.

Die Unterseite der Hinterflügel wie bei *priamus*, nur fehlt häufig der goldgelbe U-fleck oder ist doch wenigstens sehr verkleinert, und die achte Randzelle ist goldgrün mit schwarzem Mittelfleck.

Kopf u. s. w. wie bei *priamus*. Flügelspannung 130 mm.

Weibchen: Oberseite der Vorderflügel dunkelgraubraun. Mittelzelle mit einer etwa ein Drittel ihrer Länge einnehmenden hellen Binde. Die übrige Zeichnung ist wie bei *euphorion*, nur zeigt die fünfte Seitenrandzelle innen einen deutlichen U-fleck, und in der zweiten Seitenrandzelle ist der innere Fleck angedeutet. Alle Flecken sind braun bestäubt.

Auf dem dunkelbraunen Hinterflügel sind die Randzellen 5—8 wie bei *euphorion*, die vierte Randzelle zeigt einen nach aussen concaven hellen U-fleck, welcher in der Mitte durch einen rundlichen dunklen Fleck in zwei gespalten ist. Die Randzellen 2 und 3 haben einfache helle Flecken, der von 2 ist sehr klein. Auch auf dem Hinterflügel sind sämmtliche Flecken stark braun bestäubt.

Die Unterseite der Vorderflügel entspricht im Allgemeinen der Oberseite, nur sind die inneren Flecken in der zweiten und dritten Seitenrandzelle grösser und alle Flecken rein weiss.

Die Hinterflügel sind unten wie oben gezeichnet, nur ist die Farbe reiner und die weissen Flecken von aussen nach innen gelb abschattirt.

Kopf, Brust und Beine wie bei *priamus*. Hinterleib oben gelblich-weiss, unten gelb mit schwarzen Vorderhälften der Segmente, an den Seiten befindet sich die gewöhnliche schwarze Fleckenreihe. Flügelspannung 160 mm.

Vorkommen: Arru-Inseln.

**6.  *Ornithoptera priamus* L. var. *pronomus* GRAY [1]).**

Männchen: Oberseite der Vorderflügel wie bei *arruana*,
nur ist der obere goldgrüne Streifen dadurch ausgezeichnet, dass er
etwa in der Mitte eine Ausbuchtung nach unten zeigt, der untere
goldgrüne Streifen ist wie bei *arruana* gleichmässig.

Die Oberseite der Hinterflügel ist nur schwach schwarz
gerandet und zeigt nur die drei mittleren schwarzen Flecken, bisweilen
ist auch der goldgelbe U-fleck, aber nur klein, vorhanden.

Die Mittelzelle der Vorderflügel zeigt unten nur einen kleinen
grünen Fleck in der Vorderhälfte des unteren Theiles, und die grünen
Flecken der Randzellen sind nur theilweise durch schwarze Binden
unterbrochen.

Die Unterseite der Hinterflügel gleicht denen von *arruana*,
nur ist der unterste (siebente) schwarze Fleck stark ausgeprägt, und
vor den Flecken 2, 3, 4 und 5 zeigen sich goldgelbe Punkte, ebenso
ist der goldgelbe U-fleck vorhanden.

Kopf, Brust und Beine wie bei *priamus*, Hinterleib gelb
mit einer Reihe schwarzer Punkte. Flügelspannung 145 mm.

Das Weibchen der Varietät *pronomus* gleicht dem von *arruana*,
nur ist die Querbinde der Mittelzelle schmäler, und die Flecken sind
nicht so graubraun bestäubt wie bei der vorhergehenden Varietät.
Der fünfte Randfleck (in der ersten Seitenrandzelle) der Vorderflügel
ist ausserdem in zwei zerfallen. Die Unterseite ist wie die Oberseite gezeichnet. Die Grösse soll etwas geringer sein als die von
*arruana*, doch variiren alle Formen darin bedeutend.

Vorkommen: Nordaustralien (Cap York).

**7.  *Ornithoptera priamus* L. var. *cronius* FELD.**

Das Männchen dieser Abart steht nach DE HAAN's Beschreibung
der Varietät *pronomus* sehr nahe, ist aber dadurch von ihr verschieden,
dass erstens auf der Oberseite der Hinterflügel die schwarzen
Flecken ganz fehlen, dass dann auf der Unterseite der Vorderflügel die zwei Fleckenreihen der Seitenrandzellen durch breitere
schwarze Bänder getrennt sind, und dass die Hinterflügel unten
gegen den Hinterrand zu gewölbt sind, während die goldgelben Flecken

---

1) Abgebildet bei GRAY, a. a. O., Taf. I, Fig. 1 und 2.

fehlen und die schwarzen Flecken kleiner sind. Grösse wohl wie von *pronomus*.

Das Weibchen scheint noch unbekannt.

Vorkommen: Neuguinea (Südwestküste).

### 8. *Ornithoptera priamus* L. *var. pegasus* FELD. [1]).

Männchen: Oberseite der Vorderflügel. Der obere und untere grüne Streifen wie bei *arruana*, nur ist das Grün nicht goldig, sondern dunkel metallisch. Die ganze Medianader, die drei Discocellularadern und die beiden Radialadern sind ebenfalls metallisch grün.

Die Oberseite der Hinterflügel ist dunkel metallisch grün mit schmaler schwarzer Randeinfassung und je einem schwarzen Fleck in der dritten und vierten Randzelle.

Die Vorderflügel zeigen auf der Unterseite in der Mittelzelle einen grossen, mehr als die Hälfte der Zellen einnehmenden, keulenförmigen grünen Fleck und acht grüne Flecken in den Randzellen, deren fünf letzte in der Mitte eine schwarze runde oder halbmondförmige Makel zeigen.

Die Hinterflügel sind ebenfalls grün mit sechs runden Flecken in den Randzellen.

Kopf, Brust u. s. w. wie bei *arruana*. Flügelspannung `140 mm.

Weibchen: Vorderflügel oben dunkelbraun. Mittelzelle mit etwas gezackter Mittelbinde von derselben Breite wie bei *arruana*. Die beiden ersten Randzellenflecken (in Vordergabelzelle und Gabelzelle) nur halb so gross wie die beiden folgenden (in Hintergabelzelle und erster Seitenrandzelle), sonst entsprechen die Randzellenflecken denen von *arruana*.

Hinterflügel oben braun, zweite und dritte Randzelle mit kleinen weissen Flecken, in den übrigen Randzellen haben sich die weissen Flecken so vergrössert, dass sie seitlich zusammenstossen und die ganze untere Hälfte des Hinterflügels in der Hauptsache weiss erscheint. Nur eine schmale schwarze, bogige Einfassung und schwarze U-flecken in der vierten bis siebenten Randzelle sind geblieben. Die untere Hälfte der weissen Flecken ist braun bestäubt.

Die Vorderflügel sind unten wie oben, nur sind die Flecken unten grösser und mehr weiss.

---

1) Abgebildet bei FELDER, a. a. O., Taf. II, und bei KIRSCH s. folgende Anmerkung.

Die Unterseite der Hinterflügel ist ebenfalls wie die Oberseite, nur sind hier die beiden obersten Flecken und die Aussenhälften der übrigen dottergelb und die Adern dunkel.

Kopf und Brust wie bei *arruana*, Hinterleib weisslich-grau. Flügelspannung 200 mm.

Kirsch [1]), welchem ein grösseres Material von Weibchen dieser Varietät zu Gebote stand, giebt an, dass dieselben in Grösse, Färbung und Zeichnung sehr variiren. So kann z. B. in der Mittelzelle der Hinterflügel ein weisser Fleck auftreten, welcher in der Grösse von einer punktförmigen Makel bis zu einem das Spitzendrittheil einnehmenden Fleck wechselt. Bei Stücken, welche diese Zeichnung zeigen, rückt dann auch das Weiss in den vorderen und hinteren Randzellen weiter nach innen, so dass die ganze Spitze der Mittelzelle davon umgeben ist, oder das Weiss reicht nur in der sechsten Randzelle bis an die Mittelzelle, und die Zeichnung der Vorderflügel ist dann abweichend. Namentlich ist es der Fleck der Mittelzelle, welcher sehr variirt, derselbe kann sehr gross, ja selbst in mehrere Längsflecken getheilt sein, oder er ist klein und kann sogar ganz verschwinden. Ausserdem kann auch in der Zeichnung der Hinterflügel Gelb auftreten.

Eine sehr interessante Abirrung bildet Kirsch (l. c., Taf. V, Fig. 1) ab. Bei ihr ist der Fleck der Mittelzelle der Vorderflügel gelb, von goldgrünen Atomen eingefasst. Auch die Flecken der Randzellen der Hinterflügel sind durchweg gelb, und an der Unterseite zeigt sich in der zweiten Randzelle innen neben dem gelben Fleck noch ein grüner Halbmond. Man ist beinahe versucht, hier an einen Fall von Hahnenfedrigkeit zu denken.

Bei einem ebenfalls abgebildeten Exemplare (Taf. V, Fig. 2) ist auf den Vorderflügeln nicht nur der weisse Fleck der Mittelzelle vollkommen geschwunden, sondern in den Randzellen zeigt sich nur noch die äussere Fleckenreihe, und auch die Flecken in den Randzellen der Hinterflügel sind sehr rückgebildet, wobei noch zu bemerken ist, dass auch die schwarzen Randflecken in ihnen sehr klein sind.

Es ist dieses Variiren dieser Abart deshalb sehr bemerkenswerth, weil es in denselben Richtungen, in welchen die constanteren Varietäten des *priamus* von einander abweichen, geschieht. Das individuelle

---

1) Th. Kirsch, Beitrag zur Kenntniss der Lepidopteron-Fauna von Neu-Guinea, in: „Mittheilungen aus dem K. Zoologischen Museum zu Dresden". Zweites Heft, Dresden 1877.

Variiren entspricht vollkommen dem Variiren der Abarten untereinander, ebenso wie dem Variiren der Arten. Wir können aus dem Variiren der einzelnen Individuen schliessen, wie die Arten beschaffen sein werden, welche sich aus einer bestehenden Art bezw. Abart herauszubilden im Begriff sind.

Vorkommen: Nord- und Westneuguinea.

### 9. *Ornithoptera priamus* L. *var. poseidon* DOUBL.[1])

Nach FELDER unterscheidet sich diese Varietät von der vorhergehenden dadurch, dass bei den Männchen die grünen Flecken der Unterseite der Oberflügel, namentlich in der Mittelzelle, kleiner sind, ebenso die schwarzen Flecken der Unterseite der Hinterflügel, und dass diese vor dem Aussenrande bronzegelb gefärbt sind. Das Weibchen scheint noch unbekannt.

Vorkommen: Darnleyinsel.

### 10. *Ornithoptera priamus* L. *var. archideus* GRAY.

Das Weibchen dieser Localform des *priamus* von der Insel Waigiou hat in der Mittelzelle der Vorderflügel einen kleineren Fleck, während die Mittelzelle der Hinterflügel einen Flecken zeigt und die Keilflecken in den Randzellen der letzteren kleiner sind (FELDER).

### 11. *Ornithoptera priamus* L. *var. croesus* WALL.[2]).

Männchen: Der obere goldgelbe Streifen erstreckt sich auf der Oberseite des Vorderflügels fast über die ganze Mittelzelle und dementsprechend auch über den inneren Theil der ersten Seitenrandzelle. Der ebenfalls goldgelbe untere Streifen ist nur wenig entwickelt, er erreicht kaum die Mitte des Flügelunterrandes, und nur ausnahmsweise zeigen sich noch Spuren am Seitenrande des Flügels.

Der Hinterflügel ist oben ebenfalls goldgelb mit schmalem schwarzen Rande und 1 bis 4 kleinen schwarzen Flecken. Ausserdem

---

1) Abgebildet bei WESTWOOD, in: The Cabinet of Oriental Entomology, t. XI (1848).

2) Abgebildet bei GRAY, in: Proc. Zool. Soc. London 1859, t. LXVIII, LXIX, und bei FELDER, in: Wiener Entomologische Monatsschrift, Bd. 3, Taf. VI, Fig. 1 (1859).

finden sich vor ihnen 1 bis 4 rein gelbe Flecken, welche von der
Unterseite durchscheinen, und ebenso in der zweiten, dritten und
vierten Randzelle, sowie in der Mittelzelle gelbe Basalflecke.

Auf der Unterseite ist die Zeichnung des Vorderflügels
der von *priamus* ähnlich: doch ist in der Mittelzelle nur der untere
Fleck entwickelt, die Flecken der Seitenrandzellen sind breiter, schwarz
unterbrochen, und das Grün der Flecken hat einen Stich in's Gelbe.

Der Hinterflügel zeigt unten die vorhin erwähnten gelben
Flecken, und sein ganzes Geäder ist mit Ausnahme der Submedianader und dem unteren Theile des ersten Medianaderastes schwarz
umrandet. Die schwarzen Flecken der Randzellen sind meist gut entwickelt, doch kann sich auch eine Verschiedenheit in der Zahl derselben zwischen beiden Hinterflügeln zeigen. So hat das mir vorliegende
Exemplar auf dem rechten Hinterflügel 7, auf dem linken nur 6 schwarze
Flecken. Das Grün der Hinterflügel ist ebenfalls etwas gelblich.

Kopf, Brust, Beine wie bei *priamus*. Hinterleib gelb
mit einer Reihe schwarzer Seitenflecken und schwarzem Analfleck.
Flügelspannung 130 mm.

Weibchen: Vorderflügel oben dunkelbraun, die Binde
der Mittelzelle sehr schmal. Nur die beiden ersten der gezeichneten
Randzellen mit einem Flecke, von denen der der ersten ziemlich lang
ist und in der Innenhälfte der Zelle liegt, während der der zweiten
Gabelzelle kurz ist und mitten in der Zelle liegt. Die übrigen Randzellen zeigen wenigstens gewöhnlich je zwei Flecken, welche in zwei
Längsreihen angeordnet sind, manchmal verschwindet aber die innere
Reihe derselben mit der Binde der Mittelzelle vollständig. Die Flecken
sind meist dreieckig oder ähneln einer Lanzenspitze. Sie sind sämmtlich braun überstäubt.

Hinterflügel oben dunkelbraun. Die zweite und dritte
Randzelle nur mit je einem gelben viereckigen Flecken, der der
zweiten ziemlich klein. Die Flecken der vierten und fünften Randzelle sind durch einen U-förmigen, unten ausgehöhlten schwarzen Fleck
in je zwei, einen oberen keilförmigen und einen unteren mehr oder
weniger viereckigen, getheilt. Auch die keilförmigen Flecken der
sechsten und siebenten Randzelle sind durch U-Flecken beinahe in zwei
Theile getheilt, und die achte Randzelle ist in ihrem unteren Viertel
hell. Sämmtliche Flecken zeigen nach dem Aussenrande zu mehr oder
weniger Gelb und sind braun bestäubt.

Die Unterseite der Vorderflügel ist wie die Oberseite,
mit Ausnahme davon, dass die Farben reiner sind und die Flecken

der Innenreihe, namentlich in der zweiten, dritten und vierten Seitenrandzelle, grösser sind als auf der Oberseite.

Die Hinterflügel sind unten wie oben gezeichnet, nur fehlt
die braune Bestáubung.

Kopf, Brust u. s. w. wie bei *richmondia*. Flügelspannung
185 mm.

Vorkommen: Batjan (Nordmolukken).

## 12.  *Ornithoptera priamus* L. *var. lydius* FELD.[1]).
### ♀ Fig. 5, Taf. XX.

Das Männchen dieser Varietät ähnelt dem *croesus* sehr: die
Zeichnung ist bis auf den noch weniger entwickelten unteren Streifen
des Vorderflügels gleich, nur ist die Färbung der Streifen goldorange.

Auch die gelben Flecken des Hinterflügels gehen mehr ins
Orangefarbene über, und die schwarzen Flecken sind auch auf der
Oberseite deutlich.

Die Unterseite beider Flügel bis auf die andere Färbung wie
bei *croesus*.

Kopf, Brust u. s. w. wie bei *croesus*. Flügelspannung
155 mm.

Das Weibchen hat auf der Oberseite schwarze Vorder-
flügel, die Mittelzelle ist bis auf die Randeinfassung und eine schmale
von der Flügelwurzel auf den dritten Subcostaladerast gerichtete
Linie weissgrau. In der vierten Vorderrandzelle ein vom Grund aus-
gehender, schmaler, grauweisser Streifen von etwa $1/4$ der Zellenlänge.
In allen übrigen in Betracht kommenden Zellen zwei Reihen von
Flecken, von denen die inneren bis auf den in der Gabelzelle mehr
oder weniger U-Form zeigen. Die Flecken der äusseren Reihe sind
meist dreieckig, nur der in der fünften Seitenrandzelle ist deutlich
aus zwei Flecken zusammengeflossen.

Der Hinterflügel zeigt eine in der Hauptsache grauweisse
Färbung, nur die Adern und ihre Umgebung sind schwarz, ebenso wie
die Randeinfassung und eine Reihe von schwarzen U-Flecken in den
Randzellen mit Ausnahme der zweiten, welche zwei durch ein schwarzes
Querband getrennte weissgraue Flecken zeigt.

Die Unterseite ist wie die Oberseite, nur sind die Flecken
reiner weiss.

Kopf und Brust wie gewöhnlich, Hinterleib grau, an den

---

1) Abgebildet bei FELDER, in: Reise der Novara a. a. O., Taf. III.

Seiten mit Gelb gemischt, über denselben ziehen sich drei Reihen schwarzer Strichflecke hin. An den Seiten die gewöhnliche schwarze Punktreihe. Flügelspannung 190 mm.

Vorkommen: Halmahera (Djilolo).

### 13.  *Ornithoptera priamus* L. var. *urvilliana* GUÉR. [1]).

Männchen. Die Oberseite der Vorderflügel ist wie bei *priamus* gezeichnet, nur sind die Streifen nicht goldgrün, sondern blau.

Die Hinterflügel sind oben blau, schwarz bestäubt mit mehr oder weniger schwarzen Flecken in den Randzellen und schwarzer Randeinfassung. Der gelbe U-Fleck, welcher sich wieder zeigt, ist etwas in die Länge gezogen.

Die Vorderflügel zeigen unten die Zeichnungsverhältnisse von *euphorion*, nur sind die Flecken blau statt grün.

Die Hinterflügel sind unten in der Mitte blau, nach aussen zu geht das Blau in Grün über. Der untere Theil der achten Randzelle ist gelb. Die schwarzen Flecken sind in der Zahl von sieben vorhanden.

Kopf, Brust u. s. w. wie bei *cassandra*. Flügelspannung 140 mm.

Die Weibchen zeichnen sich nach STAUDINGER durch matt rauchgraue Färbung und verhältnissmässig wenige und kleine weisse Flecken aus.

Vorkommen: Neu-Mecklenburg.

––––––––

Die Varietäten *boisduvalii* MONTR. von der Insel Woodlark und *triton* FELD. von Rawak sind mir unbekannt geblieben, wie auch die im Vorstehenden erwähnten Varietäten *cronius*, *poseidon* und *archideus* in der folgenden Uebersichtstabelle nicht berücksichtigt wurden, da ich dieselben nur aus den kurzen Bemerkungen FELDER's kenne.

––––––––

1) Abgebildet bei GUÉRIN: Voyage de la Coquille. Zoologie. t. XIII, f. 1. 2 (1829), bei BOISDUVAL, Species général des Lépidoptères I, t. XVII, f. 1 (1836), und bei d'ORBIGNY, Dictionnaire d'Histoire naturelle, Atlas, Zoologie II, Lepidoptères, t. I (1849).

## Schlüssel zur Bestimmung der Hauptvarietäten von *Ornithoptera priamus* L.

### A) Männchen.

1. Vorderflügel oben grün gezeichnet . . . . . . . . . . 2
   „ „ gelb „ . . . . . . . . . 8
   „ „ blau „ . . . . . . . . . *urvilliana*
2. Medianader und ihre Aeste auf dem Vorderflügel schwarz 3
   „ „ „ „ zum Theil grün . . . . 5
3. Der grüne Streifen am Seitenrand des Vorderflügels erstreckt sich über $^3/_4$ des Seitenrandes . . . . . . 4
   Derselbe erstreckt sich nur über etwa die Hälfte des Seitenrandes . . . . . . . . . . . . . . . *richmondia*
4. In der fünften Randzelle des Hinterflügels vor dem schwarzen Fleck nach aussen zu ein Goldfleck . . . *priamus*
   Daselbst kein Goldfleck . . . . . . . . . . . . *cassandra*
5. Nur die Medianader und ihre Aeste mehr oder weniger grün . . . . . . . . . . . . . . . . . . . . 6
   Auch die obere und untere Radialader grün . . . . *pegasus*
6. In den Randzellen des Hinterflügels vor den schwarzen Flecken keine Goldflecke . . . . . . . . . . 7
   Daselbst Goldflecken . . . . . . . . . . . . . *euphorion*
7. Der obere grüne Streifen des Vorderflügels ziemlich gleichbreit . . . . . . . . . . . . . . . . . . . *arruana*
   Derselbe unten von der Mitte an verschmälert . . . *pronomus*
8. Vorderflügel goldgelb gezeichnet . . . . . . . . *croesus*
   „ oraniengelb „ . . . . . . . . *lydius*

### B) Weibchen.

1. Mittelzelle der Vorderflügel mit einem hellen Querband 2
   „ „ „ ganz weissgrau . . . . *lydius*
   „ „ „ dunkelbraun, höchstens mit einem kleinen Fleck in der Oberhälfte . . . . . . *priamus*
2. Innerer unterer Theil der Hinterflügel mit mehr oder weniger von einander getrennten Flecken . . . . . 3
   Derselbe ganz hell mit dunklem Rande . . . . . . *pegasus*
3. Querbinde der Mittelzelle bedeutend weniger als $^1/_3$ derselben einnehmend . . . . . . . . . . . . . 4
   Dieselbe etwa $^1/_3$ einnehmend . . . . . . . . . 5

4. Querbinde etwa $^1/_5$ der Mittelzelle einnehmend . . . *richmondia*
    Dieselbe nur ein schmaler Streifen . . . . . . . *croesus*
5. Flügelspannung etwa 160 mm . . . . . . . . . *arruana*
    „     „ 140 mm . · . . . . . . . *pronomus*

    Es sei zu dieser Tabelle bemerkt, dass sie namentlich in ihrem zweiten Theile nur für typische Exemplare gilt. In Betreff der Weibchen der var. *pegasus* und *croesus* sei auf das in der Beschreibung Gesagte verwiesen.

    Im Allgemeinen lässt sich über die Zeichnungsverhältnisse der verschiedenen *priamus* - Formen Folgendes sagen: Die ursprünglichere Zeichnung haben, wie dies im Thierreich allgemein stattfindet, die Weibchen, während die Männchen nur noch auf der Unterseite entsprechend den Weibchen gezeichnet sind, ihre Oberseite aber eine weit vorgeschrittenere Zeichnung aufweist, welche sich nicht direct aus der Zeichnung der Unterseite ableiten lässt.

    Als ursprünglichste Form der *priamus* würde aus Gründen, die allerdings erst aus dem Folgenden recht klar werden dürften, eine solche anzusehen sein, bei welcher die Mittelzelle des Vorderflügels drei von aussen nach innen hinter einander gelagerte helle Flecken zeigte, während in den Randzellen von der Vordergabelzelle an bis zur fünften Seitenrandzelle sich zwei Reihen heller Flecken fänden. Der Hinterflügel würde in der Mittelzelle wahrscheinlich auch einen oder mehrere helle Flecken zeigen, während die Randzellen gleichfalls zwei Reihen von Flecken aufwiesen. Am nächsten kommt dieser hypothetischen Urform das Weibchen der var. *lydius* FELD. Zwar fehlen dieser Varietät die vorausgesetzten drei Flecken der Mittelzelle und ist ein einziger, die ganze Zelle erfüllender vorhanden, aber dafür zeigt sich in den Randzellen der Vorderflügel durchweg die geforderte Zeichnung, und auch die Hinterflügel verhalten sich entsprechend. .

    Das bis jetzt bekannte Material genügt nun nicht zur Entscheidung · der Frage, ob die Weiterbildung der Zeichnung in der Weise vor sich gegangen ist, dass aus einer ursprünglich mit drei Flecken in der Mittelzelle ausgestatteten Urform durch allmähliches Schwinden des inneren und des äusseren Fleckens die gewöhnlichen, nur mit einer Mittelbinde versehenen übrigen Varietäten des *priamus* hervorgegangen sind, oder ob vielmehr durch eine allmähliche, seitliche Einengung des grossen *lydius*-Fleckens sich die betreffende Binde gebildet hat. Das Letztere, also eine secundäre Bildung erscheint mir als das Wahrscheinlichere, wenigstens deutet das darauf hin, dass bei den Männchen der verschiedenen *priamus* - Varietäten auf der Unterseite der

Vorderflügel die Mittelzelle einen sie der Länge nach einnehmenden Streifen zeigt; nur bei der als ächter *priamus* bezeichneten Form, sowie bei der ostaustralischen *cassandra* und der nordaustralischen *pronomus* findet sich in dem äusseren Drittel der Zelle ein dem geforderten äussersten der Mittelzellflecken entsprechender grüner Fleck, aber auch dieser lässt sich ohne Zwang aus einem die ganze Mittelzelle einnehmenden Flecken ableiten.

Die Querbinde der Mittelzelle zeigt bei den verschiedenen Weibchen eine sehr verschiedene Ausbildung: bei dem ächten *priamus*-Weibchen ist sie ganz oder fast ganz geschwunden, auch bei der Varietät *croesus* und bei *pegasus* kann sie fehlen, während sie bei *arruana* und den meisten *pegasus* noch über etwa ein Drittheil der Mittelzelle sich erstreckt. Bei *richmondia*, *pronomus* und *euphorion* zeigt sie sich schon schmäler, bei den typischen *croesus*-Weibchen ist sie bis auf ein ganz schmales Band zurückgegangen oder kann auch, wie eben erwähnt, ganz fehlen, was um so mehr auffallen muss, als sonst diese Form gerade noch recht ursprüngliche Verhältnisse zeigt.

Vergleichen wir nun dieses Verhalten der einzelnen Formen mit ihrer geographischen Vertheilung, so fällt zuerst auf, dass gerade bei zwei räumlich nur wenig von einander getrennten Formen, welche, wie nebenbei bemerkt, durch ihre Männchen sich als sehr nahe verwandt erweisen, bei den beiden Varietäten *lydius* und *croesus*, sich in dieser Beziehung so grosse Gegensätze zeigen. Dagegen ergiebt sich, wenn wir die Verbreitung von *lydius, arruana, pegasus* (typisch), *pronomus, euphorion* und *richmondia* betrachten, wie die Binde nach Süden zu allmählich schmäler wird; *priamus* schliesst sich an *croesus* an.

Weiter ist zu bemerken, dass, während im Allgemeinen die Flecken der inneren Reihe in den betr. Randzellen des Vorderflügels die grösseren sind, auch hierin *croesus* ♀ und die erwähnte Abart von *pegasus* wieder eine Ausnahme machen: bei ihnen sind sie bedeutend kleiner als die der Aussenreihe und offenbar im Schwinden begriffen, wie sich auch daraus ergiebt, dass sie in einzelnen Exemplaren vollkommen fehlen. Ein derartiges Schwinden einzelner Flecken der Innenreihe ist aber auch bei den übrigen Varietäten zu beobachten. So ist es namentlich wieder der ächte *priamus*, dessen Weibchen in dieser Beziehung als am weitesten umgebildet sich erweist. Hier erscheint der Fleck der Innenreihe in der ersten Seitenrandzelle schon ganz geschwunden, und in der zweiten und dritten ist er offenbar im Schwinden begriffen. Die beiden letzteren Flecken haben auch bei den anderen Varietäten Neigung zum Schwinden. In der Hintergabelzelle zeigen die beiden

Flecken die Neigung, sich zu vereinigen, nur bei *lydius* und *croesus* sind sie beide getrennt, bei allen andern mir bekannten Abarten sind sie vereinigt.

Im Allgemeinen zeigt sich bei den Weibchen der *priamus*-Formen auf der Oberseite der Vorderflügel die Neigung zum Einfarbigwerden, und zwar geschieht dieses Einfarbigwerden dadurch, dass sich in die hellen Flecken sie überstäubendes Pigment einlagert. Durch Vermehrung dieses Pigments (gewöhnlich von aussen) her werden die hellen Flecken kleiner und verschwinden einzelne derselben.

Die Unterseite der Vorderflügel bei den *priamus*-Weibchen zeigt insofern eine ursprünglichere Zeichnung, als die Flecken auf derselben noch grösser und weniger bestäubt sind, aber auch zeigt sich die Vermehrung des Pigments hauptsächlich von aussen her.

Auf dem Hinterflügel zeigten ausser *lydius*, dessen Mittelzelle zum grössten Theil hell ist, nur noch *euphorion* und *pegasus* theilweise in der Mittelzelle an ihrer äusseren Spitze einen kleinen hellen Fleck, bei allen übrigen Arten ist die Mittelzelle schon vollkommen dunkel geworden.

Es ist dies Erhalten eines hellen Fleckes in der Mittelzelle bei einer sonst schon ziemlich vorgeschrittenen Form, wie es das Weibchen von *euphorion* gegenüber anderen Weibchen der *priamus*-Gruppe ist, ein schönes Beispiel dafür, mit welcher Zähigkeit immer und immer wieder einzelne kleine Eigenthümlichkeiten der Zeichnung sich erhalten, bezw. wieder auftreten können. Zu gleicher Zeit beweist dieses Erhaltenbleiben kleiner Zeichnungsreste die Wichtigkeit derselben für die Erkenntniss des Zusammenhanges der Formen.

Die zweite Randzelle hat ausser bei *lydius* den inneren hellen Fleck verloren, die dritte zeigt ihn nur noch bei *lydius* un d *richmondia* und bei *croesus* ist er selbst in der vierten im Schwinden begriffen. Auch in der achten Randzelle geht gewöhnlich der innere helle Fleck verloren, nur bei *lydius, arruana* und *euphorion* ist er noch erhalten, bei *priamus* im Schwinden begriffen.

In den übrigen Randzellen bleiben meist in der Mitte des grossen, durch Verschmelzung je eines inneren mit einem äusseren entstandenen Fleckes runde dunkle Flecken als Reste der ursprünglich theilenden Binde übrig. Diese dunklen Flecken sind bei den verschiedenen Varietäten verschieden gross, am grössten bei *priamus*, am kleinsten bei dem typischen *peyasus*. Bei allen Varietäten zeigt sich aber auf dem Hinterflügel ebenso wie auf dem Vorderflügel die Bestäubung von aussen nach innen im Vorrücken begriffen und damit die Neigung zum

Einfarbigwerden. *Priamus* und *croesus* bezw. die erwähnte zweite Abart von *pegasus* sind auch hier wieder am weitesten voran. Alle hier in Frage stehenden Veränderungen werden aber erst dann ganz klar werden, wenn wir die Weibchen sämmtlicher Localvarietäten des *priamus* mit ihren zahlreichen Abänderungen kennen werden. Nur so viel ist jetzt schon mit Gewissheit zu sagen, dass das grosse Variiren auf ein rasch vor sich gehendes phyletisches Wachsen der Art hindeutet, und dass das Ziel dieses Wachsens bei den Weibchen auf Einfarbigwerden gerichtet ist.

Anders ist es bei den Männchen. Wie wir sehen werden, sind hier die Varietäten schon zu einer grossen Stetigkeit gelangt, und verhältnissmässig kleine Unterschiede trennen sie von einander. Wir haben zuerst den oberen goldgrünen Streifen oder, wie er wohl passender genannt werden kann, den oberen Prachtstreifen zu betrachten. Derselbe zeigt bei der grünen und der blauen Varietät beinahe überall dieselbe Gestalt, nur bei der Varietät *pronomus* ist er in der Mitte unten eingebuchtet. Anders ist es bei den beiden gelben Varietäten. Hier ist er in der Mitte stark verbreitert, so dass er fast die ganze Mittelzelle einnimmt. Entstanden sein dürfte der obere Prachtstreifen aus den Flecken, welche die Weibchen in der Vordergabelzelle und der Gabelzelle zeigen, und aus einem Theil der Binde der Mittelzelle. Es weist auf diese Art der Entstehung auch die Zeichnung der Unterseite des Vorderflügels hin.

Der untere Prachtstreifen ist bei den einzelnen Abarten verschieden gestaltet. Während er bei *priamus, pegasus, arruana* und *euphorion* sowie bei der blauen *urvilliana* fast bis zu dem oberen Prachtstreifen hinaufreicht, zeigt er sich bei *richmondia* schon bedeutend verkürzt, bei *cassandra* ist er länger als bei *richmondia*, aber kürzer als bei *priamus*. Einzelne Varietäten zeigen auch eine mehr oder weniger ausgesprochene Zackung des Innenrandes des unteren Prachtstreifens, bei *cassandra* ist auch der Aussenrand stark gezackt. Auffallend ist es, dass bei den beiden gelben Varietäten *croesus* und *lydius*, bei welchen, wie schon erwähnt, der obere Prachtstreifen so stark sich verbreitert hat, der untere bis auf ein kleines Stück an der Flügelwurzel verschwunden ist. Es steht dies Sich-vergrössern und -verkleinern in Correlation, wie wir bei der Betrachtung der den *priamus*-Varietäten nahestehenden Art O. *tithonus* sehen werden. Seine Entstehung verdankt der untere Prachtstreifen, wenigstens in seinem äusseren und oberen Theile, der äusseren Fleckenreihe der Randzellen; den unteren Theil

kann man nicht direct aus der Zeichnung der Weibchen ableiten, die
Art seiner Entstehung wird aber später ebenfalls klar werden.

Auf der Unterseite der Vorderflügel sind die Zeichnungsverhältnisse leicht auf diejenigen der Weibchen zurückzuführen. Wir haben
die zwei Reihen Flecken in den Randzellen und in der Mittelzelle
einen grünen Fleck, welcher allerdings bei den verschiedenen Varietäten
verschieden gross, verschieden gelegen und verschieden gestaltet ist.
Nur, wie es scheint, beim ächten *priamus* von Amboina sind die beiden
Fleckenreihen der Randzellen nicht durchweg getrennt.

Der Hinterflügel zeigt auf seiner Oberseite eine der der Weibchen
im Wesentlichen entsprechende Zeichnung. Die schwarze Randeinfassung ist schmäler geworden, das ganze Feld des Hinterflügels
ist hell, und nur einzelne der schwarzen Flecken haben sich in der
Mitte der Randzellen erhalten. Die meisten Flecken zeigen *euphorion*
und *richmondia*, wo deren noch 5 von der zweiten bis zur sechsten
Randzelle vorkommen; bei den übrigen Abarten kommen einzelne dieser
Flecken in Wegfall, und zwar bei *priamus* der der zweiten Randzelle,
bei *arruana* der der sechsten. Bei *cassandra* ist auch der Fleck der
fünften Randzelle schon im Schwinden begriffen. *Pronomus* zeigt nur
in der dritten bis fünften Randzelle Flecken, während *pegasus* nur
noch zwei in der dritten und vierten Randzelle zeigt und bei *cronius*
gar keine mehr vorhanden sind. Auf die blauen und gelben Varietäten
komme ich später zu sprechen. Eine Auszeichnung, welche einzelne
der grünen ferner aufweisen, besteht darin, dass sich vor einzelnen
der schwarzen Flecken nach aussen zu noch kleine goldgelbe runde
Flecken in den Randzellen finden, so bei *priamus* in der vierten oder in der
vierten und fünften, bei *euphorion* in der dritten, vierten und fünften. Bei
*richmondia* können die goldgelben Flecken sich von der dritten bis zur
sechsten Randzelle finden, aber auch ebenso ganz fehlen. Ausserdem
findet sich bei den meisten Abarten des *priamus* noch neben dem
schwarzen Fleck in der zweiten Randzelle nach innen ein U-förmiger
Goldfleck. Derselbe fehlt, soviel mir bekannt, nur der Varietät *pegasus*,
und bei *arruana* ist er ziemlich verkleinert. Auf der Unterseite zeigt
der Hinterflügel im Allgemeinen die Verhältnisse der Oberseite, nur
sind die Flecken der Randzellen grösser und im Allgemeinen in der
Zahl von 7 erhalten, nur *pegasus* und *priamus* haben 6.

Das Widerspiegeln oder richtiger Erhaltenbleiben der ursprünglichen Zeichnung der Weibchen auf der Unterseite der Männchen ist
eine bei den Schmetterlingen, die Geschlechtsdimorphismus zeigen,
sehr verbreitete Erscheinung. Wir finden sie, um nur einige wenige

Beispiele anzuführen, unter den Pieriden bei *Delias rosenbergi* VOLL. und *candida* VOLL., unter den Nymphaliden bei *Eunica flora* FELD., *Apatura lucasii* DOUBL. HEW. und *Myscelia orsis* DRUR.

Ich will hier kurz auf eine Betrachtung des Werthes einzelner der aufgestellten *priamus*-Varietäten eingehen, an der Hand der Bemerkungen, welche OBERTHÜR in dem von ihm veröffentlichten Catalog seiner Papilionidensammlung gemacht hat.

OBERTHÜR[1]) unterscheidet nur 3 grüne Varietäten neben dem ächten *priamus* von Amboina und Ceram, als deren erste er als geographische Form die von Papuasien bezeichnet und in welcher er *arruana* und *pegasus* zusammenfasst. Als Grund führt er an, dass alle möglichen Uebergänge zwischen *arruana* und *pegasus* existirten, eine Angabe, welche mit der KIRSCH'schen Beschreibung nicht recht stimmt; denn nach ihm hat *pegasus* ♂ nur zwei, höchstens drei schwarze Flecken auf der Oberseite der Hinterflügel, während *arruana* deren stets vier besitzt. Ausserdem lagen OBERTHÜR nur ein Männchen und vier Weibchen von den Arru-Inseln vor, sein übriges Material stammte von Neuguinea. Von den vier Weibchen sagt nun aber OBERTHÜR ausdrücklich, dass sie sich sehr gleichen[2]), und sein Männchen von den Arru-Inseln ist auch vollkommen der FELDER'schen Abbildung gleich, während, wie schon vorher hervorgehoben, namentlich die Weibchen von *pegasus* sehr abändern. Es scheint mir nun nicht anzugeben, eine so beständige Ortsabart, wie es *arruana* entschieden schon geworden ist, mit einer noch wenig fest herausgebildeten und schwankenden Abart wie *pegasus* zusammenzuwerfen, wenn letztere auch Uebergänge zu ersterer zeigt: es ist vielmehr erstere als schon fest herausgebildete von der unbeständigen zu unterscheiden.

Als zweite „geographische Uebergangsform" fasst OBERTHÜR *Ornithoptera poseidon* WESTW. und *pronomus* GRAY zusammen, da ihm aber von jeder Form nur je ein Männchen und Weibchen vorgelegen hat, dürfte sein Schluss, dass *poseidon* dem *pegasus*, *pronomus* der *arruana* entspreche, doch etwas voreilig sein. Die übrigen grünen Varietäten, mit Ausnahme von *richmondia*, welche er als die geographische Form von Australasien bezeichnet, übergeht er. Die beiden gelben Formen *croesus* sowohl wie *lydius* und die blaue *urvilliana* fasst er als besondere Arten auf, was meines Erachtens bei der geringen Bedeutung, welche man der Färbung zuschreiben kann, ebenfalls nicht angeht.

---

1) Études d'Entomologie IV, 1879, p. 27 ff.
2) a. a. O., p. 110.

Zu der *priamus*-Gruppe werden noch drei Formen gezählt, welche erst seit kurzem in beiden Geschlechtern bekannt geworden sind. Es sind dies *Ornithoptera tithonus* HAAN, *victoriae* GRAY und *reginae* O. SALVIN. Ich will dieselben im Folgenden kurz beschreiben.

### *Ornithoptera tithonus* HAAN.

♂ Fig. 6, Taf. XX, ♀ Fig. 1, Taf. XXL

Männchen: Oberseite der Vorderflügel sammetschwarz. Eine zu Anfang nur schmale, fast nur die Subcostalader einnehmende obere Binde, welche sich später verbreitert, um spitz an der Vorderecke des Flügels zu verlaufen, ist goldgrün. An der Stelle ihrer grössten Breite erstreckt sie sich von der Vordergabelzelle durch die Gabelzelle bis in die Hintergabelzelle. Eine zweite, mittlere grüne Binde geht durch den Mediannerven und den unteren Theil der Mittelzelle, um sich dann über die dritte und vierte und den oberen Theil der fünften Seitenrandzelle zu verbreitern, an ihrem äusseren Rande schickt sie einen spitz - dreieckigen nach oben gerichteten Fortsatz in die zweite Seitenrandzelle, in der dritten verläuft entlang der Innenhälfte des dritten Medianaderastes ein sammetschwarzer Fleck. Die dritte untere grüne Binde erstreckt sich zwischen dem Submediannerven und dem Unterrand des Flügels. Sie tritt bei *tithonus* in Correlation mit der in ihrem Anfangstheil schmalen oberen Prachtbinde breit auf (vergl. das vorher Gesagte).

Der Hinterflügel ist oben goldgrün, sammetschwarz gerandet, die äussere (obere) Hälfte der Mittelzelle und der innere Theil der zweiten, dritten und vierten Randzelle sind bis zu der Stelle, an welcher bei *priamus* die schwarzen Flecken sitzen, gelb, ebenso sind zwei gelbe Flecken in der Unterhälfte der fünften und siebenten (?) Randzelle vorhanden. In der zweiten bis vierten Randzelle finden sich die schwarzen Flecken des *priamus*.

Die Unterseite der Vorderflügel ist schwarz, in der Mittelzelle befindet sich ein dreieckiger grüner Fleck, welcher die Medianader zur Basis hat und dessen Spitze sich fast bis zum Ursprung des dritten Subcostaderastes erstreckt. In den verschiedenen Randzellen sind grössere und kleinere grüne Flecken, und zwar in den vorderen von der Vordergabelzelle bis zur zweiten Seitenrandzelle in der Mitte der Zellen, in der dritten bis fünften Seitenrandzelle fast die ganze Zelle einnehmend, mit je einem schwarzen Rundfleck versehen.

Die Unterseite der Hinterflügel entspricht der Oberseite, nur fehlt die schwarze Randeinfassung, und ausser den schon vorher erwähnten schwarzen Rundflecken in der zweiten bis vierten Randzelle finden sich noch solche in der fünften und sechsten, ebenso wie das Unterende der Mittelzelle, sowie ein an die Medianader in der achten Randzelle sich anlegender Streifen schwarz sind. Als letzte Reste der Randeinfassung zeigen sich schwarze Flecken am Ende des zweiten und dritten Medianaderastes.

Kopf und Brust schwarz, letztere mit dem Mittelgoldstreif des *priamus*, Hinterleib gelb, mit einzelnen schwarzen Flecken an der Seite. Flügelspannung 175 mm.

Weibchen[1]): Vorderflügel auf der Oberseite dunkelbraun. Fleck der Mittelzelle ziemlich gross, wie bei *arruana*. In der Vordergabelzelle, der Gabelzelle und der Hintergabelzelle die gewöhnlichen Flecken. In der ersten und zweiten Seitenrandzelle nur die äusseren Flecken erhalten, in den drei übrigen auch die inneren. Der in der fünften Seitenrandzelle gelegene äussere Fleck ist wie bei verschiedenen *priamus*-Formen in zwei Flecken zerfallen. Die Neigung zu diesem Zerfall ist bei allen *priamus*-Formen mehr oder weniger angedeutet, und es ist ein sehr bemerkenswerthes Beispiel für die Gesetzmässigkeit und Gleichmässigkeit in der Entwicklung der Zeichnung, dass die gleiche Neigung, bezw. der gleiche Zerfall des äusseren hellen Fleckes in der fünften Randzelle auch bei weit entfernten Formen der Gattung *Papilio* vorkommt, so z. B. bei einzelnen Segelfaltern. Auf der Unterseite zeigt sich ebenso, sowohl bei den *priamus*-Formen, als auch bei den Segelfaltern (von anderen Formen sehe ich für's erste ab) die Neigung, Flecken der Aussenreihe je in zwei aufzulösen. Alle Flecken schwarz bestäubt.

Hinterflügel oben dunkelbraun: in der zweiten und dritten Randzelle eigenthümlich gebogene helle Flecken, welche dadurch entstanden sind, dass die ursprünglich in ihnen enthaltenen dunklen Flecken sich nach hinten verbreitert und mit der dunklen Grundfärbung verbunden haben. In den folgenden vier Zellen die gewöhnlichen hellen Flecken mit schwarzen Rundflecken darin. Die achte Randzelle hat einen hellen, nach innen und hinten zu ausgebuchteteten Fleck,

---

1) Eine Skizze, nach welcher die Abbildung auf Taf. XXI gemacht ist, verdanke ich, wie die von *Ornithoptera reginae* ♀, der Gefälligkeit des Herrn Dr. E. Haase in Dresden. Abgebildet ist das Männchen bei de Haan, in: Verh. Nat. Ges. Ned. overz. Bez. 1840, Taf. I, Fig. 1.

der nach aussen zu den Hinterrand des Flügels erreicht und dort rahmgelb gefärbt ist. Die Flecken schwarz bestäubt.

Unterseite wohl auf beiden Flügeln wie die Oberseite.

Kopf und Brust schwarz. Hinterleibsfarbe mir nicht bekannt, doch wahrscheinlich grauweiss. Flügelspannung 190 mm.

Vorkommen: Waigiou (und Südwestküste von Neuguinea?).

### *Ornithoptera victoriae* GRAY.
♂ Fig. 2, Taf. XXI, ♀ Fig. 3, Taf. XXI [1]).

Männchen: Oberseite der Vorderflügel sammetschwarz, die inneren zwei Drittel der Mittelzelle, der hinter ihnen gelegene Theil der Flügel und ein Streif in der inneren Hälfte der vierten Vorderrandzelle goldgrün, nach hinten zu mehr goldgelb werdend. In der Vordergabelzelle, der Gabelzelle und der Hintergabelzelle je ein goldgelber Fleck. Der der Vordergabelzelle nimmt die Mitte der Zelle ein, der der Gabelzelle die inneren zwei Drittel derselben, der der Hintergabelzelle ist ein kleiner, am fünften Subcostaladerast gelegener Fleck, der sich an das äussere Ende des Fleckes der Gabelzelle anschliesst.

Hinterflügel goldgrün, schmal schwarz gerandet. In der dritten bis sechsten Randzelle von der Umrandung nach innen goldgelbe Flecken, in den drei letzten derselben ovale, dunklere, goldige Flecken.

Unterseite: Vorderflügel: Mittelzelle mit einem dem von *tithonus* ähnlichen goldgrünen Fleck. In der inneren Hälfte der vierten Vorderrandzelle ebenfalls ein goldgrüner Fleck, Vordergabelzelle mit mittlerem, dem der Oberseite entsprechendem goldgrünen Fleck, Gabelzelle ebenso, nur ist in der Mitte des goldgrünen Fleckes ein schwarzer U-Fleck. In der Hintergabelzelle ein goldgrüner U-Fleck, davor ein zur äusseren Fleckenreihe gehöriger goldgrüner runder Fleck. Ebenso sind die Zeichnungsverhältnisse in den darauf folgenden Randzellen (erste und zweite Seitenrandzelle). In der dritten bis fünften Seitenrandzelle sind nur die Flecken der inneren Reihe erhalten.

Hinterflügel: goldgrün, Adern schwarz, am Aussenrande der oberen und unteren Radialader und des zweiten und dritten Median-

---

1) Das ♂ ist zuerst abgebildet von O. SALVIN, in: Proc. Zool. Soc. 1888, Taf. IV, das ♀ von G. R. GRAY ebendaselbst, 1856, Taf. VII.

aderastes je ein schwarzer Fleck, zwischen ihnen drei goldgelbe Flecken, entsprechend denen der Oberseite.

· Kopf und Brust schwarz, letztere wohl mit goldgrünem Mittel-streif, Hinterleib oben gelbgrau, mit einzelnen dunkleren Längsstreifen auf den vorderen Segmenten.

Flügelspannung: 150 mm.

Weibchen: Oberseite der Vorderflügel dunkelschwarz-braun. Mittelzelle am Grunde bis zum zweiten Drittel gelblich, das zweite Drittel in der unteren Hälfte bis auf einen den ganzen hellen Fleck von unten her einschnürenden dunklen Fleck weiss. Die Rand-zellen von der Vordergabelzelle an bis zur vierten Seitenrandzelle mit zwei Flecken, die inneren mehr oder weniger U-förmig, die äusseren mehr dreieckig. In der fünften Seitenrandzelle nur ein äusserer vier-eckiger Fleck. Der Raum zwischen der Submedianader und dem Hinterrande des Flügels von der Wurzel an bis zur Hälfte des Hinter-randes gelb.

Hinterflügel: ebenfalls dunkel schwarzbraun, die Wurzel der Mittelzelle und der grössere Theil der ersten Randzelle gelb, die übrigen Randzellen bis auf die beiden vorletzten mit zwei Reihen weisser Flecken, inneren U-förmigen und äusseren dreieckigen. Die vorletzte Randzelle an dem ersten Medianaderaste mit langgezogenem, in der Mitte etwas eingeschnürtem Fleck.

Unterseite wie die Oberseite.

Kopf und Brust schwarz, Hinterleib ockergelb, unten schwarz.

Flügelspannung: 200 mm.

Vorkommen: Guadalcanar (Salomonsinseln) und vielleicht auch die benachbarten Florida-Inseln.

### *Ornithoptera reginae* O. Salvin.

♀ Fig. 4, Taf. XXI[1]).

Männchen: ähnlich dem von *C. victoriae*, nur sind die drei in Vordergabelzelle, Gabelzelle und Hintergabelzelle der Vorder-flügel gelegenen Flecken zu einem Dreieck verschmolzen, und ausser-dem zeigen die Hinterflügel namentlich am Aussenrand eine breitere schwarze Umgrenzung.

Weibchen: In der zweiten Vorderrandzelle von der Wurzel der Vorderflügel aus ein heller Längsstreif. Fleck der Mittelzelle

---

1) Abgebildet als *O. victoriae* von H. G. Smith, in: Rhopalocera Exotica Ornithoptera, tab. I, ♂ ♀.

viel länger als bei *O. victoriae*. Die zwei Flecken der Vordergabelzelle hinten in der Mitte noch verbunden, auch in der fünften Seitenrandzelle noch ein innerer, am ersten Medianaderast gelegener Fleck.

Hinterflügel: der Längsstreif in der zweiten Randzelle in der
Mitte von hinten ausgehöhlt. Die übrigen Seitenrandzellen wie bei
*O. victoriae*, nur die äusseren Flecken grösser und in der achten Rand-
zelle ein grosser heller Fleck, welcher einen dunklen Fleck einschliesst.

Grösse: wohl wie bei *O. victoriae*.

Vorkommen: Malaita (Salomonsinseln).

Bemerkenswerth ist das Geäder der Männchen dieser beiden Arten,
welches nicht unwesentlich von dem der anderen Formen der *priamus*-
Gruppe abweicht. Nicht nur sind die drei Medianaderäste einander
sehr genähert und endigen verhältnissmässig weit hinten am Seitenrande der Flügel, sondern auch die Discocellularadern sind verhältnissmässig sehr lang, und die mittlere ist eigenthümlich geknickt. Dass
in der Abbildung, welche SALVIN in den Proceedings von *O. victoriae*
GRAY ♂ giebt, der dritte Subcostaladerast an derselben Stelle entspringt, wie der Stiel des vierten und fünften, dürfte auf einer Ungenauigkeit des Zeichners beruhen, abgesehen davon, dass dieser
Unterschied zwischen den *priamus* einerseits und den *pompeus* andererseits, wie schon vorher bemerkt, in Vergessenheit gerathen zu sein
scheint. Im Uebrigen verweise ich in Betreff des Geäders der beiden
zuletzt beschriebenen Arten auf die Abbildung (Fig. 3, Taf. XIX),
welche genau nach der SALVIN'schen gemacht ist.

Was zunächst *Ornithoptera tithonus* DE HAAN angeht, so stellen
die Männchen dieser Art offenbar die fortgeschrittenste Form der
*priamus*-Gruppe dar. Sie zeigten einen dritten vollkommen ausgebildeten goldgrünen Streifen auf den Vorderflügeln, dessen erste Anfänge
wir in der Bestäubung der Medianader und ihrer Aeste bei *arruana*,
*pegasus* u. s. w. zu erblicken haben. Auch die Hinterflügel erscheinen
insofern weiter vorgeschritten als die meisten *priamus*-Formen, dass
sie auf ihrer Oberseite nur noch drei schwarze Flecken zeigen, und dass
auf der Unterseite die schwarze Randeinfassung fast ganz geschwunden
ist. Aber, und das ist das Eigenthümliche, während die Männchen der
Art schon vollkommen scharf von ihren Verwandten geschieden sind,
verharren die Weibchen noch völlig auf dem Zustand der *priamus*-
Weibchen, ja sie stellen nicht einmal die vorgeschrittenste Form derselben dar. Die Weibchen des ächten *priamus* mit dem ganz oder

fast ganz geschwundenen Fleck der Mittelzelle und den sehr rückge-
bildeten Flecken in den Randzellen sind entschieden weiter vorgeschritten
als die sich mehr an *arruana* anschliessenden *tithonus*-Weibchen. Wir
haben bei *tithonus* eine entschiedene Genepistase der Weibchen auf
einem phyletisch niederen Standpunkt, während die Männchen durch
Genanabase sich zu phyletisch bedeutend höheren Formen ausgebildet
haben. Es wird sich in der Folge ergeben, von welch hoher Bedeutung
dieses Verhalten für die Erklärung auch anderer Eigenthümlichkeiten
der *Ornithoptera*-Arten sowohl wie auch einzelner *Papilio*-Arten ist.

Im Uebrigen findet bei den *priamus*-Varietäten ein ähnliches Verhältniss zwischen den Männchen und Weibchen statt, wie bei *tithonus*.
Während die Männchen schon auf dem Standpunkt der Abarten an-
gelangt sind, zeigen die Weibchen, wenigstens bei der Mehrzahl der
Formen, noch ein derartiges individuelles Abändern, dass es bei Weibchen, deren Herkunft man nicht kennt, schwer oder oft auch unmöglich
ist, zu bestimmen, zu welcher Abart sie gehören (vergl. vorn das über
das Weibchen von *pegasus* Gesagte).

Anders stellen sich *Ornithoptera victoriae* und *reginae* dar. Beide
sind die ursprünglichsten Formen der Gruppe. Die Zeichnung der
Oberseite bei den Männchen lässt sich bei ihnen noch vollkommen auf
die der Unterseite zurückführen und sie giebt zugleich den vollgültigen
Beweis dafür ab, dass die von mir gegebene Ableitung der Streifen
auf der Oberseite der *priamus*-Männchen die richtige ist, wobei ich
noch bemerke, dass mir die SALVIN'sche Abbildung erst bekannt geworden ist, nachdem der Abschnitt über die Zeichnung der *priamus*
schon geschrieben war.

Der obere goldgrüne Streifen ist bei *O. victoriae*, welche ich allein
näher vergleichen kann, da mir die SMITH'sche Abbildung von *O. reginae* unbekannt geblieben ist, schon nahezu ausgebildet und nur in
seinem inneren Theile noch mit dem unteren vereinigt. Die Goldflecken auf den Hinterflügeln, welche wir als eine im Schwinden begriffene Zierde der *priamus*-Männchen beschrieben, sind bei beiden Arten
noch voll entwickelt. Dagegen fällt es auf, dass die schwarzen Flecken,
welche die *priamus*-Männchen noch in verschiedener Zahl in den Randzellen der Hinterflügel zeigen, bei *O. victoriae* sowohl wie *reginae* vollkommen geschwunden sind. Es ist aber eine nicht bloss bei den
Schmetterlingen, sondern auch bei vielen anderen Thieren weit verbreitete Erscheinung, dass bei Formen einer Gruppe eine Zeichnungsart sich erhalten kann, während dieselbe bei anderen derselben Gruppe
schon vollständig geschwunden ist, wenn letztere auch sonst tiefer-
stehende Formen darstellen, bezw. kann eine schon verschwundene

Eigenthümlichkeit in der Zeichnung atavistisch wieder bei höheren
Formen auftreten.

Die Unterseite der Vorderflügel bei den Männchen der beiden
zuletzt behandelten Arten stimmt in ihrer Zeichnungsart vollkommen
mit den übrigen Gliedern der Gruppe überein, wenn sie auch selbstverständlicherweise verschiedene Eigenthümlichkeiten zeigt. Die Hinterflügel dagegen sind in gewissen Beziehungen weiter vorgeschritten als
bei den eigentlichen *priamus*. So ist der schwarze Aussenrand bis
auf wenige an den Randadern gelegene Flecken geschwunden, und die
schwarzen Rundflecken in den Randzellen sind ganz verloren gegangen.
In dieser Beziehung gilt also auch das Vorhergesagte, denn es wird
ja selbstverständlicherweise niemand daran denken, unsere beiden
Formen etwa als die Stammeltern der übrigen auffassen zu wollen: sie
sind vielmehr nur in der Entwicklung im A l l g e m e i n e n  z u r ü c k -
g e b l i e b e n e  Formen.

Die Zeichnung der Weibchen stimmt vollkommen mit dem Typus
der Gruppe überein, und ich will nur hervorheben, dass der helle Fleck
der Mittelzelle der Vorderflügel deutliche Spuren einer Einschnürung
hat, während die Hinterflügel insofern einen ursprünglicheren Zustand
zeigen, als es bei ihnen noch nicht zur Abschnürung von schwarzen
Rundflecken in den Randzellen gekommen ist. Nur bei *O. reginae*
zeigt sich in der achten Randzelle ein solcher Fleck abgeschnürt, wie
überhaupt diese Form als die vorgeschrittenere von beiden erscheint.

Bemerkenswerth erscheint mir noch, dass die Zeichnung von der
Unterseite auf die Oberseite 'erst ziemlich vollständig durchzutreten
scheint, ehe sie auf der letzteren irgendwie weitgehendere Veränderungen
erleidet.

Es wirft sich noch die Frage auf, ob nicht etwa *Ornithoptera
tithonus* direct von Verwandten, etwa der *O. victoriae*, abzuleiten sei.
Dagegen spricht aber die weite räumliche Entfernung beider Formen
und dann die auch bei vielen anderen Schmetterlingen leicht zu beobachtende Thatsache, dass besondere Farben zuerst an den Adern aufzutreten pflegen, mithin der mittlere goldgrüne Streifen bei *tithonus*
in der Weise sich gebildet zu haben scheint, wie ich es im Vorhergehenden auseinandergesetzt habe.

Die weitere Erforschung des Gebietes der Salomonsinseln und des
Bismarckarchipels wird uns gewiss noch eine ganze Reihe Zwischenformen unserer Gruppe liefern.

Das V e r b r e i t u n g s g e b i e t  der *priamus*-Gruppe erstreckt sich,
um auch hierüber etwas Zusammenfassendes zu sagen, nach Westen etwa

bis zum 125 ° östlicher Länge von Greenwich, nach Osten geht es bis über den 160 ° hinaus, da man wohl mit Sicherheit annehmen kann, dass sich auf allen Salomonsinseln Formen der Gruppe vorfinden werden. Nach Norden zu geht die Verbreitungsgrenze etwas über den zweiten Grad nördlicher Breite, während sie nach Süden zu bis etwa zum 35 ° südlicher Breite reicht. Als eigentliches Verbreitungscentrum haben wir aber wohl die Insel Neuguinea zu betrachten, welche ja auch sonst als Stammort interessanter Thiergruppen (Paradiesvögel u. s. w.) erscheint. Während von dort aus sich die Gruppe nach Norden und Westen nur wenig ausgebreitet hat, ist sie nach Osten und namentlich auch nach Süden weit vorgerückt, so in Australien bis über den Wendekreis des Steinbocks nach Neusüdwales, wo die Form *richmondia* stellenweise recht häufig sein soll. Auffallend ist, wie auf verschiedenen nahe bei einander gelegenen Inseln, welche durch Meeresarme von nur 20 Kilometer Breite getrennt sind, wo also bei der grossen Flugfertigkeit der *Ornithoptera*-Arten eine gegenseitige Vermischung nicht ausgeschlossen erscheint, trotzdem sich so constante Abarten gebildet haben, wie z. B. *lydius* auf Halmahera und *croesus* auf Batjan.

Wir kommen nun zu der zweiten Gruppe der Gattung *Ornithoptera*, zu den Formen mit atlasartig glänzenden Hinterflügeln und ungefleckten Vorderflügeln, welche wir am besten nach der verbreitetsten Form als *pompeus*-Gruppe bezeichnen. Die Unterschiede, welche in der Beaderung und im Verhältniss des Stieles der Gabelzellenadern zu den Gabeln zwischen dieser Gruppe und der vorhergehenden bestehen, sind schon früher besprochen worden, ebenso dass die beiden Geschlechter der *pompeus*-Gruppe weniger Geschlechtsdimorphismus zeigen als die der *priamus*-Gruppe, ja im Wesentlichen bis auf die verschiedene Grösse sich gleichen. Ich beginne mit der Form, von welcher die Gruppe den Namen hat.

### 1. *Ornithoptera pompeus* Cram.

♂ Fig. 5, Taf. XXI, ♀ Fig. 6, Taf. XXI [1]).

Männchen: Vorderflügel oben sammetartig schwarzbraun, an einzelnen Adern zeigt sich eine hellere Umrandung, die jedoch bei

---

1) Abgebildet bei Cramer, a. a. O., I, Taf. XXV, Fig. A, bei Esper, a. a. O., Taf. XXIV, Fig. 2.

einzelnen Stücken fast ganz schwinden kann. Am längsten erhält sich die hellere Umrandung an den Randadern. Der Aussenrand zeigt eine feine, wo die Randadern sie erreichen, unterbrochene oder wenigstens verengerte weisse Einfassung.

Die Oberseite der Hinterflügel ist atlasartig gelb, schwarz umrandet mit schwarzen Adern. Die schwarze Einfassung erstreckt sich an der Flügelwurzel bis in die Mittelzelle und erfüllt fast die ganze zweite Randzelle, von da geht sie bogig um den Aussenrand des Flügels, um am Innenrande den äusseren nach dem Hinterleib zu gerichteten Theil der achten Randzelle einzunehmen. In den Ausbuchtungen des Hinterflügels finden sich kleine weisse Mondflecken. Vor der schwarzen Randeinfassung finden sich häufig schwarze Rundflecken in verschiedener Anzahl. Ein Exemplar zeigt deren drei in der dritten, sechsten und siebenten, ein anderes drei in der dritten, vierten (hier sehr klein) und siebenten Randzelle. Ein weiteres Exemplar hat nur zwei Flecken in der dritten und siebenten. Eine schöne Varietät endlich, die wie alle mir vorliegenden Männchen von Java stammt, zeigt auf den Hinterflügeln statt Gelb ein schönes Rothgelb, und nur die siebente Randzelle hat einen schwarzen Rundfleck [1]). Nach STAUDINGER sollen sich vier, ja auch fünf solcher Rundflecken finden.

Die Unterseite der Vorderflügel ist wie die Oberseite, nur ist im Allgemeinen die helle Umrandung der einzelnen Adern klarer und mehr weiss.

Die Hinterflügel sind unten im Allgemeinen ebenfalls wie oben gezeichnet, nur sind die weissen Mondflecken grösser.

Kopf und Brust schwarz. Wurzel der Flügel und Halsring carminroth. Hinterleib oben schwarz, unten gelb mit schwarzen Stigmen. Flügelspannung 120 mm.

Weibchen: Vorderflügel oben dunkelbraun mit heller gerandeten Adern. Die hellere Randung ist wie bei dem Männchen dunkel überstäubt, so dass es zu keiner eigentlichen Fleckbildung kommt, und die hellere Randung allmählich in die Grundfarbe des Flügels übergeht. Im Uebrigen ist die Umrandung der Adern bei den einzelnen Stücken sehr verschieden. Seitenrand zwischen den einzelnen Randadern weiss gesäumt.

---

1) Diese Form ist von OBERTHÜR in seinen Études d'Entomologie, Heft 4, p. 32, Rennes 1879, als *ab. rutilans* beschrieben und auf Taf. I, Fig. 2 desselben Heftes abgebildet worden.

Hinterflügel auf der Oberseite gelb, schwarz umrandet, wie beim Männchen, nur geht die schwarze Einfassung weiter in die Mittelzelle hinein, deren grösseren Theil sie einnimmt. Die weissen Monde in den Ausbuchtungen der Flügel grösser als beim Männchen. In den gelben Randzellen befinden sich vor der schwarzen Randeinfassung grosse schwarze Flecken, welche entweder frei sich vor der Umrandung befinden oder mit derselben zusammenstossen, so dass kleine gelbe Flecken an den Seiten der Zellen übrig bleiben.

Die Unterseite der Vorderflügel ist wie die Oberseite, nur sind die Umrandungen der Adern heller und reiner gefärbt.

Die Hinterflügel sind unten wie oben, nur sind die weissen Mondflecken grösser.

Kopf, Brust und Hinterleib wie beim Männchen. Flügelspannung 140 bis 150 mm.

Vorkommen: Die ächte *Ornithoptera pompeus* kommt nach STAUDINGER (a. a. O.) nur auf der Insel Java vor, doch finden sich Localvarietäten der Art auf den verschiedenen anderen Sundainseln sowohl wie auch auf dem Festlande, welche im Folgenden kurz characterisirt werden sollen.

### 1ᵃ. *Ornithoptera pompeus var. hephaestus* FELD.

Männchen: Oberseite der Vorderflügel tief schwarz mit kaum sichtbarer hellerer Umrandung der Adern und sehr kleinen weissen Randmondflecken.

Hinterflügel oben weniger ausgebuchtet als bei *pompeus*, die Mittelzelle ist fast ganz gelb.

Auf der Unterseite sind die Vorderflügel etwas heller und die Adern theilweise licht gerandet.

Die Hinterflügel sind unten wie oben, nur ist der gelbe Mittelfleck nach aussen zu noch grösser.

Kopf, Brust, Hinterleib wie bei *pompeus*. Flügelspannung?

Weibchen: Vorderflügel oben schwarz, gegen den Aussenrand in's Bräunliche übergehend. Die Umrandungen der Adern breiter und heller als bei *pompeus*, namentlich in der Mittelzelle ist der hellere Raum grösser.

Oberseite der Hinterflügel gelb mit schwarzen Nerven, schwarz umrandet. Die Umrandung erfüllt die Mittelzelle zur Hälfte. Vor der Umrandung in der dritten bis siebenten Randzelle je ein schwarzer Fleck, von welchen der erste und der letzte die grössten sind, die drei mittleren sind bedeutend kleiner als bei *pompeus*. Die zweite Randzelle zeigt nahe dem Aussenrande eine gelbe Querbinde, eine Fortsetzung des durch den ersten grossen, schwarzen Fleck abgeschnürten gelben Flecken in der dritten Randzelle. Die weissen Mondflecken wie bei *pompeus*.

Unterseite der Vorderflügel wie die Oberseite, nur sind die Umrandungen der Adern fast weiss, doch nirgends scharf abgeschnürt.

Unterseite der Hinterflügel entsprechend der Oberseite, nur mit grösseren weissen Randhalbmonden.

Kopf, Brust und Hinterleib wie bei *pompeus*. Flügelspannung 160 mm.

Vorkommen: *Celebes*. Diese Form zeichnet sich, wie andere auf der Insel *Celebes* lebende Localvarietäten (es sei nur an *Papilio agamemnon* L. var. *celebensis* m., *Papilio demolion* CRAM. var. *gigon* FELD. erinnert) dadurch aus, dass sie die Stammform von Java an Grösse beträchtlich überragt.

### 1b. *Ornithoptera pompeus* CRAM. var. *pluto* FELD.

Nach FELDER's Beschreibung unterscheidet sich diese nur in einem weiblichen Exemplar unbekannter Herkunft vorliegende Abart von dem ächten *pompeus* dadurch, dass sie schmälere Flügel besitzt, der Scheitel der Vorderflügel spitzer ist, dass die Adern derselben oberhalb schmäler und undeutlicher gerandet sind, der Mittelzellenfleck grösser ist und die gelben Randzellenflecken stumpf ausgebuchtet, nicht spitz eingeschnitten sind. Ueber die wirkliche Berechtigung dieser Abart wird man erst, wenn auch das Männchen und die Herkunft derselben bekannt ist, urtheilen können.

### 1c. *Ornithoptera pompeus* CRAM. var. *minos* CRAM. [1]).

Männchen: Vorderflügel oben dunkelbraun mit hellumrandeten Adern. Die Umrandung ist oben weisser als bei *pompeus*.

Auf dem Hinterflügel ist oben nur der äussere Theil der zweiten Randzelle schwarz, die Mittelzelle ist ganz gelb und die achte Randzelle ganz schwarz. Flecke sind vor der schwarzen Randein-

---

1) Abgebildet bei CRAMER, a. a. O., III, Taf. CLIX, Fig. A, bei ESPER a. a. O., Taf. XXXII, Fig. 1.

fassung nicht vorhanden. Bei einem Exemplar der hiesigen Sammlung, ohne Vaterlandsangabe, erstreckt sich das Schwarz aus der achten Randzelle sogar noch in die siebente hinein.

Die Unterseite ist auf beiden Flügeln wie die Oberseite, nur sind die Adern der Vorderflügel breiter gerandet.

Kopf und Brust wie bei *pompeus*, Hinterleib gelblichweiss, Flügelspannung 125 mm.

Weibchen: Die Adern der Vorderflügel sind oben wie unten ausgesprochener und weisser gerandet als bei *pompeus*, wenn auch weniger als bei *hephaestus*.

Die Hinterflügel sind mehr braungelb und die Mittelzelle weniger schwarz. Die achte und neunte Randzelle sind nicht sammetschwarz, sondern mehr bräunlich, in der Mitte weiss, braun überstäubt.

Kopf, Brust und Hinterleib wie bei *pompeus*. Flügelspannung 140 mm.

Vorkommen: Sumatra, Nordburmah.

Ausser den im Vorhergehenden beschriebenen Varietäten beschreibt Felder noch zwei Varietäten, *aeacus*, dessen Beschreibung mir unbekannt geblieben ist, ebenso wie auch sein Vaterland unbekannt, und *cerberus*, welcher nach Staudinger (a. a. O.) eine eigene Art bildet und auf welchen ich erst später einzugehen habe.

Die Veränderungen, welche sich bei den Männchen der *pompeus*-Varietäten zeigen, beschränken sich im Allgemeinen auf ein Streben nach Einfarbigkeit auf den Vorderflügeln und ein Schwinden der schwarzen Flecken auf den Hinterflügeln, und es erscheint, wenn das Vaterland der betreffenden Stücke nicht bekannt ist, unter Umständen schwer, dieselben zu bestimmen. Auch bei den Weibchen variirt hauptsächlich die Umrandung der Vorderflügeladern, und die Flecken der Hinterflügel zeigen gleichfalls die Neigung, kleiner zu werden. Merkwürdig ist das starke Abändern der Stücke von Java, welches wohl wiederum auf ein rasches phyletisches Wachsen der Art schliessen lässt. Von den Abarten steht mir kein genügendes Material zu Gebote, um ein sicheres Urtheil über speciellere Abänderungsrichtungen geben zu können, aber aus der später folgenden zusammenfassenden Betrachtung über die ganze *pompeus*-Gruppe werden sich einzelne Gesichtspunkte ergeben, da hier umgekehrt das Abändern der Arten bezw. Abarten auf das Variiren der Individuen einzelner Arten schliessen lässt. (S. das bei *priamus* Gesagte.)

## 2. *Ornithoptera cerberus* FELDER [1]).

Männchen: Vorderflügel oben sammetschwarz mit nur schwach gerandeten Adern. In der Mittelzelle selbst zeigt sich keinerlei Randung.

Die Oberseite der Hinterflügel ist gelb, schwarz gerandet mit schwarzen Adern, die schwarze Umrandung geht vorn durch das Wurzeldrittel der Mittelzelle und die Vorderhälfte der zweiten Randzelle, am Seitenrande ist sie stark ausgebogen. In der siebenten Randzelle hat sich ein vor der Einfassung gelegener schwarzer Fleck mit ihr vereinigt, und die achte Randzelle ist in ihrer äusseren hinteren Hälfte schwarz.

Die Unterseite der Vorderflügel gleicht der Oberseite, nur sind die hellen Umrandungen der Adern deutlicher, als dies bei der *pompeus*-Gruppe allgemein der Fall ist.

Die Hinterflügel sind unten wie oben, nur ist die schwarze Einfassung an der Seite dadurch unterbrochen, dass das Gelb an den Randadern durchbricht, und in der siebenten Zelle ist der Zellenfleck mit dem Randeinfassungsfleck nur durch eine schwarze Ueberstäubung verbunden.

Kopf und Brust schwarz mit rothem Halsring, Hinterleib gelb mit schwarzem Rücken.

Flügelspannung 120 mm.

Weibchen: Oberseite der Vorderflügel wie beim Männchen.

Hinterflügel oben gelb, die schwarze Umrandung des Vorrandes ist breiter als beim Männchen, und die sechs schwarzen Flecken vor dem Seitenrande sind stets von diesem und von einander getrennt.

Kopf, Brust und Hinterleib wie bei dem Männchen.

Flügelspannung?

. Vorkommen: *Ornithoptera cerberus* kommt hauptsächlich in Vorderindien (Sikkim) vor, doch besitzt sie STAUDINGER aus der SOMMER'schen Sammlung auch von Java (das hiesige zoologische Institut, welches ein grösseres Material Ornithopteren aus Java besitzt, hat sie nicht dorther). STAUDINGER möchte deshalb *cerberus* nicht, wie KIRBY es thut, als Localvarietät zu *pompeus* ziehen, da zwei Localvarietäten nicht auf einer Insel, auch wenn sie so gross ist wie

---

1) Abgebildet bei STAUDINGER, a. a. O., Taf. II.

Java, vorkommen können, eine Ansicht, welche ich, vorausgesetzt, dass *cerberus* wirklich auf Java vorkommt, nur theilen kann.

### 3. *Ornithoptera rhadamanthus* BOISD. [1]).

Männchen: Oberseite der Vorderflügel sammetschwarz, mit einzelnen schwarz überstäubten, weissen Säumen der Randadern und der Aussenseite der Medianader vom dritten bis zum ersten Medianaderast. Die Mittelzelle ist vollkommen schwarz.

Die Hinterflügel oben gelb mit schwarzen Nerven, schwarz umrandet. In die Seitenrandzellen erstreckt sich die Umrandung bogig hinein. Die achte Seitenrandzelle ist zur Hälfte schwarz, die siebente, sechste, fünfte und vierte Randzelle mehr oder weniger schwarz überstäubt. Der Vorderrand der Randeinfassung nimmt nur die äusserste Wurzel der Mittelzelle und die erste Seitenrandzelle ein.

Auf der Unterseite sind die Vorderflügel wie auf der Oberseite, nur sind die Randeinfassungen der Adern breiter und häufiger, auch an den Rändern der Mittelzelle zeigt sich Weiss.

Auch die Hinterflügel sind unten wie oben gezeichnet, nur fehlt die schwarze Ueberstäubung in der vierten bis siebenten Randzelle.

Kopf und Brust schwarz, Seiten der Unterbrust und Halsring carminroth. Hinterleib oben schwarz, unten und an den Seiten gelb mit schwarzen Stigmen. Flügelspannung 120 mm.

Weibchen: Oberseite der Vorderflügel schwarzbraun, die Randadern mehr oder weniger weiss gesäumt und auch in der Aussenhälfte der Mittelzelle weisse Zeichnung, welche bei typischen Exemplaren nur zwei nach aussen gerichtete Keilflecken übrig lässt, sonst aber sehr abändert.

Die Hinterflügel sind bei typischen Exemplaren oben gelb, breit schwarz gerändert, die Randeinfassung nimmt die Aussenhälfte der Randzellen ein, in derselben an den Adern kleine gelbe Fleckchen, welche der Rest des die ursprünglichen Rundflecken einfassenden Gelb der Hinterflügel sind. Das innere (Wurzel-)Drittel der Mittelzelle schwarz. In der achten Randzelle erstreckt sich an dem ersten Medianaderast bis zu seinem innern Drittel ein schwarzer Streif.

---

1) Abgebildet als *rhadamanthus* bei STAUDINGER a. a. O., Taf. I, als *astenous* von ESCHSCHOLZ in KOTZEBUE'S Reise III, Taf. VI, Fig. 1 *a—c*, die Varietät *amphrisius* von LUCAS in Histoire naturelle des Lépidoptères ou Papillons exotiques, t. II, f. 1.

Die Unterseite der Vorderflügel wie die Oberseite, nur ist' die Umsäumung der Adern breiter und reiner.

Die Hinterflügel unten wie oben.

Kopf und Brust wie beim Männchen. Hinterleib oben braun, an den Seiten und unten gelb, mit schwarzen Stigmen und einzelnen schwarzen Flecken an den Seiten der einzelnen Segmente. Flügelspannung 130 mm.

Vorkommen: Die typische *Ornithoptera rhadamanthus* kommt wahrscheinlich nur auf Luzon (Philippinen) vor. Man unterscheidet eine Localvarietät, deren Weibchen sich dadurch auszeichnen, dass die breite schwarze Aussenbinde sich in zwei Binden aufgelöst hat, eine äussere ununterbrochene gewellte und eine innere Fleckenbinde: Die Flecken sind dreieckig. Die Männchen dieser Varietät unterscheiden sich kaum von denen der Stammform. Diese Varietät wird als *var. thomsonii* BATES bezeichnet und findet sich in Siam und Malakka. Dieselbe stellt offenbar eine weniger weit vorgeschrittene, mehr dem *pompeus* sich nähernde Abart der *Ornithoptera rhadamanthus* dar.

Eine zweite Localform ist die *var. amphrisius* LUCAS von Nordindien (Sikkim), welche sich durch beträchtliche Grösse auszeichnet und bei welcher die Männchen mehr gelbe Umsäumungen der Adern der Vorderflügel zeigen.

## 4. *Ornithoptera haliphron* BOISD. [1]).

Männchen: Oberflügel auf der Oberseite dunkel schwarzbraun, mit einzelnen weiss umrandeten Adern. Die Umrandungen schwarz überstäubt.

Hinterflügel oben sammetschwarz, nur die Innenhälften der dritten, vierten, fünften und sechsten Randzelle und ein Mittelstreifen der zweiten Randzelle gelb.

Die Unterseite der Vorderflügel ist wie die Oberseite, nur sind die Umsäumungen der Adern breiter, und in der Mittelzelle zeigt sich der Aussenrand und ein Drittel des Ober- und Unterrandes, sowie zwei kleine Striche, die parallel dem Vorderrand von der Mitte der mittleren und unteren Discocellularader durch das erste Drittel der Mittelzelle verlaufen. Es zeigt hierin das Männchen eine Zeichnung auf der Unterseite der Vorderflügel

---

1) Abgebildet bei FELDER in: Wiener Entomologische Monatsschrift a. a. O., Taf. II, Fig. 2 *a, b.*

genau entsprechend derjenigen der Oberseite bei den Weibchen.

Die Unterseite der Hinterflügel entspricht genau der Oberseite.

Kopf und Brust wie gewöhnlich, Hinterleib bräunlich, mit einzelnen gelben Querflecken auf der Unterseite der Segmente. Flügelspannung 100 mm.

Weibchen: Die Vorderflügel sind oben dunkelbraun, mit mehr oder weniger weiss umsäumten Adern und einer weissen Zeichnung in der Mittelzelle, wie sie, wie schon erwähnt, das Männchen auf der Unterseite zeigt.

Die Hinterflügel sind oben gelb, breit schwarz umrandet, die Umrandung nimmt die Innenhälfte der Mittelzelle und die Aussenhälften der dritten bis achten Randzelle ein. Vor dieser Binde findet sich von der dritten bis siebenten Randzelle noch je ein schwarzer Fleck; der der dritten Randzelle ist mit der Umrandung verschmolzen und lässt nur zwei kleine gelbe Flecken an den Adern übrig.

Die Unterseite der Vorderflügel ist wie die Oberseite, nur finden sich die Adern breiter weiss gesäumt.

Der lichte Raum in den Hinterflügeln ist unten mehr gelblichweiss.

Kopf, Brust und Hinterleib ist wie beim Männchen. Flügelspannung 130 mm.

Vorkommen: Celebes.

Von dieser Art ist in neuester Zeit eine kleinere Abart als *Ornithoptera bauermanni* Röb. abgezweigt, welche sich, wenn das mir ʌorliegende Pärchen typisch ist, von *haliphron* eigentlich nur durch bedeutend geringere Grösse unterscheidet. Das Männchen zeigt ausserdem noch einen kleinen gelben Fleck in der Mittelzelle, und das Weibchen ist namentlich auf den Vorderflügeln lichter gefärbt als *haliphron*. Ausserdem sind Seiten und Unterseite des Hinterleibes mehr gelblich.

### 5. *Ornithoptera helena* L.[1])

Männchen: Oberseite der Vorderflügel sammetschwarz, mit den gewöhnlichen kleinen, weissen Halbmonden am Aussenrand

---

1) Abgebildet bei CLERCK a. a. O., Taf. XXII, Fig. 1, bei CRAMER II, Taf. CXL, Fig. A B, bei ESPER, Taf. IX, Fig. 2, das Weibchen als *amphimedon* bei CRAMER III, Taf. CXCIV, Fig. A, bei ESPER, Taf. XVIII, Fig. 2, bei BOISDUVAL in Voyage d'Astrolabe, Lépidoptères, t. I, f. 1, 2.

der Seitenrandzellen u. s. w., aber ohne jede Spur einer Umsäumung der Adern.

Hinterflügel oben gelb mit schwarzen Adern und breiter schwarzer Umrandung, nur in der zweiten Randzelle tritt das Gelb bis an die Costalader heran, und in der Mittelzelle ist nur der Wurzel-theil schwarz.

Die Unterseite der Vorderflügel ist wie die Oberseite mit nur verschwindenden Spuren einer weissen Umsäumung einzelner Adern.

Die Hinterflügel sind unten wie oben.

Kopf und Brust wie gewöhnlich. Hinterleib oben braun, unten gelb mit schwarzen Stigmen. Flügelspannung 140 mm.

Weibchen: Vorderflügel oben braun mit weiss gerandeten Adern. Die Umrandung nimmt häufig die Hälfte der Randzellen ein. Die Mittelzelle ist wie bei *haliphron* gezeichnet.

Hinterflügel oben hellgelb mit sehr breiter schwarzer Um-randung, welche mindestens die Hälfte aller Zellen einnimmt; in dieser Umrandung in den Randzellen an den Adern grössere oder kleinere gelbe Flecken. Die weissen Halbmonde in den Ausbuchtungen der Randzellen sind selbstverständlicher Weise vorhanden.

Unterseite der Vorderflügel wie die Oberseite.

Die Unterseite der Hinterflügel ist noch mehr weiss als die Oberseite, und die Umrandung ist noch in Binden zerfallen, eine äussere ausgebuchtete und eine innere, welche mehr eine Fleckenbinde darstellt.

Kopf und Brust wie beim Männchen. Hinterleib oben braun, an den Seiten gelb, unten schwarz bis auf die hinteren mehr gelben Segmente. Flügelspannung 160 mm.

Vorkommen: Molukken (namentlich *C*eram und Amboina) und Nordwestneuguinea.

### 6. *Ornithoptera darsius* GRAY [1]).

Männchen: Vorderflügel oben sammetschwarz, mit feiner weisser Einfassung der Ausbuchtungen des Seitenrandes und nur schwach angedeuteter Umrandung einzelner Adern.

Hinterflügel auf der Oberseite gelb mit schwarzen Adern. Die Grenze der schwarzen Umrandung geht nach innen zu von der

---

1) Abgebildet als *amphimedon* ♂ bei DOUBLEDAY und HEWITSON, Genera of diurnal Lepidoptera, t. I, f. 2.

Mitte der Costalader durch die Mitte der zweiten Randzelle, den Innenwinkel der dritten, das letzte, äussere Viertel der Mittelzelle gelb lassend, den Innenwinkel der siebenten Randzelle, sodann erstreckt sich das Schwarz am ersten Medianaderast entlang und geht von hier durch die fünf benachbarten Randzellen, leichte Bogen in diesen bildend und in der zweiten Randzelle parallel dem Innenrande. In der siebenten Randzelle findet sich ein schwarzer Punkt.

Unterseite der Vorderflügel wie die Oberseite, nur sind die Umrandungen der Adern breiter und deutlicher.

Hinterflügel unten wie oben, doch fehlt der schwarze Fleck in der siebenten Randzelle.

Kopf und Brust wie gewöhnlich. Hinterleib oben braun, unten gelb mit schwarzen nach hinten in je zwei sich theilenden Seitenflecken. Flügelspannung 115 mm.

Weibchen: Oberseite der Vorderflügel dunkelbraun mit deutlicher weisser Umrandung der meisten Adern der Randzellen und des Vorderrandes der Mittelzelle.

Oberseite der Hinterflügel: Die schwarze Umrandung der Innenhälfte wie beim Männchen, nur ist der mittlere Theil der achten Randzelle weiss, nicht gelb. Aussen ist die Umrandung sehr breit, über die Hälfte der Randzellen einnehmend, in derselben finden sich an den Adern gelbe Flecken.

Vorderflügel unten wie oben.

Hinterflügel gleichfalls unten wie oben, nur verbinden sich die Flecken in der Aussenumrandung mehr oder weniger, namentlich nach hinten zu mit einander, so dass ein gelbes, ausgebuchtetes Band entsteht.

Kopf, Brust und Hinterleib wie beim Männchen. Flügelspannung 130 mm.

Vorkommen: Ceylon.

## 7. Ornithoptera criton FELD.
### ♂ Fig. 7, Taf. XXI [1]).

Männchen: Vorderflügel oben sammetschwarz, ohne jede Spur von Weiss. Auch die feinen weissen Monde am Aussenrande sind verschwunden.

---

1) Abgebildet bei FELDER, Reise der Novara a. a. O., Taf. IV, Fig. a—c.

Hinterflügel auf der Oberseite gelb mit schwarzen Adern und schwarzer Umrandung. Die Umrandung geht innen von der Mitte der Costalader aus durch die Mitte der Mittelzelle und dann entlang dem ersten Medianaderast. Aussen nimmt sie etwas über das äussere Drittel der Randzellen ein, ist aber nicht ausgebuchtet wie bei *darsius*, sondern verläuft ziemlich gleichmässig. Die weissen Monde des Aussenrandes fehlen ganz.

Kopf, Brust und Hinterleib wie bei *darsius*. Flügelspannung 110 mm.

Weibchen: Oberseite der Vorderflügel dunkelbraun mit hellerer Umsäumung der Randzellenadern und der Discocellularadern.

Hinterflügel oben gelblich, im mittleren Theil mehr gelblichbraun. Adern schwärzlich, die innere schwarze Umrandung wie beim Männchen, die äussere etwa ein Drittel der Randzellen einnehmend, wie beim Männchen wenig gebuchtet. Vor der äusseren Einfassung findet sich in der dritten bis siebenten Randzelle, theilweise noch mit der Umrandung in Verbindung stehend, je ein dunkler, meist länglich ovaler Fleck.

Die Unterseite der Vorderflügel wie die Oberseite, nur sind die Umsäumungen der Adern breiter.

Hinterflügel auf der Unterseite wie auf der Oberseite, nur sind die Flecken von der Aussenrandeinfassung nach aussen zu in Spritzflecken aufgelöst.

Kopf und Brust wie beim Männchen, Hinterleib dunkelbraun, unten schwarz, an den Seiten und den Hinterrändern der Unterseite der Segmente gelb. Flügelspannung 150 mm.

Vorkommen: Nördliche Molukken (Halmahera, Batjan). Neuguinea.

OBERTHÜR[1]) unterscheidet eine Abart *papuana* des *criton* von Amberbaki auf Neuguinea, welche dadurch ausgezeichnet ist, dass die Mittelpartie der Vorderflügel weissgelb ist und sich die Adern von ihr schwarz abheben. Aussen sind die Flecken auf den Hinterflügeln vollkommen von der Randeinfassung getrennt, eine auch bei anderen Arten vorkommende Abänderung. Weiteres lässt sich über die nur nach einem Stücke aufgestellte Abart nicht sagen.

---

1) A. a. O. S. 31.

## 8. *Papilio amphrysus* CRAM. [1]).

Männchen: Vorderflügel auf der Oberseite sammet-schwarz mit schön goldgelber, stellenweise ziemlich breiter Umrandung einzelner Adern, bezw. Stücke von Adern und goldgelber Spitze der Mittelzelle. Am zweiten Medianaderast zeigt sich nahe dem Aussen-rande zu beiden Seiten der Ader ein gelber Schaftstrich, am ersten Medianaderast und an der Submedianader nur je einer oberhalb der Ader. Die Ausbuchtungen des Seitenrandes der Vorderflügel sind fein weiss eingefasst.

Hinterflügel oben gelb mit schwarzer Einfassung und schwarzen Adern. Die schwarze Einfassung breitet sich in jeder Randzelle bogig aus, und in der siebenten ist sie mit einem Fleck zu einem längerem Streif verbunden.

Unterseite der Vorderflügel wie die Oberseite, nur sind die Umrandungen der Adern nach dem Flügelrande zu weiss und nicht gelb.

Die Hinterflügel sind unten wie oben, nur ist auch in der siebenten Randzelle die Umrandung wie in den übrigen und statt des auf der Oberseite vorhandenen Streifens ist nur eine leichte schwarze Ueberstäubung vorhanden.

Kopf und Brust wie bei den übrigen Arten. Hinterleib gelb, oben etwas bräunlich mit schwarzen Stigmen. Flügelspannung bei dem mir vorliegenden Exemplar aus Madioen (Java) nur 90 mm.

Weibchen der typischen Form mir unbekannt. Nach STAU-DINGER (a. a. O.) haben dieselben ganz besonders grosse, völlig zu-sammengeflossene schwarze Randflecken der Hinterflügel.

Vorkommen: Inseln des malayischen Archipels, besonders Java, Sumatra und Borneo, sodann Halbinsel Malakka.

Von dieser schönen Art werden zwei Varietäten unterschieden. Die eine, *Ornithoptera flavicollis* DRUCE, von Borneo zeichnet sich da-durch aus, dass bei ihr das Halsband nicht roth, sondern gelb ist. Die andere Varietät, *Ornithoptera ruficollis* BUTLER, von Malakka hat bei weitem schmälere goldgelbe Einfassungen der Adern der Vorder-flügel, namentlich auf der Oberseite und ist grösser als *amphrysus*. Flügelspannung 130 mm.

---

1) Abgebildet bei CRAMER a. a. O. III, Taf. CCXIX, Fig. A, bei ESPER, Taf. XXXIV, Fig. 1, bei BOISDUVAL in Species Général, t. V, f. 1, als *amphrisius var. ruficollis* bei DISTANT, Rhopalocera Malayana.

Das Weibchen hat auf der Oberseite dunkelbraune Vorder-flügel mit mehr oder weniger hell umrandeten Adern und heller Spitze der Mittelzelle.

Die Hinterflügel sind oben gelb mit schwarzen Adern und zwei schwarzen Randbinden, welche theilweise verschmelzen und zwischen sich nur einzelne verschieden gestaltete gelbe Flecken übrig lassen. In den Ausbuchtungen des Aussenrandes weisse Mondflecken.

Die Unterseite der Vorderflügel ist wie die Oberseite, nur sind die Umrandungen reiner weiss.

Unterseite der Hinterflügel wie die Oberseite.

Kopf und Brust wie gewöhnlich. Hinterleib oben braun, unten gelb mit schwarzen Stigmen. Flügelspannung 170 mm.

DISTANT beschreibt und bildet eine Untervarietät in seinen „Rho-palocera Malayana“ ab, bei welcher die beiden Randbinden vollkommen getrennt sind und die innere ähnlich wie bei *Ornithoptera rhadamanthus var. thomsoni* BATES aus einer Fleckenreihe besteht (a. a. O. p. 329, Taf. XXVII, Fig. 1).

### 9. *Ornithoptera magellanus* FELD. [1]).

Männchen: Vorderflügel oben schwarzbraun, die drei letzten Verzweigungen der Subcostalader, die Discocellularadern, die Radialadern, der zweite und dritte Medianaderast und die Hälfte der Medianader aussen gelblichweiss umsäumt.

Hinterflügel auf der Oberseite gelb, nach bestimmter Richtung opalisirend, mit schwarzen Adern und schmaler schwarzer Randeinfassung. Die schwarze Randeinfassung breitet sich in der zweiten bis siebenten Randzelle fast dreieckig aus.

Die Unterseite der Vorderflügel ist erzfarben und die Ein-fassung der Adern viel lichter als auf der Oberseite.

Die Unterseite der Hinterflügel gleicht der Oberseite.

Kopf und Brust wie gewöhnlich, Hinterleib gelb mit braunen Rücken- und Seitenflecken, welche letztere nach hinten zu grösser werden. Stigmen schwarz. Flügelspannung 145 mm.

Weibchen: Die Vorderflügel sind auf der Oberseite graubraun mit erzfarbenem Anflug. Die Adern mit Ausnahme der inneren zwei Drittel der Medianader, der Costalader und des ersten und zweiten Subcostaladerastes grauweiss umsäumt. Ausbuchtungen des Seitenrandes fein weiss gesäumt.

---

1) Abgebildet bei FELDER, Reise der Novara a. a. O., Taf. V, Fig. a, b.

Hinterflügel oben gelb mit schwarzen Adern und schwarzer Randeinfassung, welche in die Randzellen mehr oder weniger dreieckige Fortsätze schickt. Durch die Mitte der Randzellen geht eine nach innen convex, nach aussen concav ausgebuchtete dunkle Binde, welche aus den zusammengeflossenen Randzellenflecken besteht. Die neunte und achte Randzelle bräunlich, ebenso der Rand zwischen beiden Binden in der sechsten und siebenten Randzelle.

Vorderflügel unten mehr erzfarben, mit helleren Umrandungen der Adern.

Hinterflügel auf der Unterseite wie auf der Oberseite, nur geht die innere Binde bis an den Aussenrand in die neunte Randzelle.

Kopf und Brust schwarz, vor dem carminrothen Halsband ein gelber Fleck. Hinterleib gelb, unten schwarzbraun gebändert mit schwarzen Stigmen. Flügelspannung 170 mm.

Vorkommen: Nordphilippinen (Luzon, Babuyaninseln).

### 10. *Ornithoptera jupiter* OBERTHÜR [1]).

Weibchen: Vorderflügel auf der Oberseite braun mit hellerer Umrandung der Adern und helleren vorderem Viertel der Mittelzelle.

Hinterflügel oben gelb mit schwarzen Adern und schwarzer bogiger Randeinfassung, die etwa ein Viertel der Randzellen einnimmt. Die Unterhälfte der achten und die neunte Randzelle bräunlich. Keine schwarzen Flecken vor der Randeinfassung.

Vorderflügel unten wie oben, nur sind die hellen Umrandungen breiter und lichter und der helle Raum in der Mittelzelle grösser.

Hinterflügel unten wie oben.

Kopf und Brust wie gewöhnlich. Hinterleib oben braun, an den Seiten gelb. Flügelspannung 130 mm.

Vorkommen: Java.

### 11. *Ornithoptera hippolytus* CRAM. [2]).

Männchen: die Vorderflügel auf der Oberseite schwarz-

---

1) OBERTHÜR, Etudes d'Entomologie, Heft 4, p. 31, Taf. I, Fig. 1. Rennes 1879.

2) Abgebildet bei CRAMER, a. a. O., I, Taf. X, Fig. A, B, Taf. XI, Fig. A, B, bei ESPER, Taf. XVIII, Fig. 1, als *remus* bei CRAMER, II, Taf. CXXXV, Fig. A, Taf. CXXXVI, Fig. A, IV, Taf. CCCLXXXVI, Fig. A, B, bei ESPER, Taf. XVII, das Weibchen als *panthous* bei CLERCK, Taf. XVIII, als *antenor* bei JACQUIN, Mus. Aust., II, Taf. XXIII, Fig. 4.

braun, mit einzelnen nur wenig heller gerandeten Adern und ganz schwarzem Aussenrand.

Hinterflügel auf der Oberseite in der Hauptsache grau, schwarz bestäubt, mit schwarzen Nerven und schwarzer bogiger Randeinfassung. In der zweiten bis vierten Randzelle am Grunde derselben schwarze Flecken; der Raum zwischen ihnen und der Randeinfassung gelb. Etwa in der Mitte der fünften Randzelle ein schwarzer Fleck, der Raum vor demselben grau, dahinter gelb, und auch in den beiden folgenden Zellen finden sich neben den Ausbuchtungen der Umrandung gelbe Flecken.

Unterseite der Vorderflügel wie die Oberseite, nur sind die Umrandungen der Adern breiter und reiner.

Die Hauptfarbe der Unterseite der Hinterflügel grauweiss, nicht bestäubt. Die Zeichnung ist die der Oberseite.

Kopf und Brust schwarz, letztere ohne rothes Halsband und ohne rothe Seitenflecken. Hinterleib gelb mit schwarzen Stigmen und mit paarweisen schwarzen Flecken auf der Oberseite, welche das viertletzte Segment auf der Oberseite ganz einnehmen. Flügelspannung 140 mm.

Weibchen: Vorderflügel auf der Oberseite schwarzbraun, mit hell umrandeten Adern, namentlich an den Seitenästen der Medianader ist die Umrandung ziemlich breit, und in der vorderen Hälfte der Mittelzellen finden sich vier helle Längsstriche, ebenso je einer in der fünften Seitenrandzelle und der Hinterrandzelle. Die vier hellen Längsstriche der Mittelzelle sind vorn durch die helle Umrandung der Discocellularadern vereinigt.

Die Hinterflügel sind oben in der Hauptsache grau, schwarz bestäubt. Vorderrand und Seitenrand schwarz mit Ausbuchtungen in die Randzellen hinein. Die zweite Randzelle in der Mitte gelb. Die dritte und vierte ebenso mit schwarzem Fleck im Gelben. Die fünfte bis auf den Aussenrand ganz gelb mit schwarzem Fleck im Gelben und in der Innenhälfte schwarz überstäubt. Die sechste, siebente und achte Randzelle grau, schwarz bestäubt, ebenfalls mit schwarzen Innenflecken.

Die Unterseite der Vorderflügel wie die Oberseite, nur sind die Umrandungen der Adern breiter und reiner gefärbt und die mittleren der vier Längsstreifen der Mittelzelle durch feine schwarze Längslinien getheilt.

Die Unterseite der Hinterfügel ist wie die Oberseite gezeichnet, nur ist die Grundfarbe mehr weisslich. Die schwarzen länglichen Flecken sind grösser, und zwei Drittel der Mittelzelle und die innere Hälfte der achten Randzelle sind schwarz. In der fünften Randzelle ist das Gelb auf die äussere obere Hälfte beschränkt.

K o p f und B r u s t wie beim Männchen, H i n t e r l e i b gelb, auf der Vorderhälfte des Rückens schwärzlich. Einzelne Flecken an den Seiten und die Stigmen schwarz. Vorderhälfte der Unterseite der Segmente sammetschwarz, theilweise nur der Hinterrand gelb. F l ü g e l s p a n n u n g 160 mm.

V o r k o m m e n: Diese prachtvolle Art findet sich auf *Celebes* und den Molukken, von den letzteren hauptsächlich auf Amboina und *Ceram*, seltener auch auf Halmahera.

### Schlüssel zur Bestimmung der Hauptformen der *pompeus*-Gruppe.

#### A) Männchen.

| | |
|---|---|
| 1. Vorderflügel oben einfarbig schwarz . . . . . . | 2 |
| „ oben schwarzbraun bis schwarz mit mehr oder weniger hell weisslich gerandeten Adern . . | 3 |
| Vorderflügel oben schwarzbraun bis schwarz mit mehr oder weniger gelblich bis goldgelb gerandeten Adern | 8 |
| 2. Mittelzelle der Hinterflügel nur am Grunde schwarz | *helena* |
| „ „ „ zur Hälfte schwarz . . | *criton* |
| 3. Hinterflügel mit gelbem Mittelfeld . . . . . . . | 4 |
| „ „ „ grauem „ . . | *hippolytus* |
| 4. Mittelzelle der Hinterflügel nur am Grunde schwarz . | 5 |
| „ „ „ mindestens zur Hälfte „ . | 6 |
| 5. Hintere Randzellen der Hinterflügel schwarz bestäubt | *rhadamanthus* |
| „ „ „ rein gelb, höchstens mit schwarzen Rundflecken . . . . . . . | *pompeus* |
| 6. Ganze Mittelzelle schwarz . . . . . . . . . . | *haliphron* |
| Vorderende der Mittelzelle gelb . . . . . . . . | 7 |
| 7. Aussenhälfte der Randzellen schwarz, nur in fünf derselben Gelb . . . . . . . . . . . . | *var. bauermann* |
| Nur ein Viertel der Aussenseite der Randzellen schwarz, in sechs derselben Gelb . . . . . | *darsius* |
| 8. Umrandung der Adern der Vorderflügel goldgelb . . | *amphrysus* |
| „ „ „ „ „ gelblichweiss . . | *magellanus* |

#### B) Weibchen.

| | |
|---|---|
| 1. Mittelfeld der Hinterflügel gelb . . . . . . . . | 2 |
| „ „ „ „ grau, lang, schwarz behaart | *hippolytus* |
| 2. Mittelzelle der Hinterflügel mindestens zur Hälfte schwarz „ . . . . . . . . . . | 5 |
| Mittelzelle „ „ nur zu einem Drittel schwarz | *rhadamanthus* |
| Mittelzelle der Hinterflügel nur am Grunde schwarz . . | 3 |

3. Vor der äusseren Randeinfassung des Aussenrandes
   der Hinterflügel freie schwarze Flecken  .  .  *pompeus var. minos*
   Vor der äusseren Randeinfassung des Aussenrandes
   der Hinterflügel eine schwarze Fleckenbinde  .        4
4. Die schwarze Fleckenbinde frei von der Randeinfassung  .  .  .  .  .  .  .  .  .  .  .  .        *magellanus*
   Die schwarze Fleckenbinde mit der Randeinfassung
   zusammengeflossen.  .  .  .  .  .  .  .  .  .  .        *amphrysus*
5. Hälfte der Mittelzelle schwarz  .  .  .  .  .  .  .        6
   Nur das vordere Drittheil oder noch weniger der
   Mittelzelle gelb  .  .  .  .  .  .  .  .  .  .  .        8
6. Mittelfeld der Hinterflügel  gelblich - weiss  bis
   gelblich-braun  .  .  .  .  .  .  .  .  .  .  .  .        7
   Mittelfeld der Hinterflügel goldgelb  .  .  .  .  .        *darsius*
7. Vor der Randeinfassung in den Randzellen eine
   Reihe schwarzer Flecken  .  .  .  .  .  .  .  .        *criton*
   Vor der Randeinfassung in den Randzellen eine
   schwarze Fleckenbinde, die theilweise mit der
   Randeinfassung zusammenfliesst  .  .  .  .  .  .        *helena*
8. Randeinfassung ausgebuchtet, nur bis in das äussere
   Drittheil der Randzellen reichend, vor derselben
   eine schwarze, theilweise mit ihr zusammenhän-
   gende Fleckenreihe  .  .  .  .  .  .  .  .  .  .        *pompeus*
   Randeinfassung nicht ausgebuchtet, die Hälfte der
   Randzellen einnehmend  davor  ebenfalls  eine
   Fleckenreihe .  .  .  .  .  .  .  .  .  .  .  .  .        *haliphron*

Unbekannt geblieben sind mir von der *pompeus*-Gruppe die *Crni-thoptera miranda* BUTL. von Nordborneo und *plato* WALLACE von Timor. Es dürfte aber keinem Zweifel unterliegen, dass noch verschiedene Formen auf den noch nicht erforschten Inseln des malayischen Archipels vorkommen.

Nehmen wir die *Crnithoptera pompeus* CRAM., welcher *Crnithoptera rhadamanthus* wenigstens im weiblichen Geschlecht sehr nahe steht, als die noch ursprünglichste Form der Gruppe, wozu uns einerseits der Umstand berechtigt, dass die Männchen noch sehr häufig auf den Hinterflügeln vor der Randbinde schwarze Flecken zeigen, während andererseits Männchen und Weibchen noch einen verhältnissmässig geringen Dimorphismus zeigen, so sehen wir bei den Männchen der Gruppe die Neigung, nach zwei Richtungen hin abzuändern. Bei den einen, und das ist die Mehrzahl, zeigt sich der Trieb, das Gelb auf den Hinterflügeln durch Schwarz zu ersetzen. Dieses Vorrücken des Schwarz nun findet bald vom Aussenrande her statt (*Ornithoptera helena*), bald vom Innenrande aus (*Ornithoptera darsius*), bald aber

(*Crnithoptera criton*, *haliphron* und Varietäten) findet es allseitig statt. Auch bei *Crnithoptera rhadamanthus* zeigt sich in der Ueberstäubung der unteren Randzellen das Vorrücken des Schwarz auf einer sehr frühen Stufe. Anders zeigt sich die Abänderungsrichtung bei den zwei noch nicht besprochenen Arten (von *Crnithoptera hippolytus*, welcher eine ganz besondere Stellung einnimmt, sehe ich einstweilen ab), bei *Crnithoptera magellanus* und *amphrysus* mit seinen Varietäten. Hier herrscht die entschiedene Neigung, den Hinterflügel ganz gelb werden zu lassen und in Verbindung damit auch Gelb auf dem Vorderflügel zu erzeugen, eine besondere Schmuckrichtung, welche diese beiden Arten auszeichnet. Das Schwarz ist bei beiden Arten auf dem Hinterflügel schon sehr zurückgedrängt, und *Ornithoptera magellanus* zeigt auf den Vorderflügeln Gelbweiss, welches bei *amphrysus* und seinen Varietäten in ein feuriges Goldgelb übergeht. Diese Eigenthümlichkeit, welche bei dem ächten *amphrysus* ihre höchste Ausbildung erreicht, rechtfertigt eine Untergruppe *amphrysus* der grossen *pompeus*-Gruppe, namentlich auch in Bezug auf das gleich zu besprechende Verhalten der übrigen Glieder der *pompeus*-Gruppe in der Zeichnung und Färbung der Vorderflügel.

Was diese anbetrifft, so sehen wir bei der *pompeus*-Untergruppe die Umsäumungen der Vorderflügel auf der Oberseite im deutlichen Schwinden begriffen: vollständig fehlen sie bei *criton* und *helena*, bei *Crnithoptera criton* sind sie sogar auf der Unterseite verschwunden, und auch die weissen Einfassungen der Ausbuchtungen fehlen dem Schmetterlinge gänzlich, während die letzteren sowohl wie einzelne Spuren von Umrandung der Adern bei *Ornithoptera helena* noch vorhanden sind. Bei den übrigen Arten sind die Umrandungen der Adern der Vorderflügel noch mehr oder weniger erhalten, auf der Unterseite mehr als auf der Oberseite, wie überhaupt die Unterseite der Flügel bei den Schmetterlingen, soweit mir bekannt, abgesehen von etwaigen besonderen Anpassungserscheinungen, die ja auf der Unterseite hauptsächlich zum Vorschein kommen, stets den früheren Zustand zeigen. Dieses Verhalten steht im s c h e i n b a r e n  W i d e r s p r u c h mit dem im Anfang erwähnten EIMER'schen  G e s e t z  d e r  i n f e r o - s u p e r i o r e n und  p o s t e r o - a n t e r i o r e n  E n t w i c k l u n g der Zeichnung, es ist aber vor allem darauf hinzuweisen, dass die Unterseite der Flügel weder morphologisch noch physiologisch in demselben Verhältniss zu ihrer Oberseite steht, wie die Unterseite des Körpers zu der Oberseite. Wir haben vielmehr, wenn wir beide unter den gleichen Gesichtspunkten betrachten wollen, darauf zu achten,  d a s s  d e r  U n t e r s e i t e

des Körpers die Flügelwurzel, der Oberseite die Flügel-
mitte entspricht, während selbstverständlicher Weise
der Hinterrand dem hinteren Ende, der Vorderrand dem
vorderen Ende des Körpers gleichgesetzt werden muss.
Es kann nun eine Veränderung der Zeichnung in infero-superiorer
Richtung bald an der Flügelwurzel, bald am Seitenrande oder auch
an beiden zugleich auftreten und sich von da über den Flügel verbreiten, für beides finden wir Beispiele. Gehen wir von dieser nach
jeder Richtung hin gerechtfertigten Anschauung aus, so finden wir,
dass bei der Gruppe *helena-rhadamanthus* ein Vorwiegen der postero-
anterioren Entwicklung, bei *darsius* dasjenige der infero-superioren
auf den Hinterflügeln statthat, während bei den übrigen (*criton* und
*haliphron*) beide Richtungen gleichmässig vertreten sind. Auf den
Vorderflügeln herrscht im Allgemeinen die infero-superiore Richtung
vor: wir sehen zuerst die Mittelzelle einfarbig werden und von da aus
die Umfassungen der Randadern schwinden, welche sich, wie namentlich
die Unterseite der Vorderflügel von *Ornithoptera helena*, deren Oberseite schon ganz einfarbig ist, schön zeigt, am längsten in der Nähe
des Seitenrandes halten. Hiermit stimmt auch, dass die letzte Spur
von Zeichnung, welche verschwindet, die weisse Einfassung der Ausbuchtungen des Seitenrandes der Vorderflügel bezw. der Hinterflügel ist.
    Die Weibchen der *pompeus*-Gruppe, welche selbstverständlicher
Weise auf einer phyletisch niederen Stufe stehen als die Männchen,
zeigen ebenfalls das Bestreben, das Schwarz auf den Hinterflügeln
überhand nehmen zu lassen. Während bei dem Weibchen von *Ornithoptera pompeus* die Randeinfassung noch verhältnissmässig schmal
ist und die schwarzen Flecken davor noch häufig vollständig von ihr
getrennt sind, sehen wir bei den anderen Weibchen der Gruppe die
Einfassung allmählich breiter werden und die Flecken davor sich zu
einer Fleckenbinde vereinigen, welche mit der Umrandung bei dem
Weibchen von *Ornithoptera haliphron* die Randzellen fast vollständig
einnimmt, und auch in der Mittelzelle rückt das Schwarz von der
Flügelwurzel aus allmählich vor, wie dies namentlich schon bei dem
Weibchen von *Ornithoptera darsius* zu sehen ist, wo nur die äusserste
Spitze der Mittelzelle, ebenso wie beim Männchen, noch Gelb zeigt.
Auch bei den Weibchen von *pompeus* ist im Verhältniss zu denen von
*Crnithoptera rhadamanthus* und *magellanus* das Schwarz in der Mittel-
zelle weiter entwickelt, während andererseits die beiden letzteren Arten
in Bezug auf die Randeinfassung und die Zellflecken davor entschieden
weiter voran sind als die erstere. Die vorgeschrittenste Form ist aber

auf jeden Fall *Ornithoptera jupiter* von Java. Bei ihr zeigen selbst die Weibchen keine Spur mehr von Flecken vor der Randeinfassung; dass diese Randeinfassung nebenbei sehr schmal ist, könnte Zweifel erwecken, ob diese Form wirklich zur *pompeus*-Untergruppe und nicht vielmehr zu *amphrysus* gehört. Sicherheit wird darüber erst das Bekanntwerden des leider noch nicht sicher erkannten Männchens (s. OBERTHÜR a. a. O., p. 31) geben.

Was endlich die Vorderflügel anbelangt, so sehen wir bei einzelnen Arten (*Ornithoptera rhadamanthus*, *haliphron*, *darsius* und *helena*) drei oder vier Längsstreifen in der Mittelzelle, welche ebenso wie die Umrandungen der Vorderflügeladern für die Erklärung des Zusammenhanges der *pompeus*-Gruppe mit anderen Formen von Wichtigkeit sind, wie wir bei Betrachtung ähnlich gezeichneter Arten der Gattung *Papilio* sehen werden.

Die Weibchen der *amphrysus*-Untergruppe verhalten sich im grossen Ganzen wie die der *pompeus*-Untergruppe, nur beobachten wir bei ihnen das Vorrücken des Schwarz mehr vom Flügelrande aus, während die Mittelzelle gelb bleibt. *Ornithoptera magellanus* steht auch hier auf einer etwas niederen Stufe als *amphrysus*, entsprechend dem Verhalten des Männchens.

*Ornithoptera hippolytus* endlich zeigt auf den Vorderflügeln die allgemeinen Verhältnisse der Gruppe: das Weibchen ist auf der Oberseite und der Unterseite noch sehr ursprünglich gezeichnet und zeigt namentlich die vier Längsstriche der Mittelzelle schön, während das Männchen eine schon fast einfarbige Oberseite der Vorderflügel hat. Anders stellt sich das Verhältniss auf den Hinterflügeln dar, welche eine von den übrigen Formen der Gruppe sehr abweichende Färbung zeigen. Das Gelb ist hier in die äussere Hälfte der Randzellen verdrängt, und die Gesammtfärbung der Flügel ist grau. Aber auch hierin können wir ein Vorschreiten des Schwarz erkennen, wenn dasselbe auch hier wie bei dem Männchen von *Ornithoptera rhadamanthus* nicht sofort ganze Theile der Flügel einnimmt, sondern allmählich durch Ueberstäubung derselben (denn dadurch ist das Grau zu Stande gekommen) sich verbreitet. Eigenthümlich ist bei dieser Art, dass das Weibchen scheinbar weiter vorgeschritten ist als das Männchen, indem es weniger Gelb zeigt; aber erstens ist Gelb eine Schmuckfarbe, welche sich unabhängig entwickeln und sehr verbreiten kann, wie z. B. bei der *amphrysus*-Untergruppe, und zweitens zeigt das Weibchen vor der Randeinfassung noch die bekannte Fleckenreihe, welche bei dem Männchen theils ganz verloren gegangen, theils wesentlich abgeändert ist. In einen directen genetischen Zusammenhang lässt sich aber *Ornithoptera hippolytus* nicht mit den Gliedern der *pompeus*-Gruppe bringen, wir müssen vielmehr annehmen, dass beide allerdings von gemeinsamen Ahnen abstammen, dass aber dieselben sich schon längere Zeit getrennt nebeneinander entwickelt haben.

Der Verbreitungsbezirk der ganzen grossen *pompeus*-Gruppe erstreckt sich etwa vom 30 ⁰ nördlicher Breite bis zum 10 ⁰ südlicher Breite und vom 80 ⁰ östlicher Länge bis zum 135 ⁰ östlicher Länge, sie fällt also etwa 5 ⁰ östlich und 5 ⁰ westlich vom 130 ⁰ und 5 ⁰ nördlich und 5 ⁰ südlich vom Aequator mit dem Verbreitungsgebiet der *priamus*-Gruppe zusammen. Während nun aber bei der *priamus*-Gruppe oft auf ganz kleinen Inseln und dicht nebeneinander (ich erinnere in dieser Beziehung nur an *Crnithoptera priamus var. lydius* auf Halmahera und *var. croesus* auf Batjan) scharf gesonderte Abarten vorkommen und nur eine einzige Art, *Ornithoptera tithonus*, gemeinschaftlich mit der Varietät *archideus* bezw. *pegasus* des *Crnithoptera priamus* vorkommt, finden sich von der *pompeus*-Gruppe zwei, ja drei wohlgeschiedene Arten auf ein und derselben, oft nicht einmal grossen Insel vor. So auf *Celebes Ornithoptera pompeus var. hephaestus*, *O. criton* und *O. hippolytus*, auf Halmahera *Crnithoptera criton* und *O. hippolytus*. Die meisten Formen aber, nämlich vier, zeigt die Insel Java: dort kommen der ächte *pompeus, cerberus, amphrysus* und *jupiter* vor. Es ist dieses Verhalten deshalb sehr bemerkenswerth, weil nach allgemeiner Erfahrung auf einer Insel auch von beträchtlicher Grösse, wie etwa Java, sich nie zwei oder mehr Localvarietäten einer und derselben Art herausbilden können, somit also auch die Bildung von zwei Arten aus einer und derselben Urart ausgeschlossen erscheint. Somit müssen wir annehmen, und dieser Annahme steht ja durchaus kein Bedenken entgegen, dass sich ursprünglich auf jeder der Inseln nur je eine Art bezw. zu Anfang Abart des Ur-*pompeus* herausgebildet hat, und dass dann erst allmählich die schon fertigen Arten sich auch auf andere benachbarte Inseln verbreitet habén. Bei der grossen Flugfertigkeit der *Crnithoptera*-Arten kann eine derartige spätere Verbreitung über ein grösseres Faunengebiet durchaus nicht Wunder nehmen, und es erscheint nicht als unmöglich, dass späterhin das Gleiche auch bei der *priamus*-Gruppe eintreten wird. Jetzt sind die Varietäten dieser Gruppe, soweit sich das wenigstens für die benachbarten entscheiden lässt, noch nicht derartig von einander geschieden, dass man schon von wirklichen Arten bei ihnen reden kann, und es ist deshalb auch der unbegrenzten, fruchtbaren, geschlechtlichen Mischung zwischen den noch so wenig, namentlich im weiblichen Geschlechte, von einander verschiedenen Formen (die Männchen sind in dieser Beziehung schon bedeutend weiter voran) ein Damm gesetzt wäre. Sind aber einmal — und dass das mit der Zeit eintreten muss, daran kann ja kein Zweifel sein, — die Formen der *priamus*-Gruppe ähnlich von einander geschieden wie die der *pompeus*-Gruppe, und ist damit die unbegrenzte Vermehrungsfähigkeit der Formen unter einander beschränkt, so werden selbstverständlicherweise auch auf kleinen Faunengebieten die einzelnen Formen nebeneinander bestehen können. Insofern, aber nur insofern sehen wir in dem verschiedenen Verhalten der beiden Gruppen einen Beweis für den Werth der räumlichen Abgrenzung für die Artbildung. Die räumliche Abgrenzung giebt die Gelegenheit zur Herausbildung von Varietäten und Arten, nie aber ist sie die Ursache derselben. Die Ursache zur Herausbildung von Abarten und Arten liegt in der Variationsfähigkeit der Individuen, und das Abändern der einzelnen Arten findet, wie das zuerst von EIMER (a. a. O.) hervorgehoben worden ist, und wie wir für die in vorliegender Arbeit behandelten Formen gesehen haben, nur nach wenigen bestimmten Richtungen statt. Das ist eben die grosse Gesetzmässigkeit in der Natur, dass nicht nach beliebigen, dem Zufall überlassenen Richtungen die Thiere und Pflanzen abändern, sondern dass diese Abänderungsfähigkeit eine beschränkte ist.

Man rechnet zu der Gattung *Crnithoptera* noch eine indomalayische Form, bei welcher das Männchen so absonderliche Zeichnungsverhältnisse zeigt, dass sie sich auf den ersten Blick keiner der beiden vorbeschriebenen Gruppen anzureihen scheint. Es ist dies

### *Ornithoptera brookeana* WALL.

♀ Fig. 8, Taf. XXI[1]).

Männchen: Vorderflügel oben sammetschwarz mit sieben auf den Randadern, von der Submedianader an bis zum fünften Subcostaladerast, aufliegenden, mit der Spitze nach dem Seitenrand gerichteten goldgrünen Keilflecken, deren Basis in einer vom äussersten

---

1) Abgebildet bei HEWITSON, Exotic Butterflies, Taf. I, Fig. 1, bei DISTANT, a. a. O. und bei STAUDINGER a. a. O., Taf. II.

Drittel des fünften Subcostaladerastes nach dem inneren Drittel der Submedianader verlaufenden geraden Linie liegt, während die Spitzen fast den Innenrand des Flügels erreichen. Die Keilflecken nehmen von vorn nach hinten an Grösse zu, und die zwei oder drei letzten berühren sich an der Basis. Am Grunde der Flügel vor dem Ursprung der Costalader ein kleiner stahlblauer Fleck, ebenso ist die Innenhälfte der Medianader bis zum ersten Medianaderast stahlblau.

Hinterflügel auf der Oberseite goldgrün, aussen oben und innen breit schwarz gerandet. Die schwarze Umrandung erfüllt oben fast die ganze zweite Randzelle, aussen füllt sie die Hälfte der dritten, zwei Drittel der vierten, fünften und sechsten, und• wieder die Hälfte der siebenten Randzelle aus. Von der achten Randzelle ist nur etwa ein Viertel schwarz, die neunte, abgesehen von der sehr stark entwickelten Hinterflügeltasche (ich bezeichne so die bei den meisten Männchen der *Papilio*-Arten am Hinterrande vorhandene eigenthümliche Faltung, welche gewöhnlich sehr stark behaart ist), nach innen goldgrün, nach aussen schwarz. Die Mittelzelle ist im oberen Viertel schwarz, gegen das Schwarz zu geht das Goldgrün, namentlich bei bestimmter Beleuchtung, in Stahlblau über. Die Flügeladern sind schwarz.

Vorderflügel auf der Unterseite sammetschwarz, von der Wurzel aus verläuft, vor der Costalader, bis zu ihrem ersten Drittel reichend, ein schmaler stahlblauer Längsstreif. In den Randzellen, von der Hintergabelzelle an bis zur vierten Seitenrandzelle an den Adern goldgrüne, an der Wurzel mehr oder weniger stahlblaue Schaftstriche, von welchen sich die der vierten und mitunter auch der dritten Seitenrandzelle an der Wurzel vereinigen. In der fünften Seitenrandzelle ein aussen eingeschnittener, das innere Drittel der Zelle einnehmender, stahlblauer, am Aussenrande oft goldgrüner Fleck. Vor den Schaftstrichen bis zur vierten Seitenrandzelle inclusive nach aussen zu an den Adern kleine weisse Flecken.

Die Unterseite der Hinterflügel ist schwarz, vor und hinter der Costalader sowie an der Unterseite der Medianader mit stahlblauen Flecken, mitunter auch die Wurzel der Mittelzelle stahlblau. In den Randzellen mehr oder weniger deutliche, nach innen zu durch einen flaschenhalsähnlichen Fortsatz mit dem schwarzen Mitteltheil des Flügels zusammenhängende schwarze Rundflecken. Vor der schwarzen ausgebuchteten Einfassung des Aussenrandes, die Rundflecken und ihre Fortsätze umgebend, weisse Flecken.

Kopf, Brust und Hinterleib schwarz, ein breiter carminrother Halsring und ebensolche Flecken an der Unterseite der Brust. Flügelspannung 120—140 mm.

Weibchen: Oberseite der Vorderflügel matt braunschwarz, nur die letzten drei oder vier goldgrünen Keilflecken, bisweilen auch die untere Hälfte des fünften der Männchen sind vorhanden, doch nicht so prächtig goldgrün wie bei diesen. In den Innenhälften der Vordergabelzelle, der Gabelzelle, der Hintergabelzelle und der ersten Seitenrandzelle weisse Flecken, welche sich nach aussen zu an den Adern fortsetzen.

Hinterflügel auf der Oberseite erst von der Mittelzelle und der vierten Seitenrandzelle an goldgrün, doch ebenfalls nicht so prächtig wie beim Männchen. Die Adern und ihre nächste Umgebung ist schwarz, die schwarze Randeinfassung erstreckt sich in Gestalt von Dreiecken bis in die Mitte der vierten bis sechsten Randzelle, in der siebenten ist das Dreieck der Randeinfassung bedeutend kürzer, etwa ein Fünftel der Zelle einnehmend. Die äussere der Randzellen neben den Dreiecken in den genannten Zellen weisslich, schwarz überstäubt, ebenso die entsprechenden Stellen an den Adern in der zweiten und dritten Randzelle. Gegen die Flügelwurzel zu geht, wie bei den Männchen, das Goldgrün in Stahlblau über.

Die Vorderflügel sind auf der Unterseite dunkelbraun. In der vierten Vorderrandzelle befindet sich ein langer, schmaler, weisser Längsstrich. In Vordergabelzelle, Gabelzelle und Hintergabelzelle grosse weisse Flecken, von welchen die beiden ersten am Aussenrand rund ausgebuchtet sind, der dritte aber dreieckig eingeschnitten. In den folgenden beiden Zellen, der ersten und zweiten Seitenrandzelle, befinden sich an den Adern, nach innen sich beinahe berührend, weisse Schaftstriche, die der zweiten Seitenrandzelle sind gegen die Mittelzelle zu goldgrün überflogen. Die dritte und vierte Randzelle zeigen ähnliche Schaftstriche, nur sind dieselben nach innen zu zusammengeflossen und zeigen (s. Abbildung) im mittleren Drittel eigenthümliche Ausbuchtungen, das innere Drittel ist goldgrün, die beiden anderen weiss. Die fünfte Seitenrandzelle zeigt in der inneren, oberen Hälfte den blauen, nach aussen zu goldgrünen Fleck des Männchens, davor noch zwei weisse, von dem Fleck etwas getrennte Schaftstriche, die untere Hälfte der Zelle zeigt innen einen stahlblauen, aussen einen weissen Fleck.

Die Hinterflügel sind unten wie beim Männchen gezeichnet, nur ist die weisse Umrahmung der Flecken in den Randzellen reiner und grösser und die flaschenhalsähnlichen Fortsetzungen der Flecken länger, in der dritten Randzelle ist ein deutlich geschiedener brauner Fleck vorhanden.

K o p f und B r u s t wie beim Männchen. H i n t e r l e i b dunkelbraun. F l ü g e l s p a n n u n g 170 mm.

V o r k o m m e n: Borneo (Sarawak, Banjermasin, Sandakan), Sumatra, Malakka (Perak, Malakka, Dschohor).

Wenn wir von diesem interessanten Schmetterlinge nur die Männchen und nicht auch die, wie bei den Papilioniden im Allgemeinen bedeutend selteneren Weibchen [1]) kennten, so würden wir über seinen Zusammenhang mit der anderen Form uns nur auf dem Gebiete mehr oder weniger zweifelhafter Hypothesen bewegen können. Denn die Zeichnung der Männchen ist eine so absonderliche, dass wir nirgends unter den Papilioniden etwas Aehnliches finden, und auch die Unterseite derselben namentlich auf den Vorderflügeln keinen Anhalt für die Abtheilung giebt. Auch die Oberseite der Weibchen ist schon so verändert, dass nur der oberste Theil der Vorderflügel bis in die erste Seitenrandzelle an die Formen der *pompeus*-Gruppe erinnert. Anders ist die Unterseite der Weibchen: diese zeigt uns ganz klar, sowohl wie die Zeichnung der Oberseite bei den Weibchen und Männchen und die der Unterseite bei den Männchen entstanden ist. Wenn wir gar kein anderes Beispiel dafür besässen, von welcher Wichtigkeit die Zeichnungsverhältnisse für die Erkenntniss des genetischen Zusammenhanges der Formen sind, so würde dieses eine genügen, um dieselbe voll und ganz zu erweisen. Wir sehen, dass die Unterseite der Weibchen von *Ornithoptera brookeana* sich vollkommen auf das Schema der Zeichnung zurückführen lässt, welches wir bei der *pompeus*-Gruppe finden. Es sind die hellen Umsäumungen der einzelnen Randadern auf dem Vorderflügel vorhanden, und ebenso sehen wir auf dem Hinterflügel die gewöhnliche schwarze Umrandung und eine Reihe Flecken davor.

Es sind nun aber auf beiden Flügel ganz eigenthümliche Veränderungen eingetreten, welche zeigen, wie sich die so sonderbare

---

1) Die W e i b c h e n der *Papilio*-Arten, namentlich der exotischen Formen, halten sich gewöhnlich nur in der Höhe, in den Wipfeln der Bäume u. s. w. auf, um dort ihre Eier abzulegen, während die Männchen oft massenhaft an die feuchten Ufer der Flüsse und Bäche kommen, um dort zu trinken, und überhaupt mehr herumfliegen, wohl auch nach den W e i b c h e n suchend.

Zeichnung des Männchens aus der einfachen *pompeus*-Zeichnung entwickelt hat. So hat sich die weisse Umrandung der Zellen in den oberen Randzellen im äusseren Theile sehr verbreitet, während sie im inneren Theile im Schwinden begriffen ist, und schon deutlich sehen wir dabei nicht bloss hier, sondern auch in den folgenden Zellen die für die Oberseite der Vorderflügel characteristischen Dreieckflecke sich anlegen. In den hinteren Randzellen sehen wir aber, wie die Adereinfassung sich theilt, indem durch Ueberhandnehmen des dunklen Tons in der fünften Seitenrandzelle etwa in der Mitte, in den beiden vorhergehenden weiter nach innen, die Umsäumung Einschnürungen zeigt, zu gleicher Zeit aber der innere Theil der Flecken die stahlblaue, beziehungsweise goldgrüne Färbung zu zeigen anfängt, welche für *brookeana* characteristisch ist. Auf den Hinterflügeln hat sich zwischen den einzelnen Flecken der Randzellen und dem dunklen Mittelfelde der Flügel eine Verbindung in Form der flaschenhalsähnlichen Fortsetzungen dieser Flecken gebildet, eine Bildung, welche wir auch auf der Unterseite der Hinterflügel des Männchens kennen gelernt haben.

Es zeigt sich nun aber die ganz eigenthümliche Erscheinung, dass bei dem Weibchen sowohl wie bei dem Männchen nur der äussere Theil der Zeichnung von der Unterseite der Vorderflügel auf die Oberseite übertritt, während auf der Unterseite der Vorderflügel des Männchens nur die innere Hälfte der Zeichnung des Weibchens erhalten bleibt, während die äussere Hälfte dieser Zeichnung nur ganz kleine Spuren der Adereinfassungen noch zeigt. Es kommt ein derartig einseitiges Durchschlagen der Zeichnung auf der einen Seite und Erhaltenbleiben auf der anderen Seite in diesem Maasse, soviel mir bekannt, bei keinem anderen Schmetterling vor, wenn auch eine gewisse Analogie in dem Verhalten der Oberseite der Vorderflügel bei den *priamus* zu der Unterseite nicht zu verkennen ist.

Es ergiebt sich aber aus der vorhergehenden Betrachtung, dass die *Ornithoptera brookeana*, welche auch das gleiche Verhalten in Bezug auf den dritten Subcostaladerast zeigt wie die *pompeus*, als eine sich seitlich von der *pompeus*-Gruppe abzweigende Form zu betrachten ist, welche, wenn auch sehr verändert, doch noch deutlich auf der Unterseite beim Weibchen die Grundzeichnung der Gruppe zeigt.

Die letzte Form, welche erst von SCHATZ der Gattung *Ornithoptera* eingereiht worden ist, nachdem schon STAUDINGER sie als afrikanischen Vertreter der *Ornithoptera* bezeichnet hatte, ist

### *Ornithoptera zalmoxis* Hew.

Männchen: Oberseite der Vorderflügel schiefergraublau, der Vorderrand, Seitenrand und die Aussenhälfte des Hinterrandes, sowie die Flügeladern schwarz. Die schwarze Einfassung
reicht vom Vorderrand bis in die Mittelzelle hinein, bis etwas hinter
den dritten Subcostaladerast. Von der Vordergabelzelle an bis zur
fünften Seitenrandzelle erstreckt sich in jede Randzelle von der Mitte
ihres Aussenrandes an gegen den Innenrand je ein schwarzer Schaftstrich. Die vier ersten derselben reichen fast bis an den Innenrand
der betreffenden Zellen bezw. an die Mittelzelle, von der fünften an
nehmen sie allmählich ab, und der letzte erreicht nur noch ein Viertel
der Länge der fünften Seitenrandzelle.

Hinterflügel oben ebenfalls schiefergraublau mit ziemlich
breiter schwarzer Umrandung des Vorder- und Seitenrandes. Die
Umrandung nimmt vorn die Hälfte der zweiten Randzelle und von da
ab durchschnittlich ein Drittel der folgenden ein. In ihr befinden sich
nahe dem Aussenrande von der zweiten Randzelle an in jeder Zelle
bis zur siebenten je zwei schieferfarbene Flecken. Die Adern sind
schwarz mit Ausnahme der die Mittelzelle umgrenzenden Adern, doch
zeigen sich hierin kleinere Varietäten. In jede Randzelle erstrecken
sich von der dritten bis zur siebenten, ebenso wie auf den Vorderflügeln bis gegen den Innenrand der Zellen schwarze Schaftstriche.

Die Grundfarbe der Unterseite der Vorderflügel ist mehr
weisslichgrau, die Randeinfassung und die Schaftstriche sind bräunlich,
sonst ist die Zeichnung wie auf der Oberseite, nur ist die ganze Vorderecke der Flügel bräunlich.

Hinterflügel unten in der Hauptsache bräunlich mit rothbrauner Flügelwurzel und Flügelaussenrande; ausserdem zeigt sich
noch auf dem Rothbraunen, welches sich nach innen zu abschattirt,
eine schmale dunkle Randbinde, in welcher sich wie auf der Oberseite
eine helle Fleckenreihe befindet und von welcher die Schaftstriche
ebenso abgehen. Die Aussenhälfte der Mittelzelle, sowie die Innen-
spitzen der fünften bis achten Randzelle sind weisslich. In der Mittelzelle zeigt sich von der Flügelwurzel ausgehend eine eigenthümliche
aderähnliche Zeichnung. Dieselbe entsendet zuerst einen Ast zu der
Biegungsstelle der oberen Discocellularader, der von da aus an die
Mitte der mittleren Discocellularader geht, ein weiterer Ast geht von
der Mitte des erstgenannten Stückes nach der Mitte der unteren

Discocellularader. Diese Aeste sowohl wie die Flügeladern selbst sind dunkelbraun.

Kopf und Brust schwarz, ersterer jederseits mit drei weissen Tupfen, die Vorderbrust zeigt deren je zwei, und Mittel- und Hinterbrust haben jederseits eine zottige, graue Seitenlinie, auch das Ende der Hinterbrust ist zottig grau behaart. Hinterleib dunkel chromgelb, mit einer seitlichen Längsreihe schwarzer Flecke und schwarzen Stigmen. Unterseite der Brust mit drei Längsreihen weisser Flecke jederseits und einem weissen Fleck am Grund der Hinterflügel, Flügelspannung 140 mm.

Weibchen unbekannt.

Vorkommen: Westküste des äquatorialen Afrika.

O. zalmoxis bietet wie so viele Falter des tropischen Afrika in ihrer Erscheinung eine ganz eigenthümliche Gestaltung dar. Auffallend ist an ihrem Geäder, dass das Flügelviereck, welches im Allgemeinen bei den übrigen Ornithoptera-Arten sowohl, wie bei den Papilio-Arten, soweit mir dieselben bekannt sind ein schief stehendes, ziemlich schmales Parallelogramm bildet, bei ihr fast rhombisch ist, die Seiten sind beinahe gleich lang. Das gleiche Verhalten zeigt übrigens nach der von SCHATZ gegebenen Abbildung auch die Gattung Drurya, ohne dass ich deshalb für's Erste einen genetischen Zusammenhang zwischen zalmoxis und Drurya antimachus annehmen möchte. Das Verhalten des dritten Subcostaladerastes ist wie bei der pompeus-Gruppe und somit wie bei den Papilio-Arten. Die Zeichnung, welche auf der Unterseite beinahe wie auf der Oberseite ist, ist ebenfalls schwer mit der anderer Papilio-Arten in Einklang zu bringen, am meisten gleicht sie auf den Hinterflügeln der von HEWITSON [1]) abgebildeten Form hippocoon der Weibchen von Papilio merope CRAM., welche Art sich bekanntlich durch starken Polymorphismus der Weibchen auszeichnet und ebenfalls in Afrika fliegt, und in deren Nähe zalmoxis auch von KIRBY in seinem bekannten Katalog gestellt ist. Ehe jedoch das Weibchen dieser Art, bei welchem man nach Analogie wohl auch Dimorphismus erwarten muss, bekannt geworden ist, sind jegliche Hypothesen über die Entstehung der Zeichnung sowohl wie über den Platz im System für diese Art mehr oder weniger vage, nur so viel scheint mir gewiss, dass die Art weder mit den pompeus-, noch mit den priamus-Arten in irgend welchen genetischen Zusammenhang gebracht werden kann.

---

1) Exotic Butterflies I, t. XII, f. 39—41.

Wir haben nun noch zu untersuchen, wie sich die übrigen
Stände der im Vorhergehenden abgehandelten *Ornithoptera*-Arten
untereinander und zu denen der *Papilio*-Arten verhalten. Die Raupen
der *Ornithoptera*-Arten sind dadurch ausgezeichnet, dass sie, wie die Abbildung Taf. XIX, Fig. 4 zeigt, mit mehreren Reihen fleischiger Auswüchse
besetzt sind. Dem entsprechend zeigen auch die Puppen eigenthümliche
hornige Fortsätze (s. Taf. XIX, Fig. 5). Diese Besonderheit ist aber
durchaus nicht eine Eigenart der *Crnithoptera*-Arten, sondern sie findet
sich auch bei einer ganzen Reihe *Papilio*-Arten, so nach der von
WALLACE [1]) gegebenen Uebersicht bei den *Papilio*-Arten der *nox-*,
*coon-* und *polydorus*-Gruppe aus Indomalayasien. Zu der *nox*-Gruppe
gehören Arten, welche düster einfarbig sind und von welchen eine,
*Papilio semperi* FELD., einen prachtvoll rothen Kopf und Hinterleib
zeigt. Die *coon*-Gruppe umfasst geschwänzte Arten, deren Grundfarbe
ein mattes Grauschwarz ist und welche auf den Hinterflügeln gelbe
oder rothe Flecken haben. Die *polydorus*-Gruppe endlich zeigt im
Allgemeinen Schwarz mit rothen Flecken, die Vorderflügel sind bei
einzelnen Arten, wie z. B. bei dem prächtigen *hector*, weiss gefleckt.
Auch bei ihnen zeigt sich bisweilen ein wenigstens theilweise rother
Hinterleib.

Hieraus ergiebt sich, dass die gleiche Gestaltung der Raupen
keinerlei Schlüsse auf eine nahe Verwandtschaft der Falter gestattet,
aber die Form der Raupen ist für uns nach einer ganz anderen Seite
hin interessant. Wir haben es in den *Ornithoptera*-Arten sowohl wie
in den Arten der vorerwähnten drei *Papilio*-Gruppen mit Formen zu
thun, die offenbar gegenüber unseren Segelfaltern sehr vorgeschritten
sind. Nun zeigen aber ihre Raupen eine Form, wie sie die Segelfalter
nur in den ersten Stadien der Entwicklung ebenso wie die meisten
übrigen *Papilio*-Arten haben. Nach dem biogenetischen Grundgesetze
wären mithin die Raupen der letzteren Arten auf einem phyletisch
höheren Standpunkte als die der *Crnithoptera*-Arten. Die letzteren
sind in den ersten beiden Ständen gegen *Papilio podalirius* L. z. B.
zurückgeblieben, im dritten aber, dem der Imago, sind sie ihm sehr
vorangeeilt.

Das phyletische Wachsen der *Ornithoptera*-Arten ist also
auf den Stand der Imagines beschränkt geblieben, dort

---

1) WALLACE, On the phenomena of variation and geographical distribution as illustrated by the Papilionidae of the Malayan region, in:
Trans. Linnean Soc. London, Vol. 25, London 1866.

aber hat es im ausgiebigsten Maasse stattgefunden. Da nun aber die Imagines kein oder nur ein höchst beschränktes individuelles Wachsen (im Sinne der Fortbildung der Art) zeigen, muss dieses Sichweiterbilden ein mehr oder weniger sprungweises gewesen sein. Plötzlich müssen an einzelnen Individuen neue Eigenschaften aufgetreten sein, mit welchen zugleich andere in Bezüglichkeit standen, diese Eigenschaften müssen sich vererbt und weitergebildet haben, und so sind, während Raupen und Puppen in der Genepistase verharrten, die Schmetterlinge weiter vorangeschritten, und wir haben in ihnen, wenn nicht die höchsten, so doch sehr hochstehende Formen der Papilioniden vor uns. Denn eine derartige Entwicklung von Zierden, wie der goldgrüne Glanz der *priamus*-Männchen und die atlasartige gelbe Färbung der Hinterflügel bei den *pompeus*, von *brookeana* in ihrer eigenartigen Schönheit nicht zu reden, deutet auf phyletisch hohe Stellung hin. Allerdings hat hierbei auch die geschlechtliche Zuchtwahl eine grosse und ausschlaggebende Rolle gespielt, aber sie hat immer nur das Schöne e r h a l t e n d gewirkt durch die Kraft der steten Vererbung, welche immer den am schönsten gefärbten Männchen in ausgiebigem Maasse zu Theil wurde, f o r t b i l d e n d wirken die c o n s t i t u t i o n e l l e n U r s a c h e n, welche in b e s t i m m t e n R i c h t u n g e n thätig waren und n u r in diesen.

Das Verhalten der *priamus*-Weibchen mit ihrem grossen individuellen Variiren liefert für diese sprungweise Entwicklung den Beweis. Schnell und plötzlich treten neue Eigenschaften auf, wie z. B. bei dem einen *pegasus*-Weibchen die Einfarbigkeit der Mittelzelle zugleich mit Verkleinerung und Verschwinden der Flecken in den Randzellen, wie das Gleiche auch bei *croesus*-Weibchen der Fall ist. Wichtig erscheint dabei noch besonders, dass, wie schon im Vorhergehenden hervorgehoben wurde, räumlich so geschiedene Formen, wie eben *pegasus* und *croesus*, trotzdem nach denselben Richtungen abändern, ein weiterer Beweis dafür, dass in der inneren Beschaffenheit des Körpers, in der Constitution gelegene Ursachen es sind, welche dieses Abändern nach bestimmten Richtungen bedingen.

Ich komme endlich zu der Frage, wie sich die Zeichnungsverhältnisse der *priamus*-Gruppe zu der der *pompeus-brookeana*-Gruppe verhalten, und damit zu der weiteren Frage, ob die Gattung *Ornithoptera* in dem gegenwärtigen Umfange eine berechtigte ist.

Die Zeichnung der *priamus*-Arten ist, wie aus dem Verhalten der Unterseite der Vorderflügel sowohl bei den Männchen als auch aus der ganzen Zeichnung der Weibchen hervorgeht, aus einer Längsfleckenzeichnung entstanden, während die niedersten Formen der *pompeus-*

Gruppe, so vor allem *pompeus* selbst und *rhadamanthus* eine Quer-
streifung längs den Flügelrandadern der Vorderflügel zeigen, welche
Querstreifung dann bei einzelnen Formen auch in der Mittelzelle auf-
tritt. Die am weitesten fortgeschrittenen Männchen der Gruppe zeigen
Einfarbigkeit der Vorderflügel, während bei der *amphrysus*-Untergruppe
Gelb auf den Vorder- und Hinterflügeln im Vorrücken begriffen ist.
Wir sehen also, dass beide Gruppen sich aus zwei ganz verschiedenen
Zeichnungsarten herausgebildet haben. Weiter sind beide Gruppen
dadurch verschieden, dass, wie schon Eingangs erwähnt, bei den *priamus*-
Formen der fünfte Subcostaladerast sich zu dem mit dem vierten gemeinsamen Stiel verhält wie 8,5 : 1, während dieses Verhältniss bei den
*pompeus*-Arten 2,59 : 1, das der *Papilio*-Arten, ist. Auch *brookeana*
zeigt mit 3,21 : 1 ein sich mehr an *pompeus* anschliessendes Verhältniss.
Weiterhin setzt sich bei *Ornithoptera priamus* L. und ihren Varietäten
der dritte Subcostaladerast etwa in der Mitte zwischen dem zweiten
Subcostaladerast und dem Stiel des vierten und fünften an, bei der
*pompeus-brookeana*-Gruppe aber an der Ursprungsstelle des Stieles
selbst, ein Verhalten, wie es auch sämmtliche Arten der Gattung
*Papilio* zeigen.

Eine weitere Verschiedenheit zwischen den Männchen der *priamus*-
Formen und denjenigen der *pompeus*-Arten (*brookeana* mit ihren ganz
eigenthümlich gestalteten Flügeln ausser Acht gelassen) ergiebt sich
aus dem Verhältniss der Länge des Vorderrandes der Vorderflügel
zum Hinterrand und namentlich zum Seitenrand. Misst man nämlich
den Vorderrand der Vorderflügel von der Flügelwurzel bis zu der
Stelle, wo der dritte Subcostaladerast in den Flügelrand mündet, den
Seitenrand von da ab bis zur Mündung der Submedianader, den
Hinterrand von dieser Stelle bis wieder zur Flügelwurzel, zieht die
betreffenden Verhältnisszahlen und berechnet den Durchschnitt, so erhält man für die *priamus*-Formen das Verhältniss von Vorderrand zu
Seitenrand wie 1 : 0,659 mit einem Maximum von 1 : 0,69 und einem
Minimum von 1 : 0,633. Die gleichen sind für die *pompeus*-Arten
1 : 0,73 Durchschnitt, 1 : 0,76 Maximum und 1 : 0,65 Minimum.

Man sieht hieraus, dass im Verhältniss der Seitenrand bei den
*pompeus* länger ist als bei den *priamus*, und dass die Maximalzahl
bei *priamus* sich mit der Minimalzahl bei den *pompeus* (*O. amphrysus
var. ruficollis*) deckt.

Die Verhältnisszahlen für Vorder- und Hinterrand sind nicht so
auseinandergehend, sie betragen für die *priamus* 1 : 0,544 Durchschnitt
mit 1 : 0,587 Maximum und 1 : 0,5 Minimum, für die *pompeus* 1 : 0,55

Durchschnitt mit 1 : 0,65 Maximum (*O. ruficollis* merkwürdigerweise) und
1 : 0,5 Minimum (zwei *O. pompeus var. minos*). Auf beifolgendem
Holzschnitt sind, um den Unterschied zu zeigen, die Durchschnitts-
dreiecke dargestellt.

Gemeinsam ist bei-
den Gruppen die Ge-
stalt der Raupen und
Puppen, aber beides
kommt auch, wie schon
früher erwähnt, ge-
wissen *Papilio* - Arten
zu. WALLACE (a. a. O.)
legte auf die grossen
Analklappen der Männ-
chen beider Gruppen
als Hauptunterschei-
dungsmerkmal für das
Genus    *Ornithoptera*
Gewicht, aber die glei-
che Erscheinung zeigen
auch einzelne *Papilio*-
Arten, wie z. B. *Pa-
pilio deiphontes* WALL.
und andere. Endlich
kommen die Raupen
der beiden Gruppen auf
Aristolochia-Arten vor,
aber abgesehen davon,
dass das ja keine ge-
nerische Zusammen-
gehörigkeit begründen
würde, finden sich nach
WALLACE auch die
Raupen vieler anderer
*Papilio*-Arten, wie die
der *polydorus*-Gruppe,
auf Aristolochia-Arten
vor.

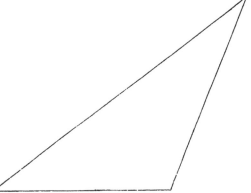

Durchschnittsdreieck der Vorderflügel von Ornithoptera priamus L.

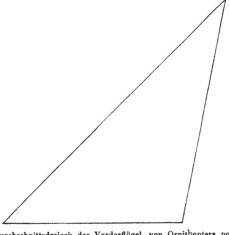

Durchschnittsdreieck der Vorderflügel von Ornithoptera pompeus
CRAM.

Mithin kann die Zusammenstellung beider Gruppen in eine Gattung,
die Gattung *Ornithoptera*, nicht aufrecht erhalten werden, und es wirft

sich die Frage auf: Ist die Gattung *Crnithoptera* einzuziehen oder
ist sie für eine der beiden Gruppen aufrecht zu.erhalten?

Wie aus dem Vorhergehenden hervorgeht, schliessen sich die
*pompeus*-Arten, von der Zeichnung für's erste abgesehen, in allem, was
sie von den *priamus*-Formen scheidet, eng an die Gattung *Papilio*
an, und ich sehe keinen Grund ein, weshalb man sie dieser Gattung
nicht einreihen sollte. Anders ist es mit der *priamus*-Gruppe. Bei
ihr haben wir constante, sie scharf von den übrigen *Papilio*-Arten
scheidende Merkmale: erstens das Verhalten des dritten Subcostaladerastes, welches allein bei der Wichtigkeit, welche dem Geäder der
Schmetterlinge für die Systematik beigelegt wird, zur Aufstellung einer
eigenen Gattung berechtigen würde, und zweitens das Verhältniss des
Stieles des vierten und fünften Subcostaladerastes zum fünften Subcostaladerast selbst. Es ist mithin die Gattung *Ornithoptera* auf die
vier Arten *Ornithoptera priamus* L., *tithonus* DE HAAN, *victoriae* GRAY
und *reginae* O. SALVIN zu beschränken, zu welchen wahrscheinlich weitere
Formen bei genauerer Durchforschung des Verbreitungsgebietes dieser
Gattung kommen werden.

Zum Schluss will ich nur noch auf die Allgemeinergebnisse hinweisen, welche sich bei meinen Untersuchungen herausgestellt haben.
Wir haben in *Ornithoptera priamus* L. mit ihren Abarten eine Art
kennen gelernt, welche sich augenblicklich in raschem phyletischen
Wachsen befindet, das zur Herausbildung neuer Arten führen muss.
Einzelne der Abarten sind in ihren Kennzeichen schon beständig geworden, wie *Ornithoptera arruana, richmondia,* der ächte *priamus* und
*lydius,* während andere, wie z. B. *Ornithoptera pegasus,* noch grosse
individuelle Abänderungen in beiden Geschlechtern zeigen, auf der
Stufe des individuellen Abänderns stehen, während bei dritten endlich,
wie *croesus,* die Männchen schon vollkommen in ihren Kennzeichen
beständig geworden sind, während die Weibchen sich noch auf der
ebenerwähnten Stufe des individuellen Abänderns befinden.

Diese verschiedene Art des Verhaltens giebt uns einen Aufschluss,
wie überhaupt die Artenbildung im Thierreiche zu Stande kommt.
Im ersten Stadium fangen die Einzelthiere nach bestimmten Richtungen
an abzuändern, die Richtungen des Abänderns sind zugleich dieselben,
in welchen später die Artbildung vor sich geht. Giebt sich eine
günstige Gelegenheit, tritt z. B. räumliche Absonderung ein, so
werden einzelne Abänderungsrichtungen zuerst beständig werden (Stadium der constanten Abart), dann aber werden diese Abänderungsrichtungen sich immer mehr verstärken, die Abart wird sich immer

weiter von der ursprünglichen Art entfernen und wird endlich das werden, was wir als Art bezeichnen. Nun kommt es aber vor, und hierfür sind *Ornithoptera tithonus, victoriae* und *reginae* hervorragende Beispiele, aber auch die zu *Papilio pompeus* gehörigen Arten zeigen dasselbe, wenn auch nicht so ausgesprochen, dass bei den Männchen die dieselben unterscheidenden Merkmale sich schon hervorragend ausgebildet haben, so dass man mit vollem Recht bei ihnen von einer Art sprechen kann, während die Weibchen noch auf der phyletisch niederen Stufe der Abart stehen, und zwar einer Abart, welche durchaus nicht die höchst entwickelte der in Betracht kommenden Formengruppe zu sein braucht. Es ist dies nicht nur ein Beispiel für die männliche Präponderanz, sondern namentlich auch dafür, mit welcher Zähigkeit gewisse Eigenthümlichkeiten von den Weibchen festgehalten werden, wie gerade diese conservirend wirken und durch das Festhalten an Artkennzeichen zugleich die Art erhalten, indem sie ihrerseits durch ihr Vererben dem ungemessenen Abändern entgegenwirken.

Weiterhin haben wir aber auch gesehen, wie bei Thieren mit verschiedenen, scharf gesonderten Entwicklungsstadien die phyletische Fortbildung, das phyletische Wachsen auf einzelne dieser Entwicklungsstadien in seiner Hauptsache übertragen sein kann, während in anderen Entwicklungsstadien dasselbe entweder ganz ruht oder doch nur wenig zur Geltung kommt. Es kommt sogar in Bezug auf die Zeichnung vor, dass in einem früheren dieser Stadien, bei Schmetterlingen z. B. im Raupenstadium, eine phyletisch höhere Stufe erreicht sein kann, als sie nachher beim fertigen Schmetterlinge vorkommt. Ich erinnere in dieser Beziehung nur an die quergestreifte Raupe unseres längsgestreiften Segelfalters.

Endlich habe ich zu bemerken, dass ich die vorliegenden Untersuchungen im Einverständniss mit Herrn Prof. Dr. EIMER angestellt habe, und dass dieselben nur als eine Art von Vorläufer für die weiteren Untersuchungen anzusehen sind, welche wir gemeinschaftlich über die Zeichnungsverhältnisse der Schmetterlinge anstellen wollen, nachdem die erste Abtheilung des Werkes von Prof. EIMER[1]) über die Verwandtschaft und die Entstehung der Arten bei den Schmetterlingen erschienen ist. Es handelte sich bei meinen Untersuchungen im Wesent-

---

1) G. H. Th. EIMER: Die Artbildung und Verwandtschaft bei den Schmetterlingen. Eine systematische Darstellung der Abänderungen, Abarten und Arten der Segelfalter-ähnlichen Formen der Gattung *Papilio*. Jena, G. Fischer, 1889.

lichen darum, durch ein Experimentum crucis nachzuweisen, dass die Gesetze, welche Herr Prof. EIMER für die Zeichnung der Reptilien, der Vögel und der Säugethiere aufgestellt hat, und in dem genannten Werke auch auf die Schmetterlinge ausdehnt, für eine Gruppe von Faltern Geltung haben, welche in ihrer ganzen Zeichnungsweise so viel Eigenthümliches zeigen wie die Arten des alten Genus *Ornithoptera*, und welche zu gleicher Zeit durch ihre so ausgesprochene Geschlechtsverschiedenheit in dieser Beziehung das denkbar passendste Object darbieten. Vorläufig sind aber meine Untersuchungen noch in Hinsicht darauf zu nennen, dass mir zwar ein so reiches Material für dieselben zu Gebote stand, wie es wohl nur in wenigen zoologischen Museen und Privatschmetterlingssammlungen vertreten ist, dass dasselbe aber doch nur genügt hat, um die Untersuchungen in grossen, allgemeinen Zügen anzustellen, dass die Erklärung aller der kleinen Abänderungen und Abweichungen, welche die *Ornithoptera*-Arten zeigen, noch weiteren gemeinschaftlichen Untersuchungen vorbehalten bleibt, denen wir ein grösseres Material zu Grunde zu legen beabsichtigen.

So viel glaube ich aber doch schon durch meine Arbeit gezeigt zu haben, dass auch durch ihre Befunde von neuem ein Beweis geliefert ist, wie bei der Fortwicklung der Organismen eine strenge, wenn auch oft schwer zu erkennende Gesetzmässigkeit stattfindet, dass es dabei einen Zufall nicht giebt.

## Nachtrag.

Vorstehendes war längst geschrieben, als die hiesige zoologische Sammlung durch Herrn Dr. STAUDINGER in Dresden in den Besitz einer neuen *Ornithoptera*-Art von der Insel Palawan (Philippinen) kam, der

### *Ornithoptera plateni* STAUDINGER.

Diese Art, welche im Correspondenzblatt des entomologischen Vereins „Iris" (1888, Heft 5, S. 274) beschrieben worden ist, zeigt sich in vielen Beziehungen als die vorgeschrittenste Form der *pompeus*-Gruppe, in anderen Beziehungen stellt sie sich als eine verhältnissmässig zurückgebliebene Form dar:

Die Vorderflügel des Männchens zeigen auf der Oberseite die Adern noch verhältnissmässig hell gerandet, etwa wie die
Männchen von *pompeus, rhadamanthus* und *haliphron*. Anders verhalten sich dagegen die Hinterflügel auf der Oberseite: dieselben sind bis auf zwei gelbe Flecken von gewöhnlicher Form in der
zweiten und dritten Seitenrandzelle (vergl. Taf. XXI, Fig. 7) vollkommen schwarz geworden, also in dem Bestreben, einfarbig schwarz
zu werden, welches, wie ich im Vorhergehenden ausgeführt habe, einem
Theile der *pompeus*-Gruppe zukommt, noch mehr vorgeschritten als
selbst *O. haliphron*. Merkwürdig muss es nun aber erscheinen, dass
die Unterseite der Hinterflügel etwa der Oberseite von *O. rhadamanthus* gleicht: von der schwarzen Randeinfassung aus erstreckt sich
schwarze Bestäubung mehr oder weniger dicht in die Randzellen hinein, hauptsächlich an die Adern sich anlegend.

Es zeigt diese Art der Färbung der Unterseite auf das schönste,
wie die Einfarbigkeit nicht nur durch Verschmelzen einzelner Flecke,
wie das bei der *pompeus*-Gruppe gewöhnlich der Fall ist, zu Stande
kommt, sondern dass auch einfache, an die Adern mehr oder weniger
gebundene Anhäufung von Pigment Einfarbigkeit erzeugen kann. Auffallend bleibt das Verhalten der Unterseite der Hinterflügel bei dem
♂ von *O. plateni* immerhin, da sonst ein so hochgradiger Dimorphismus
der Ober- und Unterseite bei der besagten Gruppe nicht vorkommt.

Die Weibchen stimmen im grossen Ganzen mit denen von
*rhadamanthus* überein, nur ist die innere Fleckenbinde der Hinterflügel fast völlig mit der schwarzen Randeinfassung verschmolzen,
bloss an der oberen Radialader auf der Oberseite und an derselben
Ader und der Subcostalader auf der Unterseite zeigt sich je ein heller
Fleck als das Zeichen ursprünglicher Trennung.

Wenn bei einer Art die Ableitung von einer anderen mit völliger
Gewissheit möglich ist, so ist das eben bei *Ornithoptera plateni* der
Fall. Sie stammt offenbar von *O. rhadamanthus* ab, und zwar zeigt
das ♂ in hervorragender Weise, wie eine Zeichnung zuerst auf der
Oberseite auftritt, um dann auf die Unterseite gewissermaassen durch-
zuschlagen. Die Unterseite der Hinterflügel von *O. plateni* ♂ entspricht vollkommen der Oberseite von *O. rhadamanthus* ♂, während
auf der Oberseite der Hinterflügel bei jenem unter dem begünstigenden
Einfluss der Isolirung Schwarz fast vollkommen herrschend geworden
ist. Auch das Weibchen von *O. plateni* zeigt gegenüber dem von
*O. rhadamanthus* einen Fortschritt, indem die beiden Randbinden bei
ihm fast vollkommen mit einander verschmolzen sind.

Ausser *Ornithoptera plateni* ist ganz neuerdings noch eine zweite *Ornithoptera*-Art im alten Sinne der Gattung von der Insel Palawan durch Herrn Dr. STAUDINGER bekannt gegeben worden (Iris II, S. 4, 1889). Es ist die neben die bis jetzt vereinzelt dastehende *Ornithoptera brookeana* WALL. gehörige

## *Ornithoptera trojana* STAUDINGER.

Diese eigenartige Form, von welcher leider bis jetzt nur die Männchen bekannt sind, unterscheidet sich nach dem mir von Herrn Dr. STAUDINGER freundlichst übersandten Originalmanuscript seiner Beschreibung von *Ornithoptera brookeana* durch folgende Eigenthüm-lichkeiten. Die grünen Zeichnungen der Oberseite von *trojana* sind nicht goldgrün wie bei *brookeana*, sondern eher blaugrün, bei gewisser Beleuchtung sogar grünblau, bei anderer smaragdgrün. Die sieben grünen Flecken auf den Vorderflügeln sind kürzer, am äusseren Ende stumpfer und weiter von einander getrennt: sie stehen dem Seitenrande näher, während ihre innere Begrenzungslinie nicht wie bei *brookeana* dem Vorderrande, sondern eher dem Seitenrande der Flügel parallel verläuft. Die vorderen vier Flecken sind so weit von einander getrennt, wie sie selbst breit sind, die hinteren weniger, aber auch die beiden hintersten, bei *brookeana* stets zusammenstossenden Flecken sind bei *trojana* getrennt. Der an der Wurzel der Vorderflügel bei *brookeana* gewöhnlich, wenn auch manch-mal nur in Spuren vorhandene stahlblaue Fleck fehlt bei *trojana* stets. Die Hinterflügel zeigen noch wesentlichere Abweichungen als die Vorderflügel von *brookeana*: dieselben sind in der Hauptsache schwarz und zeigen nur eine vor der Mittelzelle nach aussen gelegene blaugrüne Querbinde, welche durch die Adern mehr oder weniger in fünf bis sechs unregelmässige, nach innen meist halbkreisartig oder gezackt ausgeschnittene Flecken getheilt wird, die aber nach innen immer noch zusammenhängen. An den Rippen ist der Innentheil des Flügels mehr oder weniger tiefblau angeflogen. Am Innenrande ist der umgebogene Theil des Flügels (ausserhalb der Flügeltasche) ganz schwarz, manchmal mit dunkelblauem Anflug. Die Querbinde der *trojana* ist dem Seitenrande des Hinterflügels näher gelegen als die Begrenzung des goldgrünen Feldes der *brookeana*, so dass also die ganze Zeichnung der Oberseite neben einer Verkleinerung auch eine Verschiebung nach aussen erlitten hat.

Auf der Unterseite zeigen die Vorderflügel den auch der *brookeana* eigenthümlichen stahlblauen Streifen vor der Costalader,

ebenso ist der zwischen Medianader und·Submedianader gelegene Fleck
ganz stahlblau und nicht wie bei *brookeana* an der Spitze gewöhnlich
goldgrün. Ausserdem sind nur noch in der zweiten bis vierten Seitenrandzelle je ein Paar schmale blaugrüne Streifen.

Die Hinterflügel haben unten an der Flügelwurzel die auch
der *brookeana* eigenthümlichen stahlblauen Flecken, aussen an den
Adern zeigen sich fünf bis sieben kleine weiss-graue Fleckchen, die
innere Fleckenbinde, welche bei *brookeana* noch erkennbar ist, ist hier
also völlig mit dem Mitteltheil des Flügels verschmolzen.

Der Halsring und die Brust ist bei *trojana* heller roth als bei
*brookeana*.

Wir haben in *trojana*, welche sicherlich Artrechte verdient, eine
Form, die in ähnlicher Weise der *brookeana* gegenüber vorgeschritten
ist, wie *plateni* gegenüber *rhadamanthus*: auch bei ihr ist das Bestreben, einfarbig schwarz zu werden, weiter vorgeschritten als bei
*brookeana*, und es steht zu erwarten, dass, wenn erst das Weibchen
dieser hochinteressanten Form bekannt geworden sein wird, dieses
ebenfalls dem Weibchen von *brookeana* gegenüber einen Fortschritt
in der Vereinfachung der Zeichnung zeigt.

Des Weiteren muss ich auf einen mir auch erst später bekannt
gewordenen Vortrag von ED. G. HONRATH (in: Berliner Entomologische
Zeitschrift 1886, S. X) eingehen, welcher mich zu einigen Bemerkungen
veranlasst. Herr HONRATH stellt den Satz auf, dass gegenüber anderen Autoren „die Berechtigung, die verschiedenen Localformen der
*Ornithoptera priamus* durch Namen zu bezeichnen, weit weniger durch
die Unterschiede bei den ♂♂, als vielmehr durch die bei den ♀♀ anerkannt werden" muss. Als Beweis hierfür wird angeführt, dass,
„seitdem *priamus* in grösserer Anzahl gefangen, namentlich aber auch
aus den auf Aristolochia lebenden Raupen in den letzten Jahren auf
verschiedenen Inseln gezogen worden ist, das dadurch gewonnene grössere
Material die bei den ♂♂ der verschiedenen Localitäten aufgestellten
Unterschiede als nicht stichhaltig erscheinen lässt". Hingewiesen wird
dabei auf die Varietäten *arruana*, *poseidon* und *pegasus*. Demgegen-
über möchte ich, abgesehen davon, was ich schon entgegen der OBER-
THÜR'schen Eintheilung der *priamus*-Abarten (S. 718) angeführt habe,
denn doch hervorheben, dass wir in grösserer Anzahl nur die Varietäten
*priamus*, *arruana*, *pegasus*, *richmondia* und *croesus* kennen. Soweit
hiervon Stücke aus Raupen gezogen sind, sind dieselben, da ihre Er-
nährungsverhältnisse dort mehr oder weniger von der Gefangenschaft
beeinflusst worden sind, wenig beweiskräftig, aber auch sonst dürfte

die HONRATH'sche Ansicht nicht eben auf stichhaltige Gründe sich
stützen. Abgesehen davon, dass die ♂♂ der *priamus* - Abarten überhaupt, wenn man die grüne, gelbe oder blaue Färbung der Zeichnung
ausser Acht lässt, sich viel weniger von einander unterscheiden als
die ♀♀, deren Abartung (ich erinnere an *O. lydius* und *priamus* ♀)
sich in viel weiteren Grenzen bewegt, ist doch darauf hinzuweisen,
dass auch bei einzelnen Varietäten, die eben noch ein starkes Abändern zeigen, die ♀♀ viel mehr in der Zeichnung sich unterscheiden
als die ♂♂ (s. d. Beschr. von *O. priamus var. pegasus* und *var. croesus*).
Bei diesen Formen kann aber allein der Fundort, wenn er sicher bekannt ist, über die Zugehörigkeit zu einer der verschiedenen Orts-
abarten entscheiden.

Herr HONRATH will dann die grüne, blaue oder gelbe Färbung,
ausgehend davon, dass Blau und Gelb Grün ergiebt, dadurch erklären,
„dass, wo bei den chemischen Bodenverhältnissen in den Futterpflanzen
die blaue Farbe überwiegt, sich die blaue *var. urvilliana* (auf Neu-
Irland, der Duke of York-Gruppe u. a.) bildet, während im entgegengesetzten Falle die goldgelbe *var. croesus* (auf Batjan) oder die braun-
gelbe *var. lydius* (auf Halmahera) vorkommt". Eine gewisse Originalität
lässt sich dieser Auffassung über Farbenbildung bei den Schmetterlingen ebensowenig absprechen wie der G. KOCH's, welcher in seiner
„Indo-australischen Lepidopteren-Fauna" gemeint hat, dass sich vor
dem Auskriechen der Schmetterlinge ein gelblicher Schleim auf die
Flügel lagere, der aus Körnchen bestehe, welche die Farbenkörperchen
des Falters bilden sollen. Abgesehen davon, dass eine solche directe
Färbung durch Stoffe der Futterpflanze wenig Wahrscheinlichkeit hat,
kommt für die *priamus*-Formen noch in Betracht, dass sie ihre glänzende Färbung keinem Farbstoff, sondern Interferenzfarben verdanken,
welche eine solche Entstehung unmöglich haben können. Der Grund,
weshalb ich überhaupt kurz anf diese Frage eingegangen bin, liegt
wesentlich darin, dass, wie mir Herr C. RIBBE aus Dresden, welcher
längere Zeit im Verbreitungsgebiet der *Crnithoptera priamus* gesammelt
hat, mittheilte, die Raupen der grünen Formen auf Aristolochia-Arten
vorkommen, welche auf t r o c k e n e m Grund und Boden stehen, während
die der Abart *croesus* auf Batjan wenigstens nur auf solchen leben,
die in s u m p f i g e n Theilen der Insel wachsen. Es giebt diese Verschiedenheit der Lebensweise der Raupen und der Färbung der
Schmetterlinge einen neuen schönen Beweis für den Einfluss der Ernährung und anderer äusserer Verhältnisse auf das Abändern und die

Artbildung bei den Schmetterlingen [1]). Weitere Untersuchungen werden gewiss noch überreiche solche Beispiele bringen.

Zum Schlusse möchte ich nur noch darauf hinweisen, dass es eine auffällige geographische Erscheinung genannt werden muss, dass eine gerade an *Papilio*-Arten so reiche Fauna wie die von Südamerika keine Form aufweist, welche sich an die *Ornithoptera*-Formen im alten Sinne anschliesst. Von einigen Entomologen, wie z. B. von SCHATZ (a. a. O.), wird die sogenannte *sesostris*-Gruppe für die südamerikanischen Vertreter der *Ornithoptera* gehalten, es liegt aber weder in der Aderung dieser Gruppe noch in ihrer Zeichnung ein Grund dafür vor. Dagegen zeigt eine andere kleine Gruppe von südamerikanischen *Papilio*-Arten eine ganz eigenthümliche Uebereinstimmung in der Aderung sowohl wie in der Zeichnung mit den Weibchen der *priamus*-Formen. Es ist die zu den mimetischen Formen gehörige *zagreus*-Gruppe, zu welcher der unten abgebildete *Papilio ascolius* FELD. gehört.

Schon C. und R. FELDER haben (a. a. O.) darauf aufmerksam gemacht, dass bei dieser Gruppe, welche *Papilio zagreus* DOUBL., *ascolius* FELD., *bacchus* FELD. und vielleicht *euterpinus* SALV. GODM. einschliesst, der dritte Subcostaladerast, wie bei ihrer Sect. I. (den *priamus*-Formen), nicht mit dem Stiel des vierten und fünften Astes zusammen, sondern ein Stück vorher der Subcostalader entspringt. Eine Vergleichung der Abbildung etwa des auf Taf. XXI, Fig. 1 abgebildeten Weibchens von *Ornithoptera victoriae* zeigt eine auffallende Uebereinstimmung in der Zeichnung der Vorderflügel, und auch die der Hinterflügel lässt sich auf den Zeichnungstypus der *priamus*-Formen (zwei schwarze Fleckenreihen) zurückführen.

Papilio ascolius FELD.

Selbstverständlicher Weise kann aber für's erste, um so mehr, da die Raupen und Puppen dieser Gruppe, soviel ich weiss, noch nicht bekannt sind, ein genetischer Zusammenhang der *priamus* mit den *zagreus*

1) Vergl. G. H. THEOD. EIMER, Die Entstehung der Arten, p. 160.

nicht angenommen werden, wohl aber kann man an eine gleichzeitige
Entstehung beider Zeichnungen an den verschiedenen Orten denken.
Dass die *zagreus*-Gruppe *Lycorea*-Arten nachahmt, kommt für die
Ableitung der Zeichnung nicht in Betracht, wie ja bis jetzt die erste
Entstehung der Mimicry noch unerklärt ist. Directe Auslese kann
erst, wenn die Aehnlichkeit zwischen der mimetischen Art und ihrem
Vorbild schon sehr gross geworden ist, in Betracht kommen; vorher
kann von einem Geschütztsein der nachahmenden Art nur in sehr be-
dingtem Maasse die Rede sein. Die verhältnissmässig einfachste und
natürlichste Erklärung für die Entstehung der mimetischen Arten
scheint mir die zu sein, dass beide, die nachahmende und die nach-
geahmte Art, auf Grund ähnlicher stofflicher Zusammensetzung und
der Wirkung derselben äusseren Verhältnisse sich neben einander in
gleicher Weise entwickelt haben. So haben dann beide Formen von
Anfang an eine grosse Aehnlichkeit mit einander gehabt, und diese
Aehnlichkeit ist nachher zu Gunsten der nachahmenden Art durch
die Auslese noch gesteigert worden. Genaueres hierüber werde ich
auf Grund weiterer Untersuchungen veröffentlichen können.

Tübingen, im Juli 1889.

## Erklärung der Abbildungen.

### Tafel XIX.

Fig. 1.  Schema des Flügelgeäders von *Ornithoptera priamus* L.
*C* Costalader.
*SC* Subcostalader.
*SC* 1—5 Erster bis fünfter Subcostaladerast.
*ODC* Obere Discocellularader.
*MDC* Mittlere Discocellularader.
*UDC* Untere Discocellularader.
*OR* Obere Radialader.
*UR* Untere Radialader.
*M* Medianader.
*M* 1—3 Erster bis dritter Medianaderast.
*SM* Submedianader.
*SM* 1 Submedianaderast.

Fig. 2.  Vorderecke der Mittelzelle von *Crnithoptera pompeus* Cram.
Bezeichnungen wie vorher.

Fig. 3.  Geäder des Vorderflügels von *Ornithoptera victoriae* Gray. ♂
Copie nach O. Salvin a. a. O.

Fig. 4.  Raupe von *Crnithoptera pompeus* Cram. Copie nach Brehm,
Illustrirtes Thierleben.

Fig. 5.  Puppe von *Crnithoptera pompeus* Cram. Copie ebendaher.

### Taf. XX.

Fig. 1.  *Crnithoptera priamus* L. ♂.  ²/₃ natürlicher Grösse wie bei
allen übrigen Abbildungen.

Fig. 2.  *Crnithoptera priamus* L. ♀.

Fig. 3.  *Ornithoptera priamus* L. var. *arruana* Felder ♂.

Fig. 4.  *Ornithoptera priamus* L. var. *arruana* Felder ♀.

Fig. 5.  *Ornithoptera priamus* L. var. *lydius* Felder ♀. Copie nach
Felder a. a. O.

Fig. 6.  *Ornithoptera tithonus* de Haan ♂. Copie nach de Haan a. a. O.

Tafel XXI.

Fig. 1. *Ornithoptera tithonus* DE HAAN ♀ Oberseite. Nach einer Skizze von Dr. E. HAASE.

Fig. 2. *Ornithoptera victoriae* GRAY ♂. Copie nach O. SALVIN a. a. O.

Fig. 3. *Ornithoptera victoriae* GRAY ♀ Oberseite. Copie nach GRAY a. a. O.

Fig. 4. *Ornithoptera reginae* O. SALVIN ♀ Oberseite. Nach einer Skizze von Dr. E. HAASE.

Fig. 5. *Ornithoptera pompeus* CRAM. var. *rutilans* OBERTHÜR ♂.

Fig. 6. *Crnithoptera pompeus* CRAM. ♀.

Fig. 7. *Ornithoptera criton* FELDER ♂.

Fig. 8. *Crnithoptera brookeana* WALL. ♀. Copie nach DISTANT a. a. O.

Alle Abbildungen, soweit nichts anderes dabei bemerkt, sind Originale nach Exemplaren der Tübinger Sammlung.

# Miscellen.

## Lepidopterologische Studien im Ausland.

Von Dr. Adalbert Seitz in Giessen.

### 1. Papilionidae.

Um uns über die Rolle klar zu werden, die eine bestimmte Thierklasse in den verschiedenen Faunen spielt, haben wir uns gewöhnt, das Urtheil nach der Zahl der in einer Gegend vertretenen Arten dieser Thiergruppe zu bilden. Zuweilen wird das so gewonnene Resultat richtig. Wir finden z. B., dass die Gattung *Erebia* in mehr als 40 Formen über die Alpen verbreitet ist. Erwarten wir danach, dass die meisten uns in den Alpen begegnenden Tagfalter Erebien sind, so haben wir uns nicht getäuscht. In andern Fällen beobachten wir das entgegengesetzte Verhalten. Europa hat von allen Faunen die meisten Sesien aufzuweisen; wiewohl man aber weit über ein halbes Hundert *Sesia*-Arten in Europa kennt, so kann man, wie jeder Entomologe weiss, Sommer lang suchen, ohne auch nur ein einziges Individuum dieser Gattung zu Gesicht zu bekommen. Eine Beobachtung, die mit der eben erwähnten Thatsache zusammenfällt, machte ich bei der Gattung *Papilio*. Von den ca. 500 Arten entfällt die eine Hälfte auf Amerika, die andere auf die östliche Halbkugel, und dadurch wird man leicht zum Glauben verleitet, es glichen sich beide Hemisphären auch im Bezug auf die Häufigkeit des Vorkommens der Segler. Da ich selbst früher in diesem Vorurtheil befangen war, so überraschte mich die Thatsache nicht wenig, dass selbst in den üppigsten Gegenden Amerikas ein *Papilio* geradezu selten zu nennen ist gegenüber dem massenhaften Auftreten dieser Faltergattung im tropischen Osten. Während ich bei einem einzigen Ueberblick über meine Umgebung in Indien die umherflatternden Papilios nach Dutzenden zählen durfte, so konnte ich in Süd-Amerika in Gegenden, welche jenen indischen an Ueppigkeit der Vegetation nichts nachgaben, stundenlang umherwandern, ohne einen Segler zu Gesicht zu bekommen. Selbst in den ziemlich rauhen Gegenden des südlichen Australien sah ich jederzeit mehr Papilios als in den viel falterreicheren Strichen des tropischen Amerika.

Was mir bei der indischen Fauna ganz besonders auffiel, war die
Anzahl der an einem bestimmten Punkte vertretenen *Papilio*-Gruppen.
Ich sah Falter der *paris-*, der *sarpedon-*, der *pammon-* und der *coon-*
Gruppe zu gleicher Zeit einen Blüthenstrauch umfliegen, während ich
in den reichsten Gegenden Brasiliens kaum im Verlauf eines ganzen
Tages die Vertreter so vieler Gruppen antraf.

## 2. Pieridae.

Die Pieriden sind, wie es scheint, in allen Faunen ziemlich gleichmässig häufig. Dadurch müssen sie in den Tropen natürlich sehr zurücktreten, da sich dort die grosse Zahl der anderen Familien zugehörigen
Arten in den Vordergrund drängt.

Gewöhnlich dominirt eine Pieride ganz besonders, und diese ist
dann auch, wie unsere *brassicae*, eine Generation in die andere ziehend,
das ganze Jahr hindurch anzutreffen; in Amerika ist es *Pieris monuste,*
in Indien *Delias hierta,* in Australien *D. nigrina.* In den Wüsten von
Arabien und Australien sah ich Weisslinge in nahezu gleicher Häufigkeit fliegen wie in den blumenreichen Thälern des nördlichen Brasilien,
was um so mehr auffällt, als in jenen Sandebenen die Vertreter anderer
Familien sehr dürftig sind.

Bezüglich der vielerwähnten Gattung *Leptalis* (=*Dismorphia* HBN.)
war ich früher der Meinung, dass bei der ausgesprochenen Mimicry dieser
Arten hier am leichtesten festgestellt werden könne, in welcher Weise
das erborgte Kleid der Weisslinge diesen einen Schutz gewährt. Ich
habe mit den Beobachtungen in dieser Richtung viel Zeit verloren, ohne
meinem Ziele näher zu kommen. Ich untersuchte zunächst die Originale,
ob sie vielleicht irgend einen Geruch an sich hätten, der einem Feinde
widerwärtig sein könnte.

*Leptalis acraeoides* ahmt in gar nicht zu verkennender Weise die
*Acraea thalia* nach; ich kann indess nichts finden, was die *thalia* vor
einem weissen Schmetterling besonders bevorzugte. Da ich mich schon
früher davon überzeugt hatte, dass viele Individuen der mit übelstem
Geruch begabten Falterarten (*Heliconius, Eueides*) z u w e i l e n völlig
geruchlos sind, so untersuchte ich wohl 100 Stück der in Brasilien im
Juli äusserst gemeinen *Acraea thalia*; ich fand bei keinem einen starken
Geruch; nur bei ganz frisch entwickelten Individuen zeigte sich ein
leichter Duft nach Oel und Moschus, wie er z. B. in gleicher Stärke bei
unserm *Papilio machaon,* überhaupt bei den meisten grösseren Schmetterlingen zu finden ist. Ebenso prüfte ich wohl etwa zehn Species der
Gattung *Ithomia,* die etwa das Original für die *Dismorphia eumelia*
abgegeben haben könnten, mit dem gleichen negativen Resultat auf
den Geruch.

Es scheint also doch nicht so leicht, einen einleuchtenden Grund
für die Mimicry dieser Arten nachzuweisen, und wenn wir dennoch eine
solche annehmen, so müssen wir auch hier wieder eine innere, schäd-

liche Eigenschaft oder einen widrigen Geschmack den copirten Thieren vindiciren[1]).

Wie ich es bereits früher in Bezug auf die europäische Fauna ausgesprochen habe[2]), und wie ich jetzt durch zahlreiche, in allen Welttheilen angestellte Beobachtungen bestätigen kann, kommt allen Tagfaltern — wie dies ja aus theoretischen Gründen einleuchtet — ein Schutzmittel zu, das ihr Verschontwerden von Seiten der Vögel zur Folge hat; wenigstens wird ein weisser Weissling ebenso gut geschützt sein wie ein bunter. Ja in der Gattung *Perrhybris* treten uns Arten entgegen, in denen die Weibchen ebenso unverkennbar eine Mimicryform darstellen, wie gewisse *Dismorphia* (*amphione*, *arsinoë*), sogar augenscheinlich das nämliche Original copiren, während die Männer ihr weisses Kleid beibehalten haben. Man müsste danach annehmen, dass die Weibchen an Zahl bald beträchtlich überwiegen würden, zumal letztere sich meist ruhig verhalten, während die Männer — in nicht eben geschicktem Fluge — unaufhörlich umhertaumeln. Ich sah indess mehr Männer als Weiber (was wohl in der auffallenderen weissen Farbe der ersteren seinen Grund haben mag); eine grössere Häufigkeit der Weibchen ist bestimmt nicht nachzuweisen. Es bliebe somit noch zu erörtern, ob nicht mehr Männchen zur Entwicklung kommen; das müsste erst die Raupenzucht entscheiden[3]).

Viel leichter als ein aus dem täuschenden Kleide der *Perrhybris pyrrha* hervorgehender Vortheil ist ein Nachtheil desselben ersichtlich. Ebenda, wo ich einige *Perrhybris*-Arten in Anzahl traf, flog auch der unvermeidliche *Heliconius eucrate* in Menge. Dabei zeigte sich, dass die *Perrhybris*-Männchen noch weit mehr der Täuschung unterliegen, als dies mir passirte; und ich sah dieselben oft wie verzweifelt von einer *eucrate* zur andern hinstürzen. Jedenfalls erleichtert die Verkleidung (die ausser der *eucrate* noch viele andere brasilianische Falter tragen) die Copulation nicht.

In einem andern Falle, wo ein *Heliconius* von einer Nymphalide copirt wird, war ich glücklicher, da meine Beobachtungen ein positives Resultat lieferten; dies will ich später mittheilen.

Tachyris. Abgesehen von einigen grossen Hesperiden kenne ich keinen Tagfalter, welcher auch nur annähernd die Fluggeschwindigkeit hat von *Tachyris ilaire* GODT. Man kann diese am besten beobachten, wenn man auf dem kahlen Gipfel eines sonst bewaldeten Berges steht. Die *Tachyris* sind auf weithin erkennbar, und man kann so die grossen Entfernungen wahrnehmen, welche diese Falter binnen wenigen Secunden zurücklegen. Auch durch eine ausnehmend kurze Rast beim Honigsaugen machen sie ihrem Gattungsnahmen alle Ehre.

---

1) Auf die angebliche „Saftabsonderung" dieser Thiere werde ich später zurückkommen.
2) Diese Jahrbücher, Bd. 3, Abth. für Syst. etc. p. 82 ff.
3) Bei Arten, wo sich das eine Geschlecht mehr Gefahren aussetzt (*Pimpla* ♀, *Vespa* ☿, *Dynastes* ♂) ist eine ungleiche Vertheilung der Schutzmittel — sowohl der Waffen als der Schreckmittel — leicht verständlich. Vgl. diese Jahrb. Abth. für Syst. etc. p. 90 ff.

Catopsilia. Es ist auffallend, in welch ausgesprochener Weise
manche dieser Pieriden die rothen Blüthen bevorzugen. Bei ihrem hohen
und ziemlich raschen Fluge scheinen sie oft von anders gefärbten Blumen
gar keine Notiz zu nehmen. Am deutlichsten findet sich diese Eigen-
heit bei amerikanischen Arten (*phílea* u. a.).

Gerade in der Familie der Weisslinge lässt sich am augenfälligsten
der Zusammenhang der Fluggeschwindigkeit mit der Form der Vorderflügel erkennen; nämlich erstere nimmt in dem Maasse ab, als sich die
Vorderflügelspitzen abrunden. So lasst sich vom besten Flieger unter
den Tagfaltern bis zum schlechtesten folgende Reihe aufführen: *Tachyris*
— *Catopsilia* — *Pieris* — *Eurema* — *Leucophasia* —; *Leucidia*. In
der Gattung *Eurema* selbst können wir das gleiche Verhalten constatiren: *E. elathea* fliegt noch gut; *E. tenella* weniger, dann kommt *hecabe,
albula*; letztere nicht viel besser als *Leucophasia*. Bei *Leucidia* ist
von einer Vorderflügelspitze nichts mehr zu sehen;₂ alle Flügel sind
gerundet.

Delias. Als ausgesprochene biologische Eigenthümlichkeit dieser
Gattung hebe ich die Trägheit ihrer Weibchen hervor. Während gerade
bei den Weisslingen Männer und Weiber gewöhnlich durcheinander-
fliegen, bewegen sich die *Delias*-Weibchen sehr wenig und meist nur
von einer Baumkrone zur andern. So kommt es, dass die uns aus dem
Auslande zugehenden Stücke grösstentheils Männchen sind.

Ich erzog indische *Delias* aus Puppen, die wie unsre *brassicae*
durch einen Gürtel an den Stämmen von Alleebäumen befestigt waren.
Alle Puppen waren gelb, vorne schwarz gezeichnet, hinten mit kurzen
schwarzen Spitzen.

Colias. Arten dieser Gattung sah ich noch ziemlich häufig an
der äussersten Grenze der Vegetation in Afrika. STAUDINGER[1]) hält die
südafrikanische *C. electra* für eine Varietät der *C. edusa*. Da letztere
ihre ursprüngliche Heimath zweifellos im paläarctischen Gebiete hat,
so ginge daraus hervor, dass *edusa* durch die Sahara oder längs des
Nil gewandert ist. Ich traf *C. edusa* im südlichen Portugal, also im
äussersten Südwesten Europas noch recht häufig an; die Exemplare unterscheiden sich in nichts von den deutschen. Bei der grossen Verbreitung
dieser Art hatte ich erwartet, sie auf den ostatlantischen Inseln zu
finden; doch fand ich sie weder auf Madeira, noch auf den Capverden.

Interessant ist das zeitweise massenhafte Auftreten der *C. edusa*,
wie es in Süddeutschland meines Wissens zum letzten Mal 1879 zu
beobachten war.

### 3. Danaidae.

Das System, so wie es bis jetzt besteht, befriedigt lange nicht.
Die Trennung der Gattungsgruppe *Hestia* — *Ideopsis* — *Danais* —
*Amauris* — *Euploea* — *Hamadryas* einerseits und der dünnleibigen
heliconiformen Danaiden andererseits wird sicher noch strenger durch-

---

1) Exot. Schmetterlinge p. 41.

geführt werden, sobald die dem europäischen Continent gänzlich fremden Thiere erst genauer — besonders auf ihre Entwicklungsgeschichte — untersucht sind.

Wie die Bilder, so haben auch die Jugendzustände beider Gruppen einen gänzlich verschiedenen Habitus. Augenblicklich habe ich zwei lebende Puppen von zwei beiden Gruppen angehörigen Arten vor mir: *Ceratinia euryanassa* und *Danais erippus*; und ich überzeuge mich, dass die Puppen beider Arten noch mehr von einander abweichen als die Raupen. Die *Ceratinia*-Puppe bietet nichts Aussergewöhnliches dar; sie ist gedrungen, die Hinterleibsringe sind deutlich abgesetzt, der Vorderrand der Vorderflügel ist aufgebauscht, die Puppe selbst durchaus gerundet, ohne Ecken, Spitzen, Goldleisten etc., von Farbe gelbbraun, am Flügeltheil dunkler, überall mit kleinen schwarzen Wellen geziert. Die Puppe von *Danais erippus* ist eigenthümlich, beerenförmig geformt, wie aus mattem, grünem Glase, der Flügelvorderrand gestreckt, die Hinterleibssegmente sind kaum erkennbar, nicht abgesetzt; an verschiedenen Stellen der Puppe sind lebhaft blinkende Goldspitzen, am III. Segment eine schwarze, mit einer Reihe prachtvoller Goldspitzen verzierte, schmale Leiste.

Bei der Danaiden-Raupe war mir aufgefallen, dass sie die vorderen beiden, längeren Fortsätze, welche weich und beweglich sind, in der Weise von Fühlern gebraucht, indem sie abwechselnd mit dem linken und rechten dieser fadenartigen Anhänge diejenige Stelle untersucht, die sie betritt; auch vorgehaltene Gegenstände, wie Blätter, betastet sie mit diesem Organ.

Obgleich die Raupe in der Freiheit constant an ein- und derselben Pflanze zu finden ist, so gelang es mir doch wiederholt, *erippus*-Raupen mit Salatblättern gross zu ziehen. Die Raupen erhalten die bekannten vier Anhänge erst nach der zweiten Häutung; bei ganz jungen Thieren sieht man an ihrer Stelle nur etwas erhabene Punkte.

Was die geographische Verbreitung des *Danais erippus* betrifft, so sind seine Invasionen in Australien und auf verschiedenen Inseln hinlänglich bekannt. Wie mir ein seit 25 Jahren in Australien sammelnder Entomologe versicherte, nimmt noch heute der *erippus* von Jahr zu Jahr an Häufigkeit zu; vor 20 Jahren noch soll er ganz unbekannt dort gewesen sein[1]).

Die Arten der Gattung *Danais* bekunden allerwärts einen besonders ausgebildeten Wandertrieb. *D. chrysippus* fand ich an Stellen der afrikanischen Wüste, wo auf meilenweit keine Spur von Vegetation zu sehen war. In der Bay von Sydney kann man den *D. erippus* oft beobachten, wie er die grossen Wasserbuchten, welche meerbusenartig in das Land einschneiden, überfliegt. In Rio de Janeiro sah ich einst, wie sich ein *D. erippus* ruhig auf die Wasserfläche niederliess und nach einer mehrere Minuten dauernden Rast sich fröhlich wieder in die Luft

---

1) In der Gegend von Sydney zählt er zu den allergewöhnlichsten Faltern; dort fliegt er auch im Winter.

erhob[1]), um die Reise nach der gegenüberliegenden Küste fortzusetzen. Auf einer indischen Insel erzählten mir die Bewohner, dass alljährlich Tausende von Schmetterlingen (deren Beschreibung auf Danaiden stimmte) in dichten Schwärmen sich der Küste entlang nach dem Nordende der Insel zu bewegten. Diese Wanderungen sollen stets und immer zur nämlichen Zeit — im August — stattfinden.

Was hier von Danaiden gesagt ist, gilt nur für Angehörige der eigentlichen Danaiden; die heliconiformen Arten verhalten sich ungefähr entgegengesetzt. Diese haben einen meist sehr eng begrenzten Verbreitungskreis und scheinen zu grossen Flügen ungeschickt. Die *Melinaea, Mechanitis, Ithomia* etc. fliegen auch fast ausschliesslich in bewaldeten oder stark mit hohen Büschen bestandenen Gegenden, während die *Danais*-Arten offene Plätze bevorzugen. Ja, ich fand die Raupen von *Ceratinia* im dichtesten Urwalde, wo fast kein anderes Insect als einige kleine Dipteren zu entdecken war.

Ich habe gegen fünfzig Species der Danaiden beider Gruppen auf den Geruch untersucht und bei keinem einen Foetor wahrnehmen können. Ganz besonders richtete ich meine Aufmerksamkeit auf diejenigen Arten, von welchen ich denken konnte, dass sie anderen Schmetterlingen zum Vorbild bei einer Mimicry gedient hätten, wie z. B. dem Weibchen von *Hypolimnas misippus.* Ich untersuchte eine besonders grosse Anzahl jener braunen Danaiden in weit von einander entfernten Gegenden; so *D. chrysippus* in Asien und Afrika, *D. erippus* in Amerika und Australien, alle mit dem gleichen — negativen — Resultat[2]).

Ithomia. Es ist bereits darauf aufmerksam gemacht worden[3]) dass die Arten dieser Gattung sehr local sein müssten. Ich kann dies aus meinen Beobachtungen bestätigen. Von einem Punkte der Provinz São Paulo in Brasilien führten drei Wege nach verschiedenen Richtungen hin in's Land. Mit Ausnahme von einer, wie es scheint, weiter verbreiteten Art, hatte jeder dieser Wege 1—2 nur ihm eigenthümliche Arten. — In Bahia fing ich zahlreich und zu allen Jahreszeiten eine kleine *Ithomia* auf einem nur wenige Quadratmeter messenden offenen Platze, über den hinaus sie sich nicht verirrten. Wurde eines dieser Thiere verfolgt, so floh es in das nahe Gebüsch, um nach wenigen Minuten wieder zu erscheinen[4]). Da eben diese Ithomien sehr schlechte Flieger sind, so dachte ich mir, dass sie sich scheuen, eine Stelle, zu verlassen, an die sie vielleicht durch die Futterpflanze gebunden sind.

Die Durchsichtigkeit der Flügel im Verein mit der Schmächtigkeit der Leiber gewährt wohl insofern den Ithomien einen Schutz, als es schwer ist, das an sich schlecht fliegende Thier im Auge zu behalten;

---

1) Ein gleiches Verhalten wurde früher von *Pyrameis cardui* beobachtet.
2) Es steht dies mit älteren Beobachtungen in Widerspruch, doch habe ich so zahlreiche Versuche angestellt, dass ich an der Richtigkeit dieses Resultates nicht mehr zweifeln kann.
3) Staudinger, Exot. Schmetterlinge, p. 64.
4) Ein analoges Verhalten in so ausgesprochener Weise beobachtete ich in unsrer einheimischen Fauna nur bei *Pararge dejanira*, einigen *Satyrus* (*dryas, briseis* etc.) und bei gewissen Zygänen (Varietäten von *ephialtes*).

um so mehr, als sich die Thiere gewöhnlich nur an schattigen Plätzen aufhalten. Eine Mimicry scheint hier nicht vorzuliegen; am ehesten könnte man sie noch als Copien gewisser *Agrion* ansehen.

### 4. Heliconidae.

Auch von dieser Familie sehen wir eine ganze Anzahl in dem so beliebten braun-schwarz-gelben Kleide der brasilianischen Tagfalter. Diese Färbung (Discus braun und schwarz, Vorderflügelspitze schwarz mit weissen resp. gelben Flecken) constatiren wir somit bei s e c h s Tagfalterfamilien und einer grossen Zahl von Gattungen. Die Arten, welche nach diesem Muster gefärbt sind, zählen bereits nach Hunderten. Ich will nur kurz einige der bekannteren Formen hier in Erinnerung bringen und nenne als hierher gehörige Gruppen die *zagreus*-Gruppe der Gattung *Papilio*; manche Weibchen von *Perrhybris* (*pyrrha, malenka*); *Dismorphia* (*arsinoë, amphione*); *Lycorea* (alle Arten) *Ceratinia* (*euryanassa* u. a.), *Dircenna* (*callipero*); *Mechanitis* (fast alle Arten); *Napeogenes* (*pyrrho, peridia* etc.), *Ithomia* (viele Arten), *Melinaea, Tithorea, Eueides, Acraea, Phyciodes* und viele andere.

Ehe ich diejenigen Schmetterlinge, welche die Zeichnung am typischsten zu führen scheinen (*Heliconius eucrate* und *Eueides dianasa*) lebend beobachtete, glaubte ich mit Bestimmtheit, dass diese Arten einen übeln Geruch, wie er bei andern Heliconiern öfter zu finden ist, zu eigen hätten. Das Experiment erwies jedoch diese Voraussetzung als irrig: weder *Heliconius eucrate* noch *Eueides dianasa* zeigten einen unangenehmen Geruch. Dies muss um so mehr auffallen, als zwei diesen nahestehende Arten mit einem solchen Foetor ausgestattet sind, nämlich: *Heliconius beskei* und *Eueides aliphera*. Der Geruch des *H. beskei* ist ein äusserst starker und jedem Brasilianer hinlänglich bekannt. Gegenwärtig habe ich eine Anzahl *beskei* vor mir stecken, die ich vor sechs Tagen gefangen habe, und trotzdem haftet ihnen der widrige Geruch (der dem mancher europäischen *Pompilius* gleicht) noch immer an; er übertäubt sogar den Geruch des untergestreuten Naphthalins. So kann es uns dann nicht wundern, wenn dieser Falter eine sehr wohl getroffene Nachahmung gefunden hat in einer Nymphaliden-Art, *Phyciodes lansdorfi*. Diese copirt so täuschend eine abgeflogene *beskei*, dass selbst das Auge des geübten Sammlers zuweilen irregeleitet wird.

Dem zweiten genannten Heliconier gleicht eine andere Nymphalide, die gemeine *Colaenis julia*, so vollkommen, dass man die beiden oft auf e i n e m Blüthenstrauch neben einander sitzenden Arten nur durch den Grössenunterschied aus einander erkennt. Uebrigens habe ich im Winter im südlichen Brasilien einzelne kümmerliche *Colaenis* gesehen, welche die *Eueides aliphera* um nicht viel an Grösse übertrafen.

Die *Colaenis julia* ist indessen auch nicht geruchlos; die Männchen, besonders die frisch entwickelten, haben einen starken — wenn auch gerade nicht widrigen — Moschusgeruch.

Schon früher hatte ich bei einem Netzflügler (*Chrysopa*) die Be-

obachtung gemacht[1]), dass einzelne Individuen dieser Art einen abscheu-
lichen Geruch führen, während derselbe bei einer grossen Zahl von
Thieren derselben Art wenig oder gar nicht wahrzunehmen war. Diese
Erscheinung lässt sich im ausgesprochenen Grade auch bei den Heliconiern nachweisen. Während einzelne Stücke des *H. beskei* auf
mehrere Schritte weit ihren Geruch ausstrahlen und alle Gegenstände
damit inficiren, so ist bei einigen Ausnahmen keine Spur davon zu finden.
Ich hatte mir auf den Excursionen diese Stücke gesondert gehalten,
weil ich vermuthete, dass sie einer andern Art, von denen es mehrere
der *beskei* sehr ähnliche giebt, angehörten; doch hat die nachher vor-
genommene Bestimmung sie als richtige *beskei* erwiesen. — Bei *Eueides
aliphera* sind die geruchführenden Stücke sogar in der Minderzahl.

### 5. Acraeidae.

Acraea. Man will diese Gattung jetzt spalten, indem man die
amerikanischen Arten lostrennt, und diese bilden auch in der That eine
recht gut abgegrenzte Gruppe. Es lässt sich verkennen, dass
eine eigenthümliche Zeichnung der Vorderflügel viele neuweltliche Arten
in jene Falterschaar einreiht, welche die allgemeine Uniform — wenn ich
mich dieses Ausdrucks bedienen darf — der Südamerikaner trägt. Es
beschränkt sich diese Uebereinstimmung nicht allein auf die Färbung
selbst, sondern sie begreift auch die Art und Weise in sich, wie dieses
Kleid (als dessen Typus das des *Hel. eucrate* angesehen werden mag)
entfaltet wird. Manche altweltlichen Arten, wie z. B. *A. violae*, erinnerten mich in jeder Beziehung an eine dahinfliegende *Argynnis euphrosyne*; auch bei *A. andromacha* sah ich ein Dahinschiessen mit ausgebreiteten Flügeln. Ganz anders die Amerikaner. Sie besitzen ganz genau
den Heliconidenflug, der in einem gleichmässigen, ununterbrochenen
Schlagen mit den Flügeln besteht, das nur beim Senken des Falters
einem Schweben mit halbaufgerichteten Schwingen Platz macht. Wir
haben in Europa kein Lepidopteron, an dem wir uns jenen Flug veranschaulichen können; allein liesse sich damit der schwerfällige, geradlinige Flug vergleichen, mit dem sich einer unsrer Tagfalter bewegt,
den wir bei Regenwetter oder bei Abend aus seiner Ruhe aufstören.
Auch sonst machen die Acräen den Eindruck grosser Unbeholfenheit. Es kommt sehr oft vor, dass sie sich auf einen Busch oder eine
Blume setzen und sofort herunter auf die Erde fallen, wo sie dann erst
wieder mühsam an einem Halm emporkriechen müssen, um wegzufliegen.
Sitzen sie auf einem blühenden Strauch, so kann man sie gewöhnlich
mit den Händen wegnehmen, oft auch ruhig wieder auf den Strauch
hinsetzen, ehe sie flüchten.
Ich halte die *Acraea* für sehr gut geschützt. Noch häufiger als
bei uns in manchen Jahren die *P. brassicae* ein Kohlfeld, umflattern
gewisse Acräen in den Tropen die auf Waldlichtungen stehenden Büsche.
Auch wenn ich aufwärtsschaute, sah ich um jeden Baumzweig, bis zu

---

1) Schutzvorrichtungen der Thiere, in diesen Jahrbüchern, Bd. 3, Abth. f. Syst. p. 82.

den Spitzen der Kronen, diese Falter fliegen. Es wäre dies eine wahre Mast für die insectenfressenden Vögel, an denen in den Tropen ein grosser Ueberfluss ist; trotzdem muss ich auch hier betonen, dass ich nie einen Vogel eine *Acraea* verfolgen sah; ich fand zwar oft genug die todten Schmetterlinge, nie aber einzelne Flügel auf dem Boden liegend, wie man dies so oft in Europa bei *Gastropacha*-Weibchen und *Catocala*-Arten, dem Raub der Vögel und Fledermäuse, findet.

Auch andere Gründe leiten uns zur Annahme hin, dass manche Acräen, wie z. B. die *thalia*-Gruppe, einen verborgenen[1]) Schutz geniessen. Sie werden nämlich in ganz unverkennbarer Weise von andern Faltern copirt, wie von *Leptalis acraeoides* u. a. Schliesslich würden wir auch, da das unvollkommen ausgebildete Flugvermögen sie von keinem geflügelten Verfolger rettet, ein fast gänzlich schutzloses Thier vor uns haben, was gewiss zu den grössten Seltenheiten in der Natur gehört.

Es ist erstaunlich, wie viele Individuen dieser Gattung man selbst im Beginn der Flugzeit findet, welche völlig oder theilweise abgeschuppte Flügel haben; unter einem halben Dutzend Exemplare trifft man kaum ein völlig unversehrtes Stück. Gewiss hängt dies mit ihrer Unbeholfenheit im Fluge zusammen, die ihnen erschwert, den im Wege stehenden Gegenständen auszuweichen. Andererseits ist der Vergleich mit der Thatsache interessant, dass gerade viele *Acraea*-Arten auch im Normalzustande mehr oder weniger hyaline Flügel haben.

## 6. Nymphalidae.

Colaenis. Diese Gattung bietet in Zeichnung und Farbe wenig Originelles. Obgleich ich nicht alle *Colaenis*-Arten lebend beobachtet habe, so fiel mir dies doch bei denjenigen Arten auf, die ich im Freien gesehen habe. *Col. dido* hat eine unverkennbare Aehnlichkeit mit einer andern Nymphalide, *Victorina steneles*, und diese Aehnlichkeit erstreckt sich auch auf die Unterseite aller Flügel. *Col. julia* und delila führen den im tropischen Amerika sehr viel vertretenen Habitus, den wir bei *Agraulis juno, Megalura peleus* und vielen *Eueides*-Arten finden. Bei einer andern *Colaenis* nehmen wir jenen eigenthümlichen dunkeln Längsstreif auf den Hinterflügeln wahr, der uns als Hauptcharacteristicum der so vielen brasilianischen Arten eigenen Zeichnung entgegentritt, als deren Typus ich *Helic. eucrate* genannt habe.

(Fortsetzung folgt).

---

[1]) Meine in drei Welttheilen angestellten Untersuchungen auf einen Geruch oder eine Absonderung der Acräen lieferten durchgängig ein negatives Resultat.

# Preisaufgabe der Fürstlich Jablonowski'schen Gesellschaft in Leipzig.

## Für das Jahr 1892.

Seitdem BERGMANN und LEUCKART zum ersten Male eingehender auf die Bedeutung hingewiesen haben, welche die Grössenverhältnisse der Fläche und Maasse für das Verständniss der thierischen Organisation und Leistungsfähigkeit besitzen, haben die Besonderheiten des Flächenbaues verschiedentlich bei den Forschern Beachtung gefunden. Nichtsdestoweniger aber fehlt es fast gänzlich an planmässig und methodisch ausgeführten Untersuchungen darüber, wie gross die absolute und relative Ausdehnung der Flächen sind, welche dem Thiere für Aufnahme und Abscheidung zu Gebote stehen. Die Gesellschaft wünscht desshalb

> eine auf exactem Wege (durch Messung und Wägung) gewonnene Darstellung des Flächenbaues — wenn auch zunächst nur des Darmes, der Respirationsorgane und der Nieren — bei verschieden grossen und leistungsfähigen höhern und niedern Thieren. Die Auswahl der Arten bleibt dem Bearbeiter überlassen.

Preis 1000 Mark.

---

Die anonym einzureichenden Bewerbungsschriften sind in deutscher, lateinischer oder französischer Sprache zu verfassen, müssen deutlich geschrieben und paginirt, ferner mit einem Motto versehen und von einem versiegelten Couvert begleitet sein, das auf der Aussenseite das Motto der Arbeit trägt, inwendig den Namen und Wohnort des Verfassers angiebt. Die Zeit der Einsendung endet mit dem 30. November des angegebenen Jahres, und die Zusendung ist an den Sekretär der Gesellschaft (für das Jahr 1889 Professor Dr. WILHELM SCHEIBNER, Schletterstrasse 8) zu richten. Die Resultate der Prüfung der eingegangenen Schriften werden durch die Leipziger Zeitung im März oder April des folgenden Jahres bekannt gemacht. Die gekrönten Bewerbungsschriften werden Eigenthum der Gesellschaft.

---

# On a new Sporozoon from the vesiculæ seminales of Perichaeta.

By

**Frank E. Beddard,** M. A.,

Prosector to the Zoological Society of London, Lecturer on Biology at Guy's Hospital.

**With Plate XXII.**

---

The vesiculæ seminales of the common earthworm (*Lumbricus*) are almost, if not quite invariably, found to be crowded with Gregarines. The species which inhabit *Lumbricus* seem to be certainly more than one. LANKESTER (1) considers that the Gregarines of *Lumbricus* may be safely referred to two distinct species (*Monocystis magna* and *M. lumbrici*); RUSCHHAUPT however (3) allows no less than five distinct species. The vesiculæ seminales of all the different genera and species of exotic earthworms which I have had the opportunity of examining, were invariably found to contain Gregarines; I have not hitherto studied these different forms very carefully; but for the most part I have not observed any striking differences between those species which occur in *Acanthodrilus*, *Perichaeta* and other genera and those which infest *Lumbricus*. But this is not the case with a Gregarine which I have recently noted in the vesiculæ seminales of a species of *Perichaeta*.

The *Perichaeta* appears to belong to an undescribed species; I have lately received it with a number of other earthworms from New Zealand, which Mr. W. W. SMITH was so good as to collect for me.

The vesiculæ seminales of this worm were crowded with cysts of varying dimensions — some very large — which undoubted-

belong to some form of Gregarine. They were in many cases plainly distinguishable from the cysts of the common *Monocystis lumbrici* by the fact that one end of the cyst was prolonged (see pl. XXII, fig. 1 c) into a stalk of attachment; in some cases two cysts were attached by a single stalk (pl. XXII, fig. 1 c). Moreover the cyst is very much thicker in the form under consideration than in any of the species that have hitherto been described as occurring in the earthworm.

My notes upon this Gregarine by no means form a complete account of its life-history. I have however been able to observe three stages, which are not without interest.

In figs. 1, 2 are depicted a number of the encysted individuals; the figure illustrates the very remarkable variations in the form of these cysts. But of a very large number which I examined only two or three had an unbroken rounded or oval contour. In every case when the cyst had this regular form it contained (fig. 2) apparently two Gregarines. The individuals were not completely separated from each other by a septum; there were only indications of such a septum at the periphery; centrally it was even difficult to distinguish the boundary between the two individuals. Such cysts, which were by no means common, are not unlike the double cysts of *Porospora gigantea* figured by VAN BENEDEN. In by far the greater number of cases the cysts were fusiform or stalked; sometimes (fig. 1 b) the stalk was exceedingly short; in other cases (fig. 1 c) it was very much longer than the cyst. Frequently each end of the cyst was prolonged into a short stalk (fig. 1 d), or one stalk might be very much longer than the other (fig. 1 e). The most characteristic form of the cysts is illustrated in fig. 1 c, here two cysts are seen to be connected by the extremity of their stalk; when two or even more cysts were thus connected, there were considerable variations in the length of the stalk.

### 1) Membranes of *C*yst.

The most remarkable feature about these cysts is the structure of the cyst itself, that is of the outer membrane which encloses the parasite.

The cyst as in most of the Septata (LANKESTER, 1) is made up of two layers. The inner layer is very fine and shows no structure (fig. 3). The outer layer forms a very complicated membrane which is best seen in transverse sections (fig. 4). I have already referred to the stalked Gregarine cysts; in these the outer membrane is very much thicker both relatively and absolutely on the stalk; the membrane is in fact usually prolonged for some distance beyond the contents of the cyst; sometimes (as in fig. 1 c) the stalk is entirely formed by the membrane.

This membrane is very distinctly laminated; it has even an irregularly fibrous structure; the fibres are for the most part disposed concentrically — but not always. The thickness of the cyst recalls that of *Gamocystis* (SCHNEIDER, 6) and *Clepsidrina* (SCHNEIDER, 6) in which forms however it is quite transparent; in these genera there is a laminated membrane of some thickness lying within the outer layer; I imagine that the two together are the equivalent of the outer membrane of my Gregarine, and that a fine innermost membrane in *Clepsidrina* and other genera which ultimately bears the sporoducts represents the inner membrane of the species described in the present paper. It seems to me however that the innermost of the two membranes is only the cuticle of the free form (see below p. 785).

This outer cyst membrane contains imbedded in its substance numerous round bodies which I cannot but regard as nuclei (fig. 4 n). In transverse sections through the stalk of one of the cysts these nuclei had such a regular arrangement that the membrane presented a certain resemblance to a layer of columnar epithelium. I may remark that in such preparations there was a row of very darkly stained dots just outside the inner membrane; these are shown in the figure referred to. I regard them as the expression of a layer of specially thick fibrillæ (see below). With regard to the nuclei of the outer cyst membrane I may quote the following remarks by WALDENBURG (8) about the Gregarine cysts of *Lumbricus*.

„Man unterscheidet gewöhnlich eine doppelte Membran: die innere ist ganz der bei den Fischcysten beobachteten ähnlich, sie besteht aus vielen durchsichtigen, structurlosen, sehr zarten Lamellen, welche man häufig bei reifen Psorospermiencysten von einander einzeln abgelöst, geblättert findet. In seltenen Fällen sieht man hier und da vereinzelte Kerne in derselben. Die äussere Haut, die bei manchen Cysten fehlt, sieht dem jungen Bindegewebe der Fische sehr ähnlich: man erkennt bei näherer Betrachtung in einer hyalinen Grundsubstanz spindelförmige, grosskernige, durch Fortsätze mit einander communicirende Zellen" etc.

It is true that BÜTSCHLI (2, p. 536 etc.), who is a well known authority upon this group, is disinclined to accept WALDENBURG'S

50*

statements, remarking of them that they are „sehr wenig vertrauen-erweckend". It seems to me however to be just possible that WALDEN-BURG has met with Gregarine cysts in *Lumbricus* like those of *Perichaeta*.

The nature of the outer cyst membrane in the *Perichaeta*-Gregarine is such that it cannot be regarded as certain that the membrane is excreted by the parasite; it is possible that it is a pathological formation induced by the presence of the parasite. Among the true Gregarines however such formations do not appear to have been met with.

Among the Myxosporidia on the other hand — for example in *Myxobolus mülleri*, which is parasitic upon the gills of certain fishes — BÜTSCHLI (2, p. 592) describes the spores as being enclosed in a delicate cyst which is formed of a nucleated protoplasmic layer; and WALDENBURG, as will be seen from the extract quoted above, indicates the resemblance in this particular which his supposed Gregarine cysts bear to the cysts of „fish-psorosperms".

I am not inclined to regard the parasite described in the present paper as a Myxosporidian for the reason that another stage in its life-history, which will presently be described, agrees with that of certain Gregarines; were it not for this reason, the apparent resemblance of the cyst in the two cases would lead me to refer this parasite to the Myxosporidia.

### 2) Contents of Cyst.

All the cysts that I examined were completely filled with round or oval bodies (fig. 5) with a hard outline, but perfectly transparent and structureless. The figure in question illustrates some of the contents of a crushed cyst mounted in Glycerine. Variously sized granules of this kind are found in other Gregarines.

When a portion of the vesicula seminalis containing cysts was stained in logwood and cut by the ordinary paraffine method, the contents of the cyst showed a very different appearance illustrated in fig. 6. The greater part of the cyst contents were unstained and had a very finely granular appearance; imbedded in this were a vast number of small bodies usually comma-shaped.

In transverse sections of the cyst which had been previously stained with logwood the nucleus of the parasite was frequently to be observed; in several cysts there was only a single nucleus present which is represented in fig. 6, *n*. The nucleus in these cases was of considerable size and provided with a large nucleolus. The logwood stain had not affected the nucleus itself, but had tinged the nucleolus of a yellowish brown.

In glycerine preparations (fig. 7 a) a single nucleus was frequently seen when it happened to be situated in the taillike process of the Gregarine; in such preparations no nucleus could ever be seen in the central region owing to the great thickness of this part. In other individuals transverse sections showed numerous nuclei scattered through the parasite; these were smaller and had an obvious nucleolus; they are no doubt produced by the division of the at first single nucleus. This very early stage in sporulation is unfortunately the only stage which my preparations afford.

In one instance (fig. 14) I was so fortunate as to notice the formation of karyokinetic figures in nuclear division. I believe that this process has as yet been observed in but few Gregarinidæ. I am disposed however to value this discovery not at all with the idea that it is of great importance, but because it appears to show that my specimens are well preserved and that I may therefore have confidence in describing the details of the structure of this form.

The division of the nuclei in the encysted parasites is accompanied by a division of the cyst contents which are separated into a number of masses, much fewer however in number than their nuclei.

### 3) Young stages.

In fig. 8 are presented a number of small Gregarines from the vesiculæ seminales of the same earthworm which I regard (at least for the present) as young stages of the same parasite; the figure comprises sketches of a series of individuals indicating the principal forms which I observed.

It will be noticed that the general shape is oval or round with one or two long processes; where there are two processes one is considerably longer than the other.

It may be that these different shapes are merely due to the fact that the parasites were killed when in movement, and were therefore fixed in different attitudes. But it seems more likely that this is not the case.

The resemblances between my figures and those which van Beneden (5) gives of a corresponding stage in *Porospora gigantea* is not a little striking. This resemblance cannot however be more than superficial; there can of course be no „pseudofilaria“ stage since the cysts have approximately the same form as the free parasite. Moreover it seems to be clear that the cyst (that is to say the outermost cellular cyst) may be formed when the parasite is comparatively small and therefore goes on growing *pari passu* with the increase in size of the contained parasite; and this seems to go to prove that the cyst is a pathological formation caused by the presence of the parasite. In fig. 9 is represented a young cyst in which the nucleus happened to be very distinct; it is intermediate in size between the fully developed cysts (fig. 1) and the young forms (fig. 8), but comes nearest to the latter; the cyst membrane has numerous nuclei, but is comparatively thin and hyaline in appearance. There is a considerable space between the cyst membrane and the contained parasite, which is further evidence of the truth of my assumption that the cyst is a pathological formation.

There are some reasons which point to the conclusion that these young Gregarines really retain the form which they had during life. In the first place the similarity of their shape to the encysted adults is remarkable; if it be assumed that the reagent used in the preservation of the earthworm has caused the young free Gregarines to contract unequally so as to acquire the shape illustrated in fig. 8, this explanation will hardly do for the (presumably) more rigid cysts. The vesiculæ seminales of the worm also contained numerous cysts of the common *Monocystis lumbrici* or at least of some form very closely allied to this. These cysts were in various stages of development; some were filled with spores: in others the cyst had been only recently formed, and the nucleus of the parasites was undivided. In all these cases the cyst had the typical rounded form, and had been so far unaffected by the reagent. There seems to be no particular reason why the cysts of one species should be more affected by the reagent and altered in shape than those of another.

I furthermore took the opportunity of subjecting the living *Monocystis lumbrici* and *M. magna* to the influence of various reagents, such as Alcohol, Corrosive Sublimate, Methyl Green, Iodine and found that their shape was hardly perceptibly altered by a prolonged immersion in these fluids.

These reasons taken together seem to me to prove that the shape of this Gregarine is during life that which is represented in the figures illustrating this paper. It is important to endeavour to prove that this is so, because the shape of Gregarines usually differs characteristically in well marked species. At the same time the nature of the cyst is so peculiar in this form, that any further description of the unencysted parasite would be unnecessary, were it merely desired to show its specific distinctness from any known form.

Besides the young stages described above which are of about the same size as *M. lumbrici,* I met with a number of individuals intermediate between these and the encysted form.

I have already pointed out one intermediate stage between the encysted parasite and the young individuals. It appears however to be rarely the case that the parasite becomes encysted before attaining to greater dimensions than the specimen illustrated in fig. 9.

In the body cavity, particularly in the posterior region, were numerous Gregarines of which examples are illustrated in figs. 10, 12, 13. I also found individuals belonging to this stage in the vesicula seminalis; they agree in their general form both with the very young specimens and with the encysted individuals; in my opinion they are undoubtedly the mature unencysted stage.

The granules filling the body were sometimes confined to the central region, and sometimes extended into one or both of the processes. The granules (figs. 5, 6) were identical in character with those of the encysted form being much larger than those of the young specimens.

In those cases in which the granules of the entoplasm do not extend into the processes of the Gregarine their contents consists of finely granular protoplasm; this is continuous with a layer of finely granular protoplasm of excessive thinness which surrounds the coarsely granular entoplasm of the central region of the body. This finely granular layer is probably to be looked upon as the ectoplasm. Even when the large granules of the entoplasm do extend into the processes of the body, they form but a narrow layer, the ectoplasm being relatively of great thickness. It seems to be very possible that the movements of the body, if there are any in the living Gregarine, are brought about by the contractions of the granular ectoplasm; if so its extreme thickness in the two processes of the body would seem to indicate that these are more especially organs of locomotion. In *Conorhynchus* (GREEFF, 8) the body is furnished with numerous processes which are chiefly composed of ectoplasm. These facts still further favour the supposition that the form of the spirit preserved examples of this Gregarine is that of the living form.

The cuticle was proportionately thicker than in the early stages. On the two processes of the body (figs. 11, 12) were a series of rather coarse striations running in a direction transverse to that of the long axis of the Gregarine at an angle of about 45°. These were not visible in the central region of the body owing to the opacity caused by the granules. On crushing an individual by pressing on the coverslip these striations were seen to extend on to the central region of the body.

Careful focussing showed that these striations were due to the presence of fine ridges lying quite superficially; at the edges of the body they could be seen to form a distinct layer outside the cuticle though formed in all probability by local thickenings of it.

It is quite common for Gregarines to exhibit a striation of the cuticle though the direction of the striæ seems to distinguish the present species. In describing the encysted form I have called attention to the fact that the cyst has the appearance of being composed of innumerable closely felted fibres. In sections of the ‚tail‘ of the encysted parasite it was always possible to recognize (fig. 4) a layer of specially thick fibres immediately overlying the structureless cuticle of the Gregarine; it may be that these are the same as the striæ of the unencysted parasite; but in this case it will obviously be necessary to assume that the rest of the cyst is formed by the tissues of the host.

In any case it must be noted that the constitution of the cyst in this parasite differs as regards its relation to the cuticle of the unencysted form, from that of other Gregarines.

There is some difference of opinion as to the formation of the cyst in other Gregarines. By some it is stated that the cyst is a new formation altogether, by others that it is simply the persistent cuticle of the free form. Bütschli (2) states that in the encysting Clepsidrina blattarum the cuticle of the free form disappeared. In Adelea according to Schneider (6) the cuticular cyst is formed underneath the original cuticle and cannot therefore possibly be confounded with it.

Ruschhaupt however gives a rather different description of the formation of the cyst in Monocystis; it consists, according to him, of two layers; the outer layer is the persistent cuticle of the free stage, the inner layer is formed anew.

In the present species it seems to me that, whatever may be the origin of the portion of the cyst membrane that contains nuclei, the delicate inner cyst membrane at least, if not also the layer of fibres outside it, is the persistent cuticle of the free form.

Fig. 11 illustrates the taillike process of a Gregarine of this stage highly magnified to show the cuticle and the striæ; it will be noticed that numerous cells of the perivisceral fluid are adherent to the outside. This I always found to be the case with individuals of this stage. It occurred to me at first that the tendency of these cells to attach themselves to the Gregarine might have some relation to the formation of the cellular cyst. I do not however think that any particular weight can be attached to the fact that these cells become adherent to the parasite, as the same thing occurs with other foreign bodies in the coelom — for example with detached setæ.

### 4) Multiplication by fission.

BÜTSCHLI (2, p. 504) remarks that the propagation of Gregarines invariably take place by spore formation, and that a simple fission of the free parasite never takes place.

Since BÜTSCHLI's account of the Sporozoa was written RUSCH-HAUPT (2) has discovered that fission does occur in the Gregarines of the earthworm. This process cannot however be at all common in the group as it has been so seldom observed.

In the Gregarine which forms the subject of the present paper I have observed at least two stages of what appears to me to be a process of division by fission.

So far as this process can be safely interpreted by these two stages it seems to be rather different from cell division in *Monocystis*. In the latter, according to RUSCHHAUPT, a constriction appears in the middle of the Gregarine; the two halves are for a short time connected by a thin bridge which ultimately breaks through.

In fig. 2 is illustrated what I believe to be an early stage in the process of division. At the extremity of the body a rounded swelling is formed which is filled with large granules. I observed a similar condition (see fig. 8) in an individual belonging to the youngest stage. In the next stage (fig. 3) the swelling at the extremity of the process has increased so as to be equal in size to the parent form and a process has grown out from the free extremity of this.

These appearances may of course be delusive, but they seem to indicate that a division of the free parasite occurs which is in its nature something between budding and fission.

I would interpret the facts as indicating that the formation of new individuals by division takes place as follows.

During life the entoplasm is probably in motion and flows along the prolongation of the body; the large granules of the entoplasm are carried along with it. One of the extremities of the body becomes enlarged by a kind of budding and in this bud collects a quantity of entoplasm granules [I can say nothing as to the behaviour of the nucleus]. The bud gradually increases in size until it becomes as large as the parent form. It is then separated off by a constriction in the process connecting it with the parent having previously (in some cases) developed a corresponding process at the opposite pole of the body.

### 5) Affinities.

These then are the principal facts in the structure of the Sporozoon. It remains now to be considered whether it is a true Gregarine or a Myxosporidian.

As has been already stated the cellular cyst is so far evidence in favour of referring this Sporozoon to the Myxosporidia. Indeed there appears to be no Gregarine in which there is a cyst of this kind. In the Myxosporidia the parasite surrounds itself with no clear structureles cyst like that of Gregarines, and usually it breakes up into spores in an unencysted condition, that is to say without being surrounded by the cellular cyst which is found in certain forms. Accordingly in the Myxosporidia the mature individual is often of an irregular form. This appears to be at first sight a further point of resemblance between the Sporozoon described in the present paper and the Myxosporidia; I have figured numerous cysts (fig. 1) of this parasite which are very different in form.

The form however does not vary within wide limits and corresponds in every case to that of the free individuals; it is, as I am disposed to think, the characteristic form of the species and is not due to the fact that the individuals can perform active amœboid movements while within the cellular cyst: the presence of a structureless delicate cyst membrane surrounding the parasite as it lies within the cellular cyst, is however decidedly against the probability of its being a Myxosporidian.

The young stages represented in fig. 8 furnish a very strong argument in favour of regarding this organism as a Gregarine. They have a fixed and definite form like that of most Gregarines. Bütschli has summed up (p. 2) the resemblances and differences between the

Gregarines and the Myxosporidia and has shown that there is at least no wide gulf between the two groups.

I would suggest that the Sporozoon described in the present paper still further bridges over the line of separation.

The general structure of the parasite shows that it should be placed among the Gregarines, while the cellular cyst, though not perhaps exactly like that of any Myxosporidian, is yet more comparable to what is found in that group.

As my account of this species is necessarily very incomplete, I refrain from any further discussion of its systematic position among the Sporozoa.

## Resumé.

The following is a brief resumé of the principal facts contained in this paper.

1) In the youngest stage the Gregarine has a spherical body with one or two long processes; if there are two processes they are placed at opposite poles. There is a delicate cuticle, and the ectoplasm and entoplasm can be distinguished.

2) In the next stage the parasite is much larger but of the same form. The granules of the entoplasm are for the most part large and oval in form, but there are also smaller granules interspersed among them. The ectoplasm is especially thick in the processes of the body. The cuticle is raised into fine ridges which run obliquely to the long axis.

a) In this stage and in the last multiplication by fission occurs. A swelling appears at the extremity of one of the processes. This gradually grows, develops at process at its free extremity, and becomes separated as a new individual.

3) In the third stage the Gregarine still retains the same form. The cuticle of the free stage persists, but is covered by a cyst membrane consisting of a fibrous substance in which are imbedded numerous nuclei.

a) Sporulation commences by a rapid division of the at first single nucleus; karyokinetic figures are formed during the division of the nuclei. The protoplasm also divides, but not so rapidly as the nucleus.

## List of papers referred to.

1. LANKESTER, E. RAY, Article ‚Protozoa‘ in: Encyclopaedia Britannica, 9ᵗʰ Ed.
2. BÜTSCHLI, O., Protozoa in: BRONN's Classen u. Ordnungen des Thier-reichs, Bd. I, 1882.
3. RUSCHHAUPT, G., Beitrag zur Entwickelungsgeschichte der mono-cystiden Gregarinen aus dem Testiculus des Lumbricus agricola, in: Jen. Zeitschr. 1885.
4. VAN BENEDEN, E., Sur une nouvelle espèce de Gregarine désignée sous le nom de Gregarina gigantea, in: Bull. Ac. Belg., t. 28 (1869).
5. VAN BENEDEN, E., Recherches sur l'evolution des Gregarines, in: Bull. Ac. Belg., t. 31 (1871).
6. SCHNEIDER, AIMÉ, Contributions à l'histoire des Gregarines etc., in: Arch. Zool. Exp., t. 4 (1875).
7. WALDENBURG, L., Ueber Structur und Ursprung der wurmhaltigen Cysten, in: Arch. path. Anat., 1862.
8. GREEFF, R., Die Echiuren, in: Nov. Act. Leop.-Carol. Acad., Bd. 41 (1879).
9. JACKSON, W. HATCHETT, Forms of animal life, 2ᵗʰ Ed., 1888.

## Explanation of Plate XXII.

Fig.  1.  Encysted form of Gregarine from seminal vesicles of a *Peri-chaeta*.
Fig.  2.  Double cyst.
Fig.  3.  Extremity of a stalk of a cyst.
Fig.  4.  Tranverse section through d°; $n$ nuclei of cyst.
Fig.  5.  Contents of cyst in glycerine preparation.
Fig.  6.  do. from a transverse section after staining with logwood: $n$ nucleus.
Fig.  7.  Extremity of the stalk of a cyst to show $a$, nucleus.
Fig.  8.  Young stages of the same Gregarine.
Fig.  9.  Newly formed cyst of do.
Fig. 10.  Two individuals of stage 2.
Fig. 11.  Extremity of one of the processes of same highly magnified.
Fig. 12.  First stage in transverse fission of mature unencysted individual.
Fig. 13.  Second stage of the same.
Fig. 14.  Dividing nucleus of encysted individual showing karyokinetic figures.
Fig. 15.  Nuclei ($n$) and granules of entoplasm from section of encysted individual.
Fig. 16.  Portion of an encysted individual undergoing division.

# Kleinere carcinologische Mittheilungen.

Von

Dr. **J. E. V. Boas** in Kopenhagen.

**Hierzu Tafel XXIII.**

---

## 2. Ueber den ungleichen Entwicklungsgang der Salzwasser- und der Süsswasser-Form von *Palaemonetes varians*.

Im nördlichen Europa findet sich weit verbreitet theils an der Küste selbst, theils in salzigen oder brackischen Wasser-Ansammlungen, Gräben etc. dicht bei der Küste eine kleine Garneele, *Palaemonetes varians*, den gewöhnlichen, vielfach gegessenen *Palaemon*-Arten im Habitus sehr ähnlich. Dieselbe Art lebt auch im südlichen Europa, in den Mittelmeerländern, hier jedoch überwiegend oder ausschliesslich in reinem S ü s s w a s s e r, sogar sehr weit vom Meer, was im Norden nie der Fall ist[1]).

Die postembryonale Entwicklung von *Palaemonetes varians* wurde 1880 fast gleichzeitig von zwei verschiedenen Seiten unabhängig behandelt, nämlich von P. MAYER[2]) und von mir[3]), und zwar von

---

1) Vergl. BARROIS (Note s. l. *Palaemonetes varians* etc. in: Bull. Soc. Zool. de France p. l'année 1886, p. 691), welcher eine Zusammenstellung der verschiedenen Localitäts-Angaben gegeben und diesen Gegensatz zwischen der Lebensweise des *Palaemonetes* im Norden und im Süden scharf hervorgehoben hat.

2) Carcinol. Mitth. IX. Die Metamorphosen v. *Palaem. varians*, in: Mitth. Zool. Stat. Neapel, 2. Bd., p. 197.

3) Studier over Decapodernes Slægtskabsforhold, in: Videnskab. Selsk. Skrifter, naturvid. og. mathem. Afdel. (6. Række) 1. Bd., p. 50 (28) und (französisch) p. 171 (149). Ueber die frühere Arbeit DU CANE's vergl. unten S. 797.

MAYER nach italienischem Süsswasser-Material, von mir nach Material, welches aus Brackwasser dicht bei Kopenhagen stammte. Vergleicht man die Angaben beider Verfasser etwas genauer mit einander, so wird man unschwer gewahr werden, dass dieselben mehrfach von einander abweichen, obwohl der Vergleich dadurch etwas erschwert wird, dass meine bezüglichen Mittheilungen als untergeordnetes Glied einer grösseren Arbeit ziemlich kurz gefasst sind und keine Maassangaben enthalten. Eine erneute Untersuchung dänischen Materials [1]) und Vergleich mit italienischem Material, welches mir durch die Güte der Zoologischen Station in Neapel zugekommen ist, ergiebt eine ganze Reihe von Unterschieden zwischen der Entwicklung der italienischen Süsswasser-Palaemoneten und der hiesigen aus Salz-Brackwasser stammenden; jene werden wir im Folgenden kurz als die S ü s s w a s s e r - F o r m, letztere als die S a l z w a s s e r - F o r m bezeichnen.

Holzschn. 1. Umriss des Eies der Süsswasserform (äusserer Umriss) und der Salzwasserform (innerer Umriss) bei gleicher Vergrösserung.

Sehr auffallend ist zunächst die s e h r v e r s c h i e d e n e  G r ö s s e  d e r  E i e r beider Formen. Bei der Salzwasser-Form ist das Ei wenig über $^3/_4$ mm lang, während dasselbe bei der Süsswasser-Form die doppelte Länge, $1^1/_2$—$1^3/_4$ mm erreicht, d. h., da die Form der Eier ähnlich ist, dass das V o l u m e n des letzteren Eies etwa das a c h t f a c h e ist. Es versteht sich demnach von selbst, dass eine weit geringere Anzahl von Eiern von dem Weibchen der Süsswasser-Form getragen wird.

Dass das n e u g e b o r e n e Junge sich ebenfalls sehr verschieden bei der Salzwasser- und bei der Süsswasser-Form gestalten muss, liegt auf der Hand. Der Unterschied der L ä n g e ist allerdings nicht so bedeutend, wie man nach der grossen Verschiedenheit der Eier vermuthen möchte; das soeben dem Ei entschlüpfte Junge ist bei der S a l z wasser-Form etwa 4 mm lang (ich habe mehrere Exemplare gemessen), bei der S ü s s wasser-Form nach MAYER etwa $5^1/_2$ mm, was auch mit eigenen Messungen stimmt. Die letztere Larve ist aber natürlich, der Grösse des Eies entsprechend, weit plumper und habituell von der feinen, zarten Larve der Salzwasser-Form sehr verschieden. Ferner steht dieselbe auf einer bedeutend vorgerückteren Entwicklungsstufe als die Salzwasser-Larve. Beide sind zwar als

---

1) Ich verdanke dieses z. Th. der Güte des Herrn Dr. MEINERT.

Zoëen zu bezeichnen, indem die Exopoditen der Kieferfüsse als Schwimm-Werkzeuge entwickelt sind, während alle folgenden Gliedmaassen noch functionsunfähig (resp. noch nicht vorhanden) sind. Sonst bestehen aber vielfache Unterschiede. Bei der Salzwasser-Larve sind die Thoraxfüsse (Fig. 1) als schwache, ungegliederte Anlagen vorhanden, das 1.—2. Paar am längsten, etwa von der halben Länge des Innenastes des 3. Kieferfusses, das 5. Paar etwas kürzer, das 3. und 4. Paar ganz kurze Stummel; alle sind ungegliedert, das 1. bis 4. Paar mit Anlage des Aussenastes. Bei der Süsswasser-Larve (Fig. 2) sind die Thoraxfüsse weit mehr entwickelt; sie sind alle lang, wenig kürzer als der 3. Kieferfuss, deutlich gegliedert (aber noch unbehaart), das 1. und 2. Paar mit deutlicher Chela und mit einem kleinen Exopodit, welcher dagegen den folgenden Fusspaaren abgeht. Von Schwanzfüssen ist bei der neugeborenen Salzwasser-Larve noch keine Spur vorhanden; bei der Süsswasser-Larve dagegen sind die 5 ersten Paare schon deutlich als kurze zweiästige Anhänge vorhanden, während das sechste Paar noch nicht entwickelt ist. Von Interesse ist es, dass der Endopodit der beiden Maxillen (Fig. 5) und des ersten Kieferfusses mit den Kauladen (Fig. 1) bei der neugeborenen Salzwasser-Larve schon mit steifen Borsten versehen ist, während die betreffenden Theile bei der sonst weiter entwickelten Süsswasser-Larve (Fig. 6, 2) borstenlos sind — ein Factum, das übrigens leicht verständlich ist: die Süsswasser-Larve kommt mit einem ansehnlichen Nahrungsdotter-Vorrath auf die Welt und nimmt zunächst keine Nahrung zu sich, während die aus dem weit kleineren Ei entschlüpfende Salzwasser-Larve sich gleich selbständig ernähren muss. Dagegen ist der plattenförmige Exopodit der zweiten Maxille (Fig. 5, 6) bei der neugeborenen Süsswasser-Larve bedeutend grösser als bei der Salzwasser-Larve und mit langen Fiederborsten umsäumt, was offenbar damit zusammenhängt, dass jene schon mit grossen Kiemenanlagen versehen ist, während die Salzwasser-Larve noch vollständig kiemenlos ist (bekanntlich spielt der betreffende Exopodit eine wichtige Rolle bei der Erneuerung des Wassers der Kiemenhöhle). Auch die Mandibel hat bei der Süsswasser-Larve noch ein sehr embryonales Ansehen; einige Spitzen und Zähnchen sind zwar angelegt, die Cuticula ist aber noch dünn, und die Mandibel ist wahrscheinlich noch nicht functionsfähig; bei der Salzwasser-Larve ist dieselbe dagegen offenbar vollkommen brauchbar mit gezähntem, schneidendem Rande und festerer Cuticula. — Von anderen Unterschieden erwähne ich, dass die Geissel der Antennen (2. Paares) bei der

Salzwasser-Larve ungegliedert, bei der Süsswasser-Larve schon mehrgliedrig ist; ferner ist das Rostrum bei jener noch ohne Zähne, bei dieser mit einem oberen Zahn ausgestattet; die Augenstiele sind bei der Süsswasser-Larve länger als bei der Salzwasser-Larve.

Es stellt sich somit heraus, dass eine grosse Reihe von Unterschieden zwischen den neugeborenen Larven der beiden Formen unserer Art vorhanden ist. Auch während des folgenden Entwicklungsganges sind namhafte Unterschiede zu verzeichnen. Bei der Salzwasser-Form erreicht die Larve nach wenigstens 3 Häutungen das sogenannte Mysis-Stadium (Fig. 3). Sie hat jetzt eine Länge von etwa 8 mm erreicht (von der Spitze der Antennen-Squama bis an das Ende des Schwanzes gemessen). Die Thoraxfüsse sind gut entwickelt, lang, gegliedert, mit Borsten versehen; ihre Exopoditen stehen auf der Höhe ihrer Entwicklung und bilden mit denen des 2. und 3. Kieferfusses zusammen die Schwimmwerkzeuge des Thieres. Die Exopoditen des 2.—3. Kieferfusses und des 1.—2. Thoraxfusses sind alle sehr kräftig und mit langen Schwimmhaaren versehen (diejenigen des 2. Kieferfusses und des 2. Thoraxfusses sind jedoch etwas schwächer als die beiden anderen); am 3. Thoraxfuss ist ein bedeutend schwächerer, aber mit ziemlich langen Schwimmhaaren versehener Exopodit vorhanden, während der des 4. Thoraxfusses noch viel kleiner, jedenfalls von geringer Bedeutung ist; dem 5. Thoraxfuss fehlt (wie bei vielen anderen Eukyphoten) ein Exopodit. Das sechste Schwanzfusspaar ist schon bedeutend entwickelt, am Rande behaart und bildet mit dem stark verschmälerten letzten Schwanzglied zusammen den Schwanzfächer; die anderen Schwanzfüsse sind weniger entwickelt. Kiemenanlagen sind jetzt vorhanden, und der Exopodit der 2. Maxille ist gross und am Rande behaart.

Zu einer derartigen Entwicklung der Exopoditen der Thoraxfüsse, wie wir sie soeben für die Salzwasser-Form beschrieben haben, kommt es bei der Süsswasser-Form nicht, ja dieselben entwickeln sich überhaupt so wenig, dass man sagen kann, dass ein Mysis-Stadium bei ihr eben nur angedeutet ist. Die Exopoditen der Thoraxfüsse erreichen die Höhe ihrer Entwicklung schon, wenn die Larve sich einmal gehäutet hat, in MAYER's „II. Stadium" (Fig. 4). Die Länge der Larve ist dann ungefähr dieselbe wie die der neugeborenen (von der Spitze der Squama bis an das Ende des Schwanzes ca. $5^1/_2$ mm). Die Kieferfüsse sind sehr wenig verändert; dagegen sind die Thoraxfüsse bedeutend entwickelter als vorher, und der 1. und 2. Thoraxfuss sind mit Exopoditen versehen, welche aber gegen

die kräftigen Exopoditen des 2. und 3. Kieferfusses s e h r zurück-
stehen (Fig. 4) und wohl in functioneller Beziehung von sehr geringer
Bedeutung sind; dies gilt namentlich vom Exopodit des 2. Thoraxfusses. Am 3. und 4. T h o r a x f u s s  e n t w i c k e l n  s i c h  ü b e r -
h a u p t  k e i n e  E x o p o d i t e n[1]); am 5. fehlt der Exopodit ebenso
wie bei der Salzwasser-Larve. Uebrigens stehen die Thoraxfüsse in
diesem Stadium der Süsswasser-Larve denjenigen der Salzwasser-Larve
im Mysis-Stadium nahe.   Dagegen sind die Schwanzfüsse geringer
entwickelt, namentlich ist hervorzuheben, dass das 6. Schwanzfusspaar
noch nicht vorhanden ist, und das Endglied hat dieselbe breite Form
wie bei der neugeborenen Larve.  Die Maxillen sind ebenfalls wenig
verändert und und entbehren noch der Kauladen-Borsten (der Nahrungsdotter ist noch nicht verbraucht). — Schon nach der 2. Häutung erscheinen die Exopoditen des 1. und 2. Thoraxfusses in etwas rück-
gebildetem Zustande, nach der 3. Häutung sind die Schwimmborsten
sogar verloren gegangen, so dass die Thoraxfuss-Exopoditen überhaupt
nur von ganz untergeordneter Bedeutung für die Süsswasser-Larve werden.

Von sonstigen Unterschieden zwischen den Larven beider Formen
erwähne ich noch, dass die Zähne an der Oberseite des Rostrums,
resp. in der Mittellinie des Schildes bei den Larven der S a l z wasser-
Form weit grösser werden als bei denjenigen der S ü s s wasser-Form[2]).

---

1) Nur eine schwache Andeutung derselben findet man in Form
kleiner, schwierig zu entdeckender Warzen am 2. Fussglied, auf welche
auch schon MAYER aufmerksam macht. — Am 5. Thoraxfuss habe ich
solche nicht finden können.

2) Vor mir hatte schon DU CANE (in: Ann. Nat. Hist. Vol. 2, 1839,
p. 178—81, Plate 6—7) über die Metamorphose der Salzwasser-Form Mittheilungen gemacht, welche auch von MAYER (l. c.) mit seinen Befunden verglichen werden. Die Unterschiede werden aber von MAYER als auf mangel-
hafter Untersuchung seitens DU CANE's beruhend aufgefasst, was bei
der Dürftigkeit jener Mittheilungen ganz natürlich erscheint. Nur einmal (MAYER l. c. p. 213, Anm. 2) scheint es, als ob M. doch durch die
Angaben DU CANE's auf die Vermuthung gekommen wäre, dass vielleicht
Unterschiede zwischen der Entwicklung der nördlichen und der südlichen Form vorhanden sein könnten. Seine Bemerkung lautet folgendermaassen: „Es wäre mit Rücksicht hierauf [auf den Gedanken, dass die
Abkürzung der Entwicklung von *P. varians* durch den Uebergang in
Süsswasser bedingt wäre] von Interesse, zu erfahren, ob die *P. varians*
an der Küste von England, falls sie wirklich in Seewasser leben, nicht
einen dem ursprünglichen Modus noch mehr treu gebliebenen Entwicklungsgang zeigen. Vielleicht dauert die Rückbildung der Nebenäste
an den Greiffüssen längere Zeit, als bei den hiesigen Individuen".

Bei so bedeutsamen Differenzen des Entwicklungsganges liegt es sehr nahe, die Frage aufzuwerfen: sind die beiden beschriebenen Formen, die nördliche und die südliche, denn nicht auch im e r w a c h s e n e n Zustande so verschieden, dass sie ohne weiteres wenigstens als differente Arten zu bezeichnen sind? Um diese Frage zu beantworten, habe ich eine Anzahl von erwachsenen Exemplaren beider Formen einer genaueren Analyse der Gliedmaassen u. s. w. unterworfen. Das Resultat ist, dass die beiden Formen, wenn wir allein auf die Charactere der

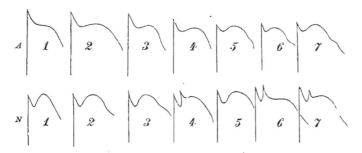

Holzschn. 2. Die im Text erwähnte Partie des Basalgliedes der Antennulen bei verschiedenen Exemplaren, *A* der Salz-, *N* der Süsswasserform.

Erwachsenen Rücksicht nehmen, n i c h t a l s v e r s c h i e d e n e A r t e n, s o n d e r n l e d i g l i c h a l s V a r i e t ä t e n d e r s e l b e n A r t bezeichnet werden können: d. h. es sind zwar kleine Unterschiede auch zwischen den Erwachsenen der Salzwasser- und der Süsswasser-Form vorhanden, dieselben sind aber zu geringfügig oder nicht constant genug, als dass man danach A r t e n aufstellen könnte. Die Unterschiede, die ich gefunden habe, sind folgende:

1) Das Basalglied der A n t e n n u l e n ist nach aussen zu einer blattförmigen Partie erweitert, welche vorn von einem bogenförmigen Rand begrenzt ist, an dessen äusserer vorderer Ecke ein Dorn (selten zwei) sich befindet. Dieser bogenförmige Rand ist bei der Salzwasserform im Allgemeinen nach dem Dorn hin wenig convex; in einigen Fällen (man vergl. Holzschn. 2, *A* 6—7, *N* 6—7) ist aber der Unterschied gänzlich verwischt.

2) Bei der Salzwasserform ist die schneidende Partie beider M a n d i b e l n gewöhnlich in je 3 Zähne getheilt; einmal fand ich jedoch an der l i n k e n 4, an der rechten 3 Zähne. Bei der Süss-

wasserform waren an der linken Mandibel immer 4 Zähne, an der
rechten im Allgemeinen 3 vorhanden (bei einem Exemplar auch an
der rechten 4 Zähne).

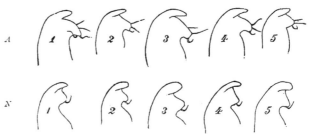

Holzschn. 3. Spitze des Palpus der ersten Maxille bei zehn verschiedenen Exemplaren
von *Palaemonetes varians*. *A* Exemplare der Salz-, *N* der Süsswasserform.

3) Der Palpus der ersten Maxille ist innen, nahe an der
Spitze, mit einem Fortsatz versehen. Dieser ist bei der Salzwasser-
Form gewöhnlich grösser und mit drei bis vier Borsten ausgestattet,
bei der Süsswasser-Form kleiner und mit nur einer Borste.

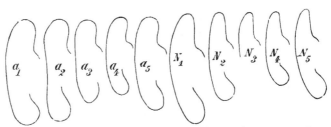

Holzschn. 4. Exopodit der zweiten Maxille bei zehn verschiedenen Exemplaren
von *P. varians*. *a* Salz-, *N* Süsswasserform.

4) Der Exopodit der zweiten Maxille ist bei der Salzwasser-
Form vorn breiter und abgestutzter, bei der Süsswasser-Form schmäler
und zugespitzter; bisweilen ist aber der Unterschied nicht sehr bedeutend.

5) Das Basalglied des 3. Thoraxfusspaares des Weibchens und die
auf demselben sich befindliche Geschlechtsöffnung ist — den grösseren
Eiern gemäss — bei der Süsswasser-Form etwas grösser als bei der
Salzwasser-Form.

Diese, meistens inconstanten Unterschiede sind die einzigen einigermaassen bestimmten, welche ich habe auffinden können. Es ist klar, dass man darauf nicht zwei Arten bilden kann; erst wenn wir auf den gesammten Entwicklungsgang Rücksicht nehmen, ist solches statthaft. Um aber die Eigenart des hier beobachteten Falles festzuhalten, glaube ich, dass es zweckmässiger ist, die beiden Formen — nach dem Verhalten der Erwachsenen — lediglich als Varietäten zu bezeichnen, und ich schlage dann für die nördliche, in Salz- oder Brackwasser lebende Form den Namen *var. microgenitor*, für die südliche, in Süsswasser lebende den Namen *var. macrogenitor* vor.

Wir haben es somit in diesem Falle mit einer Art zu thun, welche sich in zwei Varietäten gespalten hat, die im erwachsenen Zustande einander überaus ähnlich sind, während die postembryonale Entwicklung beider sich bedeutend verschieden gestaltet hat. Es braucht kaum hervorgehoben zu werden, dass die Anpassung der südlichen Form an das Leben im Süsswasser es ist, welche diese Verschiedenheiten mit sich geführt hat. Aehnliche Modificationen bei Süsswasserformen wie bei dieser sind ja bekannt: schon aus der nahen Verwandtschaft unserer Art haben wir eine Süsswasser-Form, *Palaemon potiuna* [1]), welche mit sehr grossen Eiern ausgestattet ist und eine ähnliche, noch abgekürztere postembryonale Entwicklung aufweist (während übrigens mehrere andere Süsswasser-Garneelen einen ähnlichen Entwicklungsgang beibehalten haben wie ihre Verwandten im Meer); aus der etwas ferneren Verwandtschaft kann der Flusskrebs als Beispiel angeführt werden, weitere Beispiele bieten die Süsswasser-Turbellarien, -Muscheln u. a. Insofern bietet der vorliegende Fall nichts Neues; er zeigt uns lediglich einen Ausschlag des bekannten Gesetzes, dass das Süsswasser-Leben zu einer abgekürzten Entwicklung disponirt.

In e i n e r Hinsicht hat aber der Fall das Interesse der Neuheit. Wir kennen sonst, soviel ich weiss, keinen Fall, in welchem zwei Formen im erwachsenen Zustande einander derartig gleich geblieben sind, während ihre Entwicklung bedeutend verschieden geworden ist. Wir kennen zwar Beispiele genug, speciell auch innerhalb der Crustaceen, in welchen bei verschiedenen verwandten Arten, Gattungen

---

1) Fritz Müller, in: Zool. Anzeiger 1880, p. 152.

etc. die Entwicklung sich weit differenter gestaltet als die erwachsenen Formen, und welche somit ein beredtes Zeugniss abgeben für die Plasticität, die embryonale Stadien unter Umständen besitzen; dass aber bei zwei Formen, welche sich im erwachsenen Zustande lediglich als Varietäten darstellen, der Entwicklungsgang ein erheblich verschiedener geworden ist, ist immerhin überraschend.

Dass ich bei dieser Gelegenheit danach gespäht habe, ob doch nicht analoge Fälle in der Literatur vorlägen, versteht sich von selbst. Einen einzelnen Fall habe ich denn wirklich auch gefunden, in welchem, wie es scheint, etwas Aehnliches stattfindet, wenn auch der Fall keineswegs so ausgeprägt ist wie der unsrige. Es betrifft dieser Fall eine Fliege, *Musca corvina*. Nach den Angaben von PORTCHINSKI [1]) legt diese im Larvenzustand coprophage Fliege im nördlichen Russland (Umgegend von St. Petersburg) 24 Eier, welche mit je einem gebogenen Fortsatz versehen sind. Im südlichen Russland (Krim, Kaukasus) verhält die Art sich im Frübling ebenso, während sie dort im Sommer fast ausschliesslich in Exemplaren gefunden wird (ähnliche trifft man auch schon am Ende des Frühlings), welche sich in ganz anderer Weise fortpflanzen, indem sie lebendige Junge gebären, welche sich aus grösseren Eiern entwickeln, die nicht mit einem Fortsatz ausgestattet sind; diese Eier treten in einen Uterus, wo sie — auf einmal immer nur eines — sich entwickeln, und wo die aus dem Ei ausgeschlüpfte Larve noch vor der Geburt wächst. PORTCHINSKI hebt ausdrücklich hervor, dass er sich durch sorgfältige Untersuchung davon überzeugt habe, dass die betreffenden Exemplare derselben Art angehörten wie die anderen. Mit unserem bietet dieser Fall somit eine deutliche Analogie dar: wir haben auch hier innerhalb einer Art eine nördliche und eine südliche Form mit ungleichem Entwicklungsgang. Er unterscheidet sich aber von dem unsrigen — und ist darin eben von besonderem Interesse — dadurch, dass die südliche Form noch zu einer Zeit des Jabres den Entwicklungsgang der nördlichen beibehalten hat, ferner auch dadurch, dass die vorhandenen Unterschiede weit weniger ausgepragt sind (die Larven selbst scheinen sich nicht zu unterscheiden).

---

1) In: Horae Soc. Entom. Ross. Vol. 19 (1885), p. 210—244 (Russisch); ausführliches Ref. in: Berl. Entom. Zeitschr. Bd. 31 (1887), p. 17—28. Ich habe nur das Referat benutzen können.

An der Ostküste Nord-Amerikas findet sich in Salz- und
Brackwasser der *Palaemonetes vulgaris*[1]) (SAY), den ich durch die Güte
des Herrn Prof. A. AGASSIZ in zahlreichen Exemplaren habe untersuchen
können. Derselbe steht der Salzwasserform von *P. varians* ausserordentlich nahe. Die einzige nach meinen Befunden scharfe Differenz
zwischen beiden bieten die Antennulen dar. Bekanntlich ist bei *Palaemonetes* (ebenso wie bei *Palaemon*) die äussere Geissel der Antennulen theilweise gespalten; bei den europäischen Palaemoneten —
sowohl bei *micro-* wie bei *macrogenitor* — ist der mediane
Spaltast der Geissel sehr kurz, weit kürzer als der ungespaltene
Basaltheil (etwa $^1/_3$, oder weniger, der Länge des letzteren), während
derselbe Ast bei der amerikanischen Art viel länger ist, wenigstens ebenso
lang wie der Basaltheil, gewöhnlich länger (bis doppelt so lang). *P. vulgaris* zeichnet sich ferner durch die gewöhnlich grössere Anzahl der
Zähne des Rostrums aus: bei *microgenitor* sind oben 5—6, unten
2 Zähne vorhanden (bei *macrogenitor* oben 6—7, unten 2), bei *P. vulgaris* nach FAXON [2]) meistens $\frac{9}{4}$ (9 oben, 4 unten), nach eigenen Befunden meistens $\frac{8}{3}$, während übrigens die Zahl bei erwachsenen Exemplaren (nach FAXON) oben von 6 bis 11, unten von 2—4 variirt, so
dass die Formel in einem extremen Fall ebenso wie bei *microgenitor*
$\frac{6}{2}$ sein kann. Die Zahl der Zähne an der schneidenden Partie der
Mandibeln ist bei *P. vulgaris* meistens für die linke 4, für die
rechte 3, in einem Fall habe ich aber beiderseits 3 gefunden (vergl. oben
S. 798—799). Was die oben (S. 798—799) erwähnten Charactere
des Antennulen-Schaftes, des Palpus der ersten, des Exopodits der
zweiten Maxille betrifft, so stimmt *P. vulgaris* ziemlich genau mit
*microgenitor* überein. Ebenso wie bei diesem sind auch die Eier
klein, nach FAXON nur $^1/_2$ mm lang. Die postembryonale Entwicklung [3]) ist ebenfalls ganz ähnlich; in allen oben erwähnten
Characteren, in welchen die Entwicklung der Salzwasserform des

---

1) Von dieser Art dürfte der von STIMPSON (in: Ann. Lyceum Nat.
Hist. New York, Vol. 10, 1874, p. 129) aufgestellte *P. carolinus*, von
welchem ich nur ein einziges Exemplar untersuchen konnte, kaum verschieden sein.

2) Development of *P. vulgaris*, in: Bull. Mus. Comp. Zool. Vol. 5,
p. 320.

3) FAXON, l. c.

europäischen *Palaemonetes* sich von derjenigen der Süsswasser-Form unterscheidet, stimmt die amerikanische Art mit jener überein.

Auch in Amerika — und dies ist die Veranlassung, dass ich hier überhaupt die amerikanischen Palaemoneten erwähne — kommt ein S ü s s wa s s e r - *Palaemonetes* vor, nämlich der als besondere Art von STIMPSON [1]) aufgestellte *P. exilipes*. Leider habe ich diese Form nicht selber untersuchen können, so dass die folgenden Angaben auf einem Vergleich zwischen eigenen Befunden an *P. vulgaris* etc. und den Diagnosen, welche STIMPSON und SMITH [2]) von *exilipes* gegeben haben, gegründet sind. Was die äussere A n t e n n u l e n - G e i s s e l betrifft. so steht *exilipes* merkwürdigerweise den europäischen Palaemoneten näher als dem *P. vulgaris*, indem der innere Spaltast (nach SMITH) nur die halbe Länge des ungespaltenen Basaltheiles hat [3]). Rostrum oben mit 6—8 (nach STPS. meistens 6), unten mit 1—3 Zähnen. Eigenthümlich ist für *exilipes* — Angabe von SMITH — dass das 5. Glied („carpus") des 2. Thoraxfusses beinahe doppelt so lang ist wie das 4. Glied („merus"), während sowohl bei den europäischen Palaemoneten wie bei *vulgaris* der Unterschied zwischen beiden weit geringer soll — nach SMITH — das 6. Schwanz-Segment länger sein als das 4. und 5. zusammen, während es bei allen von mir untersuchten Palaemoneten bedeutend kürzer ist als diese beiden Segmente zusammen. Wenn die beiden letzten Charactere constant sind, so ist der *exilipes* jedenfalls eine sowohl von den europäischen Palaemoneten wie von *P. vulgaris* bestimmt unterschiedene specifische Form.

Sehr interessant ist es nun, dass dieselbe, wie FAXON [4]) in aller Kürze mitgetheilt hat, E i e r trägt, welche denjenigen der europäischen Süsswasser-Form an Grösse fast gleichkommen, indem sie eine Länge von $1^1/_4$ mm haben. Aller Wahrscheinlichkeit nach wird sie dann auch eine ähnliche a b g e k ü r z t e E n t w i c k l u n g besitzen wie die europäische Süsswasser - *Palaemonetes*. Bei dem Umstande, dass die Charactere der Antennulen - Geissel (und vielleicht des Rostrums) scheinbar auf eine nähere Verwandtschaft mit den europäischen Palaemoneten hinweisen, muss es vorläufig eine offene Frage bleiben, ob die

---

1) l. c. p. 130.
2) Crust. of the fresh waters of the Unit. Stat., in: Rep. of the Commiss. of Fish and Fisheries, Part 2, Rep. for 1872—73, p. 641.
3) .... secondary branch .... having only the terminal third free.
4) l. c. p. 304, Anm.

amerikanische Süsswasser-Form von dem europäischen Süss-
wasser-*Palaemonetes* ableitbar (resp. mit ihm identisch) ist, oder ob
dieselbe eine mit letzterem analoge, etwa von *Palaemonetes vulgaris*
ableitbare Form ist, welche sich auf neuweltlichem Boden entwickelt hat.

----

Das wesentliche Resultat des im Vorhergehenden Mitgetheilten
ist Folgendes:
.   Die bisher als *Palaemonetes varians* beschriebenen Garneelen zerfallen in zwei Formen, eine nördlichere Salz-Brackwasser-Form
und eine südlichere Süsswasser-Form.

Die Erwachsenen sind einander sehr ähnlich, so ähnlich, dass
die beiden Formen nach den Characteren der Erwachsenen allein
lediglich als Varietäten einer und derselben Art bezeichnet werden
können.

Dagegen ist die Entwicklung sehr verschieden. Das Ei ist
bei der Süsswasser-Form nach Volum etwa achtmal so gross wie
bei der Salzwasser-Form. Letztere verlässt als kiemenlose Zoëa
das Ei, durchläuft ein normales Mysis-Stadium und nimmt von Geburt
an Nahrung auf. Die Süsswasser-Form ist bei der Geburt zwar
auch eine Zoëa, ist aber weiter entwickelt als die andere, mit Kiemen
versehen etc.; die Exopoditen der Thoraxfüsse entwickeln sich bei
der Süsswasser-Form überhaupt nur sehr wenig, so dass ein Mysis-
Stadium bei ihr nur andeutungsweise vorhanden ist (Abkürzung
der Metamorphose); und wegen des grossen Nahrungsdotters,
mit dem sie das Ei verlässt, und welcher erst allmählich resorbirt
wird, nimmt das junge Thier erst sehr spät Nahrung von aussen zu
sich, und die Kauladen der Mundgliedmaassen sind dementsprechend
lange Zeit borstenlos.

Die Süsswasser-Form ist als aus der Salzwasser-Form entstanden
aufzufassen; die Eigenthümlichkeiten ersterer sind denjenigen analog,
welche wir bei manchen anderen Süsswasserthieren finden, die Verwandte im Meere besitzen. Das Eigenthümliche des Falles besteht
darin, dass die Erwachsenen beider Formen fast gleich geblieben sind,
während die Entwicklung sich so verschieden gestaltet hat.

Kopenhagen, August 1888.

## Erklärung der Figuren.

Tafel XXIII.

$mp_1$—$mp_3$ erster—dritter Kieferfuss.
$p_1$—$p_5$ erster—fünfter Thoraxfuss.
     *ex* Exopodit
     *ep* Epipodit
     *pa* Palpus
*e* und *i* Kauladen (Lacinia externa und interna).

Fig. 1. Sämmtliche Rumpffüsse (Kiefer- und Thoraxfüsse) der neugeborenen Larve der Salzwasserform von *Palaemonetes varians*, alle gleich stark vergrössert.
Fig. 2. do. von der neugeborenen Larve der Süsswasserform, ebenso.
Fig. 3. do. von dem Mysis-Stadium der Salzwasserform, ebenso.
Fig. 4. do. von dem Mysis-Stadium (II. Stad. MAYER's) der Süsswasserform, ebenso.
Fig. 5. Zweite Maxille der neugeborenen Larve der Salzwasserform.
Fig. 6.    „    „    „    „    „   „ Süsswasserform.

# Die während der Expedition S. M. S. „Gazelle" 1874—1876 von Prof. Dr. Th. Studer gesammelten Holothurien.

Von

Dr. **Kurt Lampert,**

Assistent am k. Naturaliencabinet in Stuttgart.

Hierzu Tafel **XXIV.**

---

Durch die freundliche, mich zu grossem Dank verpflichtende Vermittlung der Herren Prof. Dr. E. Selenka in Erlangen und Prof. Dr. Th. Studer in Bern wurde mir vom k. zoologischen Museum in Berlin durch Herrn Prof. Dr. E. von Martens das Holothurien-Material zur Bearbeitung anvertraut, welches Herr Prof. Dr. Studer an Bord S. M. S. „Gazelle" während deren bekannter Weltumsegelung in den Jahren 1872—75 gesammelt hat [1]).

Ueber einige wenige dieser Holothurien wurden von Studer seiner Zeit schon kurze Mittheilungen veröffentlicht [2]); das mir übersandte Material umfasst 38 Arten. Indem hierzu noch 3 von Studer publicirte Arten kommen, die als Einzel-Originalexemplare nach den Vorschriften des Berliner Museums der an mich gerichteten Sendung nicht beigefügt werden konnten, beträgt die Holothurien-Ausbeute der Expedition S. M. S. „Gazelle" im Ganzen 41 Arten, welche sich auf 13

---

1) Ueber die von der „Gazelle" eingeschlagene Reiseroute siehe: Studer, Ueber einige wissenschaftliche Ergebnisse der Gazellenexpedition, namentlich in geographischer Beziehung, in: Verh. d. zweiten deutschen Geographentages 1882.

2) Studer, Ueber Echinodermen aus dem antarktischen Meer etc., in: Monatsber. Akademie Berlin 1876.

Gattungen vertheilen. Auf die Aspidochiroten entfallen 3 Gattungen mit 10 Arten, auf die Dendrochiroten 5 Gattungen mit 19 Arten, auf die Apoda 4 Gattungen mit 11 Arten, und endlich ist auch die sonderbare Familie der Rhopalodinidae LUDWIG in ihrem einzigen Repräsentanten *Rhopalodina lageniformis* GRAY vertreten. Als neu sind im Folgenden beschrieben im Ganzen 7 Arten und 1 Varietät, nämlich eine neue *Holothuria*-Art, 5 Dendrochiroten, eine nova species von *Anapta* und eine Varietät von *Synapta benedeni* LUDW. Leider fanden sich unter dem gesammten Material keine Elasipoda, was allerdings nicht zu verwundern ist, da die meisten der vorliegenden Holothurien aus sehr geringer Tiefe stammen und überhaupt kein Exemplar tiefer als 63 Faden gedredscht wurde. Die relativ meisten Arten wurden an der Nordwestküste Australiens und der Westküste Neu-Guineas erbeutet; „Mermaidstreet, Dampier Islands" oder „McCluer Golf, Neu-Guinea" lauten die Fundortsbezeichnungen bei 16 Arten, und sehr reichlich ist auch zum Theil die Individuenzahl der hier gefundenen Species. Ebenfalls gut vertreten ist das antarctische Gebiet, dem 11 Arten entstammen; eine derselben ist überhaupt neu, drei wurden von STUDER bekannt gemacht, während die übrigen sieben schon früher als antarctische Formen nachgewiesen wurden. Der Rest des vorliegenden Materials vertheilt sich auf einzelne Punkte der Südsee und des atlantischen Oceans. Zu Studien über die bathymetrische Verbreitung der Holothurien gab die Sammlung keine Veranlassung, indem, wie schon erwähnt, das gesammte Material aus geringen Tiefen stammt.

Der Bearbeitung des Materials ist meine systematische Monographie der Holothurien insofern zu Grunde gelegt, als bei den einzelnen Arten auf die dort gegebene Literaturzusammenstellung verwiesen ist; diesem Hinweis ist dann das Citat etwaiger neu erschienener Arbeiten beigefügt. Die Angaben über Farbe beziehen sich, wenn nichts weiter bemerkt ist, auf die Färbung bei der Aufbewahrung in Spiritus, in welchem bekanntlich ein Theil der Seewalzen, z. B. *Holothuria argus* JAEG., die im Leben besessene Färbung beibehält, während letztere bei andern wieder völlig verschwindet; so macht beispielsweise besonders bei den Arten der Gattungen *Colochirus*, *Ocnus*, *Cucumaria* und *Semperia* die im Leben oft sehr lebhafte Färbung bei Spiritusexemplaren einem eintönigen Gelblichweiss Platz. Die verschiedenen Bemerkungen über die Färbung im Leben bei einzelnen Arten verdanke

---

1) LAMPERT, Die Seewalzen, Wiesbaden, Kreidel, 4°, 1885.

ich Herrn Prof. Dr. Th. STUDER, aus dessen mit grösster Freundlichkeit mir zur Verfügung gestellten Notizen ich auch die meist nur
kurzen Angaben über die Fundorte ergänzen konnte.

Einen Auszug aus der vorliegenden, eingehenderen Bearbeitung,
nur aus einer Aufzählung der gefundenen Arten mit Literaturnachweis und der Beifügung der Diagnosen der neuen Arten bestehend,
sandte ich im December 1887 an Herrn Prof. Dr. STUDER zur Aufnahme in dessen Bericht über die zoologischen Gesammtergebnisse der
Reise S. M. S. „Gazelle". LUDWIG's neueste Mittheilungen über verschiedene Holothurien konnten in diesem Auszug keine Berücksichtigung
finden, da sie zur Zeit der Absendung desselben noch nicht erschienen
.waren. Ausserdem haben sich bei der ausführlicheren Bearbeitung im
Vergleich zu jenem Auszug nur geringe Aenderungen als nöthig
erwiesen.

Stuttgart, im Juli 1888.

---

# I. Pedata.

## 1. *Holothuria monacaria* LESSON.

Literatur siehe LAMPERT, Die Seewalzen, Wiesbaden, Kreidel, 1885,
p. 72.

Ferner: THÉEL Challenger-Holothurioidea Part II, 1886, p. 172—173,
Taf. VIII, Fig. 10, p. 217, in: Report of the scientific results of
the exploring voyage of H. M. S. „Challenger" during the years
1873—76. Zoology Vol. 14, 1886. — BELL, Report on a collection
of Echinodermata from the Andaman Islands, in: Proceed. Zool.
Soc. London 1887, p. 140. — SLUITER, Die Evertebraten aus der
Sammlung des k. naturwissenschaftl. Vereins in Niederländisch
Indien in Batavia, in: Natuurkundig Tijdschrift voor Nederlandsch
Indië, Bd. 47. Batavia 1887, p. 189. — LUDWIG, Drei Mittheilungen
über alte und neue Holothurienarten, in: Sitzungsber. d. k. preuss.
Akad. d. Wissensch., Berlin 1887, p. 1224.

Ein stark contrahirtes Exemplar von 5,4 cm Länge von Lefeska
(Tonga); am Strand gefunden. Bauch weisslich, Rücken stark braun
gefleckt; Papillenhof und die Papillen selbst weisslich.

## 2. *Holothuria argus* JAEGER.

Literatur siehe: LAMPERT, Seewalzen 1885, p. 87.

Ferner: THÉEL, Challenger-Holothurioidea, Part II, 1886, p. 203. BELL,
On the Holothurians of the Mergui Archipelago, in: Journal Linnean
Society, London, Zoology, Vol. 21, 1886, p. 27.

## Fig. 1.

3 Exemplare von den Korallenriffen der Anachoreteninsel, 1 aus der Bai von Segar im McCluer Golf, Westküste von Neu-Guinea. Die allerdings zum Theil stark contrahirten vier Exemplare besitzen eine Länge von 16 cm, 15 cm, 15 cm und 19 cm; die respective Breite beträgt 6 cm, 6,5 cm, 5 cm und 7 cm. Auf den Anachoreten-Inseln fand sich die Art nach den Notizen des Herrn Prof. STUDER bis 1 1/2 Fuss lang; „sie umspinnt die Hand mit klebrigen Fäden“, den CUVIER'schen Organen.

THÉEL gibt an, dass in der Mitte eines jeden der scharf markirten, characteristischen Rückenflecken ein Ambulacralanhang sich erhebt, der conische Form und eine rudimentäre Endplatte besitzt und der deshalb von THÉEL als Papille bezeichnet wird. Wenn auch hie und da, besonders in Fällen, in denen durch Zusammenfliessen mehrerer der schwarz und weiss gesäumten Kreise ein grosser Fleck entsteht, innerhalb desselben sich 2—3 oder mehr Ambulacralanhänge erheben, so ist doch allerdings stets der genau im Centrum eines Kreises befindliche, durch seine conische Gestalt und die rudimentäre Endplatte characterisirt. Ich fand den Durchmesser dieser, ein aus Körpern wie Fig. 1 nur lose gefügtes Netzwerk darstellenden Endplatte höchstens 0,179 mm, während die weit massiveren Endplatten der ausserhalb der Kreismittelpunkte und auf dem Bauche stehenden Ambulacral-anhänge ca. 0,7—0,75 mm im Durchmesser besitzen. Wenn man das Merkmal einer „Papille“ in der spitz zulaufenden Gestalt und dem Besitz einer rudimentären Endplatte sieht, ist damit die THÉEL'sche Bezeichnung in unserem Falle ganz am Platze; wie wenig scharf aber sich eine nur auf diesen Kennzeichen basirende Trennung zwischen „Füsschen“ und „Papillen“ durchführen lässt, ist erst neuerdings wieder mit Recht von LUDWIG [1]) hervorgehoben worden. Es wäre demnach vielleicht angezeigter, die Bezeichnung „Ambulacralpapillen“ auf die aus warzenförmigen Erhöhungen der Haut austretenden Ambulacralanhänge zu beschränken.

## 3. *Holothuria vagabunda* SELENKA.

Literatur siehe: LAMPERT, Seewalzen, 1885, p. 71.

Ferner: THÉEL, Challenger-Holothurioidea Part II, 1886, p. 180, Taf. VII, Fig. 10, p. 219. — BELL, On the Holothurians of the Mergui Archipelago, 1886, l. c. p. 28. — BELL, Report on Echinodermata from

---

1) LUDWIG, Drei Mittheilungen über alte und neue Holothurienarten, in: Sitzungsber. k. pr. Akad. Berlin 1887, p. 1225.

the Andaman Islands, 1887, 1. c. p. 140. — SLUITER, Die Evertebraten aus d. Sammlung d. k. naturwissensch. Ver. in Niederländisch
Indien in Batavia 1887, 1. c. p. 189—190. — LUDWIG, Drei Mittheilungen über alte und neue Holothurienarten 1887, 1. c. p. 1242.

3 Exemplare, das kleinste $9^1/_2$ cm lang. Zwei Exemplare stammen
von Port Louis, Mauritius, wo sie sich auf Korallenriffen fanden; von
dem dritten war kein Fundort angegeben.

## 4. *Holothuria ludwigi n. sp.*

### Fig. 2.

Diagnose: 20 Tentakel. Ausschliesslich Füsschen; über den
Körper verstreut, aber auf der Bauchseite viel zahlreicher als auf dem
Rücken. Kalkkörper Stühlchen und Schnallen; Stühlchenscheibe mit
8 Löchern, von denen je 4 gleich gross sind und im Kreuz stehen;
Schnallen fein granulirt, mit mehreren Paaren Löchern, welche jedoch
oft verwachsen sind. Kalkring von der gewöhnlichen Form. 1 POLI'sche
Blase. 1 Steinkanal. Geschlechtsschläuche in einem Büschel. Cu-
VIER'sche Organe vorhanden. Haut rauh. Schmutzig braun, auf dem
Rücken verstreute kleine, schwarze Fleckchen.

1 Exemplar von 3,9 cm Länge und 2 cm Breite von der Bougain-
ville-Insel.

Die Tentakel der neuen Art sind 2 mm hoch, die Tentakelscheibe
misst etwas über 1 mm im Durchmesser. Die Füsschen, welche auf
dem Bauche zahlreicher stehen als auf dem Rücken, sind klein; das
am weitesten ausgestreckte maass $1^1/_2$ mm. Die Kalkkörper sind
Stühlchen und Schnallen. Die Scheibe der Stühlchen (s. Fig. 2a) besitzt 8 Löcher, von denen je vier gleich gross und in einer sofort in
die Augen fallenden Weise im Doppelviereck angeordnet sind; weiterhin ist characteristisch, dass die Löcher nicht rund, sondern ausgeprägt eckig sind. Dasselbe gilt vom Rande der Scheibe, welche manchmal
an diesen Ecken Spitzen entwickelt, die etwas in die Höhe stehen,
manchmal auch an diesen Stellen Knoten trägt. Der Durchmesser
der Scheibe beträgt 0,044 mm bis 0,051 mm und hält sich höchst
regelmässig in diesen engen Grenzen. Die vier Stützen der Stühlchen
zeigen ungefähr im ersten Drittel der ganzen Höhe eine einmalige
Querverbindung und bilden eine einfache, nicht ausgebreitete, mit
8—12 stumpfen Höckern versehene Krone. Oefters, besonders bei den
in den Füsschen vorkommenden Stühlen, entwickeln die Schützstäbe
unterhalb der Krone einige seitliche Zacken. Der Durchmesser des

von den 4 Stützen gebildeten Stiels beträgt 0,022 mm, die Höhe der
Stühlchen schwankt zwischen 0,029 mm und 0,051 mm. Die Schnallen
(s. Fig. 2 b) sind alle fein granulirt. Bei der Mehrzahl der Schnallen
sind die Löcher verwachsen, bei manchen jedoch bis zu 3 Paaren, bei
wenigen auch bis zu 5 Paaren erhalten. Die Länge der Schnallen
schwankt meist gleich dem Stühlchendurchmesser zwischen 0,044 mm
und 0,051 mm, doch finden sich auch manche grössere; die Breite
beträgt durchweg 0,022 mm. In den Füsschen finden sich grössere
Schnallen, Stützplatten, die wohl ausgebildete, aber öfters auf beiden
Seiten nicht ganz symmetrisch entwickelte Löcher besitzen. Die
Grösse dieser Stützplatten variirt von 0,11 mm bis 0,17 mm bei einer
durchschnittlichen Breite von 0,036 mm. Ausser den Stützplatten findet
sich in den Füsschen eine Endplatte von 0,26 mm durchschnittlichem
Durchmesser und sehr zahlreich die Stühlchen in der geschilderten Form.
Am Kalkring sind die vorn tief eingeschnittenen Radialia 2 mm
hoch, die einspitzigen Interradialia 1½ mm; im Uebrigen bietet der
Kalkring nichts Abweichendes von der bei aspidochiroten Holothurien
üblichen Form. Die in der Einzahl vorhandene POLI'sche Blase
ist 1,4 cm lang, der freie Steinkanal 2,5 mm und besitzt eine
kugelige Madreporenplatte; die Tentakelampullen haben eine Länge von
2 mm. Die Geschlechtsorgane bestehen aus einem Bündel von
ca. 15 bis zu 2,5 cm langen, einmal dichotomisch getheilten Schläuchen.
Der Hinterleib war an dem vorliegenden Exemplare dicht erfüllt mit
einem Bündel CUVIER'scher Organe von durchschnittlich 1 cm
Länge und 1 mm Dicke, welche auch im Spiritus ihre Fähigkeit, an
den Fingern kleben zu bleiben und sich auszudehnen, beibehalten
hatten. Die Lunge ist fein verzweigt. Die Haut ist zwar dünn,
aber rauh durch die vielen Kalkkörper und quergerunzelt. Die Farbe
ist schmutzig braun, auf dem Rücken um eine Schattirung dunkler
als auf dem Bauch. Auf dem Rücken finden sich ohne erkennbare
Anordnung verstreute, sehr kleine, schwärzliche Fleckchen; einzelne
Füsschen treten hier aus einem feinen, schwarzen Kreis hervor, welcher
von einem lichten Hofe umgeben ist.

Die neue Art schliesst sich am nächsten an *Holothuria inhabilis*
SEL. [1]) an, unterscheidet sich jedoch von ihr sofort durch die Grösse
der Kalkkörper, indem die Stühlchen von *inhabilis* grösser sind als

---

1) E. SELENKA, Beiträge zur Anatomie und Systematik der Holothurien, in: Zeitschr. f. wiss. Zoologie, Bd. 17, 1867, p. 333, Taf. XIX,
Fig. 73—74.

die von *ludwigi* und von den Schnallen, welche bei *ludwigi*
gleiche Länge mit dem Durchmesser der Stühlchenscheibe besitzen,
um das Zehnfache an Grösse übertroffen werden. Auch fehlen bei
*Hol. inhabilis* die CUVIER'schen Organe. In der Form der Schnallen
erinnert die Art auch noch an *Hol. notabilis* LUDWIG [1]) und *Hol.
sulcata* LUDWIG [2]), ist jedoch von jener besonders durch die nicht
reducirten Stühlchen, von dieser durch die Einzahl der POLI'schen
Blase gut unterschieden.

## 5. *Holothuria impatiens* FORSKAL.

Literatur siehe: LAMPERT, Seewalzen, 1885, p. 65.
Ferner: THÉEL, Challenger-Holothurioidea Part II, 1886, p. 179—180,
    Taf. VII, Fig. 9, p. 233—234. — LUDWIG, Die von FR. ORSINI auf
    dem k. ital. Aviso „Vedetta" im rothen Meere gesammelten Holo-
    thurien, in: Zoolog. Jahrbücher (herausgeg. v. SPENGEL), Bd. 2,
    1886, p. 31. — THÉEL, Report on the Holothurioidea of „Blake",
    in: Bulletin Museum Comp. Zoology Harvard College, Cambridge
    Mass. vol. 13, No. 1, 1886, p. 7. — BELL, On the Holothurians of
    the Mergui Archipelago, 1886, l. c. p. 28. — BELL, Report on
    Echinodermata from the Andaman Islands 1887, l. c. p. 140. —
    SLUITER, Die Evertebraten aus d. Sammlung d. k. naturwissensch.
    Ver. in Niederländisch Indien in Batavia 1887, l. c. p. 193. —
    LUDWIG, Drei Mittheilungen über alte und neue Holothurienarten,
    1887, l. c. p. 1226.

1 Exemplar von 15 cm Länge von Dirk Hartog aus der Tiefe
von 60 Faden, 6 Exemplare von 9—19 cm Länge aus dem Mc Cluer
Golf, Westküste von Neu-Guinea.

Die Farbe ist braun, zum Theil mit einem Stich in's Violette.
Der Rücken ist stets dunkler als der Bauch. Ein Exemplar vom Mc
Cluer Golf zeigt auf dem Rücken eine Anzahl grösserer, schwärzlicher
Flecken. Ob diese in Reihen angeordnet sind, wie sich dies bei dem
von LUDWIG [3]) bekannt gemachten ähnlichen Fall constatiren liess,
war bei dem stark contrahirten Thier nicht sicher zu erkennen, ist
aber wahrscheinlich.

Soweit überhaupt über die bathymetrische Verbreitung von *Hol.
impatiens* Angaben vorliegen, ist 60 Faden die grösste bisher bekannt
gewordene Tiefe.

---

1) LUDWIG, Beiträge zur Kenntniss der Holothurien, in: Arbeiten
aus d. zool.-zoot. Institut in Würzburg, Bd. 2, 1875, Sep. 1874, p. 26,
Fig. 43.
2) LUDWIG, Beiträge l. c. p. 25, Fig. 46.
3) LUDWIG, Beiträge etc. 1874, l. c. p. 36.

## 6. *Holothuria atra* JAEGER, *var. amboinensis* SEMPER.

Literatur siehe: LAMPERT, Seewalzen, 1885, p. 84, 85.
Ferner: THÉEL, Challenger-Holothurioidea Part II, 1886, p. 181, Taf. IV,
  Fig. 7, p. 213—214. — LUDWIG, Die von ORSINI im rothen Meer
  gesammelten Holothurien, 1886, l. c. p. 32. — BELL, On the Holothurians of the Mergui Archipelago, 1886, l. c. p. 28. — BELL,
  Report on Echinodermata from the Andaman Islands, 1887, l. c.
  p. 140. — SLUITER, Die Evertebraten aus d. Sammlung d. k. naturwissensch. Ver. in Niederländisch Indien in Batavia, 1887, l. c.
  p. 187.

1 Exemplar, 15 cm lang, von Mermaidstreet; 2 Exemplare von
8 cm und $10^1/_2$ cm Länge von den Korallenriffen der Lucepara-Inseln.
Das eine Exemplar (von Mermaidstreet) ist tief schwarz, die andern
beiden sehr dunkel gefärbt; da diese Färbung sich gleichmässig auch
auf die Tentakel und die Basis der Füsschen und Papillen erstreckt,
gehören die Thiere zu der Varietät *amboinensis* SEMPER, während bei
der Stammform *atra* JAEG. die genannten Körperpartien hell gelblich
erscheinen. Wenn auch beide Varietäten nicht anatomisch zu unterscheiden sind, so liegt doch in der Farbe ein sicheres Trennungs-
merkmal, wie SLUITER angiebt, der auf den Korallenriffen der Bai von
Batavia beide Varietäten häufig beobachtete, ohne Zwischenformen zu
finden.

## 7. *Mülleria mauritiana* QUOY & GAIM.

Literatur siehe: LAMPERT, Seewalzen, 1885, p. 98.
Ferner: THÉEL, Challenger-Holothurioidea Part II, 1886, p. 201. —
  LUDWIG, Die von ORSINI im rothen Meer gesammelten Holothurien,
  1886, l. c. p. 32. — BELL, Report on Echinodermata from the
  Andaman Islands 1887, l. c. p. 140. — SLUITER, Die Evertebraten
  aus d. Sammlung d. k. naturwissensch. Ver. in Niederländisch Indien
  in Batavia, 1887, l. c. p. 199—200. — LUDWIG, Drei Mittheilungen
  über alte und neue Holothurienarten, 1887, l. c. p. 1242.

1 Exemplar von den Korallenriffen der Lucepara-Inseln, 15,5 cm
lang, 7 cm breit.

In den drei Ambulacren des Triviums stehen die Füsschen dicht
gehäuft, in den Interambulacren weit vereinzelter, so dass an dem
vorliegenden Exemplar eine deutliche Reihenstellung der Bauchfüsschen
zu bemerken ist, welche THÉEL an seinem fast gleich grossen Exemplare
vermisste. In der Spitze der spärlichen Rückenfüsschen ist die Endplatte fast völlig verkümmert, während sie in den Bauchfüsschen
durchschnittlich fast 1 mm im Durchmesser misst.

## 8. *Stichopus variegatus* SEMPER.

Literatur siehe: LAMPERT, Seewalzen, 1885, p. 105.
Ferner: THÉEL, Challenger-Holothurioidea Part II, 1886, p. 162—163,
Taf. VII, Fig. 7, p. 191. — BELL, Report on Echinodermata from
the Andaman-Islands, 1887, l. c. p. 140. — SLUITER, Die Evertebraten aus d. Sammlung d. k. naturwissensch. Ver. in Niederländisch
Indien in Batavia, 1887, l. c. p. 196—197. — LUDWIG, Drei Mittheilungen über alte und neue Holothurienarten, 1887, l. c. p. 1224,
p. 1242, Fig. 3.

2 Exemplare aus der Bai von Segar im Mc Cluer Golf, Westküste
von Neu-Guinea; das eine 12,5 cm lang und 7 cm breit; das andere
28 cm lang; beide Exemplare stark contrahirt und mehrfach verletzt.
Haut sehr weich.

## 9. *Stichopus variegatus* SEMPER, *var. herrmanni* SEMPER.

SEMPER, Reisen im Archipel der Philippinen, II. Theil. Wissenschaftl.
Resultate, 1. Bd., Holothurien, Wiesbaden, Kreidel, 1868, p. 73—74,
Taf. XVII, Taf. XXX, Fig. 2.

1 Exemplar von 24¹/₂ cm Länge, ca. 3¹/₂ cm Breite von Neu-
Irland.

Nicht mit völliger Sicherheit ziehe ich zu der von SEMPER aufgestellten Varietät den mir vorliegenden *Stichopus*, der sich bei grosser
Aehnlichkeit doch in einigen Punkten von *Stich. variegatus* unterscheidet und zu stark verzerrt ist, um ihn durch Vergleichung mit
der SEMPER'schen Abbildung von *herrmanni* sicher zu identificiren.
Vor allem characterisirt sich das vorliegende Exemplar durch sehr
grosse, zitzenförmige Papillen, die in den Flanken und auf dem Rücken
stehen; ob Reihenstellung vorhanden ist, lässt sich nicht nachweisen;
hie und da scheinen aber zwei Papillen einander besonders nahe gerückt; dies und das Vorhandensein kleiner Füsschen zwischen den
Papillen erinnert an *Stich. naso* SEMPER [1]), von dem sich aber unser
Exemplar durch die Tentakelzahl und die Körpergestalt unterscheidet.
Während die Papillen keine Endplatte besitzen, ist eine solche bei
den zwischen ihnen verstreuten kleinen Füsschen vorhanden, wie auch
natürlich bei den Füsschen des Bauches. Letztere stehen verstreut,
zeigen jedoch an den Enden Reihenstellung. Tentakel sind 20 vorhanden; die Haut ist am Vorderende kragenartig ausgezogen. Die

---

1) SEMPER, Holothurien, 1868, l. c. p. 72, Taf. XVIII, Taf. XXX,
Fig. 3.

Kalkkörper ähneln sehr denen von *Stich. variegatus* SEMPER, nur findet sich die Stühlchenscheibe meist ausgebildeter, indem sie sehr häufig an der Peripherie einen Kranz von Löchern zeigt, während die Mehrzahl der Stühlchen von *variegatus* nur 8 in der bekannten Weise gegen einander gestellte Löcher besitzt; auch sind die C-förmigen Körper häufig grösser als bei *variegatus*. Beide Merkmale kommen auch in der SEMPER'schen Abbildung der Kalkkörper seiner *herrmanni* zum Ausdruck. In den Rückenpapillen finden sich Stühlchen mit mehreren Querleisten. Am Kalkring die Interradialia einspitzig und 2,5 mm hoch, die Radialia ebenso hoch und vorn ausgeschweift. Die POLI'sche Blase ist in der Einzahl vorhanden und 1,3 cm lang. Der sehr kleine Steinkanal ist festgelegt; die Tentakelampullen sind 3 mm lang. Geschlechtsschläuche fehlen an vorliegendem Exemplar, ebenso CUVIER-sche Organe. Der Bauch ist hellbraun, der Rücken etwas dunkler und mit zahlreichen, winzigen, tiefbraunen Pünktchen besetzt, wie dies THÉEL [1]) auch von einem Exemplare der Stammform *variegatus* angiebt. Die Haut ist nicht auffallend dick und sehr weich.

### 10. *Stichopus chloronotus* BRANDT.

Literatur siehe: LAMPERT, Seewalzen, 1885, p. 107.
Ferner: THÉEL, Challenger-Holothurioidea Part II, 1886, p. 159—160, Taf. VII, Fig. 6, p. 189—190. — BELL, On the Holothurians of the Mergui Archipelago, 1886, l. c. p. 27. — BELL, Report on Echinodermata from the Andaman Islands, 1887, l. c. p. 140. — SLUITER, Die Evertebraten aus d. Sammlung d. k. naturwissensch. Ver. in Niederländisch Indien in Batavia, 1887, l. c. p. 195—196. — LUDWIG, Drei Mittheilungen über alte und neue Holothurienarten, 1887, l. c. p. 1224, Fig. 4.

Drei Stück von Matula, Fiji-Inseln. Die Grössenverhältnisse sind folgende: 12,5 cm lang, 5 cm dick; 11 cm lang, 4 cm dick; 10 cm lang, 3,4 cm dick. Zwei Exemplare sind tiefbraun, das eine heller. Die Füsschen sind zum Theil sehr weit ausgestreckt, bis 1,8 cm.

Wie THÉEL, SLUITER und LUDWIG angeben, finden sich hie und da, sehr vereinzelt, unter den Kalkkörpern Rosetten, welche aus den C-förmigen Körpern entstehen; es gelang mir ebenfalls, in mehreren Präparaten als grosse Seltenheiten solche Weiterbildungen von C-förmigen Körpern zu sehen, genau wie sie LUDWIG abbildet. Es handelt sich hier aber nur um seltene Abnormitäten, während bei anderen *Stichopus*-Arten wie *variegatus*, *horrens*, *naso* das sehr zahreiche Vor-

---

1) THÉEL, Challenger-Holothurioidea Part II, 1886, p. 191.

kommen solcher dichotomisch verzweigter Körperchen die Regel ist
und als gutes, rasches Unterscheidungsmerkmal auch fürderhin zu
verwenden sein wird. Diese ästigen Körper sind übrigens in der überwiegenden Mehrzahl bedeutend kleiner als die C-förmigen; als Durch-
schnittsmaass fand ich: 0,046 mm als die Länge der C-förmigen
Körper, während die ästigen Körper höchstens 0,025 mm lang sind.
Wir haben es bei den C-förmigen Körpern und den Rosetten, welche
ihre Verwandtschaft durch die knotige Verdickung in der Mitte docu-
mentiren, eben mit einer nach verschiedenen Richtungen hin erfolgten
Weiterbildung ein und derselben Anlage zu thun.

## 11. *Psolus antarcticus* PHILIPPI.

Literatur siehe: LAMPERT, Seewalzen, 1885, p. 118.
Ferner: THÉEL, Challenger - Holothurioidea Part II, 1886, p. 88—89,
    Taf. VI, Fig. 1, Taf. XV, Fig. 3—4, p. 130. — LUDWIG, Die von
    G. CHIERCHIA auf der Fahrt der kgl. ital. Corvette „Vettor Pisani“
    gesammelten Holothurien, in: Zool. Jahrbücher (herausgeg. v. SPENGEL)
    Bd. 2, 1886, p. 7—9.

Drei Exemplare; das grössere in der St. Joseph-Bai, Magellanstrasse, in der Tiefe von 20 Faden gefunden, die beiden kleinen trugen
die Bezeichnung Magellanstrasse, 42 Faden. Die Grössenverhältnisse
der 3 Exemplare sind folgende: 3,5 cm lang, 1,6 cm breit, am Munde
1,3 cm hoch, am After 0,6 cm. — 0,9 cm lang, 0,6 cm breit, am
Munde 0,3 cm, am After 0,2 cm hoch. — 0,5 cm lang, 0,35 cm breit,
am Munde 0,3 cm, am After 0,2 cm hoch. Die Farbe der conservirten Thiere ist bei dem grossen weiss, bei den beiden kleinen
schmutziggelb, im Leben ist sie bekanntlich rosenroth.

Die an zahlreichem Material angestellten Untersuchungen LUD-
WIG's haben sicher ergeben, dass die Zahl der Schuppen zwischen
Mund und After mit dem Alter zunimmt; bei dem kleinsten der mir
vorliegenden Exemplare sind es 3 Schuppen, bei dem zweiten 4, bei
dem grössten 10—11. Nur bei dem grössten Exemplar treten am
Vorderende einige Füsschen aus der Reihe heraus gegen das mittlere
nackte Ambulacrum zu. Die äussere Füsschenreihe liegt, wie dies
auch THÉEL hervorhebt, am äussersten, zugeschärften Rand und ist
bei meinem grössten Exemplare 3 mm von der inneren Füsschenreihe
entfernt. Da die Füsschen der äusseren Reihe und besonders ihre
Endplatten weit kleiner sind als die der inneren, so hat es, hauptsächlich wenn die Füsschen völlig eingezogen sind, auf den ersten

Blick den Anschein, als ob nur e i n e, ringsum am Rande der weich-
häutigen Bauchscheibe verlaufende Füsschenreihe vorhanden sei.

## 12. *Colochirus quadrangularis* Lesson.

Literatur siehe: Lampert, Seewalzen, 1885, p. 124.
Ferner: Théel, Challenger-Holothurioidea Part II, 1886, p. 81—82,
    Taf. VI, Fig. 7, Taf. XIV, Fig. 7—8, p. 120. — Sluiter, Die
    Evertebraten aus d. Sammlung d. k. naturwissensch. Ver. in Nieder-
    ländisch Indien in Batavia, 1887, l. c. p. 205.

### Fig. 3.

Sehr zahlreiche (ungefähr 40) Exemplare von der Dampier-Insel,
in der Mermaidstrasse aus der Tiefe von 2—3 Faden. Das kleinste
Exemplar ist 5,7 cm, das grösste 10,9 cm gross. Die Farbe ist sehr
wechselnd. In Spiritus sind einige Exemplare rein weiss, oder die
Grundfarbe ist weiss und der Rücken mit braunen Punkten besät;
bei andern Exemplaren sind die Interambulacren des Bauches braun
punctirt, die des Rückens ganz dunkel; einige Stücke endlich sind
völlig grauschwarz. Die Tentakel sind theils gelb, theils grau. Nach
brieflichen Mittheilungen, die mir Herr Prof. Studer hierüber zu
machen die Güte hatte, entspricht dies ungefähr der Zeichnung des
lebenden Thieres, da sich die Farben in Spiritus gut erhalten haben.
Sluiter bezeichnet die Farbe der Thiere im Leben als ein fahles
Violett, nur die Radien des Bauches und die Spitzen der Tuberkel
sind heller und mehr gelblich. Die Tentakel sind hell gelblich braun.

Die Tentakel sind bei vielen Exemplaren ausgestreckt; bei den
Exemplaren, welche sie am meisten ausgestreckt zeigen, fand ich für
die grossen Tentakel die Länge von 1,1 cm, während die beiden ventralen Tentakel 0,4 cm gross sind. Ein Exemplar besitzt 3 neben
einander stehende, gleich grosse, 0,6 cm lange kleine Tentakel, so dass
hier, da ausserdem in normaler Weise auch noch die 1,1 cm messenden
grossen Tentakel in der Zahl 8 sich finden, im Ganzen 11 Tentakel
vorhanden sind. Dass die Zahl der Füsschen der Bauchambulacren
und der in den Flanken der Ambulacren des Rückens in einer Reihe
stehenden langen Papillen mit dem Alter zunimmt, wurde schon von
Sluiter neuerdings hervorgehoben. Die Interambulacren des Bauches
bleiben jedoch, auch wenn die Füsschen in den Ambulacren dicht gehäuft stehen, stets von denselben frei; dagegen fand ich im Widerspruch mit den bisherigen Angaben über *quadrangularis* bei der
Mehrzahl der mir vorliegenden Exemplare ausser den characteristischen,

langen, in der bekannten, regelmässigen Weise angeordneten Papillen
auch noch Papillen in den Interambulacren des Rückens. Sie sind
höckerig, warzenähnlich und dadurch in ihrer Gestalt bedeutend von
den langen, spitzen Papillen unterschieden, besitzen jedoch die gleichen
Kalkkörper wie diese. In der Zahl ihres Vorkommens schwanken sie
sehr, je nach der Grösse des Thieres, indem sie bei dem einen Exemplare zahlreich sind, bei anderen sich nur einige wenige finden, während
sie wieder andern gänzlich fehlen. Das Exemplar, welches mir seiner
Zeit von China vorlag [1]), besitzt, wie ich mich neuerdings wieder überzeugte, diese dorsalen Interambulacralpapillen nicht. Unter den am
Kopfende stehenden Ambulacralpapillen fand ich einige Mal gegabelte
Exemplare; dergleichen anormale Theilung der Ambulacralanhänge an
den Körperenden wurde auch schon bei *Cucumaria miniata* BRDT.
und *Cucumaria planci* v. MARENZ. beobachtet [2]).

Auf zwei Ungenauigkeiten der SEMPER'schen Beschreibung hat
THÉEL schon hingewiesen: es sind nämlich, wie dies auch meine
Exemplare bestätigen, auch bei der vorliegenden Art sowohl Afterzähne als die als Kalkplatten bezeichneten Kalkanhäufungen der Haut
vorhanden. Da auch die übrigen Kalkkörper meiner Exemplare mit
den von SEMPER und THÉEL gegebenen Abbildungen übereinstimmen,
so zweifle ich nicht, dass das reiche, mir vorliegende Material zu
*Col. quadrangularis* zu ziehen ist.

Die schon erwähnten, zerstreut in der Haut liegenden und in der
Häufigkeit ihres Vorkommens sehr wechselnden Kalkplatten erreichen
eine Grösse bis zu 4 mm; sie setzen auch die harten Ambulacral-
und Interambulacralpapillen zusammen. Ist das Thier stark contrahirt,
so können die Platten tief in der Haut liegen und müssen erst gesucht werden, während sie sonst mit dem blossen Auge sichtbar sind.
Die sonstigen Kalkablagerungen der Körperhaut sind bekannt. Die
Haut des ausgestülpten Schlundkopfes, welche meist andere Kalkkörper als die übrige Körperhaut enthält, besitzt gitterförmige Kalkkörper, wie sie Fig. 3 a zeigt. In den Genitalschläuchen finden sich,
dicht an einander liegend, jedoch ohne eine doppelte Lage zu bilden,
verzweigte, in Fig. 3 b abgebildete Körper. Bezüglich der anatomischen
Verhältnisse fand ich an einem geöffneten Exemplare die freien, in der
Zahl von ca. 20 vorhandenen, gewundenen Steinkanäle durchschnittlich

---

1) LAMPERT, Seewalzen, 1885, p. 125.
2) Siehe LUDWIG, Revision der Mertens-Brandt'schen Holothurien,
in: Zeitschrift f. wiss. Zoologie, Bd. 35, 1881, p. 584—585.

$1^1/_2$ mm lang, die eine POLI'sche Blase in der Grösse von 0,6 cm;
am Kalkring sind die Radialia 0,4 cm hoch, 0,2 cm breit, vorn zweispitzig, hinten ausgebuchtet, die Interradialia gerade so hoch, aber
einspitzig; die Genitalschläuche sind an dem untersuchten Exemplar
bis 1,8 cm lang, ungetheilt, mit Eiern erfüllt und bilden einen Büschel
von ca. 20 Stück. Die Ansatzstelle der dünnen Retractoren ist 1,4 cm
vom Vorderende bei einer Gesammtlänge des Thieres von 6 cm.

### 13.  *Colochirus tuberculosus* QUOY & GAIM.

Literatur siehe: LAMPERT, Seewalzen, 1885, p. 127.
Ferner: THEEL, Challenger-Holothurioidea, Part II, 1886, p. 123.

10 Exemplare von der Dampier-Insel in der Mermaidstrasse aus
einer Tiefe von 2—3 Faden, von 4,5 cm bis 7,5 cm Länge; die Mehrzahl war 6 cm lang. Die Farbe in Spiritus ist bei allen ein gelbliches
Weiss. Im Leben sind die Thiere, wie schon durch SEMPER bekannt
ist und durch die von Herrn Prof. STUDER gemachten Notizen erweiternd bestätigt wird, sehr lebhaft und sehr verschiedenartig gefärbt.
Die Aufzeichnungen STUDER's lauten folgendermaassen: „Bei den
meisten Exemplaren ist die Grundfarbe fleischroth, die Ambulacren
des Triviums wie die dorsalen Warzen karminroth, die Tentakel grün.
Bei andern die Ambulacrenreihen roth, die Felder dazwischen grün,
die Tentakel roth. Selten kam eine Varietät vor von ganz rosenrother
Farbe, die Bauchambulacren weiss, die Tentakel braun."
Bei allen Exemplaren sind Füsschen und Papillen eingezogen;
die Füsschen stehen meist zu viert, in einigen Fällen zu fünf in der
Querreihe.

### 14.  *Colochirus doliolum* PALLAS.

Miscellanea zoologica 1766, p. 152, Taf. XI, Fig. 10—12; in der
deutschen Ausgabe von 1778: p. 42, Taf. I, Fig. 23 *A. B. C.*
v. MARENZELLER, Kritik adriatischer Holothurien, in: Verhandl. zool.
bot. Ges. Wien, Bd. 24, 1874, p. 303—304. — LUDWIG, Drei Mittheilungen über alte und neue Holothurienarten, 1887, l. c.
p. 1229—1231.

*syn. Colochirus australis* LUDWIG.

Literatur siehe: LAMPERT, Seewalzen, 1885, p. 123.
Ferner: THEEL, Challenger-Holothurioidea Part II, 1886, p. 83, Taf. VI,
Fig. 6, Taf. XIV, Fig. 5, 6, p. 122. — SLUITER, Die Evertebraten
aus d. Sammlung d. k. naturwissensch. Ver. in Niederländisch Indien
in Batavia 1887, l. c. p 205, Taf. II, Fig. 20—22.

Die lange verschollen gewesene, von LUDWIG nun in Exemplaren
aus Angra Pequena wieder aufgefundene und mit seinem *Col. australis*
identificirte Art liegt mir in 2 Exemplaren von der Dampier-Insel in
der Mermaidstrasse aus der Tiefe von 2—3 Faden vor. Die Exemplare sind 3,3 cm und 4,3 cm lang. Die Farbe des einen Exemplars
ist auf dem Bauche gelbbraun, auf dem Rücken dunkel mit einem
Stich ins Violette; bei dem andern Exemplare sind nur die Bauchambulacren hell, der Rücken und die Interambulacren braunviolett.
Durch Abreiben der Epidermis wird das Thier gelblich-weiss.

Die Papillen stehen stets im Zickzack; die Füsschen können in
der Mitte des Körpers in Folge starker Contraction scheinbar in mehrfachen Reihen stehen. Die Kalkplatten sind besonders gross am Hinterende, welches sie schuppenförmig bedecken. Da, wo die Haut nicht
contrahirt ist, liegen die Kalkplatten nicht dicht neben einander,
sondern es sind zwischen den einzelnen Platten kleine Zwischenräume,
in welchen knotige Schnallen liegen, aus denen auch die Platten sich
zusammensetzen. Von den gewölbten, durchbrochenen Kalkkörpern der
Epidermis entsprechen nur die jüngsten Formen der Abbildung THÉELS,
indem sie oben offen sind; meist ziehen, wie dies schon LUDWIG bei
der erstmaligen genauen Beschreibung der Art angiebt und es SLUITER
neuerdings wiederholt, über die Oeffnung Spangen, welche im Mittel-
punkte sich kreuzen.

### 15. *Colochirus dispar n. sp.*
### Fig. 4.

Diagnose: 10 Tentakel, die beiden ventralen bedeutend kleiner.
In den Ambulacren des Triviums ausschliesslich Füsschen, die Interambulacren des Triviums nackt; auf dem Rücken in den Ambulacren
Papillen, in den Interambulacren Füsschen (Papillen?). Die Kalkkörper
sind Kalkplatten und in der Oberhaut gitterförmige Körper, deren
Spangen zahlreich mit Knoten besetzt sind. Kalkring massiv, ohne
Gabelschwänze. Radialia vorn eingekerbt, Interradialia einspitzig,
beide fast gleich hoch. Ansatzstelle der Retractoren $1/_3$ vom Vorder-
ende. 1 POLI'sche Blase, 1 festgelegter Steinkanal. Geschlechtsorgane
zwei starke Büschel unverästelter, langer Schläuche. Haut starr.
Farbe (in Spiritus) gelblich-weiss mit schwarzen Pünktchen und grauer
Marmorirung. Kleinstes Exemplar 4,2 cm, grösstes 5 cm lang.

3 Exemplare aus der Mermaidstrasse aus der Tiefe von 2—3
Faden zusammen mit *Colochirus quadrangularis* LESS., *tuberculosus*
QUOY & GAIM. und *doliolum* PALLAS.

Eine nähere Besprechung erheischen in erster Linie die Ambulacralanhänge der neuen Art. Auf der Bauchseite finden sich ausschliesslich Füsschen, die in 2 Reihen stehen, in der Mitte stehen manchmal 3 Füsschen quer neben einander, gegen die Körperenden zu findet sich Zickzackstellung; die Zahl der in einer Reihe stehenden Füsschen beträgt ca. 70. Die Interambulacren des Triviums tragen keine Füsschen. In den Ambulacren des Rückens treten die Ambulacralanhänge aus kleinen, von knotigen Platten gebildeten, warzenförmigen Erhöhungen hervor, sind also echte Papillen. Sie bilden, eng an einander gerückt, eine unregelmässig zickzackförmige Reihe und stehen in Zahl hinter den Füsschen der Bauchambulacren zurück. Die Papillen enden nicht, wie dies sonst die Regel ist, conisch, sondern mit einer durch eine Endplatte gestützten Endscheibe; allerdings ist die Endplatte kleiner als die der Bauchfüsschen und beträgt, während diese 0,461 mm gross, nur 0,333 mm im Durchmesser. In den Interambulacren des Rückens finden sich genau die gleichen, eben geschilderten Ambulacralanhänge; sie stehen aber nicht auf Warzen, sondern treten direct aus der durch die massenhafte Kalkablagerung ganz festen Haut hervor. An den vorliegenden Exemplaren sind sie gleich den Ambulacralpapillen des Rückens alle eingezogen, während die Bauchfüsschen zum Theil ausgestreckt sind, ein Unterschied, der sich häufig zwischen ventralen und dorsalen Ambulacralanhängen conservirter Colochirus-Arten findet. Die dorsalen Interambulacralanhänge von Col. dispar liefern einen neuen Beweis, wie schwer es ist, zwischen „Füsschen" und „Papillen" eine scharfe Grenze zu ziehen, und werden auf beide Bezeichnungen Anspruch erheben können, je nachdem man, wie schon früher (s. No. 2) bemerkt, das Wesentliche einer Papille in der kleineren Endplatte oder der warzenförmigen Erhöhung sieht. Auf den ersten Anblick scheint der Unterschied zwischen ventralen und dorsalen Ambulacralanhängen weit präciser, als er sich thatsächlich bestimmen lässt, indem die Füsschenreihen des Bauches sich scharf abheben, während auf dem Rücken Papillen und Füsschen eingezogen und kaum zu sehen sind.

Die Gestalt der Thiere ist, wie bei allen Colochirus-Arten, vierkantig und am Hinterende, welches hier übrigens nur wenig emporgehoben ist, durch Vorspringen des mittleren, ventralen Ambulacrums fünfkantig. Die Länge der 8 grossen Tentakel ist 0,8 cm, die der kleinen 0,3 cm. Die Kalkkörper der Haut bestehen aus grossen, mit blossem Auge sichtbaren, bis 2 mm im Durchmesser besitzenden Kalkplatten, welche sich wie gewöhnlich bei Colochirus aus knotigen

Schnallen zusammensetzen. Sie stossen nicht zusammen. In der Oberhaut finden sich gitterförmige Körper, meist mit 4 Löchern, deren im Vergleich zu den Schnallen zarte Spangen mit Knötchen besetzt sind (Fig. 4). Schalen oder Halbkugeln („cups") kommen nicht vor. Die knotigen Schnallen, aus welchen sich die Platten zusamensetzen, haben eine durchschnittliche Länge von 0,088 mm und eine Breite von 0,059 mm bis 0,073 mm. Bei den gitterförmigen Körpern der Oberbaut beträgt im Durchschnitt die längere Achse 0,051 mm, die kürzere 0,044 mm. In den Füsschen finden sich in der Mitte und an den Enden durchbrochene Stützstäbe der gewöhnlichen Form. Der Kalkring ist massiv, ohne Gabelschwänze und bietet nichts besonderes; Radialia und Interradialia sind 2 mm hoch. Die Retractoren inseriren sich bei dem geöffneten, 4,2 cm langen Exemplare 1,4 cm vom Vorderende. Die eine, birnförmige POLI'sche Blase ist 4 mm lang; der Steinkanal ist im dorsalen Mesenterium festgelegt. Die Geschlechtsschläuche sind 2 starke Büschel unverästelter, bis 2 cm langer Schläuche, in deren Wandungen sich getheilte, ästige Körper dicht an einander liegend finden. Die in der Diagnose schon erwähnte Zeichnung ist sehr gefällig; die graue Marmorirung ist durch die Kalkplatten bedingt, die in dieser Farbe erscheinen. Die Endscheiben aller Ambulacralanhänge sind gelblich. Die Haut ist dünn, aber in Folge der massenhaften Kalkablagerung rauh. After mit undeutlichen Zähnen.

Die Art steht sehr nahe dem von SLUITER [1]) kürzlich beschriebenen *Colochirus scandens*, aus dem Javameer stammend. Auch bei meiner Art tragen die Bauchambulacren wenigstens f a s t bis zum Ende nur Füsschen, indem nur die 2—3 letzten Füsschen am beiderseitigen Ende der langen Reihe in Papillen verwandelt sind. Der Unterschied zwischen beiden Arten liegt in den Kalkkörpern, indem sich bei *dispar* keine „von einem $\times$ überwölbte Näpfe („cups" THÉEL)" finden. Die Form der Kalkkörper von *dispar*, welche an die von *Col. inornatus* v. MARENZELLER [2]) erinnern, unterscheidet *dispar* auch von weiteren

---

1) SLUITER, Die Evertebraten d. Sammlung. d. k. naturwissensch. Ver. in Niederländisch Indien in Batavia, 1887, l. c. p. 205—206, Taf. II, Fig. 23—26.

2) v. MARENZELLER, Neue Holothurien von Japan u. China, in: Verh. zool. bot. Ges. Wien, Bd. 31, 1881, p. 130—132, Taf. V, Fig. 7. Die Grösse dieser Kalkkörper ist im Texte durch einen Druckfehler viel zu beträchtlich, auf 11 mm (!) angegeben. Die Abbildung und Angabe der Vergrösserung lässt sie auf 0,1 mm berechnen, welche Grösse auch THÉEL (l. c. p. 78) gefunden hat.

*Colochirus*-Arten, welche mit der neuen Art im Vorhandensein von Ambulacralanhängen in den dorsalen Interambulacren übereinstimmen, so z. B. von den SEMPER'schen Arten *cylindricus* [1]), *peruanus* [2]), *cucumis* [3]) und dem MARENZELLER'schen *armatus* [4]).

## 16. *Colochirus gazellae* n. sp.

### Fig. 5.

Diagnose: 10 Tentakel. Füsschen über den ganzen Körper verstreut, auf dem Trivium etwas zahlreicher. Am Vorderende die 5 Ambulacren kantig vorspringend, mit Papillen. Hinterende in die Höhe gerichtet, After mit kleinen Kalkzähnen. Kalkkörper sind knotige Schnallen, welche zu Platten zusammentreten und offene Halbkugeln, die in der Oberhaut liegen. In den Füssen Endplatten und Stützstäbe. Kalkring massiv, ohne Gabelschwänze, Ansatzstelle der Retractoren ca. $1/_3$ vom Vorderende; Geschlechtsschläuche ungetheilt. Gestalt cylindrisch, vorn fünfkantig. Haut starr. Farbe in Spiritus weiss oder gelblich-weiss, im Leben carminroth.

Zahlreiche Exemplare von 2,5 cm bis ca. 8 cm Länge aus der Mermaidstrasse, in Tiefen von $2^1/_2$ und $7^1/_2$ Faden gefunden.

Die neue Art gehört zu denjenigen Formen, bei welchen man zweifelhaft sein kann, ob sie dem Genus *Colochirus* oder *Thyone* einzureihen sind, und erinnert dadurch an die Arten *Col. spinosus* QUOY & GAIM. [5]), *Col. inornotus* v. MARENZ. [6]) und *Thyone papillata* SLUITER [7]). Die Gestalt des Thieres ist, soweit die Exemplare nicht schlaff und dadurch in der Form verändert sind, die eines *Colochirus*; es treten zwar die Radien nicht als Kanten hervor und die Körperform ist cylindrisch, jedoch ist sowohl das Hinterende mit dem After als das Vorderende empor gerichtet und an letzterem bilden die fünf Ambulacren scharfe Kanten, welche eine Gruppe von Papillen tragen; bei

---

1) SEMPER, Holothurien, 1868, l. c. p. 56—57, Taf. XIII, Fig. 16, Taf. XIV, Fig. 15.

2) l. c. p. 239—240, Taf. XXXIX, Fig. 20.

3) l. c. p. 58, Taf. XIII, Fig. 17, Taf. XIV, Fig. 16.

4) v. MARENZELLER, Neue Holothurien von Japan und China, 1881, l. c. p. 132—134, Taf. V, Fig. 8.

5) S. folgende No.

6) v. MARENZELLER, Neue Holothurien von Japan und China, 1881, l. c. p. 130—132, Taf. V, Fig. 7.

7) SLUITER, Die Evertebraten aus d. Sammlung d. k. naturwissensch. Ver. in Niederländisch Indien in Batavia, 1887, l. c. p. 207—208, Taf. II, Fig. 27—30.

eingezogenem Schlundkopfe treten sie strahlenförmig zusammen. Die
Ambulacralanhänge sind über den ganzen Körper vertheilt, nur hie
und da lässt sich in den Bauchambulacren eine Spur von Reihenstellung erkennen; sie treten weder auf dem Bauche noch auf dem
Rücken aus Warzen hervor und sind somit als echte Füsschen zu
bezeichnen. Auf dem Rücken finden sie sich in etwas geringerer Anzahl
als auf dem Bauche, und hier ist auch die Endscheibe von geringerem
Durchmesser als bei den Bauchfüsschen. Sie sind bei allen Exemplaren auf dem Rücken stets, auf dem Bauche allermeist so weit eingezogen, dass sie kaum zu sehen sind und viele Exemplare wie mit
feinen Stichen, den Stellen der zurückgezogenen Füsschen, punktirt
erscheinen. Genau so giebt THÉEL [1]) von den ihm vorliegenden Exemplaren von *Col. spinosus* Q. & G. an; auch darin, dass, wenn sich noch
eine Reihenstellung der Füsschen erkennen lässt, dies bei dem mittleren Bauchambulacrum der Fall ist, sowie in der Form der Kalkkörper
nähert sich *gazellae* sehr *Col. spinosus*, allein ich kann keine Spur
von warzenförmigen Erhebungen in den Rückenambulacren auffinden.
Die 10 Tentakel sind gleich lang, 0,7 cm. Als Kalkkörper finden sich
erstlich stark knotige Schnallen, Fig. 5 c, wie wir sie so häufig bei
*Colochirus*-Arten treffen, welche durch ihr Zusammentreten die Platten
bilden; letztere sind nicht besonders gross, bis zu $^3/_4$ mm; in der
ersten Anlage sind die Knoten der Schnallen nicht auffallend stark,
werden aber dann so massig, dass sie die Löcher zum Theil überwölben.
In der Oberhaut finden sich Kalkkörper, welche als offene Halbkugeln
oder besser als seitlich durchbrochene Näpfe zu bezeichnen sind
(Fig. 5 a u. b). Die Basis bildet ein $\curlywedge$-förmiger Körper, dessen vier
Seitenäste nach oben gerichtet und durch einen, Spitzen und Knoten
tragenden Ring verbunden sind. Die Wölbung dieser Körper ist beträchtlich, denn sie sind 0,05 mm hoch. Die offene Seite ist nie
durch quer über sie hinziehende Verbindungsstäbe überbrückt, wie
dies sonst meist bei derartigen Körpern der Oberhaut der Fall
ist. Die Form der eben beschriebenen Kalkkörper unterscheidet die
neue Art von *Colochirus inornatus* v. MARENZELLER [2]), mit der sie
sonst und auch in der Bildung der übrigen Kalkkörper ebenfalls sehr
viel Aehnlichkeit hat. In den Füsschen finden sich Stützstäbe. Die
Platten der Bauchfüsschen und Rückenfüsschen bestehen nur aus lose

---

1) Challenger-Holothurioidea, II, 1886, p. 76.
2) Neue Holothurien von Japan und China, 1881, p. 130—132,
Taf. V, Fig. 7.

auf einander liegenden Gittern. Am After 5 kleine Kalkzähne. Eine Beschuppung des Hinterendes, wie bei *Col. spinosus*, ist nicht vorhanden,
eben so wenig sind die Hautplatten mit blossem Auge zu sehen. Am
Kalkring sind die Radialia hinten tief ausgebuchtet und ragen mit
ihrer Basis über die zwischen sie eingeschobenen Interradialia hinaus;
sie sind 8 mm, die einspitzigen Interradialia $5\frac{1}{2}$ mm hoch. Ansatzstelle der Retractoren bei einem 8 cm langen Exemplare 3 cm vom
Vorderende, also zwischen $\frac{1}{2}$ und $\frac{1}{3}$. Eine 9 mm lange POLI'sche
Blase, ein winziger, dorsal festgelegter Steinkanal. Geschlechtsschläuche
sehr lang, fein fadenförmig, ohne Kalkablagerungen; sie füllen in
grösster Anzahl die Leibeshöhle. Die Haut fühlt sich rauh an, ist
aber biegsam. Das kleinste von den 35 mir vorliegenden, zum
Theil nicht gut erhaltenen Exemplaren ist 2,5 cm, das grösste 8 cm
lang.

### 17. *Colochirus spinosus* QUOY & GAIMARD.

Literatur siehe: LAMPERT, Seewalzen, 1885, p. 157.
Ferner: THEEL, Challenger-Holothurioidea, Part II, 1886, p. 76, Taf. VI,
    Fig. 12, Taf. XIV, Fig. 3—4, p. 120.

Ein Exemplar von unbekanntem Fundort; 5 cm lang, 1 cm dick.

Nachdem ich Gelegenheit fanden, in dem vorliegenden Exemplare
selbst die alte QUOY & GAIMARD'sche Art unter die Hand zu
bekommen, veranlasst mich der ausgesprochen *Colochirus*-artige
Habitus des Thieres sowie die deutliche Reihenstellung der Bauchfüsschen, mich der Ansicht v. MARENZELLER's anzuschliessen und die Art
doch zu *Colochirus* zu stellen. Das vorliegende Exemplar besitzt in
den beiden dorsalen Ambulacren je 5 Warzen von 1 mm Höhe. In
den 3 Ambulacren des Bauches stehen Füsschen, in den beiden Seitenambulacren 3—4 in der Breite, im mittleren 2—3. Im Uebrigen
scheint der Körper ohne Ambulacralanhänge; erst bei genauer Untersuchung mit der Lupe entdeckt man, dass überall noch Füsschen vorhanden, die aber völlig eingezogen und dadurch weniger sichtbar sind.
Das Characteristische an *spinosus* ist die gegen den After hin auftretende Beschuppung. Von den Kalkkörpern finde ich die knotigen
Schnallen so, wie THEEL sie abbildet; besonders tritt die von diesem
Forscher in Fig. 12 c wiedergegebene Form häufig auf; dagegen stimmen
die in meinem Exemplare in der braunen Oberhaut liegenden Kalkkörper nicht völlig mit den Angaben v. MARENZELLER's und THEEL's;
es sind keine flachen Schalen, sondern Näpfe, sehr ähnlich den
bei vorstehend beschriebenem *Col. gazellae* n. sp. vorkommenden;

nur selten ist die offene Seite derselben durch Querverbindungen abgeschlossen.

*Col. spinosus* Q. & G., *Col. inornatus* v. MARENZ. und *Col. gazellae n. sp.* sind jedenfalls nahe verwandt.

## 18. *Cucumaria leonina* SEMPER.

SEMPER, Holothurien, 1868, l. c. p. 53, Taf. XV, Fig. 9.

### syn. *Ocnus vicarius* BELL.

BELL, Studies in the Holothuroidea, II. Description of new species, in: Proceed. Zoolog. Soc. London 1883, p. 59, Taf. XV, Fig. 2.

### syn. *Semperia dubiosa* SEMPER (*Cucumaria*).

SEMPER, Holothurien, 1868, l. c. p. 238, Taf. XXXIX, Fig. 19. — THÉEL, „Blake"-Holothurioidea, in: Bull. Mus. Comp. Zool. Cambridge, Vol. 13, N. 1, 1886, p. 9. — LUDWIG, Die von CHIERCHIA auf der Fahrt des „Vettor Pisani" gesammelten Holothurien, 1886, l. c. p. 14—18, Taf. I, Fig. 1.

### syn. *Semperia salmini* LUDWIG (*Cucumaria*).

LUDWIG, Beiträge etc., 1874, l. c. p. 10. — LAMPERT, Seewalzen, 1885, p. 151. — THÉEL, „Challenger"-Holothurioidea, Part II, 1886, p. 113.

Mehrere Exemplare von folgenden Fundorten: Punta Arenas, Magellanstr. 1—2 Faden. — 43° 56′ 2″ S. Br., 60° 25′ 2″ W. L., 60 Faden. — 38° 10′ 1″ S. Br., 56° 26′ 6″ W. L., 30 Faden. — 34° 43′ 7″ S. Br., 52° 36′ 1″ W. L. 44 Faden. — Farbe in Spiritus gelblich weiss.

Eine Vergleichung der Beschreibungen SEMPER's, LUDWIG's und BELL's, sowie die Untersuchung mehrerer Exemplare lässt mir obige Synonymik unzweifelhaft richtig erscheinen. Von den 9 Exemplaren, welche mir vorliegen, stehen bei 8 die Füsschen nur in den Ambulacren, und diese seien zuerst näher besprochen. Die Grössenmaasse, die ihnen zukommen, sind folgende: 1,3 cm, 1,8 cm, 1,9 cm, 2 cm, 2,4 cm, 2,5 cm, 3,9 cm. Das letzte Exemplar ist völlig ausgestreckt, auch die Tentakel und die Kopfpartie; die andern sind alle mehr oder weniger stark contrahirt. Die Füsschen stehen durchaus zweireihig, nur bei den kleinsten Exemplaren stehen die Füsschen nicht genau neben einander, so dass sie im Zickzack angeordnet erscheinen, was besonders in den Ambulacren des Rückens stark hervortritt; hier sind die Füsschen überhaupt in geringerer Zahl vorhanden und besitzen auch eine kleinere Endscheibe, doch fällt besonders der erstere Unterschied mehr bei den kleineren Exemplaren auf. Die Tentakel fand ich an zwei Exemplaren gut ausgestreckt, an dem einen alle von fast gleicher Grösse, an dem andern die beiden ventralen etwas kleiner; bei beiden Stücken fand sich zwischen zwei Tentakeln, etwas nach innen gerückt, eine sehr kleine Papille. Die Kalkkörper sind knotige Schnallen, wie BELL sie abbildet; die der obersten Lage entwickeln gegen die Oberfläche hin Zacken und gewinnen dadurch die als „Tannenzapfen" bezeichnete Form; einen solchen Kalkkörper bildet SEMPER ab. Andere Kalkablagerungen sind in der Körperhaut mit Ausnahme des Schlundkopfes nicht vorhanden; reibt man die Epidermis zur Untersuchung auf die Kalkkörper etwas ab, so erhält man fast ausschliesslich die abgebrochenen zackigen Spitzen der Tannenzapfen, während die knotigen Schnallen zurückbleiben. In der Haut des Schlundkopfes finden sich ebenfalls knotige, in die Länge gezogene Schnallen, doch sind diese weit weniger plump als in der Körperhaut, und auch die Knoten sind zierlicher. Die Füsschen sind erfüllt mit Stützstäben, welche in der Mitte einen kronenartigen, zackigen Aufsatz tragen; obwohl die Endscheibe der Füsschen fast 1 mm im Durchmesser hat, ist die Kalkplatte in derselben nur sehr klein, indem die Scheibe hauptsächlich durch die schon erwähnten Stützstäbe gefestigt wird. Am After finden sich 5 kleine Kalkzähne. Die Glieder des Kalkrings sind massiv, ohne Gabelschwänze, aber sehr zart, die Radialia sind vorn eingekerbt, die Interradialia einspitzig, beide sind 1,5 mm hoch; da alle Glieder sehr schmal sind, stossen sie nicht zusammen, sondern sind durch ziemlich grosse Zwischenräume getrennt. Die Retractoren inseriren bei einem 1,9 cm langen Stück 1,1 cm vom Vorderende; dies ist das einzige, was nicht mit den Angaben BELL's übereinstimmt, welcher die Retractoren als zart und sehr kurz bezeichnet. 1 POLI'sche Blase von 0,7 cm Länge, ein kleiner, festgelegter Steinkanal. Die Geschlechtsschläuche sind dick, ungetheilt. Am Anfang des Darmes findet sich ein Kaumagen. Die Haut ist dünn, aber hart. Gestalt cylindrisch.

Das 9. der mir zur Verfügung stehenden Exemplare ist tonnenförmig, gegen das Hinterende etwas dünner; der Schlundkopf ist eingezogen; die Länge beträgt 2,3 cm. Das Thier ist zwar stark gerunzelt, doch lässt sich trotzdem deutlich erkennen, dass neben den in den Ambulacren in Reihen gestellten Füsschen sich auch Füsschen in den Interambulacren des Rückens finden, allerdings nur ziemlich vereinzelt. Es würde also dieses Exemplar der *Semperia dubiosa* entsprechen. Die Kalkkörper sind gleich denen der übrigen Stücke,

Die von Ludwig [1]) in Fig. 1 C dargestellten Kalkplatten jedoch kann ich in keinem meiner Präparate auffinden; die Haut des Schlundkopfes, der eingezogen war, untersuchte ich nicht auf die Kalkkörper, kann also nicht angeben, ob sich hier die von Ludwig erwähnten Stühlchen finden; bei einem der übrigen 8 Exemplare, die *Cucumaria leonina* repraesentiren, fand ich in der Schlundkopfhaut keine Stühlchen, sondern die schon geschilderten verlängerten knotigen Schnallen. Die innere Organisation des Exemplars No. 9 stimmt völlig mit derjenigen der anderen Stücke überein; auch der Kaumagen ist vorhanden, doch ist der Kalkring etwas kräftiger entwickelt und es sind 2 Poli'sche Blasen von 7 mm vorhanden. Da die Zahl der Poli'schen Blasen nach Ludwig's Angaben schwankt, ist hierauf kein Werth zu legen. Die Haut des stark contrahirten Thieres ist rauh; Farbe in Spiritus gelblich-weiss.

Wenn ich im Vorstehenden Arten der Gattungen *Ocnus*, *Cucumaria* und *Semperia* als eine Art auffasse, so gleicht dies einer Stellungnahme gegen die Gattungen *Ocnus* und *Semperia*, von welchen die eine aufzustellen ich selbst mich seiner Zeit veranlasst sah. Ich verhehle mir auch durchaus nicht die nahe Verwandtschaft dieser drei Gattungen und die im vorliegenden Falle nachgewiesene Möglichkeit, dass ein und dasselbe Individuum bestimmter Arten im Verlaufe des Wachsthums durch die drei Gattungen *Ocnus*, *Cucumaria* und *Semperia* hindurch wechseln kann. Da dies aber nach unserer jetzigen Kenntniss die Ausnahme und nicht die Regel ist, indem bei vielen *Cucumaria*-Arten auch bei ganz erwachsenen Exemplaren die Füsschen nicht auf die Interambulacren übergehen und manche *Ocnus* die Einreihigkeit der Füsschen beibehalten, so bin ich doch für Aufrechthaltung der beiden *Cucumaria* nahe stehenden Gattungen, da sie in dem grossen Formenkreise der *Cucumaria*-ähnlichen Dendrochiroten wenigstens gewisse Abgrenzungen ermöglichen.

Die Verbreitung dieser Art ist eine sehr weite, indem sie ausser aus dem antarctischen Gebiete noch von Peru, Singapore und Celebes bekannt ist.

### 19. *Cucumaria laevigata* Verrill (*Pentactella*).

Bulletin of the U. St. National Museum No. 3, Washington 1876, p. 68—69. — Studer, Ueber Echinodermen aus dem antarktischen Meer etc., in: Monatsbericht k. pr. Akad. Wiss. Berlin 1876,

---

1) „Vettor-Pisani"-Holothurien l. c.

p. 453—454. — EDG. SMITH, Echinoderms of Kerguelen Island, in:
Phil. Trans. Roy. Soc. London, Vol. 168 (Extra Vol.) 1879, p. 27. —
STUDER, Die Fauna von Kerguelensland, in: Arch. f. Naturgesch.
45. Jahrg., 1. Bd. 1879, p. 123. — THÉEL, Challenger-Holothurioidea,
P. II, 1886, p. 57—58, Taf. III, Fig. 5, Taf. VI, Fig. 13, ferner:
unter *Cucumaria crocea* LESSON bei LAMPERT, Seewalzen, 1885,
p. 149—150. — LAMPERT, Die Holothurien von Südgeorgien etc.,
in: Jahrb. d. wissenschaftl. Anstalten Hamburg, Bd. 3, 1886,
p. 11—15, Fig. I, Fig. A, Fig. 1—16.

Mehrere Exemplare von den Kerguelen; Farbe in Spiritus gelblich-
weiss. Grösstes Exemplar 5,2 cm.

Ich hielt diese Art früher für identisch mit *Cucumaria crocea*
LESSON[1]) indem, wie ich a. a. O. (Südgeorgien-Holothurien) näher
ausführte, die bis dahin vorliegenden Beschreibungen einen durchgreifenden Unterschied zwischen beiden Arten nicht erkennen liessen.
Die seither erschienenen Mittheilungen THÉEL's [2]) über *Cucumaria crocea* LESSON, die Angaben, welche LUDWIG [3]) neuerdings über diese
Dendrochirote macht, und besonders der Umstand, dass mir dieses
Mal *Cuc. crocea* und *laevigata* vorliegen, bestimmen mich jedoch jetzt,
der Ansicht der genannten Autoren zu folgen und beide Arten getrennt zu halten. Der Hauptunterschied zwischen *Cuc. laevigata* und
*crocea* liegt in den Fortpflanzungsverhältnissen, wie nachher näher
erklärt werden soll.

Die 10 Tentakel sind wie bei *Cuc. crocea* und im Gegensatze zu
dem Verhalten bei der Mehrzahl der anderen *Cucumaria*-Arten gleich
gross; die Anordnung der Füsschen dagegen lässt beide Arten unterscheiden. Auch das kleinste mir vorliegende Exemplar von 1,4 cm
Länge trägt schon in der vollen Ausdehnung der dorsalen Ambulacren
Füsschen. Sie stehen hier auch bei grösseren Exemplaren etwas
weniger zahlreich als die zweireihigen Füsschen der Bauchambulacren;
je nach der Contraction des betr. Exemplars scheinen sie manchmal
im Zickzack angeordnet. Meist sind im vorderen Drittheil des Thieres,
direct hinter der Kopfpartie, die Bauch- und Rückenfüsschen ausgestreckt, am übrigen Theile des Körpers eingezogen. Die Interambulacren tragen keine Füsschen; sie geben hinsichtlich ihrer relativen

---

1) LESSON, Centurie zoologique, Paris 1830, p. 153—154, pl. LII,
fig. 1.
2) THÉEL, „Challenger"-Holothurioidea, Part II, 1886, p. 58—61,
Taf. XII, Fig. 1, 2.
3) LUDWIG, Drei Mittheilungen über alte und neue Holothurienarten
1887, l. c. p. 1232—1235.

Breite zu keinen Bemerkungen Veranlassung, indem das dorsale Interambulacrum nicht wie bei *crocea* durch Zusammenrücken der Ambulacren verschmälert erscheint. An einem 5 cm langen Exemplare,
welches allerdings völlig ausgestreckt ist, beträgt seine Breite 0,9 cm,
gleich der Breite der beiden dorsalen Seitenambulacren. Die Kalkkörper fand ich, wie ich sie früher schilderte und abbildete; in den
Füsschen liegen Endplatten von ca. 0,34 mm Durchmesser und ausserdem ähnliche Körper wie in der Haut.

In den Tentakeln finden sich ähnliche Kalkkörper wie in der Körperhaut, nur grösser. Die Stücke des sehr gering ausgebildeten Kalk-
rings bestehen nur aus einem zerbrechlichen Netzwerk. Ansatzstelle
der Retractoren $^2/_3$ vom Vorderende. Afterzähne sind nicht vorhanden. In der Zahl der Poli'schen Blasen scheint ein constanter
Unterschied gegenüber *crocea* zu herrschen; während hier nur eine
Poli'sche Blase existirt, fand ich deren bei *laevigata* bei den geöffneten
Exemplaren stets zwei, drei oder vier. Der Steinkanal ist stets in der
Einzahl vorhanden und festgelegt. Der Oesophagus ist mit braunen
Papillen besetzt und schliesst mit einem deutlichen „Kaumagen", wie er
von mehreren Dendrochiroten bekannt ist. Lungenbäume sind zwei vorhanden, die wenigstens an dem einen hierauf untersuchten Exemplare
keinen Nebenast abgeben. Die Mesenterien sind gefenstert („netzartig
durchbrochen", Ludwig). Die Geschlechtsschläuche fand ich wie an den
schon früher untersuchten Exemplaren ungetheilt und stets von verschiedener Grösse. Bei einigen der mir jetzt vorliegenden Exemplare, und zwar
stets bei ♂, mündet der Ausführungsgang der Genitalorgane auf einer
kleinen, im dorsalen Interambulacrum im Tentakelkreise stehenden Papille,
die manchmal ein wenig nach innen gerückt erscheint, aber nie hinter
den Tentakelkreis tritt, wie dies von Théel und Ludwig für die
Genitalpapille von *Cuc. crocea* angegeben wird. Die Art und Weise
der Fortpflanzung ist bei *Cuc. laevigata* eine andere als bei *Cuc. crocea*,
aber nicht minder interessante. Während bei letzterer Form nach
den die Angaben Wyv. Thomson's [1]) ergänzenden Mittheilungen
Ludwig's [2]) die Eier schon in einer Grösse von 0,7 mm abgelegt

---

1) W. Thomson, Notice of some peculiarities in the mode of pro-
pagation of certain Echinoderms of the Southern Sea, in: Journal
Linnean Soc. London, Zoology. Vol. 13, 1878, p. 57—61, Fig. 1 (read
June 1, 1876).

2) Ludwig, Drei Mittheilungen über alte und neue Holothurienarten, 1887, l. c. p. 1234.

werden und den veränderten dorsalen Ambulacren anhaften, an welcher Stelle die Embryonen bis zu einer Grösse von 4 cm heranwachsen, erfolgt bei *Cuc. laevigata* die Weiterentwicklung der Eier, nachdem diese die Geschlechtsschläuche verlassen haben, innerhalb zweier, a. a. O. von mir ausführlicher geschilderter, in der Leibeshöhle befindlicher Bruttaschen, in welchen ich Embryonen bis zu 4,5 mm Länge fand. Unter den mir vom „Gazellen"-Material vorliegenden Stücken fand ich diese Bruttaschen bei einem 3 cm langen Exemplare. Sie liegen 6 mm vor der Insertion der Retractoren, dem Kopfende näher, in den beiden ventralen Interambulacren und enthalten ungefähr 1 mm grosse Eier. Eine Verbindung der Bruttaschen mit den, verschiedene Grösse zeigenden und theils schon mit dem blossen Auge sichtbare Eier enthaltenden Geschlechtsschläuchen konnte ich auch dieses Mal nicht nachweisen.

Es ist von besonderem Interesse, dass dieselbe Art und Weise der Brutpflege bei einer arctischen Form, *Cucumaria minuta* FABR., stattfindet, wie LEVINSEN [1]) fast zu der gleichen Zeit nachwies, als ich zum ersten Mal die Bruttaschen unserer antarctischen Form beschrieb. Auch hier befinden sich die Bruttaschen in den beiden ventralen Interambulacren; sie enthielten Embryonen bis zu $5^1/_3$ mm Grösse. Diese zeigten in den Ambulacren eine Reihe von Saugfüsschen, und in der Haut waren schon zahlreiche Kalkkörper vorhanden. Eine Verbindung mit den Genitalschläuchen nachzuweisen, glückte LEVINSEN ebensowenig wie mir. Der Unterschied zwischen den Brutbeuteln von *laevigata* und *minuta* besteht in ihrer Lage, indem sie bei *laevigata* ungefähr in der Körpermitte, bei *minuta* jedoch im vordersten Theile des Körpers liegen. Auch konnte LEVINSEN wenigstens bei e i n e m Exemplare die Ausmündungen der Säcke in Gestalt zweier feiner Oeffnungen rechts und links vom medianen ventralen Ambulacrum, dicht vor den ersten Füsschen, nachweisen.

Von den vorliegenden Exemplaren stammen zwei von Betsy's Cove, Kerguelen, eines von Foundery branch, Kerguelen; die andern trugen die Bezeichnung „N. 53.5 Faden" und stammen nach H. Prof. STUDER's Mittheilung höchst wahrscheinlich ebenfalls von den Kerguelen, vielleicht aber auch von Port Angosto, Magellanstrasse.

---

1) LEVINSEN, G. M. R., Kara-Havets Echinodermata, in: Dijmphna-Togtets zoologisk-botaniske Udbytte. Udgivet af Kjöbenhavn Universitets zoologiske Museum ved Dr. CHR. FR. LÜTKEN, Kjöbenhavn 1887, p. 383—387, Taf. XXXIV, Fig. 1—3.

## 20. *Cucumaria crocea* Lesson.

Lesson, Centurie zoologique, Paris 1830, p .153—154, pl. LII, fig. 1. —
Wyv. Thomson, Notice of some peculiarities in the mode of propagation of certain Echinoderms of the Southern Sea, 1876, l. c.
p. 57—61, fig. 1. — Théel, „Challenger"-Holothurioidea, Part II,
1886, p. 58—61, Taf. XII, Fig. 1, 2. — Ludwig, Drei Mittheilungen
über alte und neue Holothurienarten, 1887, l. c. p. 1232—1235.

### Fig. 6.

4 Stücke von unbekanntem Fundorte.

Ich glaube in den 4 Exemplaren, welche nur die Bezeichnung
„Gazelle-Pentacta" tragen, die echte *Cuc. crocea* Less. vor mir zu
haben, die ich früher mit *laevigata* Verr. identificirte (s. vorhergehende No.), wenn auch eine kleine Abweichung in den Rückenfüsschen
zu constatiren ist. Alle 4 Stücke sind schlecht erhalten und alle theils
so contrahirt, theils unnatürlich so erweitert, dass keine genauen Maasse
angegeben werden können. Sie haben ungefähr die Länge von 5 cm,
7,8 cm, 8 cm; die Dicke ist nicht zu messen. Aus dem gleichen
Grunde lässt sich über die relativen Grössenverhältnisse der einzelnen
Interambulacren zu einander nichts sagen. Dagegen konnte ich bei
allen Exemplaren sicher nachweisen, dass die Füsschen in den dorsalen Ambulacren, wie dies auch sonst die Regel ist, weniger zahlreich
stehen als in den ventralen, während Théel hierüber das Gegentheil
angiebt.

Die 10 Tentakel, welche an 2 Exemplaren ausgestreckt sind,
sind gleich gross, 1,2 cm lang. Bei zwei Exemplaren, die ich öffnete,
fand ich jedes Mal 1 Poli'sche Blase von 2,2 cm, resp. 2,6 cm Länge
und einen gewundenen und dorsal festgelegten Steinkanal. Bei dem
einen Exemplare war kein Kalkring aufzufinden, bei dem andern lag
er tief im Bindegewebe und musste erst durch Präparation freigelegt
werden; die Glieder sind etwas über 1 mm hoch und hängen, wie
dies auch Théel bemerkt, an der Basis zusammen. Die Retractoren
inseriren fast $^2/_3$ vom Vorderende. Die Geschlechtsschläuche sind
unverzweigt, eine Genitalpapille konnte ich an meinen Exemplaren nicht
auffinden. Afterzähne sind nicht vorhanden. Während das eine
Exemplar, dasselbe, welchem der Kalkring fehlt, keine Kalkkörper
besitzt, finden sich dieselben bei einem anderen ziemlich reichlich. An
eine Zerstörung der Kalkablagerungen in ersterem Falle durch sauer
gewordenen Spiritus ist wohl nicht zu denken, da alle Exemplare in
dem gleichem Glase aufbewahrt worden; die Ausbildung der kalkigen

Ablagerungen unterliegt demnach individuellen Schwankungen. Die mit kleinen Knoten besetzten Schnallen, Fig. 6, sind durchschnittlich 0,123 mm lang. Eines der vorliegenden Exemplare besitzt grosse Eier, und die Ambulacren erscheinen hier bereits in der von LUDWIG angegebenen Weise verändert.

Bemerkenswerth ist die grosse Aehnlichkeit zwischen *Cuc. crocea* und *laevigata*, wie überhaupt ausser diesen beiden Arten noch einige antarktische, zum Formenkreise der *Cucumaria*-ähnlichen Dendrochiroten gehörige Holothurien in vielen Beziehungen einander etwas ähneln, so in der Form der Kalkkörper, der schwankenden Häufigkeit derselben, dem Fehlen bestimmter Kalkkörper in der Oberhaut, wie sie sonst als sog. „Näpfchen“ bei andern *Cucumaria*-Arten häufig vorkommen, und endlich der Gestalt des Kalkrings und seiner geringen Ausbildung, die bei *crocea* und *laevigata* ihn kaum angelegt erscheinen lässt. Es gilt dies z. B. von *Cucumaria leonina* SEMPER[1]) und *Semperia georgiana* LAMPERT[2]).

### 21.  *Cucumaria pentactes* L.

Literatur siehe: LAMPERT, Seewalzen, 1885, p. 145—146.
Ferner: THÉEL, „Challenger“-Holothurioidea, Part II, 1886, p. 106 (unter dem Namen *Cuc. elongata* DUB. & KOR.)

Ein Exemplar von 2,4 cm Länge. Fundort: $9^0$ $10'$ $6''$ Ö. L. $4^0$ $40'$ $0''$ N. Br. aus einer Tiefe von 59 Faden.

· Die Gestalt des Thieres ist gebogen; die Füsschen stehen, wie dies auch THÉEL angiebt, nur in der Mitte der Ambulacren in Doppelreihen, gegen das Ende in Zickzack. Die sehr dünne Haut ist ganz starr von der Masse der Kalkkörper, welche schon mit der Lupe zu erkennen sind.

Der Fundort ist der südlichste Punkt des atlantischen Oceans, von dem die Form bis jetzt bekannt ist.

### 22.  *Semperia parva* LUDWIG (*Cucumaria*).

LUDWIG, Beiträge etc. 1874, l. c. p. 7—8, Fig. 12. — LUDWIG, Die von CHIERCHIA auf der Fahrt des „Vettor Pisani“ gesammelten Holothurien, 1886, l. c. p. 19.

### syn. *Cucumaria kerguelensis* THÉEL.

THÉEL, „Challenger“-Holothurioidea, Part II, 1886, p. 69—70, Taf. XII, Fig. 6—7.

---

1) Siehe No. 18.
2) LAMPERT, Die Holothurien von Südgeorgien, 1886, l. c. p. 16—18, Fig. B, Fig. 13—15.

2 Exemplare von 1,5 cm und 2,6 cm Länge von den Kerguelen,
zusammen mit *Cucumaria laevigata* VERRILL gefunden.

Auch diese Exemplare besitzen sehr kleine Afterzähnchen, wie
dies LUDWIG in der neuerlichen Beschreibung der Art ergänzend erwähnt. Da hiermit der von THÉEL selbst angegebene Unterschied
zwischen *parva* und seiner *kerguelensis* wegfällt und die Grösse der
Exemplare doch kaum als ein solcher gelten kann, halte ich die Zusammenziehung beider Arten für gerechtfertigt. Die sehr sparsam
in der Oberhaut verstreuten $\curlywedge$-förmigen Körper sind, wie dies auch
LUDWIG hervorhebt, an ihren Enden oft in bekannter Weise durch
einen dornigen Ring verbunden; da aber die Endarme des Körpers
etwas in die Höhe gerichtet sind, liegt der Ring nicht in gleicher
Ebene mit der Basis des Körpers und es entsteht eine in diesem Falle
allerdings sehr flache durchbrochene Schale. Die grossen Platten der
Haut entstehen zwar auch aus $\curlywedge$-förmigen Körpern, allein mit den
$\curlywedge$-förmigen Körpern der Oberhaut stehen sie in keinem Zusammenhange
wie man dies nach THÉELS Darstellung fälschlich vermuthen könnte.

Die Art scheint mir sehr für die Berechtigung der Gattung *Semperia* zu sprechen. ·Während die Bauchfüsschen scharf auf die Ambulacren beschränkt sind, von denen sich in Folge dessen die nackten
Interambulacren auffallend abheben, finden sich in den Interambulacren
des Rückens nicht etwa bloss von den Ambulacren übergetretene Füsschen,
sondern der ganze Rücken ist gleichmässig mit Füsschen bedeckt,
ohne eine Spur von Reihenandeutung, die ich auch nicht, wie dies
THÉEL angiebt, an den Körperenden auffinden konnte. Es ergiebt sich
so in dieser Anordnung der Füsschen ein characteristischer, sofort in
die Augen fallender Unterschied zwischen Bauch- und Rückenseite.

### 23.  *Thyone sacellus* SEL.

Literatur siehe: LAMPERT, Seewalzen, 1885, p. 154.
Ferner: BELL, On the Holothurians of the Mergui Archipelago, 1886,
l. c. p. 27. — SLUITER, Die Evertebraten aus d. Sammlung d. k.
naturwissensch. Ver. in Niederländich Indien in Batavia, 1887, l. c.
p. 206—207.

### Fig. 7.

15 Stück dieser bekannten und weitverbreiteten Art von der
Dampier-Insel in der Mermaidstrasse aus der Tiefe von 2—3 Faden.

Erwähnenswerth sind die Kalkkörper in der Schlundhaut und in
den Tentakeln. Erstere stellen nicht die characteristischen, in einander geschobenen knotigen Ringe der Körperhaut dar, sondern sind

schnallenartige, glatte, nur sehr selten mit einem oder zwei Tuberkeln versehene Körper; die Tentakel besitzen, während sonst gewöhnlich massige, plumpe Kalkkörper in ihnen zur Ablagerung kommen, bei *Th. sacellus* nur sehr zarte, 0,035 mm lange, oft an den Enden leicht verzweigte Stäbchen, wie sie Fig. 7 zeigt.

## 24. *Thyone mirabilis* Ludwig.

Literatur siehe: Lampert, Seewalzen, 1885, p. 162.

Ein Exemplar von der Dampier-Insel in der Mermaidstrasse aus einer Tiefe von 2—3 Faden; 2,6 cm lang, 1,5 cm breit.

Das vorliegende Exemplar der interessanten Art besitzt nur 6, ausgestreckt 8 mm lange Tentakel. Die Füsschen stehen auf dem Bauche zerstreut, aber mit der schwachen Andeutung einer doppelzeiligen Reihe in den Radien. Die zitzenförmigen Erhöhungen, die in einer Reihe in den Ambulacren des Rückens stehen, sind in der einen Flanke 12 an Zahl, in der andern 10. Die in den Interradien des Rückens verstreuten Füsschen stehen viel weniger zahlreich als auf dem Bauche. Die Füsschen sind bei dem vorliegenden Exemplare durchweg nur wenig, nur bis zur letzten sattbraun gefärbten Partie ausgestreckt; die Endscheiben sind weiss. Die Gesammtfärbung des Thieres weicht von den Angaben Ludwig's ab, indem Bauch und Rücken in gleicher Weise schön crêmegelb gefärbt sind, von welcher Grundfarbe sich die Füsschen in ihrem warmen braunen Tone sehr wirksam abheben. Die sehr spärlich in der Haut vertheilten Stühlchen fand ich 0,092 mm hoch; die Endplatte in den dorsalen Ambulacralpapillen ist ein loses Netzwerk und höchstens 0,256 mm im Durchmesser. In den Tentakeln liegen in grosser Masse zarte, krause Körper, wie sie oft bei *Mülleria*-Arten in der Körperhaut vorkommen. Am Kalkring finde ich die Radialia mit den Gabelschwänzen 0,7 cm hoch, ohne dieselben 0,45 cm; sie besitzen vorn zwei Leisten, woran sich die Retractoren ansetzen. Die einzelnen Glieder des Kalkrings zeigen eine Neigung zum Zerfall. Die Poli'sche Blase ist nur 0,7 cm lang. Der in seinem ersten Theile fest gelegte Steinkanal ist in seinem letzten Theile frei und 0,5 cm lang. Die Ansatzstelle der Retractoren, die eine Neigung zur Zweitheilung zeigen, ist 1 cm vom Vorderende. Die zahlreichen, unverzweigten Geschlechtsschläuche sind klein und noch unausgebildet. Die Lungenbäume sind fein verzweigt. Die Haut ist sehr weich.

Die dorsalen Ambulacralpapillen und eine leicht vierkantige Gestalt stempeln das Thier zu einem *Colochirus*. Wenn dasselbe trotzdem, Dank seiner weichen Haut, der Spärlichkeit der Kalkkörper und ihrer von der Gestalt der bei *Colochirus* vorkommenden Ablagerungen grundverschiedenen Form, einen ganz andern Character als *Colochirus* besitzt, so scheint mir dies darauf hinzudeuten, dass den erwähnten Merkmalen bei der Abgrenzung der Gattung *Colochirus* ein grösserer Werth beizulegen ist, als dies bisher der Fall war. Da uns von LUDWIG, wohl dem besten Kenner der Echinodermen, eine Neubearbeitung der Holothurien-Gattungen mit Bezug auf ihre gegenseitige Abgrenzung in Aussicht gestellt ist [1]), so begnüge ich mich hier damit, auf diese Verhältnisse hinzuweisen, ohne denselben selbst practische Folge zu verleihen.

## 25. *Thyone castanea* n. sp.

### Fig. 8.

Diagnose: 10 Tentakel, die beiden ventralen kleiner. Füsschen zerstreut, mit Reihenandeutung im Trivium. Kalkring sehr gross, aus einzelnen Stücken zusammengesetzt und mit Gabelschwänzen. Die Kalkkörper sind Stühlchen mit zwei Stützen, ausserdem nur noch Endplatten in den Füsschen. Eine POLI'sche Blase, 2 freie Steinkanäle, Geschlechtsschläuche unverästelt. Haut weich; tonnenförmig, braun.

Drei Exemplare von der Dampier-Insel in der Mermaidstrasse aus einer Tiefe von 2—3 Faden; 2,6 cm bis 3,8 cm gross; ca. 2,4 cm im Umfang.

Von den drei vorliegenden Exemplaren ist bei zweien der ganze Schlundkopf mit Kalkring, Ringkanal und einem Theil der Geschlechtsschläuche nach vorn zu nach aussen getreten, so dass die hauptsächlichsten anatomischen Verhältnisse ohne Eröffnung der Stücke erkannt werden konnten. Die 10 Tentakel sind völlig ausgestreckt, die 8 grossen sind durchschnittlich 3,4 cm, die kleinen 0,9 cm gross. Die Tentakelscheibe ist sehr gross und beträgt 1,1 cm im Durchmesser. Die Füsschen sind über den ganzen Körper zerstreut mit einer mehr oder weniger scharfen Andeutung einer zweizeiligen Reihenstellung im Trivium, stehen aber, wie dies häufig bei den Formen mit zerstreuten Füsschen der Fall ist, auf dem Rücken weniger zahlreich als auf dem Bauche; sie sind fast durchweg völlig eingezogen und ragen höchstens

---

1) LUDWIG, Die von G. CHIERCHIA auf der Fahrt des „Vettor Pisani" gesammelten Holothurien, 1886, l. c. p. 25, Anmerk.

1 mm weit hervor. Die Kalkkörper sind Stühlchen (Fig. 8 a u. b)
mit zweischenkligem Stiel. Die Scheibe besitzt 4 Löcher; auf dem
Mittelstück der Scheibe, welches auch bei der Entstehung derselben
die erste Anlage bildet, erheben sich zwei convergirende Stützen, die
bei ihrer Vereinigung in ein paar Spitzen auslaufen; von oben gesehen, wie dies bei der natürlichen Lage der Kalkkörper in der Haut
meist der Fall ist, ist der optische Ausdruck dieses zweischenkligen
Stiels eine knotige Verdickung der Mittelspange der Scheibe; erst
wenn die Scheibe schräg liegt, ist der Stiel deutlich zu sehen, eine
theilweise Reduction desselben konnte ich nicht auffinden. Der Längs-
durchmesser der Stühlchenscheibe beträgt mit grosser Regelmässigkeit
0,103 mm, der Breitendurchmesser 0,088 mm. Die Höhe der Stühlchen
schwankt zwischen 0,044 mm und 0,051 mm; manchmal finden sich
auch Stühlchen, welche 0,059 mm hoch sind. Ausser den Stühlchen,
welche zwar dicht, aber nicht in mehreren Schichten in der Körperhaut
liegen, finden sich in derselben keinerlei weitere Kalkkörper; auch die
Füsschen besitzen ausser den Stühlchen nur noch Endplatten von
0,405 mm Durchmesser. In der Haut des Schlundkopfes liegen hie
und da, jedoch selten, unausgebildete Stühlchen, d. h. nur die Scheibe
derselben, ferner aber in grösster Zahl krause Körper (Fig. 8 c) von
ca. 0,044 mm Länge; in den Tentakeln, hauptsächlich in deren Basis,
finden sich die gleichen krausen Körper in spärlicher Vertheilung, in
den Verzweigungen aber sehr zarte, glatte, an den Enden leicht verzweigte, bis 0,066 mm lange Stäbchen. Afterzähne sind nicht vorhanden. Der Kalkring erinnert sehr an den von *Thyone sacellus* Sel.
Er ist sehr gross, aus einzelnen Stücken zusammengesetzt und besitzt
5 lange, ebenfalls zusammengesetzte, nach unten spiralig gedrehte
Gabelschwänze; er besitzt insgesammt eine Länge von 1,6 cm, die
Gabelschwänze sind 0,5 cm lang. Die Retractoren sind sehr dünn,
ihre Ansatzstelle wurde nicht festgestellt, da die Thiere nicht weiter
geöffnet wurden. Am Ringkanal finden sich bei beiden hierauf untersuchten Exemplaren eine Poli'sche Blase und 2 freie Steinkanäle; die
Anordnung ist eine solche, dass die beiden Steinkanäle von sich und
von der Poli'schen Blase je $^1/_3$ des Umfanges des Ringkanals entfernt
sind. Die Poli'sche Blase maass ich an dem einem Exemplar zu
1,9 cm Länge, die Steinkanäle waren 0,25—0,35 cm lang. Die Geschlechtsschläuche sind ungetheilt. Die Haut ist dick und sehr weich.
Die Gestalt ist tonnenförmig, ähnlich der von *Cuc. frondosa.* Das
grösste Exemplar mit eingezogenem Schlundkopf; das dritte 2,7 cm
und der Schlundkopf noch 1,5 cm. Die Dicke der letzten beiden

betrug 2,4 und 2,7 cm; das erste Exemplar konnte auf die Dicke nicht gemessen werden, da es zusammengedrückt war. Die Farbe der drei Exemplare ist ein schönes Kastanienbraun; bei einem Exemplar ist in den Radien ein schwarzer Längsstreifen angedeutet. Die Endscheiben der Füsschen sind hell. Der Tentakelstamm weiss, die Verzweigungen schwarz; auch die Haut des Schlundkopfes ist mit schwarzen Epidermisfetzen bekleidet.

Die Art erinnert in Gestalt, Färbung, Weichheit der Haut, Fundort und besonders durch die Form der Kalkkörper sehr an *Holothuria dietrichii* LUDW. [1]), welche Art auf zwei des Schlundkopfes sammt der Tentakel beraubt gewesene Exemplare gegründet ist, und würde LUDWIG nicht besonders den Mangel der Retractoren hervorheben, so läge die Versuchung nahe, beide Arten für identisch zu halten. Von dendrochiroten Formen, welche ähnliche Kalkkörper besitzen, wie z. B. *Thyone mirabilis* LUDWIG [2]), *Cucumaria versicolor* SEMPER [3]) *Pseudocucumis intercedens* LAMPERT [4]) u. A., unterscheidet sich die Art leicht anderweitig, besonders durch den Kalkring. Auch besteht öfters ein Unterschied in den Stühlchen, indem die Stützen derselben bei manchen Arten schon vor ihrer Vereinigung durch Querleisten verbunden sind, was bei *Th. castanea* nicht der Fall ist.

### 26. *Thyone (?) sluiteri* n. sp.
### Fig. 9.

Diagnose: Tentakel ? (eingezogen), gleichmässig vertheilte Füsschen. Kalkring massiv und ohne Gabelschwänze. Kalkkörper sind plumpe Stühlchen mit dorniger, unregelmässiger Basis und Bindekörper, die ein mäandrisches Gewinde darstellen. In den Füsschen grosse Endplatten. 1 POLI'sche Blase, 1 Steinkanal. Ansatzstelle der Retractoren zwischen $1/3$ und $1/2$ vom Vorderende. Geschlechtsschläuche sehr klein, ungetheilt, in 2 Längsreihen dem Geschlechtsausführungsgang ansitzend. After mit 5 winzigen Zähnchen. Haut dünn und weich. Braunschwarz.

1 Exemplar von 2,5 cm Länge aus der Meermaidstrasse.

Ueber Zahl und Anordnung der Tentakel vermag ich, da ich den Schlundkopf des einzigen Exemplars nicht öffnen wollte, nichts zu

---

1) LUDWIG, Beiträge etc., 1874, l. c. p. 29, Fig. 31.
2) LUDWIG, Beiträge etc., 1874, l. c. p. 17, Fig. 18.
3) SEMPER, Holothurien, 1868, l. c. p. 49—50, Taf. XIII, Fig. 11.
4) LAMPERT, Seewalzen, 1885, p. 254—255, Fig. 54.

sagen; ob die Art zu *Thyone* gehört, ist somit keineswegs bestimmt.
Die Füsschen sind ohne jede Spur von Anordnung über den Körper
verstreut, stehen jedoch auf dem Rücken nicht so dicht wie auf dem
Bauch. Der Kalkring ist massiv und ohne Gabelschwänze, seine
Glieder stossen in ihrer ganzen Länge an einander, so dass der Kalk-
ring fest geschlossen erscheint. Die Radialia sind 3,5 mm hoch und
2 mm breit; sie sind vorn leicht eingekerbt und mit zwei schwachen
Leisten zum Ansatz der Retractoren versehen. Die vorn einspitzigen
Interradialia sind nicht ganz 3 mm hoch und 1,5 mm breit. Radialia
und Interradialia sind hinten ausgeschweift, die letzteren stärker,
Ansatzstelle der Retractoren zwischen $^1/_3$ und $^1/_2$ vom Vorderende.
Die Kalkkörper sind Stühlchen und Körper der Oberhaut. Die characteristischen Stühlchen haben eine plumpe, dornige Scheibe (Fig. 9 a u. b)
in der ursprünglichen, in die Länge gezogenen Anlage sind 4 Löcher
vorhanden und die Ecken der Scheibe entwickeln Dornen, 8—12 an
Zahl; oft aber vergrössert sich die Scheibe und nimmt dann eine mehr
rundliche Gestalt an mit unregelmässig viel Löchern. Auf der Scheibe
erhebt sich ein durch einmalige Querleisten verbundener, in einer
regellos zackigen Krone endigender Stiel. Bei der ursprünglichen
Anlage der Stühlchenscheibe, wie sie Fig. 9 a zeigt, ist die Längsachse
0,067 mm bis 0,081 mm, die schmälere Achse 0,059 mm bis 0,067 mm.
Die Länge der sehr in die Augen fallenden Dornen an der Stühlchenscheibe beträgt 0,007 mm; den Durchmesser der Krone fand ich zu
0,029 mm. Die Stühlchenhöhe konnte ich nicht messen, da sich keines
genau auf der Kante liegend fand; bei einem halb schräg liegenden
betrug die Höhe 0,029 mm. Die Kalkkörper der Oberhaut stellen ein
längliches mäandrisches Gewinde dar von einer durchschnittlichen
Länge von 0,044 mm bis 0,067 mm bei einer Breite von 0,022 mm
bis 0,036 mm (Fig. 9 c). Beide Arten von Kalkkörpern sind nur
spärlich vorhanden. In den Füsschen finden sich die gleichen Kalkkörper und sehr grosse Endplatten von 0,3 mm Durchmesser. Die
Kalkkörper erinnern am meisten an die bei *Phyllophorus proteus* BELL[1])
und *Thyone curvata* LAMPERT[2]) vorkommenden Ablagerungen. Die
mäandrischen Gewinde, welche BELL mit dem Zoogloea-Stadium von
Bacterium termo vergleicht, ähneln sich sehr; ebenso die Stühlchen

---

1) BELL, Echinodermata from Melanesia, in: Report on the zoological
collections made in the Indopacific Ocean during the voyage of H. M. S.
„Alert" 1881˙82, London 1884, p. 150, Taf. IX, Fig. F F'.
2) LAMPERT, Seewalzen, 1885, p. 252, Fig. 57.

in ihrer Grundanlage; dieselben tragen jedoch bei *proteus* gar keine Erhebungen, bei *curvata* nur 4 Spitzen.

Die POLI'sche Blase ist bei der neuen Art in der Einzahl vorhanden und 4 mm lang; der festgelegte, schwach gewundene Steinkanal von 2 mm Länge besitzt eine kugelige, auffallend grosse Madreporenplatte. Die an vorliegendem Exemplar nur 1 mm grossen Geschlechtsschläuche sitzen in je einer langen Reihe rechts und links an dem im Mesenterium verlaufenden Ausführungsgang. Es mögen 80—100 Geschlechtsschläuche jederseits sitzen, so dass das Generationorgan den Eindruck einer 8 mm langen Krause macht. Die beiden Lungenäste sind gleich lang, von der Cloake an 1 cm; ihre Verzweigungen sind kurz und plump. Die Cloake ist auffallend gross, 1,8 cm lang. Die Afterzähnchen sind kaum zu sehen. Die Haut ist sehr weich; die Farbe ist ein tiefes Schwarzbraun, die Füsschen sind nur unbedeutend heller.

Wie erwähnt, erinnern die Kalkkörper der neuen Art an die von *Phyllophorus proteus* BELL; auch sonst steht *sluiteri* der BELL'schen Art am nächsten; bezüglich der Abbildung des Kalkringes von *proteus* kann ich die Vermuthung nicht unterdrücken, dass er aus Versehen umgedreht ist, indem die Spitze der Interradialia nach vorn, auf der Tafel nach oben, zu sehen hat.

## 27. *Thyone (?) sargassi* n. sp.
### Fig. 10.

D i a g n o s e : Tentakel? (eingezogen), Füsschen verstreut, auf dem Bauch zahlreicher als auf dem Rücken. Kalkring massiv, klein, ohne Gabelschwänze. Die Kalkkörper sind grosse, plumpe, an den Enden verzweigte, kreuzförmige Körper und krause Bindekörper, welch letztere in kleinen, mit dem blossen Auge sichtbaren Gruppen zusammenliegen. In den Füsschen Endscheiben. 1 POLI'sche Blase; 1 festgelegter Steinkanal. Ansatzstelle der Retractoren $^1|_3$ vom Vorderende. Geschlechtsschläuche schwach verzweigt. After mit kleinen Zähnen. Bauch flach, Rücken etwas gewölbt. Haut sehr weich. Braun, durch die Anhäufungen der Bindekörper gelblich punktirt erscheinend.

1 Exemplar 2,1 cm lang: In 16° 32′ 8″ S. Br., 116° 16′ 6″ Ö. L. an treibendem Sargassum gefunden.

Da der Schlundkopf nicht geöffnet wurde, ist über die Tentakel der neuen Art nichts zu sagen. Die Ambulacralanhänge sind durchweg Füsschen, die über den ganzen Körper hin verstreut stehen, auf dem Bauch jedoch viel zahlreicher als auf dem Rücken; hier sind sie an dem vorliegenden Exemplar ferner fast alle vollständig eingezogen, zum Theil so weit, dass an Stelle der Füsschen kleine Einsenkungen sichtbar sind. Da die Bauchfüsschen halb ausgestreckt sind, erscheint durch diesen Unterschied der Rücken noch geringer mit Füsschen besetzt, als es thatsächlich der Fall ist. Die Kalkkörper sind zweierlei Art, grosse, massige, an den Enden plump verzweigte kreuzförmige Körper und krause Körperchen, wie sie oft bei *Mülleria*-Arten vorkommen. Erstere (Fig. 10 a) liegen einzeln, in etlicher Entfernung von einander in der Haut; als Durchschnittsmaasse fand ich für die in der Figur bezeichneten Grössenverhältnisse des Körpers: $\alpha\beta =$ 0,036 mm, $\gamma\delta = 0{,}118$ mm bis 0,147 mm, $\varepsilon\zeta = 0{,}022$ mm. Die krausen Körperchen, ca. 0,022 mm lang (Fig. 10 b), liegen hie und da auch einzeln in der Oberhaut verstreut, im Allgemeinen aber vereinen sie sich zu rundlichen, ungefähr 0,103 mm im Durchmesser haltenden Ansammlungen, die dem blossen Auge als gelbliche Pünktchen erscheinen. In den Wandungen der Füsschen finden sich die gleichen Anhäufungen und ausserdem in nächster Nähe der Endscheibe noch 2—3 einfache, durchschnittlich 0,073 mm lange gekrümmte Stäbe. Die Endplatten sind an den Füsschen des Rückens wie des Bauches gleich gross, 0,184—0,191 mm. Am After finden sich 5 kleine Zähne. Am Kalkring sind Radialia wie Interradialia ohne Gabelschwänze, massiv, aber klein und zierlich, hinten ausgerandet. Die 1,5 mm hohen Radialia sind vorn leicht eingeschnitten, die nur unbedeutend niedrigeren Interradialia einspitzig. Die Ansatzstelle der Retractoren bei dem 2,1 cm langen Exemplare 0,7 cm vom Vorderende. 1 Poli'sche Blase von 0,3 cm Länge; 1 kleiner festgelegter Steinkanal. Die fadenförmigen, leicht verzweigten Geschlechtsschläuche, die an vorliegendem Exemplare noch unausgebildet sind, hängen in 2 starken Büscheln zusammen; in den Wandungen derselben liegen seitlich gedornte Stäbe (Fig. 10 c) 0,258—0,627 mm lang, wie sie sich sonst nirgends in der Haut des Thieres finden, ein merkwürdiges Vorkommniss. Ausserdem sind die Geschlechtsschläuche stark schwarz pigmentirt. Gleiche Pigmentanhäufungen besitzen die plump verzweigten Lungen. Die Haut ist, entsprechend der geringen Kalkablagerung, sehr weich. Die Gestalt des Thieres ist ziemlich auffallend. Der Bauch ist abgeplattet, der Rücken gewölbt, ohne dass die Rückenambulacren kantig vorspringen oder Papillen vorhanden sind; der vorn 6 mm dicke Körper ist nach hinten verschmälert und misst hier nur 3 mm in der Dicke; das Thier erinnert im Habitus etwas an eine Nacktschnecke, etwa *Limax*. Die Farbe ist ein sattes Braun mit einem leisen violetten Stich, und der Körper ist

übersäet mit kleinen, gelblichen Pünktchen, den erwähnten Kalkkörper-
anhäufungen, die besonders auf dem Rücken, wo die Füsschen eingezogen sind, auffallen.

Die Art steht sehr nahe der von Aden stammenden *Thyone rosacea* SEMPER[1]), jedoch sind bei dieser die radialen Glieder des Kalkrings
auf doppelt so lang wie die interradialen angegeben und 8 POLI'sche
Blasen vorhanden. Die krausen Körper von *sargassi* entsprechen der
Fig. 1 b auf SEMPER's Tafel, so dass mir die Vermuthung LUDWIG's [2])
gerechtfertigt erscheint, diese Abbildung sei zu *Thyone rosacea* gehörig, welche im Uebrigen die gleichen Kalkkörper wie die neue Art
*sargassi* besitzt. In der Form der grossen Kalkablagerungen erinnert
*sargassi* auch an die von BELL [3]) kürzlich beschriebene *Cucumaria
(Semperia) inconspicua*, der aber die krausen Körper fehlen.

## II. Apoda.

### 28. *Trochostoma violaceum* STUDER.

STUDER, Ueber Echinodermen aus dem antarctischen Meer, 1876, l. c.
    p. 454. — THÉEL, „Challenger"-Holothurioidea, Part II, 1886,
    p. 42—43, Taf. II, Fig. 4, Taf. XI, Fig 1.

2 Exemplare von den Kerguelen. Das eine, gut erhaltene hat
eine Gesammtlänge von 9 cm; das schwanzförmige Endstück ist 1,5 cm.
Das zweite Exemplar ist in der Mitte geborsten und stark contrahirt;
es ist im Ganzen 5,5 cm lang, wovon auf das Schwanzstück 1,2 cm
kommen. Die Farbe ist violett, das Schwanzstück weiss.

Da mir Originalexemplare STUDER's vorliegen, bin ich in der Lage,
die vollständige Richtigkeit der Schilderung und Zeichnungen zu bestätigen, welche THÉEL in Ergänzung der kurzen Angaben STUDER's
von den in drei verschiedenen Formen vorkommenden Kalkkörpern
gegeben hat. Die Art ist somit nicht identisch mit *Trochostoma
boreale* SARS.

1) SEMPER, Die Holothurien Ostafrikas, in: v. d. Deckens Reisen
in Ostafrika, 3. Bd., 1869, p. 122, Fig. 2.

2) LUDWIG, Drei Mittheilungen über alte und neue Holothurienarten,
1887, l. c. p. 1235.

3) BELL, Studies in the Holothurioidea VI, Description of new
species, in: Proceed. Zool. Soc. London, 1887, Part 3, p. 532, Taf. XLV,
Fig. 3.

## 29. *Trochostoma antarcticum* Théel.

Théel, „Challenger"-Holothurioidea, Part II, 1886, p. 44, Taf. II, Fig. 7.
— Théel, Report on the Holothurioidea of „Blake", 1886, l. c.
p. 16—17.

### Fig. 11.

1 Exemplar von 2,4 cm Länge aus dem Mc Cluer-Golf, Nordwestküste von Neu-Guinea. In der Tiefe von 1 Faden im Schlick.

Das vorliegende Exemplar ist sackförmig, am Vorder- und Hinterende etwas contrahirt. Der schwanzförmige Anhang, auf dessen Mitte
der After ausmündet, ist sehr kurz, indem er nur eine, 1,5 mm lange
und 1 mm dicke Papille darstellt. Die Mundöffnung liegt in der Mitte
einer 3 mm im Durchmesser haltenden Scheibe, an deren Peripherie
die Tentakelgruben sichtbar sind. Es scheinen 15 zu sein, doch lassen
sie sich, da die Körperhaut einen Theil der Mundscheibe etwas über-
wölbt, nicht ganz sicher zählen. Die Tentakel sind bis auf einen
alle eingezogen; der eine etwas vorragende Tentakel scheint drei-
fingerig zu sein. Die Kalkkörper sind von Théel beschrieben und
abgebildet. Es sind Stühlchen, deren unregelmässig gestaltete Scheibe
von mehreren, öfters 4—6 Löchern durchbrochen ist, und in deren
Centrum sich ein von mehrfachen Querleisten verbundener, nach aussen
ragender langer Stiel erhebt, die Höhe desselben fand ich im Durchschnitt 0,062 mm. Das Characteristische dieser Stühlchen ist, dass
die Scheibe derselben sehr häufig weinfarbig erscheint; die weinfarbige
Substanz überzieht die Scheibe der Stühlchen in dicker Schicht, sich
ringsum um die kalkige Masse legend, wie man dies sehr deutlich an
solchen Stühlchen sehen kann, auf denen die färbende Substanz sich
nur theilweise niedergeschlagen hat, während ein Theil der Stühlchenscheibe weiss geblieben ist und viel dünner erscheint (Fig. 11). Auch
bei den gänzlich gefärbten Stühlchenscheiben lässt sich häufig die
kalkige Centralachse noch deutlich erkennen. Den Stiel der Stühlchen
fand ich nie in dieser Weise verfärbt. Ausser diesen Stühlchen traf
ich hie und da verstreut, aber in geringer Anzahl weinfarbige Körperchen von unregelmässiger Gestalt. Théel thut ihrer wie der Ver-
färbung der Stühlchen selbst in der Beschreibung der vom „Blake"
gedredschten Exemplare Erwähnung; gleich ihm fand ich diese gefärbten
Concretionen stets in der Nähe der Stühlchen, so dass es den Anschein
hat, als ob die färbende Substanz sich nur anormaler Weise neben den
Stühlchen, statt auf diesen selbst niedergeschlagen habe. Jedenfalls
sind diese unregelmässig geformten, spärlich verstreuten Körperchen
nicht zusammenzuwerfen mit den regelmässig concentrisch geschichteten

weinfarbigen Körperchen, wie sie z. B. bei *Trochostoma violaceum*
Studer [1]) in einer Grösse bis zu 0,059 mm in dicker Schicht die
Oberhaut völlig erfüllen, während die Stühlchen-ähnlichen Kalkkörper
tiefer liegen. Die Untersuchung des gut erhaltenen Exemplars gestattet mir zu der Beschreibung Théel's ergänzende Angaben über
die Anatomie des Thieres zu machen. Am Kalkring sind die Radialia
vorn weit ausgeschnitten, nach hinten enden sie mit zwei, 1,5 mm
langen, sehr zarten Zipfeln; gleich hoch sind die Radialia selbst und
fast ebenso hoch die einspitzigen Interradialia. Radialia und Interradialia stossen zusammen, so [dass ein fester Ring gebildet wird]
1 Poli'sche Blase von 2,5 mm Länge. Der 4 mm lange Steinkanal
geht vom Ringkanal aus frei nach vorn und verschwindet in der Körperwandung. Wahrscheinlich mündet er hier aus, doch ist eine Untersuchung an der gerade hier etwas contrahirten Stelle bei dem einzigen Exemplar nicht thunlich; eine Papille ist nicht vorhanden.
Jedenfalls handelt es sich nicht nur um eine Festlegung des Stein-
kanals; 2,5 mm vom Ringkanal entfernt besitzt er eine Ausbuchtung
und Verdickung, die jedenfalls als Madreporenplatte zu betrachten ist.
Die Tentakelampullen sind 3 mm lang. Das Verhalten der Lungenbäume ist wie bei *Trochostoma thomsonii* Dan. & Kor. [2]), welcher Art
*antarcticum* überhaupt sehr ähnelt. Da eine Kloake nicht vorhanden
ist, münden die Lungenbäume direct in die letzte Partie des Darmtractus und zwar 5 mm vor dem After. Es sind zwei Lungen vorhanden. Die linke theilt sich kurz vor der Verbindung mit dem Darm
in zwei Aeste, von welchen wieder der linke der kürzere ist. Er ist
von der Theilungsstelle an 5 mm lang, der andere 9 mm; die Länge
des gemeinsamen Stammes beträgt 1,5 mm. Beide Aeste sind plump
verzweigt, es befinden sich nur kurze traubenförmige Anhäufungen
runder Bläschen an ihnen. Die rechte Lunge ist die längste; sie ist
nur bis zur Hälfte mit den erwähnten traubenähnlichen Complexen
besetzt, von da ab finden sich nur noch alternirend kurze, unverzweigte
Auswüchse an derselben. Sie ist so lang wie das ganze Thier, indem
sie bis vor zum Kalkring sich hinzieht und hier, sich nochmals dichotomisch verzweigend, an die Gabelschwänze zweier neben einander
liegender Glieder sich anheftet. Die Haut ist sehr dünn, graubraun;

---

1) Siehe No. 28.
2) Den Norske Nordhavs-Expedition 1876—78, VI; Zoologi. Holothurioidea ved D. C. Danielssen og J. Koren, Christiania 1882, p. 42
bis 63, Taf. VII, VIII, Taf. IX, Fig. 40—41.

uuter der Lupe erscheinen zahlreiche winzige braune Pünktchen, jedenfalls die gefärbte Scheibe der Stühlchen, deren Stiel man die Haut durchbohren sieht.

Wie erwähnt, erinnert die vorliegende, durch die „Blake"-Expedition auch im Norden gefundene Art sehr an *Trochostoma thomsonii* DAN. & KOR, von dem sie sich durch den Mangel der charactcristischen, concentrischen, weinfarbigen Körperchen und durch etwas abweichenden Bau des Kalkrings unterscheidet.

## 30. *Synapta beselii* JÄGER.

Literatur siehe: LAMPERT, Seewalzen, 1885, p. 223.
Ferner: THÉEL, „Challenger-Holothurioidea, Part II, 1886, p. 9, Taf. I, Fig. 12. — LUDWIG, Die von G. CHIERCHIA auf der Fahrt des „Vettor Pisani" gesammelten Holothurien 1886, l. c. p. 27. — LUDWIG, Drei Mittheilungen über alte und neue Holothurienarten, 1887, l. c. p. 1243.

3 Exemplare von den Korallenriffen der Lucepara-Inseln, in der Länge von 6 cm, 16,5 cm und 27 cm. Nach Mittheilungen von Herrn Prof. STUDER wurde diese Art bis 3 Fuss lang beobachtet. „Ihre Fortbewegung zwischen den Korallenblöcken geschieht für eine Holothurie auffallend rasch." Hiermit steht allerdings die Beobachtung SEMPER's nicht im Einklang, der die Bewegungen dieser Synapta als „äusserst langsam" bezeichnet. Die auch von SEMPER abgebildeten dunklen Flecken stehen besonders an dem grössten Exemplar sehr regelmässig und lassen das ganze Thier unvollständig gebändert erscheinen.                                                     .

## 31. *Synapta reticulata* SEMPER.

Literatur siehe: LAMPERT, Seewalzen, 1885, p. 226.
Ferner: THÉEL, Report on the Holothurioidea of „Blake", 1886, l. c. p. 19. — SLUITER, Die Evertebraten aus d. Sammlung d. k. naturwissensch. Ver. in Niederländisch Indien in Batavia, 1887, l. c. p. 214.

3 Exemplare von der Mermaidstrasse aus der Tiefe von 1—4 Faden. Länge: 6,5 cm, 8 cm und 8,8 cm.

Zwei Exemplare hiervon waren mir schon früher vorgelegen, als ich anlässlich meiner systematischen Bearbeitung der Holothurien eine grössere Anzahl Holothurien vom Berliner Museum zur Untersuchung erhalten hatte. Wie schon damals bemerkt,

---

1) SEMPER, Holothurien, 1868, l. c. p. 11.

besitzt das eine dieser Exemplare 12 Tentakel. Die Kalkkörper stimmen
bei allen Exemplaren völlig mit der Abbildung SEMPER's überein, auch
ungefähr in der Grösse, die für die Anker im Durchschnitt 0,152 mm
für die Platten 0,143 mm beträgt und sich bei SEMPER auf 0,147 mm
resp. 0,137 mm berechnen lässt. Desgleichen stimmen an dem einen
geöffneten Exemplare die anatomischen Verhältnisse mit den Angaben
SEMPER's überein: Kalkring, 1 Bündel POLI'scher Blasen und 1 Steinkanal entsprechend der Abbildung SEMPER's. Dagegen weicht die
Färbung der Thiere insofern ab, als sich eine netzartige Zeichnung
zum Theil gar nicht erkennen lässt; die Exemplare sind weissgrau
mit 5 dunkelvioletten, nicht ganz 1 mm breiten Längsstreifen. Eine
andere Farbenabart hat SLUITER[1]) unlängst als *var. maculata* beschrieben.

## 32. *Synapta benedeni* LUDWIG *var.*

LUDWIG, Ueber eine lebendig gebärende Synaptide und zwei andere neue
    Holothurienarten der Brasilianischen Küste, in: Archives de Bio-
    logie, Vol. 2, 1881, p. 55—56, Taf. III, Fig. 19—21.

1 Exemplar vom Mc Cluer-Golf, Nordwestküste von Neu-Guinea
aus der Tiefe von 1 Faden im Schlick. 2,3 cm gross.

So auffallend auch das Vorkommen ein und derselben Art an der
Küste Brasiliens und Neu-Guineas sein muss, so stimmt doch das
vorliegende Stück, welches sich in e i n e m Glase mit *Trochostoma
antarcticum* THÉEL fand, mit Ausnahme einiger später zu erwähnenden
Grössenunterschiede in den Kalkkörpern im Uebrigen so völlig mit
der Beschreibung LUDWIG's überein, dass es höchstens auf Grund der
Kalkkörperdifferenzen und des Fundortes als Varietät betrachtet werden
kann.

Die zwölf 1 mm grossen Tentakel besitzen jederseits 2 Fiederchen
und 1 terminales, unpaares; die Glieder des Kalkrings sind $^3|_4$ mm
hoch. Die Eingangsöffnungen zum Schlundsinus sind, wie dies auch
LUDWIG erwähnt, auffallend gross. Auch das Verschwinden der Längsmuskeln nach hinten entspricht den Angaben LUDWIG's, nur sind sie
nicht auffallend breit. POLI'sche Blasen sind 5 vorhanden, deren
längste 0,3 cm, deren kürzeste gut 0,1 cm misst. Die über den ganzen
Körper gleichmässig verstreuten Kalkkörper sind Anker, Platten und
hantelförmige Körper, wie LUDWIG sie abbildet, jedoch bei meinem
Exemplare kleiner. LUDWIG giebt im Text die Grösse der Anker
auf 0,62 mm, die der Platten auf 0,48 mm an. Eine Berechnung nach

---

1) SLUITER, Die Evertebraten aus d. Sammlung d. k. naturwissensch.
Ver. in Niederländisch Indien in Batavia, 1887, l. c. p. 214—215.

der Grösse seiner Abbildungen und der hierzu bemerkten Vergrösserung lässt allerdings die Anker nur 0,45 mm, die Platten 0,38 mm gross erscheinen, jedoch ist auch dies mehr, als meine Messungen ergeben, indem ich die Anker durchschnittlich 0,26 mm, die Platten 0,24 mm lang finde. Der Ankergriff ragt ca. 0,03 mm über den Anfang der Platte hinaus; ebenso lang sind durchschnittlich die hantelförmigen Körperchen, doch finden sich auch kleinere und grössere. Ausser diesen Kalkablagerungen finde ich noch in den Radien dicht gehäuft compacte, ovale, durchschnittlich 0,025 mm grosse Körperchen, welche jedoch nicht in der Körperhaut, sondern in den durchscheinenden Längsmuskeln liegen. Das Thier klettet sehr stark. Die Farbe ist hellbraun, die Anker und ihre Platten sind mit dem blossen Auge als weisse Punkte zu erkennen. Die Haut ist sehr dünn und durchsichtig und lässt vom Schlundkopf an Darm und Längsmuskeln durchscheinen.

## 33. *Synapta inhaerens* O. Fr. Müller.

Literatur siehe: Lampert, Seewalzen, 1885, p. 217.
Ferner: Semon, Beiträge zur Naturgeschichte der Synaptiden des Mittelmeers, in: Mittheil. a. d. Zool. Station Neapel, 7. Bd., Heft 2,
1887, p. 272—300.

3 zum Theil schlecht erhaltene Stücke von 3,6 cm, 2,7 cm und 1,2 cm Länge von der Congomündung aus der Tiefe von 13 Faden.

Der Fundort scheint für eine weitere Verbreitung der Art zu sprechen, die bis jetzt besonders aus dem nordatlantischen Ocean und dem Mittelmeer bekannt ist, die ich jedoch früher schon auffallender Weise unter den von Herrn Prof. Klunzinger in Kosseir am Rothen Meer gesammelten Holothurien auffand.

## 34. ? *Synapta digitata* Montagu.

Literatur siehe: Lampert, Seewalzen, 1885, p. 224.
Ferner: Semon, Beiträge zur Naturgeschichte der Synaptiden des Mittelmeers, 1887, l. c. p. 272—300.

Ein Bruchstück von der Congomündung aus der Tiefe von 13 Faden.

Der schlechte Erhaltungszustand des augenscheinlich einmal ein-getrocknet gewesenen Stückes gestattet nur Bestimmung auf Grund der allerdings characteristischen Kalkkörper, die Bestimmung ist somit nicht unbedingt zuverlässig.

## 35. Anapta fallax n. sp.

Diagnose: 12 Tentakel, jeder mit 8 Fiederchen. Kleine ovale
und klammerförmige Kalkkörperchen, welche in den Radien in Reihen
angeordnet liegen, in den Interradien nur spärlich vorhanden sind.
5 POLI'sche Blasen, Geschlechtsschläuche verzweigt. Haut dünn,
überall mit weisslichen Papillen bedeckt. Farbe in Spiritus gelblich-
weiss.

2 Exemplare, 2,4 cm und 1,2 cm lang von $47^0$ 1' 6" S. B., $63^0$
29' 6" W. L. aus der Tiefe von 63 Faden.

Die 12 Tentakel besitzen 8 Fiederchen, 4 auf jeder Seite, die
gegen die Spitze zu an Grösse zunehmen; in ihnen liegen, in Längs-
zügen angeordnet, klammerförmige, manchmal an den Enden leicht
verzweigte Kalkkörper, 0,044 mm bis 0,051 mm lang; ausserdem finden
sich in der Körperhaut des Thieres ausschliesslich noch ovale Körperchen von 0,022 mm bis 0,051 mm Länge; die Dicke schwankt zwischen
0,009 und 0,014 mm. Die Körperchen liegen zahlreich in den Radien in
Längsreihen angeordnet und sind hie und da, wenn auch spärlich, auch
in den Interradien vorhanden. Weitere Kalkablagerungen finden sich
nicht in der Haut. Der Kalkring, dessen Glieder etwas über 1 mm
hoch sind, ist von der bei Synapta gewöhnlichen Form; das die
Radialia durchsetzende Loch ist klein. Es sind 5 POLI'sche Blasen
vorhanden, deren längste 0,5 cm gross ist, während die andern durchschnittlich 0,2 cm lang sind. Der eine Steinkanal ist im dorsalen
Mesenterium festgelegt; er ist gewunden und besitzt eine längliche
Madreporenplatte, ähnlich wie sie SEMPER [1]) von Chirodota panaensis
abbildet. Die dicken und langen Geschlechtsschläuche sind verzweigt,
sie enthalten keine Kalkkörper. Die Wimpertrichter sind klein, ihre
Vertheilung an den Mesenterien wurde nicht weiter verfolgt. An dem
untersuchten grösseren Exemplar waren durch eine Ruptur in der
Körperwandung die Organe theilweise nach aussen getreten. Die beiden
Exemplare sind fast völlig contrahirt und in Folge dessen die Haut
dick; wo ersteres nicht der Fall ist, ist die Haut dünn und etwas durchscheinend; der Körper trägt überall kleine weisse Papillen. Die Farbe
in Spiritus ist gelblich-weiss.

Es ist dies die dritte Anapta - Art, welche bekannt wird. Die

---

1) SEMPER, Holothurien, 1868, Taf. V, Fig. 27.

anderen beiden sind von SEMPER[1]) und SLUITER[2]) beschrieben. Letztere, *Anapta subtilis* SLUITER, aus dem Javameer stammend, ist characteristirt durch den völligen Mangel von Kalkkörpern und den rudimentären Kalkring; die Zahl der Tentakel, die mehrfachen POLI'schen Blasen und der eine Steinkanal stimmen mit den Verhältnissen bei den andern beiden *Anapta*-Species überein. Von SEMPER's *Anapta gracilis* von Manila unterscheidet sich *fallax* durch die Zahl der Tentakelfiederchen und die Art und Weise des Vorkommens der Kalkkörper, die sich nach den Angaben SEMPER's bei *gracilis* gleichmässig vertheilt finden.

## 36. *Chirodota panaensis* SEMPER.

SEMPER, Holothurien etc. 1868, p. 19, Taf. V, Fig. 1, 15, 21, 27. — SLUITER, Die Evertebraten aus d. Sammlung d. k. naturwissensch. Ver. in Niederländisch Indien in Batavia, p. 212.

Ein Exemplar von 3,2 cm Länge von Roepang, Ebbelinie.

Es sind nur 18 Tentakel vorhanden, welche sämmtlich in die Scheiden zurückgezogen sind, aus denen nur die Spitzen der Fingerchen hervorsehen; da die Mundpartie etwas contrahirt ist, erscheint ein Theil der Tentakel nach innen gerückt, als ob zwei Kreise vorhanden wären, während thatsächlich die Tentakel nur in einem Kreise stehen. Die Farbe ist auch in Spiritus, wie sie SEMPER vom lebenden Thier angiebt, dunkelviolettschwarz. Das Exemplar ist stark contrahirt; wo dies nicht der Fall ist, erscheint die Haut etwas heller und dünn. Die Art war bisher bekannt von Panaon bei Surigao (Philippinen) und von Amboina.

## 37. *Chirodota studeri* THÉEL.

THÉEL, „Challenger"-Holothurioidea, Part II, 1886, p. 33.
syn. *Chirodota purpurea* LESSON (*Sigmodota gen.* STUDER) bei: STUDER, Ueber Echinodermen aus dem antarctischen Meer, 1876, l. c. p. 454. — STUDER, Neue Seethiere aus dem antarctischen Meer, in: Mittheilungen Naturf. Gesellsch. Bern 1876, p. 79. — STUDER, Die Fauna von Kerguelensland, in: Arch. f. Naturgesch., 45. Jahrg., 1. Bd. 1879, p. 123.

---

1) SEMPER, Holothurien, 1868, p. 17—18, Taf. III, Fig. 1, Taf. VII, Fig. 7, 8, 11, Taf. VIII, Fig. 8, 13, 15.

2) SLUITER, Die Evertebraten aus d. Sammlung d. k. naturwissensch. Ver. in Niederländisch Indien in Batavia, 1887, l. c. p. 211.

Fig. 12.

Diagnose: 10 Tentakel, mit 6 Fiederchen. S-förmige Körper
und Rädchen, welche nicht in Papillen, sondern einzeln in der Haut
liegen. 1 Poli'sche Blase, 1 sehr kleiner Steinkanal. Geschlechtsschläuche ungetheilt. Wurmförmig. Haut dünn und durchsichtig.
Farbe in Spiritus sehr blassröthlich.

1 Exemplar von Punta Arenas, Magellanstrasse, 1—2 Faden.

Théel selbst hatte, wie aus dem Folgenden hervorgehen wird,
keine Gelegenheit, diese Art kennen zu lernen. Die vorstehende
Diagnose basirt auf der Durchmusterung eines Hautstückchens von
Studer's Originalexemplar und der Untersuchung eines unter dem
unbestimmt gewesenen Gazellenmaterial befindlichen Exemplars der gleichen Art. Das Stückchen Haut des Originalexemplars verdanke ich Herrn
Dr. Weltner, Assistenten am zoologischen Museum in Berlin, der die
Güte hatte, ein microscopisches Präparat anzufertigen und mir zuzu-
senden, da das Originalexemplar selbst als nur in einem Stück vorhanden nach den Regeln des Berliner Museums nicht ausgeliehen
werden durfte.

Studer hatte seiner Zeit in dieser Holothurie die alte Lesson'sche[1])
Art *purpurea* wieder zu erkennen geglaubt und eine kurze Diagnose
gegeben[2]), in welcher er der eigenthümlichen Sigma-förmigen Kalkkörper gedenkt und mit Rücksicht hierauf die Gattung *Sigmodota* auf-
stellt, eines Vorkommens von Rädchen jedoch nicht Erwähnung thut.
Als ich vor einigen Jahren bei der Untersuchung der von der deutschen
Polarstation in Südgeorgien gesammelten Holothurien in mehreren
Exemplaren eine rothe *Chirodota* auffand, die die gleichen S-förmigen
Körper und ausserdem noch Rädchen in Papillen besass, glaubte ich[3])
die Art für identisch mit der Lesson-Studer'schen nehmen zu dürfen,
indem ich muthmaasste, die sehr vereinzelt auftretenden Rädchenpapillen
seien Studer bei der Untersuchung entgangen. Neuerdings nun hat
Théel[4]) unter den Holothurien des „Challenger" eine bei den Falk-
landsinseln gedredschte, ebenfalls rothe *Chirodota* gefunden, welche
Rädchenpapillen, aber keine S-förmigen Körper besitzt. Da die alte
Lesson'sche *purpurea* von der gleichen Localität stammt, ertheilt

---

1) Lesson, Centurie zoologique, 1830, p. 155—156, Taf. LII, Fig. 2.
2) Studer, l. c. (Berliner Monatsberichte), 1876, p. 454.
3) Lampert, Die Holothurien von Süd-Georgien, in: Jahrb. Wissensch.
Anstalten Hamburg III, 1886, p. 18—21, Fig. 17—20, und Seewalzen,
1885, p. 236.
4) Théel, „Challenger"-Holothurioidea, Part II, 1886, p. 15, Taf. II,
Fig. 1.

THÉEL mit Recht d i e s e r neu gefundenen *Chirodota* den alten LESSON-schen Namen. Die von ihm [1]) ebenfalls untersuchte *Chirodota*-Art mit Rädchenpapillen und S-Körpern zieht er zu *Chirodota contorta* LUD-WIG [2]), worüber später noch Einiges bemerkt sein soll. Da somit die von STUDER erwähnte *Chirodota* mit der LESSON'schen Art nicht iden-tisch ist, aber auch, wenn die Diagnose richtig ist, mit *Chirodota contorta* nicht übereinstimmt, schlug THÉEL für sie den Namen *studeri* vor, wobei allerdings auch er die Vermuthung nicht unterdrücken kann, dass STUDER die Rädchen übersehen habe und die Art mit *contorta* identisch sei. Das erstere ist nun, wie STUDER's Original-exemplar ergiebt, thatsächlich der Fall, das zweite aber nicht, indem die Anordnung der Rädchen die Aufstellung einer eigenen Art bedingt. Ich acceptire mit Freuden den Vorschlag THÉEL's, mit der neuen Art den Namen des Gelehrten zu verbinden, dem wir so manche werthvolle Aufschlüsse über die antarctische Fauna verdanken. Die etwas in Verwirrung gerathene Synonymik der antarctischen *Chirodota*-Arten ist demnach folgendermaassen richtig zu stellen:

1) *Chirodota purpurea* LESSON (LESSON, Cent. zool. l. c. THÉEL, „Challenger"-Holoth., l. c. p. 15, Taf. II, Fig. 1, non STUDER, non LAMPERT). Rädchen in Papillen, keine S-förmigen Körper; ovale Körperchen in den Längsmuskeln.

2) *Chirodota contorta* LUDWIG (LUDWIG, Beitr., l. c. p. 4—5, Fig. 6. THÉEL, „Challenger"-Holoth. l. c. p. 16, Taf. II, Fig. 2. LAMPERT, Seewalzen, p. 236 u. Holoth. v. Südgeorgien, l. c. p. 18—21, Fig. 17—20, beide Male als *Chir. purpurea* LESSON bezeichnet). Rädchen in Papillen und S-förmige Körper.

3) *Chirodota studeri* THÉEL (Challenger-Holothurioidea, l. c. p. 33). STUDER, Antarctische Echinodermen, l. c. p. 454, als *Chir. purpurea* LESSON bezeichnet; Rädchen verstreut und S-förmige Körper.

4) *Chirodota pisani* LUDWIG. (LUDWIG, Die don G. CHIERCHIA auf der Fahrt des „Vettor Pisani" gesammelten Holothurien, 1886, l. c. p. 29—30, Taf. II, Fig. 14). Ausschliesslich Rädchenpapillen.

Ueber *Chirodota studeri* ist noch Folgendes zu sagen: Das vor-liegende Exemplar ist 1,7 cm lang; die Farbe im Spiritus ist sehr blassröthlich, die Haut dünn, theilweise durchscheinend. Tentakel sind 10 vorhanden; sie besitzen jederseits 3 Fiederchen, ein terminales

---

1) THÉEL, „Challenger"-Holothurioidea, Part II, 1886, p. 16, Taf. II, Fig. 2.
2) LUDWIG, Beiträge etc., 1874, p. 4—5, Fig. 6.

Endfiederchen fehlt. Die Rädchen liegen nicht in Papillen zusammen, sondern einzeln in der Haut; sie liegen zum Theil schräg gegen die Oberfläche hin und manche stehen völlig auf dem Rand. Eine regelmässige Vertheilung der Rädchen konnte ich nicht sicher constatiren, doch will es mir scheinen, als ob sie längs der Längsmuskeln in Reihen angeordnet liegen. Die Rädchen, Fig. 12 a, sind von der bei der Gattung *Chirodota* allgemein üblichen Form. Ihre Entwicklung hat Semon[1]) neuerdings an der Hand der Kalkkörper seiner *Chirodota venusta* näher erörtert; doch finde ich die Abbildung der ausgebildeten Rädchen (Entwicklungsstadien fanden sich nicht in meinen Präparaten) nicht ganz genau übereinstimmend mit den Verhältnissen, wie sie mir die Rädchen von *Chir. studeri* zeigen. Die Rädchen besitzen ebenfalls die üblichen 6 Speichen, welche sich an der Innenseite des gewölbten und gezähnten Randes ansetzen. An den zwischen den Ansatzstellen der Speichen liegenden Partien des Radreifes ist der Rand zusammengedrückt, so dass hier die feine Zähnelung erst bei tieferer Einstellung zu sehen ist und diese Stellen stark beschattet erscheinen. Jede Speiche besitzt einen gegen das Centrum zu spitz zulaufenden und hier nach beiden Seiten steil abfallenden keilförmigen Wulst, jedoch von anderer Gestalt, als ihn Semon's Fig. 8 e und f zeigen. Während sich hier der in seiner ganzen Länge ungefähr gleich dicke, wurstähnliche Wulst scharf von dem darunter liegenden Radius abhebt und nach Semon's Angabe zu einem zweiten Radiensystem gehört, gewinne ich bei den Rädchen von *Chir. studeri* den Eindruck, dass der Wulst an seinem peripherischen Ende breit ist und von hier aus allmählich aus der übrigen Masse der Speiche gegen das Centrum zu immer markanter hervortritt, zugleich immer schmäler werdend. Indem der scharfe Abfall des Wulstes nach beiden Seiten bei oberer Einstellung die Grundpartien der Speiche dunkel hervortreten lässt, erscheinen gegen das Centrum zu die Wülste wie durch eine Schwimmhaut verbunden. Den Mittelpunkt des Rädchens bildet ein erhabener sechsstrahliger Stern; kurz vor demselben erreichen die geschilderten Wülste ihr Ende, ohne völlig an ihn heranzutreten, so dass zwischen beiden eine sattelförmige, bei oberer Einstellung tief dunkel erscheinende Einsenkung entsteht. Die annähernd bei allen Rädchen gleiche Grösse beträgt 0,154 mm, der Radkranz ist 0,014 mm dick, die Speichen am Ansatz an den Radkranz haben eine Dicke von 0,036 mm. Die

---

1) Semon, Beiträge zur Naturgeschichte der Synaptiden des Mittelmeers, 1. Mittheilung, 1887, l. c. p. 276—280.

S-förmigen Körper (Fig. 12 b) sind, von Biegung zu Biegung gemessen, 0,125—0,132 mm lang; ihre Dicke beträgt 0,014 mm. Sie haben die bekannte characteristische Gestalt eines dicken, an dem einen Ende etwas eingerollten Stabes, während das andere Ende spitz absteht und meist um 90° gegen das entgegengesetzte gedreht ist. Die Vertheilung der S-Körper ist eine sehr regelmässige, indem sie, zahlreich vorhanden, in ziemlich gleichen Abständen von einander in der Haut liegen. In den Fiederchen der Tentakel liegen, wie bei *Chirodota contorta* Ludwig, an den Enden leicht verzweigte, etwas gebogene Stäbchen in regelmässigen Zügen angeordnet. Die Glieder des Kalkrings sind von der bei der Gattung *Chirodota* gewöhnlichen Form und 0,6 mm hoch. 1 Poli'sche Blase von 2 mm Länge mit einem feinen Anfangsstiel; 1 sehr kleiner festgelegter Steinkanal. In gleicher Höhe mit dem Schlundring inseriren zwei, je 1 cm lange, unverästelte, an vorliegendem Exemplar mit Eiern gefüllte Geschlechtsschläuche.

*Chirodota studeri* Théel ist die dritte bis jetzt bekannte *Chirodota*-Art, bei welcher die Rädchen nicht in Papillen, sondern einzeln in der Haut liegen; die andern beiden sind *Chirodota dunedinensis* Parker [1]) und die einzige, erst seit Kurzem aufgefundene, schon erwähnte Mittelmeerchirodota, *venusta* Semon.

### 38. *Chirodota contorta* Ludwig.

Ludwig, Beiträge etc., 1874, p. 4—5, Fig. 6. — Théel, „Challenger“-Holothurioidea, Part II, 1886, p. 16, Taf. II, Fig. 2. — Théel, Report on the Holothurioidea of „Blake“, 1886, l. c. p. 20.
syn. *Chirodota purpurea* Lesson bei Lampert, Seewalzen, 1885, p. 236, und Lampert, Die Holothurien von Südgeorgien, 1886, l. c. p. 18 bis 21, Fig. 17—20. — Bell, Echinoderms collected during the survey of H. M. S. „Alert“ in the straits of Magellan, in: Proc. Zool. Soc. London, 1881, p. 101.

1 Exemplar von 47° 1′ 6″ S. Br., 63° 29′ 6″ W. L. aus der Tiefe von 63 Faden. 2 cm lang, blassröthlich.

Die Grösse der Kalkkörper schwankt bei dieser Art in ziemlichem Maasse. Bei dem vorliegenden Exemplar finde ich die S-Körper 0,168—0,177 mm lang; bei den Exemplaren von Südgeorgien fand ich sie bis 0,20 mm; nach Ludwig's Zeichnung sind sie 0,15 mm und Théel giebt sie bis 0,28 mm an. Die Rädchen haben nach Ludwig

---

1) Parker, On a new Holothurian, in: Trans. & Proceed New Zealand Inst., Vol. 13, 1880, p. 418.

einen Durchmesser von 0,09 mm, ungefähr ebenso gross fand ich sie früher und auch jetzt wieder, während THÉEL den Durchmesser auf 0,12 mm angiebt. Gegen die Bestimmung dieser Art als *contorta* LUDWIG schien mir früher zu sprechen die Zahl der Tentakelfiederchen, die Anordnung der Rädchenpapillen, die nach LUDWIG über die Interradien vertheilt sind, während ich sie längs der Ambulacren in einer Reihe stehen fand, und die Verzweigung der Geschlechtsschläuche bei *contorta*. Da aber die Zahl der Tentakelfiederchen nach den neueren Untersuchungen in engen Grenzen schwankt und das Vorkommen der Rädchenpapillen nach THÉEL's und meinen eigenen Erfahrungen gerade bei dieser Art sehr variirt, so mag man immerhin diese antarctische Form und die *contorta* LUDWIG's von unbekanntem Fundort nach THÉEL's Vorgang einstweilen als identisch betrachten, wenn ich auch die Gleichheit dieser beiden Arten so lange nicht als ganz sicher betrachte, wie wir nicht durch weitere Funde über die Variationsfähigkeit dieser Art näher unterrichtet sind. Je mehr sich unsere Holothurienkenntnisse erweitern, um so mehr werden wir vor Allem bestrebt sein müssen, jede Abweichung von den vorhandenen Angaben bei der Untersuchung hervorzuheben, um so mit der Zeit eine annähernde Kenntniss darüber zu erlangen, welche Merkmale constant sind und welche individuellen Schwankungen unterliegen.

---

Zu den von mir untersuchten und im Vorstehenden besprochenen 38 Arten des von der Expedition S. M. S. „Gazelle" gesammelten Holothurien-Materials kommen, wie schon Eingangs erwähnt, noch drei weitere, im Berliner Museum befindliche, von STUDER schon bekannt gemachte, ebenfalls auf der Reise der „Gazelle" erbeutete Arten. Sie seien der Vollständigkeit halber hier noch beigefügt.

### 39. *Psolus poriferus* STUDER.

Literatur siehe: LAMPERT, Seewalzen, 1885, p. 122.
Ferner: THÉEL, „Challenger"-Holothurioidea, Part II, 1886, p. 130.
Kerguelen.

### 40. *Thyone muricata* STUDER *(Trachythyone)*.

Literatur siehe: LAMPERT, Seewalzen, 1885, p. 163.
Ferner: LAMPERT, Die Holothurien von Südgeorgien, 1886, l. c. p. 18, Fig. 16.
Kerguelen.

### 41. *Rhopalodina lageniformis* GRAY.

Literatur siehe: LAMPERT, Seewalzen, 1885, p. 182.

Congomündung, 13 Faden; 1 Exemplar, tief im Schlamm.

---

### Verzeichniss der in vorstehender Arbeit citirten Literatur.

1. BELL, F. JEFFREY, Account of the Echinodermata collected during the Survey of H. M. S. „Alert" in the straits of Magellan and on the coast of Patagonia, in: Proceedings of the Zoological Society of London, 1881.

2. — — Studies in the Holothuroidea II. Descriptions of new species, in: Proceedings of the Zoological Society of London, 1883 (20. Febr. 1883).

3. — — Echinodermata from Melanesia, in: Report on the zoological collections made in the Indopacific Ocean during the voyage of H. M. S. „Alert", 1881/82, London 1884, 8⁰.

4. — — On the Holothurians of the Mergui Archipelago collected for the Trustees of the Indian Museum, Calcutta by Dr. JOHN ANDERSON, Superintendent of the Museum, in: Journal of the Linnean Society, London, Zoology, Vol. 21, 1886 (Read 3. June 1886).

5. — — Report on a Collection of Echinodermata from the Andaman Islands, in: Proceedings of the Zoological Society of London, 1887 (15. Febr. 1887).

6. — — Studies in the Holothuroidea VI. Description of new species, in: Proceedings of the Zoological Society of London, 1887.

7. DANIELSSEN, D. C. og J. KOREN, Den norske Nordhavsexpedition 1876—78, Zoologi. VI. Holothurioidea, Christiania 1882.

8. LAMPERT, KURT, Die Seewalzen, Holothurioidea. Eine systematische Monographie mit Bestimmungs- und Verbreitungstabellen, Wiesbaden, Kreidel's Verlag, 4⁰, 1885, in: SEMPER, C., Reisen im Archipel der Philippinen. II. Theil. Wissenschaftliche Resultate, Bd. 4, Abtheilung III.

9. — — Die Holothurien von Südgeorgien nach der Ausbeute der deutschen Polarstation in 1882 und 1883, in: Jahrbuch der wissenschaftlichen Anstalten zu Hamburg. III. Beilage zum Jahresberichte über das naturhistorische Museum zu Hamburg für 1885. Hamburg 1886.

10. LESSON, Centurie zoologique, Paris 1830.

11. LEVINSEN, G. M. R., Kara-Havets Echinodermata, in: Dijmphna-Togtets zoologisk-botaniske Udbytte. Udgivet af Kjöbenhavn Universitäts zoologiske Museum ved Dr. CH. LÜTKEN. Kjöbenhavn 1887.

12. LUDWIG, HUBERT, Beiträge zur Kenntniss der Holothurien, in: Arbeiten aus dem zoolog.-zootom. Institut in Würzburg, Bd. 2, Heft 2, 1875. Separat erschienen 1874.

13. LUDWIG, HUBERT, Ueber eine lebendig gebärende Synaptide und zwei andere neue Holothurienarten der brasilianischen Küste, in: Archives de Biologie, publiées par VAN BENEDEN et VAN BAMBEKE, Vol. II, 1881.

14. — — Revision der Mertens-Brandt'schen Holothurien, in: Zeitschrift für wissenschaftliche Zoologie, Bd. 35, 1881.

15. — — Die von G. CHIERCHIA auf der Fahrt der kgl. ital. Corvette „Vettor Pisani" gesammelten Holothurien, in: Zoologische Jahrbücher, herausgeg. von Dr. J. W. SPENGEL, Bd. 2, 1886.

16. — — Die von Fr. Orsini auf dem kgl. ital. Aviso „Vedetta" im rothen Meer gesammelten Holothurien, in: Zoologische Jahrbücher, herausgegeben von Dr. J. W. SPENGEL, Bd. 2, 1886.

17. — — Drei Mittheilungen über alte und neue Holothurienarten, in: Sitzungsberichte der kgl. preuss. Akademie der Wissenschaften zu Berlin, Bd. 54, 1887. Sitzung der physikalisch-mathematischen Classe vom 22. December 1887.

18. v. MARENZELLER, Kritik adriatischer Holothurien, in: Verhandlungen der zoologisch-botanischen Gesellschaft in Wien, Bd. 24, 1874.

19. — — Neue Holothurien von Japan und China, in: Verhandlungen der zoologisch-botanischen Gesellschaft in Wien, Bd. 31, 1881.

20. PALLAS, Miscellanea zoologica, 1766, deutsche Ausgabe 1778.

21. PARKER, On a new Holothurian, in: Transactions and Proceedings of New Zealand Institute, Vol. 13, 1880.

22. SELENKA, E., Beiträge zur Anatomie und Systematik der Holothurien, in: Zeitschrift für wissenschaftliche Zoologie, Bd. 17, 1867.

23. SEMON, R., Beiträge zur Naturgeschichte der Synaptiden des Mittelmeers, 1. Mittheilung, in: Mittheilungen aus der zoologischen Station zu Neapel, Bd. 7, Heft, 2. 1887.

24. SEMPER, C., Reisen im Archipel der Philippinen, II. Theil, Wissenschaftliche Resultate, Bd. 1, Holothurien. Wiesbaden, Kreidel's Verl., 4°, 1868.

25. SEMPER, C., Die Holothurien Ostafrikas, in: v. d. Deckens Reisen in Ostafrika, Bd. 3, 1869.

26. SLUITER, C. PH., Die Evertebraten aus der Sammlung des königl. naturwissenschaftlichen Vereins in Niederländisch Indien in Batavia. Zugleich eine Skizze der Fauna des Java-Meeres mit Beschreibung der neuen Arten. Die Echinodermen, I. Holothurioidea, in: Natuurkundig Tijdschrift voor Nederlandsch Indië. Bd. 47, 1887.

27. SMITH, EDGAR, Echinoderms of Kerguelen Island, in: Philosophical Transactions of Royal Society London, Vol. 168 (Extra Volume), 1879.

28. STUDER, TH., Ueber Echinodermen aus dem antarctischen Meer und zwei neue Seeigel von den Papua-Inseln, gesammelt auf der Reise S. M. S. „Gazelle" um die Erde, in: Monatsberichte d. k. preuss. Akademie der Wissenschaften zu Berlin 1876 (Sitzung vom 27. Juli 1876).

29. — — Ueber neue Seethiere aus dem antarctischen Meer, in: Mittheilungen der naturforschenden Gesellschaft in Bern 1876 (Sitzung vom 6. Nov. 1876).

30. STUDER, TH., Die Fauna von Kerguelensland, in: Archiv für Naturgeschichte, 45. Jahrg., Bd. 1, 1879.

31. — — Ueber einige wissenschaftliche Ergebnisse der Gazellenexpedition namentlich in zoogeographischer Beziehung, in: Verhandlungen des zweiten deutschen Geographentages zu Halle am 12., 13. und 14. April 1882.

32. THÉEL, HJALMAR, Report on the Holothurioidea dredged by H. M. S. „Challenger" during the years 1873—1876, Part II, in: Report on the scientific results of the exploring voyage of H. M. S. „Challenger" Zoology, Vol. 14, 1886.

33. — — Reports on the results of dredging under the supervision of AL. AGASSIZ, in the Gulf of Mexico (1877—78), in the Caribbean Sea (1879—80), and along the eastern coast of the United States during the summer of 1880, by the U. S. Coast Survey Steamer „Blake", Lieut. Commander C. D. SIGSBEE, U. S. N., and Commander J. R. BARTLETT, U. S. N., commanding, XXX. Report on the Holothurioidea, in: Bulletin of the Museum of Comparative Zoology at Harvard College, Vol. 13, N. 1, Camdridge, Mass. Oct. 1886.

34. THOMSON, WYVILLE, Notice of some pecularities in the mode of propagation of certain Echinoderms of the Southern Sea, in: Journal of the Linnean Society of London, Zoology, Vol. XIII, 1878 (Read June 1. 1876).

35. VERRILL, Bulletin of the U. S. National Museum No. 3, Washington 1876.

# Tafelerklärung.

## Tafel XXIV.

Alle Figuren sind mit Seibert, Obj. IV, und Oberhäuser's Zeichenprisma bei 230facher Vergrösserung gezeichnet.

Fig. 1. *Holothuria argus* JAGER, Kalkkörper aus der Endplatte der Rückenpapillen.

Fig. 2. *Holothuria ludwigi* n. sp. Kalkkörper der Haut; *a* Stühlchenscheibe, *b* fein granulirte Schnallen.

Fig. 3. *Colochirus quadrangularis* LESS., Kalkkörper; *a* aus der Haut des Schlundkopfes, *b* aus der Wandung der Genitalschlauche.

Fig. 4. *Colochirus dispar* n. sp., gitterförmiger Kalkkörper aus der Oberhaut.

Fig. 5. *Colochirus gazellae* n. sp., Kalkkörper der Haut; *a* napfförmiger Körper der Oberhaut von oben, *b* von der Seite gesehen, *c* tiefer liegende knotige Schnalle.

Fig.   6.   *Cucumaria crocea* Lesson, Kalkkörper aus der Haut.

Fig.   7.   *Thyone sacellus* Sel., zarte stäbchenförmige Kalkkörper aus den Tentakeln.

Fig.   8.   *Thyone castanea n. sp.*, Kalkkörper; *a* Stühlchenscheibe, *b* etwas schräg liegendes Stühlchen, *c* krauser Körper aus der Haut des Schlundkopfes.

Fig.   9.   *Thyone (?) sluiteri n. sp.*, Kalkkörper aus der Haut; *a* Stühlchen von oben gesehen, *b* Stühlchenscheibe, *c* Kalkkörper der oberen Schicht, ein mäandrisches Gewinde darstellend.

Fig. 10.   *Thyone (?) sargassi n. sp.*, Kalkkörper; *a* und *b* Kalkkörper der Haut, *a* plumpe, kreuzförmige Körper, *b* krause Körperchen, meist in Gruppen beisammen liegend; *c* Kalkkörper aus der Wandung der Geschlechtsschläuche.

Fig. 11.   *Trochostoma antarcticum* Théel, Kalkkörper, Stühlchenscheibe, zum grössten Theil von weinfarbiger Substanz umhüllt, während an einigen Stellen die weisse Kalksubstanz frei zu Tage tritt; in der Nähe liegen einige unregelmässig geformte, ebenfalls weinfarbige Concretionen.

Fig. 12.   *Chirodota studeri* Théel, Kalkkörper; *a* Rädchen, *b* S-förmiger Körper.

# Heterotrema sarasinorum, eine neue Synascidiengattung aus der Familie der Distomidae.

Von

Dr. **Karl Fiedler** (Zürich).

Hierzu Tafel **XXV**.

Unter den Spongien, welche seiner Zeit von den Herren Dr. Dr. SARASIN
während ihres Aufenthaltes in Ceylon bei Trincomali (an der Ostküste)
gesammelt und vor etwa einem Jahre mir zur Untersuchung übergeben
worden waren, fand sich eine Form, die ihrem Ansehen nach durchaus
der genannten Thiergruppe anzugehören schien. Sie stellt eine plumpe,
unregelmässig verzweigte Masse von ansehnlicher Grösse dar [1]), deren
einzelne Aeste meist flach zusammengedrückt, gegen das Ende zu
jedoch keulenförmig angeschwollen sind. Die Oberfläche zeigt zahlreiche kleine, rundliche Erhabenheiten, welche nur an jenen Stellen,
wo das Thier dem Boden aufgelegen haben mag, ganz fehlen und
durch Gesteinsfragmente, Bruchstücke von Muschelschalen u. s. w.
ersetzt werden. Bezirke der letzteren Art finden sich nur auf einer
Seite der Colonie — dass es sich um eine solche handelte, war sofort
ersichtlich — und ihre Vertheilung zeigt, dass die Colonie nicht baumförmig aufrecht stand, sondern dem Untergrunde mehr als dickes, nur
wenig sich emporhebendes Polster auflag. Die gallertartige Beschaffenheit der ganzen Masse sprach auch nicht gegen die Schwammnatur,
da ja solche Spongien ebenfalls bekannt sind.

---

1) Grösste Länge $8^1/_2$ cm, mittlere Breite eines Astes $1^1/_2$ cm,
grösste Breite 3 cm.

Schon bei der vorläufigen Untersuchung waren mir weiterhin zahlreiche, gegen die Mitte der Querschnittflächen hin gerichtete wurm-
artige Bildungen aufgefallen, die dem übrigen Gewebe nur lose ein-
lagerten. Man konnte sie mit der Pincette leicht herausholen, und
unter dem Microscop liess sie der erste Blick als ascidien-ähnliche
Thiere erkennen. So lag der Gedanke nahe, dieselben möchten sich
als Miether in der Spongie eingenistet haben; kommt doch solche, halb
parasitäre, halb symbiotische Vergesellschaftung selbst sehr verschiedener
Thiere nicht selten vor.

Indessen die microscopische Prüfung von Schnitten, welche durch
den vermeintlichen Wirth mitsammt seinen vermeintlichen Gästen gelegt wurden, lehrte alsbald, dass jener nichts anderes ist als die gemeinsame Grundmasse einer coloniebildenden Ascidienart, einer Synascidie, während diese die Einzelthiere oder Ascidiozooiden derselben
darstellen. — Wie schwer übrigens die Unterscheidung von Spongien
und Synascidien werden kann, namentlich wenn die Einzelthiere der
letzteren nicht gut erhalten sind, das zeigen mehrere, noch aus der
neueren Literatur bekannte Fälle thatsächlicher Verwechslung beider
Thierformen. So hat erst F. E. SCHULZE [1]) sicher nachgewiesen, dass
die zu den Gummineen gestellte *Lacinia stellifica* SELENKA's sowie die
*Cellulophana pileata* OSCAR SCHMIDT's keine Schwämme, sondern zusammengesetzte Ascidien sind. So wird man denn auch den Beinamen
„*spongiforme*", welchen GIARD [2]) einer *Astellium-(Diplosoma-)*Art gegeben hat, zwar für die grosse Aehnlichkeit zwischen Synascidien und
Spongien characteristisch finden, weniger aber für die Art selbst.

Ich habe nun die so erkannte Synascidie einer näheren Unter-
suchung unterworfen und gestatte mir, die erlangten Ergebnisse in
Folgendem vorzulegen. Ich schicke voraus, dass es sich um eine neue
Form handelt, wie mir nicht nur eigene sorgfältige Vergleichung der
Literatur ergab, sondern wie mir auch von einer der ersten Autoritäten
auf diesem Gebiete bestätigt wurde. Ich möchte nicht unterlassen,
Herrn Prof. HERDMAN (Liverpool), welcher die grosse Güte hatte,
einige meiner Präparate und Zeichnungen zu prüfen, auch an dieser
Stelle meinen verbindlichsten Dank für sein so überaus freundliches
Entgegenkommen auszusprechen.

---

1) F. E. SCHULZE, Unters. über d. Bau u. d. Entwicklg. d. Spongien,
III, in: Z. f. wiss. Zool., Bd. 29, p. 92 u. 119 (1877).
2) A. GIARD, Rech. sur les Synascidies etc., in: Arch. de Zool.
expér. et gén., t. 1, p. 657 (1872).

Was die Methoden der Untersuchung betrifft, so mussten sich dieselben natürlich auf passende Färbung und Einbettung des conservirten Materials — es stand mir nur eine einzige Colonie zur Verfügung — beschränken. Die Fixirung und Härtung ist, wie mir von den Herren Dr. Dr. SARASIN mitgetheilt wurde, in öfters gewechseltem, starkem Alcohol bewerkstelligt worden. Die Erhaltung der histologischen Einzelheiten erwies sich denn auch im Ganzen als eine recht gute. — Vorsichtiges Isoliren der Einzelthiere mit Nadeln, Pincette, Färbung mit Picrocarmin und Alauncochenille, weniger zweckmässig mit Hämatoxylin, endlich Einschluss in Glyceringelatine, Kanada- oder Tolubalsam liefert brauchbare Uebersichtspräparate. Zur möglichst schonenden, Schrumpfungen ausschliessenden Entwässerung der zum Einlegen in Balsam bestimmten Präparate bediene ich mich entweder des SCHULZE'schen Entwässerungs-Apparates oder eines einfachen Verfahrens, das mir von Herrn Dr. OVERTON mitgetheilt wurde; dasselbe besteht darin, die zu entwässernden Gegenstände in einer Schale mit schwachem Alcohol innerhalb einer grösseren, gut schliessenden Dose, welche mit starkem Alcohol gefüllt ist, aufzustellen; allmählich erhalten beide Alcoholmengen denselben Concentrationsgrad, und man kann nun das Verfahren bis zur Erreichung des gewünschten Zieles wiederholen.

Den in Benzol gelösten Tolubalsam sowohl wie das nach einer neuen Formel hergestellte Picrocarmin verdanke ich der Freundlichkeit von Herrn Kantousapotheker KELLER. Beides hat sich auch für meine Zwecke bewährt. Der Tolubalsam hellt noch stärker auf als Canadabalsam, was bei gut gefärbten Uebersichtspräparaten zur deutlichen Erkennung der übereinandergelagerten Organsysteme von grossem Nutzen ist.

Zur Anfertigung von Schnittpräparaten war Einbettung in Paraffin vor derjenigen in Celloidin zu bevorzugen. Es wurden sowohl von Stücken der ganzen Colonie wie von isolirten Einzelthieren Schnittserien gemacht, wobei ein SCHIEFFERDECKER'sches Microtom neuester Construction zur Verwendung kam und Schnittdicken von $^1/_{0}$ bis $^1/_{100}$ mm benutzt wurden. Das Aufkleben der Schnitte auf Deckgläschen oder dünne Glimmerstreifen geschieht mit Vortheil in der Weise, dass sie mittels Pinsels mit einer feinen und darum rasch trocknenden Schicht sehr dünnflüssigen Collodiums überzogen werden. Oft gelingt es nachher, die durch die Collodiumhaut vereinigten Schnitte in ihrer Gesammtheit vom Deckglas abzuziehen, worauf man sehr leicht und rasch zu färben im Stande ist. Ebenso sicher, nur

etwas langsamer, gelingen die Färbungen natürlich, wenn die Schnitte
auf dem Deckglas belassen werden müssen. Neben dem schon erwähnten Picrocarmin verwendete ich zur Schnittfärbung noch Hämatoxylin (nach DELAFIELD), combinirt mit Eosin, sowie Alauncochenille
(nach CZOKOR). Letztere diente auch zur Durchfärbung ganzer Stücke.

Mein optischer Apparat bestand aus den trefflichen REICHERT'schen
Systemen $1^a$, 4, $8^a$ und der homogenen Immersion $1|_{20}''$. Sämmtliche
Zeichnungen sind mit dem ABBE'schen Zeichenapparat entworfen,
mit dessen Hilfe auch gleichzeitig die Vergrösserungsziffern bestimmt
wurden.

In der Art der Behandlung schliesse ich mich im Wesentlichen
der von HERDMAN vorgeschlagenen Reihenfolge an [1]) und werde nach
Beschreibung der Organsysteme und auf Grund derselben endlich die
Frage nach der systematischen Stellung der neuen Form zu erörtern
haben.

---

**Aeussere Form der Colonie.** Wie schon in den einleitenden
Bemerkungen hervorgehoben wurde, erinnert die Colonie in ihrer Form
sehr an eine Spongie. Der plumpe Körper ist von gallertartiger Consistenz und entsendet eine Anzahl kurzer, gegen das Ende leicht
keulenförmig anschwellender Fortsätze (Fig. 1). Dieselben erheben
sich einerseits nur wenig über die Unterlage, berühren sie jedoch
andrerseits nur an ein paar Orten unmittelbar. In der nächsten Umgebung dieser, schon durch die Einlagerungen von harten Fremd-
theilchen gekennzeichneten Stellen fehlen die Ascidiozooiden so gut
wie vollständig. Im Uebrigen unterscheidet sich die „Unterseite" in
nichts von der „Oberseite". Hier wie dort stehen die kleinen Einzelthiere so dicht gedrängt, dass die gemeinsame Grundmasse eine fast
wabenartige Beschaffenheit erhält. Hier wie dort sind sie senkrecht
zur Oberfläche der Colonie gerichtet, und ein Querschnitt zeigt daher
stets das in Fig. 2 wiedergegebene Bild.

Dadurch, dass der vorderste Theil des Körpers der Einzelthiere
ein wenig über die allgemeine Begrenzungsfläche hervorragt, sind die
Einzelthiere leicht zu erkennen und auf ihre Vertheilung zu prüfen.
Anfänglich scheinen sie ganz regellos zerstreut. Bei genauer Be-

---

1) W. A. HERDMAN, Report on the Tunicatae, part I, Ascidiae
simplices, in: Challenger-Reports, vol. 6 (1882); part II, Ascidiae com-
positae, in: Challenger-Reports, vol. 19 (1886).

trachtung findet man einige Stellen von verschieden grosser Ausdehnung, wo sie doch zu bestimmten Systemen geordnet sind. Die
Systeme zählen meist 5—10 Einzelthiere, welche die Ecken eines entsprechenden Polygons einnehmen, während seine Seiten durch seichte
Furchen vertreten sind, die zugleich das System von den benachbarten
abgrenzen. Auch jene Stellen der Oberfläche, wo die Einzelthiere
keine Systeme bilden oder die Systeme wenigstens verwischt scheinen,
weisen jene Furchen auf, wenn dieselben auch weniger scharf gezogen
sind und nicht so regelmässig zusammenhängen (vergl. Fig. 1). Alles
in allem genommen, wird zu sagen sein, dass die Ascidiozooiden zu
meist undeutlichen, an beschränkten Stellen jedoch durch Furchen
ziemlich scharf abgegrenzten und dann etwa 5—10-gliedrigen Systemen
vereinigt sind.

Nach Analogie anderer Arten wäre zu erwarten, dass die Mitte
jedes Systems durch einen für die Glieder desselben gemeinsamen
Cloakenraum eingenommen würde. Ein solcher bezw. seine Oeffnung
lässt sich nun zwar weder bei der Oberflächenbetrachtung noch auf
Querschnitten wirklich erkennen, und ganz unzweifelhaft münden die
Ausfuhröffnungen mancher Einzelthiere unmittelbar nach aussen; aber
es ist zu bedenken, dass bei der Conservirung durch Zusammenziehung
der gemeinsamen Grundmasse etwa vorhandene Cloakenöffnungen leicht
zum Verschwinden gebracht werden konnten. Für ihre ursprüngliche
Existenz spricht der Umstand, dass die weiterhin zu beschreibenden
Analanhänge der Einzelthiere sehr oft auf einen Punkt hin convergiren und in ebenso gerichtete, dicht unter der Oberfläche verlaufende
Canäle hineinragen. — Ueber die Färbung der Colonie kann ich leider
keine Angaben machen. Ihre jetzige Farbe ist das gewöhnliche Graubraun älterer Spirituspräparate, doch weiss man ja, dass das oft sehr
lebhafte Colorit vieler Synascidien gerade durch Alcohol bald zerstört wird.

Der gemeinsame Mantel. Die Masse, welche die Einzel-
thiere einer zusammengesetzten Ascidie vereinigt, entspricht bekanntlich
dem Cellulose-Mantel oder der Testa (Tunica externa) der einfachen
Ascidien in jeder Hinsicht. Diese Masse besteht einerseits aus einer
Grundsubstanz, von welcher zuerst O. HERTWIG[1]) für die einfachen

---

1) O. HERTWIG, Unters. über d. Bau u. d. Entwicklung des Cellulose-
Mantels d. Tunicaten, in: Jen. Zeitschr. f. Naturw. u. Med., Bd. 7 (1873).

Ascidien, später Della Valle[1]) auch für die zusammengesetzten nachwies, dass sie ursprünglich eine Cuticularbildung der Epidermiszellen ist, andrerseits aus zahlreichen Zellen, welche nachträglich von der Epidermis aus in die Grundsubstanz eingewandert sind. Grundsubstanz und Zellen bilden sich nun bei den einzelnen Gruppen in verschiedener Weise aus. Sind bei den einfachen Ascidien sehr oft zwei Arten von Zellen vertreten, nämlich meist spindelförmige, bindegewebsartige und merkwürdig umgewandelte, sog. Hohl-, Blasen- oder Kugelzellen, so mangeln die letzteren bei den zusammengesetzten Ascidien in der Mehrzahl der Fälle ganz, in anderen sind sie nur sehr spärlich entwickelt. Auch bei unserer Form gelangen sie nur selten und dann immer vereinzelt zur Wahrnehmung, jedoch stets in ihrer charakteristischen Ausbildung (Fig. 13). Dagegen lagern die kleinen, gewöhnlichen Bindegewebszellen ähnlichen Zellen der Grundmasse zahlreich ein und bilden auch da und dort dichtere Anhäufungen. Ihrer Fähigkeit amöboider Gestaltsveränderung entsprechend, bieten sie die verschiedensten Formen dar, von der vollkommen abgerundeten bis zur mehrfach verästelten. Pigmentführende Zellen konnten nicht nachgewiesen werden.

Die Grundsubstanz ist völlig hyalin und schliesst sich darin dem bei den Synascidien vorherrschenden Verhalten an, während bei den einfachen Ascidien bekanntlich fibrilläre Streifung keine Seltenheit ist. Kalkkörper von charakteristischer Form kommen ihr nicht zu. Dagegen sieht man allerlei, oft von einer dichten Zellschicht umgebene, zufällig umschlossene Fremdkörper, wie kleinste Steinchen, Spongiennadeln, Gruppen von Diatomeen u. s. w. Immerhin ist ihre Menge nicht so bedeutend, um selbst bei ziemlich dicken Querschnitten die durchscheinende Beschaffenheit der Grundsubstanz merklich zu beeinträchtigen. Auch bei microscopischer Durchmusterung fällt eine andere Bildung sofort weit mehr auf. Es sind ansehnliche, kreisförmig umschriebene Massen, welche sich im Innern der Colonie in grösserer Zahl finden als in den Randtheilen. (In Fig. 3 sind einige derselben bei schwacher Vergrösserung angedeutet.) Ihrer Natur nach gehören sie verschiedenen Gruppen an. Einige bestehen aus blossen Anhäufungen einer körnigen Substanz, welche nach Della Valle[2]) von epithelialen Zellen abstammt. Andere stellen junge Knospen dar, deren Ent-

---

1) Della Valle, Rech. sur l'anat. des Ascidies composées, in: Arch. Ital. de Biologie, t. 2 (1882).
2) l. c. p. 11.

wicklungsgang sich aber nicht näher verfolgen liess, da alle auf ungefähr gleicher Stufe der Ausbildung standen. Noch andere entsprechen offenbar den Querschnitten reiner Muskelfortsätze des Muskelmantels der Einzelthiere und dienen dazu, die Einzelthiere in den gemeinsamen Cellulose-Mantel zurückzuziehen, ein Verhalten, das auch schon früher beschrieben worden ist, so von Herdman bei *Leptoclinum moseleyi* und *L. thomsoni* [1]).

Eigentliche „Gefässe", die ja ihrer Entstehung nach auch auf die Ectodermschicht der Einzelthiere zurückzuführen sind (Hertwig) [2]), fand ich nur wenige und immer nur in der Nähe der Oberfläche der Colonie (Fig. 3 *G*); sie weisen gewöhnlich eine schwache Anschwellung ihres Endtheiles auf. Bei anderen Arten, *Botrylloides* z. B., sind reich und eigenartig entwickelte Gefässnetze bekannt. Mit solchen Gefässen dürfen die grossen Hohlräume nicht verwechselt werden, welche an vielen Stellen, ebenfalls nahe der Oberfläche, vorkommen. Schon bei dem Versuche, Einzelthiere zu isoliren, fällt es auf, dass die oberste Schicht des gemeinsamen Mantels sich leicht als dünnes Häutchen abziehen lässt. Das rührt nicht etwa von einer durch verstärkte Einlagerung von Fremdkörpern oder sonstwie erhöhten Consistenz her, wie bei einigen anderen Gattungen; es erklärt sich vielmehr aus dem Vorhandensein eben jener Spalträume unter der obersten, etwa $1/5$ mm dicken Schicht (Fig. 3). Auf Querschnitten constatirt man, dass die Spalträume oft die Ausfuhröffnungen zweier Einzelthiere in Verbindung setzen, und obwohl mir, wie bemerkt (S. 863), unmittelbar beweisende Beobachtungen mangeln, scheint es mir wahrscheinlich, dass die von den Thieren eines Systems ausgehenden Spalträume ungefähr in der Mitte desselben in eine gemeinschaftliche Cloake münden können.

---

Die Einzelthiere. Ueber die Stellung der Einzelthiere oder Ascidiozooiden in der gemeinsamen Mantelmasse und ihre Gruppirung zu Systemen wurde das Wesentliche bereits in den vorangehenden Abschnitten mitgetheilt. Hier sei nur noch hinzugefügt, dass die auffallend lose Einlagerung der Ascidiozooiden wohl auf eine die Zusammenziehung der Grundmasse noch übertreffende Contraction der Einzelthiere bei der Conservirung zurückzuführen ist. Wenigstens berühren bei lebenden Synascidien die Ascidiozooiden die Grundmasse

---

1) Herdman, l. c., part II, p. 272 u. 290, pl. XXXVII, fig. 16, u. pl. XL, fig. 5.
2) Hertwig, l. c. p. 53.

mit ihrer ganzen Oberfläche auf's engste. An drei Stellen ist aber auch bei unserer Form die Verbindung stets erhalten: an den beiden Oeffnungen und an der Basis der Einzelthiere. An der Mund- oder besser Einfuhröffnung wird dieselbe dadurch hergestellt, dass die gemeinsame Mantelmasse sich noch eine ganze Strecke weit auf die Innenseite des Einfuhrtrichters fortsetzt, sich gleichsam auf und in denselben umschlägt. O. HERTWIG hat diesen Zusammenhang zuerst bei den einfachen Ascidien aufgedeckt. Bei der Ausfuhröffnung wird die Verbindung besonders durch die drei Analanhänge (Fig. 3 u. 4 $A A$) oder -zungen vermittelt, welche sich hier meist in die Grundmasse einsenken. Manchmal sah ich den einen oder andern dieser Anhänge frei in einen jener oberflächlichen Spalträume hineinragen (p. 865), was der Vermuthung Raum lässt, die Analanhänge könnten durch Bewegung in bestimmter Richtung bei der Weiterbeförderung der durch die Analöffnung ausgestossenen Nahrungsreste betheiligt sein. Endlich erfolgt die Verbindung mit der Grundmasse durch die Muskelfortsätze, welche schon kurz erwähnt wurden (p. 865) und in Verbindung mit der übrigen Musculatur näher zu besprechen sein werden (vergl. auch Fig. 4 $M F$).

Der Körper jedes Einzelthieres (Fig. 4) zerfällt durch eine ziemlich tiefe Einschnürung in zwei ungleich grosse Theile. Unsere Form würde demnach der MILNE EDWARDS'schen Gruppe der „Didemnidens" angehören [1]. Die Länge des oberen Abschnittes, welcher besonders den Kiemensack enthält, beträgt $1^1|_2$—2 mm, die Länge des unteren, welcher namentlich den Verdauungs- und Geschlechtsapparat umschliesst und daher als Eingeweidesack bezeichnet wird, $^1|_2$—1 mm. Sonach schwankt die Gesammtlänge der Einzelthiere zwischen 2—3 mm. Zu bemerken ist noch, dass der untere Abschnitt nicht immer in der Längsrichtung des oberen liegt, sondern demselben bisweilen etwas zugeknickt ist.

---

Der Mantel der Einzelthiere (Muskelmantel). Den Mantel bedeckt bei allen Ascidien zu äusserst eine dünne ectodermatische Membran. Sie besteht aus stark abgeplatteten, mit deutlichen Kernen versehenen Zellen, welche ähnlich auch bei unserer Form die nur spärlich vorhandenen Gefässfortsätze auskleiden. Der hervorstechendste

---

1) H. MILNE-EDWARDS, Observ. sur les ascidies des côtes de la Manche. Paris, in: Mém. Acad. Sc., t. 18, p. 217 (1842).

Bestandtheil des im Uebrigen bindegewebigen Mantels ist die (glatte) Musculatur. Dieselbe tritt hier nur in Längsbändern auf, Querbänder fehlen, die Ein- und Ausfuhröffnungen ausgenommen, welche beide von deutlichen Ringmuskellagen umgeben sind (Fig. 4 bei *E. Oe* u. *A. Oe*). Was zunächst die Längsbänder betrifft, so sind deren am vorderen Körperabschnitt 20—30 an Zahl, und in jedem Band liegen 2—4—6 lange, glatte Muskelfasern neben einander (in Fig. 4 sind nur die Bänder, in Fig. 5 auch die Fasern dargestellt). Auf den unteren Körperabschnitt, den Eingeweidesack, gehen zwei breite, seitliche Muskelbänder über (Fig. 4 *M F*), deren Fasern z. Th. von vereinigten Fasern des Oberkörpers stammen, z. Th. von einem ebenfalls ziemlich breiten Muskelband herrühren, welches zwischen Kiemensack und Peribranchialraum unter der Reihe der Languets (Fig. 4 *L*) verläuft. Zweigen sich schon auf dem Kiemensack gelegentlich einzelne Fasern von einem Strange ab, um unter spitzen Winkeln zu einem anderen an- und überzusteigen, so wird in der Nähe des Branchial- oder Einfuhrtrichters und noch mehr in den Lappen desselben die Auflösung in getrennte und sich mehrfach kreuzende Fäden vollständig. Dieser Branchialtrichter besteht aus einem hohlcylindrischen Grundtheil von ansehnlicher Höhe, an welchen sich sechs, je nach dem Contractionszustand mehr zugespitzte oder mehr abgerundete kurze Zipfel anschliessen, wo sich die Längsmuskelfasern in der in Fig. 5 wiedergegebenen Weise vertheilen. Der Basaltheil dagegen ist von einer starken Ringmuskelschicht umgeben, die aus mehreren Dutzend über einander geschichteten Fasern besteht. Ungefähr ebenso stark ist der Sphincter der Ausfuhr- oder Analöffnung, welche seitlich von der Branchialöffnung, jedoch erheblich tiefer als diese, etwas über der mittleren Höhe des vorderen Körperabschnittes, liegt (Fig. 4 *A Oe*). Sie bildet einen in die Länge gezogenen Schlitz, welcher — wie mit Rücksicht auf die systematische Stellung unserer Form besonders betont sei — eine einfache Begrenzungslinie besitzt und nicht in Zipfel ausgezogen ist. Dagegen wird sie überdeckt von einem dreitheiligen Fortsatz des Mantels, dem bereits erwähnten Analanhang (Fig. 4 *A A*), dessen Zipfel etwa doppelt so lang, aber nicht ganz so breit sind, wie diejenigen des Branchialtrichters.

Die Tentakel. Am Grund des Branchialtrichters, kurz bevor sich derselbe zum Kiemensack erweitert, findet sich bei allen Synascidien eine Gruppe von Tentakeln. Bei unserer Form sind es deren 16, und zwar stehen sie in zwei Kreisen zu je 8 (Fig. 4 *T*). Die

grösseren Tentakel nehmen den oberen Kreis ein, sitzen mit breiter
Basis auf und verschmälern sich rasch zu engeren Schläuchen, welche
nach abwärts hängen. Die kleineren stehen etwas über und zwischen
den grösseren und sind sehr kurz, fast bloss papillenförmig. Beiderlei
Tentakel sind hohl.

Der Kiemensack. Der Kiemensack gehört sowohl physiologisch
als morphologisch zu den wichtigsten Bestandtheilen des Ascidien-
körpers: physiologisch, wegen seiner Bedeutung als Athmungsorgan
einerseits und als Anfangstheil des Verdauungsapparates andrerseits,
morphologisch, weil er in seiner Ausbildung mancherlei Unterschiede
aufweist, welche zur Characterisirung der systematischen Gruppen
wesentlich beitragen.

In der vorliegenden Form ist der Kiemensack sehr schön entwickelt. Seine Grösse verhält sich zu derjenigen des Eingeweidesackes wie 2:1 oder 3:2. Er ist von 8—10, bei einigen Exemplaren
sogar von 12 Querreihen von Kiemenöffnungen durchsetzt, und jede
Reihe enthält 9—10 Stigmata jederseits zwischen Endostyl und Languets. Die mittleren Oeffnungen haben die Gestalt länglicher Rechtecke,
deren Ecken freilich abgerundet sind (Länge etwa 0,1 mm, Breite
0,03—0,05 mm). Nach den Seiten, besonders nach dem Endostyl zu,
werden sie nicht nur kleiner, sondern gehen auch in andere, fast dreieckige
Formen über (vergl. Fig. 4). Die Flächenstreifen zwischen den Kiemen-
reiben besitzen eine Breite von 0,03—0,04 mm, diejenigen zwischen
den einzelnen Kiemenöffnungen eine solche von 0,01—0,03 mm. Die
Wimperzellen selbst, welche alle diese Rahmen auskleiden, sind lang
gestreckt, etwa 0,007—0,01 mm breite und 0,005 mm hohe Zellen mit
entsprechend geformtem deutlichen Kern. Die Länge ihrer dicht gestellten und meist in vollkommener Weise erhaltenen Wimpern beträgt
bis 0,007 mm (Fig. 14).

Von den Gefässsystemen, welche den Kiemensack durchsetzen, ist
nur dasjenige der Quergefässe deutlich ausgebildet. Dieselben verlaufen in der Mitte zwischen den Reihen der Kiemenöffnungen. Sie
sind an gut gefärbten Präparaten als förmlich nach innen vorspringende
Leisten sichtbar (auch in Fig. 4 angedeutet). Sowohl vor dem Eintritt in den stärkeren ventralen als vor der Mündung in den etwas
schwächeren dorsalen Hauptlängsstamm erweitern sie sich etwas; besondere Anhänge, die wir von einigen anderen Arten kennen, finden
sich hier nicht.

Der Endostyl. So verschiedenartig der Kiemensack selbst bei
den verschiedenen Arten gebaut ist, so gleichartig — wenigstens in
Bezug auf die allgemein auffallenden Verhältnisse — sieht jenes merkwürdige, als Endostyl oder Bauchrinne bezeichnete Organ aus, welches
ihn seiner ganzen Länge nach auf der Ventralseite durchzieht (Fig. 4 E).
Dem Vorkommen nach schon lange bekannt, ist seine Bedeutung als
Schleimdrüse und damit seine physiologische Function bei der Nahrungsaufnahme erst durch Fol [1]) nachgewiesen worden. Was seinen feineren
histologischen Bau bei den Synascidien betrifft, so hat Della Valle[2])
davon kürzlich eine eingehende Darstellung geliefert, der ich nichts
Neues hinzuzufügen habe. Ich beschränke mich also auf Angabe besonderer Formverhältnisse bei der untersuchten Art.

Bei den meisten Einzelthieren verläuft der Endostyl fast völlig
gerade. Der wellig gebogene, manchmal bis zur förmlichen Fältelung
gehende Verlauf, den er bei einigen wenigen Exemplaren aufwies,
dürfte somit bei unserer Art eine Contractionserscheinung sein, während
dies bei anderen Arten nach mehrfachen Angaben zum normalen Verhalten werden kann. Die Breite des Organs beträgt fast $1/_{10}$ mm.
Gegen hinten und ebenso gegen vorne zu, wo sich der Endostyl in
schön geschwungenem, „gewölbeartigem" Bogen zu dem Peripharyngealband begiebt, welches gleich unterhalb des Tentakelkranzes liegt, verschmälert er sich etwas und endet mit einer kleinen durch eine Einsenkung unterbrochenen Vorwölbung (vergl. Fig. 5 E). Die hell und
dunkel erscheinenden Bänder der Flächenansicht (Fig. 4 E u. Fig. 11)
entsprechen den mit verschieden hohen Zellen bepflasterten Abstufungen
und Terrassen des Endostyls, welche der Querschnitt aufweist (Fig. 8—10).
Der Querschnitt zeigt übrigens ein Bild, das in seinen Einzelheiten
von den mir bekannten Zeichnungen des betreffenden Organs anderer
Synascidien mehrfach abweicht. Es bestätigt dies die Angaben Della
Valle's und lässt erwarten, dass bei genauerer Untersuchung noch
mehr Gattungs- oder selbst Artunterschiede auch am Endostyl auf-
findbar sein werden. Ich gebe zum Vergleich neben meiner Figur 10
in den Fig. 8 und 9 Querschnitte durch das Endostyl von *Polycyclus
renieri*[3]) und *Botrylloides perspicuum*[4]). Die einander entsprechenden
Theile sind so leicht erkennbar, dass weitere Beschreibung überflüssig

---

1) Fol, Ueber die Schleimdrüse oder den Endostyl der Tunicaten,
in: Morph. Jahrb., Bd. 1, p. 223 (1874).
2) Della Valle, l. c. p. 18 ff. (1882).
3) Della Valle, l. c. T. II, Fig. 14.
4) Herdman, l. c. part II, T. III, Fig. 5.

scin dürfte. Nur auf die im Verhältniss zur Gesammthöhe grosse
Breite des Organs bei unserer Art gegenüber den beiden anderen Arten
sei besonders aufmerksam gemacht. Die langen Cilien in der Mitte
des eigentlichen Drüsentheils zeigten sich deutlich auf mehreren Schnitten,
die kürzeren Wimpern dagegen, die sonst auf den Seitentheilen auftreten, waren nicht zu sehen.

Oefters stand mit dem Endostyl eine merkwürdige Bildung in
Zusammenhang, die sonst nicht erwähnt wird. Es sind zwei Reihen
von rundlichen Blasen, welche, in der Längsrichtung regelmässige Abstände einhaltend, einander paarweise gegenüberliegen. Dem Aussehen und der Grösse nach ähneln sie den hellen, blasenförmigen
Zellen, die in grösserer Menge besonders vor der Einschnürungsstelle
zwischen Kiemen- und Eingeweidesack in letzterem auftreten, sich
aber von da mehr vereinzelt sowohl nach unten wie nach oben verbreiten (Fig. 4 *N*? u. Fig. 11). Da man bei vielen einfachen Ascidien
Harnsäure abscheidende Organe nur in Form von ähnlichen, ebenfalls
die Eingeweide umgebenden Zellanhäufungen findet, so ist wohl anzunehmen, dass es sich auch hier um entsprechende Function dieser characteristischen Zellen handelt. Ihre Ausdehnung auf die Region des Kiemensackes und ihre morphologisch interessante Anordnung neben dem
Endostyl würden natürlich dieser Deutung wenigstens nicht entgegen
sein. Die dichte Umhüllung der Zellen mit zahlreichen, wohl Gefässen
angehörigen Kernen spricht dafür. Andrerseits fehlt hier freilich der
Nachweis des Harnsäuregehaltes noch, welcher bei den einfachen Ascidien
erbracht ist.

<hr>

Peripharyngealbänder und Languets. Die Peripharyngealbänder, welche, stets von den Seitenwänden des Endostyls ausgehend, die Basis der Einfuhröffnung nahe unter dem Tentakelkranz
umgreifen und sich dorsal vereinigen, bieten keinen Anlass zu besonderen Bemerkungen. Sie sind ziemlich breit und tragen auf der
nach oben gekehrten Zellreihe kurze Wimpern. Sie stellen nach der
jetzigen Auffassung den Weg dar, auf welchem der vom Endostyl abgesonderte Schleim in die Nähe der Einfuhröffnung gelangt, wo sich
eingestrudelte Nahrungstheilchen mit ihm mischen und nun, sei es
durch den Wasserstrom des Kiemensackes, sei es unter Betheiligung
der Wimpern der Lamina dorsalis bezw. der stellvertretenden „Languets“,
zur eigentlichen Mundöffnung am Grund des Kiemensackes geführt
werden (vergl. Fig. 4, *PB, L, Oe Oe*).

Der dorsale Vereinigungspunkt der beiden Bänder ist auch hier eigenartig gestaltet, zu einem „Dorsaltuberkel", „Wimperorgan", „Riechtuberkel", umgebildet, das seiner Beziehung zu Ganglion und Neuraldrüse wegen dort beschrieben werden soll.

Die Reihe der „Languets" (Fig. 4, *L*) vertritt auch bei dieser Art, wie bei der Mehrzahl der Synascidien, den Platz einer eigentlichen Lamina dorsalis, welche den meisten einfachen Ascidien zukommt. Die Languets stehen als fingerförmige Fortsätze jeweilen einzeln zwischen den Reihen der Kiemenöffnungen und ragen bis auf etwa ein Drittel des Querdurchmessers der Kiemenhöhle in diese hinein. Ihr etwas verdicktes Ende ist eigenthümlich dreikantig. Wimpern waren nicht erhalten, werden aber im lebenden Zustand kaum gefehlt haben.

---

**Ganglion und benachbarte Organe.** Das sogen. Gehirnganglion, die Neuraldrüse und der Rückenhöcker stehen in so enger Verbindung, dass ihre gemeinsame Behandlung sich rechtfertigt. Letztere beiden theilen übrigens das Schicksal, dass sie sich die verschiedenartigsten Deutungen haben gefallen lassen müssen.

Das Ganglion befindet sich in der von allen Synascidien bekannten Lage in der Mittellinie des Körpers zwischen Einfuhr- und Ausfuhröffnung, jedoch mehr der ersteren genähert und unmittelbar unter dem Muskelmantel. Es ist von ovaler Form (Fig. 4, 5 u. 12 *GG*) und zeigt, wie immer, eine zell- und kernreichere Peripherie und eine daran ärmere centrale Masse. Die an beiden Polen abgehenden Stämme lassen sich nur eine ganz kurze Strecke weit verfolgen. Man weiss von günstigeren Objecten, dass sie einerseits gegen den Kiemensack, andrerseits gegen die Peripharyngealbänder und den Tentakelkranz hin sich fortsetzen. Die Angabe Giard's [1]), dass eine Art Schlundring vorhanden sei, wird von Della Valle [2]) als wahrscheinlich unzutreffend erklärt, wie denn überhaupt in dieser Frage noch grosse Unsicherheit besteht. Die Ausbildung einer Methode, welche bei Wirbellosen die specifische Färbung der (marklosen) Nervenfasern in jener vollendeten Weise gestattete, welche das Weigert'sche Hämatoxylin-Kupferlack-Verfahren bei den (markhaltigen) Fasern der Wirbelthiere ermöglichte, würde einen gewaltigen Fortschritt bedeuten.

Die sogen. Neuraldrüse liegt unmittelbar unter dem Ganglion.

---

1) Giard, l. c. p. 514.
2) Della Valle, l. c. p. 42.

Häufig von Eiform, stellt sie hier eine fast kuglige Masse dar (Fig. 4 u. 12 *ND*). Der nach vorn bezw. oben abgehende Ausführungsgang beginnt noch zwischen ihr und dem Ganglion, tritt dann aber unter demselben als kurze, gegen das Ende erweiterte Röhre hervor. Sie mündet mit enger Kreisöffnung an der Stelle, wo die beiden seitlichen Bogen des Peripharyngealbandes dorsal auf einem gegen den Kiemensack zu gewölbten Vorsprung zusammentreffen, welcher wie jene Wimperzellen trägt. Die genaue, bei zahlreichen Exemplaren in derselben Weise gesehene Gestalt dieses Tuberkels ist in Figur 12 abgebildet. Das Ascidiozooid lag ungefähr symmetrisch zu dem in Fig. 4 wiedergegebenen, und der Beobachter, welcher das Organ in der in Fig. 12 gezeichneten Ansicht erblicken möchte, müsste etwa am unteren Ende des Endostyls stehen. Bei Vergleichung anderer genau untersuchter Arten erkennt man selbst an diesen kleinen Gebilden mehrfache Abweichungen. In der Deutung dieses Organes und der sogen. Neuraldrüse nicht minder, gehen, wie gesagt, die Meinungen weit auseinander. Während HERDMAN dafür hält [1]), dass die Untersuchungen von USSOW und JULIN die Unabhängigkeit beider vom Gehirnganglion erwiesen und die frühere Deutung als Geruchsorgan beseitigt hätten, betont DELLA VALLE zu ungefähr gleicher Zeit auf Grund entwicklungsgeschichtlicher Studien die ursprünglich nervöse Natur [2]). Auf Grund der Untersuchung einer einzigen Art ist selbstverständlich kein Urtheil möglich.

Der Verdauungsapparat. Die Eingangsöffnung zum eigentlichen Verdauungsapparat nimmt den etwas verschmälerten Grund des Kiemensackes fast zur Hälfte ein. Sie besitzt eine kleine aufgewulstete Lippe (Fig. 4 bei *Oe Oe*). Dieselbe führt in einen engeren, meist gerade nach abwärts verlaufenden, bisweilen aber auch in kurze, dicht aufeinanderfolgende Windungen gelegten Oesophagus. Der Magen, welcher ebenfalls die Längsrichtung der Speiseröhre beibehält, ist eine sehr ansehnliche, kuglige oder eiförmige Erweiterung, die sich durch ihre auch innerlich ausgeprägte Längsfaltung noch besonders auszeichnet (vergl. Fig. 4 u. 6 *M*). Da sowohl die Speiseröhre wie der Darm die Magenwandung gleichsam etwas gegen das Lumen des Magens zu einstülpt, und die Längsfurchen ziemlich tief sind, gehen die Falten, 6—10 an Zahl, oft in förmliche Aussackungen über. Es tritt dies

---

1) HERDMAN, l. c. part I, p. 45.
2) DELLA VALLE, l. c. p. 44.

namentlich hervor, wenn ihre stärksten Wölbungen nicht in der Mitte
liegen, sondern nach oben gerückt sind und andrerseits die Furchen
das untere Ende des Magens nicht erreichen — ein auch in der
Zeichnung dargestellter Fall. Auf dem Querschnitt erkennt man die
Faltung natürlich sofort (Fig. 6 *M*) und im weiteren, dass die ziemlich
dicken Wände aus einer einzigen Schicht hoher Cylinderzellen gebildet
werden. Von oben gesehen, setzen diese Zellen ein zierliches poly-
gonales Mosaik zusammen. Aehnlich gefaltet ist die Magenwand nach
den bisher veröffentlichten Angaben bei *Botryllus*, *Aplidium*, *Ama-
roucium*, *Tylobranchion* und *Goodsiria*.

Der Darm zeigt einige kurze Windungen (Fig. 4, *DD*), welche über
und neben dem, den Grund des Eingeweidesackes einnehmenden Hoden
liegen. Nach scharfer Umbiegung und unter bedeutender Erweiterung
steigt er als dünnwandiges Rectum wieder nach aufwärts, gewöhnlich
an derselben Seite, wo er abstieg. Meist ist er mit einer Menge von
Nahrungsresten gefüllt, welche eiförmige Ballen bilden. Neben allerlei
Resten unbestimmbarer Herkunft erblickt man zahlreiche Spongiennadeln, Diatomeenschalen u. dergl. mehr. Ungefähr in der Mitte der
Peribranchialhöhle verengert sich der Darm wieder etwas und endigt
hier mit einer von vier schmalen Zipfeln umstellten Oeffnung, der
eigentlichen Afteröffnung (Fig. 4 *A*). — Das System verzweigter feiner
Schläuche, welches bei vielen Synascidien einen Theil des Magens oder
Darms überzieht und Verdauungsdrüse kurzweg oder unter mehr
functioneller Bezeichnung Glandula hepato-pancreatica genannt wurde,
konnte ich an Uebersichtspräparaten nicht nachweisen. Dagegen sah
ich an Schnitten mehrmals Bilder, wie Fig. 7 (bei *L*) eines darstellt.
Es entspricht dem DELLA VALLE'schen Durchschnitt der Leberschläuche
von *Botryllus aurolineatus* [1]) und lässt also auf die Anwesenheit der
erwähnten Drüsenformation auch bei unserer Art schliessen.

Bezüglich des Circulationsapparates ist nur zu bemerken,
dass das Herz seine gewöhnliche Lage in der Längsrichtung des Körpers
neben dem Verdauungstractus innehält.

Der Geschlechtsapparat. Die Synascidien sind bekanntlich
Zwitter. Da indessen die beiderlei Geschlechtsorgane und ihre Pro-
ducte sich ungleichzeitig, jedoch bei allen Thieren einer *Colonie* gleich
rasch entwickeln, so findet man entweder stets rein männliche oder
rein weibliche Colonieen mit lauter ungefähr gleich weit gereifte

1) DELLA VALLE, l. c. T. II, Fig. 20.

Thieren. Die vorliegende Colonie war eine rein männliche; vom Eierstock liess sich keine Spur erkennen.

Der Hoden besteht aus 8—16 rundlichen Testikeln von 0,05—0,07 mm
Durchmesser. Dieselben nehmen den untersten Theil des Eingeweidesackes ein, ihre feinen Ausführungsgänge jedoch wenden sich alle in
kürzerem oder längerem Bogen dorsalwärts, um hier, fast in demselben
Punkt, zu einem Samenleiter, einem Vas deferens, zusammenzutreten.
Betrachtet man die Gruppe der Testikel von der Dorsalseite her, so
scheinen sie radiär um ein gemeinsames Centrum geordnet zu sein,
wie das z. B. von Drasche [1]) für Distomiden und Distapliden beschreibt
und abbildet. In den Testikeln sind kleine, mit stark färbbaren Kernen
versehene Zellen eng gehäuft. Die mehr dem äusseren Umkreis jedes
Testikels genäherten sind etwas grösser, und ihre Kerne sind etwas
blässer als die näher der Mitte befindlichen. In der Mitte selbst kann
man oft dichtgedrängte Mengen fertig ausgebildeter Spermatozooen
wahrnehmen. Danach sind auch hier, an der Peripherie beginnende
und centripetal fortschreitende, wiederholte Kern- und Zelltheilungs-
processe als Vorstufen der Spermatozoenbildung vorauszusetzen. Die
Spermatozoen selbst stellen gleichmässig dünne, wellenförmig gebogene
Fädchen dar, deren Geisseln nicht mehr sichtbar zu machen waren.

Der Verlauf des Samenleiters ist leicht zu verfolgen, da er gewöhnlich voll Spermatozoen gepfropft ist und sich darum sehr dunkel
färbt, während die Faeces des theilweise darunter liegenden Darmes
ungefärbt, bezw. hellbraun bleiben. Der Samenleiter tritt nach leicht
bogenförmigem, wohl auch noch einige stärkere Krümmungen ein-
schliessendem Verlauf (Fig. 4 S) in den Peribranchialraum ein, schwillt
hier leicht und allmählich an, um endlich, unter ebenso allmählicher
Verengerung seines Lumens, neben der Afteröffnung in diesen Peribranchialraum auszumünden.

---

Der Peribranchial- oder Cloakenraum ist jener Raum,
welcher einerseits das aus dem Kiemensack abfliessende Wasser, andrerseits die aus den Organen des Eingeweidesackes stammenden Nahrungsreste und Geschlechtsproducte aufnimmt und durch die Anal- oder
Ausfuhröffnung nach aussen abgiebt. Er hat seine grösste Weite
dorsal vom Kiemensack, umgreift jedoch auch, obschon bedeutend verschmälert, die beiden Seitenflächen desselben. Bei unserer Art ist die

---

1) R. v. Drasche, Die Synascidien der Bucht von Rovigno, Wien
1883, p. 16 ff., Taf. IX, Fig. 1.

bauchige Anschwellung des Cloakenraumes ziemlich stark; [in der Längsrichtung reicht er bis etwa zum letzten Drittel der Höhe des Kiemensackes. Die Eigenthümlichkeiten seiner Oeffnung wurden schon früher erwähnt (p. 867).

————

Systematische Stellung. Gegenüber der äusseren Form der Gesammtcolonie, welche selbst bei Synascidien gleicher Art in hohem Grade wechseln kann, liefert der Bau der Einzelthiere die wichtigsten systematisch verwendbaren Charactere. Dass unsere Form auf Grund dessen zunächst in die MILNE EDWARDS'sche Gruppe der „Didemnieus" gehört, wurde bereits früher festgestellt. Da jedoch die spätere Forschung zeigte, dass die genannte Gruppe keine so natürliche ist, wie die gleichzeitig und nach denselben Grundsätzen aufgestellte der „Polycliniens" und „Botrylliens", so wurde sie in eine Anzahl von Familien aufgelöst, welche bei der Erörterung der systematischen Stellung unserer Art zu berücksichtigen sein werden.

Folge ich der Eintheilung, welche HERDMAN 1886 der umfassenden Bearbeitung der Challenger-Synascidien zu Grunde legte, so kommen die älteren Familien der *Distomidae*, *Didemnidae* und *Diplosomidae* und zwei ausschliesslich auf Challenger-Material begründete neue Familien in Betracht. Von den *Didemnidae* und *Diplosomidae* weicht unsere Form unter anderem durch die viel grössere Zahl von Kiemenreihen, von den Challenger-Familien der *Coelocormidae* und *Polystyelidae* durch den sechs-(statt fünf-, bezw. vier-)zähnigen Einfuhrtrichter und viele andere Merkmale ab. Dagegen vereinigt die Form alle Charactere auf sich, welche die Familie der *Distomidae* auszeichnen, und zwar in dem ihr von HERDMAN gegebenen, die Familie der *Chondrostachyidae* VON DRASCHE's einschliessenden Umfang.

Die (nachstehend durch gesperrten Druck ausgezeichneten) Merkmale der HERDMAN'schen *Distomidae* [2]) kommen, wie aus den vorausgegangenen Schilderungen hervorgeht, sämmtlich auch unserer Form zu.

### Familie *Distomidae*.

Colonie abgerundet und massig, selten Krusten bildend, sitzend oder von einem längeren oder kürzeren Stiel getragen.

Systeme unregelmässig, wenig hervortretend oder fehlend.

————

1) HERDMAN, l. c. part II.
2) HERDMAN, l. ult. c. p. 64.

Ascidiozooiden von mässiger Länge, mit zwei Körper-
regionen; können mit langen Ektodermfortsätzen versehen sein.

Testa gelatinös oder knorpelartig, am Grund oft zu einem
Stiel verdickt . . . .

Kiemensack gut entwickelt, gewöhnlich ohne innere
Längsleisten.

Lamina dorsalis in Form von Languets, selten eine einfache Membran.

Nahrungscanal am hinteren Ende des Kiemensackes
gelegen.

Fortpflanzungsorgane im Eingeweidesack oder neben
demselben.

Prüfen wir nun die sieben Genera der Distomidae, so steht *Distoma* unserer Form unzweifelhaft am nächsten. *Symplegma* besitzt
innere Längsfalten, welche hier fehlen. *Chondrostachys*, *Oxycorynia*,
*Colella* sind schon durch den deutlich entwickelten Stiel ausgeschlossen.
Von *Cystodytes* unterscheidet sich unsere Form durch die Abwesenheit von Kalkhüllen um die Einzelthiere, von *Distaplia* durch die weitaus grössere Zahl von Kiemenreihen.

Stimmt aber die Form auch am besten mit *Distoma* überein, so
unterscheidet sie sich doch von den Angehörigen auch dieser Gattung
durch die abweichende Gestalt und Umgebung der Ausfuhröffnung.
VON DRASCHE [1]) charakterisirt das Genus *Distoma* wie folgt:

„Ig. Oe. (Ingestionsöffnung) und Eg. Oe. (Egestionsöffnung) auf
langen sechszähnigen Trichtern, Eingeweidesack oft gestielt und dann
beträgt die Länge desselben oft das Vielfache des Thorax."

Wie wir sahen, ist bei unserer Form nur die Einfuhröffnung von
einem sechszähnigen Trichter, die Ausfuhröffnung aber einfach von
einer glatt begrenzten Ringmuskellage umschlossen. Dagegen tritt über
ihr eine dreispaltige Analzunge auf, welche einerseits *Distoma* fehlt,
andrerseits, wenn auch in abweichender Art, bei *Distaplia* sich findet [2]).

Dies alles dürfte zur Aufstellung eines neuen Genus nöthigen,

---

1) v. DRASCHE, l. c. p. 17.
2) Die Abwesenheit eines Brutraumes für die Eier, eines „incuba-
tory pouch", wie er *Distaplia* zukommt, kann natürlich nicht sicher behauptet werden, wegen des rein männlichen Characters der Colonie.
Indessen erlauben schon die übrigen Abweichungen einen Anschluss an
*Distaplia* nicht.

welches zwischen *Distoma* und *Distaplia*, jedoch in näherem Anschluss an *Distoma*, in die Familie der *Distomidae* einzureihen wäre.

In Berücksichtigung der zuletzt erwähnten Merkmale und zu Ehren der Entdecker möchte ich den Namen

### *Heterotrema sarasinorum*

für diese neue Form in Vorschlag bringen.

Das neue Genus, mit der einzigen bisher dahin gehörigen Species, kann folgendermaassen characterisirt werden:

Colonie ansehnliche, plump verzweigte, rundliche Massen bildend, die an mehreren Stellen mit dem Untergrunde verwachsen sind.

Systeme wenig hervortretend, von seichten Furchen begrenzt, welche unregelmässige polygonale Maschen bilden.

Testa gelatinös.

Einzelthiere 2—3 mm lang, mit zwei Körperabschnitten und Ectodermfortsätzen.

Branchialöffnung mit sechszähnigem Trichter, Analöffnung ein einfacher Schlitz, mit dreizipfligem Analanhang.

Kiemensack gut entwickelt, ohne innere Längsleisten, mit 8—10 Reihen von Kiemenöffnungen.

Lamina dorsalis in Form von Languets.

Nahrungscanal am hinteren Ende des Kiemensackes gelegen, Magen mit Längsfalten.

Hoden, aus zahlreichen, traubig angeordneten Follikeln bestehend, am Grunde des Eingeweidesackes.

Zürich-Hottingen, 1. Juli 1889.

---

# Figuren-Erklärung.

## Tafel XXV.

Allgemein gültige Bezeichnungen (alphabetisch geordnet):
*A* Afteröffnung, *AA* Analanhänge, *A. Oe* Ausfuhröffnung, *DD* Darm,
*DT* Dorsal-Tuberkel, *E* Endostyl, *E. Oe* Einfuhröffnung, *G* Gefässfortsatz,
*GG* Gehirnganglion, *H* Hoden, *L* Languets, *LL* Leberschläuche, *M*
Magen, *MD* Mastdarm, *MF* Muskelfortsatz, *N*? Nierenzellen (?), *ND*
Neuraldrüse, *Oe. Oe* Oesophagealöffnung, *PB* Peripharyngealband, *S*
Samenleiter, *T* Tentakel.

Fig. 1. Colonie von *Heterotrema sarasinorum* in natürlicher Grösse.

Fig. 2. Querschnitt eines Zweiges der Colonie: Anordnung der Einzelthiere. Natürliche Grösse.

Fig. 3. Theil eines Querschnittes der Colonie: Verbindung von Einfuhröffnung und Mantelmasse, Anal- und Gefässfortsatz. Vergr. 75.

Fig. 4. Einzelthier: allgemeine Uebersicht. Vergr. 75.

Fig. 5. Einfuhröffnung von oben: Anordnung der Muskelbänder. Ver-
gröss. 120.

Fig. 6 u. 7. Querschnitte durch den Eingeweidesack eines (kleineren)
Einzelthieres, Magen, Leberschläuche. Vergr. 75.

Fig. 8. Querschnitt des Endostyls von *Polycyclus renieri* nach DELLA
VALLE.

Fig. 9. Querschnitt des Endostyls von *Botrylloides perspicuum* nach
HERDMAN.

Fig. 10. Querschnitt des Endostyls von *Heterotrema sarasinorum*. Ver-
gröss. 300.

Fig. 11. Endostyl von *Heterotrema sarasinorum*, Flächenansicht.
Vergr. 120.

Fig. 13. Blasen-, Kugel- oder Hohlzellen der gemeinsamen Mantelmasse.
Vergr. 650.

Fig. 14. Wimperzellen des Kiemensackes. Vergr. 650.

# Nachträgliches über die Hymenopteren-Gattung Cerceris Latr.

Von

**August Schletterer** in Wien.

Unter dem in den letzten Jahren zugewachsenen Hymenopteren-Materiale des k. k. naturhistorischen Hofmuseums zu Wien finden sich mehrere paläarctische *Cerceris*-Arten, welche sich als bisher unbekannt herausgestellt haben. Nachdem auch die Durchsicht der in dem naturhistorischen Museum zu Bern befindlichen *Cerceris*-Thiere mich mit einigen bisher unbeschriebenen Arten der paläarctischen Region bekannt gemacht hat, scheint es mir an der Zeit, die Beschreibung dieser neuen Arten als Nachtrag zu meiner monographischen *Cerceris*-Abhandlung [1]) zu veröffentlichen. Der Beschreibung dieser zehn neuen Arten glaubte ich eine solche dreier anderer von Kohl und Mocsáry beschriebenen Arten beifügen zu sollen, um so mehr als mir die betreffenden Typen zur Verfügung standen und diese Arten noch sehr wenig bekannt sein dürften. Zur Vervollständigung habe ich auch die Originalbeschreibungen dreier in meiner Monographie nicht enthaltenen Arten eingeschaltet. Den Artbeschreibungen folgen Bemerkungen betreffs Richtigstellung einiger Mängel und bezüglich Synonymie, sowie ergänzende Notizen über die geographische Verbreitung verschiedener *Cerceris*-Arten. Den Schluss bilden die Resultate der Deutungsversuche, welche ich an den in Savigny's „Description de l'Egypte" enthaltenen *Cerceris*-Abbildungen gemacht habe.

### Cerceris iberica n. sp.

♀. *L. 10 mm. Caput dense punctatum. Clypei media pars haud elevata, fere plana, antice leviter impressa. Oculorum margines interni clypeum versus leviter divergentes. Flagelli articulus secundus quam primus fere duplo, tertius sesqui longior. Ocelli poste-*

---

1) In dieser Zeitschrift, Bd 2.

*riores inter se et ab oculis distant longitudine flagelli articuli primi unacum secundo.*

*Mesonotum mediocriter grosse sparseque, antice subdense punctatum; scutellum punctis valde dispersis. Metanotum atque segmenti mediani area cordiformis omnino polita. Abdomen mediocriter grosse denseque punctatum. Valvulae supraanalis area pygidialis marginibus lateralibus leviter ciliatis; valvula infraanalis penicillis conspicuis, haud longis. Abdominis segmentum ventrale secundum plaga subelevata basali.*

*Nigra, facie scapoque antennarum flavis, antennis luteis, extra fuscis; tegulae flavae; abdominis segmenta secundum, tertium et quartum flavo-maculata; pedes flavi.*

♀. Scheitel dicht punktirt. Mitteltheil des Kopfschildes nicht losgetrennt, so lang wie breit und zwar fast doppelt so breit wie sein Abstand von den Netzaugen, ferner nahezu flach und nächst dem geradlinigen, leistenförmigen Vorderrande leicht eingedrückt und wie das ganze Gesicht mässig dicht punktirt. Innere Netzaugenränder nach unten leicht divergent. Zweites Geisselglied fast doppelt so lang, drittes 1,5mal so lang wie das erste. Abstand der hinteren Nebenaugen von einander und von den Netzaugen gleich der Länge der beiden ersten Geisselglieder zusammen.

Vorderrücken dicht, Mittelrücken ganz vorn mässig dicht, sonst zerstreut und mässig grob punktirt. Schildchen sehr zerstreut punktirt. Herzförmiger Raum des Mittelsegments vollkommen polirt glatt und von einer deutlichen mittleren Längsfurche durchzogen. Hinterleib dicht und mässig grob punktirt. Mittelfeld der oberen Afterklappe annäherungsweise elliptisch und seitlich schwach bewimpert; untere Afterklappe mit zwar deutlichen, doch nicht starken seitlichen Endpinseln. Der vorletzte Bauchring mitten deutlich eingedrückt; zweiter Bauchring am Grunde mit einer deutlichen plattenartigen Erhebung; Bauchseite deutlich punktirt.

Flügel leicht rauchig gebräunt. Allgemeine Körperfärbung schwarz; Gesicht gold- bis citronengelb; Fühler innen lehmgelb, aussen braun, Schaft goldgelb. Brustück und Mittelsegment ganz schwarz; nur die Flügelbeulen gelb. Zweites Hinterleibsegment in der Vorderhälfte gelb, drittes und viertes seitlich gelb gefleckt. Beine gelb, gegen den Grund hin schwarz.

In der Form des Kopfschildes erinnert *C. iberica* sehr an *C. lunata* Costa, deren Kopfschild fast genau jenem gleicht, und an *C. funerea* Costa, mit welcher sie auch im polirt glatten, herzförmigen Raum des Mittelsegments übereinstimmt. *C. lunata* jedoch ist viel grösser und viel gröber, auf dem Rücken auch sichtlich dichter punktirt. *C. funerea* ist durchweg viel gröber und dichter punktirt, hat am Grunde des zweiten Bauchringe keine plattenartige Erhebung und der vorletzte Bauchring ist seiner ganzen Breite nach halbmondförmig ausgerandet. Eine Verwechslung liegt nicht fern mit *C. albofasciata* Rossi und *C. subimpressa* Schlett. Erstere Art aber hat einen stärker gewölbten und vorn stärker eingedrückten Kopfschildmitteltheil, eine viel dichtere und gröbere Punktirung des Rückens, sowie einen schräggefurchten herzförmigen Raum; *C. subimpressa* ist viel gröber punktirt und hat einen stärker gewölbten Kopfschildmitteltheil; auch ist sie viel reichlicher gelb gezeichnet.

Unter den mir unbekannten Arten dürften der *C. iberica* die *C. foveata* LEPEL., *C. pyrenaica* SCHLETT. (== *dorsalis* DUF.) und *C. tenuivittata* DUF. am nächsten stehen, soviel sich eben besonders aus DUFOUR's sehr kargen Beschreibungen entnehmen lässt. *C. foveata* stimmt aber in der Form des Kopfschildes sowie in der Färbung und Behaarung nicht auf das eine vorliegende Thier. Die Beschreibungen der beiden anderen Arten, die sich fast nur auf die Angabe der Färbung beschränken, stimmen eben in der Färbung nicht überein mit *C. iberica*. Zu berücksichtigen wäre allenfalls noch COSTA's *C. geneana*, welche zwar einen polirt glatten, herzförmigen Raum hat, der aber seitlich schräg gefaltet ist. Auch hat sie glashelle Flügel und eine andere Färbung. Madrid.

Type im königl. naturhistorischen Museum zu Madrid.

## *Cerceris polita* n. sp.

♂. *Long. 9—10 mm. Caput supra subgrosse denseque punctatum. Clypei media pars subconvexa, margine antico integro. Oculorum margines interni os versus divergentes. Flagelli articulus secundus quam primus vix duplo longior.*

*Pronotum in lateribus leviter rotundato-angulatum. Mesonotum subgrosse subdenseque punctatum; scutellum punctis conspicuis sparsisque. Segmenti mediani area cordiformis polito-nitidissima. Abdomen grosse denseque punctatum; segmentum secundum ventrale plaga basali subelevata exigua.*

*Alae leviter, apicem versus evidenter infumatae. Nigra, pallide flavo-picta.*

Scheitel ziemlich grob und dicht punktirt, ungefähr wie bei *C. albicincta* KLUG. Mitteltheil des Kopfschildes mässig stark gewölbt, oval, doppelt so breit wie sein Abstand von den Netzaugen, mit ungezähntem Vorderrande und ziemlich dicht und grob punktirt wie das ganze Gesicht. Zweites Geisselglied kaum zweimal so lang wie das erste. Innere Netzaugenränder nach unten divergent. Die hinteren Nebenaugen sind von einander und von den Netzaugen gleich weit entfernt und zwar ein wenig mehr als um die Länge des zweiten Geisselgliedes.

Vorderrücken mit leicht vorstehenden Schulterecken. Mittelrücken mit ziemlich groben Punkten ziemlich dicht besetzt. Schildchen stark glänzend, mit zerstreuten, rein gestochenen Punkten. Herzförmiger Raum des Mittelsegments polirt glatt, stark glänzend.

Hinterleib oben durchweg mit dicht stehenden, groben, rein gestochenen Punkten besetzt. Die grobe Punktirung setzt sich über die Bauchseite bis zur Mitte fort. Der zweite Bauchring zeigt am Grunde eine plattenartige Erhebung.

Flügel leicht, gegen die Spitze hin ein wenig stärker angeraucht. Schwarz. Gesicht blassgelb, Kiefer blassgelb, mit schwarzer Spitze. Die seitlichen Theile des Kopfschildvorderrandes zeigen einen sehr deutlichen, róthlich glänzenden Wimpernbesatz. Fühlerschaft gelb, Geissel oben dunkel, unten heller gefärbt. Schulterecken des Vorderrückens gelb. Am Hinterleibe ist der zweite Ring vorn und seitlich gelb gefleckt, der dritte ist ganz gelb, der vierte ganz schwarz, der fünfte und sechste tragen schmälere, mitten mehr oder minder ausgerandete, citronengelbe Binden. Beine goldgelb, gegen den Grund hin schwarz.

Am nächsten stehen der *C. polita* die in Grösse, Gestalt, Färbung und im polirt glatten, herzförmigen Raume des Mittelsegments übereinstimmenden Arten *C. lepida* BRULL., *funerea* COSTA und *albofasciata* ROSSI. Von allen drei genannten Arten aber lässt sich *C. polita* sofort unterscheiden durch die kleine, fast unmerkliche plattenartige Erhebung am Grunde des zweiten Bauchringes. Die Punktirung des Körpers ist bei *C. funerea* und *albofasciata* ein wenig feiner und weniger rein gestochen, auf dem Schildchen sichtlich dichter, bei *C. lepida* aber, insbesondere auf dem Mittelrücken, gröber und mehr zerstreut. *C. albicincta* KLUG., welche der *C. polita* in dem polirt glatten Raume des Mittelsegments und dem Mangel der plattenartigen Erhebung des zweiten Bauchringes näher steht, kann mit ihr wohl kaum verwechselt werden, da sie viel gröber punktirt ist und ein viel längeres erstes Hinterleibsegment hat; auch ist sie kleiner und reichlicher gezeichnet. *C. specularis* COSTA mit glänzend glattem, herzförmigem Raume am Mittelsegment und dem Mangel der plattenartigen Erhebung am zweiten Bauchringe ist viel feiner punktirt, und ihre Hinterleibsringe tragen alle gleichmässig schmale Binden und oben mitten am Hinterrande je ein deutliches Grübchen.

Dalmatien (Pridvorje), Albanien, Corfu, Syrien, Süd-Russland (Sarepta).

Die typischen Stücke befinden sich im naturhistorischen Hofmuseum zu Wien und im naturhistorischen Museum zu Bern.

### *Cerceris rhinoceros* KOHL.

*Cerceris rhinoceros* KOHL, in: Verhandl. Zool. bot. Gesellsch. Wien, Bd. 38, p. 137, ♀, ♂, 1888.

Länge 18 mm, ♀; 15 mm, ♂.

„Weibchen. Gross und kräftig, der *Cerceris conigera* DHLB. ähnlich." Sie hat wie diese einen nasenartig kegelförmigen Aufsatz auf dem Kopfschilde (Fig. 12). Unterhalb dieses Aufsatzes ist der mittlere Kopfschildtheil tief bogenförmig ausgeschnitten. Die Enden des Bogens bilden zahnartige Ecken, während sein Rand im ganzen Verlaufe tüchtige Wimpern trägt. Bei *conigera* ist kein solcher Ausschnitt sichtbar und es zeigt der Vorderrand des mittleren Kopfschildtheiles vier Zähne, von denen die beiden äusseren die Seitenecken bilden. Oberkiefer am Innenrande mit zwei starken Zähnen bewehrt, die zum Unterschiede von *conigera*, wo der basale viel weniger entwickelt ist, beide gleich kräftig sind. Fühlerglieder nicht ganz so lang als bei *conigera*; bei dieser ist z. B. das dritte Geisselglied doppelt so lang als dick, bei *rhinoceros* jedoch nicht ganz.

Collare zum Unterschiede von der verglichenen Art in der Mitte oben breit eingedrückt. Herzförmiger Raum gross wie bei *tuberculata*, glatt und glänzend, nicht punktirt wie bei *conigera*. Punktirung des Körpers etwas gröber als bei *conigera*, auf dem Pro- und Mesothorax auch dichter. Mesopleuren ohne kegelchenartige Auftreibung. Pygidium: Fig. 13.

Das Männchen gleicht in Bezug auf Sculptur, Färbung, Beschaffenheit des Collare und herzförmigen Raumes dem Weibchen. Mittelpartie des Kopfschildes viel länger als breit, mit einem seichten, länglichen Eindrucke, der Endrand ohne Zähne (bei *conigera* einzähnig). Endsegment ohne Seitenpinsel. Das Pygidialfeld ist rechteckig, daher seine Seitenkanten parallel und nicht wie bei *conigera* nach hinten convergent.

Fühler und Beine gelbroth. Gesicht gelb, Schläfen auch zum Theil. Beine ♀ zeigt der Hinterleib vier, beim ♂ fünf, in der Mitte mitunter zu Seitenmakeln aufgelöste gelbe Binden. Das Schwarz zeigt stellenweise Neigung, in Roth überzugehen.

Noch näher als mit *conigera* ist *rhinoceros* mit *C. tuberculata* verwandt. Mit dieser stimmt sie nämlich in Betreff des Kopfschildvorderrandes (♂, ♀), dem Eindrucke der Kopfschildmittelpartie beim ♂, ferner in der Gestalt des Collare und in der Sculpturbeschaffenheit des herzförmigen Raumes überein. Zudem zeigt auch das ♂ von *tuberculata* keine Seitenpinsel auf dem Analsegmente. Der Unterschied von *tuberculata* beruht in der Form des Nasenaufsatzes, dem Mangel eines Metapleuralhöckers (♀), der bedeutenderen Dicke und Kürze der Geisselglieder und ganz besonders in der sehr viel gröberen Sculptur.

*Cerceris schlettereri* RADOSZK. unterscheidet sich von *rhinoceros* durch die Gestalt des Kopfschildaufsatzes, das angedeutete Mesopleuralkegelchen und die weniger grobe Sculptur."

Syria (Mus. nat. Budapest).

## *Cerceris fodiens* EVERSM.

*Cerceris fodiens* EVERSM., in: Bull. Soc. Imp. Nat. Mosc. V. 22, p. 401, ♂, ♀, (Faun. Hym. Volgo-Ural, 1849.

„*C. fodiens* n. *capite et thorace nigro flavoque maculatis; pedibus cum coxis abdomineque flavis, incisuris pluribus nigris; clypeo feminae rotundato, emarginato; alis limpidis, margine apicali infumato ♂, ♀.*

*Long.* 3 1/2—4 *lin. Simillimum praecedenti (C. elegans), sed multo minor; femina facile cognoscitur clypeo in medio emarginato, lateribus rotundato.*

*Mas. Caput et thorax fortissime punctata, tamquam papillata vel nigra, fronte, lineola collari utriusque lateris, puncto sub alis, tegula lineaque scutelli et altera postscutelli flavis, — vel nigra, facie macula utrinque occipitis, margine lato pronoti, macula sub alis, tegula, scutello maculaque utrinque metanoti flavis. Antennae fulvae, apice fuscae aut nigrae. Pedes toti flavissimi. Abdomen flavum, segmento anali nigro, reliquis segmentis vel omnibus basi nigris, vel solis incisuris ultimis nigris aut fuscis.*

*Fem. Caput et thorax fortiter, sed minus profunde punctata quam in mari. Caput et antennae totae flava; occipite nigro. Thorax flavus, prothoracis parte antica, mesonoto et signaturis pectoris nigris. Abdomen flavum, incusura quarta nigra, reliquis incisuris et segmento anali fulvis; valvula anali dorsali punctata, vix nitida."*

*Hab. in campis brenburgensibus et ad Volgam inferiorem.*

### Cerceris excavata n. sp.

♀. *Long.* 13—14 *mm. Caput supra grosse subdenseque punctatum. Clypei media pars haud elevata, postice convexiuscula, antice impressa; impressio supra trientes duos se extendit. Clypei margo anticus directus, integer. Oculorum margines interni os versus divergentes. Flagelli articulus secundus quam primus evidenter duplo, tertius sesqui longior.*

*Pronotum lateraliter rotundato-angulatum. Mesonotum punctis conspicuis mediocriter grossis sparsisque. Segmenti mediani area cordiformis lateraliter irregulariter rugulosa, n medio et antice punctis nonnullis mediocriter grossis. Abdomen grossissime subdenseque punctatum. Valvulae supraanalis area pygidialis fere elliptica, lateraliter subtenuiter fimbriata; valvula infraanalis penicillis lateralibus longis. Abdominis segmentum ventrale secundum plaga basali subelevata conspicua. Ala antica apice infumata.*

*Nigra, capite thoraceque flavo-pictis, abdomine flavo-fasciato, pedibus flavis, antennis fulvescentibus.*

♀. Scheitel mit groben, ziemlich dicht stehenden, da und dort runzelbildenden Punkten besetzt. Der Mitteltheil des Kopfschildes nicht losgetrennt, kaum länger als breit, im hinteren (oberen) Drittel leicht gewölbt, nach vorne (unten) tief grubig ausgehöhlt; sein Vorderrand geradlinig. Gesicht grob und mässig dicht punktirt. Innere Netzaugenränder nach unten divergent. Zweites Geisselglied reichlich zweimal so lang wie das erste, drittes 1,5mal so lang wie das erste. Abstand der hinteren Nebenaugen von einander sowohl wie von den Netzaugen gleich der Länge der zwei ersten Geisselglieder zusammen.

Vorderrücken mit vorstehenden Schulterecken. Mittelrücken sehr grob, ziemlich dicht, mitten mässig dicht punktirt. Schildchen nur mässig grob und zerstreut punktirt; Punkte rein gestochen. Hinterleib mit rein gestochenen, sehr groben, vorne und hinten ziemlich dichten Punkten. Herzförmiger Raum des Mittelsegments seitlich fein und unregelmässig runzelig, vorne und gegen die Mitte hin mit einigen gröberen Punkten. Mittelfeld der oberen Afterklappe annäherungsweise elliptisch und matt, mit schwach bewimperten Seitenrändern, untere Afterklappe mit langen seitlichen Endpinseln. Bauchseite des Hinterleibes seitlich ziemlich grob und ziemlich dicht punktirt; gegen die

Mitte hin sind die Punkte zerstreut und werden seichter, bis sie in der Mitte fast verschwunden sind. Der zweite Bauchring zeigt am Grunde eine deutliche plattenartige Erhebung. Der vorletzte Bauchring ist eben und hat nur mitten eine leichte Längsrinne. Flügel an der Spitze deutlich angeraucht.

Schwarz. Gesicht goldgelb; Oberkiefer röthlich-gelb, mit schwarzer Spitze; Fühler aussen braun, innen rostgelb, Schaft goldgelb; hinter den Netzaugen je ein gelber Fleck. Vorderrücken an den Schulterecken gelb. Am Bruststück sind ferner die Flügelschuppen, das Schildchen und der Hinterrücken gelb. Mittelsegment mit je einem gelben Seitenflecke. Zweites Hinterleibsegment seitlich gelb gefleckt, drittes, viertes und fünftes Hinterleibsegment mit breiten, goldgelben, mitten ausgerandeten Binden; Endsegment seitlich vom Mittelfelde gelb. Die gelben Hinterleibsbinden sind an der Bauchseite breit und nicht unterbrochen. Beine durchaus goldgelb.

*C. excavata* steht am nächsten der *C. dacica* SCHLETT. Bei *C. dacica* ist der Kopfschildmitteltheil sehr ähnlich jenem von *C. excavata*, allein er ist breiter, oben weniger gewölbt, unten weniger tief eingedrückt resp. ausgehöhlt. Die Punktirung des Kopfes sowohl wie des Rückens ist bei *C. dacica* viel feiner und dichter. Die Zeichnung ist bei *C. dacica* blassgelb, nicht goldgelb und weniger reichlich, bei *C. dacica var. magnifica* hingegen noch reichlicher und goldgelb.

Von *C. bupresticida* DUF., welcher *C. excavata* in Grösse und Färbung gleichsieht, ist letztere leicht zu trennen, da bei *C. bupresticida* der Kopfschildmitteltheil nicht eingedrückt und die Sculptur viel weniger grob ist. Auch fehlt bei *C. bupresticida* dem zweiten Bauchringe die plattenartige Erhebung am Grunde und der vorletzte Bauchring ist mitten tief eingedrückt und nach hinten durch den aufgestülpten und gezähnten Hinterrand abgeschlossen, während er bei *C. excavata* einfach eben ist.

Süd-Russland (Sarepta).

Type im naturhistorischen Museum zu Bern.

## *Cerceris schulthessi* n. sp.

♀. *Long.* 10 *mm. Caput supra mediocriter grosse subdenseque, in fronte tenuius et densissime punctatum. Clypei media pars haud elevata, circularis, deplanata; margo ejus anticus directus, processu mediano obtuso, levi. Oculorum margines interni paralleli. Flagelli articulus secundus quam primus duplo, tertius sesqui longior.*

*Mesonotum punctis conspicuis, grossis subdensisque, antice densissimis; scutellum grosse sparseque punctatum. Segmenti mediani area cordiformis striis longitudinalibus subgrossis.*

*Abdomen grossissime, antice subdense, postice mediocriter dense punctatum. Valvulae supraanalis area pygidialis pyriformis, lateraliter tenuiter ciliata; valvula infraanalis penicillis lateralibus tenuibus. Abdominis segmentum ventrale penultimum in medio leviter impressum, lateraliter angulatum.*

*Ala antica apicem versus leviter affumata. Nigra, haud luxu-riose pallido-picta.*
♂. *Long.* 9 *mm. Clypei media pars subconvexa, oviformis, margine antico integro. Segmenti mediani area cordiformis oblique, fere irregulariter rugosa. Corpus omnino paullo tenuius, scutellum mediocriter dense, abdomen antice densissime, postice subdense punctatum.*

♀ Scheitel mit mässig groben, doch etwas seichten und zur Runzelbildung geneigten Punkten ziemlich dicht, nächst den Netzaugen weniger dicht besetzt. Stirne feiner und sehr dicht punktirt. Schläfen punktirt runzelig. Gesicht ziemlich dicht punktirt. Mitteltheil des Kopfschildes nicht losgetrennt, kreisrund, flach, mit einem sehr leicht aufgebogenen Vorderrande, welcher geradlinig ist, mit Ausnahme eines leichten, stumpfen Vorsprungs in der Mitte. Innere Netzaugenränder vollkommen parallel. Zweites Geisselglied zweimal, drittes 1,5mal so lang wie das erste. Abstand der hinteren Nebenaugen von einander gleich der Länge des zweiten Geisselgliedes, ihr Abstand von den Netzaugen gleich der Länge der beiden ersten Geisselglieder zusammen.

Mittelrücken und Schildchen mit groben, rein gestochenen tiefen Punkten, welche auf dem Mittelrücken vorn sehr dicht, im grösseren übrigen Theile ziemlich dicht auf dem Schildchen zerstreut stehen. Herzförmiger Raum des Mittelsegments ziemlich grob längsrunzelig.

Hinterleib mit sehr groben, rein gestochenen, vorn ziemlich dichten, hinten nur mässig dichten Punkten. Mittelfeld der oberen Afterklappe gegen das Körperende birnförmig verschmälert, matt und an den Seitenrändern fein bewimpert. Untere Afterklappe hinten mit schwachen seitlichen Endpinseln. Hinterleib an der Bauchseite und zwar seitlich grob und dicht punktirt. Gegen die Mitte verschwindet die Punktirung allmählich. Der zweite Bauchring trägt keine plattenartige Erhebung am Grunde. Der vorletzte Bauchring ist gegen die Mitte hin seicht eingedrückt und mit deutlichen, zerstreuten Punkten besetzt; seitlich springt er in deutliche Ecken vor. Vorderflügel gegen die Spitze zu leicht angeraucht.

Schwarz. Gesicht fast ganz weisslich; Fühler schwärzlich, mit geringer Neigung, sich unten gegen den Schaft hin zu röthen. Am Bruststück sind nur die Flügelbeulen blassgelb gefärbt. Am Hinterleibe tragen nur der dritte und fünfte Ring je eine weissliche, breite, mitten ausgerandete Binde; von der Binde des vierten Ringes sind nur zwei seitliche Flecken übrig. Beine sämmtlich rostroth.

♂. Mitteltheil des Kopfschildes oval, leicht, doch sehr deutlich gewölbt, ungefähr zweimal so breit wie sein Abstand von den Netzaugen, mit ungezähntem Vorderrande. Punktirung durchaus ein wenig dichter, auf dem Schildchen mässig dicht, nicht zerstreut. Herzförmiger Raum des Mittelsegments schräg bis unregelmässig gerunzelt. Hinterleib in der vorderen Hälfte (oben) sehr dicht, nach hinten ziemlich dicht punktirt. Das sechste Hinterleibsegment trägt eine weissliche, unterbrochene, das dritte eine mitten stark unterbrochene blasse Binde, während das fünfte Segment seitliche blasse Flecken von geringer Ausdehnung zeigt.

*C. schulthessi* steht am nächsten der *C. funerea* COSTA. Bei *C. funerea* jedoch ist der Kopfschildmitteltheil unmittelbar vor dem Vorderrande deutlich, wenn auch leicht eingedrückt, der Vorderrand ist breiter, und hat mitten keine Spur eines Vorsprunges. Der herzförmige Raum ist bei *C. funerea* wie der Hinterrücken glänzend glatt, die Punktirung des Hinterleibes ist bedeutend feiner und dichter (sehr dicht) als bei *C. schulthessi*. Der zweite Bauchring trägt bei *funerea* eine deutliche plattenartige Erhebung am Grunde, der vorletzte Bauchring ist hinten halbmondförmig ausgerandet, mitten aber nicht eingedrückt und springt in schärfere Seitenecken vor. Die Färbung ist ähnlich, jedoch ist die blassgelbe Zeichnung reichlicher vertreten.

Das ♂ von *C. funerea* hat im Vergleiche mit *C. schulthessi* eine etwas feinere Punktirung, ist kleiner und reichlicher gelblich gefärbt, während die Beine blassgelb, oben dunkel, nicht aber rostroth gefärbt sind. Am besten unterscheidet man die ♂ von *C. funerea* und *C. schulthessi* an dem polirt glatten, herzförmigen Raum des Mittelsegments, welcher bei *C. schulthessi* schräg bis unregelmässig gerunzelt ist.

Der grobrunzlige herzförmige Raum lässt *C. schulthessi* auch auf den ersten Blick von den nicht unfern stehenden *C. lunata* COSTA und *subimpressa* SCHLETT. unterscheiden.

Eine Verwechslung dürfte noch möglich sein mit *C. stratiotes* SCHLETT. ♀ und *quadrimaculata* DUF. ♀. Die erstgenannte Art hat einen viel breiteren Kopfschildmitteltheil und eine durchaus etwas feinere Punktirung; der herzförmige Raum ist nur am Rande seicht gerunzelt; der vorletzte Bauchring ist mitten zwar ebenfalls leicht eingedrückt, springt aber seitlich nicht in Ecken vor; der Körper ist reichlicher blass gefarbt und die Beine sind gold- bis blassgelb und nicht rostroth. — *C. quadrimaculata* hat in ihrer ganzen Ausdehnung stark angerauchte Flügel und ist sichtlich grösser. Der herzförmige Raum ist ausgesprochen längsrunzlig, die Punktirung des Hinterleibes gröber.

Süd-Russland (Sarepta).

Type im naturhistorischen Museum von Bern.

Meinem geehrten Freunde Herrn Dr. A. VON SCHULTHESS-RECHBERG in Zürich zubenannt.

### Cerceris stecki n. sp.

♀. Long. 13—14 mm. *Caput supra punctis conspicuis, mediocriter grossis et mediocriter densis. Clypei media pars haud elevata, convexiuscula, margine antico evidenter reflexo et arcuatim rotundato. Oculorum margines interni os versus evidenter divergentes. Flagelli articulus secundus quam primus triplo, tertius sesqui longior.*

*Notum punctis mediocriter tenuibus sparsisque. Segmenti mediani area cordiformis striis longitudinalibus, postice obsoletis.*

*Abdomen subtenuiter sparseque punctatum. Valvulae supraanalis area pygidialis apicem versus paullum angustata et rotundata, lateraliter tenuiter ciliata; valvula infraanalis penicillis lateralibus fortibus. Ala antica apicem versus evidenter infumata.*

*Niger, antennis rufescentibus, thorace pallide picto, abdomine fasciïs pallidis, angustis, haud interruptis.*

♀. Scheitel mit mässig groben, rein gestochenen Punkten mässig dicht besetzt. Mittlerer Kopfschildtheil nicht losgetrennt und sichtlich breiter als lang, fast doppelt so breit wie sein Abstand von den Netzaugen, leicht gewölbt, stark glänzend, mit einigen wenigen seichten Punkten; sein Vorderrand wie bei *C. arenaria* L. stark aufwärts gebogen und vorn abgerundet. Innere Netzaugenränder nach unten deutlich divergent. Gesicht nächst den Netzaugen mässig dicht und seicht, doch sehr deutlich, nach unten gegen den Oberkiefergrund hin äusserst fein punktirt. Stirne mässig fein und ziemlich dicht punktirt. Schläfen mit seichten, zur Runzelbildung geneigten Punkten mässig dicht besetzt. Zweites Geisselglied reichlich doppelt so lang, drittes 1,5mal so lang wie das erste. Abstand der hinteren Nebenaugen von den Netzaugen reichlich so gross wie die Länge des zweiten, ihr gegenseitiger Abstand nur reichlich so gross wie die Länge des dritten Geisselgliedes, also merklich kleiner als ihr Abstand von den Netzaugen.

Mittelrücken und Schildchen mit mässig feinen, zerstreuten, ersterer mit leicht nadelrissigen, letzterer mit rein gestochenen Punkten. Herzförmiger Raum des Mittelsegments mit deutlichen, wenn auch nicht tiefen Längsfurchen, welche nach rückwärts allmählich verschwinden.

Hinterleib zerstreut und ziemlich fein punktirt. Oben auf dem ersten Hinterleibsringe, nahe dem Hinterrande, ist mitten ein Grübchen bemerkbar. Mittelfeld der oberen. Afterklappe gegen das Ende hin wenig verschmälert und abgerundet, also nicht dreieckig, mit fein bewimperten Seitenrändern. Untere Afterklappe mit starken, seitlichen Endpinseln. Auf der Bauchseite ist der Hinterleib zerstreut und seicht punktirt. Vorderflügel von der Radialzelle gegen die Spitze hin deutlich rauchig getrübt.

Allgemeine Färbung schwarz. Die Fühler zeigen an der Spitze und an der Unterseite, besonders gegen den Schaft hin die Neigung, sich rostroth zu färben. Nächst den Netzaugen je ein weisslicher Fleck, ebenso je ein kleiner hinter den Netzaugen. Am Bruststück zeigt der Vorderrücken zwei weissliche Seitenflecken, die Flügelbeulen sind blassgelb, der Hinterrücken ist weisslich. Hinterleib mit schmalen blassgelben Binden, die nicht unterbrochen sind. Beine rostroth.

Die Form des Kopfschildes von *C. stecki* weist auf nähere Verwandtschaft mit *C. arenaria* L., welche sich jedoch leicht von jener durch die merklich gröbere und viel dichtere Punktirung des ganzen Körpers, sowie durch die gröbere Längsrunzelung des herzförmigen Raumes des Mittelsegments unterscheiden lässt; auch ist *C. arenaria* schön goldgelb und nicht weisslich gezeichnet.

Unfern steht der *C. stecki* auch *C. opalipennis* KOHL aus Transkaukasien; der Kopfschild der letzteren aber ist vorne viel schwächer aufgebogen, ihre Punktirung ist gröber und dichter und die Färbung, zwar ebenfalls blassgelb, aber viel reichlicher.

Mit *C. cornuta* EVERSM. stimmt *C. stecki* in Sculptur und Färbung überein; allein *C. cornuta* ist stärker gebaut und der Kopfschild ist losgetrennt und ragt frei nasenartig hervor.

Süd-Russland (Sarepta).

Type im naturhistorischen Museum zu Bern.

Nach Herrn THEODOR STECK, Assistenten am naturhistorischen Museum zu Bern, benannt.

### *Cerceris euryanthe* KOHL.

*Cerceris euryanthe* KOHL, in: Verhandl. Zool. bot. Ges. Wien, Bd. 38, Taf. III, Fig. 10, p. 137, ♀, 1888.

♀. *Long. 10—12 mm. Caput tenuiter punctatum; clypei media pars margine antico in medio libero, leviter nasuto atque longitudinaliter carinato. Oculorum margines interni paralleli. Flagelli articulus secundus quam primus duplo et dimidio, tertius sesqui longior.*

*Mesonotum tenuissime sparseque punctulatum, scutellum punctulis tenuissimis paucis. Segmenti mediani area cordiformis tenuiter subdenseque punctato-rugosa, lateraliter transverso-rugosa.*

*Abdomen tenuissime denseque, in aversum minus tenuiter punctulatum. Valvulae supraanalis area pygidialis fere triangularis, marginibus lateralibus fortiter fimbriatis; valvula infraanalis penicillis lateralibus levibus.*

*Alae levissime affumatae. Nigra, capite flavo-maculato, antennarum flagello ferruginescente. Pronotum et metanotum maculis flavoalbis; abdomen fasciis tribus pallido-flavis, in medio interruptis. Pedes rufo-flavae, basin versus nigrescentes.*

♀. Kopf fein und dicht, unmittelbar hinter den Nebenaugen weniger dicht punktirt und glänzend. Mitteltheil des Kopfschildes deutlich gewölbt, mit zerstreuten und gröberen Punkten besetzt. Kopfschildvorderrand mitten frei hervorragend, leicht nasenartig, oben mit einem kurzen Längskiel. Innere Netzaugenränder parallel. Zweites Geisselglied 2,5mal so lang wie das erste, drittes 1,5mal so lang wie das erste.

Mittelrücken glänzend, sehr fein, doch noch deutlich und zerstreut punktirt. Schildchen mit wenigen sehr feinen Punkten besetzt. Herzförmiger Raum des Mittelsegments fein und ziemlich dicht punktirt runzlig, seitlich mit deutlichen Querrunzeln; der übrige Theil des Mittelsegments punktirt runzlig.

Hinterleib sehr fein und dicht, gegen das Ende hin weniger fein und weniger dicht punktirt. Mittelfeld der oberen Afterklappe fast dreieckig, lederartig matt, mit stark bewimperten Seitenrändern; untere Afterklappe mit kurzen seitlichen Endpinseln. Der zweite Bauchring trägt keine plattenartige Erhebung, der vorletzte und die vorhergehenden Bauchringe zeigen mitten einen leichten, rinnenförmigen Längseindruck.

Flügel sehr leicht angeraucht. Schwarz; am inneren Netzaugenrande und hinter den Netzaugen beiderseits je ein gelber Fleck; Fühlergeissel besonders an der Innenseite rostroth. Am Bruststücke sind gelblich-weiss gefleckt der Vorderrücken, die Flügelbeulen und der

Hinterrücken. Hinterleib oben mit drei blassgelben, mitten unterbrochenen Binden. Beine röthlich gelb, gegen den Grund hin schwarz.

*C. interrupta* Panz., welche der *C. euryanthe* in der Gestalt, Grösse, Färbung sowie in der Form des Kopfschildmitteltheiles näher steht, hat einen frei, dachförmig vorspringenden Kopfschildmitteltheil, ohne mittleren Längskiel oben, sowie eine viel gröbere Punktirung; auch zeigen die Bauchringe in der Mitte keinen Eindruck.

Kaukasus.

### *Cerceris mocsaryi* Kohl.

*Cerceris orientalis* Mocs., in: Magaz. Acad. Term. Ertek., V. 13, p. 47, ♀, 1883.

*◄Cerceris eugenia* Schlett. Diese Zeitschrift Bd. 2, p. 390, ♀, 1887.

*Cerceris mocsaryi* erscheint in meiner Abhandlung: „Die Hymenopteren-Gattung *Cerceris* Latr. mit vorzugsweiser Berücksichtigung der paläarctischen Arten", in dieser Zeitschrift 1887, mit *C. eugenia* vermengt. Es folge daher die Beschreibung der *C. mocsaryi*.

♀. *Long.* 10 *mm. Caput subdense grosseque punctatum. Clypei media pars vix convexiuscula, antice dilatata et deplanata, margine antico directo latoque. Margines oculorum interni clypeum versus leviter divergentes. Flagelli articulus secundus quam primus duplo, tertius sesqui longior.*

*Mesonotum punctis grossissimis sparsisque; scutellum punctis paucis grossissimis. Segmenti mediani area cordiformis polito-nitidissima.*

*Abdomen grossissime subdenseque punctatum. Valvulae supraanalis area pygidialis pyriformis, lateraliter subtenuiter ciliata; valvula infraanalis penicillis lateralibus exiguis. Abdominis segmentum ventrale secundum plaga subelevata basali parva, segmentum ventrale penultimum late arcuatim emarginatum.*

*Alae anticae apice vix infumatae. Nigra, capite thoraceque luxuriose rufo- vel flavo-pictis, segmento mediano abdominique omnino rufis et flavo-pictis.*

♀. Scheitel ziemlich dicht und grob punktirt; seitlich von den hinteren Nebenaugen ist je ein glänzend glatter Fleck bemerkbar. Gesicht grob und ziemlich bis mässig dicht punktirt. Mitteltheil des Kopfschildes sehr leicht gewölbt, nach vorne verbreitert und ungefähr so lang wie breit, nach vorn abgeflacht; dessen Vorderrand breit und geradlinig. Innere Netzaugenränder nach unten leicht divergent. Zweites Geisselglied zweimal so lang, drittes 1,5mal so lang wie das erste.

Mittelrücken ganz vorn mässig dicht, im übrigen Theile zerstreut und zwar sehr grob punktirt. Schildchen glänzend, nur mit wenigen sehr groben, rein gestochenen Punkten besetzt. Hinterrücken glänzend glatt. Herzförmiger Raum des Mittelsegments polirt glatt und sehr stark glänzend, der übrige Theil des Mittelsegments nächst dem herzförmigen Raum polirt glatt, im übrigen Theile mit sehr groben, rein gestochenen, ziemlich dichten, gegen den herzförmigen Raum hin zerstreuten Punkten besetzt.

Hinterleib oben mit sehr groben, rein gestochenen Punkten ziemlich dicht besetzt; an der Bauchseite sind die Punkte ebenfalls grob und ziemlich dicht, doch weniger rein gestochen. Mittelfeld der oberen Afterklappe birnförmig und matt, mit ziemlich fein, doch sehr deutlich bewimperten Seitenrändern; untere Afterklappe mit kleinen seitlichen Endpinseln. Zweiter Bauchring mit einer kurzen plattenartigen Erhebung am Grunde; vorletzter Bauchring hinten der ganzen Breite nach bogenförmig ausgerandet.

Flügel glashell, an der Spitze sehr leicht beraucht. Kopf schwarz, Gesicht goldgelb bis röthlich-gelb: Oberkiefer bis auf die schwarze Spitze goldgelb; Fühler oben rostroth, unten gelb. Bruststück zum Theil schwarz, zum Theil rostroth; Vorderrücken mit grossen gelben Seitenflecken, Flügelbeulen und Hinterrücken gelb. Mittelsegment und Hinterleib ganz rostroth. Zweiter Hinterleibsring mit einem gelben Vorderrandflecken, dritter Ring mit einer breiten, mitten ausgerandeten gelben Binde, fünfter Ring grossentheils gelb. Beine gelb, gegen den Grund hin röthlich-gelb.

*C. mocsaryi* KOHL steht sehr nahe der *C. eugenia* SCHLETT., welche ihr in der Grösse, Gestalt, Färbung und Sculptur sehr ähnelt. Allein bei *C. eugenia* ist der Kopfschildmitteltheil gegen den Vorderrand hin nicht eingedrückt, und der Vorderrand springt seitlich in scharfe Ecken vor und trägt mitten zwei stumpfe Zähnchen. Der vorletzte Bauchring ist bei *C. eugenia* nicht der ganzen Breite nach ausgerandet, sondern nur mitten eingedrückt, und der Eindruck ist hinten durch eine aufgestellte Lamelle geschlossen.

Eine Verwechslung liegt noch nahe mit *C. subimpressa* SCHLETT. Beide Arten haben einen ganz gleichen Kopfschild; die Punktirung ist aber bei *C. mocsaryi* auf dem Rücken und Mittelsegmente merklich gröber, auf dem Hinterleib oben dichter und gröber. Die tafelartige Erhebung des zweiten Bauchsegmentes ist bei beiden Arten deutlich ausgeprägt, bei *C. mocsaryi* aber grösser; der vorletzte Bauchring ist bei *C. subimpressa* kaum merklich bogenförmig ausgerandet.

Süd-Russland.

### *Cerceris flavescens n. sp.*

♀. *Long.* 15 *mm. Caput superne subgrosse subdenseque, ante ocellos tenuius punctatum. Clypei media pars haud elevata, convexiuscula, margine antico evidenter reflexo et arcuatim rotundato. Oculorum margines interni os versus leviter divergentes. Flagelli articulus secundus quam primus duplo et dimidio, tertius sesqui longior.*

*Notum punctis subgrossis, in mesonoto antice et postice mediocriter densis, in medio ejus et in scutello dispersis. Segmenti mediani area cordiformis longitudinaliter rugosa.*

*Abdomen mediocriter dense grosseque punctatum. Valvulae supra-*

*analis area pygidialis marginibus lateralibus fere parallelis atque subtenuiter ciliatis; valvula infraanalis lateralibus longis.*
*Alae anticae margine antico apiceque evidenter infumatis. Flava, capite rufo, antennis pedibusque rufescentibus.*

♀. Kopf auf dem Scheitel ziemlich dicht und ziemlich grob, nahe dem inneren Netzaugenrande seichter und zerstreut punktirt. Gegen den Fühlergrund hin verschwindet die Punktirung. Mittlerer Kopfschildtheil breiter als lang, nicht losgetrennt, kaum 1,5mal so breit wie sein Abstand von den Netzaugen, leicht gewölbt, seicht zerstreut punktirt, mitten glänzend glatt; sein Vorderrand stark aufwärts gebogen und vorn abgerundet, nicht eckig, gerade so wie bei *C. arenaria* L. Innere Netzaugenränder nach unten schwach divergent. Zweites Geisselglied 2,5mal so lang, drittes 1,5mal so lang wie das erste. Abstand der hinteren Nebenaugen von den Netzaugen gleich der Länge des zweiten Geisselgliedes, ihr gegenseitiger Abstand grösser als die Länge des dritten und zugleich kleiner als die Länge des zweiten Geisselgliedes.

Rücken ziemlich grob, auf dem Mittelrücken vorn und hinten mässig dicht, mitten und auf dem Schildchen zerstreut punktirt. Herzförmiger Raum des Mittelsegments längs gerunzelt.

Hinterleib mit grober, rein gestochener, mässig dichter Punktirung. Der vorderste, verschmälerte Hinterleibsring oben mitten am Hinterrande mit einem kleinen Grübchen. Mittelfeld der oberen Afterklappe vorne und hinten fast gleich breit, mit ziemlich fein bewimperten Seitenrändern; untere Afterklappe mit langen seitlichen Endpinseln. Hinterleib auf der Bauchseite mit zerstreuten, seicht narbigen Punkten besetzt.

Vorderflügel am Vorderrande und an der Spitze deutlich rauchig getrübt. Kopf rostroth; Fühler am Grunde gelb, dann rostroth und gegen die röthliche Spitze hin schwärzlich; Oberkiefer an der Spitze schwarz. Bruststück, Mittelsegment und Hinterleib gelblich, mit der Neigung, sich schwarz zu färben. Beine röthlich-gelb.

*C. flavescens* steht der *C. arenaria* L., an welche sie in ihrer Gestalt und Grösse und insbesondere in der Form des Kopfschildmitteltheiles erinnert, am nächsten. Allein die Punktirung ist bei *C. flavescens* durchweg viel gröber, besonders auffallend auf dem Hinterleibe.

Kirgisen-Steppe.

Type im k. k. naturhistorischen Hofmuseum zu Wien.

## Cerceris opalipennis Kohl.

*Cerceris opalipennis* Kohl, in: Verhandl. Zool. bot. Ges. Wien, Bd. 38, Taf. III, Fig. 9, ♀, 1888.

♀. *Long. 11—12 mm. Caput subgrosse subdenseque punctatum. Clypei media pars subconvexiuscula, tenuiter sparseque punctata, margines interni paralleli. Flagelli articulus secundus quam primus duplo et dimidio, tertius sesqui longior.*
*Mesonotum et scutellum punctis subgrossis, plus minus dispersis. Segmenti mediani area cordiformis evidenter longitudinaliter striata.*

*Abdomen supra subdense grosseque, infra tenuiter punctatum. Valvulae supraanalis area pygidialis circiter elongato-trapezina, marginibus lateralibus leviter ciliatis; valvula infraanalis penicillis lateralibus longis.*

*Alae lacteo-tinctae. Nigra, luxuriose pallido-picta, antennis pedibusque rufo-flavis.*

♀. Scheitel mit ziemlich groben Punkten ziemlich dicht besetzt. Stirne mit dicht stehenden, zur Runzelbildung geneigten Punkten. Mitteltheil des Kopfschildes sehr leicht gewölbt, breiter als lang, zerstreut und seicht punktirt, in seiner ganzen Ausdehnung festgewachsen, mit sehr leicht aufgebogenem Vorderrande. Zweites Geisselglied 2,5mal, drittes 1,5mal so lang wie das erste. Innere Netzaugenränder parallel.

Mittelrücken und Schildchen mit rein gestochenen, ziemlich groben, mehr oder minder zerstreuten Punkten besetzt. Hinterrücken sehr leicht punktirt. Herzförmiger Raum des Mittelsegments ausgesprochen längsgefurcht, der übrige Theil des Mittelsegments grob und dicht punktirt. Hinterleib oben mit groben, rein gestochenen Punkten ziemlich dicht besetzt, auf der Bauchseite sehr leicht punktirt. Zweiter Bauchring ohne plattenartige Erhebung, vorletzter Bauchring ohne Eindruck. Mittelfeld der oberen Afterklappe annäherungsweise verlängert trapezförmig, lederartig runzlig, mit spärlich bewimperten Seitenrändern. Untere Afterklappe mit langen seitlichen Endpinseln.

Flügel eigenthümlich milchig getrübt, wie ich es an keiner anderen *Cerceris*-Art wahrgenommen. Schwarz, mit reichlicher blassgelber Zeichnung im Gesicht, wo nur der Vorderrand des Kopfschildmitteltheiles und der nächst dem Fühlergrunde gelegene Raum schwarz sind, dann am Hinterkopfe, Bruststücke sammt Mittelsegment und Hinterleib, der auf allen Ringen mitten ausgerandete Binden trägt. Die Bauchseite des Hinterleibes zeigt die lebhafte Neigung, sich rostroth und blassgelb zu färben. Fühler und Beine gelblich-roth.

Von *C. arenaria* L., welcher sie am nächsten steht, sofort leicht zu unterscheiden durch ihre milchig-trüben Flügel; dann ist der Kopfschildmittheil bei *C. arenaria* verhältnissmässig kleiner, sein Vorderrand sichtlich stärker aufgebogen und vorn abgerundet, während er bei *C. opalipennis* geradlinig abgestutzt ist. Die Färbung ist bei *C. arenaria* schön goldgelb, bei *C. opalipennis* blass, weisslich-gelb.

Helenendorf in Transkaukasien.

### *Cerceris schlettereri* RADOSZK.

*Cerceris schlettereri* RADOSZK, in: Hor. Soc. Ent. Ross. St. Petersb., ♀, 1888.

*Cerceris schlettereri* KOHL, in: Verhandl. Zool. bot. Ges. Wien, Bd. 38, p. 138, ♀, Taf. III, Fig. 14, 1888.

„Mir ist vom Autor die Type zur Einsicht geschickt worden. Da die Zeitschrift, in der diese Art zur Veröffentlichung kommt, vielen

Entomologen nicht zugänglich ist, habe ich es nicht für überflüssig gehalten, eine eingehende Beschreibung zu entwerfen.

· Einem kleinen, rothen Stücke der *Cerceris tuberculata* sehr ähnlich, steht auch dieser Art am nächsten. Länge 19 mm ♀. Sie ist von der genannten Art durch die zwar gleichfalls und ebenso abstehende, aber viel breitere Kopfschildplatte verschieden; diese ist zweimal so breit als lang, querrechteckig, bei *tuberculata* ungefähr so breit als lang, oft gar länger als breit, quadratisch oder trapezisch.

Am Thorax ist bei *schlettereri* das Metapleuralkegelchen nur angedeutet. Herzförmiger Raum wie bei *tuberculata*. Ein Hauptunterschied liegt auch in der dichteren und gröberen Punktirung; bei *tuberculata* ist die Punktirung im Vergleich zu den meisten anderen Arten der Gattung sehr spärlich, bei *schlettereri* aber nahezu so grob und dicht als bei *conigera* DHLB. ♀. Oberes Afterklappenfeld: Fig. 14. Seine grösste Breite ist in der Mitte; fast etwas breiter als bei *tuberculata*. Metatarsus der Vorderbeine mit sieben gleich langen Kammdornen und einem kurzen an der Basis.

Farbe des Körpers roth, stellenweise in Schwarz übergehend. Beine roth. Segment 3, 4, 5 und 6 mit dreieckigen, gelben, in Roth gelegenen Seitenmakeln. Die Färbung und Zeichnung ist sicherlich wie bei *tuberculata* veränderlich. Flügelfärbung von der der verglichenen Art nicht verschieden.

(Coll. RADOSZK.)" KOHL.

Turkestan (Taschkend).

## *Cerceris denticulata* n. sp.

♀. *Long. 9—10 mm. Caput supra mediocriter grosse subdenseque punctatum. Clypei media pars haud elevata, convexiuscula, triente antico leviter impresso, margine antico directo, integro. Oculorum margines interni clypeum versus divergentes. Flagelli articulus secundus primo sesqui longior, tertius secundo vix brevior.*

*Mesonotum subgrosse, in medio disperse, marginem versus subdense punctatum. Segmenti mediani area cordiformis laevis, postice rugosa, linea crenulata mediana longitudinali.*

*Abdomen subdense grosseque punctatum; segmentum ventrale secundum plaga subelevata basali exigua. Valvulae supraanalis area pygidialis angusta elongata, marginibus lateralibus evidenter fimbriatis; valvula infraanalis lateraliter leviter penicillata.*

*Alae limpidae, levissime lacteo-tinctae, apice vix affumato. Nigra, subluxuriose pallido-picta.*

♂. *Long. 7—8 mm. Clypei media pars mediocriter convexa, margine antico directo, integro. Flagelli articulus secundus quam primus fere duplo, tertius vix sesqui longior. Segmentum ventrale penultimum lateraliter evidenter denticulatum. Corpus omnino grossius punctatum et minus luxuriose pallido-pictum.*

♀. Scheitel mässig und ziemlich dicht punktirt. Punktirung des Gesichtes ziemlich dicht, seichter und etwas zur Runzelbildung geneigt. Kopfschildmitteltheil annäherungsweise hufeisenförmig, reichlich 1,5mal so breit wie sein Abstand von den Netzaugen, schwach gewölbt, im vorderen Drittel leicht eingedrückt, mit geradlinigem Vorderrande. Innere Netzaugenränder nach unten divergent. Zweites Geisselglied 1,5mal so lang wie das erste, drittes kaum kürzer als das zweite. Abstand der hinteren Nebenaugen von einander und von den Netzaugen fast so gross wie die ersten zwei Geisselglieder mitsammen.

Mittelrücken ziemlich grob, an den Rändern ziemlich dicht, mitten mehr zerstreut punktirt. Hinterrücken sehr zerstreut punktirt. Mittelsegment grob und dicht punktirt; dessen herzförmiger Raum glatt, mitten mit einer gekerbten Längslinie, in der hintersten Ecke runzlig.

Hinterleib ziemlich dicht und grob punktirt und zwar auch auf der Bauchseite. Mittelfeld der oberen Afterklappe schmal und lang, mit nahezu parallelen Seitenrändern, die sehr deutlich bewimpert sind; untere Afterklappe mit schwachen seitlichen Endpinseln. Der zweite Bauchring trägt am Grunde eine leichte plattenartige Erhebung.

Flügel sehr leicht milchig angelaufen, durchsichtig, an der Spitze kaum merklich beraucht. Schwarz. Kopf im Gesicht und hinter den Netzaugen gelblich-weiss; Fühler goldgelb bis auf den weisslichen Schaft. Vorderrücken, Flügelbeulen und in geringerer Ausdehnung das Mittelsegment blassgelb. Hinterleib unten ganz, oben an allen Ringen in bedeutender Ausdehnung blassgelb. Beine ganz blassgelb.

♂. Mitteltheil des Kopfschildes oval, mässig stark gewölbt, kaum zweimal so breit wie sein Abstand von den Netzaugen, mit geradlinigem, ungezähntem Vorderrande. Punktirung durchaus merklich gröber und im Gesichte fast zerstreut. Zweites Geisselglied fast zweimal so lang, drittes kaum 1,5mal so lang wie das erste. Der vorletzte Bauchring läuft beiderseits in einen deutlichen Zahnfortsatz aus.

Schwarz und weniger reichlich blassgelb gezeichnet als das ♀, indem die Bauchseite ganz schwarz ist. Der dritte und vorletzte Hinterleib sind oben gänzlich, der zweite grossentheils blassgelb, während der vierte ganz schwarz, der fünfte nur in sehr geringer Ausdehnung blassgelb ist. Beine gegen den Grund hin zur Hälfte schwarzbraun, an Schienen und Füssen weisslich-gelb, Fühler oben braun, unten lehmgelb, mit weisslich-gelbem Schafte.

Die sehr nahestehende *C. subimpressa* SCHLETT. hat eine sichtlich feinere und viel weniger dichte Punktirung, welche auf dem Rücken und auf dem Mittelsegmente nächst dem herzförmigen Raume zerstreut ist, während sie bei *C. denticulata* nächst dem herzförmigen Raume dicht, auf dem Mittelrücken nur mitten mässig dicht bis annäherungsweise zerstreut ist. Die plattenartige Erhebung am Grunde des zweiten Bauchringes ist bei *C. subimpressa* viel deutlicher ausgeprägt. Der Eindruck auf dem Kopfschildmitteltheile des ♀ reicht bei *C. subimpressa* ungefähr über die Vorderhälfte, während er sich bei *C. denticulata* nur über das unterste Drittel erstreckt. Dem ♂ von *C. subimpressa*

57*

mangeln die seitlichen Zahnfortsätze am vorletzten Bauchringe. Auch ist die Zeichnung bei *C. subimpressa* goldgelb.

Verglichen mit *C. albofasciata* Rossi hat *C. denticulata* eine etwas gröbere und weniger dichte Punktirrng, deren Unterschied besonders auf dem Mittelsegmente und, was die Dichte betrifft, auch auf dem Rücken auffällt, wo die Punkte ausserdem viel reiner gestochen sind und weniger dicht stehen. Die obere Afterklappe des ♀ ist bei *C. denticulata* lang und schmal, und zwar reichlich zweimal so lang wie (in der Mitte) breit, und die Seitenränder sind nahezu parallel, während jene bei *C. albofasciata* breit und eiförmig und nur etwa 1,5mal so lang wie breit ist. Dem ♂ von *C. albofasciata* fehlen am vorletzten Bauchringe die Seitenzähne.

Eine Verwechslung ist ferner möglich mit *C. funerea* Costa. Bei dieser ist die Punktirung auf dem Hinterleibe und auf dem Mittelsegmente sehr dicht und der vorletzte Bauchring ist hinten halbmondförmig ausgeschnitten, mit scharf vorspringenden Seitenecken, während er bei *C. denticulata* seitlich abgerundet erscheint. Der vorletzte Bauchring trägt bei dem ♂ von *C funerea* nur sehr leichte Ecken, während er bei *C. denticulata* seitlich in sehr deutliche, scharfe Zähne vorspringt.

Turkestan (Asmabad, Karak).

Type im k. k. naturhistorischen Hofmuseum zu Wien.

## *Cerceris colorata n. sp.*

♀. *Long. 13 mm. Robusta. Caput supra mediocriter dense et mediocriter grosse, prope ocellos fere sparse punctatum. Clypei media pars haud elevata, plana, antice impressa. Impressio supra trientes duos ejus se extendit. Flagelli articulus secundus quam primus duplo, tertius sesqui longior. Oculorum margines interni clypeum versus evidenter divergentes.*

*Mesonotum punctis mediocriter grossis subdensisque, in medio dispersis; scutellum punctis conspicuis nonnullis. Segmenti mediani area cordiformis lateraliter rugosa, in medio laevi-nitida.*

*Abdomen antice grosse denseque, postice mediocriter dense grossissimeque, infra tenuiter sparseque punctatum. Valvulae supraanalis area pygidialis pyriformis, ciliis lateralibus subtenuibus; valvula infraanalis penicillis lateralibus longis. Segmentum ventrale secundum plaga subelevata basali conspicua, segmenta tria ventralia posteriora in medio leviter longitudinaliter impressa.*

*Alae anticae apicem versus affumatae. Nigra, facie flava, antennis scapo excepto flavo extra nigrescentibus, intus rufis, thorace flavo-maculato, abdomine flavo-fasciato, pedibus flavescentibus.*

♀. Körpergestalt gedrungen wie bei *C. rybyensis* Linn., *hortivaga* Kohl und *lunata* Costa, welchen sie am nächsten steht. Scheitel mässig grob und mässig dicht, zwischen und hinter den Nebenaugen fast zerstreut punktirt. Gesicht seicht und mässig dicht punktirt. Mitteltheil des Kopfschildes nicht losgetrennt, hufeisenförmig, 1,5mal so breit wie sein Abstand von den Netzaugen, seicht und zerstreut punktirt, nach vorne in ungefähr zwei Dritteln seiner Länge eingedrückt, nach hinten flach, nicht gewölbt, wie es bei *C. rybyensis* der Fall ist, mit geradlinigem Vorderrande. Zweites Geisselglied zweimal so lang, drittes 1,5mal so lang wie das erste. Die hinteren Nebenaugen sind von einander um die Länge des zweiten, von den Netzaugen um die Länge der beiden ersten Geisselglieder entfernt. Innere Netzaugenränder nach unten deutlich divergent.

Mittelrücken mässig grob, an den Seiten, vorn und hinten ziemlich bis mässig dicht, mitten zerstreut punktirt. Schildchen mit sehr wenigen rein gestochenen Punkten. Mittelsegment sehr dicht und ziemlich grob punktirt; dessen herzförmiger Raum seitlich runzlig, mitten fast glatt und glänzend.

Hinterleib vorn dicht und grob, nach hinten mässig dicht und sehr grob punktirt. Mittelfeld der oberen Afterklappe birnförmig, seitlich ziemlich fein bewimpert; untere Afterklappe mit zwei langen seitlichen Endpinseln. Der zweite Bauchring trägt am Grunde eine deutliche plattenartige Erhebung. Der vorletzte und nächst vorhergehende Bauchring mit einem mittleren schwachen Längsrinneneindrucke. Die ganze Bauchseite des Hinterleibes ist zerstreut, seicht und mitten sehr seicht punktirt.

Vorderflügel vom Randmale bis zur Spitze angeraucht. Schwarz. Gesicht goldgelb; Fühler bis auf den goldgelben Schaft aussen schwärzlich-braun, innen rostfarben. Am Bruststück sind gelb gefleckt der Vorderrücken (seitlich), die Flügelbeulen und der Hinterrücken. Am Hinterleibe tragen das dritte, vierte und fünfte Segment goldgelbe Binden, deren erste und dritte breit, mitten mehr oder minder stark ausgerandet sind und die Neigung zeigen, sich auf der Bauchseite fortzusetzen, deren zweite schmal ist. Beine goldgelb und schwarz, an den Tarsen braun gefleckt.

Die der *C. colorata* am nächsten stehende *C. rybyensis* hat einen oben, d. i. hinter dem Eindrucke, deutlich gewölbten Kopfschildmitteltheil, während dieser bei *C. colorata* oben so ziemlich flach ist. Die Punktirung des Mittelrückens ist bei *C. rybyensis* ein wenig feiner und merklich dichter, und der Hinterrücken trägt noch zahlreiche Punkte, während er bei *C. colorata* nur ganz wenige Punkte zeigt. Die Punktirung des Hinterleibes ist viel feiner und weniger dicht als bei *C. colorata*. Bei *C. hortivaga* ist die Punktirung durchaus gröber und der Kopfschildmitteltheil kaum bis zur Hälfte eingedrückt, sowie oben deutlich gewölbt. Einen noch geringeren Eindruck weist der Kopfschildmitteltheil bei *C. lunata* COSTA auf, welche ausserdem gröber punktirt ist als *C. colorata*. *C. emarginata* PANZ. ist schlanker als *C. colorata*, hat einen Kopfschildmitteltheil, welcher vorn viel weniger eingedrückt und hinten (oben) sehr deutlich gewölbt ist, und eine sichtlich feinere und dichtere Punktirung des Körpers.

Turkestan.

Type im k. k. naturhistorischen Hofmuseum zu Wien.

## *Cerceris transversa* n. sp.

♂. *Long.* 11 *mm. Caput supra mediocriter grosse subdenseque punctatum. Clypei media pars evidenter convexa, margine antico integro. Oculorum margines interni clypeum versus divergentes. Flagelli articulus secundus quam primus duplo et dimidio, tertius duplo longior. Pronotum in medio leviter impressum. Mesonotum mediocriter grosse, in medio disperse, margines versus subdense punctatum; scutellum punctis conspicuis valde dispersis. Segmenti mediani area cordiformis tenuiter transverso-striata.*

*Abdomen superne mediocriter dense subgrosseque, infra subdense et tenuiter punctatum. Tibiae mediae leviter curvatae.*

*Alae apice infumato. Flava, vertice notoque nigrescentibus.*

♂. Scheitel ziemlich bis mässig dicht und mässig grob, Gesicht weniger dicht, oben gröber als unten punktirt. Mitteltheil des Kopfschildes deutlich gewölbt, oval, fast doppelt so breit wie sein Abstand von den Netzaugen, seicht und mässig dicht punktirt, mit ungezähntem Vorderrande. Innere Netzaugenränder nach unten divergent. Zweites Geisselglied 2,5mal so lang, drittes zweimal so lang wie das erste; das letzte Fühlerglied stark hornartig umgebogen, fast unter einem rechten Winkel. Abstand der hinteren Nebenaugen von einander ein wenig grösser, ihr Abstand von den Netzaugen ein wenig kleiner als das dritte Geisselglied.

Vorderrücken mitten leicht, doch noch deutlich eingedrückt. Mittelrücken an den Rändern ziemlich dicht, mitten zerstreut und zwar mässig grob punktirt. Schildchen mit sehr zerstreuten, rein gestochenen Punkten besetzt. Mittelsegment sehr dicht und mässig grob punktirt; dessen herzförmiger Raum fein, aber deutlich quergestreift. Die Schienen der Mittelbeine sind leicht bogenförmig gekrümmt.

Hinterleib oben ziemlich grob und mässig dicht, unten seicht und ziemlich dicht punktirt. Oben mitten am Hinterrande eines jeden Segmentes bemerkt man ein kleines Grübchen. Flügelspitze rauchig getrübt, besonders an den Vorderflügeln.

Vorherrschende Färbung des Körpers goldgelb, mit geringer Neigung, sich am Scheitel und am Rücken schwarz zu färben.

Gestalt, Grösse und Färbung von *C. transversa* mahnen sehr an *C. chromatica* Schlett. und *C. nilotica* Schlett. *C. chromatica* hat jedoch eine viel dichtere Punktirung und einen punktirten, nicht quergestreiften herzförmigen Raum, und der Vorderrücken ist mitten nicht im mindesten eingedrückt. Bei *C. nilotica* sind der Mittelrücken und besonders das Schildchen feiner punktirt. Das Mittelsegment ist nächst dem herzförmigen Raume sehr zerstreut punktirt, der herzförmige Raum polirt glatt, während bei *C. transversa* das Mittelsegment bis knapp an den herzförmigen Raum sehr dicht punktirt und der herzförmige Raum, wie ich es sonst bei keiner paläarctischen *Cerceris*-Art beobachtet habe, ausgesprochen quergestreift ist. Der Hinterleib ist ferner bei *C. nilotica* viel feiner und mehr zerstreut punktirt. Ueberdies ist bei *C. transversa* der Scheitel viel schmäler als bei den zwei eben verglichenen Arten, und in Folge dessen sind auch die Abstände der hinteren Nebenaugen von einander und von den Netzaugen viel kleiner.

Turkestan (Samarkand).

Typen im k. k. naturhistorischen Hofmuseum zu Wien.

### Cerceris rubecula n. sp.

♀. *Long. 12—13 mm. Caput supra mediocriter grosse densissimeque punctatum. Clypei media pars vix latior quam longa, convexiuscula, margine antico libero, arcuatim rotundato. Oculorum margines interni paralleli. Flagelli articulus secundus quam primus duplo et dimidio, tertius sesqui longior.*

*Mesonotum punctis mediocriter grossis, subvariolosis et mediocriter densis. Scutellum punctis conspicuis, mediocriter grossis sparsisque. Segmenti mediani area cordiformis longitudinaliter sive oblique grosseque strigosa.*

*Abdomen antice tenuiter subdenseque, in medio fere sparse, postice mediocriter dense et subgrosse punctatum. Valvulae supraanalis area pygidialis fere triangularis lateraliter evidenter fimbriata; valvula infraanalis penicillis lateralibus subfortibus.*

*Alae anticae apicem versus fortissime affumatae. Nigra, capite et antennis insertionem versus rufo-flave maculatis; abdomen luxuriose rufo-flavum.*

♀. Scheitel sehr dicht und mässig grob punktirt. Mitteltheil des Kopfschildes sehr wenig breiter als lang und nicht ganz 1,5mal so breit wie sein Abstand von den Netzaugen, schwach gewölbt, mit grösseren und kleineren, mehr oder minder seichten Punkten besetzt, ferner nicht losgetrennt bis auf den frei hervorragenden, einfach bogenförmig gerundeten Vorderrand. Gesicht dicht und sehr fein punktirt. Innere Netzaugenränder so ziemlich parallel. Zweites Geisselglied 2,5mal so lang, drittes Geisselglied 1,5mal so lang wie das erste. Die hinteren Nebenaugen sind von einander um die Länge des zweiten, von den Netzaugen um die Länge der beiden ersten Geisselglieder entfernt.

Mittelrücken mit mässig groben und leicht nadelrissigen Punkten mässig dicht besetzt. Schildchen mit mässig groben, rein gestochenen Punkten besetzt. Hinterrücken sehr seicht und zerstreut punktirt. Herzförmiger Raum des Mittelsegments grob längs bis schräg gefurcht.

Hinterleib vorn ziemlich dicht und fein, mitten fast zerstreut und fein punktirt; auf dem fünften Hinterleibsegmente ist die Punktirung ziemlich grob und mässig dicht. Bauchseite seicht und zerstreut punktirt, ohne irgend einen Eindruck oder eine Erhebung. Mittelfeld der oberen Afterklappe annäherungsweise dreieckig, oben (vorn) mit einigen groben Punkten, ausserdem fein lederartig, mit deutlich bewimperten Seitenrändern; untere Afterklappe mit mässig starken, seitlichen Endpinseln.

Vorderflügel vom Randmal bis zur Spitze sehr stark angeraucht, ganz schwarz. Schwarz. Gesicht gelbroth gefleckt und zwar mit je einem Flecken am inneren Augenrande und einem mitten auf dem Kopfschildmitteltheile. Fühler unten rostroth. Am Bruststücke sind nur die Flügelbeulen gelbroth. Beine bis auf die schwarzen Hüften und Schenkelringe rostroth. Am Hinterleibe: erstes und zweites Segment fast ganz gelbroth, nur vorn am Grunde schwarz, drittes und viertes Segment mit gelbrothen, mitten ausgerandeten Binden.

*C. rubecula* steht nicht unfern der *C. maritima* SAUSS. von der Insel St. Mauritius (Mascarenen). Diese letztere hat aber einen Kopfschild, dessen Vorderrand leicht aufgebogen ist; ferner ist der herzförmige Raum des Mittelsegments von einer mittleren Längsfurche durchzogen, welche bei *C. rubecula* fehlt; endlich ist *C. maritima* auch reicher gezeichnet und zwar gelb, nicht gelblich-roth.

Aegypten (Kairo).

Type im k. k. naturhistorischen Hofmuseum zu Wien.

----

Meine Beschreibungen von *Cerceris capito* LEPEL. und *C. prisca* SCHLETT. möchte ich dahin ergänzt wissen, dass bei diesen Arten das erste Tarsenglied der Mittelbeine gebogen (wie ausgeschnitten) ist.

Am Schlusse meiner Beschreibung von *C. emarginata* PANZ. in der Unterschiedsangabe der *C. emarginata* und *rybyensis* (p. 380) soll es anstatt der mit dem übrigen richtigen Texte in Widerspruch stehenden Bemerkung „das ♀ überdies durch den weiter ausgedehnten Eindruck des mittleren Kopfschildtheiles" heissen „das ♀ überdies durch den weniger weit ausgedehnten Eindruck des mittleren Kopfschildtheiles".

Den Kopfschildmitteltheil von *Cerceris kohlii* SCHLETT. (p. 447, Taf. XV, Fig. 6) beschrieb ich als vorn halbmondförmig eingedrückt. Es sollte richtiger heissen „Vorderrand des Kopfschildmitteltheiles halbmondförmig ausgerandet", wie dies auch die Abbildung deutlich veranschaulicht.

Einem Zufall ist es zuzuschreiben, dass in meiner *Cerceris*-Abhandlung *C. antonii* und *C. julii* ♀, welche FABRÉ in den „Souvenirs entomologiques", Paris 1879, p. 320 als neue Arten beschrieben und welche Beschreibungen Dr. v. DALLA TORRE in deutscher Uebertetzung in den „Entomologischen Nachrichten" p. 153, 1881 veröffentlicht hat, keine Erwähnung gefunden haben. Beide Arten werden hiermit eingezogen; denn *C. antonii* FABRÉ ist syn. mit *C. conigera* DAHLB., *C. julii* FABRÉ syn. mit *C. rubida* JUR., wie es mit voller Sicherheit aus beiden Beschreibungen hervorgeht.

Anstatt *C. klugii* SCHLETT. soll es p. 361 in der Bestimmungstabelle der Männchen und p. 395 am Kopfe der Beschreibung dieser Art heissen *C. klugii* KIRCH., welcher in seinem Kataloge die KLUG'sche *C. annulata*, da die Benennung *annulata* bereits verwendet war, mit dem obigen Namen belegt hat.

Ein sicheres Unterscheidungsmerkmal des Männchens von *C. inter-rupta* von allen anderen oft schwer zu unterscheidenden Arten, wie z. B, von *C. quinquefasciata*, ist der leichte mittlere Längskiel vorn auf dem Kopfschild, welcher bei der Drehung des betreffenden Stückes leicht zu bemerken ist.

Seit der Veröffentlichung meiner *Cerceris*-Arbeit sind mir von verschiedenen Arten neue Fundorte bekannt geworden, deren Aufzählung zur Vervollständigung der geographischen Verbreitung hier Platz finden mag.

*C. arenaria* L. Deutschland (Kiel, Thüringen, Dresden), Schweiz, Oesterreich (Fiume), Serbien, Caucasus.

*C. albofasciata* ROSSI: Süd-Russland (Sarepta).

*C. conigera* DAHLB.: Oesterreich (Insel Lesina).

*C. emarginata* PANZ.: Schweiz, Oesterreich (Fiume), Serbien.

*C. ferreri* v. D. LIND.: Oesterreich (Triest, Fiume), Sardinien (Costa), Wladivostok in Ostasien.

*C. funerea* COSTA: Deutschland (Thüringen), Süd-Russland (Sarepta).

*C. hortivaga* KOHL.: Oesterreich (Fiume), Schweiz.

*C. interrupta* PANZ.: Süd-Frankreich.

*C. labiata* FAB.: Oesterreich (Fiume), Schweiz, Sicilien.

*C. lepida* BRULL.: Süd-Russland (Sarepta).

*C. lunata* COSTA: Oesterreich (Dalmatien).

*C. prisca* SCHLETT.: Turkmenien. — Im naturhistorischen Museum zu Bern befindet sich ein Stück von *C. prisca* aus Turkmenien von sehr abweichender Färbung; während Kopf und Bruststück grossentheils orangeroth, ist der Hinterleib ganz orangeroth gefärbt. Seine gewöhnliche Färbung ist schwarz mit goldgelber Zeichnung.

*C. quadricincta* PANZ.: Oesterreich (Fiume).

*C. quadrifasciata* PANZ.: Schweden (Insel Gotland), Deutschland (Thüringen).

*C. quinquefasciata* ROSSI: Deutschland (Thüringen), Oesterreich (Fiume), Schweiz, Spanien (Mallorca), Sicilien, Serbien.

*C. rubida* JUR.: Frankreich, Sicilien, Serbien.

*C. tuberculata* VILL.: Turkmenien.

*C. specularis* COSTA A. in Madrids Umgebung.

---

Ich hatte vor einiger Zeit Gelegenheit, das seltene, in der kaiserlichen Hofbibliothek zu Wien befindliche Prachtwerk SAVIGNY's „Description de l'Egypte ou Recueil des observations et des recherches qui ont été faites en Egypte pendant l'expédition de l'armée française publié par ordre du gouvernement. Tome deuxième. Paris, 1817" mit Musse durchzusehen. Die 10. Tafel enthält die Abbildungen einer ansehnlichen Zahl von in Aegypten vorkommenden *Cerceris*-Arten. Wie vorzüglich die Kupferstichabbildungen auch an sich sind, so scheinen sie mir aber doch bei allem Interesse, welches ihnen der Fachmann entgegenbringt, von mehr untergeordnetem wissenschaftlichen Werte. Denn es fehlt, ganz vereinzelte Fälle ausgenommen, die Wiedergabe der für die Characterisirung der Arten unumgänglich nothwendigen Details, z. B. der Form des Kopfschildes, der Längenverhältnisse der untersten Fühlerglieder, der Stellung und Abstände der Netzaugen und Nebenaugen, der Gestalt der Bauchringe u. s. w. Dann fehlt der Text, ja auch die Benennung der abgebildeten Thiere, und überdies war es mir, was die wenigen abgebildeten Details wie Kopf und Fühler betrifft, nicht durchweg möglich, sie nach ihrer Anordnung mit Sicherheit auf diese oder jene ganze Figur zu beziehen. Die einzigen Anhaltspunkte für die Beurtheilung dieser namenlosen *Cerceris*-Abbildungen bilden somit die Grösse und allgemeine Gestalt des Körpers, die mehr oder minder ausgedehnte rauchige Flügeltrübung und die Körperfärbung, welche in klarster Weise zum Ausdruck gebracht sind, ausserdem in einzelnen Fällen die Form des ersten, verdünnten Hinterleibsegments, der Fühler, des Kopfschildes und zum Theil auch die Gestalt des Mittelfeldes der oberen Afterklappe.

Wenn ich die Deutung der erwähnten Abbildungen versuche, so geschieht dies weniger, um augenblicklich das Wissen über *Cerceris* zu mehren, als vielmehr um die Aufmerksamkeit auf die mehr oder minder bekannte Verbreitung und speciell das Vorkommen bereits bekannter und wohl auch noch unbekannter Arten in Aegypten zu lenken, welches eine reiche Zahl von *Cerceris*-Arten zu besitzen scheint, und dann das Interesse überhaupt auf das schöne, leider unvollendet gebliebene und, wenigstens zum Theil, namenlose Kupferstichwerk Savigny's zu richten, welches nach eingehender Durchforschung von Aegyptens Fauna durch die ergänzende Tafelerklärung und insbesondere durch den anzufügenden Text zu einem sehr werthvollen Werke gemacht würde.

In Fig. 1 ist fast sicher *C. erythrocephala* Dahlb. abgebildet, welche Art für Aegypten bereits bekannt ist. Grösse, Gestalt und Flügeltrübung harmoniren genau mit den mir bekannten Stücken von *C. erythrocephala*. Auch will mir die Abbildung in Einklang erscheinen mit der Färbung, d. i. matter Körper, welcher rostroth ist mit schwarzem Hinterleibe.

Fig. 2 stellt wahrscheinlich *C. lepida* Brullé vor, welche Art bisher nur von den canarischen Inseln und Süd-Russland bekannt ist. Die Abbildung stimmt sehr wohl in Grösse, Gestalt, Färbung und in der mässig stark rauchig getrübten Spitze der Vorderflügel der mir bekannten Stücke überein.

In Fig. 3 glaube ich mit einiger Sicherheit *C. subimpressa* Schlett. zu erkennen, von welcher mir nur aus Aegypten stammende Stücke bekannt sind. Die Abbildung stimmt in der Körpergestalt, Grösse, in der elliptischen Form des Mittelfeldes der oberen Afterklappe (Pygydialfeld) und in der nur leicht angerauchten Spitze der Vorderflügel genau, in der Körperfärbung so ziemlich genau mit *C. subimpressa*.

In Fig. 4 ist nahezu sicher *C. rubida* Jur., welche ausser in Mitteldeutschland besonders durch ganz Süd-Europa und über Kleinasien bis Central-Asien verbreitet ist. Die Abbildung harmonirt in allen Theilen mit *C. rubida*.

Fig. 6 dürfte wahrscheinlich *C. eugenia* Schlett. darstellen, welche für Aegypten bereits nachgewiesen ist, oder die dieser nächstverwandte

*C. mocsaryi* KOHL aus Süd-Russland (Sarepta). Die Abbildung steht mit den mir bekannten Stücken nicht im Widerspruche.

Fig. 7 stellt möglicherweise die südrussische *C. sareptana* SCHLETT. vor.

In Fig. 9 glaube ich mit ziemlicher Sicherheit *C. albicincta* KLUG zu erkennen, welche durch ganz Aegypten, Nubien und bis in den Sudan hinein verbreitet ist. Die Abbildung stimmt in allen Theilen genau mit mehreren mir vorliegenden Stücken.

Fig. 10 könnte allenfalls die aus Assuan in Oberägypten bekannte *C. klugii* KIRCH. (= *annulata* KLUG) vorstellen. Ich fand ausser den übereinstimmenden Merkmalen wie Grösse, allgemeine Körpergestalt und sehr leicht getrübte Vorderflügelspitze nur eine geringe Verschiedenheit in der Färbung.

Fig. 11 scheint mir auf *C. stratiotes* SCHLETT., aus Süd-Ungarn und Corfu bekannt, hinzuweisen.

In Fig. 12 mag wahrscheinlich die in den östlichen Mittelmeerländern nicht seltene *C. prisca* SCHLETT. abgebildet sein. Die Grösse ist zwar nach der Abbildung ein wenig geringer, jedoch im übrigen, insbesondere in der reichlichen Zeichnung des ganzen Körpers, finde ich eine gute Uebereinstimmung mit den im k. k. Hofmuseum zu Wien befindlichen Stücken.

In Fig. 16 glaube ich fast sicher *C. pulchella* KLUG zu erkennen, welche durch ganz Aegypten und weiter verbreitet ist. Die vorherrschend helle (gelbe) Färbung, welche in der Abbildung deutlich wiedergegeben ist, die zarte Gestalt und geringe Grösse, sowie die geringe Flügeltrübung stellen meine Annahme fast ausser Zweifel.

Wenn ich in Fig. 18 *C. lutea* TASCHENB. abgebildet sehe, so glaube ich kaum fehl zu gehen. Die Abbildung stimmt genau mit *C. lutea*, welche das Nilthal bis Chartum hinauf bewohnt, überein, so in der Gestalt und Grösse des Körpers, in der stark angerauchten Spitze der Vorderflügel und insbesondere in dem gänzlich hell (röthlich-gelb) gefärbten Körper.

Fast ebenso sicher glaube ich in Fig. 23 *C. nilotica* SCHLETT. — aus Theben bekannt — gefunden zu haben. Grösse, Flügeltrübung und besonders die vorherrschend helle (gelbe) Färbung weisen mit ziemlicher Sicherheit auf *C. nilotica*.

In Fig. 24 dürfte wahrscheinlich *C. chromatica* SCHLETT. abgebildet sein. Die vorherrschend helle Körperfärbung, Grösse, Körpergestalt und Flügeltrübung wenigstens weisen darauf oder auf eine ihr nahestehende Art hin.

Was die übrigen Abbildungen betrifft, so konnte ich nicht die genügenden Anhaltspunkte finden, welche eine auch nur annähernde Deutung ermöglichten. Sie mögen zum Theil unklar beschriebene, zum Theil aber bis jetzt unbeschriebene Arten darstellen und muss der Möglichkeit, sie zu deuten, wohl eine weitere faunistische Erforschung Aegyptens vorhergehen.

Bezüglich der eben versuchten Deutungen muss ich jedoch ausdrücklich erklären, dass ich für deren Richtigkeit nicht durchweg und
nicht mit voller Sicherheit einzustehen wage.  Variirt auch die Grösse
innerhalb der einzelnen *Cerceris*-Arten nicht sehr auffallend, so ist das
Gegentheil hinwieder bezüglich der Körperfärbung der Fall; ich erinnere
diesbezüglich z. B. an *C. tuberculata* VILL., *C. capito* LEPEL. und
*C. prisca* SCHLETT., welche durchschnittlich schwarz und gelb gezeichnet,
mitunter jedoch ganz roth gefärbt sind.   Da nun aber meine Deutungsversuche neben der Grösse, Gestalt und Flügeltrübung sich vorzugsweise auf die Färbung gründen, so ist selbstverständlich auch ein
Irrthum leicht möglich.

# Miscellen.

## Lepidopterologische Studien im Ausland.

Von Dr. ADALBERT SEITZ in Giessen.

(Schluss).

Da wo sie überhaupt vorkommen, sind die *Colaenis* in der Regel sehr häufig. *Col. dido,* von der angenommen wurde[1]), dass sie nirgends häufig vorkomme, fand ich im Mai 1888 dutzendweise auf Blüthensträuchern in der unmittelbaren Umgebung von Rio de Janeiro. Wahrscheinlich ist die irrige Angabe dadurch veranlasst worden, dass einer der Sammler diese Art mit der oben erwähnten *Victorina* verwechselte. Auch die Annahme[2]), dass die Weibchen von *Col. julia* selten seien, muss ich bestreiten; in Bahia und vielen anderen Orten der Provinz São Paulo finden sie sich in grosser Menge, wenn sie auch stets von ihren Männchen an Zahl übertroffen werden. Diese letzteren bilden im April eine der Hauptzierden der brasilianischen Natur, indem sie, oft zu zweien und dreien auf einer Dolde sitzend, ihre feuerrothen Flügel prächtig ausbreiten. *Col. euchroia* und *Col. phaerusa* sind nicht ganz so häufig wie die vorher genannten Arten; doch sah ich die leuchtend rothen Männchen der einen dieser Arten oft genug in Gärten und auf abgeholzten Waldplätzen des südlichen Brasilien fliegen.

A t e l l a. Diese Thiere, welche in Färbung, Gestalt und Gewohnheiten durchaus unseren *Argynnis* gleichen, scheinen diese in den Tropen dürftig vertretene Gattung dort zu ersetzen. Ich sah die *Atella* nie in grosser Zahl bei einander, wie etwa die *Colaenis;* vielmehr erinnerten sie mich an die verwandte amerikanische Gattung *Euptoieta,* deren An-

1) STAUDINGER, Exot. Schmetterlinge, p 86.
2) STAUDINGER, l. c.

gehörige ich fast allenthalben, aber immer nur vereinzelt antraf. — *Atella phalanta* fing ich in Indien im Juni, sonst sah ich sie zu keiner Jahreszeit; sie scheint demnach an eine bestimmte Zeit gebunden, was für die *Colaenis* keine Geltung hat; findet man die letzteren auch in gewissen Monaten[1]) am zahlreichsten, so fehlen sie doch zu keiner Jahreszeit ganz.

Ich will hier eine Bemerkung einfügen, zu der ich durch einen Vergleich der indischen mit der südamerikanischen Fauna gebracht werde. Nämlich wie die *Colaenis* so haben noch viele andere brasilianische Schmetterlingsarten die Eigenschaft, dass sie das ganze Jahr hindurch häufig vorkommen, wie z. B. *Ageronia, Adelpha, Catopsilia,* *Heliconius,* viele Nachtschmetterlinge, ja sogar mehrere *Papilio.* In Ostindien dagegen fing ich an den gleichen Localitäten in den verschiedenen Jahreszeiten meist ganz andere Arten. Ja selbst diejenigen Species, welche in Indien die verbreitetsten und gemeinsten sind, wie *Delias hierta, Eurema hecabe,* gewisse *Papilio*-, *Junonia*- und *Diadema*-Arten, treten zu gewissen Jahreszeiten bis zu fast völligem Verschwinden zurück, um dann wenige Monate später in Unmasse zu erscheinen, auch da, wo es keine „trockne" Jahreszeit gibt, wie in manchen Gegenden von Ceylon.

P h y c i o d e s. Auch diese Gattung ist reich an Anklängen. Die gewöhnlichen kleinen gelben Arten, wie *liriope* u. a., verhalten sich genau wie unsre *Melitaea,* und es scheint vom biologischen Standpunkt in der That kein grosser Missgriff, wenn beide früher zusammengeworfen wurden[2]). Diejenigen Arten, welche andere copiren, scheinen sich auch in ihren Bewegungen nach dem Originale zu richten. So hat z. B. *Ph. lansdorfi,* deren Aehnlichkeit mit einem Heliconier schon erwähnt ist[3]), vollständig dessen Flugart angenommen, die sich durchaus von der anderer *Phyciodes* unterscheidet. Der Grund dieser Mimicry ist in dem übeln Geruch gegeben, den *Hel. phyllis, beskei* oder eine verwandte Art führt, die als Original gedient haben kann. *Phyc. leucodesma* ähnelt mehreren *Nymphidium*-Arten und unterscheidet sich von einigen *Dynamine* nur durch den Flug.

H y p a n a r t i a. Die hierher gehörigen meist gewöhnlichen Arten erinnern in ihrem Wesen an die *Pyrameis,* lassen sich aber, um auszuruhen, weniger auf den Erdboden als auf die Zweigspitzen von Bäumen und Sträuchern nieder. Vorsichtig aufgejagt, kehren sie mit grosser Tenacität auf denselben Zweig oder gar dasselbe Blatt zurück, wie etwa bei uns *Pyrameis atalanta.* Ich fand gewöhnlich zwei Arten (*H. zabulina* und *lethe*) an einem Flugorte zusammen.

P y r a m e i s. Ich weiss mich in der That kaum einer Gegend der Erde zu erinnern, wo ich diese Thiere nicht gefunden hätte. Vor allem

---

1) Für Südamerika der April, Mai.
2) HERRICH-SCHÄFER's Verzeichniss der Tagschmetterlinge, im Correspondenzblatt des zoolog.-mineral. Vereins zu Regensburg.
3) *Hel. beskei:* STAUDINGER, Exot. Schmett. p. 92.

die *Pyr. cardui* begleitete mich auf vielen meiner Reisen. — In Afrika
sah ich diese Art noch als einzige bunte Species mit mehreren Weisslingen an der äussersten Grenze der Vegetation, und zwar noch ziemlich
häufig. An den ödesten Orten von Victoria in Australien traf ich *P.
cardui* um einige gelbe Blüthen — die einzigen in der Sandwüste —
flatternd. Ueberall hatten die Thiere die nämlichen Gewohnheiten wie
bei uns: auf einer trockenen Stelle sitzend, erwarten sie andere Falter,
mit denen sie dann in raschestem Fluge hoch in die Luft hinaufwirbeln.
Durch dieses Bestreben, sich auf den Boden niederzulassen, unterscheidet
sich die *P. cardui* von der *P. itea*; diese liebt als Ruhepunkt Baumstämme oder Planken, wo sie mit flach ausgebreiteten Flügeln sitzt,
kopfunter, wie eine *Ageronia*. Uebrigens fand ich im südlichen Australien
die *Pyr. itea* sehr gemein, auch im Winter fliegend, und oft waren die
beiden *Pyrameis*, *Danais erippus* und die unvermeidliche *Deiopeia
pulchella* die einzigen Schmetterlinge, welche mir in die Augen fielen.
— Bei einer Reihe von *Pyr. cardui*, die ich in Portugal gefangen habe,
fand ich keinen Unterschied in der Intensität der gelbrothen Farbe
im Vergleich mit nordeuropäischen Stücken, während ich in Italien im
Juli Distelfalter fing, bei denen jene Farbe weitaus leuchtender war.
Auch bei mehreren Stücken, die ich bei der grossen Invasion im Herbste
1879 in Deutschland fing, fand ich ein feuriges Colorit und ich erinnere
mich, dass damals behauptet wurde, die Wanderer seien aus Italien über
die Alpen gekommen. Einen gleichen Unterschied constatire ich zwischen
zwei Reihen von *Pyr. atalanta*; die einen, vom Ohio stammend, zeigen
ein mehr carmoisinrothes Band (ähnlich wie *Pyr. callirrhoë*), die deutschen
Stücke ein mehr scharlachrothes; in Südeuropa erhielt ich leider nur
abgeflogene Stücke, die einen genauen Vergleich der Färbung nicht zu-
lassen. — In Brasilien traf ich zwei *Pyrameis*-Arten; sie gleichen in
ihrem Wesen durchaus der *P. cardui*, doch sah ich sie mehr vereinzelt.
— Ueber die Wanderungen des *Pyr. cardui* weiss ich nichts zu berichten; aber während die Schiffe, auf denen ich mich befand, längs der
australischen Südküste fuhren, kamen häufig *Pyr. itea* an Bord, selbst
wenn das Land ausser Schweite war; sie liessen sich ruhig auf dem
Schiffe nieder.

J u n o n i a. Die Junonien erinnern in ihrer Lebensweise sehr an
die vorigen. Sie fliegen an offenen Stellen, auf Wiesen und Wald-
blössen. Am meisten sieht man sie in Indien; die amerikanischen Arten
treten hinter den an gleichen Localitäten fliegenden *Anartia* mehr
zurück. Besonders *J. laomedia* ist zahlreich. Sie fliegt gewöhnlich
zusammen mit gewissen *Adolias* (*Tanaëcia*)-Arten, mit deren Weibchen
eine oberflächliche, aber zweifellos nur zufällige Achnlichkeit besteht,
etwa so wie auch mit der amerikanischen *Anartia jatrophae*. *Jun.
orithyia* fand ich häufig auf Weideplätzen, und zwar traf ich einst in der
Morgenstunde ausnahmslos frisch entwickelte Stücke mit z. Th. noch
weichen Flügeln, so dass es fast den Anschein hatte, als ob hier eine
schubweise Entwicklung von Schmetterlingen stattfinde, eine Erscheinung, wie wir sie bei einheimischen Spannern zuweilen sehen.

Man gestatte mir hier auf diesen Punkt näher einzugehen. Die Erscheinung, dass manchmal eine Falterart plötzlich in ungezählten Exemplaren erscheint, welche am Tage vorher noch ganz unsichtbar war, lässt auf ein öfteres Vorkommen einer solchen schubweisen Entwicklung schliessen. In solchen Fällen kann man stets beobachten, dass sich unter den neuausgebildeten Faltern eine grosse Zahl von Kümmerlingen befindet; ja, bei der obenerwähnten Gelegenheit fing ich eine ganze Menge *J. orithyia*, die um ein gutes Stück kleiner waren als die zu anderer Zeit am gleichen Orte gefangenen. Dieser Vorgang lässt sich sehr gut begreifen, wenn man die Witterungsverhältnisse in den Tropen berücksichtigt. Das Einsetzen einer Windströmung, Regenzeit oder Trockniss vermag dort die Vegetation in ganz acuter Weise zu alteriren, und so mag manche Raupe, die vielleicht bei anderem Wetter ihr Wurmdasein noch fortgesetzt hätte, nothgedrungen zur Verpuppung schreiten, auch wenn sie die erwünschte Reife noch nicht erreicht hat. — Das Land, in welchem solche Verhältnisse am ersten erwartet werden dürfen, ist Indien. Bei uns sind Schmetterlinge überhaupt zu selten, um eine Erscheinung wie die genannte scharf hervortreten zu lassen; auch ist die Vegetation, und damit auch die Insectenwelt, zu wenig abhängig von der Witterung, deren Unbilden — Regen, Wind und Temperaturschwankungen — sie täglich ertragen muss. Auch in Brasilien sah ich keine so eclatanten Fälle, da auch dort eine Constanz des Wetters kaum existirt.

Die südamerikanischen Junonien zieht STAUDINGER in seinem neusten Werk über exotische Schmetterlinge alle zu einer Art zusammen, und diese Ansicht scheint mir bestätigt durch die Thatsache, dass ich bei einer Reihe von Junonien, die ich alle an einem Tage zu Bahia auf der Strasse fing, eine ganze Anzahl von Verschiedenheiten constatiren kann. In Australien fand ich die Junonien nicht häufig, übrigens zugleich mit unserm Distelfalter fliegend, mit dem sie öfters spielend umherwirbeln.

Precis. Bei *Pr. iphita* zeigt die Unterseite schon unverkennbar jene blattrippenartige Zeichnung, die bei *Kallima paralecta* ihre höchste Ausbildung erhält. Von letzterer erzählt WALLACE, dass sie sich stets in Schutzstellung — in welcher der Falter mit geschlossenen Flügeln ein Blatt darstellt — niederlasse. Bei *Pr. iphita* beobachtete ich, dass bei hellem Sonnenschein der Falter lebhaft umherflog und sich oft, mit ausgebreiteten Flügeln, auf ein grünes Blatt setzte. Dabei kam seine Schutzzeichnung gar nicht zur Geltung; im Gegentheil, die dunkle Colorit liess ihn auf weit hin im grünen Laub erkennen. In dieser Stellung war der Falter sehr scheu und liess sich nur schwer beikommen. Ganz anders verhielt er sich, wenn eine Wolke die Sonne verfinsterte oder wenn ein plötzlicher Regen fiel. Dann setzte sich das Thier in seine Ruhestellung: die Flügel geschlossen, die Fühler dazwischen verborgen, die Hinterflügelspitzen — den scheinbaren Blattstiel — auf einen Zweig gestützt. In dieser Stellung lässt sich das Thier getrost nahekommen, erst ein Schlag auf den Ast, auf dem es sitzt, bringt es zum Wegfliegen, und dann flattert es entweder direct auf den Boden, oder es sucht in stets sinkendem Fluge den nächsten Busch auf. Bei Besprechung einer von *Precis* weit getrennten Gattung — *Siderone* —, die ich in Südamerika beobachtete, werde ich vergleichender Weise nochmals auf diesen Punkt zurückkommen, aus dem hervorgeht, wie vollkommen sich die Thiere bewusst sind, wann sie ihre Schutzstellung einnehmen und wann sie sie verlassen' haben.

Anartia. Bezüglich des Vorkommens dieser über ganz Amerika, bis in die Vereinigten Staaten hinein verbreiteten Gattung will ich nur bemerken, dass die Ansicht STAUDINGER'S, die er in Betreff der *An. amalthea* ausspricht, unrichtig ist. Er meint, diese Art fliege in Brasilien mehr vereinzelt. Das passt auf die specielle Gegend von Rio. Aber an der Küste der Provinz São Paulo, wo sich endlose Sümpfe ausdehnen, findet sich diese Art in zahlloser Menge. In Villa Mathias, einem kleinen Flecken bei Santos, fand ich *A. amalthea* zu Tausenden; auf den Grasplätzen, die zum Trocknen der Wäsche verwendet werden, fliegen sie dort weit zahlreicher umher, als wir im Hochsommer unsere Weisslinge sehen. Mitunter erblickt man Bänder sich verfolgender Schmetterlinge, die aus acht, neun Individuen dieser Art bestehen. Dabei sind sie in keiner Weise an irgend eine Jahreszeit gebunden; wenigstens fand ich sie im Januar, Februar, April, Juli und August gleich häufig. — An denselben Plätzen fliegt auch eine andere Art, *A. jatrophae*; aber wiewohl auch diese immer noch häufiger ist als z. B. unser *Coen. pamphilus*, so dass man in wenigen Stunden Dutzende erbeuten kann, so kommt sie doch nie in solcher Unzahl vor wie *A. amalthea*. *A. jatrophae* erinnerte mich im Flug und Aussehen sehr an die *Junonia laomedia*, und sie scheint diese östliche Art in Südamerika zu vertreten.

Eunica. Ich schliesse bei der Besprechung dieser Gattung noch einige andere Gruppen ein, die mit den *Eunica* viele biologische Eigenthümlichkeiten gemein haben. — Die *Eunica* sind keineswegs häufige Schmetterlinge. Wiewohl man über ein halbes Hundert Arten im tropischen Amerika aufgefunden hat, so kann man Tage lang in den üppigen Wäldern Brasiliens umherwandern, ohne einem solchen Falter zu begegnen. In Bahia habe ich — wiewohl ich zu den verschiedensten Jahreszeiten Excursionen gemacht habe — nie eine *Eunica* gesehen; zweifelsohne gehört sie dort zu den grössten Seltenheiten. Auch in Südbrasilien trifft man im Ganzen nur wenige Arten. — Eine Gruppe, in ihrer Lebensweise völlig mit *Eunica* übereinstimmend, wird aus den Gattungen *Callicore*, *Perisama*, *Catagramma* und *Haematera* gebildet. Auch aus diesen z. Th. artenreichen Gattungen trifft man die Falter nur einzeln an; am häufigsten fand ich noch einige *Callicore*-Arten. Was die Wahl des Flugortes und die Lebensweise betrifft, so dürften diese Falter am ersten unsern Schillerfaltern anzureihen sein. Ich sah sie — wie auch die *Eunica* — nie auf Blumen; dagegen findet man sie an feuchten Wegstellen und nicht am seltensten auf Excrementen. Grössere Blössen und kahle Stellen scheinen sie zu meiden; überschattete, beiderseits mit hohen Bäumen und dichtem Buschwerk bestandene Waldwege sind ihr Lieblingsaufenthalt. Der Flug ist schnell und durchaus elegant, an den

von *Apatura* erinnernd. Ich sah mehrere Arten bei regnerischem Wetter
in ihrer Ruhestellung an Büschen sitzend und war überrascht, wie
wenig diese überaus bunten Schmetterlinge in die Augen fallen. Sie
sassen mit geschlossenen Flügeln an den Stämmen von Büschen oder
jungen Bäumchen, wobei die vorderen Flügel so in die hinteren eingeschoben waren, dass von der lebhaften rothen Färbung, die fast alle
Arten führen, auch nicht die geringste Spur zu sehen war. Trotz der
eigenthümlich gezeichneten Unterseite der Hinterflügel (die einzige in
dieser Stellung sichtbare Fläche) mochte man das Thier für ein ge-
schrumpftes dürres Blatt halten. Liess sich dagegen der Falter während
des Umherfliegens auf eine Zweigspitze nieder, so schloss er die Flügel
so, dass das Roth lebhaft hervorleuchtete.

Konnten wir schon die Angehörigen der eben besprochenen Gruppen
nicht zu den gewöhnlichen Faltern rechnen, so zählen die Arten einiger
andern Gattungen geradezu zu den grössten Seltenheiten, wie *Callithea*
und *Batesia*. Mir kamen diese herrlichen Thiere nie zu Gesicht, und
es scheint keine Art bis unter den 10. Grad südl. hinabzusteigen, oder
es dürfte ihr Vorkommen da nur ein ganz vereinzeltes sein. Es sind
echte Tropenthiere, mit Farben, wie sie sich nur in unmittelbarer Nähe
des Aequators entwickeln. Ich erinnere mich dabei lebhaft an das herrliche Blau einiger Schmetterlinge, die ich auf indischen Inseln traf und
bei deren Besprechung ich auf diesen Punkt zurückkommen werde.

Myscelia. Auch von dieser Gattung sind mit e i n e r Ausnahme
alle Arten auf das Aequatorialgebiet Amerikas angewiesen, doch ist
diese einzige südliche Art eben die schönste. Ganz entschieden gehört
das Männchen der *M. orsis* zu den prächtigsten Erscheinungen. Das
leuchtende Blau zieht selbst die Blicke derjenigen Spaziergänger auf
sich, welche kein specielles Interesse für die Natur haben. Von einem
grossen, glänzend grauen Fleck am Innenrande der Hinterflügel, der
den aufgespannten Falter entstellt, ist im Leben nichts zu sehen, da die
*orsis* selbst beim schnellsten Fluge die Flügel nie so hoch hebt, dass
dieser Fleck sichtbar würde. Das Männchen von *M. orsis* ist eine recht
häufige Erscheinung. Ueberall im Walde, an feuchten Wegen, an Ge-
büschen, an kleinen Lichtungen sitzen sie lauernd auf den Spitzen der
Zweige, und ihr Vorkommen ist an keine bestimmte Jahreszeit gebunden.
In São Paulo erinnere ich mich von keiner meiner zahlreichen Excursionen zurückgekehrt zu sein, ohne einige *orsis* gefunden zu haben, doch
sah ich nie ihrer viele bei einander. Die Weibchen dieser Art erinnern
sehr an manche *Neptis*; aber während die indischen Arten letzterer
Gattung vorzüglich auf Blüthen sassen, bemerkte ich ein solches Verhalten nie bei den *Myscelia*-Weibchen. Die letzteren setzen sich stets
auf Blätter, und zwar flattern die Weibchen unermüdlich von Blatt zu
Blatt, auf jedem Secunden lang ruhend. Werden sie gejagt, so retiriren
sie in das Innere des Gesträpps hinein (während die andern Nymphaliden,
gerade entgegengesetzt, bei einer Verfolgung herausfliegen), ein Verhalten, wie man es unter den Tagfaltern nur noch bei Brassoliden und
einigen Satyriden sieht.

Epicalia. Diese Arten (der Name *Catonephele* für die Gattung ist ebenso bezeichnend) haben mit der besprochenen *M. orsis* Vieles gemein. Erinnert uns bei *E. acontia* (♂) schon die abnorme Gestalt der Flügel und vor allem der eigenthümliche Glanzfleck[1]) am Innenrande der Hinterflügel lebhaft an das Männchen von *M. orsis*, so erscheinen die Weibchen beider Arten einander so ähnlich, dass es uns unangenehm berühren muss, beide in verschiedenen Gattungen untergebracht zu sehen: beide als e i n z i g e Mitglieder ihrer Sippen, deren Männchen die genannten Eigenthümlichkeiten aufweisen; — doch gehören systematische Untersuchungen nicht hierher[2]). In biologischer Hinsicht zeigten die wenigen von mir beobachteten Epicalien die nämlichen Eigenschaften wie *Mysc. orsis*, doch halten sie sich gerne an den Kronen hoher Bäume auf, was die letzteren niemals thun.

Dynamine. Bemerkenswerth ist ein eigenthümlicher, stossweise ausgeführter Zickzackflug der weissen Arten, der uns diese leicht von den übrigens sehr ähnlichen *Nymphidium* unterscheiden lässt, die an gleichen Localitäten fliegen. Bei den bunten, durch Geschlechtsdimorphismus ausgezeichneten Arten habe ich diesen Flug nicht beobachten können.

Gynaecia. Während alle zuletzt besprochenen Nymphaliden, wie auch die nachkommenden, einen durchaus eleganten Flug haben. ähnlich dem unserer *Limenitis*, bewegt sich die plumpe *dirce* mit einem unregelmässigen Flattern — wenn auch ziemlich schnell — fort. Der Falter, der während des Fliegens schwer von der an gleichen Orten vorkommenden *Hypna clytemnestra* zu unterscheiden ist, ruht an Stämmen mit zusammengeklappten Flügeln, kopfabwärts, einem geschrumpften Blatte gleichend. — Während die schwarze, gelbbedornte Raupe leicht ins Auge fällt, ist die graue, schlanke Puppe gut geschützt.

Ageronia. Die Ageronien kennt jeder Brasilianer, da sie sich durch das schon öfter erwähnte Klappern bemerkbar machen. Der Ton den die „Rasselchen", wie man sie in ihrer Heimath nennt (portug. = matraca), hören lassen, ist im Vergleich zu der Kleinheit der Thiere sehr stark, jedoch bei einzelnen Arten verschieden. Am lautesten unter den von mir beobachteten Arten ertönt das Knattern der *Ag. amphinome*. Als ich das erste Mal mit dieser Art zusammentraf, blieb ich überrascht stehen, obgleich mich, wie das Abmessen ergab, noch mehr als 40 Schritte von dem Baum trennten, an dem das Thier seine Musik ertönen liess. Auch *Ag. feronia* macht noch ein weithin vernehmbares Geräusch, während einige zart gebaute Arten nur ein leises Knistern hören lassen. Beobachtungen darüber kann man sehr gut in Rio de Janeiro anstellen, wo zuweilen Dutzende von Matracas, die oft 3—4 Arten angehören, an

---

1) Auf die Auffassung dieser Gebilde sowie der später erwähnten Haarpinsel, als Duftorgane, werde ich an anderer Stelle näher eingehen.

2) Ueber Aehnlichkeit der Jugendzustände vgl. W. MÜLLER, in diesen Jahrb. Bd. 1, p. 463 f.

einem Baumstamme ruhen. Die *Ageronia* klappert nur während des Fliegens, und zwar nur beim Anblick einer anderen *Ageronia* oder eines Schmetterlings, den sie für eine solche hält (was manchen Castniiden oft passirt); gejagt lässt sie nie den geringsten Ton hören. Es wäre also irrig, dieses Geräusch einem Zusammenschlagen der Flügel, wie es durch einen aufgeregten Flug hervorgebracht wird, zuzuschreiben; es könnte ein so entstandener Ton auch niemals diese Stärke haben. Wahrscheinlich entsteht er auf dieselbe Weise, wie der — allerdings bei weitem schwächere — Ton, den man bei *Callimorpha*-Arten, bei *Arctia plantaginis*-Männchen etc. während des Fliegens hört [1]).

Die *Ageronia* ruhen an den Stämmen mit ausgebreiteten Flügeln, indem der Kopf mit den vorgestreckten Fühlern stets nach unten zeigt. Da viele der Stämme, an denen sie sitzen, ein ähnlich gesprenkeltes Aussehen haben, so sind sie gut geschützt. In dieser Stellung trifft man sie besonders Morgens, bis die Sonne anfängt die Bäume zu bescheinen. Dann beginnen sie zu fliegen, doch geht die Reise meist nur von einem Baum zum nächsten, wo sie sich sofort wieder in Schutzstellung an die Rinde schmiegen, eine Gewohnheit, durch die sie an unsere *Catocala* erinnern.

Ectima. Die Falter dieser Gattung gleichen den Ageronien in Bezug auf die biologischen Verhältnisse vollständig, doch vermögen sie kein Geräusch zu machen, wie jene. Während die Ageronien diejenigen Bäume bevorzugen, welche etwas frei, am Waldrande, an Blössen etc stehen, so suchen die *Ectima* vielmehr die von dichtem Gebüsch umstandenen Stämme. Indess trifft man an Waldwegen nicht selten Arten beider Gattungen denselben Baum umfliegend.

Didonis. Die schöne *D. biblis* mag man zu den gewöhnlichsten Schmetterlingen Brasiliens rechnen. An Waldrändern, Hecken und Gartenzäunen trifft man den Falter überall und zu jeder Jahreszeit. Die Thiere weisen neben einer ziemlich ungewöhnlichen Zeichnung noch zwei andere Eigenthümlichkeiten auf: erstens stark verlängerte Palpen und zweitens — nur am lebenden Thier wahrnehmbar — zwei nebeneinanderstehende, sternförmige Bürsten auf der Mitte des Hinterleibsrückens, die an die Duftapparate anderer Falter erinnern und die bis zum vollständigen Verschwinden eingezogen werden können, wie etwa die langen Schwanzpinsel der *Lycorea*.

Cystineura. Eine vorzügliche Eigenschaft dieser Gattung ist die ganz excessive Neigung, zu variiren Unter etwa 20 Stücken [2]), die ich alle an einem Orte bei Bahia fing, finden sich keine zwei völlig gleiche. Auf einem Generationsdimorphismus kann diese Variabilität nicht beruhen, da ich zu jeder Jahreszeit alle möglichen Varietäten beobachtet habe. — Obgleich *C. bogotana* in Bahia noch ein sehr gewöhnlicher Schmetterling ist, scheint sich die Gattung doch südlicher nicht mehr auszubreiten.

---

1) Durch die Flügelrippen.
2) *C. bogotana.*

Megalura. Die meist sehr schnell fliegenden Arten trifft man
ebenso häufig an Pfützen des Weges wie auch an den Blüthen der
Bäume und Sträucher. Von einer Art — *M. peleus* — erwähnte ich
bereits, dass das fliegende Thier mehreren andern brasilianischen Tagfaltern sehr ähnelt, und man sieht jene Art auch beständig mit einigen
dieser Falter um einander flattern (bes. mit *Col. julia* und *Agraulis juno*).
Die dunklen Megaluren sind ziemlich scheu.

Victorina. Bei der Besprechung von *Colaenis dido* habe ich
schon auf eine Aehnlichkeit mit *Vict. steneles* hingewiesen, und ich füge
noch hinzu, dass, während STAUDINGER von der *steneles* eine ausserge-
wöhnliche Variabilität in Bezug auf die Grösse erwähnt, ich an Exemplaren meiner Sammlung ein gleiches Verhalten für *Col. dido* constatire.
— Bemerkenswerth scheint noch, dass die grüne Farbe, die bei der
*V. steneles* im Leben ein sammetartiges, moosfarbiges Aussehen hat, nach
dem Tode — selbst ohne besondere Einwirkung des Lichtes — in ein
Grasgrün oder Blaugrün (wie wir es auf den Abbildungen sehen) übergeht, und zwar bei beiden Geschlechtern. Die *Vict. steneles* ruht auf
kleinen Büschen oft mitten auf dem Wege und ist vorzüglich durch
ihre Farbe geschützt.

Diadema. Am häufigsten fand ich diese Thiere in Neu-Holland,
und zwar waren sie noch zahlreich in den vegetationsarmen, steppen-
artigen Einöden Süd-Australiens. In Amerika sah ich die dort selten
vorkommende *D. misippus* nie, obgleich ich besonders darauf achtete;
auch in Arabien, wo ich zu verschiedenen Jahreszeiten sammelte, fand
ich sie weder im Süden noch im Norden. In um so grösserer Zahl begegnete mir *misippus* in Indien durch einander fliegend mit andern
*Diadema*-Arten. Bei Gelegenheit der *Perrhybris pyrrha* habe ich bereits
die Bemerkung gemacht, dass das bunte Schutzkleid der Weibchen sehr
gut dazu angethan ist, die Männchen irrezuleiten und Verwechslungen
mit dem nachgeahmten *Helic. eucrate* herbeizuführen. Von den *Diad.
misippus*-Männchen gilt ganz dasselbe; sie stürzen auf jeden *Danais
chrysippus* los, den das *D. misippus*-Weibchen nicht nur in Zeichnung
und Färbung, sondern auch in der Art des Fluges imitirt. — Daran ist
an sich nichts Wunderbares; aber in den Zimmetgärten von Colombo
fliegt mit der Danaide und *Diadema* zusammen noch ein Dritter im
Bunde, die verwandtschaftlich beiden gleich fernstehende *Elymnias undularis*. Selbst mein an feine Unterschiede in Flug und Bewegungen
gewohntes Auge war nicht im Stande, das *Elymnias*-Weibchen von der
Danaide zu unterscheiden, und trotzdem sah ich zwar *Diad. misippus*-
Männchen, nie aber die von *Elymnias undularis* in verzeihlichem Irrthum eine der Danaiden verfolgen. Dagegen fiel mir auf, dass die
Männchen von *E. undularis*, welche in Färbung, Grösse und Lebensweise durchaus von den Weibchen verschieden sind (wie bei Besprechung dieser Art gezeigt werden soll), sich gegenseitig mit grosser Zähigkeit nachfliegen[1]).

---

1) Das Gleiche findet sich bei *Myscelia orsis:* die blauen Männchen verfolgen nicht

Hestina. Gelegentlich der Besprechung von amerikanischen Danaiden und Heliconiern etc. habe ich eines bei brasilianischen Faltern
sehr beliebten Kleides Erwähnung gethan, das ich als eine Art Uniform[1])
bezeichnete, die für eine grosse Zahl von neotropischen Lepidopteren
gemeinsam sei. Ich führte sechs Rhopalocerenfamilien an, welche alle
Vertreter bei dieser Truppe hatten. Ein sehr schönes Seitenstück zu
jener mehrfachen Copirung haben wir hier vor uns. Auch hier ist es
wieder das Kleid einer Danaide — wir können als Typus vielleicht *D.
juventa* oder *lotis* nehmen —, das Nachahmer in den verschiedensten Familien findet. Unter den Papilioniden ist es die *xenocles*-
Gruppe, unter den Weisslingen sind es gewisse Eronien; unter den
Nymphaliden ausser *Hestina* selbst noch *Penthema*, dann manche *Elymnias* (*E. lais*) und Satyriden (*Zethera*) weisen diesen Habitus auf. Einige
indische Danaiden, die möglicherweise als Original gedient haben könnten,
untersuchte ich auf den Geruch, mit negativem Resultat; ebenso fiel
mir keine Absonderung auf, die jene Danaiden als besonders geschützt
und darum nachahmenswerth hätte erscheinen lassen.

Die in diesem Kleide erscheinenden Falter spielen in der That ganz
die nämliche Rolle in Indien, wie *eucrate* und seine Nachahmer in Südamerika. Sie bringen dem ersten Blick, den wir der Lepidopteren-Fauna
in jenen Gegenden zuwenden, jenen Typus entgegen, der uns immer
wieder in jedem Lande dieses Faunengebietes und zu jeder Jahreszeit
aufstösst. Während aber in Indien grösstentheils die *juventa* selbst der
Fauna das characteristische Gepräge gab, so war es in Südamerika
keineswegs immer *Hel. eucrate*; bald waren es *Eueides*-, bald *Acraea*-
Arten, die an Individuenzahl vorwogen; in Rio trat die *Mechanitis
lysimnia* in den Vordergrund, in São Paulo hier Melinäen, dort Ly-
coreen; allein der Typus dominirte immer.

Adelpha. Die *Adelpha*-Arten treten nie und nirgends massenhaft
auf, und doch entsinne ich mich nicht einer Excursion, wo ich nicht
mehrere Arten gesehen hätte. Sie erinnern durchaus an die nahe verwandten *Limenitis*, nur der den meisten Arten gemeinsame gelbe Spitzen-
fleck lässt sie uns leicht unterscheiden. Als einzigen biologischen Unterschied vermag ich anzuführen, dass sie seltner auf Blumeu sitzen, wie
dies z. B. bei unsrer *Lim. sibylla* der Fall ist.

Es ist eine so grosse Zahl von *Adelpha*-Arten, welche die characteristische schwarz-weiss-gelbe Zeichnung führen, dass es uns geradezu
verwunderlich erscheinen muss, wenn wir bei einer kleinen Gruppe von
Arten — *A. isis* und Verwandten — plötzlich einen ganz anderen Typus
auftreten sehen. Der erste Anblick der ebengenannten Art leitet uns
schon auf die Idee, dass dieser Umwandlung des Colorits eine Copi-

---

allein sich gegenseitig, sondern auch jeden andern blauen Schmetterling (während doch
ihre Weibchen nicht blau sind); so vorzugsweise die an gleichen Localitäten fliegenden *Anaea*-Arten, selbst blaue Libellen.

1) Auf diese Aehnlichkeit bei amerikanischen Faltern macht schon BATES aufmerksam.

rung zu Grunde liegt. Was uns bei dieser Betrachtung stutzig machen muss, ist der Umstand, dass, während *A. isis* das gewöhnliche *Adelpha*-Motiv verlässt, dieses wiederum von Faltern anderer Gattungen copirt wird, also dem Träger unbestreitbar Vortheil bringen muss. Bei Besprechung der Gattung *Apatura* werde ich auf diesen Punkt zurückkommen.

Limenitis. Wie erwähnt, sind augenfällige biologische Unterschiede zwischen *Limenitis* und *Adelpha* nicht zu constatiren. Wie in allen Stadien [1] die Gestalt der beiden Gruppen angehörigen Arten eine grosse Aehnlichkeit aufweist, so gleichen sich auch ihre Gewohnheiten selbst bis in's Detail. Wie wir es in Europa von unseren *Limenitis populi* und *sibylla* her kennen, so fliegt auch *Adelpha* bei sonnigem Wetter die bestrahlten Waldwege auf und nieder; früh Morgens sitzen die ziemlich scheuen Falter an den feuchten Stellen des Weges, meist einzeln, selten mehrere zusammen. Nach 11 Uhr Vormittags trifft man sie nur noch selten am Boden; dann fliegen sie mehr an den Büschen umher, auf deren Zweigenden sie sich zur Ruhe niederlassen, mit dem Kopfe dem Weg zugekehrt, jedes vorübereilende Thier scharf beobachtend.

Apatura. Hier haben wir gleich den merkwürdigen Fall, dass einzelne Arten — z. Th. in beiden Geschlechtern, z. Th. nur durch ihre Weibchen — die *Adelpha* nachahmen, eine Gruppe, aus der wir selbst Arten kennen, die ihnen fernstehende Species copiren. Und doch müssen wir hier unbedingt eine Copirung annehmen.

Unsere Gattung zeigt von jeder anderen Nymphaliden-Gruppe so durchgreifende Unterschiede, dass ihre Einreihung in's System stets Schwierigkeiten gemacht hat. Dabei sind die *Apatura*-Arten über den grössten Theil der Erde verbreitet. Woher kommt es nun, dass gerade diejenigen *Apatura* eine Aehnlichkeit mit den systematisch wohl unterschiedenen *Adelpha* haben, die auch an gleichen Localitäten vorkommen wie diese? Warum zeigt keine der indischen *Apatura* eine, wenn auch nur oberflächliche Aehnlichkeit mit *Adelpha*, während doch die ihrer neotropischen Verwandten eine so vollkommene ist, dass selbst der Geübte sie nicht auf zehn Schritte von einer *Adelpha* unterscheiden kann?

Auch die folgende Gattung liefert uns einen Beitrag zur Mimicry-Theorie.

Neptis. Bei einer indischen Art dieser Gattung, *N. hordonia* finden wir im Discus aller Flügel eine braune, von breiten schwarzen Streifen durchzogene Färbung, wie wir sie ähnlich bei dem *Heliconius eucrate* und seinen zahlreichen Nachahmern kennen gelernt haben. Noch eine andere *Neptis* fliegt in Batavia häufig, die eine unserer *aceris* ähnliche Zeichnung hat (*N. orientalis*)[2]), also an den Flügelecken schwarz-

---

1) Ueber die Jugendzustände Vergl. MÜLLER, Nymphalidenraupen, in diesen Jahrbüchern, Bd 1, p. 481, Taf. XIV, 2, Taf. XV, 8

2) Wahrscheinlich nur eine Varietät von *N. aceris.*

weiss gefleckt ist. Diese beiden Färbungen, sowohl der schwarzbraune Discus als auch die schwarzweisse Flügelspitze, kommen bei *Neptis* vor; aber obgleich die Vereinigung dieser beiden Einzelheiten das in Amerika bei allen möglichen Falterfamilien so sehr gesuchte *eucrate*-Kleid abgeben würde, so finden wir dieselbe nicht allein bei keiner einzigen der über 60 *Neptis*-Arten, sondern überhaupt bei keinem von allen indischen Faltern [1]), genau ebensowenig, wie wir den Habitus der indischen Danaiden (*D. juventa, chrysippus*), der dort vielfach copirt wird, bei einem Amerikaner finden [2]).

A d o l i a s. Sie schliessen sich in jeder Hinsicht an die Gattung *Limenitis* an. Manche Arten gehören in Indien zu den allergewöhnlichsten Schmetterlingen. Bei manchen Arten fand ich die bei Tropenfaltern nicht häufige Erscheinung, dass die Weibchen weit zahlreicher waren als die Männchen.

A g a n i s t h o s. Ich kenne aus dem Leben nur *A. odius*, einen in Brasilien gewöhnlichen Falter. Man trifft ihn zu allen Jahreszeiten: an den Vorbergen des Orgelgebirges sah ich ihn oft auf Felsplatten sitzen und von dem darüberrieselnden Wasser saugen. Er hält sich für gewöhnlich in beträchtlicher Höhe über dem Erdboden; Blumen scheint er nicht zu besuchen.

P r e p o n a. Diese schnellfliegenden, imposanten Schmetterlinge erinnern in ihrer Lebensweise viel an den vorigen. Man sieht sie oft fliegen, aber es gelingt nicht leicht, eines der Thiere habhaft zu werden, und im Fliegen ist die Species — der grossen Aehnlichkeit der Arten unter einander halber — nicht zu bestimmen.

S m y r n a. Man mag sich jetzt erstaunt fragen, wie frühere Systematiker die nächststehenden Schmetterlingsgattungen, wie z. B. *Gynaecia* und *Smyrna*, bei der Einreihung in das System der Nymphaliden so weit auseinanderreissen konnten, wie dies hier geschehen ist. Durch die gründliche Arbeit W. Müller's, durch die so manche Härten im seitherigen System beseitigt worden sind, ist die Zusammengehörigkeit an der Raupe demonstrirt [3]). Auch in der Lebensweise bekunden die *Smyrna* grosse Uebereinstimmung mit *Gynaecia*, so dass ich bezüglich der von mir beobachteten *Sm. blomfieldia* auf das bei *Gyn. dirce* Gesagte verweisen kann.

C h a r a x e s. So reich diese Gattung an Arten ist, so selten bekommt man auf Excursionen eines der hierher gehörigen Individuen zu sehen. Die *Charaxes* scheinen überall selten zu sein; die einzige Art,

---

1) Diese Thatsache ist um so auffallender, als das Kleid gewisser indischer Tagfalter nur einer kleinen Modification bedürfte , um eine Aehnlichkeit im gedachten Sinne aufzuweisen.

2) Die *chrysippus*-artigen Weibchen von *Diadema misippus* kommen allerdings in Amerika vor, doch lassen gewichtige Momente auf eine Einwanderung derselben schliessen. Vergl. Staudinger, Exot. Schmett., p. 136.

3) In diesen Jahrb., Bd. 1, p 450—453.

die mir häufiger aufstiess, war *Ch. sempronius* in der Umgegend von Sydney.

Hypna. Von *H. clytemnestra* erwähnte ich schon eine Aehnlichkeit des fliegenden Thieres mit *Gynaecea dirce*. Trotz des beträchtlichen Grössenunterschiedes ist im Fluge die Diagnose nicht leicht. *Hypna* und die noch folgenden Nymphaliden-Gattungen (*Paphia*, *Protogonius*) erinnern durch die Unregelmässigkeit ihrer Flügelbewegungen mehr an manche Satyriden, als an die mit gestreckten Flügeln stossweise dahinschiessenden Nymphaliden. Auch das bringt die *H. clytemnestra* der *G. dirce* nahe.

Ich fand die *clytemnestra* am häufigsten bei Rio de Janeiro, viel seltener im Süden und im Norden. Sie muss das ganze Jahr hindurch fliegen, denn ich fand frisch entwickelte Exemplare im Januar, Februar, April, Mai, August und November.

Anaea, Siderone. — Beide stimmen in ihrer Lebensweise so genau überein, dass sie zusammen besprochen werden können. Bei Erwähnung der östlichen Gattung *Precis* wurde bereits auf diese Gruppe hingewiesen und eine blattartige Zeichnung der Unterseite, wie sie auch jene Indier aufweisen, angedeutet. Besonders deutlich tritt die Blattrippenzeichnung bei *Siderone isidora* und *Anaea opalina* auf. Die so geschützten Arten pflegen sich, wie WALLACE dies von der *Kallima paralecta* schildert, stets in Schutzstellung niederzulassen, während einige blaue *Anaea* zuweilen, wenn auch selten, beim Sitzen die Flügel offen halten.

Bei den gelben Arten haben wir eine doppelte Schutzvorrichtung; während der Ruhe kommt ihnen ihre Blattzeichnung zu Statten; im Fluge aber gleichen sie so genau manchen *Catopsilia*-Arten, dass sie mit Bestimmtheit nicht erkannt werden können. — Eine *Anaea* traf ich häufig an denselben Waldstellen wie *Myscelia orsis*, und diese beiden Arten verfolgten sich dann stets mit grosser Hartnäckigkeit.

Die Gattung *Protogonius* ist ebenso in zweifacher Weise geschützt; während der Ruhe gleicht der Falter einem langgestielten, dürren Blatte, während des Fliegens copirt er den *Heliconius eucrate*.

## Morphidae.

Die Morphiden-Arten treten niemals und nirgends massenhaft auf. In der ganzen über hundert Arten zählenden Familie ist nicht eine Species, die man, wie so viele Tropenfalter, Heloconier, Danaiden etc. sich in beliebiger Menge verschaffen könnte.

Die Morphiden sind grossentheils beschränkt in ihrer Ausdehnung. Die meisten Arten haben ihre ganz bestimmten Flugplätze, an denen sie mit grosser Zähigkeit festhalten. Oft ist es nur ein Waldweg, ein Hügel in einer Gegend, der allein die gesuchten Gäste beherbergt; und wiewohl in der nächsten Umgebung sich noch zahlreiche andere Wege oder Hügel befinden, die allem Anscheine nach den bevorzugten Localitäten völlig gleichen, so verirrt sich doch niemals eine *Morpho* herüber. *Morpho laërtes* ist in Rio de Janeiro recht gewöhnlich, ja er tritt dort sogar zahlreicher auf, als sich irgend eine andere *Morpho*-Art sonst wo findet; trotzdem ist diese Species in dem nur fünfzig Meilen südlicher gelegenen São Vicente so selten, dass ein seit Jahren dort sammelnder Practicus mir sein Vorkommen dort abstritt [1]). Die *Morpho* fliegen langsam, hüpfend, etwa wie unsere *Pararge*-Arten. Die blauen Arten halten sich stets vier bis fünf Fuss über der Erde und gehen, auch wenn sie verfolgt werden, nur ungern in die Höhe; die der *laërtes*-Gruppe dagegen halten sich oft 10 bis 20 Fuss hoch, an den Zweigen der Bäume, auf. Alle Arten sind unschwer zu fangen; dies beweist ein Vergleich des meist geringen Handelspreises im Vergleich zu dem seltenen Vorkommen der meisten Arten und mit der Häufigkeit der Fälle, in denen die Mühe des Fangs durch ein verflattertes und abgeriebenes Stück gelohnt wird.

Von den in Brasilien gewöhnlichen Arten fing ich den *M. laërtes* besonders im Januar und Februar, *anaxibia* und *hercules* im Mai; die blauen, breit schwarz geränderten Arten scheinen alle das ganze Jahr hindurch zu fliegen [2]).

## Brassolidae.

Von diesen Faltern merkt man in den Tropen wenig. Bei Tage ruhen sie, durch ihre rindenfarbene Unterseite gut geschützt, wie die *Satyrus* bei uns, am Stamm der Bäume, aber selten an lichten Plätzen, meist im Schatten des Gebüsches. Kriecht man durch das Dickicht, so gehen sie auf, um sich in geringer Entfernung wieder niederzulassen; ein Verfolgen ist aber wegen der Undurchdringlichkeit der tropischen Wälder nur selten möglich. Nur ausnahmsweise sieht man sie am Tage im Sonnenschein ihrer Nahrung nachgehen, die aus dem ausfliessenden Safte verwundeter Bäume besteht. An solchen Stämmen trifft man sie oft in Gesellschaften bis zu zehn Stück und mehr bei einander, Männchen und Weibchen, die letzteren weniger zahlreich. Gegen sechs Uhr des Abends werden die Thiere munter und fliegen dann lebhaft umher.

---

1) Ich sah nur einmal einen *M. laërtes* bei São Vicente im Februar 1888.

2) Bestimmte Angaben mit Nennung der Artnamen dieser blauen Species getraue ich mich bei dem in der Gattung *Morpho* herrschenden Wirrwarr nicht zu machen. Würde ich mich nach den bisher gemachten Veröffentlichungen richten, so müsste ich eine Anzahl blauer Morphiden, die ich innerhalb weniger Stunden auf einem und demselben Waldpfade gefangen habe, als drei oder vier verschiedene Formen ansehen und wiederum zwei Exemplare der *laërtes*-Gruppe, die — soviel ich mich erinnere, mit der Angabe „Süd-Brasilien" — im Museum in Rio stecken, trotz einer ganz sonderbaren, über alle Flügel verbreiteten netzartigen Zeichnung, als eine Varietät zu einer der einfarbig hellgrünen Arten ziehen. In diese Familie wird erst Klarheit kommen, wenn gute Abbildungen oder erschöpfende Beschreibungen der Raupen erscheinen.

Ist die Dunkelheit völlig angebrochen, so werden sie wieder ruhig und verkriechen sich für die Nacht; dabei fliegen sie zuweilen in die Zimmer, was sonst doch bei Tagfaltern nur selten vorkommt. Der schöne Schmuck, den einige Arten besitzen, geht leider mit dem Tode des Thieres verloren; es ist dies nämlich eine wundervolle Längsstreifung der Augen, wie wir eine ähnliche Zier von den Tabaniden-Augen her kennen (eine Querstreifung, die gleichfalls mit dem Tode erlischt). Auf den Hinterflügeln gewisser Brassoliden zeigen sich prächtige Haarsterne, die aber das Thier, sobald es gefangen wird, in unscheinbare Pinselchen zusammenfaltet. Sie erinnern durchaus an diejenigen Haarsterne, die wir bei andern Schmetterlingen — allerdings nicht an der correspondirenden Stelle — finden.

Auf den muthmaasslichen Zweck dieser Organe will ich hier nicht weiter eingehen; da aber die Art der Entfaltung dieser Sterne am eingetrockneten Thier nicht mehr sichtbar ist, so will ich hier eine Skizze einiger solcher Organe geben, welche die Ausbreitung der Haarsterne veranschaulichen soll.

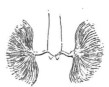

Hinterflügel von *Opsiphanes cassiae*.  Hinterleib von *Didonis biblis*.  Hinterleibsende einer *Ituna (ilione)*.

## Hetaeridae.
### (*Hetera, Haetera* etc.)

Scheut man sich, die Morphiden mit den Satyriden zu vereinigen, so sollte man dies mit den Hetären doch auch vermeiden. Biologisch bilden sie eine sehr scharf abgegrenzte Gruppe. Es sind zwar Tagthiere, doch suchen sie stets nur die dicht beschatteten Waldpfade auf, auf denen sie, unmittelbar über dem Erdboden hinschwebend, das Dickicht nach allen Richtungen hin durchfliegen. Sie vermeiden sichtlich, einen breiten, sonnenbestrahlten Weg zu überschreiten. Ihre Nahrung nehmen sie von feuchten Stellen am Boden, auf den sie sich oft niederlassen. Alle mir bekannten Arten stimmen in ihrer Lebensweise auf's genaueste mit einander überein.

## Satyridae.

Während fast die Hälfte aller europäischen Tagfalter zu dieser Gruppe gehören, macht sich in den Tropen ein durchaus anderes Ver-

hältniss bemerkbar. Noch in Südeuropa treffen wir die prächtigen
*Satyrus*-Arten *circe, briseis, fidia* etc. als die Hauptzierde der dortigen
Rhopalocerenfauna an. Bei unserm Eintritt in die grosse nordische
Wüstenzone verschwinden sie dann, um jenseits derselben nicht wieder

| 16. Juni 1887 (Ceylon) | 7. October 1887 (Australien) | 27. Januar 1888 (Brasilien) | 5. Juli 1888 (Portugal) |
|---|---|---|---|
| 2 Pap. sarpedon<br>2 Pap. agamemnon<br>5 Pap. polytes ⎫<br>4 Pap. pammon ⎭<br>1 Pap. paris (?) | 1 Pap. erechtheus<br>1 Pap. macleayanus | 1 Pap. polycaon | 1 Pap. machaon |
| 1 Delias hierta<br>1 Catopsilia sp.<br>6 Eur. hecabe | 2 Delias nigrina<br>1 Eurema sp. | 3 Catops. philea<br>4 Catops. argante<br>3 Catops. eubule<br>2 Tach. ilaire | 1 Pieris rapae<br>7 Pieris daplidice<br>1 Rhod. cleopatra<br>1 Colias hyale<br>3 Colias edusa |
| 4 Dan. chrysippus<br>1 Danais sp.<br>3 Dan. juventa (?) | 2 Dan. erippus | 5 Dan. erippus<br>2 Mech. licymnia<br>5 Eueid. aliphera | |
| 9 Acraea violae | | 1 Acraea thalia | |
| 1 Hippolimn. bolina<br>3 Hippol. iacinthe (?)<br>1 Junonia asterie<br>1 Jun. laomedia<br>3 Jun. clelia<br>2 Precis ida<br>1 Atella phalantha | 2 Hypol. auge (var.)<br>1 Junon. sp.<br>3 Pyrameis cardui<br>1 Pyram. itea | 8 Colaenis julia<br>1 Col. dido<br>3 Dynam. mylitta<br>3 Anartia amalthea<br>5 Anartia jatrophae<br>2 Hypan. zabulina<br>2 Pyram. (virgin. (?)) | 10 Pyram. cardui |
| 2 Elymn. undular. | | | |
| 2 Yphthim. ceyloni-<br>ca (?) | 8 Epin. (?) albeona<br>2 Xenica (?) (grosse,<br>gelbe Satyride)<br>11 Heteronympha sp.<br>9 Hypocysta sp. | | 10 Epin janira<br>14 Epin v. hispulla<br>2 Epin. ida<br>3 Pararge megaera |
| | 5 Lycaeniden<br>(2 Arten) | 4 Thecla (3 Arten)<br>1 Lycaena sp. | 8 Polyomm. phlaeas<br>6 Lycaen. icarus |
| 1 Hesperide | 3 Hesper. (2 Arten) | 32 Hesper. (15—18<br>Arten) | 3 Hesp malvarum. |
| | 2 Teara melanostict.<br>4 Nycthem. annull.<br>3 Eut. terminalis<br>7 Tit. viridipulv.<br>3 Geometriden | 2 Macrogl. tantalus<br>2 Glauc. eagrus | 1 Acont. luctuosa<br>1 Agrotis sp. |
| Zwei Tagereisen vom Adamspik, auf einer wenig bewachsenen Auhöhe gefangen.<br>Zusammen 56; 21 Arten. | Auf einem felsigen Hügel unweit Narrebeen N. S. W. gefangen<br>Zusammen 71; 22 Arten. | Auf dem Monte Serrato (steiniger Hügel) bei Santos (Brasil.) gefangen.<br>Zusammen 91; 37—40 Arten. | Auf trockenem, kahlem Hügel (Serra de Cintra) in Portugal gefangen.<br>Zusammen 72; 15 Arten. |

in der alten Pracht zu erstehen: unscheinbare, meist schmucklose Vertreter repräsentiren dort fast ausschliesslich jene artenreiche Familie. Ueberschreiten wir dann wieder die südliche Wüstenzone, so stossen wir im Süden von Australien und Afrika wieder auf schöne und grosse Satyriden, die uns zum Theil auf das lebhafteste an unsere europäischen Arten erinnern. So ist *Hypocysta* ganz gleich *Coenonympha*, *Xenica* gleich *Satyrus*; bei manchen Arten geht die Aehnlichkeit bis in's feinste Detail; hätte z. B. *Epinephele* (?) *albeona* nicht den gelben Fleck, so würde man darauf schwören, unsere *Achine* vor sich zu haben; so genau stimmen Flug, Flügelhaltung, Gewohnheiten etc. überein.

Ich glaube das Verhältniss der Tagfalterfamilien zu einander in Bezug auf Artenzahl und Individuenzahl am besten zu veranschaulichen, wenn ich in nebenstehender Liste vier Blätter meines Tagebuchs veröffentliche, die den Fang in vier verschiedenen Welttheilen betreffen. Diese vier verzeichneten Tage sind so gewählt, dass erstens die zeitlichen, und zweitens die räumlichen Verhältnisse, als maassgebend bei einer Vergleichung, möglichst ähnlich gewählt wurden. So liegt der gewählte Tag ziemlich gleich etwa vier Wochen von dem Zeitpunkt entfernt, den wir als den für den Tagfalterfang ergiebigsten bezeichnen müssen [1]). Als Fangplätze sind kahle resp. wenig bewachsene Höhen gewählt.

Wir sehen aus dieser Liste, dass in Europa und Australien fast die Hälfte der uns vorkommenden Tagfalter Satyriden sind, dass diese aber in den Tropen fast völlig verschwinden. Ausserdem ergiebt sich eine Prävalenz der Papilioniden in Indien, der Pieriden in Europa, der Hesperiden in Amerika.

## Elymniadae.

Solange man die Morphiden von den Satyriden trennt, sollte man die Elymniaden auch nicht mit den letzteren zu vereinigen suchen. Zwar sind es nicht viel Arten, doch steht die Gruppe nach jeder Hinsicht selbständig da. Obwohl viele gänzlich verschiedene Originale copiren, zeigen sie doch unter sich die grösste Uebereinstimmung. Betrachten wir z. B. die beiden gewöhnlichsten Arten, *E. lais*, welche die *Danais juventa*, und *E. undularis*, welche die *Dan. chrysippus* nachahmt, so finden wir trotzdem auf der Unterseite eine sehr characteristische, den meisten Elymniaden zukommende Wellenzeichnung. Die Randaugen auf der Unterseite der Hinterflügel, die fast allen Satyriden, wie den Morphiden auch, gemeinschaftlich sind, suchen wir bei den Elymniaden meist vergeblich; solche Bildungen gehören in dieser Familie zu den Ausnahmen. Eben die Nachahmungssucht der Elymniaden ist bemerkens-

---

1) Die Hauptzeit fällt für die verglichenen Punkte in den November (Neu-South-Wales), December (São Paulo) und Mai (Süd-Europa, Indien).

werth, da gerade die Satyriden in constanten und selbständigen Formen
floriren; 'ja es hält schwer, in dieser Familie überhaupt deutliche Mi-
micry-Formen aufzufinden; *Zethera* und *Lymanopoda* sind vielleicht
die einzigen.

Bei Besprechung der Gattung *Diadema* wurde bereits erwähnt,
dass die fast ganz schwarzen Männchen von *El. undularis* sehr häufig
und hartnäckig andere Männchen ihrer Art verfolgen, während sie sich
durch die massenhaft umherfliegenden *D. chrysippus* gar nicht anlocken
lassen, die doch mit ihren Weibchen die grösste Aehnlichkeit besitzen.
Ganz den nämlichen Fall sah ich bei *Myscelia orsis*. Ich sah sie mit
Vorliebe hinter blauen Schmetterlingen herjagen, so besonders hinter
*Anaea*-Arten, hinter grossen *Thecla*, wie *marsyas*, *regalis* etc., selbst
hinter *Morpho*, während doch das Weibchen von *orsis*, ausser einem
,kaum merklich bläulichen Schimmer, diese Farbe gar nicht an sich
trägt. Die sehr auffallende und interessante Erscheinung lässt eine
mehrfache Deutung zu, doch mag hier die Erwähnung der Thatsache
genügen.

## Lycaenidae.

Die Arten von *Lycaena* und verwandten Gattungen lieben freie,
mit niedrigen Pflanzen bedeckte Flächen, und wo solche sich bieten,
kommen die Lycaenen zur Entwicklung eines grossen Formenreichthums.
Als solche Gebiete können wir besonders Europa und Australien bezeichnen, sowie gewisse Gegenden von Süd-Amerika und Süd-Afrika.
In den Tropen selbst kommt mehr die Gattung *Thecla* zur Entfaltung,
und zwar finden sich dort prachtvolle Arten. *Thecla marsyas* habe ich
bis zur Grösse einer *Pyr. cardui*, über 60 mm spannend, gefangen, und
eine noch grössere Art von herrlicher Ultramarin-Farbe überdeckte in
Indien die Zimmetbüsche, so dass diese im prachtvollsten blauen Blüthen-
schmuck zu prangen schienen. Ueberhaupt scheint das Blau weit mehr
als Roth die Schmuckfarbe der Schmetterlinge zu sein, und die blauen
Tropenfalter (*Morpho*, *Myscelia*, *Prepona*, *Hypolymnas*, *Papilio* etc.)
müssen wir als die schönsten der Erde bezeichnen; auch erreicht die
blaue Farbe von allen den herrlichsten Glanz (*Morpho cypris*, *Thecla
imperialis* etc.); gegen solchen Glanz erscheint das Roth der *Agrias*
oder das Grün der *Ornithoptera* matt.

## Erycinidae.

Es wäre anmaassend, über diese Familie viel Allgemeines sagen zu
wollen. Unstreitig bilden die Erycinen, wenn man diese Gruppe zu
Recht bestehen lassen will, die merkwürdigste aller Schmetterlingsfamilen.
Alle Typen, die wir von den andern Familien her kennen, wiederholen
sich in dieser einzigen. Die kleine Motte hat ebensowohl ihre Nach-

ahmer darin wie die düstere Brassolide, die bunte Glaucopide sowohl
wie der schlichte Weissling.

Man sollte wohl denken, dass eine Familie, die mit über tausend
Arten fast ausschliesslich auf ein Faunengebiet beschränkt ist, in diesem
ganz bedeutend über die andern Familien prävalire, und dass die zu
ihr gehörigen Arten dem Besucher ganz besonders in die Augen fallen
müssten. Bei unserer Familie trifft dies keineswegs zu. Wiewohl es
in Amerika kaum über hundert *Heliconius*-Arten und etwa die zehnfache Zahl von Eryciniden-Species giebt, so sieht man wohl fünfzig
*Heliconius*, bis Einem einmal eine Erycinida aufstösst.

Die Erycinen möchten gerne im Verborgenen blühen; sie fliegen nicht
mehr, als nöthig ist, umher und haben die bei Tagfaltern ganz ungewöhnliche Eigenheit, sich thunlichst auf die Unterseite der Blätter zu setzen.
Viele Arten sieht man nie auf Blumen, und diejenigen, welche an Blüthen
saugen, haben vielfach erborgte Kleider. Die meisten Arten trifft man im
Waldesschatten, wo ihre oft herrlichen Farben wenig zur Geltung kommen
(*Eurybia, Ancyluris*). In Bezug auf Mimicry leisten sie das Unglaubliche. Häufig vorkommende Tagfalterarten, wie *Adelpha, Pyrogyra,
Dynamine*, werden durch *Nymphidium*-Arten copirt; gewisse Erycinen
ahmen ganz ungewöhnliche Nachtfalterformen derart nach (z. B. *Aricoris
heliodora*), dass jeder Gedanke an eine zufällige Aehnlichkeit ausgeschlossen erscheint. Zuweilen erstreckt sich die Aehnlichkeit auf beide
Flügelflächen: so ahmt z. B. *Thisbe irenaea* CR. das *Dynamine mylitta*-
Weibchen nicht nur auf der Oberseite, sondern auch auf der durchaus
davon verschiedenen Unterseite nach.

Welchen Zweck diese Mimicry hat, d. h. gegen wen sie schützen
soll, ist mir, wie viele derartige Fälle, dunkel. Ich sah niemals mit an,
wie ein Vogel eine *Erycina* verfolgte; doch lernte ich als den grim-
migsten Feind der die Blüthen besuchenden Erycinen (*Lamis, Nymphidium*) eine weisse Spinne (*Eripus heterogaster*) kennen, gegen die
der erwähnte Schutz gewiss ebenso unwirksam ist, wie gegen die ebenfalls gefährliche *Mantis*.

## Hesperidae.

Da die Hesperiden die Mittelgrösse nur selten erreichen, fast nie überschreiten, so spielen sie in den meisten Faunen eine ziemlich untergeordnete
Rolle. Nur im neotropischen Gebiete treten sie besonders hervor, und zwar
vornehmlich durch die ungeheure Artenzahl, durch die sie dort vertreten
sind. Während unsere europäischen Arten nur wenige Grundformen zeigen,
von denen die verschiedenen Species durch kleine Differenzen abweichen,
so tritt uns eben in Süd-Amerika eine grosse Variabilität in Form und
Farbe entgegen. Wir finden dort einfarbig weisse, ganz schwarze, glas-
flügelige, geschwänzte, metallglänzende Hesperiden etc.

Mit Mimicry geben sich die Hesperiden grundsätzlich nicht ab.
Von Vögeln werden sie nicht verfolgt, wohl aber lebt auch ihnen in

der Phasmide ein gefährlicher Feind. Im Fluge dürften sie selbst den schnelleren unter den Vögeln unerreichbar sein. Die brasilianischen *Thymele*-Arten fliegen so rasch, dass man zuweilen kaum unterscheiden kann, welcher Thierklasse das vorübereilende Wesen zugehört. Unter allen mir bekannten Schmetterlingen hat *Spathilepia* die bedeutendste Fluggeschwindigkeit, die höchstens von *Tachyris ilaire* erreicht wird; auch setzen diese Thiere allen Tödtungsversuchen eine erstaunliche Lebenszähigkeit entgegen.

---

Frommannsche Buchdruckerei (Hermann Pohle) in Jena — 661

# Die Binnenmollusken Transkaspiens und Chorassans.

Von

Dr. **O. Boettger,** M. A. N. in Frankfurt a. Main.

**Hierzu Tafel XXVI u. XXVII.**

Die Molluskenfauna Transkaspiens war mit Ausnahme einiger ganz
weniger am Ostgestade des Kaspisees und in dem ehemaligen Chanat
Chiwa beiläufig aufgegriffener Arten bis heute vollkommen unbekannt.
Um so wichtiger darf der Nachweis einer, wenn auch kleinen, so doch
recht characteristischen Fauna gelten, die wir in erster Linie der
RADDE'schen Expedition nach Transkaspien und Chorassan im Laufe
des Frühjahrs und Sommers 1886 verdanken. Mit Eifer und Geschick
hat sich Herr Dr. ALFRED WALTER, augenblicklich Assistent am zoolog.
Institut in Jena, als Zoologe der Forschungsreise auch dem Sammeln
der dortigen Mollusken gewidmet, und, im Verlauf der Reise durch
einen Unfall an der Fortsetzung seiner Aufsammlungen und Studien
verhindert, noch im darauffolgenden Jahre 1887 eine zweite Reise in
das schneckenarme, aber im übrigen hochinteressante Sammelgebiet
gemacht.

Näheres über die Reise selbst und über ihren Verlauf ist in
A. PETERMANN's Geogr. Mittheilungen 1887, Heft 8 und 9 unter dem
Titel „Dr. G. RADDE, Vorläufiger Bericht über die Expedition nach
Transkaspien und Nord-Chorassan im Jahre 1886" nachzulesen, eine
Arbeit, die an und für sich wie durch ihre Originalkarte die höchste
Beachtung seitens des Geographen und Faunisten beansprucht und
deren genaue Kenntniss im Folgenden vorausgesetzt werden muss.
Ebenso möchte ich, um Wiederholungen zu vermeiden, auf die ein-
gehende Liste der Daten und Einzelstationen, an welchen gesammelt

wurde, verweisen, die ich in diesen Blättern unter „Reptilien und Batrachier Transkaspiens", Bd. 3, Abth. f. Syst., 1888, p. 872—873 gegeben habe.

Das Material an Mollusken nun, welches ich der Güte der Herren Wirkl. Staatsraths Dr. GUSTAV VON RADDE, Excz., in Tiflis und Dr. A. WALTER verdanke, wurde theils von der Expedition selbst gesammelt, theils von Herrn General KOMAROW, dem, wie bekannt, in der wirthschaftlichen wie in der wissenschaftlichen Aufschliessung des transkaspischen Gebietes die Initiative gebührt, durch Vermittlung seines Sammlers Herrn C. EYLANDT der Expedition zum Geschenk gemacht. Es stammt fast ausschliesslich aus dem russischen Theile Transkaspiens. Ebenso eine kleine Suite, die Herr HANS LEDER, der bekannte unermüdliche Erforscher des thierischen Kleinlebens in den Kaukasusländern, unabhängig von der RADDE'schen Forschungsreise im Mai 1886 in Transkaspien zu sammeln Gelegenheit hatte. Einen letzten, sehr wichtigen Beitrag an Material verdanke ich schliesslich Herrn OTTO HERZ in St. Petersburg, der im Jahre 1887 bei Bereisung Nordost-Chorassans und Masenderans auch dem Sammeln von Mollusken seine Aufmerksamkeit widmete und mir Proben seiner gesammten Ausbeute einschickte.

Ich schwankte anfangs, ob ich in einer Arbeit wie der folgenden, welche die gesammte Molluskenfauna Transkaspiens, soweit sie bis jetzt bekannt ist, bringen soll, auch die Binnenmollusken Nordpersiens, eines von dem nördlich vorgelagerten wasserarmen, ja wasserlosen Wüsten-, Steppen- und Gebirgslandes grundverschiedenen Gebietes, einflechten dürfe, entschloss mich aber schliesslich dazu, weil ja die ganze Ausbeute der Expedition, unter der sich auch Arten aus Chorassan befinden, dargestellt werden sollte. Es sei aber gleich hier bemerkt, dass ich in den folgenden Blättern in erster Linie und möglichst vollständig nur die Molluskenfauna des transkaspischen Gebietes zu geben beabsichtige, dessen Arten denn auch mit fortlaufenden Nummern bezeichnet worden sind. Das transkaspische Gebiet fasse ich in der Weise geographisch und faunistisch auf, dass ich mir dasselbe nach Westen vom Kaspisee, nach Süden vom Unterlauf des Atrek, den Gebirgszügen des Kopet-dagh und den nordafghanischen Ketten begrenzt denke. Im Osten bildet etwa der 64.⁰ östl. Länge Greenw. und der Mittel- und Unterlauf des Amu-darja (Oxus) die Grenzscheide, nach Norden der 42.⁰ nördl. Breite. Dass ich noch die kleine Fauna des Aral-Sees (in 41.⁰ nördl. Breite) und die Bewohner des Kaspi-Sees, soweit solche von der Expedition angetroffen und gesammelt worden sind, in den Rahmen meiner Darstellung einbezog, wird man um so mehr billigen können, als diese in dem Gebiete vormals und auch jetzt noch meist weit verbreiteten Brackwasserformen zuversichtlich sämmtlich noch in den meisten kleineren Seen Süd-Chiwas aufgefunden werden dürften. Was aber die unten eingehender abzuhandelnden Arten aus Nord-Persien anbelangt, so habe ich sie o h n e  N u m m e r - b e z e i c h n u n g  meiner Aufzählung eingefügt. Hierbei ist keine Voll- ständigkeit gesucht, weil unsere Kenntniss Nord-Persiens und nament- lich Chorassans eine noch so geringe ist, dass an eine geschlossene Betrachtung der dortigen Molluskenfauna wohl für lange nicht gedacht werden kann. Es wurden daher überhaupt nur die persischen Formen abgehandelt, welche, sei es durch die RADDE'sche Expedition, sei es durch die Funde des Herrn O. HERZ, dem Berichterstatter vorlagen. Leider fehlt noch immer eine eingehende Darstellung der in vieler Beziehung so wichtigen, aber ebenfalls noch sehr mangelhaft bekannten Fauna der Binnenmollusken auch der übrigen Theile Persiens, und können daher die in den folgenden Blättern gegebenen Aufschlüsse nur einige Bausteine mehr zu dem künftig zu errichtenden Gebäude einer Fauna Gesammtpersiens abgeben.

Betreffs des Vorkommens von Mollusken in Transkaspien schreibt mir Herr Dr. ALFRED WALTER unterm 2. Nov. 1886: „Die Mollusken- fauna des Gebietes ist im Einzelnen wie im Ganzen geradezu trostlos arm, so dass Herr HANS LEDER, den wir in Germab trafen, jede Be- mühung in diesem seinem Specialfach aufgegeben hatte, was mich über meine Misserfolge tröstete, da jenes ausgezeichneten Sammlers Aussage die Besorgnisse verscheuchte, dass das mangelhafte Resultat meiner Bemühungen vielleicht an zu geringer Sammelübung liege. Viel mehr als das Ihnen Uebersandte wird wohl auch in nächster Zeit aus Transkaspien kaum zu erbringen sein. *Clausilia* fehlt dem Gebiete entschieden durchaus, ein Characterzug, den es übrigens mit Turkestan theilt. Nur an *Pupa*-Arten hoffe ich im nächsten Frühjahr vielleicht noch einiges zu finden, wie auch der Amu-darja sicher einige Lamelli- branchier bieten wird. An die Ufer dieses Stromes, soweit er die Grenze Transkaspiens gegen Bochara und Afghanistan bildet, begebe ich mich im Februar oder März nächsten Jahres auf einige Zeit zu einer Ergänzungstour für die verflossene Reise."

Der Bericht über diese zweite Expedition WALTER's vom 9. August 1887 lautet in Kürze so: „Meine diesjährige Ergänzungstour an die äussersten Grenzen Russisch-Transkaspiens vom 25. Februar bis 9. Juni 1887 lieferte in einigen Zweigen der Zoologie unerwartet schöne Resultate,

in anderen dagegen so gut wie gar keine. Die Witterungsverhältnisse
waren in den Wüsten für Vieles die denkbar ungünstigsten. In der
ganzen Zeit von fast vier Frühlingsmonaten erlebte ich nur einen
Regen und den erst zum Schluss in einer Höhe von fast 10000′. Schon
am 26. März las ich dabei am Murgab + 50,5⁰ R. ab. In der Ebene
fiel bei solcher Trockenheit und Glut alles Pflanzenleben völlig aus,
waren die Zwiebeln von Colchicum, Tulipa, Fritillaria und Muscari,
die im vorigen Jahre auf zwar kurze Zeit einen freundlichen Blüthen-
teppich über Wüste und Steppe breiteten, zu zweijähriger Ruhe ver-
dammt und unfähig hervorzusprossen. Das überhaupt für Land- und
Süsswasser-Mollusken geradezu armselige Gebiet konnte unter den dies-
jährigen Verhältnissen absolut gar nichts bieten. Alles redliche Be-
mühen wurde überall und stets von völligem Misserfolge gelohnt. Am
meisten enttäuschte mich aber der Amu-darja, aus dem ich mit Bestimmtheit einige Lamellibranchiaten zu erbringen gehofft hatte. In
dem von mir besuchten Theile desselben, gegen Bocharisch-Tschardshui,
fehlen solche überhaupt ganz. Ich habe dort über eine Woche
lang immer vergeblich im Schlick und Sand des Ufers und der Inseln
gesucht und im Strombette mit Schlepp- und Fischnetz gearbeitet.
Schon fast ein Jahr dort stationirte Pontoneurofficiere und ein Schiffs-
kapitän waren gleichfalls niemals auf eine Muschelschale gestossen.
*Corbicula fluminalis* und die *Anodonta* gehören offenbar einzig dem
Unterlauf und dem Mündungsdelta des Oxus an. Die Verhältnisse
von Ufer und Grund am unteren Mittellauf lassen auch leider nur zu
gut diesen Mangel verstehen. Das einzige Mollusk dort ist *Limnaeus*
(*impurus* TROSCH.), den ich in Lachen einer etwa 6—7 Werst langen
Insel fand. Bemerkenswerth dürfte es vielleicht sein, dass alle grösseren
Limnaeen sowohl des eigentlichen Transkaspiens als die von Merw
zur *Lagotis*-Gruppe oder doch wenigstens zu den kurzgewundenen, breit
aufgetriebenen Formen gehören, nicht aber die Art des Amu-darja.
*Buliminus, Pupa,* kleine Heliceen und Vitrinen wurden zwar reichlich
auf dem Gipfel des Agh-dagh in 9000—10000′ Meereshöhe (im mittleren Kopet-dagh, schon auf persischem Gebiete) gefunden; da aber
in der Höhe Ende Mai noch viel Schnee lag und die Nächte bis
—3⁰ R. brachten, war ausser dem *Buliminus* kein lebendes Exemplar
zu finden. Ich musste daher unter alten Acantholimon-Polstern todte
und verbleichte Schalen vorsuchen. Dieselben waren ausser natürlicher
Zartheit im Schneewasser meist so verwittert, dass viele schon beim
Aufheben zerstäubten. Der furchtbar schwere und gefährliche Aufstieg,
den ich ja als erster Europäer vollzog, erschwerte auch das Sammeln

sehr. — Bezüglich der Nacktschnecken glaube ich Transkaspien auch
nur wenig gutes zutrauen zu dürfen. Alles in allem fand ich nur eine
einzige Art in zwei Exemplaren am Nordabfall des Kopet-dagh, südlich
von Askhabad, und diese einzige ist mir nebst noch einigen anderen
seltnen Stücken (so einem Gammariden und den beiden einzigen
Planarien), welche ebenfalls nach sorgsamer Conservirung in Reagenz-
gläschen verpackt waren, .unwiederbringlich abhanden gekommen. Ganz
ohne Verluste kann es bei grösster Sorgfalt auf solcher Reise aber
nicht abgehen, und haben wir relativ wohl noch wenig zu beklagen."
Betreffs seiner nordpersischen Molluskenausbeute schreibt mir
Herr O. Herz nur ganz kurz unterm 25. Juli 1887: „Die Conchylien-
ausbeute war in dem öden Steppengebiete von Schah-rud, sowie in
dem hochgelegenen Schah-kuh, woselbst während meines sechsmonat-
lichen Aufenthalts auch nicht ein Tropfen Regen gefallen war, recht
unbedeutend, doch ist mir der grösste Theil der Arten vollkommen
unbekannt."

Letzteres war sehr richtig bemerkt, denn unter der kleinen Suite
befanden sich höchst eigenthümliche Sachen und u. a. eine anscheinend
neue *Hyalinia*-Gruppe.

Was nun die Literatur über die Molluskenfauna des von der
Expedition und den genannten Herren bereisten Gebietes anlangt, so
könnte ich mit ein paar Worten über dieselbe hinweggehen, so arm-
selig ist dieselbe. Ueber Transkaspien gibt es bis jetzt nur ein paar
Andeutungen, über Nordpersien wenigstens nichts Zusammenfassendes.
Trotzdem glaube ich, dass es von Werth sein wird, die wichtigste,
weil sehr verzettelte Literatur chronologisch geordnet hier zusammenzustellen, einmal um dieselbe für künftige Forscher in diesen Gebieten
leichter zugänglich zu machen, dann aber auch, um die zahlreichen
Citate, welche die folgende Aufzählung erheischt, möglichst abgekürzt
wiedergeben zu können. Eine ganz kurze Inhaltsangabe, soweit sie
auf Formen des Expeditionsgebiets Bezug hat, konnte ich mir ebenfalls nicht versagen. Vor jeden der Titel setze ich die Abkürzung,
unter welcher die betreffende Arbeit in der Folge von mir citirt
werden soll.

Die wichtigsten der zu Rath gezogenen Arbeiten über die Mollusken
Transkaspiens, Nordpersiens und der Nachbargebiete sind:

Hutton = Hutton, Th., in: Journ. Asiat. Soc. Bengal, Vol. 18,
II, Calcutta 1849, p. 649—659.
Aufzählung von bei Kandahar in Central-Afghanistan gesammelten
Mollusken.

Issel = Issel, A., Catalogo dei Molluschi raccolti dalla Missione Italiana in Persia, in: Mem. Accad. Torino (2) Tomo 23, 1865, p. 387—439, Taf. I—III.

Das wichtigste Werk über die persische Conchylienfauna, leider mit nahezu unkenntlichen Abbildungen.

Martens[1] = Martens, E. v., Die ersten Landschnecken aus Samarkand, in: Mal. Blätter, Bd. 18, 1871, p. 61—69, Taf. I part.

Aufzählung von vier Arten aus Samarkand.

Martens[2] = Martens, E. v., A. P. Fedtschenko's Reise in Turkestan, Mollusken. St. Petersburg u. Moskau 1874, 66 pgg., 3. Taf. (russisch).

Gibt Beschreibung und Abbildung einiger transkaspischer Formen neben zahlreichen turkestanischen, die mit transkaspischen mehr oder weniger grosse Verwandtschaft zeigen.

Martens[3] = Martens, E. v., Binnen-Conchylien von Chiwa, in: Jahrb. d. d. Mal. Ges., Bd. 3, 1876, p. 334—337.

Verf. zählt acht Arten aus Transkaspien und aus dem Gebiet von Chiwa auf und bemerkt dazu, „dass die Fauna dieser Gegenden danach die grösste Uebereinstimmung zeige mit derjenigen von Samarkand. Das Ganze habe noch einen südeuropäischen Habitus; nur die *Corbicula* gebe der kleinen Fauna einen tropischen Zug".

Grimm = Grimm, O. A., Arbeiten der aralo-kaspischen Expedition. Der Kaspisee und seine Fauna (Kaspinskoe more fauna), Bd. 1, St. Petersburg 1876, 168 pgg., 6 Taf. (russisch).

Beschreibung und Abbildung der im Kaspisee vorkommenden Mollusken.

Nevill[1] = Nevill, G., Hand-List of Mollusca in the Indian Museum, Calcutta, Pt. I, Calcutta 1878, 338 pgg.

Wichtig wegen zahlreicher genauer Fundortsangaben von persischen und afghanischen Binnenmollusken.

Martens[4] = Martens, E. v., Aufzählung der von Dr. A. Brandt in Russisch-Armenien gesammelten Mollusken, in: Bull. Acad. Sc. St.-Pétersbourg, Tome 26, 1880, p. 142—158.

Bringt die Aufzählung von vier Molluskenarten aus Nordpersien.

Martens[5] = Martens, E. v., Conchyliologische Mittheilungen, Bd. 1, Cassel 1880 bei Th. Fischer.

Enthält einige Abbildungen und Beschreibungen transkaspischer und turanischer Arten.

Boettger[1] = Boettger, O., Sechstes Verzeichniss transkaukasischer, armenischer und nordpersischer Mollusken, in: Jahrb. d. d. Mal. Ges., Bd. 8, 1881, p. 167—261, Taf. VII—IX.

Hier werden einige von Herrn Christoph in der Gegend von Astrabad in Nordpersien gesammelte Arten aufgezählt und theilweise beschrieben.

Dohrn = Dohrn, H., Ueber einige centralasiatische Landschnecken, in: Jahrb. d. d. Mal. Ges., Bd. 9, 1882, p. 115—120.

Liste von elf Arten aus dem Gebirge Hasrat-sultan, südöstlich von Samarkand, wichtig für die Kenntniss der Verbreitung einiger südkaspischer und kleinasiatischer Genera und Arten in Turkestan.

MARTENS[6] = MARTENS, E. v., Ueber centralasiatische Land- und Süsswasserschnecken, in: Sitz.-Ber. Ges. Nat. Freunde, Berlin 1882, No. 7, p. 103—107.

Verf. macht Mittheilungen über Verbreitung einzelner Arten in den Gegenden der Seen Ala-kul und Issik-kul, im Oberlauf des Jaxartes und in der Hochebene Pamir. Mehrere neue Arten werden beschrieben.

MARTENS[7] = MARTENS, E. v., Ueber centralasiatische Mollusken, in: Mém. Acad. Sc. St.-Pétersbourg (7) Tome 30, No. 11, 1882, p. 1—66, Taf. I—V.

Bringt u. a. die Aufzählung einiger im ehemaligen Chanat Chiwa und der im Salzsee Ssaly-kamysch lebenden Mollusken.

NEVILL[2] = NEVILL, G., Hand-List of Mollusca in the Indian Museum, Calcutta. Pt. II, Calcutta 1884, 306 pgg.

Vergl. oben NEVILL[1].

MARTENS[8] = MARTENS, E. v., Mollusken in LANSDELL's Russisch-Central-Asien, Wissenschaftl. Anhang. Leipzig 1885 bei F. Hirt & Sohn, p. 41—47.

Aufzählung hauptsächlich nach MARTENS[2].

BOETTGER[2] = BOETTGER, O., Mollusken in RADDE's Fauna und Flora des südwestlichen Kaspi-Gebietes. Leipzig 1886 bei F. A. Brockhaus, p. 255 - 350, Taf. II—III.

Bringt die vollständige Liste der Mollusken — 69 Einschaler und 6 Zweischaler — des russischen Gebiets im Südwesten des Kaspisees mit ihren Diagnosen.

BOETTGER[3] = BOETTGER, O., Abbildungen und Beschreibungen von Binnenconchylien aus dem Talysch-Gebiet im Südwesten des Kaspisees, in: Jahrb. d. d. Mal. Ges., Bd. 13, 1886, p. 241—258, Taf. VIII.

Auszug aus der vorigen Arbeit mit Reproduction einer der beiden Tafeln.

DYBOWSKI = DYBOWSKI, W., Die Gasteropoden-Fauna des kaspischen Meeres, in: Mal. Blätter N. F., Bd. 10, 1887—1888, p. 1—79, Taf. I—III.

Aufzählung der Einschaler des Kaspisees mit Beschreibung zahlreicher neuer Gattungen und Arten.

Schliesslich habe ich noch die angenehme Pflicht, den Herren Dr. G. VON RADDE, Dr. A. WALTER, O. HERZ und H. LEDER für Ueberlassung sämmtlicher in den nachfolgenden Blättern abgehandelten Molluskenformen meinen besonderen Dank auszusprechen. Auch die Typen aller neuen Arten befinden sich somit in meiner an kaukasischen und kaspischen Formen hervorragend reichen Privatsammlung. Für einige systematische Winke und Aufklärungen, sowie für einen Theil der benutzten Literatur bin ich überdies Herrn Prof. Dr. ED. VON MARTENS in Berlin, dem die Aufklärung der besprochenen Gebiete in zoologischer Beziehung schon so vieles verdankt, zu herzlichem Danke verpflichtet.

## Cl. I. Gastropoda.

### Familie I. Testacellidae.

*Pseudomilax velitaris* (v. Mts.) 1880.

Martens[4], p. 154 (*Parmacella*).

(Taf. XXVI, Fig. 1 a—c).

*Char. Differt a Ps. bicolore* Bttgr. *et collo longiore, clypeo minore, pro latitudine breviore, magis cordiformi, carina tergi primum strictiore, ad apicem caudae subito praeceps curvatim deflexa, cum solea angulum rectum formante, et colore.* — *Supra niger, unicolor, lateribus deorsum prope soleam pallidioribus, griseo-lutescentibus, solea lutescente.*

Länge des Körpers $20\frac{1}{2}$—24, Breite desselben $6\frac{1}{4}$—$7\frac{1}{2}$, Höhe desselben $7\frac{1}{4}$—8 mm. Von der Mundspitze bis zum Vorderende des Schildes 7—$8\frac{1}{2}$, Schildlänge $5\frac{3}{4}$—8, vom Hinterende des Schildes bis zur Schwanzspitze $7\frac{1}{4}$—$7\frac{1}{2}$ mm. Grösste Schildbreite $4\frac{1}{4}$—5, grösste Breite der Sohle $2\frac{1}{4}$—3 mm; von der Lungenöffnung bis zum Vorderwinkel des Schildes $5\frac{1}{4}$—7, bis zur hinteren Mitte desselben 2—$2\frac{1}{4}$ mm (sämmtliche Maasse nach Spiritusexemplaren). — Verhältniss von Halslänge zu Schildlänge zu Schwanzlänge wie 1,13:1:1,07 (nach Martens wie 1,25:1:1,37, bei *Ps.* bicolor wie 0,93:1:1,01); von Schildbreite zu Schildlänge wie 1:1,49 (bei *Ps. bicolor* wie 1:1,57).

Hab. Persien; auf dem Schah-kuh bei Astrabad in 9000′ Höhe, 2 Exple. (O. Herz 1887).

Obgleich sowohl dem *Ps. lederi* Bttgr. von Kutais als dem *Ps. bicolor* Bttgr. von Lenkoran sehr nahe stehend, zeigt die vorliegende, ursprünglich als *Parmacella* beschriebene Form doch so viel abweichendes, dass ich sie wenigstens vorläufig als selbständig betrachten muss. Die Hauptunterschiede sind oben angedeutet; wichtig scheint mir vor allem die geringere Grösse und grössere Breite des Schildes, derzufolge auch die Halslänge der vorliegenden Form bedeutender erscheint. Besonderen Werth lege ich auch auf die Färbung, die bei *Ps. lederi* einfarbig schwarz auf Rücken und Sohle, bei *Ps. bicolor* scharf getrennt zweifarbig ist, indem hier der Rücken schwarz, die Sohle weiss erscheint. Die oben gleichfalls schwarze persische Form dagegen hat nicht bloss dunklere, mehr lehmgelbe Sohle, sondern auch hellere Körperseiten, indem die Seitentheile zunächst der Sohle sich allmählich aufhellen und 1—2 mm von derselben entfernt bereits so hell gefärbt sind wie die Sohle selbst. Sie hat also ähnliche Färbung wie der pontische *Ps. retowskii* Bttgr., der sich aber durch die überhaupt hellere, bleigraue Rückenfarbe leicht unterscheidet.

Verbreitung. Bis jetzt nur aus der Nähe von Astrabad in Masenderan bekannt.

## Familie II. Limacidae.

### *Lytopelte sp.*

(Betr. d. anatom. Verhältnisse vergl. den folgenden Aufsatz von Dr. H. Simroth).

Ich kann hier nur das Vorkommen einer *Lytopelte*-Art auf dem Schah-kuh bei Astrabad in Nordpersien in 9000′ Höhe constatiren, wo Herr O. Herz 1887 ein leider sehr schlecht gehaltenes und brüchiges Stück sammelte.

Der Schild ist wie bei den übrigen Arten der Gattung auffallend frei, vorn zu drei Vierteln der Länge und auch seitlich merklich abhebbar, aber er bedeckt bei der vorliegenden Form den Kopf ebenso vollständig wie bei *L. maculata* (Koch & Heyn.). Die Körperfärbung ist oben ein uniformes Schwarzbraun, nur der Kielstreif und der Hinterrand des Schildes ist hell (bräunlich-weiss); die Seiten des Schildes werden nach aussen hin heller, die Körperseiten zeigen sich ebenfalls nach unten hin durch schwarze Maschenzeichnungen mehr und mehr aufgehellt. Die Körpergrösse ist dieselbe wie bei den übrigen Arten und wie bei *Agriolimax agrestis* (L.).

In der Färbung erinnert das Exemplar also an die Talyscher *Lytopelte longicollis* Bttgr. (Boettger [2], p. 266, Taf. II, Fig. 1 und Boettger [3], p. 242), in der Form und Stellung des Schildes aber mehr an die turkestanische *L. maculata* (Koch & Heyn.), von der Simroth neuerdings (in: Jahrb. d. d. Mal. Ges. 1886, Taf. X, Fig. 1) eine vorzügliche Abbildung gegeben hat. Die Uebereinstimmung mit *L. maculata* scheint mir zwar etwas grösser als die mit *L. longicollis,* aber die äusseren Unterschiede von beiden sind doch hinreichend, um mich davon abstehen zu lassen, die nordpersische Art mit Wahrscheinlichkeit einer der beiden genannten Arten zuzuweisen. Die schlechte Erhaltung des Stückes lässt keine scharfe Characterisirung zu.

Die von mir l. c. p. 241 nach äusseren Merkmalen gegebene Definition der Sippe *Lytopelte* (subgen. *Amaliae*) wurde etwas früher publicirt als die von Simroth l. c. p. 311 gegebene anatomische Begründung der Sippe *Platytoxon* (subgen. *Agriolimacis*), die beide sich eingestandenermaassen decken und auf dieselbe Formgruppe beziehen.

Verbreitung. Bekannt ist die Gattung bis jetzt nur aus dem Gebiet Turkestan-Nordpersien-Talysch; sie wird wohl hier auch ihr Hauptverbreitungscentrum haben.

## *Parmacella olivieri* Cuv. 1805.

(Betr. d. anatom. Verhältnisse vergl. den folgenden Aufsatz von Dr. H. SIMROTH).

CUVIER, in: Ann. Mus. Hist. Nat. Paris, Tome 5, 1805, p. 442, Taf. XXIX, Fig. 12—15 u. Mém. Moll. No. 12, Fig. 12—15; EICHWALD, Fauna Caspio-Caucasia, 1841, p. 199 (*ibera*); HUTTON, p. 649 (*rutellum*); MARTENS [1], p. 63, Taf. I, Fig. 15—16; MARTENS [2], p. 3, Taf. I, Fig. 1; MARTENS [7], p. 47; SIMROTH, in: Jahrb. d. d. Mal. Ges. Bd. 10, 1883, p. 1—47, Taf. I (var. *ibera*); BOETTGER [2], p. 271 (var. *ibera*).

(Von Siaret Taf. XXVI, Fig. 2 a—b, von Lirik bei Lenkoran Fig. 3 a—b).

Liegt in etwa einem Dutzend guter erwachsener Exemplare vor von S i a r e t bei Schirwan in Chorassan, aus 4000' Höhe (O. HERZ 1887).

Verglichen mit Stücken der var. *ibera* EICHW. von Lenkoran in Talysch bleibt die vorliegende Form in der Grösse etwas zurück, und die Dreifelderung der Sohle ist noch schwächer angedeutet. Sonst aber bieten die Stücke äusserlich weder in Form noch in Färbung oder Zeichnung irgend welche nennenswerthe Unterschiede.

Long. 38½, alt. 15½, lat. 15½ mm, Sohlenbreite 9 mm.

Was die innere Schale anlangt, so wechselt namentlich die Embryonalschale nach vier mir vorliegenden Stücken merklich in der Grösse und zwar von 4—5 mm grösstem Durchmesser. Diese ist also etwas grösser als die der Stücke von var. *ibera* EICHW. aus Talysch und aus dem Gouv. Baku, welche nur 3¼—4 mm grössten Durchmesser erreicht. In der Grösse und Form der Spathula aber besteht kein wesentlicher Unterschied, wenn auch die relative Grösse verglichen mit dem Embryonalende bei den nordpersischen Stücken immer kleiner ist. Von oben gemessen verhält sich nämlich der Nucleus bei var. *ibera* zur ganzen Schalenlänge im Mittel wie 1:5,98, bei unserer Form aber wie 1:4,33. Dieser relative Grössenunterschied des Embryonalschälchens dürfte somit die nordpersische *Parmacella*, die darin von der var. *ibera* etwas abweicht, am besten characterisiren. Wie es in dieser Hinsicht mit der mesopotamischen typischen Form steht, wissen wir vorläufig noch nicht. Dass die nordpersische *P. velitaris* v. MARTENS aber gar keine *Parmacella*, sondern ein *Pseudomilax* ist, glaube ich bestimmt versichern zu können.

Verbreitung. Ausser in Georgien oder Grusien, was aber noch der Bestätigung bedarf, lebt die Art im Gouv. Baku, in Talysch und dem benachbarten nordwestpersischen Gebiet (var. *ibera*), bei Schirwan in Nordost-Persien, bei Mossul am oberen Tigris in Kurdistan (typ.), bei Samarkand, Chodshent und Tashkent in Turkestan und sehr wahrscheinlich auch in Kandahar, Central-Afghanistan.

## 1. *Macrochlamys turanica* v. Mts. 1874.

Martens[2], p. 7, Taf. I, Fig. 3; Martens[7], p. 48, 49.

Von der Expedition nicht gesammelt. — Wie bereits Martens betont, ein Vertreter einer specifisch tropisch-indischen Gattung.

Verbreitung. Im Gebiet Transkaspiens bekannt von Nukuss im ehemaligen Chanat Chiwa. Ueberdies gefunden im Sarafschan-Thal, bei Autschi-dagana, in Ferghana und Kokand.

## *Vitrina (Oligolimax) annularis* Stud. 1820.

Studer, Syst. Verz. d. Schweiz. Conch., p. 11; Boettger, in: Jahrb. d. d. Mal. Ges., Bd. 13, 1886, p. 129; Westerlund, Fauna d. Binn.-Conch. d. Pal. Region, Bd. 1, 1886, p. 22.

Von dieser Art, die bis auf die Maassangaben von Kobelt und Westerlund richtig diagnosticirt wird, möchte ich ein Stück aus Nordpersien nicht trennen, das ich vorläufig unter dem folgenden Varietätsnamen einführen will:

var. *persica* m. (Taf. XXVI, Fig. 4 a—c).

*Char. Differt a typo Helvetico t. beryllina, magis nitida, spira distinctius conica lateribus minus convexis, apice magis protracto et mamillato. Anfr. lentius accrescentes, ad apicem magis regulariter et dense striato-costulati, plicis ad aperturam distantioribus minusque acutis, ultimus paullo magis angulato-compressus. Apert. paullo minor, margine dextro paullulum subangulato.*

*Alt.* $2\frac{3}{4}$, *diam. maj.* 4, *min.* $3\frac{3}{4}$ *mm; alt. ap.* $2\frac{1}{2}$; *lat. ap.* $2\frac{5}{8}$ *mm.*

Verhältniss von Höhe zu Breite wie 1:1,45, also genau dasselbe Verhältniss wie bei den von Pfeiffer beschriebenen Originalen aus der Schweiz und wie bei meinen kaukasischen Stücken der *V. annularis* Stud., während typische Stücke meiner Sammlung aus dem Wallis das Verhältniss 1:1,48 besitzen.

Hab. Persien; Berge bei Schah-rud, Prov. Irak Adschmi, 1 Stück (O. Herz, 1887).

So ähnlich das Stück auch der transkaukasischen Form von *V. annularis* ist, so unterscheidet es sich doch durch die dunkelgrüne, an *V. pellucida* erinnernde Farbe, den noch auffälliger zitzenförmig vorgezogenen und etwas verdrehten Wirbel, die gegen die Mündung hin mattere Faltenstreifung und die in Folge des langsamen Anwachsens der Umgänge kleinere Mündung hinreichend von allen Varietäten derselben, um als selbständige Varietät gelten zu dürfen. Die grössere Depression der letzten Windung wird durch eine etwas stärkere Krümmung des rechten Mundrandes angedeutet. Alle diese Unterschiede aber sind geringfügige, schwer zu erkennende Merkmale und dürften kaum genügen, der Form specifischen Werth zuzuschreiben.

Verbreitung. Bekannt ist *V. annularis* von allen höheren Gebirgen der europäischen Mediterranprovinz, weiter aus den Karpathen, den Gebirgen der Krim, dem Kaukasus und ganz Armenien und Transkaukasien. Schah-rud ist der erste Fundort für diese Art in Nordpersien.

## 2. *Vitrina (Oligolimax) raddei n. sp.*
(Taf. XXVI, Fig. 5 a—c.)

*Char. E grege V. annularis* STUD., *sed major, spira exactius conica, anfr. celerius accrescentibus, ultimo magis depresso, media parte distinctius angulato, superne et inferne planiore. — T. minute perforata, depresse conoidea, tenuis, viridula, nitida; spira fere exacte conica lateribus parum convexis; apex majusculus, mamillatus et subtortus. Anfr. 3½ convexi, sat celeriter accrescentes, sutura profunde impressa disjuncti, apicales eleganter et regulariter costulato-striati, caeteri striis rugisque irregularibus distantioribus ornati, ultimus media parte rotundato-angulatus, ⅕ latitudinis testae aut aequans aut superans, ante aperturam vix descendens, basi subplanatus. Apert. ampla, obliqua, circulari-ovalis, parum latior quam altior, membrana basali fere nulla, margine columellari breviter fornicatim reflexo.*

*Alt. 4¼, diam. maj. 6½, min. 5½ mm; alt. ap. 3⅝, lat. ap. 3¾ mm.*

Verhältniss von Höhe zu Breite nach 4 Messungen wie 1 : 1,54.

Hab. Transkaspien. Zahlreich in 9—10000′ Höhe auf dem Aghdagh im Kopet-dagh (Dr. A. WALTER, 24. Mai 1887).

Die Art will, wie alle Vitrinen, aufmerksam verglichen sein. Sie steht in ihrer Grösse, gedrückten Form, den schneller anwachsenden Umgängen und in der Andeutung eines Kielwinkels etwa in demselben

Verhältniss zu *V. annularis*, in dem *V. pellucida* zu *major* steht
Ihre Höhe verglichen mit der Breite beträgt 1:1,54, bei der kaukasischen *annularis* aber 1:1,45. *V. conoidea* v. Mts. ist wegen
ihrer Höhe (Verhältniss 1:1,13) überhaupt nicht vergleichbar. *V. sieversi* Mouss. soll nach ihrem Autor das Verhältniss 1:1,81 haben; ich
finde an meinen von Sievers erhaltenen Originalstücken 1:1,42;
Mousson's Maassangaben sind also sicher irrthümlich. Von sonstigen
Arten könnte nur noch *V. rugulosa* v. Mts. in Betracht kommen, die
ähnlichen Höhenbreitenindex (1:1,50) wie unsere Art hat. Aber dieselbe wird als glatt und hellgelb beschrieben, soll nur 3 Umgänge und
eine einfache Naht besitzen. Nach alledem gehört diese Art in die
Gruppe *Phenacolimax*, zu der sie auch Martens und Westerlund
gestellt haben.

Das junge Stück einer *Vitrina* von Derbent im östlichen Kaukasus,
das ich in: Jahrb. d. d. Mal. Ges. Bd. 13, 1886, p. 129 noch zu *V. annularis* zog, könnte ebenfalls recht wohl zu *V. raddei* gehören; leider
ist es zu schlecht erhalten, als dass die Bestimmung mit absoluter
Sicherheit erfolgen könnte.

V e r b r e i t u n g. Bis jetzt ist die Art nur aus dem Kopet-dagh
in Transkaspien bekannt; sehr wahrscheinlich ist aber auch ihr Vorkommen im östlichen Kaukasus.

### *Hyalinia (Polita) herzi n. sp.*
#### (Taf. XXVI, Fig. 6 a—d.)

*C h a r.  E grege H. g l a b r a e* Fér., *k o m a r o w i* Bttgr., *s u t u-
r a l i s* Bttgr., *maxime affinis H. g l a b r a e, sed multo minor, perforatione angustiore, apice singulariter impresso, anfr. solum 5 distantius
striatulis. — T. perforata, perforatione $\frac{1}{20}$ latitudinis testae aequans
($\frac{1}{11}$ in H. g l a b r a), orbiculato-depressa, tenuis, superne fulvo-flavida,
basi alba, glabra, nitidissima; spira depresse convexa; apex singulariter impressus. Anfr. 5 lente accrescentes, convexiusculi, sutura parum profunda discreti, striatuli, striis ad suturam nec crebrioribus nec
multo distinctioribus, ultimus penultimo sescuplo latior, nullo modo angulatus. Apert. parum obliqua, transverse ovalis, valde excisa, marginibus peristomatis simplicibus, valde disjunctis.*

*Alt. 4¾, diam. maj. 10¼, min. 9 mm; alt. ap. 4, lat. ap. 5 mm.*

H a b. Persien. Bei T a e s c h, Nordpersien, in 9000′ Höhe, mehrere
Stücke (O. Herz 1887).

Die Verhältnisszahlen aus den Maassen der Schale stimmen im

Grossen und Ganzen mit denen von *H. glabra* überein. Es wird aber genügen, auf die geringe Grösse der Schale, auf die feinere Nabeldurchbohrung, auf die geringere Anzahl der Windungen und auf die weniger schief gestellte Mündung hinzuweisen, um die neue Art sicher von *H. glabra* zu unterscheiden. Von *H. komarowi* trennt sie sich schon durch den um die Hälfte feineren Nabel, von *H. suturalis* durch die bedeutendere Grösse, die mehr röthlich-gelbe als dunkel hornbraune Färbung und die weit langsamer anwachsenden Umgänge.

Verbreitung. Die Art, welche im entferntesten Osten unsere *H. glabra* ersetzen mag, ist bis jetzt nur aus Nordpersien nachgewiesen.

### Hyalinia (Polita) patulaeformis n. sp.
(Typus Taf. XXVI, Fig. 7 a—d, *var. calculiformis* Fig. 8).

*Char. E grege H. derbentinae* BTTG., *sed minor, anfr. lentius accrescentibus, ultimo non ampliato, apert. multo minore, excisosubcirculari. Differt ab H. cellaria* MÜLL. *anfr. ab initio latioribus, minus numerosis. — T. forma H. cellariae var. sieversi* BTTG. *similis, sed minor, late umbilicata, umbilico* $\frac{1}{5}$—$\frac{1}{6}$ *basis testae lato, convexodepressa, solidula, subpellucida, nitida, superne corneo-fulvescens, basi albida; spira humilis, convexiuscula. Anfr. solum 4, supra vix convexiusculi, subtus convexi, lati, lentissime accrescentes, sutura distincta disjuncti, striatuli, striis ad suturam distinctioribus, ibique microscopice spiraliter lineolati, ultimus subcompressus, sed non angulatus, penultimum latitudine sescuplo haud superans, ad aperturam non ampliatus. Apert. parva parum obliqua, circulari-ovata, modice excisa, parum latior quam altior, marginibus distantibus, columellari ad umbilicum leviter protracto, non reflexo.*

*Alt.* 3, *diam. maj.* 7, *min.* 6 *mm; alt. ap.* 2$\frac{1}{2}$, *lat. ap.* 3 *mm.*

Hab. Persien. Berge bei Schah-rud, Prov. Irak Adschmi, 1 Stück (O. HERZ 1887).

Eine Art, die sich etwa zu *H. derbentina* verhält wie *nitidula* DRAP. zu *nitens* MICH., aber doch auf specifische Selbständigkeit Anspruch machen kann. Trotz der im Uebrigen grossen Aehnlichkeit mit kleinen Stücken von *H. cellaria* MÜLL. var. *sieversi* BTTGR. unterscheidet sich dieselbe doch sofort durch die schon von Beginn an breiter angelegten Jugendwindungen, die ihre Verwandtschaft mit *H. derbentina*, von der sie übrigens leicht zu unterscheiden ist, verrathen. Auch die wegen ihrer ausserordentlichen Feinheit schwierig zu sehende Spiralstreifung ist ein bei den kleineren kaspio-kaukasischen

Hyalinien seltener Character und ein nicht zu unterschätzendes Merkmal für die Erkennung der Art. Diese Streifung ist so fein, dass sie den starken Glanz der Schale in nichts beeinträchtigt.

Als Varietät zu dieser Art muss ich rechnen:

var. *calculiformis* m. (Taf. XXVI, Fig. 8).

*Char. Differt a typo spira fere plana, apice solum minutissime elato, margine basali peristomatis paullulum minus curvato.*

*Alt. 2¾, diam. maj. 6½, min. 5¾ mm; alt. ap. 2½, lat. ap. 3 mm.*

Hab. Persien. Siaret bei Schirwan in Chorassan, aus 4000' Höhe (O. Herz 1887).

Verbreitung. Auch diese Art ist bis jetzt nur in Nordpersien, aber in zwei Provinzen nachgewiesen worden, so dass eine weitere Verbreitung derselben zu erwarten steht.

## *Hyalinia (Retinella) persica* n. sp.
### (Taf. XXVI, Fig. 9 a—c.)

*Char. Habitu coloreque peraffinis H. (Retinellae) filicum* Kryn., *sed multo minor, magis nitida, umbilico angustiore, spira depressiore, anfr. ultimo magis dilatato, supra planiore, apert. transverse ovali, distincte latiore discrepans. — T. umbilicata, umbilico ₂⁄₁₅ latitudinis testae aequans (in H. filicum ¼), spira depresse convexa, anfr. 5½ celerius accrescentibus, ad suturam validius crenato-striatis, ultimo magis dilatato, superne planato. Apert. regulariter transverse ovalis, latior quam altior, marginibus magis approximatis, supero subhorizontali, non declivi, columellari parum reflexo.*

*Alt. 8¾, diam. maj. 17, min. 15 mm; alt. ap. 7, lat. ap. 8 mm.*

Hab. Persien. Siaret bei Schirwan in Chorassan, ein Expl. (O. Herz 1887).

Die Art schliesst sich eng an die bis jetzt nur im Talyschgebiet gefundene *H. filicum* Kryn. an, mit der sie, abgesehen von dem schnelleren Anwachsen der weniger zahlreichen Windungen und der Bildung des Nabels und der Mündung, die meisten Kennzeichen theilt; sie bleibt aber erheblich kleiner. Höhe zu Breite verhalten sich bei ihr wie 1:1,94, bei der erwachsenen *H. filicum* Kryn. aber wie 1:1,71 und bei der jungen *filicum* von 17 mm grösstem Durchmesser wie 1:1,79. Die Microsculptur ist ganz dieselbe wie bei *H. filicum*, d. h. die Spiralstreifung ist ganz obsolet.

Verbreitung. Diese Art ist bis jetzt nur vom persischen Südabhang des Kopet-dagh bekannt geworden.

### Hyalinia (Gastranodon) siaretana n. sp.
(Taf. XXVI, Fig. 10 a—d.)

*Char. T. angustissime umbilicata, umbilico profundo, vix $\frac{1}{13}$
latitudinis testae aequans, convexo-depressa, patulaeformis, flavido-
cornea, basi nitidissima; spira parum elata, convexa; apex obtusulus.
Anfr. 7½ arctissime voluti, convexiusculi, sutura profunde impressa
disjuncti, superne regulariter et confertim costulati, costulis rectis
strictisque, anfr. ultimus superne angulatus, convexus, basi rotundato-
subangulatus, lineis incrementi falciformibus insignis, ante aperturam
non descendens. Apert. subverticalis, anguste lunaris, superne angulata, nec labiata nec dentifera, marginibus simplicibus, valde separatis, columellari peroblique n marginem basalem parum curvatum
transiens.*

*Alt. 3⅜, diam. maj. 6½, min. 6 mm; alt. ap. 2¼, lat. ap. media
parte vix 1 mm.*

Hab. Persien. Siaret bei Schirwan in Chorassan, aus 4000'
Höhe, 1 Expl. (O. HERZ 1887).

Ein wunderbarer und der paläarctischen Fauna durchaus fremder
Typus, für den ich einstweilen den Gruppennamen *Gastranodon* vor-
schlage, da es mir noch nicht ausgemacht scheint, ob die Art, wie
ich vermuthe, zu *Hyalinia* unter die Vitrininen oder zu den Nanininen
gestellt werden muss. Auf jeden Fall aber wird sie einen eigenen
Sectionsnamen beanspruchen müssen, da sie unter allen mir bekannten
lebenden Formen allenfalls nur mit der nordamerikanischen Hyalinien-
gruppe *Gastrodonta*, weniger mit der maderensischen *Janulus* verglichen werden kann. Denken wir uns z. B. *H. (Gastrodonta) interna*
SAY etwas weiter perforirt, gedrückter und ohne Mundlippe und Zahn-
falten, so ist diese persische Form ganz gut beschrieben. Bemerkenswerth und sehr verschieden aber von der amerikanischen Schnecke ist
die Stellung der Rippen auf der Oberseite der Schale, die nicht in
dem Sinne schief stehen wie gewöhnlich (von links oben nach rechts
unten ziehen), sondern entweder geradlinig nach unten verlaufen oder
sogar eine Neigung von rechts oben nach links unten zu ziehen verrathen.

Die neue Untergattung würde bis auf Weiteres folgende Diagnose
erhalten:

„*Gastranodon* nov. sect. gen. *Hyaliniae* AG.

Char. T. umbilicata, depresse orbiculata, cornea, subtus nitidissima, superne costulata; anfr. 7—8 angustissimi; apert. angusta,
lunaris, nec labiata nec dentifera; perist. simplex, acutum. — Typus:
Hyalinia siaretana BTTGR.

Hab. Persiam septemtrionalem."

Verbreitung. Bis jetzt nur im persischen Theile des Kopet-
dagh in Chorassan nachgewiesen.

## Fam. III. Helicidae.

### Patula (Pyramidula) rupestris (DRAP.) 1805.

DRAPARNAUD, Hist. nat. Moll. France, p. 82, Taf. VII, Fig. 7—9 (Helix);
    BOETTGER, in: Jahrb. d. d. Mal. Ges. Bd. 7, 1880, p. 122, Bd. 8,
    1881, p. 200 und Bd. 13, 1886, p. 134.

Häufig in einer mässig erhobenen Varietät bei Schah-rud,
Prov. Irak-Adschmi, Nordpersien (O. HERZ, 1887).

Die mehr gelbbraune Färbung haben die persischen Stücke mit
den Exemplaren zahlreicher Localitäten in Transkaukasien gemein.
Ihre Dimensionen sind alt. $1\frac{1}{4}$—$1\frac{1}{3}$, diam. maj. $2\frac{1}{2}$ mm.

Verbreitung. Die Art lebt in ganz Mittel- und Südeuropa von
Portugal im Westen bis Griechenland und die Türkei im Osten. Nach
Norden überschreitet sie in Deutschland die Mainlinie nur an wenigen
Punkten, ist aber namentlich im Alpengebiet eine überaus häufige
Schnecke. Aus Asien kenne ich sie von Transkaukasien, Kleinasien
und Nordpersien, aus dem paläarctischen Afrika in einer sehr hoch
conischen Varietät von Chabet-e-Akra in der Algérie.

### 3. Helix (Vallonia) adela WEST. 1874.

WESTERLUND, in: Mal. Blätter, Bd. 22, p. 57, Taf. II, Fig. 1—4
    und Faun. Europ. Moll. Extramar. Prodromus Fasc. 1, 1876, p. 46.

Zu dieser Art, der schon ihr Autor in den citirten Diagnosen mit
Recht eine erhebliche Variationsbreite zuspricht, rechne ich die folgende

var. mionecton m. (Taf. XXVI, Fig. 11 a—d).

Char. Differt a typo Sibirico t. minore, spira depressiore, anfr.
solum $3\frac{1}{2}$ nec 4 subregulariter minutissime costulato-striatis, costulis
distantibus et validioribus non intercalatis, anfr. ultimo et margine
dextro peristomatis superne subangulatis.

Alt. $1\frac{1}{3}$, diam. maj. $2\frac{3}{5}$—$2\frac{1}{2}$, min. 2—$2\frac{1}{5}$ mm; alt. ap. 1, lat.
ap. 1 mm.

Hab. Transkaspien. Auf dem Gipfel des Agh-dagh im Kopet-
dagh bei 9—10 000′ Meereshöhe, ein halb Dutzend Exemplare (Dr. A.
WALTER, 24. Mai 1887).

Eine schwierige, zur engeren Gruppe der *Hx. tenuilabris* A. BR.
und *adela* WEST. gehörige Form, die mit dem einzigen Stücke von
*Hx. adela* meiner Sammlung aus dem Genist des Flusses Juldus am
Südabhange des Thian-schan (alt. $1\frac{1}{4}$, diam. maj. $2\frac{1}{8}$ mm) gut übereinstimmt. Neben ihr und häufiger kommt am Juldus übrigens auch
eine Varietät der *Hx. costata* MÜLL., die auch schon MARTENS erwähnt, vor und ausserdem gar nicht selten die echte *Hx. tenuilabris*
A. BR. (alt. $1\frac{3}{4}$, diam. maj. $3\frac{1}{4}$ mm), die aber beide bis jetzt in
Transkaspien noch nicht nachgewiesen werden konnten. *Hx. tenuilabris*
ʹA. BR. findet sich bekanntlich lebend noch in Sibirien (SANDBERGER)
und in der chinesischen Provinz Chihli (REINHARDT). Von der typischen *Hx. tenuilabris* aus dem Pleistocän von Mosbach unterscheidet
sich die WESTERLUND'sche Art, wie ich bestätigen kann, in erster Linie
durch die Sculptur, welche aus zahlreichen, überaus feinen Anwachs-
streifchen besteht, die mit weitläufiger gestellten, etwas mehr hervortretenden Rippenstreifchen in regelmässiger Weise alterniren. Bei
allen Formen der engeren Gruppe der *Hx. tenuilabris* aber sind die
Mundränder einfach, niemals lippenartig verstärkt, wenn auch im Alter
stets mehr oder weniger deutlich ausgebreitet.

Verbreitung. Die Art ist bis jetzt lebend nur von einigen
Punkten Sibiriens, Transkaspiens, Turkestans und Nordwest-Chinas
bekannt; eine der transkaspischen Form in der Grösse vergleichbare,
aber höher gewundene Varietät lebte zur Pleistocänzeit in Skandinavien.

### *Helix (Carthusiana) pisiformis* P. 1846.

PFEIFFER, Mon. Helic., Bd. 1, p. 131; MARTENS[5], p. 9, Taf. III, Fig. 11
  bis 14 (*arpatschaiana* var. *sewanica*, non *arpatschaiana* MOUSS.);
  BOETTGER[1], p. 202; BOETTGER[2], p. 286, Taf. III, Fig. 4 a—e;
  BOETTGER[3], p. 135, Taf. VIII, Fig. 4 a—e.

Fehlt bis jetzt in Transkaspien. Die nordpersischen Stücke dieser
Art, die mir jetzt in grösserer Anzahl vorliegen, wechseln zwar in
Nabelweite, Auftreten oder Fehlen der hellen Kielbinde und in der
Schalengrösse ebenso wie die typische Form aus dem östlichen Kau-
kasus und aus Russisch-Armenien, kommen aber alle darin überein,
dass ihre Microsculptur weniger deutlich ist als bei der Stammform.
Ich trenne sie deshalb ab als:

*var. atypa m.*

*Char. Differt a typo t. magis nitente, sculptura microscopica minus valida, granulis minus distinctis, praetereaque anfractu ultimo lineolis spiralibus obsoletis — praesertim ad suturam — ornato. Color interdum (in montibus prope urbem Schah-rud) albescens.*

Astrabad. Alt. $7\frac{1}{2}$—$7\frac{3}{4}$, diam. maj. $10\frac{3}{4}$—11, min. $9\frac{1}{2}$ mm; alt. ap. $5\frac{1}{2}$—6, lat. ap. 6—$6\frac{1}{4}$ mm.

Schah-rud. Alt. 9, diam. maj. $12\frac{1}{4}$, min. $10\frac{3}{4}$ mm; alt. ap. $6\frac{1}{2}$, lat. ap. $6\frac{1}{2}$—$6\frac{3}{4}$ mm.

H a b. Persien. A s t r a b a d in Masenderan, S c h a h - r u d in Irak Adschmi und S i a r e t bei Schirwan am Kopet-dagh in Chorassan, Nordpersien, überall in kleiner Anzahl (O. HERZ, 1887).

Am nächsten dem Typus der Art (vom Schach-dagh im östlichen Kaukasus) kommen die Stücke von Astrabad, die sich abgesehen von der Microsculptur durch etwas gedrückteres Gehäuse, engere Nabeldurchbohrung, Auftreten der hellen Kielbinde und undeutlich weisslich gefärbte Nahtzone unterscheiden. Mit ihnen übereinstimmend ist das Exemplar von Siaret, das grösser als die Stücke von Astrabad, aber leider noch unvollendet ist. Die Stücke von Schah-rud sind in Grösse und Nabelbildung ganz typisch, haben aber ebenfalls die undeutlichere Körnersculptur neben der schwachen Spiralstreifung und sind namentlich wegen ihrer Färbung sehr auffallend. Das eine Stück ist — ähnlich wie die ebenfalls aus Masenderan stammende, übrigens um das doppelte grössere *Hx. ravergieri* KRYN. var. *persica* BTTGR. — geradezu ganz weiss, das andere horngrau, hie und da mit gelblichen Striemen, und durch deutliche weisse Kielbinde ausgezeichnet.

V e r b r e i t u n g. Die Art lebt im ganzen östlichen Kaukasus östlich des 47.⁰ östl. Länge Greenw., sodann in allen Gebirgen Russisch-Armeniens, des Talysch und Nordpersiens zwischen dem 45. und 58.⁰ östl. Länge Greenw. in meist sehr bedeutender Höhe (über 7000′) und in zahlreichen Spielarten, deren Vorhandensein um so erklärlicher ist, als ihr als Hochgebirgsschnecke die Möglichkeit abgeschnitten ist, neuerdings selbst bescheidene Wanderungen auszuführen.

### 4. Helix (Carthusiana) transcaspia n. sp.

(Taf. XXVI, Fig. 12 a—d).

*Char. Similis H. sericeae* DRAP. *et rubiginosae* A. SCHM., *sed magis affinis H. pisiformi* P. *et arpatschaianae* MOUSS., *a quibus praecipue epidermide brevipilosa differt. — T. anguste umbilicata, conico-globosa, subdepressa, aut corneo-lutescens aut rufofusca, aut pilis brevibus caducis, seriatim dispositis, antrorsum*

60*

*hamatis, flavidis aut detrita cicatricibus foveiformibus densissime ornata et nitidula; spira magis minusve convexo-conica; apex acutiusculus. Anfr.* $4\frac{1}{2}$—$5\frac{1}{2}$ *convexiusculi, sutura impressa disjuncti, distinctissime sed dense subcostulato-striati, striis praesertim ad suturam rugulosis undulatisque, ultimus media parte levissime subangulatus et albido unicingulatus, ante aperturam breviter descendens et taenia annulari aurantiaca vel flavida cinctus. Apert. perobliqua, sat ampla, exciso-subcircularis, vix latior quam altior, labio remoto, albo, plerumque validissimo munita; perist. simplex, acutum, ad columellam breviter reflexum, marginibus late separatis.*

| | | | | | | | | | | | |
|---|---|---|---|---|---|---|---|---|---|---|---|
| Germab. | Alt. | 8, | diam. maj. | $11\frac{3}{4}$, | min. | $10\frac{1}{4}$ | mm; | alt. ap. | 6, | lat. ap. | $6\frac{1}{4}$ mm, |
| „ | „ | $7\frac{1}{2}$, | „ „ | $10\frac{1}{2}$, | „ | 9 | „ ; | „ „ | $5\frac{1}{4}$, | „ „ | $5\frac{1}{4}$ „ |
| „ | „ | $6\frac{1}{4}$, | „ „ | 10, | „ | $8\frac{1}{2}$ | „ ; | „ „ | $5\frac{1}{4}$, | „ „ | $5\frac{1}{4}$ „ |
| Kopet-dagh. | „ | $6\frac{3}{4}$, | „ „ | $9\frac{1}{2}$, | „ | $8\frac{1}{2}$ | „ ; | „ „ | 5, | „ „ | $5\frac{1}{4}$ „ |
| „ | „ | $6\frac{1}{4}$, | „ „ | $9\frac{1}{2}$, | „ | $8\frac{1}{4}$ | „ ; | „ „ | $4\frac{3}{4}$, | „ „ | 5 „ |
| „ | „ | $5\frac{1}{2}$, | „ „ | $8\frac{1}{2}$, | „ | $7\frac{1}{2}$ | „ ; | „ „ | 4, | „ „ | $4\frac{1}{2}$ „ |

Hab. Transkaspien. Wenige, z. Th. schon Ende Mai 1886 gut entwickelte Stücke bei Germab im Kopet-dagh (Dr. A. WALTER & H. LEDER). Weitere Exemplare wurden der RADDE'schen Expedition von General KOMAROW durch Herrn EYLANDT als aus Askhabad stammend übergeben, was schon Dr. WALTER bezweifelt. Sicher ist, dass sie ebenfalls aus bedeutenden Höhen des russischen Antheils des Kopet-dagh stammen. Es ist übrigens durchaus nicht unwahrscheinlich, dass sie in der That auf den Hochgipfeln im Süden von Askhabad vorkommt, wenn sie auch Dr. WALTER bei seiner Besteigung des Agh-dagh gerade auf diesem Gebirgsstock nicht angetroffen hat.

Das in der Schale eingetrocknete Thier ist gelblich mit schwarzen Punkten und Flecken, erinnert in der Färbung also ganz an unsere heimische *Hx. incarnata* MÜLL.

Die Schale selbst variirt in derselben auffallenden Weise, wie wir es von *Hx. sericea* und *pisiformis* kennen, in Bezug auf Färbung, Grösse, Schalendicke und Stärke der Mundlippe und ist nur in dem Auftreten einer hellen peripherischen Binde und in der Behaarung constant. Aber diese Behaarung ist überaus hinfällig und zeigt sich meist schon beim Anlegen der Lippe, wenn eben das Gehäuse fertig ausgebaut erscheint, gänzlich abgerieben. Aber dann lässt sich dieselbe aus den tief eingeritzten Haargruben mit Sicherheit erschliessen.

Verglichen mit der anscheinend noch in Transkaukasien vorkommenden *Hx. rubiginosa* A. SCHM. ist die Behaarung viel dichter, die Haare selbst aber sind kürzer; näher steht ihr in dieser Hinsicht die

englische *Hx. granulata* ALD. Beide genannte Arten aber sind wesentlich kleiner, kugeliger und entbehren der so ausgezeichneten weissen,
callösen, tiefliegenden Innenlippe, die unsere Art sofort in die Verwandtschaft der *Hx. globulus* KRYN. und *pisiformis* P. verweist. In
der That könnte man sie für eine behaarte Varietät von *Hx. pisiformis*
oder für eine Zwischenform der kugligen *pisiformis* und der mehr
gedrückten *arpatschaiana* halten, wenn nicht zwei Gründe gegen diese
Auffassung sprächen. Einmal der Umstand, dass die ganz uniform
körnig granulirte *Hx. pisiformis* Transkaukasiens und des Talysch in
dem zwischenliegenden Landstrich Nordpersiens durch eine Schnecke
ersetzt wird (unsere *pisiformis var. atypa*), welche eine auffallend
schwache Entwicklung der Microsculptur aufzuweisen hat, so dass wir
wohl *Hx. transcaspia* von *pisiformis typica*, nicht aber von ihrer *var.
atypa* abzuleiten allenfalls im Stande wären, und zweitens, dass, wenn
eine Verwandtschaft beider Arten vorhanden wäre, sich zum mindesten
auf den Jugendwindungen von *pisiformis* oder einer ihrer Varietäten
vertiefte Haargruben finden müssten, was nicht der Fall ist. Vielmehr
zeigt dieselbe sonst nur erhabene und beim Typus ganz gleichmässig
angeordnete Körnelung ihrer Epidermis. Endlich ist zu beachten, dass
trotz der Feinheit der angegebenen Unterschiede Uebergänge bei dem
mir vorliegenden, nicht unerheblichen Material beider Arten absolut
fehlen. Im Uebrigen ist auch das Verhältniss von Höhe zu Breite der
Schale bei beiden Species ein verschiedenes. Während *Hx. pisiformis* (6)
das Verhältniss von Schalenhöhe zu Breite hat wie 1:1,40 und die
*var. atypa* (4) wie 1:1,39, zeigt *Hx. transcaspia* (6) ein Verhältniss
von 1:1,48, ist also erheblich gedrückter.

Was die Einordnung unserer Art in das System anlangt, so ist
die Einstellung in Section *Fruticicola* sicher; aber die Behaarung
nähert unsere Schnecke der Subsection *Trichia*, die Form der Mundlippe und die augenscheinliche sonstige Schalenverwandtschaft dagegen
der Sippe der *Hx. globulus* KRYN. und *pisiformis* P., die ich bislang
mitsammt ihren grösseren Verwandten *Hx. talyschana* v. MTS., *circas-
sica* CHARP. und *schuberti* ROTH als eine Gruppe der Subsection *Car-
thusiana* aufzufassen geneigt war. Wir haben in *Hx. transcaspia*
offenbar ein vorzügliches Verbindungsglied zwischen diesen beiden Subsectionen erhalten, wie wir ein solches in *Hx. aristata* KRYN. zwischen
den Subsectionen *Eulota* und *Trichia* besitzen, und es ist deshalb
eher eine weitere Vermehrung der Untergruppen von *Fruticicola* geboten, was mir sympathischer wäre als eine definitive Vereinigung
aller genannten, im Uebrigen doch sehr heterogenen Arten unter einer
Benennung.

Verbreitung. Bis jetzt ist die Art nur aus dem russischen
Theile des Kopet-dagh in Transkaspien als Hochgebirgsschnecke bekannt geworden, doch ist die Möglichkeit nicht ausgeschlossen, dass
dieselbe oder eine sehr verwandte Species auch in Russisch-Armenien
(vergl. BOETTGER[1], p. 204 unter No. 41) vorkommt, was ich leider
aus Mangel an Originalexemplaren letzterer Form nicht mehr entscheiden kann.

### 5. *Helix (Xerophila) krynickii* KRYN. 1833.

KRYNICKI, in: Bull. Soc. Nat. Moscou Tome 6, p. 434 und Tome 9,
1836, p. 195; PFEIFFER, in: Proc. Zool. Soc. London 1846, p. 37
(*candaharica*); MOUSSON, Coqu. Schläfli II, 1863, p. 300 u. 304
(*vestalis var. radiolata*); ISSEL, p. 413; CLESSIN, in: Mal. Blätter
(N. F.) Bd. 2, 1881, p. 137 (*theodosiae*); RETOWSKI, ebenda, Bd. 6,
1883, p. 7—9; CLESSIN, ebenda, p. 45, Taf. II, Fig. 4; KOBELT,
Ikonogr. d. Land- u. Süssw.-Moll. (N. F.) 1884, Fig. 139—140;
BOETTGER, in: Ber. Senckenberg. Nat. Ges. 1884, p. 152 und BOETT-
GER[2], p. 291.

Diese von *Hx. derbentina* KRYN., wie namentlich RETOWSKI über-
zeugend nachgewiesen hat, durch excentrischen Nabel, Höhe des Gewindes, schnelleres Anwachsen der Umgänge und daher grössere Breite
der letzten Windung und, wie ich hinzufügen kann, durch das fast
constante Fehlen einer Fleckbinde an der Naht, die bei *Hx. derbentina*
so gewöhnlich ist, und durch das Auftreten von dunklen Binden in
der Tiefe des Nabels, die bei *derbentina* selten zu sein oder zu fehlen
scheinen, in typischen Stücken leicht unterscheidbare Form ist die
einzige bis jetzt in Transkaspien gefundene Xerophile und zugleich
die daselbst im Gebirge verbreitetste und häufigste *Helix*-Art.

Es liegen von dieser Art vor Stücke von G e r m a b im Kopet-dagh
(Dr. A. WALTER, 5. März 1886, und H. LEDER, Mai 1886), von A s -
k h a b a d (Dr. A. WALTER), von G e r s c h - c h a n a nahe Budschnurdj
in Nordpersien, in 3200' Höhe (Dr. A. WALTER) und von A s t r a b a d
in Masenderan, Nordpersien (O. HERZ, 1887).

Verglichen mit typischen Stücken der *Hx. krynickii* von Theo-
dosia in der Krim sind die Exemplare von G e r m a b „bis in's kleinste"
übereinstimmend; nur die Zeichnung der Unterbänder pflegt bei der
letzteren Form kräftiger und weniger ausgesprochen fleckig zu sein.
Das oberste Band (Kielband) ist gewöhnlich das breiteste. Bei Germab
kommen Stücke mit 3, 5 und 6 Hauptbändern vor; ganz weisse Exemplare fehlen. — Alt. 9, diam. maj. 16, min. 13½ mm; alt. ap. 7,
lat. ap. 7½ mm.

Die Stücke von Askhabad sind kleiner, der Nabel ist etwas weniger deutlich excentrisch, eine Fleckbinde an der Naht tritt dann und wann auf; auch ganz weisse Stücke kommen vor. Ich zähle 3, 4, 5 und 7 Hauptbänder bei den gebänderten Stücken. — Alt. $8\frac{3}{4}$, diam. maj. $14\frac{1}{2}$, min. $12\frac{1}{2}$ mm; alt. ap. $6\frac{1}{2}$, lat. ap. $6\frac{3}{4}$ mm.

Ganz übereinstimmend mit diesen, nur bunter und oft mit Punktfleckbinden gezeichnet, niemals mit Nahtkranz oder ganz weiss, sind die Exemplare von Gersch-chana in Chorassan Sie besitzen 3, 4, 5 oder 6 Hauptbänder. — Alt. $8-8\frac{1}{4}$, diam. maj. $14-14\frac{1}{2}$, min. $12-12\frac{1}{2}$ mm; alt. ap. $5\frac{3}{4}-6\frac{1}{4}$, lat. ap. $6\frac{1}{4}-6\frac{1}{2}$ mm.

Ich habe die Form von Astrabad früher (in: Jahrb. d. d. Mal. Ges. Bd. 8, 1881, p. 211) zu *Hx. derbentina* KRYN. gestellt, und in der That ist es recht schwer zu entscheiden, zu welcher die beiden verwandten Formen diese nordpersische Schnecke zu stellen ist. Da sie aber mehr Aehnlichkeit mit den transkaspischen Stücken und den Exemplaren von Gersch-chana in Nordpersien, also mit den östlichen Formen hat, die unbedingt zu *Hx. krynickii* gehören, als mit den westlichen aus Lirik und Rasano in Talysch, die sicher zu *derbentina* zu stellen sind, so wird meine proponirte Namensänderung nicht auf Schwierigkeiten stossen. Gemeinsam mit *derbentina* ist den Stücken von Astrabad das oft ziemlich niedrige Gewinde, die Andeutung eines Fleckenkranzes an der Naht und der, wenn auch kleinere, so doch weniger wie bei *Hx. krynickii* excentrische Nabel. Mit letzterer stimmt die Nabelweite und die engere Aufrollung der Jugendwindungen; aber die Schnecke steht in der That so in der Mitte zwischen den beiden Arten, dass es fast gerathen erscheint, noch mehr Exemplare als die beiden vorliegenden zu prüfen und zu vergleichen. — Alt. 8 bis $8\frac{1}{2}$, diam. maj. $14-14\frac{1}{2}$, min. $12\frac{1}{2}$ mm; alt. ap. $6\frac{1}{2}$, lat. ap. $6\frac{1}{2}$ mm.

Auch an Uebergänge zwischen beiden Arten könnte man also denken; mir wenigstens hat die Unterscheidung derselben, namentlich auch in der Lenkoraner Ebene — und auch v. MARTENS, wie es scheint, in Turkestan — niemals gut gelingen wollen. Da mir aber die Frage selbst bei meinem umfangreichen und sorgsam ausgewählten Material noch nicht spruchreif zu sein scheint, betrachte ich bis auf Weiteres beide noch als distincte Arten.

Verbreitung. Mit Sicherheit ist diese Art bis jetzt bekannt von allen Küsten des Schwarzen Meeres, von Wladikawkas in Ciskaukasien, vom ganzen südlichen Transkaspien und in Nordpersien vom Südabhange des Kopet-dagh bis zur Südost-, Süd- und Südwestküste des Kaspisees. ISSEL erwähnt sie auch aus Isfahan in Persien,

NEVILL als *var. radiolata* MOUSS. ebenfalls aus Persien, PFEIFFER als *candaharica* aus Kandahar in Centralafghanistan. Ob ein Theil der turkestanischen Xerophilen, die v. MARTENS anfangs zu unserer Art, dann abcr zu *Hx. derbentina* KRYN. ·stellte, nicht doch vielleicht eher hierher gehören dürfte, wage ich aus Mangel an Originalexemplaren nicht zu entscheiden. Die geographische Lage spricht mehr für *krynickii* oder für die folgende Species.

### *Helix (Xerophila) millepunctata* n. sp.
(Taf. XXVI, Fig. 13 a—c).

*Char. Differt ab H. bargesiana* BGT. *(= joppensis* A. SCHM.*) umbilico non excentrico, magis infundibuliformi, anfr.* 5 *nec* 6 *jam ab initio distincte celerius accrescentibus, sculptura leviore, striis quidem distinctis, sed crebrioribus, minus acutis, magis irregularibus, et colore. T. albida vel corneo-albida, apice fusca, semper taenia peripherica angusta fusca cincta insuperque punctis microscopicis rotundatis fulvis aut irregulariter aut in lineas spirales numerosas ordinatis, regione umbilicali excepta, elegantissime ornata.*

*Alt.* 9, *diam. maj.* 14½, *min.* 12½ *mm; alt. ap.* 6¼, *lat. ap.* 6¾ *mm.*

H a b. Persien. S c h a h - r u d in der nordpersischen Provinz Irak Adschmi, 3 Exemplare (O. HERZ, 1887). Varietäten sind auch in K l e i n a s i e n und N o r d s y r i e n sehr verbreitet.

Ich würde diese Form ohne Weiteres zu *Hx. bargesiana* BGT. 1854, die ich als die gebänderte Spielart der weissen *Hx. joppensis* A. SCHM. 1855 ansehe, gestellt haben, so ähnlich ist sie namentlich meinen Stücken dieser Art von Jerusalem und Haiffa in Syrien in Bezug auf Habitus und Färbung, wenn sie sich nicht durch das deutlich schnellere Anwachsen der obersten Umgänge als zu einer ganz anderen Gruppe gehörig erwiese. Während nämlich *Hx. proteus* RSSM., *bargesiana* BGT. und *krynickii* KRYN. sich durch anfangs sehr allmähliches Anwachsen der schmalen Embryonalumgänge und die fast plötzliche Erweiterung dcr Schlusswindungcn auszeichnen, sind die ersten Windungen der vorliegenden Art normal und nicht wesentlich z. B. von denen der *Hx. derbentina* KRYN. verschieden. Die kräftigere Gehäusestreifung aber und dic ganz abweichende Zeichnung verbieten die Zutheilung der vorliegenden Form zu dieser Species.

V e r b r e i t u n g. Während ich *Hx. bargesiana* BGT. jetzt von Jerusalem, Haiffa, Jaffa und Beirut in Syrien, von den Inseln Cypern und Rhodos und von Adalia (hier mit etwas wechselnder Nabelweite) und Elmali in Lycien besitze, nähern sich die durchweg kleineren, von mir früher als *joppensis minor* aufgefassten Formen von Baalbek und Damaskus und ein Theil der Xerophilen von Haiffa, sowie Stücke in der O. GOLDFUSS'schen Sammlung (Halle a. S.) von Smyrna in der Bildung der Spira und des Nabels und theilweise auch in der Färbung der vorliegenden Species in so hohem Grade, dass ich sie trotz der theilweise etwas engeren Mündung als zu *Hx. millepunctata* gehörig betrachten muss. Ausser bei Schah-rud in Nordpersien ist die neue Art also auch noch in Nordsyrien und Kleinasien zu Hause.

### *Helix (Tachea) lencoranea* MOUSS. 1863.

MOUSSON, Coqu. Schläfli II, p. 376 und in: Journ. de Conch. Tome 21, 1873, p. 203 (*atrolabiata var.*); v. MARTENS, Ueber vorderasiat. Conchyl., 1874, p. 13, Taf. II, Fig. 13 (*atrolabiata var.*); KOBELT, Ikonogr. d. Land- und Süssw.-Moll., 1876, Fig. 972 (*atrolabiata var.*); BOETTGER, in: Jahrb. d. d. Mal. Ges. Bd. 6, 1879, p. 22, BOETTGER[1], p. 216 und BOETTGER[2], p. 293 (*atrolabiata var.*).

Astrabad in Masenderan, 2 Exemplare (O. HERZ, 1887).

Ihre Dimensionen sind bedeutender als die meiner Stücke von Lenkoran und von Enseli, aber nicht so gross wie die der Stücke von Lirik im russischen Talyschgebiet. — Alt. $22\frac{1}{2}$—$23\frac{1}{2}$, diam. maj. $31\frac{1}{2}$ bis 33, min. 27—$28\frac{1}{2}$ mm; alt. ap. $16\frac{1}{2}$—18, lat. ap. c. perist. $20\frac{1}{2}$—21 mm.

H. LEDER's Beobachtung, dass das Thier dieser Art einfarbig fleischfarben, während das der verwandten *Hx. atrolabiata* KRYN. an den Seiten schwarz ist, zusammen mit der constant verschiedenen Sculptur, Färbung und Zeichnung, der schwächer entwickelten Lippe und dem Fehlen des Basalzahns lassen es jetzt als besser erscheinen, die Form von der kaukasischen Schnecke specifisch zu trennen, insbesondere da auch ihre Verbreitung sie gegenseitig ausschliesst und Uebergangsformen vollständig fehlen.

Verbreitung. Man kennt diese Form aus der Mugansteppe, aus Lenkoran und Lirik im russischen Talyschgebiet und aus Enseli, Rescht und Astrabad in Nordpersien, also vom ganzen Südrand des Kaspisees. In Transkaspien scheint sie zu fehlen.

## Familie IV. Pupidae.

### *Buliminus (Pseudonapaeus) asterabadensis* KOB. 1880.

NEVILL[1], p. 135 (*persicus*, nomen); KOBELT, Ikonogr. d. Land- und Süssw.-Moll., Fig. 2039; BOETTGER[1], p. 221.

Astrabad in Masenderan, Nordpersien, ein typisches Stück (O. HERZ, 1887). — Alt. 13, diam. maj. $4\frac{1}{2}$, min. 4 mm; alt. ap. $4\frac{1}{4}$, lat. ap. $3\frac{1}{4}$ mm.

Eine mir von dem verstorbenen NEVILL als *B. persicus* ISSEL überschicktes Stück aus Masenderan mag als *var. persica* gehen. Die Form lässt sich folgendermaassen kurz characterisiren:

*var. persica m. Differt a typo t. ventriosiore et rima longiore et perforatione magis aperta.*

Alt. $14\frac{1}{2}$, diam. maj. $5\frac{3}{4}$, min. $4\frac{3}{4}$; alt. ap. $4\frac{1}{2}$, lat. ap. $3\frac{3}{4}$ mm.

Verbreitung. Ist eine bis jetzt nur in Masenderan, aber hier anscheinend häufige, sehr characteristische Art.

### *Buliminus (Pseudonapaeus) herzi* n. sp.
#### (Taf. XXVI, Fig. 14 a—d).

*Char. Peraffinis B. coniculo* v. MTS., *sed t. distinctius umbilicata, minus crassa, apice acutiore, anfr. distinctius striatis, ultimo subtus non saccato neque angulato nec basi planato, apert. magis obliqua, marginibus simplicibus neque incrassatulis vel reflexiusculis discrepans. — T. anguste umbilicata, umbilico non pervio, suboblongoconica, parum solida, nitidula, anfr. 3—4 initialibus corneo-fuscis, penultimo ultimoque albis, infra medium taenia obsoleta lata corneofuscescente, ante aperturam evanida cinctis; spira exacte conica; apex acutiusculus. Anfr. 5—5$\frac{1}{2}$ convexi, sutura profunda, fere submarginata disjuncti, peroblique striatuli, striis ad suturam et prope aperturam fere costuliformibus, ultimus rotundatus, antice non ascendens, basi non angulatus, prope umbilicum solum subcompressus. Apert. obliqua, basi valde recedens, subovalis, faucibus flavis; perist. simplex, marginibus valde approximatis ($\frac{1}{5}$—$\frac{1}{6}$ peripheriae), tenuibus, nullo modo incrassatis vel reflexis, dextro semicirculari, columellari e basi valde dilatata sinistrorsum protracto, umbilicum partim occultante, columella superne non angulata.*

*Alt. 7—7$\frac{1}{2}$, diam. maj. 4$\frac{1}{2}$, min. 3$\frac{1}{2}$ mm; alt. ap. 3—3$\frac{1}{4}$, lat. ap. 2$\frac{1}{2}$ mm.*

Verhältniss von kleinem Durchmesser zu Höhe wie 1:2,07 (bei
*B. coniculus* wie 1:1,88), von grossem Durchmesser zu Höhe wie
1:1,61 (bei *coniculus* wie 1:1,50), von Höhe der Mündung zu Höhe
der Schale wie 1:2,32 (bei *coniculus* wie 1:2,31).

H a b. Persien. Bei S c h a h - r u d im Nordosten der nordpersischen
Provinz Irak Adschmi, in wenigen Exemplaren vorliegend (O. HERZ, 1887).
Von dem echten *B. (Pseudonapaeus) segregatus* RVE. aus Simla
im West-Himalaya jedenfalls specifisch abweichend durch Grösse und
die oben gegebenen Verhältnisszahlen; aber auch von *segregatus var.
minor* MARTENS[2], p. 21, Taf. II, Fig. 16, der mir zum Vergleich vorliegt, scharf unterschieden. Bei letzterem ist nämlich die Trennung
der Mundränder auf ein Minimum ($\frac{1}{7}$ der Peripherie der Mündung)
reducirt, und der Nabel ist zu einem einfachen, gebogenen, wenn
auch immerhin noch offenen Ritz zusammengeschrumpft. Diese turkestanische Form wird aber, da *B. segregatus* RVE. mit „marginibus
remotis" beschrieben ist, specifisch abgetrennt werden müssen. Viel
näher steht unserer nordpersischen Art übrigens der *B. coniculus*
MARTENS[7], p. 33, Taf. III, Fig. 9 aus Kuldsha. Trotzdem kann letzterer nach directem Vergleich wegen seiner stumpferen Gehäusespitze,
der deutlichen Basalkante und der ganz auffallend flacheren Basis des
letzten Umgangs, weiter wegen des doppelt so kleinen Nabels, der
winklig sich an den vorletzten Umgang ansetzenden Spindel und des
etwas verdickten und schwach ausgebreiteten Mundsaums nicht mit
der persischen Art verwechselt oder identificirt werden.

V e r b r e i t u n g.  Die von allen übrigen paläarctischen *Buliminus*-
Arten sehr abweichende Form ist bis jetzt nur von Schah-rud in
Nordpersien bekannt. Ihre nächsten Verwandten sind durchweg cen-
tralasiatische Arten.

### 6. *Buliminus (Petraeus) eremita* (RVE.) 1849.

REEVE, Conch. Icon. Bulimus Fig. 573 *(Bulimus)*; HUTTON, p. 653 *(Pupa
spelaca)*; PFEIFFER, Mon. Helic. viv. Vol. 3, 1853, p. 356 *(Bulimus)*;
MARTENS[2], p. 18, Taf. II, Fig. 13 *(var.)*; KOBELT, Ikonogr. d. Land-
u. Süssw.-Moll. 1877, Fig. 1330; NEVILL[1], p. 134 *(spelaeus)*; DOHRN,
p. 119; ANCEY, in: Bull. Soc. Mal. France, 1886, p. 44, *var. A.* seq.
MARTENS *(potaninianus)*.

In wie weit sich die aus Transkaspien vorliegenden Stücke dieser
Art vom Typus, den BENSON aus dem Bolan-Pass bei Ketta in Balutschistan erhielt, unterscheiden, entzieht sich meiner Kenntniss, da
mir nur Varietäten derselben von Samarkand zum Vergleiche zur Ver-

fügung stehen. Sicher ist, dass unsere Stücke eine Reihe von Varietäten bilden, die sich scharf sowohl von den balutschistaner als auch
theilweise von den turkestaner Formen trennen lassen.

Die auffallendste von allen diesen Localformen scheint mir zu sein:

*var. germabensis m.*

*Char. Differt a typo t. rimato-perforata, plerumque multo ma-
jore, semper ventriosiore, magis ovata, apice acutiore, a varietatibus
turkestanicis praeterea spira celerius accrescente, anfr. penultimo
convexiore, ultimo distincte altiore, apert. latiore, majore, faucibus
flavescentibus neque hepaticis, perist. magis incrassato.*

Alt. 19½, diam. maj. 10, min. 8½ mm; alt. ap. 8, lat. ap. 6¼ mm,
„ 21½, „ „ 11½, „ 9½ „ ; „ „ 9, „ „ 6¼ „
„ 26, „ „ 13½, „ 11 „ ; „ „ 12, „ „ 8¼ „
„ 28, „ „ 14, „ 11½ „ ; „ „ 12½, „ „ 8½ „

Verhältniss von kleinem Durchmesser zu Höhe wie 1:2,35 (bei
*B. eremita* RVE. *var.* von Samarkand nach Exemplaren meiner Sammlung wie 1:2,55, nach v. MARTENS wie 1:2,57, bei *eremita* typ. nach
PFEIFFER wie 1:2,75). Verhältniss von Höhe der Mündung zu Höhe
der Schale wie 1:2,29 (bei *eremita var.* von Samarkand nach meinen
Exemplaren wie 1:2,49, nach v. MARTENS wie 1:2,69, bei *eremita*
typ. nach PFEIFFER wie 1:2,75).

Hab. Transkaspien. Bei Germab im Kopet-dagh (H. LEDER, 1886).

Nach meinen Vergleichungen kommt die grosse und bauchige
Form in der Farbe — rein weiss mit schwachen hornfarbigen Striemen
— und in der Zahl der Umgänge mehr auf die typische Schnecke von
Ketta heraus, in der Nabelbildung aber nähert sie sich mehr den
Varietäten aus Turkestan; von beiden unterscheidet sie sich durch
bauchige Form und relativ grössere Höhe der Mündung im Vergleich
zur Höhe der Schale.

Erheblich näher den Formen aus Turkestan kommen die Stücke
aus der Schlucht Keltetschinar im Kopet-dagh Transkaspiens
(Dr. A. WALTER, 21. Februar 1886). Sie haben fast gleiche Grösse
und Färbung wie die Exemplare von Samarkand, sind aber festschaliger
und im Innern der Mündung nicht so tief leberbraun gefärbt wie diese.
Auch ist der Nabelritz der transkaspischen Stücke noch feiner, die
Durchbohrung kaum angedeutet. Ihre Dimensionen sind:

Alt. 17½, diam. maj. 8½, min. 7½ mm; alt. ap. 7, lat. ap. 5¼ mm,
„ 19½, „ „ 9, „ 7½ „ ; „ „ 8, „ „ 5¾ „
„ 20½, „ „ 9½, „ 8 „ ; „ „ 8, „ „ 5¾ „
„ 21, „ „ 10, „ 8½ „ ; „ „ 8½, „ „ 6 „

Verhältniss von kleinem Durchmesser zu Höhe wie 1 : 2,49, also ähnlich wie bei meinen Stücken von Samarkand; Verhältniss von Höhe der Mündung zu Höhe der Schale wie 1 : 2,49, also genau wie bei den Samarkander Exemplaren.

Sehr ähnlich der letztgenannten, aber noch kleiner, bauchiger, dickschaliger und starklippiger ist die Form aus der Gaudan'schen Schlucht im Kopet-dagh, wo Dr. A. WALTER sie 1887 unter Steinen fand. Auch hier ist die bräunliche Färbung des Schlundes schwach. Die Dimensionen sind:

Alt. 15½, diam. maj. 8, min. 7 mm; alt. ap. 6½, lat. ap. 5 mm,
„ 17, „ „ 8, „ 7 „ ; „ „ 7, „ „ 5¼ „
„ 18½, „ „ 8½, „ 7¼ „ ; „ „ 7½, „ „ 5½ „
„ 19½, „ „ 9½, „ 8 „ ; „ „ 7½, „ „ 5½ „

Verhältniss von kleinem Durchmesser zu Höhe wie 1 : 2,41; Verhältniss von Höhe der Mündung zu Höhe der Schale wie 1 : 2,47.

Von ihnen kaum unterscheidbar, ebenso in der Grösse wechselnd und nur etwas schlanker sind die zahlreich vorliegenden Stücke von Askhabad (Dr. A. WALTER & H. LEDER, April 1886). Sie messen:

Alt. 16, diam. maj. 7¾, min. 6¾ mm; alt. ap. 6¼, lat. ap. 4¾ mm;
„ 17, „ „ 8, „ 7 „ ; „ „ 7, „ „ 5¼ „
„ 17½, „ „ 8½, „ 7¼ „ ; „ „ 7, „ „ 5 „
„ 18½, „ „ 9, „ 7½ „ ; „ „ 7½, „ „ 5¼ „
„ 21¾, „ „ 10¾, „ 9 „ ; „ „ 9, „ „ 7 „

Verhältniss von kleinem Durchmesser zu Höhe wie 1 : 2,42; Verhältniss von Höhe der Mündung zu Höhe der Schale wie 1 : 2,49.

Die Formen von Keltetschinar, Gaudan und Askhabad können somit ohne Bedenken derselben (vorläufig noch namenlosen) Varietät zugezählt werden wie die Stücke von Samarkand. Nach Herrn Dr. WALTER's Mittheilungen bevölkert dieser *Buliminus* — wohl alles eine Art! — in Transkaspien in Masse vorwiegend das Gebirge, ist aber auch in der Ebene, namentlich in Erosionsschluchten, reichlich anzutreffen.

Verbreitung. Ursprünglich in der Nähe des Bolan-Passes in der Wüste Dusht-i-bedoulet in Balutschistan gefunden, wurde die Art später in Persien, im Sarafschan-Thale, bei Samarkand, bei Jori und in dem Magian-Gebirge in Turkestan, im Himalaya und von der RADDE'schen Expedition im südlichen Transkaspien nachgewiesen.

### 7. *Buliminus (Petraeus) oxianus* v. Mts. 1876.

Martens[3], p. 335, Taf. XII, Fig. 8; Martens[5], p. 25, Taf. VI, Fig. 3—4; Martens[7], p. 48.

Original zuerst gefunden auf dem Nordabhange des Grossen Balchan-Gebirges in der Nähe des Brunnens Kosch-jagyrly in Transkaspien; von der Expedition hier nicht beobachtet und mir unbekannt geblieben.

Zu dieser transkaspischen Art rechne ich die folgende nordpersische Form:

*var. schahrudensis m.* (Taf. XXVI, Fig. 15 a—c).

*Char.* Differt a typo transcaucasio t. minore, spira minus conoidea, magis regulariter fusiformi lateribus convexis, alba, strigis corneo-flavidis ornata, anfr. 6—6½ magis minusve distincte malleolatis, callo aperturae distinctiore, ad insertionem marginis externi fere incrassatulo.

Alt. 10¼, diam. maj. 5¼, min. 4¼ mm; alt. ap. 4, lat. ap. 3 mm,
„  11,  „  „  5½,  „  4½ „ ;  „  „  4¼, „  „  3¼ „
„  12,  „  „  6,  „  4½ „ ,  „  „  4½, „  „  3¼ „

Verhältniss von kleinem Durchmesser zu Höhe wie 1:2,51 (beim Typus nach Martens wie 1:2,33); grosser Durchmesser zu Höhe wie 1:1,99; Höhe der Mündung zu Höhe der Schale wie 1:2,61 (beim Typus wie 1:2,33).

Hab. Persien. Bei Schah-rud im Nordosten der Provinz Irak Adschmi, wenige Stücke (O. Herz, 1887).

Gewissermaassen ein *B. eremita* Bens. im kleinen, aber mit nur 6—6½ Umgängen, deren letzter nicht herabsteigt, und oft mit mehr kreisförmig-ovaler Mündung und mehr gerundet vorgezogenem rechtem Mundsaum. Nach Herrn Prof. von Martens, der die Güte hatte, eins meiner persischen Stücke mit dem transkaspischen Typus zu vergleichen, „sind beide sehr übereinstimmend, nur ist die persische Form kleiner und hat hammerschlagartige Eindrücke, die der transkaspischen fehlen."

Verbreitung. Bekannt ist die Art bis jetzt nur vom Grossen Balchan-Gebirge in Transkaspien und aus den Gebirgen bei Schahrud in Nordpersien. Nach Martens fand sie sich auch in einer Varietät in den Lössgebilden Turkestans in fossilem Zustand.

## 8. Buliminus (Petraeus) walteri n. sp.
### (Taf. XXVII, Fig. 1 a—b).

*Char. Differt a B. oxiano* v. Mts., *cui proximus esse videtur, t. magis cylindrata, anfr.* 7 *nec* 6½, *apert. minus alta, marginibus peristomatis distincte magis distantibus.* — *T. brevissime sed profunde rimata, oblonga, albescens vel lilacina, strigis indistinctis diaphanis hic illic notata, parum nitida; spira regulariter fusiformis lateribus convexis; apex acutiusculus. Anfr.* 7 *convexiusculi, sutura bene impressa disjuncti, striatuli, initiales* 3 *corneo-flavidi, ultimus penultimo parum longior, antice paullulum ascendens, basi regulariter compresso-rotundatus. Apert. paullum obliqua,* ⅜—$\frac{7}{16}$ *longitudinis testae aequans, truncato-ovalis faucibus hepaticis; perist. paullulum incrassatum, undique breviter expansum, flavescens, marginibus parum approximatis, externo superne arcuato, columellari subperpendiculari, callo parietali tenuissimo, ad insertionem marginis dextri non tuberculifero, columella ipsa oblique intuenti superne leviter contorta.*

Alt. 14, diam. maj. 6½, min. 5 mm; alt. ap. 5½, lat. ap. 4 mm,
„ 14½, „ „ 6¼, „ 5 „ ; „ „ 5¼, „ „ 3¾ „
„ 16, „ „ 6½, „ 5½ „ ; „ „ 5¾, „ „ 4 „
„ 16, „ „ 7, „ 5¾ „ ; „ „ 6, „ „ 4¼ „

Verhältniss von kleinem Durchmesser zu Höhe wie 1:2,85, von grossem Durchmesser zu Höhe wie 1:2,31 (bei *B. oxianus* wie 1:2,33), von Höhe der Mündung zu Höhe der Schale wie 1:2,69 (bei *oxianus* wie 1:2,33).

Hab. Transkaspien. Auf dem Gipfel des Agh-dagh im Kopetdagh, bei 9—10000′ Höhe, in kleiner Anzahl (Dr. A. WALTER, 24. Mai 1887).

In der Färbung auch den transkaspischen Stücken von *B. eremita* Rve. nahe stehend, aber viel kleiner und schmäler, fast cylindrisch, die Mundränder viel weniger umgeschlagen, kaum verdickt, viel weiter von einander entfernt und namentlich die Form des auffallend kurzen und fast versteckten Nabelritzes eine ganz andere. Auch von dem nächstverwandten *B. oxianus* v. Mts. trennt sich die vorliegende Art in erster Linie durch die Entfernung der beiden Mundränder, die bei grösseren Stücken 3½ mm beträgt, während sie in der Abbildung des typischen *oxianus* nur 3 mm ausmacht, durch die deutlich etwas ansteigende letzte Windung und durch den innen leberbraunen, nicht weissen oder schwach gelblich gefärbten Gaumen.

Verbreitung. Bis jetzt nur auf der transkaspisch-persischen Grenze im Kopet-dagh gesammelt.

## 9. *Buliminus (Chondrula) ghilanensis* Iss. 1865.

Issel, p. 422, Taf. II, Fig. 41—44 (typ.) und p. 421, Taf. II, Fig. 37 bis 40 (*isselianus*); v. Martens, Ueber vorderasiat. Conchylien, 1874, p. 26, Taf. IV, Fig. 32; Mousson, in: Journ. de Conch. Vol. 24, 1876, p. 36; Kobelt, Ikonogr. d. Land- u. Süssw.-Moll., 1880, Fig. 1994; Boettger, in: 22./23., Ber. Offenbach. Ver. f. Naturk. 1883, p. 173 (*var. minor*) und Boettger[2], p. 301 (*var. minor*).

Von dieser Art liegen mehrere Stücke vor, welche aus dem transkaspischen Theile des K o p e t - d a g h, leider ohne näheren Fundort, stammen (Exped. Radde). Wahrscheinlich leben sie im Gebirge südlich von A s k h a b a d (Gen. Komarow).

Verglichen mit einem Originale meiner Sammlung von Rustemabad in Nordpersien weichen sämmtliche transkaspischen Stücke darin von ihm ab, dass der obere der beiden Gaumenzähne etwas dicker und stumpflicher ist als der mehr faltenförmige untere, und dass rechts neben dem Vorderende der Parietalfalte die schwache, knotenförmige Andeutung eines obsoleten zweiten Parietalzähnchens steht, das aber nur bei aufmerksamer Betrachtung zu sehen ist.

Alt. $7\frac{1}{2}$, diam. maj. $3\frac{3}{4}$, min. $3\frac{1}{4}$ mm, alt. ap. 3, lat. ap. $2\frac{1}{2}$ mm,
„ 9, „ „ 4; „ $3\frac{3}{4}$ „ ; „ „ „ $3\frac{1}{4}$, „ „ $2\frac{3}{4}$ „
„ $9\frac{1}{2}$, „ „ 4, „ $3\frac{1}{4}$ „ ; „ „ „ $3\frac{1}{2}$, „ „ 3 „

Dass *B. isselianus* nur eine leichte Varietät von *ghilanensis* sein kann, ergiebt ein Blick auf die Abbildungen und die Unmöglichkeit, beide Formen aus der Diagnose heraus zu erkennen. *B. ghilanensis* soll kein Angularzähnchen, *isselianus* in jeder Ecke eines haben; in Wahrheit besitzt die in Persien und Armenien herrschende Form der Art constant e i n e s und zwar das äussere Angularzähnchen. Nur einem einzigen Stück meiner Sammlung von Lenkoran (*f. minor*) fehlt auch dieses.

Verbreitung. Bekannt ist diese Species aus dem Kopet-dagh im südlichen Transkaspien, von Rustem-abad und überhaupt der Provinz Gilan in Nordpersien, von Lenkoran im russischen Talyschgebiet, vom Goktscha-See in Armenien und vom Djebel Kneiseh in Syrien, überall in beiläufig 6000′ Meereshöhe oder höher. Angeschwemmt fand sie Retowski auch an der Südküste der Krim. Die Art ist somit offenbar in ihrer Verbreitung erst recht lückenhaft bekannt.

### *Buliminus (Chondrula) didymodus* Bttgr. 1880.

Mousson, in: Journ. de Conch. Tome 21, 1873, p. 208 (*nucifragus*, non Rssm.); Boettger, in: Jahrb. d. d. Mal. Ges. Bd. 7, p. 380; Boettger[1], p. 224; Boettger, l. c., Bd. 13, 1886, p. 146 u. 252, Taf. VIII, Fig. 7 a—c; Boettger[2], p. 299, Taf. III, Fig. 7 a—c.

Sicher zu dieser Art gehörige Stücke liegen mir nur in der folgenden bemerkenswerthen Varietät aus Nordpersien vor:

*var. callilabris m.* (Taf. XXVII, Fig. 2 a—b).

*Char. Differt a typo talyschano t. majore, magis cylindrata, anfr. 7½, apert. pro latitudine longiore, dentibus 2 superioribus palatalibus crassioribus, hebetioribus, tertio basali calloso-evanido, labio dextro convexo, latissime albo-calloso.*

Alt. 9, diam. maj. 4, min. 3½ mm; alt. ap. 3½, lat. ap. 2¾ mm,
„ 10, „ „ 4½, „ 4 „ ; „ „ 3¾, „ „ 3 „

Hab. Persien. Bei Astrabad in Masenderan, zwei Stücke (O. Herz, 1887).

Verbreitung. Diese Art ist bis jetzt bekannt vom Schah-dagh im Gouv. Baku, von Helenendorf im Gouv. Elisabetpol, aus dem Genist des Araxes, von Rasano in Talysch, vom Schindan-kala im Quellgebiet der Astara an der Nordwestgrenze Persiens und von Astrabad in Nordpersien, so dass die Hauptverbreitung derselben zwischen den 43. und 55.° östl. Länge Greenw. und im Westen des Kaspisees südlich des 41., im Osten desselben aber südlich des 37.° nördl. Breite zu liegen kommt. Die Südgrenze ihres Vorkommens wird bis jetzt durch den 36. Breitengrad bezeichnet.

### 10. *Granopupa granum* (Drap.) 1801.

Draparnaud, Tableau des Moll. d. l. France, p. 59 (*Pupa*); Boettger, in: Jahrb. d. d. Mal. Ges., Bd. 6, 1879, p. 399.

War von mir schon früher aus Krasnowodsk und vom Brunnen Kosch-jagyrly am Grossen Balchan in Transkaspien angegeben worden. Heute liegen mir sowohl weitere Exemplare von der Höhe des Grossen Balchan in Transkaspien vor (Dr. A. Walter, 13. April 1886), wo die Art selten unter Steinen anzutreffen ist, als auch zahlreiche Stücke von Schah-rud in der persischen Provinz Irak Adschmi (O. Herz, 1887).

Die Exemplare vom Grossen Balchan zeigen alt. 5—5½, diam.

med. 1¾—2 mm; die von S c h a h - r u d sind ganz typisch — die dritte
Gaumenfalte ist wie gewöhnlich die längste — und haben alt. 4½—4¾,
diam. med. 1¾ mm.

V e r b r e i t u n g. Ich besitze die im ganzen Mediterrangebiet
häufige Art von Europa aus Spanien, den Balearen, Südfrankreich,
Südtirol, Italien, Sicilien, Corfu, Thessalien, Griechenland, Euboea,
Syra und Creta. Ausserdem soll sie auch noch in Portugal, der Süd-
schweiz und in Dalmatien leben. Von Asien habe ich sie in meiner
Sammlung aus Adalia in Lycien, Brumâna in Syrien, von zahlreichen
Fundorten in Transkaukasien und Russisch-Armenien, aus Nordpersien
und Transkaspien; von Afrika aus dem Genist des Baches Sachel bei
‚Beni Mansur und von anderen Orten in der Algérie.

### *Orcula doliolum* (BRUG.) 1792.

BRUGUIÈRE, Encyclop. méth. Tome 1, p. 351 (*Bulimus*); ROSSMÄSSLER,
    Ikonogr. d. Land- u. Süssw. Moll. 1837, Fig. 328—329 (*Pupa*);
    BOETTGER[2], p. 304.

Liegt nur in einem Stück aus den Bergen bei S c h a h - r u d,
Prov. Irak Adschmi in Nordpersien vor (O. HERZ, 1887).

Aehnlich der Form aus dem Talysch, bräunlichgelb, die Umgänge
schwächer gewölbt als beim Typus der Art, ein deutliches Angular-
knötchen, zwei Spindelfalten, Lippe sehr dick, callös, weiss. — Alt.
5½, diam. sup. 2½ mm.

V e r b r e i t u n g. Diese in Mittel- und Südeuropa weit verbreitete
Species geht über Kleinasien und Syrien, Armenien und die Kaukasusländer östlich bis Talysch und Nordpersien, konnte aber bis jetzt im
russischen Transkaspien noch nicht nachgewiesen werden.

### 11. *Pupilla cupa* (JAN) 1832.

JAN & DE CRISTOFORI, Cat. rer. nat. Mus. Sect. II, Pt. I et Mantissa,
    p. 3 (*Pupa*); VOITH in: FÜRNROHR'S Nat. Topogr. von Regensburg,
    1838, p. 469 (*Pupa sterri*); KÜSTER, in: MARTINI-CHEMNITZ Conch.-
    Cab., Monogr. Pupa, 1848, p. 122, Taf. XVI, Fig. 6—8 (*Pupa*);
    BOETTGER, in: Nachr. Blatt d. d. Mal. Ges., Bd. 16, 1884, p. 48
    (*Pupa*); WESTERLUND, Faun. Binn. Conch. Paläarct. Reg., Bd. 3,
    1887, p. 122 (*Pupa sterri var.*).

Zu dieser Art passt sehr gut eine transkaspische Schnecke, die
ich unter folgendem Namen einführen möchte:

*v a r. t u r c m e n i a m.* (Taf. XXVII, Fig. 3 a—c).

*Char.* Differt a typo t. *tenuiore, anfr. ultimo parum ascendente,
apert. marginibus minus auctis, aut edentula aut solum dente parietali
parvulo instructa.*
*Alt.* 3—3⅛*, diam. med.* 1⅓ *mm.*
H a b. Transkaspien. Auf dem Gipfel des A g h - d a g h im Kopet-
dagh, bei 9—10 000' Meereshöhe, zahlreich (Dr. A. WALTER, 24. Mai
1887). Im Genist des Juldus am Südabhang des Thian-schan in Nordwest-China (comm. E. v. MARTENS); ebenfalls in grosser Anzahl.

Schon im Jahre 1884 sprach ich mich über die nahe Verwandtschaft der nordwestchinesischen (dort falschlich aus Turkestan angegebenen) Art l. c. p. 48 mit der alpinen *P. cupa* JAN aus. Durch
die vorliegenden Stücke wird mir diese Uebereinstimmung zur
Gewissheit. Beachten wir nämlich, dass, abgesehen von der Identität
in Schalenform und Auftreten, die nächsten Verwandten *P. muscorum*
und *triplicata* ebenfalls den Alpen und den Kaukasusländern gemeinsam
sind, dass weiter WESTERLUND die *P. cupa* in der Tatra nachzuweisen
in der Lage war und derselbe Forscher auch zahnlose Formen dieser
Art mit dünnem Mundsaum kennt, so liegt kein Grund vor, die Zu-
weisung der transkaspisch - nordchinesischen Schnecke zu *P. cupa* in
Frage zu stellen. Die cylindrische Totalgestalt, die tiefen Nähte, die
grosse Convexität der regelmässig gestreiften Umgänge, die Form der
Nabeldurchbohrung und der Mündung sind ganz die von *P. cupa* JAN,
nur die Bezahnung ist evident schwächer, indem von 10 Stücken
vom Agh-dagh 7 zahnlos sind und nur 3 einen ziemlich schwachen Parie-
talzahn, aber weder Spindelzahn (der mir übrigens auch bei der Stammart nur ausnahmsweise aufzutreten scheint) noch Gaumenzahn besitzen.

V e r b r e i t u n g. Gefunden ist die Art bis jetzt im Alpengebiet
und in seinen Vorländern von Piemont durch die Schweiz, Südbayern
und Südtirol bis Oberitalien, sodann in der Tatra in Galizien und in
Transkaspien und Nordwest-China, in den beiden letztgenannten Ländern
namentlich zahlreich, so dass es den Anschein hat, als ob die Species
hier in den centralasiatischen Gebirgen ihre eigentliche Heimat habe.
Ob die Form von der Ossa-Spitze in Thessalien zu *P. muscorum var.*
*madida* GREDL. oder vielleicht besser hierher zu stellen ist, wage ich
nach dem einzigen mir vorliegenden Stücke heute noch nicht zu entscheiden; beide Formen stehen einander bekanntlich in der Schalenform ungemein nahe.

## 12. *Pupilla signata* (MOUSS.) 1873.

MOUSSON, in: Journ. de Conch. Tome 21, p. 211, Taf. VIII, Fig. 7

(*Pupa*); MARTENS[2], p. 23, Taf. II, Fig. 19, Taf. III, Fig. 40 (*Pupa cristata*); MOUSSON, l. c. Tome 24, 1876, p. 39 (*var. cylindrica*) und p. 143 (*Pupa*); NEVILL[1], p. 191 (*Pupa cristata*); BOETTGER, in: Jahrb. d. d. Mal. Ges. Bd. 6, 1879, p. 401 (*Pupa*); MARTENS[6], p. 104 (*Pupa*); MARTENS[7], p. 28, 47—49 (*Pupa*).

Schon früher von mir aus Transkaspien vom Brunnen Koschjagyrly und (in der *var. cylindrica* MOUSS.) von Krasnowodsk angegeben. Vor mir liegen ausserdem zahlreiche Stücke, die Dr. A. WALTER am 13. April 1886 auf der Höhe des G r o s s e n B a l c h a n in Transkaspien unter und an Rinde von Juniperus excelsa, namentlich an gestürzten Stämmen und Aesten, und unter und an Steinen fand, und ebenso zahlreiche Exemplare aus dem Gebirge bei S c h a h - r u d, Prov. Irak Adschmi, Nordpersien (O. HERZ, 1887).

Alle, transkaspische wie persische Stücke zeichnen sich durch zwei Gaumenfalten aus, von denen die obere punktförmig, die untere strichförmig ist.

G r o s s e r B a l c h a n. Alt. $3\frac{1}{4}$—$4\frac{1}{2}$, diam. med. $1\frac{5}{8}$—2 mm,
S c h a h - r u d.      „   $3\frac{1}{2}$—4,   „    „   $1\frac{3}{4}$—$1\frac{7}{8}$ „

Prof. VON MARTENS' Vermuthung, dass *P. muscorum var. lundstroemi* WEST. mit der hier behandelten Art identisch sei, kann ich nach sibirischen Originalexemplaren aus der Hand WESTERLUND's nicht bestätigen; die WESTERLUND'sche Schnecke ist vielmehr eine sichere *P. muscorum*.

V e r b r e i t u n g. Ich besitze die Art jetzt aus Turkestan, wo sie weit verbreitet zu sein scheint, von verschiedenen Punkten in Transkaspien, aus Nordpersien, von zahlreichen Lokalitäten in Armenien und Transkaukasien. Prof. v. MARTENS führt sie ausserdem an von Samarkand und vom Iskander-kul im Quellgebiet des Sarafschan, von Nan-shan-kou am Südabhang des Thian-shan und von den Flüssen Tekes und Juldus, also von beiden Abhängen des Thian-shan, und kennt sie weiter von Sasak-taka und Pasrobat im Gebiete von Yarkand. NEVILL giebt die Art noch von Bazrahat und Sass-tekke an, Orten, die offenbar mit dem ebengenannten Pasrobat und Sasak-taka identisch sind.

## Fam. V. Succineidae.

### 13.  *Succinea (Amphibina) pfeifferi* RSSM. 1835.

ROSSMAESSLER, Ikonogr. d. Land- u. Süssw.-Moll., Fig. 46; HUTTON, p. 652; MARTENS[2], p. 24; NEVILL[1], p. 213; MARTENS[6], p. 104; MARTENS[7], p. 31, 47—48, Taf. III, Fig. 19; BOETTGER[2], p. 318.

Von dieser Art liegen nur 2 gute Stücke vom Bache Kulkulau
bei Germab im Kopet-dagh Transkaspiens vor (Dr. A. WALTER,
24. Mai 1886). Die Art scheint also in Transkaspien selten zu sein.
Stücke vom Mansfelder See, die ich für *f. contortula* BAUD., und
solche von Dieskau bei Halle, die ich für die typische *S. pfeifferi*
RSSM. halte, gleichen ihr bis auf die bei den Transkaspiern dunkel
honiggelbe Farbe vollständig und lassen die Form namentlich auch
nicht mit *S. altaica* v. MTS. in Beziehung bringen. Die transkau-
kasische Form der *S. pfeifferi* ist dagegen in Gestalt und Färbung
mehr abweichend von der transkaspischen als diese von der typischen
deutschen Art. — Alt. 13, diam. $7\frac{1}{2}$ mm; alt. ap. $9\frac{1}{2}$, lat. ap. $5\frac{1}{2}$ mm.

Verbreitung. Die weit verbreitete Species lebt in nahezu ganz
Europa und geht einerseits über Syrien durch Kleinasien bis Armenien,
die Kaukasusländer, Transkaspien, das chemalige Chanat Chiwa, Tur-
kestan, Afghanistan und Kaschmir, andererseits von Norden her über
ganz Nord- und Centralasien. In Afrika bewohnt sie den ganzen
Norden, weiter Abessynien und angeblich sogar Theile von Westafrika.
Prof. v. MARTENS nennt sie von Koschagatsh in der Tshuisteppe
Mittelasiens und aus der Umgebung des Sees Ala-kul, NEVILL von
Sass-tekke und Yarkand (beschreibt letztere Form aber später als
eigne Art unter dem Namen *S. yarcandensis*).

## Fam. VI. Limnaeidae.

### 14. *Limnaeus impurus* TROSCH. 1837.

DESHAYES, in: BÉLANGER's Voy. Ind. Orient., Zool., Moll. 1834, p. 418,
    Taf. II, Fig. 13—14 (*succineus*, non NILSSON 1822); TROSCHEL, in:
    WIEGMANN's Archiv f. Naturg. Bd. 3, p. 172; NEVILL[1], p. 232
    (*luteolus*); MARTENS[5], p. 86, Taf. XV, Fig. 6—7 (*Limnaea succi-
    nea var.*).

Von dieser Art liegt eine Anzahl Schalen aus dem mittleren Amu-
darja vor, die Dr. A. WALTER am 7. März 1887 auf einer grossen
Insel gegenüber der bocharischen Stadt Tschardshui, dem Endpunkte
der transkaspischen Bahn, sammelte. Ich betrachte sie als eine
grosse Form dieser anscheinend in Indien weit verbreiteten Art (vielleicht identisch mit *L. virginiana* LMK. ?) und characterisire sie in
folgender Weise:

var. *oxiana m.* (Taf. XXVII, Fig. 4 a—b, 5 a—b).

*Char. Differt a typo t. majore, conico-oblonga, pallide sucinacia,
sericina, anfr. 6, apert. $\frac{3}{5}$ altitudinis aequante, obscurius sublabiata,*

*margine externo superne recedente, media parte subcompresso, colu-
mellari reflexo, in callum parietalem brunneum latissimum transeunte.*
Alt. $25\frac{1}{2}$—$28\frac{1}{2}$, diam. maj. $13\frac{1}{2}$—$15\frac{1}{2}$, min. $11\frac{1}{2}$—13 mm; alt. ap.
$16\frac{1}{2}$—18, lat. ap. c. col. 10—$10\frac{1}{2}$ mm. — Verhältniss von Breite der
Schale zu Höhe wie 1 : 1,86 (bei Martens' kleinerer Varietät wie 1 : 1,89),
von Höhe der Mündung zu Höhe der Schale wie 1 : 1,57 (bei Martens
wie 1 : 1,55).

Abgesehen von der Grösse stimmen also die vorliegenden Stücke
vorzüglich mit denen aus Bengalen, welche v. Martens beschreibt und
abbildet. Sehr characteristisch scheint für die Art ausser der überaus
feinen Anwachsstreifung, die durch etwas weitläufigere Spiralstreifung
,aufs Sauberste gequert wird, die Form des Spindelumschlags zu sein,
der sich dicht über den Nabelritz anlegt und unmerklich in die breite,
dunkler als die Schale gefärbte Mündungsschwiele übergeht. In der
Grösse scheint die Art — wie alle Limnaeen — stark zu wechseln,
doch dürften die vorliegenden Stücke zu den grössten gehören, die
von derselben bis jetzt bekannt wurden. Sie gehört einer specifisch
indischen Limnaeengruppe an.

Verbreitung. Erwähnt wird die Art aus allen Theilen Vorder-
indiens und aus Ceylon (Nevill), sowie von Pegu, Barma und Moul-
mein. Sie fehlt vermuthlich auch nicht in Afghanistan und ist hier
zum ersten Mal, als auch im mittleren Oxus vorkommend, von Centralasien verzeichnet.

### 15. *Limnaeus lagotis* (Schrank) 1803.

Schrank, Fauna Boica Bd. 3, p. 289 (*Buccinum*); Küster, in: Martini-
Chemnitz, 2. Ausg., Monogr. Limnaea, p. 54, Taf. XII, Fig. 1—2
(*tenera*); Roth, in: Mal. Blätter Bd. 2, 1855, p. 32, Taf. II, Fig.
16—17 (*Limnaea attica*); Issel, p. 430, Taf. III, Fig. 64—65 (*Limnaea lessonae*) und p. 429 (*limosa var. vulgaris*); Kobelt, in:
Mal. Blätter Bd. 17, 1870, p. 159, Taf. III, Fig. 9 (*Limnaea vulgaris*); Mousson, in: Journ. de Conch. Tome 21, 1873, p. 220
(*Limnaea tenera*); v. Martens, Ueber vorderasiat. Conchylien, 1874,
p. 29, Taf. V, Fig. 36; Martens[2], p. 26, Taf. II, Fig. 22; Kobelt,
Ikonogr. d. Land- u. Süssw.-Moll. 1877, Fig. 1240—1242; Nevill[1],
p. 237; Martens[4], p. 156; Martens[6], p. 105; Martens[7], p. 34,
47 und 50; Boettger[2], p. 321 (*var. tenera*).

Liegt aus Transkaspien vor von Chodsha-kala (Dr. A. Walter,
9. Mai 1886), in einem Exemplar, aus dem Bache Kulkulau und sonst
bei Germab im Kopet-dagh (Dr. Walter & H. Leder, 1886), von
Artschman (Eylandt, Mai 1883), von Askhabad (Dr. Walter,
1887), überall nicht selten, und aus den Sümpfen der Merw-Oase

zwischen Neu-Merw und Geok-tepe der Merw-Oase (Dr. A. Walter, 3. März 1887), in kleiner Anzahl. Aus Nordpersien zahlreich aus dem oberen Deregess in 6000' Höhe beim Dorfe Unter-Intscha in Chorassan (Gen. Komarow, 29. Juni 1883).

In Gestalt und Grösse ganz mit var. *attica* Roth aus Griechenland und Thessalien übereinstimmend, und nur durch die bernsteingelbe, nicht weissliche, hammerschlägige, aber glänzende Schale abweichend von dieser Varietät sind die aus den Sümpfen der Merw-Oase vorliegenden Stücke. Die Thiere fielen nach Dr. Walter im Leben sehr durch ihre völlig ziegelrothe Färbung auf. Die Schalen erreichen z. Th. die stattlichen Grössen von alt. 18—20½, diam. 14½—15 mm; alt. ap. 15¼—17¼, lat. ap. 10—12 mm.

Auch die vom Deregess aus Chorassan stammenden Exemplare erinnern vielfach an die var. *attica*, sind aber etwas festschaliger und zeigen auch mehr geradlinige, senkrechte und weniger stark gedrehte Spindel. Unter den Abbildungen steht namentlich Martens[7], Taf. IV, Fig. 6 (var. *solidior*) in der Form und Farbe nahe; unsere Schnecke ist aber nicht ganz so dickschalig, und ihr Nabel bleibt offener. Ich stelle sie daher noch zum Typus der Art. — Alt. 15½, diam. 11—13 mm; alt. ap. 12—12½, lat. ap. 8½ mm.

Die Form von Germab in Transkaspien stelle ich zur var. *tenera* K., wenn auch nicht alle vorliegenden Exemplare mit dem Typus der Varietät ganz genau übereinstimmen. Es ist eine mittelgrosse, dünnschalige Schnecke mit hammerschlagförmig sculptirtem Gehäuse, glänzend lehmgelbem Gaumen und ausgezeichnet dadurch, dass die Oberhälfte der letzten Windung wie bei der var. *janoviensis* Król bemerkenswerth und oft sehr stark abgeflacht ist, so dass der Aussenrand der Mündung kurz unterhalb der kanalförmigen Naht ein grosses Stück fast geradlinig schief nach unten und aussen verläuft. Abgesehen von der geringeren Grösse hat die Form dann überraschende Aehnlichkeit mit dem turkestanischen *L. auricularius var. obliquata* v. Mts.

Alt. 12½, diam. 8½ mm; alt. ap. 9½, lat. ap. 6½ mm,
„ 14, „ 9½ „ ; „ „ 11¼, „ „ 7½ „
„ 19, „ 13 „ ; „ „ 14¼, „ „ 10 „

Die Stücke der var. *tenera* K. von Askhabad vermitteln zwischen der ebengenannten Form von Germab und der typischen var. *tenera* von Lenkoran. Mit letzterer ist nämlich die grösste Formähnlichkeit, nur zeigt sich auch hier bei älteren Stücken die Tendenz, den Obertheil der letzten Windung abzuflachen. Auch die Sculptur und der Glanz ist ganz der der Lenkoraner Exemplare. — Alt. 11, diam. 8 mm; alt. ap. 8, lat. ap. 5¾ mm.

Die Stücke von Artschman und Chodsha-kala endlich stimmen, abgesehen von der geringeren Grösse, ganz mit der *var. tenera* K. von Lenkoran, zeigen auch ebendenselben Wechsel in der Gehäusehöhe wie diese. Die ersteren messen alt. $9\frac{1}{2}-10\frac{1}{8}$, diam. $6\frac{1}{2}$ mm; alt. ap. $6\frac{2}{3}-7$, lat. ap. $4\frac{1}{2}-5$ mm.

Verbreitung. Während die *var. tenera* K. meines Wissens nur in den Kaukasusländern, in Armenien, Persien und Transkaspien in einem geschlossenen Verbreitungsbezirk vorkommt und die *var. attica* ROTH bis jetzt gar nur in Griechenland im weiteren Sinne und dann wieder in Transkaspien beobachtet werden konnte, findet sich die Stammart in ganz Europa von Spanien bis zum Ural und nördlich bis in die arctische Provinz, in Asien aber im ganzen Westen, Centrum und Norden, d. h. in Syrien, Kleinasien, Armenien, den Kaukasusländern, Persien, Afghanistan und Balutschistan, Transkaspien, Turkestan bis Yarkand, Kaschgar, Ladak in Kaschmir und Tibet und in ganz Sibirien. Offenbar erreicht die Art im westlichen Asien ihre grösste Formenmannigfaltigkeit und Individuenzahl. Prof. v. MARTENS nennt sie aus Mittelasien noch von Ulangom südlich vom Altai und von Koshagatsch an der Tschuja, ebenfalls noch im Altaigebiet, sowie von Dsabchyn und vom See Kara-kul in der Pamir-Hochebene.

### 16. *Limnaeus truncatulus* (MÜLL.) 1774.

MÜLLER, Hist. Verm. Vol. 2, p. 130 (*Buccinum*); HUTTON, p. 654; REEVE, Conch. Icon. Limnaea, Taf. XIV, Fig. 92 (*persica*, non ISSEL 1865); KÜSTER, in: MARTINI-CHEMNITZ, Conch.-Cab., 2. Ausg., Mon. Limnaea, Taf. XI, Fig. 28—31 (*schirazensis*); MARTENS[2], p. 28, Taf. II, Fig. 26; NEVILL[1], p. 234; CLESSIN, in: Mal. Blätter N. F. Bd. 1, 1879, p. 20, Taf. II; MARTENS[7], p. 41, 47 und 50; BOETTGER[2], p. 323.

In ziemlich typischer Form bei Askhabad in Transkaspien, in allen Kanälen häufig (A. WALTER, 1886); die *var. schirazensis* K. nur in einem Stücke im Kulkulau-Bache bei Germab in Transkaspien (derselbe).

Die transkaspische Form dieser Art bleibt klein; ihre Mündungshöhe übertrifft meist etwas die Gehäuselänge. Die Färbung zeigt oft auf weisslich opakem Grunde eine hornbraune Striemung, also ähnliche Zeichnung, wie wir sie bei so vielen centralasiatischen Vertretern der Gattungen *Buliminus* und *Succinea* beobachten können. — Alt. $6\frac{1}{2}$, diam. $3\frac{3}{4}$ mm; alt. ap. $3\frac{1}{2}-4$, lat. ap. $2\frac{1}{4}$ mm.

Die *var. schirazensis* K. — ein Name, den ich dem älteren REEVE'schen vorziehe — darf als ein auffallend zusammengeschobener *trun-*

*catulus* betrachtet werden, dessen Durchbohrung in Folge hiervon mehr in die Mitte der Basis rückt und also weiter vom Mundsaum entfernt ist. Das Gewinde des Stückes dieser Varietät von G e r m a b beträgt etwa $\frac{3}{8}$ der Gehäusehöhe, der letzte Umgang ist fast noch mehr bauchig und ausgesackter als bei der griechischen *var. thiesseae* CLESS. Mit *var. hordeum* MOUSS. aus dem Euphratgebiet stimmt nicht die tiefe Naht und die geringere Gewindelänge unserer Form, mit dem central- und ostasiatischen *L. pervius* v. MTS. nicht die viel geringere Höhe der Mündung und der bei unserer Schnecke weniger ausgebreitete und weniger zurückgeschlagene Spindelsaum. — Alt. 6, diam. $4\frac{1}{5}$ mm; alt. ap. $3\frac{3}{4}$, lat. ap. $2\frac{3}{8}$ mm.

V e r b r e i t u n g. Die Art lebt wahrscheinlich in der nearctischen und sicher in der arctischen Provinz, sodann in ganz Europa und in Nord- und Mittelasien nördlich des Himalaya und geht südlich einer- seits bis Madeira und die Canaren, Nordafrika und Abessynien, an- dererseits über Syrien, Kleinasien, Armenien, die Kaukasusländer, Persien, Afghanistan, Transkaspien, Turkestan bis Tumandy am Tar- bagatai-Gebirge in Mittelasien (v. MARTENS) und Ladak in Kaschmir. Die Varietät ist meines Wissens nur bekannt aus Persien und Trans- kaspien.

## *Planorbis (Gyraulus) ehrenbergi* BECK 1837.

BECK, Index Moll.; ROSSMAESSLER, Ikonogr. d. Land- u. Süssw.-Moll., Fig. 963 (*cornu*, non BRONGNIART); JICKELI, Fauna d. Land- und Süssw.-Moll. N.-O.-Afrikas, 1874, p. 218 (*cornu*); BOETTGER[1], p. 254 (*albus*, non MÜLLER).

Im deutlich brackischen Wasser des Unterlaufes des K e s c h e f - r u d in N.-O.-Chorassan, Persien, ein fast erwachsenes Stück (Dr. A. WALTER, 30. April 1887).

Ich freue mich, diese Art mit Bestimmtheit der Fauna West- asiens zuführen zu können, nachdem ich schon vor einiger Zeit ihr Vorhandensein in Armenien constatiren konnte. Während armenische Stücke aus dem Genist des Araxes von Nachitschewan, die ich früher irrthümlich als *Pl. albus* MÜLL. angesehen hatte, sich in keiner Weise von den Exemplaren meiner Sammlung aus der Umgebung von Cairo unterscheiden lassen, zeigt das Stück aus dem Keschefrud oberseits eine etwas tiefere Einsenkung des Gewindes und etwas mehr bräun- liche Färbung der Schale. Die Kielbildung in der Mitte des letzten Umgangs und die Form der Mündung sind bei allen vorliegenden Exemplaren übereinstimmend, aber die weisse Lippe fehlt ihnen, gerade so wie auch meinen aegyptischen Stücken. — Alt. 1$\frac{1}{2}$, diam. 3$\frac{2}{3}$ mm; alt. ap. 1$\frac{1}{4}$, lat. ap. 1$\frac{5}{8}$ mm.

Verbreitung. Die sehr characteristische Art ist nach JICKELI in Aegypten weit verbreitet; neu ist ihr Auftreten in Asien, wo ich sie bis jetzt aus Armenien und Nordost-Persien kenne. Sehr wahrscheinlich ist sie in Südwest-Asien weiter verbreitet, als wir bis jetzt wissen.

### 17. *Planorbis (Tropidodiscus) umbilicatus* MÜLL. var. *subangulata* PHIL. 1844.

MÜLLER, Hist. Verm. Vol. 2, p. 160; PHILIPPI, Enum. Moll. utriusq. Siciliae Vol. 2, p. 119, Taf. XXI, Fig. 6 (*var.*); ISSEL, p. 428 (*spec.*); MARTENS², p. 28 (*spec.*); NEVILL¹, p. 243 (*spec.*); KOBELT, Ikonogr. d. Land- u. Süssw.-Moll. 1880, Fig. 1932 (*var.*); MARTENS⁴, p. 156 (*spec.*); BOETTGER², p. 326 (*var.*).

Zahlreich, aber nur in der Varietät, im westlichsten Kanal und im Kulkulau-Bach bei G e r m a b in Transkaspien (Dr. A. WALTER, 24. Mai 1886) und vom S c h a h - k u h in Nordpersien, in 8000' Höhe (O. HERZ, 1887).

Oben etwas langsamer zunehmend als Stücke der Varietät von Lenkoran haben die Exemplare vom S c h a h - k u h auch eine etwas kleinere Mündung, können aber von *var. subangulata* PHIL. meines Erachtens noch nicht getrennt werden. Die Kantenbildung an der Basis des letzten Umgangs ist die gleiche. — Alt. 2$\frac{1}{4}$, diam. 10 mm; alt. ap. 2$\frac{5}{8}$, lat. ap. 3 mm.

Die Stücke von G e r m a b dagegen stimmen ganz mit denen von Lenkoran überein, nur mag die Kante an der Basis des letzten Umgangs etwas weniger winklig, die Höhe desselben und in Folge dessen auch die Höhe der Mündung aber relativ etwas grösser sein. — Alt. 2$\frac{1}{2}$, diam. 10 mm; alt. ap. 2$\frac{3}{4}$, lat. ap. 3$\frac{1}{2}$ mm.

Verbreitung. Die *var. subangulata* PHIL. lebt in Europa nur im Mittelmeergebiet von Sicilien an östlich über Griechenland und die Inseln, Kleinasien, Armenien, Transkaukasien, Talysch, Persien, Transkaspien und Turkestan bis Yarkand, Kaschgar und Afghanistan. Die Stammart dagegen findet sich in ganz Europa bis in die arctische Provinz und östlich bis Ostsibirien, weiter in Armenien und den Kaukasusländern bis zum turkestanischen und altai-baikalischen Bezirk inclusive.

### Fam. VII. Melaniidae.

### 18. *Melanopsis praemorsa* (L.) 1758.

LINNÉ, Syst. Natur. Vol. 10, p. 740 (*Buccinum*); PHILIPPI, Abbild. Conch.

Bd. 2, 1847, Taf. IV, Fig. 7—8 und 10 (*variabilis*); BROT, in:
MARTINI-CHEMNITZ, Conch.-Cab., 2. Ausg., Melaniaceen, 1874, p. 419,
Taf. XLV, Fig. 3—5 (*buccinoidea*) und p. 425, Taf. XLV,
Fig. 22—23 (*variabilis*); BOURGUIGNAT, in: Ann. Soc. Mal. France
1884, p. 78 (*var. sphaeroidea*); NEVILL[2], p. 207 (*praerosa var.
buccinoidea* und p. 208 (*var. variabilis*); WESTERLUND, Fauna d.
Binn. Conch. Bd. 6, 1886, p. 115.

Diese in Transkaspien häufigste und verbreitetste Wasserschnecke
liegt in der *var. sphaeroidea* BGT. von zahlreichen Fundpunkten von
A s k h a b a d (Dr. A. WALTER & H. LEDER 1886), von G e r m a b, vom
Wege zwischen Germab und G e o k - t e p e und zwischen Geok-tepe und
B a g y r (Dr. A. WALTER, von Anfang März bis Ende Mai 1886) vor.
Nach Dr. WALTER findet sie sich in allen Gebirgsbächen und geht in
ihnen bis ziemlich weit in die Ebene hinab. Namentlich in ruhigeren
Buchten der stark fallenden Bäche trifft man sie zu grossen Colonien
dicht vereint. Die grössten Exemplare leben im Gebirge, weiter in
der Ebene verkümmern die Gehäuse. Ganz typische Stücke der *var.
variabilis* PHIL. dagegen fanden sich in dem deutlich brackischen Wasser
des flachen Unterlaufs des K e s c h e f r u d in Nordost-Chorassan, welcher
dem russischen Grenzposten Pul-i-chatum gegenüber in den Tedshen
fällt (Dr. A. WALTER, 30. April 1887).

Die in grosser Anzahl von A s k h a b a d vorliegenden Exemplare
lassen sich wahrscheinlich mit der syrischen *var. sphaeroidea* BGT. und
etwas mehr gezwungen mit den Stücken von Damaskus vergleichen,
die PARREYSS seiner Zeit als *brevis* versandte und die BROT als
*M. buccinoidea* OLIV. auffasst. Es ist eine schwarz oder dunkelbraun
gefärbte, plumpe, bauschige Form von ziemlich regelmässig ovaler Gestalt mit kurzem, meist abgenagtem Gewinde und ganz gleichmässig
convex gekrümmter Schlusswindung, auf der die Schulter- wie die Basalkante meist ganz verwischt ist. Die Naht erscheint stets angedrückt.
Die Mündung beträgt $\frac{2}{5}$ der Gehäuselänge; die Spindel ist weiss, die
starke Knotenverdickung des Callus meist schön fleischroth gefärbt. —
Alt. $17\frac{1}{2}$—18, diam. $9\frac{1}{2}$ mm; alt. ap. $12\frac{1}{4}$—$12\frac{1}{2}$, lat. ap. $5\frac{1}{4}$—$5\frac{3}{4}$ mm.

Kaum verschieden von dieser Form sind die zwischen Geok-tepe
und B a g y r gesammelten Stücke, doch werden hier die Dimensionen
oft erheblich grösser. Hie und da markirt sich schon eine Andeutung
der Schulterkante auf dem letzten Umgang. Das grösste vorliegende,
an der Spitze übrigens stark abgenagte Stück von Bagyr misst alt.
23, diam. 13 mm; alt. ap. 16, lat. ap. $6\frac{3}{4}$ mm.

Ganz gleichen Habitus und ähnliche Grösse zeigen die zwischen
Germab und G e o k - t e p e gesammelten Exemplare.

Ihnen schliessen sich auch die von Germab selbst vorliegenden, sehr grossen Stücke an, die aber oft schon etwas höheres Gewinde zeigen und stets eine weitere Mündung besitzen. Ein besonders grosses, todt gesammeltes Exemplar erinnert durch das Auftreten einer schwachen Mittelkante — und durch die kurze, weite Mündung augenscheinlich schon an die *var. mingrelica* Mouss. des westlichen Transkaukasiens auf dem letzten Umgang. Alt. 24½, diam. 14 mm; alt. ap. 15½, lat. ap. 8 mm.

Die persischen Stücke aus dem Keschefrud endlich sind von meinen Originalen der *var. variabilis* Phil. aus Schiras weder in Form noch in Farbe zu unterscheiden. Sie besitzen auf horngrauem Grunde rothbraune Spiralbänder; es ist aber die bei der Originalvarietät häufig zu beobachtende Längscostulirung der oberen Windungen bei der Jugendform hier etwas seltner. Diese costulirte wie die glatte Rorm der typischen *var. variabilis* Phil. leben, wie Brot sehr richtig bemerkt, bei Schiras und bei Persepolis untermischt mit einander an denselben Fundstellen und können auch nach Farbe und Habitus specifisch nicht von einander getrennt werden. Die Varietät ist wohl als Verkümmerungsform der *var. buccinoidea* Oliv. aufzufassen. — Alt. 13½—14½, diam. 7—7¼ mm; alt. ap. 8—9½, lat. ap. 4½—5 mm.

Verbreitung. Während die *var. sphaeroidea* Bgt. sich in Syrien, Mesopotamien und Transkaspien findet, ist die *var. variabilis* Phil. bis jetzt nur in persischem Gebiete angetroffen worden, wo sie aber sehr verbreitet zu sein scheint. Die Species bewohnt überdies das ganze Mediterrangebiet in Europa, Afrika und Asien und reicht in Europa von Spanien bis zur Türkei, in Afrika von Marokko bis Aegypten, in Asien von Kleinasien und Syrien bis zum westlichen Transkaukasien, Transkaspien und östlichen Persien.

### Fam. VIII. Hydrobiidae.

#### 19. *Hydrobia stagnalis* (L.) var. *cornea* Risso 1826.

Linné, Syst. Natur. ed. 12, 1767, p. 697 (*Helix*); Risso, Hist. Nat. Europ. mér. Tome 4, p. 102, Fig. 33 (*var.*); v. Martens in: Troschel's Arch. f. Naturg. Bd. 24 I, 1858, p. 164, Taf. V, Fig. 1 (*var.*); Jickeli, Fauna d. Land- und Süssw.-Moll. N.-O.-Afrikas 1874, p. 247 (*var.*); Martens[2], p. 29 und 60 (*var. pusilla*); Grimm, p. 154, Taf. VI, Fig. 12 (rechts); Martens[3], p. 336; Martens[7], p. 48 (*var. pusilla*); Clessin in: Dybowski, p. 55, Taf. III, Fig. 2 (*grimmi*).

In kleiner Anzahl von der Expedition am 26. April 1886 bei Hassan-kuli am Kaspisee in der Südwestecke Transkaspiens gesammelt. Nach Martens auch im Aralsee und im benachbarten Salzsee Sary-kamysch.

Die Stücke sind in Form, Färbung und Grösse meinen Stücken aus dem Brackwasser von Alexandria in Aegypten und von Ragusa so absolut gleich, dass ich es einfach nicht verstehe, wie CLESSIN, die ganz richtige Bestimmung GRIMM's verkennend, diese Form zu einer neuen Art machen konnte. Alt. $4\frac{1}{2}$, diam. maj. $2\frac{1}{5}$, min. 2 mm; alt. ap. $1\frac{3}{4}$, lat. ap. $1\frac{1}{4}$ mm.

V e r b r e i t u n g. Während die Stammart und zahlreiche Varietäten das Deutsche Meer und die europäischen und nordwestafrikanischen Küsten des atlantischen Oceans ebenso wie die Ostküste und die Flussmündungen Nordamerikas (Erie-Canal bei New-York!) bewohnen, hat *var. cornea* ihre grösste Verbreitung an den Gestaden des Mittelmeers und namentlich im östlichen Theile desselben, und geht von hier sowohl ins Schwarze Meer (Anapa und Strandsee bei Nowo-Rossiisk), als sie sich auch an zahlreichen Punkten des Kaspisees und seiner Strandlagunen (Derbent, Insel Dolgoi, Balchan'scher und Krasnowodsk'scher Meerbusen, Petrowsk, Hassan-kuli) und im Aralsee und den kleineren Brackwasserseen Chiwas findet.

**20.   *Hydrobia ventrosa* (MTG.) *var. pusilla* EICHW. 1842.**

MONTAGU, Test. Brit. Vol. 2, 1803, p. 317, Taf. XII, Fig. 13 (*Turbo*); EICHWALD, Fauna Caspio-Caucasia, p. 204, Taf. XXXVIII, Fig. 12—13 (*Paludina pusilla*) und in: Nouv. Mém. Soc. Imp. Nat. Moscou Vol. 11, 1856, p. 305, Taf. X, Fig. 10—11 (*Litorinella acuta*); v. MARTENS in: TROSCHEL's Archiv f. Naturg. Bd. 24 I, 1858, p. 176, Taf. V, Fig. 7—8; GRIMM, p. 153, Taf. VI, Fig. 12 (links) und Bd. 2, p. 79, Taf. VII, Fig. 4 (*stagnalis*); BOETTGER[2], p. 328; DYBOWSKI, p. 53, Taf. III, Fig. 1 (*Hydr. pusilla*).

In den Lagunen von M o l l a - k a r y todte Schalen in ziemlicher Anzahl (Dr. A. WALTER, 10. April 1886), in der M i c h a i l o w 'schen Bucht und bei H a s s a n - k u l i am Kaspisee in der Südwestecke Transkaspiens auch lebend (derselbe).

Alle diese Stücke bleiben klein, sind aber von den Exemplaren aus der Lenkoranka in Talysch in k e i n e r Weise zu unterscheiden. Die Stücke von M o l l a - k a r y messen alt. $3\frac{1}{8}$—$3\frac{1}{4}$, diam. $1\frac{5}{8}$—$1\frac{3}{4}$ mm, die von H a s s a n - k u l i alt. $3\frac{1}{4}$, diam. $1\frac{5}{8}$ mm, die aus der M i c h a i l o w 'schen Bucht alt. $2\frac{7}{8}$, diam. $1\frac{1}{2}$ mm.

Wiederum kann ich also das Vorkommen dieser Art im und am Kaspisee mit EICHWALD und VON MARTENS auf das Bestimmteste bestätigen. Zur specifischen Abtrennung von *H. ventrosa* (MTG.) reicht die allerdings anscheinend constant geringere Grösse der kaspischen Exemplare unter keinen Umständen aus.

Verbreitung. Die Art bewohnt, ohne häufig zu sein, doch alle Flussmündungen und Lagunen des Kaspisees und des Schwarzen Meeres und fehlt auch nicht in den Brackwassertümpeln des Binnenlandes von Transkaspien. Sie liebt meinen Erfahrungen nach sehr schwach brackisches Wasser. Ich besitze sie, abgesehen von überraschend vielen Fundpunkten in Westdeutschland, wo sie fossil im Miocän ungemein häufig ist, lebend aus dem Deutschen Meere, wo sie namentlich an den englischen Küsten verbreitet ist, aus allen Theilen des Mittelmeers und von den südwestlichen und südöstlichen Ufern des Kaspisees. Im Mansfelder See, Prov. Sachsen, findet sie sich ebenfalls in ganz characteristischen, typischen Exemplaren (comm. O. GOLDFUSS), aber anscheinend nicht mehr im lebenden Zustande; doch ist sie hier wahrscheinlich als neuerer, aus dem Osten stammender Irrgast aufzufassen.

### 21. *Pseudamnicola raddei* n. sp.
(Taf. XXVII, Fig. 6 a—c).

*Char.* T. anguste rimata, magis minusve elongate conico-ovata, solidiuscula, corneo-fusca, nitens; spira convexo-conica; apex acutiusculus, saepe corrosus. Anfr. 5 sat celeriter accrescentes, convexi, sutura impressa disjuncti, striatuli, penultimus sat altus, caeteris initialibus altitudine aequis, ultimus dimidiam altitudinem totius testae aequans, ad aperturam leviter deflexus et interdum subsolutus, ventriosulus. Apert. major, sat obliqua, basi recedens, ovata, superne acuminata, basi minus distincte angulata et subeffusa, marginibus simplicibus continuis, externo bene rotundato, columellari minus curvato, leviter calloso et appresso. — Operculum aurantiacum paucispirum nucleo excentrico.

Alt. $3\frac{1}{2}$, diam. maj. $2\frac{1}{4}$, min. 2 mm; alt. ap. $1\frac{1}{4}$, lat. ap. $1\frac{1}{4}$ mm,
„ $3\frac{1}{2}$, „ „ $2\frac{3}{8}$, „ $2\frac{1}{8}$ „ „ „ $1\frac{7}{8}$, „ „ $1\frac{3}{8}$ „
„ $3\frac{3}{4}$, „ „ $2\frac{3}{8}$, „ $2\frac{1}{8}$ „ „ „ 2, „ „ $1\frac{1}{2}$ „

Verhältniss von kleinem Durchmesser zu Höhe wie 1:1,72, von grossem Durchmesser zu Höhe wie 1:1,54, von Höhe der Mündung zu Höhe der Schale wie 1:1,91.

Hab. Transkaspien. Bei Chodsha-kala, in Anzahl (Dr. A. WALTER, 9. Mai 1886).

Eine in der Totalform an gewisse Hydrobien, wie z. B. an *H. balthica* NILSS. erinnernde Art und unter den Vertretern der Gattung *Pseudamnicola* sicher eine der schlanksten. Trotz des Variirens derselben in mehr oder weniger ausgezogenem Gehäuse bei erhaltenen oder abgefressenen Embryonalwindungen und etwas schwankender

relativer Grösse der Mündung dürfte dieselbe doch ziemlich kenntlich
sein 1) an der tief hornbraunen Schalenfärbung, 2) an dem engen und
oft durch den Spindelrand fast überdeckten Nabelritz und 3) an dem
Ueberwiegen des Gewindes, das in der Vorderansicht immer höher
erscheint als die Mündung, die wegen ihrer schiefen Stellung etwas
verkürzt in's Auge fällt. Aehnlich in der Form, aber viel kleiner und
von anderer Schalenfarbung, sind *Ps. miliaria* FFLD. von Cattaro und
*virescens* K. aus Griechenland. Unter den bis jetzt aus Westasien und
Turkestan beschriebenen *Amnicola*-Arten existirt keine einzige irgend
vergleichbare Form.

Verbreitung. Die Art ist bis jetzt auf Transkaspien beschränkt.

## Fam. IX. Paludinidae.

### 22. *Paludina ? achatinoides* DESH. 1838.

DESHAYES, in: Mém. Soc. Géol. France Tome 3, p. 5—7; MIDDENDORF,
Sibir. Reise, Moll. p. 312; MARTENS[2], p. 29, 43, 59 und 60 (*Paludina sp.*)

Bis jetzt nur aus dem Aralsee bekannt, aber leider nirgends abgebildet. Ist mir gänzlich unbekannt geblieben, doch ist es nicht unmöglich, dass die Art mit der auch neuerdings lebend an den Donau-
mündungen gefundenen *P. diluviana* KUNTH zusammenfällt.

## Fam. X. Cyclophoridae.

### *Cyclotus herzi n. sp.*
(Taf. XXVII, Fig. 7 a—d.)

*Char. Differt a C. sieversi P. umbilico paullulum latiore, t.
majore, multo magis depressa, colore rufo-brunneo nec flavescenti-oli-
vaceo, apice mamillato magis distorto, suturis magis impressis, fere
canaliculatis, anfr. penultimo media parte fere subangulato, ultimo ad
aperturam magis dilatato, apert. majore, paullulum altiore quam latiore, marginibus semper separatis, callo levi conjunctis.*

Alt. $5\frac{1}{4}$—$5\frac{3}{4}$, diam. maj. 8—$8\frac{1}{2}$, min. $6\frac{1}{2}$—7 mm; alt. ap. $3\frac{5}{8}$—$4\frac{1}{8}$,
lat. ap. $3\frac{1}{2}$—4 mm. — Verhältniss von Mündungshöhe zu Gehäusehöhe
wie 1 : 1,42 (bei *C. sieversi* P. wie 1 : 1,65).

Hab. Persien. In den Bergen bei Astrabad in Masenderan,
nicht selten (O. HERZ, 1887).

Eine Form aus der nächsten Verwandtschaft des *C. sieversi* P.,

aber wegen der auffallend niedergedrückten Schale bei wesentlich
grösserer Mündung nicht wohl mit diesem specifisch zu vereinigen.
Die Nabelweite beträgt im Vergleich zur grössten Gehäusebreite
hier 55:1000, bei *C. sieversi* 49:1000, und der Nabel selbst ist bei
der neuen Art mehr perspectivisch. Am auffallendsten aber dürfte
die Tiefe der Naht, die Grösse der Mündung und die fast kantig-
gerundete Form des vorletzten halben Umgangs sein, vielleicht auch
die etwas tiefere Lage des Deckels in dem Gehäuse, alles Unterschiede,
welche es mir unmöglich machen, die vorliegende Schnecke als Varietät
unter *C. sieversi* zu stellen. Sonst liessen sich nur noch zu *C. bour-
guignati* DOUMET-ADANSON (in: Bull. Soc. Mal. France 1885, p. 176),
angeblich von Lenkoran, Beziehungen finden, der aber bei 5 Umgängen
nur $2\frac{1}{2}$ mm hoch und 4 mm breit sein soll, also nur die halbe Grösse
der vorliegenden Species erreicht. Sehr problematisch erscheint mir
auch der für diese Art angegebene Fundort deshalb, weil weder SIEVERS
noch LEDER auf ihren Excursionen in Talysch irgendwo Spuren einer
zweiten *Cyclotus*-Art — *C. sieversi* P. stammt bekanntlich original
von Lenkoran selbst — auffinden konnten, und weil auch das Auftreten einer zweiten, nahe verwandten Art derselben Gattung an dem
gleichen Fundorte keine allzugrosse innere Wahrscheinlichkeit hat.

Verbreitung. Bis jetzt ist die Art nur aus den Bergen um
Astrabad in Nordpersien bekannt geworden; sie wird daselbst in ähnlicher Weise in Pterocarya-Wäldern leben wie ihre nächste Verwandte
in den Laubwäldern des Talyschgebietes.

### *Cyclostona hyrcanum* v. MTS. 1874.

ISSEL, p. 427 (*glaucum*, non Sow.); v. MARTENS, Ueber vorderasiat. Conchylien 1874, p. 30 (*costulatum var.*); MOUSSON, in: Journ. de Conch.
Tome 24, 1876, p. 46, Taf. IV, Fig. 2 (*caspicum*); NEVILL[1], p. 303
(*costulatum var.*); BOETTGER[1], p. 243 (*costulatum var.*); BOETTGER[2],
p. 331.

Von dieser von *C. costulatum* RSSM., wie schon MOUSSON und ich
früher nachgewiesen haben, scharf unterschiedenen Art liegen zwei
weitere Stücke aus Astrabad in Nordpersien vor (O. HERZ, 1887).

Die Gehäusefarbe ist rosa oder gelbroth; das Verhältniss von
Breite der Mündung zu Höhe der Schale stellt sich auf 1:2,17, während
Lenkoraner Stücke das Verhältniss 1:2,28 zeigen.

Verbreitung. Ausser der Insel Sari bewohnt diese Art das
ganze Talyschgebiet, sowie Gilan und Masenderan. Die östlichsten

bis jetzt in der Literatur verzeichneten Punkte ihres Vorkommens sind Anam, 5000', in Masenderan, und Astrabad. Merkwürdig ist, dass DOHRN p. 120 das echte *C. costulatum* ZGLR., das er mit Stücken von Kutais und Derbent, wo sicher nur diese Art vorkommt, vergleicht, angeblich noch aus dem Gebirge südöstlich von Samarkand erhalten hat.

## Familie XI. Neritidae.

### 23. *Neritina (Theodoxus) liturata* EICHW. 1838.

EICHWALD, in: Bull. Soc. Imp. Nat. Moscou, Tome 11, p. 156; ISSEL, p. 407 (*Theodoxus*); v. MARTENS[2], p. 32 und 60; MARTENS[3], p. 336; GRIMM, p. 147, Taf. VI, Fig. 6—8 und Bd. 2, 1877, p. 76; v. MARTENS, in: MARTINI-CHEMNITZ, Conch.-Cab., 2. Ausg., Monogr. Neritina, p. 223, Taf. XXI, Fig. 24—26; MARTENS[7], p. 48; BOETTGER[2], p. 333.

Lebend bei H a s s a n - k u l i am Kaspi im südwestlichen Winkel Transkaspiens (Dr. A. WALTER, 26. April 1886). Lebt ausserdem im Aralsee und dessen nächster Umgebung und im Salzsee Sary-kamysch.

Die vorliegenden beiden Stücke sind klein, nur von $5\frac{1}{2}$ mm grösstem Durchmesser. Ich muss es unentschieden lassen, ob diese kleinen Schalen als jung, oder, wie mir wahrscheinlicher dünkt, als verkümmerte Süsswasserformen aufzufassen sind. Die Zeichnung besteht ähnlich wie bei Stücken meiner Sammlung aus Nowo-Rossiisk am Schwarzen Meer aus w e n i g geschwungenen Linien, die durch schwach zickzackförmig gestellte feine schwarze Pünktchen erzeugt werden.

V e r b r e i t u n g. Ich besitze oder kenne die Art jetzt vom Aralsee und seinen Umgebungen, von zahlreichen Punkten in grösserer oder geringerer Nähe des Kaspisees aus Lagunen, Flussmündungen und dem See selbst von Derbent, Baku, Lenkoran, Astara, dem Lagunensee Murdab bei Rescht und von Hassan-kuli, vom Schwarzen Meer aus Nowo-Rossiisk und Varna (*var.*) und aus der Bucht von Kertsch am Eingang ins Asow'sche Meer, sowie vom Fluss Aras an der persisch-armenischen Grenze.

## Cl. II. Pelecypoda.

### Familie I. Mytilidae.

### 24. *Dreissensia polymorpha* (PALL.) 1771.

PALLAS, Reise d. versch. Prov. d. russ. Reichs Bd. 1, Anhang p. 26 (*Mytilus*); ROSSMÄSSLER, Ikonogr. d. Land- u. Süssw.-Moll., 1835,

Fig. 69 (*Tichogonia chemnitzi*); ISSEL, p. 435; MARTENS², p. 34
und 60 (*var.*); MARTENS³, p. 336; MARTENS⁷, p. 48 (*var.*); BOETT-
GER², p. 335.

Bei H a s s a n - k u l i am Kaspi im äussersten Südwesten Transkaspiens, wenige Stücke (Dr. A. WALTER, 26. April 1886). Lebt
ausserdem im Aralsee und im Salzsee Saly-kamysch Chiwas.

Die vorliegenden Exemplare sind Brut von wenig mehr als 6 mm
Schalenlänge und geben zu keiner weiteren Bemerkung Veranlassung,
als dass sie mehr als gewöhnlich in die Länge gestreckt erscheinen.
Mit GRIMM's Abbildungen der beiden anderen kaspischen Arten *Dr.
caspia* EICHW. und *rostriformis* DESH. haben sie keine Aehnlichkeit.
V e r b r e i t u n g. Diese Wandermuschel fehlt in Europa wohl nur
den Flüssen Spaniens, Italiens und Skandinaviens, tritt aber in den
kaspisch-kaukasischen Ländern wieder in ziemlich ausgedehntem Verbreitungsbezirk auf. Der am weitesten nach Osten gerichtete Fund-
punkt der Art in meiner Sammlung ist Kjachta an der russisch-
chinesischen Grenze (*f. minor* PARR.). Die im Euphrat und in Syrien
vorkommenden Dreissensien werden von A. LOCARD als selbständige
Arten aufgefasst; ich kenne sie nicht.

## Familie II. Unionidae.

### 25. *Anodonta piscinalis* NILSS. 1823.

NILSSON, Hist. Moll. Sueciae, p. 116; EICHWALD, Fauna Caspio-Caucasia
1841, p. 211 (*ponderosa*, non PFR.); MARTENS², p. 33; MARTENS³,
p. 336 (*var. ventricosa*, non PFR.); MARTENS⁴, p. 152 (*var. ponderosa*, non PFR.); MARTENS⁷, p. 48; BOETTGER², p. 336 (*vars.*).

Wurde von der Expedition nicht gefunden. — Lebt nach MARTENS
im ausgetrockneten Bett eines Arms des Amu-darja zwischen den
Höhen Scheich-dsheili und der Stadt Kalendar-chana im ehemaligen
Chanat Chiwa.

V e r b r e i t u n g. Ausserdem aber findet sie sich im östlichen
Kaspisee selbst, und weit verbreitet ist sie überdies in den Strand-
seen und im Unterlauf der Flüsse im südwestlichen Kaspigebiete, sowie im ganzen Kurasystem Transkaukasiens. Sie bewohnt bekanntlich
ganz Europa und geht in Asien über Transkaukasien, Talysch, Kaspi-
und Aralsee bis Turkestan und Südwest-Sibirien (Saissan-See).

## Familie III. Cardiidae.

### 26. *Cardium (Cerastoderma) edule* L. *var. rustica* CHEMN.

LINNÉ, Syst. Natur. ed. 12, 1767, p. 1124 (typ.); CHEMNITZ, in: MARTINI-

CHEMNITZ, Conch.-Cab. Bd. 6, p. 201, Taf. XIX, Fig. 197 (*rusticum*);
ISSEL, p. 432; MARTENS², p. 33 und 60; MARTENS³, p. 337 (*var.*);
MARTENS⁷, p. 48.

Zahlreich in Transkaspien im Brackwasser der M i c h a i l o w'schen
Bucht; eine junge todte Schale in den Lagunen bei M o l l a - k a r y
(Dr. A. WALTER, 10. April 1886). Lebt ausserdem im Aralsee und
im Salzsee Sary-kamysch. Ich kenne Brut dieser Varietät auch aus
dem Süsswasser der Lenkoranka-Mündung in Talysch (leg. H. LEDER).

Die Stücke wechseln sehr, bald in mehr rhombisch-gerundeter,
bald in mehr quer oblonger Gestalt. Geringe Schalenstärke ist vorherrschend. Die Verzierung der Rippen mit feinen halbmondförmigen
Schuppen ist sehr characteristisch, ebenso die tief kastanienbraune
Färbung der ganzen inneren Schalenfläche. Verglichen mit Stücken
meiner Sammlung aus den Donaustrandseen bei Bolgrad in Bessarabien
(leg. et comm. V.-Adm. T. SPRATT) ist die kaspische Form dieser
Art nur durch grössere Dünnschaligkeit unterschieden und weiter dadurch, dass die feinen Halbmonde der Schalenrippen etwas dichter an
einander gerückt sind, während die Form des Schwarzen Meeres ausserdem diese Rippen mehr oder weniger deutlich längsgestreift zeigt.

Alt. 15, long. 18, prof. 11½ mm,
„ 15½, „ 18, „ 12½ „
„ 16½, „ 18, „ 14 „

Tiefe zu Höhe zu Breite der Schale im Mittel wie 1:1,24:1,42.

V e r b r e i t u n g. Diese Varietät des in allen europäischen Meeren
bis nach Nord-Norwegen vorkommenden *C. edule* lebt vorzüglich im
Brackwasser und scheint nach Osten hin und in ungünstigen Salzver-
hältnissen immer kleiner zu werden. Der kaspischen besonders nahe
stehenden Formen leben auch bei Anapa und Nowo-Rossiisk im Schwarzen
Meere, im Aralsee und an Russisch-Lappland.

### 27. *Didacna trigonoides* (PALL.) 1771.

PALLAS, Reise d. versch. Prov. d. russ. Reiches Bd. 1, p. 478, Anhang
Nr. 86 (*Cardium*); ISSEL, p. 433; v. VEST. in: Jahrb. d. d. Mal.
Ges. Bd. 2, 1875, p. 319, Taf. XI, Fig. 2 und 5 und Bd. 3, 1876,
p. 292; GRIMM, p. 138, Taf. VI, Fig. 2 (*Cardium*).

Vier lose Klappen, sämmtlich rechte Schalen, aus der M i c h a i -
l o w'schen Bucht in Transkaspien (Dr. A. WALTER, 1886). Also auch
hier wurde die Art nur in todten Stücken beobachtet.

Recht erheblich im Verhältniss von Höhe zu Breite variirend, ist
die Schale doch fast immer ungleichseitig und, wie schon v. VEST

betont, hinten mehr in die Länge gezogen als vorn. Nur in seltenen Fällen kann sie als vollkommen gleichseitig betrachtet werden; dann steht der Wirbel genau in der Mitte der grössten Schalenausdehnung.

Alt. 33, long. 40½ mm,     Alt. 36½, long. 42½ mm,

„ 34, „ 38½ „   . „ 37, „ 47½ „

Verhältniss von Höhe zu Breite im Mittel wie 1:1,20.

Verbreitung. Bis jetzt ist die Art nur aus dem Kaspisee selbst, aber in seiner ganzen Ausdehnung bekannt, geht auch bis in die ihm vorliegenden Lagunen und Flussmündungen. Ob sie aber hier in dem mehr ausgesüssten Wasser sich noch lebend erhalten hat, ist zunächst noch festzustellen.

## 28. *Adacna vitrea* (EICHW.) 1831.

EICHWALD, Zool. spec. Ross. et Polon. Vol. I, p. 279, Taf. V, Fig. 3 (*Glycimeris*) und Faun. Caspio-Caucasia, 1841, p. 225, Taf. XXXIX, Fig. 4; ISSEL, p. 435; MARTENS², p. 34 und 60; v. VEST, in: Jahrb. d. d. Mal. Ges. Bd. 2, 1875, p. 318, Taf. XI, Fig. 4 und Bd. 3, 1876, p. 300, Taf. X, Fig. 4.

Von der Expedition nicht gesammelt.

Verbreitung. Bis jetzt nur erwähnt aus dem Kaspisee bei Alexandrowsk, Baku und Astrabad und aus dem Aralsee.

## Familie IV. Cyrenidae.

### 29. *Corbicula fluminalis* (MÜLL.) 1774.

MÜLLER, Hist. Verm. Vol. 2, p. 205 (*Tellina*); HUTTON, p. 658 (*Cyrena sp.*); MARTENS¹, p. 66, Taf. I, Fig. 12—14; MARTENS², p. 34, Taf. II, Fig. 29; MARTENS³, p. 337 (*var. oxiana*); MARTENS⁷, p. 48, Taf. IV, Fig. 15 (*var. oxiana*); BOETTGER², p. 339.

Um Askhabad in Jugendformen, zahlreich (Dr. A. WALTER, 1886). Nach MARTENS in einer sehr grossen Form auch im ausgetrockneten Bette eines Arms des Amu-darja zwischen den Höhen Scheich-dsheili und der Stadt Kalendar-chana im ehemaligen Chanat Chiwa.

Die Form von Askhabad ist sehr klein, etwas aufgeblasen, oblong, mit merklich vorragenden Wirbeln und meist noch sehr deutlicher Jugendfärbung. Verglichen mit jungen Stücken der *var. fluviatilis* CLESS. aus Talysch ist die transkaspische Muschel etwas mehr ungleichseitig, vorn schwach verlängert und etwas abgerundet-zugespitzt. Schloss, Färbung und Zeichnung und Rippenbildung aber sind bei beiden nahezu identisch. Auch junge Stücke der var. B. JICKELI's (Land- und Süssw.-Moll. Nordost-Afrikas 1874, p. 285, Taf. XI, Fig.

6—7) aus dem Nil zeigen grosse Aehnlichkeit, besitzen aber eine noch geringere relative Höhe (Prof. : alt. : long. = 1 : 1,37 : 1,70).

Alt. 13, long. 15½, prof. 9 mm.

Verhältniss von Schalentiefe zu Höhe zu Länge wie 1:1,44: 1,72, Verhältniss von Höhe zu Länge wie 1:1,19 (bei *var. oxiana* v. Mts. wie 1:1,14).

Da somit *var. oxiana* trotz ihrer Grösse viel Aehnlichkeit mit der vorliegenden Form zu haben scheint, wird mein Schluss, dass ganz Transkaspien nur von dieser einen *Corbicula*-Varietät bewohnt ist, die in der wasserarmen Umgebung von Askhabad nur körperlich sehr heruntergekommen ist, sehr wahrscheinlich gemacht.

V e r b r e i t u n g. Diese Art ist eine subtropische, das Mittelmeergebiet nur an seinen Grenzen streifende Art, die von den unteren Nilgegenden an durch Syrien und Mesopotamien nördlich bis in's östliche Transkaukasien, Talysch, Nordwest-Persien und Transkaspien verbreitet ist und östlich bis Turkestan, Afghanistan und Kaschmir geht.

––––––––––

Von den vorstehend verzeichneten 41 Arten von Schnecken und 6 Arten von Muscheln fanden sich 18 Land- und Süsswasserschnecken nur in Nordpersien, nicht in Transkaspien. Ich übergehe sie in den nachfolgenden geographischen Betrachtungen aus dem Grunde, weil ihre Zahl noch zu gering ist, um uns ein irgend klares Bild von der Verbreitung dieser Thiere in Persien selbst und im Vergleich zu den Nachbarländern zu geben. Hervorgehoben sei hier nur, dass unter den einzelnen Localitäten in Persien, von welchen mir Material vorlag, Astrabad und der Gebirgsstock des Schah-kuh die grösste Aehnlichkeit in seiner Molluskenfauna mit dem Waldgebiet des russischen Talysch zeigt, dass dagegen die Schnecken von Schirwan in der Provinz Chorassau und die von Schah-rud in der Provinz Irak Adschmi neben manchem Uebereinstimmenden mit jener geographischen Provinz doch schon in vieler Beziehung ein selbständigeres Gepräge besitzen.

Gerade zu diesen 18 persischen Formen bieten nun die 23 Schnecken und 6 Muscheln Transkaspiens den denkbar grössten Gegensatz. Dass die Zahl der Mollusken des letztgenannten Gebietes eine so ausserordentlich geringe ist und in der nächsten Zeit auch kaum noch erheblich sich vergrössern dürfte, kann nach den bereits mehrfach gegebenen Andeutungen über das excessive Klima und die Bodenbeschaffenheit des trostlosen Landes nicht überraschen. Ist doch die Vertheilung

selbst dieser wenigen Arten in dem Gebiete eine in hohem Grade
ungleiche, indem fast die Gesammtheit derselben auf den Südrand und
also auf das Gebirge beschränkt ist, während das Centrum des Gebietes wohl absolut schneckenleer genannt werden darf.

Wollen wir die Molluskenfauna Transkaspiens mit Rücksicht auf
ihre geographische Verbreitung in ihre einzelnen Bestandtheile zerlegen,
und es ist dies von besonderem Interesse, da WALLACE in die Südgrenze Transkaspiens, also längs dem Gebirgskamme des Kopet-dagh,
den Schnittpunkt zweier seiner paläarctischen Subregionen — „der
mittelländischen und der sibirischen Subregion" — verlegt, so ist von
vornherein No. 22 als unsichere Species in Abzug zu bringen. Es
bleiben also zu diesem unserem Zwecke 28 Arten übrig.

Von diesen 28 Arten sind als mitteleuropäische oder, sagen wir
genauer, paläarctische Species der germanischen Provinz nur folgende
4 zu betrachten:

| | |
|---|---|
| 11. *Pupilla cupa,* | 16. *Limnaeus truncatulus,* |
| 13. *Succinea pfeifferi,* | 25. *Anodonta piscinalis.* |

Diese Formen sind entweder alpin (No. 11) oder Süsswasserbe-
wohner, deren Tendenz zu länderweiter Wanderung notorisch ist (die
übrigen).

Als mediterrane Arten können wir dagegen folgende 7 auffassen:

| | |
|---|---|
| 5. *Helix krynickii,* | 17. *Planorbis umbilicatus var.,* |
| 9. *Buliminus ghilanensis,* | 18. *Melanopsis praemorsa,* |
| 10. *Torquilla granum,* | 19. *Hydrobia stagnalis var.,* |
| 20. *Hydrobia ventrosa var.* | |

Es ist dies ein eigenthümliches Gemisch theils von reinen Medi-
terranschnecken (No. 10, 17 und 18), theils von vorderasiatischen
Arten (No. 5 und 9), theils aber auch von kleinen Wanderschnecken
(No. 19 und 20), die, auch der germanischen Provinz nicht fehlend, in
ihren transkaspischen Varietäten doch am nächsten an mediterrane
Formen herantreten.

Als sibirisch können sodann gelten folgende 15 Species:

| | |
|---|---|
| 1. *Macrochlamys turanica,* | 12. *Pupilla signata,* |
| 2. *Vitrina raddei,* | 15. *Limnaeus lagotis,* |
| 3. *Helix adela,* | 21. *Pseudamnicola raddei,* |
| 4.  „  *transcaspia,* | 23. *Neritina liturata,* |
| 6. *Buliminus eremita,* | 24. *Dreissensia polymorpha,* |
| 7.  „  *oxianus,* | 26. *Cardium edule var.,* |
| 8.  „  *walteri,* | 27. *Didacna trigonoides,* |
| 28. *Adacna vitrea.* | |

Es ist dies zu gleichen Theilen ein Gemisch von autochthonen Formen (No. 2, 4, 7, 8, 21) mit Kaspi-Mollusken (No. 23, 24, 26—28) und solchen Arten, die in den turanischen und sibirischen Distrikten weiter verbreitet sind (No. 1, 3, 6, 12 und 15).

Als zu einer ganz andern Region, der orientalischen, beziehungsweise tropisch-indischen, gehörig können folgende 2 Arten gelten: 14. *Limnaeus impurus*, 29. *Corbicula fluminalis*.

Danach bestände also die Molluskenfauna Transkaspiens (28) aus:

| | | | |
|---|---|---|---|
| Mitteleuropäischen Arten | 4 | = | 14°/₀ |
| Mediterranen | „ | 7 | = | 25°/₀ |
| Sibirischen | „ | 15 | = | 54°/₀ |
| Tropisch-asiatischen | „ | 2 | = | 7°/₀ |
| | | 28 | = | 100°/₀ |

Somit wäre diese Faunula Transkaspiens als eine solche zu bezeichnen, die über die Hälfte aller ihrer Formen aus der sibirischen Subregion entlehnt hat mit einem Viertel mediterraner, einem Achtel germanischer Mischung und kleinen Anklängen an die tropisch-indische Thierwelt.

Aber noch von einem zweiten zoogeographischen Gesichtspunkt aus bietet die transkaspische Molluskenfauna ein gewisses Interesse. Wir sind in der obigen Zusammenstellung von der specifischen Uebereinstimmung der Einzelformen ausgegangen; gruppiren wir die kleine Fauna jetzt einmal nach Gattungen und Sectionen.

Wir konnten innerhalb der Grenzen Transkaspiens folgende 24 Molluskengruppen nachweisen:

| | |
|---|---|
| 1. *Macrochlamys*, | 13. *Planorbis*, |
| 2. *Oligolimax*, | 14. *Melanopsis*, |
| 3. *Vallonia*, | 15. *Hydrobia*, |
| 4. *Carthusiana*, | 16. *Pseudamnicola*, |
| 5. *Xerophila*, | 17. *Paludina*, |
| 6. *Petraeus*, | 18. *Neritina*, |
| 7. *Chondrula*, | 19. *Dreissensia*, |
| 8. *Torquilla*, | 20. *Anodonta*, |
| 9. *Pupilla*, | 21. *Cardium*, |
| 10. *Succinea*, | 22. *Didacna*, |
| 11. Gruppe des *Limnaeus impurus*, | 23. *Adacna*, |
| 12. *Limnaeus*, | 24. *Corbicula*. |

Uebergehen wir die weiter verbreiteten oder weniger bezeichnenden Gruppen (10, 15, 18, 21) hier mit Stillschweigen, so erhalten wir als besonders characteristisch

Für das nördliche und gemässigte Europa:

| | |
|---|---|
| 2. *Oligolimax,* | 12. *Limnaeus,* |
| 3. *Vallonia,* | 13. *Planorbis,* |
| 9. *Pupilla,* | 17. *Paludina,* |

20. *Anodonta.*

Für die Mittelmeerländer:

| | |
|---|---|
| 4. *Carthusiana,* | 7. *Chondrula,* |
| 5. *Xerophila,* | 8. *Torquilla,* |
| 6. *Petraeus,* | 14. *Melanopsis,* |

16. *Pseudamnicola.*

Für Transkaspien selbst:

19. *Dreissensia,*     22. *Didacna,*
23. *Adacna.*

Für das subtropische und tropische Asien:

1. *Macrochlamys,*     11. Gruppe des *Limnaeus impurus,*
24. *Corbicula.*

Diese generische Zusammenstellung, die dem transkaspischen Ge-biete nur drei Gattungen von Brackwassermuscheln als characteristisch oder eigenthümlich zuweist, lässt erkennen, dass die dortige Fauna, abgesehen von den Einwohnern des Kaspisees, nicht als eine alteinge-sessene betrachtet werden darf, sondern dass sie erst in geologisch neuerer Zeit von Norden wie von Süden eine fast gleiche Anzahl von Einwanderern aus der paläarctischen Region erhalten haben muss, und dass überdies die tropisch-indische Region mit einem nicht unerheb-lichen Procentsatz (mit 3 von 24 Formengruppen = $12\frac{1}{2}\%$) auch ihrerseits sich das transkaspische Gebiet zu erobern suchte.

Noch klarer wird diese Vorstellung, und wir erkennen zugleich die Wege, auf welchen die Einwanderung geschah, wenn wir die spe-cifischen Uebereinstimmungen der Mollusken Transkaspiens (29) mit denen der Nachbarländer zu vergleichen suchen. Wir finden dann, wenn wir die notorisch schon in alter Zeit vom Kaspisee ausstrah-lenden Arten als indigene bezeichnen, als

Eigenthümlich für Transkaspien 2, 4, 8, 21—24,
       27—28 . . . . . . . . 9 Arten = $31\%$
Uebereinstimmend mit Sibirien 3, 13, 15—16, 25 . 5 „ = $17\%$

Uebereinstimmend mit Turkestan 1, 3, 6—7, 12
        bis 13, 15—17, 25, 29 . . 11 Arten $= 38^0/_0$
        „ Norwest-China und der Hi-
        malaya-Region 3, 6, 11—13,
        15—17, 29 . . . . . . 9 „ $= 31^0/_0$
        „ Afghanistan und Balutschi-
        stan 5, 6, 13—17, 29 . . 8 „ $= 28^0/_0$
        „ Nordpersien 5—7, 9, 10, 12,
        15—18, 29 . . . . . . 11 „ $= 38^0/_0$
        „ Vorderindien 14 . . . . 1 „ $= 3^0/_0$
        „ den Kaukasusländern, Ar-
        menien und Mesopotamien
        3, 5, 9—10, 12—13, 15—20,
        25—26, 29 . . . . . . 15 „ $= 52^0/_0$
        „ Syrien und Kleinasien 9—10
        13, 15—18, 26, 29 . . . 9 „ $= 31^0/_0$
        „ den Nilländern 13, 16, 18
        bis 20, 26 und 29 . . . 7 „ $= 24^0/_0$

Während somit etwa 9 von 29 Arten als indigen für das Gebiet zu betrachten sind, trotzdem dass einige derselben, wie *Neritina litu- rata* und *Dreissensia polymorpha*, jetzt grössere Verbreitungsbezirke zeigen, ist die Einwanderung von Norden her eine relativ geringe ge- blieben. Nur 5 Species, die zudem auch von anderer Seite haben ein- dringen können und wohl auch eingedrungen sind, haben den Wüsten- gürtel des nördlichen und centralen Transkaspiens nach Süden hin überschreiten können. Von Nordosten sind aus Turkestan und Nord- west-China etwa 11, von Südosten aus Afghanistan und Vorderindien etwa 9 Arten als eingedrungen zu bezeichnen. Nordpersien stellt 11 Species, die von Süden, die Kaukasusländer aber weisen 15 Species auf, die von Südwesten eingewandert sein können. Da jedoch Syrien und Kleinasien noch mit einem Satz von $31^0/_0$ und die Nilländer mit einem solchen von $24^0/_0$ Arten, die mit denen Transkaspiens überein- stimmend sind, an der Molluskenfauna Transkaspiens theilnehmen, so ist der Schluss wohl gerechtfertigt, dass nicht allein die grosse Mehr- zahl der gemeinsamen Arten zu den weitverbreiteten und also zu solchen Formen gehört, welche Wanderungen gern und mit Erfolg unter- nehmen, sondern dass auch die grösste Anzahl der genannten Mol- lusken von verschiedenen Seiten Anläufe gemacht hat, um sich in dem unwirthlichen Klima Transkaspiens festzusetzen, und dass dies der einen Art von Norden, der andern von Nordwesten aus, der Mehrzahl aber von Südwesten, Westen und Osten aus wirklich gelungen ist. Weit mehr Einwanderer freilich dürfte im Laufe der Zeit Transkaspien schon in seinen Grenzen gesehen haben; aber eine dauernde Festsetzung derselben scheiterte vielfach an der Armuth des Landes und an seinen für das Molluskenleben so überaus ungünstigen klimatischen Verhältnissen. Nur die zähesten, zur Anpassung an die gebotenen Lebensbedingungen geeignetsten Formen konnten sich dauernd erhalten; ja, einige der von uns aufgezählten 29 Arten konnten so prosperiren, dass man sie — wie z. B. *Helix krynickii, Buliminus eremita, Limnaeus lagotis* und *Melanopsis praemorsa* — jetzt sogar als in dem Gebiete häufige und individuenreiche Formen bezeichnen darf.

Schliesslich mag ich die Bemerkung nicht unterdrücken, dass sich in der jetzigen Landschneckenfauna Transkaspiens auch Anklänge an die alte Lössfauna Mitteleuropas erkennen lassen. Die kleinen Formen von *Vitrina, Vallonia, Pupilla* und *Succinea* haben z. Th. Aehnlichkeit, z. Th. sogar Verwandtschaft, mit solchen des mitteleuropäischen Plistocäns. Ist diese Uebereinstimmung auch, wie ich gerne zugestehen will, nur eine solche, wie sie durch gleichartige Lebensbedingungen hervorgebracht werden kann, so scheint mir der Hinweis darauf doch nicht ohne Interesse zu sein, da er uns die klimatischen und Bodenverhältnisse in Mitteleuropa zur Zeit der Ablagerung des Löss-Staubes verstehen hilft.

# Anhang:

## Anatomische Notizen zu Nacktschnecken der Gattungen Lytopelte und Parmacella aus Nordpersien.

Von

Dr. **Heinrich Simroth** in Leipzig-Gohlis.

---

### 1. *Lytopelte sp.*

(Taf. XXVII, Fig. 8—9.)

Das einzige lädirte Exemplar vom Schah-kuh bei Astrabad aus 9000′ Höhe, welches Herr Dr. Boettger mir zu übersenden die Güte hatte (vergl. oben S. 933), maass 1,6 cm, vom Vorderende bis zum Mantel 0,1, Mantel 0,5, Schwanz 1 cm. Das Athemloch rechts weit hinten, Mantelverhältnisse zweifellos auf die Gattung verweisend, ebenso der scharfe Kiel vom Mantel bis zum Schwanzende. Sohle dreitheilig und hell, ebenso hell der Kiel. Seitlich ist das Pigment vielfach abgeschabt, lässt aber die Reconstruction aus den Resten zu. Der Mantel schwarz, seitlich nach dem Rande zu gelbbraun aufgehellt, ebenso das Athemloch hell umrandet. Der Körper oben, namentlich neben dem Kiel, ebenso schwarz, und ebenso seitlich und nach unten abblassend. Die Anordnung des Farbstoffs ist von der bei *Lytopelte maculata* (in: Jahrb. d. d. Mal. Ges. Bd. 13, 1886) durchaus verschieden; das Pigment setzt sich nicht aus einzelnen Flecken zusammen, sondern zieht in geschlossenen Strängen in den Furchen entlang nach unten.

A n a t o m i e. Durch ein Loch in der rechten Körperwand war der hintere Teil des Intestinalsackes herausgequollen und verloren gegangen; es fehlten die Leber, Theile des Darms, des Magens und die proximale Hälfte der Genitalien. Das Uebrige gestattete eine präcise Analyse.

Das Mesenterium hell, nur der Kopftheil, namentlich die Ommatophoren, dunkel. Keine Kreuzung zwischen Penis und rechtem Augenträger. Die Schnecke ist fortpflanzungsfähig, also wohl ausgewachsen. Die Endtheile der Geschlechtswerkzeuge sind von denselben morphologischen Verhältnissen wie bei *L. maculata* (l. c.), höchstens der Penisretractor (Fig. 8 *rp*) länger, vom vorderen Lungenboden entspringend. Der Penis besteht aus einem engen proximalen und einem weiten distalen Abschnitt, durch dessen Wand der Kalksporn durchschimmert. Das Receptaculum hängt enger mit der Ruthe zusammen als mit dem Oviduct. Im weiten Penisabschnitt (Fig. 9) ein ähnlicher rundlicher Reizkörper wie bei der anderen Art, nur an der Oberseite mit einer starken Rinne neben der Kalkplatte. Diese Platte trägt als Sporn eine einfache glatte scharfe Spitze gegenüber dem kolbigen Doppelsporn der *L. maculata*.

Die Färbung und der Unterschied der Kalkbewaffnung des Reizkörpers, der von demselben specifischen Werth zu sein scheint wie der Liebespfeil der Heliceen, gestatten mit einiger Sicherheit, soweit solche überhaupt ohne die Durchmusterung grösserer Reihen möglich ist, die Abtrennung der neuen Art von der *L. maculata*. Ob sie dagegen mit der *L. longicollis* BTTGR. identisch ist oder nicht, muss ich dahingestellt sein lassen, so lange die letztere anatomisch nicht untersucht ist.

## 2. *Parmacella olivieri* Cuv.
### (Taf. XXVII, Fig. 10—14).

Die Zusendung zweier persischer Exemplare von *Parmacella* aus Siaret bei Schirwan durch Herrn Dr. BOETTGER (vergl. oben S. 934) war mir um so willkommener, als ich die erste Parmacellenstudie an der östlichen *P. olivieri* Cuv. gemacht hatte (in: Jahrb. d. d. Mal Ges. Bd. 10, 1883), und als mir im Laufe der Zeit immer neues Material aus Nordafrika und Südspanien zuging, während ich schliesslich die portugiesischen Formen, in Algarve lebend, wenigstens jung, und erwachsen an Exemplaren des Lissaboner Museums studiren konnte. Leider wird die Veröffentlichung der ausführlichen Ergebnisse eine nicht unerhebliche Verzögerung erfahren, so dass es mir an dieser Stelle unmöglich ist, mich auf eine eingehende Vergleichung einzulassen. Immerhin wäre es eine Trübung der Darstellung, wollte ich nicht wenigstens den betreffenden Passus aus der vorläufigen Mittheilung (in: Zoolog. Anzeiger, 11. Jahrg. vom 20. Febr. 1888) in erster Linie hier wiedergeben. Er lautet:

„Unter den Parmacellen, den Characterschnecken des Mediterrangebietes, kann ich von Afghanistan bis zu den Canaren nur e i n e Art anerkennen, die an die Isotheren von 20 bis 25⁰ C. gebunden zu sein scheint. Ableitung von den Vitrinen durch Uebergang zur Krautnahrung; die Clitoristasche entspricht dem Pfeilsack."

Somit habe ich bereits die *P. rutellum* von Afghanistan und die *P. velitaris* von Astrabad, lediglich nach den Beschreibungen in der Literatur, mit in die eine Art, die nach den Rechten der Priorität wohl *P. olivieri* Cuv. heissen muss, einbezogen. Es stehen mir auch jetzt die beiden genannten Arten nicht zu Gebote; um so bemerkenswerther ist es, dass der Fundort der *P. velitaris* v. Mts. — Astrabad — sich zwischen den der ursprünglichen *P. olivieri* — Ostkaukasus, Kaspisee, Lenkoran — und den der jetzt aus Persien vorliegenden Stücke einschiebt. Dieselben mögen daher sehr wohl ein Prüfstein sein für meine allgemeine Behauptung. Denn wenn noch eine Form, die jenseits der *P. velitaris* nach Osten gefunden wurde, mit der *olivieri* oder den westlichen übereinstimmt, dann lässt sich über die Ausdehnung des Parmacellengebietes ein immer bestimmteres Urtheil fällen; es lässt sich, soweit es überhaupt nach Schilderungen ohne Autopsie und Section erreichbar ist, feststellen, ob die beiden Arten des fernen Ostens, die *P. velitaris* und *rutellum*, unter die *olivieri* zu subsumiren oder etwa als besondere Typen zu betrachten sind.

Soviel zur allgemeinen Orientirung über die Bedeutung der vorliegenden Exemplare. Ich gehe zur Beschreibung über, indem ich zum Vergleich eine der früher behandelten *P. olivieri* von Lenkoran mit heranziehe.

Beide persischen Stücke sind von annähernd gleicher mittlerer G r ö s s e und Gestalt, mit geringen Unterschieden der gegenseitigen Körperproportionen. Folgendes sind die Maasse:

|  | No. 1 | No. 2 | *P. olivieri* |
|---|---|---|---|
| Körperlänge . . . . . | 3,3 | 3,5 | 5 cm, |
| Vorderende bis Mantel . . | 1,1 | 0,8 | 0,7 „ |
| Mantel . . . . . . . | 1,9 | 2,2 | 3 „ |
| Sohlenbreite . . . . . | 0,8 | 0,9 | ? „ |

Die grössere Hälfte der Sohlenbreite fällt bei No. 1 und 2 auf das locomotorische Mittelfeld.

Das Voranstellen der äusseren Körpermaasse hat diesmal seinen besonderen Grund. An und für sich ist das vom Contractionszustand abhängige und sehr wechselnde Verhältniss der verschiedenen Körperabschnitte ein sehr unsicherer Werthmesser für die Abschätzung specifischer

Differenzen und daher von untergeordnetem Belang. Anders hier. Theils kann die vermuthlich gleichmässige Abtödtung und Conservirung die Bedenken gegen eine Vergleichung nach den äusseren Maassen abschwächen, theils und noch mehr ergiebt sich, dass die Verschiedenheit der äusseren Proportionen durch innere morphologische Unterschiede bedingt ist. Der Eindruck, den die äusseren Maasse machen, lässt sich dahin formuliren, dass das kleinere Thier No. 1 den längsten Vorderkörper hat, und dass derselbe sich bei weiterem Wachsthum wieder verkürzt und mehr und mehr unter den Mantel geborgen wird. Wie aus der weiteren Betrachtung der Körperformen folgt, kommt diese Bergung nicht durch ein beschleunigtes Wachsthum des Mantels, der vielmehr mit der gesammten Körperzunahme kaum Schritt hält, zu Stande, sondern durch eine wirkliche Verkürzung des Vorderkörpers, die, wie gleich hinzugefügt werden soll, mit einer entsprechenden Verdickung Hand in Hand geht. Leider kann ich diese Verschiebung nur nach dem Augenschein constatiren, da ich unterlassen habe, die Breitenmaasse zu nehmen.

Die Färbung der persischen Stücke ist das Gelbgrau der meisten Alkoholschnecken, das nach oben dunkelt; der Mantel schmutzig olivengrün, die Sohle einfarbig. Auf dem Mantel rechts und links eine schwärzliche Stammbinde, in der vorderen Hälfte am schärfsten, hinten mehr in Flecken aufgelöst; auch das Mittelfeld mit rundlichen und länglichen Flecken. Characteristisch ist, dass sich die Stammbinde, wiewohl heller, auch auf den Vorderkörper bis zum Kopf, etwa zu den Ommatophoren erstreckt, indem sie die beiden äusseren Hauptfurchen, die schräg nach vorn und abwärts ziehen, kreuzt. Die mediale Begrenzung derselben ist scharf, nach aussen verwischen sie sich allmählich. Die Zeichnung harmonirt demnach völlig mit der der *P. olivieri* von Lenkoran, mit Ausnahme der Binden des Nackens, die ihr fehlen; sie sind wohl ein Jugendmerkmal. Sehr bemerkenswerth ist die Erhaltung der Zeichnung bei diesen Ostformen bis in's Alter. Sie stimmen darin am meisten mit der canarischen *P. calyculata* (der *Cryptella* Webb & Berth.) überein, während die nordafrikanischen, spanisch-portugiesischen und französischen Formen im erwachsenen Zustand, d. h. nach meiner Auffassung, wenn sie einen stattlichen Umfang erreicht haben, mehr einfarbig werden. Nach bereits literarisch festgelegter Angabe von Hans Leder sind die Thiere einjährig, was ich aus den portugiesischen Befunden ebenso folgern zu müssen glaubte.

Seitlich und hinten war auf der Haut ziemlich reichlich ein weisslicher S c h l e i m erhalten, weisser als meiner Erinnerung nach bei den

Westformen. Unter dem Microscop zeigte er sich theils faserig (wie wir derartige fadige Secretion durch LEYDIG kennen gelernt haben), theils krümelig-körnig. Viele von den dichten Körnergruppen brausten in Essig auf, waren also kohlensaurer Kalk. Es scheint mir recht wohl möglich, dass die stärkere Kalkabsonderung mit dem trocknen Klima, in dem die persischen Thiere leben, zusammenhängt.

Die eine S c h a l e , die ich herausschnitt, war sehr normal und gut verkalkt; ein ·dickes Gewinde, links davor die kleine dreieckige Vertiefung, die ein Fleischläppchen beherbergt und wahrscheinlich auf die Ableitung von durchbohrt genabelten Gehäusen hinweist; die Spathula mit gleichmässiger Kalkablagerung, ausgenommen einen seitlichen Ausschnitt links vorn, der nur von der Conchiolinepidermis gebildet wird, oben regelrecht concentrische Anwachsstreifen, die Unterseite glatt.

A n a t o m i e. Die Prüfung von Kiefer und Radula unterliess ich, da bei unzweifelhaften Parmacellen von denselben kaum Aufschluss über die Species zu erhoffen ist ; denn die Radula wechselt schwerlich, und der Mittelzahn des Kiefers ist so schwach und schwankend, dass sein etwas stärkeres Hervortreten oder sein Mangel nach meinen Erfahrungen gar kein Kriterium abgiebt.

Im Innern bemerkt man nur wenig schwarzes M e s e n t e r i a l - p i g m e n t an den Augenträgern, deren Nerven, den vorderen Arterien ·und ganz schwach an der Zwitterdrüse und ihrem Ausführungsgange.

Der T r a c t u s i n t e s t i n a l i s beginnt am Pharynx mit einem kurzen Oesophagus, der in den weiten Magen übergeht, wenn man diesen Ausdruck gelten lassen will. Besser würde man wohl vom Vorderdarm reden und denselben bis zur Einmündung der Lebern rechnen. Er zeigt auffallende Unterschiede. Bei No. 1 (Fig. 10) zerfällt er in einen weiten vorderen Magen- und in einen engen hinteren Darmtheil. Bei No. 2 (Fig. 11) ist auch der zweite Abschnitt, der Darmtheil, magenartig erweitert. Beide Abschnitte liegen in einer Krümmung, die Fig. 11 wiedergiebt. Von dieser Biegung abgesehen kommen dem im übrigen gleichmässig dünnen Tractus die üblichen vier Windungen zu. Die Speicheldrüsen sind wenig typisch, wie die Abbildungen ergeben, die linke reicht weiter nach hinten als die rechte. Von den beiden Lebern oder Mitteldarmdrüsen, die auf gleicher Höhe einmünden, schickt die kleinere einen feingelappten Zipfel in's Gewinde ; die andere weit grössere nimmt die Dünndarmwindungen zwischen ihren Lappen auf.

Der M a g e n i n h a l t bestand bei No. 1 aus einem bräunlichen

Pflanzendetritus, der durch die Spiralgefässe (oder doch durch deren erhaltene Schraubenbänder) auf Dicotylen hinwies; die Verzweigung liess kleine Blätter erschliessen, und deren halb zersetzte Oberhaut war gespickt mit keulenförmigen, mehrzelligen Pilzen, die auf Erysipheenconidien oder verwandte Formen hindeuteten. Im Magen von No. 2 war ein ähnlicher Detritus ohne die Pilze, dafür einige schwarze, aus Kohle erfüllten Zellen bestehende Stückchen vermodernden Holzes oder Laubes. Auf diese Befunde komme ich unten·zurück.

Die Genitalorgane beginnen bei No. 1 mit einer leidlich grossen, mehrfach gelappten Zwitterdrüse, etwa ein Drittel oder die Hälfte des Magens erreichend; ein dünner, wenig geschlängelter Zwittergang; sodann die beiden Eiweissdrüsen, und zwar die zweite dichte weisse, die ich als Eigenheit der Parmacellen feststellen konnte und als männliche Drüse ansehe, reichlich von derselben Grösse wie die andre gewöhnliche. Der Ovispermatoduct noch schlank, ohne die Manschettenauftreibung des eileitenden Theiles. Das Receptaculum sehr weit, so gross wie der Magen, innen fein längsgefältet, gegen den kurzen Stiel sphincterartig fest geschlossen, mit zwei Spermatophoren, die beide entleert, aber noch in ihrer Form erhalten sind, oben aufgewunden, weiterhin abgebogen und schliesslich mit langem Endfaden, der spitz und frei in der Spermatotheke endet. Die beiden Begattungsacte können sich erst wenige Tage vor der Tödtung vollzogen haben, wenn nicht die Patronenhülse bei den Parmacellen ungleich widerstandsfähiger sein sollte als bei anderen Schnecken, eine Annahme, für die zunächst kein Grund vorliegt. Unterhalb des Stieles die Bursa copulatrix als seitliche Erweiterung des Atriums wie bei allen Parmacellen, mit denselben inneren Papillen. Die Patronenstrecke (Fig. 13) mit dem dünneren proximalen Theil, der den Faden bildet, und dem dickeren distalen, dessen Mitte durch einen Musculus retensor penis an die Ruthe geheftet ist, ohne jede Abweichung. Aehnlich der Penis selbst; er ist mit spitzen Papillen ausgekleidet und trägt eine Art von Glans neben der Einmündung der Patronenstrecke, und diese Glans hat nur wenige und nur seitliche Papillen, nicht den oberen Warzenkranz der *P. olivieri*. Die Clitoristasche endlich, das Homologon des Pfeilsacks (Fig. 14), ist doppelt vorhanden, doch so, dass die kleinere ($cl_2$) nur eine kleine retractorlose Knospe der grossen darstellt. In dieser sind starke Faltenwülste, zum Theil wieder eingeschnitten, vorn mit freien kolbigen Enden, aber zur Bildung einer langen fleischigen Clitoris, wie bei *olivieri*, kommt es nicht.

Die Abweichungen der Genitalien von No. 2 sind sehr unbedeutend, sie betreffen nur das Receptaculum und das zufällige Verhalten der Clitoristasche. Im ersteren fand sich nur eine Patrone, deren langer, sehr feiner Faden mit kleinem Knöpfchen im Blasenstiel festsass. Die Wülste der Clitoristasche aber sahen, etwas auseinandergebogen, als flache, zierliche Bänder aus der Genitalöffnung heraus, ein Beweis, dass die Schnecke in der Copula erbeutet oder doch zu solcher gerade disponirt war.

Der Spindelmuskel völlig wie bei *P. olivieri*, ebenso der Schlundring, besonders bezüglich der guten Trennung der Visceralganglien. Endlich entsprechen auch die Mantelorgane, Herz, Niere und Lunge und von aussen die stark entwickelten Nasenwülste dem Bekannten. Die Lunge zumal hat das schwammige Athemgewebe, das durch die sehr grosse, durch Maschenbildung erzeugte Respirationsfläche characterisirt ist; es schien zwar, als ob die Maschen, wenigstens in der rechten Nische zwischen Niere und Enddarm, noch nicht die Complication und Tiefe erlangt hätten wie bei der grossen *olivieri*, so dass die hohe Vollendung erst mit stärkerem Körperwachsthum einträte; doch ist es schwer, für den Grad der Ausbildung ein objectives Maass zu finden.

Vergleichung und Schlüsse. Trotz mancher Wiederholungen habe ich die Anatomie stets genauer bis in's Einzelne besprochen, um Sicherheit zu bieten, dass keine wesentlichen Organe übergangen wurden. Das Resultat ist die völlige Coincidenz mit den früheren Schilderungen anderswo gefundener Thiere, hauptsächlich der *olivieri* von Lenkoran, ausgenommen zwei Organe, den Magen und einige Einzelheiten der Genitalien.

Dass die Verschiedenheiten des Magens weit von dem Anspruch auf specifischen Werth entfernt sind, beweisen die Differenzen bei den beiden persischen Exemplaren (Fig. 10 und 11). Sie lehren aber ein anderes. Bei dem kleineren Thiere ist nur die erste Hälfte des Vorderdarms magenartig erweitert, bei dem anderen auch die zweite. Den Magen einer grossen *olivieri* füge ich nach früheren Skizzen von 1882 in Fig. 12 dazu; hier ist der ganze Vorderdarm vom Oesophagus an bis zur Lebereinmündung eine einzige grosse Magenhöhle geworden. Wie aus dem kurzen Eingangscitat (s. o. S. 984) hervorgeht, glaube ich die Parmacellen von den hauptsächlich Pilze, Fleisch und Moder (d. h. wieder pilzreiche Nahrung?) geniessenden Vitrinen (oder den verwandten Hyalinien) ableiten zu sollen, durch Uebergang zur Krautnahrung, welche bei der Nothwendigkeit eines grösseren

Futterquantums den Magen zur Erweiterung zwang und dadurch dem Vorderkörper das Uebergewicht über den übrigen Organismus verschaffte, so dass dadurch die Schale zur Ablenkung der Wachsthumsrichtung, die in der Spathula ihren Ausdruck fand, gebracht wurde. Leider fehlen mir noch jüngere Stadien, und es muss somit fraglich bleiben, ob der jugendliche Vorderdarm der Bildung in Fig. 10 entspricht oder nur dessen erster, weiter Hälfte, hinter welcher dann gleich, wie bei den Vitrinen u. s. w., die Lebern einmünden würden. Höchst wahrscheinlich stellt das Stadium dieser Figur bereits in irgend einer Weise eine Verlängerung dar, da derartige Zustände als dauernd kaum von Pulmonaten bekannt sind. Auf die Verlängerung folgt dann die Erweiterung auch der zweiten Hälfte (Fig. 11), und das Ende des Vorganges ist die gleichmässig weite Aussackung der erwachsenen Schnecke (Fig. 12). Es bedarf nur des Hinweises auf die oben gegebenen äusseren Körperproportionen, die anfängliche Verlängerung und spätere, durch Erweiterung bedingte Verkürzung des Vorderkörpers, um die Abhängigkeit der äusseren Gestalt von der Ausbildung des Magens einleuchtend zu machen. — Möglicherweise können aber selbst die Befunde des Darminhalts zur Erklärung der Umbildung dienen. Dann würde No. 1, d. h. von den vorliegenden Schnecken die jüngste, über die Art und Weise Aufschluss geben, wie die pilzfressenden Thiere zur Krautnahrung übergegangen sind, indem sie nämlich die von Mehlthaupilzen besetzten Dicotylenblätter angingen und so sich an die Blätter selbst gewöhnten. Die älteren würden sich dann auf die Blätter beschränken; höchstens deutet der Genuss von modernden Pflanzentheilen bei No. 2 noch auf die frühere Ernährung. Es ist selbstverständlich, dass die einzelne Erfahrung, so sehr sie diese Deutung herausfordert, vorsichtig behandelt werden muss; immerhin wird die Auffassung wesentlich durch die ausschliessliche Pilznahrung der jüngsten freilebenden *Limax maximus* unterstützt.

Die Genitalentwicklung weist nach, dass wir es mit Thieren zu thun haben, bei denen erst die männliche Reife eingetreten ist; die stark entwickelte zweite (männliche) Eiweissdrüse, die schwache Ausbildung der Eileitermanschette, d. h. der den Nahrungsdotter liefernden Drüsen, die völlig fertige Ruthe, Samen- und Clitoristasche dienen als Belege. Zum Ueberfluss mag erwähnt werden, dass auch die portugiesischen Thiere proterandrisch sind und bei gleicher Grösse dieselben Geschlechtsverhältnisse zeigen. Es darf gewiss daraus gefolgert werden, dass die persischen Parmacellen zu demselben Körpermaass heranwachsen wie die westlichen und die kaukasischen. — Wichtiger sind die morphologischen Verschiedenheiten. Die einzigen Differenzen, welche mir die totale Verschmelzung der westlichen Formen mit der kaukasischen *olivieri* noch zweifelhaft machten, liegen im Penis, der Clitoris und der Patrone. Bei den Westformen war nie die echte fleischige Clitoris zu beobachten wie bei der *olivieri*; bei der letzteren war die Glans penis von der Patronenstrecke durchbohrt, während sich bei den iberisch-afrikanischen Stücken unregelmässige Wülste neben der Einmündung der Patronenstrecke bildeten; die Spermatophore endlich endete bei den Westformen frei mit zugespitztem Endfaden, während sie bei der *olivieri* mit kleiner Endplatte in das Epithel des Blasenstiels gewaltsam eingedrückt und befestigt war. Es fragt sich, ob diese Unterschiede typisch und von specifischem Werthe sind, was ich bezweifelte. In allen diesen drei erwähnten Punkten nun schliessen sich die persischen Schnecken den Westformen an, nur die Patronen- strecke hat bei der einen eine schwache Befestigung, Grund genug, glaube ich, alle auffindbaren Unterschiede für atypisch zu erklären und — die Identität der französischen, spanisch-portugiesischen, algerischen, maroccanischen und canarischen Formen vorausgesetzt, was hier nicht zu beweisen ist — alle die Westformen mit der kaukasischen und persischen zu fusioniren und, da nach der Beschreibung (s. die Arbeit von CROSSE) die afghanische *P. rutellum* am meisten mit der cana- rischen *calyculata* stimmt, zum östlichsten Vorposten dazu zu nehmen und nur die eine „*Parmacella olivieri*" gelten zu lassen.

Fraglich bleibt nur noch die Stellung der *P. velitaris* v. MTS. von Astrabad. Nach den Körpermaassen, welche der Autor angiebt (in: Bull. Acad. Imp. Sc. St.-Pétersbourg Tome 27, 1880, p. 154), ist an Identität mit der *olivieri*, wie ich früher anzunehmen geneigt war, kaum zu denken, und es bleibt nur ein doppelter Ausweg, entweder sie als eine neue Parmacellenart oder als einen ganz anderen Typus zu betrachten. Erstere Annahme hat wohl wenig für sich; denn wenn auf dem ungeheuren Mediterrangebiet in seiner gesammten ost-west- lichen Ausdehnung nur eine bekannte Parmacellenspecies vorkommt, die das ganze Gebiet beherrscht, so ist eine zweite wesentlich ab- weichende, local eingeschobene kaum zu erwarten; aber, was wichtiger ist, die Körpermaasse weisen ziemlich bestimmt nach einer anderen Richtung. Das Thier misst 29 mm in Spiritus; davon kommen auf den Mantel, der 10 mm hinter dem Kopfende beginnt, nur 8 mm, so dass ein Schwanz von 11 mm, d. h. von mehr als einem Drittel der Körperlänge erübrigt. Das widerspricht völlig dem Parmacellenhabitus mit dem abgekürzten Schwanzende. Dazu ist die dreitheilige Sohle nur 3 mm breit und die Form des Mantelschildes („vorn zugespitzt, hinten flach abgerundet") ganz anders, fast umgekehrt wie bei *Parmacella*. Wenn sich eine Schwanzdrüse, selbst nur eine flache, nachweisen liesse, würde ich unbedingt auf eine nackte Zonitide schliessen, oder aber wir haben es mit einer jener Gattungen zu thun, an denen die Scheide von Europa und Asien so reich ist, die aber dieses Grenzgebiet nicht verlassen (*Paralimax, Pseudomilax, Trigonochlamys, Selenochlamys* u. s. w.). Wahrscheinlich liegt in dieser *Parmacella velitaris* eine neue Gattung [1]) vor, welche für die Anknüpfung an manches andere Genus nach mehr als einer systematischen Richtung hin erwünschten Aufschluss verspricht. Möchte den Schatz zu heben verstehen, wem er erwachsen unter die Hände kommt!

1) Sie wurde oben S. 932 als *Pseudomilax* erkannt. Dr. O. BOETTGER.

---

### Erklärung der Abbildungen.

#### Tafel XXVII.

*Lytopelte sp.* vom Schah-kuh.

Fig.  8.   *osd* Ovispermatoduct. — *od* Oviduct. — *rec* Receptaculum. — *vd* Vas deferens. — *rp* Penisretractor. — *p* Penis.

Fig.  9.   Der Penis, dessen weiter distaler Abschnitt geöffnet ist. Er lässt den Reizkörper *rk* mit der Kalkplatte und dem Kalksporn *ks* erkennen.

*Parmacella olivieri* Cuv. von Siaret.

Fig. 10.   Vorderdarm des kleineren Stückes No. 1. *ph* Pharynx. — *zs* Zungenscheide. — *r.s* rechte, *l.s* linke Speicheldrüse. — *ll* Lebern; die eine, welche keine Darmschlinge aufnimmt, aber mit einem Zipfel im Schalengewinde steckt, ganz, von der anderen grösseren nur ein kleiner Theil.

Fig. 11.   Vorderdarm des grösseren persischen Stückes No. 2.

Fig. 12.   Vorderdarm einer erwachsenen *Parmacella olivieri* Cuv. von Lenkoran. *n* sympathischer Magennerv, von den Buccalganglien kommend.

Fig. 13.   Patronenstrecke und Penis von No. 1. *vd* Vas deferens. — *pat* Patronenstrecke. — *f.pat* ihr proximaler Theil, der den Faden der Spermatophore liefert. — *mrp* Musculus retensor penis.

Fig. 14.   Clitoristasche derselben Schnecke. $cl_2$ Knospe der zweiten Tasche. — *r.cl* Retractor.

# Die Säugethiere Transkaspiens.

Von

**Dr. G. Radde** und **Dr. A. Walter,**
mit Beiträgen von Professor **Dr. W. Blasius.**

Wissenschaftliche Ergebnisse der im Jahre 1886 in Transkaspien von
Dr. G. Radde, Dr. A. Walter und A. Konschin ausgeführten Expedition
und der Ergänzungsreise Dr. A. Walter's im Jahre 1887.

---

**Hierzu Tafel XXVIII.**

## Erklärung.

Die Resultate der im Jahre 1886 Allerhöchst befohlenen Expedition nach Transkaspien sollten, so wurde anfänglich beabsichtigt, in einem zusammenhängenden Werke in vier Bänden erscheinen, und zwar gleichzeitig in russischer und in deutscher Sprache. Herr Konschin, das Mitglied der Expedition für geologische Untersuchungen, sollte die seinem Fache entsprechende Abtheilung in einem Bande liefern, die zoologischen und botanischen Sammlungen sollten, von einer Reihe namhafter Specialisten bearbeitet, zwei weitere Bände füllen, und erst nachdem diese Vorarbeiten vollendet, konnte dann der vierte Band in Angriff genommen werden. Er sollte ausser eingehend behandelten Marschrouten alles enthalten, was in das Gebiet der Geographie im weiteren Sinne des Wortes gehört.

Indessen gelang es nicht, die bedeutende Summe zur Herstellung eines solchen Werkes zu erstehen, und es musste daher in anderer Weise mit den Publicationen verfahren werden. Demnach erscheinen die Specialia in den bezüglichen Zeitschriften; so der grösste Theil der zoologischen Arbeiten in diesen „Jahrbüchern", der ornithologische Beitrag in dem internationalen Journal „Ornis", alle Insecten bei

E. REITTER in Wien. Die Pflanzensammlungen werden einen Band der „Acta horti Petropolitani" füllen. Für den allgemeinen Theil hofft man einen Verleger zu finden.

Zur weiteren Orientirung des Lesers in der Sachlage sei erwähnt, dass sämmtliche zoologische und botanische Materialien druckfertig sind und im Verlaufe dieses Jahres die Presse wohl verlassen dürften, und dass ferner der vorläufige Bericht über die Expedition in Dr. A. PETERMANN's Geographischen Mittheilungen 1887, Heft 8 und 9 erschien.

Tiflis, im Mai 1888.                                    Dr. G. RADDE.

Nachdem wir zu Tiflis im Laufe des Winters 1887/88 den grössten Theil unserer Ausbeute an transkaspischen Säugern bestimmt und die Grundlage zu einem Manuscripte über dieselben angefertigt hatten, wurde in Deutschland eine vollkommene Neuausarbeitung nothwendig. Bei den mehr als dürftigen Literatur- und sonstigen Hülfsmitteln der fernen kaukasischen Metropole war nicht nur das sichere Determiniren vieler Arten unmöglich, sondern vor allem jede eingehendere Berücksichtigung der Verbreitung transkaspischer Formen ausserhalb unseres Reisegebietes so gut wie völlig ausgeschlossen. Dem ersten Missstande half zum Theil die grosse Liebenswürdigkeit des Herrn Prof. Dr. WILHELM BLASIUS in Braunschweig ab, welcher einige besonders schwierige Formen (*Otonycteris hemprichii* PETERS und *Mutela stoliczkana* BLF.) in bekannter erschöpfender Weise für uns behandelte und uns damit zum grössten Danke verpflichtet hat. Die letzten Reste zweifelhafter Species, einige Nager, konnte ich endlich dank der Liberalität des Herrn Prof. Dr. MÖBIUS, unter liebenswürdigster Mithülfe des Herrn Dr. REICHENOW, in den reichen Schätzen des neuen Museums für Naturkunde zu Berlin vergleichen. Für diese Möglichkeit sagen wir hier genannten Herren unsern wärmsten Dank.

Unzulänglichkeit einschlägiger systematischer und faunistischer Literatur war aber auch an einer kleinen Universität wie Jena empfindlich fühlbar und machte die Arbeit zeitraubend genug, um gegen den ursprünglichen Plan die Reptilien, Amphibien, Mollusken und die erste Hälfte der Binnencrustaceen Transkaspiens vor den Mammalien in diesen Jahrbüchern zum Drucke kommen zu lassen.

Jena.                                    Dr. ALFRED WALTER.

Bevor wir zur systematischen Aufzählung der transkaspischen Mammalien schreiten, ist es erforderlich, kurz das von uns behandelte Gebiet zu umschreiben. Dasselbe figurirt in der Abhandlung unter den zwei abwechselnden Namen Transkaspien und Turkmenien. Unter diesen zwei gleichwerthigen Bezeichnungen verstehen wir den Südtheil des alten aralo-kaspischen Beckens. Als Grenzen für den uns beschäftigenden Strich lassen sich angeben: im ganzen Westen die Ostküste des heutigen Kaspi von der Halbinsel Mangyschlak bis zur Mündung des Atrek; im Norden die Hochebene des Ust-jurt, das Südende des Aral und die Chiwa-Oase; im gesammten Osten der Bogenlauf des mittleren Amu-darja bis zu seinem Austritt aus den afghanobucharischen Gebirgen; im Süden der Nordfuss aller nordafghanischen Gebirgszüge bis zum Heri-rud, westlich von letzterem das System des Kopet-dagh im weitesten Sinne und endlich der Unterlauf des Atrek. Bezüglich des Kopet-daghs, als eines Theiles der Südgrenze, sei noch zu betonen erlaubt, dass wir in ihm die Grenze nicht dem Fusse entlang führen, sondern sie nahezu in der Mitte des senkrechten Durchmessers über die centralen höchsten Kammketten legen. Bis zu diesen steigen viele Formen der Ebene an Wasserläufen und in tiefen Schluchten an, in eben solchen überwanden südlich der Ketten heimische Formen die Höhen und sanken umgekehrt in die Turkmenenwüste ab. Erst jenseits der Kämme begegnen wir einzelnen Formen, die Turkmenien wirklich, bisher wenigstens, fremd sind. Man darf sich nicht daran stossen, dass ein erheblicher Theil der Grenzlinien mit den neuen politischen zusammenfällt. Letztere haben, wenigstens an der persischen Grenze Turkmeniens, thatsächlich die natürlichen vielfach genau getroffen. Ob Gleiches von der Grenze gegen Afghanistan gelten darf, können wir freilich nicht behaupten, da dort die politische Lage unserer Forschung unüberwindliche Schranken entgegenstellte und nach dem einzigen ärmlichen Säugerverzeichniss, welches den Arbeiten der englischen Grenzcommission entsprang, kein Urtheil zu bilden ist.

## I. Chiroptera.

Es fehlen Transkaspien durchaus die Bedingungen zu einer reichen Chiropterenfauna. Die endlosen Sandwüsten wie die salzigen dürren Hungersteppen schliessen jede Waldform aus. Nur schwach erinnern an eine solche die Dickichte von Tamarix mit eingestreuten Populus diversi-folia-euphratica, die einzig und allein in den engen Betten der wenigen grösseren Flüsse angetroffen werden. Sonst finden wir geringen Baum-wuchs noch in den spärlichen Gärten persischen Ursprunges im so-genannten Oasenlande längs dem Fusse des Kopet-dagh und an wenig Punkten dieses Gebirges, endlich in den lichten Beständen von Juni-perus auf den Höhen im Westtheile und ihnen entsprechenden von Pistacia vera im Ostende des Gebirgsstockes. Die persischen Gärten bergen fast ausschliesslich Maulbeer- und Apricosenbäume, die ja beide fast nie Höhlungen oder Astlöcher bieten; Tamarix, Populus diversi-folia und Pistacia liefern solche noch seltener und können somit nie Schlupfwinkel für Fledermäuse gewähren. Das Gebirge ist an Höhlen durchaus nicht reich, und der Mensch kam den tagscheuen Thieren in Turkmenien bisher durch Bauten kaum entgegen, als Nomade sich mit losen Jurten begnügend. Selbst die Reste alter Befestigungen sind durch ihre primitive und rohe Bauart, aus wenigen Lehmmauern bestehend, selten zu Verstecken der Fledermäuse geeignet. Bei der Vereinigung solch ungünstiger Bedingungen, wie Wasser- und Vege-tationsarmuth, völlige Offenheit des Gebietes und Mangel an Aufent-haltsorten, ist daher die durch uns aus Transkaspien erbrachte Zahl von 9 Arten Chiropteren als wenn auch nicht völlig erschöpfende, so doch als relativ hohe zu betrachten. Das lange schon der Forschung zugängliche und viel bereiste, dazu weit günstiger gestaltete Russisch-Turkestan kann jedenfalls noch heute die gleiche Zahl nicht aufweisen, und dieselbe wird selbst durch das Faunenregister des wechselreichen und ausgedehnten Persien nur wenig übertroffen. In der bisher vor-liegenden Literatur finden wir fast nichts über Chiropteren unseres Gebietes. Das einzige Einschlägige ist EVERSMANN's [1] Entdeckung der von ihm als *Vespertilio turcomanus* beschriebenen Varietät des *Ve-sperugo serotinus* SCHREB. am Ust-jurt. Sonst lesen wir nur noch über das Vorkommen von Fledermäusen in den Höhlen gegenüber Tachta-basar am Murgab bei LESSAR [2]. Diese Bemerkung findet nur Er-

---

1) In: Bulletin Soc. Imp. Naturalistes Moscou 1840, No. 1, p. 21.
2) Südwest-Turkmenien, 1884, p. 73 (russisch).

wahnung, weil sie zum ersten Male die originelle Bezeichnung der Saryk-Turkmenen für Fledermäuse als „Hähne ohne Federn" bringt. Hier nach Anführen jener Höhlen ist es wohl der geeignetste Ort zur Schilderung einer interessanten Erscheinung aus denselben. Auch mir (WALTER) berichteten, wie früher LESSAR, die Eingeborenen, es hauseten dort solche Massen bezeichneter Geschöpfe, dass ihr Flügelschlag jedes Licht verlösche. Danach hoffte ich auf reiche Chiropterenausbeute in jenen sonderbaren Troglodytenbauten, deren Lage und detaillirte Beschreibung im allgemeinen Theile der Expeditionsergebnisse gegeben werden soll. Alle Räume der ausgedehnten (künstlichen) Höhlen einen ganzen Tag lang (am 9./21. April 1887) durchsuchend, fand ich indes bloss 5 lebende Exemplare von *Rhinolophus ferrum-equinum* SCHREBER und 3 von *Synotus barbastellus* SCHREB. Dafür aber hingen allenthalben an den Wänden zahlreiche Mumien genannter zwei Arten, und zwar vollkommen eingetrocknet, in völlig natürlicher Stellung, so dass sie beim zweifelhaften Laternenscheine zu mehrfachen Fangversuchen verleiteten. Die früher offenbar reichbesetzte Fledermauscolonie der Höhlen war eben bis auf wenige Exemplare ausgestorben. An ein Erfrieren kann bei der Tiefe der Räume nicht gedacht werden, und es bleibt kaum eine andere Deutung übrig, als dass zeitweilig die stets überaus dumpfe Luft eine Beschaffenheit annimmt, welches zu plötzlicher Abtödtung der Thiere in ihrer Schlafstellung führt.

Bei der Aufzählung unserer transkaspischen Chiropteren-Arten wählen wir eine Reihenfolge, die dem Systeme DOBSON's [1]) entspricht, und behalten auch die von DOBSON angewandten Genusnamen bei, die abweichenden KOLENATI's [2]) in Klammern setzend.

## 1. *Rhinolophus ferrum-equinum* SCHREBER.

Eine bedeutende Zahl von Exemplaren stammt aus der Höhle von Durun, wo wir diese Art in grossen Colonien am 7./19. und 8./20. April 1886 antrafen. Ferner sammelten wir Exemplare der Art bei Pul-i-chatun am Tedshen Anfang Juli 1886, in den Höhlen von Tachtabasar am Murgab 9./21. April 1887, in einer kleinen Höhle am linken Kuschk-Ufer, unfern Tschemen-i-bids 23. April/5. Mai 1887 und bei Askhabad Anfang Juni 1887.

Aus diesen Fundortsangaben ist ersichtlich, dass *Rh. ferrum-*

---

1) DOBSON, G. E., Catalogue of the Chiroptera in the collection of the British Museum, London 1878.
2) KOLENATI, Monographie der europäischen Chiropteren, Brünn 1860.

*equinum* durch Turkmenien weit verbreitet ist, und zwar gleichmässiger als alle übrigen Arten über die Fläche vertheilt.

Unsere Exemplare sind, obzwar sonst durchaus typisch, meist etwas schwachwüchsig und sehr hell. Wohl diese helle Wüstenform hat derzeit SEVERZOW veranlasst, seine *Rhinolophus*-Stücke aus dem nördlich an unser Gebiet grenzenden Turkestan als *Rhin. euryale* BLAS. (freilich mit einem ?) zu bezeichnen [1]). Schon DOBSON [2]) weist auf die Wahrscheinlichkeit hin, dass SEVERZOW nur *Rh. ferrum-equinum* vorgelegen hat, und wir glauben dieses strict behaupten zu können, auch abgesehen davon, dass SEVERZOW selbst l. c. von einer Zwischenform zwischen *Rh. euryale* und *Rh. ferrum-equinum* spricht. Trotz speciell auf diese interessante Form (die *Rh. euryale*) gerichteter Aufmerksamkeit suchten wir sie in zwei Jahren vergeblich durch ganz Turkmenien und Nordchorassan. Sie fehlt aber auch ganz Persien und selbst schon den Kaukasusländern vollkommen. *Rhinolophus euryale* BLAS. scheint eben eine der strengst mediterranen Thierformen zu sein und sich nirgend weit vom Mittelmeere zu entfernen. Die östlichsten Verbreitungspunkte liegen nach DOBSON [3]) im Thale des Euphrat, nördlich davon dringt sie nicht so weit östlich, nicht mehr bis zum Kaukasus, geschweige denn bis Central-Asien vor.

## 2. *Rhinolophus clivosus* CRETSCHM.

Diese Hufeisennase besitzen wir nur in einem transkaspischen Exemplare, das am 7./19. April 1886 in der Höhle von Durun unter *Rh. ferrum-equinum* gefangen wurde. Es stimmt in allen Stücken, so bezüglich des Hufeisenrandes, der Gestalt der vorderen Querfläche auf dem Hufeisen, der Phalangenproportionen, der Schwanzlänge, der Anwachsstelle der Flughaut erst über der Fusswurzel am Schienbeine der Hinterextremität etc., mit den Beschreibungen dieser Species überein.

---

1) Die verticale und horizontale Verbreitung der Thiere Turkestans, in: Mittheil. der Gesellschaft von Freunden der Naturwissensch. etc. zu Moscau, T. VIII, Lief. II (russisch), u. die Säugethiere daraus englisch: The Mammals of Turkestan, by Dr. SEVERTZOFF, übersetzt von F. C. CRAEMERS, in: Annals Mag. Nat. Hist. (4. Series), Vol. 18, 1876.

2) Observations on Dr. SEVERTZOFF's „Mammals of Turkestan" (translated by F. C. CRAEMERS), in: Annals Mag. Nat. Hist. (4. Series), Vol. 18, 1876, p. 132.

3) Catalogue of the Chiroptera etc., 1878, p. 116.

Nur der obere Winkel am Ohreinschnitt ist nicht so stumpf, wie es Blasius abbildet [1]) und Kolenati angiebt [2]).

Unser Fund des *Rhinol. clivosus* in Westturkmenien reiht sich gut an den Nachweis der Art in Transkaukasien durch Kolenati [3]) an. In Persien scheint sie bislang noch nicht beobachtet zu sein, jedenfalls kennt sie W. F. Blanford [4]) von dorther nicht, und Dobson [5]) vermerkt für sie überhaupt keinen asiatischen Fundort.

### 3.  *Synotus barbastellus* (Schreber) Daubent.

3 Exemplare aus den Höhlen gegenüber Tachtabasar auf dem rechten Ufer des Murgab, wurden am 9./21. April 1887 gesammelt.

Sie stimmen vollkommen mit europäischen überein.

### 4.  *Otonycteris hemprichii* Peters.

Neue Beiträge zur Kenntniss der Chiropteren, in: Monatsberichte Akad. Wissensch. Berlin 1859, p. 223 (28. Februar 1859).

Carus & Gerstäcker, Handbuch der Zoologie, Bd. 1 (1868—1875), p. 85.

Dobson, Catalogue Chir. Brit. Mus., June 1878, p. 182.

J. Scully, On the Mammals of Gilgit, in: Proc. Zool. Soc. London 1881, p. 199.

Die Worte, mit denen Peters 1850 diese Art zugleich als Vertreterin einer der Gattung *Nycticejus* nahe stehenden neuen Gattung beschrieben hat, lauten:

„Zwei Exemplare dieser neuen Gattung befinden sich im (Berliner) zoologischen Museum, welche aus der Sammlung der Herren Hemprich und Ehrenberg stammen sollen. Sie hat durch den Bau der Ohren und des Ohrdeckels die grösste Aehnlichkeit mit der Gattung *Plecotus* und war unter diesem Namen auch aufgestellt; jedoch sind die Nasenlöcher nicht nach hinten erweitert, noch auf der oberen Seite gelegen, sondern sie sind einfach sichelförmig und nach vorn gerichtet wie bei der Gattung *Vespertilio*. In der Gestalt des Schädels nähert sich diese Gattung am meisten dem *Nycticejus*, und ebenso stimmt sie auch hin-

---

1) Naturgeschichte der Säugethiere Deutschlands etc., Braunschweig 1857, p. 33, Fig. 10.
2) Monographie der europäischen Chiropteren, Brünn 1860, p. 148.
3) l. c. p. 150.
4) Eastern Persia, Vol. II, Zoology and Geology, London 1876.
5) Catalogue of the Chiroptera etc., p. 121.

sichtlich der Gestalt und Zahl der Zähne ganz mit *Nycticejus* (*plani-rostris* PET.) überein: $\frac{3.1}{3.2} \cdot \frac{1}{1} \cdot \frac{1-1}{6} \cdot \frac{1}{1} \cdot \frac{1.3}{2.3} = 30$.

*Otonycteris hemprichii n. sp.; supra albescenti-brunneus, subtus albus, alis dilute brunneis.*

*Long. tot.* 0,110 [1]); *cap.* 0,025; *aur.* 0,030; *tragi* 0,015; *caudae* 0,045; *antibr.* 0,058; *exp. alar* 0,320.

Ist diese Art übereinstimmend mit GRAY's *Plecotus christii?*"

Das mir vorliegende Exemplar (von Herrn Dr. A. WALTER bei Jolotan am Murgab, Transkaspien, am 25. März 1887 erlegt) entspricht durchaus der obigen Beschreibung in Form und Färbung der einzelnen Theile. Auch die Maasse stimmen so gut, als man es erwarten kann, mit den von PETERS angegebenen Maassen überein; ich messe an dem in Weingeist aufbewahrten Exemplar: *Long. tot.* 0,125 (Herr Dr. A. WALTER wahrscheinlich im frischen Zustande 0,130); *cap.* 0,025; *aur.* 0,030; *tragi* 0,016; *caudae* 0,050 (Herr Dr. A. WALTER wie oben 0,053); *antibr.* 0,060; *exp. alar.* 0,320. Die inneren Ohrränder stehen nur 0,007 m von einander entfernt, so dass sie sich über dem Kopfe fast zu berühren scheinen.

Beschreibung. Gebiss = 30 Zähne nach der Formel: $\frac{3.1}{3.2} \cdot \frac{1}{1} \cdot \frac{1-1}{6} \cdot \frac{1}{1} \cdot \frac{1.3}{2.3} = 30.$ — Der einzige obere Schneidezahn jederseits ist sehr stark und mit starkem Seitenhöcker versehen. Der erste Lückenzahn des Unterkiefers bedeutend kleiner als der zweite. An den zwei ersten unteren Backenzähnen das hintere Prisma weit niedriger als das vordere und etwas nach aussen vorgezogen. Die breite Schnauze nebst den Wangen bis hinter die relativ grossen Augen fast nackt, nur mit zerstreuten straffen Haaren besetzt und weiss. Die sehr grossen und breiten Ohren länger als der ganze Kopf, auseinander-stehend und dünnhäutig durchscheinend. Ihr Aussenrand endet unfern des Mundwinkels mit ihm in gleicher Höhe, ist unten convex, gegen die Spitze leicht concav ausgeschweift. Der Innenrand ganzrandig leicht bogig. Die Ohrspitze abgerundet. Der schmale Tragus ragt ungefähr bis zur Mitte der Ohrhöhe vor, besitzt an der Basis einen schwachen Zahn, dicht über diesem seine grösste Breite, die von der Mitte an wenig abnimmt. Er endet fingerförmig gerundet. Dabei ist seine Spitze leicht nach aussen gewandt und mit einigen Zacken am Ende des Aussenrandes versehen. Die Flughaut ist bis zur Zehenwurzel angewachsen. Das starke Sporn-

---

1) Meter.

bein trägt keinen seitlichen Hautlappen. Vom Schwanz ragt nur das
letzte Glied und eine Spur des vorletzten kurz aus der Schwanzflughaut vor. Die ersten Phalangen des 3.—5. Flugfingers fast gleich,
die des 5. nur um den Gelenkkopf kürzer als die gleichen des 3. und 4.
Der Daumen lang und frei. Schwanzflughaut mit ca. 14 Muskel-
streifen. Flughäute nackt. An der Innenseite des Ohres der Kiel
mit langen weissen Wimperhaaren bedeckt, wenige solcher auch weiter
auf der Oberfläche. An der Aussenseite nur an der Basis des Aussenrandes kurze feine weisse Wimpern. Farbe der ganzen Unterseite
milchweiss. Der ziemlich lange, lockere Pelz des Rückens unten milchweiss, an den Haarspitzen ganz leicht röthlich rauchgrau überflogen,
doch so, dass das Weiss der untern Haarhälften sich überwiegend
geltend macht. Gesicht weiss, Klauen weiss. Die Flughäute durchscheinend rauchfarben, die Oberarmflughaut besonders hell und der
Flughautsaum eine weisse Leiste. Länge von der Schnauzenspitze bis
zur Schwanzwurzel 8 cm. Schwanzlänge 5,3 cm, also Totallänge 13,3 cm.
Die sehr bedeutende Flugweite lässt sich wegen zerschossener Flügel
nicht genau messen.

Das asiatische Vorkommen dieses Anfangs ohne Heimathangabe
beschriebenen und später mit der fraglichen Heimath „Aegypten" [1]
bezeichneten Art ist neuerdings nachgewiesen. Nach SCULLY's Liste
der von Major BIDDULPH im Juli 1876 in Gilgit gesammelten Säugethiere kommt die Art sogar in Gilgit (Kaschmir) vor. Die Verbreitung in Transkaspien scheint noch unbekannt gewesen zu sein.

Prof. Dr. W. BLASIUS.

---

[1] Die Angabe über das Vorkommen in Aegypten dürfte indess
wohl richtig gewesen sein, da LATASTE die *Otonycteris hemprichii* PETERS
in Nordafrika nachgewiesen hat, vgl. F. LATASTE, Étude de la Faune des
Vertébrés de Barbarie (Algérie, Tunisie et Maroc) — Catalogue provi-
soire des Mammifères apélagiques sauvages, in: Act. Soc. Lin. Bordeaux,
1885, Vol. 39, und daraus ausgezogen bei KOBELT, Die Säugethiere Nord-
afrikas (Nachtrag), in: Zool. Garten 1886, Jahrg. 27, p. 313. Für die
Fauna des russischen Reiches ist sie neu.

Diese schöne Art begegnete mir einzig bei Jotolan am Murgab in
der Südspitze der Merw-Oase (im weitesten Sinne) und auch dort in
nur zwei Exemplaren, die beide geschossen wurden. Sie kam erst spät
am Abende zum Vorscheine, und zwar aus dem Lehmtrümmern alter
Festungsreste, um nahe vom Orte über dem Murgabthale in ziemlich
langsamen flatternden Fluge ganz regelmässige Kreistouren auszuführen.
Beide Exemplare hielten sich dabei in ziemlicher Höhe über dem Boden,
etwa 20 Meter über dem Thalgrunde. A. WALTER.

**5.**  *Vesperugo* (*Cateorus* Kol.) *serotinus* (Daub.) Schreber
     var. *turcomanus* Eversm.

Eversmann, Mittheil. über einige neue und einige wenig gekannte Säugethiere Russlands, in: Bulletin Soc. Imp. Nat. Moscou 1840, No. 1,
p. 21 (*Vespertilio turcomanus*). — Brandt, Die Handflügler des
europ. u. asiat. Russland, in: Mém. Acad. St. Pétersb. T. 7, 1855,
p. 35 (*Vespertilio turcomanus* Ev.).

4 Exemplare, den 25. März/6. April 1887 im alten Kara-
wansarai des Posten Imam-baba am Murgab (linkes Ufer) gefangen,
liegen uns vor. Für sie treffen Blasius' Worte[1]: „*Vespertilio turcomanus* Eversm. ist eine höchst interessante, sehr hellfarbige und
etwas kleinere Localvarietät von *Vesperugo serotinus*" vollkommen zu.
In allen wesentlichen Stücken (Gebiss, Proportionen, Ohr- und Tragus-
form etc.) stimmen auch unsere Exemplare genau mit *Vesperugo serotinus* Schreb. überein, unterscheiden sich nur durch erheblich geringere
Grösse und hellfarbigeren Pelz von derselben.

Die Varietät wird vornehmlich interessant durch ihre gut umschriebene Verbreitung, als Wüstenform par excellence. Das kaspische
Meer trennt sie im Westen scharf von der Grundform, die sich in den
Kaukasusländern allein findet. Jedenfalls besitzt das kaukasische
Museum zu Tiflis eine Reihe von Exemplaren des *Vesperugo serotinus*
von verschiedenen Punkten Transkaukasiens, Kutais, Tiflis, Karajas,
Elisabethpol, Nucha (also auch aus der heissen unteren Kura-Steppe),
die alle europäischen durchaus gleich sind, ohne im geringsten zur
turkmenischen Varietät hinzuneigen. Nördlich vom Kaukasus und Kaspi
scheint der blosse Uebergang der Wüste und Hungersteppe in besseren
Steppengrund die Westgrenze zu bedingen. Wenigstens finden wir
nirgend eine Angabe über eine Beobachtung der *var. turcomanus* in
den südrussischen Steppen westlich vom Ural-Flusse, oder vollends
der Wolga. Ueber die Nordgrenze liegt in erster Linie Eversmann's[2]
Nachricht vor. Sie lautet: „*Vesperugo turcomanus* Evm. findet sich
— nordwärts etwa bis zum 48. Breitengrade." Aus dem Becken des
Balchasch-Sees führt dann auch neuerdings Nikolsky[3] die *var. tur-*

---

1) Naturgesch. d. Säugethiere Deutschlands, p. 77.
2) Kurze Bemerk. über Vorkommen u. Verbreit. einiger Säugeth.
u. Vögel in den Wolga-uralischen Gegenden u. d. Steppen der Kirgisen,
in: Noveaux Mém. Soc. Imp. Nat. Moscou, 1855, p. 270.
3) Ueber d. Wirbelthierfauna auf d. Grunde des Balchasch-Beckens,
II. Beilage zu den Arb. d. Petersb. Naturforschergesell., T. 19, Abtheil.
f. Zool. u. Physiol., 1888, p. 84 (russisch).

*comanus* EVERSM. auf, freilich nur im Citate nach SEVERZOW l. c.
Nur bei EVERSMANN l. c. ist eine Andeutung für die Ostgrenze der
Verbreitung gegeben, indem es dort heisst: „findet sich überall in den
Steppen vom Kaspischen Meere bis zu Chinas Grenzen". Jener Zeit
fiel die chinesische Grenze wohl ungefähr (die Notiz EVERSMANN's ist
ja auch nur als ungefähr zu betrachten) mit dem Ostende des eigentlichen aralo-kaspischen Wüstenbeckens zusammen. In die Gebirge am
Ostrande des letzteren steigt unsere Form schwerlich auf, wurde bislang im Pamir, in Kaschghar, Kaschmir etc. nie gefunden. Ebenso
scheint nach dem heutigen Kenntnissstand der Parapomisus in Afghanistan und das Chorassaner Scheidegebirge gegen Persien der Varietät
die südliche Verbreitungslinie zu ziehen. Aus dem jetzigen Persien
besitzen wir jedenfalls keine sicheren Daten über ihr Vorkommen,
denn DE PHILIPPI's [1]) Aufführung des *V. turcomanus* vom Hochlande
Nordwest-Persiens, zwischen Tabris und Kaswin, dürfen wir entschieden
in Zweifel ziehen, weil in jener Strecke nahe liegenden Gegenden nur
die typische Form bekannt ist (wie durch ganz Transkaukasien) und
die *var. turcomanus* EVERSM. zwischen Kaswin und ihren wirklichen
Heimstätten nördlich vom Kopet-dagh nie erwiesen ward. In Südpersien tritt eine andere Varietät, die *V. serotinus var. schirazensis*
DOBSON auf. Wenn nun auch die seinerzeit nicht mehr ausdehnbare
Verbreitungsangabe BLASIUS' (l. c.) für die *var. turcomanus*: „bis jetzt
nur in den Steppen zwischen dem Kaspischen Meere und Aralsee gefunden" (d. h. in den Schluchthängen des Ust-jurt, wo EVERSMANN [2])
sie zuerst entdeckte) heute erheblich zu erweitern ist, so gelang es
doch bisher nicht, das Wohngebiet dieser Form weit über das aralo-
kaspische Becken hinauszuführen. Im Haupttheile desselben behauptet
sie allein den Platz, mit Ausschluss der typischen Grundform. Nur
für Turkestan führt SEVERZOW l. c. (der die *var. turcomanus* trotz
BLASIUS l. c., KOLENATI l. c. etc. wieder als selbständige Art betrachtete und darin selbst nach DOBSON's [3]) erneuter Correctur bei NIKOLSKY
l. c. Nachahmung fand) die typische Art, wie auch die turkmenische
Varietät auf. Da indess, wie so oft bei SEVERZOW, genaue Fundortsangaben mangeln, so bleibt es unentschieden, ob wirklich in Tur-

---

1) Viaggio in Persia, 1865, p. 343 (citirt nach BLANFORD, Eastern
Persia, Vol. 2, Zoology and Geology, 1876, p. 21).
2) In: Bull. Soc. Imp. Nat. Moscou 1840, No. 1, p. 21.
3) Observations on Dr. SEVERTZOFF's Mammals of Turkestan, in:
Ann. Mag. Nat. Hist. 1876, 4. series, Vol. 18, p. 131.

kestan beide neben einander vorkommen. Vielleicht ist dort der
typische *V. serotinus* SCHREB. an das zum Theil bewaldete Gebirge,
die *var. turcomanus* EVERSM. an die Wüste und Steppe gebunden,
was uns wahrscheinlich scheint.

**6. *Vesperugo (Nannugo* KOLEN.) *pipistrellus* (DAUB.) SCHREB.**

Drei Exemplare der Zwergfledermaus schliesst unsere transkaspische Sammlung ein. Das erste wurde in Germab im Kopet-dagh
(ca. 2500′ Meereshöhe), am 12./24. Mai 1886, das zweite am Fusse
des Kopet-daghs über Askhabad Ende Juli 1886 und das dritte am
Amu-darja (Station Amu-darja) den 10. und 22. März 1887 geschossen.
Alle drei Exemplare fallen durch sehr helle Färbung, ein lichtes Lehmgelb auf. Bei dieser hellen Gesammtfärbung wird der Flughautsaum
so zart, dass er weisslich gerandet erscheint und darin an dieses für
*V. kuhlii* NATTERER bekannte Verhalten erinnert. Von letzterer sind
unsere Stücke aber sofort durch ihren zweispitzigen ersten Vorderzahn,
ihre geringere Grösse etc. zu unterscheiden. Ebenso deutlich unterscheiden sie sich vom *V. abramus* TEMM. durch den Ausschnitt des
äusseren Ohrrandes, durch die geringe Grösse des Penis etc. Ueberhaupt stimmen alle festen Charaktere einzig zu *V. pipistrellus.*
DOBSON [1]) erwähnt auch schon solch heller Wüstenexemplare, „specimens inhabiting sandy district", von *Vesperugo pipistrellus* SCHREB.

Diese ja überhaupt zu den weitestverbreiteten Fledermäusen zählende
Art scheint auch in Transkaspien über das ganze Gebiet, wenn auch
vielleicht weniger gleichmässig und jedenfalls in geringerer Häufigkeit als *Rhinolophus ferrum-equinum* SCHREBER, vertheilt zu sein,
erlangten wir sie doch sowohl im Westtheile des Kopet-dagh, als auch
am Oxus. Zwischen diesen zwei Punkten wurde sie noch bei Askhabad, auf der Strasse nach Mesched unfern der Quelle Kuhrt-su (Wolfs-
wasser) am 21. Mai/3. Juni 1886 und in Merw am 4./16. März 1887
beobachtet.

Sehr auffallend ist es, dass BLANFORD [2]) die Zwergfledermaus aus
Persien nicht erbringen konnte, sondern bloss die Wahrscheinlichkeit
ihres Vorkommens nach EICHWALD's [3]) Daten über Transkaukasien

---

1) Catologue of the Chiroptera etc., p. 224.
2) Eastern Persia, Vol. 2, p. 23.
3) Fauna caspio-caucasica, 1841.

vermerkt. Durch ganz Transkaukasien ist sie (und zwar in ganz typischer, von der europäischen nicht oder kaum abweichender Form) in der That die häufigste und allgemeinstverbreitete Art, schon von MÉNÉTRIES [1]) um Lenkoran nachgewiesen (denn leicht lässt sie sich aus dessen Notiz sub Anm. 2 erkennen)[2]). Bestätigt wurden diese Nachweise durch einige im kaukasischen Museum zu Tiflis befindliche, aus Lenkoran stammende Exemplare. Nehmen wir die transkaspischen Fundorte Germab und Kuhrt-su im Kopet-dagh, hart an der neuen persisch-russischen Grenze, bisher in Persisch-Chorassan belegen, hinzu, so darf die Art nun wohl auch sicher der persischen Fauna zugezählt werden.

Dass *V. pipistrellus* SCHREB. in SEVERZOW's Liste der turkestanischen Säugethiere l. c. fehlt, erklärt sich wohl aus einer Verwechselung ihrer Wüstenform mit dem *V. abramus* TEMM. DOBSON [3]) zeigt nämlich erst, dass die von SEVERZOW unter besonderen Nummern aufgezählten zwei Arten *V. blythii* WAGNER und *V. akokomuli* TEMM. *var. almatensis* SEV. in eine, und zwar den *V. abramus* TEMM., zusammenfallen, und schliesst daran Folgendes: „The species most probably alluded to under the above two names by Dr. SEVERTZOFF is *V. pipistrellus*, of which many specimens were collected by Dr. STOLICZKA at Yangihissar. — *V. abramus* has not been found, so far as I can determine, north of the Himalayas."

### 7. *Vespertilio (Myotus* KOLEN.) *murinus* SCHREB.

Eine grosse Zahl von Exemplaren entnahmen wir der Höhle von Durun am Fusse des Kopet-dagh den 7./19. und 8./20. April 1886.

Alle wichtigen Charaktere stimmen mit denen europäischer Stücke überein, nur sind die transkaspischen relativ kleinwüchsig und in der Pelzfarbe etwas heller und mehr gelblich. *V. murinus* wurde in starken (jede nach Hunderten zählenden) Colonien neben drei anderen Arten und zum Theil mit ihnen vermengt in genannter Höhle, namentlich in den Seitennischen und engen Röhren derselben, angetroffen.

1) Catalogue raisonné etc., 1832, p. 17.
2) Nachträglich erst bemerken wir, dass BRANDT später die Exemplare MÉNÉTRIES' gemustert und schon sicher als *V pipistrellus* bestimmt hatte, vgl. Die Handflügler des europ. u. asiat. Russland etc., in: Mém. Acad. Sc. St. Pétersb. Sc. Nat., Tom. 7, 1855, p. 34.
3) Observations on Dr. SEVERTZOFF's „Mammals of Turkestan", in: Ann. Mag. Nat. Hist., Vol. 18, 1876, p. 131.

### 8. *Vespertilio* (*Brachyotus* KOLEN.) *mystacinus* LEISLER.

Ein Ende Juli 1887 in Askhabad gefangenes Exemplar ward uns nach Tiflis eingesandt.

### 9. *Miniopterus schreibersii* NATTER.

Eine sehr bedeutende Zahl von Exemplaren erbeuteten wir am 7./19. und 8./20. April 1886 in der Duruner Höhle, wo die Art zu Tausenden hauste und namentlich mit *V. murinus* oft in engste Gesellschaften vereint war. Wie enorm die Zahl der dort angesammelten Fledermäuse war, erleuchtet vielleicht daraus, dass ein in eine Delle der Decke abgefeuerter Schuss Vogeldunst 123 Stück der zwei genannten Arten tödtete oder wenigstens hinabwarf und uns lieferte.

## II. Insectivora.

Zur überhaupt armen Säugerfauna des transkaspischen Wüstenbeckens liefert die Ordnung der Insectivoren mit die geringste Artenzahl. Wir konnten selbst nur drei Species dieser Gruppe aus dem Gebiete erbringen, denen nach früheren Literaturangaben noch eine vierte sich anschliessen liess.

### a) Erinacei.

### 10. *Erinaceus auritus* (GMEL.) PALL.

BRANDT, J. F., Zool. Anh. z. LEHMANN's Reise nach Buchara und Samarkand, Petersb. 1852, (*Erinaceus auritus*).

NIKOLSKY, Materialien zur Kenntniss der Wirbelthierfauna Nordost-Persiens und Transkaspiens, in: Arbeiten der St. Petersburger Naturforschergesellschaft, Tom. 17, 1. Liefr., 1886, p. 384 (russisch).

Entschieden gehört der durch ganz Transkaspien verbreitete Igel dieser Art an. Die 3 von uns dort erbeuteten Exemplare stimmen vollkommen mit einem südrussischen des kaukasischen Museums zu Tiflis überein. Den *E. albulus* STOLICZKA, der von SCULLY [1]) für Merutschak am Murgab, einem dicht neben unserer Reiseroute be-

---

1) The Mammals and Birds collected by Capt. C. E. YATE C. S. J., in North-Afghanistan, in: Journ. Asiat. Soc. Bengal, Vol. 56, Part 2, No. 1, Calcutta 1887, und daraus die Mammalien allein, in: Ann. Mag. Nat. Hist., 5. series, Vol. 20, 1887, p. 379.

legenen Grenzpunkte Afghanistans, verzeichnet ist, vermochten wir leider nicht zu vergleichen. Aus der kurzen Beschreibung SCULLY's seiner afghanischen Exemplare werden die Unterschiede vom *E. auritus* PALL. nicht recht ersichtlich.

Dank seiner streng nächtlichen Lebensweise begegneten wir lebenden *E. auritus* nicht oft, überzeugten uns aber von seiner grossen Häufigkeit durch ganz Turkmenien, von der Ostküste des Kaspi an bis östlich vom Murgab an den überall im Sande sichtbaren Spuren, noch deutlicher an den überaus zahlreich aufgefundenen Häuten desselben. Offenbar ist es der dort allgemein verbreitete Steppenfuchs, *Canis karagan* ERXL. = *melanotus* PALL., dem der Igel so oft zur Beute wird. Nach BRANDT's oben citirten Angaben wies LEHMANN den *E. auritus* schon 1840 im äussersten NW. unseres Gebietes, bei der Festung Nowo-Alexandrowsk (Halbinsel Mangyschlak) nach. NIKOLSKY l. c. fand 1885 (wie auch wir später) Häute in der Umgebung Tschikischljars.

## 11. *Erinaceus hypomelas* BRDT.

BRANDT, *Erinaceus hypomelas*, in: Bull. Acad. St. Pétersb. 1836, No. 4, p. 32 (dans le pays des Turcomans).
BRANDT J. F., Zool. Anh. z. LEHMANN's Reise nach Buchara u. Samarkand, St. Petersb. 1852, p. 300.
EVERSMANN, Kurze Bemerkungen über d. Vorkommen u. d. Verbreit. einiger Säugethiere u. Vögel in d. Wolga-uralischen Gegenden und den Steppen der Kirgisen, in: Nouv. Mém. Soc. Imp. Nat. Moscou, 1855, p. 269.

Auf Grund der zwei vorstehenden Literaturquellen nehmen wir diese Form in's transkaspische Faunenregister auf, indem LEHMANN sie bei Nowo-Alexandrowsk beobachtete, EVERSMANN am Ust-jurt zwischen dem Kaspi und Aralsee kennen lernte. Wir vermochten sie im Innern Turkmeniens nicht zu erhalten, und es scheint nicht unwahrscheinlich, dass sie, wie auch mehrere Nager, am Höhenzuge des Ust-jurt ihre Südgrenze erreicht.

## b) Sorices.

## 12. *Crocidura aranea* SCHREBER.

Drei noch junge Exemplare erlangten wir am 24. Mai/5. Juni 1886 zu Germab im Kopet-dagh. Sie stimmen in allen Stücken, in der Farbenvertheilung, Schwanzlänge, Form der 6 Schwielenhöcker auf

64*

den Fusssohlen, Rüssellänge und vor allem in den Gebissverhältnissen, wie endlich in der so charakteristischen winkeligen Umbiegung des Oberkieferrandes über der Mitte des vorletzten Backenzahns (an dessen Aussenrand), so vollkommen mit europäischen Exemplaren der *Cr. aranea* SCHREB. überein, dass, obgleich die Stücke noch nicht völlig ausgewachsen, kein Zweifel an ihrer Zugehörigkeit herrschen kann.

### 13. *Pachyura sp. (etrusca* SAVI ?).

Ein Exemplar einer echten *Pachyura* fand sich unter Solpugen, Scorpionen und Insecten, die Herr Dr. G. v. SIEVERS 1873 in der Turkmenensteppe (genauere Ortsangabe fehlt) gesammelt und (in Alkohol aufbewahrt) dem kaukasischen Museum zu Tiflis überlassen hatte. Da dieses Stück in allem Wesentlichen recht wohl zu den Beschreibungen der *Pachyura etrusca* SAVI = *Croc. suaveolens* PALL. bei BLASIUS [1]) stimmt, waren wir Anfangs geneigt, es direct dieser Art unterzuordnen. Die Unterschiede der *Pachyura*-Species, deren ANDERSON [2]) 1873 schon 10 aus Südasien aufführt, scheinen aber derart minutiöse zu sein, dass bei den meist äusserst dürftigen Beschreibungen, ohne Vergleichsmaterial (und uns stand keine der indischen Formen zu Gebote) doch keine definitive Entscheidung getroffen werden kann, und wir es daher

---

1) Naturgesch. der Säugeth. Deutschlands, p. 147.
2) On the species and dentition of the southern Asiatic shrews, preliminary to a monograph of the group., in: Proc. Zool. Soc. London, 1873, p. 227—235. Die Zahl ist in ANDERSON's späteren Arbeiten: Anatom. and. zool. researches comprising an account of the zool. res. of the two expeditions to Western Yunnan in 1868 u. 1875, Vol. 1, London 1878, und im Journ. Asiat. Soc. of Bengal, die wir nicht einsehen konnten, sondern nur nach dem Jahresbericht für 1878 kennen, noch bedeutend vermehrt. Endlich finden wir ganz neuerdings in den Ann. Mag. Nat. Hist. Lond. 1888, No. 6, June, p. 427—429, auch durch DOBSON noch zwei neue indische Arten des Genus *Pachyura* beschrieben. Das dort als im Manuscript schon vorliegend bezeichnete Werk des bekannten Chiropteren-Forschers wird hoffentlich bald erscheinen und die schwierigen *Pachyura*-Arten wie die Sorices überhaupt klären. Sehr interessant ist es jedenfalls, dass Indien eine ganze Reihe von Soriciden des Genus *Pachyura* aufweisen kann, welches nach W. nur eine oder höchstens zwei Arten bis in die eigentlichen Mittelmeerländer und in Asien, so weit bekannt, eine noch zweifelhafte (eben die uns vorliegende) Art nach N. bis Transkaspien sendet. Nördlich vom Amudarja tritt quasi für dieses Genus das rein den Kirgisensteppen und Turkestan bis Südsibirien eigenthümliche Genus *Diplomesodon* BRDT. mit nur einer bekannten Art auf.

vorziehen, die Artbestimmung vorläufig zweifelhaft zu lassen. Von zwei *Pachyura*-Exemplaren aus Tiflis, die wohl sicher zur mediterranen *P. etrusca* SAVI gehören dürften, weicht das turkmenische Stück merklich nur durch mehr gelbliche Pelzfarbe ab, was vielleicht nur auf das Alter des Alkoholexemplares zu beziehen ist.

Das Genus *Talpa* scheint Transkaspien vollkommen fremd zu sein und nur ein biologisches Aequivalent im Nagergenus *Ellobius* = *Chthonoërgus* dort zu besitzen.

## Carnivora.

Unter den Carnivoren nimmt in der transkaspischen Fauna die Familie der Katzen die hervorragendste Stellung ein. Die Caniden erreichen noch nicht die Mannigfaltigkeit der südlicheren und östlicheren Gebirgsgegenden mit grösserer Abwechselung der Naturlage. Aermlich sind die Musteliden vertreten, und charakteristisch für unser Gebiet wird der absolute Mangel eines Repräsentanten des Genus *Ursus*, welches sonst keinem der anliegenden Ländergebiete fehlt.

## Felidae.

### 14. *Felis tigris* L.

Bei den Turkmenen, Kurden und Grenzpersern unter den beiden Namen Jul-bars und Babr bekannt. Die erste Bezeichnung ist aber entschieden mehr gebräuchlich.

Bei der Seltenheit wirklich ausgedehnter Dickichte und Rohrpartien in Transkaspien ist der Tiger dort keineswegs zu den wirklich häufigen Erscheinungen zu zählen. Ziemlich regelmässig, wenn nicht wirklich ständig, haust er nur in den Tamarixdjongeln des unteren Tedshen, wohin ein Nachzug aus Ost-Chorassan und West-Afghanistan freisteht. Im Sommer 1887 hielten sich in der Gegend von Karybend mehrere Exemplare auf und konnten täglich nahe dem Orte am Tedshen-Ufer gespürt werden. — Von ähnlichen Dickichten am unteren Murgab wird der Tiger durch den dicht bevölkerten, völlig baum- und strauchlosen Pendch-Gau gegen die Afghanengrenze abgeschnitten. Dagegen erscheint er zum Winter im Thale des mittleren Kuschk. Um die Zeit haben nach vollendeter Ernte die Saryken die Kuschk-Oase verlassen, worauf zahlreiche Wildschweine aus der umliegenden Hochwüste und den Bergen Afghanistans auf die abgeernteten Felder rücken. Ihnen folgen die Tiger. Im Februar 1887 hatten dort Kosaken zwischen dem Posten Mor-kala und Tschemen-i-

bid einen starken Tiger auf der Saujagd erlegt. Ziemlich regelmässig
scheint er endlich im Kopet-dagh dicht südlich des Bendesen-Passes
vorzukommen, wo gleichfalls im Rohr und Gestrüpp einiger Gebirgs-
bäche (dem Sumbar tributär) reichlich vorhandene Wildschweine ihm
Nahrung liefern. Im Laufe des Jahres 1886 sind dort zwei erlegt
worden. Am unteren Atrek, Sumbar und Tschandyr versicherten die
dort häufig jagenden Officiere aus Tschikischljär und Dusu-olum, nie
einen Tiger gespürt zu haben. Nikolsky[1]) erwähnt der Erbeutung
dreier junger Tiger bei Tschikischljär, deren Felle er an letzterem
Orte gesehen, doch stammten dieselben wohl sicher aus der Gegend
von Astrabad oder Gäss in persisch Massenderan. An anderen Punkten
des Gebietes scheint sein Erscheinen ein zufälliges und unregelmässiges
zu sein. Nach den in den neuen Städten Transkaspiens, namentlich
in Askhabad, feilgebotenen Tiger- und Pantherfellen darf keineswegs
auf die Häufigkeit dieser grossen Katzen in Turkmenien geschlossen
werden, da die Mehrzahl derselben aus Persien, und zwar einerseits
aus Ostpersien über Mesched, andrerseits aus Massenderan über Tschikischljär eingeführt werden.

Bei der geringen Häufigkeit des Tigers gelten ihm in Transkaspien
auch keine systematischen Jagden. Die seit der russischen Besitz-
ergreifung des Gebietes dort von Europäern erlegten wurden alle zufällig geschossen. Die Turkmenen wenden auch gegen dieses ge-
fürchtetste Thier das Tellereisen als, soweit uns bekannt, einzigen ihnen
geläufigen Fangapparat an. In eigens dazu construirten mächtigen
Schlageisen sollen am Tedshen schon mehrfach Tiger gefangen sein.
Vom wirklichen Stellen solcher Eisen konnten wir uns selbst im
Mai 1887 bei Kary-bend überzeugen, doch blieb damals der Erfolg aus.

### 15. *Felis pardus* L.

Zaroudnoi, Oiseaux de la contrée Trans-caspienne, in: Bull. de Moscou
1885, No. 2, p. 279.

Der persische Name „Peläng oder Peleng" ist meist auch den
Turkmenen geläufig, kaum seltener hört man daneben auch den türkischen „Kaplän".

Der Panther scheint in Transkaspien entschieden häufiger als der
Tiger, aber überwiegend Gebirgsthier zu sein. Turkmenen wie Kurden

---

1) Materialien zur Kenntniss der Wirbelthierfauna Norost-Persiens
und Transkaspiens, in: Arbeiten der St. Petersb. Naturforschergesellschaft,
Tom. 17, Liefr. 1 1886, p. 384.

berichten fast an jedem Punkte des Kopet-dagh über sein Vorkommen. Der grosse Reichthum des Gebirges an Bergschafen (*Ovis arkal* BRDT.) und Bezoarziegen (*Capra aegagrus* GM.), vereint mit den Schaf- und Ziegenheerden der Kurden bieten diesem Raubthiere dort den Unterhalt.

In Askhabad sahen wir ausser Fellen des typischen *F. pardus* L. eines, das von diesen in der Schwanzlänge, der langen gegen das Ende sehr erheblich verlängerten Behaarung des Schwanzes, wie in der gesammten Färbung und Zeichnung sehr erheblich abwich. Das auch auffallend starke Thier sollte im Kopet-dagh erlegt sein. Leider konnten wir das interessante Stück nicht erwerben und auf der Reise auch keine Bestimmung oder irgend genaue Untersuchung vornehmen. Sie erschien uns aber noch am meisten der *F. tulliana* VAL. ähnlich, die lange allgemein als Synonym der *F. uncia* SCHREBER, = *F. irbis* EHRBG. betrachtet wurde (vgl. darüber unter anderem GRAY[1]), BLYTH[2]) etc.), bis DANFORD und ALSTON, die Anfangs[3]) die Form gleichfalls für *F. uncia* SCHREBER hielten, sie dann[4]) aber als eine auffallende helle und langhaarige Varietät der *F. pardus* L. erkennen zu können glaubten, eine Varietät, die vornehmlich Kleinasien angehört, aber nach erwähnten Autoren in ähnlicher Form auch aus Südpersien erbracht ist. — Für das Vorkommen der ächten *F. uncia* SCHREB. im transkaspischen Gebiete konnten wir keinerlei Anhaltspunkte gewinnen, obgleich sie aus allen angrenzenden Länderstrecken vermerkt ist. So meldet BLANFORD[5]) sie aus Persien[*]), derselbe Autor aus dem Pamir und Ladak[6]),

---

1) Catalogue of Carnivorous, Pachydermatous and Edentate Mammalia in the British Museum, London 1869, p. 9.

2) Synoptical list of the species of Felis, inhabiting the Indian region and the adjacent parts of Middle-Asia, in: Proc. Zool. Soc. Lond. 1863, p. 183.

3) On the Mammals of Asia Minor, in: Proc. Zool. Soc. Lond. 1877, p. 272.

4) On the Mammals of Asia Minor, ibid. 1880, p. 51.

5) Eastern Persia, Vol. II, p. 35.

6) List of Mammalia collected by the late Dr. STOLICZKA etc. in Kaschmir Ladák, Eastern Turkestan and Wakhán, with descr. of new species, in: Journ. As. S. Bengal, Vol. 44, Part 2, p. 105—112.

*) Die Angabe findet Bestätigung durch FINSCH, Reise nach Westsibirien, in: Verh. Zool.-bot. Gesellsch. Wien 1879, p. 118, der Exemplare dieser Art aus den „persischen Gebirgen" im Leidener Museum mit einem aus dem Tarbagatai vergleichen und übereinstimmend finden konnte.

aus Südostbuchara, dem Thale des oberen Amu-darja, REGEL[1]), der von drei seiner kurzen Schilderung nach Interesse erregenden, aber schwer kenntlichen Varietäten spricht, aus Gilgit in Nordwest-Kaschmir SCULLY[2]). Nach Osten verbreitet sie sich dann laut BLANFORD[3]) durch ganz Tibet, während sie endlich nach SEVERZOW[4]) nördlich und nordöstlich von Turkmenien in russisch Turkestan häufig ist, doch nicht niederer als in einer Höhe von 4000′ anzutreffen. Aus Transkaspien nennt sie strict nur CHRISTOPH[5]), doch dürfte dieser Angabe sehr wahrscheinlich ein Irrthum zu Grunde liegen. Wie gesagt, sahen und hörten wir in Turkmenien nichts mit Sicherheit auf *F. uncia* SCHREB. Bezügliches.

### 16. *Felis jubata* SCHREB.

EICHWALD, Fauna caspio-caucasica, 1841, p. 26.
EVERSMANN, Beiträge zur Mammalogie u. Ornithol. des russ. Reiches, in: Bull. Soc. Imp. Nat. Moscou 1853.
ZAROUDNOI, Oiseaux de la contrée Trans-caspienne, in: Bull. Soc. Imp. Nat. Moscou 1885, No. 2, p. 279.

Von allen grossen Katzen ist der Gepard zweifelsohne die häufigste in Turkmenien. Durch das ganze Gebiet verbreitet, wird er sowohl in der Ebene, namentlich an den Flussläufen, als auch im Gebirge gefunden. Alljährlich bringen die Turkmenen junge Gepards zum Verkauf in die Städte und Militärposten, wo wir mehrfach gefangene zu sehen Gelegenheit hatten. Die Dressur des Jagdleoparden zur Jagd ist den Turkmenen unbekannt und scheint auch in Persien allmählich in völlige Vergessenheit zu gerathen. Ob der Schah von Persien diesen Sport noch übt, konnten wir nicht mit voller Bestimmtheit erfahren.

### *Felis catus domesticus.*

Unter den Hausthieren der Turkmenen fanden wir auch die Hauskatze, und zwar in der gleichen Form, wie sie durch Europa verbreitet

---

1) Lettres adressées à Mr. le Vice-Président Dr. RENARD, in: Bull. Soc. Imp. Nat. Moscou, 1883, No. 3, 1884, p. 224.
2) On the Mammals of Gilgit, in: Proc. Soc. Lond. 1881, p. 201.
3) Note on the „Africa-Indien" of A. von PELZELN and on the Mammalian Fauna of Tibet, in: Proc. Zool. Soc. Lond. 1876, p. 633.
4) The Mammals of Turkestan (transl. by J. C. CRAEMERS), in: Ann. Mag. Nat. Hist. (4. series), Vol. 18, 1876, p. 49.
5) Lettre adressée à Mr. le Vice-Président de la Société (Reisebrief aus Achal-Teke), in: Bull. S. Imp. Nat. Moscou 1882, No. 3, Moscou 1883, p. 223.

ist. Sie wird aber in nicht grosser Zahl gehalten, weil in den stets
bewegten Nomadenjurten Schaden durch kleine Nager kaum erheblich
sein kann. Regelmässiger findet sich die Katze bei den Kurden des
Kopet-dagh, und es verdient hier ihr leichtes Verwildern Erwähnung.
Auch hier bestätigt sich das in Europa ja allgemein bekannte Hängen
der Katze mehr am alten Wohnorte als an ihrem Herrn. Die Kopet-
dagh-Kurden, obgleich nomadisirende Hirten, lassen sich doch an geeigneten Weideplätzen und Wasserstellen des Gebirges auf Monate und
halbe Jahre fest nieder, an solchen Orten dann ihr Jurtenlager wenigstens zum Theile in Erd- und Steinhütten verwandelnd. Zweimal
trafen wir an solchen schon längst verlassenen Hüttencomplexen dort
zurückgebliebene und völlig verwilderte Hauskatzen (am Kuhrt-su, an
der Strasse nach Mesched und am Eliasbrunnen) *).

Ein sehr grosses einfarbig schwarzes Fell aus Serachs, das von
einem bei Pul-i-chatun am Tedshen erlegten Thiere stammt, muss als
das einer verwilderten Hauskatze angesprochen werden, trotz Angabe
der Einwohner, ein solches Thier lebe wild in den Bergschluchten des
östlichen Kopet-dagh.

Viele direct aus Europa wie aus Persien eingeführte Hauskatzen
treffen wir zudem in den russischen Häusern der Städte und Posten
und in den persischen Läden aller Orte Transkaspiens. Sehr häufig
sind unter diesen, wie schon im Kaukasus, gelbe und namentlich zwei-
und dreifarbige Exemplare.

Die jagdliebenden Officiere mehrerer Militärposten versicherten,
ausgesprochen gestreifte Wildkatzen mehrfach erlegt zu haben, und
diese liessen sich nach deren Beschreibung einzig auf *F. catus ferus*
beziehen. An einigen Punkten, so in den Dickichten des Murgabthales
um Sary-jasy und Imam-baba, war die Möglichkeit, dass es sich um
verwilderte Hauskatzen gehandelt hätte, ausgeschlossen. Die aus
Persien bekannte [1]) europäische Wildkatze mag somit vielleicht in die
Tamarixdickichte der transkaspischen Flüsse vordringen? Exemplare
der Art konnten wir aber nicht erhalten.

### Felis manul PALL.

Unsere Collection enthält zwei leider sehr schlecht präparirte und

*) A. REGEL, Lettres adressées à Mr. le Vice-Président Dr. RENARD,
in: Bull. Soc. Imp. Nat. Moscou, année 1883, Moscou 1884, No. 3, p. 221
u. 222 (Correspondance), berichtet Aehnliches und mehr noch über verwilderte Hauskatzen in Ostbuchara.
1) BLANFORD, Eastern Persia, Vol. 2, p. 35.

unvollständige Felle einer Wildkatze, die sehr gut mit der ausführlichen und wohl bis heute besten Beschreibung des Manul durch J. F. BRANDT [1]) übereinstimmen. Das eine, ein Geschenk des Capitain RODSEWITSCH in Askhabad, stammt von einem bei Geok-tepe erlegten Exemplare, während wir das andere in Serachs am Tedshen erhielten. An letzterem Orte sahen wir noch ein weiteres zu dieser Art gehöriges Fell unter vielen der folgenden Species. Am Murgab begegneten wir ihr zweimal, fanden die Fährten selbst im hohen Sande.

## 18. *Felis (Chaus) caudata* GRAY.

EVERSMANN, in: Bull. Soc. Imp. Nat. Moscou 1848, p. 200, *F. servalina* JARDINE.

Als *F. servalina* JARD. ward diese Art von J. F. BRANDT [2]) 1841 der Fauna des russischen Reiches zum ersten Male eingereiht und ausführlich beschrieben. Eine noch bessere, vollkommen mustergültige Beschreibung lieferte sodann EVERSMANN l. c. nach einem vom Ustjurt (zwischen dem Kaspi und Aralsee), also schon aus unserem Gebiete, ihm zugegangenen lebenden Exemplare, das auch er für *F. servalina* JARD. hielt. SEVERZOW [3]) folgte den zwei erwähnten Autoren in der Bestimmung seiner turkestanischen Exemplare unserer Katze als *F. servalina* JARD. 1874 konnte dann J. E. GRAY [4]) in überzeugender Weise zeigen, dass es sich hier um eine von der afrikanischen *F. servalina* JARD. fraglos verschiedene, wie es scheint, Mittelasien eigenthümliche Species handelt, die er als *Chaus caudatus* „the Steppe-Cat of Bokhara" beschrieb und abbildete. Auf der schönen Abbildung Pl. V ist nur der Schwanz etwas zu buschig und dick, wie auch die Läufe etwas zu dick gerathen.

Durch ganz Transkaspien ist diese Art entschieden häufig, besonders in den Tamarixdickichten des Tedshen- und Murgabthales, wo man ihre Fährten allenthalben findet. In Serachs am Tedshen sahen wir einige Dutzend Felle dieser Art, die von turkmenischen Jägern erhandelt waren. Die Turkmenen (bei Serachs der Stamm der Saloren

---

1) Observations sur le Manoul (Felis Manui PALL.), in: Bull. Acad. Sc. St. Pétersbourg 1841, Tom. 9, p. 37—39.

2) Note sur une espèce de chat (Felis servalina JARDINE), nouvelle pour la Faune de Russie, in: Bull. Acad. Sc. St. Pétersb. 1841, Tom. 9, p. 34—37.

3) Verticale und horizont. Verbreit. der Thiere Turkestans, 1873 (russisch).

4) On the Steppe-Cat of Bokhara (Chaus caudatus), in: Proc. Zool. Soc. Lond. 1874, p. 31—33, Pl. V u. VI.

oder Salaru) fangen die Wildkatzen reichlich in Tellereisen. Das schöne Exemplar unserer Sammlung wurde am 3./15. April 1887 zwischen Imam-baba und Sary-jasy am Murgab aus dem Neste eines *Milvus ater* (das auf einer Populus diversifolia etwa 10 Meter hoch angelegt war) herabgeschossen. In Persien scheint *F. caudata* GRAY noch nicht aufgefunden zu sein. Wohl aber kommt sie nach SCULLY [1]) südlich von Turkmenien noch in Afghanistan vor, und zwar wird von ihm Maimaneh (in Nordafghanistan unweit des linken Amu-darja-Ufers und unweit der neuen russischen Grenze) als specieller Fundort angegeben. Nach Osten reicht ihre Verbreitung durch Ostbuchara, denn fraglos hat A. REGEL [2]) eben diese Art beim Nennen der kleinen Schilfkatze vom oberen Amu-darja in Ostbuchara im Auge, obgleich NOACK [3]) dazu in Parenthese *F. minuta?* setzt, eine Form, die sicher nicht so weit nach Norden und über die Hochgebirgspässe vorgedrungen sein kann. Noch aus Kaschgar führt BLANFORD [4]) eine Katze unter der Bezeichnung „*F. sp.* near *F. pardinus* (? *Chaus caudatus* GRAY)" auf, die aller Wahrscheinlichkeit nach hierher zählt. Nach Norden ist sie laut SEVERZOW l. c. durch ganz russisch Turkestan, laut NIKOLSKY [5]) bis in's Gebiet des Balchasch-Beckens verbreitet und im Thale des Ili sogar noch äusserst häufig. Im NW. scheint sie kaum über den Ustjurt hinauszugehen.

### 19. *Felis chaus* GÜLDENST. = *catolynx* PALL.

EVERSMANN, Einige Beitr. zur Mammalogie u. Ornithol. des russ. Reiches, in: Bull. Soc. Imp. Nat. Moscou 1853, p. 200.
LANGKAVEL, Die Verbreitung der Luchse. Diese Zeitschr., Bd. 1, 1886, p. 713.

Ueberaus häufig ist der Rohrluchs an allen Flussläufen Transkaspiens, die Rohr, Djongel oder Gestrüpp und darin viele Fasane (hier immer *Ph. principalis* SCLATER, nur am Atrek und Tschandyr

---

1) On the Mammals collected by Capt. C. E. YATE of the Afghan Boundary Comission, in: Ann. Mag. Nat. Hist. (5. series), Vol. 20, 1887, p. 379.
2) Correspondance, in: Bull. Soc. Imp. Nat. Moscou, année 1883, Mosc. 1884, p. 224.
3) Die Hausthiere und die wildlebenden Säugethiere am oberen Amu-darja, in: Zool. Garten, Jahrg. 26, 1885, p. 154.
4) List of Mammalia collected by the late Dr. STOLICZKA etc., in: Journ. As. S. Bengal, Vol. 44, Part. 2.
5) Ueber d. Wirbelthierfauna auf d. Grunde des Balchasch-Beckens, . c. p. 88.

*Ph. persicus* SEVERZ.) bieten. In ganz besonderer Menge bewohnt er die Tamarixdickichte am Murgab.  Auf jedem Kosakenposten der Murgablinie findet man Felle des Thieres, und in Aimak-dshary wies ein Kosak uns 5 solcher vor, die er in kurzer Zeit erbeutet hatte.  In Sary-jasy wurde ein Exemplar im Militärposten auf einem Holzstosse erlegt, nachdem es in wenig Tagen sämmtliche Hühner an der kleinen Marketenderbude geraubt hatte.  Von diesem Posten erhielten wir durch die Herren Capitain POKROWSKY und Lieutenant NEFSKY 3 Exemplare, darunter zwei (♂ u. ♀) von enormer Grösse.  Am 29. März/10. April 1887 fanden wir zwischen Imam-baba und Sary-jasy 5 eben geworfene Junge dieser Art.  Sie lagen ohne Nest im Sande zwischen dichtem Tamarix.  Die alte Katze verliess ihre Jungen in 'eiligster Flucht.  Auch im völlig strauchlosen Pendch-Gau gegen die Afghanengrenze fehlt *F. chaus* nicht und wählt dort Spalten und Höhlen der Erosionsschluchten im oberen Murgabufer zum Aufenthalte. In solchen begegneten wir ihm am 8./20. April 1887 bei Tachtabasar. Hier wie stets in mehr bewohnten Strecken wird er als frecher Dieb des Hausgeflügels lästig.  Am ganzen Laufe des Teshen ist die Art gleichfalls zu finden, doch scheinbar weniger häufig als am Murgab. Die Fährten fanden wir ferner in den Rohrsümpfen um Geoktepe der Merw-Oase, um Ljutfabad, Artyk und selbst im Djongel des Askhabad-Flüsschens.  Vom unteren Atrek ist uns ein Balg durch den Lieutenant JASEWITSCH in Tschikischljär zugegangen.  EVERSMANN l. c. kannte die Art schon vom Ust-jurt zwischen dem Kaspi und Aralsee.

## 20.  *Felis (Lynx) caracal* SCHREBER.

LANGKAVEL, Die Verbreitung der Luchse.  Diese Zeitschr. Bd. 1, 1886, p. 713 *).

---

Irrthümlicher Weise meint NOACK (in: Zool. Garten, 1885, Jahrg. 26, p. 154), die von A. REGEL in seinen Reisebriefen (in: Bull. Moscou 1883, No. 3, p. 224) aus Ostbuchara, am oberen Amu-darja verzeichnete Samantschi-Katze vielleicht auf *F. manul* PALL. beziehen zu können.  Schon REGEL's kurzen Angaben: lange Behaarung, buschiger Schwanz und (vor allem) gleichmässig graubraune Färbung lassen sofort die *F. chaus* GÜLDST., diese in Innerasien verbreitetste Katze, erkennen. Zum Ueberfluss nennt REGEL in einem späteren „Nachtrag zu den Reisebriefen für d. Jahr 1884", in: Bull. Moscou, année 1885, No. 3 u. 4, 1886, p. 71, den Samantschi selbst *Felis chaus*.

*) LANGKAVEL schreibt: „In Turkmenien kommt *F. chaus* in den bewaldeten Bergen, *F. caracal* in den Steppen vor", die Notiz ERMAN's Archiv, Bd. 3 entnehmend.  Beide Arten sind ja, wie auch hier gezeigt,

Auch der Karakal ist durch ganz Transkaspien verbreitet und manchen Ortes dort entschieden nicht selten, wenn er auch an Häufigkeit hinter *Felis chaus* GÜLDST. weit zurückbleibt. Namentlich wieder am Murgab und Tedshen wurden uns mehrfach Felle dort erlegter Karakals gezeigt. Von seinem Vorkommen im Westtheile des Kopetdagh konnten wir uns durch ein lebendes Exemplar überzeugen, das in Tschikischljär vom Lieutenant POMERANZEW mit einem Gepard zusammen gehalten wurde und nebst diesem von den Turkmenen des Auls Kara-kala am oberen Sumbar erworben war. Das Thier, obzwar jung aufgezogen und ein Jahr in Gefangenschaft, zeigte sich im Gegensatz zum völlig zahmen Gepard wüthend und boshaft. Das einzige Exemplar unserer Collection, jetzt im kaukasischen Museum zu Tiflis aufgestellt, stammt aus Ruchnabad am Tedshen.

Der durch Persien verbreitete Karakal erreicht in Turkmenien seine definitive Nordgrenze, reicht nicht mehr nach Turkestan hinauf, ganz wie er von Nordpersien und Kleinasien (woher ihn DANFORD und ALSTON l. c. melden) aus nicht nach Transkaukasien übertritt.

## Canidae.

### 21. *Canis lupus* L.

Bei allen Turkmenenstämmen Kuhrt*).

Durch's ganze Gebiet häufig, thut der Wolf in der Ebene wie im Gebirge den Heerden der Nomaden viel Abbruch. Er hält sich indes in Transkaspien scheinbar ausschliesslich an's Kleinvieh (Schafe und Ziegen), ohne sich an Pferde zu wagen, welche die Turkmenen daher unbesorgt Nachts frei weiden lassen. Ganz besonders zahlreich sind die Wölfe in der Hügel- und Bergwüste zwischen Tedshen und Murgab, und östlich des letzteren, entlang der Afghanengrenze.

### 22. *Canis aureus* L.

NIKOLSKY, Zur Wirbelthierfauna Nordost-Persiens und Transkaspiens, l. c. p. 384.

Bei Turkmenen und Kurden Tschekal.

---

in Turkmenien häufig, nur giebt es dort überhaupt keine bewaldeten Berge, und dort ist *F. chaus* wie in Transkaukasien weit überwiegend Bewohner der Djongel oder Sumpfstreifen an den Wasserläufen der Ebene, denselben Aufenthalt mit *F. caracal* theilend.

*) Andere Autoren schreiben stets Kurt oder Kurd, die Turkmenen dehnen aber das u in der Aussprache stark, so dass das eingeschobene h nothwendig scheint oder durch ū ersetzt werden müsste. W.

An den Flussläufen, in Rohr und Sumpfpartien allenthalben vorhanden, scheint indes der Schakal in Transkaspien kaum so massenhaft aufzutreten wie an geeigneten Oertlichkeiten Transkaukasiens. Am häufigsten soll er laut Angaben in den Schilfniederungen des unteren Atrek, um den See Delili, sein. Am unteren Amu-darja scheint er im Westtheile des Gebietes seine centralasiatische Nordgrenze zu erreichen, weiter östlich aber über den Strom hinaus nach Buchara einzugreifen (es fällt dieses nicht auf, wenn man beachtet, dass der Amu-darja ungefähr SO.—NW. fliesst), von wo er durch BRANDT [1]) aufgeführt wird. Im eigentlichen russischen Turkestan fehlt er schon und findet durch SEVERZOW nur in dessen nachträglichen Bemerkungen zur englischen Uebersetzung seiner Arbeit mit der ausdrücklichen Bemerkung „am Oxus" Erwähnung.

### 23. *Canis corsac* L.

EICHWALD, Fauna caspio-caucasica, p. 25.

Den Turkmenen ist der Korsak wohlbekannt, und zwar bis in den Osten des Gebietes. Felle in Transkaspien erlegter Exemplare sahen wir nur beim Kosakenrittmeister KARANDEJEW in Dusu-olum am Sumbar. Die Thiere waren am Atrek geschossen, wurden uns von jenem eifrigen Jäger aber in Uebereinstimmung mit den Aussagen der Eingeborenen als entschieden selten bezeichnet.

### 24. *Canis karagan* ERXL. = *melanotus* PALL.

Bei den Turkmenen Tilki (die Bezeichnung für Fuchs schlechtweg im Türki). Was wir an Fellen und lebenden Exemplaren des Fuchses in Transkaspien sahen, schien alles dieser Art anzugehören. *C. karagan* ERXL. ist durch ganz Turkmenien in grösster Häufigkeit verbreitet, und zwar sowohl in der reinen Sandwüste als auch in der Lehmsteppe und im Gebirge zu Hause. In wirklich enormer Zahl bevölkert er die Bergwüste nördlich der Afghanengrenze, wo man täglich einige sehen und oft an einem Tage 10 und mehr Baue finden kann. Dort allein scheint ihm auch systematisch nachgestellt zu werden. Nach dem Berichte des Pristaw WOLKOWNIKOW in Jolotan am Murgab finden sich in diesem Orte (Jolotan) einige Saryk-Turkmenen, die Jäger von Profession sind und den Winter über zum Lebensunterhalt in jener

---

1) Zool. Anh. zu LEHMANN's Reise nach Buchara und Samarkand p. 391.

Wüste der Jagd obliegen. Von genanntem Herrn wurde uns ihr Fang-
ergebniss (es kommt bei ihnen, wie bei den Turkmenen überhaupt,
einzig das Tellereisen zur Verwendung) für den Winter 1886/87 als
in 14 000 Fuchsfellen (daneben 7000 Felle von *Antilope subgutturosa*,
*Equus hemionus* und *Canis lupus*) bestehend angegeben. Der vorhergehende Winter soll 12 000 Füchse geliefert haben. Die Felle gehen
alle nach Buchara, stehen aber relativ sehr niedrig im Preise. Die
erstaunliche Häufigkeit des Steppenfuchses in erwähntem Gebietstheile
beruht fraglos auf den unzählbaren Massen dort hausender *Meriones*
und *Spermophilus*. Die Röhren dieser Nager durchsetzen Hügelhänge
oft derart, dass dieselben mächtigen Kugelfängen gleichen und für
Reiter fast unwegsam werden, weil die Pferde bei jedem Schritte in
die Baue einsinken.

### *Canis familiaris* L.

Zwei Rassen des Haushundes finden wir in Turkmenien.

#### a) Der turkmenische Windhund.

Er ist unter die reinsten und constantesten Rassen zu stellen.
Heute finden wir ihn in reinem Idealtypus längs der transkaspischen
Bahnstrecke und um die neuen europäischen Siedelungen nicht mehr
gar häufig. Nach authentischen Nachrichten wurden von Sko-
belew einige hundert Exemplare des schönen Hundes nach Russland
geschafft. Dazu kommt, dass in den mit russischen Ortschaften und
Posten besetzten Gebietstheilen die eingeführten russischen Hunde
aller Rassen bereits reichlich für Bastardirung gesorgt haben. Erleichtert wurde diese durch den Umstand, dass russische Officiere und
Beamte sich nach Möglichkeit in den Besitz der Windhunde setzten,
nicht aber dann die läufischen Hündinnen der sorgsamen Aushütung
unterzogen, wie sie der Turkmene zu üben pflegt. Seitens letzterer
wird zur Laufzeit das Hintertheil der Rassehündin mit Tüchern verbunden oder mit einem Flechtwerk dem unerwünschten Zudringling verschlossen und nur zur Deckzeit einem reinen Hunde geöffnet. Zu
Folge solcher Maassregeln finden wir in den entlegeneren und in den
östlicheren Theilen Transkaspiens noch häufiger unverfälschte Windhunde, wie auch häufiger Turkmenen, die dem Hetzsport obliegen. Die
fernestwohnenden Saryken an der Afghanengrenze aber scheinen nicht
hierher zu zählen, da ich bei ihnen selten Windhunde und nie den
Gebrauch derselben sah. Das hohe Hügelterrain der Grenzwüste,
welches selten weite Ausschau gestattet, dürfte wohl der Grund dazu
sein.

Der hiesige Windhund in ungestörter Form ist von geringer Grösse und äusserst feinem Bau, dessen trefflich entwickelte Musculatur indes sofort die grosse Leistungsfähigkeit beurkundet. Bei, dem heissen Klima entsprechender, dünner Körperbehaarung schmückt ihn lockiger ziemlich langer Behang an den Ohren, deren Verhältniss zum Kopfe etwa dem beim englischen Windhunde nahe kommt, welchem er auch in der Grösse näher steht als den deutschen, russischen und polnischen Rassen. Auch die Ruthe ist durch welligen, doch undichten Behang ausgezeichnet. Die reinste und häufigste Farbe scheint ein Sandgelb zu sein, neben dem ein fahles Grau als gleichwerthig steht, seltener ein bläuliches Stahlgrau. Schwarze Exemplare sah ich gleichfalls mehrfach in scheinbar tadellosem Bau, doch müsste solchen wohl ein gewisses Misstrauen entgegengebracht werden. Schwarz kann eben in jenem Wüstenklima nicht als Ursprungsfarbe gelten. Das sehr überwiegende Schwarz in dortigen Schaf- und Ziegenheerden ist ein directes Resultat künstlicher Züchtung, der geschätzteren dunklen Felle halber, also eines Momentes, das beim Windhund nimmer in Betracht kommen kann. Den Jagdgebrauch zu sehen, hatte ich nur zweimal Gelegenheit und zwar diente beide Male nur der kleine Steppenhase, *Lepus lehmannii*, zum Objecte, der im günstigen Terrain dem Windhunde wenig Mühe macht. Der Fuchs kann gleichfalls in völlig freier Ebene nicht zum Probestein für die Tüchtigkeit dienen. Ist er ja überhaupt in geeignetem Terrain das leichteste Stück Arbeit für jeden Windhund. Es ward aber durchgehend angegeben und behauptet, dass der turkmenische Windhund auch die flüchtige und ausdauernde *Antilope subgutturosa* ohne sonderliche Mühe nehme. Wie gesagt, konnten wir uns davon durch den Augenschein nicht überzeugen, ebensowenig erfahren, ob bei der Jagd auf dieses Wild der Windhund Anfangs auf dem Pferde herangetragen wird, ein Modus, den die transkaukasischen Tataren der Kuraebene in Anwendung bringen.

Die jetzt in Transkaspien äusserst häufig gewordenen Kreuzungsproducte mit rasselosen eingeführten Hofhunden, mit Settern etc. sind wie alle Windhundbastarde miserable Köter. Die Kopfform und namentlich der eigenthümliche Ohrbehang des turkmenischen Windhundes wird an solchen stets am stärksten ausgeprägt erhalten.

### b) Der turkmenische Hof- und Schäferhund.

Der bei weitem überwiegenden Menge turkmenischer Hirtenhunde dürfte bis zu gewissem Grade eine Typusform zugesprochen werden. Bei mässig hohem Wuchse, etwa dem eines starken deutschen Fleischerhundes gleich, sind sie kurz, aber sehr kräftig gebaut mit schwerem, dickem Kopfe und mässigen Ohren; ziemlich langhaarig, rauhhaarig, meist von weisser oder gelber Färbung, oder weiss und gelb verschieden gemischt; mit sehr starkem Gebiss. Sie scheinen eine etwas abgeänderte oder verunreinigte Form des durch den ganzen Kaukasus und durch Centralasien gebräuchlichen tatarischen Viehhundes zu sein, welcher in Transkaukasien sich in sehr reiner, sehr constanter und in ihren Charakteren äusserst resistenter Rasse zeigt. Neben dieser Form findet man aber bei den Turkmenen verschiedene völlig rasselose Köter, deren eine grosse Zahl in den russischen Orten benachbarten Aulen unverkennbar schon den Kreuzungseinfluss eingeführter europäischer Hunde bezeugt.

### 25. *Hyaena striata* Zimm.

Zaroudnoi, Oiseaux de la contrée Trans-caspienne, in: Bull. Moscou 1885, p. 279.
Langkavel, Die gestreifte Hyäne, Hyaena striata, in Asien, in: Zool. Garten, Jahrg. 27, 1886, p. 49.

Die Hyäne scheint in Transkaspien entschieden selten zu sein und sich an die niederen Partien des Kopet-dagh zu halten. Einen aus dem Westtheile des Gebirges stammenden Schädel zeigte uns der Lieutenant Pomeranzew in Tschikischljär, und in Askhabad wurde uns über ein in den Vorbergen des Kopet-dagh erlegtes Exemplar berichtet. Russische Bergingenieure geben an, dass unter den Thierknochen, welche sich in den brunnenartigen Schlotlöchern der Höhlen bei Tachtabasar finden, auch die von Hyänen vertreten seien. Da offenbar alle Knochen dort von Thieren stammen, die, vor Witterungsunbilden in den Höhlen Schutz suchend, in jenen Löchern verunglücken, so liesse sich aus den Resten sicher auf das regelmässige Vorkommen der Hyäne in der Bergwüste an der Afghanengrenze schliessen. Wir haben selbst unter den Raubthierknochen genannter Höhlen mit Sicherheit freilich nur die turkmenischer Haushunde, von *Canis lupus, C. karagan*, erkennen können, sowie einige, wahrscheinlich zu *C. aureus* gehörige, haben ihnen aber auch nicht eingehende Untersuchung gewidmet.

Selbst begegnet sind wir der Hyäne in Turkmenien nicht und müssen Langkavel's Worte l. c.: „Im Turkmenen-Gebiete wird sie nur noch vereinzelt angetroffen" durchaus bestätigen. Für den Pamir und Ostbuchara lässt sich aber ihr Vorkommen (das Langkavel nur mit berechtigtem Zweifel möglicherweise auf eine zweifelhafte Angabe

BUNGE's über ein Aasthier Dulte*) beziehen zu können glaubte) nunmehr mit voller Sicherheit erbringen. A. REGEL[1]) spricht nämlich deutlich genug von Fellen der gestreiften Hyäne, welche ihm seine Jäger neben vielen anderen Fellen um Baldschuan in Ostbuchara beschafft hätten.

## 26. *Meles taxus* L.

Das Fell eines am unteren Atrek gefangenen Dachses sahen wir in Tschikischljär und fanden an ihm keinen Unterschied von europäischen, kein Hinneigen zum persischen *Meles canescens* BLF. Ein lebendes Exemplar hat Herr General KOMAROW in Askhabad und ein zweites Herr EYLANDT ebenda besessen, die beide aus dem nahen Kopet-dagh stammten. Häufig scheint indess der Dachs in Turkmenien nicht zu sein, wohl weil es den grössten Theil des Jahres an Mast fehlt.

## Mustelidae.

### 27. *Lutra vulgaris* ERXL.

Da die grösseren Flüsse Transkaspiens durch die Menge stets in ihnen gelösten feinkörnigen Lösslehmes zu trübe sind, um der Fischotter das Fischen zu gestatten, ist dieselbe nur auf kleine Bergbäche beschränkt und im überhaupt wasserarmen Gebiete entschieden sehr selten. In Duschak sahen wir das frische Fell eines dort getödteten Exemplares und spürten eines am 4./16. März 1886 am Kulkulau-Bache im Kopet-dagh.

### 28. *Mustela (Martes) foina* BRISS.

Mehrfach wurden uns Steinmarderbälge gezeigt, die aus dem Kopet-dagh stammen sollten.

---

*) Diese Angabe BUNGE's ist uns unbekannt geblieben, doch finden wir fast wörtlich die gleiche in einem aus Baldschuan vom 3./15. Juni 1883 datirten Reisebriefe A. REGEL's, in: Bull. Soc. Nat. Moscou 1883, No. 1, p. 339. Es heisst dort: „Höhlenbaue bewohnen das Stachelschwein und der Dulte, ein näher zu beobachtendes hyänenartiges Aasthier." Da der Dulte somit doppelt von dorther gemeldet ist, dürfen wir, mit Rücksicht auf REGEL's folgenden sicheren Erweis der Hyäne ebenda, das Wort wohl für die bucharische Benennung der Hyäne nehmen.

1) Nachtrag zu den Reisebriefen f. d. Jahr 1884, in: Bull. Moscou 1885, No. 3 u. 4, p. 72.

### 29. *Putorius (Rhabdogale) sarmaticus* PALL.

Der Tigeriltis liess sich, obgleich in unserer Sammlung nicht vertreten, mit Bestimmtheit für Transkaspien nachweisen. Einen Balg sahen wir in Kaaka, über ein bei Gäurs gefangenes Exemplar erhielten wir Nachricht durch General KOMAROW, und im Frühjahr 1887 wurde ein Stück der Art von Herrn EYLANDT bei Dort-kuju erbeutet. BLANFORD [1]), der diese Art aus Persien nur mit einem ? anführt; betont schon ihre weite Verbreitung durch Innerasien. Seitdem sind noch mehrere sichere Fundorte bekannt geworden, die als Südgrenze ungefähr eine Linie von Klein-Asien [2]) bis Kandahar [3]) zu ziehen gestatten. EICHWALD'S [4]) Angabe: „*M. putorius* L. in orientis orae caspiae jugo usturtensi rarius observatur" dürfte nicht verwerthet werden, da der gemeine Iltis Transkaspien sicher fehlt und selbst in Transkaukasien bislang nicht nachgewiesen wurde.

### 30. *Putorius stoliczkanus* (BLANFORD).

*Mustela stoliczkana* BLANFORD: On a apparently undescribed weasel from Yarkand, in: Journ. Asiat. Society Bengal, Vol. 46, 1877, p. 260.

BLANFORD hat die Art nach zwei von STOLICZKA und SCULLY gesammelten Exemplaren mit folgender Diagnose beschrieben:

„*Mustela ad M. vulgarem proxime accedens sed valde major, superne fusco-arenaria, subtus albida, caudâ longiore, quartam partem totius longitudinis subaequante, cum dorso concolore; labris ambobus genisque inferioribus albis, maculâ utrinque post angulum oris fulvâ alterâque ante oculum utrumque albâ, palmis plantisque confertim pilis indutis. Long. tota cum caudâ 12,2, caudae, pilis inclusis, 3; cranii 1,8; pedis posterioris a calcaneo 1,4 poll. Angl. — Hab. Yarkand.*"

Der mir vorliegende Balg eines am 18. Februar 1886 bei Askhabad, Transkaspien, erbeuteten Exemplares entspricht vollständig dieser Beschreibung; nur fehlt die Fleckung in der beschriebenen Weise hinter dem Mundwinkel und vor dem Auge. Ich glaube jedoch, dass auf diese kleine Abweichung in der Zeichnung kein besonderer Werth zu legen ist, da die übrigen Kennzeichen in auffallender Weise überein-

---

1) Eastern Persia, Vol. 2, 1876, p. 43.
2) DANFORD & ALSTON, On the Mammals of Asia Minor, in: Proc. Zool. Soc. Lond. 1880, p. 53.
3) SCULLY, On some Mammals from Kandahar, in: Ann. Mag. N. Hist. 1881 (5. Series), Vol. 8, p. 227.
4) Fauna caspio-caucasica, p. 25.

stimmen, besonders die hellbraune Wüsten-Färbung des Rückens und des
Schwanzes, und die scharf begrenzte weisse Färbung der Lippen, der Innenseite aller Extremitäten und der Unterseite, sowie endlich die Grössenverhältnisse. Zur Veranschaulichung der genügenden Uebereinstimmung
in den Maassen lasse ich hier die wichtigsten von BLANFORD gegebenen
Ausmessungen, in Centimeter übertragen, folgen und füge die entsprechenden Maasse des vorliegenden Balges und des dazu gehörigen
Schädels hinzu:

| | Nach BLANFORD | Expl. v. Askhabad |
|---|---|---|
| Totallänge mit Einschluss des Schwanzes | 31,00 cm | 31,6 cm frisch*) |
| | | (32,3 im Balge) |
| Schwanz „ „ der Haare . . | 7,62 „ | 7,6 cm frisch*) |
| | | (8,3 im Balge) |
| Hinterfuss v. Fersenbein an ohne Krallen | 3,56 „ | 3,7 cm |
| Länge der Rückenhaare . . . . . | 0,76 „ | 0,65 cm (circa) |
| Kopflänge oben gemessen . . . . . | 4,57 „ | 5,0 cm frisch*) |
| Ungefähre Länge des Schädels von der Fläche des Hinterhauptbeines bis zu den Alveolarrändern der Vorderzähne | 4,25 „ | 4,17 „ |
| Breite des Schädels in der Scheitelgegend | 2,10 „ | 2,14 „ |
| „ „ „ an den Jochbögen . | 2,40 „ | 2,47 „ |
| „ „ „ hinter den Postorbitalfortsätzen . . . . . . . . . | 1,00 „ | 0,72 „ |
| Länge der Nasenbeinnaht . . . . . | 0,77 „ | ? (verwachsen in Folge d. Alters). |
| Länge des knöchernen Gaumens von den vorderen Alveolarrändern bis zur hinteren Nasenöffnung (Choanen) . . . | 1,85 „ | 1,90 cm |
| Länge des oberen Fleischzahns am Aussenrande . . . . . . . . . | 0,50 „ | 0,54 „ |
| Breite des hinteren oberen Backenzahns | 0,38 „ | 0,39 „ |
| Breite des knöchernen Gaumens zwischen den hint. oberen Backenzähnen . . | 0,75 „ | 0,72 „ |
| Länge des Unterkiefers vom Gelenkkopf bis zur Symphyse . . . . . . | 2,50 „ | 2,46 „ |
| Höhe des Unterkiefers am Kronenfortsatz | 1,25 „ | 1,12 „ |

Diese Maasse stimmen so gut überein, als man es nur irgend bei zwei
Individuen derselben Art erwarten kann, bei welcher Alters- und Ge-
schlechtsverschiedenheiten grosse Unterschiede in den Maassen bedingen

---

* Im frischen Zustande von Herrn Dr. A. WALTER gemessen, der
ausserdem noch folgende Maasse im frischen Zustande genommen hat:
von der vorderen Ohrmuschelbasis bis zur Schnauzenspitze 3,2 cm;
Umfang hinter dem Schulterblatt 8,8 cm; Umfang an der dicksten Stelle
des Leibes 9,5 cm; Höhe am Widerist 9 cm.

können. An dem Balge von Askhabad habe ich noch folgende Maasse
genommen: von der Schnauze bis zur Schwanzwurzel 24,3 cm (frisch
24 cm; letzte Haare an der Schwanzspitze 1,4 cm; von der
Schnauzenspitze bis zur Mitte des Auges 1,65 cm; von der Mitte des
Auges bis zur Mitte der Ohröffnung 2,00 cm; von der Schnauzenspitze bis ebendahin 3,55 cm; Unterschenkel ca. 3,8 cm; Vorderfuss
2,4 cm; längste Bartborsten ca. 5 cm. In Bezug auf die Färbung und
die Behaarung des vorliegenden Individuums ist noch bemerkenswerth,
dass die Schwanzspitze einen etwas (kaum merklich) dunkleren Farbenton besitzt, dass die Behaarung am ganzen Körper und Schwanze
ziemlich kurz, straff und dünn erscheint, dass die Oberseite des Vorderfusses ganz weiss, die Oberseite des Hinterfusses mit Ausnahme des
äusseren Theiles der Basalhälfte ebenfalls ganz weiss, sowie sämmtliche
Krallen weisslich, die hinteren Bartborsten ebenfalls weisslich, die
vorderen bräunlich erscheinen.

Wenn ich nun glaube, dass die von BLANFORD beschriebenen
Exemplare von Yarkand und das vorliegende aus Transkaspien zu einer
und derselben Form gehören, so bleibt noch die Frage zu beantworten,
ob diese Form von den naheverwandten anderen *Putorius*-Arten aus
der Unter-Abtheilung *Gale* wirklich verschieden ist oder nicht. Nach
der BLANFORD'schen Beschreibung allein war ich in dieser Beziehung
bis jetzt bei meinen Studien über die Familie der Mustelidae unsicher
geblieben. Nach Vergleichung des vorliegenden, offenbar zu einem
sehr alten Individuum gehörenden Balges und Schädels mit zahlreichen Vertretern der verwandten Arten, besonders von *vulgaris, boccamela, subpalmatus, erminea*, sowie auch *alpinus* und den hier wohl
allein in Betracht kommenden nordamerikanischen Formen *richardsoni,
longicauda, pusillus, xanthogenys* etc. bin ich zur Ueberzeugung gelangt, dass es sich in vorliegendem Falle um eine gute Art handelt,
die mit keiner anderen Form vereinigt werden kann. Wie schon die
oben beschriebene Färbungs- und Behaarungsweise etwas Charakte-
ristisches hat, so sind noch viel mehr Eigenthümlichkeiten in der Schädel-
bildung zu finden, die sich in dieser Vereinigung bei keiner der nach
der geographischen Verbreitung etwa in Frage kommenden Arten
finden. Es sei mir gestattet, einige derselben hier anzuführen: 1) Der
Schädel zeigt sich, im Profil gesehen, an der Stirn stark gewölbt,
während die Linie von der Stirn bis zum Hinterhaupt mit Ausnahme
einer kleinen Wölbung an den Scheitelbeinen fast gerade verlauft.
2) Der Schädel ist dicht hinter den Hinteraugenhöhlen-Fortsätzen sehr
stark eingeschnürt. Die Einschnürung ist bei den Individuen aus

Yarkand um einige Millimeter weniger stark gewesen. 3) Von unten
gesehen, zeigt sich der Gesichtstheil des Schädels verhältnissmässig
sehr gross entwickelt, so dass der hintere Rand des knöchernen Gaumens
in der Mittellinie nur wenig vor der Mitte der Schädelbasis zu liegen
kommt. 4) Die Ausbuchtung an dieser Stelle ist weit hufeisenförmig
und nicht schmal und eng, oder nach vorn besonders stark zugespitzt.
5) Die mehr oder weniger ebene Fläche zwischen den knöchernen Gehörblasen und dem Unterkiefer-Gelenk misst jederseits in den äusseren
Theilen von vorn nach hinten etwa nur 3 mm bei einer seitlichen Ausdehnung von etwa 8 mm, sie bildet also ein quergestelltes, sehr schmales
Parallelogramm, während bei den in Frage kommenden anderen Arten
die Form sich mehr quadratisch gestaltet. 6) Die Bullae osseae selbst
liegen verhältnissmässig nahe bei einander (ca. 4 mm) und bilden
zwischen sich, da die Innenränder ziemlich steil abfallen, ein verhältnissmässig tiefes Thal. 7) Ebendieselben knöchernen Gehörblasen
sind von bohnenförmiger Gestalt und heben sich ziemlich scharf, besonders auch nach vorn winklig, von der Schädelbasis ab; auch besitzen
dieselben eine, wenn auch stumpfe, so doch deutliche Kante zwischen
ihrer inneren und unteren Fläche. 8) Die vordersten oberen Backenzähne ($p_3$) stehen fast parallel zu einander, nur etwas nach vorn convergirend, aber durchaus nicht divergirend wie bei *boccamela*. 9) Der
nach innen und vorn gerichtete innere Höckerfortsatz des oberen
Reisszahns ($p_1$) ist etwas schwächer ausgebildet als das mit demselben
divergirende vordere Ende desselben Zahnes. 10) Der obere Höcker-
zahn ($m_1$) ist in seiner inneren Hälfte mässig, aber deutlich erweitert
und trägt hier in der Mitte der Kaufläche einen Höcker. 11) Die
äussere und innere Hälfte der Kaufläche dieses Zahnes bilden mit
einander beinahe einen rechten Winkel, was sich besonders deutlich
bei der Ansicht von hinten hervorhebt. 12) Die an den vorderen
Rand der einander gegenüberstehenden oberen Höckerzähne gelegten
Tangenten fallen mit einander in einer Linie zusammen und schneiden
sich also nicht winklig. 13) Die Spitzen der beiden vordersten oberen
Backenzähne stehen ungefähr ebenso weit von einander entfernt wie
die Innenränder der hintersten oberen Backenzähne u. s. w. — Um
die Möglichkeit der Vergleichung der Maasse dieses Schädels mit den
von R. HENSEL bei anderen verwandten Arten gegebenen Schädel-
maassen zu geben, füge ich noch folgendes hinzu:

Basilarlänge (wegen Defects am Hinterhaupt nicht zu messen)
Scheitellänge von dem Ende der Crista sagittalis bis zum vorderen Ende der Nasenbeinnaht . . . . . . . . . 3,81 cm

Schmalste Schädelbreite über den Ohröffnungen . . . . . 1,90 cm
Breite des Schädels zwischen den vorspringenden Mastoid-
knochen . . . . . . . . . . . . . . . . . 2,14 „
Geringte Schädelbreite an der Stirn (Einschnürung sehr stark) 0,72 „
Breite zwischen den Spitzen der Processus postorbitales . . 2,14 „
Geringste Schädelbreite zwischen den Augenhöhlen . . . . 0,98 „
Entfernung der Aussenränder der Alveolen der oberen Eck-
zähne von einander . . . . . . . . . . . . 0,88 „
Gaumenlange von dem Hinterende der mittelsten Zahnalveolen
bis zur Mitte der Choanen . . . . . . . . . . 1,84 „
Obere Zahnreihe von dem vorderen Eckzahn-Alveolarrande
bis zum hinteren Alveolarrand von $m_1$ . . . . . . 1,24 „
Abstand der Stirnwölbung vom Gaumen . . . . . . . ca. 1,0 „
Länge der Crista sagittalis (sehr gross in Folge des Alters) 2,12 „
Sagittallänge des oberen Reisszahns ($p_1$) an der Krone . . 5,4 „
Grösster Sagittaldurchmesser des oberen Höckerzahns ($m$) . . 2,0 „
Querdurchmesser des Schädels zwischen den stärksten Wöl-
bungen hinten (etwas unbestimmt) . . . . . . . ca. 1,8 „
vorn . . . . . . . . . . . . . . . . . . ca. 1,3 „
Kronenlänge der oberen Eckzähne (in der Mitte der Aussen-
seite gemessen) . . . . . . . . . . . . . . 0,62 „
Unterkieferlänge vom hinteren Rande der mittelsten Schneide-
zahn-Alveole bis zur Mitte einer Tangente, die die Gelenk-
köpfe von hinten berührt . . . . . . . . . . ca. 2,2 „
Unterkieferlänge von dem Vorderende des Eckzahns bis zur
Mitte des Gelenkkopfes . . . . . . . . . . . . 2,3 „
Zahnreihe von ebendaher bis hinter Alveolarrand von $m_2$ . 1,47 „
Höhe des Unterkiefers zwischen $p_1$ und $m_1$ . . . . . 0,4 „
Sagittallänge des unteren Reisszahns ($m_1$) an der Krone . . 0,53 „
Grösster Sagittaldurchmesser des unteren Höckerzahns ($m_2$) . 0,14 „
Kronenlänge der unteren Eckzähne (in der Mitte der Aussen-
seite gemessen) . . . . . . . . . . . . . . 0,54 „

Alles zusammengenommen, zeigt der Schädel in manchen Beziehungen eine grössere Verwandtschaft mit *P. alpinus*, ja sogar mit
*xanthogenys*, als mit *vulgaris, erminea* und *boccamela*, mit welch letzterer Art die vorliegende nur in der Grösse und dem allgemeinen
Färbungsprincip eine ungefähre Aehnlichkeit zeigt.

Prof. Dr. W. BLASIUS.

## Pinnipedia.

### 31. *Phoca vitulina* L. var. *caspica* NILSS.

Der Seehund des Kaspischen Meeres soll das transkaspische Ufer
fast nie berühren. Wir fanden nur einmal am 26. April/8. Mai 1886
ein ausgeworfenes todtes Exemplar am Strande des Schlammvulkan-
hügels zwischen Tschikischljär und Hassan-kuli.

C. E. v. BAER [1]) theilt (auf die Autorität SHEREBZOW's hin) mit, dass im Busen Karabugas nach Aussage der Turkmenen früher See-hunde regelmässig auf den Inseln hinter dem Eingange gelagert hätten, was nun nicht mehr vorkomme. Der zunehmende Salzgehalt in vielen ganz flachen Busen der Ostküste hat dort die Fische verdrängt und mit ihnen naturgemäss auch die Seehunde.

## Glires.

Wie in Steppen oder Wüstengebieten gemeiniglich, sind es auch in Transkaspien die Nager, welche zur Säugethierfauna das erheb-lichste Contingent stellen und ihr den Stempel der speciellen Eigen-heit aufdrücken. Indess steht das eigentliche Turkmenien in Folge seiner den grössten Theil des Gesammtareals einnehmenden reinen Sandwüsten gegen die nördlich angrenzenden wirklichen Steppenflächen mit ausgiebigerer Vegetation sogar bezüglich der Nager im Reichthum der zu beherbergenden Arten entschieden erheblich nach. Auf's deut-lichste springt hier das bekannte Wüsten-Steppengesetz in's Auge. Der Arten sind nicht viele vorhanden, die vorkommenden aber meist über das gesammte Gebiet in oft grosser Häufigkeit vertheilt und da-her zu wirklichen Charakterthieren par excellence geworden. Zum Wüstenbilde gehören in Transkaspien allüberall *Spermophilus lepto-dactylus* LICHTST. und *Meriones opimus* LICHTST., häufig als das ein-zige, aber nie und nirgend fehlende Leben; zu dem der eingeengten Hungersteppe theilweise noch letzterer neben *Lepus lehmanni* SEV.; zu dem der Geröllhalden im transkaspischen Gebirge endlich *Lagomys rufescens* GRAY. Auf genannte Formen trifft der Blick in den be-rührten Bodenzonen stets. Sie sind daher charakteristischer als manche grössere, an sich auffälligere und gleichfalls häufige Gestalt den Menschen aber mehr fliehender und damit sich selbst dem suchenden Auge leichter entziehender Thiere, wie der Antilopen, Wildesel etc. Von den im Folgenden namhaft gemachten Nagerarten sind von uns selbst nur 15 als im Inneren Turkmeniens, im eigentlichen transkaspi-schen Wüstenbecken und seinem schmalen Südrande, der Hungersteppe, und im Kopet-dagh heimische festgestellt. Die weiteren nahmen wir nach älterer Autoren, vornehmlich EVERSMANN's und BRANDT's, zuver-lässigem Zeugnisse auf, als Arten, die zum Theil den Rahmen unseres Gebietes sicher berühren, über denselben auch ein Weniges vorschreitten

---

1) Caspische Studien, Nr. III. Bull. Acad. St. Petersb. 1856, p. 17.

und daher eben als interessante Grenzläuflinge nicht unberücksichtigt bleiben konnten, wenngleich sie dem Haupttheile des behandelten Striches fehlen. Eine Reihe solcher, die im NW. durch die kirgisischen Steppen sich reich verbreiten, gelangt nämlich bis an den transkaspischen nordwestlichen Wüstenrand, wird noch auf der turkmenischen Halbinsel Mangyschlak und der Hochsteppe des Ust-jurt betroffen, ohne aber hier dann noch weiter gegen Süden vorstreben zu können. Wenige dieser umgehen augenscheinlich das transkaspische Becken, um namentlich westlicher in Persien und Kleinasien in merklich südlicheren Breiten wieder aufzutreten. An manchen solcher ist ersichtlich, dass in den Kaukasusländern die hohen Gebirgsketten selbst echten Steppenformen weniger vollkommene Schranken zu setzen vermögen als die Hochwüste Transkaspiens. Gleichzeitig bietet auch diese Gruppe einige Formen dar, die, obzwar vorwaltend indische, tiefe Pässe der südlichen Grenzgebirge überwanden und sich wohl erst neuerdings im hier behandelten Theile Centralasiens ansiedelten.

## 32. *Myoxus sp.*

Ein Petersburger Entomolog, Herr KÖNIG, erbeutete im Sommer 1887 einen Siebenschläfer in den Gärten von Germab oder Kulkulan im Kopet-dagh. Wir haben das Exemplar nicht selbst gesehen, glauben nach der Beschreibung Herrn KÖNIG's aber mit einiger Sicherheit auf *Myoxus dryas* SCHREB. schliessen zu dürfen. Letztere Form ist ja durch ganz Transkaukasien und Nordpersien überaus häufig. Sonst wäre hier dem Fundorte nach noch an *Myoxus pictus* BLANFORD [1]) zu denken, falls dieser wirklich von dem ihm jedenfalls sehr nahe stehenden *M. dryas* SCHR. artlich verschieden ist. Im baumlosen Gebiete kann der Siebenschläfer Transkaspiens nur auf einige Gartencomplexe persischen Ursprunges beschränkt sein *).

---

1) Eastern Persia, Vol. II, p. 51—53, Pl. IV, Fig. 2.

*) Laut mündlichen Mittheilungen des Herrn WILKINS in Taschkent ist es diesem gelungen, auch in Russisch-Turkestan eine *Myoxus*-Art nachzuweisen, während von dorther früher kein Siebenschläfer bekannt war. Die Species vermochte Herr WILKINS uns nicht sicher zu bezeichnen, doch stimmte seine Beschreibung gleichfalls am besten zu *M. dryas* SCHREB. Durch diesen Fund wird das Verbreitungsgebiet der Schlafmäuse in Mittelasien bedeutend erweitert.

### 33.  *Spermophilus leptodactylus* LICHTST.

? EICHWALD, Reise auf dem Caspischen Meere etc. 1834, I. Abth., p. 305
    u. 472, *Arctomys turcomanus\**).
? EICHWALD, Fauna caspio-caucasica, 1841, p. 28, *Arctomys turcomanus.*

Bei den Saryk-Turkmenen der Afghanengrenze Alaká.

*Spermophilus leptodactylus* LICHTST. ist die einzige Zieselart, welche
wir im eigentlichen Turkmenien antrafen, sie aber durch's ganze Gebiet in grösster Häufigkeit, nur überwiegend an die Region der Sandwüste gebunden. Im Sande um Usun-ada, Michailowo und Tschikischljär, hart am Gestade des Kaspi, ward sie ebenso häufig beobachtet
wie bei Utsch-adshi und Repetek, nahe dem Amu-darja, und in der
Bergwüste längs der neuen Afghanengrenze, vom Tedshen bis Agamet
und Kara-bil, östlich vom Murgab. An letzter Linie bewohnt *Sp. lepto-
dact.* nebst seinem treuen Begleiter, *Meriones opimus* LICHTST., die
mit dünner Grasnarbe bezogenen sandig-lehmigen Hügel. Seltener
fanden wir ihn im eigentlichen Steppen- und Oasenlande, so z. B. im
Pendeh-gau zwischen Tachtabasar und Bend-i-nadyr auf der obersten
Uferterrasse des Murgabthales und in der Merw-Oase, wo er selbst im
Trümmerfelde des alten Merw sich aufhält. Wir sammelten an verschiedenen Punkten eine Reihe von Exemplaren, und zwar in Winter-
und Sommerkleidern, die sehr von einander abweichen, indem das
Sommerkleid äusserst kurzes, kaum recht fassbares einfarbiges Haar
auf der Rückseite aufweist, während die Behaarung des Winterpelzes
ziemlich lang, sehr weich und auf dem Rücken durch einen langen
schwarzen oder dunkelbraunen Fleck jedes Granenhaares feinst gezeichnet ist. An den Seiten vor dem Uebergang zur weissen Bauchseite entbehrt das Haar dieser Zeichnung, ist einfarbig glänzend gelb.
Ein bei Bal-kuju am 24. Februar/6. März geschossenes altes ♂ ergab,
frisch im Fleische gemessen, folgende Ausmaasse:

Körperlänge von der Schwanzwurzel bis zum Atlas  . .  180 mm
Kopflänge oben . . . . . . . . . . . . . . . 60  „

---

\*) EICHWALD's *Arctomys turcomanus* wird meist auf *Sperm. fulvus*
LICHTST. bezogen, ohne dass sich ermitteln lässt, ob auf Grund von
Vergleich durch EICHWALD gesammelter Exemplare. Sein Fundort, die
Insel Tscheleken, ist aber in den Stücken der nahen Küstenwüste so
völlig gleich, dass es uns wahrscheinlich scheint, sie beherberge auch
nur den gleichen Ziesel wie die nächstliegenden Uferstrecken, und auf
diesen fanden wir bloss den *Sp. leptodactylus* LICHTST.

Schwanzlänge mit dem Haare . . . . . . . . . . 110 mm
„ ohne das Haar . . . . . . . . . . . 70 „
Von der Schnauzenspitze bis zur Ohrmuschel . . . . 43,5 „
Von der Schulterspitze bis zur Spitze der längsten Klaue 122 „
Längste Klaue der Vorderextremität . . . . . . . . 11 „
Fersenlänge . . . . . . . . . . . . . . . . . . 40 „
Haarpinsel an der Innenzehe der Hinterextremität . . . 67 „
Umfang hinter den Schultern . . . . . . . . . 160 „

1886 kamen am 24. Februar/6. März die ersten Exemplare nach
dem Winterschlafe im Sande um Bal-kuju, unweit Askhabads, zum Vorscheine. 1887 soll nach zuverlässiger Aussage dortiger Beamter der
auffallend milde und schneearme Winter die Ziesel wie die *Meriones*
überhaupt um den üblichen Schlaf gebracht haben. Einem am 11./23.
April bei Molla-kary erlegten ♀ entnahmen wir 1886 noch 4 gegen
2 Zoll lange Embryonen. Dagegen fand ich 1887 am Murgab am
12./24. April die Weibchen stets schon von 2—4 Jungen begleitet,
welche etwa die Grösse eines starken *Cricetus phaeus* PALL. besassen.
Das trockene und heisse Frühjahr dieses Jahres hatte somit die Wurfzeit bedeutend gegen das Vorjahr verfrüht. Zu angegebener Zeit
trieben die Männchen eifrig die Weibchen, so dass wohl eine zweite
Paarung schon bevorstand. Die Nahrung der Ziesel besteht überwiegend in Pflanzenzwiebeln und überhaupt Wurzeln, nach denen man
sie stets hastig scharren sieht. Daraus erklärt sich wohl ihr gutes
Einvernehmen mit *Meriones opimus* LICHTST., neben und sogar in
dessen reichbesetzten Colonien die Ziesel ruhig leben. Zwischen beiden Formen besteht eben keine Nahrungsconcurrenz, denn *Meriones*
weidet überwiegend oberirdische Pflanzentheile, steigt auch gerne auf
hohe Wüstenstauden und Sträucher nach deren Früchten.

### 34. *Spermophilus fulvus* LICHTST.

BRANDT, Zool. Anhang zu LEHMANN's Reise, p. 303.

Dieser grosse Ziesel soll nach BRANDT von LEHMANN am Ostufer
des Kaspischen Meeres am 17. April 1840 gesammelt sein. BRANDT'S
Angabe, Ostufer des Kaspischen Meeres, bezieht sich aber immer auf
Nowo-Alexandrowsk und Umgegend auf der Halbinsel Mangyschlak,
also auf den äussersten nordwestlichen Grenztheil unseres Gebietes.
Im Inneren Turkmeniens suchten wir die Art vergebens.

### 35. *Spermophilus brevicauda* BRDT.

BRANDT, Zool. Anh. z. LEHMANN's Reise nach Buchara und Samarkand,
p. 303.

Diese uns in Transkaspien nirgends begegnete Art hat LEHMANN
am Ostufer des Kaspischen Meeres, bei Nowo-Alexandrowsk, erbeutet.
Weiter südlich in's Innere Turkmeniens scheint sie ihre Verbreitung
nicht auszudehnen.

## 36. *Cricetus phaeus* PALL.

Ist eine häufige Erscheinung sowohl in der Ebene Turkmeniens,
als auch an bebauten Stellen des Kopet-dagh, und zwar fingen wir ihn
mehrfach an, ja in menschlichen Wohnungen.  Seine Vorliebe für bewohnte Baulichkeiten, die uns Anfangs auffiel, weil die übrigen (jedenfalls die meisten) Hamsterarten doch nur zufällig in Häuser gerathen,
ist schon lange bekannt und mehrfach mitgetheilt.  So nannten schon
DICKSON und ROSS [1]) den *Cricetus phaeus,* nur unter der irrthümlichen
Bestimmung als *Cr. accedula* PALL., direct eine der Hausmäuse von
Erzerum. Bei BLANFORD [2]) heisst es „coming into houses". Ebenso führen
DANFORD und ALSTON [3]) ihn als zahlreichen Hausbewohner in Ortschaften Kleinasiens an und fügen noch die Beobachtung hinzu, dass
der kleine Hamster in Wohnungen erst Einzug halte, nachdem diese
von Hausmäusen gereinigt sind.  Zu letzterer Beobachtung stimmt
vielleicht die Thatsache, dass im Frühjahr 1887 zu Pul-i-chatun, wo
*Cricetus phaeus* besonders zahlreich in den Schuppen des Kosaken-
lagers war, dort kein Exemplar der *Mus musculus* L. *var. bactrianus*
BLYTH sich finden liess, und andrerseits der Hamster in den von jener
Maus überschwemmten Posten am Murgab völlig fehlte.

Exemplare der Art sammelten wir an folgenden Punkten und
Daten: Askhabad 25. März/6. April 1886 und im Mai 1887, Germab
im Kopet-dagh 23. Mai/5. Juni 1886 und Pul-i-chatun am Tedshen
29. April/11. Mai 1887.  Alle unsere Stücke sind durchaus typisch,
die meisten von hell bläulichgrauer Rückenfarbe, welche nur an einigen
offenbar sehr alten, weil besonders starken Exemplaren in's Gelbe
zieht.  DE FILIPPI's *Cricetus isabellinus* aus Persien ist als selbständige Art entschieden unhaltbar, da der unbedeutende Grössenunterschied nichtssagend scheint, und sonst in der von BLANFORD [4])

---

1) A collection of bird-skins from the neighbourhood of Erzeroom etc.,
in: Proc. Zool. Soc. London, 1839, p. 122.
2) Eastern Persia, p. 58.
3) On the Mammals of Asia Minor, in: Proc. Zool. Soc. London,
1880, p. 61.
4) Eastern Persia, p. 59.

wörtlich wiedergegebenen Originalbeschreibung DE FILIPPI's nicht der
geringste weitere Unterschied von *Cricetus phaeus* PALL. sich finden
lässt. Auch SCULLY [1]) scheint dieser Meinung, indem er schreibt:
„and I believe that both *C. fulvus* (BLANF.) and *C. isabellinus* (DE
FIL.) must be regarded as merely subspecies cf. *C. phaeus*".

## 37. *Cricetus arenarius* PALL.

BRANDT, J. F. Zool. Anh. z. LEHMANN's Reise, p. 207.

BRANDT erhielt die Art durch LEHMANN von Nowo-Alexandrowsk
am Ostufer des Kaspischen Meeres. Wir fanden sie im Innern Transkaspiens nicht.

## 38. *Mus decumanus* PALL.

Zu Krasnowodsk erhielten wir zwei Exemplare der Wanderratte.
Sie ist Turkmenien ursprünglich nicht eigen, sondern erst neuerdings
auf russischen Schiffen in die kleinen Häfen eingeführt. Mit den leb-
haften Waarentransporten auf der neuen Bahnlinie in's Innere des
Gebietes wird die Ratte jetzt wohl schon weiter bis zu den neuen
Städten Askhabad und Merw vorgedrungen sein.

## 39. *Mus sylvaticus* L.

BRANDT, Zool. Anh. z. LEHMANN's Reise, p. 305.

Fehlt im eigentlichen Transkaspien, wurde wenigstens von uns
dort nirgends gefunden, wohl aber durch LEHMANN am Ostufer des
Kaspischen Meeres (worunter bei BRANDT l. c. stets die Umgebung von
Nowo-Alexandrowsk gemeint ist) nachgewiesen. Da die Waldmaus in
allen vegetations- und culturreichen Gebieten Mittelasiens, nördlich,
östlich und südlich Transkaspiens heimisch ist, scheint sie hier nur
das turkmenische Wüstenbecken zu umgehen, es nur an seiner Nord-
westecke auf der Halbinsel Mangyschlak zu berühren. Es wäre aber
die Möglichkeit nicht ausgeschlossen, dass LEHMANN's Collection nicht
den echten *Mus sylvaticus* L., sondern den *Mus wagneri* EVERSM. (der
wahrscheinlich mit *M. musculus* L. var. *bactrianus* BLYTH identisch
ist?) einschloss. Nur in Petersburg könnte dieses entschieden werden.

## 40. *Mus musculus var. bactrianus* BLYTH.

Der von vielen, namentlich englischen Autoren als selbständige
Art aufrecht erhaltene *Mus bactrianus* BLYTH, welche aber durchaus

---

[1]) On the Mammals of Gilgit, in: Proc. Zool. Soc. Lond., 1881, p. 205.

mit LATASTE [1]) und Anderen dem *Mus musculus* L. untergeordnet
werden muss, ist durch ganz Transkaspien verbreitet. Unsere Exemplare stammen von den verschiedensten Punkten des Gebietes und
weichen stets vom europäischen Typus durch den mehr in's Lehm-
farbene, Gelbe, ja Röthliche ziehenden Ton der Rückenseite, sowie
durch das Weiss der Unterseite ab. Die beiden Farben sind bald
mehr, bald weniger scharf gegen einander abgegrenzt, wie auch die
Oberseite bald mehr, bald weniger gelblich oder röthlich ist. Viele
stimmen genau mit BLANFORD's [2]) Beschreibung und Abbildung überein. Schon in Transkaukasien neigt die Mehrzahl der Hausmäuse
dieser Abart zu, und es kommen dort schon Exemplare vor, die durchaus
der *var. bactrianus* BLYTH zuzuzählen sind, während andere in allen
Abstufungen durch Trübung der Unterseite in Grau und Zurücktreten
des Gelb auf der Oberseite bis zum reinen europäischen Typus hinüberführen. Entsprechend der Färbung bieten auch die übrigen Merkmale
gleichmässige Uebergänge, so das Verhältniss der Ohrlänge zum Abstand zwischen Ohröffnung und Auge, die recht variable Schwanzlänge etc.

*Mus musculus bactrianus* finden wir an allen von Menschen bewohnten Orten Transkaspiens in grosser Menge und, was wohl Beachtung verdient, auch unabhängig von solchen in der freien unbewohnten
Steppe. Auf letzteres Vorkommen glaubten wir schon schliessen zu
dürfen, als wir diese Hausmaus im Frühjahr 1887 massenhaft in kleinen
Erdhütten antrafen, die eben erst längs der kaum vollendeten Bahnlinie
zwischen Merw und dem Amu-darja aufgeführt waren. In wenig Wochen
konnte eine solche Zahl von Mäusen unmöglich zufällig und künstlich hin-
gebracht oder von wenigen eingeschleppten erzeugt sein. Ebenso
waren am Murgab auf allen neu errichteten Militärposten sofort zahlreiche Hausmäuse aufgetreten, die sich fraglos dort aus der Steppe
zusammenzogen, da um einige weithin nicht einmal ein Saryken-Aul
vorhanden ist. An der Afghanengrenze fanden wir dann (im April
und Mai 1887) auch wirklich die Maus reichlich in völlig menschen-
leerer Gegend. Leider hatten wir nie Gelegenheit, den *Mus wagneri*
EVERSMANN mit der hier behandelten Form zu vergleichen. Es scheint
uns aber nach allen den *M. wagneri* EVM. betreffenden Literaturangaben durchaus wahrscheinlich, dass er mit dem *M. bactrianus*

---

1) Note sur les souris d'Algérie, 1883. — Fauna des Vertebrés de
Barbarie Mammifères, 1885.
2) Eastern Persia, Vol. 2 p. 56 u. 57, Pl. V, fig. 2.

BLYTH identisch ist, und nur bezüglich dieser dem *M. musculus* L.
unterzuordnenden Form eine Benennungstheilung derart vorliegt, dass
sie in den südlichen, überwiegend von englischen Zoologen durch-
forschten Theilen Centralasiens die Bezeichnung BLYTH's, in den nördlichen, mehr russischen Forschern geöffneten aber die EVERSMANN's zu
tragen pflegt.

### 41. *Nesokia indica* GRAY (= *hardwickei* GRAY) var. *huttoni* BLYTH.

Mit zu den interessantesten Resultaten unserer transkaspischen
Säugethierstudien gehört wohl der Nachweis des überwiegend indischen
Genus *Nesokia* GRAY (*Spalacomys* PETERS) im russischen Theile Centralasiens. Das erste Exemplar der zunächst in Rede stehenden Art wurde
am 8./20. April 1887 im Pendeh-gau ca. 4 Kilometer unterhalb Tach-
tabasars erbeutet. Dort waren die von den Thieren aufgeworfenen
Erdhaufen nicht selten im unteren Murgabthale an Canalufern und
Rainen zwischen Luzernefeldern. Fünf Exemplare wurden sodann Ende
Mai 1887 in Askhabad gesammelt, wo das Thier entschieden häufig
ist und auch menschliche Wohnungen heimsucht (drei Exemplare wurden z. B. für uns vom Feldscher Dartau in der Apotheke des Militär-
hospitals gefangen). Abgesehen von den beim Bestimmen kaum verwendbaren älteren kurzen Beschreibungen und Notizen, ist die Art
namentlich durch PETERS [1]) (als *Spalacomys indicus n. gen. et sp.*),
BLANFORD [2]) und O. THOMAS [3]) so ausgiebig behandelt, dass es unserer-
seits kaum eines Zusatzes an diesem Orte bedarf, zumal specielle
Schädelverhältnisse bei der folgenden neuen Art vergleichsweise zur
Sprache kommen. Unser grösstes Exemplar, ein ♂ (eben das am 8.|20.
April 1887 im Murgabthal erbeutete), ergiebt im Fleische an Maassen:

Kopf und Rumpf (ohne den Schwanz . 180 mm
Kopflänge . . . . . . . . . . . 48 „
Schwanzlänge . . . . . . . . . . 120 „
Grösste Ohrlänge (an der Oeffnungsseite) 16 „
Grösste Ohrbreite (das Ohr flach gebreitet) 13,5 „

---

1) Ueber einige merkwürdige Nagethiere (Spalacomys indicus etc.)
des Königl. zool. Museums, in: Abhandl. Berliner Acad. 1860, p. 139—147,
Taf. II, Fig. 1 a—d (mit vorzüglicher Darstellung des Schädels).
2) Eastern Persia, Vol. 2, p. 59—60, Pl. VI, Fig. 1 u. 1 a.
3) On the Indian species of the Genus Mus, in: Proc. Zool. Soc.
Lond., 1881, p. 524—526. (ANDERSON's Specialarbeit über dieses Genus
stand uns leider nicht zu Gebote, doch ist sie bei THOMAS l. c. aus-
reichend berücksichtigt.)

In Transkaspien meidet diese Art die Sandwüste, hält sich vielmehr an den Lössgrund, folgt deshalb vorwiegend den Fluss- und
Bachläufen und bevorzugt entschieden Culturoasen. Augenscheinlich
überwand sie, den Flussthälern folgend, von Süden, Afghanistan und
Persien her, die Grenzgebirge und trat auf solchen Wegen in's transkaspische Becken ein.

## 42. Nesokia boettgeri n. sp.

Am 9.|21. März 1887 erbeuteten wir auf einer grossen Insel des
Àmu-darja, nahe der damals erst geplanten Ueberbrückungsstelle des
'Stromes durch die transkaspische Bahn, eine Nesokia, die sogleich in
manchem Merkmale von der N. indica GRAY (= N. hardwickei GRAY)
var. huttoni BLYTH abzuweichen schien. Die genau vergleichende
Untersuchung des Stückes ergab dann, namentlich am Schädel, eine
Reihe von Sonderheiten, die uns zwingen, das Thier als neue Art zu
beschreiben. Wir widmen sie unserem geschätzten Mitarbeiter, Herrn
Dr. O. BOETTGER in Frankfurt am Main, dem um die Reptilien- und
Molluskenfauna Inner- und Westasiens, speciell auch um unsere Sammlungen so verdienten Forscher.

In erster Linie fiel die bedeutend gedrungenere und breitere Form
des Kopfes gegenüber der nächststehenden Art, der N. indica var.
huttoni auf (letztere soll als nächstverwandte Form in allen Theilen
der Beschreibung zum Vergleichsobjecte dienen), welche bei späterer
Schädeluntersuchung klar ward. Deutlich abweichend war am frischen
Exemplare die Gesammtfärbung, indem bei schwärzlich - schiefrigem
Hauptcolorit an den Haarspitzen nur ein geringer grau-bräunlicher
Anflug bemerkbar wurde, während die transkaspischen Stücke der
N. indica huttoni, auch die zu gleicher Jahreszeit erbeuteten, ganz
die bekannte, von BLANFORD [1]) trefflich wiedergegebene rostig-gelb-
liche Pelzfarbe aufweisen. Die Unterseite ist grauweisslich, d. h. die
Basis der Haare dunkel-schiefrig, die Endhälfte weiss, nicht isabell
oder gelblich, wie bei der N. indica var. huttoni. Die Färbung der
Bauchseite stimmt somit eher mit der ausschliesslich indischen Grundform als mit der durch Afghanistan und Persien bis Transkaspien
reichenden Varietät der zum Vergleiche angezogenen Art überein. Die
Sohlen der Hinterextremitäten sind bei unserer Species bis vor die
vorderen Zehenbasen schieferbläulich-grau, so dass nur die zwei vorder-

---

1) Eastern Persia, Vol. 2 (p. 59—61), Pl. VI, Fig. 1.

sten Tuberkel und die Zehenunterseite weiss bleiben. Es fiel äusserlich auch die Bildung des Schwanzes auf. In erster Linie erscheint derselbe wirklich völlig nackt. PETERS[1]) sagt zwar in der Diagnose seines *Spalacomys indicus* (= *N. indica* GRAY) „*cauda nuda — pilis rarissimis et brevissimis obsita*", und auch BLANFORD l. c. nennt den Schwanz der *v. huttoni* nackt, giebt aber die Art der Behaarung auf seiner überhaupt vorzüglichen Abbildung (Pl. VI, Fig. 1) deutlich und genau wieder. Eben solche Behaarung finde ich bei *N. indica* immer wohl ausgeprägt, auch an Stücken in der vollen Sommertracht, wogegen unser Thier vom Oxus nur bei allerschärfstem Hinblicken feinste, erst mit der Lupe deutlich kenntliche Härchen an den Schuppenringen wahrnehmen lässt. Zum Theil hierdurch, ·zum Theil durch die flacheren, glatteren, regelmässiger zusammenfliessenden Schuppen wird die gesammte Ringelung glatter, schliesslich auch noch durch die sehr prononcirte weisse Randung der Ringe ausgezeichnet. Erhebliche Eigenheiten treten an den Extremitäten entgegen. Zunächst sind sie schlanker gebaut, was vornehmlich an den hinteren in's Auge springt. Auf der Sohle der Vorderextremität ist dann der hintere äussere Tuberkel bei *N. boettgeri* der Länge nach gespalten, bei der verglichenen Art dagegen einfach glatt und gleichmässig gewölbt, auch weniger kantig. Der hinterste innere Tuberkel bei ersterer an seinem distalen Rande weit stärker herzförmig ausgeschnitten oder gekerbt als bei der anderen, an der er sich gleichmässig wölbt. Auf den Sohlen der Hinterextremität sind in der neuen Art sämmtliche 6 Tuberkel flach, mehr platten- oder schwielenförmig, in *N. ind. huttoni* dagegen mehr höckerförmig und kantig. Im mittleren Höckerpaare übertrifft bei *N. b.* der äussere Tuberkel den inneren um das Doppelte der Länge, während diese Differenz bei *N. ind. huttoni* sichtlich geringer ist (das für letztere geltende Verhältniss ist genau auf BLANFORD's citirter Tafel, Fig. 1 a, verzeichnet).

Sehr wesentliche Differenzen stellten sich an den Gaumenfalten heraus. Bei *N. boettgeri* ist die erste Gaumenfalte dicht an den vordersten Höckerwulst getreten, bei der *N. ind. huttoni* viel weiter entfernt. In diesem ersten Interspatium liegen bei ersterer zwei gut entwickelte Papillen, während solche bei allen Exemplaren der anderen zwischen die erste und zweite Falte fallen. Die zweite Gaumenfalte

---

1) Ueber einige merkwürdige Nagethiere (Spalacomys indicus etc., des Königl. Museums, in: Abh. d. Königl. Academie zu Berlin, 1860) p. 143.

der *N. b.* besitzt keine mittlere Einkerbung, wie es für die andere
Species gilt. Die dritte der *N. b.* erhält bei noch annähernd geradem
Vorderrande erst eine tiefe mittlere Kerbe, besteht aber noch nicht
aus zwei getrennten Bögen, wie die der *N. ind. hutt.* Diese Verhältnisse erhellen besser aus den beigegebenen Figuren. Mehr noch gilt
das von den oft schwer klar schilderbaren Unterschieden am Schädel.
Der ganze Schädel der *N. b.* ist gedrungener, relativ kürzer und breiter
als der der *N. ind. hutt.* Das Foramen occipitale, bei ersterer oben
gleichmässig abgerundet, neigt bei der folgenden mehr zur Dreiecksform. Als breiter Wulst zeigt sich bei ersterer die Crista occipitalis
media, als wirklicher, ziemlich scharfer Kamm bei letzterer, hier auch
seitlich von flacheren Einsenkungen begleitet. Das Foramen infraorbitale am Schädel der *N. b.* ist kürzer, aber tiefer in die Maxille
eingeschnitten als an dem der *N. ind. hutt.* In der Seitenansicht des
Schädels bleibt durch weniger weites Vorspringen des Flügeltheiles
vom Oberkieferjochfortsatze die Fissura infraorbitalis bei *N. b.* in ihrer
ganzen Höhe als ein ziemlich starker, 1,5 mm breiter Spalt offen, wird
bei der zum Vergleich dienenden Art hingegen nach oben verdeckt
und höchstens ganz unten als minimaler Spalt frei. Das Foramen incisivum ist noch ein weniges kürzer als bei der *N. indica hutt.*, der
Unterschied aber wenig auffällig. Ebenso ist das Foramen palatinum
der *N. b.* kürzer und porenförmig, so dass es genau an die innere
Vorderecke der Basis des letzten Backenzahnes zu liegen kommt, wogegen das längere, schon spaltförmige der *N. ind. hutt.* von der Mitte
des zweiten bis etwa zur Mitte des dritten Backenzahnes reicht. Am
Oberkiefer fehlt der *N. b.* ein allen Schädeln der *N. ind. hutt.* eigener
sehr deutlicher starker Tuberkel nahe vor dem vorderen Basisrande der
Molarreihe zwischen dieser und dem Hinterende des Foramen incisivum
(der wohl die Hinterenden der oberen Schneidezähne anzeigt). Das
Gebiss bietet kaum nennenswerthe Unterschiede, wie, nach vorliegenden Beschreibungen zu urtheilen, überhaupt nicht zwischen den verschiedenen Arten dieses Genus. Jedenfalls wird es in OLDFIELD THO-
MAS'[1]) ausgiebiger Behandlung dieser nie verwerthet. Der sorgfältigste
Vergleich mit mehreren Schädeln der *N. ind. hutt.* zeigt diesbezüglich
nur, dass bei letzterer das erste und zweite Prisma des $m_1$ und das
erste des $m_2$ an beiden Ecken, bei *N. b.* nur an einer, der inneren,
etwas nach hinten ausgezogen, also bei der ersten Art am Hinterrande

---

1) On the Indian species of the genus Mus, in: Proc. Zool. Soc.
Lond., 1881, p. 521—557: Subgenus *Nesokia*, p. 523—530.

sehr seicht, aber regelmässig ausgeschnitten ist, bei der letzteren nicht, ein Moment, auf das hier natürlich kein Gewicht gelegt werden soll.

Am Unterkiefer prägen sich die vielleicht wesentlichsten Sonderbeiten aus. Auf den ersten Blick fällt an unserer Art der weite Abstand des Processus coronoides vom Condylus des Processus condyloides der anderen Art gegenüber auf, oder die in weit flacherem Bogen erheblich grössere Länge (oder Weite) der Incisura semilunaris anterior. Der Condylus auf dem Proc. condyloides zeigt bei *N. b.* in seinem vorderen Theile fast die doppelte Breite wie im hinteren und ist am vorderen, dem Proc. coronoides zugewandten Rande gleichmässig abgerundet, bei *N. ind. hutt.* aber hier in eine feine Spitze ausgezogen. Ferner steht ein mächtig entwickelter, zur Aufnahme der Schneidezahnenden dienender Knochenhöcker auf der Aussenfläche des Unterkieferastes bei *N. b.* sehr merklich weiter vom Rande der Incisura semilunaris posterior abgerückt als bei *N. ind.*, wo er jenem Rande fast anliegt. In reiner Seitenansicht kommt demnach die abgerundete Spitze dieses Höckers in ersterer Art derart zu stehen, dass sie den Condylus gar nicht, wohl aber einen Theil der Incisura semilunaris anterior verdeckt, wohingegen umgekehrt bei *N. ind. hutt.* sie dem vorderen Drittheile des Condylus vorlagert, dafür aber die Incisura völlig frei lässt. Das Foramen mandibulare endlich ist bei *N. b.* kaum halb so lang wie bei *N. ind.*, resp. nicht wie bei dieser nach oben in eine Furche ausgezogen.

Alle die aufgeführten Schädelunterschiede erhellen indess besser aus den Zeichnungen und müssen mit Hilfe dieser es leicht machen, unsere Art und die mit ihr verglichene nächstverwandte auseinander zu halten.

Die Zahl der Mammae lässt sich leider nicht angeben, da wir nur im Besitze eines ♂ sind.

Als Ausmaasse ergiebt das Alcoholexemplar:

| | | |
|---|---:|---|
| Kopf und Rumpf bis zur Schwanzwurzel | 163 | mm |
| Kopflänge | 95 | „ |
| Schwanzlänge | 46 | „ |
| Ohrlänge | 15 | „ |
| Ohrbreite | 12 | „ |
| Augenspalte nach Herausnahme des Schädels | 5 | „ |
| Länge des Unterarmes ungefähr | 21 | „ |
| Länge der Hand, oben gemessen incl. d. Mittelfingers m. Nagel | 21 | „ |
| „ der Mittelfinger oben | 9 | „ |
| Nagel des Mittelfingers, oben gerade gemessen | 3,5 | „ |
| Unterschenkel oben | ca. 28 | „ |

Sohle der Hinterextremität bis zur Wurzel der Mittelzehe    25 mm
Mittelzehe . . . . . . . . . . . . . . . . . .    8,5 „
Nägel derselben, oben gerade gemessen . . . . . . .    4 „

Länge des Schädels oben von der Spitze des Nasalia bis
     zum Oberrande der Crista occipit. . . . . . . . . . 35,5 mm
Grösste Breite des Schädels mit den Jochbögen . . . 25,5 „
Länge der Nasalia . . . . . . . . . . . . . . 11,5 „
Länge der Frontalia . . . . . . . . . . . . . .12—13 „
Länge der Parietalia an der Sagittalnaht . . . . . . 9 „
Länge der Parietalia am Seitenrande . . . . . . . 10,8 „
Grösste Breite beider Parietalia . . . . . . . . . 11 „
Geringste Breite beider Parietalia dicht über dem Inter-
     parietale . . . . . . . . . . . . . . . . . . 9 „
Geringste Breite bei der Frontalia zwischen den Vorder-
     enden der Supraorbitalleisten . . . . . . . . . . 5 „
Länge des Unterkiefers vom Condylus bis zum oberen
     Rand der Schneidezahnalveolen . . . . . . . . 28 „
Höhe des Unterkiefers von Proc. coronoides bis zum
     Angulus . . . . . . . . . . . . . . . . . . 17 „

Wie Eingangs erwähnt, wurde die Art auf einer Insel des Amu-darja
unweit Tschardshuis, also schon auf bucharischem Grunde und hart
auf der Ostgrenze des uns beschäftigenden Gebietes, welche eben jener
Strom scharf zieht, aufgefunden. Die auf der etwa 6 Kilometer langen
Insel recht zahlreich vorhandenen Baue machten den Eindruck, als
lebten die Thiere gesellig in gut begrenzten Colonien, ähnlich wie
z. B. *Meriones opimus* LICHTST. Ein solcher mit vieler Mühe vollkommen blossgelegte Bau ergab aber nur das eine hier beschriebene
Exemplar. Eine Fläche von vielleicht 10 Schritten im Durchmesser
war mit aufgetriebenen Hügeln des sandig-lehmigen Bodens und zahlreichen Ausgängen bedeckt, die in ein ganz oberflächliches, aber die
ganze Fläche dicht durchziehendes Röhrennetz mündeten. Die Baue
der *N. indica var. huttoni* fanden wir nie so ausgedehnt und gut umgrenzt, während auch sie bedeutende, vielleicht noch höhere Erdhaufen
aufwirft.

### 43. *Arvicola arvalis* PALL.

Ein Exemplar wurde von uns bei Tschuli gefangen. Trotz etwas
auffallender Stärke stimmt das Thier doch einzig zur gemeinen *Arv.
arvalis* PALL. Vom gewöhnlichen Zahntypus dieser Art weichen an
unserem centralasiatischen Stücke nur die 4 deutlichen Vorsprünge
öder Kanten am Aussenrande des letzten oberen Backenzahns ab,

zwischen denen nur 3 deutliche Einsprünge liegen. Es kommt indes die Zahl bei einigen Varietäten der *Arv. arvalis* Pall. vor, wie deutlich aus Poljákow's [1]) Abbildungen des Zahnsystemes von 6 verschiedenen Localitäten entstammenden Exemplaren der Art ersichtlich ist. Der Fundort gebot durchaus auch einen Vergleich unseres Stückes mit der von Danford und Alston [2]) in Kleinasien entdeckten, neuerdings durch Scully [3]) aus dem unmittelbar an unser Gebiet grenzenden nördlichen Afghanistan gemeldeten *Arvicola guentheri* Danf. et Alst., zumal da die citirte Originalbeschreibung die nahe Verwandtschaft mit der *Arvicola arvalis* Pall. betont. Nach dem durch Danf. und Alst. l. c. Pl. V gegebenen Totalbilde, wie nach einigen Merkzeichen der Beschreibung, scheint aber die *A. guentheri* der *A. socialis* Pall. sehr viel näher verwandt als der *A. arvalis*. Pall. Namentlich ist es das Verhältniss der Schwanzlänge zur Körperlänge (d. h. Länge von Rumpf und Kopf), welches bei *A. guentheri* D. und A. und *A. socialis* Pall. vollkommen übereinstimmt. Bei beiden letzten Arten erreicht nämlich der Schwanz $^1/_4$—$^1/_5$ der Körperlänge und ist kaum länger als die Sohle des Hinterfusses, bei *Arvalis* dagegen ist sie bekanntlich etwa gleich $^1/_3$ bis fast $^1/_2$ der Körperlänge und über doppelt so lang wie die Hintersohle, ein Verhalten, das auch an unserem transkaspischen Stücken Statt hat. Die Behaarung der Fusssohlen sowie die Zahl und Stellung der Tuberkel auf den Sohlen etc. lassen aber die *A. guentheri* als eine wohl sicher selbständige vollberechtigte Art erscheinen, die eben nur in der *Arv. socialis* Pall., nicht in der *A. arvalis* Pall. ihre nächsten Verwandten findet.

Möglich wäre es, dass die *A. guentheri* unserem Gebiete angehört, da wir hart an der Nordgrenze Afghanistans, also nächst dem Fundorte Scully's, im Peudeh-Gau, eine *Arvicola*-Art beobachten, aber nicht erlangen konnten. Hervorzuheben wäre aber bei dieser uns unbekannt

1) Systematische Uebersicht der in Sibirien vorkommenden Arvicoliden 1881, p. 75 des Seperatabdruckes aus den Mem. Acad. St. Petersb. Beilage zu Tom 39, No. 2. Der französischen Publication dieser russisch erschienenen Arbeit durch Poljákow u. F. Lataste, in: Annali Museo Civico Stor. Nat. Genova 1883—84, Vol. 20, p. 253—301 fehlen leider alle dem russischen Original beigegebenen Zeichnungen.

2) On the Mammals of Asia Minor., in: Proc. Zool. Soc. Lond. 1880, p. 62—64, Pl. V.

3) The Mammals and Birds collected by Capt. Yate in Northern-Afghanistan, in: Journ. As. Soc. of Bengal Vol. 56, Part 2, No. 1, 1887, p. 72 u. 73 in: Ann. Mag. Nat. Hist. 1887 (5. Series). Vol. 20, p. 383 u. 384.

gebliebenen *Arvicola* des Murgabthales, dass sie von Afghanistan her
d. h. von der neuen afghanisch-russischen Grenze im Frühjahr 1887
erst bis etwa 2 Kilometer nördlich Bend-i-nadyrs, aber noch nicht bis
Tachtabasar vorgedrungen war und ausschliesslich auf die untere Stufe
des Flussthales beschränkt ist, wo die Aule der Saryken mit ihren
Feldparcellen liegen. Bei Tachtabasar und von dort flussabwärts
findet sich in eben dieser Thalregion an Nagern ausschliesslich nur
*Nesokia indica* GRAY var. *huttoni* BLYTH und *Mus. musculus* L. var.
*bactrianus* BLYTH, während die obere Stufe mit schon Steppencharacter
und die angrenzenden Wüstenlehnen *Meriones opimus* LICHTST. und
*Spermophilus* einnehmen.

Endlich glauben wir in einem Steppencanale bei Neu-Merw einmal
die *Arvicola amphibius* L. beobachtet zu haben. Da das erlegte Thier
im steilwandigen Canal nicht erreichbar war und sonst nirgends im
Gebiete die Art gefunden wurde, wagen wir es nicht, sie direct der
Fauna einzureihen. Es wäre in diesem Falle doch vielleicht möglich,
dass es sich um eine *Nesokia* gehandelt, die lebend sehr an *Arv.
amphibius* L. erinnert und oft in den Canalwänden wühlt. Schwimmen
haben wir *Nesokia* (wie jenes verlorene Exemplar) zwar nie gesehen,

---

Anmerk. Entbehrt das eigentliche Wüstenbecken Transkaspiens auch
vollkommen jedes Vertreters der Gattung *Arvicola*, so dürften sich im
Gebirge und Oasenlande vielleicht doch noch 2—3 Arten erweisen
lassen, wofür wir hier folgende Fingerzeige geben. Auf der Tour zum
Ak-dagh zu Anfang Juni 1887 fanden wir an den besser begrasten
Hängen der nördlichsten Kopet-dagh-Ketten südlich von Askhabad den
Grund von Gängen einer *Arvicola sp.* dicht durchwühlt, ebenso am
Sebir und Guljuli-Plateau in ca. 8—9000′ Höhe. Alle die zahllosen
Röhren waren damals an jenen Plätzen verlassen, denn nirgend liessen
sich Losung der Thiere, ihre Spuren oder die Frassfolgen entdecken,
und gestellte Fallen lieferten nichts. Es scheint uns wahrscheinlich,
dass die verlassenen Röhren von der *A. socialis* PALL. herrühren dürften,
der durch ganz Transkaukasien und Nordwestpersien häufigsten und
verbreitetsten *Arvicola*-Art. Es spräche dafür vielleicht auch gerade
das Verlassen der Baue, denn nach Aussage der Molokaner von Salian,
Prischib etc. an der Mugan-Steppe ändert auch in Transkaukasien *Arv.
socialis* PALL. oft plötzlich ihre Wohnsitze in förmlichen Auswanderungen*).
Doch ist dies eine reine Vermuthung, da die Röhren allein die *Arvicola*-
Arten nicht wie andere Nager unterscheiden lassen.

---

*) Bestätigt werden die Aussagen durch KESSLER's Schilderung
solcher Wanderung und Verheerungen ganzer Strecken; s. Reise in
Transkaukasien im Jahre 1875 zu zool. Zwecken, in: Beilage zu d. Arb.
d. St. Petersb. Naturforschergesellsch. T. 8, 1878, p. 91.

doch dürfte sie dazu wohl fähig sein. Das Vorkommen der *N. boett-geri* auf einer Amu-Insel darf freilich nicht zu Gunsten der Annahme gedeutet werden, denn jene Insel beherbergt auch den *Lepus lehmanni* SEVERZ., der sicher nicht einen starkströmenden breiten Flussarm über-schwimmt. Jene Insel ist eine vormalige, vom ewig sich ändernden Flusse abgeschnittene Buchtspitze, und zudem ist mehrfach der Strom so weit in harten Wintern gefroren, dass er von Leuten, ja Karawanen passirt wurde und somit auch Hasen wie den *Nesokien* eventuell dann den Uebertritt auf die grossen Inseln ermöglichte.

**44. *Myodes migratorius* LICHTST. = *Georhychus luteus* EVERSM.**

BRANDT, J. F., Zool. Anh. z. LEHMANN's Reise, p. 207.

Durch LEHMANN vom Ostufer des kaspischen Meeres (Nowo-Alexandrowsk) erbracht. Im Inneren Turkmeniens fehlt die Form und darf nur als die Nordgrenze unseres Gebietes berührende, nicht dem Gebiete wirklich eigene Erscheinung betrachtet werden. Uns selbst ist sie überhaupt fremd.

**45. *Ellobius (Chthonoergus) talpinus* PALL. (G. FISCHER).**

ZAROUDNOI, Oiseaux de la contrée Trans-caspienne, in: Bull. Moscou 1885, No. 2, p. 279.

Ein Exemplar konnten wir am 27. April/9. Mai 1886 unserer Sammlung in der Hungersteppe nördlich von Tschikischljär einreihen. Es stimmt vollkommen mit südosteuropäischen überein und giebt sich sofort als echter *Ell. talpinus* durch die schwarzen Haarbasen des gesammten Pelzes zu erkennen, sowie auch durch die Zahl der Kanten oder Zacken am letzten unteren Backenzahn, nämlich 3 äussere und 4 innere, gegen 4 und 5 bei den später beschriebenen Arten *Ell. fusco-capillus* BLYTH [1]) und *Ell. intermedius* SCULLY [2]) aus Afghanistan.

Ausser bei Tschikischljär wurde diese Art von uns noch bei Askha-bad beobachtet, dort aber nur in einem ganz verstümmelten Exem-plare aus den Klauen eines *Cerchneis tinnunculus* erhalten.

---

1) In: Journ. As. Soc. Bengal. Vol. 15, p 141 nach BLANFORD, Eastern Persia Vol. 2, p. 59, *Myospalax fuscocapillus*.

2) On the Mammals collected by Capt. YATE, of the Afghan Boun-dary Comission, in: Ann. Mag. Nat. Hist. 1887 (5. series), Vol. 20, p. 384—386.

## 46. *Spalax typhlus* PALL.

BRANDT, J. F., Zool. Anh. z. LEHMANN's Reise, p. 308.
EVERSMANN, Kurze Bemerk. über d. Vorkommen und d. Verbreit. einiger
    Säugethiere und Vögel etc., in: Nouv. Mem. Soc. Imp. Moscou 1885,
    p. 273.

*Spalax* ward von LEHMANN am Ostufer des kaspischen Meeres
und von EVERSMANN im Ust-jurt, der NW.-Grenze Transkaspiens nachgewiesen. Im Inneren Turkmeniens konnten wir ihn nicht auffinden
und scheint er entschieden zu fehlen. Die Sandwüste, südlich vom
Ust-jurt ab, setzt seinem Vordringen von den Kirgisensteppen her
augenscheinlich ein Ziel, ohne dass damit der Art in Asien die wirkliche Südgrenze gezogen würde. Die Verbreitung dieses eigenthümlichen Nagers ist interessant genug, um hier noch einige Worte zu
beanspruchen. Westlich vom kaspischen Meere hemmt local der hohe
Kaukasus die Ausdehnung nach Süden, wie am Ostufer die turkmenische Sandwüste. Aus Transkaukasien ward *Spalax* bislang jedenfalls nicht bekannt, während er im Steppengebiete am Nordfusse des
Kaukasus nicht selten ist. Noch heute gelten für ihn die Angaben
PALLAS' [1] „ad Caucasum usque. Ad Terec fluv. majores dantur etc."
und EICHWALD's [2] „ad Cubanum amnem et Terekium, non vero in
ulterioribus Caucasiis observantur." Indess übersah BLANFORD [3] augenscheinlich (nur auf EICHWALD's letzterwähnten Ausspruch gestützt)
einige sichere Daten für das Auftreten des *Spalax* südlich von Transkaukasien, da er sonst kaum geäussert hätte: „FITZINGER gives Meso-
potamia and Persia amongst the localities for *Spalax typhlus*, but
I canot find any trustworthy authority for the locality. In SCHMARDA's
Mesopotamian list an unnamed species of *Siphneus* is included; this
may perhaps also be *Sp. typhlus*. EICHWALD however, declares that
this species has not been observed south of the Caucasus." Schon 1839
zeigten DICKSON und ROSS [4], dass *Spalax typhlus* um Erserum „is
common all over the plain" und zerstörten jeden Zweifel an der Angabe durch ein nach London eingesandtes Exemplar. BLASIUS [5] giebt

---

1) Zoographia rosso-asiatica, 1811, T. I, p. 159.
2) Fauna caspio-caucasica, 1841.
3) Eastern Persia, Vol. 2, p. 59.
4) Notes on a Collection etc., in: Proc. Zool. Soc. Lond. 1839,
p. 122.
5) Naturgeschichte der Säugethiere Deutschlands, 1857, p. 402.

neben Erserum auch Smyrna als Fundort an, und DANFORD & ALSTON[1])
konnten neuerdings die alten Notizen bestätigen. Ja MURRAY[2]) führt
sogar Syrien unter den Wohngebieten des *Sp. typhlus* PALL. auf und
FITZINGER[3]) giebt aus Westasien Syrien, Mesopotamien, Turkomanien*)
Erzerum und Persien, freilich ohne einen Quellenhinweis, an. Da nun
*Spalax* aus allen Ländern am Westufer des schwarzen Meeres und
der Balkanhalbinsel bis Griechenland bekannt ist, ferner aus Kleinasien und Syrien, während er dem russischen Transkaukasien sowie
dem Inneren Transkaspiens und Nordost-Persien zu fehlen scheint, so
lässt sich schliessen, dass die Art von der Balkanhalbinsel in ihre
südlichsten Heimstätten in Westasien gelangte, wohingegen ihr ein
weiteres Vordringen nach Süden aus den südrussischen Steppen durch
den hohen Kaukasus, aus den Steppen der Kirgisen durch die turkmenische Wüste abgeschnitten wurde.

### 47. *Meriones (Rhombomys) opimus* LICHTST.

EVERSMANN, Mittheil. über einige neue und einige wenig gekannte Säugethiere Russlands, in: Bull. Soc. Imp. Nat. Moscou 1840, No. 1, *Meriones tamaricinus* PALL.
BRANDT, Zool. Anh. z. LEHMANN's Reise 1852, p. 305, *Gerbillus (Rhom-
  bomys) opimus*.

Schon 1840 wird diese Art von EVERSMANN erst unter dem falschen,
doch später von ihm selbst corrigirten Namen *Mer. tamaricinus* PALL.
aus dem Ust-jurt gemeldet. Dann brachte sie LEHMANN vom Ostufer
des kaspischen Meeres, der Halbinsel Mangyschlak. Wir fanden sie
ausnehmend häufig von der Küste an bis zum Amu-darja und bis zur
Afghanengrenze durch ganz Transkaspien. Und zwar beobachteten wir
sie sowohl in nackter Flugsandwüste, als auch an berasten Wüsten-
hügeln und selbst in den Vorbergen des Gebirges. Die zahlreichsten
Colonien beherbergt unfraglich die hohe Bergwüste an der Afghanengrenze östlich vom Murgab um Gele-tscheschme und Agamet. Wie

---

1) On the Mammals of Asia Minor, in: Proc. Zool. Soc. Lond. 1877,
p. 281 und ibid. 1880, p. 64.
2) The geographical distribution of Mammals, 1886, p. 387.
3) Versuch einer natürlichen Anordnung der Nagethiere (Rodentia)
in: Sitzungsber. d. math. naturwissensch. Classe d. Acad. z. Wien, Bd. 55,
Abtheil. 1, 1867, p. 505.
*) Das Aufführen von Turkomanien durch FITZINGER kann einzig
auf den oben vermerkten Quellen BRANDT's und EVERSMANN's (Fundorte
Mangyschlak u. Ust-jurt) beruhen.

schon bei *Canis karagan* ERXL. erwähnt ward, sind hier alle Hänge
gleich Kugelfängen von den Röhren der *Meriones* durchsetzt und der
Boden von alten und neuen Bauen oft auf erhebliche Strecken derart
unterminirt, dass das Reiten in hohem Grade erschwert wird. Hierüber
wusste auch die russische Commission zur Feststellung der neuen
Grenzlinie mit Recht zu klagen. Rings um Einen tönt dort unausge-
setzt das vogelartige Piepen der Thiere, in das sich einzig die
wechselnden Laute der *Saxicola isabellina* RÜPP. mengen. Dieser mit
hohem Nachahmungstalente begabte Steinschmätzer schlägt hier sein
Wiegenbett in leeren Röhren des *Meriones* oder *Spermophilus leptodactylus* auf. Wir müssen hier einer allgemein üblichen Ansicht der
russischen Wegebauingenieure entgegentreten, nach welcher die *Meriones*
und *Spermophilus* böse Feinde jedes Versuches, dem Flugsand Halt
zu bieten, seien. Die Nager sollen beim Röhrenbau den lockergescharrten
Sand vortreiben und somit leichter vom Winde fortführen lassen. Nun
fehlt aber Flugsand wie Flugsandwehen fast ganz an der Afghanengrenze, wo gerade die allergrössten, jeder Zahlenschätzung spottenden
Massen der Nager angesiedelt sind. Es hat dort vielmehr ein winziger Carex die hohen Dünenwälle (wenn der Ausdruck gestattet ist)
gefestigt. Nur solch ein niederes Gras kann, wie wir schon oft her-
vorhoben, dem Sande Halt schaffen, indem es einmal ein filzartig dichtes
Wurzelwerk entfaltet, zum andern durch minimale oberirdische Entwicklung keine Stützpunkte für die gefährlichen localen Sandanhäufungen
bietet, die, über ihr Maass angewachsen, bei starkem Winde sofort
überstürzen. Die grösseren Wüstensträuche liefern solche Stauungs-
punkte, lassen zudem durch ihr in niederschlagsarmem Klima und
reinem Sandgrunde weitstreichendes grobes Wurzelwerk weder einen
dichten schützenden Bestand, noch ein dichtes haltendes Wurzel-
gespinnst zu Stande kommen. Zu Schutzpflanzungen dürften sie nie
verwandt werden, sondern nur niederes feines Gras, und es ist zu verwundern, dass man einzelnen vorhandenen Wüstenstrecken bislang
noch nie den dortigen Carex zum Muster entnahm. Die Bedeutung
der Nager für das Gedeihen der Grasnarbe scheint uns auf der Hand
zu liegen. Wichtig muss schon ihre Drainage sein. Dazu spielt fraglos bei ihrer unendlichen Menge der Unrath eine Rolle, zumal da er bei
*Meriones* nur aus den oberirdischen unwichtigen Theilen der Gewächse
gewonnen ist, die Ernährung der Thiere also keine Schädigung des
ohnehin oberirdisch nur 2—4 Wochen dauernden Pflanzenlebens verursacht. Endlich werden in die flachen Röhren erhebliche Mengen
trockner Pflanzen zum Nestbau und Winterlager eingebracht, die mit
Unrath versetzt gewiss zur Aufbesserung des Grundes dienen müssen,

*Meriones opimus* ist gleich seinen Verwandten ausschliessliches Tagthier, aber weit länger rege als der meist neben ihm hausende *Spermophilus leptodactylus.* Letzterer erscheint namentlich morgens viel später, erst wenn die Sonne hoch steht, während *Meriones* meist schon mit Tagesgrauen seine Röhre verlässt, um sie erst mit oder nach Sonnenuntergang wieder zu beziehen. Gegen Ende des Sommers sieht man ihn häufig auf hohen Sträuchern, deren Früchte ihm dann zur Hauptnahrung dienen. Die dichten Hüllhaare solcher Früchte findet man auch stets massenweis in den Bauen, wohin wahrscheinlich Wintervorrath eingetragen wird. Auch zum Nestbau werden sie verwandt. Die Art lebt gesellig, und die verschieden grossen Colonien sind meist ziemlich wohl abgegrenzt und von einander getrennt. Wenig scheu, lassen sich die Thiere durch die unmittelbare Nähe des Menschen kaum stören, so dass z. B. in Sary-jasy sich eine Colonie noch zwischen den letzten Hütten des grossen Militairpostens befindet. Ueber unsere an verschiedenen Oertlichkeiten, in Bälgen und Alkoholexemplaren gesammelten Stücke ist kaum etwas zu bemerken, da ja viele ausreichende Beschreibungen dieser wohlbekannten Form vorliegen und sie unter allen asiatischen *Meriones*-Arten leicht an den 2 Furchen (Sulci) jedes oberen Schneidezahnes kenntlich wird.

## 48. *Meriones meridianus* (L.) PALL.

BRANDT, Zool. Anh. z. LEHMANN's Reise, 1852, p. 305. *Gerbillus meridianus* DESM.

BRANDT erwähnt nach LEHMANN's Zeugniss diese Art vom Ustjurt. Wir sammelten sie in mehreren Exemplaren bei Bal-kuju NO. von Askhabad am 24. Februar/6. März 1886, wo sie nicht selten war. Die Thiere leben nicht wie *Mer. opimus* LICHTST. in Colonien, sondern in Einzelbauen, deren Röhre stets unter das Wurzelwerk eines Wüstenstrauches führt. Die Bestimmung der Art konnte durch Vergleich mit einem LICHTENSTEIN'schen Exemplare des Berliner Museums gesichert werden, den Herr Dr. REICHENOW in liebenswürdigster Weise erleichterte, wofür wir hier unseren verbindlichsten Dank aussprechen.

## 49. ? *Meriones tamaricinus* PALL.

Ein am 1./12. Mai 1886 am Ufer des Sees Beum-basch, nördlich der Atrek-Mündung, geschossener *Meriones* mit einfurchigen Schneidezähnen stimmt, nach der Zeichnung des Schwanzes und den gelblichen Sohlen der Hinterextremität zu urtheilen, am besten zum *Meriones tamaricinus* PALL. Da aber das Exemplar im Wechsel des Haarkleides begriffen, zudem durch den Schuss arg zerschmettert war, wir endlich keine der aus Persien bekannt gewordenen Arten des Genus vergleichen konnten, so wagen wir es nicht, eine völlig sichere Speciesbestimmung zu geben. Zur vermuthlichen Art gehört vielleicht auch ein bei Balkuju neben Exemplaren des *M. meridianus* erbeutetes, leider nur als Balg präparirtes zweifelhaftes Stück.

**50. Alactaga (Scirteta) jaculus PALL. typ. et var. vexillarius EVERSM. = subvar. flavescens BRDT.**

EVERSMANN, Mittheil. über einige neue und einige wenig gekannte Säugethiere Russlands, in: Bull. Soc. Imp. d. Nat. d. Moscou, 1840, p. 42, *Dipus vexillarius.*

BRANDT, J. F., Remarques sur la classification des Gerboises etc., in: Bull. Cl. physico-mathem. Acad. Imp. St. Petersb. 1844, Nr. 14 u. 15, T. II, p. 221 u. 222, *var. 1 macrotis subvar. β, flavescens, Dipus vexillarius* EVERSM.

BRANDT, J. F., Anh. z. LEHMANN's Reise, p. 304, *Dipus jaculus* PALL.

EVERSMANN in: Bull. Soc. Imp. Nat. Moscou, 1853, p. 495, *Dipus jaculus* PALL. *var.*

Wir haben *Alactaga jaculus* PALL. in Turkmenien vergeblich gesucht und halten dafür, dass sie gleich *Spalax* und anderen Nagern Transkaspien von den nördlichen Steppen her nur im Ust-jurt berührt, südlich dieses in's eigentliche transkaspische Wüstenbecken aber nicht vordringt. EVERSMANN erhielt schon vor 1840 aus dem Ust-jurt eine Reihe von Exemplaren einer Varietät, die er als neue Art, *Dipus vexillarius,* beschrieb. Später von seinem Irrthum überzeugt, erwähnt er die Abart nochmals als im Ust-jurt heimisch, während BRANDT Nowo-Alexandrowsk als speciellen Fundort aufführt. Sollte *Alact. jaculus* thatsächlich dem Inneren Transkaspiens vollkommen fehlen, so hätten wir an ihm eine Form, deren Verbreitung nach Süden in Westasien ähnlich der von *Spalax typhlus* wird. BLANFORD [1]) führt nämlich den *A. jaculus* PALL. nec L. = *decumanus* LICHTST. aus Buschir in Südpersien auf, und erwähnt eines wahrscheinlich zu eben der Art gehörigen Exemplares im Museum zu Genua aus Teheran, citirt endlich DE FILIPPI's Angabe von der Häufigkeit dieser Species in allen Steppen Persiens. Diese südlichsten Wohngebiete der Art lassen sich mit den altbekannten reichbesetzten nördlichen Heimstätten in den Kirgisensteppen etc., durch eine Reihe von Vorkommnissen am

1) Eastern Persia, Vol. 2, p. 78—80.

Westufer des kaspischen Meeres verbinden, falls eben am Ostufer jene angedeutete Unterbrechung durch die transkaspische Sandwüste Statt hat. Augenscheinlich hat *Al. jaculus* PALL. im Vereine mit *Al. acontion* PALL., *Meriones* und noch einigen Steppenformen den hohen Kaukasus an seinem Ostende, hart am Meeresgestade zu umgehen vermocht, da er in Transkaukasien auftritt, doch nur im untersten oder östlichsten Theile der transkaukasischen Steppen, so namentlich häufig um Baku, woher ihn bereits MÉNÉTRIES [1]) und EICHWALD [2]) kannten. Bis an die persische Grenze verfolgt er die Steppe der westlichen Kaspiküste, da der von RADDE [3]) unbestimmt gelassene grosse *Dipus* der Mugan ja keine andere Art sein kann.

## 51. *Alactaga acontion* PALL.

BRANDT, Zool. Anh. z. LEHMANN's Reise, p. 304. *Alact.* (*Scirteta*) *acontion* = *Dipus pygmaeus* ILL. PALL.

Es ist dies die einzige von uns aus Transkaspien erbrachte (*Dipus*) *Alactaga*-Art. Ein altes ♂ erlegten wir bei Karybend am Tedschen den 19./31. März 1886 und erhielten ein junges Exemplar am gleichen Fundorte durch Herrn ZAROUDNOI. Beobachtet wurde die gleiche Art noch bei Askhabad und konnte hier an einem lebenden Exemplare des Herrn General KOMAROW erkannt werden, während ein bei Tschikischljär todt gefundenes sich nicht mehr bestimmen liess, aber auch hieber zu gehören schien.

Unsere Stücke liessen sich nach den vorliegenden Beschreibungen fast eher noch auf LICHTENSTEIN's *Dipus* (*Alact.*) *elater* zurückführen, wenn sich in der Literatur (wenigstens so weit sie uns erreichbar ist) nur ein wirklich zwingendes Moment für die letztere Art finden wollte. Leider verfügen wir nicht über das nöthige Material aus beiden Formen, um endgültig ihre Zusammengehörigkeit klar zu stellen, indess dürften hier die folgenden Worte am Platze sein und andere zur Prüfung anregen. So viel wir ersehen können, sind BRANDT's [4]) gegen den *D. elater* LICHTST. erhobenen Zweifel nie widerlegt, aber auch augenscheinlich nie recht beachtet. Jedenfalls figurirt in mehreren neueren Faunen-

1) Catalogue raisonné etc. 1832.
2) Fauna caspio-caucasica, 1841, p. 27.
3) Fauna und Flora des südwestlichen Caspi-Gebietes, Leipzig 1886, p. 8, *Dipus sp.?*
4) Remarques sur la classification des Gerboises etc., in: Bull. Cl. phys.-math. Acad. Imp. Sc. St. Pétersbourg, 1844, No. 14 u. 15, T. II, p. 224.

listen, z. B. bei PETERS [1]), FINSCH [2]), NIKOLSKY [3]) etc. immer der *D. elater* LICHTST., ohne dass je dabei ein Vergleich der vorgelegenen Exemplare mit dem *D. acontion* PALL. gegeben oder nur angedeutet wird. Besonders ist dabei auch zu betonen, dass keiner der genannten neueren Autoren den *D. acontion* PALL. aus den PALLAS'schen Fund-gebieten aufführt, sondern immer nur den *D. elater* LICHTST. (Nur SEVERZOW l. c. nennt *D. acontion* PALL. aus Turkestan, doch ohne irgend welche Bemerkung.) Es scheint uns hier die zu kurze Dia-gnose PALLAS' [4]) für seinen *D. acontion* zu einem sich ununterbrochen hinziehenden Missverständnisse geführt zu haben. Augenscheinlich wird heute häufig, wo nicht allgemein, der echte PALLAS'sche *D. acon-tion* als *D. elater* LICHT. vermerkt, weil LICHTENSTEIN [5]) wahrschein-lich bei Beschreibung der als *D. pygmaeus* ILL. = *D. acontion* PALL. = *D. jaculus var. minor* PALL. bezeichneten Form eine Varietät des Arttypus vorlag, er dagegen als *D. elater* eben den echten *D. acon-tion* PALL. beschrieb. Wir glauben dies deutlich in Folgendem zu erkennen. LICHTENSTEIN l. c. p. 155 giebt für *D. pygmaeus* ILL. = *D. acontion* PALL. als ein Merkmal an: „Ohren = $^2|_3$ Kopflänge", für *D. elater* LICHTST.: „Ohren von der Länge des Kopfes". Nun aber heisst es in PALLAS' Diagnose l. c. p. 182 für den *D. acontion* PALL.: „*auribus capite longioribus*", was LICHTENSTEIN, der auf die Propor-tionen vornehmlich Gewicht legte, wohl übersehen haben muss. Es sei gestattet, hier LICHTENSTEIN's Diagnosen der zwei in Rede stehenden Formen aus citirter Abhandlung wörtlich neben einander zu stellen *).

---

1) Uebersicht über d. während d. sibirischen Exped. von 1876 von Hrn. Dr. O. FINSCH gesammelten Säugethiere, Amphib. u. Fische, in: Monatsberichte Acad. Berlin, 1877, p. 735.

2) Reise nach West-Sibirien 1876. Wissensch. Ergebnisse. Wirbel-thiere, in: Verhandl. Zool.-bot. Gesellsch. Wien, 1879, Bd. 29, p. 122.

3) Ueber die Wirbelthierfauna auf d. Grunde des Balchasch-Beckens, in: Arb. d. St. Petersb. Naturforscher-Gesellsch., T. 19, Abtheil. Zool. u. Physiol., 1888, Beilage 2, p. 90 (russisch).

4) Zoographia rosso-asiatica, 1811, I, p. 182.

5) Ueber die Springmäuse od. Arten d. Gatt. Dipus, in: Abhandl. Acad. Berlin a. d. J. 1825 (Berlin 1828), T. 11, p. 155.

*) Das kürzere vergleichende Citat LICHTENSTEIN'scher Diagnosen durch BRANDT l. c. p. 224 muss einer anderen Quelle, vielleicht den uns nicht vorliegenden „Getreue Darstell. neuer Säugethiere" ent-nommen sein.

Dort heisst es:

## „*Dypus pygmaeus* Ill.

Leibeslänge $4^1/_2$ Zoll; Ohren $^2/_3$ Kopflänge; Schwanz $12^1/_2 : 12$ (mit 12 ist stets die Leibeslänge von der Schnauzenspitze bis zur Schwanzwurzel gemeint, die zu bequemerem Ausdrücken der Proportionen in 12 gleiche Theile zerlegt gedacht wird, v. Erläuterungen l. c. p. 150), mit deutlicher Pfeilzeichnung, obgleich nur $^1/_2$ Zoll Weiss an der Spitze und 1 Zoll Schwarz; Fuss $4^1/_3 : 12$, Mittelzehe ansehnlich überragend, Zehenborsten sehr kurz; Färbung durch nichts ausgezeichnet. In der kirgisischen Steppe und (nach Pallas) überall mit dem Jaculus = Mus jaculus var. minor. Pall. Glires p. 296 = Dipus acontion Pall. Zoogr. rosso-asiat. I p. 182.“

## „*Dipus elater* N.

Leibeslänge $4^1/_2$ Zoll; Ohren von der Länge des Kopfes; Schwanz $15 : 12$, mit sehr bestimmter Pfeilzeichnung, die Spitze $^1/_2$ Zoll weiss, dann 1 Zoll dunkelbraun und noch ein weisser Ring von $^1/_2$ Zoll, der vorzüglich an der Unterseite auffällt; Fuss $4^2/_3 : 12$, Mittelzehe stark überragend, Zehenborsten unmerklich; Färbung die gewöhnliche, nur durch die Breite des Keulenstreifes ausgezeichnet. Aus der kirgisischen Steppe.“

Vergleichen wir nun kritisch die beim ersten Hinblick immerhin merklich scheinenden Unterschiede der zwei Artbeschreibungen: Die Leibeslänge ist die gleiche. Die Ohrlänge muss von vornherein ausgeschlossen werden, da, wie erwähnt, Pallas' Diagnose des *D. acontion* stricte gegen diese Unterscheidung spricht und den *D. acontion* Pall. eher im *D. elater* Lichtenst. als in dessen *D. pygmaeus* Ill. = *D. acontion* Pall. finden lässt. Zudem ergiebt Brandt's Tabelle l. c. p. 223 u. 224 und der erläuternde Text als Resultat der Ausmaasse von 5 Exemplaren Folgendes: „Nr. 5 au moins par rapport à la longueur des oreilles, se rapporte bien au *Scirt. acontion*, les exemplaires 2, 3 et et 4 plus au *Sc. elater*, tandis que l'exemplaire Nr. 1, par rapport aux oreilles, parait indiquer le passage entre le *Sc. pygmaeus* et *elater*. Il faut encore observer que l'exemplaire Nr. 1 et 2 vient de Tiflis*), les autres de Sibérie.“ Wie wenig stichhaltig unter den *Dipodidae* das Verhältniss zwischen Leibes- und Schwanzlänge ist, erleuchtet am deutlichsten aus Brandt's Tabelle l. c. p. 221

---

*) Diese Worte sind nicht dahin zu deuten, dass die Exemplare aus der Umgebung von Tiflis stammten, wo es schwerlich einen *Dipus* geben dürfte, sondern vielmehr dahin, dass sie von Tiflis aus versandt wurden, während Hohenacker (der genannte Einsender) sie fraglos in der unteren Kura-Steppe sammelte.

u. 222 über 8 Exemplare des *D. jaculus* PALL. Dort ist z. B. verzeichnet (die erste Zahl bedeutet die Leibes-, die zweite die Schwanzlänge): Nr. 1 = 8″ : 7‴, 3‴; Nr. 7 = 6″ : 7‴, 6‴; Nr. 2 = 10′, 2″ :
8″, 9‴ und Nr. 6 = 9″, 10‴ : 11″ od. Nr. 8 = 7″, 4‴ : 10″. Vornehmlich der Glaube an die systematische Bedeutung der Proportionen
zwischen Ohr- und Kopf-, sowie zwischen Leibes- und Schwanzlänge
liess ja schon aus dem *D. jaculus* PALL. eine ganze Reihe von Arten
bilden, die nur allmählich wieder eingezogen, auf ihren wahren Werth
als Varietäten zurückgeführt wurden. Die Vertheilung von Weiss und
Schwarz an der Schwanzfahne ist auch nach LICHTENSTEIN in beiden
Formen gleich, $\frac{1}{2}$ : 1 Zoll, nur dass Schwarz und Dunkelbraun unterschieden wird, was selbstredend ohne Belang ist. Es soll aber bei
*D. elater* laut LICHTENSTEIN und GIEBEL [1]) (der wohl nur die LICHTEN-
STEIN'sche Diagnose benutzte) noch ein weisser Ring über dem Schwarz
der Schwanzfahne folgen. Ein solcher kommt indess dem echten *D.
acontion* PALL. gerade so gut, wenn auch vielleicht nicht constant, zu.
Jedenfalls führt ihn BRANDT l. c. p. 226 beim Vergleich dieser Art
mit dem *D. jaculus* PALL. an. Er fehlt auch nicht einem transkaukasischen Exemplare des kaukasischen Museums zu Tiflis, das entschieden zu *D. acontion* PALL. gehört. Seine Bestimmung wird durch
KESSLER [2]) bestätigt, der den kleinen *D.* der transkaukasischen Steppen
ausdrücklich für *D. acontion* PALL. erklärt, in ihm nur eine zu *D. indicus* GRAY neigende Varietät sieht. — Das Ueberragen der Mittelzehe ist bei beiden gleich. Die Behaarung mit Zehenborsten nach
LICHTENSTEIN bei *D. acontion* sehr kurz, bei *D. elater* unmerklich,
ein unmöglicher Unterschied, da einmal die Grenze zwischen den zwei
Ausdrücken schwierig, die Behaarung der Zehen aber auch der Abnutzung ausgesetzt ist, wie wir es an unseren Exemplaren sehen. Es
bliebe somit als einziger, bislang nicht widerlegter, oder richtiger nie
mehr nachgeprüfter Unterschied die Differenz: „Fuss $4\frac{1}{3}$ : 12 bei *D.
acontion* und $4\frac{2}{3}$ : 12 bei *D. elater*" übrig. Daraufhin eine Art zu

---

1) Die Säugethiere etc., 1859.
2) Reise in Transkaukasien im Jahre 1875 zu zool. Zwecken, in:
Arbeit. d. Petersb. Naturforscher-Ges., 1878, T. 8, Beilage p. 92 (russisch).
Wir geben hier KESSLER's Worte aus dem russischen Texte übersetzt
wieder: „4 für mich gefangene Exemplare, zwei alte und zwei junge,
ermöglichten es mir, mich zu überzeugen, dass die Salianer Springhasen
zu der Art *Dipus acontion* PALL. gehören, obgleich sie eine klimatische
Varietät darstellen, die nahe an die in Afghanistan gefundene Art *Alactaga indica* GRAY (*Al. bactriana* BLYTH) grenzt."

halten, scheint wenig angebracht, zumal aus Lichtenstein's Arbeit nicht ersichtlich ist, ob er die Maasse an mehreren Exemplaren oder an je nur einem fand.

Nach diesem glauben wir uns vollberechtigt, unsere zwei transkaspischen Exemplare, obgleich sie auch zum *D. elater* Lichtst. recht gut stimmen, als *D. acontion* Pall. aufzuführen und die artliche Trennung genannter beiden Formen nicht zu billigen, so lange nicht etwa acceptable anatomisch - osteologische Merkmale derlei fordern. Die bislang meist allein verwertheten äusseren Merkzeichen reichen insgesammt bei den überaus variablen Dipoden zur festen Artunterscheidung nicht aus und lassen die localen oder klimatischen Abänderungen nicht scharf umschreiben, wodurch die geographische Verbreitung der einzelnen Species und Varietäten heute nur äusserst schwer und unvollkommen zu verfolgen ist.

Unter unseren zwei transkaspischen Stücken besitzt das alte ♂ einen deutlichen, ziemlich breiten, unrein weissen Ring über dem schwarzen Fahnentheil des Schwanzes, während er beim jungen kaum kenntlich ist, weil an ihm hier mehr schwarze Haare eingemengt sind. Die Sprungballen der Zehen umgeben beim jungen etwas stärkere Zehenborsten, welche beim alten durch Abnutzung unscheinlicher sind.

### 52. *Dipus halticus* Ill. = *D. telum* Lichtst.

Eversmann, in: Bull. Soc. Imp. Nat. Moscou, 1840, p. 47, *Dipus telum* Lichtst.

Brandt in: Bull. phys.-math. Acad. Sc. St. Pétersb., 1844, Nr. 14 u. 15, p. 214, *Dipus halticus* Ill.

Brandt, Zool. Anh. z. Lehmann's Reise, p. 304, *Dipus halticus*.

In den vorstehenden drei Literaturquellen wird dieser Art auch das Ostufer des Kaspi als Verbreitungsgebiet angewiesen. Durch Lehmann ist Nowo-Alexandrowsk als specieller Fundort bekannt geworden. Uns begegnete sie im Inneren Transkaspiens nicht, und sie reicht wahrscheinlich nicht südlicher als bis Mangyschlak und zum Ust-jurt, jenen mehrfach hervorgehobenen Nordwestgrenzstrichen unseres Gebietes.

### 53. *Lagomys rufescens* Gray.

Zaroudnoi, Oiseaux de la contré Trans-caspienne, in: Bull. Moscou, 1885, Nr. 2, p. 276, *Lagomys sp.*

In grosser Häufigkeit bevölkert *Lagomys rufescens* namentlich die Schluchten und Geröllhalden des Kopet-dagh und geht in ihnen von bedeutender Höhe an bis fast zum Gebirgsfusse hinab, wo wir ihn

z. B. unweit der Station Bami antrafen. Die grössten Mengen hausen wohl im Thale von Nuchur, wo ich in den ersten Tagen des Juni 1887 Hunderte dicht beisammen sah und zwar in der nächsten Nähe menschlicher Wohnungen. Mit Vorliebe hatten sich hier die Pfeifhasen in den Steinzäunen der Feld- und Gartenparcellen eingenistet. Vor den Eingangslöchern der Schlupfwinkel fanden sich stets grosse Haufen weicher Gräser und krautiger Blätter zum Vorrathe aufgeschichtet, und die keineswegs scheuen Thiere liessen sich in nächster Nähe beim Einheimsen dieser beobachten. Hier waren es besonders die Hausziegen, wie an öderen Stellen des Gebirges die Bezoarziegen und Bergschafe, welche sich den Fleiss der emsigen Nager zu Nutze machen und regelmässig die offen liegenden Vorräthe wegfressen.

Ob ein *Lagomys* des grossen Balchans gleichfalls zu *L. rufescens* GRAY gehört, vermochten wir leider nicht zu entscheiden, da wir das Thier bei nur kurzem Besuche jenes Gebirgsstockes nicht zu Gesicht bekamen, sondern blos die Losung und die Vorräthe an der Südfront fanden.

Diese Art ist durch das südwestliche Centralasien weit verbreitet, in Afghanistan, Persien und dem Gebirge Turkmeniens zu Hause. Die Sandwüste Turkmeniens setzt ihr eine scharfe Nordgrenze und trennt sie so streng von den mehr nördlich vorkommenden Arten des Genus. Nicht uninteressant ist es, dass NIKOLSKY[1]) *Lag. rufescens* GRAY nicht allein vom Kopet-dagh aus den Ali-dagh überschreitend, sondern sogar bis auf den Nordabfall des Massenderaner Gebirges dringend erwies, indem er ihn dort beim Orte Aber, südlich oder wohl südöstlich von Astrabad, sodann bei Nardyn südlich und bei Firusa gleich nördlich der Ali-dagh-Kette beobachtet.

## 54. *Lepus lehmanni* SEVERZ.

BRANDT, J. F., Zool. Anh. z. LEHMANN's Reise, p. 308, *Lepus tolai* PULL.
NIKOLSKY, Materialien etc., in: Arbeiten der Petersb. Naturforscherges. 1886, T. 17, p. 385, *Lepus sp.*

SEVERZOW[2]) konnte anlässlich seiner Originalbeschreibung zeigen, dass *L. lehmanni* zuerst von LEHMANN in Turkestan (am Syr-darja) und an der Ostküste des Kaspi (nach BRANDT l. c. speciell im Ust-jurt,

---

1) Materialien zur Kenntniss der Wirbelthierfauna Nordost-Persiens u. Transkaspiens, in: Arb. d. St. Petersb. Naturforscher-Gesellsch., 1886, T. 17, Lief. 1, p. 385, (russisch).
2) Verticale u. horizont. Verbreit. der Thiere Turkestans 1873.

bei Nowo-Alexandrowsk und auf dem Vorgebirge Airakli) entdeckt und gesammelt, nur von Brandt mit dem sibirischen *L. tolai* Pall. verwechselt war. In Transkaspien scheint er die einzige Hasenart zu sein, vertheilt sich aber als ungemein häufige Erscheinung über das ganze Gebiet, sowohl die Sandwüste, als Hungersteppe, die Tamarixdickichte der Flussläufe und das Gebirge bis zu 9000' bewohnend. (Severzow l. c. giebt aus Turkestan sogar 10000' an, eine Höhe, die im Kopet-dagh nur wenige Gipfel erreichen). Wir trafen ihn überall von Krasnowodsk, Michailowo und Tschikischljär an der Küste an, bis zum Amu-darja, wo er sich selbst auf einer grossen Insel des Stromes unweit Tschardschuis fand. Ebenso an der ganzen Afghanengrenze, längs der persischen Grenze, an der Atreklinie und am Tschandyr. Unendlich zahlreich ist er am Tedshen, Kuschk und namentlich am Murgab, im Hochgebirge dagegen verhältnissmässig selten, wurde aber am Ak-dagh, wie erwähnt, noch in 9000' Höhe beobachtet.

Ueberhaupt scheint *L. lehmanni* in Centralasien die weitest verbreitete Species des Genus zu sein, da wir sie heute schon aus Afghanistan, Nordpersien, Turkmenien, (Yarkand), dem Pamir aus dem NO. Kaschgars[1]), ganz russisch Turkestan bis an den Balchasch-See kennen. Am Balchasch muss er, nach Nikolsky's Faunenregister[2]) zu urtheilen, fast direct mit dem Schneehasen *Lepus variabilis* Pall.

---

1) In der englischen Uebersetzung von Severzow's citirter Arbeit durch Craemers, in: Ann. Mag. Nat. Hist. 1876 (series 5), Vol. 18, p. 169, finde ich in einer Fussnote durch E. R. Alston die Arten *Lepus pamirensis* Günth., *L. jarkandensis* Günth., *L. stoliczkanus* Blf. und *L. hypsibius* Blf. zu *L. lehmanni* Severz. gezogen. Nach Prüfung und Vergleich der kurzen und dürftigen Originalbeschreibungen der drei ersteren Arten (Günther, in: Ann. Mag. N. H. 1875 (series 5), Vol. 16, p. 229 und Blanford W. T., in: Journ. As. Soc. Bengal 1875, Vol. 44, Part 2, p. 110) müssen wir uns Alston's Ansicht vollkommen anschliessen und genannte Artnamen als Synonyme zu *L. lehmanni* Sev. betrachten, da sie später als dieser creirt worden sind. Ja wir glauben, dass noch einige weitere in den englischen Literaturquellen vertretene asiatische *Lepus*-Arten das gleiche Schicksal zu erleiden haben. Ob bei einer sorgfältigen Sichtung der zahlreichen und durchweg unzulänglich beschriebenen *Lepus*-Species aus Mittelasien, die zweifellos eine bedeutende Beschränkung der Artenzahl erzwingen würde, der *L. lehmanni* Sev. Prioritätsrecht behielte, scheint freilich fraglich. Eben gehört er jedenfalls zu den bestbekannten Formen.

2) Ueber die Wirbelthierfauna auf dem Grunde des Balchasch-Beckens, in: Arbeit. der Petersb. Naturforscherges., T. 19, Abtheil. Zool. u. Physiol. 1888, Beilage 2, p. 91 (russisch).

zusammentreffen. NIKOLSKY theilt nämlich mit, dass *L. lehmanni*
SEV. massenhaft am Südufer des Sees sich findet, er aber die Losung
auch am Nordufer reichlich bemerkte und *L. variabilis* PALL. in's
Balchasch-Becken hineinreiche, nach Süden aber nicht über Sergiopol
hinaus.

## 55. *Hystrix sp.*

EICHWALD, Reise auf dem kaspischen Meere (Periplus), 1834, Abth. I,
     p. 274, *H. cristata.*
ZAROUDNOI, Oiseaux de la contré Trans-caspienne, in: Bull. Moscou 1885,
     No. 2, p. 279, *Histrix hirsutirostris.*

     Bei den Turkmenen Dsairah.

    Leider gelang es uns nicht, ein vollständiges und erwachsenes
Exemplar des Stachelschweines in Transkaspien zu erhalten, obgleich
es dortselbst keineswegs selten ist. Daher muss auch in dieser Arbeit
auf ein genaues Feststellen der Verbreitungs-, resp. der Berührungs-
grenze beider westasiatischen Arten, *Hystrix cristata* L. und *H. hirsutirostris* BRANDT, verzichtet werden. Erstere ist ja als Bewohner ganz
Persiens lange bekannt, letztere tritt in russisch Turkestan an ihre Stelle,
so dass eben in Turkmenien unbedingt die Nordgrenze der ersteren, die
Südgrenze der letzteren liegen muss. Wir halten auch dafür, dass das
Stachelschwein Transkaspiens die gemeine *Hystrix cristata* ist und das
Verbreitungsgebiet der *H. hirsutirostris* erst nördlich vom Amu-darja, resp.
nördlich von der Turkmenenwüste beginnt. Die gefangenen Exemplare,
die wir einmal sahen, waren zu jung, um die Art erkennen zu lassen,
und ein im Januar 1887 durch die Güte des Herrn Generals KOMAROW
uns zugesandtes Stück gleichfalls noch nicht ausgewachsen. Da es
ausgestopft ist, lässt sich der von BRANDT benutzte Hauptunterschied
der Schnauzenbehaarung nicht prüfen, ebensowenig der Schädel.
Aeusserlich finden wir keine Unterschiede gegenüber transkaukasischen
Stücken der *H. cristata* L., bis auf ein weiteres Vorreichen der Seitenstacheln nach vorne, ein Umstand, der vielleicht mit der Jugend des
Thieres, vielleicht mit der Präparation zusammenhängt. Es fehlen
dem Exemplare die von BRANDT seiner *H. hirsutirostris* zugeschriebenen
Nadeln mit erweiterter Spitze ganz hinten. Kurzum wir halten das
transkaspische Stachelschwein für *H. cristata* L. und führen es nur
unbestimmt auf, weil wir kein altes ausgewachsenes Stück in Händen
hatten. NIKOLSKY [1]) nennt zwar *H. hirsutirostris* BRDT. von Gumysch-

---

    1) Material. z. Kenntn. d. Wirbelthierfauna NO.-Persiens u. Trans-
kaspiens l. c., p. 385.

tepe und Naukjan, wovon erster Punkt an der Mündung des Gürgen, der zweite nördlich von Astrabad in Massenderan liegt. Indess ist nicht zu ersehen, dass NIKOLSKY dort Stachelschweine wirklich erbeutet und untersucht hat. Das Vorkommen der turkestanischen Form gerade in Massenderan an den Ostausläufern des Albrus fällt auf, weil in den Westtheilen desselben Gebirgsstockes durch ganz Talysch die *Hystrix cristata* L. häufig ist.

Mit Vorliebe hält sich das Stachelschwein an die Vorberge des Kopet-dagh, wo man häufig seine Baue wie auch Stacheln findet. Doch meidet es keineswegs die Steppe und den Wüstenrand, wo es dann meist an kleinen Hügeln oder Wällen die Röhren treibt. Auch die Flussthäler des Tedshen und besonders des Murgab beherbergen es reichlich, wie endlich das Flussgebiet des Atrek. Nahe der letzteren Mündung fanden wir z. B. Baue am See Beum-basch in nackter ebener Steppe, und am See Delili haben die Officiere aus Tschikischljär mehrfach Stachelschweine erlegt. EICHWALD l. c. erwähnt seiner schon vom Balchan-Busen.

Das streng nächtliche Thier geht vornehmlich den Zwiebeln der in Centralasien so überreich vertretenen Tulpen nach. Nahe um seine Baue findet man jede Tulpenstaude ausgegraben und stets nur die braunen Hüllblätter der Zwiebel um das Loch zurückgelassen. Als 1887 mit gänzlichem Ausfall der Frühjahrsregen in Transkaspien fast keine Liliaceen aufkommen konnten, mussten sich die Stachelschweine am Tedshen vorwiegend an eine mächtige weissblühende Orobanche halten, die dort häufig unter Tamarix wächst. Auch diese Pflanze vermochten die Thiere aus dem steinfesten Lehmgrund des Flussthales auszugraben, um dann die Wurzeln und den grössten Theil des fleischigen Stengels zu verzehren, während die Blüthenkolben stets liegen blieben.

## Ungulata.

Die dürftige Zahl der Ungulaten Transkaspiens sticht sehr gegen den weit grösseren Reichthum der Nachbarfaunen ab. Nur 5 Species dieser Ordnung liessen sich in gesammt Turkmenien nachweisen, und es ist kaum auf eine Vermehrung dieser Ziffer durch weitere Forschungen zu hoffen, wofern nicht vielleicht im Ostende des Kopet-dagh noch die mehr östliche *Ovis vignei* BLYTH. gefunden werden sollte.

### 56. *Equus hemionus* PALL.

EVERSMANN, in: Bull. Soc. Imp. d. Nat. Moscou 1840, p. 56. *Equus onager* PALL.

EICHWALD, Fauna caspio-caucasica, 1841, p. 29.
BRANDT, Zool. Anh. z. LEHMANN's Reise 1852, p. 309.

Bei den Turkmenen durchweg Kulan.

EVERSMANN l. c. erhielt mehrfach Exemplare des Kulan aus der
Hochsteppe zwischen dem Aral und Kaspi. BRANDT meldet ihn nach
LEHMANN l. c. aus den truchmenischen (turkmenischen) Steppen. Letztere bevölkert derselbe in ihrer ganzen Ausdehnung noch heute in
ziemlich bedeutender Zahl, hat sich nur aus den durch den transkaspischen Bahnbau und die neuen Militärposten belebten Theile weiter
in unberührte Einöden zurückgezogen. Um Beginn des Bahnbaues
sind starke Heerden oft nahe der Linie um Kasantschik, sowie zwischen
Duschak und Kary-bend bemerkt worden. Jetzt scheinen sie dort verschwunden zu sein. Häufiger soll man solchen noch in den öden
Steppenflächen nördlich des Atrek begegnen, und massenhaft sind sie
ständig längs der Afghanengrenze, wie überhaupt in der Hügelwüste
zwischen dem Tedshen und Murgab vorhanden. Namentlich unfern
des Brunnens Adam-ilen, zwischen Pul-i-chatun und Akrabat traf ich
(WALTER) ihrer viele im April 1887, neben zahllosen Schaaren von
*Antilope subgutturosa* GÜLDST. Die äusserst feinen Sinne und grosse
Scheue des Wildesels machen seine Jagd so schwer, dass der europäische
Jäger auf derselben selten Erfolg findet. Die Saryk-Turkmenen sah
ich dort die Pürsche mit dem Kameele ausüben. Ein unbeladenes
Kameel wird in langsamem Schritte, der ihm selbst ab und zu zu
weiden gestattet, vom Jäger allmählich an die in der Ferne erkannten
Wildesel herangetrieben, wobei der Jäger mit sorgsamster Beachtung
des Windes sich hinter dem Kameele birgt und falls es gelingt, auf
Büchsenschussweite zu nahen, die Gabelbüchse unter oder vor der
Brust des lebenden Schirmes richtet. Nach Versicherung des Pristav
WOLKOWNIKOW in Jolotan sollen die Saryken die meisten erbeuteten
Kulans in starken Eisen fangen? Das Fleisch wird von den Turkmenen
geschätzt und soll im Winter recht häufig auf den Basar zu Jolotan
kommen.

Das einzige Exemplar unserer Collection, ein völlig ausgewachsener
starker Hengst, der jetzt im kaukasischen Museum zu Tiflis aufgestellt ist, ward der Expedition von seiner Excellenz dem Herrn General
KOMAROW in Askhabad geschenkt. Das Thier war jung aufgezogen
und soweit gezähmt, dass es nebst einer etwas jüngeren Stute frei in
der Stadt und deren naher Umgebung sich tummelte, bis es durch
Neckereien so wild und boshaft gemacht war, dass seine Abschaffung
nothwendig wurde.

Unser Exemplar ermangelt durchaus des dunklen Schulterstreifes, wie ihn PALLAS[1]) an seinem *Equus asinus* β L. Mas. (*E. asinus* β *onager* PALL.) abbildet. Ebenso fehlte ein solcher dem schon erwähnten zahmen ♀ in Askhabad und scheint, soweit unsere Erfahrungen reichen und wir erfragen konnten, überhaupt am Kulan Turkmeniens nicht vorzukommen, wie denn dieser überhaupt in allem den echten *E. hemionus* PALL. repräsentirt. EVERSMANN l. c. berührt schon, dass alle ihm zu Gesichte gekommenen Kulanhäute aus unserem Gebiete keinen Schulterstreifen besitzen, führt die Art aber des südlichen den PALLAS'schen nahegelegenen Fundortes halber als *Eq. onager* PALL. auf und schliesst seine Behandlung des erwähnten Merkmales, nebst allen anderen schon 1840 mit dem Satze: „Worin besteht eigentlich der specifische Unterschied zwischen dem *hemionus* und *onager*?" Wir wollen hier nicht des weiteren auf die verschiedenen, die asiatischen Wildeselarten zum Gegenstande der Betrachtung habenden Abhandlungen und auf die diesbezüglichen Meinungsverschiedenheiten eingehen, sondern nur angeben, dass der Wildesel ganz Turkmeniens bis zur Afghanengrenze, also bis zwischen den 36. und 35. Breitengrad, der echte *Eq. hemionus* PALL. ist. EICHWALD's Angaben über die Wildesel des östlichen Kaspi-Ufers l. c. p. 29 sind etwas abenteuerlich und schwer deutbar. Es heisst dort vom Kulan: „*longe pilosum, subvillosum, muli simile, auriculis elongatis caudaque vaccina.*" Mehr noch fällt es auf, dass eine zweite Art daneben heimisch und den Eingeborenen als Bulan bekannt sein soll. Weder Turkmenen, Kurden, Perser oder Tataren kennen heute eine solche Bezeichnung, auch konnten wir bei allen Indigenen keine Kenntniss zweier Wildesel-Arten ermitteln. Unser oben erwähnter Kulan-Hengst lieferte uns frisch getödtet folgende Maasse äusserer und innerer Theile:

| | |
|---|---:|
| Rumpflänge von der Schwanzwurzel bis zwischen die Schultern . . . . . . . . . . . . . . . . . . . | 1070 mm. |
| Halslänge bis zum Atlas . . . . . . . . . . . . | 450 „ |
| Kopflänge vom Atlas bis zur Schnauzenspitze . . . . | 530 „ |
| Schwanzlänge mit der Haarquaste . . . . . . . . | 590 „ |
| Haarquaste des Schwanzes allein . . . . . . . . . | 240 „ |
| Höhe am Widerrist bis zum Ende der Scapula . . . | 960 „ |
| „ „ „ „ „ Rückgrat . . . . . . | 1110 „ |
| Unterschenkel des Vorderlaufes . . . . . . . . . | 340 „ |
| Oberschenkel . . . . . . . . . . . . . . . . | 360 „ |
| Von der Fessel bis zum Hufe am Vorderlaufe . . . . | 98 „ |

1) Icones ad Zoographiam Rosso-asiaticam Fasc. secundus, pl. 4 (Zoogr. I, p. 264).

Unterschenkel des Hinterlaufes . . . . . . . . .  440  mm
Oberschenkel    „        „     . . . . . . . . .  360  „
Von der Fessel bis zum Hufe des Hinterlaufes  . . .  112  „
Huflänge am Vorderlauf . . . . . . . . . . . .   62  „
    „        „   Hinterlauf . . . . . . . . . . .   69  „
Hufbreite in der Mitte am Vorderlauf . . . . . . .   74  „
    „     am verschmälerten Basalende  . . . . . .   67  „
    „     in der Mitte am Hinterlauf . . . . . . .   71  „
    „     an der breitesten Stelle hinten am Hinterlauf   74  „
Ohrlänge an der Oeffnungsseite . . . . . . . . .  240  „
    „        „    „  Rückseite . . . . . . . . . .  210  „
Grösste Breite der Ohröffnung . . . . . . . . .   63  „
Augenweite von Winkel zu Winkel  . . . . . . .   41  „
Längste Wimperhaare  . . . . . . . . . . . .   16  „
Nüstern in ungeblähtem Zustande lang  . . . . . .   56  „
    „        „         „         „   breit  . . . . . .   20  „
Oben eingebogener feiner Nüsternwinkel . . . . . .   10  „
Mundspalte  . . . . . . . . . . . . . . . . .   99  „
Längste Mähnenhaare . . . . . . . . . . . . .   80  „
Zungenlänge . . . . . . . . . . . . . . . .  275  „
Oesophagus . . . . . . . . . . . . . . . . . 1000  „
Tractus intestinalis vom Diaphragma bis zum Anus  . . 22170  „
Somit Gesammtlänge des Tract. intest. v. d. Zungenwurzel
    bis zum Anus  . . . . . . . . . . . . . . . 23170  „
Länge des Blinddarmes . . . . . . . . . . . .  640  „
Grosse Curvatur des Magens . . . . . . . . . .  640  „
Länge der Milz . . . . . . . . . . . . . . .  372  „
Grösste Breite der Milz . . . . . . . . . . . .  160  „
Trachea  . . . . . . . . . . . . . . . . . .  670  „
Penis nach dem Abbalgen des Thieres  . . . . . .  290  „
Hode ohne Scrotum . . . . . . . . . . . . . .   82  „

## 57. *Antilope subgutturosa* GÜLDENST.

ZAROUDNOI, l. c. p. 274.

NIKOLSKY, Mat. z. Wirbelthierfauna Nordost-Persiens u. Transkaspiens,
    p. 386.

Bei den Turkmenen, namentlich den Saryken, entlang der Afghanengrenze, Kiik oder Giik, eine Bezeichnung, die unter den kirgisischen
Völkern der *A. saiga* PALL. zukommt und die somit vielleicht in Centralasien als Collectivname für Antilope schlechtweg gilt. Daneben
hört man auch von Turkmenen, nur seltener, die Benennung Geran,
die sich unschwer als eine Verstümmelung der turko-tatarischen oder
persischen Dsheiran, das ja auch in's Russische übergegangen ist, erkennen lässt*).

---

*) Die Herkunft des Wortes Dsheiran müssen wir hier dahinge-
stellt sein lassen. Wir selbst kennen es vornehmlich von transkaukasischen

Mehrere von uns im April 1887 an der Afghanengrenze erlegte Exemplare wichen in nichts vom wohlbekannten Typus oder von transkaukasischen Stücken ab. Keineswegs zeigte sich an ihnen ein Hinneigen zu der von W. T. BLANFORD beschriebenen *var. jarkandensis* aus Ostturkestan [1]).

Es fällt auf, dass diese alt- und gut bekannte Form in ihrer Verbreitung lange verkannt ist. Obgleich sie schon ältere Autoren, von denen wir nur EVERSMANN [2]) und BRANDT [3]) namhaft machen, vom Ust-jurt, Kisil-kum und aus Buchara nennen, sehen wir sie in BLANFORD's Verbreitungskarte der indischen und persischen Gazellen [4]) nur bis Nordpersien d. h. bis zum oberen Atrek und bis wenig nördlich von Meschhed, östlicher nur bis etwas nördlich von Kabul eingetragen, und zwar heisst es für diese Nordgrenze nur „supposed range of *G. subgutturosa.*“ Ebenso giebt BROOKE [5]) für unsere Art als Gebiete des Vorkommens nur an: high plateau of Persia; Northern Baloochistan; Afghanistan. Noch 1876 erweitert BLANFORD nur ungewiss das Verbreitungsgebiet weiter nach Norden, indem er schreibt [6]): „It extends into the countries east of the Caspian, and is said to be found as far as Bokhara; it is probably the gazelle of Meshed and

Tataren, die aber viel persische Worte im Gebrauche führen. PALLAS (Zoographia I, p. 252) sagt deutlich: „Persis Dshairan“ und NIKOLSKY (Mat. z. Wirbelthierfauna Nordost-Persiens und Transkaspiens, p. 386) nennt die Bezeichnung Dsheiran farsisch und aderbeidshanisch. (Bei den Kirgisenstämmen heisst diese Art nach PALLAS l. c. Kara-Kuruk, nach FINSCH, Reise nach West-Sibirien, p. 126, Kara-biruk und nach NIKOLSKY, Ueber d. Wirbelthierfauna auf d. Grunde des Balchasch-Beckens, p. 93, Kara-kuirjuk). Dagegen kennt BLANFORD (Eastern Persia, p. 91) aus Persien nur die Benennung Ahú und führen DANFORD und ALSTON (On the Mammals of Asia Minor, 1880, p. 55) aus dem türkischen Kleinasien für *Gazella dorcas* L. den einheimischen Namen Yairan (in englischer Schreibweise) auf.

1) List of Mammalia collected by the late Dr. STOLICZKA, when attached to the embassy under Sir FORSYTH in Kashmir, Ladák, Eastern Turkestan and Wakhán etc., in: Journ. As. Soc. Bengal, 1875, Vol. 44, Part. II, p. 105—112.

2) In: Bull. Soc. Imp. Nat. Moscou 1848, p. 199.

3) Zool. Anh. z. LEHMANN's Reise etc., 1852, p. 309.

4) Note on Gazelles of India and Persia with description of a new species, in: Proc. Zool. Soc. Lond. 1873, p. 314.

5) On the Antelopes of the genus Gazella and their distribution, in: Proc. Zool. Soc. Lond. 1873, p. 546.

6) Eastern Persia, Vol. 2, p. 91.

llerat" etc. Jetzt wissen wir durch NIKOLSKY [1]) und FINSCH [2]) sicher, dass *Antilope subgutturosa* durch russisch Turkestan nach Norden bis zum Balchasch, bis zum Tarbagatai- und Saissan-Gebirge, also fast bis zum Altai hinaufreicht. Es dehnt sich somit diese Art über einen sehr bedeutenden Theil von West- und Mittelasien aus. Ihre Westgrenze erhält sie in Transkaukasien in der Kurasteppe nahe von Tiflis, südlicher nach DANFORD & ALSTON [3]), wahrscheinlich am linken Ufer des Euphrat. Im Süden geht sie nach BLANFORD l. c. bis südlich und südöstlich von Schiraz und Karman, ohne aber die Küste des persischen Golfes zu erreichen. Im Osten ist sie noch aus Kandahar (BLANFORD l. c.), aus Yarkand (BLANFORD [4]) und endlich im Nordosten, wie gezeigt, aus dem Tarbagatai und Saissan bekannt. Diese Grenzen ihrer Verbreitung berühren diejenigen von vier oder noch mehr anderen Antilopen-Arten, nämlich im Westen am Euphrat wohl die der *A. dorcas* L. nach DANFORD & ALSTON l. c., im Süden der *A. benetti* SYKES und der *A. fuscifrons* BLF., im Norden und Nordwesten der *Ant. saiga* PALL. Mit Befremden lesen wir eine Angabe POHLIG's[5]), der zufolge „die persische Antilope", als die gemeiniglich *A. subgutturosa* GÜLDST. schlechtweg bezeichnet wird, eine Varietät der indischen Hirschziegenantilope *A. cervicapra* sein soll. Nur in der Pelzfarbe und der Farbe des Büschelschwanzes weiche die persische Form von *A. cervicapra* ab, während in der Grösse, Form und selbst Einzelheiten der Zeichnung beide so weit übereinstimmten, dass POHLIG die persische Form nur für eine locale Naturrasse ansehen mag. Nun ist freilich *A. subgutturosa* GÜLDENST. mit der *A. cervicapra* absolut nicht zu verwechseln. Da aber noch nie die *A. cervicapra* in Persien überhaupt, geschweige denn im nordweslichen Theile desselben (dem Reise-

---

1) Ueber d. Wirbelthierfauna auf d. Grunde des Balchasch-Beckens, in: Arb. d. St. Petersb. Naturforschergesellsch. 1888, T. 19, Abtheil. Zool. u. Physiol. p. 93.

2) Reise nach West-Sibirien im Jahre 1876, in: Verh. Zool. bot. Ges. Wien, Jahrg. 1879, Bd. 29, p. 126.

3) On the Mammals of Asia minor, in: Proc. Zool. Soc. London 1880, p. 55.

4) List of Mammalia, collected by the late Dr. STOLICZKA in Kashmir, Ladák, Eastern Turkestan and Wakhán etc., in: Journ. As. Soc. Bengal 1875, Vol. 44, Part 2 (*var. jarkandensis*).

5) Ueber die wildlebenden Wiederkäuer Nordpersiens, und einiges über dortige Landwirthschaft, in: Berichte aus d. physiol. Laborat. u. d. Versuchsanstalt des landwirthschaftl. Institutes der Univ. Halle, p. 8 eines Separatabdruckes aus Heft 7 (wohl des Jahres 1886?).

gebiete Pohlig's) gefunden wurde, während aus letzterem als einzige
und häufige Antilope die *Antilope subgutturosa* schon seit Gülden-
staedt, Pallas etc. wohlbekannt ist und doch durch Pohlig keine
Erwähnung erfährt, so muss hier fraglos ein Irrthum vorliegen. Wir
erwähnten hier nur der citirten Abhandlung, um zu verhüten, dass
die Notiz, wie so leicht ähnliche bestimmt ausgesprochene Angaben,
etwa in zusammenfassenden faunistischen oder thiergeographischen
Arbeiten Aufnahme findet und zum lange fortlaufenden Fehler gefestigt
wird. Durch unser specielles Reisegebiet, durch ganz Turkmenien ist
die *A. subgutturosa* Güldst. in grosser Häufigkeit verbreitet. Gleich
dem Kulan, doch nicht ganz so rasch, zieht sie sich von den neuerdings mehr durch die Thätigkeit des eingedrungenen Europäers belebten Strecken zurück und sammelt sich zu Unmengen in den ent-
legensten Wüstentheilen. Die Fährten fanden wir fast überall im
Gebiete und trafen einzelne Stücke oder kleine Rudel bei Krasnowodsk,
Tschikischljär, am See Beum-basch, Jagly-Olum am Atrek, Kasantschik
Artschman, am Wüstenrand nördlich von Besmein, am Tedshen nördlich und südlich von Kary-bend etc. etc. In unzählbarer Menge aber
bevölkerte die Art die Hügelwüste zwischen dem Tedshen und Murgab
an der Afghanengrenze im Frühjahr 1887. Am Abend des 27. April/
9. Mai 1887 sah ich (Walter) die gesammte Steppe um den Brunnen
Adam-ilen, nahe vom Fusse des Elbirin-kyr buchstäblich von diesen
Antilopen bedeckt. Wohin auch das Auge sich richtete, stiess es auf
Rudel derselben, die 6—150 und mehr Köpfe stark waren. Ich glaube
nicht zu übertreiben, wenn ich angebe, dass auf kaum mehr als ein-
stündiger Jagd mir gegen 2000 Antilopen zu Gesichte kamen. In
stets nur weiter Ferne hoben gegen sie sich kleine Trupps von Wild-
eseln ab. Vom Kuschk ab bis zur Quelle Aghar im Elbirin-kyr war
ich stets nur einzelnen Antilopen oder Paaren begegnet und staunte
daher nicht wenig über diese plötzliche Massenansammlung, zumal da es
gerade die Satzzeit war. Hier am Fusse der vom Tedshenufer in die
Wüste vorgreifenden Gebirgszunge ist aber die Vegetation zwischen
mächtigen trockenen Salzseen relativ gut, obzwar in diesem regenlosen
Frühjahre auch hier schon am erwähnten Datum kein frischer Gras-
halm mehr gedieh *).

Die Wurfzeit fällt in Transkaspien in die zweite Hälfte des April

---

*) Wir geben diese Beobachtung, weil meist für diese Art ange-
geben wird, sie halte sich in Rudeln von kaum über 20 Stück, was
auch dem gewohnlichen Verhalten entspricht.

alten Styles, denn 1886 wurden uns junge höchstens einige Tage alte
Antilopen zu Tschikischljär am 28. April/10. Mai feilgeboten, während ich
1887 am 27. April/9. Mai um Adam-ilen eben geborene fing und etliche
etwa eine Woche alte Tags darauf im Posten Pul-i-chatun vorfand. So
weit meine wenigen Beobachtungen reichen, mindert selbst Sorge um die
Nachkommenschaft die Vorsicht dieses scheuen Wildes nicht herab.
Jedenfalls fing ich bei Adam-ilen eine ganz junge Antilope, die hasen-
artig unter einer trocknen Artemisienstaude geduckt lag und bei der
völligen Bodenfarbe nur an den grossen Augen bemerkbar wurde, ohne
dass das Mutterthier weithin sichtbar war. Mehrmals fuhren etwas
ältere Junge unter meinen Füssen aus todten Alhagi-Ständen heraus,
durch die ich eben ein Rudel getrieben, so dass es mir sicher schien,
dass sie, weil zu so eiliger Flucht noch nicht fähig, von den Müttern
im dürftigen Versteck zurückgelassen waren. Stets wurden auch einzelne Geissen schon weit flüchtig, ohne durch irgend ein Anzeichen
die Anwesenheit der Jungen und ihre Sorge um diese anzudeuten, so
dass man durch ihr Benehmen keinerlei Anhaltspunkt zur schwierigen
Suche erhielt. Sehr rasch und leicht lässt sich die *Antilope subgutturosa* zähmen, und man findet daher in Transkaspien sehr häufig
auf Schützen- und Kosakenposten wie auch in den Städten völlig
zahme, oft sogar völlig frei herumstreichende Exemplare. Auch auf
diese Antilope pürschen, wie auf den noch um vieles scheueren Wildesel die Saryk-Turkmenen hinter unbeladenem Kameele, sollen aber
nach Angaben des Pristav·WOLKOWNIKOW in Jolotan noch mehr in
Tellereisen fangen. Jedenfalls wollte unser Gewährsmann ausser den
Aussagen der Jäger auch an zahlreichen eingebrachten Exemplaren
stets einen Lauf von Eisen zerschlagen gefunden haben.

## 58.  *Capra aegagrus* (GMEL.) PALL.

Die Bezoarziege bewohnt neben *Ovis arkal* BRDT. sowohl den gesammten Kopet-dagh bis zur Grenze Afghanistans, als auch den

Anm. EVERSMANN, in: Bull. Soc. Imp. d. Nat. d. Moscou 1848, p. 119
erwähnt bei Behandlung der Katzenarten des Ust-jurt, dass dieselben
dort reiche Beute an den Heerden von *Antilope subgutturosa* und
*A. saiga* PALL. fänden. Es wäre danach vielleicht auch die letztere
noch als zeitweiliger Grenzflüchtling am Ust-jurt der Fauna unseres Gebietes anzureihen. Im eigentlichen Turkmenien fehlt sie aber durchaus
und tritt schon in Turkestan vorwiegend nur im Winter nach Süden
schweifend ein, zu welcher Jahreszeit allein sie vielleicht auch bis zum
Ust-jurt, nicht aber weiter südlich schweift.

Gebirgsknoten des grossen Balchan. In beiden Gebirgen reicht sie in Thalschluchten oft bis zur Steppenebene am Fusse hinab. Wie es scheint geht sie aber vom Balchan aus nicht viel weiter nach Norden auf die Höhenzüge der kaspischen Küstengebirge über. Im Kuba-dagh bei Krasnowodsk fehlt sie jedenfalls und wird ebenso wenig von den Höhen der Halbinsel Mangyschlak und um den Ust-jurt gemeldet, welche *Ovis arkal* noch reichlich beherbergen sollen. Turkestan fehlt sie bekanntlich auch, erreicht somit in Asien auf dem grossen Balchan ihre Nordgrenze und ist auf ihn fraglos vom Kopet-dagh aus über den Küran-dagh und kleinen Balchan gelangt. Hier wie im Kopet-dagh kommen Rudel von 30—90 Stück nicht gar selten vor.

### 59. *Ovis arkal* BRDT.

PALLAS, Zoographia rosso-asiatica I, p. 230, *Aegoceros musimon* (Truch-menis Dach-kutsch).
BRANDT, Zool. Anh. z. LEHMANN's Reise, 1852, p. 310, *Ovis arkal* BRDT.

Bei den Turkmenen, und zwar bei allen Stämmen derselben Kotsch*), eine Benennung, die auch den Kurden des Kopet-dagh geläufig ist, obgleich letztere noch eine eigene uns leider entgangene Bezeichnung besitzen, vielleicht die von NIKOLSKY (Mat. z. Wirbelthierfauna Nordost-Persiens etc. p. 386) citirte farsische Husfan-kutschi. Mit der Be-nennung *arkal*, welche BRANDT für den Namen dieses Wildschafes bei den Eingeborenen hielt und deshalb zum Speciesnamen erhob, hörten wir das Thier nie belegen, ja das Wort war allen völlig fremd. PALLAS l. c., der die Art noch mit dem Corsischen Muflon und allen westasiatischen Wildschafen, ausser dem Argali, zusammenwarf, lässt es bei den Bewohnern von Chiwa Arkal heissen, was wir nicht con-troliren können. Es steigt aber diesbezüglich ein Zweifel auf, weil durch ganz russisch Turkestan die dortigen echten Wildschafe des Genus *Ovis* s. str. den auch von den Russen vielfach adoptirten kirgi-sischen Namen archar oder arkar tragen, aus welchem wohl durch Verstümmelung das arkal entstand.

Leider vermögen wir über dieses interessante Wildschaf, trotz des reichen von uns gesammelten Materiales, kaum mehr als weniges aus

---

*) Die gleiche Bezeichnung trägt nach DANFORD & ALSTON l. c., 1880, p. 55, im Türkischen die in Kleinasien heimische Art *O. gmelini* BLYTH, wird nur von citirten Autoren englisch Kotch geschrieben. Die zweite dort angegebene Benennung Jaban koyun (es soll wohl koin heissen) bedeutet nur übersetzt wildes Schaf.

der Lebensweise und Verbreitung mitzutheilen, da uns von anderen
Arten in Tiflis nur die dieser Art ganz fernstehende *O. anatolica* VAL.
vorlag und uns ein eingehendes Vergleichsstudium an dem überaus
reichen Materiale des akademischen Museums zu St. Petersburg nicht
vergönnt war.

*Ovis arkal* BRDT. bewohnt ungemein zahlreich den ganzen Kopet-
dagh von der afghanischen Grenze, resp. vom Tedshen an (ob er über
diesen hinaus nach Afghanistan, d. h. auf die Barkut-Berge und den
Parapamisus übertritt, blieb uns unbekannt) nach W. bis zum äussersten Westabfall des Gebirges.    Seine Südgrenze konnten wir selbst
nicht feststellen, ihn aber noch bis südlich vom Tschandyr, also bis
nahe zum Südwestrande des Kopet-dagh-Systemes verfolgen.    Hoch-
interessant ist nun die Angabe NIKOLSKY's [1]), der zufolge diese Art in
allen Zwischengliedern zwischen dem Systeme des Kopet-dah und dem
des Alburs noch häufig vorkommt, so dass N. sie bei Nardyn, südlich
vom oberen Gürgen sammelte und selbst noch bei Aber beobachtete.
Somit berührt der Arkal wohl am Albrus das Verbreitungsgebiet der
*O. gmelini* BLYTH.    Im NW. geht der Arkal über die beiden Balchane
und die Küstenketten am Ostufer des kaspischen Meeres bis an den
Nordrand der Halbinsel Mangyschlak, wo man ihn nach BRANDT l. c.
noch vom Vorgebirge Airakli kennt.    Hier und im Ust-jurt zwischen
dem Kaspi und Aralsee, der an gleicher Stelle (LEHMANN's Reise) von
BRANDT namhaft gemacht wird, liegt die nördlichste Verbreitungslinie
der Art.    In Folge der Zugrichtung des Kopet-dagh, NW—SO, und
der ihm nördlich dicht vorlagernden Wüste wird im Osten jene Linie
um ungefähr 7 Breitengrade nach Süden hinabgerückt.

Der Arkal ist keineswegs ein strenges Hochgebirgsthier, findet
sich vielmehr vielfach in den niedersten Vorbergen und geht bis zur
Küste des Kaspi hinab, wo wir ihn z. B. unweit Krasnowodsk am
Gestade (also ca. 80′ unter dem Niveau des Oceans) beobachteten.
Freilich reicht er gleich häufig im Kopet-dagh bis zu dessen bedeutendsten Erhebungen zu 9—10 000′ hinauf, wurde am Ak-dagh in dieser
Höhe von uns noch reichlich betroffen.    Selten nur begegneten wir
einzelnen Stücken, meist kleinen Heerden von 5—20 Stück, seltener
solchen von 60—100, die aber nach glaubwürdigen Angaben mitunter
bis auf 200 Köpfe anwachsen sollen.    Seine Jagd ist in den nicht

---

1) Mater. z. Kenntniss der Wirbelthierfauna Nordost-Persiens und
Transkaspiens, in: Arb. d. St. Petersb. Naturforscher-Ges., 1886, T. 17,
Liefer. I, p. 386 (russisch).

sonderlich hohen Gebirgen verhältnissmässig leicht und daraus die Menge der zur Winterszeit in die Orte Transkaspiens gelangenden Wildschafe erklärlich, so wie der erstaunlich geringe Preis von $2^1|_2$ bis 4 Rubel für ein Exemplar im Fleisch mit Decke und Gehörn. Im Winter 1886/87 wurden allein von einem deutschen Wurstmacher in Askhabad an 100 Bergschafe aufgekauft und verarbeitet, da das Fleisch sonst von den Russen auffallender Weise missachtet wird. Auf dem grossen Balchan sind einige turkmenische Jäger sesshaft, die einzig der Jagd auf Arkals und Bezoarziegen leben. Die zahlreich auf der Höhe dieses Stockes gefundenen Gehörne und Spuren zeugten uns von der grossen Häufigkeit des Bergschafes dort.

Unsere aus Transkaspien mitgebrachten Exemplare stimmen gut zu den bekannten Beschreibungen. Namentlich sind die meisten in der von Severzow[1]) ausdrücklich als eine Zwischenbildung zwischen den echten Oves s. str. und den Musmones betrachteten Richtung der Hornspitzen nach vorne und innen sehr constant. Unser ältestes ♂ lehrt indess, dass in sehr hohem Alter der Thiere dieses scheinbar charakteristische Merkzeichen doch nicht ganz Stich hält, indem an diesem Exemplare im Gegensatz zu 14 weiteren uns vorliegenden (darunter mehrere nur wenig schwächere) und vielen sonst noch besichtigten männlichen Gehörnen die Spitzen sich schliesslich ein wenig wieder nach aussen wenden. Ein seit Jahren im Tifliser Museum stehender Bock aus Krasnowodsk scheint uns in der Färbung von den Exemplaren aus dem Kopet-dagh etwas verschieden, wir können den Vergleich aber nicht führen, da jenem Thiere die genaue Angabe der Erbeutungszeit fehlt, die bei Färbung des Pelzes in erster Linie zu berücksichtigen ist und wir selbst in Krasnowodsk nur ein ♀ erlangten. Es scheint uns ungemein wünschenswerth, dass der *O. arkal* Brdt. einer detaillirten vergleichenden Specialuntersuchung unterworfen würde, in welcher Exemplare von der Nord- und Südgrenze seiner Verbreitung und diese gleichzeitig mit den nächst vorkommenden anderen Species verglichen werden und zwar besonders auch auf die anatomischen resp. osteologischen Merkmale hin. Severzow's feiner systematischer Scharfblick stellte *O. arkal* als Bindeglied zwischen die überwiegend nordöstlichen *Ovis*-Arten in seinem strengeren Sinne und seine mehr südlich und südwestlichen Musmones. Damit fällt ja thatsächlich die Verbreitung des *O. arkal* Brdt. vollkommen zusammen, und es ist dabei besonders zu beachten, dass letztere Form im Südwesten

---

1) Vertikale u. horiz. Verbr. d. Thiere Turkestans. 1873.

wie im Südosten je eine Art der echten *Musmon*-Gruppe (d. *O. gmelini*
BLYTH und *O. vignei* BLYTH) direct berührt, im Norden nahe an die
Grenze der turkestanischen *Ovis*-Arten tritt, sie aber heute nirgend
mehr wirklich tangirt.

### 60. *Sus scrofa* L. (*aper*).

NIKOLSKY, Mat. z. Kenntn. d. Wirbelthierfauna Nordost - Persiens etc.,
p. 386.

Bei den Turkmenen allgemein Dungus.

Das Wildschwein ist in Transkaspien natürlich überwiegend an
die Flussläufe gebunden.   In den Tamarixdickichten und Rohrbeständen
dieser zeigt es sich in grosser Zahl.   Die grössten Mengen dürfte wohl
das Murgabgebiet beherbergen, wofür vielleicht am deutlichsten spricht,
dass drei Officiere der Posten Imam-baba und Sary-jasy im Laufe von
$1\frac{1}{2}$ Monaten dort 75 Stück fällten, obgleich sie über nur sehr wenig
freie Zeit und über eine sehr kleine, unter dortigen Bedingungen ganz
unzulängliche Meute verfügten.   Sicher stehen dem Murgabthale im
Reichthum an Sauen nur wenig die mächtigen Typha- und Phragmitis-
flächen im Enddelta des Tedshen nach, wovon wir uns im Mai 1887
durch Augenschein überzeugen konnten.   Ungemein häufig soll das
Wildschwein auch am unteren Atrek, namentlich um den See Delili
sein.   Zu Zeiten zerstreuen sich die Rudel auch weit über die Wüste,
offenbar dort den Tulpenzwiebeln nachgehend.   Ebenso finden sich
Schweine bis zu recht bedeutender Höhe (ca. 6000') im Kopet-dagh,
wo sie im Ostende des Gebirges von den weitläufigen Pistacien-Hainen
angezogen werden.

Das transkaspische Wildschwein ist durchweg kleinwüchsig und
schwach, offenbar der zu Zeiten äusserst dürftigen Mast wegen.   Viele
Sommermonate hindurch erstarrt der Lössgrund der Steppe und der
Flussufer buchstäblich zu Stein und behindert jedes Wühlen.   An
Früchten giebt es nur in ganz begrenztem Gebirgsgebiete einzig die
Pistacien, und es bleiben somit vielerorts für's runde Jahr, an anderen
für viele Monate, Rohrwurzeln als einzige Nahrung übrig.   Am Murgab
sahen wir selbst eine bei 7 Frischlingen geschossene alte Bache, die
nur $1\frac{1}{2}$ Pud = 60 russische oder ungefähr 48 deutsche Pfunde wog,
und die ausgezeichneten Jäger unter den Officieren von Sary-jasy und
Imam-baba versicherten uns, dass dort der stärkste Eher nie ein
Gewicht von mehr als 6 Pud = 240 russ. Pfd., die Bache kaum über
3—4 Pud = 120—160 russ. Pfd. erreiche.   Das Durchschnittsgewicht
der Keiler soll 4—5, das alter Bachen 2 Pud sein.   Diese Schwäche

fällt namentlich im Vergleiche mit den Wildschweinen Transkaukasiens auf, welche häufig ein Gewicht von 13—14 Pud = 520—560 russ. Pfd. = 4 Ctr. 16 Pfd. —4 Ctr. 48 Pfd. deutsch, mitunter aber, wenn auch selten, in ungestörten Gegenden, von 18 Pud = 5 Ctr. 76 Pfd. deutsch erreichen. Die zu Anfang April am Murgab erlegten Wildschweine besassen meist ein schmutzig gelbes Oberhaar, viele abgescheuerte und nackte Flecken und waren von einem *Ixodes* arg befallen. Die Wurf-zeit der Bache fällt in Transkaspien ungefähr in die letzten zwei März-wochen alten Styls. 1886 erhielten wir einen noch sehr jungen (kaum über 4—5 Tage alten) Frischling am 20. März/1. April in Kary-bend, und 1887 wurden am 29. März/10. April und am 3./15. April am Mur-gab mehrere Rudel höchstens 1—1¹|₂ Wochen alter Frischlinge ein-gefangen. Die Streifung der Frischlinge geht in Transkaspien sehr früh verloren, was sich besonders leicht an den auf fast allen Posten gehaltenen Wildschweinen beobachten lässt. Ihre rasche Zähmbarkeit ist erstaunlich.

### Die Hausthiere Turkmeniens

(mit Ausschluss von *Canis familiaris* und *Felis catus domesticus*, die schon weiter vorne unter den Carnivoren Platz fanden).

Der Hausthiere thun wir hier nur anhangsweise kurze Erwähnung, da uns die nöthige ausgiebige Kenntniss der Rassen abgeht, um die-selben etwa vergleichend besprechen zu können.

### *Camelus dromedarius* L.

Das einhöckerige Kameel waltet in Transkaspien durchaus vor, ist bei den Turkmenen eigentlich allein vertreten und setzt ebenso auch die persischen und bucharischen Karawanen zusammen.

### *Camelus bactrianus* L.

Dem zweihöckerigen Kameele begegnet man in Turkmenien nur selten und meist nur einzelnen Exemplaren. Relativ am häufigsten trifft man es um Krasnowodsk. Seit nämlich die Zustände in Turk-menien ruhige und sichere geworden, haben einzelne Kirgisen-Horden begonnen, vom Norden her ihre Nomadenzüge bis über Krasnowodsk hinaus nach Süden auszudehnen. Bei den Kirgisen aber steht um-gekehrt wie bei den Turkmenen gerade diese Art fast ausschliesslich im Gebrauche.

Endlich sieht man in Turkmenien ab und zu Bastardexemplare beider Kameelarten. Leider gelang es uns nie, zu erfragen, welche

Art Vater, welche Mutter des Hybriden gewesen. Die Thiere trugen stets weit mehr Dromedartypus, aber neben einem gut entwickelten Dromedarhöcker noch den verschieden starken Ansatz zum zweiten Höcker. Wir können hier somit bestimmt auf die von MIDDENDORFF [1]) in folgenden Worten aufgeworfene Frage: „ob das richtig sein dürfte, was WILKINS aus Buchara berichtet: dass das Kalb, welches einer Kreuzung zwischen beiden Kameel-Arten entspriesst, stets nur einbucklig ausfallen soll", mit nein antworten. Es hat aber schon EVERSMANN [2]) die wenigstens vorkommende Zweibuckeligkeit des Bastardkameeles richtig beobachtet, nur scheinen seine genauen Angaben später übersehen worden zu sein. Die Hybriden sollen wegen ausserordentlicher Leistungsfähigkeit besonders hoch im Preise stehen.

### Das turkmenische Pferd.

Bezüglich der in Turkmenien vorhandenen zwei Pferde-Rassen können wir hier die kurze aber ganz vorzügliche Charakterisirung derselben durch A. v. MIDDENDORF [3]) wörtlich wiedergegeben.

#### 1) Typus der Jomud-Pferde.

„Die Jomud-Pferde kennen wir als sehr edle Abzweigungen der Araber, von ungewöhnlicher Höhe (mindestens 2, gewöhnlich 4, aber auch bis 6 Werschok), deren Hauptfehler in diesem hohen Wuchse liegt, da derselbe durch lange Beine verursacht wird, und im Zusammenhange damit das flachrippige Thier sowohl vorn als hinten zu schmal ist. Die Hinterhand unentwickelt, dabei die Schulter sehr frei. Die Hinterfüsse arm in den Schenkeln und etwas kuhhessig gestellt, was jedoch im Laufe sich ausgleicht."

#### 2) Typus der Teke-Pferde.

„Der Teke-Hengst, der dem Originalaraber zunächst steht an weniger mächtiger Grösse, an Ebenmässigkeit der Formen, Gedrungenheit, kräftigen Nieren, mehr entwickelter Hinterhand und horizontalem Kreuze. Den Widerrüst sah ich ausgesprochener als beim Araber, und den Kopf schmäler, d. i. die Stirn vom Auge aufwärts sich verengend."

Auf der folgenden Seite heisst es bei MIDDENDORFF als Hinweis

---

1) A. v. MIDDENDORFF, Einblicke in das Ferghana-Thal, in: Mem. Acad. Imp. Sc. St. Pétersb., 1881, Tome 29 (série 7), p. 294.

2) Reise von Orenburg nach Buchara. Berlin, 1823.

3) Einblicke in's Ferghana-Thal, in: Mem. Acad. Imp. Sc. St. Pétersb., 1881, Tome 29 (série 7), p. 267.

auf den Ursprung der Rassen: „Nicht nur kamen die Araber den Islam verbreitend über das Land der Turkmenen, sondern überdies soll, nach Wilkin's Angabe, Tamerlan 5000 arabische Stuten unter verschiedene Turkmenen-Stämme und auch Nadir-Schah 600 Stuten unter die Teke vertheilt haben."

Die Bezeichnung Teke-Pferd für die zweite Rasse von Turkmenen-Pferden dürfte vielleicht nicht streng richtig gewählt sein, da in Achal-Teke auch die echten Teke-Turkmenen überwiegend das Jomud-Ross besitzen. Erst im Osten, am Murgab, waitet durchaus die kleinere Rasse vor und scheint entschieden zu der in Südwest-Buchara, am Ama-darja, gebräuchlichen hinzuneigen.

Die Behaarung des reinen Jomud-Rosses ist sehr kurz und fein. Der Schweif lang aber dünn, ebenso die Mähne dünn. Als Farbe erscheint sehr oft Weiss und zwar meist mit dichter undeutlicher grauer Fleckung, die den Anschein eines grauen Schimmers am ganzen Thiere hervorruft. Nicht selten sind daneben helle Fuchsfarben und braune Exemplare; schwarze dagegen sehr selten und dann mit weisser Zeichnung an den Fesseln. Der Hals ist auffallend lang und dünn, namentlich am Kopfansatz oft fast entstellend schmal. Die Thiere beider Rassen machen den Eindruck grosser Sehnigkeit bei sehr schwacher Fleisch- und Fettbildung, wohl in Folge des nüchternen dürren Hungersteppenfutters. Erstaunlich ist die Genügsamkeit der Turkmen-Pferde, namentlich auch ihr geringes Wasserbedürfniss. Mit dieser Eigenschaft vereinigen sie eine geradezu fabelhafte Ausdauer, hervorragende Schnelligkeit und grosse Sicherheit. Letztere macht sich nicht allein beim ganz vorzüglichen Setzen, sondern auch (was a priori von reinen Steppen- und Wüstenthieren sich gar nicht erwarten lässt) beim Klimmen auf Felsgrund in gefährlichsten Gebirgspartien geltend.

Gute Traber sind uns unter den Turkmenen-Pferden nie begegnet, ja der Mehrzahl der Thiere scheint diese Gangart völlig fremd zu sein. Man sieht daher die Turkmenen auch ausschliesslich Schritt oder Galopp reiten. Im Galopp ist der Jomud-Hengst wohl unübertrefflich.

Leider geht die hochedle Jomud-Rasse in letzter Zeit sehr zurück. v. Middendorff's Satz: „Seit Urzeiten bis heute führten die südöstlichen Stämme der Turkmenen ein den Arabern gleiches beutelustiges Leben und beider Hauptgut, das Ross, ist fast dasselbe gewesen und geblieben" — wird nun schwerlich mehr lange Geltung behalten. Seit mit der russischen Einnahme Transkaspiens dem Turk-

menen das Raubhandwerk völlig benommen und er deshalb nicht mehr
wie früher von der Schnelligkeit seines Rosses abhängig ist, vernach-
lässigt er es entschieden, verliert das Interesse am Reinhalten des Schlages
und wird namentlich immer mehr zum Verkaufe geneigt. Gerade der
zahlreiche Verkauf an russische Officiere, die dann die Einzelexemplare
mit sich fortführen, droht am schnellsten der ja überhaupt keineswegs
an Kopfzahl sehr reichlich vorhandenen Rasse mit baldigem Schwunde. —
Von der früheren sorgsamen Pflege des vormals vornehmsten Gutes ist
einzig noch das Einhüllen in mächtige Filzdecken wohl gewohnheits-
.mässig übrig geblieben.

## *Equus asinus* L.

Der Esel gehört zu den meist verwendeten, niemandem und nirgend
fehlenden Hausthieren Turkmeniens. Heisses trockenes Klima mit
dürftigstem Steppenfutter ist ja bekanntlich für ihn gedeihlich. Die
turkmenischen Esel sind aber auffallend gross und stark, von geradezu
eminenter Leistungsfähigkeit. Es überwiegen entschieden helle Farben,
gegen die z. B. dunkles Braun als Seltenheit zurücktritt. Meist findet
man ein helles Grau, nicht selten reines Weiss und sehr oft einen
sandgelblichen Ton, der sehr nahe an die Färbung des Wildesels, Kulan, grenzt. Gehoben wird die Aehnlichkeit mit diesem noch durch
den meist sehr pronóncirten Rückenstreif und den schweren Kopf.
Nicht selten ist auch der quere Schulterstreif der *onager*-Varietät vertreten. — Wie in Mittelasien überhaupt dient ein Esel mit seinem
Reiter zum Führer jeder Kameelkarawane. Die bedeutendste Verwendung finden die Esel in Transkaspien heute wohl beim Herabtrans-
portiren des Juniperusholzes von den Höhen des Kopet-dagh, dem die
Gebirgskurden mit ganzen Eselkarawanen obliegen.

Maulthier oder Maulesel kennt, resp. züchtet und hält der Turkmene nie, man sieht sie in Transkaspien einzig in Askhabad unter
den von Meached einrückenden persischen Karawanen.

## Das Rind in Turkmenien.

Gegen Kameel, Pferd, Esel, Ziege und Schaf tritt beim Turkmenen
das Rind sehr entschieden in den Hintergrund. Bei den trockenen oder salz-
haltigen spärlichen Steppenkräutern und dürftigen Wasserverhältnissen
kommt es auch nur elend fort. — Es überwiegt dort ganz eine Zebu-
Kreuzung und zwar wahrscheinlich entstanden aus der Kreuzung des
Zebu mit der Kirgis-Rasse, wofür das Vorwalten (ja fast die Allein-

herrschaft) der schwarzen Farbe zu sprechen scheint. Jedenfalls haben wir, wenigstens in ganz Westturkmenien, kein Exemplar gesehen, an dem nicht wenigstens eine deutliche Spur des Schulterhöckers kenntlich gewesen wäre. Meist ist derselbe recht stark entwickelt. Selbst bei den Russen der Städte und Posten sieht man meist diese Rasse, nur selten ein aus Russland eingeführtes höckerloses Stück. Einzig bei Duschak fanden wir in einem Turkmenenaul in verhältnissmässig starker Rinderheerde einige Stücke echter südrussischer Steppenrinder, an den langen, schön geschweiften Hörnern und gänzlichem Mangel des Buckels sofort kenntlich. Es stellte sich heraus, dass die Thiere zur Eroberungszeit vom russischen Militair mitgebracht und später von den Turkmenen erworben waren. Sie hatten durch Kreuzung in der einen Heerde alle Stufen der Buckelentwickelung neben einander erzeugt. Hier allein fand sich denn auch Roth als Farbe einiger Stücke. Schwarz ist die im Gebiete fraglos vorwiegende Farbe, oft rein, oft mit weisser Zeichnung an den Fesseln, am Schwanze und auf der Stirn, Echte Schecken sahen wir nie, ebensowenig rothe Exemplare, abgesehen von jenen erwähnten Nachkommen russischer Rinder in Duschak. Selten ist, namentlich am Gebirgsfusse vertreten, Gelbgrau (und dieses dann wohl auf den Zebuantheil zurückzuführen) oder ein Grau, das dem des Schweizerviehes ähnelt. Die Hörner erinnern meist an die des Zebu. — Auch in reichen und grossen Aulen begegnet man gewöhnlich nur geringzähligen Rinderheerden. Milch gehört daher im Gebiete zu den raren Artikeln, und Butter ist so gut wie unbekannt. Sie wird in reicherer Menge erst von den Kurden des Hochgebirges bereitet.

Der reine Zehu (*Bos indicus*) kommt nur an wenig Punkten Transkaspiens fort, nur da, wo dichte Kanalnetze oder Flussenden etwas Sumpfterrain erzeugen. Wir begegneten ihm in Pendeh-Gau um Tachtabasar, nahe der Afghanengrenze, dann namentlich sehr schönen Exemplaren in den Typhaflächen des Tedschenendes, endlich in zwei Exemplaren bei einer Kurdenhorde im Kopet-dagh, wohin die Thiere aber eben erst aus viel westlicheren Theilen Persiens eingeführt waren.

### Die turkmenische Hausziege.

Auch die Ziegen der Turkmenen gehören alle oder zum grössten Theil nur einer Rasse an. Die Thiere sind von nicht sonderlicher Grösse mit Schlappohren und stets nur schwachem Gehörn. Als Farbe wiegt auch bei ihnen Schwarz oder Weiss mit schwarzem Kopfe vor, seltener sind braune Stücke. Mehr noch als bei den Schafen, d. h. regelmässig, werden die Zicklein getrennt gehalten und geweidet, da-

mit sie nicht zu viel Milch fortnehmen. Natürlich findet man die
grössten Ziegenheerden bei den Gebirgsnomaden, kleinere aber auch
überall in der Ebene. Im Preise steht die Ziege dem Schafe bedeutend nach, indem eine starke Milchziege 2—2$^1/_2$ Rbl. kostet, ein starkes
Schaf 3—5 Rbl.

### Das transkaspische Hausschaf.
#### *Ovis aries steatopyga* PALL.

EICHWALD, Fauna caspio-caucasica, p. 31, schreibt den Heerden
der Turkomanen zwei Schafrassen zu, nämlich *Ovis platyurus* und
*Ovis steatopyga*. Wir entsinnen uns indess nicht, eine andere als die
letztgenannte Form, das kirgisische Fettschwanzschaf, in Turkmenien
beobachtet zu haben. Es bildet die Hauptmasse der dortigen Heerden und den Hauptbesitz der Nomaden. Der Fettschwanz ist an den
Thieren meist nicht sehr stark entwickelt. Wie die Mehrzahl der
Fettschwanzschafe überhaupt, sind auch die transkaspischen fast ausnahmslos ungehörnt und durch lange herabhängende Ohren ausgezeichnet. Das Haar ist eine lang herabhängende, meist beim alten
Thier nur leicht wellige zottige Wolle. Es ist gleich allen Steppen-
schafen auf salzhaltigem Grunde ein ausgezeichnetes Fleischthier und
wird trotz des scheinbar so dürftigen Wüstenfutters erstaunlich feist.
Die Milch wird, wenigstens zum Theil, neben der Ziegenmilch zu
Käse verarbeitet, so am unteren Tedshen und im Gebirge. Die zum
Melken bestimmten Mutterschafe werden früh von den Lämmern getrennt und von ihnen gesondert geweidet, weshalb man oft ganze
Heerden Lämmer und wieder andere einzig aus alten Schafen bestehende sieht. Eine grosse Zahl von Lämmern wird des dann noch
feinlockigen Felles wegen sehr jung getödtet, und namentlich die Saryken des Pendehgaues liefern grosse Mengen solcher, die bisher direct
von ihnen nach Buchara ausgeführt oder von Bucharen aufgekauft
wurden, während nunmehr Armenier das meiste an Ort und Stelle
erwerben. Die sehr häufige, im Westtheil fast vorwiegende schwarze
Farbe wird besonders gezüchtet, weil die schwarzen Felle zu den
grossen tartarischen Mützen mehr gesucht werden. Dagegen ist aber
rein weiss auch sehr häufig und überwiegt in den Heerden der Steppe
über Krasnowodsk. Ferner finden sich viele weisse mit schwarzem
Kopfe, einfarbig braune, letztere namentlich im Osten von Duschak ab
und am Murgab, wo noch häufiger hellbraune mit dunkler braunem
Kopfe begegnen, neben viel weissen mit braunem Kopf, einer Farbe,
die im Enddelta des Tedshen vorwaltet.

### *Sus scrofa domestica.*

Das Schwein fehlte und fehlt als Hausthier der muhamedanischeu Bevölkerung Turkmeniens selbstredend. Seit der russischen Besitznahme ist es an alle neuen russischen Orte gelangt. In sämmtlichen Städten findet man es jetzt schon, doch bisher meist noch in geringer Zahl, am häufigsten in Krasnowodsk, jenem schon 1870 eingenommenen Küstenstädtchen. Eine starke systematisch betriebene Zucht war an einer kleinen Branntweinbrennerei zu Kelte-tschinar in den Vorbergen des Kopet-dagh südöstlich von Askhabad eingeführt und zwar mit dem allerbesten Erfolge. Auf den entlegeneren Posten am Murgab und Tedshen werden vielfach jung eingefangene Wildschweine zum Ersatz gehalten.

---

Auf die im Vorstehenden gegebene Liste transkaspischer Mammalia zurückblickend, sehen wir, nach Ausschluss der Hausthiere, 60 wildlebende Arten dort verzeichnet. Von diesen aber gehören nach unseren Erfahrungen nur 51 streng zum Faunenbilde Turkmeniens, während 9 (*Erinaceus hypomelas* BRDT., *Spermophilus fulvus* LICHTST., *Sp. brevicauda* BRDT., *Cricetus arenarius* PALL., *Mus sylvaticus* L., *Myodes migratorius* LICHTST., *Spalax typhlus* PALL., *Alactaga jaculus* PALL. und *Dipus halticus* LICHTST.), die wir älteren Autoren, EVERSMANN und J. F. BRANDT, entlehnten, unser Gebiet nur in seinem äussersten Nordwestwinkel, um Ust-jurt und auf der Halbinsel Mangyschlak, berühren. Die letzteren durften aber nicht unerwähnt bleiben, da sie zum Theil gerade besonderes Interesse darin erwecken, dass sie im NW. an Turkmenien heran- oder ein Geringes in dasselbe eintreten, im Inneren jenes Gebietes fehlen, um südlich und südwestlich davon auf's Neue zu erscheinen.

Der Versuch eines Faunenvergleiches mit angrenzenden Gebieten wird nicht leicht, da dieselben nur theilweise und wenig zusammenhängend erforscht sind.

Für das südlich anliegende Persien freilich liefert W. T. BLANFORD's wohlbekanntes vorzügliches und schönes Werk (Eastern Persia, Vol. 2, 1876) sehr Ausgiebiges. BLANFORD behandelt aber dort ganz überwiegend den Osten und Südosten Persiens. Die für unseren Zweck fast noch weniger bedeutsame, mehr zu der Transkaukasiens neigende Fauna Nordwest-Persiens findet bei ihm genügende Berücksichti-

gung; aus ganz Chorassan, also gerade aus dem Grenzstriche gegen
Turkmenien, ist aber durch BLANFORD kaum eine Notiz gegeben. Aus
letzterem Theile kennen wir (abgesehen von älteren, meist gar unbestimmten und ungewissen Einzelangaben) als zuverlässiges und zu-
sammenhängendes, überhaupt nur das kurze, mehrfach citirte Register
NIKOLSKY's [1]). Dass unter 15 von NIKOLSKY namhaft gemachten
Arten (der *Lepus sp.* ist zu *L. lehmanni* SEVERZ. zu ziehen) sich 3
für die Fauna Persiens neue finden (es wären sogar 4, wenn die *Hystrix hirsutirostris* BRDT. sich bestätigt), nämlich *Meriones opimus*
LICHTST., *Lepus lehmanni* SEVERZ. und *Ovis arkal* BRDT., zeugt am
deutlichsten, wie dürftig Chorassan bislang bekannt war.

BLANFORD nun führt 89 Säugerarten aus gesammt Persien auf,
darunter freilich einige mit betontem Fragezeichen. Wir erwähnen
als solche z. B. den mit zwei ? ? versehenen und in Parenthese gesetzten *Melursus labiatus* DESM., den bis heute noch fraglichen *Sciurus persicus* ERXL. und den im eigentlichen Persien schwerlich mehr
heimischen *Castor fiber* L. Lassen wir solche aber auch bestehen, so
fordern spätere Arbeiten unzweifelhafte Einschränkung der gegebenen
Zahl. Schon die dem zoologischen Theile in BLANFORD's Werk p. 436
angehängten Nota enthalten eine Beschränkung der Chiropteren.
DOBSON's allbekannter Catalogue of the Chiroptera etc. lässt sodann
ersehen, dass die 12 Arten Chiropteren bei BLANFORD auf 9 (mit
einigen Varietäten) herabzusetzen sind. Es ist ferner kaum abweis-
bar, dass *Cricetus phaeus* PALL. und *Cric. isabellinus* DE-FIL. in eine
Species zusammenfallen, noch sicherer *Arvicola mystacinus* DE-FIL.
und *Arv. socialis* PALL. (über letztere 2 Formen siehe namentlich
KESSLER [2])). Es blieben nun nach Betracht erwähnter Correctur der
Chiropterenliste und Abzug der genannten Nager, ohne Auslassung
aller zweifelhaften Formen, 84 Arten für BLANFORD's persische Fauna
übrig. Die Zahlreduction vermögen wir aber wieder auszugleichen,
wenn wir die von NIKOLSKY erbrachten 3 Arten hinzuzählen und
schliesslich selbst noch weitere 3 sicher hinzuzufügen vermögen, nämlich *Vesperugo pipistrellus* SCHREB., *Felis lynx* L. und *Myoxus dryas*
SCHREBER (welche zwei letzteren auch die persischen Urwälder am
Südende des Kaspi bewohnen). Dann ist eben BLANFORD's ursprüngliche Zahl 89 auf's neue erreicht und sogar noch um eine Art über-

---

1) Mater. z. Kenntn. d. Wirbelthierfauna Nordost-Persiens u. Transkaspiens, in: Arb. d. Naturforscher-Ges. z. St. Pet., 1886, T. 17, Lief. 1
(russisch).

2) Reise in Transkaukasien zu zool. Zwecken im Jahre 1875, in:
Arb. d. St. Petersb. Naturforschergesellsch. 1878, T. 8, Beilage p. 91.

troffen. Ja aus den kaspischen Wäldern und chorassaner Gebirgen liesse sich auch im *Meles taxus* L. sicher noch eine weitere Nummer schaffen, wenn nur *Meles canescens* BLF. als wirklich selbständige Art unanfechtbar erwiesen würde.

Aus dem nördlich und östlich vorlagernden russischen Turkestan*), freilich ohne das Gebiet wirklich scharf zu begrenzen, erwies SEVER-ZOW, wenn wir uns an die revidirte und mit Zusätzen versehene englische Uebersetzung der russischen Originalarbeit über die vertikale und horizontale Verbreitung der Thiere Turkestans halten, 73 Species wildlebender Säuger. Die 7 Chiropteren des russischen Originalverzeichnisses reducirte DOBSON bald darauf auf 4, wofür aber eine dort noch nicht eingereihte aus den nachträglichen Notizen am Schlusse der Uebersetzung hinzukommt und damit die Zahl 5 stehen muss. Den 72 so verbleibenden Nummern ist auf WILKIN's Autorität hin, wie im systematischen Theile erwähnt, noch die SEVERZOW unbekannt gebliebene Species *Myoxus* hinzuzufügen, endlich noch *Cricetus phaeus* PALL., von dem wir ein Stück sogar aus Kuldsha zum Vergleiche erhielten. Danach ist doch mindestens die Zahl 74 zu setzen (also noch eine mehr).

Die reicheren Faunen Persiens und russisch-Turkestans sind somit durch BLANFORD und SEVERZOW gut mit der ärmeren Turkmeniens vergleichbar, kaum aber die der übrigen Grenzländer. Aus Nordafghanistan gab neuerdings SCULLY [1]) einige Säugethiere bekannt und damit die allererste Basis für die dortige Fauna. SCULLY's Liste enthält aber erst 13 Arten. Ein kurzes, 9 Arten einschliessendes Verzeichniss der Mammalien von Kandahar, gleichfalls von SCULLY [2]) kennen wir aus südlicher folgenden Theilen Afghanistans. Auch ausserdem findet sich eben Kandahar noch hie und da in der Literatur vermerkt. Diese Notizen lassen sich aber ebenso schwer zusammenlesen, wie die mit der allgemeinen Bezeichnung „Afghanistan" hier ver-

---

*) Es wird russisch Turkestan in unserer Arbeit stets als nördliches Grenzgebiet behandelt, obgleich der Lage nach bei der Ausdehnung Turkmeniens von NW.—SO. der grösste Theil östlich unseres Gebietes lagert. Das Verhältniss der Breitengrade, vereint mit der gesammten Hinneigung Turkestans nach Südsibirien, rechtfertigt die Betrachtungsweise.

1) On the Mammals collected by Capt. C. E. Yate of the Afghan Boundary Commission etc., in: Ann. Mag. Nat. Hist. (Series 5), Vol. 20, 1887, p. 378—388.

2) On some Mammals from Kandahar, in: Ann. Mag. Nat. Hist., 1881, p. 222—230.

werthen. Weit schlimmer noch steht es um die Gebirgsländer, die
zwischen der NO.- und O.-Grenze Afghanistans und dem Forschungs-
felde SEVERZOW's liegen, im SO. und O. den äussersten Rand des
aralo-kaspischen Beckens berühren und von dort aus nach O. fortziehen.
Eine Reihe faunistischer Daten liegt zwar in recht zahlreichen kleinen
Arbeiten vor, diese behandeln aber stets entweder nur einzelne eng
umschriebene Thäler, oder aber nebeneinander zahlreiche weit auseinander liegende Gebirgsstriche, ohne Nachweis einer Uebereinstimmung
oder Verschiedenheit der Localitäten.   Vor allem lässt sich heute dort
noch kein fester Faunenbezirk abgrenzen.   Aus dem direct angrenzenden Südost-Buchara, einschliesslich des Pamir mit seiner Umgebung,
sind die Nachrichten in Reisebriefen und mehr beiläufigen Anmer-
kungen noch gar zu dürftig.   Kaum aber dürften wir schon, trotz
scheinbar mancher Uebereinstimmung, die ausgiebigere Kenntniss Kasch-
mirs, Kaschgars etc. damit zusammenschweissen.   Es sei deshalb nur
mitunter einzelnes speciell interessirendes und einigermaassen um-
fassenderes daraus herausgegriffen und bei speciellem Vergleiche herangezogen, wie es schon im systematischen Theile geschah.
    Um den numerischen Vergleich übersichtlich zu machen, vertheilen
wir zunächst unsere 60 turkmenischen Säugerspecies auf die verschiedenen Ordnungen und setzen tabellarisch diesen die der persischen
und turkestanischen Fauna zur Seite.

| Ordnungen der Mammalia: | Persien (nach BLANFORD mit Correcturen u. Zusätzen) | Transkaspien | Turkestan (nach SEVERZOW mit erwähnten Aenderungen) |
|---|---|---|---|
| Chiropteren . . . . . | 10 sp. | 9 sp. | 5 sp. |
| Insectivoren . . . . . | 5 ,, | 4 ,, | 3 ,, |
| Carnivoren . . . . . | 25 ,, | 17 ,, | 23 ,, |
| Pinnipedier . . . . . | 1 ,, | 1 ,, | 0 ,, |
| Glires . . . . . . . | 34 ,, | 24 ,, | 30 ,, |
| Ungulaten . . . . . | 14 ,, | 5 ,, | 18 ,, |
| (Cetaceen) . . . . . | 1 ,, | 0 ,, | 0 ,, |
| | 90 | 60 | 74 |

    Wir ersehen aus der Tabelle, dass die numerische Vertheilung der
Arten auf die einzelnen Ordnungen sich in den drei Gebieten recht
gut entspricht.   In allen dreien liefern die Glires das stärkste Contingent.   Die absolut geringere Zahl der Nager in Turkmenien hat ihren
Grund fraglos im Ueberwiegen reiner Sandwüste und in der erst kürzlich begonnenen Faunenforschung allda, sie steht aber schon jetzt
durchaus nicht in wirklichem Missverhältniss zu der ohnehin erheblich
geringeren Formenmenge Transkaspiens.   Auf die Nager folgen im

Speciesreichthum in allen drei betrachteten Faunen die Carnivoren. Ihre geringere Zahl in Turkmenien beruht Persien gegenüber auf geringerer Entwicklung des Genus *Canis* im ersteren, Turkestan gegenüber in der Armuth an Arten der Musteliden Turkmeniens. In wirklichem Missverhältniss erscheint in der turkmenischen Liste einzig die Ordnung der Ungulaten. Es entsteht im Vergleiche zu Persien in erster Linie aus Persiens Antilopenreichthum (4 Arten gegen eine in Turkmenien), im Vergleiche zu Turkestan aus der reichen Zahl von Arten wilder Oves in den turkestanischen Gebirgen.

In den gröbsten Zügen finden wir den auffälligsten Unterschied der turkmenischen Säugerfauna gegenüber sämmtlichen Grenzländern, Persien, Afghanistan, den südöstlichen Gebirgen und Turkestan, im gänzlichen Mangel eines Vertreters aus den Genera *Ursus* und *Cervus* in gesammt Transkaspien. (Auf die vagen Gerüchte vom seltenen Vorkommen eines Hirsches am Tedshen glauben wir kein Gewicht legen zu dürfen. Die ähnlichen Gerüchte über den Westtheil des Kopet-dagh liessen sich direct auf Exemplare zurückführen, die aus Massenderan eingeführt waren.)

Persien und Turkestan nun einzeln genommen ergeben, nochmals erst die gröbsten Züge betrachtet, als wesentlichste Abweichungen von Turkmenien:

1) Persien den Besitz der Transkaspien fremden Genera *Herpestes* unter den Carnivoren und *Sciurus* unter den Glires.

2) Turkestan das Vorhandensein des Genus *Arctomys*.

Um schliesslich die feineren Detailunterschiede der drei Faunen hervorzuheben, schalten wir die Artregister aller Ordnungen tabellarisch ein, um danach die Species der einzelnen Ordnungen in den 3 Gebieten vergleichend prüfen zu können. Bezüglich der Chiropteren sei noch SCULLY's reiche Liste von Gilgit eingereiht.

## Chiroptera.

| Persien nach BLANFORD nebst Aenderungen | Transkaspien | Turkestan nach SEVERZOW nebst Aenderungen | Gilgit nach SCULLY. Nur für Chiroptera |
|---|---|---|---|
| 1) *Cynonycteris amplexicaudata* GEOFFR. <br> 2) *Triaenops persicus* DOBS. <br> 3) *Rhinolophus ferrumequinum* SCHREB. | 1) — <br><br> 2) *Rhinolophus clivosus* CRETSCHM | 1) — | 1) — |

| Persien nach BLANFORD nebst Aenderungen | Transkaspien | Turkestan nach SEVERZOW nebst Aenderungen | Gilgit nach SCULLY. Nur für Chiroptera |
|---|---|---|---|
| | | | 2) *Rhin. hipposideros* BECHST. |
| | 3) *Synotus barbastellus* SCHREB. | | |
| | | | 3) *Synotus darjelingensis* HODGS. |
| 4) *Plecotus auritus* L. | | 2)    — | 4)    — |
| | 4) *Otonycteris hemprichii* PETERS. | | 5)    — |
| 5) *Vesperugo serotinus* SCHREB. (c. var. *schirazensis* DOBS. und *v. mirza* DE-FIL.). | 5) *Vesperugo serotinus* SCHREB. var. *turkomanus* EVERSM. | 3)    — | |
| | | | 6) *Vesperugo borealis* NILS. |
| | | | 7) *Vesperugo discolor* NATTER. |
| | | 4) *Vesperugo noctula* SCHREB. | |
| 6) *Vesperugo pipistrellus* SCHREB. | 6)    — | 5)    — (bei SEVERZ. als *v. blythii* WAG. u. *v. akokomuli* TEMM. = *abramus* TEMM. | 8)    — |
| 7) *Vesperugo abramus* TEMM. (bei BLFD. als *coromandelicus* BLYTH). | | | |
| 8) *Vesperugo kuhlii* NATT. (c. var. *leucotis* DOBS.). | | | |
| | | | 9) *Harpiocephalus tubinaris* SCULLY. |
| 9) *Vespertilio emarginatus* GEOFFR. var. *desertorum* DOBSON. | | | |
| 10) *Vespertilio murinus* SCHREB. | 7)    — | | |
| | 8) *Vespertilio mystacinus* LEISL. | | |
| | 9) *Miniopterus schreibersii* KUHL. | | |

A priori war anzunehmen, dass in überhaupt jüngst erst bekannt gewordenen Gebieten die **Chiropteren** die zu ausgiebigem Vergleiche ungünstigste Ordnung repräsentiren müssten. Die Kenntniss der Chiropterenfauna ist in allen verglichenen Theilen Asiens jedenfalls die dürftigste, wofern wir von den Insectivoren, speciell den Sorices, absehen. Trotzdem ist das vorliegende Material nicht uninteressant. Mit Persien hat Transkaspien nach augenblicklichem Kenntnisstande

nur 4 Arten gemein, von denen wir erst eine auch für Persien nach-
wiesen (den *Vesperugo pipistrellus* SCHREB.) und aus denen eine zweite
(*Vesperugo serotinus* SCHREB.) kaum mitzählen darf, da sie in Transkaspien in einer sehr festen, Persien fremden Varietät sich findet.
Mit Turkestan scheint die Uebereinstimmung der Chiropteren eine
grössere zu sein, denn von den 5 turkestanischen Arten fallen 3 mit
unseren transkaspischen Funden zusammen, und was besonders zu betonen ist, es besitzen Turkmenien wie Turkestan die allein dem aralo-
kaspischen Becken eigenthümliche *var. turcomanus* EVERSM. der *Vesperugo serotinus* SCHREB. Aus den zwei übrigen Turkestanern ist
*Plecotus auritus* L. uns in Transkaspien wohl nur entgangen, da die
Art in allen Grenzgebieten vertreten ist. Das etwaige Vorkommen
der *Vesperugo noctula* SCHREB. in Transkaspien scheint uns weniger
wahrscheinlich, denn sie ward auch aus Persien wie aus den südöstlich angrenzenden Strecken nicht bekannt und wäre jedenfalls schwerer
als *Plecotus* übersehen worden. Das einzige eigenartige in der transkaspischen Chiropterenliste ruft *Otonycteris hemprichii* PETERS hervor,
die in den irgend noch heranziehbaren indirecten Grenzstrichen nur
noch in Kashmir (speciell Gilgit) nachgewiesen wurde. Diese schöne,
äusserst seltene Art ist aber überhaupt erst von so wenig Punkten
und stets nur in wenig Exemplaren bekannt, dass wir ihre wirkliche
Heimath oder Verbreitung nicht festzustellen und deshalb ihr auch
kein weiteres Interesse als eben das eines seltenen Fundes in bislang
ihr nicht zugeschriebener Breite und Länge abzugewinnen vermögen.
Sehen wir von der *Otonycteris hemprichii* PETERS vollkommen ab, so
stimmt unsere transkaspische Chiropterencollection am genauesten mit
der Transkaukasiens überein. Transkaspien besitzt, ausser jener aus-
geschlossenen Art, keine, die nicht in Transkaukasien bereits bekannt
wurde, und weicht nur noch darin ab, dass es statt der *Vesperugo
serotinus* SCHREB. *typ.* die *Vesperugo serot.* SCHREB. *var. turcomanus*
EVERSM. und von der *Vesperugo pipistrellus* SCHREB. eine der vorigen
entsprechende helle Wüstenvarietät besitzt. Die Wüstenvariationen
der genannten zwei Species sind am Westufer des Kaspi in die Salz-
steppen nicht eingedrungen. Ganz besonders hervorzuheben ist schliesslich unser Fund des *Rhinolophus clivosus* CRETSCHM. in Transkaspien.
Ist dieses doch die einzige ganz reine und exclusive Mediterranform
unter den transkaspischen Säugern überhaupt und dient sie gleichzeitig zur Herstellung ganz specieller Uebereinstimmung mit der
Chiropterenfauna der Kaukasusländer. In Transkaukasien war die Art

durch KOLENATI nachgewiesen. BRANDT [1]) konnte sie auf ein von
KOLENATI eingcsandtes Exemplar hin schon 1885 als kaukasische
Species verzeichnen, später KOLENATI selbst [2]). Beide Angaben scheinen
sonst übersehen zu sein, denn BLASIUS [3]) nennt als Heimathsgebiete
nur Nordafrika und einige europäische Mittelmeerländer, in den Alpen
die Nordgrenze kennend. DOBSON [4]) schreibt sogar blos: „Hab. N. E.
Africa (Kordofan)." Da *Rh. clivosus* CRETSCHM. weder in irgend einem
Theile Persiens noch Turkestans bisher gefunden ist, scheint uns ihr
Vorkommen in Westturkmenien, dem gegenüber am Westufer des Kaspi
sich die den *Rh. cliv.* beherbergende Steppenebene der transkaukasischen
Kura-Steppe öffnet, wohl bemerkenswerth. Die gleichfalls den Kaukasusländern eigne, bislang in den Grenzländern Transkaspiens (Persien
und Turkestan) nicht entdeckte *Synotus barbastellus* SCHREB., die wir
noch im Südosten Turkmeniens erbeuteten, wird noch weiter östlich,
nach SCULLY's Gilgit-Liste zu urtheilen, durch die nahverwandte rein
indische *S. darjelingensis* HODGS. ersetzt. Wesentliche Verschiedenheiten bieten die Chiropteren Persiens durch die Genera *Cynonycteris*
und *Triaenops*, Kaschmir durch *Harpiocephalus*. Soweit sich die
letzten Verschiedenheiten in den angezogenen Faunen auf die kleinen
*Vesperugo*-Arten und auf *Vespertilio mystacinus* LEISL. beziehen, sowie
endlich auf den weitverbreiteten *Miniopterus schreibersii* KUHL, dürfen
wir sie zunächst auf die noch mangelnde Kenntniss der Gebiete schieben
und ihnen erheblichere Bedeutung absprechen.

Aus den Insectivoren dürfen wir füglich die Sorices an dieser
Stelle vollkommen übergeben, denn ihrer werden aus allen Theilen
Innerasiens zu wenige und die wenigen meist noch dürftig bestimmt
gemeldet.

Die zwei *Erinaceus*-Arten Transkaspiens sind wohl überwiegend
den nördlichen Steppen eigen (*Er. hypomelas* BRDT. freilich unseres
Wissens überhaupt nur aus dem Nordwestwinkel Turkmeniens durch
KARELIN und LEHMANN [5]) erbracht). Von ihnen geht, so weit bekannt,
nur *Erin. auritus* nach Süden bis an den Nordrand Persiens und bis
zur Afghanengrenze hinab. Im südlichen Persien löst ihn dann *Erin.*

---

1) Die Handflügler des europ. u. asiat. Russland etc., in: Mem.
Acad. Imp. St. Petersb. 1855, T. 7, p. 41.
2) Monographie der europ. Chiropteren, Brünn 1860, p. 150.
3) Naturgesch. d. Säugeth. etc., 1857, p. 34.
4) Catalogue of the Chiroptera etc., 1878, p. 121.
5) BRANDT, Erinaceus hypomelas Br., in: Bull. Acad. Imp. St. Pétersb.
1836, No. 4, p. 32, und Derselbe, Zool. Anh. z. LEHMANN's Reise, p. 300.

*macracanthus* BLF. ab, in Afghanistan am Nordrande *Erinac. albulus* STOLICZKA, während um Kandahar neben *Erin. macracanthus* BLF. noch *Erin. megalotis* BLYTH auftritt. Aus Ostturkestan, Jarkand und Kaschgar, nennt BLANFORD einzig *Erin. albulus* STOLICZKA.

Reiches und namentlich grösstentheils klares Vergleichsmaterial bieten die Carnivoren. Wieder stellen wir zuerst die aus Persien, Transkaspien und Turkestan bekannten Arten tabellarisch neben einander, sehen hier aber anders als bei den Chiropteren von den dürftigen Notizen aus den südöstlichen Gebirgen in der Tabelle ab.

| Persien | Transkaspien | Turkestan |
|---|---|---|
| *Felis leo* L. | | |
| *Felis tigris* L. | | — |
| *Felis pardus* L. | | |
| *Felis uncia* SCHREB | | — = *irbis* EHRBG. |
| *Felis jubata* SCHREB. | — | — |
| *Felis catus* L. *ferus* | | |
| | *Felis manul* PALL. | |
| | *Felis caudata* GRAY. | |
| *Felis chaus* GÜLDST. | | — |
| *Felis lynx* L. | — | — et *var. cervaria* TEMM. |
| *Felis carracal* SCHREB. | | |
| | | *Canis alpinus* PALL. |
| *Canis lupus* L. | | — |
| *Canis aureus* L. | | —*) |
| ? *Canis corsac* L. | | |
| ? *Canis karagan* ERXL. | | — |
| ? *Canis vulpes* L | | |
| *Canis persicus* BLF. | | |
| ? *Canis famelicus* RÜPP. | | |
| *Canis sp.* | | |
| *Hyaena striata* ZIMM. | | |
| *Herpestes persicus* GRAY. | | |
| *Lutra vulgaris* ERXL. | — | — |
| | *Mustela foina* BRISS. | *Mustela intermedia* SEVERZ. |
| | | *Mustela martes* L. |
| ? *Mustela sarmatica* PALL. | — | ? |
| | *Mustela stoliczkana* BLF | |
| | | *Mustela eversmanni* LESS. |
| | | *Mustela alpina* |
| | | *Mustela erminea* L. |
| *Meles canescens* BLF. | | *Mustela gale* **) |

*) *Canis aureus* L. ist aus dem eigentlichen russischen Turkestan nicht bekannt, sondern auch von SEVERZOW aus dem bocharischen Gebiete in seine Fauna nachträglich aufgenommen mit der Angabe „am Oxus".

**) Da SEVERZOW fast nie einen Autornamen angiebt, ist es schwer, sich über die hier gemeinte Form klar zu werden, da *M. gale* für 2—3 Arten Synonym ist. Hier dürfte sich es am ehesten um PALLAS' *M. gale* = *M. vulgaris* BRISS handeln.

| Persien | Transkaspien | Turkestan |
|---|---|---|
| (*Ursus arctos* L.) *Ursus syriacus* HEMP & EHRBG. (?? *Ursus sp. Melursus labiatus* DESM.) | *Meles taxus* L | — |
| | | *Ursus isabellinus* HORSF. = *U. leuconyx* SEVERZ. |

Rein und allgemein numerisch lässt sich bezüglich der Carnivoren, wie aus den Tabellen erleuchtet, kein bestimmtes Uebergewicht der transkaspischen Fauna nach Persien oder Turkestan hin erkennen. Gehen wir nach den einzelnen Familien und Genera, so steht Turkestan fraglos weiter als Persien durch seine reiche Entwicklung der Musteliden ab, welche auch den grösseren Reichthum persischer Caniden erheblich hinter sich zurücklässt. In den Musteliden trägt Turkestan fraglos noch überwiegend nordischen Character, der Turkmenien wie Persien schon abgeht. Was ferner Turkestan weiter als Persien abzurücken scheint, ist der Mangel des in Transkaspien und Persien häufigen Panthers *F. pardus* L., dem der Oxus feste Nordgrenze setzt, ebenso ganz entsprechend der Mangel des *Felis carracal* in Turkestan, sodann das kaum über den Oxus sich nach Norden ausdehnende Verbreitungsgebiet des *Canis aureus* L., das Vorkommen des sibirischen und vielleicht tibetanischen *Canis alpinus* PALL. und der doch wahrscheinliche Mangel der *Hyaena striata* ZIMM.

Die Hyäne hat SEVERZOW jedenfalls nicht nachweisen können, und es bleiben deshalb die Angaben BRANDT's von ihrem Vorkommen sogar noch in den gegen den Altai ziehenden turkestanischen Gebirgsketten, die aus (nur in gerüchtweisen Erzählungen der Eingeborenen begründeten) Notizen LEHMANN's entsprangen, mehr als zweifelhaft. Mit gleichem Zweifel führt auch LANGKAVEL [1]) diese Notizen an. In Südost-Buchara ist *Hyaena striata* dagegen, laut A. REGEL's Angaben [2]), entschieden nicht selten.

Andrerseits bestehen im folgenden die hauptsächlichsten Abweichungen der persischen Carnivorenfauna: Vor allen Dingen unterscheidet sie von der transkaspischen wie auch turkestanischen der Besitz des allen Steppen und Wüstentheilen Mittelasiens fremden Genus

1) Die gestreifte Hyäne, *Hyaena striata*, in Asien, in: Zool. Garten, 1886, Jahrg. 27, p. 79.
2) Nachtrag zu den Reisebriefen für d. Jahr 1884, in: Bull. Moscou 1885, No. 3 u. 4, p. 72.

*Herpestes.* Kaum weniger bedeutsam ist das Vorkommen von *Felis leo* L. und der echten Wildkatze *Felis catus*, von denen höchstens letztere noch an die Südgrenze Transkaspiens heranreicht. Es fehlen dafür Persien, wenigstens nach heutiger Faunenkenntniss, die Transkaspien und Turkestan gemeinsamen *Felis manul* PALL. und *Felis caudata* GRAY. Der zahlreicheren Caniden Persiens thaten wir schon Erwähnung, und die Musteliden sind augenscheinlich bisher dort noch viel zu wenig bekannt, um irgend mit Vortheil herangezogen zu werden. Endlich bliebe als letzte Abweichung der persischen Fauna das Eintreten des *Meles canescens* BLF. für den in Transkaspien und Turkestan gefundenen *Meles taxus* L. übrig, doch ist erstgenannte Art bislang nur mit Zweifel für selbständig zu halten. Es scheint demnach die Anlehnung der transkaspischen Carnivoren nach Prüfung der Werthigkeit hervorgehobener Unterschiede an Persien um einiges enger als an Turkestan zu sein. Von beiden Vergleichsfaunen zugleich und überhaupt allen umgrenzenden Gebieten ist Transkaspien, ausser in dem schon früher hervorgehobenen Mangel einer *Ursus*-Art, auch durch das Fehlen der *Felis lynx* L. (sowie vielleicht auch durch wirkliches Fehlen der *Felis uncia* SCHREB.) verschieden. *Mustela stoliczkana* BLF. ist die einzige Art der transkaspischen Liste, die aus den südlichen und nördlichen Grenzländern nicht bekannt wurde, sondern nur östlich von Turkmenien (speciell in Kaschgar), doch gehört sie wohl sicher auch Nordpersien und Afghanistan an.

## Glires.

| Persien | Transkaspien | Turkestan |
|---|---|---|
| *Sciurus fulvus* BLF.<br>? *Sciurus persicus* ERXL.<br>*Sciurus palmarum* L.<br>*Myoxus pictus* BLF.<br>*Myoxus dryas* SCHREB. | | |
| | *Myoxus sp.* (veres. *dryas*) | |
| *Spermophilus concolor* GEOFFR. | | |
| | *Spermophilus fulvus* LICHT.<br>*Spermophilus brevicauda* BRDT.<br>*Spermophilus leptodactylus* LICHT. | —<br>*Spermophilus sp.* ? (*brevicauda* BRDT.)<br>— |
| | | *Spermophilus xanthoprymnus* BENN.<br>*Spermophilus eversmanni* BRDT.<br>*Arctomys baibacinus*<br>*Arctomys caudatus* |

| Persien | Transkaspien | Turkestan |
|---|---|---|
| *Cricetus phaeus* PALL. | —<br>*Cricetus arenarius* PALL. | —<br>?<br>*Cricetus accedula* PALL.<br>*Cricetus songarus*<br>*Cricetus eversmanni* |
| *Cricetus nigricans* BRDT.<br>*Mus rattus* L.<br>*Mus decumanus* PALL<br>*Mus musculus* L. var. bactrianus BLYTH. | | ? *) |
| | | *Mus wagneri* EVERSM. (et var. major SEVERZ. **) |
| *Mus sylvaticus* L.<br>*Mus erythronotus* BLF<br>*Nesokia indica* GRAY var. huttoni BLYTH. | | ? |
| *Arvicola amphibius* L ? | *Nesokia böttgeri* n. sp.<br>*Arvicola arvalis* PALL. | |
| *Arvicola socialis* PALL (= mystacinus DE-FIL. | ? | |
| | | *Arvicola gregalis*<br>„　leucura SEVERZ. |
| | *Myodes migratorius* LICHTST.<br>*Spalax typhlus* PALL.<br>*Ellobius talpinus* PALL. | *Ellobius talpinus* var. rufescens |
| *Meriones indicus* HARDW.<br>„　taeniurus WAGN ?<br>„　persicus BLF.<br>„　hurianae JERD.<br>„　erythrurus GRAY<br>?　„　nanus BLF.<br>„　tamaricinus PALL. | | |
| „　opimus LICHTST. | *Meriones meridianus* PALL.<br>— | —<br>—<br>*Meriones collium* SEVERZ. |
| *Alactaga jaculus* PALL. (= decumana LICHTST. ?)<br>*Alactaga indica* GRAY | — | |
| *Dipus macrotarsus* WAGN. ?<br>„　loftusi BLF. | *Alactaga acontion* PALL | |
| | *Dipus halticus* ILLIG = telum LICHT. | |
| | | *Dipus sagitta* var. telum ***) |

*) *Mus decumanus* PALL., obgleich von SEVERZOW für Turkestan nicht angegeben, wird jetzt wohl fraglos in den dortigen Städten sich finden.

**) Wie weiter vorne bemerkt, ist diese Form mit der *Mus musculus bactrianus* BLYTH wahrscheinlich identisch.

***) Da SEVERZOW fast nie einen Autornamen den von ihm gebrachten Species anhängt, ist über diese wie manche andere Form keine Klarheit

| Persien | Transkaspien | Turkestan |
|---------|-------------|-----------|
| | | *Dipus lagopus* LICHT. |
| | | *Platycercomys platyurus* LICHT. |
| *Lagomys rufescens* GRAY | | |
| | | *Lagomys rutilus* SEV. *) |
| *Lepus (caspius* HEMPR. & EHRBG. **) *timidus* L. ? | | |
| *Lepus craspedotis* BLF. | | |
| *Lepus lehmanni* SEV. | | |
| *Hystrix cristata* L. | *Hystrix sp.* (veres. crist. ?) | — |
| | | *Hystrix hirsutirostris* BRDT. |
| ? *Castor fiber* L. | | |

Die Nagerfauna Transkaspiens stellt sich vortrefflich vermittelnd zwischen die von Turkestan und Persien. Die characteristischen Formen der südsibirischen, kirgisischen und turkestanischen Steppen verwischen sich in Turkmenien allmählich, um in Persien nur noch in wenigen Spuren kenntlich zu sein. Am deutlichsten mit tritt dieses in der allmählichen Abnahme der *Cricetus*-Arten entgegen, deren Turkestan noch 4 oder 5 Arten (denn der *Cric. arenarius* PALL. dürfte ihm kaum ganz fehlen) aufweist, Transkaspien und Persien nur je zwei. Und von diesen zweien berührt im einen wie anderen der beiden letztgenannten Gebiete je eine blos den Nordwestrand derselben, nämlich in Transkaspien *Cr. arenarius* PALL., in Persien der für Transkaukasien typische *Cr. nigricans* BRDT. Ganz ähnlich steht das Genus *Spermophilus* da. Turkestan besitzt 5 Vertreter desselben, Transkaspien nur einen ihm wirklich eigenen, nebst zwei Grenzläuflingen, Persien überhaupt nur einen.

Auf der anderen Seite schwächt von S. nach N. sich das Genus *Meriones* ab, bietet in Persien 8 Arten, in Transkaspien drei und in

zu gewinnen. BRANDT (in: Bull. Acad. St. Petersb. 1844, No. 14 u. 15, p. 214 u. 218) führt *D. telum* LICHT. als Synonym zu *D. halticus* ILL. auf und stellt diesen in seine Sectio I des Genus *Dipus = Halticus*, *D. sagitta* SCHREB. hingegen in die Sectio II = *Haltomys*.

*) Die Anmerkung E. R. ALSTON's zur englischen Uebersetzung von SEVERZOW's Arbeit, in: Ann. Mag. Nat. Hist. 1876 (Series 4), Vol. 18, p. 168 scheint diese Art mit GÜNTHER's *L. macrotis* u. *L. ladacensis*, sowie mit BLANFORD's *L. auritus* und *griseus* identificiren zu wollen.

**) Der uns wohlbekannte *Lepus caspius* HEMPR. & EHRBG. ist nicht einmal als Varietät vom europäischen *L. timidus* trennbar.

Turkestan vier. Bei der scheinbar nicht gleichmässigen Abstufung
(Turkmenien können wir nicht die gleiche oder eine höhere Zahl als
Turkestan zuschreiben) ist natürlich der geringere Umfang des turkmenischen Beckens und die kaum begonnene Erforschung desselben in
Betracht zu ziehen. Wichtiger noch in dieser Beziehung ist der Umstand, dass das südlichere Asien einige wichtige Repräsentanten seiner
Fauna bis nach Transkaspien vorgeschoben hat, wo sie zwischen die
südlichsten Vorposten mehr nordischer Steppenformen eintreten, an
der Turkmenenwüste oder am Oxus aber ihre definitive Nordgrenze
finden. Besondere Aufmerksamkeit verdient unter diesen das überwiegend indische Genus *Nesokia*, welches unseres Wissens im russischen Turkestan bisher nicht nachgewiesen ist, in Transkaspien dagegen in zwei Arten vorkommt deren eine mit dem einzigen von Indien
her über Persien und Afghanistan bis Kaschgar verbreiteten Vertreter
des Geschlechts identisch ist. Hieher dürfen wir auch *Lagomys rufescens* GRAY rechnen, den Persien, Afghanistan und Transkaspien
gemeinsam haben, der aber nach N. über Transkaspien nicht hinaus-
kommt, in Turkestan von einer anderen, schon zu den östlicheren
Formen gehörigen Art ersetzt wird. Eine bedeutsame Uebereinstimmung der persischen und turkmenischen Nagerfauna gegenüber der
turkestanischen besteht endlich in dem schon oben erwähnten gemeinsamen Mangel eines echten *Arctomys*, aus welchem Genus Turkestan
zwei Arten aufweist.

Es hängt aber doch die Nagerfauna Turkmeniens mit der Turkestans erheblich enger zusammen als mit der Persiens, besonders wenn
wir nach der Zahl zusammenfallender Arten urtheilen. Von den 24
transkaspischen Glires finden wir unter den 34 persischen 10 Arten
wieder (oder, falls die *Hystrix sp.* aus Turkmenien = *H. cristata* L.
und unser *Myoxus sp.* = *M. dryas* SCHREB. ist, 12), unter den 30 turkestanischen aber 12 (oder wenn, wie wir glauben, die *Mus wagneri*
EVERSM. mit der *Mus musculus* L. var. *bactrianus* BLYTH identisch
ist und wir gewiss mit Recht die *Mus decumanus* PALL. als auch in
Turkestan vorkommend annehmen, 14). Diese engere Zusammengehörigkeit Transkaspiens und Turkestans bezüglich der Nager erklärt
sich auch leicht aus den mehr übereinstimmenden und directer inein-
anderfliessenden Bodenverhältnissen der beiden Striche. Gerade deshalb aber ist es von besonderem Interesse, dass der turkmenische
Wüstentheil, obgleich nur der Südrand des nach N. sich weiter aus-
breitenden alten aralokaspischen Beckens, selbst aus der Gruppe der
Nager schon einigen entschieden südlicheren Formen Zutritt, durch

von S. her die Grenzgebirge schneidende Flussthaler, gestattet und ihnen mit dem Oxus inmitten der innerasiatischen gleichmässigen Ebene eine Grenze gesteckt hat, die mit der Zeit eine wichtige Faunenscheide zu werden verspricht.

## Ungulata.

| Persien | Transkaspien | Turkestan |
|---|---|---|
| Equus hemionus PALL. Antilope subgutturosa GÜLDST. Antilope benetti SYKES. Antilope dorcas L. Antilope fuscifrons BLF. | — | — |
| | | Antilope saiga PALL. |
| Capra aegagrus GML. | | Capra sibirica. Capra sp. |
| Ovis cycloceros HUTTON. Ovis gmelini BLYTH Ovis arkal BRDT. | | |
| | | Ovis polii BLYTH. Ovis heinsii SEVERZ. Ovis karelini SEVERZ Ovis nigrimontana SEVERZ. |
| Cervus maral OGILBY. | | — Cervus sp. |
| Cervus dama L. Cervus caspicus BROOKS. Cervus capreolus L | | Cervus capreolus L. var. pygargus PALL. |
| Sus scrofa L aper. | | — |

Die wenigen Ungulaten Transkaspiens schliessen, wie ersichtlich, drei durch alle drei verglichenen Gebiete und ganz Mittelasien überhaupt verbreitete Arten, *Equus hemionus* PALL., *Antilope subgutturosa* GÜLDST. und *Sus scrofa* L., ein. Die zwei restirenden, *Capra aegagrus* GML. und *Ovis arkal* BRDT., sind zugleich persische Formen, die in Transkaspien Abschluss ihrer Verbreitung nach N. und O. finden. Durch diese zwei Arten schmiegt sich Transkaspien directer Persien an. In der verschwindend kleinen Zahl seiner Ungulaten steht es aber gegen seine sämmtlichen Grenzländer weit zurück und vermag daher nur in geringem Maasse Vermittlung zwischen den Vergleichsfaunen zu übernehmen, die untereinander gerade in dieser Ordnung die entschieden grössten Verschiedenheiten zeigen. Als wirkliches und hochinteressantes Bindeglied steht der *Ovis arkal* BRDT. da, welchen (wie

wir auch im systematischen Theile ausführten) schon SEVERZOW als
Mittelform zwischen den von ihm unterschiedenen zwei Hauptgruppen
der Wildschafe besonders hervorhob. Bis Transkaspien reicht die
nördliche und östliche Gruppe der echten Oves von N. und O. her
heran, während im S. und SW. (der *Musmon vignei* auch im SO.) das
Verbreitungsgebiet der südlichen und südwestlichen Gruppe, der Musmones, Turkmenien direct berührt. Zwischen beide Verbreitungskreise
schiebt sich nun hier in engem Streifen die Zwischenform des Arkal ein.

Abgesehen von dem durch die reiche Entwicklung echter Oves
erzeugten eigenartigen Gepräge der turkestanischen Ungulaten-Fauna,
trägt diese sonst deutlich nordischen, sibirischen Charakter, namentlich
im Vorhandensein der *Capra sibirica* PALL. und der *Antilope saiga*
PALL., endlich in der rein sibirischen *var. pygargus* PALL. des *Cervus
capreolus* L. Letzterer gegenüber besitzt Persien (und nur im Nordwesten) das typische Reh (*Cervus capreolus* L. *typ.*) und zwar in
schwacher Form, wie sie schon durch Transkaukasien gefunden wird.
Der sibirische *Cervus maral* OGILBY, welcher auch Turkestan eigen,
scheint durch den Kaukasus auch auf Persien überzugehen, doch ist
eine wirklich genaue Bestimmung des sogenannten Maral des Kaukasus
und Nordpersiens nie vorgenommen und die Art daher zweifelhaft,
zumal A. MILNE-EDWARDS einen *Cervus xanthopygus* aus dem Kaukasus beschrieben hat. Abgesehen von dem somit noch zweifelhaften
Maral treten in Persien schon die südlicheren gefleckten Hirschformen,
*Cervus dama* L. und der wahrscheinlich zur indischen Axisgruppe gehörige *C. caspicus* BROOKS, auf. Aus dem im Südosten Turkmenien
begrenzenden Afghanistan nennt SCULLY den *Cervus kashmirianus*
FALCONER. Turkmenien, wie früher erwähnt, jeder Hirschart er-
mangelnd, stellt eine weite Terrainlücke zwischen die mehr nördlichen
und mehr südlichen Charakter tragenden Hirschformen Mittelasiens.

Der grössere Antilopenreichthum Persiens rekrutirt sich gleichfalls aus südlichen Formen, einerseits die indische *Antilope benetti*
SYKES, andererseits die vorwiegend afrikanische *A. dorcas* L. ein-
schliessend, welch letztere in Westasien bis Kleinasien (woher sie
DANFORD & ALSTON melden) und Persien vorgreift. Sie beide wie
die persisch-baludschistanische *A. fuscifrons* BLF. erreichen den Südrand Transkaspiens, ja schon Nord-Persien nicht mehr.

Im Ganzen haben wir in der transkaspischen Mammalien-Fauna
ein trefflich verbindendes Glied zwischen der durch SEVERZOW eingehend erforschten Fauna Turkestans und der vornehmlich durch
BLANFORD uns noch besser bekannten Südwest-Asiens zu sehen, welches

aber entsprechend seiner Bodenbeschaffenheit noch grössere Gemeinschaft mit der ersteren besitzt oder kurz noch mehr den Charakter der sibirischen als der persischen Subregion des paläarktischen Gebietes an sich trägt. Aus der rein mediterranen Subregion (von der wir die persische entschieden gesondert wissen wollen) ist uns nur eine wirklich deutliche Spur und zwar unter den transkaspischen Chiropteren im *Rhinolophus clivosus* CRETSCHM. begegnet, der eine wirklich ausschliessliche und charakteristische Mittelmeerform reprasentirt. Bei der oben vorgenommenen Betrachtung der einzelnen Ordnungen ergab sich das Schwanken der Verwandtschaft unserer transkaspischen Fauna nach den beiden angezogenen Subregionen hin in der Art, dass die Carnivoren und Ungulaten das Uebergewicht entschieden etwas nach Süden, speciell Persien, senkten, die wenigen Insectivoren und vor allem die Nager ganz erheblich, weit bedeutender, nach Norden.

Mit Transkaukasien am Westufer des Kaspi constatirten wir eine grosse Uebereinstimmung der transkaspischen Chiropterenfauna, sonst finden wir aus den übrigen Ordnungen nur Einzelgestalten dort wieder, solche, die entweder das Nordende des Kaspi umgehend (oder von ihm her) am Ostfusse des Kaukasus Eingang in die Steppen des Kurathales fanden, z. B. *Meriones tamaricinus* und *meridianus* PALL., *Cricetus arenarius* PALL. etc., oder aus dem südlich und südwestlich des Kaspi liegenden Theilen Persiens einzudringen vermochten, wie *Antilope subgutturosa* GÜLDST., *Felis tigris* L. etc. (einige andere, wie *Felis pardus* L., *F. chaus* GÜLDST. etc. können als weiter nach W. reichende Arten auch von Kleinasien her ihren Weg suchen). Im Uebrigen steht ja die Fauna der Kaukasusländer zu der ganz Innerasiens vielfach in schroffem Gegensatz.

Zum Schlusse sei es gestattet, noch einen Blick auf die Vertheilung der transkaspischen Säuger über die in Turkmenien unterscheidbaren Bodenformen zu werfen. Wir wenden dabei Tabellenform an, wie es SEVERZOW im russischen Original seiner Thiere Turkestans gethan. Es steht unsere Tabelle aber an Mannigfaltigkeit weit hinter der SEVERZOW's zurück, nicht allein weil uns die Unterscheidung der Zonen dort zu weit getrieben scheint, sondern namentlich weil Turkmenien weit geringere Gliederung des Bodens und weit geringere Gebirgshöhen besitzt als Turkestan. Mit wirklichem Rechte lassen sich in Transkaspien nur 3 Bodenzonen neben einander stellen:

1) Die Sandwüste. (Mit einer ziemlich erheblichen geologischen Abänderung entlang der Afghanengrenze, die bezüglich der Säuger aber keinen Faunenunterschied bedingt.)

2) Die Lehmsteppe mit dem Oasenlande. Sie weicht faunistisch
von der Wüste überwiegend dadurch ab, dass in ihr sämmtliche
Wasseradern des Gebietes am Wüstenrande enden und eine Reihe von
Säugerarten sich ausschliesslich an die Ufer der Wasserläufe halten.
Entlang letzteren treten ja einige Arten, so etliche Katzen und von
den Nagern *Nesokia*, von Süden her ins transkaspische Becken ein,
neben etlichen entsprechenden südlichen Vogel- und Reptilien-Formen.

3) Das Gebirge (überwiegend Felsgebirge). Seine Höhe ist für
jene Breiten eine so unerhebliche (10 000′ als Maximum), dass eine
dürftige Steppenvegetation bis nahe zu den Kammhöhen hinaufreicht
und so auch manche Thiere der Ebene mit sich zieht und dass die
wenigen reinen Gebirgsthiere nahe dem Fusse ebenso häufig wie in
den grössten Höhen getroffen werden *).

So fliessen die Säuger der einzelnen Zonen vielfach durcheinander
und liefern nur wenige für eine wirklich charakteristische Gestalten.

In der nun folgenden Tabelle schliessen wir die Chiropteren aus
und gewähren blos den von uns selbst in Transkaspien erwiesenen
Arten Platz, denn den 9 aus der Literatur entnommenen Arten ist in
den betreffenden Quellen keine ausreichende Angabe über die Natur
des Fundortes beigefügt.

Mit einem + wird das Vorhandensein der Art in einer Zone bezeichnet. Wo unter der Rubrik Lehmsteppe ++ folgt, soll angemerkt
werden, dass die Art sich ausschliesslich an Fluss- und Bachufer hält.
(S. Tabelle auf S. 1093.)

Zur Tabelle ist vor allem zu bemerken, dass eine Reihe nur in
einer Rubrik verzeichneter Arten nicht als für die betreffende Zone
charakteristisch gelten dürfen, weil sie überhaupt nur je einmal gefunden sind und, sich der Beobachtung auf Reisen besonders leicht
entziehend, ihre Verbreitung mehr als andere verbergen. Es sind
dieses: *Crocidura aranea* SCHREB., *Pachyura sp.*, *Mustela stoliczkana*
BLF. und *Arvicola arvalis* PALL. Zweifelhaft bleibt auch *Mustela
foina* BRISS., bei dem wir uns nur auf fremde Aussagen, die dahin
gingen, der Steinmarder bewohne ausschliesslich das Gebirge, verlassen
mussten. Endlich dürfte sich *Meriones meridianus* PALL., den wir
selbst in Transkaspien nur in der Wüste beobachteten, sicher auch in
der Lehmsteppe nachweisen lassen, da die Art in anderen Strichen
gerade als Steppenbewohner bekannt ist.

---

*) Einer Reihe von Vogelarten werden hier weit strengere Ver-
breitungslinien gezogen.

| | Sandwüste | Lehmsteppe | Felsgebirge |
|---|---|---|---|
| *Erinaceus auritus* PALL . . . . . . . | + | ·+ | + |
| *Crocidura aranea* SCHREB. . . . . . . | | | + |
| *Pachyura sp.* . . . . . . . . . . . | | + [1]) | |
| *Felis tigris* L. . . . . . . . . . . | | + + | ·+ |
| ,, *pardus* L. . . . . . . . . . | | + + | + |
| ,, *jubata* SCHREB . . . . . . . . | + | + | ·+ |
| ,, *manul* PALL. . . . . . . . . | ·+ | + | ? |
| ,, *caudata* GRAY . . . . . . . | ·+ | + | ? |
| ,, *chaus* GÜLDST. . . . . . . . | | + + | ·+ |
| ,, *caracal* SCHREB. . . . . . . | | + + | ·+ |
| *Canis lupus* L. . . . . . . . . . . | ·+ | + | ·+ |
| ,, *aureus* L. . . . . . . . . | | + | ·+ |
| ,, *corsac* (L.) PALL. . . . . . | + | + | ? |
| ,, *karagan* ERXL. . . . . . . | + | + | + |
| *Hyaena striata* ZIMM. . . . . . . . | | ? | + |
| *Meles taxus* L. . . . . . . . . . . | | + [2]) | + |
| *Lutra vulgaris* ERXL. . . . . . . . | | + | + |
| *Mustela foina* BRISS. . . . . . . | | | + |
| ,, *sarmatica* PALL. . . . . . . | + | ·+ | |
| ,, *stoliczkana* BLF. . . . . . . | | + | |
| *Spermophilus leptodactylus* LICHTST. . . | + | + [3]) | |
| *Cricetus phaeus* PALL. . . . . . . | ·+ | + | + |
| *Mus decumanus* PALL. . . . . . . . | | + | |
| ,, *musculus* L. var. *bactrianus* BLYTH | + | + | + |
| *Nesokia indica* GRAY var *huttoni* BLYTH | | + + | |
| ,, *böttgeri* WALTER . . . . . | | + + | |
| *Arvicola arvalis* PALL. . . . . . . | | | ·+ |
| *Ellobius talpinus* PALL. . . . . . . | | + | |
| *Meriones opimus* LICHTST. . . . . . | + | + | + [4]) |
| ,, *tamaricinus* PALL. . . . . . | + | + | |
| ,, *meridianus* PALL. . . . . . | + | | |
| *Alactaga acontion* PALL . . . . . | | + | |
| *Lagomys rufescens* GRAY . . . . . | | | + |
| *Lepus lehmanni* SEVERZ. . . . . . | ·+ | + | ·+ |
| *Hystrix sp.* . . . . . . . . . . | + | + | ·+ |
| *Equus hemionus* PALL. . . . . . . | + | + | |
| *Antilope subgutturosa* GÜLDST. . . . . | + | + | + |
| *Capra aegagrus* GML. . . . . . . . | | | + |
| *Ovis arkal* BRDT. . . . . . . . | | | + |
| *Sus scrofa* L. *aper* . . . . . . . | + | + | ·+ |

Nach Ausschluss genannter Arten bleiben nur einige wenige als wirklich sicher nur einer der Zonen eigenthümliche übrig.

———————

1) Das einzige von Dr. v. SIEVERS gesammelte Exemplar trug die Signatur Turkmenen s t e p p e.

2) Aus der Ebene uns nur vom Unterlauf des Atrek bekannt.

3) In der Lehmsteppe relativ selten, ganz überwiegend Wüstenform.

4) Nie sonderlich hoch im Gebirge und überhaupt vorwiegend Wüstenform.

Vor allem sind als solche drei völlig reine Gebirgsformen kenntlich, unter den Nagern *Lagomys rufescens* GRAY, unter den Ungulaten *Capra aegagrus* GML. und *Ovis arkal* BRDT. Letzteren dürfen wir mit Fug und Recht sogar als einzige, aber typische Charakterform Turkmeniens überhaupt bezeichnen, denn sein enger Verbreitungsbezirk beschränkt sich auf alle turkmenischen Gebirge und streicht nur ein Geringes nach Nordpersien hinüber.

Der Lehmsteppe allein gehören an *Ellobius talpinus* PALL., *Alactaga acontion* PALL. (welche indess auch im Wüstenrand mitunter sich zeigt) und die beiden *Nesokia*-Arten. Die letzteren scheinen sogar ausschliesslich dem Ufersaum der Flüsse und Bäche zu folgen.

Aus angezogenem Grunde vom *Meriones meridianus* PALL. absehend, finden wir keine einzige Form, die der Sandwüste soweit eigen ist, dass sie die übrigen Zonen vollkommen meidet. Trotzdem können wir aus der Liste einige für die Wüste überaus charakteristische Arten auslesen. Durchaus müssen wir als eine solche den *Spermophilus leptodactylus* LICHTST. betrachten, der sich nur selten in's Steppenterrain begiebt, und ebenso den *Meriones opimus* LICHTST., welcher zwar auch die Steppe und selbst niedere Theile des Gebirges bevölkert, aber nur local und in relativ geringer Menge, während er neben *Spermophilus* in der Wüste nirgends fehlt und dort in oft unschätzbarer Zahl auftritt. Die zwei Arten gehören streng zum Bilde der Turkmenenwüste.

Jena, Anfang November 1888.

# Transkaspische Galeodiden.

Dr. **Alfred Walter** in Jena.

Hierzu Tafel **XXIX.**

Das 1886 und 1887 von mir in Turkmenien gesammelte Material an Galeodiden ergab bei der Sichtung sieben Arten aus drei Genera. Während zwei der transkaspischen Arten sich sogleich als alt- und gutbekannte erwiesen, scheinen sämmtliche fünf restirenden neue zu repräsentiren. Jedenfalls liess alle erreichbare Literatur sie in früher beschriebenen Species nicht wiedererkennen, und selbst eine Durchsicht des namentlich an Typen so reichen Galeodiden-Materials im Berliner Museum blieb erfolglos, obwohl Herr Dr. F. KARSCH dieselbe liebenswürdigst unterstützte. Für diese Hülfleistung wie später noch für die Uebersendung wichtiger Literaturquellen schulde ich Herrn Dr. KARSCH wärmsten Dank. Vergeblich hatte ich vorher schon im Museum der Moskauer Universität gesucht. Es fanden sich dort unter den Arachniden-Schätzen, welche FEDSCHENKO's langjährige Reisen in Turkestan geliefert, nur zwei wohlbekannte *Galeodes*-Arten. Trotzdem bin ich mir wohlbewusst, dass das Creiren neuer Galeodiden-Species viel Missliches an sich hat. Fast gänzlich fehlen uns Totalabbildungen der zahlreichen in den letzten zwei Decennien beschriebenen Formen, gänzlich Farbenbilder, obgleich die Farbenvertheilung bei den meisten mir bekannten Vertretern der Ordnung überaus constant und characteristisch, mit blossen Worten aber oft nicht genau wiederzugeben ist. Zudem sind nicht wenige Diagnosen und Beschreibungen an äusserst dürftig erhaltenem Materiale gewonnen und somit natürlich das Misskennen mancher Art gar leicht möglich. Um nun jedem Kenner die Controle meiner folgenden Species nach Möglichkeit in die Hand zu

geben, nutze ich den günstigen Umstand aus, dass ich über grösstentheils in jeder Beziehung tadellos conservirtes Material verfüge, und
lasse meine vollkommen intacten Stücke durch die geschickte Hand
des naturwissenschaftlichen Malers Herrn stud. zool. SOKOLOWSKY in
toto in den natürlichen Farben darstellen.

## 1. *Galeodes araneoides* PALL.

Diese in Europa und Asien am weitesten nach Norden vordrin-
gende und wohl überhaupt weitestverbreitete Art der ganzen Ordnung
ist auch in Transkaspien allenthalben häufig, und zwar fast ebenso in
der Sandwüste wie in der Lehmsteppe und selbst an den mit Hunger-
steppen-Character begabten Plateaux und Kesseln des Gebirges. In
bedeutenderen Höhen sind wir ihr indess nicht begegnet, meist nur in
1500—3000 Fuss über dem Meere. Die letzte Ziffer ist aber sicher
nicht die äusserste Grenze in der Verticalen, nur wird die Form darüber
selten. Fast zum Bersten trächtige Weibchen, die ihre Beweglichkeit
fast ganz eingebüsst hatten, fand ich in der ersten Woche des Juni,
seltener Ende Mai.

## 2. *Galeodes fumigatus n. sp.*

Einen auffallend grossen ächten *Galeodes* glaube ich hier als neu
vorführen zu müssen. Während er in vielen Characteren mit dem
gemeinen *Galeodes araneoides* PALL. Uebereinstimmungen aufweist,
weicht er vor allem schon auf den ersten Blick von dieser wie von
allen bisher beschriebenen Arten durch seine Färbung ab. Ein dunkles
rauchiges Kaffeebraun deckt das Abdomen und den Thorax, am lebenden
Thiere ohne irgend welche Zeichnung\*). Der Kopftheil ist noch etwas
dunkler, fast schwarz, bis auf den hellen vorderen Randsaum, den die
weiche Gelenkhaut hinter der Basis der Cheliceren erzeugt. Sämmtliche

---

\*) Erst nach anderthalb- und zweieinhalbjähriger Aufbewahrung in
stärkstem Alkohol scheint sich von der einförmigen Farbe der Rückseite ein mittleres dunkleres Band hie und da, namentlich am Thorax,
einzustellen. Es tritt namentlich auf, wenn trotz sorgsamster Behandlung der äusserst schwer conservirbaren Thiere sich doch die Chitin-
decke etwas abzublähen beginnt. Am lebenden Thiere ist, wie gesagt,
davon keine Spur vorhanden, und es wird solch ein Rückenband überhaupt bei den Galeodiden häufig erst durch die Conservirung hervorrufen oder verstarkt. Dem *G. araneoides* kommt ein solches thatsächlich
häufig zu, doch finde ich es an den Alkoholexemplaren meist viel stärker
ausgeprägt als je an lebenden Exemplaren.

Extremitäten sind abermals noch dunkler schwärzlich, nur die Dorn- und Haaranhänge an ihnen lichter braun oder gelblich. Sehr lebhaft heben sich dagegen die weisslichen weichen Gelenkstellen zwischen den einzelnen Gliedern ab. Nur die Cheliceren lassen seitlich eine undeutliche Zeichnung auf dem schwarzbraunen Grunde ihres Basaltheiles erkennen. Ihre Zangenarme sind kastanienbraun, deren äusserste Spitzen aber wieder schwarz. Selbst die feinen Börstchen auf der Rückseite der Klauen sind bei unserer Art dunkel gefärbt und lassen dadurch die Klauen wie dunkel geschuppt oder gestrichelt erscheinen.

Alle Dornen und Borsten an den Extremitäten sind an unserer Form kräftiger entwickelt und auffälliger als bei *G. araneoides*, ihre Anordnung und Zahl stimmt dagegen in beiden Arten ziemlich gut überein. Am Maxillarpalpus stehen auf der Unterseite des Metatarsus starke Dornen regelmässig in zwei Reihen geordnet, ebenso an der Tibia. Es wird aber an letzterer bloss die den Aussenrand begleitende Reihe aus wirklichen derben Dornen gebildet, die des Innenrandes aus längeren feineren Borsten. Beim ♂ stellt sich an diesem Palpengliede noch eine dritte mediane Dornenreihe ein, die aber auch bei Männchen von *G. araneoides*, nur weniger regelmässig und deutlich, zu erkennen ist. Die ausgedehnte Gruppe von langen Borstenstacheln auf dem Femur des Palpus, in der sich die Stacheln nicht völlig regelmässig ordnen, aber doch einigermaassen in Schrägreihen bringen lassen, ist ebenfalls bei beiden Arten ungefähr die gleiche, nur ist auch hier die Stärke der einzelnen Elemente bei *G. fumigatus* erheblich bedeutender. Die Cheliceren von *G. fumigatus* sind namentlich im männlichen Geschlechte entschieden flacher; im Basaltheil nach oben weniger bauchig gebaut. Dagegen kann ich am Flagellum des ♂ keinen wesentlichen Unterschied zwischen den zwei verglichenen Species bemerken, ausser vielleicht, dass dasjenige von *G. fumigatus* im lancettförmigen Endtheile Anfangs etwas höher ist und das ganze enger der Chelicere aufliegt. Auch die Bezahnung der Cheliceren ist in beiden Arten ungefähr gleich. Die geringen Unterschiede sind jedenfalls nicht grösser, als sie sich in verschiedenen Altersstadien der gleichen Art auch schliesslich erweisen lassen. Namentlich bei einem sehr alten trächtigen Weibchen von *G. araneoides* finde ich durch Abnutzung weitgehende Veränderung der Bezahnung, unter den Männchen zudem ein Variiren in den Zahlen 2 und 3 für die vor dem stärksten Zahne des beweglichen unteren Chelicerenarmes stehenden äussersten Zähne, so dass ich auf dieses Merkmal kein sonderliches Gewicht zu legen vermag.

Sehr erheblich weicht die neue Art von *G. araneoides* in den

Proportionen zwischen der Gesammtlänge einer- und der Länge des
Palpus wie des letzten Beinpaares andrerseits ab. Während nämlich
der Palpus selbst bei den Weibchen von *G. araneoides* PALL. die Gesammtlänge des Thieres erheblich übertrifft (ich messe bei Vergleichen
den Palpus stets ohne das in andere Richtung fallende Coxalglied,
also stets vom proximalen Rande des Trochanter bis zum freien Ende
der Extremität, das 4. Beinpaar dagegen stets mit der Coxa), steht
er bei Weibchen von *G. fumigatus* weit hinter derselben zurück, ist
also im weiblichen Geschlechte letzterer Art sehr viel kürzer als in
dem der ersteren. Aehnlich, nur weniger bedeutend ist auch das vierte
Beinpaar des ♀ von *G. fumigatus* verhältnissmässig kürzer als das
von *G. araneoides*, gerade umgekehrt aber der Palpus, als auch das
letzte Beinpaar am ♂ von *G. fumigatus* unvergleichlich viel stärker
entwickelt denn beim ♂ von *G. araneoides*. Diese Verhältnisse erleuchten jedenfalls klar aus dem Vergleiche neben einander gehaltener
Ausmaasse.

| | *G. fumigatus* m. ♀ | *G. fumigatus* m. ♀ | *G. araneoides* PALL. ♀ |
|---|---|---|---|
| Totallänge von den Chelicerenspitzen bis zum After . . . . . . . . . . . | 62 mm | 57,5 mm | 46 mm |
| Länge der Cheliceren . . . . . . . | 17 „ | | |
| Palpus maxillaris *) . . . . . . . . . | 53 „ | 47,5 „ | 55 „ |
| Pes IV . . . . . . . . . . . . | 68 „ | 62,5 „ | 59,5 „ |

*) Vom Proximalrande des Trochanter bis zum freien Ende gemessen.

| | *G. fumigatus* m. ♂ | *G. araneoides* PALL. ♂ |
|---|---|---|
| Totallänge . . . . . . . . . . . . . . | 47 mm | 40 mm |
| Länge der Cheliceren . . . . . . . . . . . . | 13 „ | . |
| Palpus maxillaris . . . . . . . . . . . . . | 65 „ | 47—48 „ |
| Pes IV. . . . . . . . . . . . . . . . . . | 73 „ | 57,5 „ |

Die hier dargelegten Proportionsverhältnisse, vereint mit der
eigenthümlichen im Genus *Galeodes* einzig dastehenden Färbung,
dürften wohl genügen, unseren *G. fumigatus* zweifellos erkennen zu
lassen.

Ich erbeutete die Art ausschliesslich an einem festen Platze, einem
Sandhügel, der nahe am Rande der Sandwüste nördlich von Askhabad
(ca. 8 Kilometer von genannter Stadt) belegen ist. Dort fing ich
meine Exemplare an genau dem gleichen Flecke am 19. Mai/1. Juni

1886, am 28. Mai/10. Juni und 3./15. Juni 1887. Auf dem festen Lehmgrund der angrenzenden Hungersteppe konnte ich nie ein Exemplar finden, so dass sie sich an den Wüstensand zu halten scheint. Schon mit einbrechender Dämmerung, gleichzeitig mit *Anthia mannerheimi* und den grossen *Scarites*, verlässt sie ihre im lockeren Sande angelegten Röhren.

### 3. *Rhax melanus* OLIV.

GRIMM, O., Das Kaspische Meer und seine Fauna, Heft I, St. Petersb. 1876, Beilage zu Arb. d. St. Petersb. Naturforscherges. 1876 (Arbeiten der aralo-kaspischen Expedition).

GRIMM konnte als erster diesen *Rhax* (zugleich auch als erste und einzige Species des Genus) der russischen Fauna einreihen, nachdem er denselben während der aralo-kaspischen Expedition 1874 bei Krasnowodsk, also an der Küste unseres Reisegebietes, aufgefunden hatte. Es scheint die Art, wenn auch nicht sonderlich häufig, so doch über ganz Transkaspien verbreitet zu sein, da ich sie 1887 bei Artschman und Askhabad antraf und 1886 durch Herrn EYLANDT in Askhabad ein Exemplar aus Dort-kuju, zwischen dem Tedshen und Murgab erhielt. Zu den guten Beschreibungen dieser wohl bekannten Art des Genus vermag ich Wesentliches nicht hinzuzufügen. Doch sehe ich an zwei ♀♀ aus Transkaspien die zwei ersten vor dem Hauptzahne stehenden Zähne des oberen unbeweglichen Zangenastes an Grösse einander nicht gleich, wie es SIMON[1]) als Merkmal angiebt, sondern den ersten etwas kleiner als den zweiten. Es sei hervorzuheben gestattet, dass das trächtige Weibchen dieser Art eine ganz absonderliche, an ein Termitenweibchen erinnernde Gestalt des Abdomens annimmt, ganz wie es F. KARSCH[2]) auch von seinem *Rhax termes* aus dem Massai-Lande meldet. Das ♀ verliert in diesem Zustande die Bewegungsfähigkeit fast ganz und trägt in Ruhe die Extremitäten nach vorne und oben gerichtet. Es will dann sehr sorgsam mit der Laterne gesucht sein, zumal da ich wenigstens die Art nie vor völliger Dunkelheit fand. Setzen wir neben einander, dass Dr. KARSCH an einer Form des Massai-Landes eben dieses Verhältniss beobachtete wie ich am *Rhax*

---

1) Essai d'une classification des Galeodes, in: Annales Soc. Ent. France (5. Sér.), T. 9, Paris 1879, p. 121.

2) Verz. d. v. Dr. G. A. FISCHER im Massai-Land gesammelten Myriapoden u. Arachn., in: Jahrbuch d. wissensch. Anst. z. Hamburg, Bd. 2, Beilage z. Jahresbericht über d. Nat. Mus. f. 1884, Hamburg 1885, p. 136.

*melanus* in Centralasien, so dürfen wir vielleicht annehmen, dass solch hülfloser Zustand zeitweilig die Weibchen aller *Rhax*-Species befällt und sich daraus der Umstand erklärt, dass wir in Museen aus diesem Genus fast immer nur Männchen finden und auch ich von den drei folgenden neuen Arten einzig Männchen zu beschaffen im Stande war. Ich fand diese Art, wie gesagt, ausschliesslich erst bei völliger Dunkelheit und nur in der Lehmsteppe zwischen trockenen Artemisien.

## 4. Rhax plumbescens n. sp.

Ein ♂ fing ich am 2./14. Juni 1887 bei Askhabad in der Hungersteppe.

Wie auch bei den nachfolgenden zwei Arten weist der bewegliche untere Arm der Chelicerenzange nur einen kaum kenntlichen kleinen Zahn vor dem starken Hauptzahn auf, dem dann kein weiterer folgt. Am festen oberen Arme sehen wir dafür zwei Zähne vor dem Hauptzahn stehen, von denen der erste an Stärke gegen den zweiten stark zurücktritt, während beide vom dritten oder Hauptzahn mächtig übertroffen werden. Auf letzteren folgen dann noch etwa 6 unter einander annähernd gleich starke Zähne. Endlich stehen ganz aus der Reihe gerückt noch 2—3 Zähne am Innenrand der Chelicere nahe dem Zangenwinkel.

Das Flagellum ist kurz und stumpf.

Der Augenhügel ist rundlich-oval. Der Zwischenraum zwischen den zwei Augen etwas geringer als der Durchmesser eines Auges. Vorn trägt der Augenhügel zwei feine, schwer nachweisbare Borstenhaare.

Tarsus und Metatarsus des Palpus kommen zusammen der Länge der Tibia ziemlich genau gleich. Der Metatarsus ist zwischen langen Haaren mit ungefähr 12 Dornen bewehrt, die beim ersten Hinblick unregelmässig gestellt erscheinen, sich aber doch meist zu drei in eine Querreihe ordnen.

An der Unterseite des Metatarsus II (das heisst des Metatarsus des zweiten Beinpaares oder des ersten Paares echter Gangbeine) stehen 5 Dornen in einer festen Reihe und zwei neben einander am Gelenke gegen den eingliedrigen Tarsus, also im ganzen 7 Dornen. Ebenso viele trägt der Metatarsus des Pes III, ohne aber die zwei distalen neben einander treten zu lassen, so dass am Metatarsus dieser Extremität bloss eine Reihe von 7 ungefähr hinter einander stehenden Dornen vorliegt. Darin scheint die Art der *Rhax annulata*

SIMON [1]) zu ähneln, da nur bei dieser ein solches Verhalten verzeichnet ist. Ich finde indess die Bewehrung des Metatarsus II und III mit je 7 Borsten, deren erste allerdings meist schon auf dem distalen Ende der Tibia steht, bei allen mir bekannten Species des Genus *Rhax* gerade so constant wie die 12—15 Dornen am Metatarsus des Palpus und die sehr gleichartige Bezahnung der Cheliceren, die jedenfalls an den *Rhax* Centralasiens keine wesentlichen Unterschiede erkennen lässt.

Das gesammte Abdomen auf der Rücken- und Bauchseite war am lebenden Thiere dunkel schiefer- oder schwärzlich-bleifarben. Der Hinterrand jedes Segmentes ist hell grau-weisslich, wodurch das rein conisch geformte Abdomen sehr deutlich geringelt erscheint*). Die Thoracalsegmente zeigen in der Mitte fast die gleiche, nur etwas hellere Farbe, während an ihren Seiten eine weisse Zone zur Ansatzstelle der Extremitäten sich hinabzieht. Der Kopfabschnitt ist schwärzlich, nur am Vorderrande gegen die Chelicerenbasen weiss gesäumt. Die weisse Gelenklinie wird in der Mitte, vor dem Augenhügel, durch einen ungefähr dreieckigen dunklen Vorsprung unterbrochen. Die Cheliceren tragen an der Basis die gleich dunkle schwärzliche Farbe, werden an den Zangenarmen dunkel kastanienbraun, an den Spitzen derselben wiederum schwarz. Sämmtliche Extremitäten sind einfarbig weiss, leicht in's Gelbliche spielend. Einzig am Palpus ist der Metatarsus schwarz-braun, der Tarsus röthlich-gelb, das erste Beinpaar schon völlig einfarbig, ohne dunkle Endglieder. An Maassen ergiebt mein Exemplar: Totallänge 27,5 mm, Cheliceren 7,5 mm, Pes IV = 25 mm.

### 5. *Rhax eylandti* n. sp.

Die Zeichnung des Abdomens sowie die fast genaue Uebereinstimmung in der Länge der Tibia am Palpus mit der des Metatarsus + Tarsus nähern diese Art am meisten der *Rhax melanocephala* SIMON [2]). Sie unterscheidet sich von letzterer aber leicht schon durch die übrige Färbung. Der Thorax ist nämlich bei unserer Art einfarbig rein weiss, ohne den für *Rh. melanocephala* angegebenen braunen Mittelfleck auf

---

1) Matriaux pour servir à la faune arachnologique de l'Asie Méridionale, in: Bull. Soc. Zool. France, Paris 1885 (Extrait, p. 2 u. 3).

*) In den vordersten Segmenten beschränkt sich die helle Färbung nur auf die Mitte jedes Ringels, geht in den hinteren vollkommen durch.

2) Essai d'une classification des Galeodes, in: Annales Soc. Entomol. France (5. Sér.), T. 9, Paris 1879, p. 122.

jedem Segmente. Es fehlen auch die zwei dunklen Endglieder am ersten Beinpaare in unserer Species. Dieses ist hier vielmehr vollkommen, auch an Tarsus und Metatarsus, einfarbig weiss, gleich den drei nachfolgenden Paaren. Nur am Palpus ist der Metatarsus schwärzlichbraun, namentlich gegen das distale Ende, der Tarsus rothbraun. Von *Rh. melanocephala* SIM. weicht *Rh. eylandti* auch darin ab, dass an dem rundlich-ovalen Augenhügel der Zwischenraum zwischen den Augen grösser ist als der Durchmesser eines Auges (bei *Rh. melanocephala* soll das Interspatium umgekehrt enger sein). Am Vorderrande des Hügels stehen, wie bei allen Arten des Genus, zwei feine dunkle Borsten. Das Flagellum des ♂ ist kurz und stumpf. Die Bezahnung der Cheliceren weicht kaum von der in der vorhergehenden und nachfolgenden Art ab und bietet wenigstens innerhalb der asiatischen Vertreter dieses Genus überhaupt keine oder jedenfalls keine zur Unterscheidung verwerthbaren Verschiedenheiten. In allen hier besprochenen Species der Gattung sind Metatarsus II und III mit 7 Dornen versehen, die bei *Rh. eylandti* sämmtlich in einer einfachen Reihe stehen, ohne wie bei *Rh. plumbescens* die zwei letzten am Tarsengelenke neben einander treten zu lassen. Auch hier gehören aus der Dornenreihe (wie bei *Rh. plumbescens*) eigentlich nur 6 Dornen dem Metatarsus, der erste schon der Tibia an. Die Bewehrung des Metatarsus am Palpus besteht hier wie wohl bei sämmtlichen *Rhax*-Arten in etwa 12—15 Dornen. Bei vorliegender Art sind dieselben weniger regelmässig als bei der vorher beschriebenen vertheilt, lassen aber immer noch eine starke Tendenz zur Reihenordnung erkennen.

Was nun noch die Färbung, abgesehen von der schon angeführten des Thorax und der Extremitäten, anlangt, so ist der Kopf dunkel schwärzlich, nur vorne durch die hier sehr breite weichhäutige Gelenkfurche gegen die Cheliceren breit weiss gesäumt. Die Cheliceren sind oben an der Basis dunkel schwarzbraun, an den Zangenästen, mit Ausschluss der schwarzen Spitzen, kastanienbraun. Ueber das Abdomen zieht in seiner ganzen Länge in der Mitte ein weisses Band. In den ersten Segmenten ist das weisse Mittelfeld eines jeden (d. h. der jedem Segmente zufallende Abschnitt des weissen Medianbandes) am vorderen Segmentrande schmäler als am hinteren, also trapezförmig mit der kurzen Trapezseite nach vorne. Das ganze Band verbreitert sich von vorne nach hinten, besonders stark vom sechsten Segmente ab, und zwar so, dass das ganze Endsegment rein weiss wird, während am vorletzten nur seitlich je ein ganz schmaler dunkler Streif das Weiss unterbricht. Die weisse Färbung geht über den After weg auf die Ventralseite des Abdomens über, trifft dort aber bald auf ein lichtes schmutziges Grau der Mittelsegmente. Das erste Abdominalsegment ist dann wieder auf der Ventralseite in seiner ganzen Ausdehnung weiss. Auf der Rückenseite sind spärliche feine dunkelbraune Haare unregelmässig über die weisse Zone verstreut, nicht wie, laut Simon l. c., bei *Rh. melanocephala* nur an den hinteren Segmentgrenzen und an den Seitenlinien angeordnet. Den weissen Rückenstreif fasst jederseits eine oben schwärzliche, an den Seiten mehr in's Graue spielende Zone ein, welche in Folge der nach hinten zunehmenden Breite des Mittelbandes, von oben gesehen, ungefähr dreieckig erscheint. Die Basis dieser Dreiecke grenzt an den Thorax, während der spitze Gipfel an der Seite des vorletzten Abdominalringes schliesst.

Das Weibchen dieser Species ist mir unbekannt geblieben, da ich einzig Männchen erlangen konnte. Die ersten Exemplare erhielt ich im Mai 1886 von dem vorzüglichen Sammler Herrn Eylandt in Askhabad, dem wir überhaupt manches seltene Stück unserer Sammlungen verdanken und dem zu Ehren ich daher diese Art benannte. Jene ersten Stücke waren bei Dshurdshuchli östlich vom Tedshen gefunden, während ich selbst weitere bei Artschmann am 1./12. Juni und bei Askhabad am 3./15. Juni 1887 erbeutete. Die Art scheint entschieden den Lehmgrund der Hungersteppe zu bevorzugen und wird schon mit einbrechender Dämmerung rege. Das grösste Exemplar misst 36 mm Gesammtlänge.

## 6. *Rhax melanopyga n. sp.*

Von dieser sehr auffälligen Art sammelte ich 2 männliche Exemplare am 27. Mai / 9. Juni 1886 in der Hungersteppe nördlich von Askhabad, bin ihr sonst nirgend im Gebiete begegnet. Es gelang, die Thiere in der sonderbaren Wehrstellung, wie sie die Abbildung wiedergiebt, zu conserviren und auch die ausgezeichnete Färbung bis heute unverändert zu erhalten. Die Cheliceren sind schön lebhaft rothbraun bis auf die schwärzlichen Zangenspitzen und Zähne. Gelblich-roth die langen, dicht und buschig die Cheliceren bedeckenden Haare. Der Kopftheil ist etwas dunkler rothbraun als die Cheliceren, vorn durch das Gelenk weiss gesäumt. Der Thorax rein weiss, ohne jede Zeichnung. Die 6 ersten Abdominalsegmente sind obenher einfarbig düster graubräunlich, die Oberfläche der letzten Segmente nimmt dagegen ein scharf umschriebener rein weisser ovaler grosser Fleck ein. Von ihm jederseits auf die Ventralseite übergehende schmale Ausläufer umgeben ringsum einen gleichfalls scharf abgegrenzten, das Ende des

Abdomens deckenden und den After einschliessenden schieferschwarzen Fleck mit einem weissen Saume. Die Unterseite des Abdomens erscheint rostfarben, durch dichten Besatz mit rostigen Haaren. Von den Extremitäten sind die drei hinteren Paare einfarbig hell-weissgelb. Am Palpus und ersten Beinpaare hingegen ist das Femur rauchgrau, die Tibia und das proximale erste Drittheil des Metatarsus hellgelb. Während endlich die oberen zwei Drittheile des letzteren nebst dem Tarsus am Palpus rothbraun erscheinen, ist am ersten Beinpaare das distale Ende des Metatarsus rauchgrau, der Tarsus röthlich.

Der rein ovale tiefgefurchte Augenhügel lässt zwischen den grossen Augen einen Abstand, welcher dem Durchmesser eines Auges gleich oder etwas enger als dieser ist.

Die Metatarsen II und III sind wie in den vorhergehenden Arten mit einer Reihe von 7 derben Dornen bewaffnet. Ausser dem letzten distalen Dorne dieser Reihe stellen sich noch 2 weitere am Gelenk gegen den Tarsus ein, so dass der Gelenkrand von je 3 Dornen umstanden wird. Auch das distale Ende des Metatarsus IV trägt einige Dornen, von denen die ersten zwei (proximalen) hinter einander liegen, dann zwei in einer Reihe an beiden Seiten des Gliedes, endlich 3 am Gelenkrande gegen den Tarsus, deren zwei dicht zusammengedrängt stets an der Aussenseite angebracht sind. Der Metatarsaltheil des Palpus trägt 12—15 ungefähr gleich starke Dornen, von welchen 4—5 das Gelenk des Tarsus unten bekränzen. Die Behaarung des ganzen Körpers ist ziemlich lang, länger als bei den vorigen Arten. Bezahnung der Cheliceren wie bei den übrigen Species. Das Flagellum kurz und kräftig. An letzterem lässt sich in allen Arten bei Mikroskopvergrösserung der abgestumpfte kegelförmige Endtheil, wie gesondert aus dem dickeren dunklen Basaltheil vorragend erkennen.

Die zwei Exemplare fing ich Nachts mit der Laterne zwischen trockenen Halophyten der Hungersteppe.

## *Karschia n. gen.*

Eine kleine transkaspische Galeodide, die ich leider nur in einem männlichen Exemplare besitze, lässt sich in keiner der bisher beschriebenen Gattungen unterbringen und zwingt mich zur Aufstellung eines neuen Genus. Ich widme dasselbe Herrn Dr. F. KARSCH in Berlin, von dem ja der jüngste Versuch stammt, einige Ordnung in das bislang unnatürliche und selbst unpraktische System der Galeodiden

zu bringen, namentlich einer Reihe vorher zweifelhafter und verwechselter
Genera und Arten den rechten Platz zuzuweisen [1]).

Unsere neue Gattung lässt sich etwa durch folgende Merkmale
characterisiren:

Die Tarsen sämmtlicher sehr langen Extremitäten sind eingliedrig.

Das (männliche) Flagellum ist ungefähr von der Länge der ganzen
Cheliceren inclusive den Zangentheil und daher an der Basis in zwei
starke Schlingungen gebogen, aus denen der Endtheil nach v o r n e
und oben strebt. Es inserirt oben am Innenrande des oberen Zangenastes nahe von der Basis dieses.

Hinter dem Flagellum entspringen am festen Aste noch zwei
mächtig entwickelte Anhänge. Der eine von diesen besitzt die Gestalt eines 4-sprossigen Schaufelgeweihes, an welchem ein kurzer Spross
durch einen dichten Haarbusch ausgezeichnet ist. Der zweite Anhang
erscheint einfach, ungefähr schwertförmig, in seiner unteren Hälfte
zweigt aber auch an ihm ein kurzer Seitenast mit einem starken dichten
Haarbusch ab. Hinter diesen Hauptanhängen steigt an der Basis des
Zangenarmes gegen den Winkel senkrecht eine Borstenreihe ab. Die
mächtig entwickelten Borsten überragen bedeutend die Zangenspitzen.

Am unteren beweglichen Zangenaste stellt sich nahe der Spitze
eine lange hügelförmige Aufbauchung ein, die etwa einem Viertheile
oder Drittheile der ganzen Astlänge gleich kommt. An ihrem hinteren
Abfall stehen die zwei einzigen Zähne, deren vorderer der grössere
ist. Die acht Zähne des unbeweglichen Astes sind an der ganzen Länge
des Armes vertheilt. Der dritte ist bei weitem der stärkste, es folgt
der erste an Länge, während der zweite, als kleinster, überhaupt erst
bei Mikroskopvergrösserung kenntlich wird.

## 7. *Karschia cornifera* n. sp.

Ein ♂ fing ich am 12./24. April 1886 auf der Kammhöhe des
grossen Balchan in wohl annähernd 3000' Meereshöhe. Obgleich die
Temperatur in der Höhe am erwähnten Datum eine sehr niedere war
und in dem feuchten kalten Frühjahre 1886 sich bis zu dem Tage
und darüber hinaus selbst in der Ebene noch keine Galeodide zeigte,
war diese, bei Tage unter einer Steinplatte aufgescheucht, derart rege,
dass der Fang Mühe machte. Es ist dieses überhaupt die behendeste
der mir aus der Ordnung bekannten Formen.

---

1) Zur Kenntniss der Galeodiden, in: Arch. f. Naturgesch., Jahrg.
46, 1880, p. 228 ff.

Die Bewehrung der sehr langen Extremitäten, welche sämmtliche nur eingliedrige Tarsen besitzen, ist entschieden schwach, besteht an Metatarsus und Tarsus von Pes I, III und IV überwiegend nur in Haaren oder Haarborsten, unter denen selten welche durch etwas bedeutendere Stärke dornartig erscheinen. Echte Dornen finden sich in grösserer Zahl bloss am Palpus und zweiten Beinpaare. Am ersteren sind sie stiftförmig und unregelmässig über das distale Ende des Metatarsus sowie über den stark angeschwollenen Tarsus vertheilt. Das zweite Beinpaar besitzt eine grössere Zahl deutlicher Dornen auf der Unterseite des Metatarsus, wo sie sich an den Rändern in je eine nicht ganz regelmässige Reihe zu ordnen suchen. Die drei hinteren Beinpaare tragen am freien Tarsenende je 2 Paar sehr langer, gebogener, dünner, unbehaarter Krallen mit dunkler Spitze, während dem ersten Beinpaare nur ein einziges, schwer nachweisbares Krallenpaar zukommt.

Der Thorax ist lang, etwa lang trapezförmig, vorn sehr erheblich breiter als hinten. Der Augenhügel in der Mitte sehr tief gefurcht. Die grossen Augen fallen seitlich an ihm ab und erweitern den Vordertheil des Hügels bedeutend gegenüber dem schmäleren dahinter liegenden. Vorne zwischen den Augen stehen mehrere längere Haare, unter denen zwei besonders stark vorragen. Betrachten wir den Augenhügel bei auffallendem Lichte unterm Microscop, so sehen wir jedes der zwei längsten Haare auf einem kurzen zapfenförmigen, gegliederten Sockel fussend. Die Mittelfurche des Hügels fasst jederseits eine dichtgedrängte Reihe feiner kurzer Härchen ein. Hinter den Augen laufen die zwei Haarreihen in ein dichtbehaartes Feld an jeder Seite des hinteren Hügelabschnittes aus.

Das bei weitem Characteristischste für das Genus wie die Species ist der Bau der Chelicerenanhänge. Was zunächst das Flagellum des ♂ anlangt, so inserirt sich dasselbe nahe dem Oberrande des unbeweglichen Chelicerenastes, an dessen Innenseite und unweit seines proximalen Endes, ungefähr um $^3/_4$ der Gesammtlänge des Astes von der Spitze entfernt. Die in Folge der Biegungen nicht messbare Länge des Flagellums scheint der der ganzen Chelicere, von ihrem Basalgelenke bis zur Zangenspitze, gleichzukommen oder sie zu übertreffen. Solch enorme Länge des Flagellums ist wohl auch der Grund, weshalb sich dasselbe in seinem Basaltheile in zwei, in verschiedene Ebenen fallende Windungen zusammenlegt, um dann erst mit dem Haupttheile frei nach vorne und oben zu streben. Auf seiner Innenfläche ist das membranöse Gebilde fein behaart. Hinter dem Insertionspunkte des

Flagellums beginnt eine senkrecht absteigende, scharf vortretende Linie (als Grenze des Zangenastes gegen den Chelicerenkörper), gebildet aus den dicht gedrängten Ansätzen mächtiger einfacher Borsten, die erheblich über die Zangenspitzen vorragen. Nur die untersten der Reihe sind starke Fiederborsten, eine Form, die auf der Innenseite des unteren Astes ganz überwiegt. Dort bilden sie nur mehr Büschel, stellen sich nicht in eine bestimmte feste Reihe. In gleicher Entfernung von der Spitze des Zangenarmes wie jene Borstenlinie, nur von dieser verdeckt, also weiter nach hinten und tiefer als das Flagellum, entspringen ferner zwei mächtige eigenthümliche Anhänge. Der eine lässt sich nur mit einem Schaufel-, am besten Elchgeweih vergleichen. Von den vier Sprossen desselben ist der niederst und allein am Vorderrande entspringende, nach vorne gerichtete mit einem kolbigen, dichten Schopf feiner Haare versehen. Der lange, kräftige Endspross trägt am Innenrande etliche feine, nach oben gerichtete Sägezähnchen. Solche, nur gröbere (mehr in Form roher Zacken) kommen auch dem kurzen, breiten untersten der nach hinten gewandten Seite zu, während der lange und schlanke, zwischen den zwei letzteren stehende vollkommen glatt ist. Das ganze Gebilde ist durchaus starr, weil völlig verhornt. Der zweite lange Anhang weist einfacheren Bau auf. Von einem annähernd horizontal liegenden, nur leicht am Oberrande geschweiften Basaltheile strebt stets nach oben und vorne ein ungefähr schwert- oder messerklingenförmiges längeres Stück. An der Spitze ist es schräg von vorne nach hinten abgeschnitten, somit hinten zugespitzt. Es ist im ganzen Verlauf an den Rändern ungezähnt, im oberen Theile zwar starr, aber doch dünn, daher nicht wie der vorbeschriebene Anhang dunkel hornfarben, sondern fast farblos. Vom liegenden Basaltheile zweigt sich aber ein kurzer, mit kolbenförmigem dichten Haarschopfe ausgerüsteter Nebenast ab. Endlich muss ich noch eines Paares sonderbarer kleinerer Anhänge erwähnen. Sie stehen hinter einander dicht über der Insertion des Flagellums am Zangenaste. Ein bauchig aufgetriebener bulbusartiger Basaltheil zieht sich in eine dünne spitze Borste schnabelartig aus. Es sind dieses die kürzesten von sämmtlichen erwähnten Anhängen, deren Form und Lagerung übrigens aus der Abbildung weit eher erleuchten muss als aus der langathmigen Beschreibung der complicirten Verhältnisse.

Was nun die Bezahnung der Cheliceren anlangt, so zähle ich am unbeweglichen Aste 8 Zähne. (Die stark abwärts gekrümmte Spitze des Astes liesse sich als neunter noch hinzuzählen.) Der dritte Zahn, von der Spitze her gezählt, ist bei weitem der stärkste, von rein kegel-

formiger Gestalt. Ihm folgt der erste als zweitstärkster und stellt
sich mit fast genau gleichen Abständen zwischen die Spitze und den
dritten Zahn. Auch er ist noch annähernd kegelförmig, aber etwas
gekrümmt. Zwischen jenen beiden stärksten Zähnen steht der zweite
als kleinster der ganzen Reihe. Mit blossem Auge ist er nicht kenntlich. Aus den 5 übrigen Zähnen ist nur noch der vierte (d. h. der 4.
der ganzen Reihe) spitz, die übrigen niedrig und breit, stumpf höckerförmig. Am beweglichen Arme nimmt annähernd das mittlere Drittel
der Gesammtlänge eine bauchig aufgetriebene Strecke ein. Ihr vorderer Abfall geht aus der seichten Wölbung in einen sehr stumpfen
Winkel über. Da der flache Scheitel dieses stärker verhornt, schwarzbraun erscheint, so ist in ihm wohl der Rest eines Zahnes zu sehen.
Am hinteren Abfall treten die beiden einzigen wirklichen Zähne des
Astes auf, deren vorderer dem dicht darauf folgenden an Stärke etwas
überlegen ist.

Nur die äussersten Zangenspitzen und die Zähne sind schwarzbraun, der übrige Zangentheil erscheint hellgelb-braun, der Chelicerenkörper licht gelblich. Nur etwas mehr graulich-hellgelb ist der Kopf
und der Thorax. Die Farbe des Abdomens kann ich an meinen leider
in diesem Theile lädirten und geschrumpften Thiere nicht mehr sicher
bestimmen, doch schien sie der von *Galeodes araneoides* PALL. am
lebenden sehr ähnlich, nämlich graugelblich mit dunklerer medianer
Rückenzone. Sämmtliche Extremitäten sind vollkommen einfarbig
schmutzig gelblich-weiss, nur die Palpenenden scheinen etwas dunkler
durch ihren Besitz hornbrauner Stiftdorne.

Die Gesammtlänge des Thieres beträgt ungefähr (genau lässt es
sich nicht messen) 14 mm, die Länge der Palpen 17, die des letzten
Beines 23 mm.

---

Aus den Transkaspien begrenzenden Strichen Mittelasiens fehlt
uns leider jede eingehendere Kunde über Galeodiden, so dass ein Vergleich mit unserem kurzen Register transkaspischer Arten ausgeschlossen ist. Persien muss aus dieser, bislang dort noch fast völlig
unbeachtet gebliebenen Ordnung manch Interessantes liefern, schon
weil fraglos Turkmeniens Fauna sich von dorther rekrutirte. Gegen
N. und NO. scheint der reicheren Entwicklung unseres Formenkreises
der Amu-darja eine Schranke zu ziehen. Zu dem Schlusse berechtigt
der Umstand, dass die vielfachen Expeditionen nach Turkestan und
die auch von dort ansässig gewordenen Personen entfaltete Sammel-

thätigkeit meines Wissens bisher nur zwei Arten im gesammten russischen Turkestan aufgetrieben haben. Es wäre eine dritte hinzuzufügen, wenn sich C. L. Koch's Angabe[1]) vom Vorkommen des *Galeodes graecus* C. L. Koch bis nach Süd-Sibirien (Barnaul) acceptiren liesse. Sicher aber hat es sich bei diesem Vermerk um den durch ganz Mittelasien prädominirenden und thatsächlich bis nach Sibirien hinaufreichenden *Galeodes araneoides* Pall. gehandelt. Für das überwiegend afrikanische Genus *Rhax*, welches uns in Transkaspien noch 4 Species lieferte, müssen wir nach dem heutigen Kenntnisstand jedenfalls annehmen, dass ihm die Gluthebene der Turkmenenwüste, also nur der Südrand des alten aralo-kaspischen Beckens noch die voll geeigneten Existenzbedingungen zu bieten, gleichzeitig ihm aber auch die nördlichste Vorpostenlinie vorzuschreiben vermag. Im Westen scheint die Gattung in ihrer Verbreitung noch weiter südlich zurückzubleiben. Von Kleinasien her, wo laut E. Simon[2]) *Rhax phalangium* Oliv. noch vorkommt, ist nämlich keine Art in die heissen Steppen des südlichen Transkaukasiens übergetreten*).

---

1) Systematische Uebers. über d. Fam. d. Galeodiden, in Arch. f. Naturgesch., Jahrg. 8, Bd. 1, 1842, p. 353.

2) Étude sur les arachnides recueillis en Tunisie en 1883 et 1884 etc., in: Exploration Scient. de la Tunisie, Paris 1885, p. 44.

*) Aus den gesammten Kaukasusländern sind mir überhaupt nur 2 sicher erwiesene Galeodiden, *Galeodes araneoides* Pall. und *Gluvia caucasica* L. Koch, bekannt.

Jena, im December 1888.

---

## Figurenerklärung.

### Tafel XXIX.

Fig. 1. *Galeodes fumigatus* n. sp. ♀ natürl. Grösse.
Fig. 2. *Rhax plumbescens* n. sp. ♂   „    „
Fig. 3. *Rhax eylandti* n. sp. ♂   „    „
Fig. 4. *Rhax melanopyga* n. sp. ♂   „    „
      (Schreck- oder Wehrstellung.)
Fig. 5. *Karschia cornifera* n. sp. ♂.
      Rechte Chelicere von der Innenfläche, ungefähr 35—40mal vergrössert.

# Transkaspische Binnencrustaceen.

Von

Dr. Alfred Walter in Jena.

---

## II. Malacostraca.

### D. Isopoda.

Aus dieser Ordnung schliesst meine transkaspische Crustaceen-sammlung einzig Landformen ein. Es ist ein wohl specieller Erwähnung werthes Factum, dass dem sonst so weit verbreiteten Süsswasser-Genus *Asellus* das Kaspische Meer eine ganz stricte Verbreitungsgrenze im Osten setzt. Am Westufer des Kaspi reicht *Asellus* durch ganz Transkaukasien bis zum Südende des Sees hinab. (Jedenfalls habe ich selbst ihn noch südlich von Lenkoran in den sonderbaren Morzi Talyschs hart am Meeresgestade gefunden.) Ob *Asellus* vielleicht das Südende noch umgreift, soweit als die ja völlig gleichbleibende Natur persisch Ghilans und Massenderans reicht, vermag ich nicht anzugeben, sicher aber fehlt er dann ganz Mittelasien, d. h. ganz Nordost-Persien, den aus Afghanistan nach N. strömenden Flüssen, ganz Turkmenien, Buchara und ganz russisch Turkestan im weitesten Sinne. Für das letztgenannte Ländergebiet hebt schon ULJANIN [1]) den auffälligen Mangel des im gesammten europäischen Russland gemeinen *Asellus* des besonderen hervor.

### 1. *Hemilepistus klugii* BRDT.

Etliche Exemplare eines stattlichen *Hemilepistus*, die ich am 26. April / 8. Mai 1887 bei Kungruili und am 27. April / 9. Mai 1887

---

1) FEDSCHENKO's Reise in Turkestan, Tom. 2, Theil 3, Crustacea v. ULJANIN, 1875, p. 3.

bei der Quelle Aghar am Elbirin-kyr (unweit der Afghanengrenze) sammelte, müssen trotz einiger Abweichung J. F. BRANDT's *Porcellio klugii* [1]) untergeordnet werden. Die Musterung guten Vergleichsmaterials ergab eine so ausgedehnte Variabilität dieser Art in feineren Details, dass zunächst wenigstens eine Aufstellung bestimmter Varietäten kaum möglich erscheint. Meine Exemplare stimmen im Gesammthabitus wie in der Form der Tuberkelkämme auf den ersten Thoracalsegmenten recht wohl zu LESSONA's Abbildung Fig. D [2]), der von ihm für *Porcellio klugii* BRDT. angesehenen Form aus Persien. In eben diesen Zeichnungen LESSONA's glaubt aber BUDDE-LUND [3]), der bekannte Monograph der Landisopoden, eine von *Hem. klugii* BRDT. verschiedene Species erkennen und sie als *Hem. cristatus* B.-L. beschreiben zu müssen. Ich halte nun dafür, dass die von LESSONA behandelte Form doch gleich meinen Exemplaren eine blosse Abänderung vom Typus des *Hem. klugii* BRDT. repräsentirt. Im hiesigen zoologischen Museum finden sich nämlich 4 Exemplare eines *Hemilepistus* dieser Gruppe, die, vom Marquis DORIA stammend, als *Porc. klugii* BRDT., mit dem Fundorte Persien, signirt sind, also vielleicht sogar aus dem gleichen Materiale oder von der gleichen Fundstätte wie die LESSONA vorgelegenen Stücke herrühren dürften. Eines dieser stimmt nach der Gestalt der Cristenzähne in den Thoracalkämmen auf's genaueste mit Originalexemplaren des *H. klugii* BRDT. im Berliner Museum überein, weist aber auf dem Kopftheile die von LESSONA abgebildete Art der Tuberculation in Dreiecksform auf. Ein weiteres eben dieser Exemplare zeigt auf dem Kopfabschnitte die durchaus typische Tuberkelstellung des *H. klugii* BRDT., bestehend in einer in der Mitte nach vorn vorgezogenen Bogenlinie. Die letzten zwei Persier besitzen die Kopfbewehrung des *H. cristatus* B.-L. (nach LESSONA's Zeichnung) und auch eine zu dieser Form neigende Form der einzelnen Cristentuberkel. In abweichender Weise sind nur, namentlich bei einem dieser Exemplare, die Tuberkel fest aneinander gedrängt, die Reihe fest geschlossen. Meine turkmenischen Stücke endlich repräsentiren in der

---

1) Conspectus monographiae Crustaceorum Oniscodorum Latreillii, p. 17.

2) Nota sul Porcellio Klugii, in: Atti R. Accad. delle Scienze di Torino, Vol. 3, 1867—68, Torino 1867, p. 187—191, c. tab.

3) Crustacea isopoda terrestria per familias et genera et species descripta, Havniae 1885, p. 153 (erst ohne Diagnose schon 1879 im Prospectus generum specierumque Crustaceorum isopodum terrestrium, Copenhagen, p. 4, aufgestellt).

Gestalt und den Grössenverhältnissen der thoracalen Cristentuberkel sogar ein Extrem der LESSONA'schen Form *), bei ganz reiner typischer Kopftuberculation des *H. klugii* BRDT. Als Zahlen der Tuberkel ergeben sich: für die Crista des ersten und zweiten Segmentes bei den mir vorliegenden persischen wie turkmenischen Exemplaren meist 14, für die des dritten Segmentes meist 12, höchstens 14 (nur bei ersteren). LESSONA schreibt nun zwar l. c. p. 188 seinen 15—20 im dritten Segmente zu, bildet in der Zeichnung dieses Ringels aber gleichfalls nur 12 Tuberkel ab (wahrscheinlich zählte er bei Angabe jener höheren Zahl die Seitentuberkel mit). Die Zahl der auf den Seiten der ersten Segmente gruppirten Tuberkel finde ich überwiegend zwischen 2 und 4 verschieden wechselnd, an einem persischen im ersten Segmente, in einem im dritten, auf 5 steigend; 4 gilt in der Mehrzahl der Fälle für's erste, 3 meist für's zweite und dritte Segment. Sehr häufig ist die Zahl an beiden Seiten desselben Segmentes verschieden, so dass hierauf kein Werth gelegt werden kann. Zwei, selten drei kleinere, oft nur ganz undeutlich kenntliche Tuberkelchen lassen sich auch noch auf den Seiten des vierten Segmentes wahrnehmen, sind ja auch in LESSONA's Zeichnung angedeutet. Ja dieses Segment besitzt in der Mitte seines Hinterrandes meist noch feine, mitunter freilich kaum noch nachweisbare Zähnelung, ohne dass hier mehr von einer Tuberkelreihe gesprochen werden könnte.

Das grösste meiner turkmenischen Exemplare übertrifft an Stärke sowohl die mir vorliegenden persischen Stücke als auch die von LESSONA sowie von BUDDE-LUND für *H. klugii* gegebenen Ausmaasse. LESSONA's Längenweiser, neben der vergrösserten Figur des ausgewachsenen Thieres (Fig. D l. c.), zeigt etwa 19 mm. BUDDE-LUND schreibt der Art an Maassen zu: long. 16—20, lat. 6—7 und alt. 3,5 mm. Das grösste persische Stück der hiesigen Institutssammlung misst ganz gestreckt 20 mm, mein grösstes turkmenisches aber 22,5 mm vom Stirnrand bis zur Spitze des letzten Abdominalsegmentes, exclusive die Pedes spurii, bei 8,3 mm grösster Breite. Da, wie gezeigt wurde, die Tuberculation entschieden sehr erheblichen Verschiedenheiten unterworfen ist und diesbezüglich die Charactere des typischen *Hemil. klugii* BRDT. und des von LESSONA für eben diesen gehaltenen *Hem. cristatus* B.-L., völlig ineinander fliessend oder in verschiedenem

---

*) Die Cristentuberkel sind bei meinen turkmenischen Thieren im zweiten Segmente wohl noch etwas kolbiger und stärker nach hinten überliegend als bei den von LESSONA abgebildeten.

Wechsel neben einander vorkommend, sich gut verbinden lassen, so scheint es uns wohl angebracht, jene Abweichungen wie die Eigenheiten der von uns an der Afghanengrenze gesammelten und hier besprochenen Exemplare als blosse Varianten des *H. klugii* BRDT. zu betrachten.

Auf die Farbe darf bei conservirten *Hemilepistus*-Arten kein Gewicht gelegt werden, da namentlich die Kämme und Tuberkel ihre Farbe sowohl im Alcohol als auch an Trockenexemplaren völlig ändern. Sie erscheinen dann meist gelblich oder gar weiss, während sie bei *H. klugii* BRDT. und *H. elegans* ULJ. (und wahrscheinlich überhaupt allen stark gekämmten Species) am lebenden Thiere recht intensiv ziegel- bis mennigroth sind und so sehr lehhaft vom dunklen Schieferton der übrigen Färbung abstechen. Am Vorderrande der cristentragenden Segmente versetzt sich das Roth allmählich mit dem durchbrechenden dunklen Körpergrundton. Die hinteren Ecken jener Segmente dagegen sind noch von der gleichen Farbe wie die Kämme. Falls am Hinterrande des vierten Segmentes noch eine Zähnelung angedeutet ist, so besitzt dieser Saum auch noch rothen Anflug, während die drei letzten thoracalen und sämmtliche Abdominalsegmente nebst allen Extremitäten völlig einfarbig dunkel schieferfarben sind.

Wohl da zur Fundzeit tagsüber ungemein hohe Temperatur herrschte, fing ich rege Exemplare erst in ·den Abendstunden um die Ruinenreste von Kungruili und um Mittag bei Aghar ein unter einem grossen Stein verborgenes. In Westturkmenien bin ich der Art nicht begegnet. Dort ist allenthalben die nahe verwandte folgende Art äusserst häufig und scheint diese vollkommen zu ersetzen.

## 2. *Hemilepistus elegans* ULJ.

BUDDE-LUND, Crustacea isopoda terrestria etc., p. 155 (Turkomania).

Von dieser über Turkmenien in grösster Häufigkeit verbreiteten Art sammelte ich zahlreiche Exemplare bei Askhabad, Kelte-tschinar und Artschman. Die Mehrzahl besitzt in jeder Crista am Hinterrande der drei ersten Segmente 14 Tuberkel, selten nur sind am ersten Segmente 15 vorhanden. Variabel ist die Zahl der seitlichen Tuberkel an den erwähnten Segmenten. Am häufigsten finden sich am ersten Segmente 4, auf den zwei folgenden je 3 jederseits, doch kommen auch nicht selten an letzteren gleichfalls 4 vor, wie am ersten mitunter 5 auftreten können. Im letzteren Falle ist einer oder meist zwei viel kleiner als die 3 übrigen. Sehr selten stehen nur 2 Tuberkel jederseits am zweiten und dritten Segmente, und dann stets nur auf einer Seite. Es lässt sich bei letzterem Verhalten leicht der eine der beiden Tuberkel nach Gestalt und Grösse als aus zweien verschmolzen erkennen.

Zwei von ULJANIN selbst stammende turkestanische Exemplare des Berliner Museums weichen von unseren nicht bloss durch geringere Grösse der Cristentuberkel ab, sondern ganz besonders durch das Vorhandensein von nur wenigen, etwa 4—6 kleinen Tuberkelchen auf dem Kopfabschnitte. ULJANIN sagt in der Originalbeschreibung [1]): „Auf dem Kopfe kleine, rundliche, weissliche Tuberkel nach der Figur _∩_ vertheilt", und BUDDE-LUND [2]) giebt an: „*Caput granulis parvis circiter* 10 *in linea sinuata, ante producta ornatum.*" Letztere Angabe passt besser auf unsere Stücke, nur dass die Tuberkel an ihnen nicht bloss in eine Linie geordnet sind, sondern ein ganzes Feld in der Form füllen. Auf dem vierten Segmente lassen einige der turkmenischen Exemplare bei scharfem Hinsehen oder besser bei Loupenvergrösserung auch noch in feiner Zähnelung des Hinterrandes eine Andeutung der Tuberkelcrista, auch seitlich jederseits in leichten Erhebungen die Andeutung zweier Seitentuberkel wahrnehmen. Es wiederholen sich somit in den meisten die Bewehrung des Kopfes und der ersten Thoracalsegmente betreffenden Punkten in dieser Art genau die gleichen Variationsverhältnisse wie beim *Hem. klugii* BRDT. Von jener nächstverwandten Art ist der *H. elegans* ULJ. fest unterschieden durch wenig schwankende, immer bedeutend geringere Grössenverhältnisse, durch die Constanz in einer bestimmten Gestalt der einzelnen Kammtuberkeln und durch die stets deutlichen lichten gelblichen Ecken aller Thoracalsegmente.

Unser grösstes Exemplar misst 16 mm Gesammtlänge und 6 mm Breite.

Vorwiegend hält sich *H. elegans* ULJ. an die Lehmsteppe des Oasenrandes, wo er besonders im Frühjahr den ganzen Tag lang rege umherläuft. Namentlich werden trockne alte Wasserrinnen und Schluchten im Lössgrunde bevorzugt. Er geht aber auch ziemlich hoch in's Gebirge hinauf, soweit der dürre Steppencharacter vorwaltet. Anfang Juni treten die Jungen in Menge auf. Jedenfalls lassen sich die um besagte Zeit gesammelten Jugendformen nur auf diese Art beziehen, weil an Oertlichkeiten gefunden, an denen keine weitere Art der Gruppe vorkam. LESSONA l. c. bringt eine ziemlich ausgiebige Schilderung

---

1) FEDSCHENKO's Reise in Turkestan, Tom. 2, Theil 3, Crustacea von ULJANIN, 1875, p. 7.

2) Crustacea isopoda terrestria, p. 154.

von der weitgehenden Verschiedenheit, die zwischen den Jugendstadien und dem geschlechtsreifen Thiere bei seinem *H. klugii* BRDT. herrschen. Es scheint das für die *Hemilepistus*-Arten überhaupt Geltung zu haben. Jedenfalls kannte schon PALLAS [1]) (wie auch BUDDE-LUND l. c. p. 153 vermerkt) das gleiche Verhalten an seinem *H. ruderalis*, und wir bestätigen es hier auch für *H. elegans* ULJ. Des letzteren Junge lassen nämlich bei einer Totallänge von 8 mm mit blossem Auge noch keine Spur der für das erwachsene Thier so characteristischen Tuberkelkämme auf den ersten Segmenten erkennen. Erst bei starker Loupenvergrösserung vermögen wir einen äusserst schwachen Beginn feiner Zähnelung am hinteren Segmentrand zu unterscheiden, während auf dem Kopfabschnitt noch nicht die leiseste Andeutung der Tuberkelbildung auftritt. Bei abweichendem Gesammthabitus erinnert auch die Färbung erst wenig an die Aeltern. Statt der dunklen Schiefer- oder Bleifarbe jener zieht das lichtere Grau der Jungen schwach in's Röthliche oder Violettbräunliche. Dabei ist der Hinterrand aller Segmente von einer weisslichen Binde gesäumt, die den Eindruck sehr deutlich ausgeprägter Ringelung hervorruft. Der am erwachsenen Exemplare stets kleine helle Fleck auf der Hinterecke jedes Segmentes greift am jungen so weit hinauf, dass längs der ganzen Seite hin ein ziemlich breites lichtes Band aus diesen Flecken sich zusammensetzt. Höchst auffällig waren die Lebensäusserungen dieser jungen *Hemilepistus elegans* ULJ. Gegen Abend mit etwas sinkender Temperatur erschienen sie auf der Oberfläche des steinfesten Lehmgrundes, stets in kleinen Schaaren von je 20—30 und mehr Stück beisammen, die dann auf eng begrenztem Flecke, meist um eine trockene Artemisienstaude oder in den Resten abgestorbener Steppenkräuter, äusserst emsig und hastig durcheinander krochen, gleich einem kleinen Ameisenstaate, ohne je weiter auszuschwärmen.

### 3. *Hemilepistus fedtschenkoi* ULJ.

BUDDE-LUND, Crustacea isopoda terrestria, p. 158.

Diese Art haben wir selbst in Turkmenien nicht gesammelt. Sie muss aber in diesem Verzeichniss Aufnahme finden, da BUDDE-LUND l. c. in der akademischen Sammlung zu St. Petersburg befindlicher

---

1) Reise durch verschiedene Prov. d. russ. Reiches, Theil 1, Petersb. 1771, p. 477. Dort heisst es in der Diagnose des *Oniscus ruderalis* PALL.: „*Segmenta duo priora latiuscula, scabra, vix autem in recenti.*"

Exemplare erwähnt, die aus Krasnowodsk, also aus unserem Reise-
gebiete stammen.

#### 4. *Hemilepistus nodosus* B.-L.?

Unter dieser mit einem ? versehenen Signatur erhielt ich von
Herrn G. BUDDE-LUND in Copenhagen die eine der ihm zugegangenen
*Hemilepistus*-Species zurück.    Mit BUDDE-LUND's Beschreibung ,des
*H. nodosus* [1]) stimmt dieselbe in den meisten wesentlichen Punkten
auch recht wohl überein, zeigt aber entschiedene Abweichungen von
dieser in der Art der Tuberculation auf den vordersten Segmenten
und in der Färbung, somit allerdings in weniger bedeutsamen Merkmalen.  Was die Tuberkelbildung anlangt, so sehe ich am Kopfabschnitte meiner Stücke die sonst unregelmässig zerstreuten undeutlichen
Tuberkelchen, oder richtiger grossen Granula am Segmentrande in
einer festen, leicht nach vorn gebogenen Linie stehen.  Auf dem ersten
und zweiten Thoracalsegmente tragen meine Stücke 4 grössere Tuberkel
in einer geraden Linie in der Mitte des hinteren Segmentrandes,
davor stehen, wenigstens auf dem ersten Segmente, noch 2 oder 3
solcher Tuberkel.  In BUDDE-LUND's Beschreibung l. c. heisst es dagegen: „*Trunci annulus primus medio granulis quatuor majoribus in
tetragonum ante latius positis; cetera hujus annuli delete granulata;
annulus secundus medio duobus granulis majoribus, ceteris sublaevibus.*"
Bezüglich der Färbung sagt BUDDE-LUND vom *H. nodosus*: „*Color
uniformis, griseus vel plumbeus; pedes cum ventre et ramis opercu-
laribus grisei.*"  Bei den vorliegenden turkmenischen Exemplaren hebt
sich nun von der dunkel bräunlich-grauen Grundfarbe seitlich ein
breiter weisser Saum ab.  Jedes Thoracalsegment ist nämlich an seinen
Seiten weiss gerandet, während an den Abdominalsegmenten wenigstens
die hinteren Segmentecken weiss sind.  Weiss gesäumt ist auch der
Hinterrand sämmtlicher Segmente, selbst des Kopfabschnittes, an dem
das Weiss in der Mitte sich etwas vorwölbt und dadurch die Rand-
linie der Kopfgranula in leichten Bogen bringt.  Von der Mitte des
weissen Hinterrandes greift auf allen Thoracalsegmenten, mit Ausnahme der zwei ersten, ein enges helles Feld gegen den Vorderrand
vor.  An der Basis fast weiss, nimmt es nach vorn zu eine gelb-
bräunliche Farbe an.  Die Extremitäten sind trüb weisslich.

Die angeführten Unterschiede der mir vorliegenden *Hemilepistus*-
Art von der Beschreibung des *H. nodosus* B.-L. scheinen auch mir

---

1) Crustacea isopoda terrestria etc., p. 158.

keineswegs ausreichende, um beide artlich zu sondern. Eine Localvarietät dürften meine transkaspischen Exemplare vielleicht repräsentiren, da mir aber Stücke der typischen Form nie zu Gesichte gekommen sind, vermag ich das nicht zu unterscheiden.

Ich fand die besprochene Art einzig am Murgab, und zwar bei
Imam-baba am 27. März / 8. April 1887; bei Sary-jasy am 29. März/
10. April 1887 und bei Tachta-basar am 8./21. April 1887. Im ganzen
Westen Turkmeniens bin ich ihr nie begegnet. An den namhaft gemachten Punkten hielt sie sich an die Wände trockener Erosionsschluchten des sandig-lehmigen oberen Flussufers, war aber keineswegs
häufig und erschien erst in den späteren Nachmittagsstunden.

### 5. *Hemilepistus elongatus* B.-L.?

Auch diese Art unterlag der Vergleichung und Bestimmung durch
Herrn G. BUDDE-LUND. Erst erhielt ich sie mit der Etiquette *H. hel-
volus n. sp.* B.-L. zurück. Bald darauf aber schrieb mir Herr BUDDE-
LUND, dass erneute Musterung der ihm überlassenen Exemplare keinen
stichhaltigen Unterschied von *H. elongatus* B.-L. erkennen liessen.
Mit der Beschreibung letzterer Art [1]) stimmt das mir vorliegende
transkaspische Stück in der That leidlich überein, nur finde ich einen
deutlichen Unterschied gegenüber jener Diagnose, der mich zwang, der
Artbestimmung doch ein ? anzuhängen. Bezüglich der Antennen seines
*H. elongatus* schreibt nämlich BUDDE-LUND l. c. p. 160: „*flagelli
articulus prior altero paulo longior*", während an meinem Exemplare
das erste oder Basalglied der Antennengeissel mindestens doppelt so
lang ist wie das Endglied.

Diese schöne rein nächtliche Form erbeuteten wir erst in einigen
Exemplaren bei der Station Perewalnaja (während nächtlichen Insecten-
fanges mit der Laterne am 10./23. April 1886) und in 2 Exemplaren
in der Hungersteppe nördlich Tschikischljärs am 27. April / 9. Mai 1886
bei Tage unter einem Lehmblock. Die Exemplare von Tschikischljär
weichen von den bei Perewalnaja gesammelten durch das weit stärker
überwiegende Weiss der Grundfarbe ab, waren überhaupt mehr durchscheinend und weit zarter.

### 6. *Porcellio orientalis* ULJANIN *typ.*

Konnte allenthalben im Gebiete gesammelt werden, als eine in
grösster Häufigkeit über ganz Transkaspien verbreitete Art. Sowohl

---

1) Crustacea isopoda terrestria etc., p. 160 u. 161.

in menschlichen Wohnungen, speciell in den Lehmmauern alter Festungsreste und Vertheidigungsthürme, den Lehmzäunen der Gärten in der
Ebene, als auch unter Steinplatten hoch im Gebirge wurde sie betroffen.

α) Var. asiaticus ULJ.

BUDDE-LUND [1]) zieht zum *P. orientalis* ULJ. ausser dem *P. marginatus* ULJ. auch den *P. asiaticus* ULJ. Die Identität des letzteren
mit dem *P. orientalis* scheint auch uns eine Form zu bestätigen, die
wir am 7./19. März 1887 am Amu-darja sammelten. In keinem festen
Merkmale vom typischen *P. orientalis* ULJ. trennbar, besitzt sie neben
geringer Grösse die Färbung des *P. asiaticus* ULJ., nur sind die lebhaften Zeichnungen dieses hier alle, namentlich am Kopfabschnitte,
etwas weniger ausgeprägt und düsterer, also etwa zwischen der typischen Färbung des *P. orientalis* ULJ. und der des *P. asiaticus* ULJ.
gelegen.

β) Var. rubricornis n. var.

Eine im Leben sehr schöne und auffallende Farbenvarietät, die
ich Anfangs für eine andere, neue Art zu halten geneigt war. Sie
liegt mir nur in einem männlichen Exemplare vor, das ich am 7./19.
März 1887 am linken Ufer des Amu-darja (unweit Tschardshuis) neben
der vorgehenden Varietät sammelte. Schon durch gracileren Bau
weicht das Stück nicht unerheblich namentlich vom typischen *P. orientalis* ULJ. ab, in geringerem Maasse auch durch schwächer ausgeschnittenen oder geschweiften Hinterrand der Segmente. Das Augen-
fälligste aber war die lebhafte Färbung des Thieres. Vor allem
machten sich die intensiv sigellackrothen zwei Basalglieder der zweiten
Antennen bemerklich, die Grund zur Benennung der Varietät wurden.
Die gleiche Färbung wiesen die Ecken der Segmente auf, besonders
ausgeprägt an den letzten Segmenten, während an den vorderen ein
Stich in's Gelbe kenntlich wird. Stark in's Rothe oder Orange zieht
auch die jederseitige Lateralbinde, sowie selbst die feine Büschel-
zeichnung in der Mitte der Segmente, letztere am Kopfe und auf den
ersten Segmenten stärker als an den hinteren Abschnitten. Hervorzuheben ist endlich noch die dunkle Schieferfarbe der Abdominal-
extremitäten, welche lebhaft vom einfachen Weissgrau der übrigen
Unterseite absticht. Bei *P. orientalis* ULJ. *typ.* wie bei der *var. asiaticus* ULJ. sind auch die Pleopodendeckel stets weisslich-grau.

---

1) Crustacea isopoda terrestria etc., p. 163.

Wie erwähnt, fand ich diese Varietät des *P. orientalis* ULJ. bloss
einmal in der bucharischen Culturzone am Amu-darja. Auch die
*var. asiaticus* ULJ. habe ich bloss dort, nicht im Innern Turkmeniens
gesammelt.

## E. Amphipoda.

### 1. *Gammarus pulex* DE-GEER.

Ausschliesslich in den klaren engen Gebirgsbächen des Kopet-
dagh konnte ich *Gammarus* auffinden. An den in die Gluthebene
fallenden Bachenden und Unterläufen der Flüsse wurde vergeblich
nach irgend welchem Amphipoden gesucht. Das mitgebrachte Material
sammelte ich in Quellen und Rinnsalen von Hodsha-kala am 9./21.
Mai 1886, bei Germab am 23. Mai / 4. Juni 1886 und in Kulkulau am
25. Mai / 6. Juni 1886. An all den Punkten ist es aber stets bloss der
gemeine, weitverbreitete europäische *G. pulex* DE-GEER, und zwar in
keiner Beziehung auch nur bis zum Werthe einer Varietät verändert.
Ein Glas voller *Gammari*, die ich in dem Quellenterrain von Bagyr am
Fusse des Kopet-dagh sammelte, ist leider auf der Reise zu Grunde
gegangen, doch lässt sich kaum erwarten, dass es sich dort um eine
andere Art gehandelt hätte. FEDTSCHENKO's Sammlungen aus Turkestan haben (abgesehen von einer Salzwasserform *G. aralensis* ULJ.
des Aral-Sees) gleichfalls einzig den *G. pulex* DE-GEER enthalten [1]),
und was ich durch meinen Freund Dr. M. v. MIDDENDORFF an *Gammarus* von verschiedenen Punkten Turkestans erhielt, ist gleichfalls
alles eben dieser Art unterzuordnen. Da ich ebendieselbe auch aus
Massenderan kenne, so ist der *G. pulex* DE-GEER sicher durch ganz
Mittelasien als häufige Erscheinung verbreitet, scheint aber auch im
grössten Theile Innerasiens überhaupt die einzige vorkommende Art
des Genus, ja das einzige Amphipod zu sein.

## F. Decapoda (Brachyura).

### *Thelphusa fluviatilis* L.

Die Flusskrabbe bevölkert sämmtliche Wasseradern Turkmeniens
in oft unschatzbaren Mengen. Gesammelt wurde sie im Sumbar bei
Dusu-olum, bei Askhabad, Kelte-tschinar, Germab, bei Tachtabasar am
Murgab, bei Tschemen-i-bid am Kuschk und Pul-i-chatun am Tedshen.

---

1) FEDTSCHENKO's Reise in Turkestan, T. 3, Lief. 6, Zoogeogr. Unter-
such., Th. 3, Crustaceen v. ULJANIN, 1875, p. 1.

Ein Vergleich der transkaspischen Stücke mit Exemplaren aus Italien, Griechenland, Jerusalem, Persien etc. etc. im Berliner Museum, welchen die Liebenswürdigkeit des Herrn Dr. HILGENDORFF mir ermöglichte, liess an ihnen keinerlei erhebliche Sonderheit erkennen.

Von Interesse ist *Telphusa* hier nur, weil sie als Art wie Genus in Turkmenien ihre äusserste asiatische Nordgrenze findet. Russisch Turkestan fehlt die Flusskrabbe schon vollkommen, kommt meines Wissens schon im unteren und mittleren Amu-darja nicht mehr vor. Jedenfalls habe ich sie bis oberhalb Tshardshuis im ersten Frühjahr nicht finden können. Ueber ihr Vorkommen oder Fehlen im oberen Amu scheinen noch keine Angaben vorzuliegen, und es lässt sich somit jetzt auch noch nicht ermitteln, wie weit unsere Art in der gleichen nördlichen Horizontalen nach Osten sich ausbreiten mag. In Turkmenien können wir diese Horizontale ganz fest ziehen, indem wir sie durch die Bachenden der Oase von Achal-teke am Südrande des nördlichen Wüstenbeckens, weiter östlich durch die Versiegungsdelten des Tedshen und Murgab legen. Nur im äussersten Südwesten unseres Gebietes sinkt die Linie etwas tiefer hinab, dort durch den unteren Atrek gegeben. In der Verticalen überwindet *Telphusa* die grössten Höhen des transkaspischen Grenzgebirges, ist in den höchstgelegenen Bachquellen des Kopet-daghs nicht seltener als in den Enden der Adern am Wüstenrande. In die turkmenische Ebene gelangte sie wohl fraglos aus Persien und Afghanistan auf den gleichen Wegen, die wir für *R. esculenta* L. var. *ridibunda* PALL. wahrscheinlich machten.

Selbst in der Gluthzeit trifft man die Flusskrabben nicht selten auf dem trockenen Lande, indess nie weit vom Wasser entfernt. Meist sitzen sie dann regungslos dicht am Ufer zwischen Rohr- oder Dschongelwerk auf Beute lauernd. Das Werk ihrer überaus kräftigen Scheeren thut sich vielfach an verbissenen Schwänzen der Fische und verstümmelten Extremitäten der Frösche in den von Krabben gut besetzten Wässern kund.

---

Da die Fauna des Kaspischen Meeres und des Aral ja ihre bekannte Eigenthümlichkeit besitzt, unterlasse ich es absichtlich, in den die Fauna des turkmenischen Wüstenbeckens behandelnden Zeilen wenigen und mehr beiläufig in den Buchten des Kaspi gesammelten Crustern Raum zu gewähren. Sie störten nur das Bild unseres Ge-

bietes. Etliche Arten Amphipoden, die ich dem Busen von Krasnowodsk, Usun-su, Hassan-kuli entnahm, endlich am flachen Küsten-
saum um Tschikischljär erlangte, mögen vielleicht gelegentlich an
anderem Orte aufgeführt werden. Bezüglich derselben wäre auch erst
das Erscheinen der leider immer noch ausstehenden Bearbeitung des
überreichen kaspischen Crustaceenmateriales von der aralo-kaspischen
Expedition durch O. Grimm abzuwarten.

Die bei Krasnowodsk gefangenen und uns aus Tschikischljär zugegangenen Exemplare des kaspischen *Astacus* bedürfen hier, auch
abgesehen von dem eben ausgesprochenen Princip, keiner Besprechung,
da ausser den älteren Arbeiten (Gerstfeld's, Kessler's, Heller's
etc. etc.) die *Astacus*-Arten und Varietäten, ganz speciell die des
russischen Reiches, neuerdings durch Schimkewitsch*) einer aus-
giebigen vergleichenden Betrachtung unterworfen sind.

Wollen wir unsere Ausbeute an Malacostraken in Transkaspien
mit Faunen oder Faunentheilen anliegender Gebiete vergleichen, so ist
derlei einzig mit der Fauna Russisch-Turkestans möglich, und zwar
an der Hand von Uljanin's schöner Arbeit über die Crustaceen Turkestans nach den Materialien der Reisen Fedschenko's. Im Grossen
finden wir eine ziemlich enge Uebereinstimmung mit jener Nachbar-
fauna. Das Ueberwiegen der Land-Isopoden, gänzlicher Mangel an
Süsswasser-Isopoden und das Vorkommen nur einer Amphipoden-Art
des süssen Wassers, die in beiden Strichen die gleiche ist, liefern die
wichtigen gemeinsamen Züge, welche sich aber freilich über Turkmenien hinaus nach Süden wahrscheinlich noch weit gleichbleibend
verfolgen liessen. Jedenfalls sind auch durch Persien die Porcellio-
niden stark entwickelt und, soweit unsere eigene Kenntniss reicht, auch
durch ganz Nord-Chorassan stets *Gammarus pulex* De-Geer anzutreffen.

Enger nach Süden neigt unsere Crustaceenfauna durch den Besitz
der Persien und Afghanistan eigenen, in Turkestan schon gänzlich
fehlenden *Telphusa fluviatilis*, die gerade erst von Chorassan aus
über's persische Grenzgebirge in die Tiefebene Transkaspiens ein-,
aber auch nur bis zum turkmenischen Wüstenrand vorgedrungen ist.

Innerhalb der Land-Isopoden, die den einzigen wesentlichen Theil
der turkmenischen Malacostraken bilden, machen sich doch einige

---

*) Ueber das Genus Astacus, in: Sitzungsprotokolle der zool. Abtheil.
der Gesellsch. v. Freunden der Naturwissensch. etc. zu Moskau, Sitzung
am 23. April 1881.

kleine Differenzen gegenüber den aus Turkestan bekannten Arten bemerkbar. Numerisch kommt unsere transkaspische Isopoden-Ausbeute der FEDSCHENKO's in Turkestan ungefähr gleich. ULJANIN zählte zwar 9 turkestanische Arten auf, deren mehrere aber von BUDDE-LUND in der vielfach citirten Monographie zusammengezogen wurden, nämlich die von ULJANIN irriger Weise für den *Hemilepistus ornatus* M. EDW. gehaltene Form mit dem *Hemilep. fedtschenkoi* ULJ., ferner der *Porcellio asiaticus* ULJ. und *P. marginatus* ULJ. mit dem *P. orientalis* ULJ. Damit verblieben der FEDSCHENKO'schen Sammlung nur 6 distincte turkestanische Species, also dieselbe Zahl, wie sie für Turkmenien gilt. Sie hebt sich aber auf 8 durch den von BUDDE-LUND l. c. p. 159 verzeichneten Nachweis des *Hemilepistus nodosus* B.-L. bei Tschinas in Turkestan, sowie den des *Metoponorthus linearis* B.-L. bei Nukus am unteren Amu-darja (l. c. p. 174).

Wie weit nun im Speciellen die einzelnen Arten der zwei vergleichbaren Faunen übereinstimmen oder differiren, erleuchtet am deutlichsten aus folgender Tabelle:

| Turkmenien | Russisch-Turkestan |
|---|---|
| 1) *Hemilepistus klugii* BRDT. | |
| 2)      „         *elegans* ULJ. | 1) *Hemilepistus elegans* ULJ. |
| 3)      „         *fedtschenkoi* ULJ. | 2)      „         *fedtschenkoi* ULJ. (incl. *ornatus* M. EDW. bei ULJANIN) |
| 4)      „         *nodosus* B.-L. | 3) *Hemilepistus nodosus* B.-L. (coll. RUSSOW) |
| 5)      „         *elongatus* B.-L. | |
| 6) *Porcellio orientalis* ULJ. typ. | 4) *Porcellio orientalis* ULJ. typ. |
|    „         „         „  var. *asiaticus* ULJ. |    „         „      var. *asiaticus* ULJ. |
|    „         „         „  var. *rubricornis* WALTER | |
| |    „         „      var. *marginatus* ULJ. |
| | 5) *Porcellio latus* ULJ. |
| | 6)      „         *laevis* LATR. |
| | 7) *P. (Metoponorthus) maracandicus* ULJ. *) |
| | 8) *Metoponorthus linearis* B.-L. |

---

*) BUDDE-LUND führt diese Art ohne laufende Nummer in kleinem Druck l. c. p. 163 u. 164 auf und schreibt: *Haec species, cujus exemplum in Mus. Berolinensi vidi, forsitan tantum pullus P. orientalis* ULJ. *est, tamen dubitavi, quia nonnullis indicibus differt* etc. Nach den im Museum zu Moskau wie Berlin gesehenen Originalexemplaren muss ich den *P. maracandicus* ULJ. für eine gute, von *P. orientalis* ULJ. verschiedene Art halten. Selbst den Fall gesetzt, dass jene Exemplare eine Jugendform repräsentiren sollten, so zählte diese sicher nicht zu *P. orientalis* ULJ., deren Jugendstadien mir wohlbekannt und von dieser Form absolut verschieden sind.

4 Arten und eine Varietät fallen somit in beiden Gebieten zusammen. Bei weitergeführter Kenntniss derselben dürfte die Uebereinstimmung wohl eine noch grössere werden, wahrscheinlich aber auch in ganz ähnlicher Weise sich noch weiter über Afghanistan und Persien ausdehnen lassen, woher bislang nur einzelne kaum verwendbare Daten vorliegen.

Hervorzuheben ist schliesslich das nach Süden hin augenscheinlich zunehmende Vorwalten des Genus *Hemilepistus*, welches allem Anscheine nach im Südtheile der mittelasiatischen Steppen und Wüsten seine Hauptentwicklung besitzt, in reicher Vertretung durch Nordafrika reicht und, nach Norden allmählich abnehmend, in wenig Formen noch den nördlichen asiatischen Steppenrand berührt.

# Beitrag zur Kenntniss der Hymenopteren-Gattung Cerceris Latr.[1])

Von

**August Schletterer** in Wien.

Unter dem exotischen *Cerceris*-Materiale meines geehrten Freundes Dr. v. SCHULTHESS-RECHBERG in Zürich fand ich eine neue Art, deren Beschreibung insbesondere für die Fauna der paläarktischen Region, welcher dieses Thier angehört, von Interesse ist.

## *Cerceris onophora n. sp.*

♀ *Long. corpor. 10—11 mm. Clypei media pars haud elevata margine excepto apicali libero, lateraliter leviter rotundato, subcircularis et convexiuscula. Oculorum margines interni paralleli. Flagelli articulus secundus quam primus duplo, tertius evidenter sesqui longior. Ocelli posteriores inter se fere longitudine flagelli articuli secundi, ab oculis evidenter plus distant. Caput supra mediocriter tenuiter denseque punctatum.*

---

1) Der grösste Theil des folgenden Artikels befand sich seit langer Zeit in den Händen der Redaction und sollte dem unter dem Titel „Nachträgliches über die Hymenopteren - Gattung *Cerceris* LATR." im vorigen Hefte erschienenen Aufsatze des Verfs. eingeschaltet werden. Leider ist das Manuscript durch ein Versehen liegen geblieben und gelangt nun mit einer kleinen Ergänzung zur Veröffentlichung als ein z w e i t e r Nachtrag zu des Verfs. Abhandlung: „Die Hymenopteren-Gattung *Cerceris* LATR. mit vorzugsweiser Berücksichtigung der paläarktischen Arten" (diese Zeitschrift, Bd. 2, p. 349). Die Redaction.

*Mesonotum et scutellum punctis mediocriter grossis, illud subdispersis, hoc dispersis. Segmentum medianum densissime subgrosseque rugoso-punctatum area excepta triangulari evidentissime longitudinaliter rugosa. Valvulae supraanalis area pygidialis marginibus lateralibus leviter ciliatis; valvula infraanalis penicillis conspicuis.*

*Nigra. Facies maculis rufo-flavis; abdomen fasciis fulvis; pedes fulvi.*

♀ Stirn und Scheitel dicht und mässig fein punktirt. Mitteltheil des Kopfschildes nicht losgetrennt, jedoch mit frei vorragendem Vorderrande; er ist annäherungsweise kreisrund und fast doppelt so breit wie der Abstand seiner Seitenränder von den Netzaugen, leicht, doch deutlich gewölbt und mit ziemlich seichten, zerstreuten Punkten besetzt. Der Vorderrand zeigt keine mittlere Ausbuchtung und ist seitlich leicht abgerundet. Innere Netzaugenränder parallel. Zweites Geisselglied doppelt so lang, drittes reichlich 1,5-mal so lang wie das erste. Abstand der hinteren Nebenaugen von einander fast so gross wie die Länge des zweiten Geisselgliedes, ihr Abstand von den Netzaugen deutlich grösser als die Länge desselben.

Mittelrücken mässig dicht bis zerstreut, Schildchen zerstreut und beide mässig grob punktirt. Die Pleuren weisen seitlich unten einen leichten, bei Drehung des Thieres gut wahrnehmbaren warzenförmigen Zäpfchenfortsatz auf. Mittelsegment bis auf den sehr deutlich längsgefurchten dreieckigen Raum sehr dicht und ziemlich grob runzelig punktirt. Hinterleib oben mit reingestochenen mässig groben Punkten besetzt, welche mässig dicht und nur am Hinterrande der einzelnen Ringe zerstreut stehen; seine Bauchseite seicht und zerstreut punktirt. Das Mittelfeld der oberen Afterklappe ist ungefähr dreieckig, lederartig runzelig und gegen seinen Grund hin mit einigen deutlichen Punkten besetzt; seine Seitenränder sind ziemlich schwach bewimpert. Untere Afterklappe mit sehr deutlichen seitlichen Endpinseln. Die Bauchseite weist weder Eindrücke noch Fortsätze.

Flügel glashell bis auf die Spitze und einen Theil des Vorderrandes, welche schwarz angeraucht sind. Allgemeine Körperfärbung schwarz. Gesicht mit zwei röthlichen bis gelben Flecken nächst dem Innenrande der Netzaugen und einem kleinen röthlichen Fleck auf der Mitte des Kopfschildes; Fühler röthlich bis gelb und in veränderlicher Ausdehnung schwarz. Am Bruststücke sind nur die Flügelbeulen roth. Hinterleib oben mit schön rostgelben Binden, die an den hinteren Ringen ausgerandet und auf dem fünften Ringe fast verschwunden. Beine schön rostgelb.

Als nächstverwandte Arten, mit welchen eine Verwechslung möglich, kommen *C. quadricincta* PANZ. und *quadrifasciata* PANZ. in Betracht. Die ersterwähnte Art hat einen kürzeren, vorne ausgerandeten Kopfschildmitteltheil, der sichtlich breiter als lang, während er bei *onophora* fast länger als breit ist, mit einem dachartig vorragenden Vorderrande, welcher keine Spur von Ausrandung zeigt, wie dies bei *quadricincta* der Fall ist. Dann sind Kopf und Rücken bei *quadricincta* weniger grob punktirt, und an den Pleuren ist seitlich unten kein Warzenfortsatz bemerkbar. Auch sind die Flügel bei *onophora* viel dunkler beraucht, und die Zeichnung ist schön rostgelb bis orangefarben, bei *quadrifasciata* aber citronengelb. Leichter unterscheidet man von *onophora* die *quadrifasciata*, indem die letztere auf dem ganzen Körper, besonders aber auf dem Hinterleibe sichtlich feiner und mehr zerstreut punktirt ist, dann viel spärlicher und zwar citronengelb gezeichnet ist auf dem Hinterleibe; ferner ist der Kopfschildmitteltheil bei *quadrifasciata* vorne sehr deutlich ausgerandet und in Folge dessen zweilappig; endlich sind bei letzterer die Flügel nur ganz schwach rauchig getrübt.

Das Thier stammt aus Tunis und wurde im April gefangen.

In Armenien (Araxes-Thal) wurden gesammelt die weit verbreiteten und auch in Centralasien vorkommenden *C. arenaria* LINN. und *emarginata* PANZ., die bisher nur von Ungarn bekannte *dacica* SCHLETT., die in Ungarn und auf Corfu gesammelte *stratiotes* SCHLETT. und die im südlichen Europa und Kleinasien verbreitete *buprcsticida* DUF. Von der letzterwähnten Art ist zu bemerken, dass alle die ziemlich vielen armenischen Stücke reicher gezeichnet sind als die mir von Europa bekannten Stücke.

Prof. Dr. OSCAR SIMONY hat von seiner wissenschaftlichen Reise nach Tenerifa (1888) ein Dutzend Stücke einer schönen *Cerceris*-Art mitgebracht, in welcher ich, gestützt auf die eigenartige Färbung und den Fundort, BRULLÉ's *C. concinna* sicher zu erkennen glaube. Die BRULLÉ'sche Beschreibung beschränkt sich fast nur auf Angaben über die Färbung. Nachdem eine derartige Beschreibung schwieriger und vielleicht unmöglich gedeutet werden könnte, wenn es sich um mehrere nahe verwandte Arten oder anderseits um sehr verschiedene, dabei aber ähnlich gefärbte Arten derselben oder benachbarter Gegenden handeln würde, welche Fälle eben in Zukunft leicht eintreten können, so sei, um eine sichere Deutung für alle Fälle zu ermöglichen, hier eine ausführliche Beschreibung dieser Art gegeben.

### *Cerceris concinna* BRULL.

*Cerceris concinna* BRULL. in: WEBB et BERTHOL., Hist. Nat. Il. Canar., T. 5, p. 90, ♂, ♀, 1838.

♀ *Long.* 11—13 *mm. Clypei media pars haud elevata, parte tertia antica subimpressa, parte postica convexa; clypei fere semicircularis margo anticus directus et lateraliter subangulatus. Oculorum margines interni clypeum versus leviter divergentes. Flagelli articulus secundus quam primus evidenter duplo, tertius sesqui longior. Ocelli* *posteriores ab oculis flagelli articuli primi unacum secundo longitudine, inter se paullo minus distant.* Mesonotum mediocriter grosse subdenseque, in medio minus dense punctatum. Segmenti mediani area cordiformis tenuiter transverso-rugosa, in medio fere laevis, sulco mediano longitudinali. Abdominis segmentorum dimidia antica medioriter grosse densissimeque, dimidia postica grosse subdenseque punctata. Area valvulae supraanalis pygidialis marginibus lateralibus fortiter fimbriatis; valvula infraanalis leviter penicillata. Abdominis segmentum secundum ventrale plaga basali conspicua; segmentum ventrale penultimum haud excavatum. Alae anticae apicem versus evidenter affumatae.*

*Nigra; facie pone oculos et in medio clypei rufo-maculata, pedibus in medio rufescentibus, abdominis segmentis tertio quintoque rufis, secundo interdum lateraliter rufo-maculato.*

♀ Gesicht seicht und mässig dicht, Stirn sehr dicht und mässig grob, Scheitel und Hinterkopf dicht und ziemlich grob punktirt. Der Mitteltheil des Kopfschildes nicht losgetrennt, annäherungsweise hufeisenförmig, sehr wenig länger als breit. im vorderen Drittel leicht, doch deutlich eingedrückt, nach oben deutlich gewölbt, ferner runzelig punktirt. Der mittlere Querdurchschnitt ist grösser als der Vorderrand; letzterer ist geradlinig und springt seitlich in schwache Ecken vor. Innere Netzaugenränder nach vorne leicht divergent. Zweites Geisselglied doppelt so lang, drittes 1,5-mal so lang wie das erste Geisselglied. Abstand der hinteren Nebenaugen von den Netzaugen gleich der Länge der zwei ersten Geisselglieder zusammen, ihr gegenseitiger Abstand ein wenig kleiner.

Mittelrücken mässig grob und ziemlich dicht, mitten mässig dicht, punktirt. Schildchen und Hinterrücken mässig dicht, letzterer ziemlich fein punktirt. Der herzförmige Raum des Mittelsegments seicht querrunzelig, gegen die Mitte hin fast glatt und von einer sehr deutlichen mittleren Längsfurche durchzogen. Hinterleib in der vorderen Hälfte der einzelnen Segmente sehr dicht und mässig grob, in deren hinteren Hälften ziemlich dicht und grob punktirt. Das Mittelfeld der oberen Afterklappe ungefähr birnförmig, mit stark bewimperten Seitenrändern; untere Afterklappe mit kleinen seitlichen Endpinseln. Zweiter Hinterleibsring unten am Grunde mit einer sehr deutlichen plattenartigen Erhebung. — Bauchseite des Hinterleibes mitten seicht punktirt.

Vorderflügel vom Stigma bis zur Spitze stark rauchig getrübt. — Vorherrschende Körperfärbung schwarz; Gesicht nächst den Netzaugen und in geringer Ausdehnung auf dem Mitteltheile des Kopfschildes rostroth bis orangeroth gefleckt; Beine mitten in veränderlicher Ausdehnung rostroth; drittes und fünftes Hinterleibsegment orange- bis rostroth, letzteres vorne in der Mitte mit schwarzer Ausrandung, zweites Hinterleibsegment mitunter beiderseits mit einem kleinen röthlichen Fleck.

*C. concinna* schliesst sich eng an *C. emarginata* PANZ. an. Letztere ist jedoch kleiner, indem sie höchstens 11 mm erreicht, während *concinna* zum mindesten 11 mm. meist aber 12—13 mm lang ist. Die

Vorderflügel sind bei *emarginata* gegen die Spitze hin nur ganz leicht, bei *concinna* hingegen stark rauchig getrübt (schwarz). Der Mitteltheil des Kopfschildes ist bei *emarginata* ausgesprochen oval, also länger als breit und mitten deutlich breiter als am Vorderrande, bei *concinna* hingegen sichtlich kürzer, d. i. kaum länger als breit, annäherungsweise hufeisenförmig und mitten kaum breiter als am Vorderrande; letzterer ist seitlich nicht abgerundet wie bei *emarginata,* sondern springt in leichte Ecken vor. — Die nahe verwandte *C. rybyensis* Linn. unterscheidet man von *concinna* leicht an dem viel stärker eingedrückten und oben viel weniger gewölbten Kopfschildmitteltheil, an der weniger dichten Punktirung des Hinterleibes und dem an der Spitze nur sehr schwach angerauchten Vorderflügel. *C. hortivaga* Kohl., welche ebenfalls der *concinna* näher steht, hat einen viel gröber punktirten Hinterleib, schwächer berauchte Flügel, und die plattenartige Erhebung am Grunde des zweiten Bauchringes besitzt einen flachbogenförmigen, fast geradlinigen Hinterrand, während dieser bei *concinna* fast spitzbogenförmig, also sehr deutlich nach hinten vorgebogen ist. Ueberdies weisen die drei verglichenen Arten eine citronengelbe Zeichnung auf, während *concinna* von weitem auffällt durch seine eigenthümliche orangefarbene Zeichnung des Gesichtes, der Beine und des Hinterleibes.

Reg. I. Subreg. 2. Canarische Inseln (Tenerifa).

Prof. Simony hat sämmtliche Stücke, welche sich jetzt in der Sammlung des Kaiserl. naturhistorischen Hofmuseums zu W i e n befinden, gleichzeitig mit *Liris haemorrhoidalis, Notogonia nigrita,* einer *Crocisa-* und *Chalcis-*Art auf blühenden Tamarix canariensis gefangen (Septemb.), womit die sandigen Böschungen der längs der Meeresküste von Sta. Cruz nach Icod führenden Strasse bepflanzt sind. Auf diesen Tamarix-Blüthen ist *C. concinna* ziemlich häufig.

## *Cerceris alexandrae* Moraw.

*Cerceris alexandrae* Mor. in: Hor. Soc. Ent. Ross., T. 23, p. 156, ♀, 1888.

„*Nigra, pallido-picta, nitida, sparsim punctata; area segmenti mediani cordiformi striata vel sublaevi; clypeo impresso margine apicali utrinque angulo acuto terminato; articulo flagelli tertio pedicello vix longiore.* — ♀ 9—10 mm.

Bei diesem Weibchen sind die Mandibeln weisslich gefärbt mit dunkler Spitze, der Innenrand vor dieser schwach erweitert, ohne Zähne. Der schwarze glänzende Kopf ist nur spärlich und kurz greis behaart, ziemlich dicht punktirt, indem die Zwischenräume der Punkte nur wenig breiter als diese sind. Der Raum zwischen den Ocellen ist fast glatt und glänzend, die Entfernung der beiden hinteren von einander ist kürzer als die eines jeden Nebenauges von dem entsprechenden Netzauge; letztere verlaufen mit einander parallel. Der weiss gefärbte Kopfschild ist fein und sparsam punktirt, den Mitteltheil desselben fast breiter als hoch, mit einem glatten und glänzenden Eindrucke versehen, welcher sich vom unteren, beiderseits mit einer zahnförmig vorspringenden Ecke ausgestattetem Rande hoch hinauferstreckt und das obere Drittheil frei lässt. Das Stirnschildchen ist schwarz mit einer weissen Makel; der Kiel zwischen den Fühlern sehr kurz, kaum über die Fühlerwurzel hinausreichend und meistentheils auch weiss gefärbt, die weisse Färbung mit jener des Stirnschildchens zusammenfliessend und sodann eine flaschenförmige Makel darstellend. Die Seiten des Gesichtes sind bis über die Fühlerwurzel hinauf weiss gefärbt, fein und sparsam punktirt. Hinter den Augen ist eine grosse weisse Makel vorhanden. Die Fühler sind rothgelb, der Schaft weiss gefärbt; letzterer oben mit schwarzem Längswische. Die Geissel ist oben vom vierten Gliede an geschwärzt; das zweite Glied derselben ist fast doppelt so lang wie das dritte; dieses ist kaum länger als das erste. Der oben lebhaft glänzende Thorax ist spärlich greis behaart; Pronotum, Dorsulum, Schildchen und Metanotum fein und sparsam punktirt; ersteres mit einer breiten, in mitten schmal unterbrochenen weissen Binde geziert, letzteres weiss gefärbt. Die Mesopleuren und die Brust sind grob und dicht runzelig punktirt, die Metapleuren oben quer gestreift, unten glatt. Das Mittelsegment ist gröber und dichter als das Dorsulum punktirt, der herzförmige Raum fast glatt oder gestreift; die Streifen verlaufen am Grunde der Länge nach; die Spitze ist quer gestrichelt. Die Flügelschuppen sind weiss, glänzend und kaum punktirt, die Flügel schwach getrübt, das Randmal und die Adern röthlich-gelb. Der glänzende Hinterleib ist fein und sparsam punktirt; die Segmente sind, mit Ausnahme des letzten, mit einer häufig mitten unterbrochenen weissen Binde geschmückt; dieses hat ein an der Spitze zugerundetes Mittelfeld, dessen Seitenränder nach oben zu schwach divergiren und mit kurzen Cilien besetzt sind; es ist fein gerunzelt und matt, während die Seitenfelder glänzend und sehr sparsam punktirt sind. Der Bauch ist sehr fein punktirt, das zweite Segment am Grunde ohne plattenartige Erhebung, das vorletzte mit sehr flach vertiefter Scheibe und ebenen Seiten. An den gelben Beinen sind die schwarzen Hüften vorne weisslich gefleckt.

In der Gestalt, zum Theil auch in der Sculptur *C. quinquefasciata* Rossi ähnlich.

Diese Art widme ich der Gemahlin des berühmten Reisenden, Frau A. V. Potanin, welche ihren Mann auf der letzten Reise begleitete und viele entomologische Beobachtungen machte." Moraw.

Reg. I. Subreg. 3. Mongolia merid. Tala-u-lju. Dshin-Tasy.

## *Cerceris quadricolor* Moraw.

*Cerceris quadricolor* Moraw. in: Hor. Soc. Ent. Ross., T. 23, p. 158, ♀, 1888.

„*Nigra, aurantiaco-flavo-albidoque picta, subtilissime punctata, sat dense molliter pilosa; capite thoraceque subopacis; area segmenti mediani cordiformi obsolete striata; margine clypei apicali libero-pro-minenti leviter arcuatim emarginato.* — ♀ 12 mm.

Weibchen. Mandibeln blassgelb mit dunkler Endhälfte, der zahn-lose Innenrand vor der Spitze erweitert. Der schwarze Kopf ist in Folge einer feinen und dichten Runzelung fast matt, der Scheitel und die Schläfen sehr fein und nicht besonders dicht punktirt; auf letzteren steht hinter jedem Auge ein kleiner blassgelber Flecken. Die Netz-augen divergiren ein wenig nach unten zu, die hinteren Ocellen sind einander genähert. Der Mitteltheil des weissen Kopfschildes ist fast um die Hälfte breiter als hoch, sehr fein punktirt und schwach glänzend; der schwarze Endrand ist abgesetzt und ein wenig aufgerichtet, sehr flach bogenförmig ausgerandet, mit scharfen Seitenecken. Das Stirn-schildchen ist schwarz, mit einer querovalen kleinen weissen Makel am Grunde, der Stirnkiel kaum über die Fühlerwurzel hinausreichend. Die Seiten des Gesichtes sind weiss gefärbt, sehr fein punktirt und kaum glänzend. Die Fühler sind orange-roth, der Schaft und das Pedicellum schwarz, beide unten mit einem kleinen rostrothen Flecken gezeichnet; die Geissel ist oben gebräunt, das zweite Glied derselben deutlich länger als das dritte; dieses ist reichlich doppelt so lang wie das erste. Der Thorax ist fast matt, Pronotum, Dorsulum, Schildchen und Mesopleuren sehr fein und zerstreut punktirt, die Seiten der Vorderbrust deutlich gestreift; diese ist oben mit einer mitten weit unterbrochenen blass-gelben Binde geschmückt; Metanotum blassgelb; die obere Hälfte der Metapleuren deutlich gestreift. Das Mittelsegment ist gleichfalls matt, fein und sparsam punktirt, der herzförmige Raum durch eine schmale Längslinie halbirt und sehr oberflächlich und undeutlich gestreift. Die Flügelschuppen sind scherbengelb mit braunem Scheibenflecke, die Flügel schwach getrübt, das Randmal und die Adern rothgelb. Die vier vorderen Segmente des glänzenden schwarzen Hinterleibes sind äusserst fein und zerstreut, das fünfte gröber, aber auch nicht tief punktirt; das erste ist am Endrande roth gesäumt, das zweite orange-roth gefärbt mit einem weisslichen Querflecken beiderseits am End-saume; die drei folgenden sind hier mit einer vollständigen, mitten ver-schmälerten weisslichen Binde eingefasst und bei dem dritten der Seiten-rand roth gefärbt. Das Mittelfeld des letzten Hinterleibsringes ist langeiförmig mit zugerundeter Spitze, nach dem Grunde zu schwach er-weitert, die Seiten mit ziemlich kräftigen Cilien besetzt, dicht und fein lederartig gerunzelt, matt; die glänzenden Seitenfelder sind grob und sparsam punktirt. Die Bauchsegmente, namentlich die hinteren, sind viel gröber punktirt, die beiden vorderen und das dritte am Grunde orangeroth gefärbt; das erste mit schwarzen Seitenrändern, das vor-letzte eben. Die Beine sind gelbroth, der obere Theil der Hüften schwarz. — *C. arenaria* L. hat einen ähnlich gebauten Kopfschild, dessen emporgehobener Endrand aber zugerundet ist."      Mor.

Reg. 1. Subreg. 3. Mongolei (Monasterium U-tai).

*Cerceris ferreri* VAN D. LIND. — *Varietas maris:* „*Abdominis segmentis duobus anticis flavis vel aurantiacis, ventralibus* 2⁰—4⁰ *fascia flava integra ornatis.*" MORAW. ibid. p. 159. — Mongolei (Chodta-tschai. Betoïn-Schila. Ordoss.

*Cerceris labiata* F. — *Varietas maris:* „*Temporibus macula retro-oculari parva flava signatis.*" MORAW. ibid. p. 160. — Mongolei (Kansu. Upin).

Andere nach MORAWITZ in der Mongolei vorkommende Arten sind: *Cerc. emarginata* PANZ. (Kansu Ssigu), *dacica* SCHLETT. (Ta-wan) und *braccata* EVERSM. (Kansu; Upin).

# Miscellen.

## Ueber *Agriotypus armatus*.

### Von Dr. G. W. Müller in Greifswald.

Seit dem Jahre 1836 kennt man durch Walker [1]) die merkwürdige Gewohnheit der oben genannten Schlupfwespe, unter das Wasser zu gehen, dort längere Zeit, 10 Minuten und länger, zu bleiben. Die Vermuthung, dass das Thier seine Eier in eine im Wasser lebende Insectenlarve ablege, wurde bestätigt durch die Beobachtungen v. Siebold's und Kriechbaumer's, weiche fanden, dass eine Phryganidenlarve, und zwar *Trichostoma picicorne* Kolenati (bei McLachlan *Silo pallipes*) als Wirth dient. Der genannten Art wurden durch spätere Beobachtungen andere Arten derselben Gattung sowie verwandte Gattungen hinzugefügt; ich habe die Schlupfwespe gefunden bei Greifswald in *Silo pallipes*, in Thüringen besonders reichlich in *Silo piceus*.

v. Siebold berichtete auf der Naturforscherversammlung in Karlsruhe im Jahre 1859 (in: Bericht, p. 211) über seine Beobachtung; ich führe aus dem Bericht wörtlich die folgende Stelle an: „Hierbei (beim Ziehen von *Agriotypus*) habe ich die interessante Bemerkung gemacht, dass alle diejenigen Gehäuse, deren Mündung behufs der Verpuppung von einem Steinchen verschlossen war, und deren Bewohner eine *Agriotypus*-Larve als Parasiten beherbergte, durch einen langen, riemenartigen Fortsatz gekennzeichnet waren, welcher zwischen der Mündung und dem dieselbe verschliessenden Steinchen frei hervorragte. Löste ich dieses Steinchen ab, so fand ich die Mündung des Gehäuses noch durch einen lederartigen Deckel verschlossen, der in den vorhin erwähnten langen Fortsatz auslief. Die Gehäuse derjenigen Phryganidenlarven, welche keinen *Agriotypus* enthielten und sich verpuppt hatten, waren unter

---

1) In· Entomol. Magazine 1836, vol. 10, 3, p. 412, 13.

dem Schlusssteinchen nur von einem einfachen runden Deckel verschlossen ohne jenen langen Fortsatz. Ich untersuchte diesen einfachen
Deckel sowohl wie den mit langem Fortsatz versehenen Deckel genauer
mit dem Microscope und überzeugte mich, dass beide Deckel sammt
dem langen Fortsatze aus dichtem Gewebe eines Fadens bestanden,
den die Phryganidenlarve vor ihrer Verpuppung gesponnen hatte. Hieraus
ergab sich also, dass die durch einen *Agriotypus* unter Wasser mit
einem Ei belegte Phryganidenlarve später von einer übermässigen Spinn-
sucht (Hyperclosis oder Hypernesis) heimgesucht wird, welche die Larve
nöthigt, bei der Verpuppung sich des abnorm angehäuften Spinnstoffs
durch Anfertigung jenes langen riemenartigen Fortsatzes zu entledigen."

    Gewisse Beobachtungen führten mich zu der Annahme, dass der
merkwürdige riemenartige Fortsatz nicht von der Phryganidenlarve,
sondern von der Larve der Schlupfwespe gefertigt wird. Ich will diese
ersten Beobachtungen übergehen, lieber zwei Beobachtungen geben,
deren jede für sich einen Beweis für diese Annahme liefert: Am 9.
August dieses Jahres früh 10 Uhr wurde von einem Gehäuse der im
Entstehen begriffene, erst 5 mm lange riemenartige Fortsatz abgeschnitten; nach 24 Stunden hatte der Fortsatz wieder eine Länge von
5 mm erreicht. Als ich jetzt das Gehäuse eröffnet, fand ich in demselben keine Spur einer Phryganidenlarve (resp. nur die übriggebliebenen
harten Chitintheile), wohl aber eine Schlupfwespenlarve. Nun wird wohl
niemand glauben, dass innerhalb 24 Stunden die Phryganidenlarve erst
den Fortsatz gesponnen hat, dann noch von der Schlupfwespenlarve bis
auf die harten Chitintheile aufgezehrt worden ist. Der Versuch scheint
verhängnissvoll für die Ansicht v. Siebold's.

    Nicht weniger ist es eine genaue Untersuchung eines mit *Agrio-
typus*-Puppe behafteten Gehäuses. Hier finden wir innerhalb des Stein-
häuschens einen besonderen, die Puppe umschliessenden Cocon, dessen
Wandung vorn und hinten derb, lederartig, an den Seiten, wo er sich
den Wandungen der Röhre anlegt, zart ist. Der vordere derbe Deckel
legt sich, wie v. Siebold richtig beschreibt, dem Verschlussstein des
Phryganidengehäuses dicht an, entsendet den Fortsatz, doch irrt v. Siebold, wenn er glaubt, dass sich dieser Deckel ganz normal bei der
Phryganide findet. Er fehlt dort und muss dort fehlen, weil er den
für die Phryganidenlarve und Puppe unumgänglich nothwendigen Wasserstrom absperren würde. Der hintere Deckel des Cocons liegt 1—2 mm
von dem hinteren Verschluss des Phryganidengehäuses; in diesem Raum
zwischen hinterem Deckel des Cocons und des Phryganidengehäuses
finden sich die Reste der Phryganidenlarve (Kiefer, Beine etc.). Ich
denke, diese Verhältnisse erklären sich sehr einfach auf Grund der Annahme, dass Cocon und Fortsatz von der Schlupfwespenlarve gefertigt
werden, mit der Annahme v. Siebold's sind sie durchaus unvereinbar.

    Ich denke, durch den hier gelieferten Nachweis ist der riemen-
artige Fortsatz, welcher v. Siebold so sehr interessirte, noch interessanter geworden. Stammte er von der Phryganidenlarve, so würde es
kaum Sinn haben, nach seiner Bedeutung zu fragen, er wäre eine pa-
thologische Erscheinung. Anders, wenn er von der Schlupfwespenlarve

herstammt. Man wird kaum annehmen wollen, dass der merkwürdige Instinct, einen solchen Fortsatz zu fertigen, bedeutungslos sei, zumal da die Arbeit mit bedeutendem Substanzverlust verknüpft ist (der Fortsatz ist ziemlich derb, oft über 5mal so lang wie die Larve selbst). Man wird kaum umhin können, anzunehmen, dass die merkwürdige Gewohnheit in directem Zusammenhang steht mit der abweichenden Lebensweise. Freilich, welche Function der riemenartige Fortsatz hat, das wird schwer zu entscheiden sein; vielleicht gelingt es durch Versuche, die aber Jahre in Anspruch nehmen dürften, der Frage näher zu kommen. Ich habe solche Experimente bereits begonnen, will aber hier nicht weiter auf dieselben eingehen, zumal da dieselben noch kein entscheidendes Resultat geliefert haben, sondern zum Schluss nur noch auf eine Möglichkeit hinweisen. Es wäre denkbar, dass der Fortsatz die Athmung vermittelte. Der Fortsatz schliesst Lufträume ein, was besonders deutlich ist an frisch gefertigten Anhängen. Man müsste annehmen, dass einmal ein Gaswechsel zwischen der Luft des Fortsatzes und der im Cocon, sowie zwischen Fortsatz und umgebendem Medium (Wasser) stattfindet. Es würde alsdann das Bändchen etwa wirken wie eine Tracheenkieme [1]). So gering die auf diese Weise zugeführte Menge von Sauerstoff sein mag, so könnte sie immerhin für das ebenfalls geringe Athmungsbedürfniss der kleinen Schlupfwespe genügen. Man mag bei Beurtheilung der Frage noch bedenken, dass die Schlupfwespe als Larve, Puppe und Imago über 6 Monate in dem Phryganidengehäuse verharrt, dass ein anderer Weg des Gaswechsels für diese Zeit absolut ausgeschlossen erscheint.

---

1) Einen ähnlichen Modus der Athmung habe ich bei im Wasser lebenden Schmetterlingsraupen nachgewiesen, in: Archiv für Naturgeschichte, 50. Jahrg. 1884.